国家出版基金项目
NATIONAL PUBLICATION FOUNDATION

动物超微结构及超微病理学

Ultrastructure & Ultrastructural Pathology of Animals

佘锐萍　主编

中国农业大学出版社
·北京·

内 容 简 介

本书主要内容包括绪论、超微病理学研究的基本方法、细胞超微结构及其超微病变概述、四大基本组织的超微结构特点、主要器官的超微病理学、肿瘤的超微结构、病原微生物的超微结构、电镜细胞化学及免疫电镜图片、电镜样品制作及观察方法。

图书在版编目（CIP）数据

动物超微结构及超微病理学/佘锐萍主编. —北京：中国农业大学出版社，2018.8
国家出版基金项目
ISBN 978-7-5655-2128-7

Ⅰ.①动… Ⅱ.①佘… Ⅲ.①动物-细胞-超微结构-病理学-研究 Ⅳ.①Q952

中国版本图书馆 CIP 数据核字（2018）第 244294 号

书　　名 动物超微结构及超微病理学	
作　　者 佘锐萍　主编	
策划编辑 冯雪梅	**责任编辑**　冯雪梅
封面设计 郑　川	
出版发行 中国农业大学出版社	
社　　址 北京市海淀区圆明园西路 2 号	**邮政编码**　100193
电　　话 发行部 010-62818525，8625	**读者服务部** 010-62732336
编辑部 010-62732617，2618	**出　版　部** 010-62733440
网　　址 http://www.cau.edu.cn/caup	**E-mail** cbsszs @ cau. edu. cn
经　　销 新华书店	
印　　刷 涿州市星河印刷有限公司	
版　　次 2018 年 8 月第 1 版　　2018 年 8 月第 1 次印刷	
规　　格 889×1 194　　16 开本　　63 印张　　1 862 千字	
定　　价 248.00 元	

图书如有质量问题本社发行部负责调换

主　编： 佘锐萍

副主编： 王雯慧　田纪景　刘天龙　刘海虹　高　丰　常玲玲　石蕊寒　吴桥兴

编　者：（按姓氏拼音排序）

安俊卿　包汇慧　陈　建　常玲玲　丁　叶　杜　芳　付振芳　高　丰
高贤彪　胡凤姣　胡薛英　靳　红　贾君镇　李冰玲　李　恒　李睿文
李　威　李文贵　梁锐萍　刘海虹　刘　爵　刘天龙　刘　伟　刘玉锋
刘玉茹　罗冬梅　马龙欢　马卫明　Majid hussian soomro（巴基斯坦）
毛晶晶　潘亚韬　彭开松　彭芳珍　石蕊寒　苏芳蓄　孙彦彦　孙　泉
佘锐萍　田纪景　汤　金　王可洲　王铜铜　王雯慧　王英华　吴桥兴
夏抗抗　肖　鹏　许江城　杨依霏　杨玉荣　尹　君　于　品　岳　卓
赵　月　张艳梅　张成林　朱金凤　钟震宇　呼格吉乐图

序一

　　细胞是生物体形态结构和生命活动的基本单位。细胞学说的建立被伟大的革命导师恩格斯称为十九世纪自然科学的三大发现之一。研究动物机体细胞的形态结构不但对揭示医学上许多基本问题如各种疾病的病因学、病理学、肿瘤的发生学、分子药理学以及当代免疫学领域是迫切需要的，也是整个生物学科不可或缺的内容。电镜技术已经揭开了细胞分子结构的秘密，为分子生物学提供了丰富的资料，是打开微观世界大门的一把钥匙，是当今分子病理学不可缺少的研究手段。因此人们把它喻为超微观世界或分子世界的眼睛。由此可见电镜技术不仅在目前生物医学研究中起着重大作用，而且它的"足迹"已经正在踏遍整个分子世界。

　　超微病理学是利用电镜技术观察研究生理状态下组织与细胞的超微结构及病理状态下组织与细胞超微结构的变化，从而在超微水平及分子水平上揭示疾病的发生机理。本书的主要内容包括绪论、超微病理学研究的基本方法、细胞超微结构及其超微病变概述、四大基本组织的超微结构特点、主要器官的超微病理学、肿瘤的超微结构、病原微生物的超微结构、电镜细胞化学及免疫电镜图片、电镜样品制作及观察方法。本书的宗旨在于指导读者如何应用电镜技术观察和认识生命的超微结构，尤其是揭示病理状态下的细胞超微结构和分子水平的变化，使读者对细胞的超微结构有一个较全面系统的认识，了解和掌握电镜样品的制作方法和观察方法，学会阅读和辨认动物细胞的超微结构和超微病变，以开阔读者的知识层面，拓展读者的科研思路，提高读者的科学研究技能。

　　本书是作者近 40 年在超微病理学教学和科研方面工作成果的积累，大多数内容是执行和完成国家自然科学基金项目的成果，既可作为兽医及其他生物医学领域科研和教学工作者的工具书，又可作为动物医学及生物医学相关领域研究生的教材。目前，在生物医学领域，关于形态学（包括生理和病理状态下）方面的教材及图谱已有大量的书籍出版，但过去的这类出版物大多局限于光学水平，很少有涉及超微水平的书籍，尤其是在动物医学领域更是难于寻见，此书的出版将在一定程度上填补这方面的空白。

签字：陈焕春

2018 年 3 月 18 日

序二

　　电镜技术是生物医学工作者打开微观世界的大门，动物超微结构及超微病理学是利用电镜技术观察研究生理状态下组织与细胞的超微结构及病理状态下组织细胞超微结构的变化，从而在超微水平及分子水平上揭示疾病的发生机理。本书的主要内容包括绪论、超微病理学研究的基本方法、细胞超微结构及其超微病变概述、四大基本组织的超微结构特点、主要器官的超微病理学、肿瘤的超微结构、病原微生物的超微结构、电镜细胞化学及免疫电镜图片、电镜样品制作及观察方法。本书的宗旨在于指导读者如何应用电镜技术观察和认识生命的超微结构，尤其是揭示病理状态下的细胞超微结构和分子水平的变化，使读者对细胞的超微结构有一个较全面系统的认识，了解和掌握电镜样品的制作方法和观察方法，学会阅读和辨认动物细胞的超微结构和超微病变，以开阔读者的知识层面，拓展读者的科研思路，提高读者的科学研究技能。目前，已出版的同类书大多是本科教学的教材，并且大多局限于光学水平，很少有涉及超微水平的书籍，尤其是在动物医学领域更是难得一见。本书是作者近 40 年在超微病理学教学科研方面工作成果的积累，将理论与科研实际相结合，且大多数内容是执行和完成国家自然科学基金项目的成果。该书内容丰富、图文并茂，既可作为兽医及其他生物医学科研和教学工作者的工具书，又可作为动物医学及生物医学相关领域研究生的教材。该书的出版无论对丰富动物医学及生物医学相关领域研究的理论知识，还是对提高生物医学研究工作者认识和观察超微结构的技能水平都具有重大意义。

签字：陈怀涛

2018 年 3 月 6 日

编者的话

　　细胞是生物有机体形态结构和生命活动的基本单位，研究动物机体细胞的形态结构即是研究细胞的化学组成，它不但对医学上许多基本问题如各种疾病的病因学、病理学、肿瘤的发生学、分子药理学以及当代免疫学是迫切需要的，也是整个生物科学绝不可缺的基础。电镜技术已经揭开了细胞分子结构的秘密，为分子生物学提供了丰富的资料。动物超微结构及超微病理学是利用电镜技术观察研究生理状态下组织与细胞的超微结构及病理状态下组织与细胞超微结构的变化，从而在超微水平及分子水平上揭示疾病的发生机理及疾病的发生、发展和转化规律的科学。

　　电镜技术是生物医学工作者打开微观世界的大门，电镜超微结构是连接光学显微结构与分子结构的一个桥梁。本书的宗旨在于指导读者如何应用电镜技术观察和认识生命的超微结构，尤其是揭示病理状态下的细胞超微结构和分子水平的变化，使读者对细胞的超微结构有一个较全面系统的认识，了解和掌握电镜样品的制作方法和观察方法，学会识别电镜切片观察中的人工损伤，了解和掌握各种细胞器的结构和功能特点，学会观察辨识组织细胞的超微结构和超微病变，以开阔知识层面，拓展科研思路，提高科学研究中的形态学观察技能。这样，不仅可使读者的专业知识得以扩展和加强，还可使其生物医学实验技能得以大力提升，从而更能满足现代生命科学研究的需求。

　　目前，在生物医学领域，有关形态学（包括生理和病理状态下）方面的教材及图谱已有大量的书籍出版，但过去的这类出版物大多局限于光学水平，涉及超微水平的书籍较少，尤其是在动物医学领域更是难于寻见，此书的出版将在一定程度上填补这方面的空白。本书是主编近 40 年在超微病理学教学和科研方面工作成果的积累，将理论与科研实际相结合，大多数内容是基于执行和完成国家自然科学基金（项目编号：39200092，39870584，39770548，30270995，30471301，30771588，30871853，31072110，31272515，31472165）、教育部高等学校博士学科点专项科研基金（项目编号：20020019023，20070019035，201300008110030）以及农业部兽医局重大专项（项目编号：21177043，2130108）的研究成果及在从事动物病理剖检诊断实践服务过程中的观察研究结果，在此基础上从内容的系统性、规范性和实用性方面进行梳理、归纳后编写而成。本书的主要内容包括绪论、超微病理学研究的基本方法、细胞超微结构及其超微病变概述、四大基本组织的超微结构特点、主要器官的超微病理学、肿瘤的超微结构、病原微生物的超微结构、电镜细胞化学及免疫电镜图片、电镜样品制作及观察方法。

　　本书共选编有 2 000 多张电镜图片，内容丰富、图文并茂，既可作为兽医及其他生物医学工作者从事科研、教学以及临床应用的工具书，又可作为动物医学及生物医学相关领域研究生的教材或参考用书。本书的出版可以丰富动物医学及生物医学相关领域科研工作者形态学研究的理论知识，提高观察和辨识动物超微结构的技能水平，在动物医学临床应用等方面也具有一定的意义。

　　经历了半年多的编排策划，尤其是经历了半年多的夜以继日、一图一字地键盘敲击，终于完稿，可以交与出版社排版印刷了。此时此刻，主编思绪万千，难以平静。书中所选图片，包含了从 20 世纪 80 年代初到现在将近 40 年的电子显微镜观察记录及教学经验积累，可谓跨世纪之作。从教近 40 年，作为一名动物病理学领域的教授，有义务、有责任把这本书编写出来，贡献给广大读者，与大家共享微观世界的奥秘。所以，在此书的编写过程中，主编是怀着一腔的使命感一字一图地斟酌、一章一节地推敲编写完成的。在完稿之际，感恩之情油然而生。首先要感谢的是国家出版基金项目的资助使此书得以顺利立项出版；第二，因为本书主要内容是基于执行和完成国家自然科学基金和教育部博士点基金项目及农业部兽医局重大专项的研究成果，所以要感谢这些部门近30年来给予的科研项目经费的资助，使本书的内容具有明显的创新性；第三，感谢中国农业大学及动物医学院给我们提供了一个良好的从光镜到电镜的病理形态学观察研究工作平台，使我们的教学研究团队能顺心无忧地开展观察研究工作；最后，必须要感谢的是中国农业大学出版社在出版基金申请及在基金项目获批后责任编辑在编辑、排版和出版发行过程中所做的大量的、精心细致的工作。如果没有以上所述的各方支持，《动物超微结构及超微病理学》就不可能出版问世。

最后，本书很快将要和读者见面了，需要说明的是，虽然本书资料的来源是近40年的电子显微镜试验观察记录及教学经验的积累，编写素材很丰富，但因整理编写过程时间较紧，书中难免存有缺憾，诚挚地欢迎读者批评指正。

2018 年 4 月 30 日　于北京

目　录

绪论 ………………………………………………………………………………………… 1

第一章　细胞超微结构及超微病理学观察研究的基本方法 ……………………… 6
　　第一节　测量生物结构中的度量衡 ………………………………………………… 6
　　第二节　电镜观察时应持有的基本观点 …………………………………………… 7
　　第三节　观察超微结构的基本要领 ………………………………………………… 9
　　第四节　电镜切片观察中人工损伤及其识别 ……………………………………… 14

第二章　细胞超微结构及其超微病变概述 ………………………………………… 24
　　第一节　细胞膜及其常见超微病变 ………………………………………………… 25
　　第二节　细胞表面及其病理过程 …………………………………………………… 29
　　第三节　细胞的内膜系统及其超微病变 …………………………………………… 39
　　第四节　线粒体的超微结构及其超微病变 ………………………………………… 63
　　第五节　细胞核超微结构及病变 …………………………………………………… 75

第三章　四大基本组织的超微结构特点 …………………………………………… 106
　　第一节　上皮组织 …………………………………………………………………… 106
　　第二节　肌组织 ……………………………………………………………………… 200
　　第三节　神经组织 …………………………………………………………………… 227
　　第四节　固有结缔组织 ……………………………………………………………… 251

第四章　主要器官的超微病理学 …………………………………………………… 305
　　第一节　心肌与血管 ………………………………………………………………… 305
　　第二节　肝 …………………………………………………………………………… 348
　　第三节　肾与膀胱 …………………………………………………………………… 373
　　第四节　气管和肺脏 ………………………………………………………………… 392
　　第五节　免疫器官的超微结构及超微病理学 ……………………………………… 447
　　第六节　脑及脊髓 …………………………………………………………………… 550
　　第七节　胃与肠道 …………………………………………………………………… 602
　　第八节　生殖器官 …………………………………………………………………… 670

第五章　肿瘤的超微结构 …………………………………………………………… 721
　　第一节　上皮组织肿瘤 ……………………………………………………………… 721
　　第二节　间叶组织肿瘤 ……………………………………………………………… 721

第六章　病原微生物的超微结构 …………………………………………………… 813
　　第一节　细菌 ………………………………………………………………………… 813

　　　第二节　病毒的超微结构 ··· 873
第七章　电镜细胞化学及免疫电镜图片 ··················· 934
　　　第一节　电镜酶细胞化学 ··· 934
　　　第二节　免疫电镜细胞化学 ··· 937
第八章　电镜样品制作及观察方法 ······························· 953
　　　第一节　电子显微镜的基本结构与成像原理 ············· 953
　　　第二节　透射电子显微镜的样品制备 ························· 959
　　　第三节　扫描电子显微镜常规样品的制作 ················· 965
　　　第四节　电镜酶细胞化学及免疫电镜技术 ················· 967

附录一　LICER 制刀机操作规程 ··· 970
附录二　LICER-UC6 超薄切片机的操作规程 ······················ 971
附录三　扫描制样简便方法 ·· 972
附录四　扫描样品制备过程（扫描表面） ······························ 973
附录五　剖开法扫描样品制备过程（DMSO 法） ················· 974
附录六　JEOL-1230 电镜的使用与调整 ································· 975
附录七　扫描电镜的使用和调整 ··· 979
附录八　电镜酶细胞化学及免疫电镜样品制作程序 ·············· 981
附录九　超微结构赏析 ·· 982
参考文献 ··· 993

绪　　论

一、超微病理学定义

自从 1935 年电子显微镜问世以来，特别是 20 世纪 50 年代以后，病理形态学的研究已逐渐由光学显微镜水平的组织病理学发展到了细胞或亚细胞水平的细胞病理学（cytopathology）。因为细胞病理学是从细胞器等细胞超微结构水平研究疾病的发生和发展，故也称细胞器病理学（organelle pathology）或超微结构病理学（ultrastructural pathology），简称超微病理学。

细胞病理学是运用细胞生物学的研究方法从细胞、亚细胞和分子三个水平研究细胞的异常生命活动的科学。细胞病理学把细胞看作是生命活动的基本单位，采用分析和综合的方法，在细胞、亚细胞和分子三个不同水平上把结构和功能结合起来，从动态观点来探索细胞异常生命活动。

本书主要介绍超微水平上细胞的异常生命活动概况。与之相对应的有《超微病理学》（*Ultrastructural Pathology*）一书，是 1994 年底由美国 Norman Cheville 主编的，2009 年已出版了第 2 版，但并未确切下定义。以本人理解，超微病理学是在超微水平或分子水平上观察研究病理状态下细胞的超微变化，在超微水平和分子水平上揭示疾病的发生机理及疾病的发生、发展和转化规律的科学。

通常所说的超微结构是指以超微形态为重点的生物医学超微结构。生物医学超微结构学也可叫作超微解剖学或超微组织学，它是用电镜技术研究机体结构的科学。对于超微结构这个词，从不同角度可能有不同的理解，反映着不同的研究水平。人们常常把电镜技术与超微结构技术等同起来。一般说，这是可以通用的，就是指用电镜技术作为手段去观察光学显微镜所见不到的或看不清的生物结构的细节。

但是，人们在用词上确实存在着概念不清的问题，给初学者带来一定的困难，例如亚细胞水平、分子水平，等等。严格说来，亚细胞水平不仅是电镜技术所能达到的水平，许多亚细胞器如高尔基复合体、线粒体等早在电镜问世以前就被人们发现了，因此光学显微镜技术也能达到亚细胞水平。分子水平一般被理解为比亚细胞水平更高的水平，它也是当代高分辨率电镜的可及领域，不过，问题在于怎样看待"分子"这一词。人们可以把组成细胞器的亚单位当作细胞的"分子"，也可以把核酸、蛋白质或核蛋白、脂质等大分子结构当作分子，同时，也可以把原子组成的化学上的分子当作"分子"，这样一来，显然在"分子"的范畴里存在着很大的差别。分子生物学就是研究上面所说的构成机体主要物质即核酸、蛋白质等大分子结构和功能的科学。分子生物学包括的范围也是很广的，它需要研究细胞器结构和功能，需要研究核酸、蛋白质的结构和功能，同时它还要研究构成核酸和蛋白质的核苷酸、碱基、多肽和氨基酸顺序及其功能。分子水平是比亚细胞水平更高一级的水平。但是人们没有理由因此否定亚细胞水平里包含着分子水平的含义。超微结构应当被理解为从亚细胞水平直至分子水平的研究。如免疫电镜、酶标等，即是显示分子的存在部位。至于水平的高低则一方面反映了技术水平，同时也反映了研究技术上的需要。值得指出的是研究工作的必要以及取得成果的多少好坏并不以"水平"为界定，从细胞水平上或组织水平上的研究工作所得结果常常超过所谓"分子水平"上的研究。事实上离开细胞或组织或离开整个机体一味追求"高水平"的研究未必是高质量、高成效的研究，甚至恰恰相反，脱离整体而片面追求"分子水平"的研究往往容易犯片面性或局限性的错误。当然作者并不是以上面的这些话否认分子水平的必要性。不可否认，分子水平上的技术方法更为困难、更加精细，未来的医学生物学发展对它不仅提出了迫切要求，而且已经和必然会从分子水平上取得重大成就。

本书编写的目的是通过向读者系统介绍动物组织细胞的超微结构及超微病理学特点，以便读者能了解和掌握观察组织、细胞超微结构及超微病变的方法，学会认识观察某些器官和组织的超微结构和超微病变，并能根据需要将超微病理学的理论和方法应用于自身的科学研究之中。

二、病理学发展概况及超微病理学展望

（一）病理学发展概况

病理学（pathology）是运用各种方法研究疾病的原因（病因学，etiology）、在病因作用下疾病发生发展的过程（发病学，pathogenesis）以及机体在疾病过程中功能、代谢和形态结构的改变（病变，pathological changes），阐明其本质，从而为认识和掌握疾病的发生发展的规律，为防治疾病提供必要的理论基础的科学。

病理学发展史可以追溯到两千多年前，它是在人类探索和认识自身及动物疾病的过程中应运而生的，它寓于医学的发展之中。其发展过程可分为如下几个阶段：

1. 原始病理学阶段（公元前 400 至公元 18 世纪初）

在欧洲，病理学以古希腊名医，被称为医药之父的希波克拉底（Hippocrates，公元前 460 至前 377）提出的"液体病理学"和古希腊哲学家德谟克利特（Democritus，公元前 470 至前 380）提出的"固体病理学"为原始的病理学代表，它控制和影响了欧洲医学思想长达 2 000 年之久。在我国以《黄帝内经》为代表，它的"阴阳五行"学说支配和影响了我国医学 2 000 多年。由于生产力和科学发展水平所限，这些学说只不过是作者对患病机体的形态和机能改变的观察、分析和总结，不可能阐明疾病的本质。

2. 经典的病理学阶段或病理形态学/病理解剖学阶段（1761 至 19 世纪初）

继原始的病理学之后，经过 2 000 多年的发展，直到 18 世纪中后期，欧洲发生了生产力和科技的革命。由于自然科学的兴起和发展，促进了医学的进步和发展。

真正的病理学起源于文艺复兴时期意大利的解剖学院。在意大利帕多瓦，解剖学家的位置依次由 Vesalius、Malpighi 和 Valsalva 这些伟大的科学家所占据。1761 年，意大利的名医 Morgagni（1682—1771）在进行了 700 余例尸体剖检的基础上，根据积累的尸检材料，分析整理写成了《器官病理学》（*Seats and Causes of Disease*）一书，对器官病变做了比较细致的肉眼观察描述，试图阐明器官病变与疾病之间的关系，揭示病灶与临床表现的联系，提出了器官病理学的概念。《器官病理学》的问世标志着病理形态学的开端，也是古代医学向现代医学发展的一个转折点。在此之前，生理学家们认为疾病是由于体液成分的不平衡所致。而在 Morgagni 之后，人们认识到了器官的特定病变是由于特定的疾病所引起的。

1762 年，在法国里昂（Lyon）成立了第一所兽医学校。William Harvey 在 Padua 学成返回伦敦后，研究发现了血液循环。在这一时期，英国伦敦皇家兽医学院的董事之一 John Hunter（1728—1793）在对血管病理的治疗研究中，首先发现并认识到了微血管在炎症过程中的重要作用。同一时期，加拿大蒙特利尔兽医学院教授 William Osler 研究发现了血小板及其功能。

19 世纪初，随着显微镜技术、切片染色及组织学方法的相继问世，使人们有可能对各种疾病过程

中所表现的形态学变化进行比较深入的观察。

　　奥地利维也纳的病理学家 Rokitansky（1804—1878）根据对 84 000 多例尸体解剖的观察资料，撰写了第一部《病理解剖学》巨著，丰富了器官病理学的内容。

　　3. 病理生理学阶段（19 世纪中后期至 20 世纪中期）

　　随着《病理解剖学》的问世，人们对疾病观察认识的不断深入，发现运用临床观察和尸体解剖方法，不能解决对疾病本质的全面认识，于是在疾病病理研究中开始注意生理的或机能的变化。法国大生理学家 Claud Bernard（贝尔纳，1813—1902）首先采用了实验生理学的方法研究疾病的机能障碍及发生机制，编写了《病理生理学讲义》，叙述了病理机能实验的方法，此即病理生理学的始基。

　　4. 古典的细胞病理学阶段（19 世纪初至 20 世纪初）

　　没有显微镜就没有细胞学，更不可能有细胞病理学。细胞的发现也与显微镜的制作有密切关系。第一架复式显微镜是由荷兰眼镜制造商詹森（Janssen）兄弟于 1590 年试制成功的。其后 1665 年，Robert Hook 应用自己研制的简陋显微镜观察软木塞栎树皮薄片及其他植物组织，发现了许多蜂窝状小室，称为"cell"（小室之意，由拉丁文 cellulae 演变而来）。他所见到的"小室"仅仅是死细胞的细胞壁。真正观察到活细胞的是 Leeuwenhoek，他于 1667 年用自己磨制的透镜组装成的高倍显微镜观察了池塘中的原生动物、人类和哺乳动物的精子以及鲑鱼红细胞的核。过了一个世纪以后，R. Brown（1831）在兰科植物叶片表皮细胞首先发现细胞核和核仁。Schleiden 和 Schwann 在 1838—1839 年根据前人的观察以及总结前人的工作，提出了细胞学说。细胞学说认为"一切生物，从单个细胞到高等动物和植物都是由细胞组成的，细胞是生物形态结构和功能活动的基本单位"。现代医学病理学起源于 19 世纪 80 年代。当时，在德国柏林 Johannes Muller 的病理研究室里，Rudolf Virchow（1812—1902）应用当时新发明的光镜消色差装置系统观察分析了病理损伤部位的病理组织学特点，根据对组织器官病理变化的显微镜观察结果，记述了病变组织细胞的形态变化，于 1848 年撰写出版了 *Cellular Pathology* 即《细胞病理学》，提出了细胞是生命的基本单位，细胞的形态改变和细胞的机能障碍是一切疾病的基础，疾病的病变都是局部性的和定位性的。1885 年 Virchow 进一步提出"一切细胞只能来自原来的细胞"的论点。此外，他还提出机体的一切病理现象都是基于细胞的损伤，他的这些观点是对细胞学说的重要补充，也标志了古典的细胞病理学的创立。

　　细胞病理学的创立不仅对病理学，而且对整个医学的发展做出了具有历史意义的划时代的贡献。后来，Virchow 在其名著 *Handbook of Communicable Diseases* 一书中记载了可传播给人的动物病。他指出为了公共健康，动物死后的尸检工作应作为肉品检测的一道程序。1870 年，在柏林 Rudolf Virchow 被授予首席兽医病理学家称号。

　　细胞病理学的建立奠定了近代医学和兽医病理学的基础，使病理学作为一门学科独立于医学之中。以后，由于显微技术的不断改进，使病理学的研究更加进入了微观阶段。

　　5. 现代病理学阶段（20 世纪中期至现在）

　　19 时期后期，由于发明了保存细胞结构的固定液和染色技术的出现，人们应用固定染色技术对细胞的观察认识不断深入，在显微镜下相继观察到了几种重要的细胞器。1883 年 Van Beneden 和 Boveri 看到了中心体，1898 年 Benda 发现了线粒体，1898 年 Golgi 发现了高尔基体。这些发现对于病理学的研究提供了新的思路。

　　20 世纪初 William Welsh 将系统病理学带到了北美，他和他的学生们在兽医病理学界影响很大，许多病理学家都受训于他的医学机构。后来出现的 William Feldman 也是一位杰出的兽医病理学家，他于 1948 年与来自美国和加拿大的一批病理学家一起共同创立了美国兽医病理学院，并担任第一任院长。这些兽医病理学家及其机构对于兽医病理学的学科发展起到了重要的推动作用。

　　在这一时期，细胞学的研究不再只着重于形态结构的观察，而且还采用了多种实验手段。同时细胞学还与相邻学科相互渗透形成了一些重要的分支学科。1902 年 Boveri 和 Sutton 同时提出了"染色体遗传理论"，把染色体的行为同 Mendel 的遗传因子联系起来，1910 年 Morgan 根据他的大量实验材料，证明遗传因子位于染色体上，提出了基因学说。这样，便使细胞学与遗传学结合起来，形成了细胞遗传学。1909 年 Harrison 创建了组织培养技术，为开展细胞生理学研究，直接观察和分析细胞的形态结构和生理活动提供了有利条件。1943 年 Cloude 应用高速离心机从活细胞中把细胞核和各种细胞器，如线粒体、叶绿体和微粒体（内质网的碎片）等分离出来，分别研究它们的生理活性。这对了解各种细胞器的生理功能和酶的分布，起了很大作用。

在这期间形成的细胞化学对细胞内的化学成分开展了大量的研究工作。Feulgen（1924）首创 Feulgen 染色，测定了细胞中的 RNA。Gaspersson（1940）采用紫外光显微分光光度法检测了细胞中 DNA 的含量。他们的实验工作还证明，蛋白质的合成可能与 RNA 有关。

1933 年 Ruska 设计制造了第一台电子显微镜，其性能远远超过了光学显微镜。电子显微镜的分辨率由最初的 500nm 改进到现在的几个 nm，放大倍数可达到上百万倍。20 世纪 50 年代以后，使许多学者能应用电子显微镜清楚地观察细胞内各种细胞器的微细结构，如内质网（Porter，1950）、高尔基体（Sjostrand，1950）、溶酶体（de Duve，1952）、线粒体（Palade，1952）和质膜（Robertson，1958）等。

这些新技术、新理论的出现，在很大程度上促进了病理学的研究不断深入和系统化。尤其是随着电子显微镜的出现，使病理学的研究进入了亚显微时代——超微结构领域。20 世纪 60 年代以来，随着生产力和科学技术的发展，特别是免疫组织化学技术，包括免疫电子显微镜技术的应用与分子杂交和 PCR 等先进技术的应用，还有细胞生物学、分子生物学、环境医学以及现代免疫学、现代遗传学等新兴学科的迅速兴起和发展，以及动物和人类基因组的解密和基因组学的兴起，对病理学的发展产生了深远的影响，促使病理学领域出现了遗传病理学、免疫病理学、毒理病理学、环境病理学、定量病理学、超微病理学、分子病理学及生物病理学等新的边缘学科和分支。这些分支学科的出现，标志着病理学已不仅停留在细胞和亚细胞水平，而且深入到了分子水平去认识和揭示疾病的发病的原因及其机理。即从染色体畸变、遗传基因突变和蛋白质构型改变去认识和揭示疾病的发病原因，并使形态学观察结果从静止的定性、定位走向动态的定性、定位且与定量相结合，这样更具客观性、重复性和可比性。这些进展大大加深了人类对疾病本质的认识，标志着病理学已进入了一个"形态、机能与代谢相结合"以及"定性、定位与定量相结合"的崭新历史时期。从而为寻求诊断和防治动物及人类的各种疑难疾病的有效方法开辟了新的思路和光明的前景。

作为病理学的一个分支，超微病理学是在细胞病理学的基础上逐渐完善起来的。20 世纪 70 年代末 80 年代初，美国的兽医病理学家 Norma Cheville 编写出版了《细胞病理学》（*Cell Pathology*）一书，10 余年以后，1994 年 Norman Cheville 正式编写出版了《超微病理学》（*Ultrastructural Pathology*），2009 年《超微病理学》第 2 版出版发行，与第 1 版相比，第 2 版的内容更系统、更全面。可以说 Noman Shelver 是兽医超微病理学的创始人。

（二）超微病理学展望

细胞是生物体的形态结构和生命活动的基本单位。细胞学说的建立被伟大的革命导师恩格斯称为十九世纪自然科学的三大发现之一。研究机体细胞的形态结构是研究其化学组成，它不但对医学上许多基本问题如各种疾病的病因学、病理学、肿瘤的发生学、分子药理学以及当代免疫学是迫切需要的，也是整个生物学科绝不可缺的基础。电镜技术已经揭开了细胞分子结构的秘密，为分子生物学提供了丰富的资料。由于电镜技术的发展和应用，揭示了细胞膜（或者说整个生物膜系统）结构上的奥妙，传统的"单位膜"概念已经逐渐被放弃，新的生物膜结构理论相继诞生。由于超薄切片技术，尤其是由于冷冻蚀刻技术的发展和应用，不仅发现了大量的膜结构，而且使人们可以借助这些技术直接观察和解释细胞核内外遗传信息传递的可见形态。总之，人们不再满足于几十年前由单线条绘制的细胞膜模式图，而是用新的技术揭示那些"线条"上的亚单位或者说大分子结构排列的形态。

如果我们把细胞当作超微结构比较容易达到的较大形态的一端，那么，作为有机体的病毒以及前病毒及后来发现的朊病毒形态则是另一个极端。它们之间从大小上说相差亿万倍，可是从化学结构上它们共享着许多相似的东西。核酸（DNA 和 RNA）和蛋白质是构成千变万化的生物机体的主要物质基础。超微及分子病理学的任务，就是应用多学科密切配合，以发现疾病发生、发展、遗传、演化的普遍规律，使人们从"必然王国"奔向"自由王国"，用掌握的自然规律改造自然，为防病治病、造福人类的崇高目标而奋斗。

电镜技术是打开微观世界大门的一把钥匙，它是当今分子病理学不可缺少的研究手段。电镜超微结构是连接光学显微结构与分子结构的一座桥梁。人们把它喻为超微观世界（或分子世界）的眼睛。几十年前在电镜技术发展的初期用它看到了无数微小生命的可见形态，现在，又用它去研究生物大分子结构。电镜技术在朊病毒、慢病毒和其他危害人类和动物健康的病毒，以及癌症病因等分子病毒学和分子病理学研究上起着前沿哨兵的作用。分子感染已不再停留在假想阶段，一组不同于一般病毒的裸体（分子）病毒已被发现。前病毒形态（provirus 或 viroid）已成为当今医学中的重要课题。当前高分辨力电镜既然能够分辨出单个原子的形态，毋庸置疑，至今世界上最小的生命形态朊病毒决不会逃脱电镜的"追击"。尤其是免疫组化学和免疫电镜技术的出现，使我们可用电子显微镜追踪各种大分子及病原微生物在细胞内的踪迹。由此可见，电镜技术不仅在生物医学研究中起着重大作用，而且目前，它的"足迹"已开始踏遍整个（包括化学及物理在内的）分子世界。

我们无意要夸大超微结构研究和电镜技术的作用，因为这门学科与自然科学中的许多学科相比还很年轻，由于它还有许多不足和限制，因此从事这门学科研究的同志，尤其是兽医病理学工作者要克服种种困难。我们要把完善和发展超微病理学作为使命，努力为超微病理学的发展贡献我们的力量。可以预言在未来的 5～8 年后，超微病理学及分子病理学将得到大力发展，并且一定会得到广泛应用。这可从两方面来加以说明：

一是整个医学发展的需要，迫切要求病理学家从更高的水平上来揭示疾病发生的原因及发病机理。目前，虽然人及动物的许多疾病从临床到大体解剖再到组织病理学变化等方面均已被揭示得很清楚，但从超微结构、分子水平的角度尚存有未解之谜，而且还有许多疾病本身的特点（包括临床、解剖及组织病理学变化）及发病机制尚未被探明。这都必然促使病理学家从超微角度、分子水平去探讨这些未知问题。实际上，任何疾病的发生都有其分子学改变的基础，因为机体的细胞结构无一不是由各种化学成分组成的。现代遗传病理学认为，在人类疾病中虽然只有一小部分具有明显的遗传特征，但原则上几乎所有的疾病都受遗传因素的影响。因此，病理学家只有深入到分子水平方能透彻地揭示出各种疾病发生的真面目。

另一方面，科学技术发展到了今天，使病理学家从超微水平、分子水平来探讨疾病的本质及规律成为可能，由于研究设备、研究手段的改进提高，使病理工作者有条件进行这方面的研讨。电镜技术、免疫细胞化学、分子杂交技术、核酸测序、PCR 技术等，将在病理学研究中得到广泛应用，尤其是随着电镜技术的普及应用，许多疾病的病因及发病机理就可能在超微水平、分子水平上被揭示。这就必然使目前正在兴起和发展中的超微病理学及分子病理学的理论不断完善，而超微病理学必将作为病理学乃至生物医学领域的一门系统完整的分支学科立足于生物医学之林。

第一章 细胞超微结构及超微病理学观察研究的基本方法

第一节 测量生物结构中的度量衡

作为生物医学工作者，了解和掌握测量生物结构的度量衡是很有必要的。人眼不能分辨间距小于 0.1 mm 即 100 μm 的两个点，因此，大多数细胞都是人的肉眼所望尘莫及的东西。光学显微镜在大多数细胞成分或亚细胞结构（通常叫作细胞器）面前是无能为力的，于是，电镜就担负起观察包括原子在内的超微观世界一切物体的重任。说得通俗一些，从形态学的角度上看，在生物学领域中，用光学仪器对生物体的分析都可叫作解剖学。因为生物体像任何其他物质一样是永远可分的。由于分析的精密度不同，测量长度的单位也不同。在大体解剖学方面，可用米至毫米作为度量衡单位，来测定长度范围。在电镜下，测量范围的度量衡单位就更加微细了。从细胞化学角度上来说，化学成分的质量同样要有相应的度量范围，将用下面两张表说明测量细胞和细胞器的度量衡单位及其相互换算关系（表1-1-1，表1-1-2）。用表1-1-3 至表1-1-5 来说明，比较细胞和大分子的相对大小以及对比长度和质量单位的相应关系，并且指明生物种的不同视野及其相应学科，这些单位和相互关系是医学超微结构中随时都会接触到的问题，因此具有重要意义。

表 1-1-1 用于测量细胞和细胞器的单位英汉对照表

单位	代号	相应线度	细胞学测量上的范围和用途
厘米	cm	＝0.4 英寸（inch）	肉眼的范围，巨大的卵细胞
毫米	mm	＝0.1 厘米（cm）	肉眼的范围，非常大的细胞
微米	μm	＝0.001 毫米（mm）	光学显微镜技术，大多数细胞和较大的细胞器
纳米（毫微米）	nm	＝0.001 微米（μm）	电子显微镜技术，较小的细胞器，最大的分子
埃	Å	＝0.1 纳米（nm）	电子显微镜技术，X射线方法，分子和原子

表 1-1-2 线度的换算表

纳米（nm）	微米（μm）	毫米（mm）
0.1	0.000 1	0.000 000 1
1.0	0.001	0.000 001
1 000.0	1.00	0.001
1 000 000	1 000.0	1.00

表 1-1-3　细胞和大分子的相对大小比较

细胞类型	平均大小	
	埃（Å）	微米（μm）
卵子（人类已成熟的）	1 200 000	120
肝（人类）	200 000	20
红细胞（人类）	80 000	8
T 噬菌体（奇数）	650×950	0.065×0.095
Pf 噬菌体（DNA）	850×50	0.085×0.005
f2 噬菌体（RNA）	250	0.025
胶体（范围）	10～1 000	0.001～0.1
淀粉分子	80	0.008

表 1-1-4　生物学中的不同视野及其相应学科

尺度	学科	结构	方法
0.1 mm（100 μm）或更大	解剖学	器官	肉眼和简单透镜
100～10 μm	组织学	组织	各种光学显微镜
10～0.2 μm（200 nm）	细胞学	细胞、细菌	X 射线显微镜
200～1 nm	亚显微形态	细胞成分、病毒	偏光显微镜，电子显微镜
	超微结构		电子显微镜
	分子生物学		电子显微镜
小于 1 nm	分子和原子结构	原子排列	电子显微镜
			X 射线衍射

表 1-1-5　细胞化学中长度和质量的关系

长度	质量	名称
1 cm	1 g	传统生物化学
1 mm	1 mg 或 10^{-3} g	微量化学
100 μm	1 μg 或 10^{-6} g	组织化学 ⎫ 超微化学
1 μm	10^{-12} g	细胞化学 ⎭

第二节　电镜观察时应持有的基本观点

正确的研究思路和结果来源于正确的观点，反之亦然。因此，下面我们将着重指出超微结构观察研究中应持有的基本观点。

1. 形态研究和功能研究必须尽可能地相结合

在过去的近 2 个世纪里，生物结构（解剖）学曾一度被人视为穷途末路的领域，几乎到了被科学界遗忘的地步。如果把它跟兴旺发达的生物化学比较，则更会使人感到失望。造成这种落后状态的原因主要有两个：首先是传统的形而上学习惯势力的影响，100 多年前的解剖学家，以纯形态的结构分析为专长，曾为科学做出了有价值的贡献，但是由于方法学上的局限，他们被结构本质上的奥妙迷惑，再加上学科传统的局限性，因而感到无所作为；第二，生物化学家已经进入了看不到的细胞结构微妙成分——分子的水平，而解剖学家能够区分的最小单位也不过是由亿万分子组成的整个细胞及其几个主要部分。这样一来，过去近百年的状况就必然是对生命结构的分析大大落后于对其化学组成和功能的分析。

然而，近20年来情况发生了巨大变化。电镜技术的飞快发展给当代解剖方法以新的活力。它揭示了一个广阔而新颖的细胞结构图像与生化学家所研究的分子单位日趋接近，有的甚至可达到并驾齐驱的水平。当在超微结构上联合使用电镜放射自显影技术、细胞化学和免疫电镜技术时，甚至使我们能够洞察驱动生命功能活动的细胞内分子成分，因而我们有可能对细胞内分子和原子的行径进行追踪。如果我们能把有关技术适当地协同使用，电镜技术可以在以下几方面做出极有价值的贡献：①分子水平上揭示细胞的正常功能和病理变化；②在光学显微镜还看不到改变之前，发现最早的细胞超微病理变化；③检查疾病的治疗效果。

事实上，所谓形态不过是"凝固了"的功能，而功能无非是活动着的形态，只是因为科学研究上或多或少人为地把结构和功能分开了，造成了"隔行如隔山"的不合理局面。大量的事实不断证明，并时刻迫使形态工作者去研究活动着的形态，以增强研究的目的性和取得有成效的研究。在超微结构领域内往往需要紧紧抓住生物化学的（或功能代谢）的变化。这种要求已成为分子生物学发展的必然结果，在分子生物学高度发达的今天，很难设想有离开功能代谢而存在的纯形态学的研究。人们在电镜下所见到的细胞只是因为方法学上的缺点，才陷入僵死，即固定了的形态，而这种形态实际上是人为地把生理活动全过程的某一片刻固定下来，它只是整个细胞代谢过程中的一瞬间。假如不是此时此刻加以化学固定使其酶活动停止，就应当被理解为在数小时或数分钟之后它可能是另一种功能状态和另一种相应的结构形态。当代的超微结构研究无论从研究目的、研究手段都日趋融合。冷冻切片超微细胞化学、电子探针、微区元素分析、免疫电镜技术、同位素放射自显影技术等已经很难说是属于形态学技术还是属于生物化学技术，它们为两个（或多个）人为分开的学科所共有。

总之，超微结构（形态学）研究的目的在于追求生物结构的动态，也只有密切结合（生化）动态的研究才具有真正的意义。那种纯形态学研究是有一定局限性的，因而只能取得一些不完整的结果。如果不对所得结果做辩证的分析，则会使研究工作降到更低的水平。

2. 生与死的对立统一观

任何生活机体，有生必有死，正是生物体内同化与异化、生与死的相互斗争决定了生物体的发生、发展、疾病、衰老与死亡。即便能活几百年的海龟，也是"神龟虽寿，犹有竟时"。总之，小到细胞，大到天体，万物都在不断变化，旧的死亡，新的形成，这是辩证唯物论的一条基本观点，这条基本观点在生物医学中是一条普遍规律。

生物个体的生命活动，就是生物体物质的新陈代谢。生物体内经同化作用使无生命的化学物质转化为生物。异化作用又使生物体的组成部分转化为无生命的化学物质，这是一刻也不停顿的永恒的运动。根据示踪原子等方法计算，人体每天平均有1%～2%的细胞走向凋亡。肝脏细胞的寿命大概有18个月，红细胞的寿命为120天，而皮肤细胞的寿命很短，只有十几天，更短者为消化器官的黏膜上皮细胞，其寿命只有几十个小时。以红细胞为例，每人每天平均有一千几百亿个红细胞发生凋亡，人体内的组织蛋白每80天就有一半要更新。其中组成肺、脑、骨骼和大部分肌肉的蛋白质寿命约为158天，组成肝脏、血浆的蛋白质的寿命约为10天。如果从分子和原子的水平上说，变化之快则更是惊人的了。人体内钠原子在一两周内有一半要被新的替代，氢原子和磷原子在一年内有98%都要更新。上述现象说明：

①生和死是一个对立统一的普遍规律。研究生命科学的人必须牢记这个规律与自己工作的密切关系，避免僵死地、静止不动地对待自己所研究的活的机体。

②生与死在同一个机体里、同一个组织和器官里甚至在同一个细胞的细胞器中并不是同步发生的过程。在一个细胞群体中（包括体外培养细胞）有的细胞处在新生活跃时期，有的可能已经衰退和凋亡，这种客观情况向电镜观察者提出了警告，用一孔之见来对待千变万化的细胞群体是十分错误的，它会使你步入歧途而不能自拔。在一张正常组织的显微照片上出现你所不希望得到的结构异常细胞，这是不足为奇的。因此研究者一定要牢记在观察研究的过程中，必须要设定相应的对照，没有严格的对照观察就没有任何意义。

第三节　观察超微结构的基本要领

科学技术发展到今天，尤其是生物医学发展的要求，应用电镜技术观察组织细胞超微水平的病理变化越来越普遍，现在已经处在普及的阶段，电镜这个"微观世界的眼睛"，能帮助我们看到在肉眼和普通显微镜无法看到的东西。任何一位生物医学工作者都难免在各自领域内随时遇到有关超微结构观察问题，尤其是生物医学形态学研究工作者这种观察能力甚至可能要成为必备的技能之一，这是科学发展的必然趋势。无论什么人，在面对着一张电镜照片时，怎样理解，怎样做出正确的判断，都会遇到一些共性的问题，如对组织和细胞的初步判定、放大倍率的判断、方位的定向和人工损伤等问题。为了能够独立地观察或阅读电镜图像和照片上所记录下来的资料，我们应当熟悉以下几点情况：

我们在解读一张电镜照片时，首先应当具备一个最基本的条件，这就是要对观察对象（如细胞、细菌、病毒）有一定的理论基础和实际经验。如果你在没有做任何知识储备的情况下，去观察电镜结构，常常会感到一筹莫展，你可能会对电镜下丰富的超微结构内容熟视无睹。如果你不具备足够的知识，就不可能充分地利用已经被揭露出来的有效资料揭示你的研究结果。因此，为了基本上能够独立地观察电镜图像和电镜照片上所记录下来的资料，电镜观察者应当熟悉以下几个问题：

1. 判断和正确使用放大倍率

观察者首先遇到的是放大倍率。因为不同的放大倍率下所能看到的超微结构细节是不同的。例如通常的细胞在 10 000 倍时大约相当于一个鸭蛋那样大，而最常见的细胞器线粒体大约相当于黄豆粒或花生米那样大。按照一般习惯，观察时由低倍为好，因为这样能够避免"一孔之见"的缺点，在观察病毒时一般要在 2 万～3 万倍及以上，而观察生物大分子结构则起码要求 10 万倍以上的放大。在现代电镜上，一般都设有数字放大标记，优良的仪器中光阑随放大倍率而变换，使用非常方便。

在一张洗好了的电镜照片上，一般可用两种方法来表示放大倍率：

（1）在标题末尾标上×20 000 即放大两万倍，有时也可同时标明仪器放大倍数（即电镜照相时感光版上的实际放大倍数）和光学放大倍数（即电子感光底经过放大机放大在相纸上的倍数）。例如仪器放大×10 000，光学放大×5，则写成×50 000（10 000×5＝50 000）。

（2）在电镜照片上画上代表一定长度的标尺，例如以 5 cm 的一条线代表 1 nm。

上述这两种方法所得的数值可相互参照，因为标线的长度直接来自放大倍率。

在生物学研究中最常用的刻度为微米（μm），在许多情况下还嫌大，就把 1 μm 分成 1 000 份叫作毫微米或纳米（nm）。例如在一张电镜照片中标线代表 1 μm，那么，细胞的各部分都可以它为标准进行测量。如果用尺子把这条标线量一下它是 20 mm 长，这意味着在原始标本上任何 1 μm 长的结构，在放大照片上应当量 20 mm。就是说放大倍数为 20 mm/1 μm。因为 1 mm＝1 000 μm，这个放大倍率也可写作 20×1 000/1 或 20 000。因此这张照片也可直接以总放大倍数 20 000×来表示。反过来说，如果放大倍数只在图片注释上标明，那么也可换算出标尺来，即 1 μm 的标线可换算成 mm，就是 20 000 被 1 000 除，而得 20 mm，然后用简单的比例把照片和计算的长度做对比观察。

此外，还应当指出，在电镜技术中常常遇到另一个测量单位叫作埃（Å），为十分之一个纳米（nm），也就是说 10 Å＝1 nm。在国际命名系统中已不再承认 Å，但有时有些学者还是比较习惯使用它。所以 1 μm＝10 000 Å，1 nm＝10 Å。

为方便起见，在高倍放大的照片上，可取一个 10 nm（100 Å）的标线来表示放大倍率。在 100 万倍放大时，照片就达到了电镜的极限了，即一条 100 Å 的标线（10 nm）应当测量成 10 毫米（mm）。

除了上面所说的放大倍率是每张电镜照片都必须标明的以外，还要注明动物品种、器官、细胞类型、固定包埋染色方法以及必要的解释。因为以上这些数据和方法对于判断超微结构都是十分重要的。

一个熟练的电镜观察者，往往根据照片上的生物结构即可大略判断出放大倍率，例如生物膜结构的厚度、核蛋白颗粒的大小、胶原纤维的周期性结构等，都可作为衡量其他细胞成分的参考标尺。在低倍放大的电镜照片里，同时可以看到几个细胞，虽然线粒体、内质网和分泌颗粒能看得清楚，但胞浆内的微细结构不一定能看出来。例如低倍放大时，细胞膜结构，呈单一线条，并不能见到实际上的三层结构来。必要时可对照片进行局部放大。此外，往往可根据所见到的结构特点，如肺脏里的红细胞、肝脏的毛细胆管、神经组织里的髓鞘结构和胶原、肌肉组织的肌原纤维明暗交替结构等特点来判断组织和器官的性质。

前面已经提到，在 1 万倍左右的中度放大下，只能见到细胞的一部分或相连细胞的部分或带有邻近细胞核的一部分。此时，细胞成分清晰可见，在细胞内还可清楚地看到几个线条清楚的线粒体，均质而浓黑的溶酶体，或排列成行、较亮、反差清楚的粗面内质网或排列成行、较亮的高尔基复合体。细胞间的紧密连接情况则不易显示。高倍放大的电镜照片，只能显示单个细胞的一小部分或细胞的接触表面，但高倍放大可使细胞中各种亚显微结构，甚至大分子结构得以显示。若要观察病毒的结构，必须要在 3 万倍以上。但是，根据高倍图像很难判断细胞类型和来源。当然，有的细胞在高倍放大仍具有其特点，如上皮来源的组织中往往可见到单位膜的三层结构，紧密连接或形成桥粒，而蛋白分泌细胞往往有典型的粗面内质网和酶原颗粒等。

2. 对组织和细胞的初步鉴定

在低倍放大下（一般可在 500 倍左右），根据细胞形态和轮廓，细胞内和细胞间物质的伸延情况基本上可对组织类型做出初步判断。主要几种类型的组织如上皮、神经、肌肉和结缔组织都可根据它们明确的解剖组织学特征，在观察细微结构之前，做出倾向性的鉴定来。

上皮组织细胞通常总是形态规则、排列整齐、细胞间接触严密、细胞间隙甚小。在上皮下有一个明显的基底膜。基底膜下有胶原纤维。表面上皮细胞或衬在腺体中的上皮细胞有极性特点，即有一个与基底膜相连的基底表面和一个游离的顶端表面。许多上皮细胞还有能够吸收物质的微绒毛表面（图 1-3-1）。

与上皮细胞相反，最常见的结缔组织在电镜下呈现出界限明显而空旷的图像。其细胞量稀少，细胞相互分隔，细胞表面微突甚长，罕见或根本见不到细胞相互接触的专一化结构（如桥粒）。在细胞之间有胶原纤维束，它有典型的周期性明暗相间的条纹结构，如果没有其他可以鉴别的成分，胶原纤维可作为鉴定结缔组织的重要标准（图 1-3-2）。鉴别结缔组织的另一个要点是有比较丰富的微血管。骨和软骨组织的基质密度高，辨认也不困难。肌肉和神经比较容易识别，肌肉的主要特征是明暗相间的肌小节结构（图 1-3-3），而神经组织的特点是富含由雪旺氏细胞鞘膜包着的神经轴突（图 1-3-4），这些成分与上皮里多个细胞有一个共同的基底膜不同，在肌肉和外周神经中，每个细胞都具有自己的外（板）膜层。这样，借助电镜照片的特点即可大略地鉴别组织和器官的类型了。

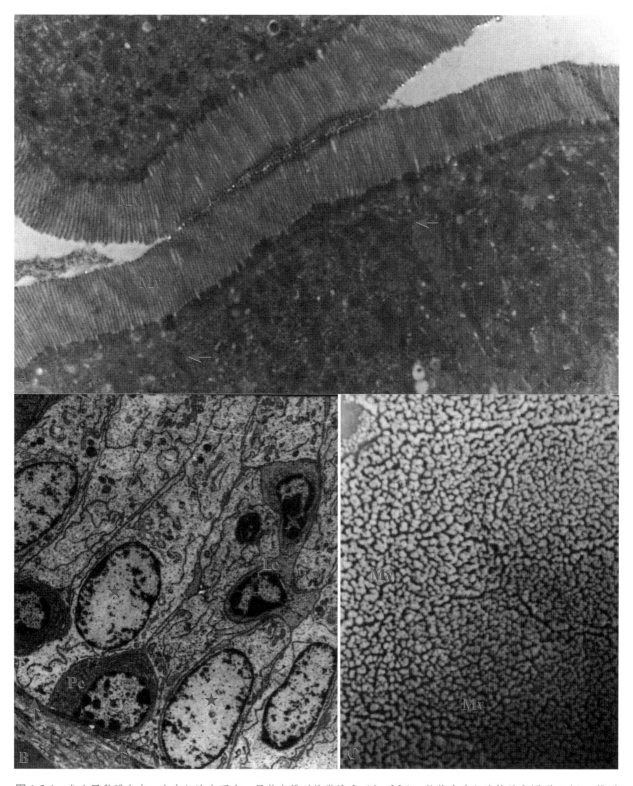

图 1-3-1　兔小肠黏膜上皮。上皮细胞表面有一层整齐排列的微绒毛（A：Mv），柱状上皮细胞核呈卵圆形（★），排列整齐、紧密，细胞间隙难见（A、B：↑）。在上皮下有一层明显的基底膜（B：↑）。在细胞的游离面（肠腔面）有密集而丰富的微绒毛（A、C：Mv）。Pc：浆细胞；Lc：淋巴细胞。A、B：TEM，C：SEM

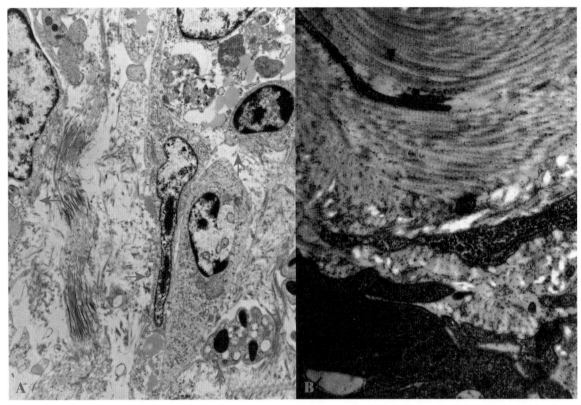

图 1-3-2 结缔组织。细胞稀少,排列松散(↑),细胞间有丰富的由周期性明暗相间的条纹构成的胶原原纤维(colla-gen fibril,CF)。TEM,A:10k×,B:30k×

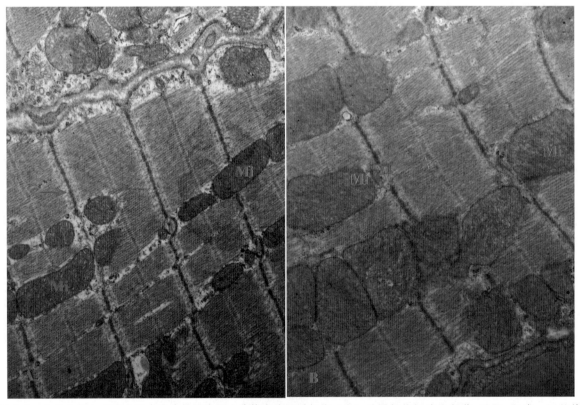

图 1-3-3 大鼠心肌。心肌主要由明暗相间的肌小节构成的肌原纤维(★)及原纤维间的线粒体(Mi)组成。肌丝结构清晰,肌节平直(↑),线粒体结构完整。TEM,A:25k×,B:30k×

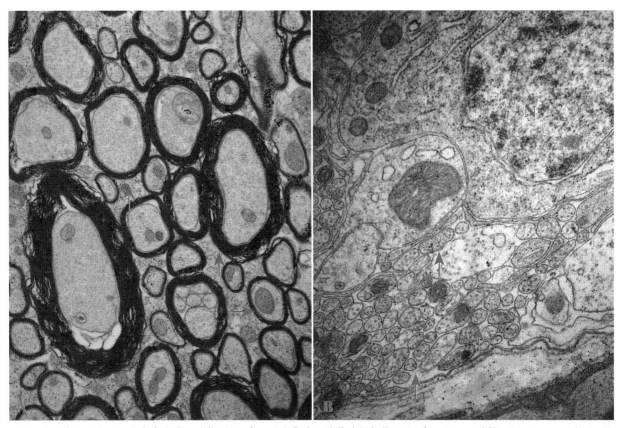

图 1-3-4　沙鼠大脑。可见丰富的神经髓鞘（A：↑）及密集的无髓鞘神经纤维（B：↑）。N：细胞核。TEM，A：20k×，B：40k×

3. 注意把握切片观察中的全局问题

在分析电镜图片时都不应当忘掉全局，不要因对个别情况感兴趣而误入歧途。一般人们习惯在观察一张电镜照片时，往往把注意力放在照片的中心。要知道，有时中心部位并不是最重要的部位，就是说要通观全局，避免片面。此外还必须指出，照片所能记载的仅仅是整个标本的一小部分，大量的资料还应当在电镜观察时，靠观察者做详细记录，尽可能多拍摄一些照片。要知道我们在电镜下看到的一个细胞的超薄切片，只不过是一个细胞的 1/100～1/500 而已。显然，以这样的取样方法进行定量研究就感到非常片面了。在分析照片时切忌片面性，在收集资料时，有时会因研究者的忽略，把某些有用的资料去掉了。由于主观片面性也有可能把自己喜欢的部分加以夸大，而把自己不喜欢的部分粗暴地删除了，而被去掉的部分有时也可能恰恰是有较大意义的部分。我们曾多次强调了这样的危险：在电镜技术中放大倍率可能很大，甚至不可能同时把几个细胞拍进一张照片里，因此就为选择图片增加了客观上的困难，造成很大的主观片面性。要克服这个困难应当注意如下几点：①尽力采用观察时的现场记录；②对有代表性的照片认真、全面地分析。③强调对照观察：在组织和细胞超微病理变化观察中如果没有足够的对照资料则全部实验宁肯作废。④电镜观察时最好两人或两人以上在场（但不宜过多，一般不应超过 4 人），对重要的现象，要相互讨论、核实。

4. 注意判断超薄切片的切向效应问题

与人工损伤不同，在电镜观察中往往会遇到斜切向效应而使某些比较熟悉的结构（如膜结构）变得不易识别了。斜切向效应是怎样产生的呢？这是因为在切片时刀口恰恰从某种结构（如细胞核或线粒体）的表面"掠过"或者斜着切到细胞膜上就会产生这种情况。有时中心粒的管状轴丝因此种效应而很难辨认。任何膜结构的斜切面都给人以间断的印象，例如线粒体的外膜，纤毛、绒毛、细胞外膜等都会出现斜切的图像，给人以"不完整"的或"破裂"的错觉。这绝不是膜的破裂。因为任何膜结构只有在正切（即横断）时，才显示其典型的三层结构，而斜向切面则变得模糊不清了。

前面我们强调了图片分析时的全局观点，这里我们又指出三维（立体）结构的观点，这些都是超微结构研究者不可忽略的。我们知道，超薄切片的电镜照片只表现了三维结构的一个面，而研究工作要求我们对研究的对象有立体的分析，这就是矛盾之所在。为了克服这一矛盾，近几年来发展了（立体）扫描电镜技术、冷冻蚀刻技术、标本大角度倾斜装置等技术。由于这些方法的应用使我们原来感到迷惑不解的核膜核孔结构，现在有了新的认识。为了对生物结构做出全面分析和正确理解，有时应当同时使用几种方法，将所得的资料进行比较分析然后绘制出立体构图。

总之，进行电镜观察要求做到：①熟悉仪器的性能和操作；②熟悉标本的性质，掌握或了解组织和细胞的基本结构；③遵循先"扫描"（即低倍下看全局），后细察的原则；④严格对照全面记录（包括拍照）；⑤避免主观，相互核实。

第四节　电镜切片观察中人工损伤及其识别

在超微结构的观察中随时都会遇到人工损伤。所谓人工损伤就是在标本制备过程中和电镜观察过程中由于技术上的错误而造成的在生活状态不存在的人工假象。这种人工假象是一个相对的概念，是以仪器的分辨力和人们对于所观察的生物样品的要求程度而转移的。例如，光学显微镜所见到的绝大多数图像，在电镜水平上被认为是不能允许的严重损伤。又如，二十几年前的一张电镜照片，即便在当时认为是质量比较好的照片，在电镜技术高度发展的今天则可发现许多人工损伤。在光学显微镜观察中经过固定和染色的组织上总是有蛋白沉淀和染料结合之类的人工损伤。这在光学显微镜水平上认为是可以允许或者接近于真实结构的。组织学的人工损伤之所以是可以接受的，首先是因为它的可重复性和恒定性。当然还因为组织学标本在生物医学中被证明是有意义的。同样，电镜下的人工损伤也是可以接受的。它既是可以重复又是恒定的，因为组织和细胞的超微结构的主要成分可与光学显微镜所见相互参照，而且在不同动物和不同组织上都是一致的，因而是可靠的。这就是说，有了人工损伤并不全然否定电镜观察的意义。

前面已经提到，对人工损伤的判断离不开仪器的分辨本领，因此在当代电镜最高分辨力的水平上去观察生物的超微结构，人工损伤在图像解释中的意义就更突出了。蛋白质的凝集和脱水，可以造成生物大分子结构排列的扭曲而增加了图像识别中的困难。当然关于电镜下所见到的大分子结构是真是假，人们认识也并不一致。因而在高分辨力水平上的分子结构观察就有一个所谓生物学不肯定性的问题。例如生物膜和髓鞘结构在生活状态是不是像电镜下所见的那样界限清晰，那样规则？胞浆基质及核仁的核糖核蛋白颗粒是不是像目前我们电镜下所见到的那样？对这一切都还或多或少有所怀疑。对超微结构解释上的分歧显然是存在的，这一方面取决于观察者的洞察能力、知识和经验，另一方面确实还有一个标本制作上的技术改进问题。

这里我们着重讨论的是在电镜技术中最常见的因固定、包埋、切片和电镜观察过程中由技术上的错误而引起的人工损伤。这方面的人工损伤甚多，往往使观察者捉摸不定。

一、组织或细胞样本固定、包埋中的人工损伤

有机体的血液供给一旦停止，细胞内复杂的生化变化就随之而来了，变化的结果是细胞的死亡并相继分解。在死后变化中当然会有结构上的变化。结构的破坏过程叫自溶，它是酶的分解作用造成的。化学固定剂的作用就是阻止自溶。固定虽然杀死细胞，但却通过阻止酶对细胞成分的破坏作用而保存

了结构的完整性。因此化学固定作用是使组织细胞结构蛋白质得以稳定、使酶失活这样一个对立统一的过程。

一般认为，细胞对缺氧甚为敏感，甚至短暂的片刻也会引起超微结构变化。为了阻止死后自溶造成的人工损伤，最好在机体的血循环停止后使组织尽快地得到固定。电镜技术中最理想的固定是灌注固定。就是说在动物还处在生活状态时用固定液取代血液，而且要求灌注固定不使组织造成外加的损伤。

1. 固定损伤

延误固定时间，往往使超微结构发生不同程度的变化，这叫作"固定损伤"，其特点是在细胞内出现淡色区或空白区并同时出现胞浆结构的颗粒性凝集。细胞核正常的微细颗粒结构丢失，而出现不规则的染色质颗粒集结和异常的"空白区"。这种损伤的程度不一，严重者呈块状凝集（图 1-4-1，图 1-4-2），轻微者必须是有经验的人才能鉴别出来。固定损伤还表现在：胞浆膜的破裂，线粒体的肿胀和松解，胞浆的空泡化和内质网小池的扩大等。

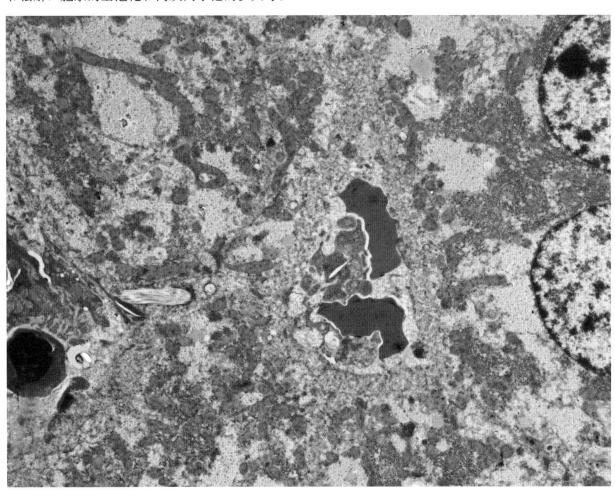

图 1-4-1　固定不良。在细胞内出现淡色区或空白区，同时出现胞浆结构的颗粒性凝集，细胞膜结构模糊不清。TEM，3k×

当然，延缓固定的后果也可使细胞成分对固定以后的各种处理的抵抗作用减弱而造成继发的损伤。但是往往很难判断延缓固定所引起的损伤来自哪一个环节。例如固定液渗透压不适宜或酸碱度不适当都可引起结构上的变化。其中低渗和酸碱度提高（如 pH 8.0）反而能使肌浆网得到较好的保存。相反，在阴性反差染色时，染液的酸碱度较低（如 pH4.6 左右）甚至比中性的效果好些，而超过 8 以上时结果很坏。可见，酸碱度虽以中性为宜，但也并非是不可改变的因素，这种现象也可能与组织细胞本身的生理状态有关。

总而言之，如果我们能够做到迅速取样，立即固定避免了组织自身的酶所造成的"自溶变化"，那么标本制作过程中第一个难关就是化学固定。这一环节如果没有足够的把握，或者稍有疏忽就会给以后的脱水、包埋、切片等一系列过程带来说不尽查不清的人工损伤。因为超微结构上的许多人工损伤表现是相似的。例如颗粒凝集和无数"空白"区，这种现象也可因包埋剂聚合而造成。

由于上述原因，在判断损伤的环节时往往感到困难，因而在克服和纠正时也就往往感到无从着手。只有当操作者在进行每一程序中都一丝不苟，对于所进行的每一步骤都具有充分的信心，才能对最终结果——电镜照片上的结构具有完全的发言权。还应当指出，损伤也可能来自化学固定之前的取材过程。这里且不说在动物实验中由于捕捉揉捏所造成的一系列神经内分泌的改变，就取材时器械的挤压，钝刀片的损伤以及组织块修整时的粗暴操作也足以引起惊人的损伤。在取材时组织块过大，固定液不易穿透中心部位的生化自溶过程继续进行，也会引起严重后果。

值得注意的是，人们在切片时，要切出很薄的切片就要相应地缩小组织块的面积，为了把组织块修整成塔形，要把大部分组织修掉。这样一来，最后所切割的那些组织只占原来固定和包埋时组织的1/5左右，而根据习惯在修整时总是平均地由外向内一层层地修整，这样最后保留下来的当然是组织的最中心一部分了。而恰恰组织块的中心部位固定得最差，因为无论是戊二醛或四氧锇的穿透作用都比较差（尽管戊二醛的穿透能力比锇酸强得多）。因此在取材时应尽量少而精，以免因固定不足造成无可弥补的一系列损伤。

在组织处理过程中继固定之后就是脱水。脱水过程中主要的问题在于乙醇或丙酮含有水分，使组织不能得到充分脱水。脱水不良的后果是包埋材料不易进入组织，而聚合之后的组织就缺乏坚强有力的支持。结果一则不易切片，二则带来包埋损伤。

总而言之，固定损伤是第一关，也是关键的一关。固定不良，自然很难获得理想的结构。组织学上最常用的福尔马林固定液显然不适于电镜工作。

2. 包埋损伤

包埋损伤也是不可忽略的。20世纪50年代曾把甲基丙烯酸酯作为主要的电镜包埋剂，由于在聚合时它的单体呈线形交联，收缩较大而往往造成严重的聚合损伤，因此现在已很少使用。各种树脂是当前最常用的电镜包埋剂，它在聚合时呈网状交联，收缩较少造成包埋损伤也较轻。但是由于配方不当，太软、太硬或软硬成分不匀，一方面可能细微结构被扯拉造成聚合损伤，另一方面聚合不良也很难切出理想的切片，有可能使切片切出后即破裂、崩解或者斑斑点点、支离破碎，严重者使整个超微结构无法观察。

在分析电镜照片上的人工损伤时，我们还应当记住，任何一种组织在一定的时间内其细胞群体中总有一定数量的细胞是处在生命的末期，或者说总有一些衰老细胞。这些濒临死亡状态的细胞当然会显示一定的结构变化，这种变化属于自然情况与人工损伤无关，应当在理解超微结构时把此种衰老细胞的变化与固定损伤或病变损伤加以鉴别。由固定和包埋所造成的人工损伤除了前面所说的那些特点之外，重要的是它具有普遍性的意义。

二、切片过程中的人工损伤

生物电镜技术中大部分工作是超薄切片制作工作。切片要好，需要有良好的固定包埋材料，这在前面已经提到了。就切片本身来说经常遇到的人工损伤有如下几种：

1. 刀痕损伤

刀口不锋利往往在切片上出现与切割方向呈垂直的并排的染色深浅不一、粗糙的黑色条纹

（图 1-4-2）。按目前技术，完全无刀痕的玻璃刀是没有的，如果切片时注意避免使用应力线以外的刀刃，往往可使刀痕减少。细微的刀痕叫作划痕，有时不明显，容易与固定包埋的损伤混淆。为避免刀痕损伤应当尽量使用硬质玻璃或新制的玻璃刀。因为玻璃刀刀刃极为锋利，同时又非常娇嫩，不仅应绝对禁止用手触及刀口（造成倒刃现象），而且在温度氧化等因素的影响下刀口也很易钝化。

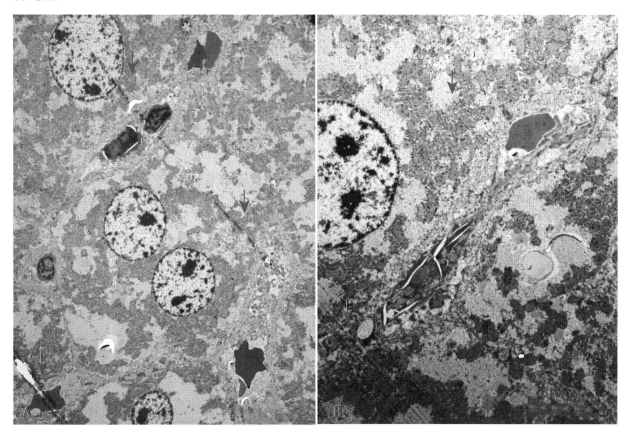

图 1-4-2　固定不良及刀痕损伤（↑）。TEM，A：3k×，B：6k×

2. 颤痕损伤

与刀痕的方向不同，颤痕与刀口平行，是比较规则的厚薄不一的波纹状的图像（图 1-4-3）。有时颤痕十分密集，使切片无法在低倍放大下观察。轻度的、少量的颤痕往往并不影响观察，高倍放大时甚至无从觉察。造成颤痕的原因很多，主要原因在于刀或组织块之间相互作用而产生的高频率的颤动所造成，切片时组织块固定不紧是其中的重要原因。其次，可能因切片机内部的震颤传动到切割部位。此外，组织块包埋材料不匀、软硬不一（主要是太软）造成密度上的差异也可引起切片的周期性变化而出现呈带样的颤痕。

3. 压缩损伤

这也是超薄切片时几乎难以避免的现象，不过，轻微的压缩往往被忽视。压缩损伤的特点是超微结构呈方向性位变。方向性变形最容易在圆形结构（如分泌颗粒）中显现出来，因为压缩使圆形结构变成卵圆形或扁平形。当我们分析一张电镜照片时，如果所有的圆形结构都呈卵圆形并趋向一个方向，那么这十有八九是因切片时挤压而造成的人工损伤。造成压缩损伤的主要原因可能是钝刀再加组织块较软的因素。压缩损伤会造成高分辨率下细胞成分测量上的误差，尤其是在进行生物膜厚度测量和计算某些微小结构时往往成为重要的限制因素。

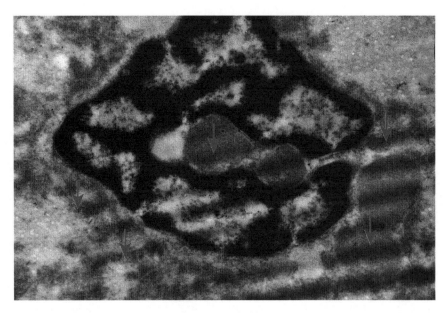

图 1-4-3　颤痕损伤。因包埋块过软引起切片制作中产生的颤痕（↑）。TEM，25k×

4. 沾污

　　污染是超薄切片工作中最令人烦恼的事。污染的来由不一：大气中的尘埃（图 1-4-4），刀槽里制刀时造成的微粒都是污染的重要原因。而更为常见、更加重要的是在染色过程中由染液来的微小结晶和沉淀（图 1-4-5 至图 1-4-7）。有时染色，尤其是铅染色，处理不当会造成广泛性的沾污，甚至根本无法进行电镜观察，更不用说是照相了。有时在细胞结构上形成类似某种结构的假象，例如，在某处形成相当规则的"着色"，或形成小圆圈而被初学者误认为是细胞结构。这种情况常见于红细胞的超薄切片，由于在红细胞里某一小区内染色不匀而被误认为"有核红细胞"。沾污的害处还不仅在于遮挡了结构的观察，使我们不能任意选择成像的视野，而且还影响高倍成像的稳定性。由切片的沾污造成镜筒沾污产生微量放电现象，引起像的漂移，继而降低电镜的分辨力。

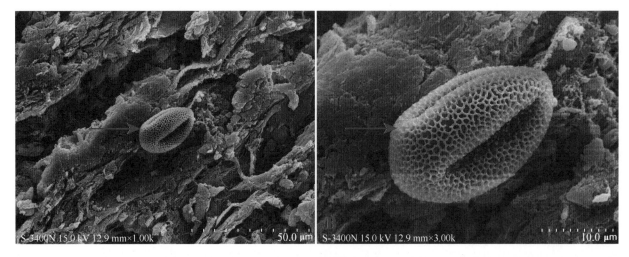

图 1-4-4　沾污。样品制作中通过空气的沾污（↑）。肠道黏膜表面有一粒花粉沾污。SEM，A：1k×，B：3k×

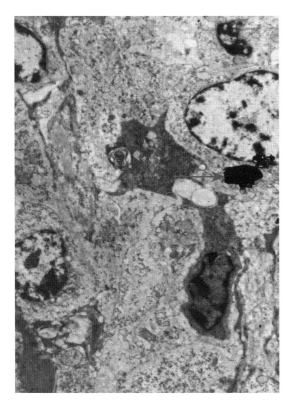

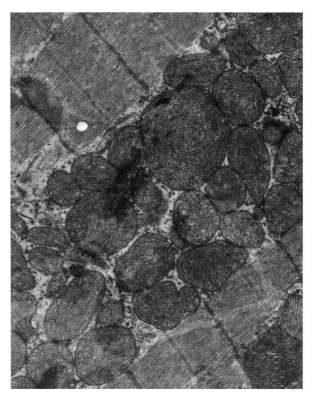

图 1-4-5　沾污。染色过程中铅污染（↑）。TEM，10k×

图 1-4-6　沾污。染色、切片过程中的污染（↑）。心肌原纤维及线粒体。TEM，30k×

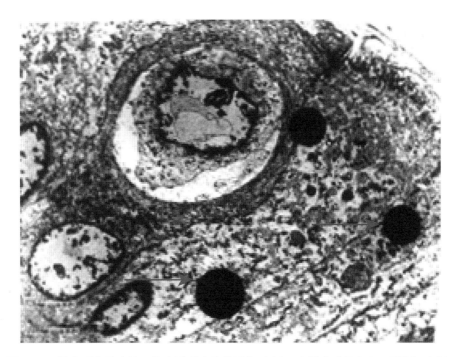

图 1-4-7　固定不良及沾污。染色过程中的铅污染（↑）。兔肠道淋巴组织。TEM，10k×

5. 皱褶

皱褶是在制作切片过程中水展时未能展开形成的死褶，染色后呈深黑色细线状（图 1-4-8）。

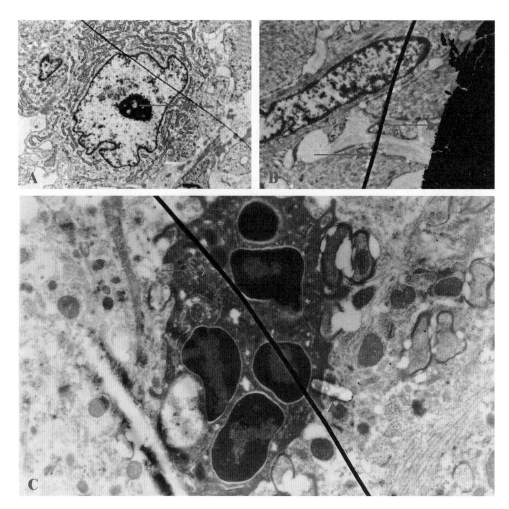

图 1-4-8   人工损伤——皱褶。超薄切片过程中展片时形成的皱褶（A，B，C：长↑）。图 B 右侧黑色部分为拍照时铜网格的遮挡（↑）。图 C 有 1 染色过程中因遮挡造成的污染（C：▲）。TEM，A：15k×，B：20k×，C：10k×

三、电镜观察时的人工损伤

1. 电子束轰击损伤

当超薄切片受到电子束的轰击时，吸收了能量而变热，如果聚光镜电流加大，焦聚的光束太强则引起切片极度扩张甚至撕裂（图 1-4-9）。较长时间的观察使切片表面灼热而造成包埋材料的升华，结果使组织模糊不清。此外，电子束的照射还会在切片的表面形态微细的沾污层，严重者使标本变成云雾状。据实验观察证明，在通常的电镜观察条件下，平均每分钟的沾污厚度在数百埃的程度。即便是当代采用防沾污（冷却）装置的第一流电镜，其沾污率每分钟也往往可达到 1 Å 的程度。因此，较长时间的观察，总难免使切片的分辨率持续下降。观察者不妨在标本上寻找一个微孔进行实验观察，很快即可发现微孔因沾污而逐渐缩小，几分钟后甚至闭合而微孔消失，或者把任何标本在较强的照明下静置一段时间（如 1~2 min），然后与未照射的邻近部位比较观察，一定会发现由电子束照射而形成的黑斑。可见沾污的严重性了。现代电镜采用防沾污的冷却装置，使以上人工损伤大大减少，但是，同时也带来了新的问题。例如，切片长时间暴露于水蒸气存在的光束下会产生蚀刻和标本减薄的倾向。

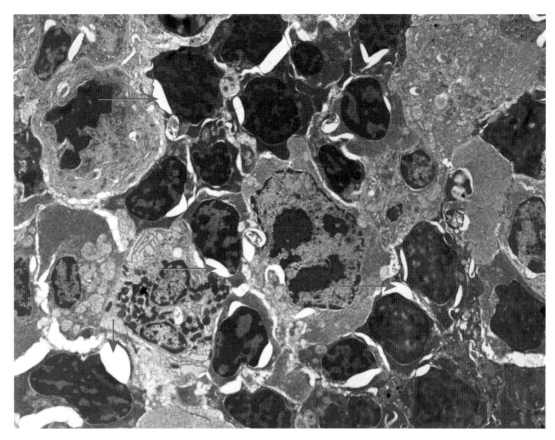

图 1-4-9 撕裂伤。高压电子束轰击引起组织膜破裂形成的裂隙（↑）。猪淋巴结。TEM，5k×

2. 漂移与像散

漂移和像散是电镜观察时的另外两个人工损伤，漂移的原因很多应当加以分析。漂移可因电镜标本台的机械稳定性差而造成，也可因支持膜受热后脱离载网或破裂而引起，或因境筒沾污后产生静电蓄积并使光束偏转。由于切片表面的沾污或在切片裂口处的撕裂使热的分布不匀造成像的移动。如果有像漂移则无法照相，因为一般电镜照相曝光时间需要 2 s 以上，因此任何漂移都不能获得清晰的电镜照片。

像散是电镜电子光学土的缺点，它所造成的缺陷的特点是单方向的像模糊。在高倍放大时，像散是一个严重的问题，因为高倍放大把光学系统的小缺陷放大成大问题了。最常见的像散是因为光阑或透镜的沾污，这种沾污影响着电子束的正常行径，从而引起图像的失真。

3. 聚焦和成像问题

最后，着重要指出的是聚焦在电镜操作上有特别重要意义。在许多情况下，不是因为标本的质量差或沾污，而是因为照相前聚焦不准而使电镜照片焦点模糊（图 1-4-10）。造成这个错误的主要原因是反差和分辨率上的矛盾现象，电镜观察者应当知道，当你感到反差好的时候此时恰恰不是正聚焦，为了获得好的反差总是习惯于把物镜稍稍欠聚焦，而这样做的结果就在于物像的周围出现衍射环，使你感到物像反差好而清楚，但这样物像的分辨率将降低。如果物镜欠焦合适，物像分辨率虽有所下降，但最终电镜照片上的分辨率仍小于人肉眼的分辨本领，则物镜这样的欠焦正是我们所需要的。显然物镜欠焦量过大是不对的，因此正确掌握物镜的聚焦应当是既照顾到成像的反差又"无损于"分辨本领。操作者应当在照相前反复观察之，为了留有余地，有时可分别在正聚焦、欠聚焦和过聚焦各取一像。当然，标本照明亮度和曝光时间上的准确判断也需要经验，而且各种不同的标本、不同的放大倍率都有所不同，应当灵活掌握，正确处置。还有在聚焦过程中若光阑打开不足会出现图像周围黑色花边（图 1-4-11）。聚焦过程中常会出现光轴不正现象，其图片呈现的缺陷是单侧性过亮或过暗（图 1-4-

12）。拍照时还要注意反差不要太强，否则，可能会造成微细结构的丢失（图1-4-13）。另外，还应避免重复曝光拍照，否则会出现图像重叠现象（图1-4-14）。

综上所述，我们可以得知，要想获得高质量的电镜图片是多么困难！电镜观察者应当时刻记住以上这些可能的人为损伤，并尽可能地加以避免，或者能够区别这些损伤，否则，必然导致对实验结果的错误理解和错误解释。对于刚刚从事电镜研究的人来说，人工损伤总难免感到是个严重问题，这一方面是因为缺乏经验，另一方面因为书本上能够见到的均是经过反复挑选的完好的电镜照片。有时由于人工损伤导致的图片缺陷会严重影响我们的研究结果。因此电镜工作要求我们在观察电镜过程中随时准备克服技术上的困难，避免人工损伤，并学会辨认各种人工损伤。

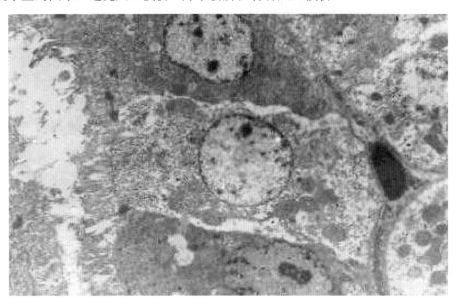

图1-4-10　拍照过程中聚焦不到位，出现图像模糊不清。TEM，5k×

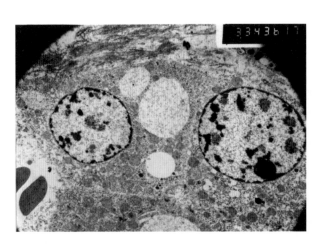

图1-4-11　拍照过程中铜网格遮挡。TEM，3.3k×

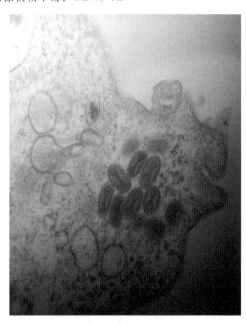

图1-4-12　拍照过程中光轴未调正，使图面光亮不均，高光偏位于图片的一侧。TEM，50k×

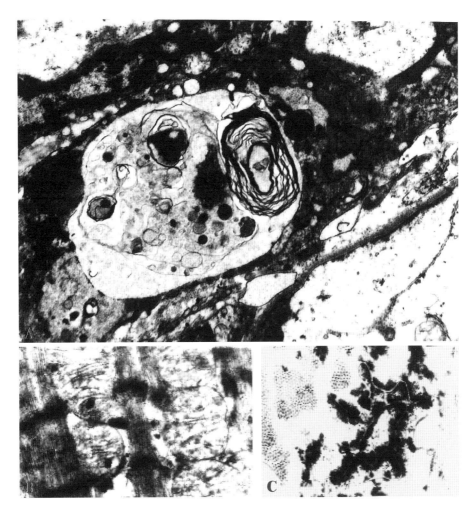

图 1-4-13 拍照时反差过强，曝光过度，使微细结构消失。TEM

图 1-4-14 拍照过程中重复曝光造成的图像重叠现象。SEM

第二章　细胞超微结构及其超微病变概述

　　细胞由细胞膜、细胞核和细胞质三者在结构及功能上密切相关的部分组成。在细胞膜与细胞核之间的细胞质（或称胞浆）中分布着由细胞膜内陷所形成的内膜系统，它们是由细胞质内具有一定形态结构和生理功能的小器官——细胞器所组成的。细胞器是细胞代谢和细胞活动的形态支柱。细胞器的形态结构改变是各种细胞和组织损伤超微形态学基础。细胞的超微结构如图 2-0-1 所示。

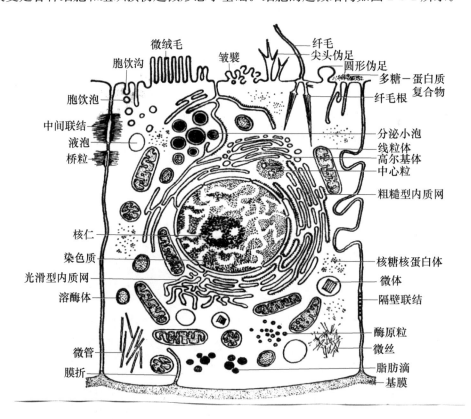

图 2-0-1　细胞的超微结构示意图（引自洪涛 1983 年?）

第一节　细胞膜及其常见超微病变

一、细胞膜的结构与功能

1. 细胞膜的形态结构

细胞膜是围在细胞质表面的一层薄膜，因而又称为质膜（plasma membrane）。其厚度一般为 7～10 nm，达不到光学显微镜所能分辨的极限，所以在光学显微镜下是看不到细胞膜的，光镜下观察到的所谓细胞膜，实际上是细胞与周围介质的界面。

细胞膜是细胞结构的重要形式。除了细胞外层的质膜外，细胞内还有丰富的膜结构。如线粒体、内质网、高尔基复合体、溶酶体、核膜等，都是由膜构成的细胞器，这些膜在低倍率电镜下，呈一致密的细线条，在高倍率电镜下，每层膜均显示出"两暗一明"的三层结构，即单位膜（unit membrane）。人们把质膜和细胞内各种膜相结构的膜统称为生物膜（biological membrane）。细胞各部分的生物膜，既有其共同的基本结构，又各有其特点。本节主要叙述狭义的细胞膜（cell membrane），即包在细胞外表的一层厚 6～9 nm 的薄膜，又称质膜（plasma membrane）。

2. 细胞膜的分子结构

目前关于细胞膜分子结构的模型有几十种，具有代表性的有：片层结构模型（lamella structure model）、单位膜模型（unit membrane model）、液态镶嵌模型（fluid mosaic model）（图 2-1-1）、晶格镶嵌模型、板块模型等。其中片层结构模型是第一个细胞膜模型，由 Danielli 和 Harbey 于 1935 年提出，此模型认为细胞膜中有两层磷脂分子，分子的疏水脂肪酸链在膜的内部彼此相对，而每一层磷脂分子的亲水端则朝向膜的内外表面，球形的蛋白分子附着在脂类双层的两侧表面，形成了蛋白质-磷脂-蛋白质的三明治式的质膜结构模型。

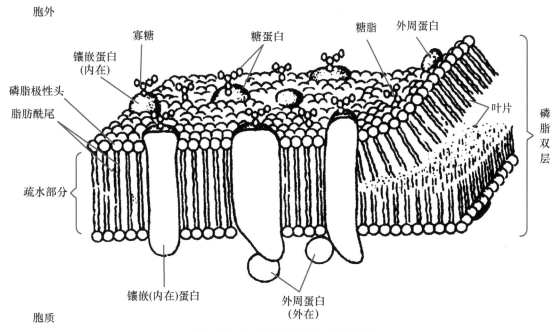

图 2-1-1　细胞膜的分子结构模式图

单位膜这个概念是 20 世纪 50 年代末，J. D. Roberston 利用电镜观察研究各种细胞膜和细胞内膜，发现这些膜都呈三层式结构，内外为电子密度高的暗线，中间为电子密度低的明线，他把这种"两暗一明"的结构称为单位膜。根据电镜观察结果和一些机能指标，在片层模型基础上提出了单位膜模型（unit membrane model），Roberston 认为所有的生物膜都具有类似的结构，其厚度基本上一致。即内、外层为蛋白质层，染色深，每层厚度各为 2 nm，中间为脂质层，染色浅，厚度为 3.5 nm，总厚度为 $2+3.5+2=7.5$ （nm），并认为蛋白质层并非是球形蛋白质（因为球形蛋白质的直径一般均超过 2 nm），而是由单层肽链以 β-折叠形式的蛋白质，通过静电作用与磷脂极性端相结合。单位膜模型提出了各种生物膜在形态学上的共性，具有一定的理论意义，并对膜的某些属性做出了一定的解释。

液态镶嵌模型的提出是在 20 世纪 60 年代以后，由于一系列新技术的应用，证明膜中的蛋白质和脂类分子主要以疏水键相结合。电镜冰冻蚀刻技术也证明在膜的脂分子层中心部分，有蛋白质颗粒的分布。同时其他技术和红外光谱技术等也证明膜结构主要不是 β-折叠结构，而是 α-螺旋的球形结构。荧光标记抗体的融合实验等证明生物膜具有流体的性质。这些事实都对膜的单位膜模型提出了修正。1972 年 Singer 和 Nicolsom 总结了当时有关膜结构的模型及各种新技术研究的成果而提出了"液态镶嵌模型"。这个模型保留了单位膜中有关脂类双分子层的正确概念，认为所有生物膜的基本结构是：在液态的脂质双层中，镶嵌着球形的蛋白质。脂质双层是由两排脂质分子构成的薄膜，所有脂质分子的亲水端都朝向膜的两表面，疏水端则朝向膜的中央，脂质双层是生物膜的基质，球形的蛋白质镶嵌埋在脂质双层内（嵌入蛋白质）或附着在它的表面（表层蛋白质）。

液态镶嵌模型认为生物膜是球形蛋白质和脂类的二维排列的液态体，不是静止的，而是一种具有流动特性的结构。膜中脂类双层既具有固有分子排列的有序性，又有液体的流动性，即流动的脂质双层构成膜的连续主体。膜中球形蛋白质分子以各种镶嵌的形式与脂类双分子层相结合。蛋白分子的非极性部分嵌入脂类双分子层的疏水区；极性部分则外露于膜的表面，似一群岛屿一样，无规则的分散在脂类的海洋中，这个模型主要强调了膜的动态性和脂类分子与蛋白质分子的镶嵌关系。液态镶嵌模型已为人们普遍接受。

细胞膜与其他生物膜一样都是由膜质和膜蛋白构成的。膜蛋白可分为膜内在蛋白和膜周边蛋白，脂质双分子层构成了膜的基本结构，各种不同的膜蛋白与膜质分子的协同作用不仅为细胞的生命活动提供了稳定的内环境，而且还行使着物质转运、信号传递、细胞识别等多种复杂的功能。生物膜结构的基本特征是流动性和不对称性。这是完成其生理功能的必要保证。

3. 细胞膜的化学组成

根据对各种质膜和细胞中其他膜的微量化学分析结果表明，组成膜的化学成分主要有脂类、蛋白质、糖类、水、无机盐和金属离子等，其中以脂类和蛋白质为主。脂类占膜总量的 30%～80%。蛋白质占 20%～70%，糖类占 2%～10%。膜上的水约有 10% 呈结合状态，其余为自由水。膜的金属离子和一些膜蛋白功能有关，其中 Ca^{2+} 对调节膜的生物功能有相当重要的作用。

各种生物膜组成成分的比例不一致，脂类与蛋白质占的比例，其范围可从 （1∶4）～（4∶1）。一般说来，功能复杂或多样的膜，蛋白质比例较大。如髓鞘的功能比较简单，主要起绝缘作用，其膜的含脂量可达 80%，而蛋白质只有三种。大鼠肝细胞功能复杂，其膜蛋白含量达 58%，脂类 42%，线粒体内膜蛋白含 78%（最高），脂类 24%，线粒体外膜蛋白含 52%，脂类 48%，粗面内质网蛋白含 67%，脂类含 33%。

胞膜上具有丰富的 ATP 酶、碱性磷酸酶，如小肠上皮细胞纹状缘的微绒毛内和肾小管上皮细胞膜褶皱和刷状微绒毛表面内，显示明显的 AKP，它与吸收有关。在肝细胞的微绒毛和围成毛细胆管的肝细胞膜和红细胞膜上还有 ATP 酶，参与物质的主动运输功能。枯否氏细胞的 ATP 酶与吞噬作用和细胞饮液作用有关。

4. 细胞膜的生理功能

在细胞膜，蛋白质镶嵌在脂质双层内，这种蛋白质与脂质的共存状态，维持蛋白质的一定构形，从而维持蛋白质的一定功能活动。细胞膜是动态的流体结构，大部分脂类和蛋白质分子能够在膜平面上移动，蛋白质分子常常"溶解"于脂质双层中执行膜的各种功能。镶嵌在脂质双层的各种蛋白质，有的作为泵、离子导体等，选择性的运输细胞内、外的物质，使细胞内各种物质的浓度和细胞外有差别，从而维持细胞固有的生命活动；有一些膜蛋白是酶催化各种与膜有关的反应；还有一些膜蛋白执行连接细胞膜与细胞肋骨架及细胞外基质的功能。另外，有的还作为细胞的受体接受与转换细胞环境的化学信号等。

细胞膜的功能：①为细胞的生命活动提供相对稳定的内环境；②选择性的物质运输，包括代谢底物的输入和代谢产物的排出，其中伴随着能量的转换；③提供细胞识别位点，并完成细胞内外信息跨膜传递；④为多种酶提供结合位点，使酶促反应高效而有序地进行；⑤介导细胞与细胞、细胞与基质之间的连接；⑥质膜参与形成具有不同功能的细胞表面特化结构。

（1）细胞膜的物质运输 细胞膜围在每个细胞的外面，它限定了细胞的范围，但细胞膜不是被动的屏障，它是具有特殊功能和高度选择性的半透膜。细胞膜有选择的把细胞外物质运送进细胞内，把细胞内的物质送出细胞外。细胞膜运输物质，大致分为三类：

第一类是通过扩散作用把小分子物质从其浓度高处，运输至其浓度低处。脂溶性物质可直接通过脂质双层扩散，糖脂的糖链对一定的物质有特异的亲和力，从而可有选择地通过一定脂溶性物质，这种扩散为单纯扩散。非脂溶性物质，则需借助镶嵌于脂质双层的相应蛋白质（离子导体）的帮助，才能使它通过细胞膜，从浓度高处向浓度低处扩散，这种扩散称为易化扩散。

第二类是依靠细胞膜上的泵-ATP酶的作用，把物质从其浓度低处运输至其浓度高处，即主动运输。这种主动运输的过程是一个耗能过程。细胞膜上的ATP酶在这样的运输中，不断分解ATP，释放出能量，并借此能量使其自身发生构形变化，从而把物质从浓度低处运向其浓度高处。ATP酶不是单一种，不同的ATP酶运输不同的物质，它们分别称作某物质的泵，如Na^+泵、K^+泵等。由于细胞膜上钠泵与离子导体等蛋白质的活动，使细胞膜外面正离子浓度高，而细胞膜内面负离子浓度高，这样就出现了细胞静止时的膜电位（外正内负）——极化现象。

第三类是大分子和颗粒物质的转运，是通过胞吞作用（endocytosis）与胞吐作用（exocytosis）来完成的。大分子物质由细胞内排出，是先在细胞内被一层膜所包，形成小泡，包有该物质的小泡与细胞膜连接，在相接处出现小孔，该物质经小孔排出细胞外，此过程称为胞吐作用。细胞摄入大分子和颗粒物质时，被摄入的物质先附着于细胞膜上，被细胞膜逐渐包裹，然后内陷，与细胞膜分离形成含有摄入物的囊泡，进入细胞质，此过程称为胞吞。根据细胞膜凹陷形成的囊泡大小和内容成分不同，胞吞作用可分为吞饮作用（pinocytosis）和吞噬作用（phagocytosis）两种形式。吞饮作用是摄入液体和小溶质分子进行消化的过程，形成的吞饮小泡直径不超过150 nm；吞噬作用摄入大的颗粒，如微生物或细胞碎片进行消化的过程，形成的吞噬小泡（吞噬体）一般直径大于250 nm。这两种胞吞作用由不同的机制介导，大多数真核细胞都能不断地通过吞饮作用摄入消化的液体和溶质，但只有特化的吞噬细胞才能摄入和消化大颗粒。细胞膜物质运输功能如下示意图（图2-1-2）。

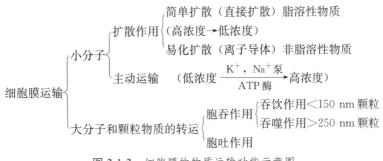

图2-1-2 细胞膜的物质运输功能示意图

（2）细胞膜上还有许多结构不同的糖蛋白，可以接受相应的化学信号，称为膜受体或表面受体细胞外的信号分子，包括激素、神经递质抗原，药物以及其他有生物活性的化学物质，都必须与受体特异结合，通过受体的介导作用，才能对细胞产生效应。此外，细胞膜上还存在有膜抗原，可以识别"自我"和"非我"。如异抗原（xenoantigen）及同种抗原（alloantigen）。组织相容性抗原就是膜抗原的一种，它在器官移植中具有重要意义。

（3）另外，在细胞膜外面还有一层含糖物质的细胞外被（cell coat）　它与细胞膜内侧的富含微丝微管的胞质溶胶胞液（cytosol）一体，并以细胞膜为主体构成细胞表面（cell surface）。细胞表面的糖链由于糖基的种类、数目、排列顺序和结合部位的不同，可形成各种寡糖的异构物，使糖链具有多样性和复杂性，像"指纹"或"接收天线"一样，能识别细胞外各种信息分子。

（4）广义的细胞表面　还包括由细胞膜衍化出的外部细胞器或特化结构，如鞭毛、纤毛和微绒毛以及细胞间连接。

二、细胞膜的超微病变

1. 细胞膜形态结构的改变

在机械力的作用下或细胞强烈变形，可引起细胞膜的破损。血液寄生虫感染，如锥虫、疟原虫感染时，由于虫体在血细胞内寄生繁殖，导致血细胞膜破裂造成溶血。某些脂溶性阴离子物质、溶蛋白和溶脂性酶以及毒素等也能破坏细胞膜的完整性。如串珠镰刀菌素可引起小型猪的心肌纤维膜变性混浊、膨胀，失去单位膜的结构特点，严重时造成心肌纤维膜溶解、断裂。细胞膜结构的损伤可导致细胞内容物的外溢或水分进入细胞使细胞肿胀，甚至破裂崩解。

2. 细胞膜分子结构的改变

细胞膜是具有多种功能的结构，其各种功能的实现依赖于构成细胞膜的各种蛋白质的存在及其结构的稳定性。若致病因子作用于细胞膜，一旦引起细胞膜的结构异常或缺失即可引起相应的功能改变或丧失。由于膜受体异常引起的膜受体病，就是由于接受激素、神经递质等生物活性分子的膜受体缺陷引起的疾病。

（1）细胞膜的结构改变与溶血作用的发生密切相关。磷脂是细胞膜的重要组成部分，其含量过高或过低都会发生严重的后果，破坏磷脂组成不仅影响红细胞的形态，而且会引起溶血。电镜观察证实，红细胞卵磷脂增高时，细胞膜便向外突起成棘状管形，进而膨胀成球形而破裂。在遗传性溶血病，红细胞膜对钠离子的通透性增加，以致细胞内水分增多而引起红细胞肿胀破裂。红细胞膜上蛋白质变化也可引起严重的溶血病。红细胞膜上有膜收缩蛋白，使红细胞具有可塑性的特点，而在遗传性球形红细胞症时，由于细胞膜上的收缩蛋白缺乏酸性磷酸化作用，影响了膜的收缩性能，使红细胞膜变硬、变脆，很易破裂。在缺铁性贫血时，红细胞变薄，中间大而明显，在重症贫血时，红细胞变小而厚，外形不规则，出现许多凹陷或隆起。在巨幼细胞贫血中，红细胞变脆变大，厚度增加，中心过度凹陷。这些异常红细胞病大都起因于膜结构上的异常而导致溶血。

（2）细胞表面的改变与肿瘤的发生密切相关。癌变或转化细胞最显著的特点之一是细胞表面组分和结构发生改变，以致细胞连接和通信中断，识别和黏着能力下降，失去接触抑制，细胞增殖失控，浸润转移等。由于细胞表面糖脂的变化，肿瘤细胞失去了正常细胞相互之间的黏合，最突出的是失去了接触抑制作用而无限增殖。另外，许多病毒在感染细胞时（如副黏液病毒）常常发生细胞融合，这是因为病毒改变了细胞膜的结构使多个细胞可以相互融合而形成合胞体巨细胞。

（3）细胞膜分子结构的改变可造成细胞膜通透性的改变。如能量代谢不足（缺氧时）或毒物的连接损害等所致各种不同的细胞损伤时，均可造成细胞主动运输障碍，从而导致细胞内 Na 离子的潴留和 K 离子的排出，但 Na 离子的潴留多于 K 离子的排出，使细胞内渗透压升高，水分因而进入细胞，引起细胞水肿。这种单纯性通透性障碍时并不见细胞膜的形态学改变，只有借助细胞化学方法才可在电镜下检见细胞膜上某些酶如 ATP 酶、碱性磷酸酶、核苷酸酶等活性的改变。

3. 细胞膜受体异常引起的疾病

对膜受体的信息机制的研究，在生物医学上有重要意义。由于接受激素、神经递质等生物活性分子的膜受体缺陷引起的疾病称膜受体病，根据病因不同可分为如下几种。

（1）遗传性受体病　也称原发性受体病，由于受体基因突变导致受体数量减少或功能异常引起。如家族性高胆固醇血症、血小板表面黏附聚集受体缺陷症、睾丸女性化综合征等。

（2）自身免疫性受体病　由于机体自身产生抗受体的抗体，与受体结合，使受体失去功能或功能改变。如"甲状腺机能亢进"，是由于患者体内产生促甲状腺激素受体的抗体，它是一种长效甲状腺刺激物，可促进合成和释放过多的甲状腺素引起的。

（3）继发性受体病　由于机体自身代谢紊乱引起。由于肥胖引起的胰岛素受体活性下降，引起糖尿病。心功能不全可引起心肌细胞 β -受体减少等。

第二节　细胞表面及其病理过程

细胞表面（cell surface）是一个以细胞膜为核心的复杂的结构体系，它包括细胞膜、细胞外被、细胞膜内面的胞质胶、各种细胞连接结构和细胞膜的一些特化结构。细胞表面具有十分复杂的生理功能，除对细胞的支持和保障细胞内、外进行物质交换，提供稳定的内环境外，与整个细胞的行为、生理活动、相互识别、黏着、物质运输、信息传导、细胞运动、细胞增殖、分化和代谢的调控、细胞衰老及病理过程都有密切关系，是近些年来国内外分子细胞生物学研究的新领域。

一、细胞表面的主要结构及生理功能

细胞表面是指包围在细胞质外层的一个复合的结构体系和多功能体系，是细胞与外界环境物质相互作用，并产生各种复杂功能的部位。其结构以细胞膜为主体在细胞膜外面有一层含糖物质的细胞外被（cell coat），在细胞膜内侧为富含微丝微管的胞质溶胶（cytosol）（图 2-2-1）。广义的细胞表面还包括由细胞膜衍化出的外部细胞器或特化结构，如鞭毛、纤毛和微绒毛以及细胞间连接。

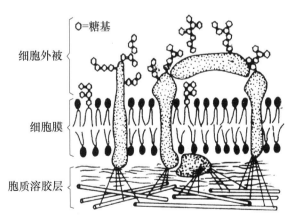

图 2-2-1　细胞表面结构示意图

1. 细胞外被

细胞外被是指与细胞表面质膜的膜脂或膜蛋白共价结合的糖链形成的一层呈绒毛状或细丝状的物质，其厚度为 5～20 nm，它的主要成分是糖蛋白和糖脂。植物细胞的外被是由果胶和纤维素组成的细胞壁，细菌的外被主要是脂多糖。细胞外被起保护细胞和细胞识别的作用。胞外基质的基本成分是由胶原蛋白与弹性蛋白组成的蛋白纤维和由糖胺聚糖与蛋白聚糖形成的水合胶体构成的复杂的结构体系，层黏蛋白和纤黏蛋白具有多个结合位点，在细胞与胞外基质成分相互黏着起重要作用。胞外基质不仅提供细胞外的网架，赋予组织以抗压和抗张力的机械性能，而且还与细胞的增殖分化和凋亡等重要生命活动有关。

细胞外被在细胞的生命活动过程中起着重要的作用，它具有保护作用并参与细胞与周围微环境的相互作用。其功能大致可以归纳为：

（1）细胞的保护和润滑作用 例如消化道、呼吸道、生殖道等的上皮细胞的外被有助于润滑，防止机械损伤，同时也可以保护上皮组织不受消化酶的作用和细菌的侵袭。

（2）参与细胞识别与通讯作用 细胞外被中糖链在细胞通信和识别中具有重要的作用。细胞与细胞之间的相互作用、信息分子（激素、药物和神经递质等）与细胞膜受体的作用以及免疫特异性等均与细胞表面的糖链有关。

（3）参与细胞的物质运输 细胞外被参与物质运输的主要方式是细胞表面受体介导的细胞内吞作用。一些转运蛋白、血浆蛋白、多肽激素、各种生长因子、免疫复合物、某些病毒（如流感病毒）和毒素等就是通过这种方式进入细胞的。

2. 胞质溶胶

在细胞膜的内表面有一层厚度为 0.1～0.2 μm 含有高浓度蛋白质的溶胶层，称为胞质溶胶，其中含有较多的微丝和微管。微丝和微管在细胞中的作用主要有：

（1）构成细胞膜的支架 微丝和微管相互连接并都与质膜的内表面相连，又与细胞内其他结构相连，起着固定作用。微丝和微管有相当强的抗张强度，它们对于维持细胞形态、运动和极性有很重要的作用。

（2）是细胞运动的微器官 肢体活动、胃肠蠕动等均是肌细胞的收缩作用所致，这种收缩作用是细胞内肌动蛋白与肌球蛋白等成分相互作用的结果，各种细胞的微丝内均含有肌动蛋白。

（3）构成细胞表面调节装置 嵌合在细胞膜中的蛋白质（如各种受体）、微丝和微管，在结构和功能上可视为一个整体，共同组成细胞表面的调节装置。它是细胞表面和细胞内部之间非常重要的连接装置。细胞外的化学信号作用于细胞表面的受体膜蛋白、膜脂等，然后通过细胞表面调节装置，将信号转换为某种信息，进而控制调节细胞的生长、代谢、分化和分裂等活动，细胞内的某些变化也可以通过调节装置使膜表面的结构成分发生变化，从而改变细胞表面特性。

3. 细胞表面的特化结构及其功能

由细胞膜表面衍化出的外部细胞器或特化结构主要包括：膜骨架，鞭毛，纤毛，变形足和微绒毛，它们都是细胞膜与膜内的细胞骨架纤维形成的复合结构，分别与维持细胞的形态、细胞的运动、细胞与环境的物质交换等功能有关。

细胞外被是指与细胞表面质膜的膜脂或膜蛋白共价结合的糖链形成的包被，起保护细胞和细胞识别的作用。

（1）微绒毛 直径 80～90 nm，长 0.2～1 μm 的细胞膜表面的指状突起，几乎所有的细胞表面都或多或少的有此种结构。微绒毛的主要作用是扩大细胞表面的吸收面积，所以在富于吸收功能的细胞表面微绒毛就发达。如光镜下见到的肠吸收上皮游离面的纹状缘及肾脏近曲小管的上皮表面的刷状缘，即是电镜下所见到的细胞顶部胞质和胞膜形成的整齐排列的指状突起——微绒毛（图 2-2-2）。1 个小肠柱状上皮细胞表面有 2 000～3 000 根微绒毛（图 2-2-3），每平方毫米的小肠上皮，微绒毛数可达 2 亿，能增加表面积达 30 倍。

（2）纤毛　上皮细胞顶端伸出的毛状突起，直径约 0.2 μm，长 5～10 μm，见于呼吸道气管及支气管（图 2-2-4A）、输卵管、输精管等处的上皮，可分为动纤毛（kinocilia）和静纤毛（stereocilia）两类。纤毛具有复杂的结构以适应敏捷的弯曲运动，在上呼吸道有 250～270 根纤毛/每个纤毛上皮细胞。纤毛运动的主要作用是推进上皮表面的液体、微生物、灰尘或黏液膜。

细胞表面的功能很复杂，除对细胞的支持和保护外，与整个细胞的行为、生理活动、相互识别、黏着、物质运输、信息传导、细胞运动、生长分化、衰老及病理过程都有密切关系。是近几年来国内外分子细胞生物学研究的新领域。

4. 细胞间连接

相邻细胞的细胞膜之间以及与其所附着的基垫（如基底膜，也可简称基膜）之间具有不同的连接装置，为细胞膜的特化结构。这些结构主要包括桥粒（desmosome）（图 2-2-2，图 2-2-4B）、紧密连接（tight junction）和缝隙连接（gap junction）等。其中桥粒又可分为带状桥粒或称为附着小带（zonula adhaerens）和点状桥粒或称附着斑（macula adhaerens），紧密连接又称闭锁小带（zonula occludens），缝隙连接又称连结（nexus）（图 2-2-2 至图 2-2-7）。当细胞受损时，这些连接装置会发生一系列的改变。在心肌原纤维横端连接处有由中间连接与桥粒构成的闰盘。在鸡的腺胃，上皮细胞之间也排列紧密。

细胞间有紧密连接、黏着带及点状桥粒等连接结构（图 2-2-5 至图 2-2-7）。

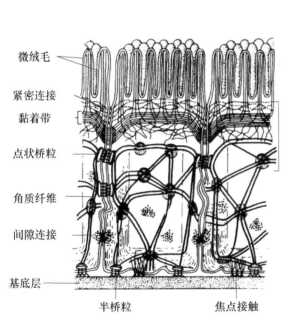

微绒毛
紧密连接
黏着带
点状桥粒
角质纤维
间隙连接
基底层
半桥粒　　焦点接触

图 2-2-2　肠黏膜上皮细胞间的各种细胞连接

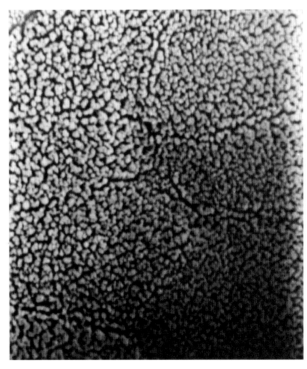

图 2-2-3　兔肠黏膜上皮表面微绒毛突起密集，细胞排列紧密。SEM

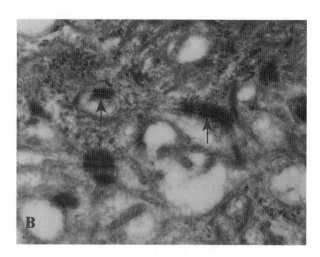

图 2-2-4　细胞表面结构。A：大鼠气管纤毛密集；B：猪扁桃体黏膜上皮细胞间桥粒连接（B：↑）。A：SEM，10k×；B：TEM，60k×

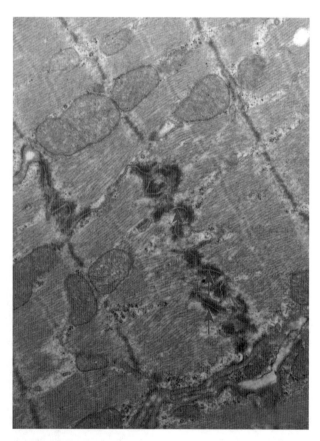

图 2-2-5　心肌纤维间闰盘连接（↑）。TEM，30k×

二、细胞表面的超微病变

1. 细胞膜蛋白改变与疾病的关系

当细胞膜上相应的载体蛋白有缺陷时，会导致物质运输紊乱。如肾性糖尿病是由于肾小管上皮细

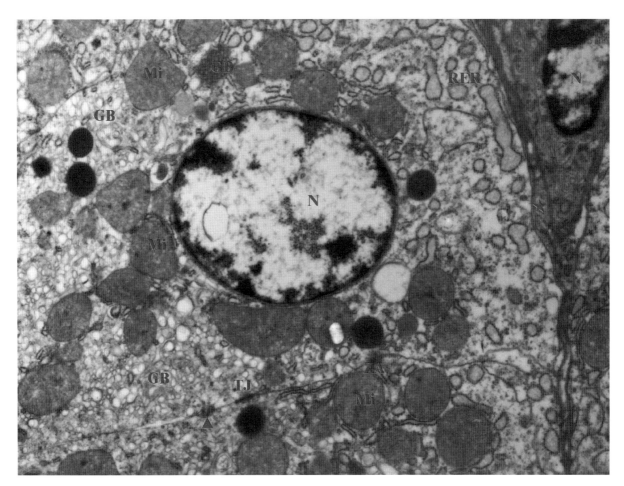

图 2-2-6 SPF 鸡腺胃腺上皮细胞间连接。细胞排列紧密，细胞间黏着带（ZA）、紧密连接（TJ）及间隙连接（▲）结构清晰。胞质中线粒体（Mi）、高尔基复合体（GB）及粗面内质网（RER）丰富。N：细胞核；★：腺泡间隙。TEM，20k×

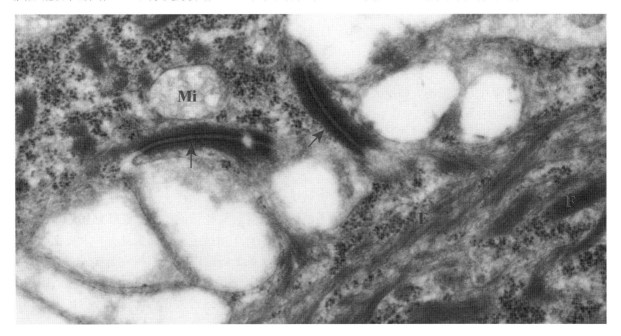

图 2-2-7 细胞间连接。黏膜鳞状上皮细胞间连接结构——带状桥粒（↑），结构清晰完整；细胞质中有丰富的、成束分布的张力微丝（F）。Mi：肿胀的线粒体。TEM，50k×

胞膜中转运糖类的载体蛋白缺失而致。膜受体在结构上和数量上发生缺陷时，会导致机体功能不全，多数是由于基因突变导致的遗传性疾病。在无丙种球蛋白血症患者的 B 淋巴细胞膜上，缺少作为抗原受体的免疫球蛋白，因此，B 淋巴细胞不能接受抗原刺激分化成浆细胞，也不能产生相应的抗体，致使机体抗感染功能严重受损，常常反复出现肺感染。重症肌无力的病因是由于体内产生了乙酰胆碱受体的抗体，占据了乙酰胆碱受体，封闭了乙酰胆碱的作用，该抗体还可以促使乙酰胆碱受体分解，使患者的受体大大减少，导致重症肌无力。

细胞膜结构的改变与肿瘤密切相关。肿瘤细胞可以合成新的糖蛋白，如小鼠乳腺癌可以产生一种表面糖蛋白，它掩盖了小鼠的主要组织相容性抗原，使肿瘤细胞具有可移动性。各种肿瘤细胞都有粘连蛋白的缺失，失去了原来正常细胞之间的黏着作用，使得肿瘤细胞彼此之间的亲和力降低，肿瘤细胞易于脱落，浸润病灶周围组织或者通过血液、淋巴液转移到其他部位。细胞膜上糖脂的含量较少，但具有重要的生理功能，例如在结肠、胃、胰腺癌细胞中都发现有糖脂组分的改变和合成肿瘤细胞自己特有的新糖脂。另外，肿瘤细胞表面的糖苷酶和蛋白水解酶活性增加，使细胞膜对蛋白质和糖的传送能力增加，为肿瘤细胞的分裂增殖提供了物质基础。

2. 细胞膜的特化结构——纤毛和微绒毛的超微病变

（1）纤毛的病理改变 纤毛对于物理性、化学性和炎症性损害特别敏感，常迅速以相应的结构改变来做出反应，从而导致纤毛的运动障碍。

①纤毛的数目改变 在胚胎性细胞和去分化细胞，纤毛数目常增多。在慢性反复发作性炎症（如慢性支气管严）和维生素 A 缺乏症时，呼吸道上皮常发生鳞状上皮化生，纤毛亦随之消失。

②纤毛形成异常 在一切由呼吸性上皮覆盖的部位，慢性炎症可使纤毛变粗短呆滞，鼻咽部和卵巢的乳头状瘤以及来自呼吸性上皮的肺癌也有这种典型改变。这种短粗的纤毛内结构异常，表现为周边部二联微管数目超常或中枢微管增多，且排列常杂乱。相反，二联微管数亦可不足。

③纤毛肿胀 气管败血性布鲁氏杆菌感染、慢性支气管炎以及过度吸烟时，气管及支气管上皮纤毛可发生肿胀和运动不灵，以致黏液纤毛装置的排泌功能受障。

④纤毛结构异常及脱落 在纤毛周边区二联微管的顺时针方向一侧各有二组蛋白物质，称为动力蛋白（dynein）臂，其中含有 ATPase，可向纤毛提供 ATP，是纤毛运动的能量来源。当动力蛋白臂由于遗传缺陷（如纤毛运动障碍综合征 immotile cilia syndrome）而缺失时，则由呼吸性上皮覆盖的黏膜纤毛运动丧失，导致黏液纤毛装置功能失调伴分泌物潴留、支气管扩张和慢性鼻及鼻窦炎。很多致病因子均可引起气管纤毛的损伤，如给大鼠被动吸烟 1 个月以上，引起了明显的气管黏膜上皮纤毛的断裂、脱落和缺失（图 2-2-8）。

当发生感染性疾病，尤其是呼吸道感染时，气管黏膜上皮细胞表面的纤毛常常会出现各种病变。例如，感染兔出血症病毒的病兔的气管黏膜上皮的纤毛可发生倒伏、粘连、断裂，病变严重时，可见气管黏膜上皮的纤毛大片脱落缺损（图 2-2-9）。

（2）微绒毛的改变 在致病因子的作用下，微绒毛可发生倒伏、粘连、断裂及缺失等变化。各种原因引起胃肠道发生炎症时，均可造成肠道微绒毛断裂及脱落。某些肠道病毒感染肠黏膜后，可引起肠黏膜上皮表面的微绒毛出现明显的断裂缺失（图 2-2-10），由于微绒毛大量断裂缺失，上皮细胞吸收功能下降，以致大量液体潴留于肠腔而引起腹泻。另外，分布于肠道内的滤泡相关上皮，在某些药物的作用下或感染病毒后，可出现大量的微小开口。如在 RHDV 感染后，电镜下可见兔圆小囊的圆顶上皮（即滤泡相关上皮）表面，出现大量的微孔（图 2-2-11）。可见，这种微孔可能是肠腔内抗原性物质进入肠道淋巴组织及淋巴细胞进入肠腔的通道。

图 2-2-8　被动吸烟大鼠气管。多数黏膜上皮细胞纤毛脱落（★）。SEM，3k×

图 2-2-9　RHDV 感染兔气管。黏膜上皮细胞表面纤毛倒伏，成片的黏膜上皮细胞纤毛脱落（★），并见炎性渗出物聚集（☆）。SEM，4k×

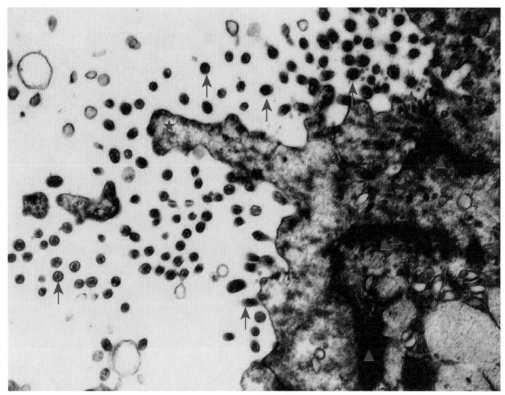

图 2-2-10 RHDV 感染兔小肠。黏膜上皮表面微绒毛断裂缺失，胞浆向表面伸出粗大的胞突（★）；细胞表面见大量病毒出芽释放到肠腔中（↑）；上皮细胞间连接异常（▲）。TEM，20k×

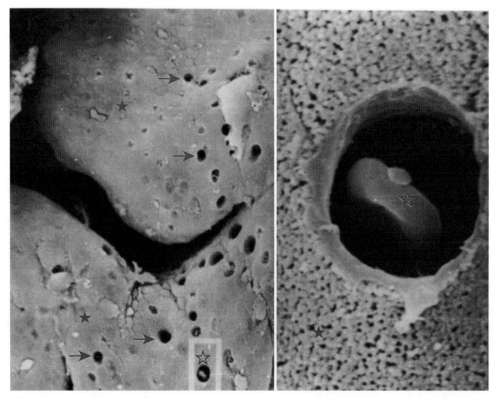

图 2-2-11 RHDV 感染兔小肠。黏膜表面（★）有很多微孔（↑）；在微孔中可见 1 个红细胞正从孔中穿出（☆）。SEM。右图为左图局部放大

3. 细胞连接结构的改变

（1）桥粒的改变 在某些病理状态下，桥粒的数目可发生改变，例如在皮肤的角化棘皮瘤（kera-toacanthoma）及增生性滑膜炎（hyperplastic synovitis）时，桥粒增多，这被认为是由于蛋白溶解和细胞外隙中 Ca 离子浓度下降引起的。中毒、细菌和病毒感染等各种病因的作用都可引起桥粒及其他细胞连接的改变（图 2-2-12）。

在一些恶性肿瘤如多种组织学类型的癌时，由于癌细胞的去分化，细胞的桥粒减少乃至消失，以至细胞可互相分离，这是癌的侵袭性生长和转移的形态结构基础之一（图 2-2-13）。此外，在某些皮肤病而伴有皮肤棘细胞层松解（acantholysis）时，局部的棘细胞之间的桥粒也消失。在一些病理状态下，桥粒也可移位于胞浆内，例如表皮棘细胞再生、间变时和鳞状上皮肿瘤细胞内，缺氧和受到细胞抑制剂毒性影响的心肌细胞内，以及由多个细胞融合而成的多核巨细胞内等。

（2）紧密连接的改变 当出现坏死灶时，环绕其周围的细胞间由于受蛋白溶解产物的影响而致紧密连接增多，又如高血压时，内皮细胞受血压升高的影响，细胞膜单位面积上的紧密连接数目代偿性增多，是一种适应性反应的表现。

紧密连接也可出现松解，使细胞间的密封性下降。这就是高血压性血管病时血浆成分之所以能透过内皮细胞层而渗入内皮下的原因。此外，这也是恶性肿瘤细胞得以脱离细胞群体而侵袭性生长和转移的另一缘由，以及炎症渗出过程中血管壁通透性升高的原因之一。

紧密连接带内相邻两细胞膜之间的间隙内可沉积黏合蛋白，使细胞呈合胞体细胞样黏和而不能彼此分离，例如红细胞生成障碍性贫血时幼红细胞（normoblast）即有这样改变，这时形成许多异常的多核细胞，并在骨髓内或进入外周血流后迅即死亡，不能成熟，故造成贫血。

（3）缝隙连接的改变 正常的缝隙连接有利于相邻细胞间的沟通联合，但一些二价阳离子，特别是 Ca 离子和 2H 离子，能够中和位于细胞膜微孔开口区的带负电荷的微孔蛋白，使其呈晶状集结，从而使微孔可复性地封闭，以致细胞间的联合一时中断。在各种情况下的低氧、缺氧及其他细胞损伤时，可出现这种改变。进一步发展的结果，损伤细胞脱离，绕于坏死性周围的上皮细胞的缝隙连接微孔封闭，与坏死灶隔离。这对于周围细胞是一个启动信号，将细胞的代谢由功能转入有丝分裂。这一过程紊乱就能引起细胞的异常再生、恶性转化和转移，以及心律不齐和胃肠等平滑肌性空腔器官的蠕动障碍。缝隙连接通常为圆形，在高血压性血管病时，由于受血压升高的机械性影响而可变为不规则形。

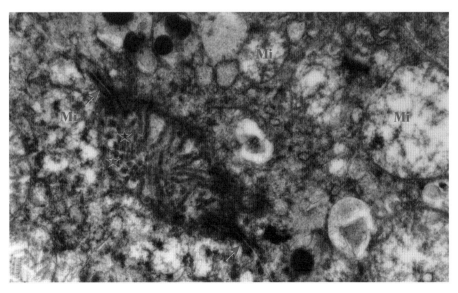

图 2-2-12 死于败血症的斑羚肝。毛细胆管部分微绒毛断裂，胞膜模糊不清（☆），肝细胞间连接桥粒结构异常（↑），胞质细胞器紊乱不清，线粒体嵴断裂空化（Mi）。TEM，25k×

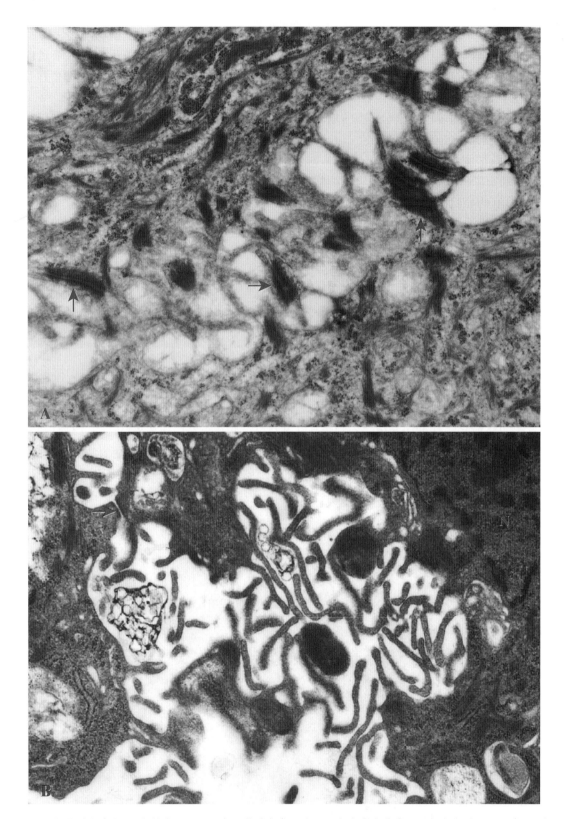

图 2-2-13　咽喉黏膜上皮与咽-食管癌组织。正常咽黏膜上皮细胞之间有丰富的微绒毛及桥粒相连（A：↑）；鸡咽食管癌细胞间微绒毛丰富，但桥粒很稀少（B：↑）。N：细胞核。TEM，A、B，30k×

第三节　细胞的内膜系统及其超微病变

在原核细胞只有包围细胞的细胞膜，但在真核细胞除细胞膜外，还存在通过细胞膜的内陷而演变成的复杂的内膜系统（endomembrane system）或称为网状囊腔系统。内膜系统是指细胞内那些在功能上为连续统一的细胞内膜，其中包括细胞组分中的核膜、内质网、高尔基复合体、溶酶体、过氧化物体、微体以及小泡和液泡等。虽然它们各有自己的特点，但它们在结构、功能上都有一定的联系，所有这些不同的膜，都是统一的膜系统在局部区域特化的结果。内膜系统是真核细胞所特有。这里的内膜是针对包在细胞外面的质膜而言。内膜系统为细胞提供了足够的表面积，使之完成各种重要的生命活动过程。这些细胞器都是互相分隔的封闭性区室。并各具有一套独特的酶系，互不干扰地执行着专一的生理功能。与质膜比较，内膜系统的膜的三层结构区分并不明显，也比较薄，约为 7 nm。所含的蛋白质的性质也有差别，应用免疫学方法测定，两者的抗原性显然不同。内膜系统浮游在细胞质溶胶之中。

一、内质网

内质网（endoplasmic reticulum，ER）是 1945 年由 Porter 等用电镜观察整理包埋的培养细胞，见到细胞质内有由各种大小的管、泡吻合而成的网状结构，因位于细胞内部，一般均在核附近，故名内质网。后来知道它们也可伸达细胞周围部分紧挨着细胞膜。

20 世纪初便在某些腺细胞内发现了可被碱性染料着色的呈线条状或瓣状的结构，命名为动质（ergastoplasm）。1945 年应用电子显微镜首次在培养的小鼠成纤维细胞中观察到，细胞内的一些小管和小泡样结构连接成网状，此种结构便相当于研究早期发现的动质。由于这些网状结构多位于细胞核附近的细胞内质区域，故称为内质网（endoplasmic reticulum，ER）。后来大量的电子显微镜研究资料证明，动植物细胞中普遍地存在着内质网结构。20 世纪 40 年代中期到 60 年代初，内质网的研究主要集中在形态结构上，生理功能的研究开展得较少。而从 20 世纪 60 年代中期开始，尤其是 20 世纪 80 年代以来，许多学者利用生化离心、同位素标记、电镜细胞化学和免疫细胞化学等技术，不仅在 ER 的结构，还在功能上进行了大量深入的研究。研究结果表明，ER 不仅在蛋白质和脂类合成上起重要作用，而且也是细胞许多其他内膜结构的来源，因此，它在细胞的内膜系统中占有中心地位。

1. 内质网的超微结构

内质网是一种相互连通的膜性管腔系统，交织成网状分布于细胞质中。在某些细胞中，它围绕着细胞核成紧密的同心圆层次排列，在另一些细胞中，分布遍及整个细胞，在电镜下其构造有的是管状，有的是扁囊（cisternae or lamina），有的则扩大成小泡（vesicle）。内质网膜可与核膜相连，少数亦可与质膜相连。内质网膜较质膜薄，厚 5～6 nm，组成内质网的小管和囊的横切面宽 40～70 nm。按其膜外表面是否附有核糖体，内质网分为粗面内质网、滑面内质网二大类：

（1）粗面内质网（rough endoplasmic reticulum，RER）　又称有粒内质网或颗粒内质网（granular ER，GER），其表面附着大量颗粒状核糖体，由于表面粗糙而得名。膜的外表面有核糖体颗粒，其上的核糖体与粗面内质网无论从形态和功能上均不可分割。粗面内质网膜上含有特殊的核糖体连接蛋白，可与核糖体 60 S 大亚基上的两种糖蛋白紧密连接。

光镜下的核外染色质，除游离核糖体外主要为粗面内质网，细胞质中心核糖体主要以粗面内质网的形式存在，夹杂有部分游离核糖体，从而构成斑块状的嗜碱质，如神经细胞中的尼氏体。粗面内质网发达，则细胞为强嗜碱性，如合成抗体的浆细胞和分泌多种酶的胰腺外分泌细胞等。

粗面内质网常由板层状排列的扁囊构成，表面附着核糖体，腔内含有均质的低或中等电子密度的蛋白样物质。核糖体主要成分为 rRNA 和蛋白质。它是合成蛋白质的场所。由附着于内质网上的核糖体合成的蛋白质进入内质网腔后，常使内质网间隙明显膨胀。附着于内质网上的核糖体主要合成输送到细胞外的分泌蛋白质，如酶类、激素和抗体等。因此，在分泌蛋白质旺盛的细胞粗面内质网含量丰富，如腺上皮细胞和浆细胞（图 2-3-1 至图 2-3-4）或大量合成膜的细胞，如未成熟的卵细胞和视杆细胞中粗面内质网均特别发达，细胞质内几乎充满了内质网。除红细胞外所有真核细胞均含有粗面内质网，粗面内质网的内容物一般为均质的，具有较低或中等电子致密度，因粗面内质网合成的蛋白质类物质较稀，到高尔基体上，浓缩成电子致密度较深的颗粒或结晶体，积存在囊内，有的可以是糖蛋白或粗蛋白，故称为蛋白样颗粒，最典型的是浆细胞中心的罗氏小体（Russell's body）即为粗面内质网囊内贮存了大量的免疫球蛋白。

粗面内质网的功能主要是合成外输性蛋白质，如分泌蛋白、消化酶、激素、抗体、膜嵌入蛋白（受体、膜抗原、膜蛋白等）、溶酶体蛋白质、某些可溶性蛋白质（合成后进入细胞质中）；还参与蛋白质糖基体的作用和参与合成蛋白质的运输。

（2）滑面内质网（smooth endoplasmic reticulum，SER） 又称无粒内质网（agranular endoplasmic reticulum，AER）。这种内质网主要特征是膜表面不附着核糖体，故无颗粒而光滑。SER 的结构与 RER 不同，很少有扁囊，常由分枝小管或圆形小泡构成，小管直径 $50 \sim 100$ nm。在一些特化的细胞中，SER 比较丰富，肝细胞是产生外输脂蛋白的主要场所，所以在肝细胞中，与脂蛋白生成有关的滑面内质网成为主要细胞器，参与脂蛋白合成的部分酶位于滑面内质网的膜上。肝脏对有害代谢产物的解毒作用主要是由肝细胞的滑面内质网来完成的，骨骼肌细胞的滑面内质网称作肌浆网（sarcoplasmic reticulum）。肌浆网能释放和收回 Ca^{2+} 来调节肌肉的收缩活动。

滑面内质网是一种多机能性结构。其功能包括如下几方面：①参与脂质和固醇类的合成（这是滑面内质网的最明显的功能），例如肾上腺皮质上皮细胞、睾丸间质细胞、卵巢黄体细胞等；②参与蛋白质及脂类的运输例如小肠上皮细胞内的滑面内质网与脂类的吸收、运输有关，肾脏近曲小管上皮细胞基底膜有丰富的滑面内质网与小管上皮的重吸收作用有关（图 2-3-5）；③参与横纹肌的收缩；④参与解毒作用，肝细胞内滑面内质网有丰富的氧化酶系统，对脂溶药物有解毒作用；⑤参与糖原代谢；⑥参与水与电解质代谢；⑦生成胆汁，10％胆盐由肝细胞中滑面内质网合成，滑面内质网使胆红素在葡萄糖醛酸转移酶的作用下，由非水溶性颗粒转变为水溶性结合胆红素；⑧参与血小板的形成；⑨参与核膜的形成。

（3）内质网的酶 与内质网膜结合在一起的有很多酶，例如 NADH-脱氢酶、脂酰胺脱氢酶、葡萄糖-6-磷酸酶、Mg^{2+}-激活 ATP 酶，能水解鸟苷二磷酸（GDP）、尿苷二磷酸（UDP）、肌苷二磷酸（IDP）的酶类，以及合成甘油、脂肪酸、甾醇类有关的酶类。

两种类型的内质网在不同的细胞中分布情况各有不同，在胰腺外分泌细胞中，全部为粗面内质网；在肌细胞中全为滑面内质网，而在肾上腺皮质细胞中则含有两种类型的内质网。

内质网是一个复杂的网状膜系统，它在细胞的有限空间内建立起大面积的膜表面，以便于许多酶类的分布和各种生化过程的高效率完成，内质网除了进行蛋白质合成、脂类合成、糖代谢和解毒作用外，还与物质运输，物质交换和对细胞的机械支持有密切关系。两种内质网在功能上各有不同，粗面内质网主要负责蛋白质的合成与转运及蛋白质的修饰加工等。而滑面内质网主要从事细胞的解毒作用以及一些小分子合成和代谢等。

2. 内质网的病理变化

在病理状态下，当细胞受到有害因子的作用时，内质网可发生量的改变和形态的改变。

（1）内质网数量的改变 表现为细胞内的内质网的数量的增多或减少，如当药物中毒时，在肝细胞的超薄切片上可见到滑面内质网显著增多，滑面内质网的显著增多主要在肝小叶的中心区。有时滑面内质网膜的增加结果使化合物的毒性作用反而增加了，这就是所谓的"致死性合成"，因为这些物质在解毒时产生环氧化物和其他活性代谢物，而环氧化物可与还原谷胱甘肽结合影响细胞的氧化还原反应。

在蛋白质合成及分泌活性高的细胞如浆细胞、胰腺腺泡细胞、肝细胞等，以及细胞再生和病毒感染时，粗面内质网增多。当某些感染因子刺激某些特定的细胞时，可引起这些细胞的内质网增多，蛋白质合成及分泌旺盛，具有抗感染的作用。如当 B 淋巴细胞受到抗原物质如细菌、病毒刺激时，可转变成浆细胞，浆细胞的粗面内质网显著增多，免疫球蛋白的分泌增加。巨噬细胞的内质网增多表现为水解酶的合成增强。在组织损伤的修复过程中，形成肉芽组织时，成纤维细胞中的粗面内质网和高尔基体增多，同时胶原前分子的合成和组装也增加。

（2）内质网形态的改变 在病理情况下，内质网可出现网池扩张（肿胀），网膜断裂及粗面内质网脱颗粒及脂质蓄积现象。由基因突变造成的某些遗传性疾病中，可观察到蛋白质、糖原和脂类在内质网中累积。同时，凡是能产生内质网脱颗粒的许多药物如嘌呤霉素或乙基硫氨酸等均能引起多聚核蛋白体的脱颗粒和破坏，结果均可出现甘油三酯在肝细胞内蓄积。

内质网的扩张肿胀主要是由于水分和钠的流入，使内质网变成囊泡。这些囊泡还互相融合而扩张成更大的囊泡，肿胀是一种水样变性。低氧、辐射和阻塞所造成的压力等均能引起内质网的肿胀和扩张。低氧还能引起核糖体从粗面内质网上脱落，使核糖体数目减少而影响蛋白质的合成。病毒性肝炎时，如兔病毒性出血症时，肝细胞内粗面内质网呈进行性肿胀，核糖体脱落。肝细胞内的呈扩张状态的内质网腔含有大量水分，呈现出混浊肿胀现象。若水分进一步聚集，便可使内质网肿胀破裂。在病毒性肝炎，若肝细胞发生水分丢失，出现脱水时，粗面内质网上的核糖体会脱落，这时萎缩的内质网和其他细胞成分一起浓缩成团块，肝细胞呈皱缩样。

我们研究发现，在感染 RHDV 后，兔圆小囊淋巴组织中的淋巴细胞及浆细胞内的粗面内质网出现网池肿胀扩张、增生、脱颗粒及网膜破裂等多种变化（图 2-3-6，图 2-3-7）。尤其是在内质网发生严重的网膜破裂缺损的同时伴随大量核糖体样颗粒的异常增殖。这些变化可能与 RHDV 的复制合成有关。

在细胞凋亡和致死性缺血性细胞损伤或严重感染时，内质网往往遭到早期扩张和破裂等损害。缺血早期，内质网膜上的葡萄糖-6-磷酸酶很快就消失掉，蛋白质合成受到影响出现多聚核蛋白体的脱落现象。若病因持续作用，很快就会发展成不可恢复的局面，出现内质网脱颗粒、空泡化直至网膜破裂。在线粒体凝聚肿胀和线粒体内细小絮状致密物等变化出现的同时，内质网的管腔里出现大量不规则的絮状致密团块（图 2-3-8 至图 2-3-10）。

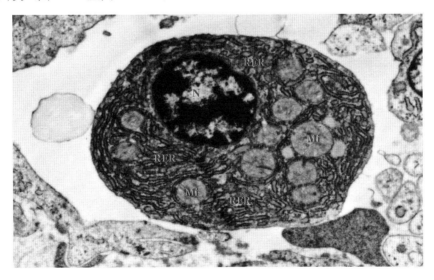

图 2-3-1 猪淋巴结中的浆细胞。细胞质被粗面内质网（RER）及线粒体（Mi）占据。N：细胞核。TEM，8k×

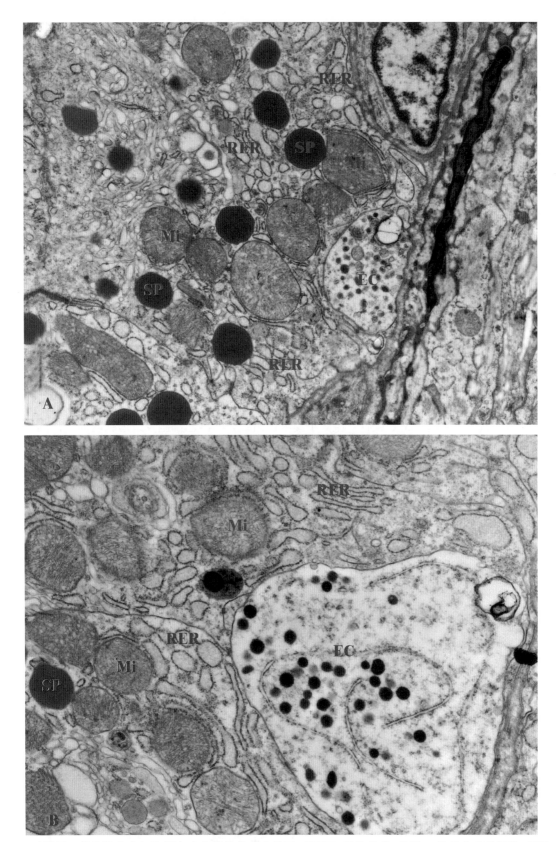

图 2-3-2　鸡腺胃。黏膜腺上皮细胞质中有丰富的粗面内质网（RER）及线粒体（Mi），并见有分泌颗粒（SP）。EC：内分泌细胞。TEM，A：15k×，B：20k×

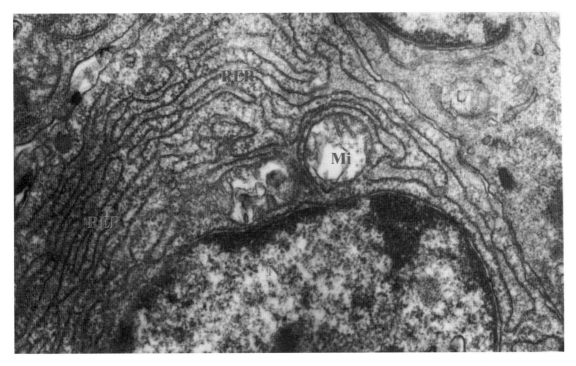

图 2-3-3　淋巴浆细胞质中内质网排列成扁囊状（RER）。N：细胞核；Mi：线粒体。TEM，20k×

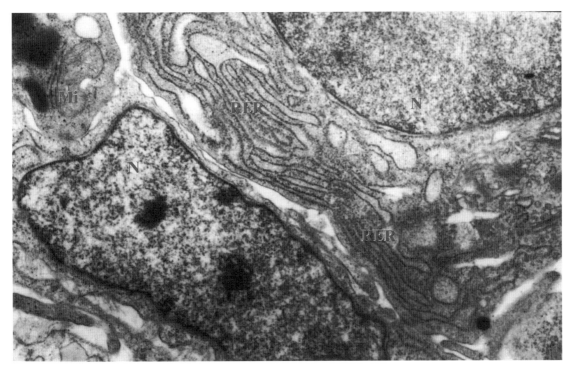

图 2-3-4　淋巴浆细胞质中内质网排列成扁囊状（RER）。N：细胞核；Mi：线粒体。TEM，10k×

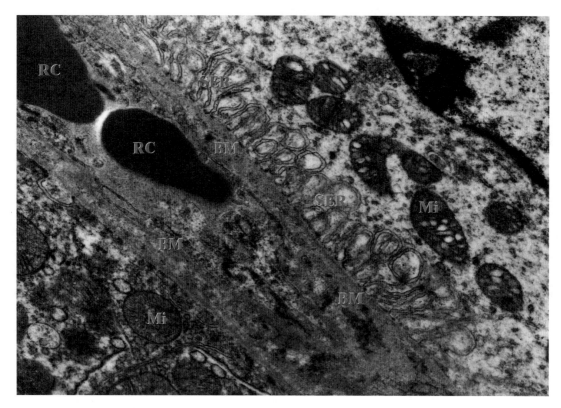

图 2-3-5　大鼠肾。肾小管上皮细胞基底膜（BM）面分布有丰富的滑面内质网（SER）。Mi：线粒体；RC：红细胞；N：细胞核。TEM，20k×

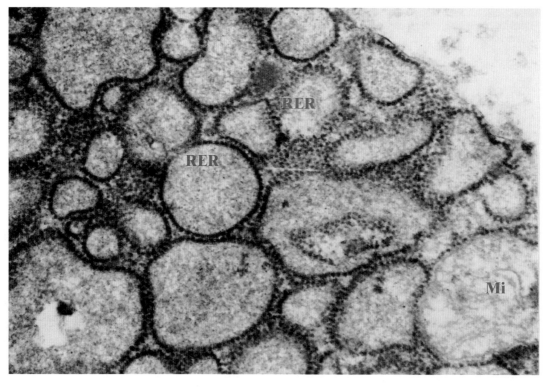

图 2-3-6　RHDV 感染兔肠圆小囊中的浆细胞。粗面内质网（RER）网池高度扩张，网膜脱颗粒。线粒体肿胀（Mi）。TEM，30k×

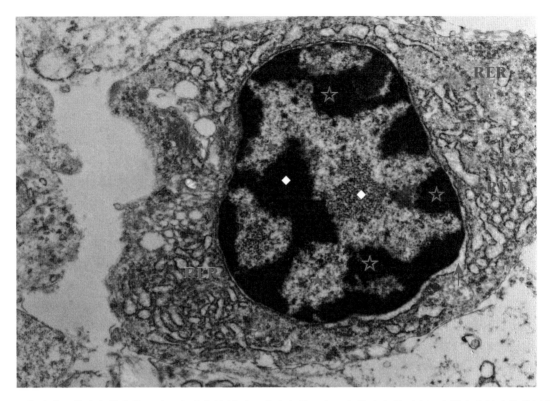

图 2-3-7　仔猪淋巴结中变性的浆细胞。细胞核呈圆形，常染色质（★）与异染色质（☆）交错分布呈车轮状图像，核周隙显现（↑）；胞质中部分粗面内质网扁囊扩张呈短泡状（RER）。TEM，15×

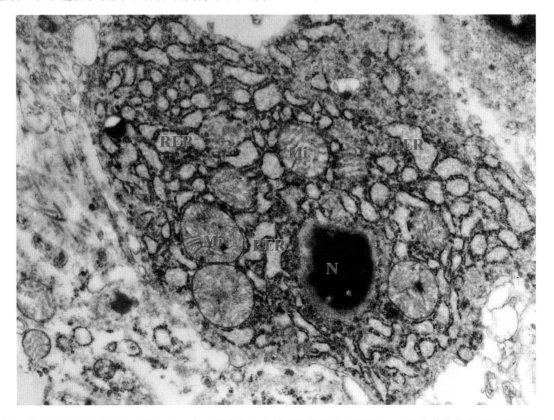

图 2-3-8　猪淋巴结中正在凋亡的浆细胞。细胞质中粗面内质网显著扩张（RER），线粒体结构病变不明显（Mi）。细胞核（N）固缩。TEM，25k×

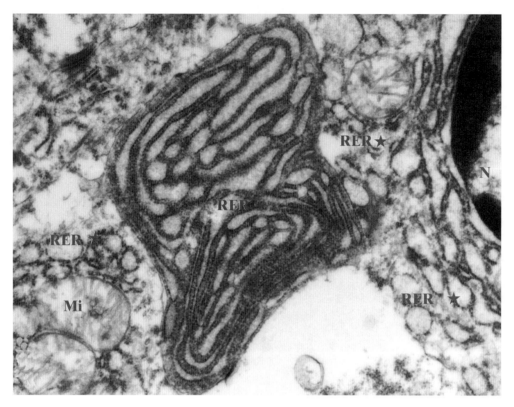

图 2-3-9　感染 PRRSV 的仔猪扁桃体内变性的浆细胞。粗面内质网扁囊交织成网状或盘绕成同心圆状（RER），左右两旁的 RER 扁囊呈扩张短的囊泡状（★）。Mi：线粒体；N：细胞核。TEM，40k×

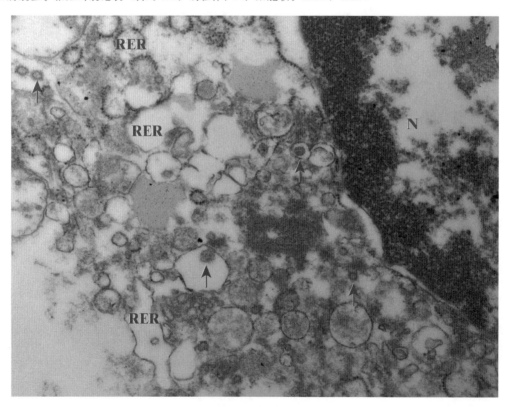

图 2-3-10　PRRSV 与大肠杆菌混合感染仔猪脾脏。崩解死亡中的浆细胞粗面内质网脱颗粒、网池扩张、空泡化或破裂（RER）。并见多量病毒粒子（↑）。N：细胞核。TEM，50k×

二、高尔基体（Golgi body）

1898 年，意大利组织学家 Camillo Golgi 在光镜下研究银染的猫和猫头鹰的神经细胞时，发现细胞质内有一网状结构，称为内网器（internal reticular apparatus）。以后，几乎在脊椎动物的各种细胞中，均见到这一结构，便命名为高尔基器（Golgi apparatus），又称高尔基体（Golgi body）。20 世纪 50 年代，电镜观察证实，这个细胞器实际上是由几部分膜性结构共同构成的，现一般用高尔基复合体（Golgi complex）这一名称。

Golgi complex 是一种固有的细胞器，它在细胞的分泌过程中，发挥着重要作用。高尔基体普遍存在于所有动植物细胞中。它是一个结构复杂、高度组织化的细胞器，每一个部分都有独特的酶结构和酶系统。它在细胞的分泌活动中起着重要作用，而且具有糖蛋白合成、修饰和运输功能同时也参与脂类代谢及膜的转变，并参与溶酶体的形成。

1. 高尔基体的超微结构

高尔基体（Golgi body）或称高尔基复合体（Golgi complex）是由平行排列的扁平囊泡（cisternae），小泡（vesicle）和大泡（vacuole）组成的一种结构比较复杂的膜性细胞器（图 2-3-11）。在不同类型的细胞中，高尔基体的形态结构变化很大。在分泌细胞、精细胞、卵细胞、白细胞、浆细胞和神经细胞中，高尔基体具有典型的三种基本形态结构。但在组织培养细胞、肿瘤细胞或早期再生组织的细胞内，高尔基体只有少量的扁平囊泡或泡状结构。

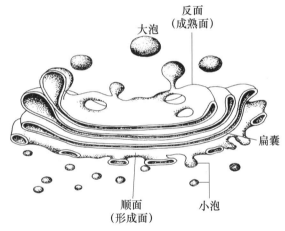

图 2-3-11　高尔基复合体的超微结构示意图

（1）扁平囊泡　扁平囊泡是高尔基体最具特征性的一种成分，有人称为高尔基囊泡（Golgi saccules），在高等动物和植物细胞中，一般 3～8 个扁平囊泡平行排列在一起，称高尔基堆（或叠层）。在底等生物中，可出现 30 个以上的扁平囊泡堆积在一起。一组高尔基复合体中，一般含 3～8 个，囊腔宽 15～20 nm，囊间相距 20～30 nm，其间有电子致密度高的纤维状物质，它们可能与囊间的相互黏着有关。有人将这一组扁平囊称为网状体（dictyosome），组成一个机能单位。它们平行排列，弓形略弯曲，有时弯曲很显著。囊泡的凸面，称为形成面（forming face）或称未成熟面（immature face）或顺面（cis-face）。凹面称为分泌面（secreting face）或称为成熟面（mature-face）或叫反面（trans-face）。在有极性的细胞中，通常形成面朝向细胞的底部，分泌面朝向细胞的表面。

（2）小囊泡　小囊泡（vesicles）直径为 40～80 nm，界膜厚约为 6 nm，数量较多，与一般吞饮小泡类似，有外衣或无外衣，散布于扁平囊周围，常见于形成面。一般认为小囊泡由高尔基体附近的粗面内质网芽生而来，载有粗面内质网所合成的蛋白质成分，运输到扁平囊泡中，并使扁平囊泡的膜结构和内含物不断地得到补充。

（3）大囊泡（vacuoles） 直径 $0.1\sim0.5\ \mu m$，界膜厚约 8 nm，一般在切面上为数个，多见于扁平囊泡扩大的末端，或见于分泌面，也称为分泌泡（secreting vacuoles）或浓缩泡（condensing vacuoles）一般由扁平囊泡的末端或分泌面，局部呈小球状膨大而成，带有由扁平囊泡所含有的分泌物质离去。小囊泡的并入及大囊泡的断离，使扁平囊泡不断处于新陈代谢的动态变化中。

凡是有分泌作用的细胞，高尔基体均很发达。例如杯状细胞、胰腺细胞、唾液腺细胞及小肠上皮细胞等多见。肌细胞、淋巴细胞则少见。高尔基体的发达程度与细胞的分化程度呈正相关。

2. 高尔基体化学组成及功能

（1）高尔基体的化学组成 高尔基体膜脂的含量介于内质网膜与质膜之间。高尔基体酶的含量很丰富，含有多种酶，比较特异的或占优势的是转移酶类。主要的酶有：①参与糖蛋白生物合成的糖基体转移酶、唾液腺转移酶、IDP-半乳糖酶、N-乙酰氨基葡萄糖半乳糖基转移酶、糖蛋白 δ-半乳糖基转移酶、UDP-N-乙酰氨基葡萄糖-糖蛋白-乙酰氨基葡萄糖转移酶；②参与糖脂合成磺化（或硫化）和糖基转移酶、半乳糖脑苷脂硫酸转移酶、CMP-NANA、乳糖基神经酰胺唾液酸基转移酶、GM1 唾液酸基转移酶、UDP-半乳糖、GM2 半乳糖基转移酶、UDP-GalnAc；GM2-乙酰氨基葡萄糖转移酶；③氧化还原酶：NADH-细胞色素 c 还原酶、NADHP-细胞色素还原酶；④磷酸酶 5′-核苷酸酶、腺苷三磷酸酶、硫胺素焦磷酸酶；⑤激酶、酪蛋白磷激酶；⑥甘露糖苷酶、α-甘露糖苷酶；⑦参与磷脂合成的转移酶、溶血、溶血卵磷脂酰基转移酶、磷酸甘油磷脂酰转移酶；⑧磷脂酶、磷脂 EA1、磷脂 EA2。

（2）高尔基复合体的功能 主要功能是作为细胞内部的一个运输系统，完成蛋白质和脂质的运输。如在胰腺细胞中酶原颗粒形成的方式清楚地表明，高尔基复合体是在内膜系统下到单线运输途中的一个阀：内质网-高尔基小囊泡-高尔基大囊泡。高尔基复合体不仅具有包装和运输功能，同时还有合成作用。

3. 高尔基体的病理改变

（1）高尔基体肥大和萎缩 在病理条件下，高尔基体的数量和形态均可发生改变，表现出肥大和萎缩及内容物的变化。高尔基体与其他细胞器如线粒体和内质网等相比较，对许多致病因素的敏感性低。在病变初期的细胞中高尔基体的变化往往不甚显著。在细胞功能亢进时，高尔基体可发生肥大。如大白鼠实验性肾上腺皮质再生过程中，在垂体前叶分泌促肾上腺皮质激素的细胞高尔基体显著肥大，囊泡增多。而当再生完毕时，促肾上腺皮质激素水平下降，高尔基体又恢复正常的水平。在中毒的情况下，由于脂蛋白合成及分泌发生障碍，引起肝细胞内高尔基体萎缩、破坏和消失。

（2）高尔基体内容物的变化 高尔基体与脂蛋白的形成、分泌有关，因此，在肝细胞内可见电子密度不等的颗粒，为饱和和不饱和脂肪酸。当中毒因子引起脂肪肝时，肝细胞内充满大量的脂质体，高尔基体内含脂蛋白的颗粒消失，形成大量扩张或断裂的大泡。

（3）高尔基体形态结构的变化 细胞在大剂量的放射线作用下，高尔基复合体可发生解体现象，先是大泡分散到细胞质各部位，然后扁囊解体。在病毒致细胞病变过程中，高尔基复合体的超微结构变化不很明显，只是在被病毒感染的细胞病变晚期，高尔基体的液泡可见有增大现象。如在痘病毒感染的细胞内，高尔基复合体区切面可增大到 $3\sim5\ \mu m$，液泡的数量增多，液泡的大小自能增加到 $1\sim3\ \mu m$。在药物中毒的细胞与衰老的细胞内，首先表现为成熟面液泡增多，在细胞病变晚期高尔基体发生解体。

（4）癌细胞内的高尔基体的改变 人和动物实验研究表明，在迅速生长间变的肿瘤细胞中，高尔基体几乎都不发达。对某一类型的癌细胞来说，分化程度越低，高尔基体越不发达，如人胃低分化腺癌细胞，而分化较好的癌细胞中，高尔基体较发达。有时，癌细胞中还可看到高尔基体的肥大和变形，如人的肝癌细胞。在禽白血病的肿瘤细胞中高尔基复合体的扁平囊泡减少，或出现结构异常（图 2-3-12，图 2-3-13，图 2-3-14，图 2-3-15）。

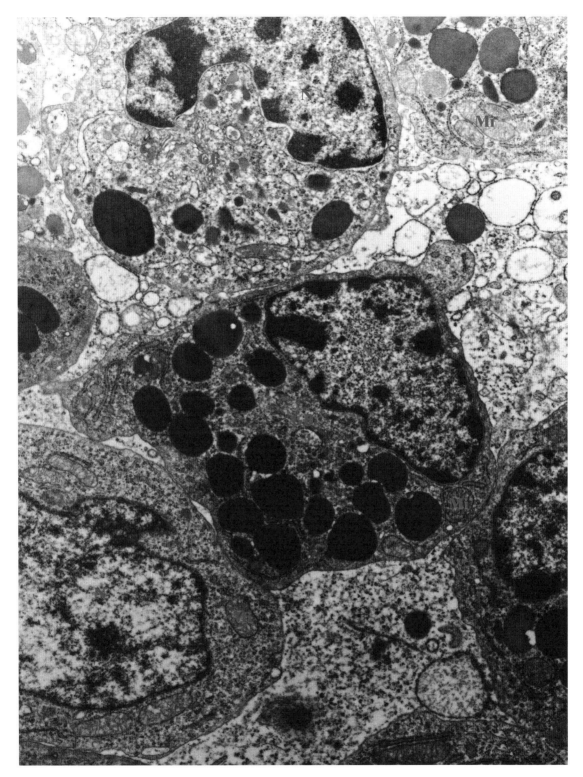

图 2-3-12　禽白血病病毒感染引起的鸽肾髓细胞瘤。瘤细胞内高尔基体扁平囊泡明显减少（GB）。Mi：线粒体；N：细胞核。TEM，12k×

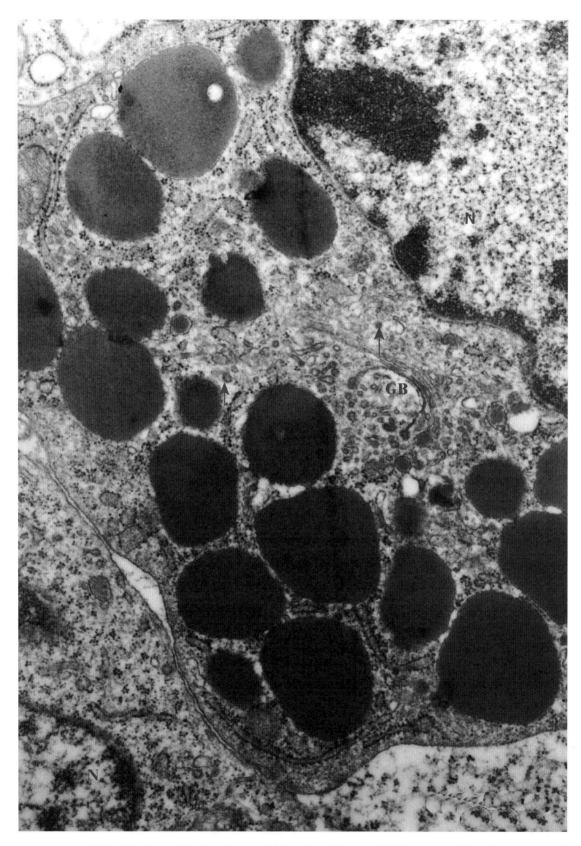

图 2-3-13　禽白血病病毒感染引起的鸽肾髓细胞瘤。瘤细胞内高尔基体扁平囊泡明显减少（GB）。胞质内见多量病毒粒子（↑），少见内质网及线粒体。N：细胞核。TEM，30k×

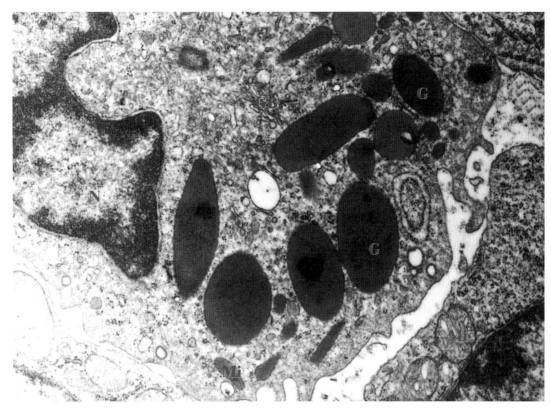

图 2-3-14   禽白血病病毒感染引起的鸽肾髓细胞瘤。含有大量颗粒（G）的髓细胞样瘤细胞内高尔基体形态异常扁平囊泡明显减少（GB）。少见内质网及线粒体。Mi：线粒体；N：细胞核。TEM，30k×

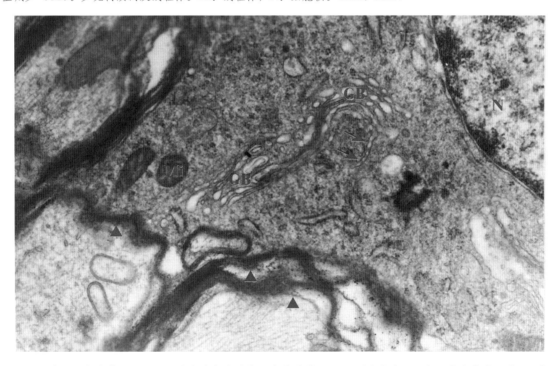

图 2-3-15   感染狂犬病病毒小鼠大脑细胞内的高尔基体。高尔基体（GB）形态异常，见扁平囊泡离散（↑），神经髓鞘肿胀，鞘膜离散（▲）。线粒体（Mi）稀少。N：细胞核。TEM，20k×

三、溶酶体（lysosome）

1. 溶酶体的超微结构及其功能

溶酶体（lysosome）是 Christian de Duve 1955 年在鼠肝细胞中发现的，最初并非在电镜下直接观察到，而是应用当时新发展的细胞分级分离技术，在分离出的细胞中，用生化方法进行探索时偶尔发现的。当时见到这种存在于细胞质中的微小颗粒，大小在 $0.25\sim0.8~\mu m$，由一层单位膜包围而成。其中含有各种水解酶，这些酶能作用于蛋白质、核酸及多糖类；这种颗粒的活动范围很广，具有溶解或消化的功能。因此，他将这种颗粒命名为溶酶体，其含义为溶解或消化小体，被称为细胞内消化装置。溶酶体存在于除成熟的红细胞以外的所有动物细胞内。

溶酶体呈圆形或卵圆形，大小不一，常见直径在 $0.2\sim0.8~\mu m$，最小的为 $0.05~\mu m$，最大的可达数微米。它是一种囊状结构，由一层厚约 6 nm 的单位膜包围，内含高浓度的酸性水解酶。在不同细胞中溶酶体的含量差别很大，肝窦内皮细胞、培养细胞和病变细胞内的溶酶体数目增多，在肌细胞内含量很少。在超薄切片的电镜照片中，可以看到很多异质的具有单层膜的细胞质液泡，这就是溶酶体。只有用酶染色才能对它们做出最后的鉴别。

溶酶体膜的成分主要为脂蛋白，但含有较多的鞘磷脂成分，膜内含有活性非常广泛的酸性水解酶，达 60 种以上。如动物溶酶体含有酸性磷酸酶、酸性 RNA 酶、糖蛋白、芳基硫酸酶、脂酶、磷酸酶、酯酶等。一般来说，这一酶库足以将大多数蛋白质降解成短肽和氨基酸，并可将糖蛋白、蛋白多糖、糖脂的碳水化合物部分降解为单糖，将核酸降解为核苷和磷酸，将复合类脂降解为游离脂肪酸和磷酸等，并能从很多含磷蛋白的物质中除去磷酸基团。可见溶酶体是细胞内消化的主要场所。

溶酶体所含有的酶，都是酸性水解酶，在酸性条件下有活性，最适 pH 均在 $2\sim6$ 的范围内。其活性受溶酶体膜控制。在正常的活细胞中，溶酶体内的酶由于不能透过溶酶体膜而不外逸，当被水解的有机物进入溶酶体内部时，这些酶才发挥作用。但是，如果溶酶体膜被破坏，酶的活性就不受控制，所含水解酶逸出时，整个细胞会被消化自溶，并波及周围的细胞。溶酶体还含有一些非酶类活性物质如吞噬素、溶血素、渗透因子、渗透蛋白酶、内源性致热源和黏多糖及糖蛋白等。

溶酶体的形态和体积上存在着极大差异，其形态和体积不仅在不同细胞中不同，即便在同一细胞中也不一样。这是由于它的所消化和贮存的物质不同所致。因此，溶酶体也被称为异型性细胞器。根据形成过程和功能状态不同，溶酶体可分为内体性溶酶体和吞噬性溶酶体两大类。内体性溶酶体由运输小泡和内体（endosome）合并而形成；吞噬性溶酶体由内体性溶酶与来自细胞内外的作用底物相融合而成当内体性溶酶体与细胞内的自身产物或由细胞摄入的外来物质相互融合时，便形成吞噬性溶酶体。吞噬性溶酶体又可根据其作用底物的来源不同，分为二种：自噬性溶酶体是内源性的，来自细胞内的衰老和崩解的细胞器或局部细胞质等，如内质网、线粒体、高尔基体、脂类、糖原等；异噬性溶酶体是由细胞的吞饮或吞噬而被摄入细胞内的外源性物质（如细菌、红细胞、血红蛋白、铁蛋白、酶等）（图 2-3-16）。末期阶段的吞噬性溶酶体形成残余小体。吞噬性溶酶体到达末期阶段时，由于水解酶的活性下降，还残留一些未被消化和分解的物质，被保留在溶酶体内，形成在电镜下呈现电子密度较高、色调较深的残余物，这种溶酶体称为残余体（residual body）。常见的残余体有脂褐质，含铁小体、多泡体和髓样结构等。在这些残余小体中，有的残余小体能将其残余物通过胞吐作用排除细胞之外，有的则长期存留在细胞之内而不被排除，如脂褐素（lipofuscin）、含铁小体（siderosome）。多泡体（multivesicular body）。髓样结构（myelin figure）（图 2-3-17）。没有吞噬任何物质的内体性溶酶体则以溶酶体的形式存在于细胞质内。

细胞内的溶酶体的主要功能是对细胞的内源性和外源性物质进行消化分解和保护细胞，在激素生成中发挥重要作用；还参与机体的器官组织变态和退化，协助精子与卵细胞受精；在骨骼形成中能吸收和消除陈旧的骨基质；另外，有研究认为溶酶体与癌症的发生也有一定关系。

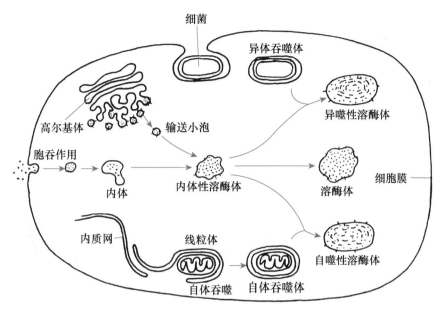

图 2-3-16　自噬性溶酶体和异噬性溶酶体形成过程示意图（引自 Alberts）

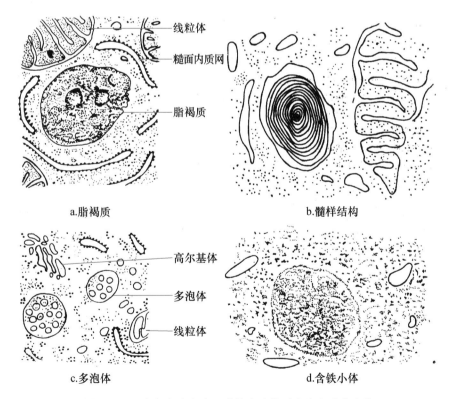

图 2-3-17　由末期阶段的吞噬性溶酶体形成的各种残余体

2. 细胞自噬的超微变化及生物学意义

细胞自噬（autophagy）是存在于真核生物中一种高度保守的蛋白质或细胞器的降解过程。该过程中一些损坏的蛋白质或细胞器等胞质成分被双层膜结构的自噬小泡包裹，并最终运送至溶酶体（动物）或液泡（酵母和植物）中进行降解，降解产生的氨基酸和其他的小分子物质可被再利用或产生能量，以满足细胞本身的代谢需要和某些细胞器的更新，从而维持细胞基本的生命活动。细胞自噬可分为三种类型：巨自噬（macroautophagy）、微自噬（microautophagy）和分子伴侣介导的自噬（chaperone-mediated autophagy，CMA）。通常所讲的自噬指的是巨自噬。

巨自噬的第一步是细胞内的内质网、线粒体、高尔基复合体等膜结构形成非闭合的半月状分隔，包围在待降解的大分子、细胞器及外源物质周围。紧接着，分隔膜逐渐延伸，把内容物包裹起来，进而形成一个完整的双层膜结构，称为自噬小体（autophagosome，APS），在透射电子显微镜下，可观察到这种被称为"自噬体"的具备双层膜结构的囊泡直径为 $300 \sim 900$ nm，平均直径为 500 nm。最后，自噬体体包裹着待降解的内容物运输至溶酶体，自噬体膜与溶酶体膜发生融合并最终形成具有单位膜结构的自噬性溶酶体（autolysosome，ALS）。在自噬溶酶体中，待降解的大分子、细胞器及外源物质被水解酶分解成氨基酸等重新释放至胞质中，从而实现代谢与能量物质的再循环利用。

在正常生理条件下细胞能进行较低水平的自噬，即基础自噬，以维持生理状态下机体内环境的稳态。自噬既是细胞的一种正常生理活动，也可在细胞遭受各种细胞外或细胞内刺激，如缺氧、营养缺乏、有毒化学物质作用、病原微生物感染、细胞器损伤、细胞内异常蛋白及其他代谢物质的过量堆积等）时作为应激反应而被激活，自噬可起到保护细胞存活的作用。但是，过度活跃的自噬可以引起细胞死亡，即"自噬性细胞死亡（autophagic cell death）"，也称为Ⅱ型程序性细胞死亡。动物机体内除红细胞外，各种细胞都可发生自噬。与自噬不同的是，吞噬作用只有巨噬细胞及其他具有吞噬功能的细胞才具有。在三聚氰胺染毒小鼠的肝脏及睾丸曲细精管上皮细胞中很易见到自噬现象（图 2-3-18 至图 2-3-22）。在细菌和病毒感染的动物组织细胞中常见吞噬现象，自噬也同时增多（图 2-3-23，图 2-3-24，图 2-3-25，图 2-3-26，图 2-3-27）。

由于细胞自噬是溶酶体降解系统的一个组成部分，普遍将 Christian de Duve 视为此领域的奠基人。因为溶酶体是 1955 年 de Duve 由鼠肝细胞中发现的。他在 1974 年获得了诺贝尔生理医学奖也是由于他在溶酶体领域所做出的突出贡献。1962 年，Ashford 和 Porten 提出细胞存在"self eating"现象，随后 de Duve 在 1963 年国际溶酶体生物学论坛上首次将其命名为"autophagy"。这一单词来源希腊词根"auto"和"phagy"的组合，"auto"意为"自身"，"phagy"意为"食、噬"，因此合并后译为"自噬"。目前普遍认为自噬是一种防御和应激调控机制。细胞可以通过自噬和溶酶体的作用，消除、降解和消化受损变性、衰老和失去功能的细胞、细胞器和变性蛋白质与核酸等生物大分子，为细胞的重建、再生和修复提供必需原料，实现退变细胞成分的再循环和再利用。所以说溶酶体不仅是机体内"消化"的主要场所及"垃圾处理厂"，而且更是机体内的"废品回收站"；它既可以抵御病原体的入侵，又可保卫细胞免受细胞内毒物的损伤。

1992 年，Yoshinori Ohsumi 实验室在酵母细胞中发现了与哺乳动物细胞自噬类似的形态学特征。1993 年，Ohsumi 实验室首次筛选并鉴定出了酵母自噬突变体。1995 年，Meijer 及其同事证明了雷帕霉素（Rapamycin）诱导细胞发生自噬的作用。1997 年，Ohsumi 实验室成功克隆了酵母自噬相关基因-1（Autophagy Related Gene 1，ATG1）。1998 年 Mizushima 等发现了第一个哺乳动物自噬相关基因 ATG5 以及 ATG12，并证明了 Atg5-Atg12 的复合物形式从酵母、果蝇、脊椎动物到人在进化上是保守的，在上述各物种中都可找到自噬的同源基因。1999 年美国 Levine 研究组发现自噬相关基因 Bedin1 可以通过与 Bcl-2 的互作而抑制肿瘤的发生，第一次显示了自噬可能与重大疾病相关。

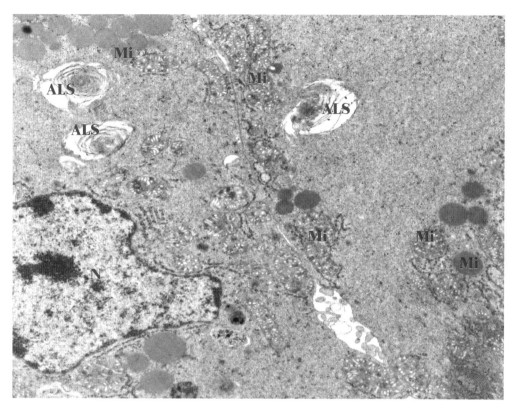

图 2-3-18 三聚氰胺染毒小鼠睾丸曲细精管上皮。细胞内见多个自噬性溶酶体（ALS）。N：细胞核，线粒体肿胀或固缩（Mi）。TEM，15k×

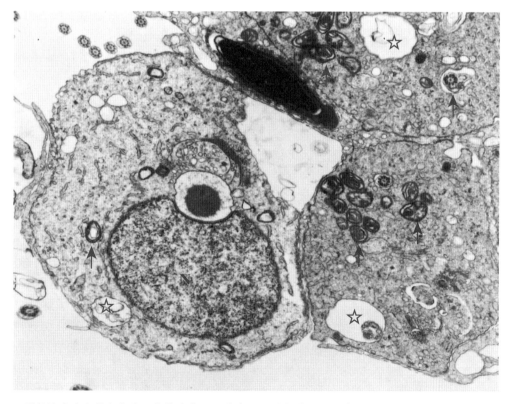

图 2-3-19 三聚氰胺染毒小鼠睾丸曲细精管上皮。细胞内见大量自噬小体（↑）及少数自噬性溶酶体（☆）。N：细胞核。TEM，15k×

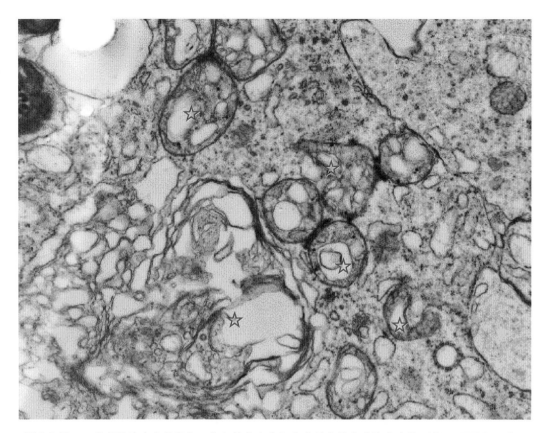

图 2-3-20　三聚氰胺染毒小鼠睾丸。曲细精管上皮细胞内见大量自噬性溶酶体（☆）。TEM，30k×

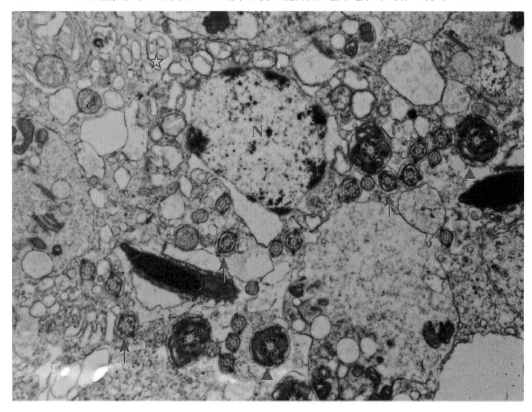

图 2-3-21　三聚氰胺染毒鼠睾丸。曲细精管上皮，细胞内见大量自噬小体（↑）及自噬性溶酶体（▲），并见一多泡体（☆）。N：细胞核。TEM，10k×

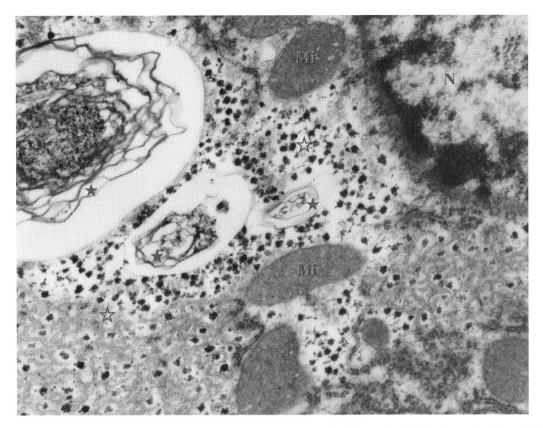

图 2-3-22　HEV 感染沙鼠肝。肝细胞内见 3 个吞噬性溶酶体形成的髓样结构——残余小体（★）。胞质内见有大量的病毒样粒子（☆）。线粒体（Mi）固缩。N：细胞核。TEM，30k×

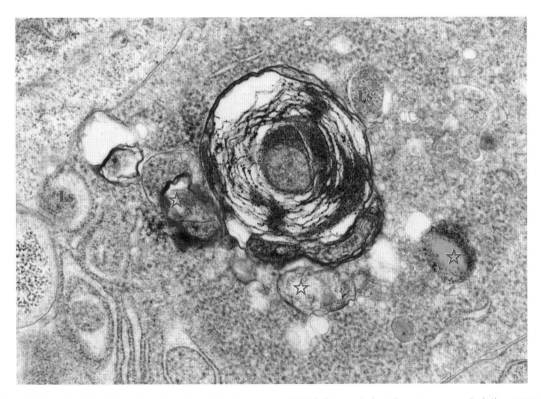

图 2-3-23　HEV 感染沙鼠肝脏示肝细胞内次级溶酶体（☆）及髓样结构——残余小体（★）。Ls：溶酶体。TEM，30k×

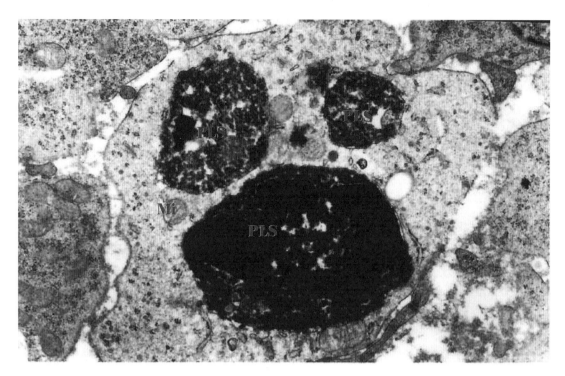

图 2-3-24 RHDV 感染兔圆小囊淋巴组织。1 个吞噬细胞正在消化几个凋亡小体，即吞噬性溶酶体（PLS）。Mi：线粒体。TEM，8.5k×

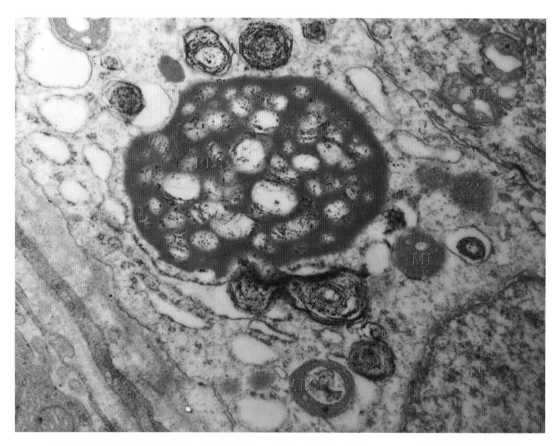

图 2-3-25 双酚 A 染毒沙鼠睾丸生精上皮。示细胞质中一大的吞噬性溶酶体（PLS）及多个自噬性溶酶体（ALS）。N：细胞核；Mi：线粒体。TEM，40k×

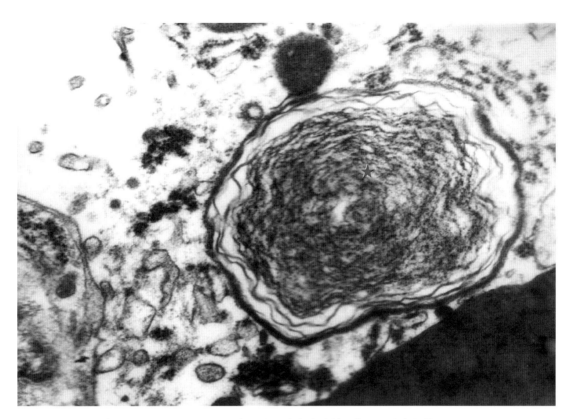

图 2-3-26　感染 RHDV 兔肠道淋巴组织中网状细胞内的髓样小体——残余小体（★）。TEM，21k×

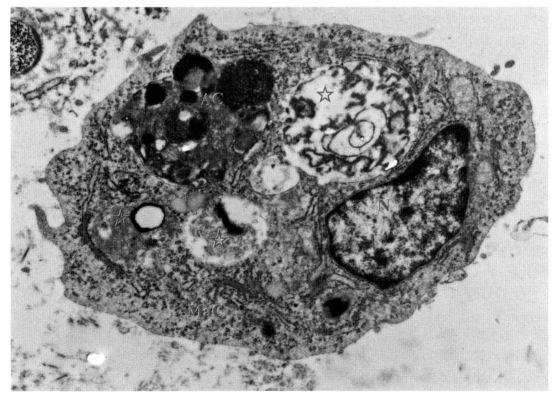

图 2-3-27　IBDV 感染 SPF 鸡法氏囊组织中的巨噬细胞。巨噬细胞（MaC）内含有多个不同消化阶段的溶酶体，次级溶酶体（☆）及一个被吞噬的凋亡细胞（AC）。N：细胞核。TEM，15k×

3. 溶酶体与疾病的关系

溶酶体里含有大量潜在性的水解酶，其作用是杀灭微生物并参与细胞的许多代谢和解毒作用。因此，溶酶体在亚细胞病理学中具有特别重要的意义。当细胞吞入某些有害的外来物质，溶酶体受到损害；在某些致病因素的作用下，溶酶体膜发生破裂或由于溶酶体缺乏某些酶，相应的作用底物不能被分解时，均会影响细胞的正常生理机能而引起病变，并进一步导致机体发生疾病。溶酶体在细胞病理学中的主要作用可归纳如下七个方面：①损伤组织的自溶；②自噬体的形成；③在细胞内释放水解酶而造成细胞损伤；④在细胞外释放水解酶而产生结缔组织基质损伤；⑤在细胞内消化致病性微生物；⑥产生"储存病"，由于溶酶体先天性缺乏必要的酶，因而不能分解积聚在溶酶体里的某些物质所致；⑦在胎盘内不能进行组织细胞内消化作用，使胚胎发育过程中凋亡机制失调而导致胎儿畸形等。

（1）溶酶体蓄积病是一类先天缺陷病　由于溶酶体里先天缺乏某些酶，相应的作用底物不能被分解而积聚于溶酶体内，从而造成代谢障碍而导致疾病的发生。现已发现有四十几种先天性溶酶体病。这类疾病的主要病理表现为溶酶体过载现象。如Ⅱ型糖原蓄积病（glycogen storage disease type Ⅱ），是由于患者的常染色体隐性基因的缺陷，不能合成 α-葡萄糖苷酶，致使糖原无法被分解而积累于溶酶体内，使溶酶体越变越大以致大部分细胞质被溶酶体所占据。此病多见婴儿，症状为肌无力，进行性心力衰竭等。患这种病的婴儿一般在两岁内死亡。泰-萨二氏（Tay-Sachs diseas，又称黑朦性先天愚病）的患者，在其脑组织中储累了大量的神经节苷脂 M2，比正常的超过 $100\sim300$ 倍。此病多发现于儿童，病孩在生后 8 个月出现临床症状，一般在 $2\sim6$ 岁内死亡。该病的病因是，细胞内先天性地缺乏一种溶酶体酶——氨基己糖酶 A。该酶能将神经节苷脂 M2 上糖链末端的 N-乙酰半乳糖切下而使糖脂降解。

对于因溶酶体缺乏某些酶而引起的溶酸体积累（过载）病，有人设想将溶酶体所缺失的酶包裹在人工脂质体内，由细胞的吞噬作用将脂质体吞入细胞内，当脂质体与溶酶体并合后，脂质体被水解，内含的酶便进入溶酶体内，但此法尚存在些问题，有待进一步研究。上述为先天性溶酶体过载。

另一种溶酶体过载则是由于进入细胞内的物质量过多，超过了溶酶体酶所能处理的量，因而在细胞内贮积下来。如在各种原因引起的蛋白尿时，可在肾近曲小管上皮细胞内见到玻璃滴样蛋白质的贮积（即玻璃滴样变）。电镜下可见这些玻璃样小滴为增大的载有蛋白质的溶酶体，实际上这是细胞代偿性功能增高的表现。当蛋白尿停止，增大的溶酶体又可恢复。

此外，在正常情况下不能被溶酶体降解的物质如尘粒、胶质二氧化钍、某些大分子物质如血浆代用品等也可在溶酶体内贮积，使溶酶体增多、增大。

总之，溶酶体过载现象很多，可以包括各种不能消化的物质，各种无机物，有些含有色素如炭末尘粒性色素存在于肺巨噬细胞内。

（2）溶酶体破裂与矽肺　矽肺是人类的一种职业病。其形成的原因主要是溶酶体的破裂。当肺部吸入矽尘颗粒后，矽尘颗料便被巨噬细胞吞入，形成吞噬小体，吞噬小体与内体性溶酶体融合形成吞噬性溶酶体。矽尘颗粒中的二氧化矽在溶酶体内形成矽酸分子，矽酸分子能以其羧基与溶酶体膜上的受体分子形成氢键，使溶酶体膜变构而破裂，以致大量的水解酶和矽酸流入胞浆内，造成巨噬细胞死亡。由死亡细胞释放的二氧化矽被正常细胞吞噬后，将重复上述过程。巨噬细胞的不断死亡会诱导成纤维细胞的增生并分泌大量胶原物质，而使吞入二氧化矽的部位、出现胶原纤维结节，以致降低肺的弹性，妨碍肺的功能，而形成矽肺。矽肺病人常出现吐血现象，这是由于血小板内的溶酶体在二氧化矽的作用下，膜发生了破裂，释放出来的酸性水解酶溶解了肺的微血管壁，而造成了血液的外流。克矽平类药物能治疗矽肺，其治疗机理是该药物中的聚 X-乙烯吡啶氧化物能与矽酸分子结合，代替了矽酸分子与溶酶体膜的结合，从而保护溶酶体膜不发生破裂。

（3）溶酶体与细胞自溶　溶酶体在细胞的自溶过程中起着重要的作用。机体死后及活体内细胞坏死的发生均主要是由于溶酶体膜损伤及膜的通透性增高，水解酶大量释放造成细胞结构大分子成分的分解所致。在细胞的局灶性坏死时，胞浆内形成自噬泡，自噬泡与水解酶结合后形成自噬溶酶体。若水解酶不能将其内的结构彻底消化溶解，则自噬溶酶体可转化为细胞内的残余小体，如某些长寿细胞中的脂褐素。

（4）溶酶体在细胞间质损伤中的作用　当溶酶体酶释放到细胞间质中时，可对间质成分造成破坏，如类风湿性关节炎时，关节软骨细胞的损伤就被认为是由于细胞内的溶酶体膜脆性增加，溶酶体酶局部释放所致，释放出的酶中含有胶原酶，它能侵蚀软骨细胞。由于消炎痛和肾上腺皮质激素具有稳定溶酶体膜的作用，所以被用来治疗类风湿性关节炎。

（5）溶酶体与癌症　研究认为溶酶体与癌症的发生有关。有人应用电镜放射自显影技术，观察到致癌物质进入细胞之后，先贮存于溶酶体内，然后再与染色体整合。也有人提出，作用于溶酶体膜的物质有时也能诱发细胞发生异常分裂。还有人证实，致癌物质引起的染色体异常和细胞分裂的调节机制障碍等癌变现象，可能与细胞受到损伤后溶酶体释放出来的水解酶有关。上述研究资料虽然认为溶酶体与癌症有关，但究竟是否有直接关系，尚待深入研究。另外，肿瘤的发生及肿瘤细胞侵入血管的过程均与溶酶体有关。

在癌症治疗上，溶酶体的作用正引起人们的注意。有人设想，利用溶酶体释放的水解酶能使细胞自溶和消化周围细胞的特性来治疗癌症。一些实验研究证明，溶酶体活化剂与抗癌药物配伍使用，能够提高抗癌药物的治疗效果。有的研究还根据癌细胞的吞噬作用比较强的特点，将抗癌药物与载体分子 DNA 结合起来，制成药物 DNA 复合体，使它们被癌细胞吞噬。在溶酶体中载体分子被水解酶分解，抗癌药物便可直接地对癌细胞发挥作用，增强了抗癌药物的杀伤能力。

四、过氧化物酶体

20 世纪 60 年代以来，人们运用了生化方法和电子显微镜技术，在肝细胞中鉴定出一种独特的细胞器，为直径约 $0.5~\mu m$ 的小体，内含多种氧化酶（如尿酸氧化酶、D -氨基酸氧化酶），并含有破坏过氧化氢的过氧化氢酶，因这些酶均与过氧化氢的代谢有关，所以，将此细胞器称为过氧化物酶体。随着组织化学技术的发展，过氧化氢酶可被特异性染色显示，从而发现所有的细胞都含有过氧化物酶体，进而确认它是真核细胞中的一种细胞器。

1. 过氧化物酶体为含有多种氧化酶的圆形小体

过氧化物酶体是由单位膜围绕而成的圆形或卵圆形小体。中央常含有一电子密度较高的核心，此核心呈规则的结晶状结构，叫作类核体（nucleoid）。现已了解此核心是尿酸氧化酶的结晶（图 2-3-28）。在不同的生物体或不同类型的组织细胞内，过氧化物酶体有着不同的形态结构。如大鼠每个肝细胞内有 70～100 个过氧化物酶体，多呈卵圆形，内含有一个电子密度较高的不透明的核心和纤细颗粒状的基质。在人类、鸟类和四膜虫的过氧化物酶体中不含尿酸氧化酶，其过氧化物酶体内没有核心。在哺乳类动物中，只有几种器官（如肝、肾）可看到典型的过氧化物酶体。其他细胞内也含有过氧化物酶，只是不完全在过氧化物酶体内，而存在于膜结合的较小颗粒内，直径 $0.1～0.2~\mu m$，有人称之为微过氧化物酶体。

过氧化物酶体与线粒体、叶绿体在形态上易于区别，因为它们在膜层上不同。但和溶酶体则形态相似，如果过氧化物酶体中有结晶状结构时也易于区别。严格地讲，它们与溶酶体的区别需从所含酶的性质上进行分析、过氧化物酶体在某些药物的影响下，形态和数量可发生一些变化，如用安妥明饲养某些动物后，发现在肝或肾细胞内的过氧化物酶体数目迅速且持续增加，而且形态大小也发生变化，如过氧化物酶体上长出带状或尾状的突起，或形成长形或双叶形的过氧化物酶体。

在肝肿瘤细胞内，过氧化物酶体数目通常总是减少的，认为过氧化物酶体数目与肿瘤的生长速率成反比。实验还证明了肝的过氧化物酶活性的80%集中在过氧化物酶体内，过氧化物酶体中蛋白质的40%可能是过氧化物酶。过氧化氢酶是过氧化物酶体的特征性酶。

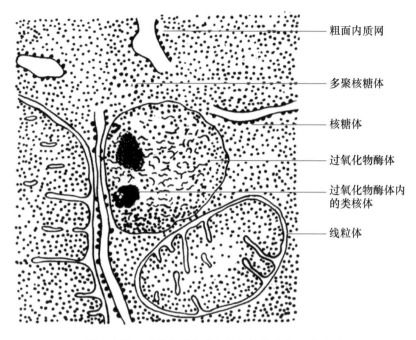

图 2-3-28　哺乳类动物肝细胞的过氧化物酶模式图

右侧标注（自上而下）：
粗面内质网
多聚核糖体
核糖体
过氧化物酶体
过氧化物酶体内的类核体
线粒体

五、细胞骨架及其病理学意义

细胞骨架（cytoskeleton）是位于细胞核和细胞膜内侧面的一种纤维状蛋白基质，这些纤维状结构在细胞内呈网状、束状或带状等不同形态。细胞骨架由微管（microtubule），直径 29～30 nm，直径 5～6 nm 的微丝（microfilament）及直径为 7～11 nm 的中等纤维组成。

微管是细胞的网状支架，它维持细胞形态，固定与支持细胞器的位置，参与细胞的收缩与伪足运动，它是纤毛与鞭毛等细胞运动器的基本结构成分，与细胞器的位移有关，尤其是染色体的分离与移动，需要在牵引丝（微管）的协助下进行；微管在细胞内还可能起着运输大分子颗粒的"微循环系统"的作用。中心粒主要是由微管蛋白和鸟苷酸构成的圆柱形小体。

微丝普遍存在于多种细胞中，在非对称性的细胞内尤为发达，具有运动功能。微丝常成群或成束存在，在一些高度特化的细胞，如肌细胞中，它们能形成稳定的结构，但更常见的是形成不稳定的束或复杂的网。微丝也是一个可变的结构，能根据所在细胞的不同需要而聚合或解聚，微丝的主要功能可概括为：与微管共同组成细胞的支架，以维持细胞的形状，与细胞的运动紧密相关；并常见与其他细胞器的连接，因而与其他细胞器的关系密切。

中等纤维的主要功能有：固定细胞核，与微管和微丝共同在细胞内发挥运输作用，细胞分裂时，中等纤维对纺锤体与染色体起空间定向支架作用，并负责子细胞中细胞器的分配与定位；在细胞癌变中发挥一定作用；中等纤维蛋白可能与 DNA 的复制与转录有关。

微管与肿瘤、病毒感染及遗传性疾病的关系：微管的减少是恶性转化细胞的一个重要特征。在长期传代的癌变细胞内微管显著减少，细胞表面的微突也减少。在被病毒感染的细胞内微管明显增多（图 2-3-29），这种微管与病毒有很强的亲和力，结合极为牢固。病毒与色素颗粒可沿着微管移动，而且速度很快。已证实，有些疾病是属于微管遗传性疾病，如年老性痴呆病，在脑神经元细胞内发现大量扭曲变形的微管，仅个别微管保持正常。某些肿瘤病毒也能作用于膜下面的网络，由病毒癌基因所编码的转化细胞,蛋白质可能位于网络之内,这些蛋白质能引起细胞骨架的某些改变,在一些情况下能显示出对细胞骨架蛋白具有磷酸化作用。

中等纤维的分布具有组织特异性,具较稳定,所以不同类型的中等纤维可作为肿瘤诊断的有力工具。当正常组织发生恶性增生时,中等纤维不改变,即肿瘤细胞一般仍保持原来细胞的中等纤维,据此,可用抗中等纤维的抗体对肿瘤的起源作鉴别诊断。特别是对未分化癌及转移肿瘤的诊断价值较高。在酒精中毒和患有年老性痴呆病的病人肝及脑内,中等纤维也出现不正常的改变。

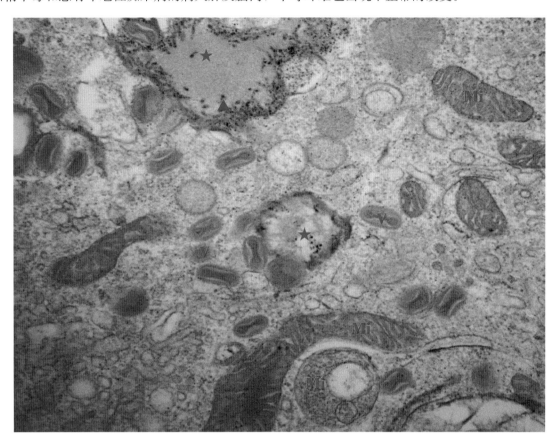

图 2-3-29　病毒感染细胞内微管增多。鸡痘病毒感染细胞内痘病毒复制装配的囊泡(★)壁上有大量微管结构(▲),线粒体(Mi)呈斑马纹状。V:痘病毒。TEM,40k×

第四节　线粒体的超微结构及其超微病变

一、线粒体的超微结构及功能

线粒体(mitochondria,Mi)是一个敏感而多变的重要细胞器,1894 年,Atmann 首先在动物细胞中发现,他将这些结构描述为生物芽体,1897 年由 Benda 命名。以后在动、植物细胞中均发现有线粒体。除细菌、蓝绿藻和哺乳动物成熟红细胞外,所有真核细胞都有线粒体。

线粒体是细胞中能量储存和供给的场所,并提供生命活动的能量。从生理学观点看,线粒体是能量转换系统,收回食物中所含的能量,并经氧化磷酸化方式将其转变为 ATP 的高能键。因此,线粒体是机体的能量转换器,它是细胞的氧化中心和动力站(图 2-4-1)。

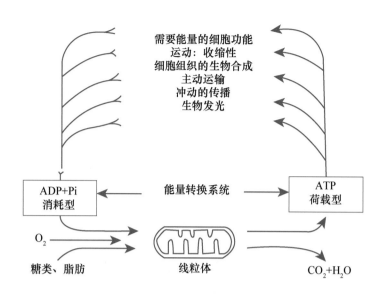

图 2-4-1　线粒体构成细胞的中央动力站示意图

1. 线粒体的形态结构

线粒体的大小、形状、数量和分布等，常因细胞不同而有差异，就是在同一细胞内也不相同。一般情况下，光镜下的线粒体为粒状、杆状等。但在一定条件下，又会发生改变，如细胞处于低渗环境下，线粒体又伸长呈线状。线粒体的形态也随着细胞发育阶段不同而异，如人胚肝细胞的线粒体在胚胎发育早期为短棒状，在胚胎发育晚期为长棒状。细胞内的渗透压和 pH 对线粒体形态也有影响，细胞膜 pH 为酸性时线粒体膨胀，为碱性时线粒体为粒状。线粒体的大小也不一致，一般直径为 $0.5 \sim 1.0 \ \mu m$，但出于细胞类型和生理状态不同，也有变化，如在骨骼肌细胞中，有时可出现巨大线粒体，长达 $8 \sim 10 \ \mu m$。

在不同细胞中，线粒体的数量也相差很大，如哺乳动物肝细胞中有 2 000 个左右；肾细胞中约 3 000 个，心肌细胞中的线粒体就更多（图 2-4-2）；而精子中，仅约 25 个。一般说来，生理活动旺盛的细胞比代谢不旺盛的细胞数目多；动物细胞比植物细胞多。线粒体在细胞内的位置，柱状细胞内，分布于细胞的两极，在球形细胞如血细胞中线粒体为放射状排列。用高倍电镜和负染色法，见到线粒体是由二层单位膜（外膜和内膜）围成的封闭性囊，内膜和外膜套叠构成囊中之囊，内外囊并不相通，外膜与内膜组成线粒体的支架。

（1）外膜（outer membrane）　包围着整个线粒体，平均厚 5.5 nm，比内膜稍厚，由暗、明、暗一层单位膜组成。它与内膜并不连续，脂类、蛋白质的组成与内膜也显然不同，而与内质网膜较为相似。我们的观察发现线粒体与内质网二者有结构上的联系（图 2-4-3）。用磷钨酸负染时，外膜上有排列整齐的筒状体，高 5～6 nm，直径 6 nm，筒状体之间有孔径 1～3 nm 的小孔。这种结构可能是便于小分子物质进入外膜，相对分子质量在 10 000 以下的物质均能通过。

（2）内膜（inner membrane）　比外膜稍薄，平均厚 4.5 nm，也为一层单位膜组成，内外膜间的空隙称外室（outer chamber）或膜间腔（inter membrane space），宽 6～8 nm，内膜是皱褶的，内膜向内凹陷，形成线粒体嵴（cristae）。嵴间的空隙称内室或嵴间腔。嵴内的空隙称嵴内腔。内膜对多种物质的通透性是很低的。内室酶系在代谢过程中，产生的许多小分子物质，是借助于内膜上种种不同的运输蛋白选择性地进行膜内外间的转移。每一个线粒体嵴均由内膜向内凹陷而成。嵴与嵴间的距离，随嵴的数量多少和嵴的疏密情况而定。嵴的形态和数量与细胞种类及其生理状况有密切关系。不同细胞中的线粒体形态特点见图 2-4-4 至图 2-4-7。

20 世纪 60 年代以来，应用电镜技术、超速离心以及生物化学等方面的综合研究，进一步发现在线粒体嵴膜上，有许多有柄小球体，即基本微粒（elementary particle）。1960—1961 年，有人首先在牛心、鼠肝等线粒体嵴上，观察到基本微粒，其直径为 8～19 nm，它是可溶性 ATP 酶（F1）。ATP 酶复合体或呼吸集合体（respiratory assembly）是一个很复杂的复合体，为偶联磷酸化的关键装置。它是由可溶性 ATP 酶、对寡霉素敏感的蛋白以及疏水蛋白（HP 或 F0）等组成，其相对分子质量分别为 36 000、18 000 和 70 000。其中相对分子质量约为 10 000 的多肽，称为 ATP 酶复合体的抑制多肽，可能具有调节酶活性的功能。

（3）基质　在线粒体内膜以内，线粒体嵴间的空隙为基质（matrix），不同类型线粒体基质的密度是不同的。在线粒体基质中，除含有脂类、蛋白质、环状 DNA 分子和核糖体外，还含有一些电子密度嗜锇酸的基质颗粒又称致密颗粒（dense granules）或线粒体内颗粒。颗粒为圆形，直径 20～50 nm，常紧靠嵴膜分布，主要由磷酸脂蛋白组成，并含有钙、镁、磷等元素。基质颗粒是二价阳离子积聚的场所，很可能具调节线粒体内部离子环境的功能。当线粒体内的空间膨大，其基质缩小，电子致密度高。反之，当线粒体内空间狭窄时，基质扩大，电子致密度也低。这种变化与线粒体的能量状态有密切关系。由于内膜的选择性通透作用，使基质与细胞质之间的物质交换受到控制。

2. 线粒体的功能

线粒体中含有众多的酶系，是细胞中含酶最多的细胞器。在各种不同来源的线粒体中，现已发现 120 余种酶，其中有催化三羧酸循环、氨基酸代谢、脂肪酸分解、电子传递、能量转换等 DNA 复制和 RNA 合成等过程所需的各种酶和辅酶。线粒体的功能主要包括能量转化、三羧酸循环、氧化磷酸化、储存钙离子。

线粒体是细胞有氧呼吸的基地和供能的场所，细胞生命活动中需要的能量，约有 95% 来自线粒体。此外，线粒体还有它独特的运输系统，担负线粒体内外物质的交换。线粒体主要功能是进行能量转变，以供细胞驱动各种生命活动反应的需要。这种特殊的功能与其结构密切相关，故具丰富的内膜，内膜是实现电子传递的支架。

线粒体内可以储存钙离子，可以与其他细胞器，如内质网等协同作用，调节钙离子的浓度线粒体是钙离子储存的缓冲区，这是由于线粒体可以迅速地吸收高浓度的钙离子。线粒体排出钙离子时则需要钙诱导钙释放或通过钠-钙交换蛋白的辅助来进行。在细胞凋亡过程中，钙离子的信号转导过程中线粒体也起到了一定的作用。线粒体除了为细胞生理功能提供能量之外还有许多其他功能。例如，通过调节膜电位来控制细胞凋亡过程，参与细胞的代谢过程、参与细胞增殖过程、合成胆红素等物质。

3. 线粒体是动物细胞中的半自主性细胞器

线粒体是动物细胞中除核之外唯一含有 DNA 的细胞器。线粒体中的转录和翻译依赖核的遗传装置。20 世纪 60 年代以前，普遍认为细胞内所有 DNA 都在细胞核内。以后，陆续发现，在一种有鞭毛的原生动物中，有一类似大的线粒体的细胞器——动质体，能被孚尔根反应染色。在线粒体基质内，发现一些丝状物存在，这些丝状物能被 DNA 酶消化。后来，从多种线粒体内分离出了 DNA。分离出的 DNA 常呈环状双螺旋，长 5 μm 左右。它与核内 DNA 在密度等方面不同，并富含鸟嘌呤和胞嘧啶。线粒体 DNA（mtDNA）通常与线粒体内膜结合，故较难被发现。在线粒体分裂前 DNA 复制时，出现在线粒体基质中。

线粒体中不仅存在 DNA，而且也有蛋白质合成系统（mRNA、rRNA、tRNA，氨基酸活化酶等）。据目前所知，仅有少数蛋白质在线粒体内合成，大多数线粒体蛋白质还是在核 DNA 上编码，所以线粒体的生物合成涉及两个彼此分开的遗传系统。在完整的细胞中，这两个遗传系统通过反馈的机

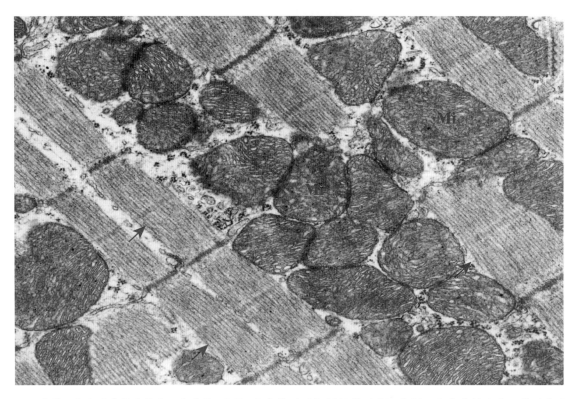

图 2-4-2　大鼠心肌细胞中的线粒体。线粒体（Mi）密集排列于肌原纤维（↑）之间。线粒体嵴密集，排列整齐、清晰。肌原纤维结构清晰完整。TEM，30k×

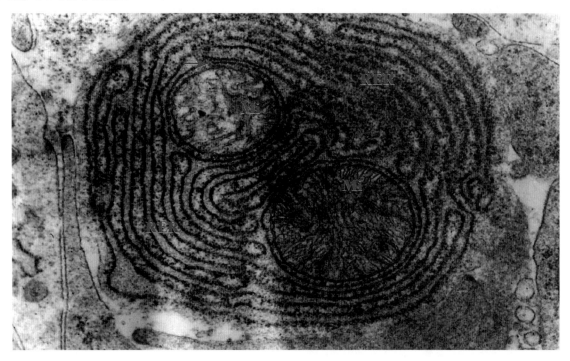

图 2-4-3　鸡法氏囊浆细胞中的线粒体。线粒体（Mi）结构完整，分布于整齐排列的粗面内质网（RER）中。可见左上方的线粒体外膜与粗面内质网的囊膜连接在一起（↑），线粒体的外膜结构与粗面内质网相似，膜上还附着有核糖核蛋白体颗粒样结构。TEM，18k×

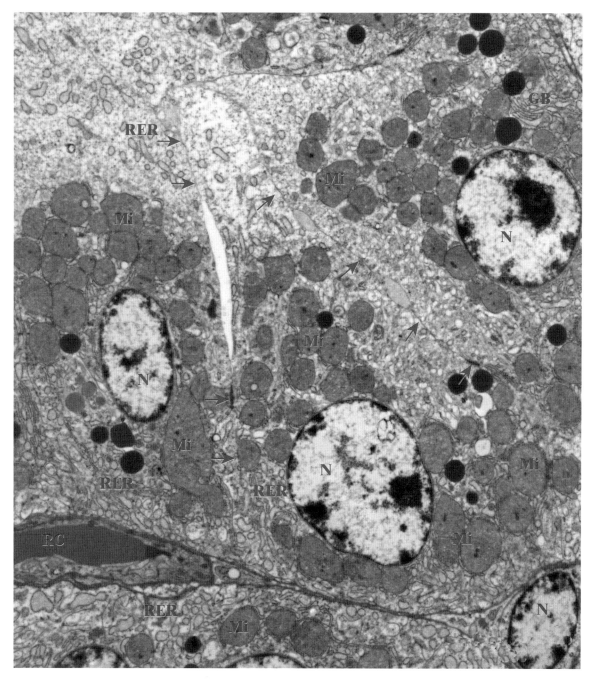

图2-4-4 鸡腺胃腺上皮。腺上皮细胞排列紧密（↑），核染色质丰富，胞浆中线粒体（Mi）及粗面内质网（RER）均很丰富。N：细胞核；RC：红细胞；GB：高尔基体。TEM，6k×

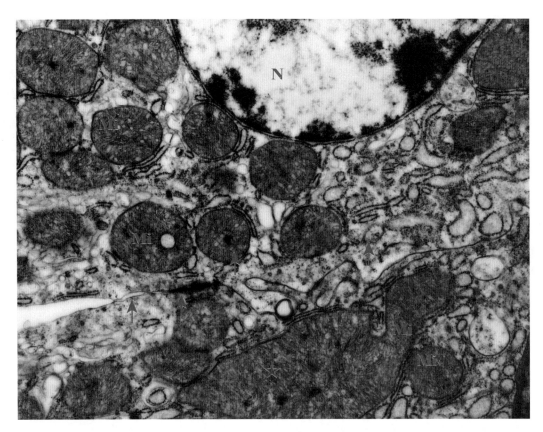

图 2-4-5　鸡腺胃黏膜上皮。腺上皮细胞排列紧密（↑），胞质中线粒体呈圆形，嵴致密而清晰（Mi），底部见一长 5 μm 以上的大型线粒体（☆）。N：细胞核。TEM，20k×

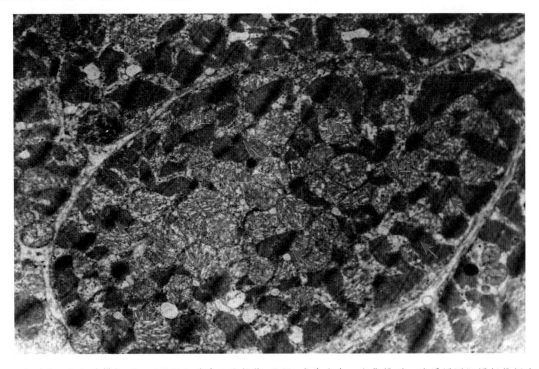

图 2-4-6　小型猪心肌细胞横切面。可见肌细胞中心线粒体（Mi）成片分布，密集排列，胞质周围肌原纤维间也见线粒体（Mi）。肌原纤维的肌节清晰可见（↑）。TEM，2.8k×

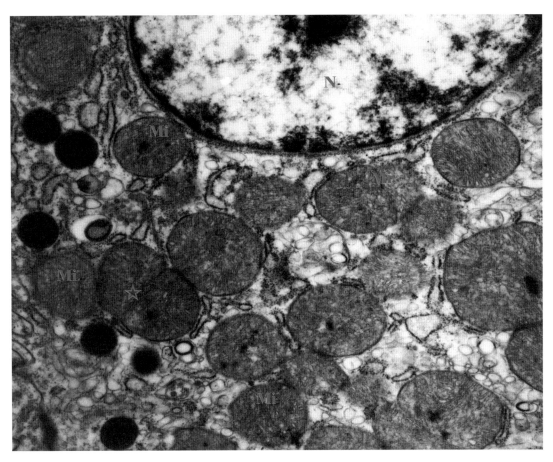

图 2-4-7 鸡腺胃黏膜上皮。细胞质中线粒体呈圆形，嵴致密而清晰（Mi），可见线粒体分裂（☆）。N：细胞核。TEM，20k×

制相偶联，现在对这种反馈机制的作用还不完全了解。实验证明，分离的线粒体在试管中，仍能在短暂的时间内合成它们自身的 DNA、RNA 和蛋白质。利用这一特点，可对分离的线粒体的 mtRNA 基因和在线粒体核糖体上合成的蛋白质单独地进行研究。另外，有些特异抑制剂如放线菌酮，只影响细胞质的蛋白质合成；有些抗生素如氯霉素、四环素和红霉素等，则只抑制线粒体蛋白质的合成，而不影响细胞质的蛋白质合成。根据它们对蛋白质合成的不同效应，就有可能区分在细胞质或线粒体合成的蛋白质，从而进一步分别研究它们的遗传控制系统。在细胞质与线粒体之间蛋白质的转运是单向进行的，一些特异蛋白质只从细胞质输送到线粒体，而线粒体并不输出蛋白质。另外，在线粒体与细胞质之间也没有 DNA 和 RNA 分子的交换。如果线粒体丧失了它们的遗传系统，细胞就无法为之补偿。这一现象有助于对线粒体遗传系统进行单独的研究。

（1）线粒体是动物细胞中除核之外唯一含有 DNA 的细胞器 mtDNA 呈高度扭曲的双股环状，也有呈单环或链环状的套环，但草履虫的 mtDNA 却呈直链状。一般说来，哺乳动物的 mtDNA 分子质量为 $9\times10^6 \sim 12\times10^6$，而植物的可达 $300\times10^6 \sim 1\,000\times10^6$，并且常常是由多个 mtDNA 分子环所组成。每个线粒体往往含有多套 mtDNA 分子复本，有时成簇分布于基质，并与内膜相连。mtDNA 是易于分离的。

（2）线粒体的转录和翻译过程，需依赖于细胞核的遗传装置 虽然线粒体能够独立合成一些必要的物质，如 rRNA、tRNA 和 mRNA 等。但有些必要的蛋白质，如核糖体蛋白质、RNA 和 DNA 聚合酶、氨基酰 tRNA 合成酶等，都是按照细胞核基因组的编码指导合成的，如果没有细胞核遗传系统，mtRNA 则不能表达。实际上，如没有细胞核的作用，mtDNA 本身根本不能进行复制。目前推测，在线粒体中合成的蛋白质，约占线粒体全部蛋白质的 10%，有 10 种左右。线粒体合成的蛋白质，都是疏水性强且和内膜结合在一起。上述情况说明，线粒体必须依靠细胞核的遗传系统，才能完成其蛋白质的合成，这也表明线粒体是半自主性的。另外，线粒体的半自主性还体现在核糖体的合成方式上。线粒体 rRNA 是从 mtDNA 转录而来的，但有一部分核糖体蛋白是由细胞核 DNA 转录，在细胞质核糖体上翻译完成，然后再运入线粒体进行核糖核蛋白体的最后的组装。

二、线粒体的超微病变

线粒体是一个结构和功能复杂而敏感多变的细胞器。细胞内外环境因素的改变，可引起线粒体结构和功能的异常。因此，线粒体可作为疾病诊断和环境因素测定的指标。由于线粒体的变化，往往会引起其他细胞器和整个细胞的变化，所以，线粒体异常也是整个细胞病变的一部分。在细胞损伤时，线粒体的大小、数量及结构均可发生改变。

1. 线粒体大小的改变

细胞损伤时最常见的改变为线粒体肿大。线粒体肿胀分嵴型肿胀和基质型肿胀两种类型。嵴型肿胀较少见，主要局限于嵴内隙，使扁平的嵴变成烧瓶状甚至空泡状，而基质则更显得致密。嵴型肿胀一般为可复性，但当膜的损伤严重时，可经过混合型而过渡为基质型。基质型肿胀时线粒体变大而圆，基质变淡，嵴变短变少甚至消失。在极度肿胀时，线粒体可转化为小泡状结构。基质型肿胀为细胞水肿的部分改变。光学显微镜下所谓的浊肿或颗粒变性的细胞中所见的颗粒即为肿大的线粒体。线粒体肿胀可由各种损伤因子引起，如病原微生物感染、各种毒素的作用、射线以及渗透压改变等。例如兔出血症病毒感染兔后，在兔的肠黏膜上皮细胞内的线粒体发生严重肿胀，呈空泡状（图 2-4-8）。又如在串珠镰刀菌素作用下，小型猪的心肌可出现线粒体肿胀、空泡化。轻者，线粒体稍见肿大，部分嵴断裂或大部分嵴缺失，形成大小不一的、不规整的空泡，或多个空泡化的线粒体相互融合形成细胞内大空泡（图 2-4-9）。

2. 线粒体数量的改变

线粒体的平均寿命约为 10 天。衰亡的线粒体可通过保留的线粒体直接分裂为二而得到补充更新。在病理状态下线粒体可发生增生，如串珠镰刀菌素对小型猪心肌的损伤作用，除了线粒体肿胀变性外，还可见线粒体增生（图 2-4-9 和图 2-4-10）。实际上线粒体的增生是对慢性非特异性细胞损伤的适应性反应，线粒体数量减少则见于急性细胞损伤时，线粒体崩解或自溶的情况下，慢性损伤时由于线粒体逐渐新生，故一般不见线粒体减少，可能还会增多。此外线粒体减少也是细胞未成熟或失去分化的表现。如肝癌细胞的线粒体数量较正常肝细胞的少。

线粒体减少与肿瘤细胞的呼吸减弱有关　肿瘤组织代谢上一个明显特点，就是无氧糖酵解。肿瘤存在细胞肌原纤维断裂、溶解，呼吸能力较弱，细胞内线粒体较相应正常组织为少，线粒体内嵴减少，电子传递链组分及 ATP 酶含量均减少。虽然肿瘤发生是由于呼吸损伤这一观点并不准确，但肿瘤组织呼吸减弱，酵解增加的现象是客观存在的。Rous 肉瘤病毒，在细胞内的复制可被氯霉素等抑制，这就提示线粒体的核酸与蛋白质合成系统，对病毒的复制可能起重要的作用。

3. 线粒体形态结构的改变

在病理情况下，线粒体发生形态改变，出现凝集，腔内出现絮状颗粒、结晶等，还可出现巨大型线粒体。当中毒、感染等各种原因引起机体组织缺血时，细胞内的氧压立即下降，ATP 水平急剧降低，1 min 之内降至零，线粒体的功能随之减弱以至停止。若缺血时间延长 30 min 到 1 h，则线粒体的内膜即发生结构和功能的变化，出现凝聚性线粒体，呈现内室浓缩，外室扩大。再持续缺血，则线粒体病变加剧，有的凝聚，有的肿大为巨型线粒体。当线粒体基质蛋白变性，出现细小的絮状致密物，最后解体消失（图 2-4-11，图 2-4-12）。化学有毒物质的作用、致病微生物感染及肿瘤时均可影响线粒体的生长和繁殖，产生畸形或巨大线粒体。可引起动物的心肌、肾脏和睾丸等组织细胞的线粒体形态异常，出现杆状、哑铃状、椭圆形、弧形及各种扭曲的畸形线粒体（图 2-4-13）。

　　另外，在线粒体基质或嵴内隙可出现结晶、絮状物外，在细胞趋于死亡时，由于线粒体成分的崩解而出现无定型的电子致密物，这是线粒体不可复性损伤的表现。此外，当线粒体膜受损严重时，还可形成髓鞘样层状结构（图 2-4-14）。衰亡或受损的线粒体，最后是由细胞的自噬过程加以处理并最终被溶酶体所降解消化。

4. 线粒体 mtDNA 改变与疾病的关系

　　近些年研究发现，mtDNA 的变化与许多疾病的发生有一定的关系。目前，已有大量研究报道证明，mtDNA 中 260 多个突变点和大片段的缺失与致病性有关。由于 mtDNA 为遗传物质，所以这种点突变或大片段缺失造成的致病性是可以遗传给后代的。不只有遗传性的 mtDNA 具有致病性，体细胞线粒体的突变和片段缺失也会有致病性。尤其是在需要能量多的组织里，如脑和肌肉，对体细胞线粒体的突变和片段缺失表现得更加敏感。当这些突变量达到一定数量后，线粒体能量代谢受到影响，则细胞发生退行性变化，导致细胞凋亡或死亡。有人在大鼠短期肝癌模型研究中发现，肝癌模型组大鼠的线粒体 DNA 存在缺失；另有研究发现衰老可以造成线粒体基因水平发生变化，产生碱基突变等。用人源 HBV 感染沙鼠后，在沙鼠肝脏线粒体 DNA 的 D-loop、cyt-B 和 cyt-C 三个区域均出现了一个碱基位点的改变。

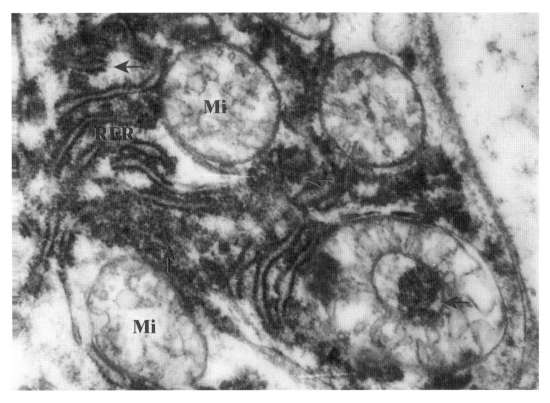

图 2-4-8　RHDV 感染兔。肠黏膜上皮细胞内线粒体显著肿胀，嵴断裂、缺失，呈空泡状（Mi）；内质网膜（RER）周及 1 线粒体中心见密集小病毒粒子聚集（↑）。TEM，30k×

图 2-4-9 小型猪串珠镰刀菌素中毒心肌。肌原纤维（Mf）断裂、空化；部分线粒体（Mi）嵴断裂，同时见线粒体分裂增殖（↑），右图新生线粒体嵴密集清晰。TEM，左图 15k×，右图 20k×

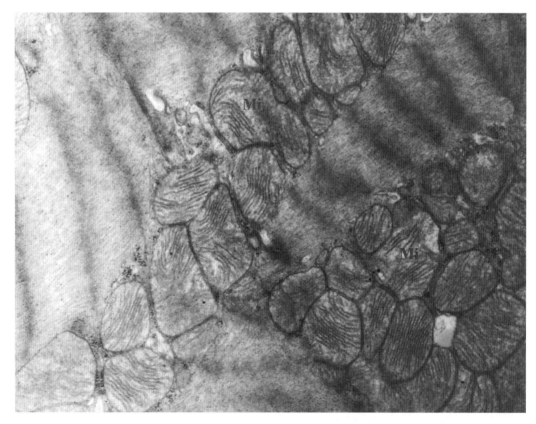

图 2-4-10 线粒体增生。大鼠心肌细胞中的线粒体（Mi）分裂增生，密集成团。TEM，30k×

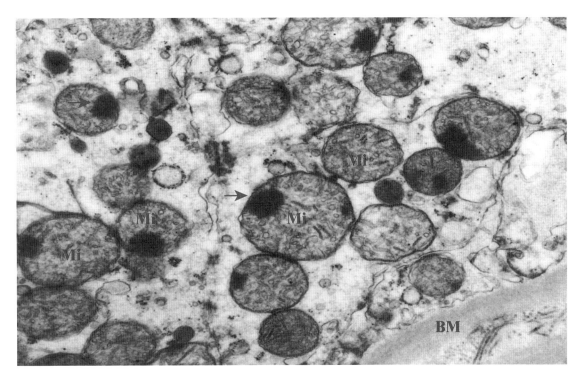

图 2-4-11 PRRSV 与大肠杆菌混合感染仔猪肾小管上皮细胞。小管上皮细胞质中多数线粒体内出现絮状致密物（↑），嵴排列紊乱（Mi）。上皮基底膜明显增厚（BM）。TEM，30k×

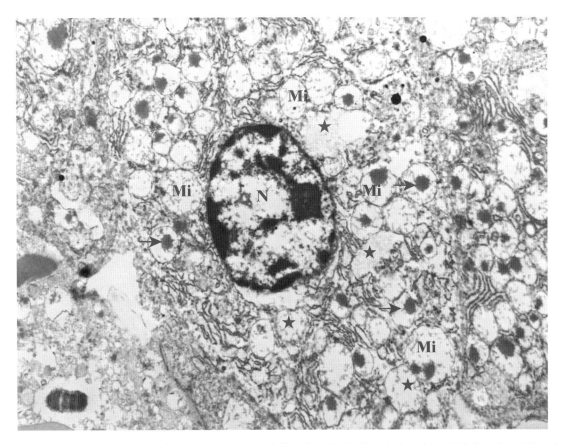

图 2-4-12 PRRSV 与大肠杆菌混合感染仔猪肝细胞。线粒体内普遍出现絮状致密物（↑），嵴缺失空化（Mi），少数发生解体（★）空泡化。N：细胞核。TEM，10k×

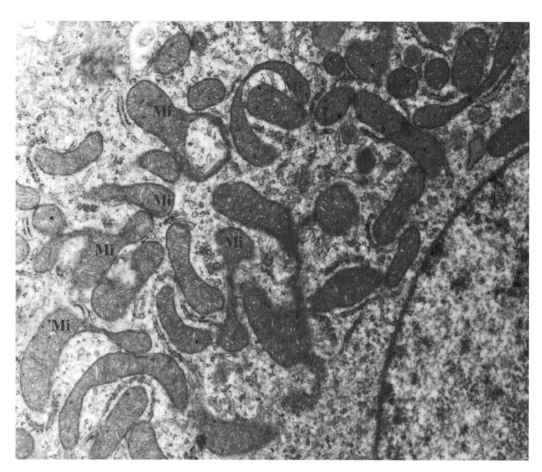

图 2-4-13　线粒体形态异常。感染禽白血病病毒的鸡肾小管上皮细胞浆内线粒体形态各异，奇形怪状（Mi）。N：细胞核。TEM，20k×

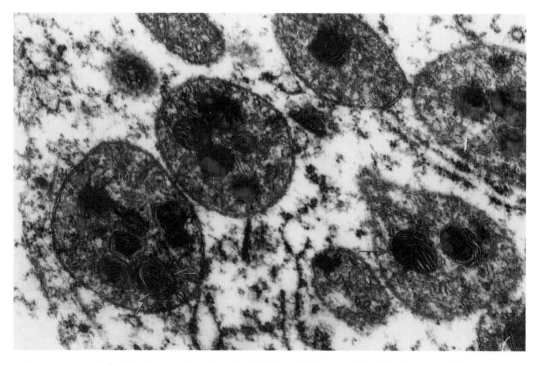

图 2-4-14　病死蜂猴肾脏。肾小管上皮细胞内线粒体（Mi）中出现髓样结构（↑）。TEM，30k×

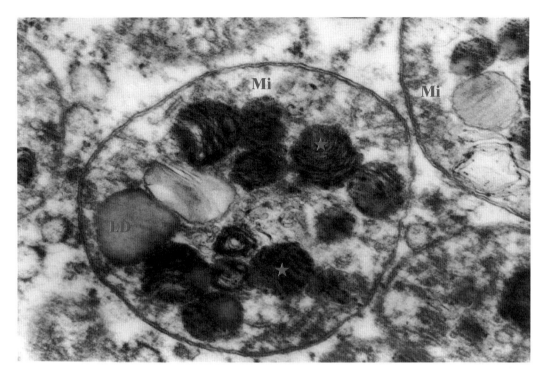

图 2-4-15 病死蜂猴肾脏。肾小管上皮细胞内线粒体（Mi）中出现大量髓样结构（★），并见有脂滴出现（LD）。TEM，33k×

第五节 细胞核超微结构及病变

一、细胞核的超微结构

细胞核是细胞代谢，生长及繁殖的控制枢纽，是蕴藏遗传信息的中心，任何有核细胞去掉了核，很快就死亡。如哺乳动物的红细胞，成熟期失去了核，不能再增殖，寿命就只有 120 天左右。

细胞核的发现是生物进化史上极重要的发展，原核生物与真核生物最主要的差别，就在于有无完整的细胞核。原核细胞遗传物质散布于胞浆中，没有核膜围绕，而真核细胞遗传物质主要包围于核膜中，从而把细胞质与核质分开。细胞分裂期看不到完整的核，只有在分裂间期才可以看到核的全貌，从而被称为间期核。间期核具有细胞核的典型结构，包括核膜、核仁、染色质（染色体）和核基质（核骨架）等。

1. 核膜（nuclear membrane）

核膜又称核被膜（nuclear envelope）。未经染色的核膜用一般的显微镜看不清楚，但活细胞由于其核膜的折光作用，用相差显微镜可以清楚地见到。在染色的切片上由于内外核膜上均附着有着色的物质，故可以分辨出核膜来。

在电镜下核膜清楚，可见三层结构，即由内外两层膜夹着中间一层 20～40 nm 宽的核间隙而成。宽度变异较大。外核膜厚 4～19 nm，外面可见附有核糖体，有时可见与粗面内质网连接。并和它相通，所以也认为外核膜是内质网的一部分。内外核膜之间的核间隙内充满着液态不定型物质，如脂蛋白、分泌蛋白、组蛋白、过氧化物酶和磷酸酶等。核周隙与内质网池的囊腔有临时通道，并且其结构与内质网的扁囊膜围起来的小池类同，故核间隙也叫作"核周小"。内核膜与外核膜平行，没有核糖体附着。其向核质的一侧，有一致密层附着，使核膜具有一定的强度以维持核的形态，间期核内有很多染色质丝与内核膜相连。外核膜与内核膜在功能和生化性质上，都不一样，外核膜与内质网相连续，它们直接进行物质交换，还可迅速扩大和缩小。在核膜上还有由内外核膜局部融合所形成的核膜孔（nuclear pore），孔径 $40\sim100$ nm，最大直径约 150 nm。核孔的数目和大小随细胞的种类不同而不同，可占核面积的 $5\%\sim38\%$，动物细胞比植物细胞多，机能旺盛时，核膜孔数增多。核孔是核浆和胞质的交通要道。

由核膜孔、隔膜和孔环物质一起合称为核孔复合体。隔膜（diaphragm）是存在于核膜孔中间的一层不定型的物质，厚 $4\sim5$ nm，主要由蛋白质组成。在隔膜的中央有一颗粒填塞着核膜孔，成为孔栓或中央粒。直径 30 nm。孔环物质是位于核膜孔周缘的一层贯穿内、外核膜的环状结构环，它构成核膜孔的外壁。环状结构是由上下两圈 8 对辐射状排列的圆形小体所组成，称孔环粒。孔环粒与中央粒之间有细微的纤维丝相连。

核膜具有一定的屏障作用，使 DNA 与胞质分离，在保证遗传物质稳定的情况下，可进行一定的物质交换。核膜可允许一些离子通过，如 Na^+、k^+、Ca^{2+}、Mg^{2+}、Cl^- 等，另外单糖、双糖和氨基酸等可自由进出细胞核，在 S 期可检测到大量的组蛋白通过核膜进入细胞核内。较大分子的物质，如 Y 球蛋白、白蛋白和核糖核蛋白都要通过核膜孔进入。在间期可见大量核糖核蛋白通过核膜孔，向核外胞质输送。电镜下见到核糖核蛋白通过核膜孔时，呈纤维状或哑铃状（即在核内、外两端膨胀，中间细）。物质进出核孔复合体可能与物质的性质、大小有关。核膜孔的数量和分布可随细胞的功能状态而发生变化。核膜能使细胞核内环境的温度、压力、pH 和化学成分维持相对恒定，成为细胞质中的一个相对独立和稳定的系统，使核内和核外同时进行的生理活动尽量减少相互干扰。核膜不是静态结构，而是处于不断运动状态。当核内大量合成 DNA 或 RNA 时，核膜表面积明显扩增。在间期，核膜主要运动有内吞、外排、扩展和收缩等。

核膜除具有物质运输功能之外，另一种功能是染色质终末细丝都连在核膜孔上，使得每条染色质都能固定在一定的位置上，而不致发生紊乱。目前已从核被膜分离出大量酶系，在脊椎动物细胞的核膜里找到 54 种酶蛋白分子，其中很多酶和细胞的物质代谢有关。有些酶和能量代谢以及核膜的主动运输有关。这些酶多以膜蛋白形式镶嵌在核膜的磷脂分子层中。核膜为酶蛋白分子提供了比较恒定的外环境，使得维持一定的空间构象，从而发挥催化作用而有利于各种生物化学反应的有序进行。

2. 核基质（nuclear matrix）

核基质（nuclear matrix）是间期细胞核内，除去染色体和核仁之外的基质。以前认为核基质是不定形的，近年来用多种生化抽提技术结合各种电镜技术，观察到核基质内有以纤维蛋白为主的骨架系统。是指在细胞核内，除了核膜、核纤层、染色质与核仁以外的一个精密的网架体系。核基质并非无定型结构，其中含有以纤维蛋白为主的骨架系统。核基质可能参与染色体 DNA 有序包装和构建，真核细胞中 DNA 复制、基因表达以及核内的一系列生命活动。

（1）核基质为核内的网架体系　核基质是指在细胞核内，除核膜、核纤层、染色质与核仁以外的一个精密的网架体系。最早的科学家首先用小鼠肝提取游离核，使用去垢剂溶去核膜，再用 DNase，Rnase 与高盐离子溶液对该物质抽提，发现核内残留有核基质纤维蛋白。从形态上看，核基质是一些 $3\sim30$ nm 的粗细不均的蛋白纤维和一些颗粒结构所组成的，纤维从一个中心颗粒结构呈辐射状伸出，称之为一个核基质亚单位。由这些亚单位互相联系，形成整个核基质网架，充满整个核内空间。核基质基本形态与细胞质内的骨架很相似，在结构上又与核纤层及核孔复合体有密切联系。核基质成分复杂，不像细胞质骨架那样由微丝、微管与中间纤维等非常专一的蛋白质成分构成。也不像核纤层那样，由 Lamin α、β、γ、三种成分组成。从 1974 年以来经学者分析研究，认为核基质有十多种蛋白质，相对分子量多在 $40\,000\sim60\,000$ 之间。但从一些动物细胞来看，相当部分是含硫蛋白。近年有人提出其中有一种相对分子量为 52 000 的蛋白，与染色质结合很紧密，可能有重要功能。最近又证实与核基质牢固地结合的还有一定数量的 RNA 颗粒。

（2）核基质的功能　目前的研究已表明核基质可能参与染色体 DNA 有序包装和构建，真核细胞中 DNA 复制，基因表达，以及核内的一系列生命活动。

①参与染色体 DNA 包装与染色体构建　由 DNA 样环组装成的染色体高级结构模型中，人们强调了核基质在染色体组装中的维系和支架作用。在这个模型中显示了染色质与重复的核小体，其直径为 10 nm。然后以 6 个核小体为单位盘绕为直径 39 nm 的螺线管（solenoid）。螺线管形成 DNA 复制环，复制环结合在核基质上，每 18 个复制环呈放射平面排列结合在核基质上而形成微带。微带是染色体高级结构的单位，大约 106 个微带沿纵轴建成为子染色体，这个子染色体的轴心支架显然是核基质的纤维在细胞分裂间期，虽然染色体的结构是不存在了，而 DNA 复制环与核基质相结合的这种结构形式还是保存着。核基质对间期核内 DNA 的空间构型起着维系和支架的作用。

②核基质与 DNA 复制的关系　20 世纪 80 年代初，有人证明了新合成的 DNA 先是结合在核基质上，并认为 DNA 复制的位置是在核基质。他们用大鼠再生肝细胞与体外培养的 3T3 成纤维细胞为材料，以 ^{3}H-TdR 进行脉冲标记，然后分离核基质，可观察到与核基质紧密结合的 DNA 中含有大量新合成的 DNA。电镜自显影进一步表明，DNA 复制的位置遍布于核基质上，由此而设想 DNA 复制的复合结构均锚碇在核基质上。近年一些实验室把注意力集中在 DNA 聚合酶与核基质的关系上，并已经证明 DNA 聚合酶在核基质纤维上可能具有特定的位点。

③核基质与基因调控　有学者用 ^{3}H-尿嘧啶核苷脉冲标记 Hela 细胞 2.5 min，发现 95％以上的放射性存在于核基质上。说明新生的转录本是与核基质紧密相连的，即 RNA 是在核基上进行合成的。核基质是细胞核中转录的位点，最早的放射性标记均与核基质结合。有转录活性的基因能紧密结合在核基质上，该作者认为基因只有结合在核基质上才能进行转录。

④核基质与 hnRNA 的加工　一些实验提示核基质可能是细胞核内 hnRNA 加工的场所。如 3H-UTP 脉冲标记实验表明，高比活性发生在与核基质结合的高分子量的 DNA 上。

⑤核基质与病毒复制　实验证明单纯疱疹病毒的核壳体是在核基质上进行装配，先是核基质运入细胞核，并结合在核基质上，作为核壳体装配的原料。另有文章报道：腺病毒的 hnRNA 在拼接过程中能与核基质结合，也先后有人证明腺病毒 DNA 也有结合在核基质上的现象。从这些实验证实，核内 DNA 病毒的复制与装配过程是与核基质有关系的。

3. 染色质（chromatin）与染色体（chromosome）

染色质是存在于细胞核内的遗传物质，因为它能被碱性染料染色而被命名为染色质。据电镜观察，染色质是一种细微纤丝，据生化分析，是由细胞核中 DNA、组蛋白、非组蛋白以及少量 RNA 组成的。染色质是一种动态结构，它在有丝分裂时，浓缩组装形成染色体，在有丝分裂末期逐渐解旋。间期变成染色质，可见染色体和染色质的差异，只不过是同一物质在细胞的分裂期和间期的不同形态结构的表现。染色质 DNA 在细胞核内是分几个等级进行压缩的，这种压缩的最初级结构或一级结构就是核小体（nucleosome）。核小体是染色质和染色体的超微结构的基本单位。由核小体再进一步构成更高级的结构，即螺线管结构，它是染色质的二级结构；螺线管再行盘绕即形成了染色质的三级结构超螺线管，超螺线管再经过一次折叠，就形成了染色单体，即染色质的四级结构，由 DNA 到染色单体，DNA 的长度压缩了 8 000～10 000 倍。这就是关于染色体的多级螺旋结构模型（multiple coiling model）。

间期核内的染色质还有常染色质和异染色质之分。常染色质（euchromatin）是正常情况下经常活动，有功能的染色质。在电镜下间期核内的常染色质呈浅亮区，多位于核的中央位置，并通到核膜孔的内面，形成所谓的常染色质通道（euchromatin channels）。常染色质一部分介于异染色质之间。在浆细胞中，常、异染色质相间形成典型的车轮状图形。在核仁相随染色质中也有一部分常染色质，往往以祥的形式伸入核仁内。常染色质丝纤维直径约 10 nm，折叠盘曲度小，分散度大，又称作伸展性染色质，不易被染料着色。常染色质实际是间期合成 mRNA 单一序列的 DNA 拷贝。常染色质代表有活性的 DNA 分子部分，能活跃地进行复制与转录。细胞分裂期，位于染色体臂上。

异染色质（heterochromatin）是在间期或分裂早期细胞核内呈凝集状态的 DNA 与组蛋白的复合物。是光镜和电镜下见到的染色质高密度的成分。由于异染色质螺旋缠绕紧密，形成 20～30 nm 直径的纤维，因而又称为浓染色质（condensed chromatin）。一般位于间期核的边缘，沿着核膜内形成一薄圈，即周围染色质。还有些小块与核仁相结合，围着核仁形成一层外壳，构成核仁伴随染色质的一部分。异染色质在分裂期位于着丝点，端粒或在染色体臂常染色质之间隔。

4. 核仁（nucleolus）

核仁为无包膜的海绵状微器官。在光镜下观察到的核仁为均质、海绵状的球体，无包膜。核仁的位置一般在核的一侧，常常移到核膜边缘，这种现象叫作核仁边集（nuclear margination），它有利于把核仁合成物输送到胞质，在生长旺盛的细胞、肿瘤细胞易于见到此情况。电镜下核仁具有较高的电子致密度，其结构一般像松散的粗线团。其外附有异染色质块。核仁的细微结构包括核仁相随染色质即染色浅淡区域，纤维区（pars fibrosa）或称核仁丝，是由原纤维丝组成的海绵状网架，直径 5～10 nm，位于核仁的中心；含电子密度较大的颗粒构成的颗粒区（pars granulosa），位于核仁的外周，直径 15～20 nm，以及由无定型蛋白质性液体物质形成的核仁基质四部分组成。核仁的结构随细胞的种类不同及生理功能状态的不同而发生变化。电镜下核仁的形态主要有三种类型：①颗粒均匀分布，呈均质状态；②颗粒成群，呈斑点状；③颗粒集在核仁周围，呈环状。一个细胞可有 1～2 个或多个核仁。精子和肌细胞，核仁不明显或不存在。代谢活跃的细胞如腺细胞，神经细胞可见到明显的核仁。在合成旺盛时核仁变化大。细胞处于静息状态时，核仁萎缩。在细胞有丝分裂前期，核仁消失，该部分染色质被分配到新细胞（子细胞核）后再参与核仁的形成。核仁的主要成分为蛋白质和 RNA，在核仁相随染色质区含有 DNA，它是转录 rRNA 的基因。核仁最主要的功能是合成 rRNA。

5. 细胞核的形态

正常情况下，光镜下所见的各种组织细胞均具有各自形状独特的核，如圆形、椭圆形、杆形、棱形、肾形等。不同的组织细胞，其形态各异，如柱状上皮细胞核常为圆形或椭圆形，肝细胞、肾小管上皮细胞及其他外分泌腺上皮细胞核常呈圆形，常染色质丰富，所以电镜下核较空亮（图 2-5-1，图 2-5-2，图 2-5-3，图 2-5-4）。淋巴细胞核也为圆形或带有小凹痕的圆形，常染色质少，异染色质多且多分布于核膜下，即染色质边集，浆细胞的染色质边集呈车轮状（图 2-5-5，图 2-5-6）。纤维细胞核多为长杆状（图 2-5-7，图 2-5-8）。

6. 细胞核的功能

细胞核是遗传信息储存、复制和表达的细胞重要结构，与细胞的遗传密切相关，细胞核在细胞繁殖、维持自身稳定性上起主要作用。同时它和细胞生长运动等生理代谢活动密切相关。

二、细胞核的超微病变

1. 细胞核形态的改变

在病理情况下，如四氯化碳中毒、辐射等，细胞核可失去原有的形态特征，变成奇形怪状的不规则形。如肿瘤细胞的核常呈现核膜曲折凹陷、扭曲，与原发的组织细胞相比较，呈现出明显的异型性（图 2-5-9，图 2-5-10），并常见异型性核分裂象（图 2-5-11 至图 2-5-18）。病毒及其他病原微生物感染时常引起感染细胞核的形态改变。如 HEV、RHDV 等病毒感染后，可引起淋巴器官及实质器官组织细胞的核染色质凝集趋边，核膜内陷，核膜变成特殊的夹层或核周间隙扩张肿大，核孔增多、增大，核外膜空泡变性或核膜断裂决堤以致核质外溢（图 2-5-19，图 2-5-20，图 2-5-21，图 2-5-22）。

2. 核仁的超微病变

病理情况下，核仁可出现数量增多或减少，出现分离解聚、空泡变性及碎裂等变化。正常细胞核仁里的颗粒和丝状成分是混在一起的，发生核仁分离时，这两种成分之间可出现明显界限。干扰 RNA 合成的许多药物如放线菌素 D、N-4-氧化硝基醌、普鲁黄、诺加霉素、溴化乙啶、黄曲霉素、某些生物碱或紫外线照射、支原体及一些病毒感染等均可见核仁分离病变。核仁空泡变性主要见于病毒感染。核仁碎裂时在电镜下可见碎裂的核仁分散在核质边缘。此病变见于乙基硫氨酸 α-蕈毒或丰加霉素处理的细胞，某些病毒如 RHDV 也可引起此变化。

3. 核内包涵物（intranuclear inclusions）

在细胞受损发生病变时，细胞内可出现各种不同的包涵物。核内包涵物可分为大类：一类为胞浆性包涵物；另一类为非胞浆性（异物性）核内包涵物。胞浆性包涵物是指在细胞核内出现胞浆成分如线粒体、内质网断片、溶酶体、糖原颗粒等的现象。有真性和假性胞浆性包涵物之分，真性胞浆性包涵物是在细胞有丝分裂末期，某些胞浆结构被封入了正在形成中的子细胞核内，之后出现于子细胞核中，某些致癌剂可引起此变化。假性胞浆性包涵物是由于胞浆成分隔着核膜向核内膨突，或由于细胞核凹陷，以致在一定切面上看似乎胞浆成分进入了核内，但实际上大多数仍可见其周围有核膜包绕（图 2-5-22 至图 2-5-26）。

非胞浆性核内包涵物，即异物性核内包涵物，此类核内包涵物有多种，如在铅、铋、金等重金属中毒时，核内可出现丝状或颗粒状含有相应的重金属包涵物；肝细胞发生脂肪变性时，核内可出现脂质包含物；在糖尿病时，肝细胞核内可见有较多的糖原颗粒沉着，出现糖原包涵物，在常规切片制作过程中，由于糖原被溶解，核内只可见大小不一的空泡，称为糖尿病性空泡核。某些病毒感染时，尤其是 DNA 病毒感染细胞后，核内除了可见含有病毒粒子的病毒性包涵体外，还可见有特殊的包涵物，这些包涵物呈大的电子致密圆球形，有时呈线管状、线状、脂滴状，有时呈奇形怪状的结构，甚至出现特殊的板层结构。在 RHDV 感染兔的肝细胞及圆小囊的圆顶上皮细胞核内即可见到上述各种核内包涵物（图 2-5-27，图 2-5-28，图 2-5-29，图 2-5-30）。

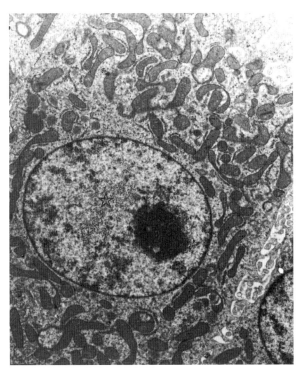

图 2-5-1　鸡肾小管上皮。细胞核呈圆形（☆），常染色质丰富，核膜平滑。TEM，30k×

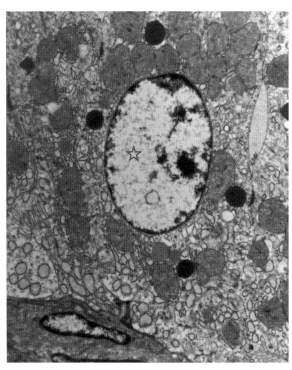

图 2-5-2　鸡腺胃上皮细胞。核呈卵圆形（☆），常染色质丰富，核膜薄而平滑。TEM，12k×

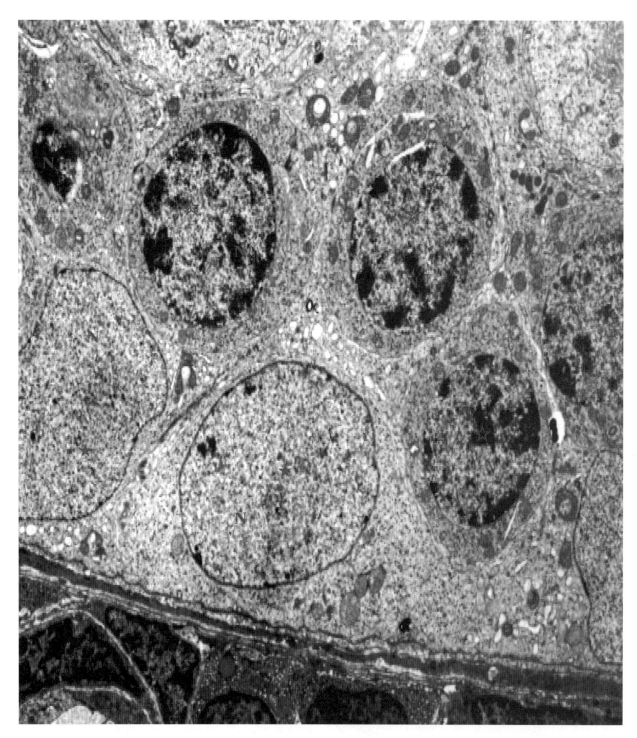

图 2-5-3　大鼠睾丸曲细精管。精原细胞核常染色质丰富，异染色质很少（★），核膜平直圆滑；支持细胞核较小，异染色质比精原细胞的丰富（☆），核圆且边界粗糙，核孔多。N：细胞核。TEM，5k×

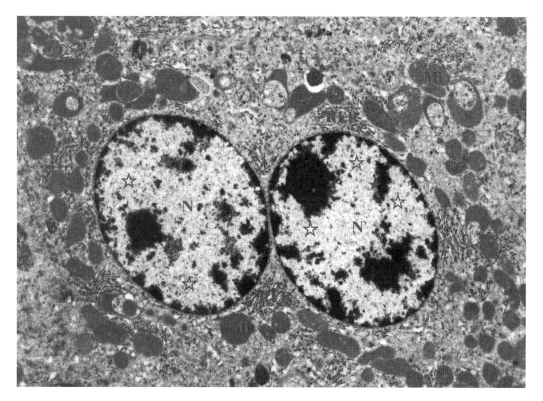

图 2-5-4 小鼠肝细胞。细胞核（N）呈卵圆形，常染色质（☆）丰富，散在少量异染色质（★），核膜平整，胞浆致密，线粒体（Mi）、粗面内质网（RER）丰富。TEM，3k×

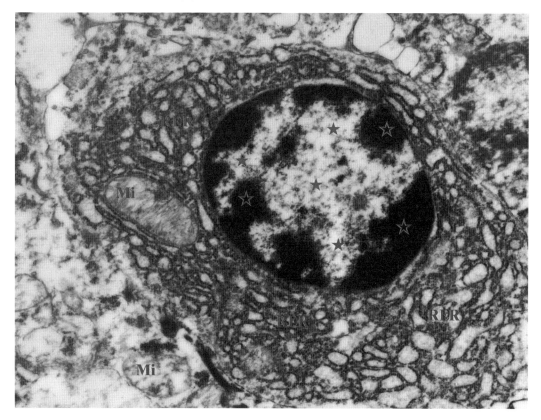

图 2-5-5 小猪淋巴结中的浆细胞。细胞核呈圆形，常染色质（★）与异染色质（☆）交错分布呈车轮状图像，核膜完整；胞质几乎被粗面内质网（RER）占据。Mi：线粒体。TEM，20k×

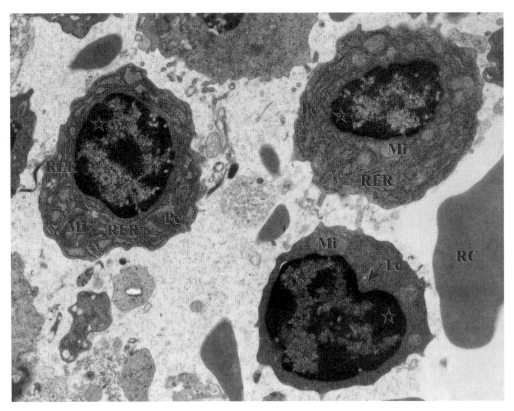

图 2-5-6 脾脏中的浆细胞（Pc）及淋巴细胞（Lc）。两种细胞核的异染色质（☆）都比较发达，浆细胞核常呈车轮状图像，而淋巴细胞的核常有 1 切痕凹陷（↙）。淋巴细胞质较少，仅见少数线粒体（Mi），而浆细胞的胞质很丰富，几乎被粗面内质网（RER）占据。★：常染色质。RC：红细胞。TEM，3k×

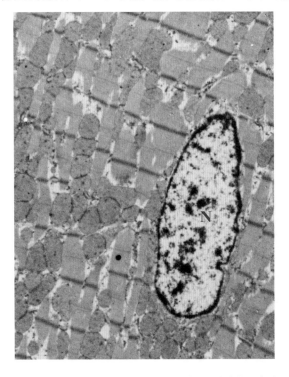

图 2-5-7 大鼠心肌细胞。核呈卵圆形，一端稍钝，常染色质很丰富，核膜稍曲折凹陷。N：细胞核。TEM，5k×

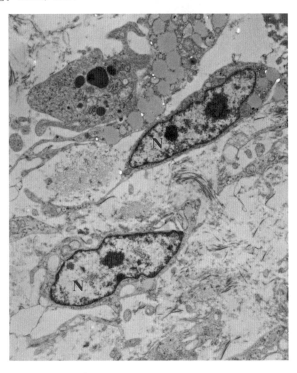

图 2-5-8 感染 IBDV SPF 鸡法氏囊。固有层中纤维细胞核呈长椭圆或杆状（N）。TEM，10k×

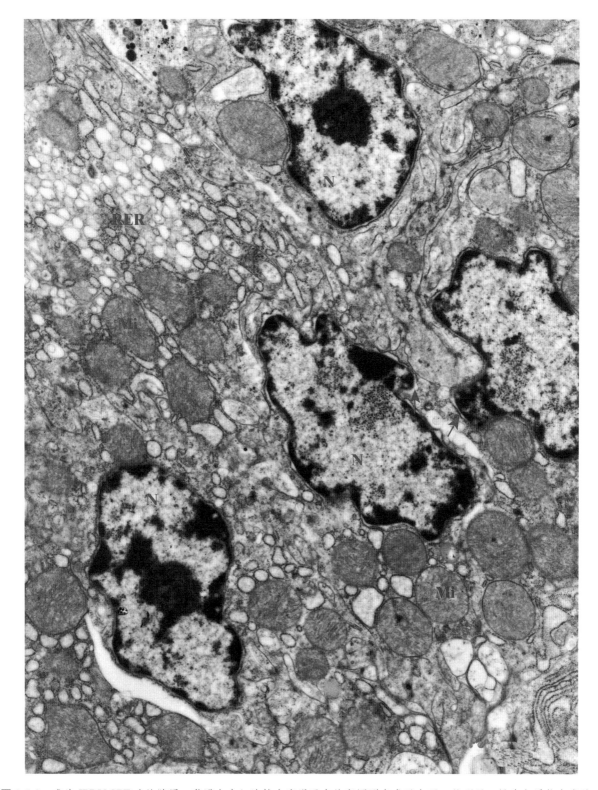

图 2-5-9 感染 IBDV SPF 鸡的腺胃。黏膜上皮细胞核由光滑平直的卵圆形变成了表面凹凸不平、异染色质较丰富的畸形核（N），表面隆突形成（↑），线粒体（Mi）变化不明显。RER：粗面内质网。TEM，12k×

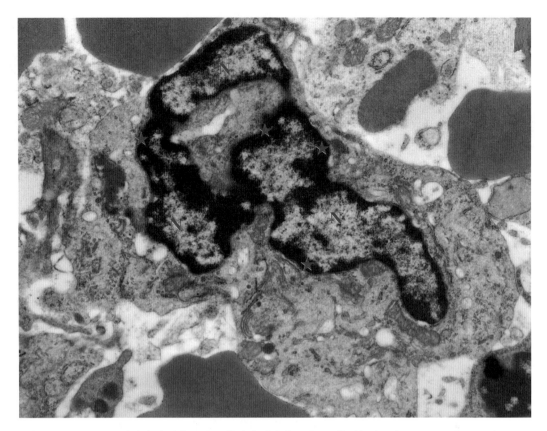

图 2-5-10　小鼠脾脏中的巨核细胞。核染色质边集（★），核形扭曲不规（N）。TEM，10k×

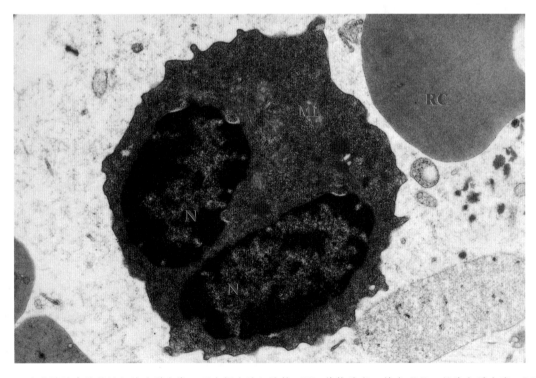

图 2-5-11　小鼠脾脏中的淋巴细胞分裂末期。两个新生的细胞核（N）结构清晰，特点明显，异染色质丰富。Mi：线粒体。RC：红细胞。TEM，6k×

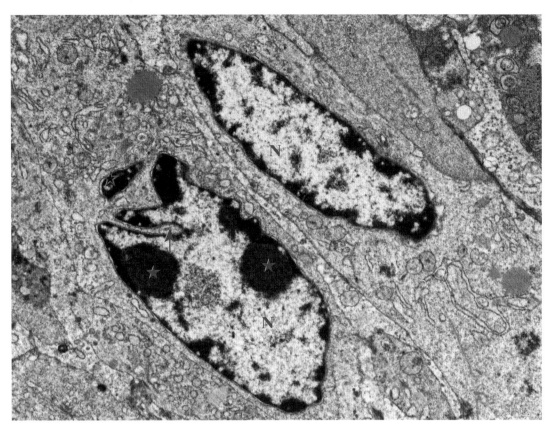

图 2-5-12 肉瘤细胞畸形核。核膜凸凹不平,一端核膜凹陷成切迹及核沟(↑),并见一核突(☆)形成,两个核仁边居于核膜下(★),常染色质很丰富。N:细胞核。TEM,8k×

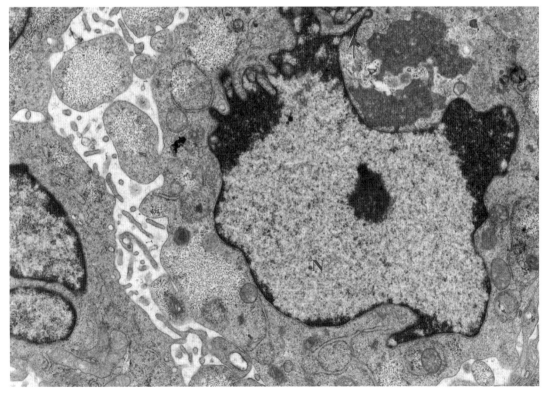

图 2-5-13 鳞状上皮细胞癌。癌细胞核畸形(N),见一核突(↑),细胞间难见连接结构。TEM,15k×

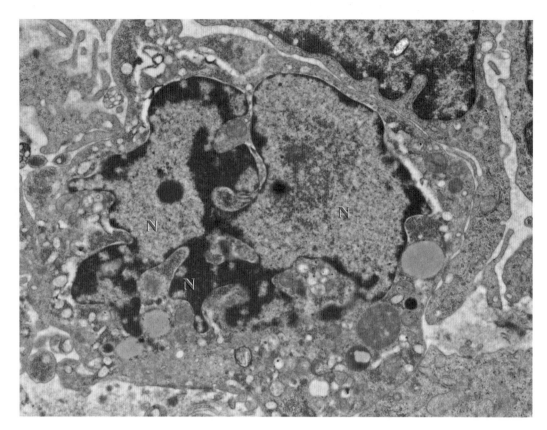

图 2-5-14　鳞状细胞癌畸形核。细胞核形不规则，扭曲多突（N），细胞间难见连接结构。TEM，10k×

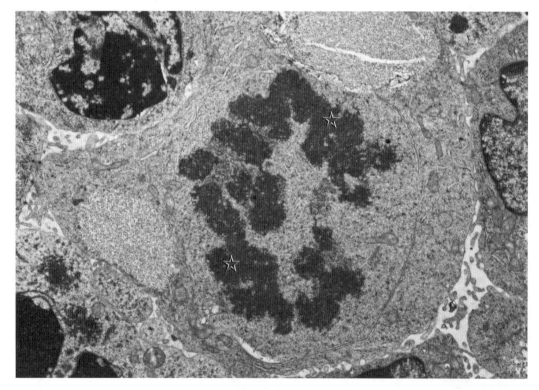

图 2-5-15　核分裂早期。鳞状上皮细胞癌细胞核膜完全消失，染色质（☆）散在细胞质中。TEM，10k×

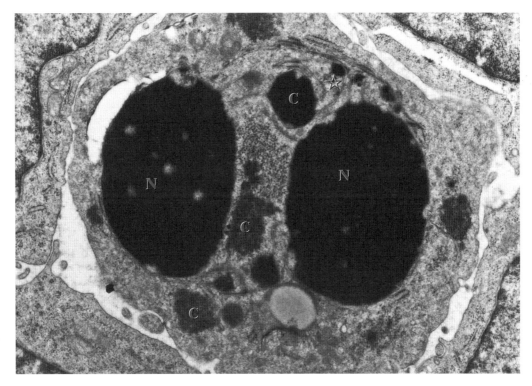

图 2-5-16　癌细胞病理性分裂。新分裂的两个细胞核浓染（N），其旁还残存有异染色质（C）及部分核结构（☆）。TEM，20k×

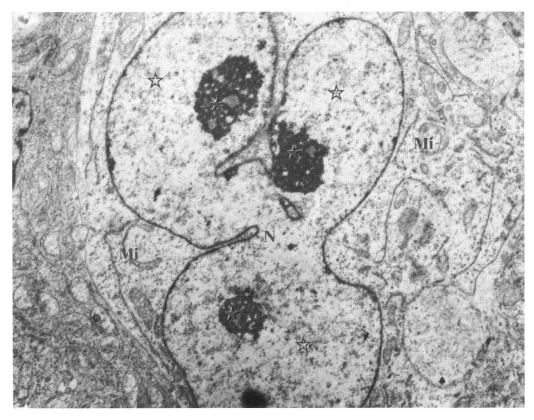

图 2-5-17　肉瘤细胞畸形核。核空亮（N），常染色质极其丰富，很少见异染色质；核膜凹陷呈 3 片花瓣状（☆），每个"花瓣"中 1 个核仁（★）；胞质中线粒体（Mi）畸形。TEM，8k×

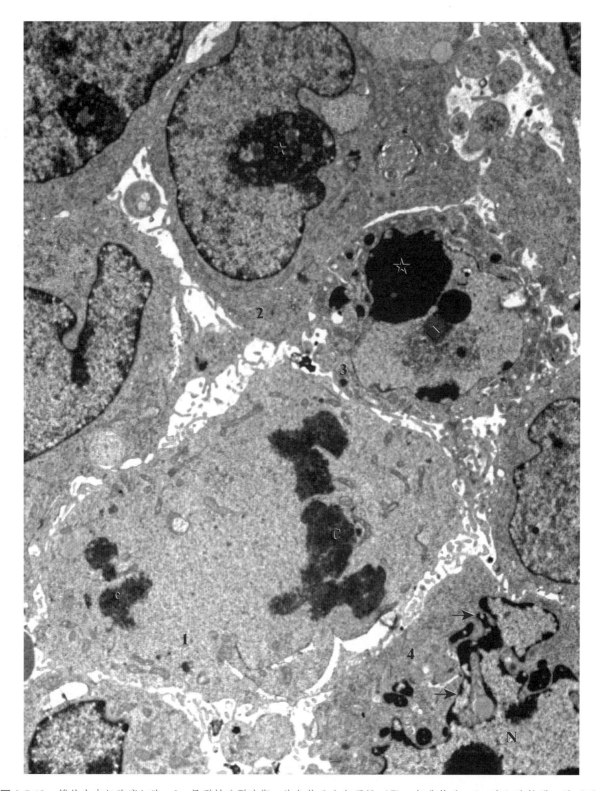

图 2-5-18 鳞状上皮细胞癌细胞。1. 异型性分裂晚期，染色体已分向两级（C），但非均分；2. 癌细胞核膜凹陷不平，核仁肥大边集（★）；3. 癌细胞核仁极显著肥大，大的浓染区贴于核膜下（☆），淡染丝状区（◆）边缘不规整；4. 癌细胞畸形核，核表面凸凹不平，突起不规（↑）。TEM，5k×

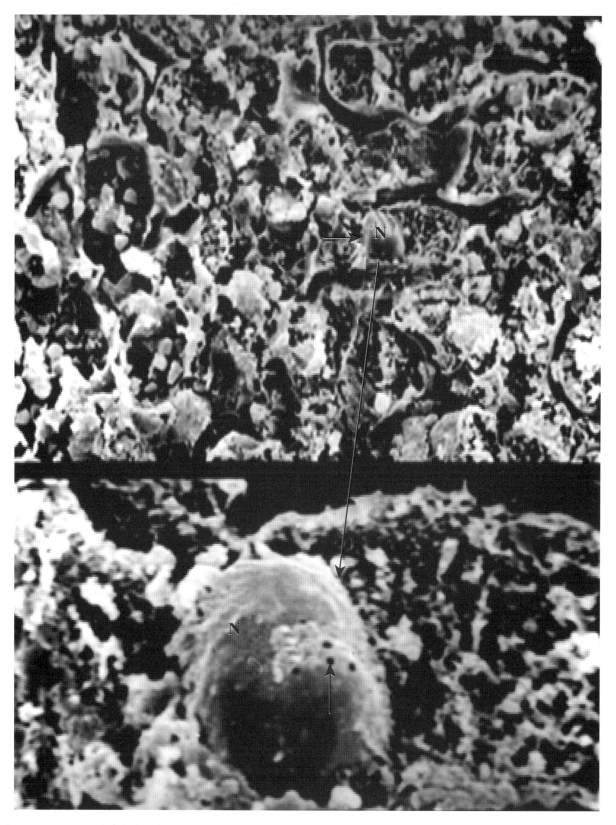

图 2-5-19　RHDV 感染兔脾脏内的网状细胞扫描电镜图像。细胞核（N）上核孔清晰可见（↑）。下图为上图局部放大。SEM

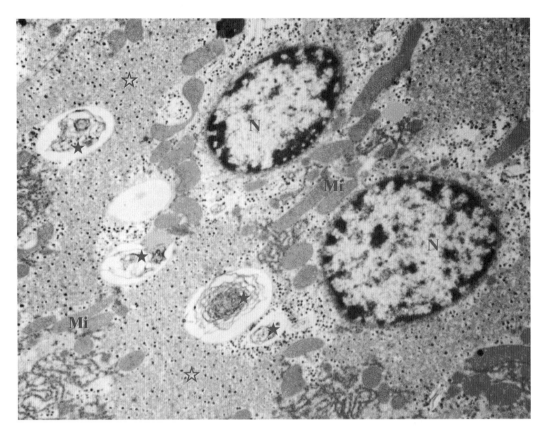

图 2-5-20　HEV感染沙鼠肝。肝细胞核（N）核孔明显增多（↑），胞内见多个吞噬性溶酶体形成的髓样结构——残余小体（★）。并见大量的病毒粒子（☆）。Mi：线粒体。TEM，10k×

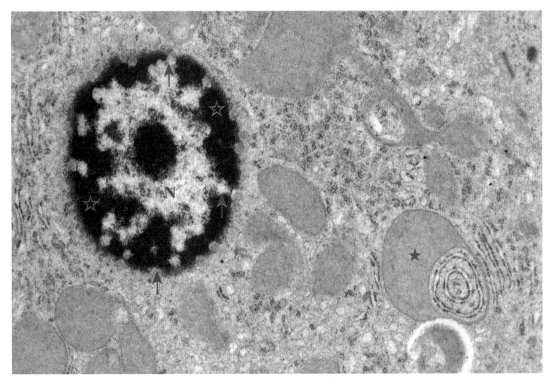

图 2-5-21　化学毒物引起的小鼠肝细胞损伤。肝细胞核孔显现（↑），异染色质明显增多（★），核膜模糊不清。右下方一变性的内质网膜被线粒体膜包裹形态奇异（☆）。N：细胞核。TEM，8k×

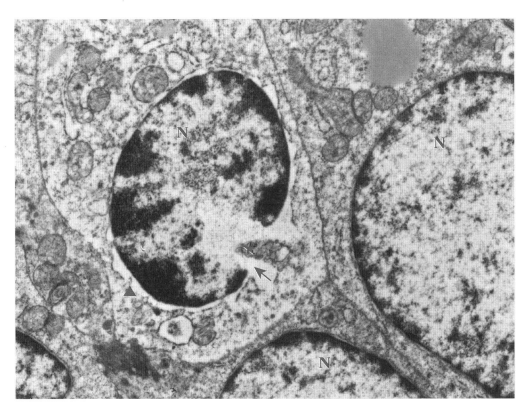

图 2-5-22　细胞核质外溢。细胞核（N）染色质边集，核周隙显现（▲），局部核膜破裂决口（↑），核基质外溢（★）。TEM，12k×

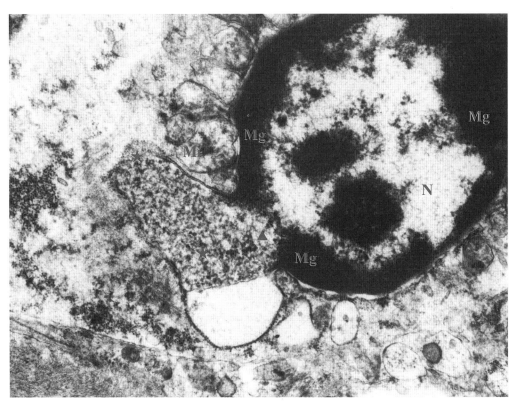

图 2-5-23　病死麋鹿肾小管上皮细胞核质外溢。细胞核（N）染色质边集（Mg），局部核膜破裂决口（▲），核基质外溢（★）。Mi：肿胀的线粒体。TEM，30k×

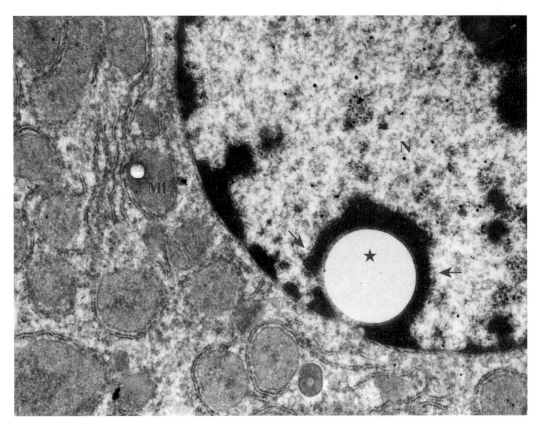

图 2-5-24　小鼠肝细胞。细胞核（N）内假胞浆性包涵体（★），包涵体周围有核膜（↑）与其他核质分开。Mi：线粒体；N：细胞核。TEM，25k×

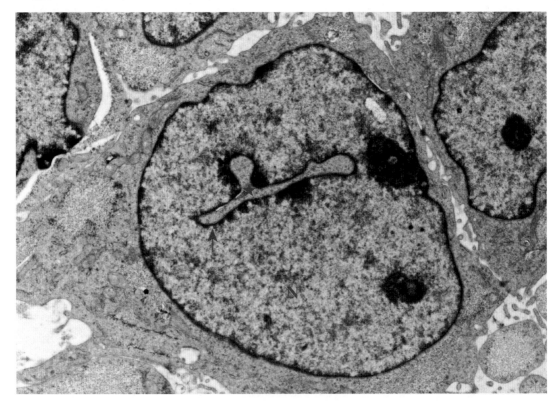

图 2-5-25　鳞状上皮细胞癌。癌细胞核（N）内假胞浆性包涵体（★），其周围有核膜（↑）与其他核质分开。TEM，8k×

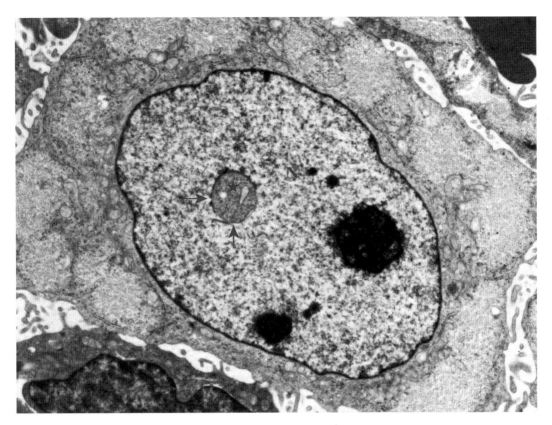

图 2-5-26 鳞状上皮细胞癌。癌细胞核（N）内假胞浆性包涵体（★），其周围有核膜（↑）与其他核质分开。TEM，8k×

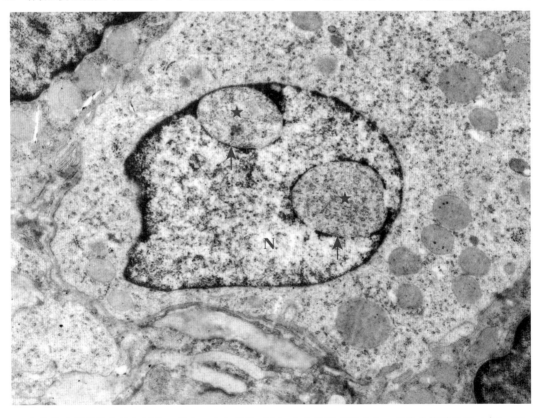

图 2-5-27 细胞核内假性胞浆性包涵体。核内二个包涵体（★）中为胞浆基质成分，其外为核膜包围（↑）。N：细胞核。
TEM，20k×

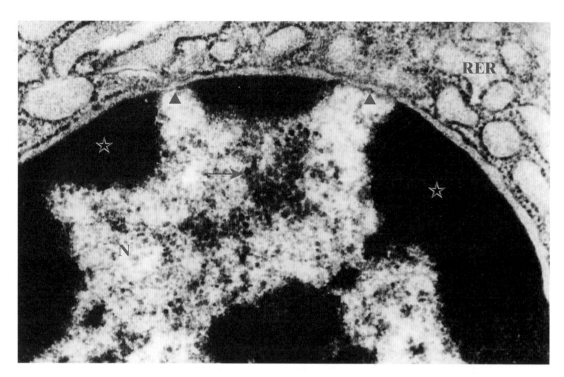

图 2-5-28 RHDV 感染兔圆小囊浆细胞核内病毒粒子。病毒粒子聚集成团（↑），核孔明显（▲）；异染色质浓而边集（☆）。N：细胞核；RER：粗面内质网。TEM，30k×

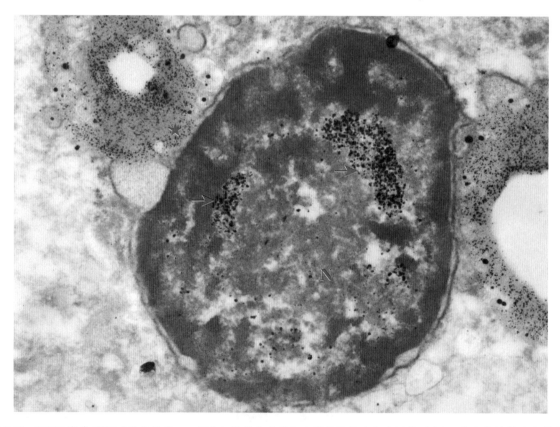

图 2-5-29 IBDV 感染 SPF 鸡的法氏囊。一网状细胞核内出现细小颗粒性核内包含涵物（↑），整个核被异染色质占据，局部外核膜破损，核基质外溢（★）。N：细胞核。TEM，30k×

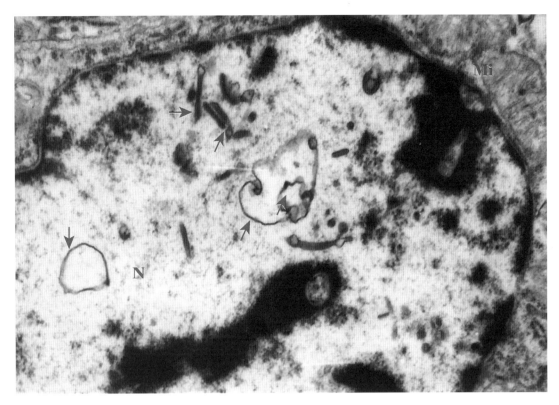

图 2-5-30　RHDV 感染兔圆小囊圆顶上皮细胞核内包涵物。细胞核内（N）出现管状、杆状和膜状等多种核内包涵物（↑）。Mi：线粒体。TEM，30k×

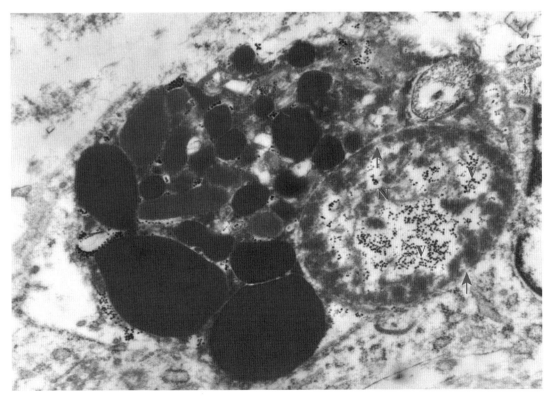

图 2-5-31　细胞核内病毒包涵物。一嗜酸性粒细胞核（N）内密集病毒粒子（V），核孔（↑）密集，核染色质变性，淡染。TEM，30k×

4. 死亡细胞核的超微变化

细胞死亡的形式有2种，一为细胞凋亡（apoptosis），二为细胞坏死（necrosis）。细胞凋亡时胞膜凹陷将凋亡的细胞成分包裹形成多个或单个凋亡小体，膜结构尚存（图2-5-32至图2-5-38）。

细胞发生坏死时，光镜下可见细胞核出现固缩、碎裂和溶解的变化。在电镜下核固缩的表现是：染色质在核浆内聚集成致密浓染的大小不等的团块状，而后整个细胞核收缩变小，最后仅留下一致密的团块。这种固缩的核最后还可发生崩解碎裂形成碎片（即继发性核碎裂）而逐渐消失。核碎裂时电镜下可见、染色质逐渐边集于核膜内层，形成较大的高电子密度的染色质团块，初期核膜还保持完整，以后则多处发生断裂，核逐渐变小，最后裂解为若干致密浓染的碎片。核溶解的电镜观察图像可见核内染色质在DNA酶的作用下全部溶解、消失，仅剩核的轮廓，在核染色质溶解消失后，核膜也很快在蛋白水解酶的作用下溶解消失。核溶解可以在核碎裂或核固缩的基础上发生。但若致病因子强烈时，也可不经过核浓缩或碎裂而直接发生，细胞直接发生核溶解时，受损的核很早就消失（图2-5-39至图2-5-46）。

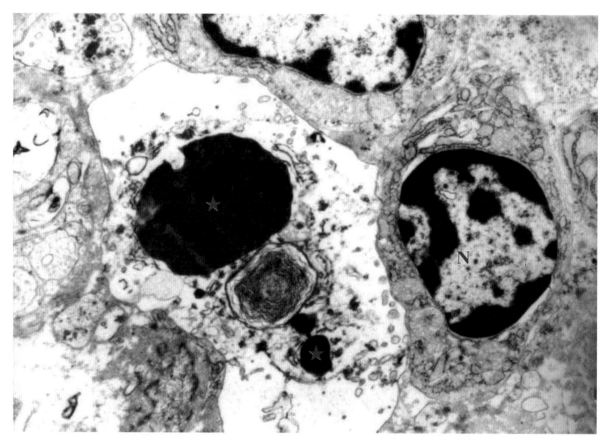

图 2-5-32 RHDV感染兔圆小囊淋巴组织中的凋亡细胞。一被包围的凋亡细胞，形成了3个凋亡小体（★），膜结构尚存。中间小体正在被消化之中。N：细胞核。TEM，20k×

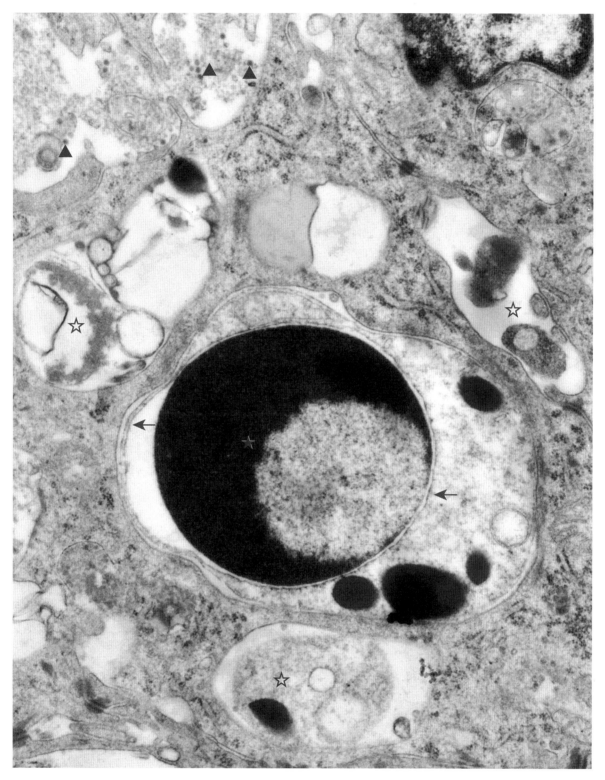

图 2-5-33　凋亡细胞核。被吞噬细胞吞进的凋亡淋巴细胞，核染色质浓缩呈月牙形（★），核膜及胞质膜（↑）基本完整。吞噬细胞内还可见次级溶酶体（☆）。胞浆内可见 IBDV 粒子（▲）。IBDV 感染 SPF 鸡法氏囊组织。TEM，25k×

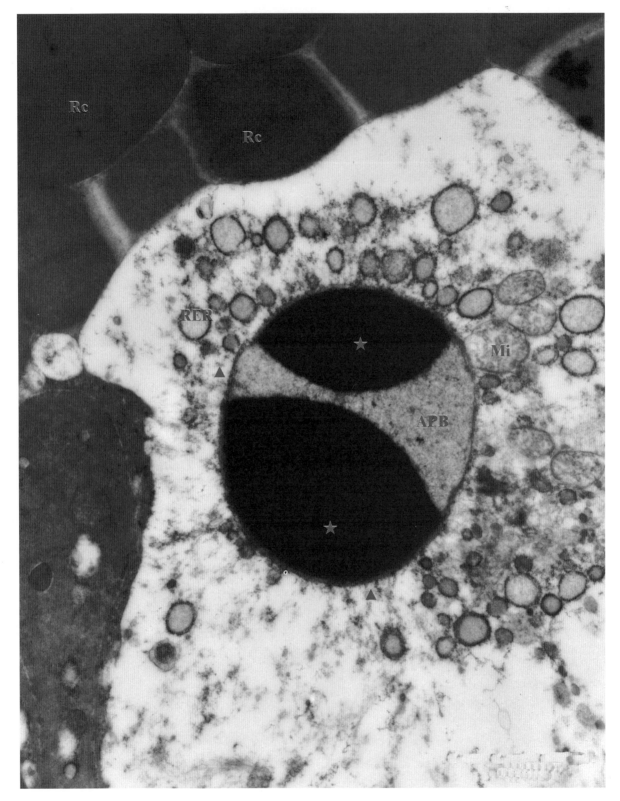

图 2-5-34 凋亡的浆细胞。胞浆内粗面内质网（RER）扩张，线粒体（Mi）可见。核形成了凋亡小体（APB），核染色质浓缩向两侧核膜边集（★），核膜基本完整（▲）。RC：红细胞。IBDV 感染 SPF 鸡法氏囊组织。TEM，15k×

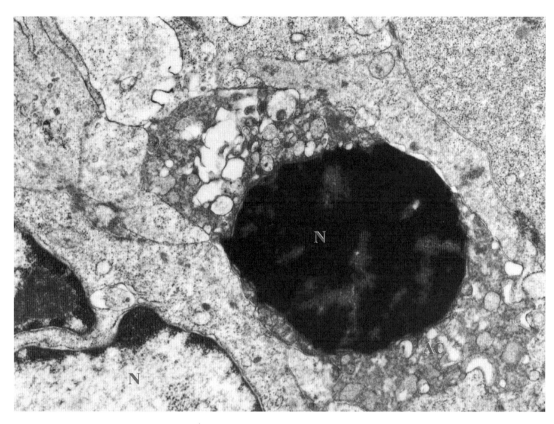

图2-5-35　肿瘤组织中的凋亡细胞。凋亡细胞（AC）核固缩浓染，但核膜完整；胞质中膜结构丰富，胞膜清晰可见。N：细胞核。TEM，20k×

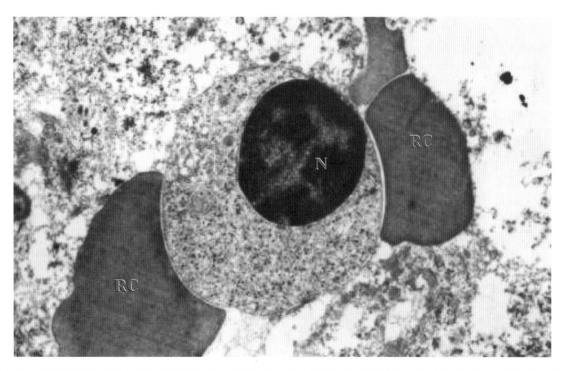

图2-5-36　RHDV感染兔圆小囊淋巴组织中凋亡的浆细胞。凋亡的浆细胞轮廓清晰，核（N）浓染，核膜隐约可见，胞质膜清楚。RC：红细胞。TEM，30k×

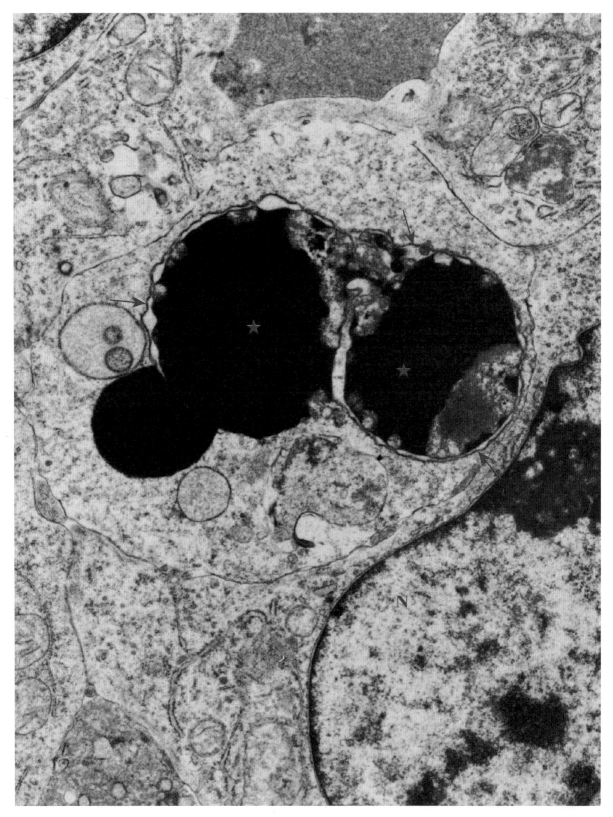

图 2-5-37 肿瘤组织中的凋亡小体。一肿瘤细胞内有两个被吞入的凋亡小体（★），凋亡小体为浓染凝固的核物质，其外可见清晰的核膜（↑）结构。N：肿瘤细胞核。TEM，12k×

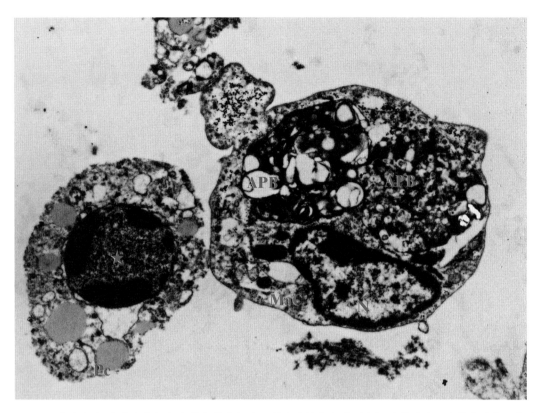

图 2-5-38　IBDV 感染 SPF 鸡法氏囊组织中凋亡的浆细胞。凋亡中的浆细胞（Pc）边界清晰，胞质较致密，核染色质致密（★），核膜清楚可见。右侧为 1 吞噬了 2 个凋亡小体（APB）的单核巨噬细胞（MaC）。N：细胞核。TEM，10k×

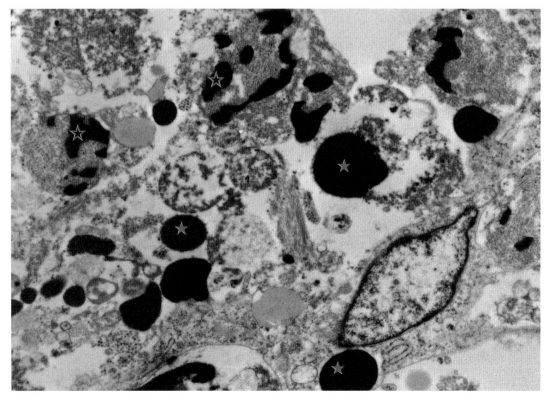

图 2-5-39　坏死细胞核。感染 IBDV 鸡法氏囊组织中淋巴细胞及网状细胞成片坏死，可见核固缩（★）和核破裂的碎片（☆）。TEM，10k×

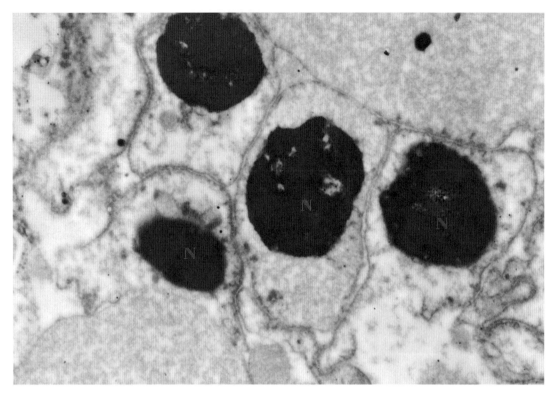

图 2-5-40　IBDV 感染 SPF 鸡法氏囊组织。溶血坏死的红细胞核固缩（N）。TEM，15k×

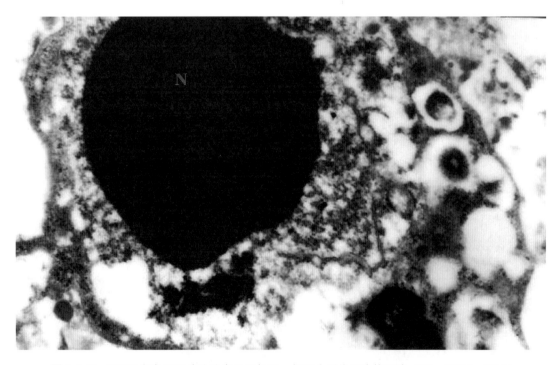

图 2-5-41　IBDV 感染 SPF 鸡法氏囊组织坏死。坏死的网状细胞核固缩（N）。TEM，10k×

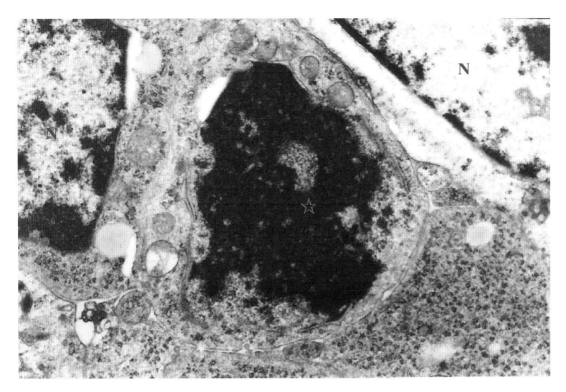

图 2-5-42　初期核碎裂。细胞核膜溶解消失，核染色质浓染破碎（☆）。N：细胞核。TEM，15k×

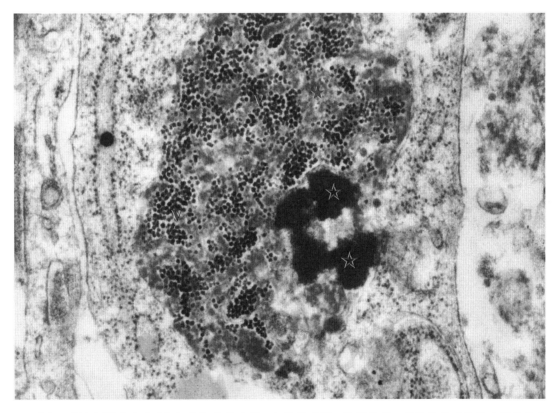

图 2-5-43　IBDV 感染 SPF 鸡法氏囊组织中细胞核碎裂。细胞核碎裂，核膜溶解，淡染的核碎片散布于胞质中（★），其间密集病毒粒子（V），尚未解体的核仁浓染凝聚（☆）。TEM，50k×

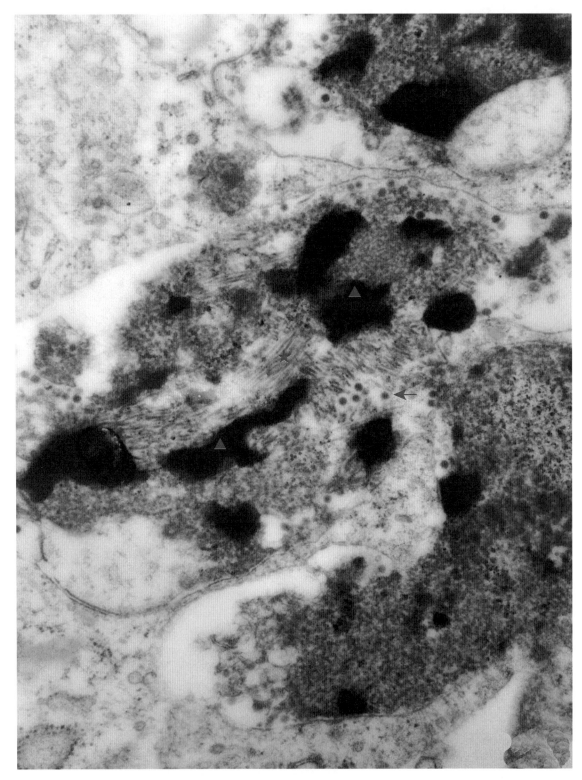

图 2-5-44 IBDV 感染 SPF 鸡法氏囊组织中细胞核碎裂。一坏死的网状细胞核破碎，破碎的核染色质浓染（▲），散布于细胞质中，其间散见少数 IBDV 粒子（↑）及微丝（★）。TEM，40k×

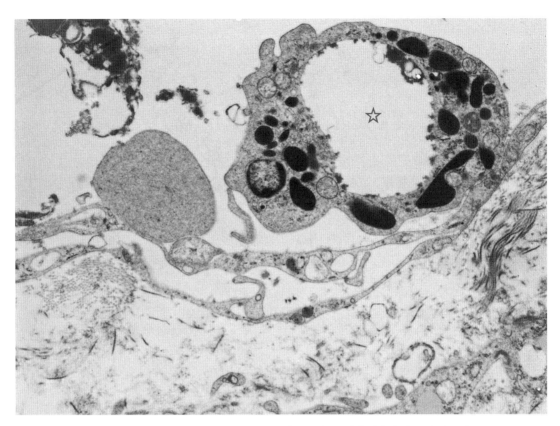

图 2-5-45　IBDV 感染 SPF 鸡法氏囊淋巴间质。核质溶解，一粒细胞核溶解变成大空泡（☆）。TEM，10k×

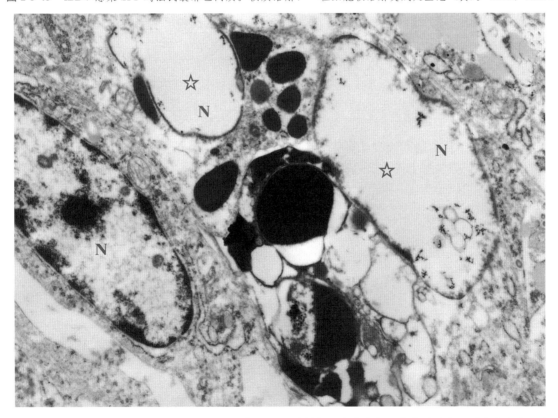

图 2-5-46　IBDV 感染 SPF 鸡法氏囊淋巴组织。核溶解。一嗜酸性粒细胞核溶解，核物质流失，形成大空泡（☆）。N：细胞核。TEM，20k×

第三章　四大基本组织的超微结构特点

第一节　上皮组织

上皮组织是机体四大基本组织之一，源于三个胚层。上皮组织由排列紧密的细胞组成，细胞间有很少量或没有细胞间质。上皮组织或构成膜（包裹动物机体的外表面如皮肤，衬覆内表面如胃肠黏膜）或以具有分泌功能的腺体形式存在如甲状腺、肾上腺中。几乎所有上皮组织及其衍生物都被一薄层无细胞的基底膜与下方或周围的结缔组织分隔，基底膜一般由上皮组织产生的基板和结缔组织产生的网板构成。

一、上皮膜

上皮膜无血管，上皮从其下方结缔组织内的血管获取营养物质。上皮膜可被覆在动物机体的外表面，也可衬在体腔或管道的腔面。被覆盖的表面可是干燥的（如身体的外表面），也可是湿润的（如卵巢表面的被覆上皮）。所有衬在管腔面的上皮都是湿润的（如体腔、血管和胃肠道的上皮）。衬在浆液性体腔的膜称间皮，而衬在心脏、血管和淋巴管的膜称内皮。

根据上皮膜最表层细胞的形态分类，表面细胞的纵面观可是鳞状（扁平）、立方状或柱状。此外，构成上皮组织的细胞层数也决定着上皮组织的分类，由一层细胞构成者称单层上皮，而由两层或更多层细胞构成者则称复层上皮（表3-1-1）。单层上皮的所有细胞都可接触到基底膜并达到游离面。而假复层上皮（可有或无纤毛或静纤毛），所有细胞都与基底膜接触，但一些比其他细胞矮得多的细胞不能达到游离面。因此，假复层上皮是形似多层的单层上皮。

复层扁平上皮可以是角化、未角化或角化不全的。泌尿道的复层上皮为变移上皮，其特点是游离面的细胞大而圆（表3-1-1）。

上皮膜的功能包括防护、减少摩擦、吸收、分泌、排泄；各种蛋白质、酶、黏蛋白、激素及其他多种物质的合成；还具有感觉功能。

表 3-1-1　上皮的组织分类

类型	表面细胞形态	举例
单层上皮		
单层扁平上皮	扁平	分布于血管和淋巴管壁（内皮）、胸腔和腹腔（间皮）
单层立方上皮	立方	分布于绝大多数腺体
单层柱状上皮	柱状	分布于消化道
假复层上皮	所有细胞都位于基底膜上仅少量的柱状细胞达到游离面	分布在支气管和附睾

续表

类型	表面细胞形态	举例
复层上皮		
复层扁平上皮（未角化）	扁平（有细胞核）	分布于口腔、食管和阴道
复层扁平上皮（角化）	扁平（无细胞核）	皮肤的表皮、食管黏膜
复层立方上皮	立方	分布于汗腺的导管
复层柱状上皮	柱状	眼结膜、大的排泄管
变移上皮	膀胱空虚时，上皮大而圆；膀胱充盈时，细胞呈扁平状	肾盏、肾盂、输尿管、膀胱、尿道近端

二、腺体

绝大多数的腺体是由上皮组织向下生长到周围结缔组织内而形成的。经腺导管将分泌物分泌到上皮表面的腺体称外分泌腺。不与外界连接（无导管），分泌物经血液系统进行传递的腺体称内分泌腺。腺体的分泌细胞构成腺体的实质。外分泌腺依据不同参数进行分类，如功能单位的形态、导管的分支、产生分泌物的类型和腺体细胞释放分泌物的方式。内分泌腺分类更复杂，但从形态学观察，其分泌单位或构成滤泡或排列成细胞索。

三、上皮组织的结构特点

上皮组织无血管，由排列紧密的细胞和少量的细胞间质组成。上皮细胞形成上皮层，从下方结缔组织内的血管获得营养物质。营养物经过基底膜弥散进入上皮组织。上皮组织不仅包绕着机体，而且还衬在体腔、血管、导管及各系统（如消化道、泌尿道）的腔面，因此物质出入机体都必须通过上皮层。

上皮组织的功能是对物质的渗透和细菌的侵犯进行防护；吸收营养物是由于上皮组织的极性细胞执行着媒介作用；参与废弃物的排泄；感受外（内）环境；形成腺体（腺体的功能是分泌酶、激素、润滑物或其他物质）；由于纤毛的辅助作用，物质可沿着上皮层移动（如呼吸道的黏液）。

上皮细胞的不同面有特殊结构。这些面是游离面（微绒毛、静纤毛、纤毛和鞭毛），侧面或基侧面（连接复合体、闭锁小带、黏着小带、黏着斑、缝隙连接）和基底面（半桥粒和基底膜）。

1. 游离面的特化结构

微绒毛是近腔面细胞膜的指状突起。微绒毛可增加具有吸收、分泌功能细胞的表面积。在光镜下可观察到密集成簇的微绒毛，如纹状缘或刷状缘。

静纤毛位于附睾及机体的少数特定部位。静纤毛因其长度而被命名为纤毛；但电镜证实其实质是长的微绒毛，功能尚不明。

纤毛是细长的、能摆动的、表面覆盖质膜的细胞质突起。纤毛使物质沿着细胞表面运输。每根纤毛起始于中心粒（基体）。有一个轴丝中轴，由外周 9 对（双联）微管和中心 2 条（单个）微管构成。双联微管具有 ATP 酶活性的动力蛋白臂，作用是为纤毛的运动提供能量。

2. 基侧面的特化结构

连接复合体，只占细胞基侧面的一小部分，在光镜下可观察到环绕在整个细胞外周的结构，如闭锁堤。闭锁堤是由三部分组成：闭锁小带（紧密连接）、黏着小带（中间连接）、黏着斑（桥粒，也是黏着连接）。前两个连接环绕着细胞。而黏着斑不环绕。此外，还有一种连接，即缝隙连接使细胞间彼此通信。

3. 基底面的特化结构

细胞基底面的细胞膜经黏着连接，即半桥粒附着于基底膜。形态上半桥粒的结构像是桥粒的一半，但半桥粒的生物化学组成和临床意义两者极不相似，因此半桥粒不再被认为仅仅是桥粒的一半。

基底膜介于上皮组织和结缔组织之间，由上皮组织产生的基板和结缔组织产生的网版组成。基板进一步可分为透明板和致密板两部分。基底膜作为上皮组织的支持结构和分子过滤器（如在肾小球内）而发挥功能；可调控某些细胞通过上皮层的迁移活动（如防止成纤维细胞进入，但允许淋巴细胞通过）；参与上皮再生（如伤口修复时，基底膜形成一个表面，再生上皮细胞沿着该面进行迁移）以及细胞间的相互作用（如形成神经肌肉连接点）。

4. 上皮细胞更新

由于上皮细胞的功能和位置，细胞常发生规律性的更新。如表面脱落的表皮细胞，是约 28 天前由基底层细胞经有丝分裂形成的。其他细胞（如小肠表面细胞）每隔几天便被更新。还有一些细胞在成年前持续增生，成年时这一机制被关闭。但当大量细胞丢失时（如外伤），某个机制激发新细胞再生，以恢复细胞总数。

四、上皮组织的类型及一般特征

1. 上皮组织的类型

根据结构特点不同，上皮组织可分为如下不同类型：

（1）单层扁平上皮　全是扁平细胞的单层上皮。

（2）单层立方上皮　全是立方细胞的单层上皮。

（3）单层柱状上皮　全是柱状细胞的单层上皮。

（4）假复层柱状上皮　形状不同、高度不同的细胞构成的单层上皮。

（5）复层扁平上皮　表层为扁平细胞的复层上皮。复层扁平上皮可以是未角化、角化不全或角化型。

（6）复层立方上皮　表层为立方细胞的、由两层或更多层细胞构成的上皮。

（7）复层柱状上皮　表层为柱状细胞的、由两层或更多层细胞构成的上皮。

（8）变移上皮　以游离面大而圆的细胞为特点的复层上皮，该细胞使泌尿道的不同部位在充盈时维持上皮的完整。

2. 上皮组织的一般特征

（1）游离面的特化结构　细胞游离面可有微绒毛（刷状缘、纹状缘），为短指样突起，能增加细胞的表面积；静纤毛（长的微绒毛），只存在附睾；纤毛，长的能动的细胞突起，内含"9＋2"微管的微细结构（轴丝）。

（2）侧面的特化结构　为加强粘连性，相邻细胞侧面的质膜形成连接复合体。这些连接有桥粒（黏着斑）、闭锁小带和黏着小带。为了细胞间的通信，侧面细胞膜形成缝隙连接（融合膜、分隔连接）。

（3）基底面的特化结构　位于基底膜上的基底细胞的细胞膜形成半桥粒使细胞黏附于下面的结缔组织。

（4）基底膜　光镜观察，基底膜是由上皮组织形成的基板（分致密板和透明板两部分）和结缔组织形成的网板组成。有的上皮缺乏网板。

3. 腺上皮的类型及结构特点

（1）外分泌腺　外分泌腺的分泌物经导管系统分泌到上皮表面，可以是单细胞腺（杯状细胞）或是多细胞腺。

多细胞腺依据其导管系统的分支分类。如导管无分支称单腺；如有分支称复腺。此外，分泌单位的三维形状可是管状、泡状，或既有管状又有泡状，即管泡状。附加标准包括：①分泌物类型：浆液腺（腮腺、胰腺）、黏液腺（腭腺）和混合腺（舌下腺、下颚下腺）。混合腺含浆液、黏液性腺泡和浆液半月。②分泌方式：局部分泌（只有分泌物的释放，如腮腺）、顶浆分泌（分泌物与细胞顶端的细胞质一起释放，如乳腺）、全浆分泌（整个细胞形成分泌物，如皮脂腺、睾丸和卵巢）。腺体被结缔组织进一步分隔成叶或者小叶，导管走行于叶间、叶内、小叶间和小叶内（纹状管、闰管）。

（2）内分泌腺　内分泌腺是无导管腺，其分泌物直接释放入血。

本节图片

1. 鳞状上皮（复层扁平上皮）　图 3-1-1-1 至图 3-1-1-18
（1）猪咽扁桃体黏膜上皮　　（2）鸡咽-食管黏膜上皮　　（3）黄麂瘤胃黏膜复层鳞状上皮
（4）黄麂网胃黏膜鳞状上皮　　（5）黄麂瓣胃黏膜鳞状上皮
2. 胃黏膜柱状上皮　　　　　　图 3-1-2-1 至图 3-1-2-15
（1）黄麂皱胃黏膜柱状上皮　　（2）大熊猫胃黏膜柱状上皮
（3）鸡腺胃黏膜柱状上皮　　　（4）鸡腺胃黏膜下复管状腺上皮
3. 肠黏膜柱状上皮　　　　　　图 3-1-3-1 至图 3-1-3-31
（1）兔肠黏膜柱状上皮　　　　（2）黄麂十二指肠黏膜柱状上皮　　（3）仔猪小肠黏膜柱状上皮
（4）鸡十二指肠黏膜柱状上皮　（5）小鼠十二指肠黏膜柱状上皮
4. 肠道相关淋巴上皮　　　　　图 3-1-4-1 至图 3-1-4-6
5. SPF 鸡胚及雏鸡法氏囊黏膜上皮　图 3-1-5-1 至图 3-1-5-12
6. 气管黏膜纤毛柱状上皮　　　图 3-1-6-1 至图 3-1-6-23
（1）仔猪气管　　　　　　　　（2）鸡气管
（3）海豹气管　　　　　　　　（4）大鼠气管
7. 肺上皮　　　　　　　　　　图 3-1-7-1 至图 3-1-7-7
8. 肝　　　　　　　　　　　　图 3-1-8-1 至图 3-1-8-9
9. 肾与膀胱　　　　　　　　　图 3-1-9-1 至图 3-1-9-12
10. 睾丸上皮　　　　　　　　　图 3-1-10-1 至图 3-1-10-8
11. 鸡胚绒毛尿囊膜上皮　　　　图 3-1-11-1 至图 3-1-11-5

1. 鳞状上皮（复层扁平上皮）

（1）猪咽扁桃体黏膜上皮

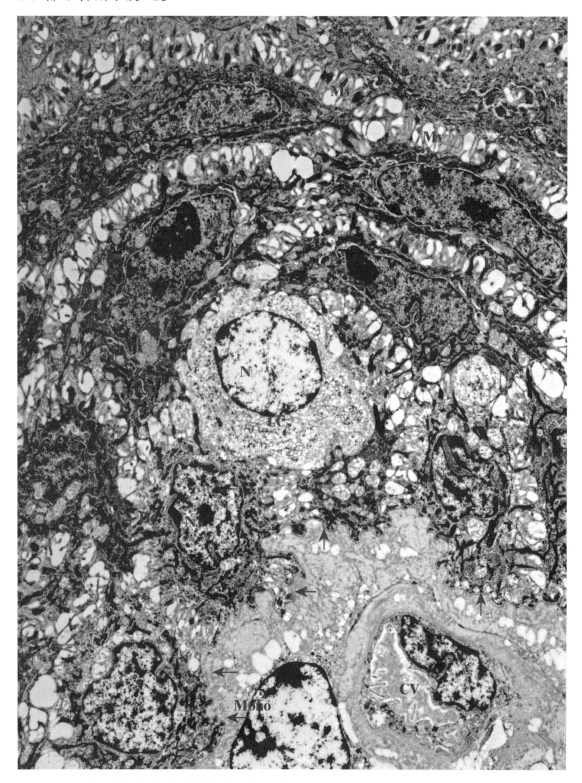

图 3-1-1-1 猪咽扁桃体黏膜鳞状上皮。上皮由复层扁平细胞组成，细胞表面有丰富的微绒毛突起（Mv），细胞间微绒毛常以桥粒（De）相连接；基底部的细胞朝向黏膜下的一侧有基底膜（↑）将黏膜层与黏膜下层分隔。黏膜下有一毛细血管（CV）及一单核细胞（Mono）。在黏膜层的鳞状上皮细胞之间见一变性的淋巴细胞（LC）。N：细胞核。TEM，5k×

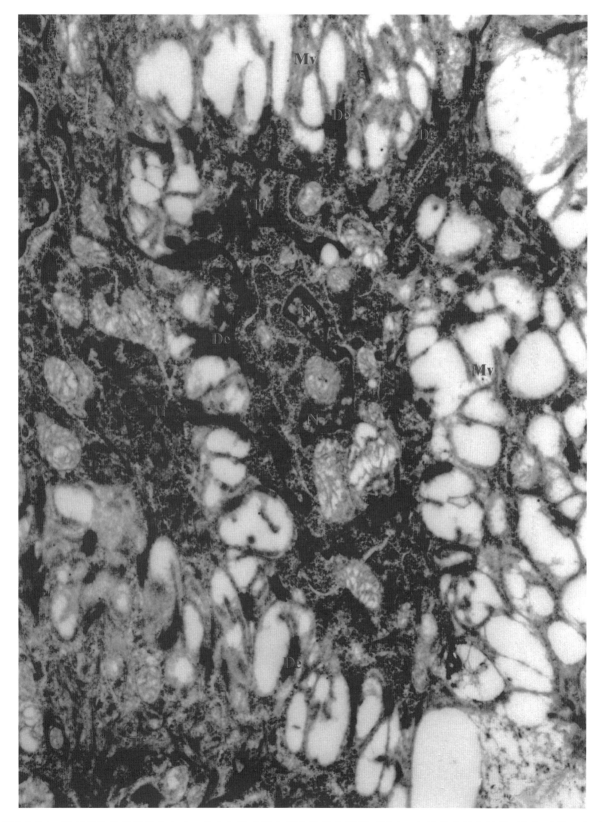

图 3-1-1-2　猪咽扁桃体黏膜鳞状上皮。上皮细胞表面丰富的微绒毛突起（Mv），细胞间大量的桥粒（De）连接，细胞质内有大量张力微丝（Tf），细胞核（N）不规则。TEM，15k×

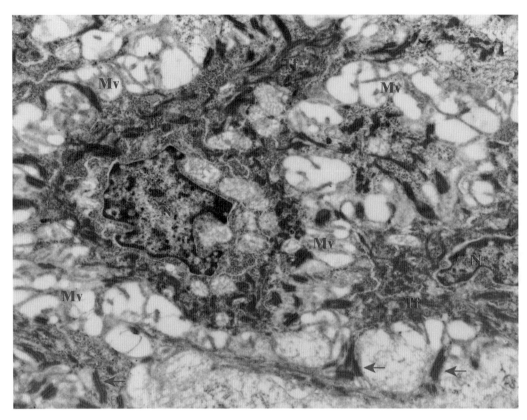

图 3-1-1-3　猪咽扁桃体黏膜鳞状上皮。上皮细胞表面丰富的微绒毛突起（Mv），细胞间大量的桥粒（↑）连接，细胞质内有大量张力原纤维（Tf），细胞核（N）不规则。TEM，15k×

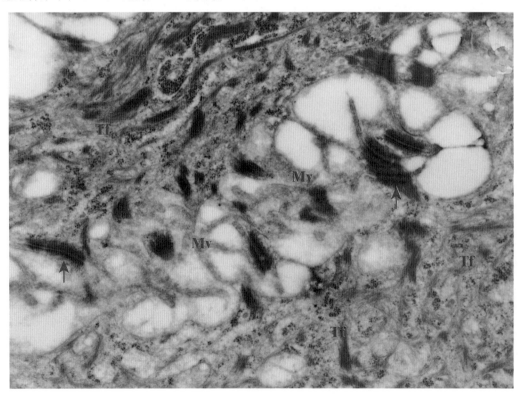

图 3-1-1-4　猪咽扁桃体黏膜鳞状上皮。上皮细胞间丰富的微绒毛突起（Mv）相互连接形成桥粒结构（↑），细胞质内有大量的张力原纤维（Tf）。TEM，30k×

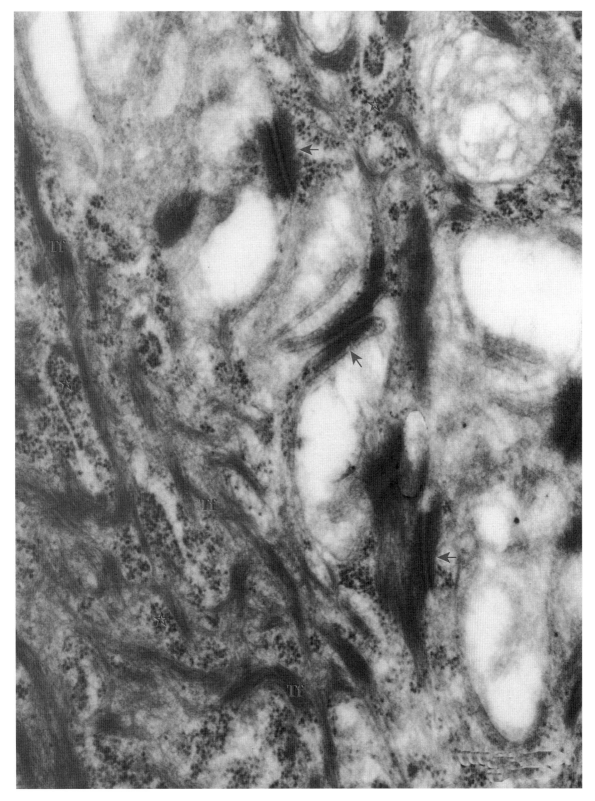

图 3-1-1-5　猪咽扁桃体黏膜鳞状上皮。上皮细胞间连接—带状桥粒（↑）结构清晰完整。细胞质中有大量的、成束分布的张力原纤维（Tf），并见丰富的核糖核蛋白体颗粒（☆）。TEM，50k×

（2）鸡咽-食管黏膜鳞状上皮

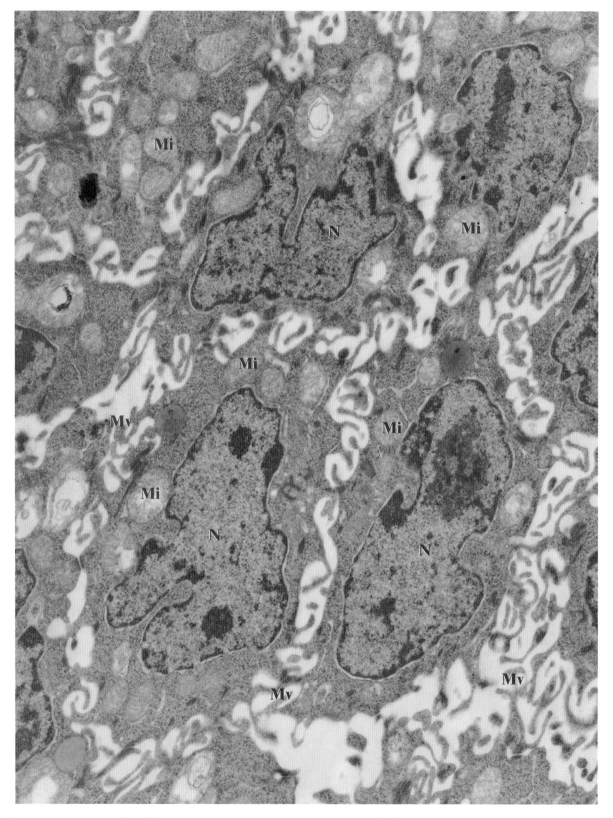

图 3-1-1-6 鸡咽-食管黏膜鳞状上皮。上皮细胞为扁平上皮，表面有丰富的微绒毛突起（Mv），细胞质内见多量线粒体（Mi），细胞核（N）形态不规则。TEM，12k×

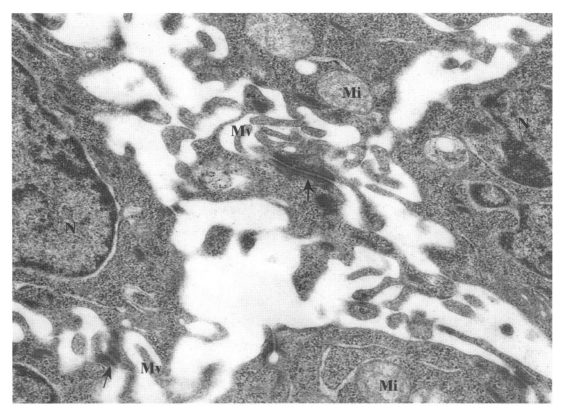

图 3-1-1-7　鸡咽-食管黏膜鳞状上皮。上皮细胞间隙明显，细胞表面微绒毛突起（Mv）丰富，并见桥粒连接（↑）。N：细胞核；Mi：线粒体。TEM，30k×

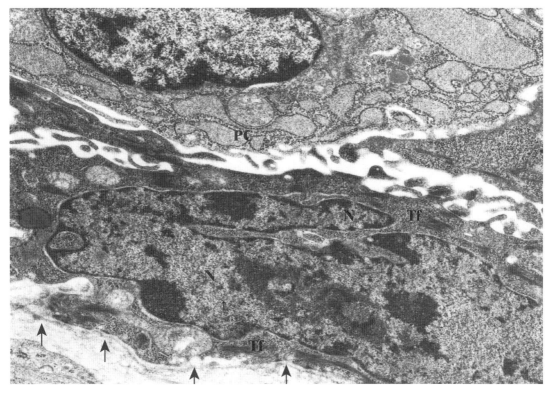

图 3-1-1-8　鸡咽-食管黏膜鳞状上皮。扁平上皮细胞核凹陷不规则（N），表面有微绒毛突起，细胞质内有少量张力原纤维（Tf），此细胞下可见完整的基膜（↑）。图上方为 1 浆细胞（PC）。TEM，20k×

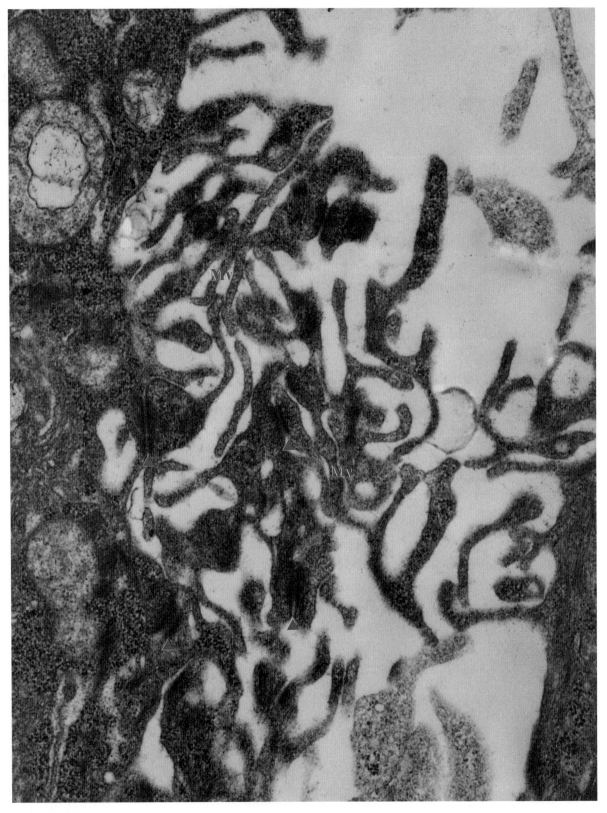

图 3-1-1-9　鸡咽-食管黏膜鳞状上皮。上皮细胞间隙明显，细胞表面有大量微绒毛突起（Mv），并多见桥粒连接（▲）。TEM，30k×

（3）黄麂瘤胃黏膜复层鳞状上皮

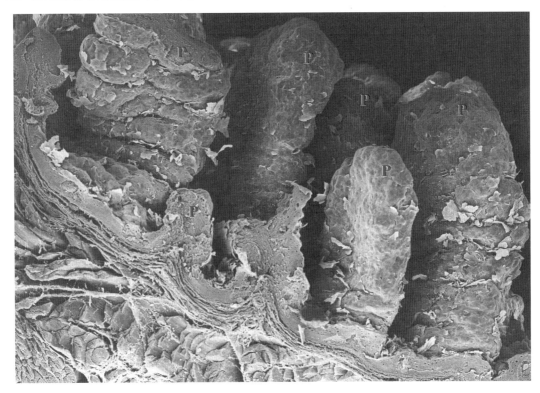

图 3-1-1-10　黄麂瘤胃黏膜鳞状上皮。黏膜面有许多粗细不等、高矮不一的舌状乳头（P），乳头高 1 mm 左右。黄麂瘤胃黏膜横切面。SEM，45×

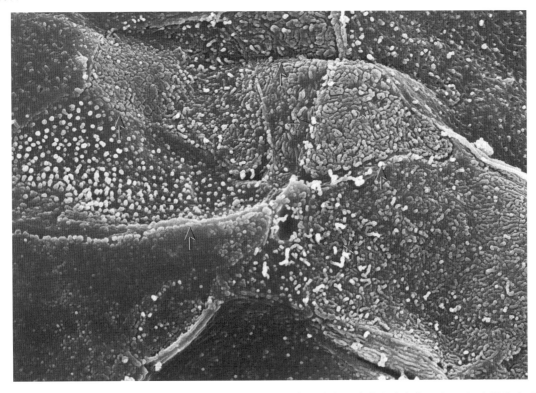

图 3-1-1-11　黄麂瘤胃高倍镜下观察。高倍镜下瘤胃黏膜鳞状上皮细胞表面有微小的隆突（★），细胞界限分明（↑），高低不一。SEM，3k×

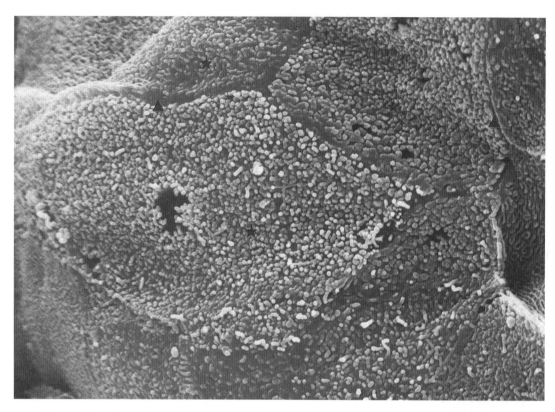

图 3-1-1-12 黄麂瘤胃黏膜鳞状上皮高倍放大。瘤胃黏膜上皮细胞表面密布微小的颗粒状结构（★），细胞界限分明（▲）。SEM，3.5k×

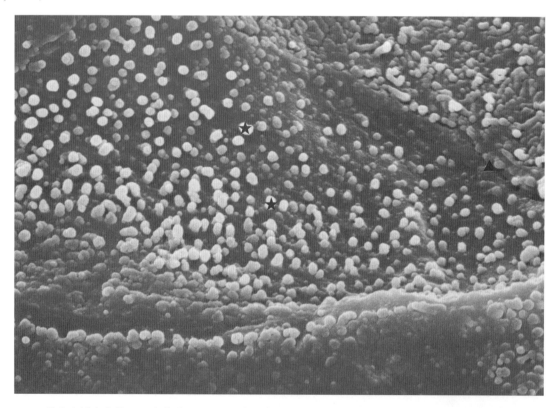

图 3-1-1-13 黄麂瘤胃高倍镜观。高倍镜下瘤胃黏膜上皮细胞表面分布有微小的隆突（★），细胞界限分明（▲）。SEM，7k×

（4）黄麂网胃黏膜鳞状上皮

图 3-1-1-14　黄麂网胃腔面观。黏膜表面光滑，黏膜皱襞呈蜂窝状隆起（▲），在皱襞的表面及其凹陷处均分布有密集的钉突状乳头（P）。SEM，40×

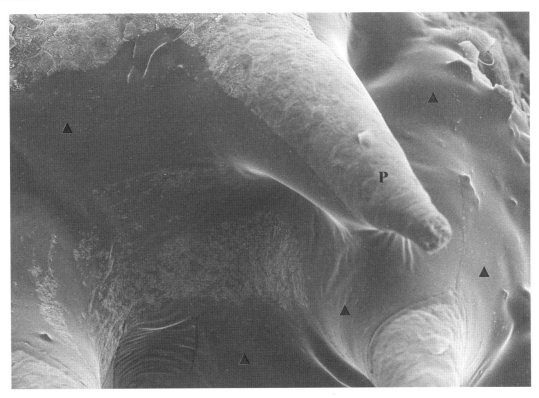

图 3-1-1-15　黄麂网胃腔面观。黏膜皱襞表面钉突状乳头局部放大（P），乳头表面黏膜上皮光滑平整（▲）。SEM，200×

（5）黄麂瓣胃黏膜鳞状上皮

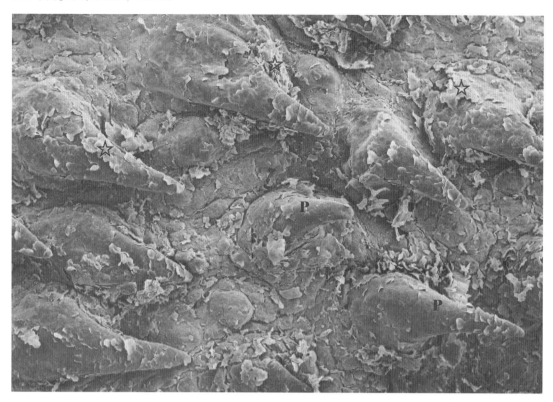

图 3-1-1-16 黄麂瓣胃黏膜腔面观。瓣叶黏膜表面凹凸不平，呈尖锐乳头状突起（P），黏膜表面角化上皮细胞呈鳞片状脱落（☆）。SEM，50×

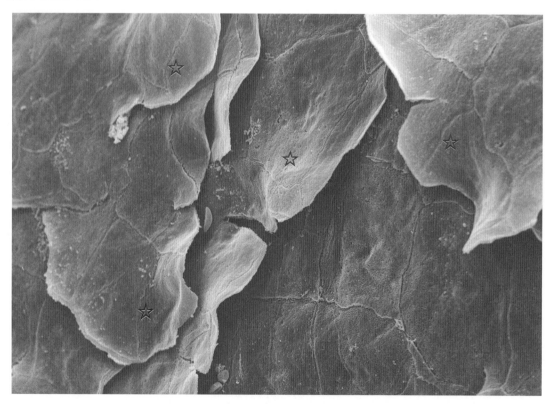

图 3-1-1-17 黄麂瓣胃。瓣叶黏膜高倍放大。黏膜表面角化上皮呈鳞片状分布（☆）。SEM，1k×

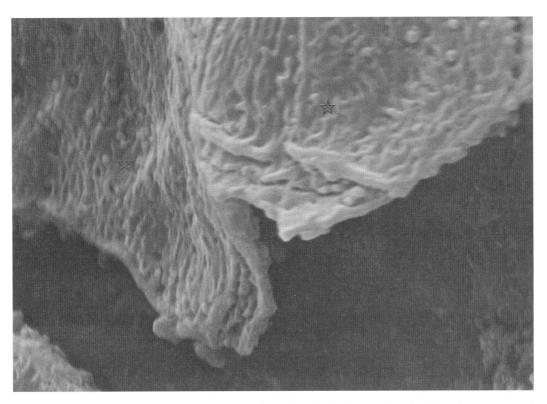

图 3-1-1-18　黄麂瓣胃瓣叶黏膜高倍镜观。黏膜鳞片状的角化上皮表面呈现纹理状花纹（☆）。SEM，10k×

2. 胃黏膜柱状上皮

（1）黄麂皱胃黏膜柱状上皮

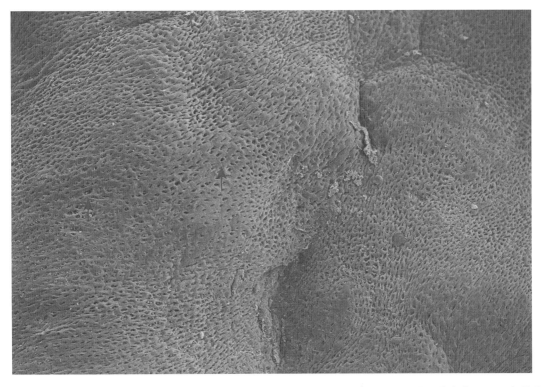

图 3-1-2-1　黄麂皱胃黏膜表面。黏膜表面遍布不规则的小孔，即胃小凹（↑），小凹周围的上皮呈迂回起伏的嵴状。SEM，30×

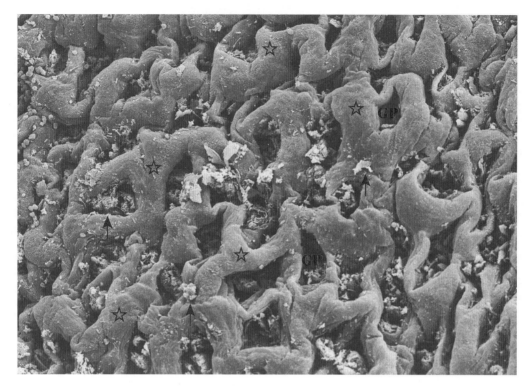

图 3-1-2-2 黄麂皱胃黏膜。可见纵横交错的嵴状隆起（☆），嵴状隆起之间的凹陷为胃小凹（GP），胃小凹开口见多量渗出物（↑）。SEM，400×

（2）大熊猫胃黏膜柱状上皮

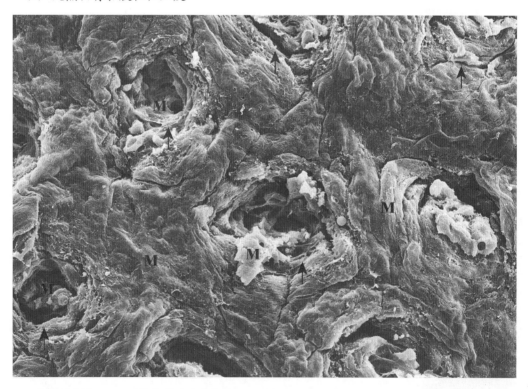

图 3-1-2-3 大熊猫胃黏膜。可见纵横交错的嵴状隆起，嵴状隆起之间的凹陷即为胃小凹（↑），胃小凹表面为分泌黏液的单层柱状细胞或称表面黏液细胞的衬覆，胃小凹细胞表面有凝胶状的不溶性黏液（M）覆盖。嵴状隆起表面也被厚厚的不溶性黏液覆盖。SEM，500×

图 3-1-2-4 大熊猫胃底部。示峰状隆起（★）及峰状隆起之间的凹陷胃小凹，有的胃小凹表面凝胶状的不溶性黏液已脱落，胃腺管上皮裸露，可见由单层柱状上皮（↑）构成的胃底腺（SA），有的胃小凹表面见多量分泌物（☆）。SEM，500×

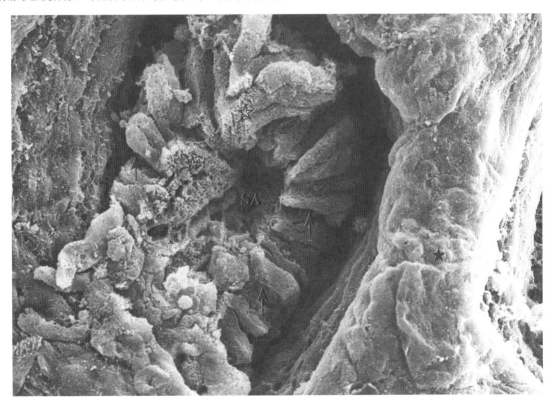

图 3-1-2-5 大熊猫胃底腺。图 3-1-2-4 局部放大，示峰状隆起（★）之间的胃底腺（SA），胃底腺为单层柱状上皮细胞（↑）构成，上皮细胞表面有密集的微绒毛（☆）。SEM，1k×

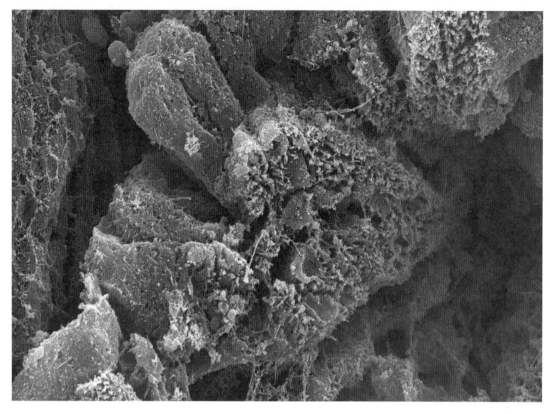

图 3-1-2-6　大熊猫胃底腺。图 3-1-2-5 局部放大，示胃底腺柱状上皮细胞（☆）及其表面丰富的微绒毛（★）。SEM，3k×

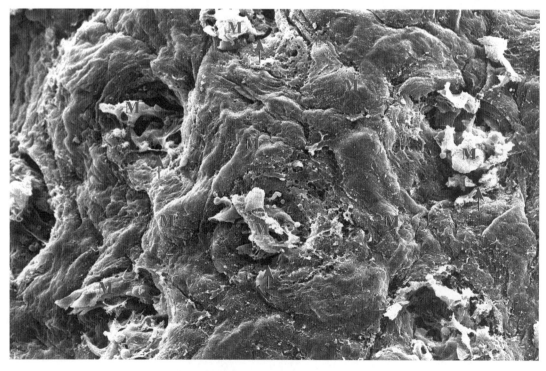

图 3-1-2-7　大熊猫胃黏膜。可见纵横交错的嵴状隆起，嵴状隆起之间的凹陷即为胃小凹（↑），胃小凹表面分泌黏液的单层柱状细胞或称表面黏液细胞的衬覆，胃小凹表面及嵴状隆起表面均为凝胶状的不溶性黏液覆盖（M）。SEM，500×

（3）鸡腺胃黏膜柱状上皮

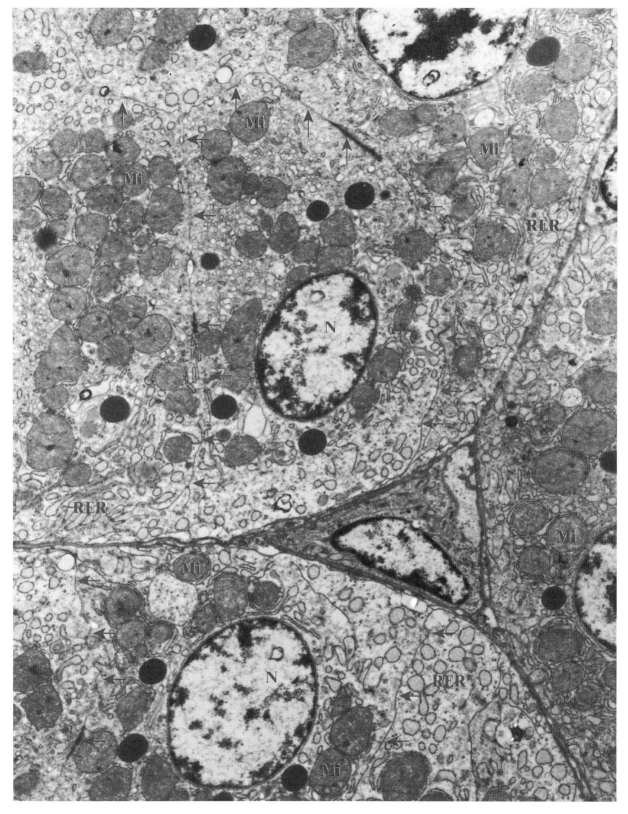

图 3-1-2-8　SPF 鸡腺胃。腺上皮细胞排列紧密（↑），细胞核呈卵圆形（N），核染色质丰富，胞质中线粒体（Mi）及粗面内质网（RER）均很丰富。TEM，6k×

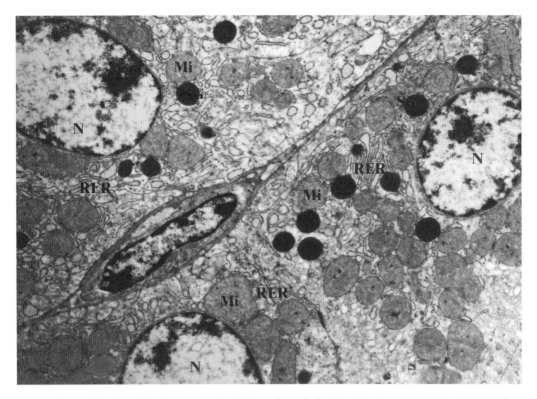

图 3-1-2-9 SPF 鸡腺胃腺上皮细胞基底面。细胞排列紧密（↑），核常染色质丰富，胞质中有丰富的线粒体（Mi）及粗面内质网（RER）。细胞质中见少量分泌颗粒（SG）。N：细胞核。TEM，10k×

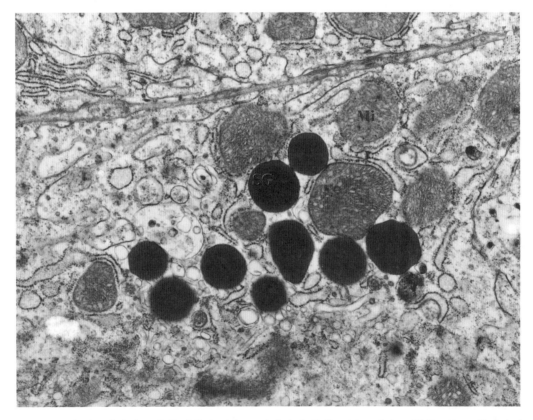

图 3-1-2-10 SPF 鸡腺胃。腺上皮细胞排列紧密（↑），胞浆中线粒体（Mi）及分泌颗粒（SG）均很丰富。TEM，20k×

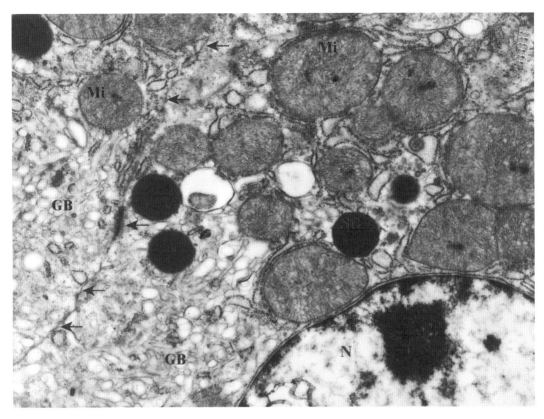

图 3-1-2-11　SPF 鸡腺胃。腺上皮细胞排列紧密（↑），细胞核（N）常染色质丰富，核仁清晰；胞质中线粒体（Mi）大而致密，高尔基体（GB）囊泡丰富。SG：分泌颗粒。TEM，20k×

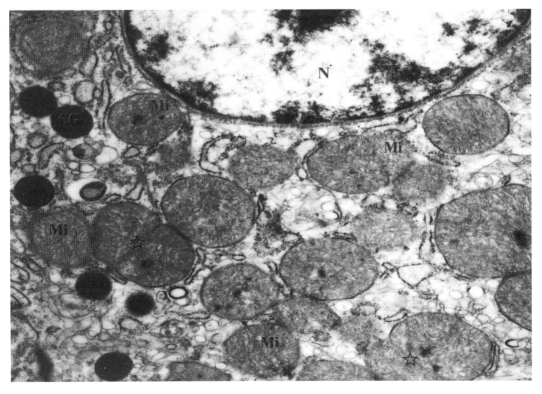

图 3-1-2-12　SPF 鸡腺胃黏膜上皮细胞。细胞质中线粒体呈卵圆形，嵴致密而清晰（Mi），并可见线粒体分裂（☆）。N：细胞核；SG：分泌颗粒。TEM，20k×

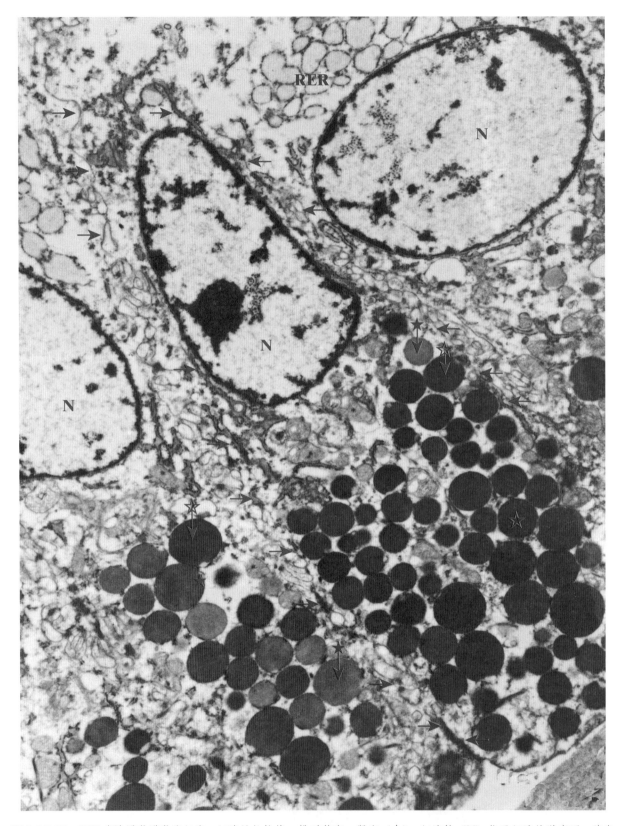

图 3-1-2-13 SPF 鸡腺胃黏膜黏液细胞。细胞呈长柱状，排列整齐、紧密（↑），细胞核（N）位于细胞的游离面，染色质丰富；细胞质基底部分布有大量的圆形分泌颗粒，颗粒有高电子密度（☆）和中等电子密度（★）两种类型。内质网（RER）池扩张。TEM，10k×

（4）鸡腺胃黏膜下复管状腺

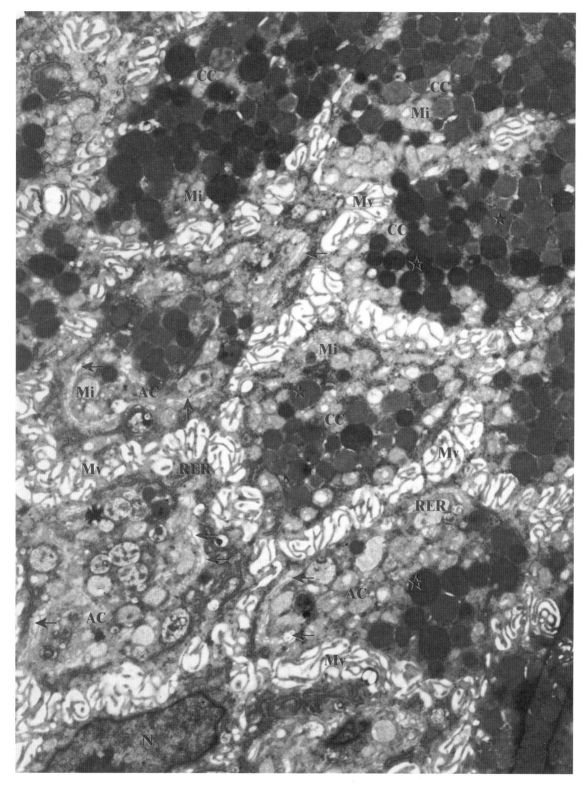

图 3-1-2-14　SPF 鸡腺胃黏膜下复管状腺。腺管由单层立方、低柱状或多边形的上皮细胞构成，细胞表面有丰富的微绒毛（Mv）；胞质内含有大量的圆形酶原颗粒，颗粒有高电子密度（☆）和中等电子密度（★）两种类型，分泌颗粒周围有丰富的线粒体（Mi）及粗面内质网（RER）。由于切向效应少见细胞核（N）。图中可见 3 个胃泌酸细胞（AC），胞质内可见小管（↑），小管腔内表面有微绒毛；其他细胞是分泌胃蛋白酶的主细胞（CC）。TEM，10k×

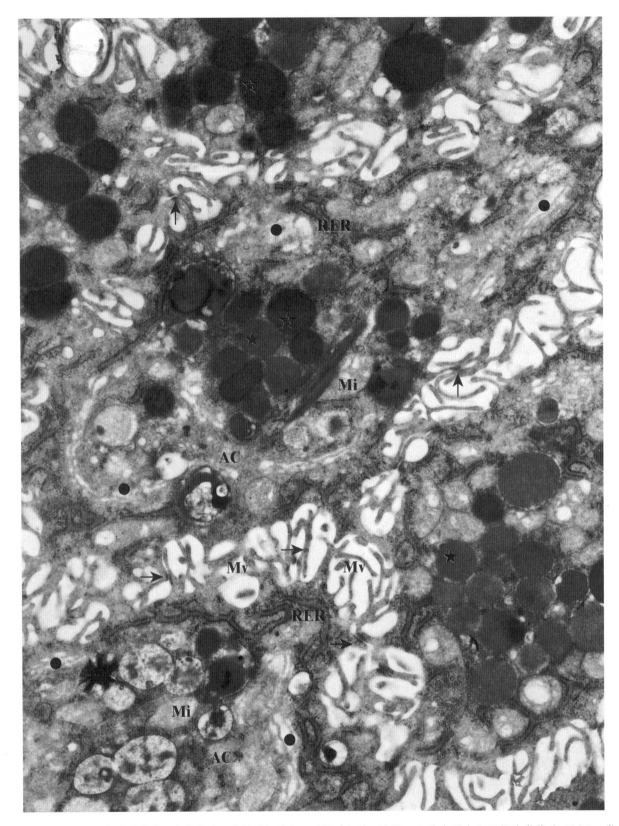

图 3-1-2-15 SPF 鸡腺胃黏膜下复管状腺。上图局部放大。示泌酸细胞（AC），细胞表面有细而长的微绒毛（Mv），微绒毛间常见短的桥粒连接（↑）；胞质内除了含有圆形的高电子密度（☆）和中等电子密度（★）分泌颗粒外，还可见小管结构（●），小管腔内表面有微绒毛。Mi：线粒体；RER：粗面内质网。TEM，20k×

3. 肠黏膜柱状上皮

（1）兔肠黏膜柱状上皮

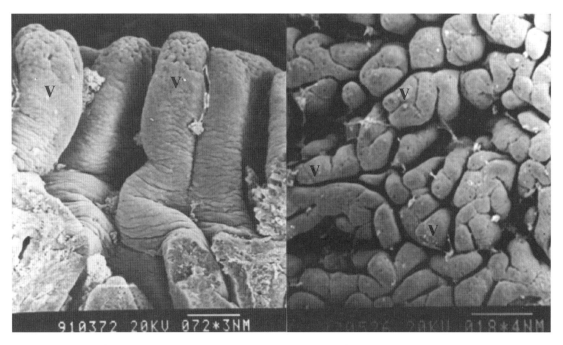

图 3-1-3-1　兔小肠绒毛结构。左图为肠道横断面，绒毛呈指状向肠腔突起（V）。右图为腔面观，绒毛顶端呈舌片状（V）。SEM，左图标尺＝72 μm，右图标尺＝180 μm

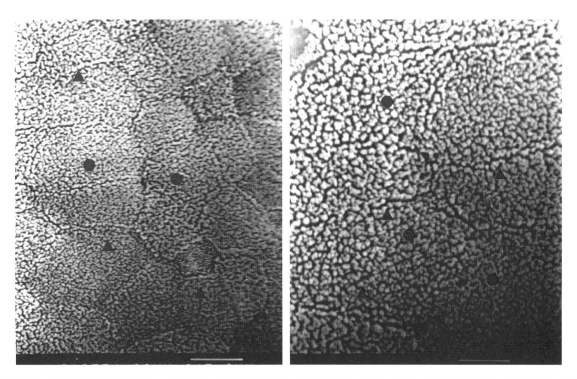

图 3-1-3-2　兔小肠黏膜绒毛顶部。黏膜上皮细胞排列紧密，表面微绒毛密集（●），细胞界限依稀可见（▲）。SEM，左图标尺＝4.7 μm，右图标尺＝2.6 μm

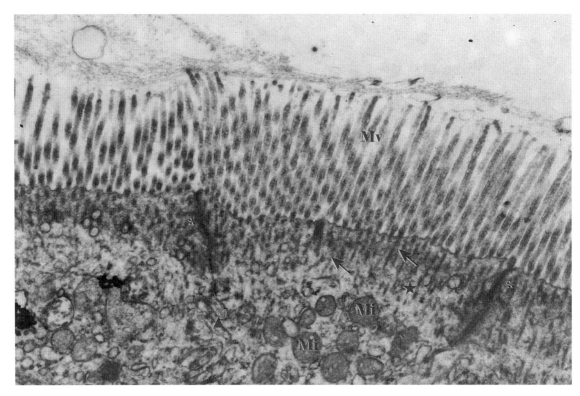

图 3-1-3-3 兔小肠黏膜上皮横切面。黏膜上皮细胞排列紧密，细胞间紧密连接（＊）、镶嵌连接（▲）结构清楚。密集纵行的微绒毛（Mv）内纵行的微丝下端（↑）与终末网（★）相交织。终末网下胞质中分布有丰富的线粒体（Mi）。TEM，20k×

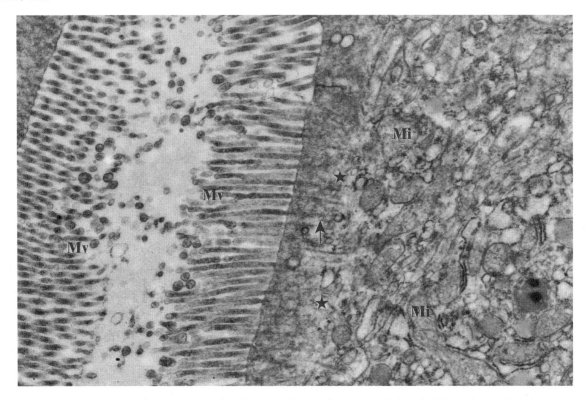

图 3-1-3-4 兔小肠上皮顶部横切面。黏膜上皮细胞表面微绒毛密集（Mv），微绒毛内纵行的微丝下端（↑）与终末网（★）相交织。终末网下胞质中可见丰富的线粒体（Mi）。TEM，20k×

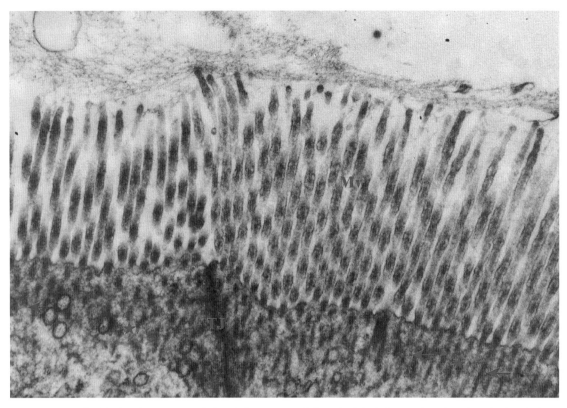

图 3-1-3-5 兔小肠黏膜上皮顶部。肠腔面微绒毛密集（Mv），微绒毛内纵行的微丝下端（↑）与细胞膜下终末网（★）相交织。黏膜上皮细胞间紧密连接（TJ）结构清晰。TEM，30k×

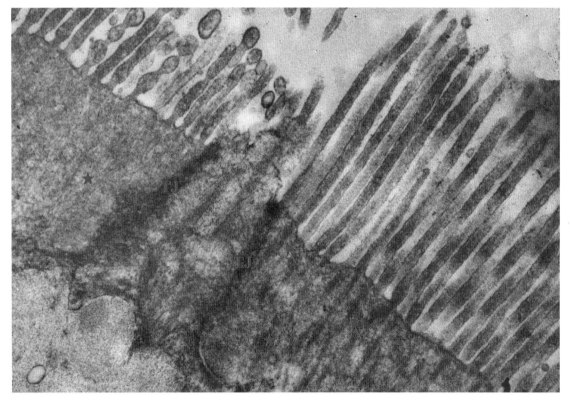

图 3-1-3-6 兔小肠黏膜上皮顶部。上皮细胞表面微绒毛（Mv）排列整齐，粗细一致，微绒毛中心由微丝组成的中轴（↑）延伸至细胞质浅面的终末网中（★）。TJ：细胞间连接。TEM，40k×

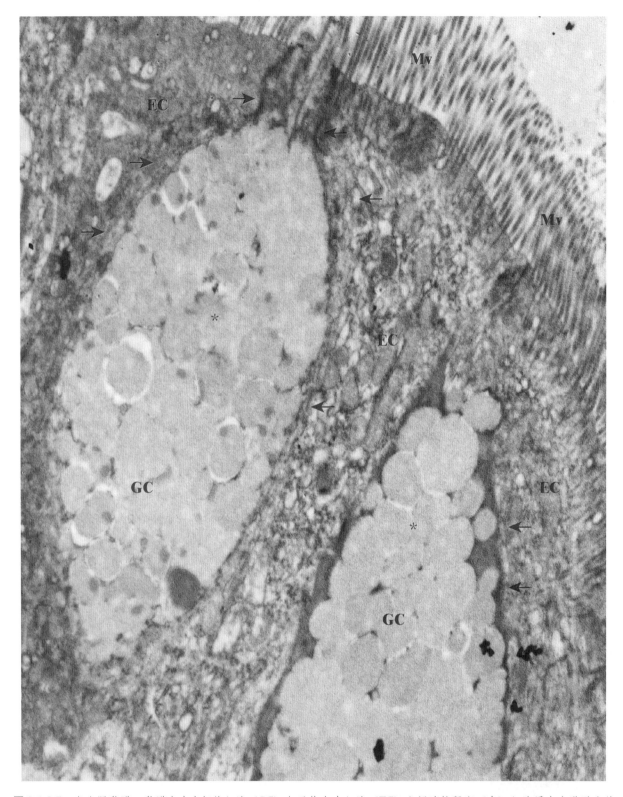

图 3-1-3-7 兔小肠黏膜。黏膜上皮内杯状细胞（GC）与吸收上皮细胞（EC）之间连接紧密（↑）细胞质内充满融合的黏液分泌泡（★），上皮细胞表面微绒毛密集，排列整齐（Mv）。TEM，10k×

（2）黄麂十二指肠黏膜柱状上皮

图 3-1-3-8　黄麂空肠腔面。肠绒毛顶端呈厚舌片状（V），凹凸不平，表面有大量的微孔（↑）。SEM，200×

（3）仔猪小肠黏膜柱状上皮

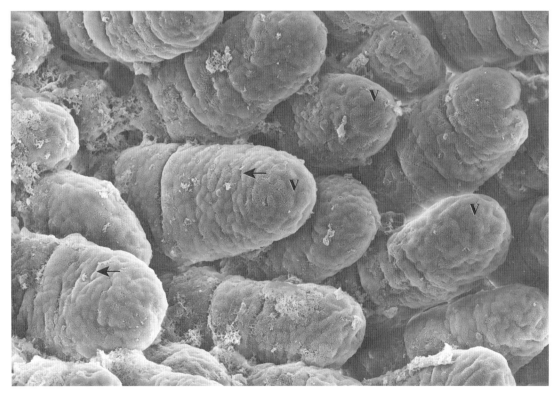

图 3-1-3-9　仔猪小肠腔面。小肠黏膜绒毛顶端呈指状（V），上皮细胞排列紧密，界限清楚（↑），表面微绒毛密集。SEM，250×

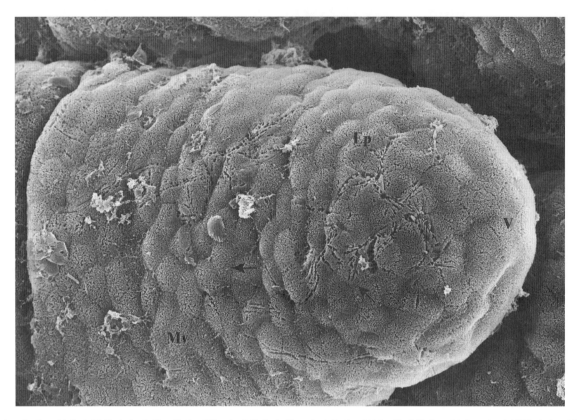

图 3-1-3-10　仔猪小肠绒毛表面观。绒毛（V）表面结构完整，上皮细胞（Ep）排列整齐、紧密，细胞界限清晰（↑），表面微绒毛（Mv）密集。SEM，800×

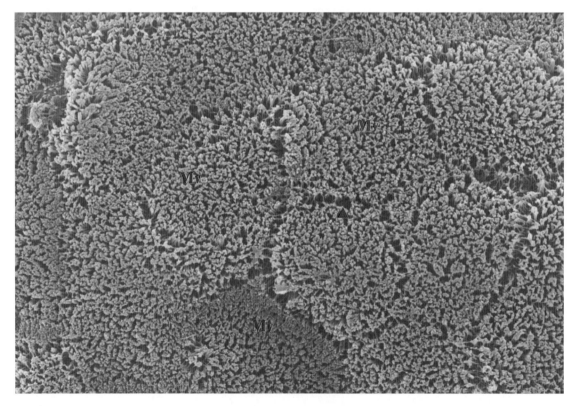

图 3-1-3-11　仔猪小肠黏膜上皮表面。上皮细胞微绒毛密集（Mv），细胞间隙明显（▲）。SEM，4k×

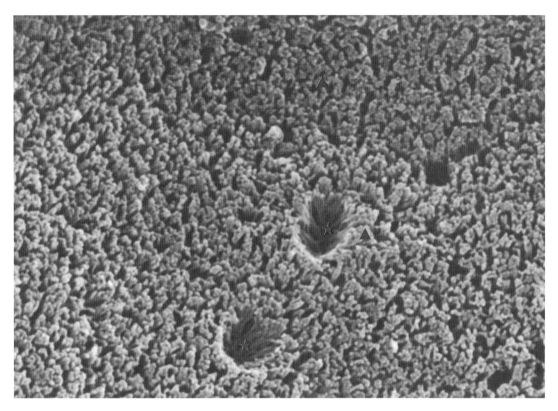

图 3-1-3-12　仔猪小肠黏膜面。黏膜上皮细胞表面微绒毛密集（▲），可见细菌停留过的足迹（★）。SEM，10k×

（4）鸡十二指肠黏膜柱状上皮

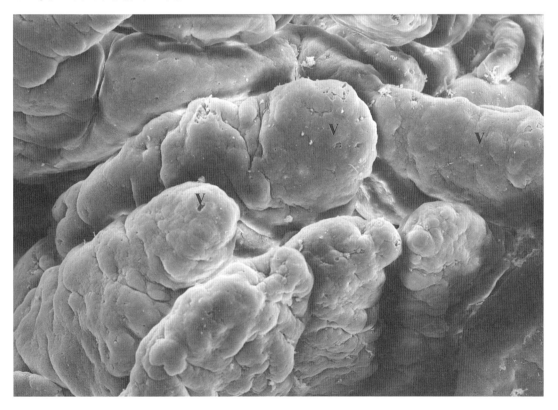

图 3-1-3-13　鸡小肠黏膜面。肠绒毛结构清晰，完整无缺（V），细胞界限分明。SEM，200×

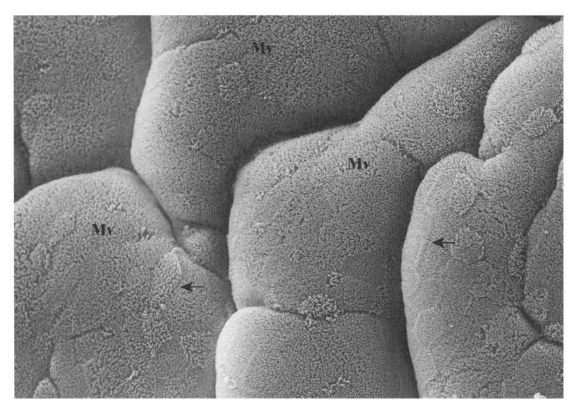

图 3-1-3-14 鸡小肠黏膜面。肠绒毛结构完整，上皮细胞表面微绒毛（Mv）密集，细胞排列紧密，界限可辨（↑）。SEM，1.5k×

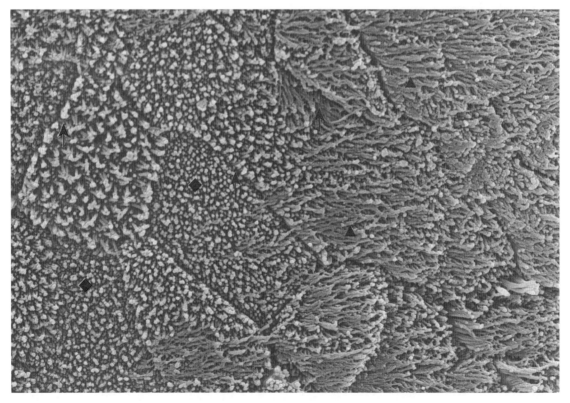

图 3-1-3-15 鸡小肠黏膜面。上皮细胞表面微绒毛长（▲）短（◆）不一，排列密集；细胞界限清楚（↑），排列紧密。SEM，5k×

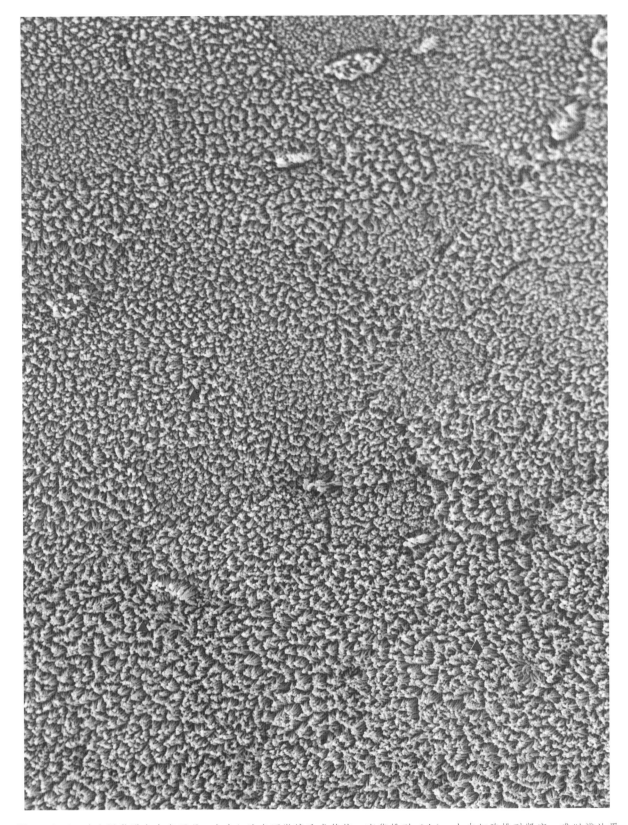

图 3-1-3-16　鸡小肠黏膜上皮表面观。上皮细胞表面微绒毛成簇状，密集排列（▲），上皮细胞排列紧密，难以辨认界限。SEM，3.5k×

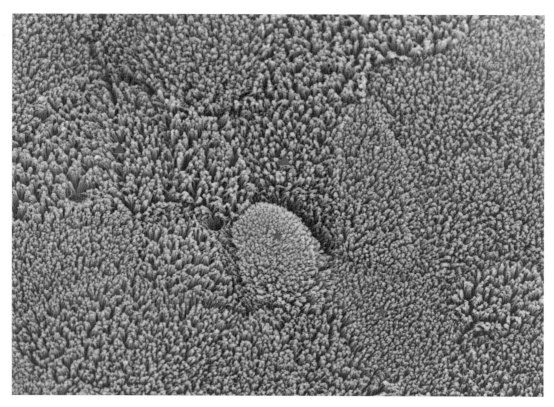

图 3-1-3-17 鸡小肠黏膜上皮表面。上皮细胞表面微绒毛的密度及分布不均一，有密（★）有稀（▲）。细胞界限模糊。SEM，5k×

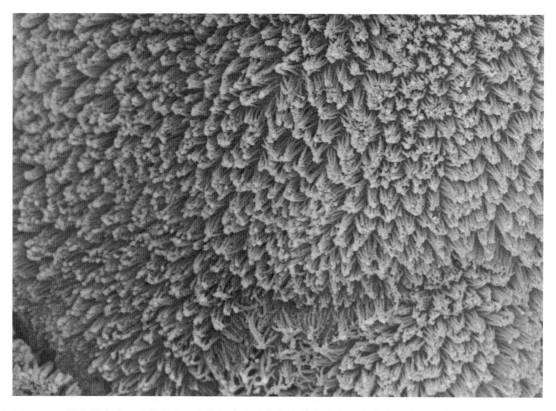

图 3-1-3-18 鸡小肠黏膜上皮表面微绒毛。上皮细胞表面微绒毛结构清晰，成簇状分布，密集排列（★）；上皮细胞排列紧密，界限难以辨认。SEM，8k×

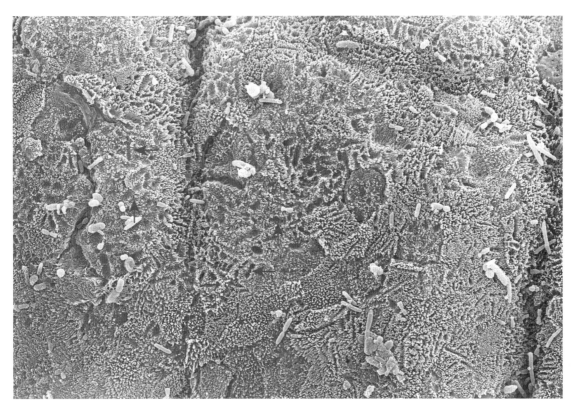

图 3-1-3-19 健康鸡小肠黏膜面。上皮细胞表面微绒毛密集（★），微绒毛间有大量的长短不均、大小不一的凹陷（↑），是细菌寄生停留过的痕迹。SEM，2k×

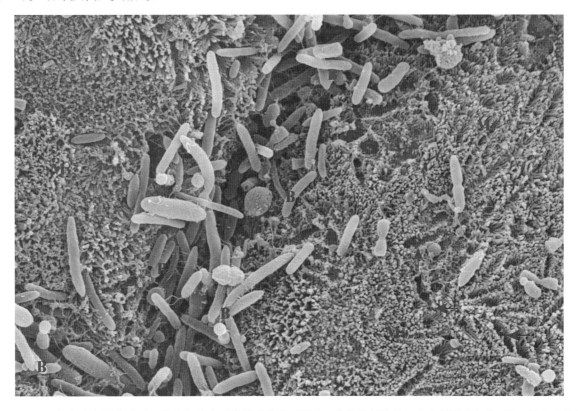

图 3-1-3-20 健康鸡小肠黏膜面。上皮细胞表面微绒毛密集（Mv），在细胞间隙处，有大量肠道杆菌（B）寄生于此处。细胞表面微绒毛间见密集的细菌寄生停留过的痕迹（↑）。SEM，3k×

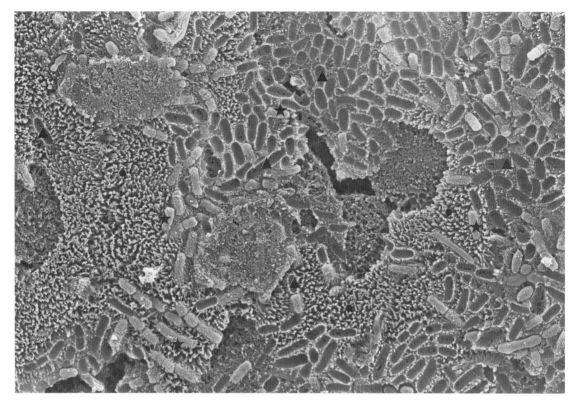

图 3-1-3-21 健康鸡小肠黏膜面。上皮细胞表面微绒毛密集（●），微绒毛间见长短不一的杆菌（★），并见大量大小不均匀的凹陷，为细菌停留过的痕迹（▲）。SEM，3k×

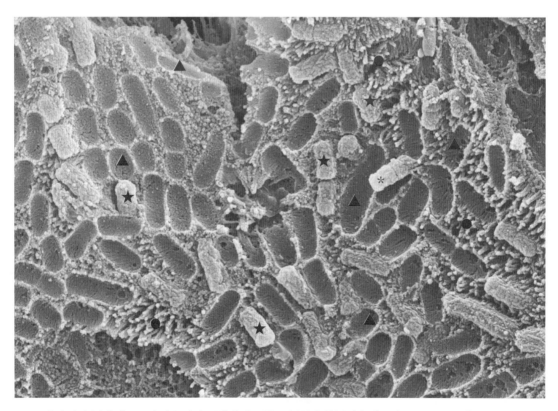

图 3-1-3-22 健康鸡小肠黏膜面。上皮细胞表面微绒毛（●）间见少量肠道杆菌（★）及大量密集的长短不一的细菌停留过的痕迹凹陷（▲），并见一正在移行中的杆菌（＊）。SEM，5k×

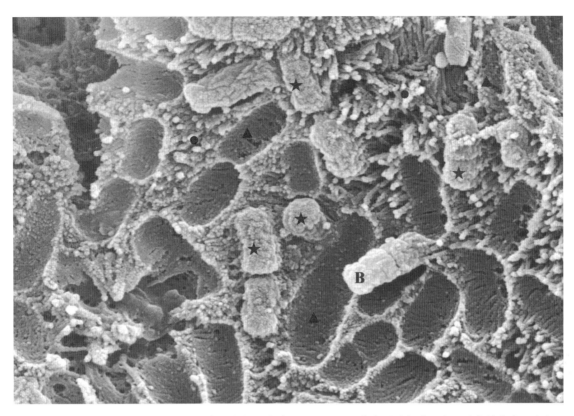

图 3-1-3-23　健康鸡小肠黏膜上皮表面。上皮细胞表面微绒毛（●）间见数个肠道杆菌（★）及多量密集、长短不一的细菌停留时挤压微绒毛形成的凹陷（▲），B：移行中的杆菌。SEM，10k×

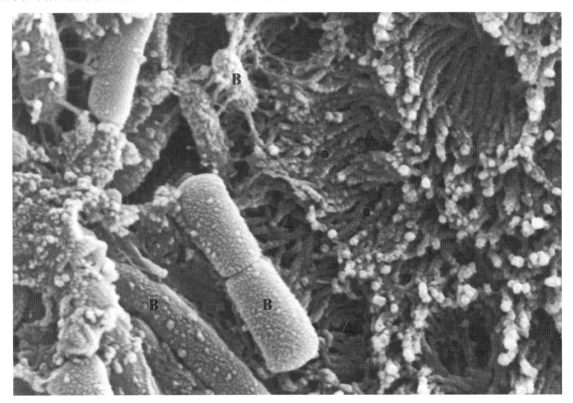

图 3-1-3-24　健康鸡小肠黏膜面。高倍放大后见上皮细胞表面细菌停留过的痕迹凹陷处（▲）微绒毛（●）结构完整，排列整齐。B：肠道杆菌。SEM，20k×

（5）小鼠十二指肠黏膜柱状上皮

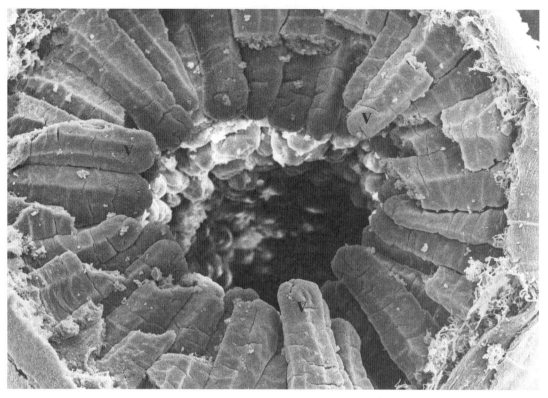

图 3-1-3-25 小鼠小肠横切面。可见指状的绒毛整齐排列（V），绒毛顶端黏膜上皮结构完整。肠腔内干净无异物（★）。SEM，150×

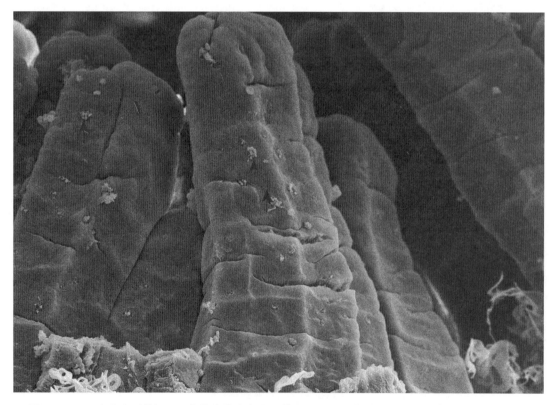

图 3-1-3-26 小鼠小肠横切面。指状的绒毛表面平整（V），可见杯状细胞开口（↑）。SEM，400×

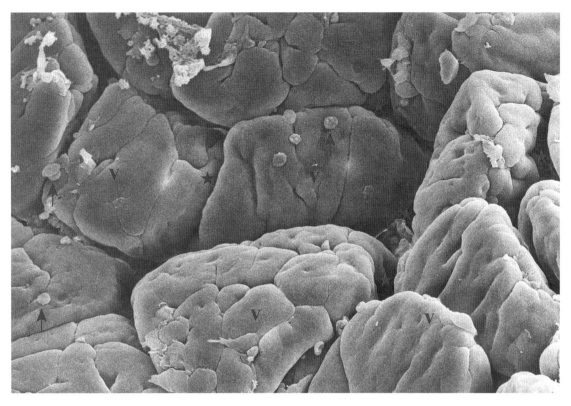

图 3-1-3-27　小鼠小肠黏膜肠腔面。绒毛顶端（V）界限（★）分明，呈方形、梯形、舌片形或不规则形，表面整洁、平整，黏膜表面附着少数红细胞（↑）。SEM，600×

图 3-1-3-28　小鼠小肠绒毛。绒毛表面整洁，上皮细胞排列紧密，细胞界限可见（↑）。SEM，800×

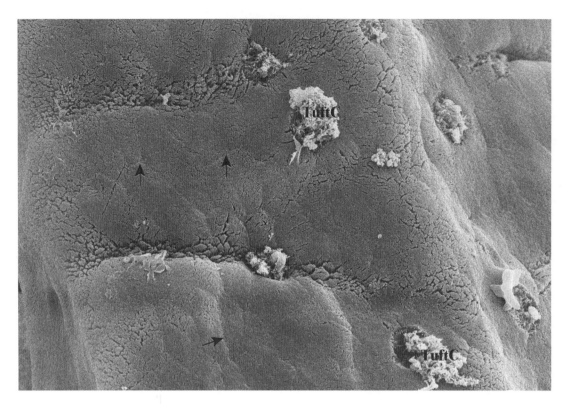

图 3-1-3-29 小鼠小肠黏膜面。上皮细胞表面微绒毛密集无间，细胞排列紧密，依稀可见细胞界限（↑）。细胞间可见几个高出黏膜上皮细胞的刷细胞（TuftC）。SEM，2k×

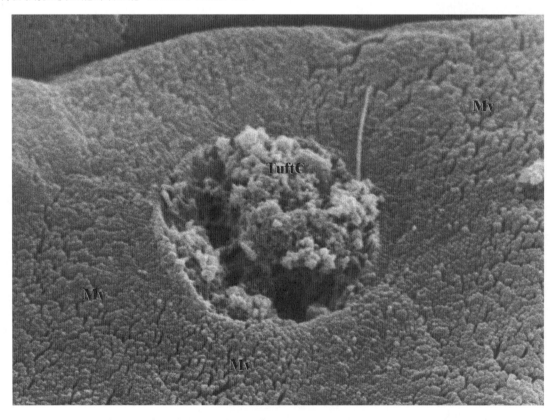

图 3-1-3-30 小鼠小肠黏膜面。上皮细胞表面微绒毛密集（Mv），细胞排列紧密无间。图中为一刷状细胞（TuftC）。SEM，9k×

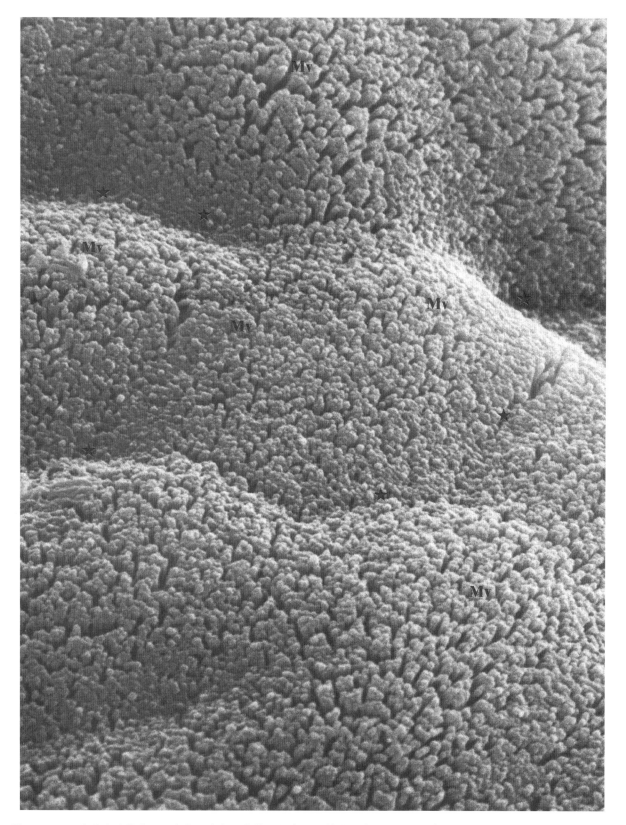

图 3-1-3-31 小鼠小肠黏膜面。上皮细胞表面微绒毛密集，呈簇状分布（Mv）；上皮细胞排列紧密，细胞交界处凹陷，界限分明（★）。SEM，10k×

4. 肠道相关淋巴上皮

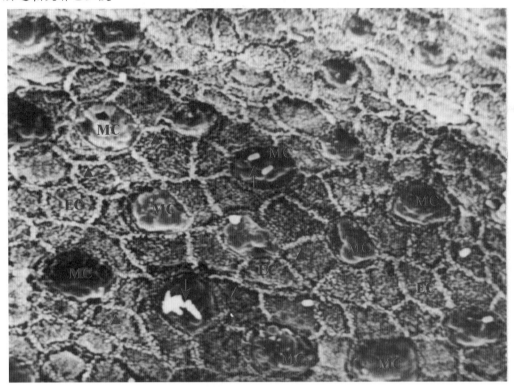

图 3-1-4-1　兔圆小囊圆顶淋巴相关上皮。细胞间界限分明（▲），M-细胞表面微绒毛稀少呈膜样外观（MC），有的 M 细胞表面黏附有细菌（↑）。EC：黏膜吸收上皮。SEM，标尺＝3.8 μm

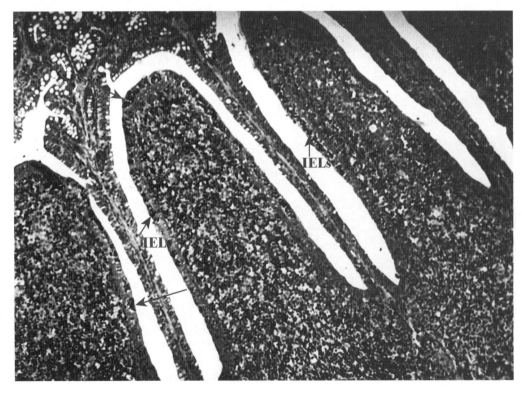

图 3-1-4-2　兔圆小囊淋巴滤泡侧面观。可见多个淋巴滤泡（★），滤泡表面可见有一层淋巴上皮（↑），上皮内有大量的淋巴细胞（IELs）LM，100×

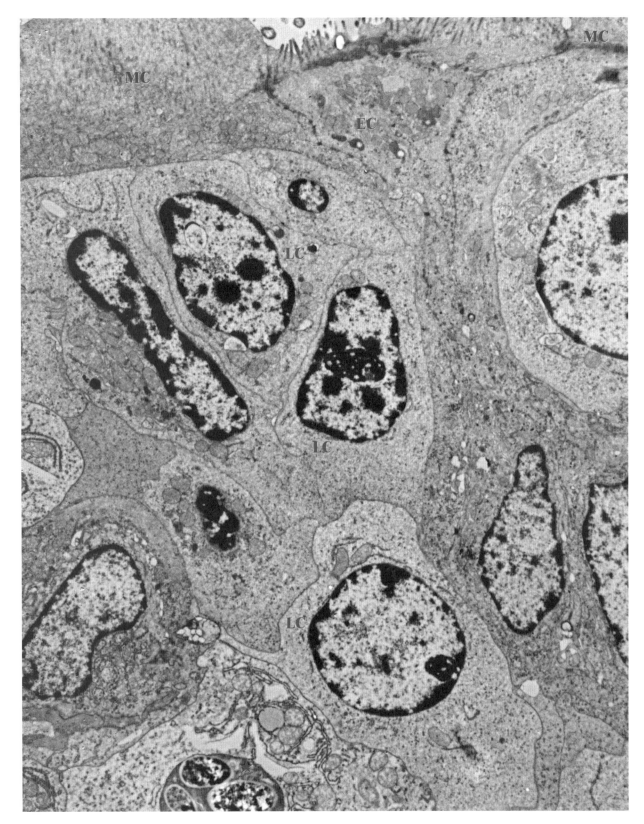

图 3-1-4-3　兔圆小囊圆顶淋巴相关上皮。M 细胞（MC）表面微绒毛稀少，上皮下见多个被 MC 裹住的淋巴细胞（LC），深层还可见被裹住的细菌团块（★）。EC：吸收上皮细胞。TEM，6k×

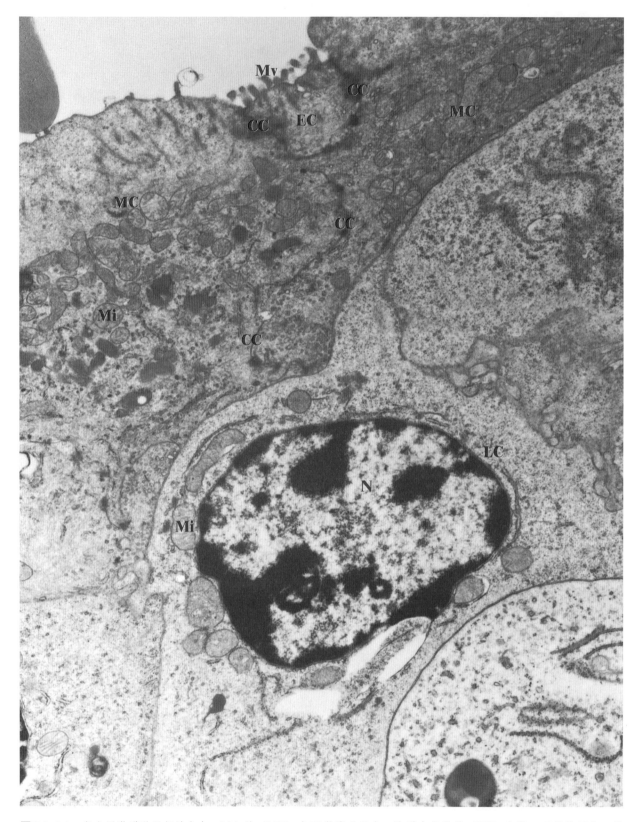

图 3-1-4-4 兔小肠黏膜淋巴相关上皮。M 细胞（MC）表面微绒毛很少，胞质中线粒体（Mi）丰富。可见其下有一淋巴细胞（LC）。EC：吸收上皮细胞；N：淋巴细胞核；Mv：微绒毛。CC：细胞间紧密连接。TEM，12k×

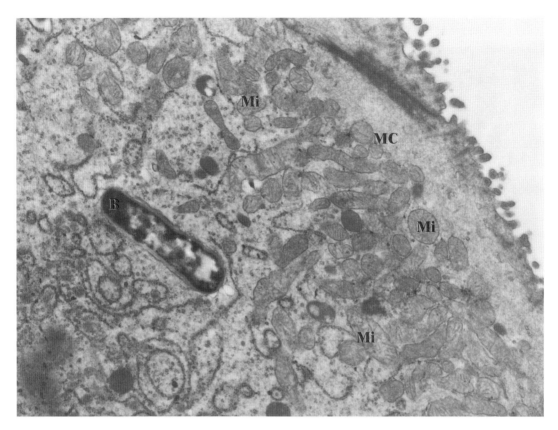

图 3-1-4-5　兔小肠黏膜淋巴相关上皮。M 细胞（MC）表面微绒毛很少且短（↑），胞质中线粒体（Mi）很丰富，胞质深部可见 1 吞入的杆菌（B）。TEM，20k×

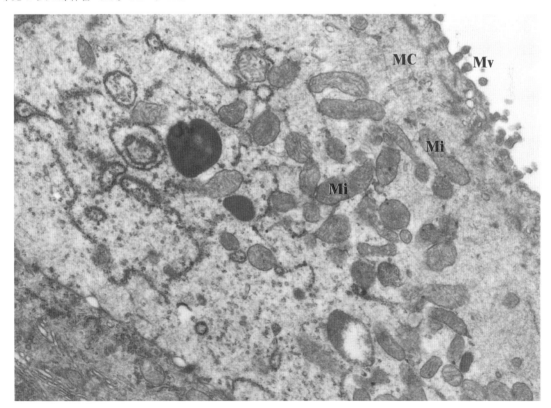

图 3-1-4-6　兔小肠黏膜淋巴相关上皮。M 细胞（MC）表面微绒毛（Mv）稀少，胞质中线粒体（Mi）丰富。TEM，20k×

5. SPF 鸡胚及雏鸡法氏囊黏膜上皮

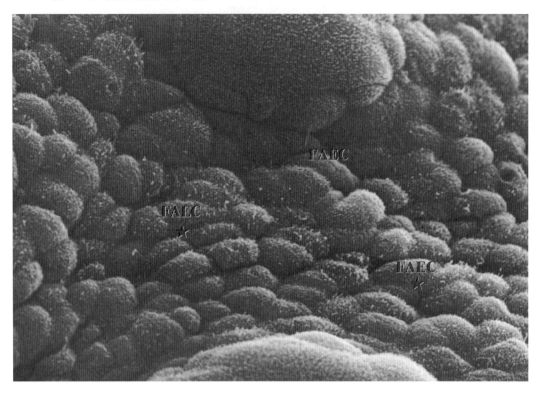

图 3-1-5-1 20 天 AA 肉鸡胚法氏囊。黏膜表面的滤泡相关上皮细胞（FAEC）排列整齐，细胞界限分明，高低不平（★），细胞表面微绒毛短而密集。SEM，2k×

图 3-1-5-2 20 天 AA 肉鸡胚法氏囊黏膜面。黏膜表面的滤泡相关上皮细胞（FAEC）排列整齐，细胞界限分明，高低不平（★），细胞表面微绒毛（Mv）短而丰富。SEM，5k×

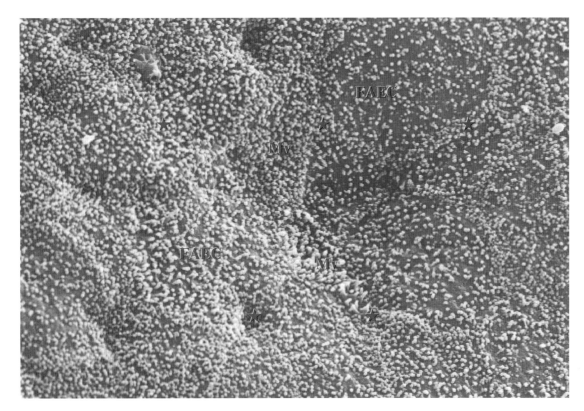

图 3-1-5-3　20 天 AA 肉鸡胚法氏囊黏膜面。黏膜表面滤泡相关上皮细胞（FAEC）排列紧密无间，但隐约可见细胞界限（★），细胞表面密布短而小的微绒毛（Mv）。SEM，5k×

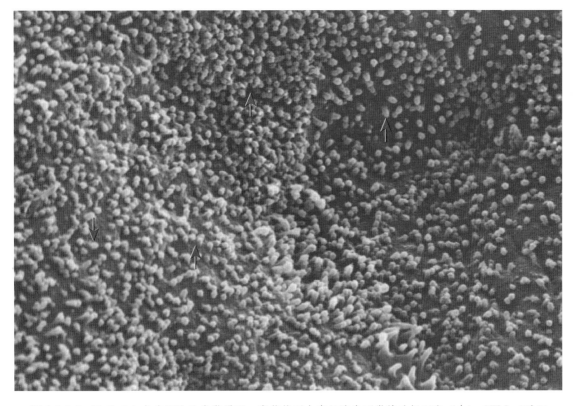

图 3-1-5-4　20 天 AA 肉鸡胚法氏囊黏膜面。高倍镜下上皮细胞表面微绒毛短而密（↑）。SEM，10k×

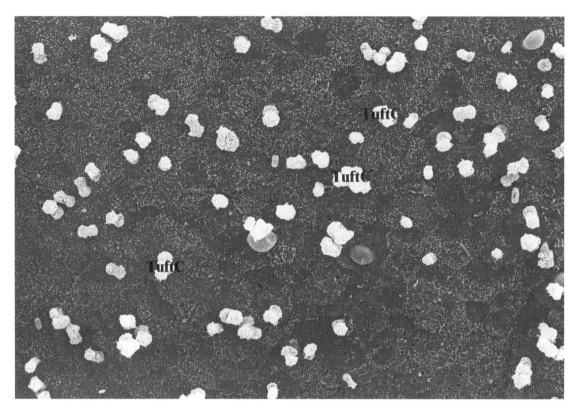

图 3-1-5-5 28 天 SPF 鸡法氏囊黏膜面。黏膜上皮表面平整，微绒毛短小而密，上皮细胞间散在丛毛状细胞（刷细胞）（TuftC）。SEM，1.5k×

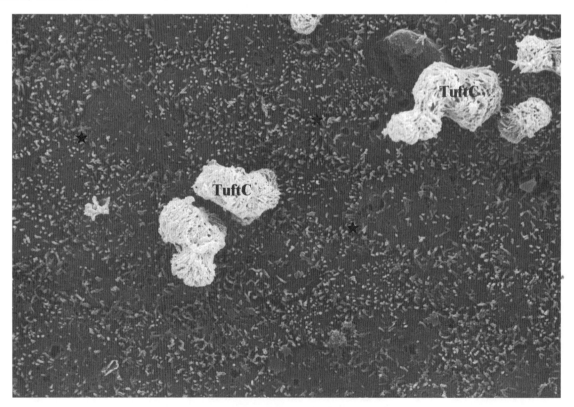

图 3-1-5-6 28 天 SPF 鸡法氏囊黏膜面。黏膜上皮细胞表面微绒毛短小，疏密短小，细胞间界限可见（★），上皮细胞间散在几个微绒毛很长且呈丛毛状的细胞（刷细胞）（TuftC）。SEM，5k×

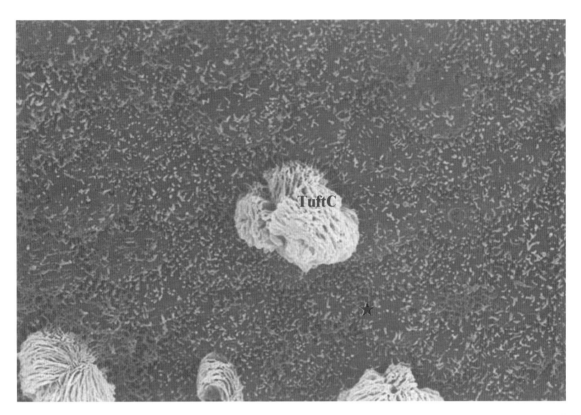

图 3-1-5-7 28 天 SPF 鸡法氏囊黏膜面。黏膜上皮细胞表面微绒毛短小，疏密不一，细胞间界限可见（★），上皮细胞间的刷细胞微绒毛很长且细呈毛刷状（TuftC）。SEM，5k×

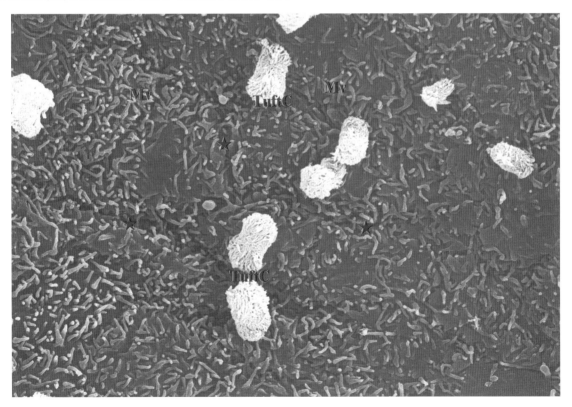

图 3-1-5-8 28 天 SPF 鸡法氏囊黏膜。黏膜上皮细胞表面微绒毛短而密集（Mv），细胞间界限明显可见（★），上皮细胞间散在数个刷细胞（TuftC）。SEM，5k×

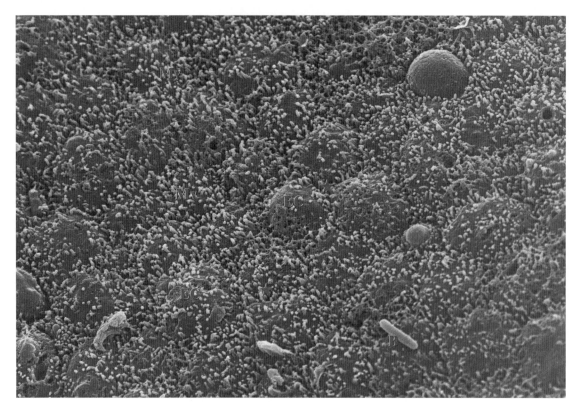

图 3-1-5-9 28 天 SPF 鸡法氏囊黏膜面。黏膜上皮细胞表面微绒毛短小（Mv），稀疏不一，细胞表面稍隆凸（EC），细胞界限可见（★），黏膜表面可见一杆状细菌附着（B）。SEM，5k×

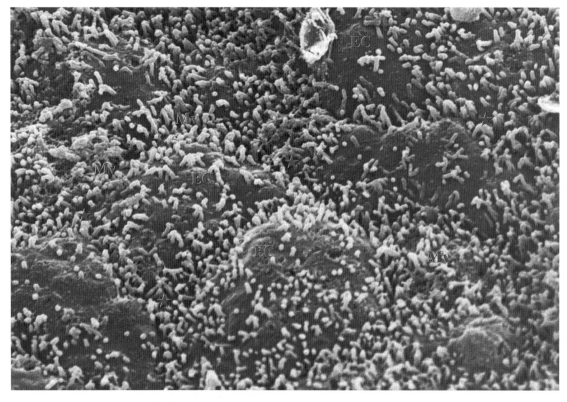

图 3-1-5-10 28 天 SPF 鸡法氏囊黏膜面。黏膜上皮细胞（EC）表面微绒毛短小（Mv），稀疏不一，细胞表面稍隆凸，细胞界限可见（★）。SEM，10k×

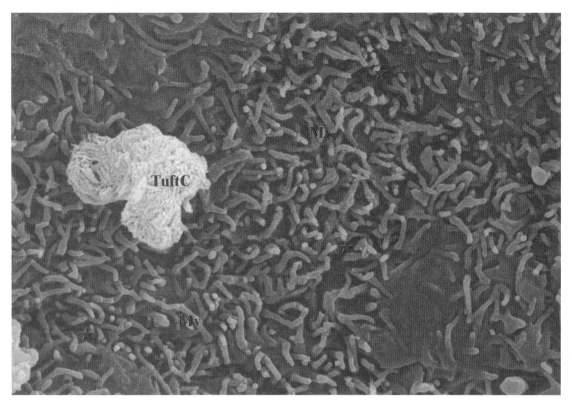

图 3-1-5-11 28 天 SPF 鸡法氏囊黏膜上皮。细胞表面微绒毛较长而密（Mv），细胞间界限明显（★），在上皮细胞间见一刷细胞（TuftC）。SEM，10k×

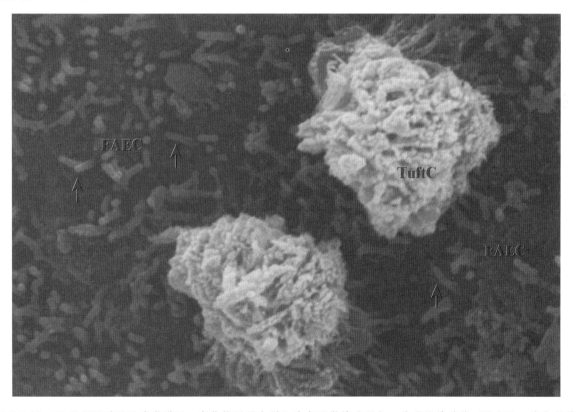

图 3-1-5-12 28 天 SPF 鸡法氏囊黏膜面。高倍镜下两个刷细胞表面微绒毛很长，外观呈绒花状（TuftC）；滤泡相关上皮（FAEC）表面微绒毛较粗、短而稀疏（↑）。SEM，20k×

6. 气管黏膜纤毛柱状上皮

(1) 仔猪气管

图 3-1-6-1 仔猪气管黏膜面。上皮细胞排列紧密无间，表面密集纤毛（C）结构。SEM，3k×

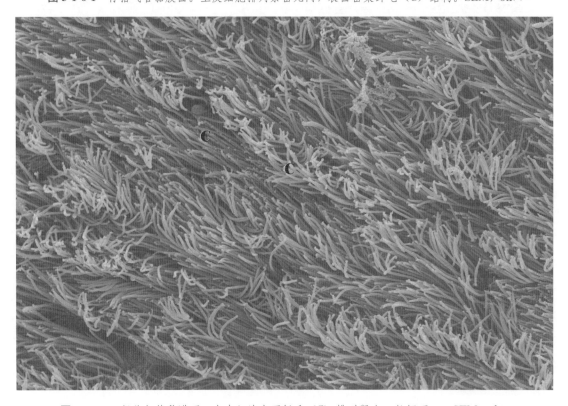

图 3-1-6-2 仔猪气管黏膜面。上皮细胞表面纤毛（C）排列紧密，长短不一。SEM，3k×

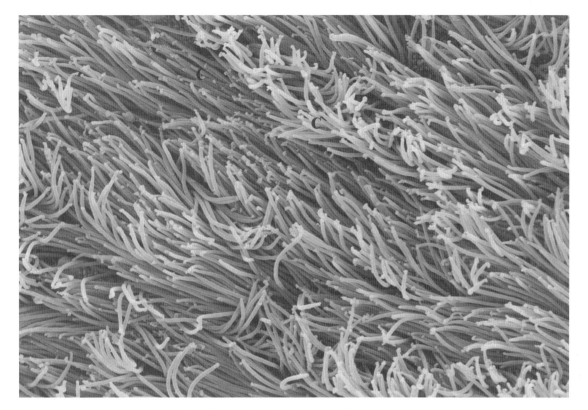

图 3-1-6-3　仔猪气管黏膜面。上皮细胞表面纤毛密集，长短不一（C）。SEM，5k×

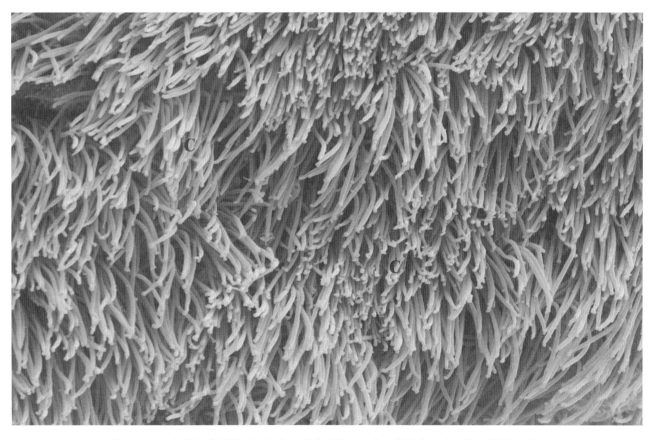

图 3-1-6-4　仔猪气管黏膜面。上皮细胞表面纤毛密集，长短较一致（C）。SEM，5k×

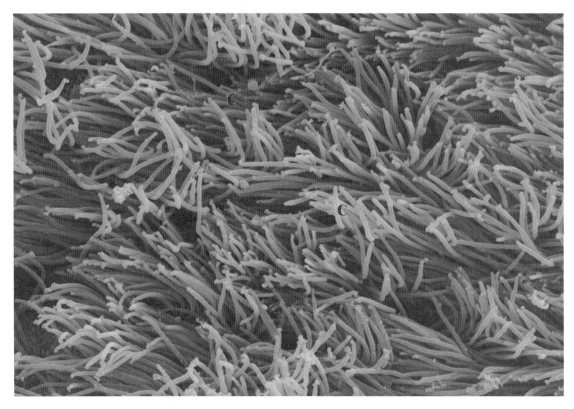

图 3-1-6-5　仔猪气管黏膜面。上皮细胞表面纤毛密集，参差不齐（C）。SEM，6k×

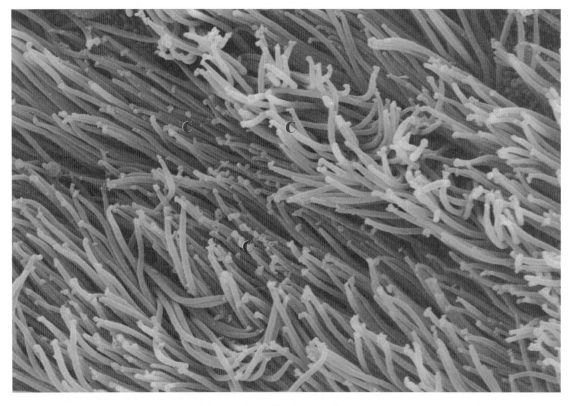

图 3-1-6-6　仔猪气管黏膜面。上皮细胞表面纤毛密集，参差不齐（C）。SEM，8k×

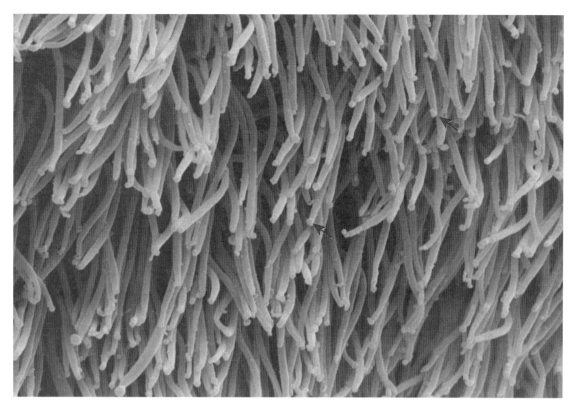

图 3-1-6-7　猪气管黏膜面。高倍镜下可见上皮细胞表面纤毛顶端有微球状结构（↑）。SEM，8.5k×

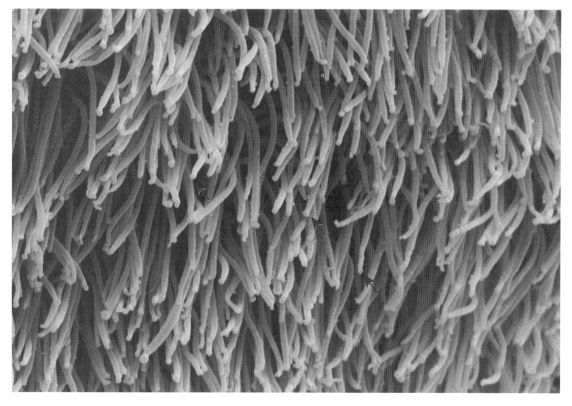

图 3-1-6-8　仔猪气管黏膜面。高倍镜下可见上皮细胞表面纤毛顶端有微球状结构（↑）。SEM，10k×

图 3-1-6-9 仔猪气管黏膜面。上皮细胞表面纤毛密集，参差不齐，纤毛顶端见微球状结构（↑）。SEM，15k×

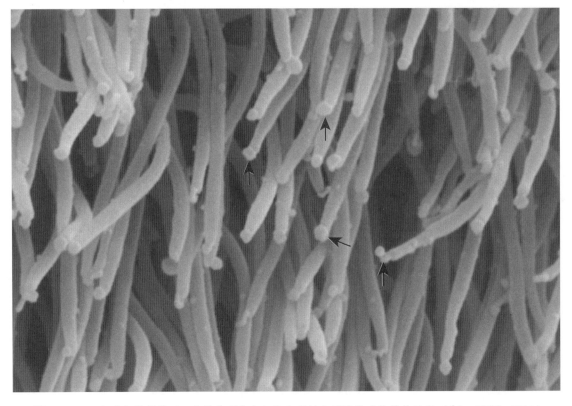

图 3-1-6-10 仔猪气管黏膜面。高倍镜下上皮细胞表面纤毛顶端微球状结构清晰（↑）。SEM，20k×

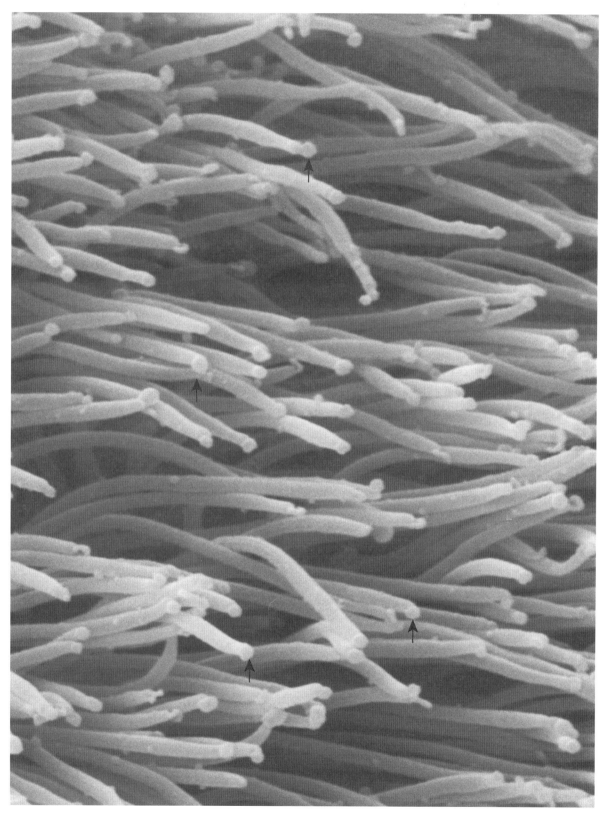

图 3-1-6-11 仔猪气管黏膜面。高倍镜下可见上皮细胞表面纤毛顶端有微球状结构（↑）。SEM，15k×

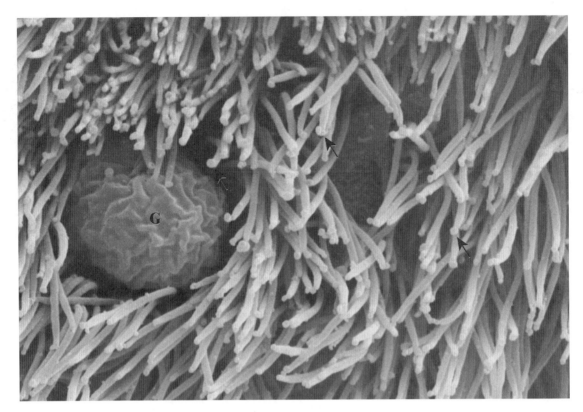

图 3-1-6-12 仔猪气管黏膜面。高倍镜下见纤毛顶端有微球样结构（↑），G：杯状细胞。SEM，10k×

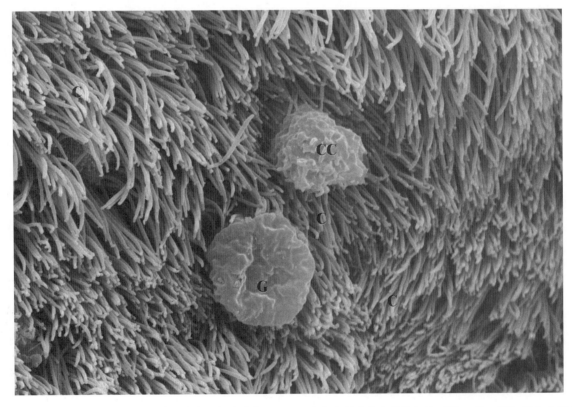

图 3-1-6-13 仔猪气管黏膜面。上皮细胞表面纤毛浓密（C），1个高出纤毛的克拉拉细胞（Clara C，CC）及1个杯状细胞（G）分布其中。SEM，5k×

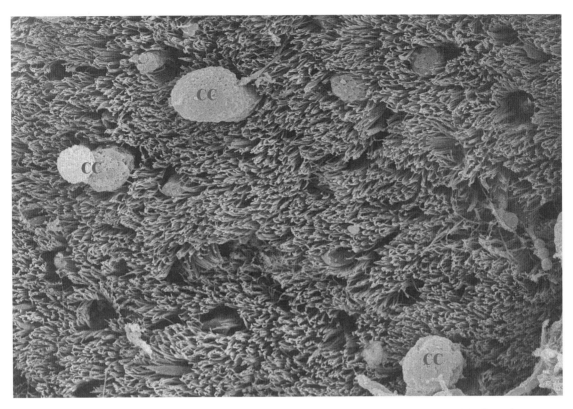

图 3-1-6-14　仔猪气管黏膜面。上皮细胞表面纤毛（C）排列平整，其间见 3 个高出纤毛的克拉拉细胞（CC）。SEM，2k×

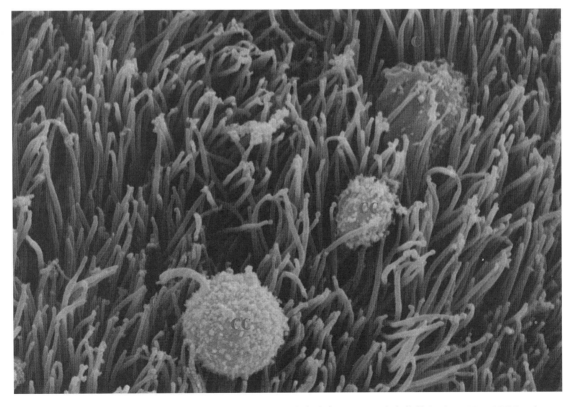

图 3-1-6-15　仔猪气管黏膜面。纤毛上皮细胞间见 2 个高出纤毛（C）的克拉拉细胞（CC）。SEM，8k×

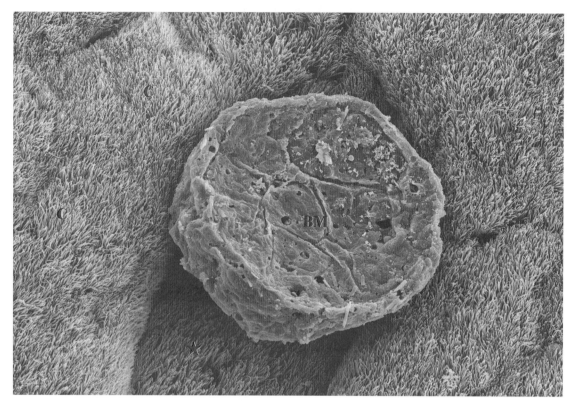

图 3-1-6-16 仔猪气管黏膜面。纤毛（C）密集、整齐，表面可见一移行中的扁圆形脱落上皮细胞及其他黏液混合物团块（BM）将纤毛挤压成凹沟（★）。SEM，1k×

图 3-1-6-17 仔猪气管黏膜面。黏膜面密集、整齐的纤毛（C）间整齐、顺滑的凹沟（★），可能为图 3-1-4-16 中脱落上皮细胞团块移行之后的"痕迹"。SEM，1k×

（2）鸡气管

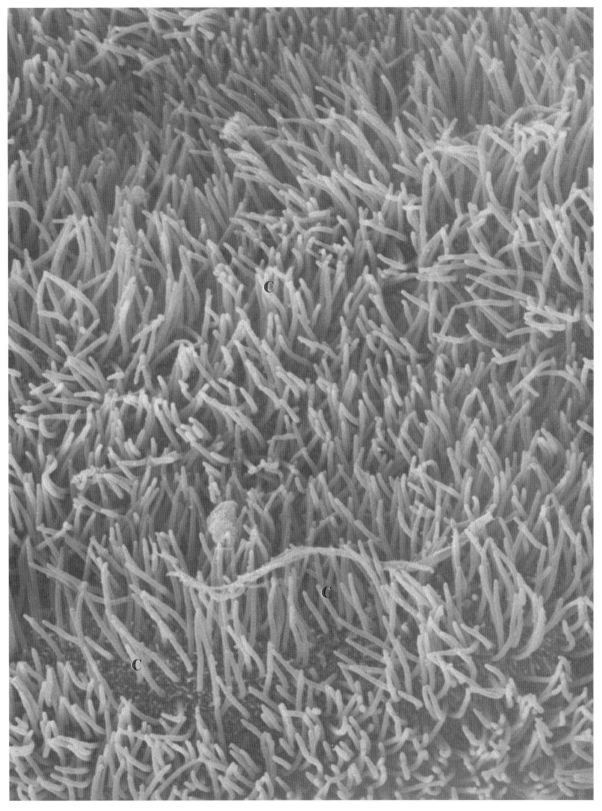

图 3-1-6-18　鸡气管黏膜面。黏膜上皮细胞表面纤毛顶端光滑（C），纤毛短而稀。SEM，5k×

（3）海豹气管

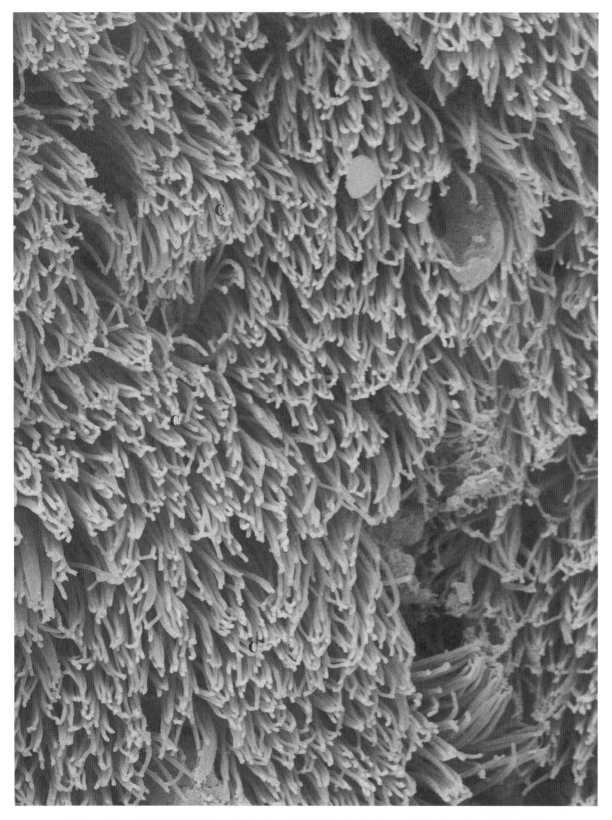

图 3-1-6-19 海豹气管黏膜面。黏膜上皮细胞表面纤毛整齐（C），长短比较一致。SEM，5k×

（4）大鼠气管

图 3-1-6-20　大鼠气管黏膜面。黏膜上皮细胞表面纤毛整齐（C），长短比较一致。SEM，9k×

图 3-1-6-21　大鼠气管黏膜面。上皮细胞表面分布长而密集的纤毛结构（C）。SEM，10k×

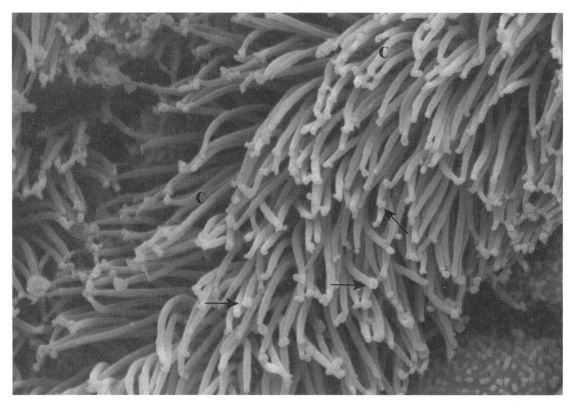

图 3-1-6-22 大鼠气管黏膜面。上皮细胞表面的纤毛结构（C）长而密集，纤毛顶端有微球状结构（↑）。SEM，10k×

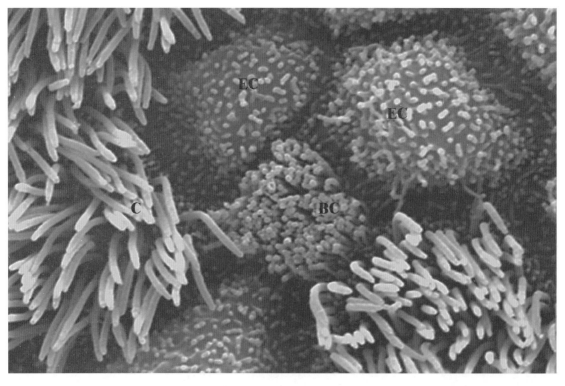

图 3-1-6-23 大鼠气管黏膜面。可见有的上皮细胞表面纤毛断裂、缺失（EC），并见 1 长满密集粗硬微绒毛的刷细胞（BC）。C：纤毛。SEM，10k×

7. 肺泡上皮

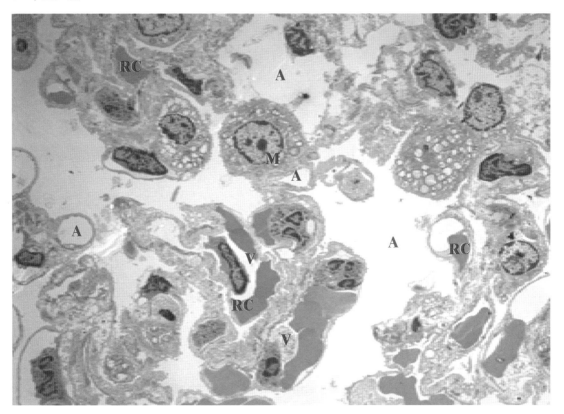

图 3-1-7-1　大鼠肺。A：肺泡腔；V：毛细血管；RC：红细胞；M：尘细胞。TEM，3k×

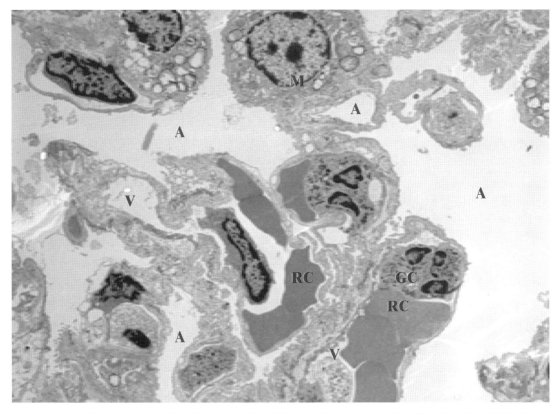

图 3-1-7-2　大鼠肺。A：肺泡腔；V：毛细血管；RC：红细胞；M：尘细胞。GC：粒细胞。TEM，5k×

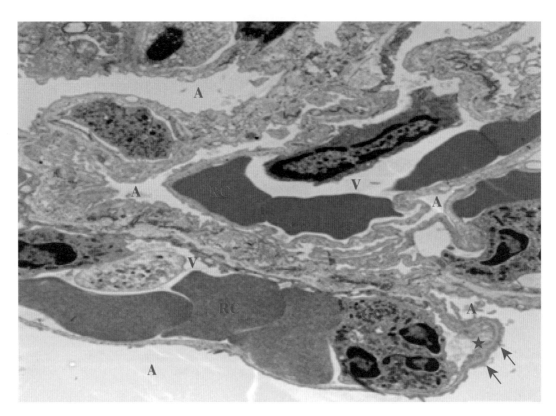

图 3-1-7-3　大鼠肺。A：肺泡腔；V：毛细血管腔；RC：红细胞；GC：粒细胞；★：毛细血管壁；↑：肺泡壁。TEM，8k×

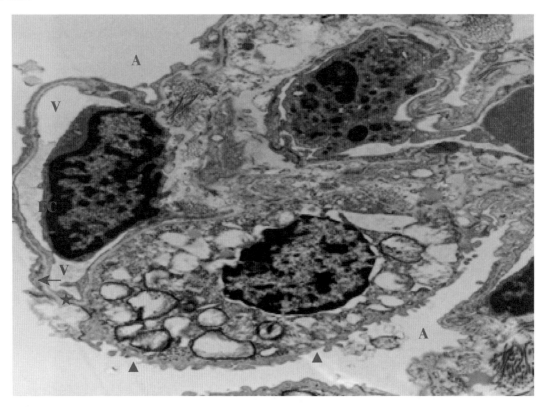

图 3-1-7-4　大鼠肺。A：肺泡腔；V：毛细血管腔；RC：红细胞；EC：毛细血管内皮细胞；★：毛细血管壁；▲：Ⅱ型肺上皮；↑：肺泡壁。TEM，12k×

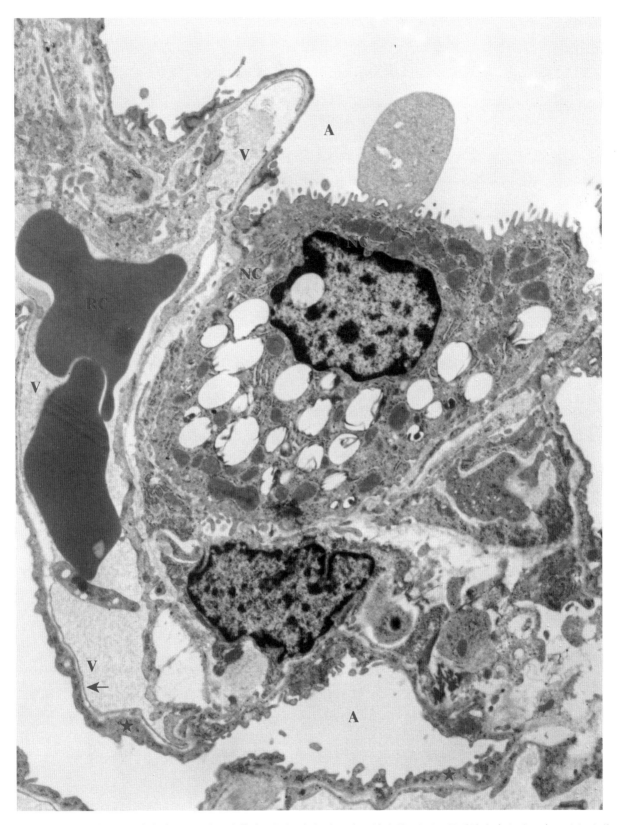

图 3-1-7-5 大鼠肺。A：肺泡腔；V：毛细血管腔；RC：红细胞；★：肺泡壁；NC：Ⅱ型肺上皮细胞；↑：毛细血管壁。TEM，10k×

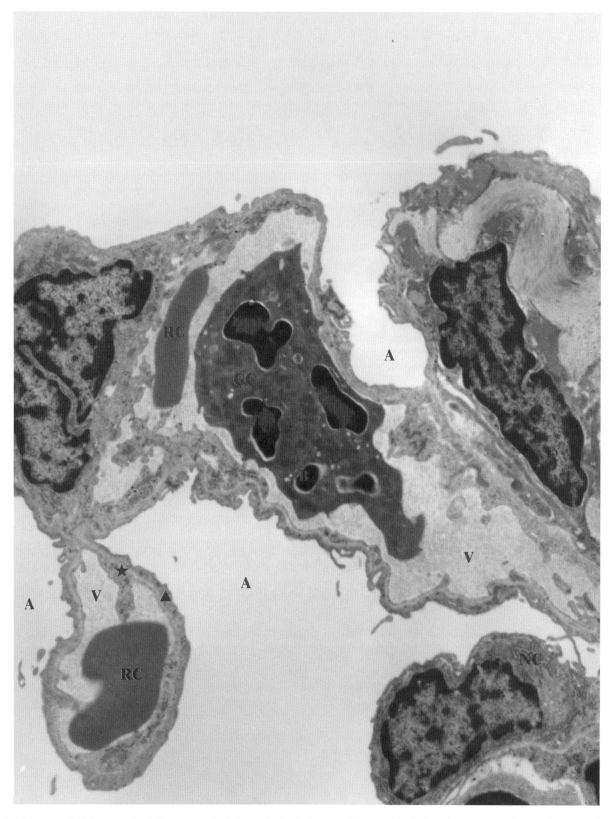

图 3-1-7-6 大鼠肺。A：肺泡腔；V：毛细血管腔；RC：红细胞；NC：Ⅱ型肺上皮细胞；GC：吞噬了细菌的粒细胞；B：细菌；★：毛细血管壁；▲：肺泡壁。TEM，10k×

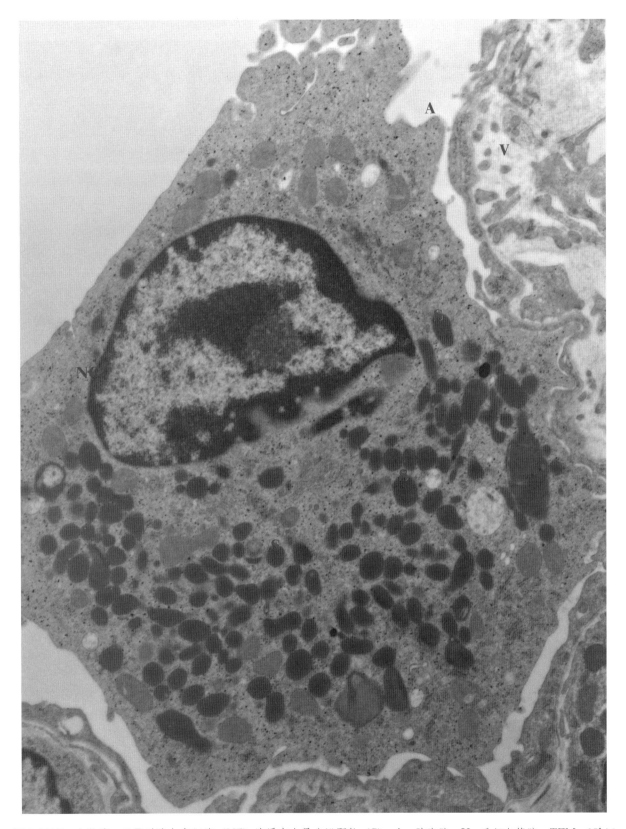

图 3-1-7-7　大鼠肺。示Ⅱ型肺上皮细胞（NC）胞质内大量分泌颗粒（S），A：肺泡腔；V：毛细血管腔。TEM，15k×

8. 肝脏

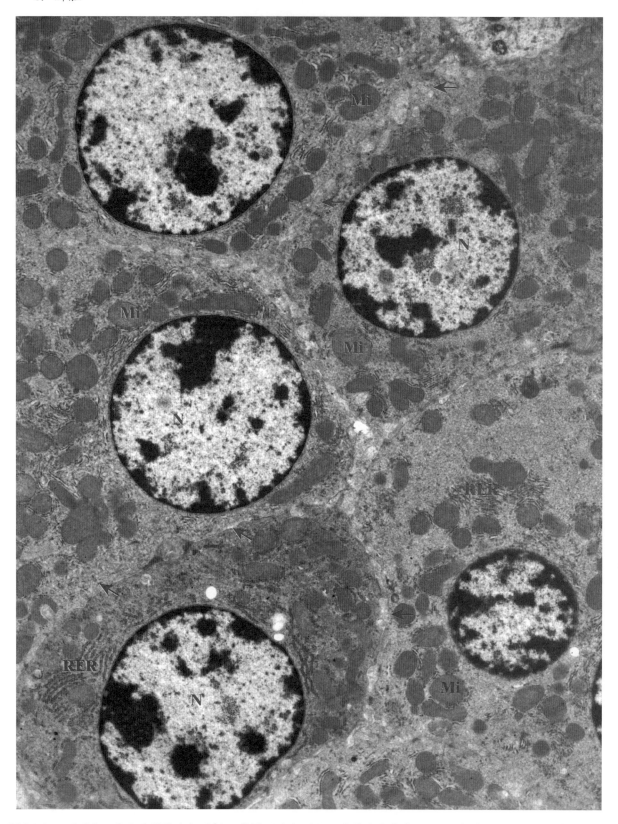

图 3-1-8-1 小鼠肝。肝细胞界限清晰（↑），核圆而清亮（N），胞质中线粒体（Mi）、内质网（RER）丰富。TEM，2.5k×

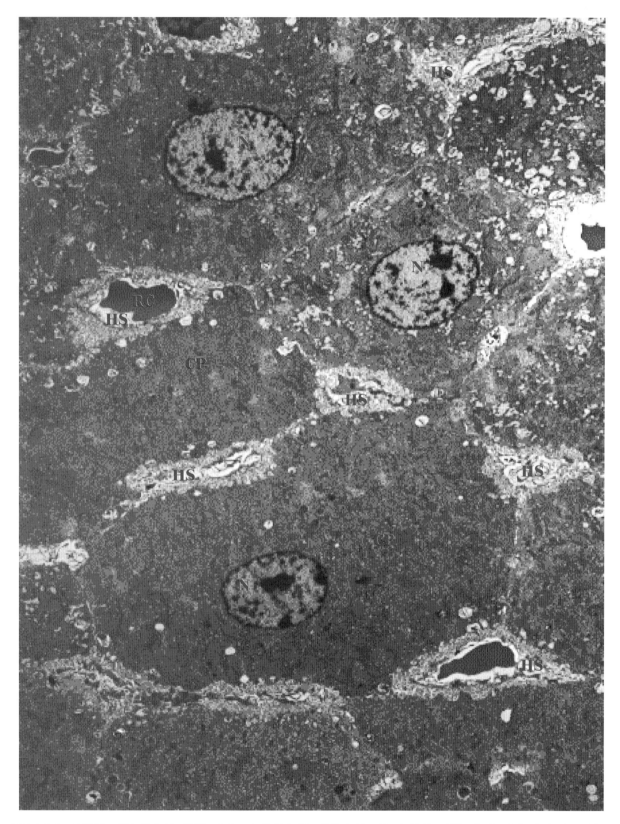

图 3-1-8-2　沙鼠肝。肝细胞胞质（CP）致密，细胞器丰富，结构完好。N：细胞核；HS：肝窦；RC：红细胞。TEM，
3k×

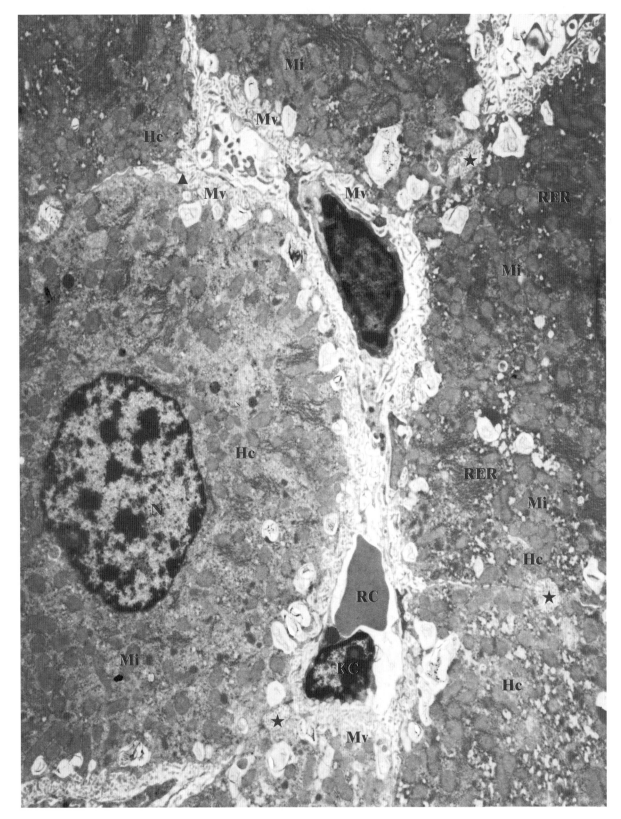

图 3-1-8-3　沙鼠肝。肝细胞（Hc）表面微绒毛（Mv）丰富，基质致密，细胞器丰富，结构完好。RC：红细胞；KC：枯否氏细胞；N：细胞核；RER：粗面内质网；Mi：线粒体；★：毛细胆管；▲：肝细胞间陷窝。TEM，5k×

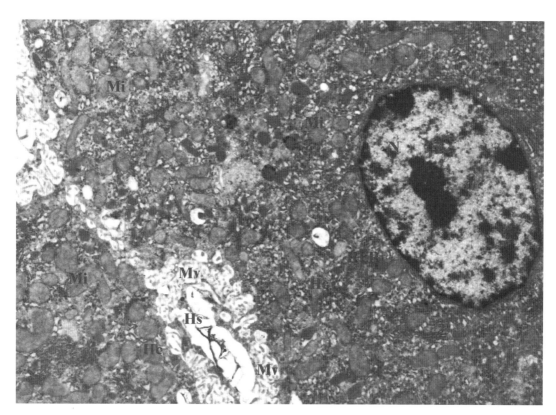

图 3-1-8-4　健康沙鼠肝。肝细胞（Hc）结构致密，胞质内线粒体（Mi）及粗面内质网（RER）丰富，排列整齐，形态完好。朝向肝窦（Hs）侧的肝细胞膜微绒毛（Mv）丰富。N：细胞核。TEM，10k×

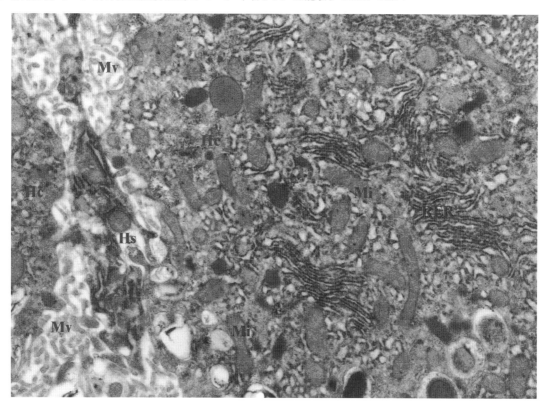

图 3-1-8-5　健康沙鼠肝。肝细胞（Hc）胞浆致密，肝细胞粗面内质网（RER）丰富，排列整齐，线粒体（Mi）丰富，形态完好，朝向肝窦（Hs）侧的肝细胞膜微绒毛（Mv）丰富。TEM，20k×

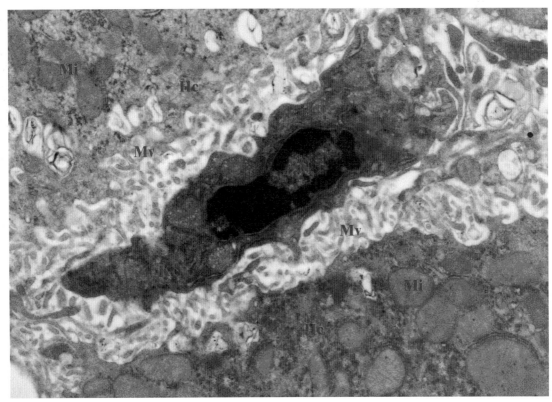

图 3-1-8-6　沙鼠肝。肝窦壁枯否细胞结构完整（KC）；肝细胞（Hc）表面微绒毛密集，结构完好（Mv）。Mi：线粒体。N：细胞核。TEM，20k×

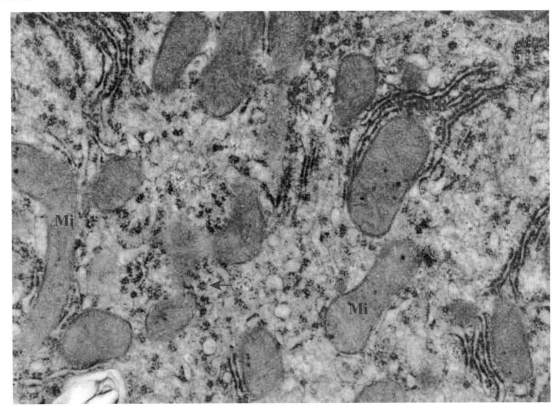

图 3-1-8-7　沙鼠肝。肝细胞胞质内质网（RER）结构清晰，线粒体（Mi）丰富，嵴排列密集规则；胞质基质致密，糖原颗粒（↑）丰富。TEM，40k×

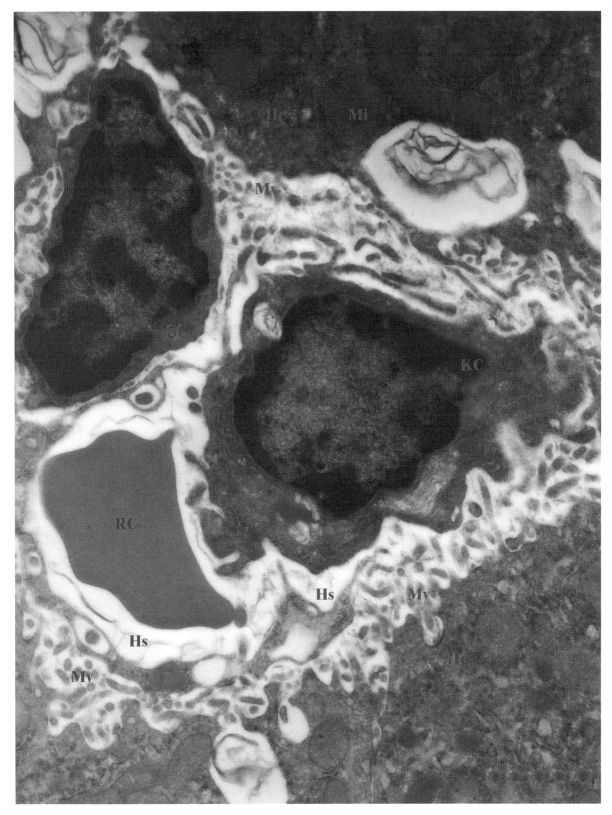

图 3-1-8-8 沙鼠肝窦。肝细胞（Hc）微绒毛（Mv）丰富，枯否细胞（KC）微突清晰。RC：红细胞；SC：星形细胞；Mi：线粒体；N：细胞核；Hs：肝血窦。TEM，20k×

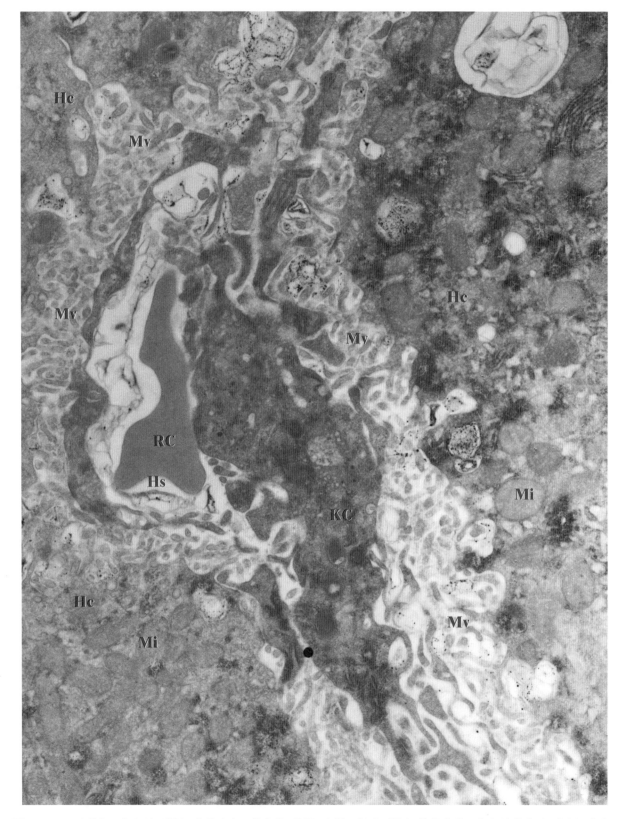

图 3-1-8-9 沙鼠肝。肝细胞（Hc）基质致密，线粒体（Mi）丰富，肝窦（Hs）结构完整，肝细胞微绒毛（Mv）丰富。RC：红细胞；KC：枯否氏细胞。TEM，20k×

9. 肾脏与膀胱

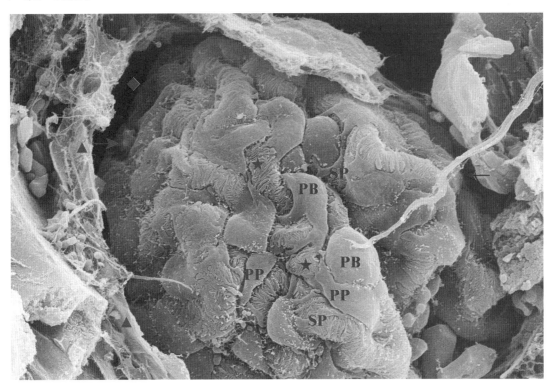

图 3-1-9-1　健康大鼠肾小球扫描电镜图像。毛细血管球（↑）表面被足细胞（即肾小囊脏层）包裹。▲：肾小囊壁层；
◆：肾小囊腔；PB：足细胞胞体；PP：初级突起；SP：次级突起；★：指状相嵌的足突。SEM，1.5k×

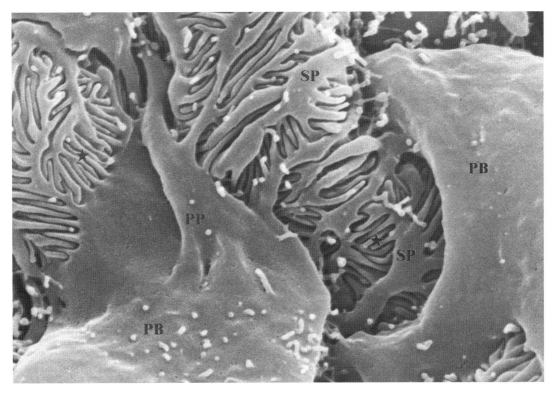

图 3-1-9-2　健康大鼠肾小球足细胞扫描电镜图像。PB：足细胞胞体；PP：初级突起；SP：次级突起；★：指状相嵌的
足突。SEM，10k×

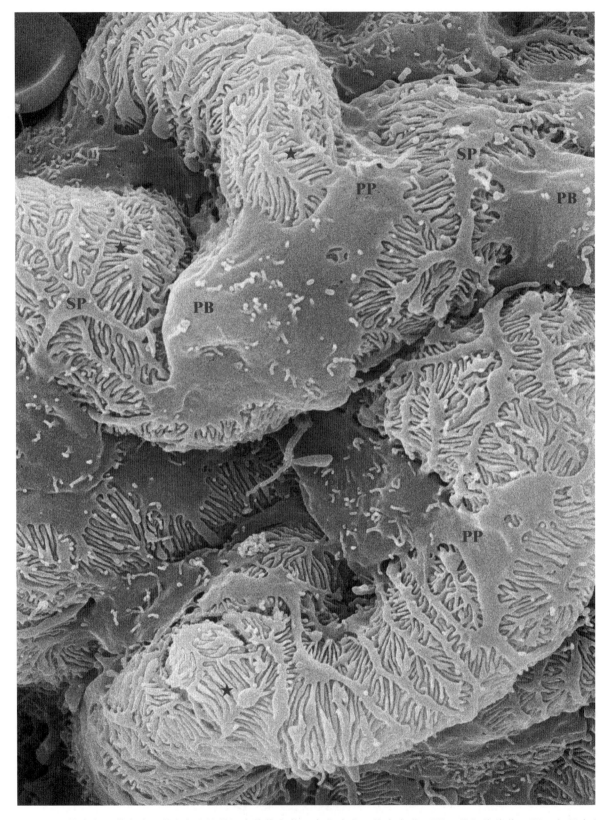

图 3-1-9-3 健康大鼠肾小球。肾小囊脏层足细胞结构完整，突起清晰，层次分明。PB：足细胞胞体；PP：初级突起；SP：次级突起；★：指状相嵌的足突；◆：肾小囊腔；RC：红细胞。SEM，4k×

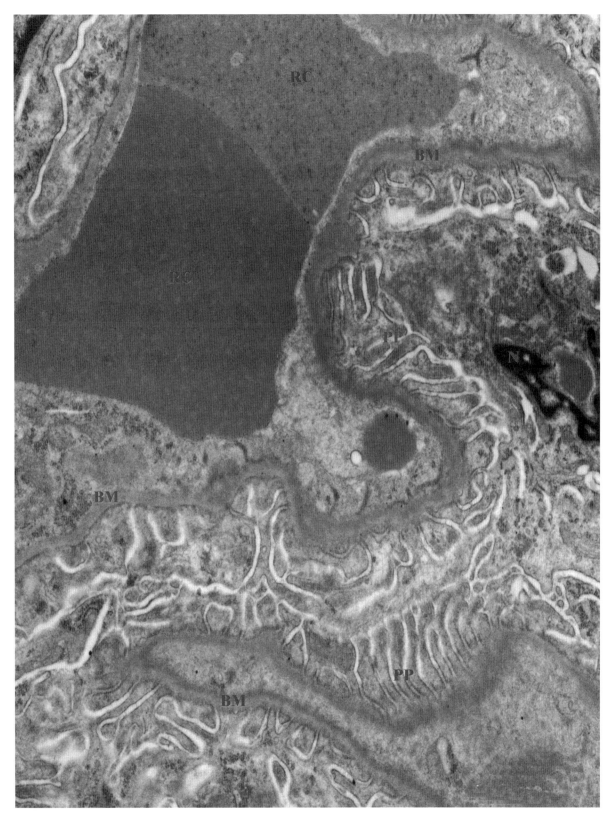

图 3-1-9-4 健康大鼠肾。肾小球毛细血管及足细胞基底膜（BM）层次清楚，外表平整；足细胞的突起（PP）清晰可见；RC：红细胞；N：细胞核。TEM，20k×

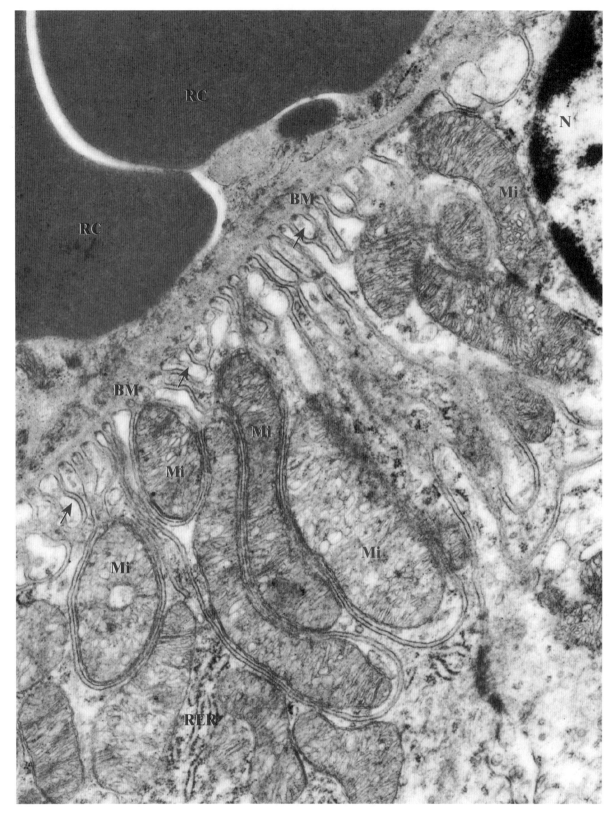

图 3-1-9-5 健康大鼠肾。肾近曲小管上皮基底膜（BM）光滑、平整，基底褶（↑）清晰可见；线粒体（Mi）丰富，线粒体内、外膜结构完整，嵴密集、清晰；RC：红细胞；RER：粗面内质网；N：肾小管上皮细胞核。TEM，15k×

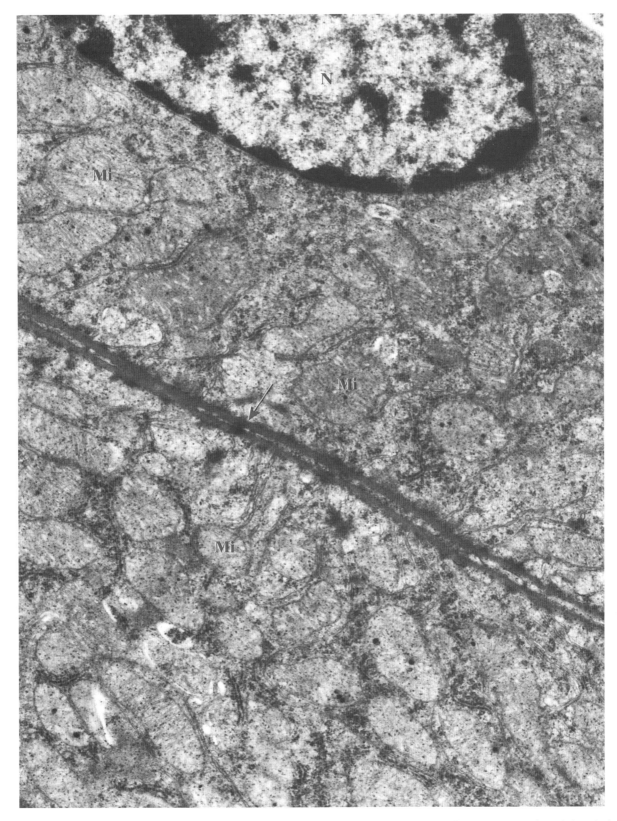

图 3-1-9-6 健康小鼠肾。肾小管上皮细胞内线粒体（Mi）密集分布，线粒体内、外膜结构完整，嵴密集、清晰；上皮细胞排列紧密，细胞间连接（↑）结构完好。N：细胞核。TEM，20k×

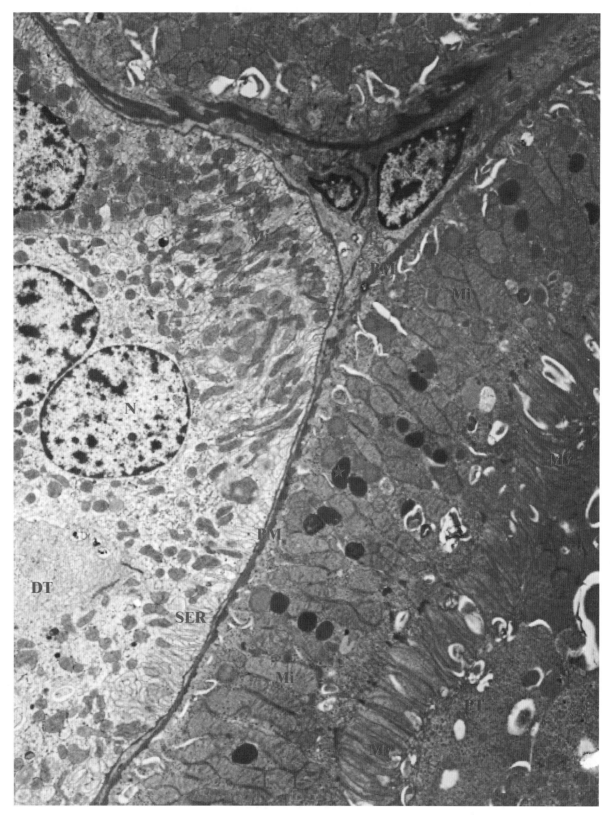

图 3-1-9-7 健康大鼠肾。肾小管基底膜（BM）平滑、整齐，近曲小管（PT）上皮腔面微绒毛（Mv）密集，上皮细胞内线粒体（Mi）密集分布，结构完整，嵴清晰可见；远曲小管（DT）上皮基底面滑面内质网（SER）丰富。N：细胞核；★：脂滴。TEM，2k×

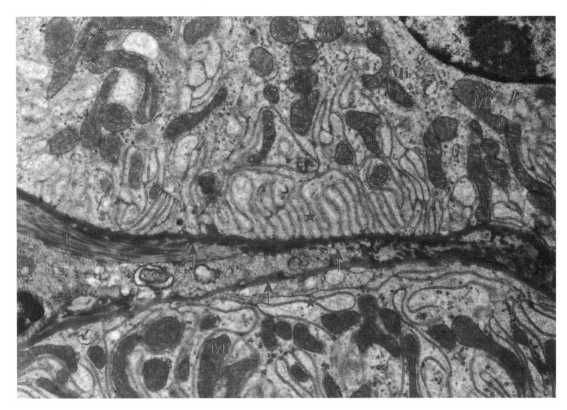

图 3-1-9-8　健康大鼠肾。肾小管基底膜致密（↑），上皮细胞基底褶（★）清晰，线粒体（Mi）形态多样，嵴致密。基底膜下见胶原原纤维（F）分布；N：细胞核。TEM，15k×

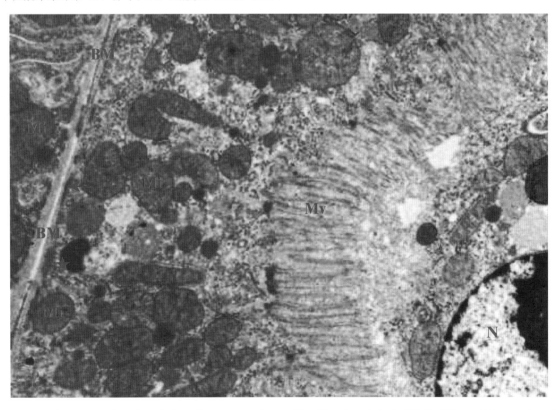

图 3-1-9-9　健康大鼠肾。肾小管上皮基底膜（BM）平直、完整；肾小管上皮细胞刷状缘微绒毛（Mv）清晰可见；线粒体（Mi）结构完好。N：细胞核；★：脂滴；↑：半桥粒。TEM，20k×

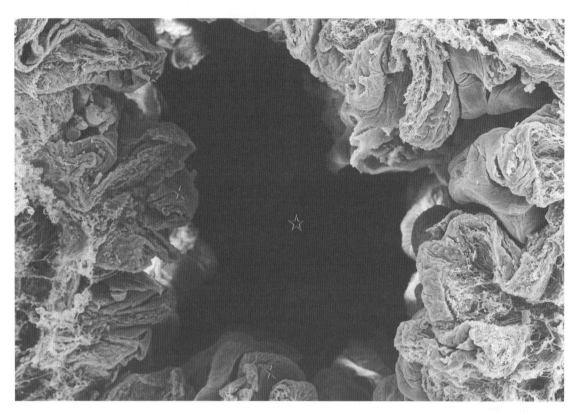

图 3-1-9-10　健康小鼠膀胱横切面。黏膜褶皱（★）清晰，腔（☆）内无异物。SEM，100×

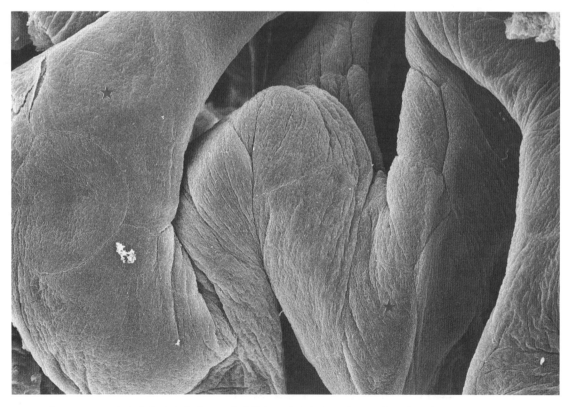

图 3-1-9-11　健康小鼠膀胱黏膜面。黏膜皱褶（★）粗大，表面平整、光滑完整。SEM，500×

图 3-1-9-12 健康小鼠膀胱黏膜面。变移上皮细胞表面膜凹凸不平，呈嵴（▲）或沟壑（☆）状崎岖分布。SEM，2k×

10. 睾丸上皮

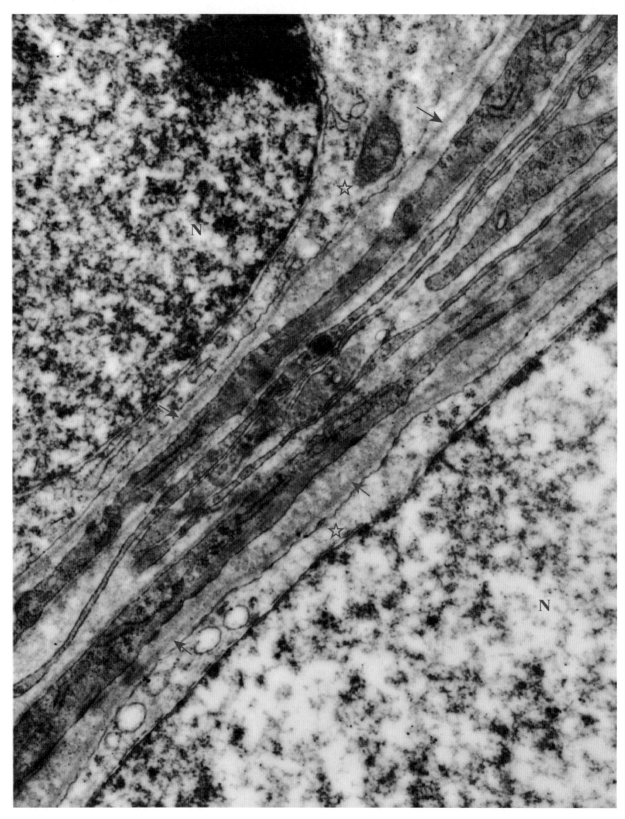

图 3-1-10-1 健康小鼠睾丸。示 2 个曲细精管相邻部位的 2 个精原细胞（☆）的基底面结构，可见基底膜连续、完整、平直（↑），肌样细胞结构清晰、完整（★）。N：细胞核。TEM，30k×

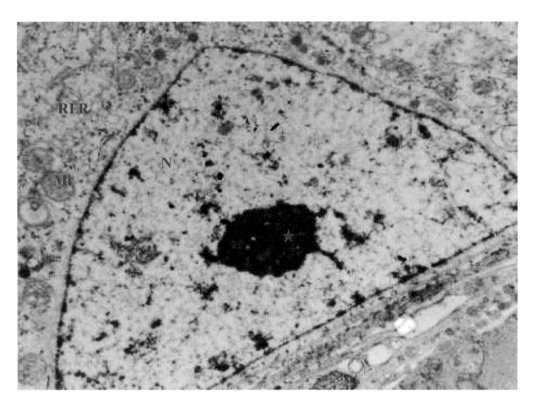

图 3-1-10-2　健康小鼠睾丸。精原细胞核呈不规则的三角形（N），核仁清晰（★），常染色质丰富，核膜紧贴胞质膜。胞质丰富。Mi：线粒体；RER：粗面内质网。TEM，15k×

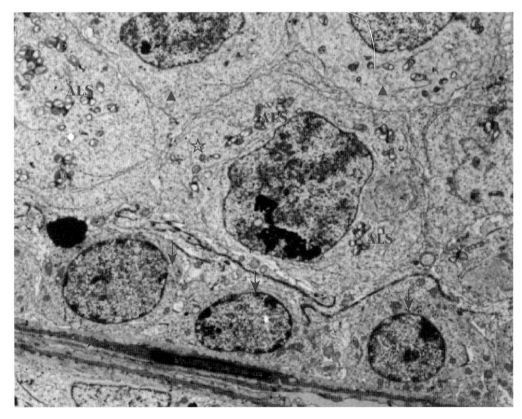

图 3-1-10-3　健康小鼠睾丸。基底膜及肌样细胞平直完整（★），精原细胞（↓）紧贴基底面分布，其上方为初级精母细胞（☆）和次级精母细胞（▲），精母细胞中含大量自噬体（ALS）。TEM，6k×

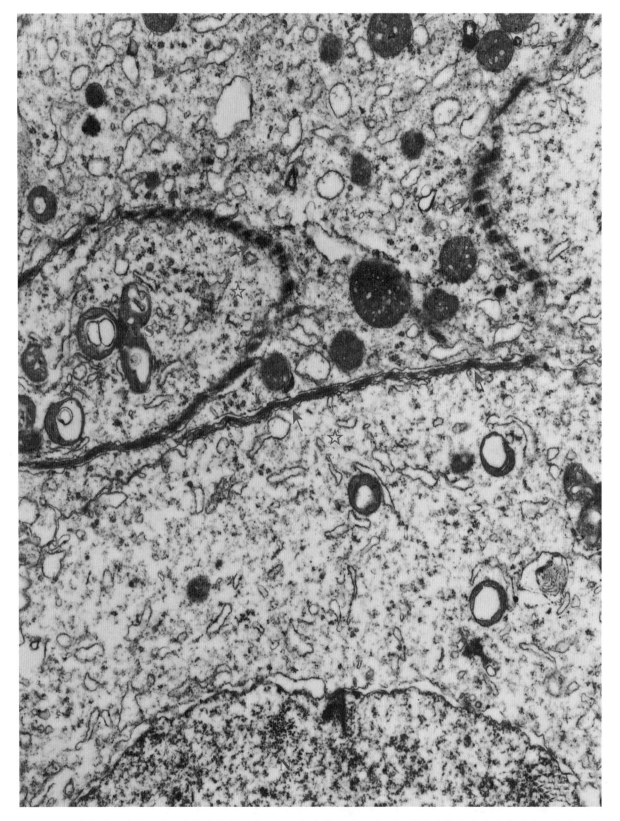

图 3-1-10-4 健康小鼠睾丸。曲细精管内精原细胞（☆）与支持细胞（★）间紧密连接复合体结构清晰、完整、牢固（↑）。N：细胞核；ALS：自噬体。TEM，20k×

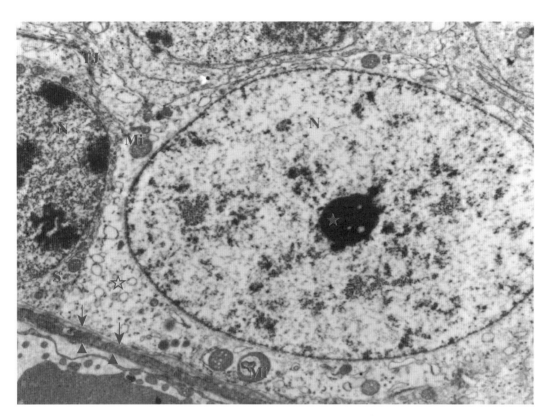

图 3-1-10-5　健康小鼠睾丸。曲细精管内精原细胞（☆）发育良好。细胞核（N）常染色质丰富，核仁清晰（★）。基底膜（↑）及肌样细胞（▲）清晰平整。S：支持细胞；TJ：紧密连接；Mi：线粒体。TEM，12k×

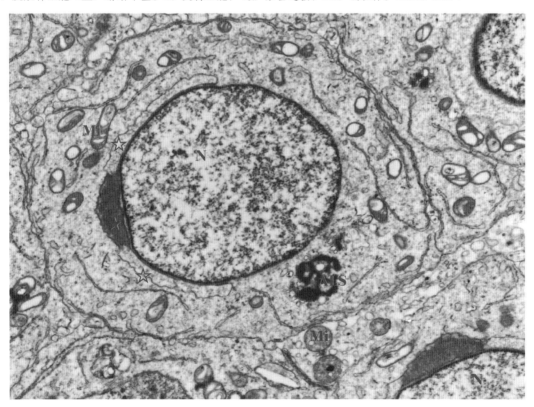

图 3-1-10-6　健康小鼠睾丸。精子细胞发育良好，顶体囊（☆）和顶体帽（★）结构清晰完整。N：细胞核；ALS：自噬体；Mi：线粒体。TEM，15k×

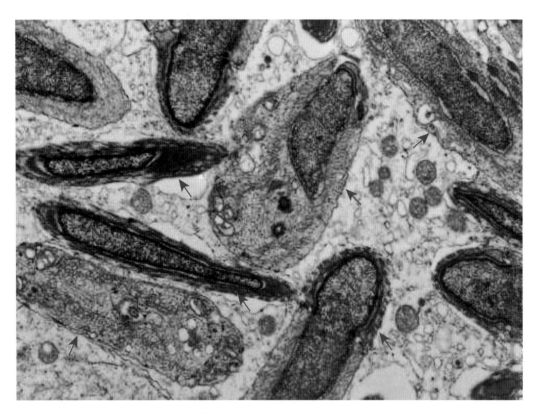

图 3-1-10-7 健康小鼠睾丸。曲细精管内精子细胞（↑）发育良好。N：细胞核。TEM，40k×

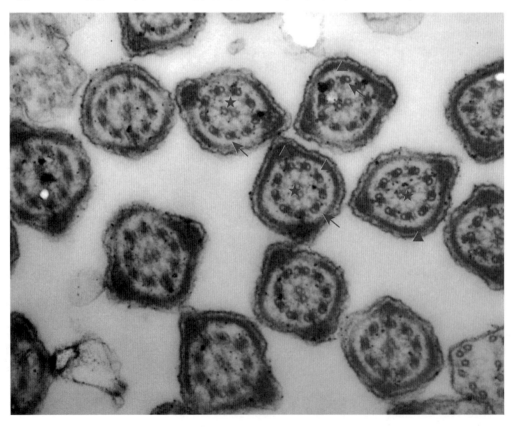

图 3-1-10-8 健康小鼠睾丸。正常小鼠睾丸精子主段横切面，细胞膜结构完整，排列整齐有序，2 根中央微管（★）和 9 对周围微管（↑）清晰可见，并可见外周致密纤维鞘（▲）。TEM，100k×

11. 鸡胚绒毛尿囊膜上皮

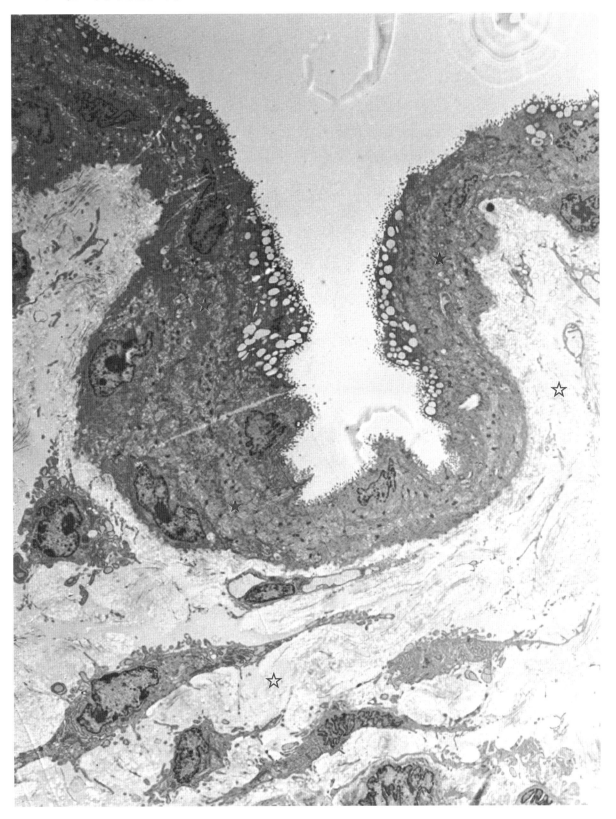

图 3-1-11-1 鸡胚绒毛尿囊膜。表面为复层扁平上皮（★），上皮下为间充质（☆）。TEM，3k×

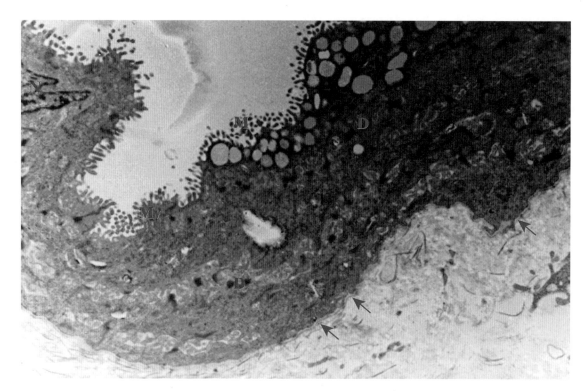

图 3-1-11-2 鸡胚绒毛尿囊膜。上皮表面微绒毛（Mv）细而密集，细胞间有丰富的微绒毛，并见桥粒（De）连接，及完整清晰的基底膜（↑）。N：细胞核。TEM，5k×

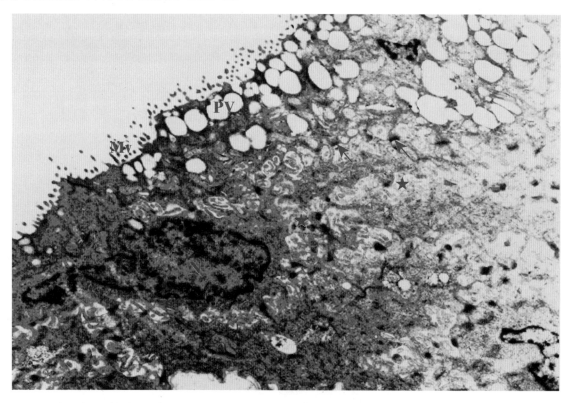

图 3-1-11-3 鸡胚绒毛尿囊膜。上皮表面微绒毛（Mv）细而密集，细胞间隙的微绒毛较粗（★），并见桥粒（↑）连接。表层细胞内大量吞饮泡（PV）。N：细胞核。TEM，10k×

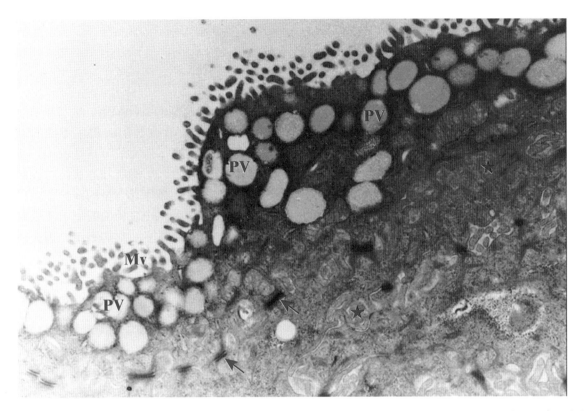

图 3-1-11-4 鸡胚绒毛尿囊膜。上皮表面微绒毛（Mv）细而密集，细胞间隙微绒毛粗大（★），桥粒连接（↑）清晰。表层细胞质内大量吞饮泡（PV）。TEM，20k×

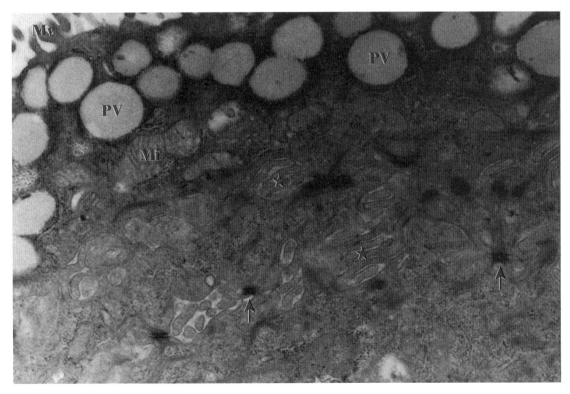

图 3-1-11-5 鸡胚绒毛尿囊膜。上皮表面微绒毛（Mv）细而密集，细胞间隙微绒毛粗大清晰（★），桥粒连接（↑）清晰。PV：吞饮泡；Mi：线粒体。TEM，30k×

第二节　肌组织

动物运动的能力是因为其具有一些高度分化的、几乎只有收缩功能的特殊细胞。生物体的收缩过程是为了实现不同方式的运动及其他各种为了生存而进行的活动。有些活动有赖于短期的迅速收缩，而另一些活动则依赖于不需要迅速活动的持久收缩；还有些依赖于强大的节律性收缩，必须以急促的程序重复完成。这些不同的收缩由三种肌肉来完成，即骨骼肌、平滑肌和心肌。三种肌肉有基本的共性：都是起源于中胚层；都是平行于各自收缩轴的细长形的；都拥有大量的线粒体，以适应其高能量的要求；都含有收缩性的肌丝，以肌动蛋白、肌球蛋白及其他收缩相关的蛋白质的形式存在。骨骼肌和心肌的肌丝以特殊的规则方式排列，沿其长度产生重复顺序的均匀条带，因此称之为横纹肌。

肌细胞的长度远大于其宽度，因此称为肌纤维。然而必须知道的是这些纤维是有生命的，不同于结缔组织的无生命纤维。两者也都不同于神经纤维，后者是神经细胞的有生命结构的延伸。某些独特的名词用来描述肌细胞：肌细胞膜称肌膜（虽然初期这个名词包括附带的肌膜网状纤维），胞质称肌浆，线粒体称肌小体，而内质网称肌浆网（SR）。

一、分类

（一）骨骼肌

骨骼肌由称为肌外膜的致密胶原性结缔组织包裹，其贯穿整块肌肉的实质，将肌肉分隔为束。每束由肌束膜围绕，它是一层疏松结缔组织。最后，束内每个单独的肌纤维被细的网状纤维包被，称为肌内膜。供应肌肉的血管和神经走行在相互关联的结缔组织间隔中。每一骨骼肌纤维大致是圆柱状，拥有数目众多的细长形的细胞核，位于细胞的周边，就在肌膜下方。肌纤维的纵断面可显示出细胞内的可收缩成分，即相互平行的纵向排列的肌原纤维。这种排列产生总的效果是：遍布每一个骨骼肌细胞上的明暗相间的周期性横纹。暗带又称 A 带，而明带又称 I 带。每个 I 带被一个薄的深色 Z 盘平分，从 Z 盘到下一个 Z 盘之间的一段肌原纤维，称为肌节，是骨骼肌的收缩单位。A 带被一个稍浅的 H 带平分，其中央有深色的 M 盘。在肌肉收缩期间，不同的横向条带表现各异：A 带宽度保持恒定；两个 Z 盘彼此靠近，接近 A 带；I 带和 H 带消失。观察显示，横纹是粗肌丝和细肌丝交错连接的结果。细肌丝由 α-辅肌动蛋白附着于 Z 盘。I 带仅由细肌丝构成，而 A 带，除 H 带和 M 盘外的区域均由粗细肌丝两种肌丝构成。在收缩期间，粗肌丝、细肌丝相互滑过（收缩的肌丝滑动学说）使得 Z 盘接近粗肌丝的末端。还应注意细肌丝是由无伸缩性的蛋白质，即伴肌动蛋白的两个分子精确固定的。此外，粗肌丝彼此间由 C 蛋白和肌间蛋白附着于 M 盘，并由称为肌联蛋白的弹性蛋白质连接到 Z 盘。肌联蛋白分子围绕粗肌丝形成一个弹性网络，促使粗肌丝彼此间的空间关系的维持，以及粗肌丝与细肌丝关系的维持。

在神经肌肉接头处，神经冲动被乙酰胆碱传送越过突触间隙，引起肌膜的去极化，最终导致肌肉的收缩。去极化的波动通过横小管传送至肌纤维各处。横小管是肌膜的管状内陷，与 SR 的终池密切相关，每个横小管和两侧的 SR 成分形成一个三联体。在去极化期间，横小管在肌纤维内部传送冲动，从而导致钙离子自 SR 释放。钙离子与细肌丝相互作用促使收缩发生。作为阻止过度牵拉导致肌纤维被撕破的保护性机制，并提供关于身体的三维空间位置信息，肌腱和肌肉具有特化的受体，分别是神经腱梭和肌梭。

（二）心肌

心肌细胞也有横纹，但每个特化细胞常含有一个位于中央的细胞核。细胞在互相交错时形成特化的连接，称闰盘。心肌收缩不是随意的，而且具有一个固有的节律，是通过浦肯野纤维这种特化的心肌细胞来协调的。

（三）平滑肌

平滑肌也是不随意的。每个梭形的平滑肌细胞有一个位于中央的细胞核，细胞收缩时变成螺旋形。平滑肌细胞的粗肌丝和细肌丝呈不规律排列；收缩时，粗肌丝和细肌丝通过中间型细丝交错连接。这些中间丝形成密体，在此中间丝彼此交叉，并分布在肌膜的细胞质面的附着点。平滑肌可能是多单元型，每个细胞拥有自己的神经支配；或是内脏型，神经冲动通过融合膜（缝隙连接）从一个肌细胞传送到邻近的细胞。

二、组织生理学

（一）肌丝

细肌丝（直径为 7 nm，长 1 μm）由丝状肌动蛋白和球状肌动蛋白分子的双螺旋聚合物组成，类似一条自己缠绕的珍珠项链。螺旋的每个凹槽内容纳线状的原肌球蛋白分子，以末端至末端的位置排列。与每个原肌球蛋白分子有关的是一个肌钙蛋白分子，有三个多肽，即肌钙蛋白 T（TnT）、肌钙蛋白 I（TnI）、肌钙蛋白 C（TnC）组成。TnI 与肌动蛋白结合，掩蔽它的活性部位（能够与肌球蛋白相互作用的位置）；TnT 与原肌球蛋白结合；而 TnC（类似于钙调节蛋白的分子）对钙离子有高的亲和力。每个细肌丝的正末端通过 α-辅肌动蛋白结合到 Z 盘上。另外，两个无伸缩性的蛋白质，即伴肌动蛋白沿着每个细肌丝的长度缠绕并将其固定到 Z 盘上。每个细肌丝的负末端延伸到 A 带和 I 带的交界处，并被原肌球调节蛋白覆盖。

粗肌丝（直径为 15 nm，长度为 1.5 μm）由 200~300 个肌球蛋白分子以反向平行的方式排列组成。每个肌球蛋白分子由两对轻链和两个相同的重链组成。每个肌动蛋白重链类似于一个高尔夫球棒，有一个线状的尾部和一个球形的头部，尾部以螺旋状方式彼此围绕。用胰蛋白酶消化肌球蛋白重链，可将其分解为一个线状的（尾部的大部分）部分（轻酶解肌球蛋白）和带有尾部残余的一个球形的部分（重酶解肌球蛋白）。木瓜蛋白酶将重酶解肌球蛋白分解为一个短尾部分（S2 片段）和一对球形部位（S1 片段）。每一对肌球蛋白轻链与 S1 片段中的一个相连。S1 片段有三磷酸腺苷酶活性，但需与肌动蛋白结合才能显示该活性。粗肌丝由线状有弹性的蛋白质，即肌联蛋白固定到 Z 盘，并通过肌间蛋白和 C 蛋白与相邻的粗肌丝在 M 盘连接。

（二）骨骼肌收缩的肌丝滑动模型

收缩期间，细肌丝滑过粗肌丝，更深地插入 A 带；这样肌节变短，而肌丝仍保持相同的长度。细肌丝活动的结果是：I 带和 H 带消失，A 带保持相同宽度（如同收缩之前），Z 盘彼此靠近，整个肌节的长度缩短。

在神经冲动跨越神经肌肉接头之后，横小管将冲动传送到整个肌细胞。位于横小管膜的电压敏感膜内在蛋白质，即二氢吡啶敏感受体（DHSR），与位于肌浆网（SR）终池的钙通道、（罗纳丹受体）接触，这个复合物在电镜观察时很明显，被称为连接脚。在骨骼肌肌膜去极化期间，横小管的 DHSR 经历电压诱导的构象变化，导致终池的钙通道开放，允许 Ca^{2+} 流入细胞质。细肌丝肌钙蛋白 C 与钙离子结合后结构发生变化，将原肌球蛋白深深地压入丝状肌动蛋白细丝的凹槽，这样就暴露肌球蛋白分子上的活性部位（肌球蛋白结合部位）。

与肌球蛋白分子的球形头部（S1 片段）结合的 ATP 被水解，但 ADP 和 Pi 仍附着在 S1 片段上。肌球蛋白分子旋转以致肌球蛋白头部接近肌动蛋白分子上的活性部位。Pi 部分被释放，在 Ca^{2+} 存在时，在肌动蛋白和肌球蛋白之间形成一个连接。结合的 ADP 被释放，肌球蛋白头部改变构象，细肌丝移动，接近肌节的中央。新的一个 ATP 安装在球形的头部，肌球蛋白从肌动蛋白的活性部位分离。这个周期被重复 200～300 次以使肌节完全收缩。

松弛继发于 SR 的钙泵自胞质液将 Ca^{2+} 转运入 SR 池，在此与肌集钙蛋白结合。胞质液 Ca^{2+} 的减少导致 TnC 失去结合钙离子，TnC 分子恢复其先前的状态，原肌球蛋白分子恢复其原始的位置，肌动蛋白分子的活性部位再一次被掩蔽。

（三）平滑肌

1. 收缩的成分

虽然平滑肌的粗肌丝和细肌丝不排列成肌原纤维，但它们以有序的倾斜于细胞纵轴的方式排列。平滑肌的肌球蛋白分子与众不同，轻酶解肌球蛋白部分折叠成这样的一种方式；其游离末端球形的 S1 部分的黏性区结合。细肌丝附于细胞中的密体，为 Z 盘类似物（含 α-辅肌动蛋白），此外中间丝（在非血管平滑肌细胞是结蛋白，而在血管平滑肌细胞是波形蛋白）也附着于此。胞质液富有钙调蛋白和肌球蛋白轻链激酶。

2. 收缩

自小凹释放的钙离子与钙调蛋白结合。Ca^{2+}-钙调蛋白复合物激活肌球蛋白轻链激酶，该酶磷酸化一个肌球蛋白轻链，改变它的构想，导致轻酶解肌球蛋白的游离末端自 S1 部分释放开。ATP 与 S1 结合，而肌动蛋白和肌球蛋白之间相互配合类似于骨骼肌（和心肌）。只要 Ca^{2+} 和 ATP 存在，平滑肌细胞将保持收缩。平滑肌的收缩比心肌或骨骼肌的收缩持续时间要长久，但是启动要慢。

三、组织学结构概述

（一）骨骼肌

1. 纵断面

（1）肌束膜的结缔组织成分中有神经、血管、胶原纤维、成纤维细胞和其他偶见的细胞类型。肌内膜由系的网状纤维和基膜组成，光镜观察两者都不明显。

（2）骨骼肌细胞表现为直径几乎一致的、平行排列的长圆柱状。细胞核数目众多，并位于细胞周边。卫星细胞的细胞核多数明显。好的标本，在较高的放大倍数下，横纹、A 带、I 带、Z 盘都能清楚的显示，用油镜（甚至普通高倍镜）H 带和 M 盘多数也可以辨别。

2. 横断面

（1）结缔组织成分可以被观察到，特别是成纤维细胞的核、毛细血管的横断面、其他的小血管和神经。

（2）肌细胞表现为不规则的多角形，纤维的断面大小近乎一致。肌原纤维在纤维内成点状，常形成明显的但却是认为造成的小区，称 Cohnheim 区。在许多纤维可见一个或两个位于周边的细胞核。肌束紧密的聚集在一起，但稀薄的肌内膜可清晰地划分出每个细胞的轮廓。

（二）心肌

1. 纵断面

（1）结缔组织断面可清晰地辨认，这是因为其细胞核明显小于心肌细胞的细胞核。结缔组织富含血管，特别是毛细血管。肌内膜存在但不明显。

（2）心肌细胞形成长的有分支并相互吻合的肌纤维。椭圆形细胞核比较大，位于细胞中央，略微呈泡沫状。细胞内有 A 带和 I 带，但不如骨骼肌明显；闰盘是相邻心肌细胞的边界标记，除非使用特殊染色技术，否则多数不明显。蒲肯野纤维有时明显。

2. 横断面

（1）将肌纤维彼此分隔的结缔组织明显，这些细胞的细胞核比心肌细胞的核小很多。

（2）肌纤维的横断面为不规则形，并且大小不等。细胞核很少但比较大，位于细胞中央。肌原纤维聚集成放射状排列的 Cohnheim's 区（固定造成的人工假象）。有时可见蒲肯野纤维。

（三）平滑肌

1. 纵断面

（1）每个肌纤维之间的结缔组织成分很少，由细的网状纤维构成。大束或一块肌纤维被含有血管和神经的疏松结缔组织分隔。

（2）平滑肌细胞是密集存在、交错排列的梭形结构，中心位的细胞核为椭圆形。当肌纤维收缩时，细胞核呈现一种特有的螺旋形。

2. 横断面

（1）很有限的结缔组织，主要是网状纤维，可在细胞间隙中观察到。平滑肌块和束彼此由疏松结缔组织分隔，疏松结缔组织中神经与血管明显。

（2）由于平滑肌细胞是密集交错的梭形结构，因此横断面产生的圆形的、不同直径的、外表均匀的断面。仅有那些最宽的断面含有细胞核，所以在横断面可见的细胞核很有限。

本节图片

1. 心肌　　图 3-2-1-1 至图 3-2-1-21
2. 骨骼肌　图 3-2-2-1 至图 3-2-2-9
3. 平滑肌　图 3-2-3-1 至图 3-2-3-6

1. 心肌

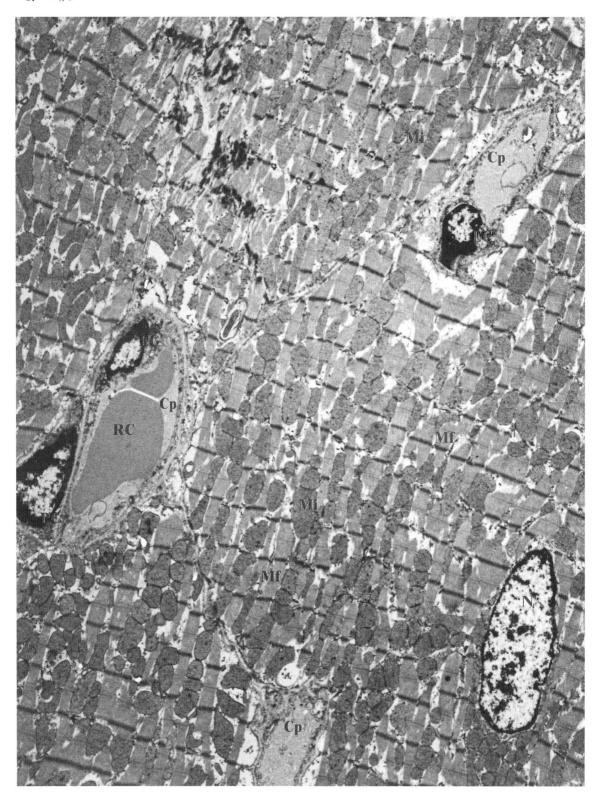

图 3-2-1-1 健康大鼠心肌。肌原纤维（Mf）排列致密，纹理清晰，卵圆形的核（N）边界清晰，常染色质丰富。线粒体（Mi）结构完整，成串分布于肌原纤维之间。有 3 个毛细血管（Cp）。RC：红细胞；PC：血管周细胞；EC：血管内皮细胞。TEM，5k×

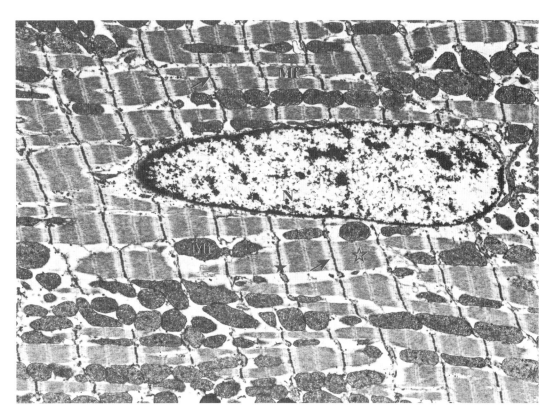

图 3-2-1-2　大鼠心肌细胞。核呈长的卵圆形（N），肌原纤维（Mf）排列整齐，肌节的明带（★）、暗带（☆）及 Z（↑）线清晰。线粒体（Mi）结构完整，整齐排列于肌原纤维之间。TEM，8k×

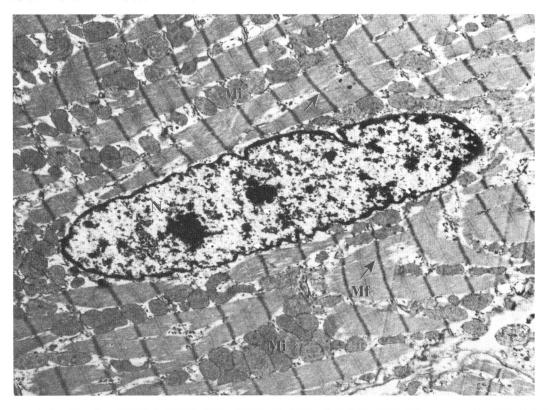

图 3-2-1-3　大鼠心肌细胞。核呈长的卵圆形（N），肌原纤维（Mf）排列整齐，肌节 Z 线（↑）清晰，因肌纤维处于收缩状态，故明带不明显。线粒体（Mi）结构完整，整齐排列于肌原纤维之间。TEM，8k×

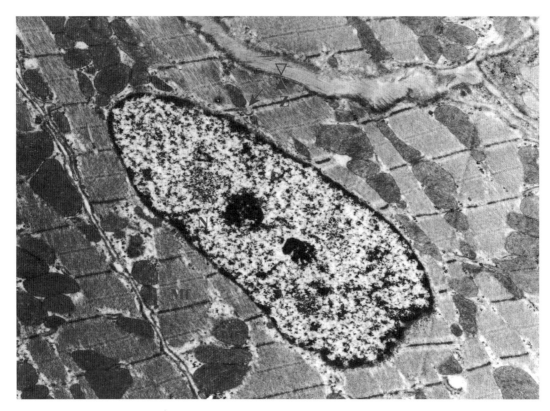

图 3-2-1-4　大鼠心肌细胞。核呈长的卵圆形（N），肌原纤维（Mf）排列整齐，肌节 Z 线（Z）清晰，因肌纤维处于收缩状态，故明带不明显。Mi：线粒体；↑：T 小管；▽：基板；▲：肌细胞膜。TEM，12k×

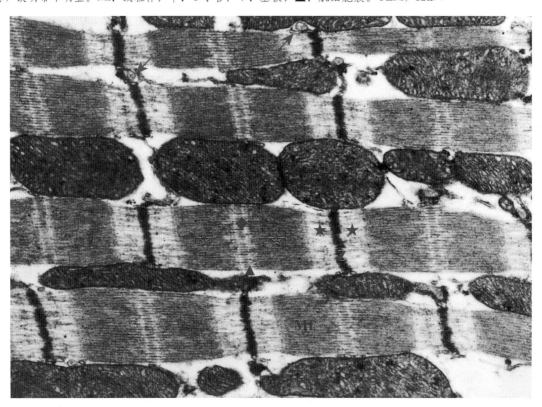

图 3-2-1-5　大鼠心肌细胞。肌原纤维（Mf）排列整齐，肌节的明带（★）、暗带（☆）、H 带（◆）、M 带（▲）及 Z 线（Z）清晰可见。线粒体（Mi）结构完整，嵴密集清晰。↑：T 小管。TEM，80k×

图 3-2-1-6　大鼠心肌细胞。线粒体（Mi）丰富，大小、形态不一，嵴密集清晰，并见线粒体分裂增殖（↑）。肌原纤维（Mf）肌节结构清晰，毛细血管内皮细胞中有大量吞饮小泡（PV）；▲：T 小管。TEM，10k×

图 3-2-1-7　大鼠心肌细胞。肌原纤维（Mf）排列整齐，肌丝清晰，肌节 Z 线（Z）清楚，线粒体（Mi）结构完整，嵴密集整齐，成串排列于肌原纤维之间。↑：T 小管。TEM，30k×

图 3-2-1-8　大鼠心肌细胞。肌原纤维（Mf）排列整齐，肌丝清晰，肌节 Z 线（▲）清楚。线粒体（Mi）结构完整，嵴密集整齐，成串排列于肌原纤维之间。↑：糖原颗粒。TEM，50k×

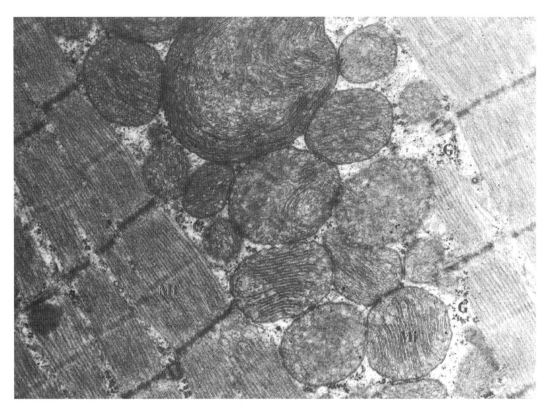

图 3-2-1-9 大鼠心肌细胞。线粒体（Mi）结构完整，内嵴密集清晰，成团分布于肌原纤维（Mf）之间，其间见一巨大线粒体（★）嵴呈轮层状分布。肌原纤维间见大量糖原颗粒（G）。TEM，30k×

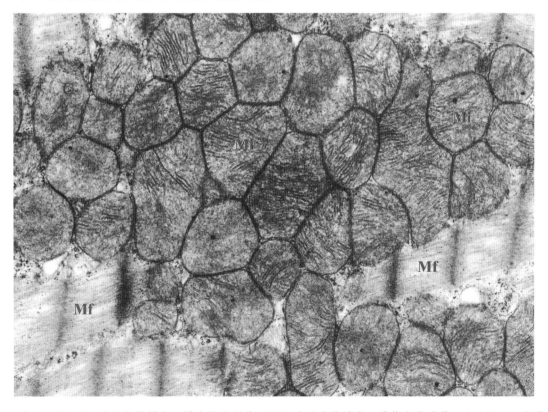

图 3-2-1-10 大鼠心肌细胞线粒体增生。增生的线粒体（Mi）内嵴密集清晰，结构完整清楚，大小不一，聚集成片。Mf：肌原纤维。TEM，25k×

图 3-2-1-11　大鼠心肌细胞。肌原纤维排列整齐，构成肌原纤维（Mf）间连接闰盘结构的桥粒（De）、紧密连接（T）及缝隙连接（Gap）清晰。肌细胞膜（▲）及基板（▽）结构清楚完整。TEM，30k×

图 3-2-1-12　大鼠心肌细胞。肌原纤维肌丝清晰（Mf），肌节 Z 线（Z）平直；线粒体（Mi）嵴密集；T 小管清楚可见（↑），毛细血管内皮细胞质中密集大量吞饮小泡（★）。TEM，30k×

图 3-2-1-13 小鼠心肌与血管。毛细血管内皮（EC）及基底膜（↑）结构完整，内皮细胞腔面有丰富的微绒毛（Mv）突起，与心肌细胞接触面随基板（▲）曲折凹陷，并有明显间隙（★）。收缩状态的肌原纤维（Mf）Z 线平直清楚（Z），线粒体（Mi）丰富密集，结构完整，成串或成团分布于肌原纤维之间和核的一端（☆）；在心肌细胞膜表面密布由细胞膜向细胞质内陷入的泡状小袋，即小凹（caveola，C）。N：内皮细胞核；CV：毛细血管腔；MN：心肌细胞核。TEM，8k×

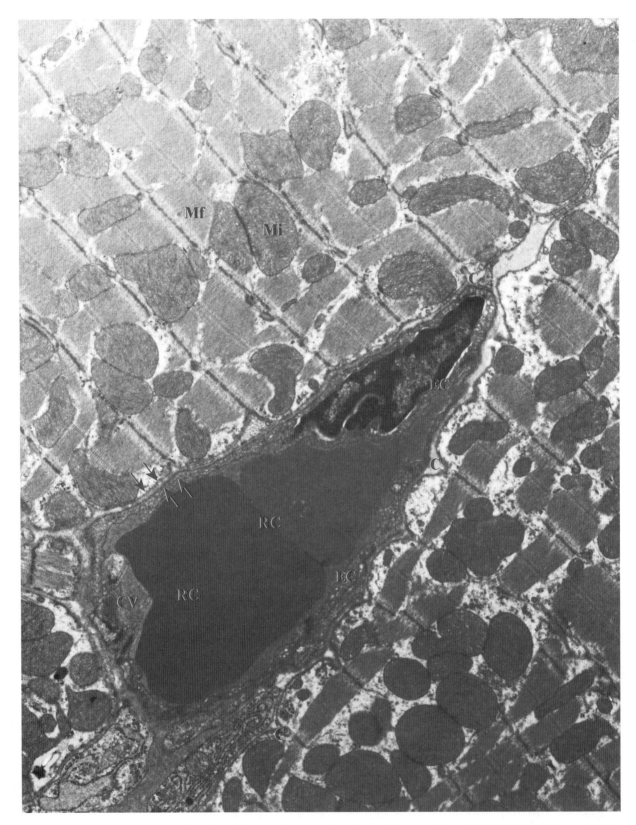

图 3-2-1-14 大鼠心肌内毛细血管。为连续性厚内皮毛细血管。毛细血管内皮（EC）及其基膜结构清晰，连续完整；肌细胞膜及其基板清晰可见，与毛细血管内皮之间界限清楚且紧密（↑）；CV：毛细血管腔；Mi：线粒体，Mf：肌原纤维；RC：红细胞；C：小凹。TEM，10k×

图 3-2-1-15　大鼠心肌闰盘及毛细血管。肌原纤维间连接闰盘（ID）结构清晰，毛细血管内皮（EC）结构完整、清晰，基底膜连续完整（↑）。RC：红细胞；Mi：线粒体；PC：血管周细胞。TEM，15k×

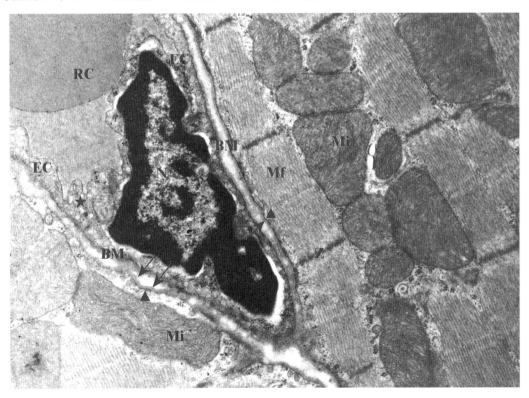

图 3-2-1-16　大鼠心肌毛细血管。连续性厚内皮（EC）毛细血管结构清晰完整，基底膜（BM）清晰、完整，胞质内有大量吞饮泡（★）。线粒体（Mi）结构完整，嵴紧密清晰；肌原纤维（Mf）整齐密集；Z 线清晰平直（Z）；肌细胞膜（▲）及基板（↑）结构清晰完整。RC：红细胞；N：毛细血管内皮细胞核。TEM，30k×

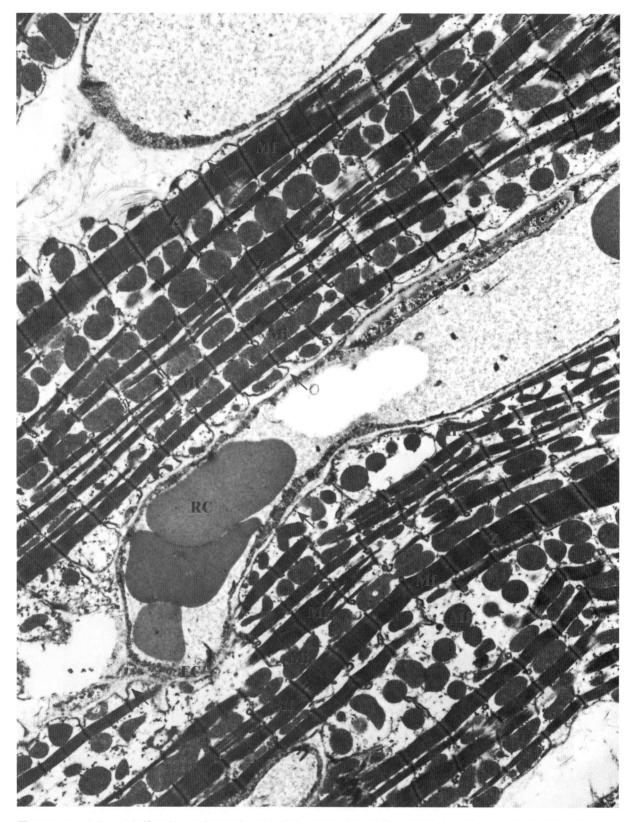

图 3-2-1-17 小鼠心脏起搏细胞。又称 P 细胞，肌原纤维（Mf）粗细不均，长短和走向不一，线粒体（Mi）形态、大小不一；散乱分布于胞质中。由肌细胞膜及基板构成的肌膜（↑）结构清晰完整。肌原纤维 Z 线清晰平直（Z）；毛细血管内皮（EC）结构完整清晰。RC：红细胞。TEM，6k×

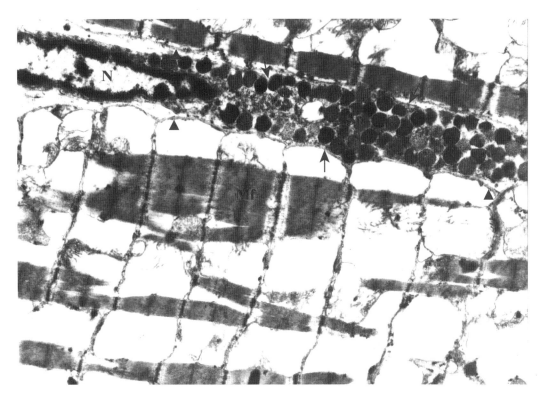

图 3-2-1-18 小型猪心脏内的分泌细胞。内分泌细胞分布于两个心肌细胞之间（↑），细胞呈长杆状，分泌颗粒（Sp）大小较一致，位于核（N）的一端。Mf：心肌细胞肌原纤维；▲：肌细胞膜。TEM，5.6k×

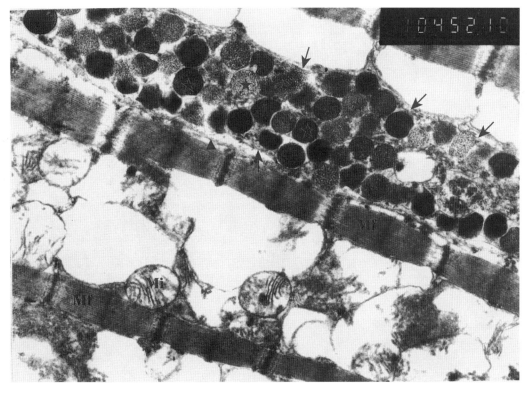

图 3-2-1-19　图 3-2-1-18 局部放大。小型猪心脏的分泌细胞分布于两个心肌细胞之间（↑），细胞呈长杆状，分泌颗粒（Sp）大小较一致，但电子密度高（☆）低（★）不一。▲：肌膜；Mf：心肌细胞肌原纤维；Mi：线粒体。TEM，10k×

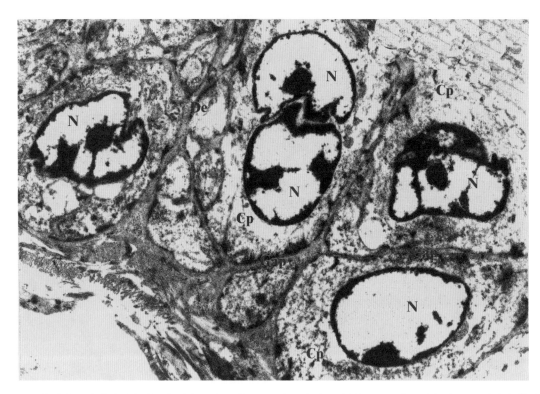

图 3-2-1-20　小型猪心脏浦肯野细胞。细胞短而宽，核（N）大而空亮；胞质（Cp）内细胞器少，不见线粒体及肌原纤维，在细胞两端及侧面可见半桥粒（De）和发达的缝隙连接（Gap）结构。TEM，4.2k×

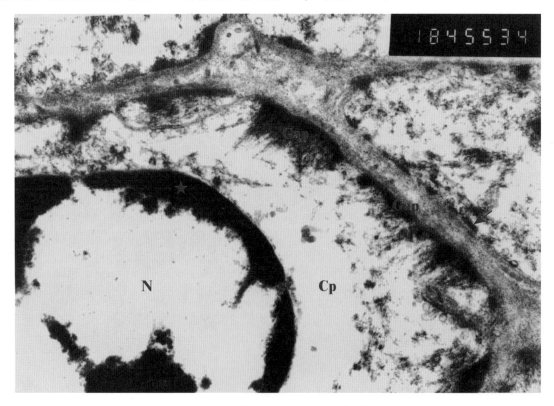

图 3-2-1-21　小型猪心脏浦肯野细胞。细胞短而宽，核（N）大而空亮，核膜（★）厚；胞质（Cp）内细胞器少，不见线粒体及肌原纤维；细胞膜平直，表面不见内凹，两细胞相接触面类似神经突触连接结构，可见半桥粒（↑）和发达的缝隙连接（Gap）结构。TEM，18k×

2. 骨骼肌

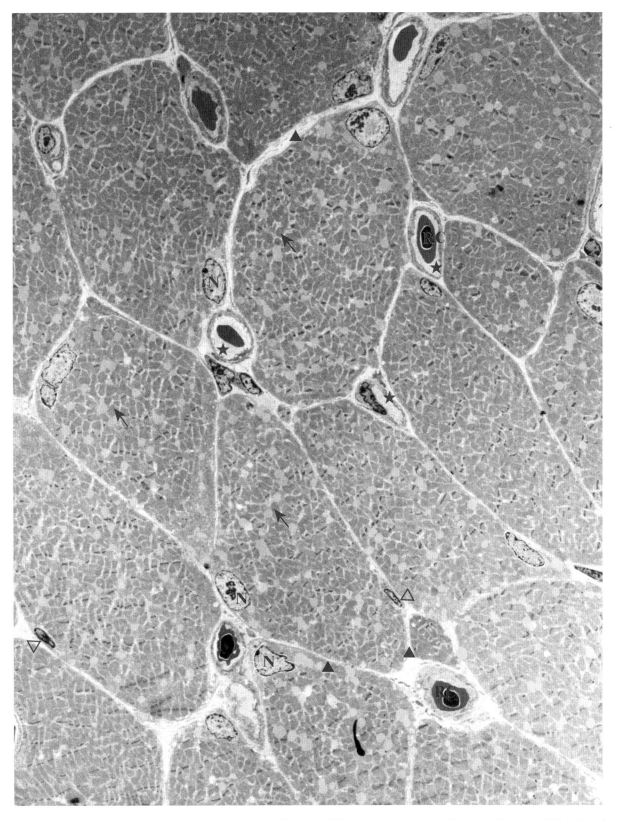

图 3-2-2-1　鸡骨骼肌横断面。由肌原纤维（↑）组成的肌细胞界限分明（▲），肌细胞核（N）紧贴肌细胞膜分布，在肌细胞膜外还可见卫星细胞（▽）。肌细胞间分布有毛细血管（★），血管内有带核的红细胞（RC）。TEM，2k×

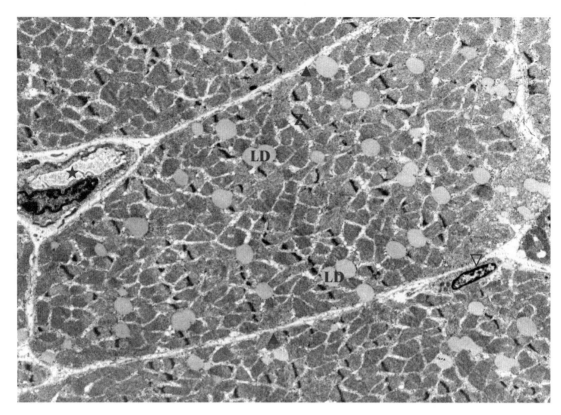

图 3-2-2-2　鸡骨骼肌斜切面。肌细胞界限分明（▲），肌原纤维的 Z 线清楚（Z），肌原纤维间可见脂滴（LD）；肌细胞间分布有毛细血管（★）；在肌细胞膜外还可见卫星细胞（▽）。TEM，6k×

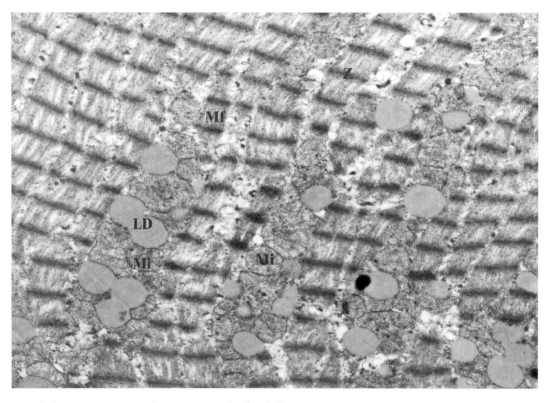

图 3-2-2-3　鸡骨骼肌纵切面。肌原纤维（Mf）肌节 Z 线清楚平直（Z），肌原纤维间有较丰富的线粒体（Mi）及脂滴（LD）。TEM，10k×

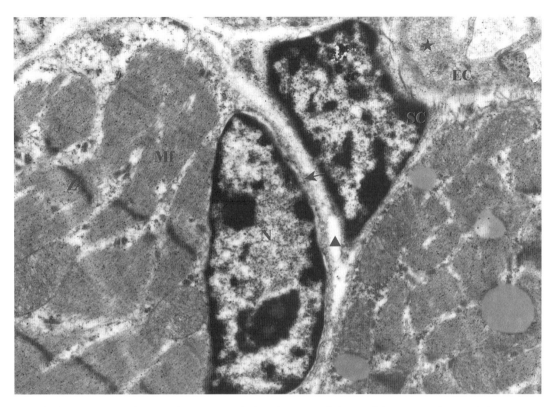

图 3-2-2-4　鸡骨骼肌。肌细胞核（N）紧贴于肌细胞膜（↑）下，膜外可见基板（▲），在肌细胞旁可见一卫星细胞（SC）。毛细血管内皮（EC）中有大量吞饮小泡（★）。Mf：肌原纤维；Z：Z线。TEM，20k×

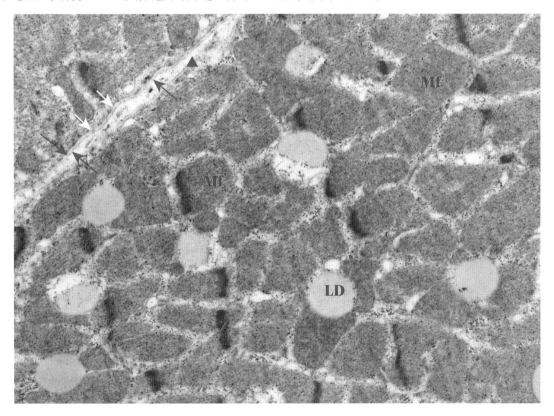

图 3-2-2-5　鸡骨骼肌。肌细胞界限分明（▲），细胞表面有清晰的基板（↑）及肌细胞膜（白↑）。肌原纤维（Mf）排列不规则，肌节不清晰，有些可见 Z 线（Z）。LD：脂滴。TEM，20k×

图 3-2-2-6　鸡骨骼肌。收缩状态的肌原纤维（Mf）界限分明（▲），肌节的细微结构不清楚，但 Z 线明显，粗且浓（Z），线粒体（Mi）较少，嵴密且排列无序。LD：脂滴。TEM，30k×

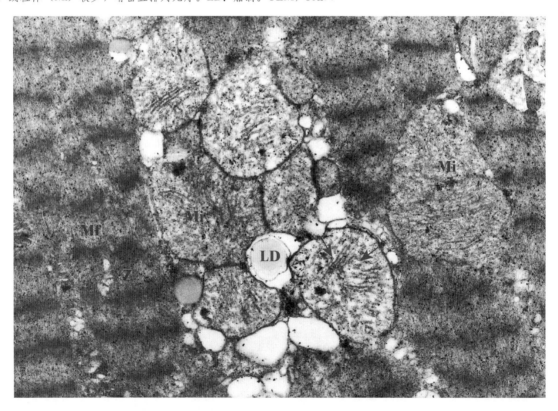

图 3-2-2-7　鸡骨骼肌。肌原纤维间线粒体（Mi）聚集成团，线粒体嵴密但排列方向不一（↑），肌原纤维（Mf）结构模糊，排列不齐，肌节微细结构不清，Z 线粗浓（Z）。LD：脂滴。TEM，25k×

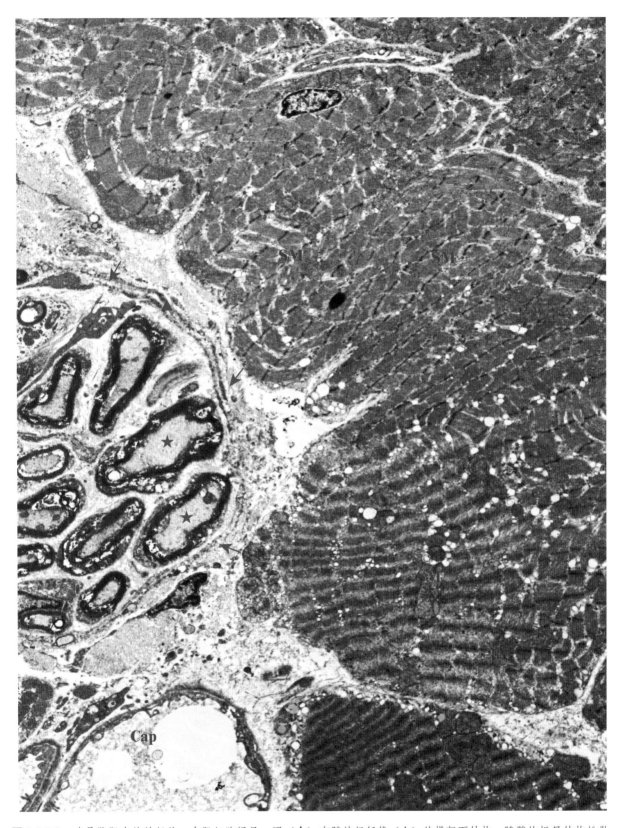

图 3-2-2-8 鸡骨骼肌内的神经丛。在肌细胞间见一团（↑）有髓神经纤维（★）的横断面结构，髓鞘的板层结构松散，外有两层结缔组织细胞包裹（▲）。骨骼肌（SM）结构清楚完好。N：骨骼肌细胞核；Cap：肌间毛细血管。TEM，4k×

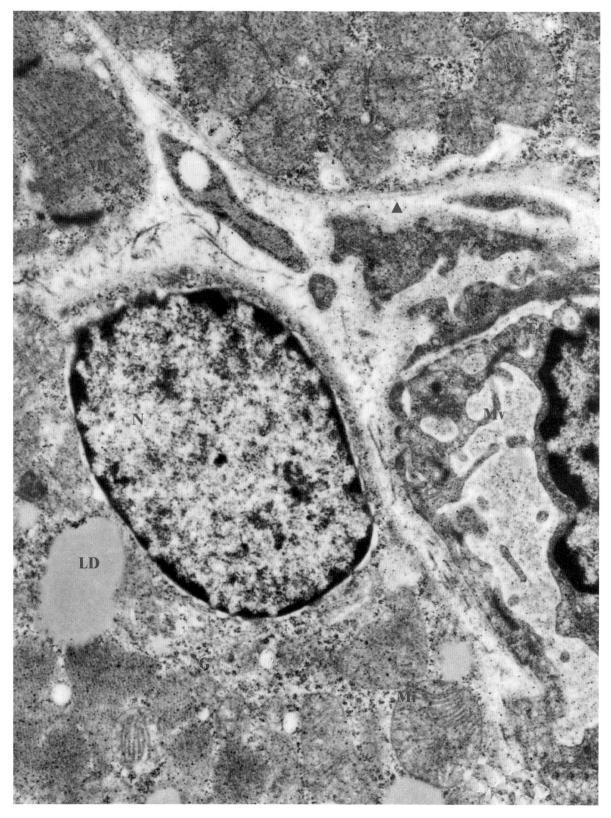

图 3-2-2-9　鸡骨骼肌。肌细胞核（N）紧贴于肌膜（↑）下，膜外可见基板（▲），肌原纤维间有丰富的糖原颗粒（G）。在肌细胞旁的毛细血管内皮细胞（EC）表面有微绒毛（Mv），胞质中有大量吞饮小泡（★）。内皮外有周细胞（PC）。Mf：肌原纤维；LD：脂滴。TEM，20k×

3. 平滑肌

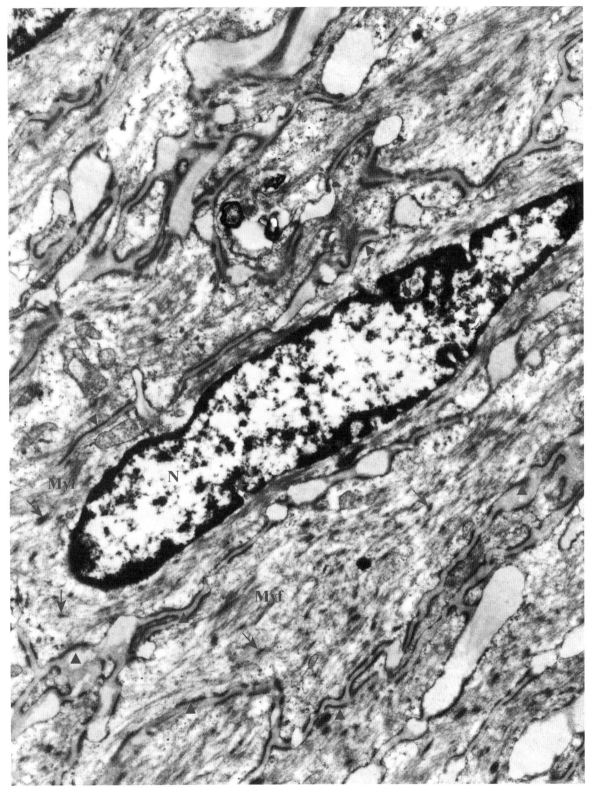

图 3-2-3-1 大熊猫子宫平滑肌细胞。平滑肌细胞为长梭形无横纹的细胞。胞质内充满肌丝（Myf）和中间丝。细胞质内分布有高电子密度的小体，即密体（↑），在细胞膜上有高电子密度的结构为密斑（▲）。细胞核（N）膜常有曲折凹陷（★）。TEM，12k×

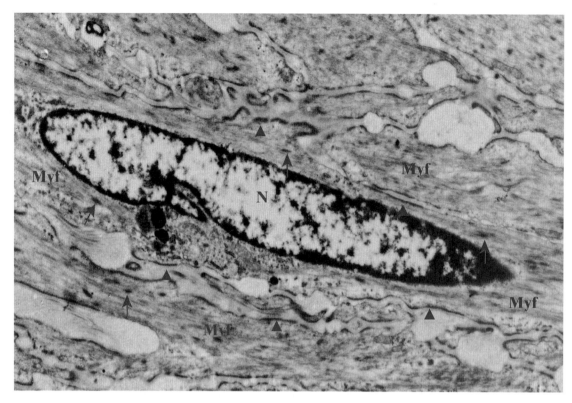

图 3-2-3-2 平滑肌细胞。细胞呈长梭形，细胞核呈长杆状（N）。胞质内肌丝（Myf）丰富。细胞质内散见密体（↑），在细胞膜上密斑（▲）密布。TEM，8k×

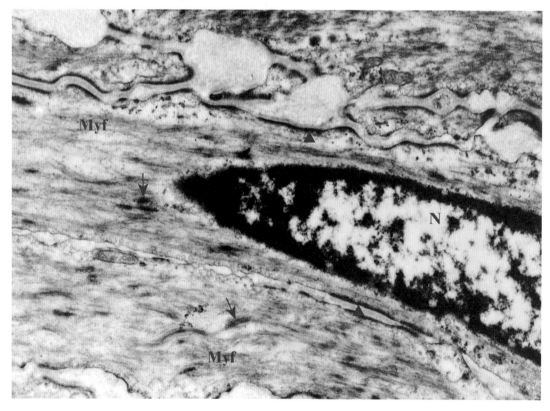

图 3-2-3-3 平滑肌细胞。细胞质内肌丝（Myf）丰富、清晰。细胞膜上密斑密布，连续成带（▲），细胞质内散见密体（↑）。N：肌细胞核。TEM，15k×

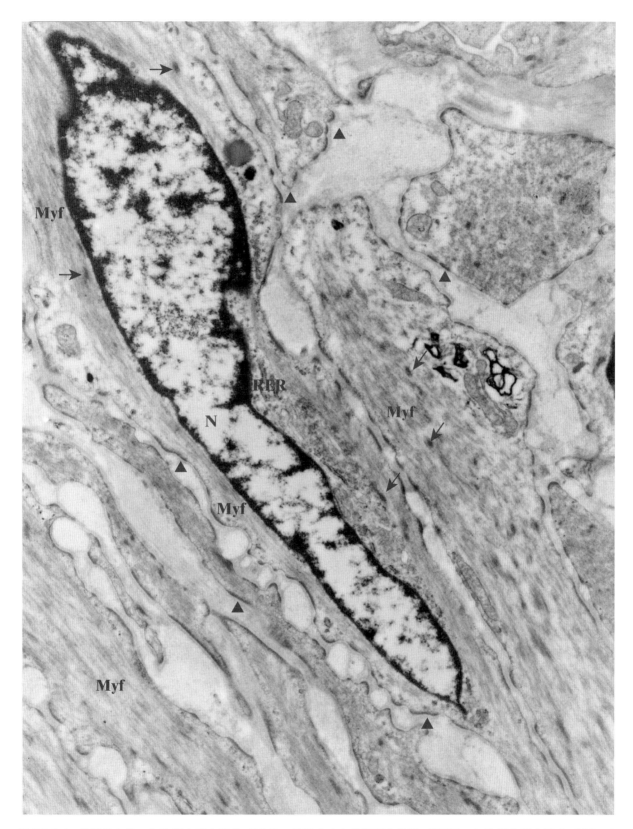

图 3-2-3-4　平滑肌细胞。细胞质内遍布肌丝（Myf），核近旁有少量粗面内质网（RER），细胞膜上密斑密布（▲），细胞质内散见密体（↑）。N：肌细胞核。TEM，12k×

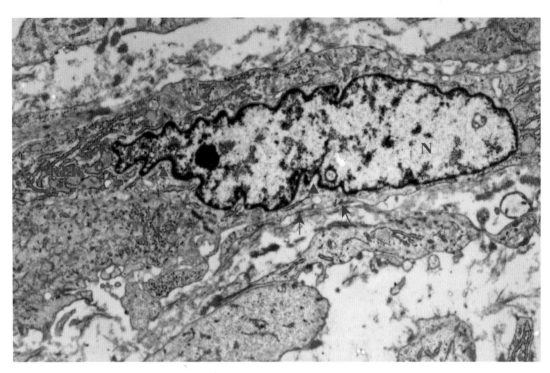

图 3-2-3-5 低分化平滑肌细胞。细胞核（N）膜曲折凹陷（▲），细胞质内肌丝稀疏难见。细胞膜上可见密斑（↑），细胞质内密体较少见，但胞质中粗面内质网（RER）很丰富。TEM，8k×

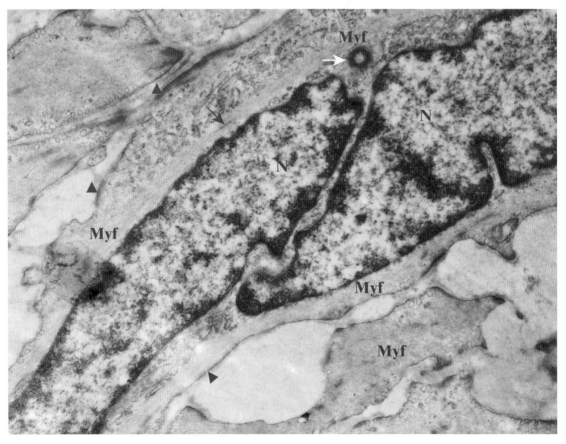

图 3-2-3-6 大熊猫子宫肌瘤中的平滑肌瘤细胞。细胞内两个核（N），核旁见一中心粒（白↑）。细胞质内肌丝（Myf）稀少，细胞膜上密斑连续成带（▲），细胞质内少见密体（↑）。TEM，20k×

第三节　神经组织

神经组织是构成机体的四种基本组织之一，可以接收来自动物机体内外环境的信息并且对这些信息进行加工、整合，从而做出适当的反应。神经系统包括中枢神经系统（central nervous system，CNS）和周围神经系统（peripheral nervous system，PNS）。周围神经系统感觉部分的功能是接收信息，其运动部分的功能是传递信息。中枢神经系统包括脑和脊髓组织，信息的分析整合以及应答作用都是由中枢神经系统来完成的。周围神经系统是中枢神经系统的延续，二者在结构和功能上都是紧密联系着的。

根据功能的不同，神经系统又可以分为躯体神经系统和自主神经系统。躯体神经系统通过意识支配随意运动，而自主神经系统则支配不随意运动。自主神经系统是调节平滑肌、心肌和某些腺体活动的运动系统，由交感神经系统和副交感神经系统组成。交感神经系统为动物机体应对内外环境的急骤变化做准备，而副交感神经系统使动物机体恢复平静状态并调控促进多数外分泌腺的分泌，二者协调统一以保持机体内外环境的平衡。

中枢神经系统受颅骨、脊柱和脑脊膜的保护。脑脊膜由三层结缔组织鞘构成。最外层是厚的纤维性的硬膜；硬膜的深面是蛛网膜，为一种无血管的结缔组织膜；最内层是含血管的软膜，软膜与中枢神经系统紧密相贴。蛛网膜和软膜之间的腔隙内有脑脊液（cerebrospinal fluid，CSF）。

1. 神经元和支持细胞

神经元是神经系统的结构和功能单位，是一种高度分化的细胞，具有接受刺激和传导冲动的功能。每个神经元都由细胞体（又称胞体）、核周质和长度不等的突起构成。突起分为轴突和树突，二者位于胞体相对的两侧。一个神经元只有一个轴突。根据神经元树突的多少，将神经元分为单极神经元（一个突起，无树突；可见于低等动物，脊椎动物中罕见）、双极神经元（一个轴突和一个树突）和多极神经元（一个轴突和多个树突）。以多极神经元更为常见。另一类神经元是假单极神经元，这类神经元的单个轴突和树突在胚胎发育过程中融合在一起，因此给我们一个单极神经元的假象。

神经元也可以按照其功能分类。感觉神经元接受来自机体内、外环境的刺激，并将这些刺激产生的冲动传向 CNS，以便加工处理。中间神经元在神经元之间起联络作用，典型的是 CNS 中在感觉神经元和运动神经元之间的联络神经元。运动神经元将冲动从 CNS 传给靶细胞（肌细胞，腺细胞和其他神经元）。

信息从一个神经元传到另一个神经元要经过细胞间的间隙或缝隙——突触。根据神经元参与形成突触的部位不同，突触可分为轴-树突触、轴-体突触、轴-轴突触或树-树突触。大多数突触是轴-树突触，并会涉及多种神经递质中的一种（如乙酰胆碱），该递质由突触前神经元的轴突释放到突触间隙中；这些化学物质迅速使突触后神经元的树突膜发横变化，引起突触后神经元去极化，导致其轴突末端释放神经递质。这种使神经冲动传导的化学性突触称兴奋性突触。另一类突触通过稳定突触后神经元的细胞膜而阻止神经冲动的传导，称抑制性突触。

神经胶质细胞的功能是参与神经元的新陈代谢，并对神经元起支持和保护的作用。为了防止神经元的细胞膜自发或偶发的去极化，特化的神经胶质细胞在神经元表面形成了一层包被。在 CNS，这些胶质细胞被称为星形胶质细胞和少突胶质细胞。在 PNS 称为施万细胞和被囊细胞。少突胶质细胞和施万细胞可形成髓鞘包裹在轴突周围，髓鞘可增加冲动沿轴突传导的速度。一个施万细胞（或少突胶质细胞）形成的髓鞘末端与下一个细胞形成的髓鞘起始端之间的区域称郎飞结。此外，CNS 还有小胶质细胞，其为源于单核细胞的巨噬细胞，以及衬于脑室和脊髓的中央管的室管膜细胞。

神经节是 PNS 中神经元胞体的集合。而 CNS 中，类似的神经元胞体集合称神经核。在 CNS，一束轴突聚集在一起称神经束，又称神经纤维束。而 PNS 中同样的结构则称为周围神经，又称神经。

2. 周围神经

周围神经是由许多神经纤维集合而成的神经纤维束。神经纤维束外有一层厚的结缔组织鞘，称神经外膜。神经外膜内的每个神经束外有神经束膜包裹，神经束膜的外层是结缔组织，内层则由扁平上皮细胞组成。每条神经纤维和与之相连的施万细胞外有薄层结缔组织鞘，称神经内膜，神经内模内含有成纤维细胞、胶原纤维和网状纤维，偶见巨噬细胞。其纵断面呈波浪状，曲折型，低倍镜下，神经束膜清晰可见，高倍镜下可辨认郎飞结。其横断面的主要特征是可见许多不规则的小圆圈，中央有一个点，在点和圆周界之间是稀疏的轮辐状物质。这些结构分别是神经膜、被抽提的髓磷脂（神经角蛋白）和中央的轴突，偶可见新月形的施万细胞核环绕在髓磷脂外面。

本节图片

1. 脑组织　　图 3-3-1-1 至图 3-3-1-24
2. 脊髓　　　图 3-3-2-1 至图 3-3-2-10

1. 脑组织

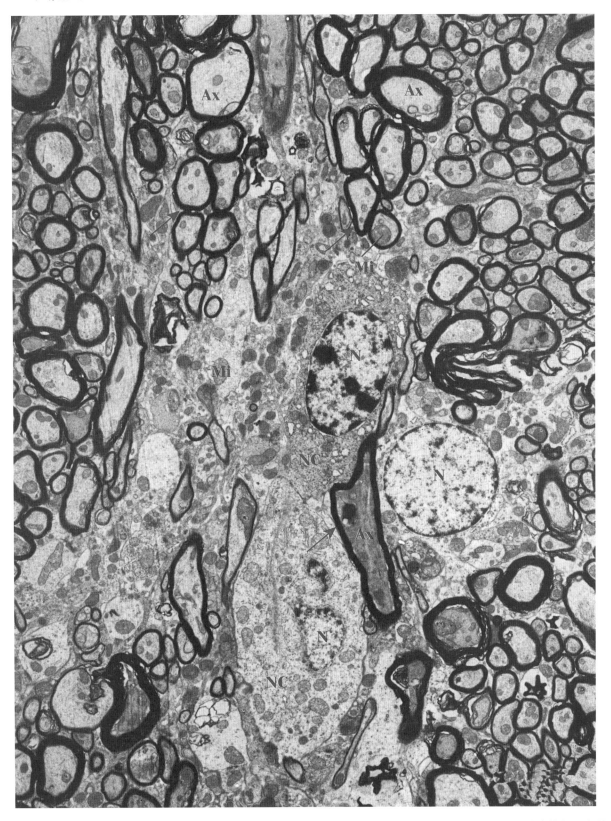

图 3-3-1-1　健康沙鼠脑组织。神经细胞（NC）胞质基质致密，细胞器丰富。成片的有髓神经纤维髓鞘结构紧密完整
（↑）。神经元轴突（Ax）、线粒体（Mi）等结构清晰可见。N：细胞核。TEM，4k×

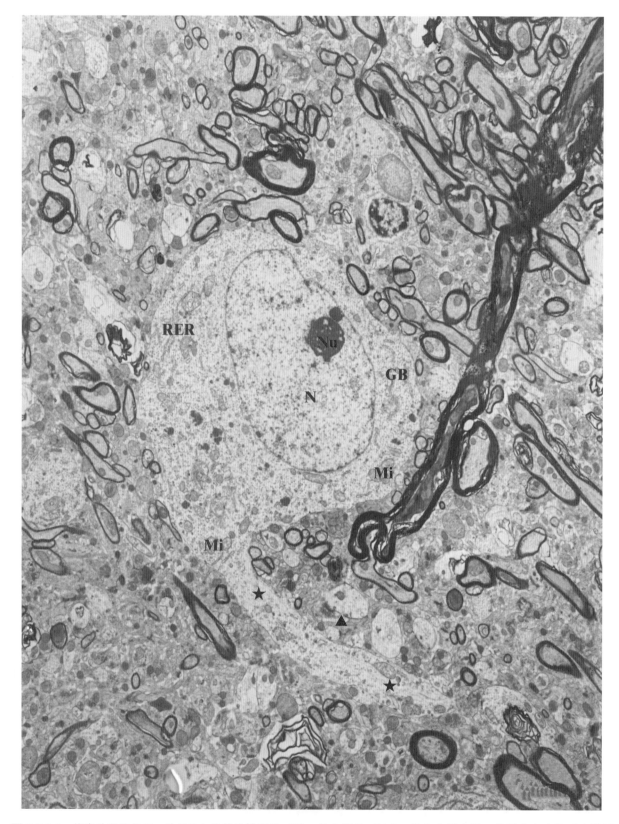

图 3-3-1-2 健康沙鼠脑组织。神经元细胞核呈椭圆形（N），核仁明显（Nu），常染色质丰富，胞质内含有粗面内质网（RER），可见神经细胞的突起穿行于神经纤维间（★），突起内见少数线粒体（Mi）。GB：高尔基体；▲：突触结构。TEM，4k×

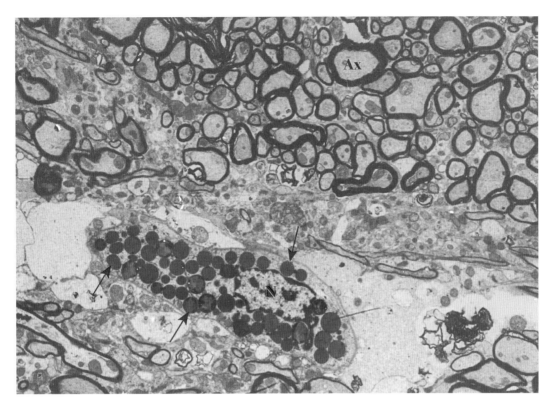

图 3-3-1-3　沙鼠脑组织。在脑实质中见一神经内分泌细胞，其胞质中充满了大小不一、圆形的分泌颗粒（↑）。N：细胞核；Ax：神经元轴突。TEM，4k×

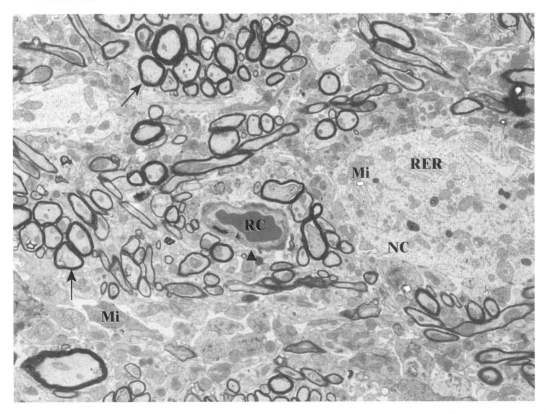

图 3-3-1-4　健康沙鼠脑组织。神经纤维髓鞘结构紧密（↑）。神经元（NC）基质丰富，胞质中含有丰富的粗面内质网（RER）及线粒体（Mi）。▲：毛细血管；RC：红细胞。TEM，4k×

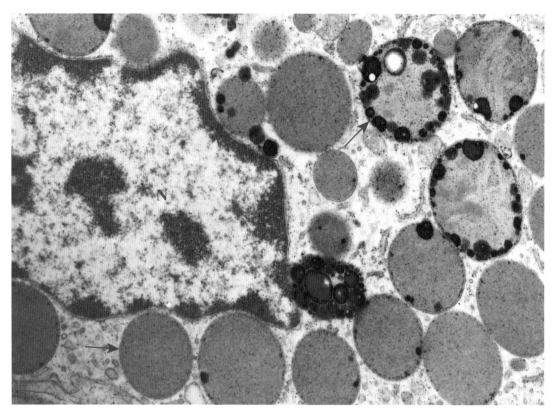

图 3-3-1-5 健康沙鼠脑组织。神经内分泌细胞中含有丰富的分泌颗粒（↑），分泌颗粒呈圆形，大小不一。N：细胞核。TEM，25k×

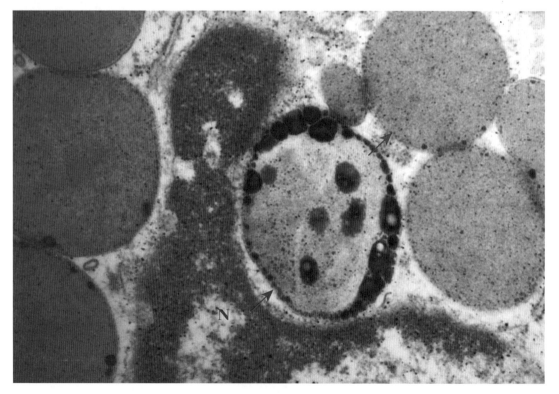

图 3-3-1-6 健康沙鼠脑组织。神经内分泌细胞中含有丰富的分泌颗粒（↑），分泌颗粒呈圆形，大小不一，细胞核在分泌颗粒的挤压下变得形态不规则。N：细胞核。TEM，50k×

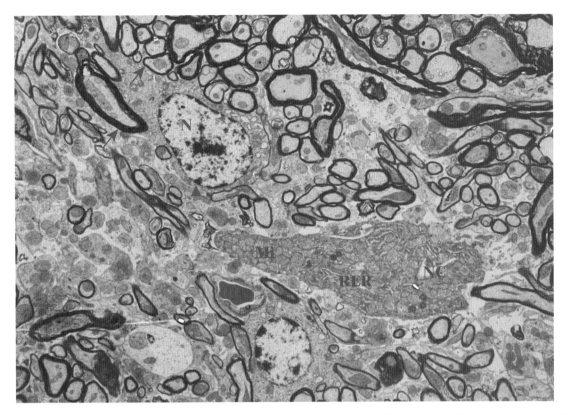

图 3-3-1-7　健康沙鼠脑组织。有髓神经纤维（↑）髓鞘结构紧密，围绕少突胶质细胞（▲）排列。神经细胞（NC）质中线粒体（Mi）及粗面内质网（RER）丰富。N：细胞核；RC：红细胞。TEM，4k×

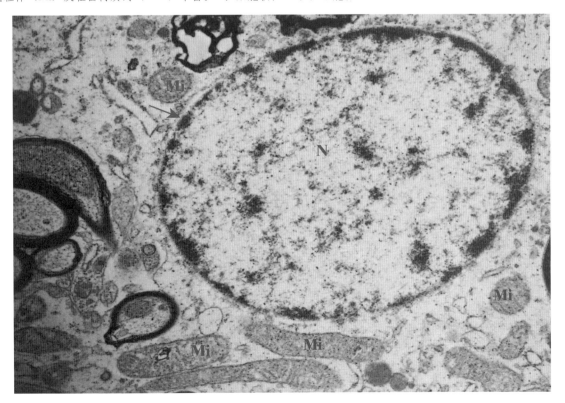

图 3-3-1-8　健康沙鼠脑组织。神经细胞核（N）大而圆，核内常染色质丰富，核膜清晰（↑），胞浆内含有丰富的线粒体（Mi）。TEM，20k×

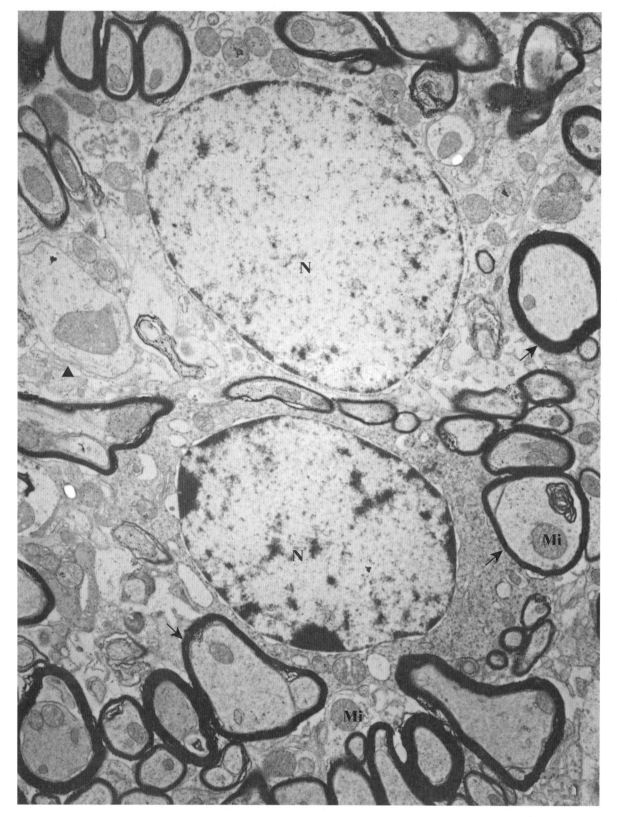

图 3-3-1-9 健康沙鼠脑。有髓神经纤维髓鞘结构紧密，排列整齐（↑），神经细胞核（N）呈卵圆形，核膜清晰，核内常染色质丰富。▲：无髓神经纤维；Mi：线粒体。TEM，8k×

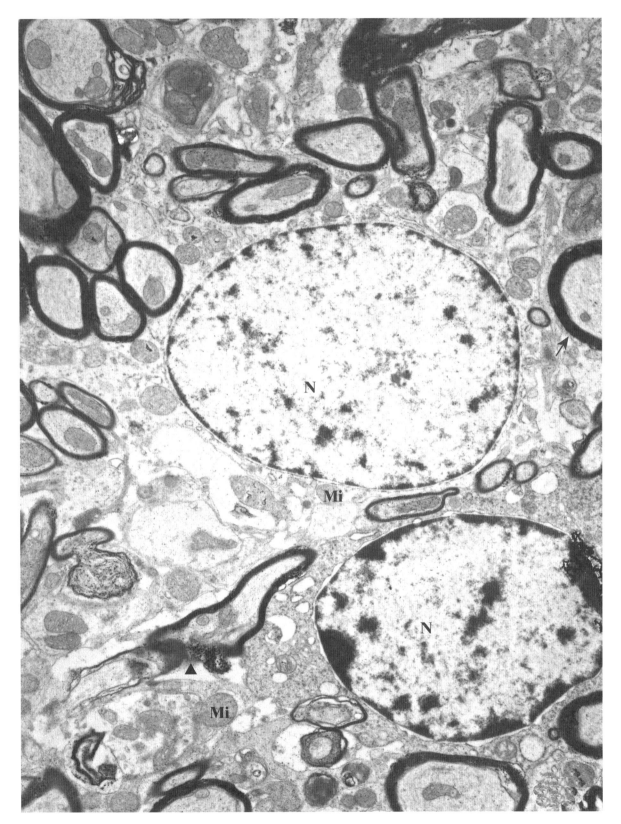

图 3-3-1-10　健康沙鼠脑。有髓神经纤维髓鞘结构紧密（↑）；神经细胞核（N）呈卵圆形，核膜清晰，核内常染色质丰富。▲：突触结构，靠近突触前膜可观察到突触小泡；Mi：线粒体。TEM，8k×

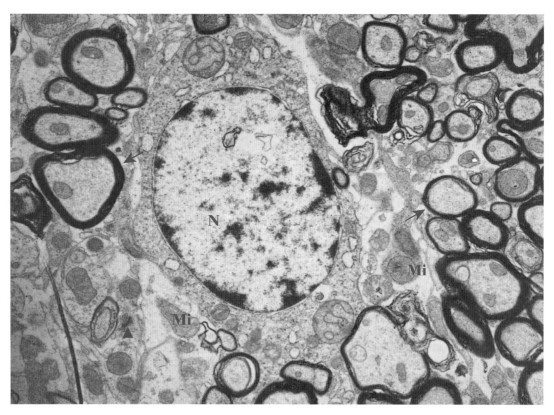

图 3-3-1-11 沙鼠脑组织。神经细胞核（N）呈椭圆形，核膜清晰、平整，胞质基质丰富；可以观察到明显的突触结构（▲），并可见游离的线粒体（Mi）。神经髓鞘结构紧密（↑）。TEM，10k×

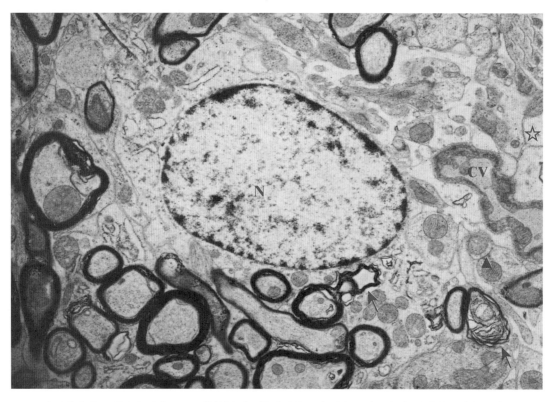

图 3-3-1-12 沙鼠脑组织。神经细胞核（N）呈椭圆形，核膜清晰；个别有髓神经纤维髓鞘发生变性溶解，髓鞘板层结构松散（↑）。▲：突触结构；☆：神经毡结构；CV：毛细血管腔。TEM，10k×

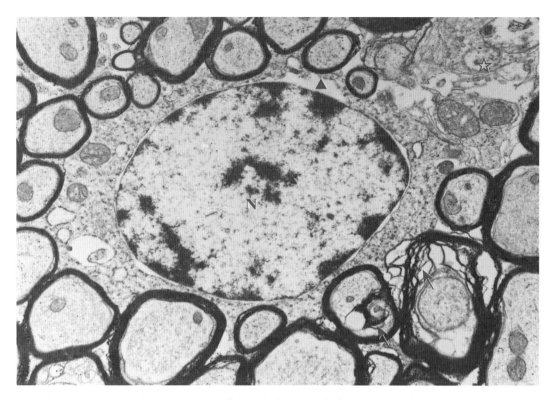

图 3-3-1-13　沙鼠脑组织。部分有髓神经纤维髓鞘发生变性溶解，结构松散紊乱（↑）；神经细胞核（N）呈椭圆形，核周隙增大（▲）；无髓神经纤维发生变性溶解（☆）。TEM，15k×

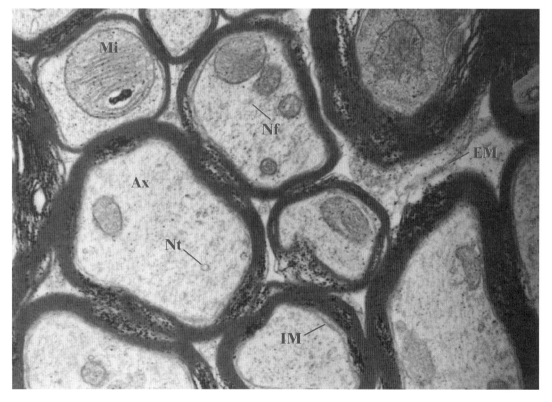

图 3-3-1-14　沙鼠脑组织。有髓神经纤维髓鞘结构紧密，线粒体嵴清晰可见（Mi）。Ax：神经元轴突，Nf：神经丝，Nt：神经微管，IM：内轴突系膜，EM：外轴突系膜。TEM，30k×

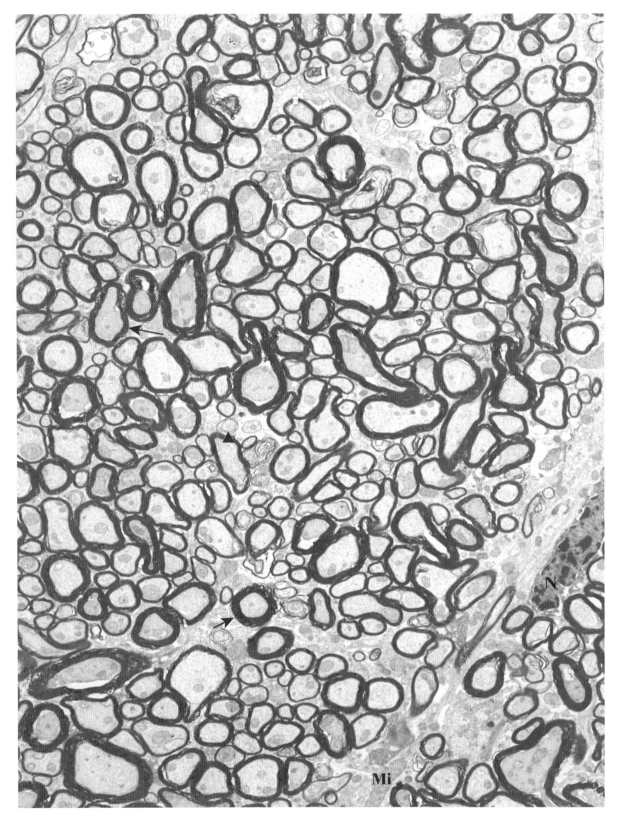

图 3-3-1-15 沙鼠脑组织。大量有髓神经纤维密集排列，神经纤维髓鞘结构紧密（↑），其间分布有少数无髓神经纤维（▲）。N：细胞核；Mi：线粒体。TEM，4k×

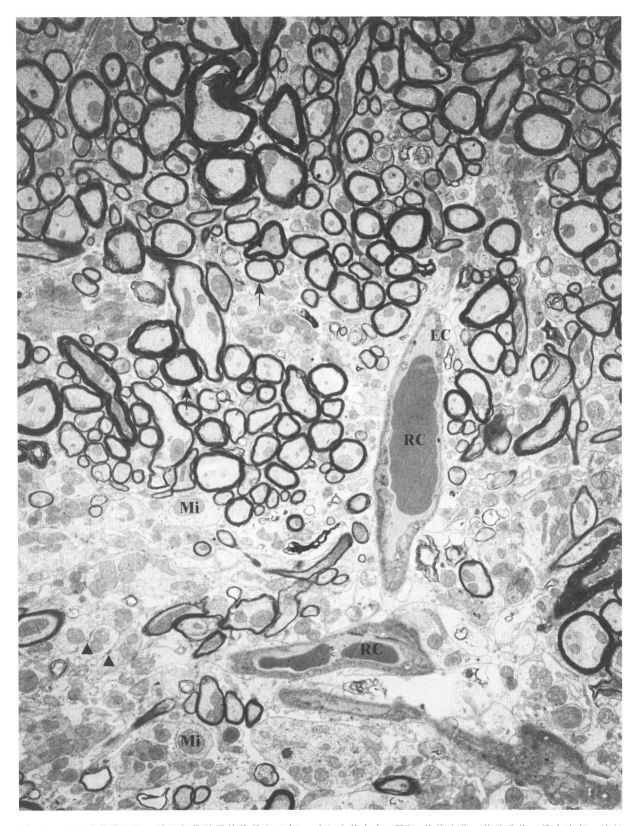

图 3-3-1-16 沙鼠脑组织。神经纤维髓鞘结构紧密（↑），毛细血管内皮（EC）结构完整，管壁平整、层次清晰。神经纤维中线粒体（Mi）丰富；可以观察到突触结构（▲）。RC：红细胞。TEM，4k×

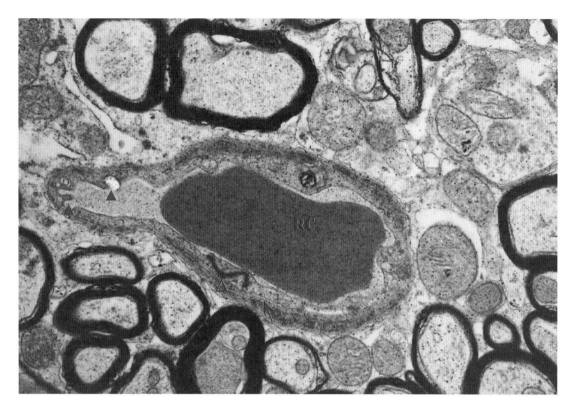

图 3-3-1-17 沙鼠脑组织。毛细血管壁结构层次清晰，基底膜（↑）连续完整，血管内皮细胞的连接复合物（△）结构清晰，管腔中可见红细胞（RC），血管内皮细胞腔面出现凹陷，是其内吞作用的表现（▲）。TEM，20k×

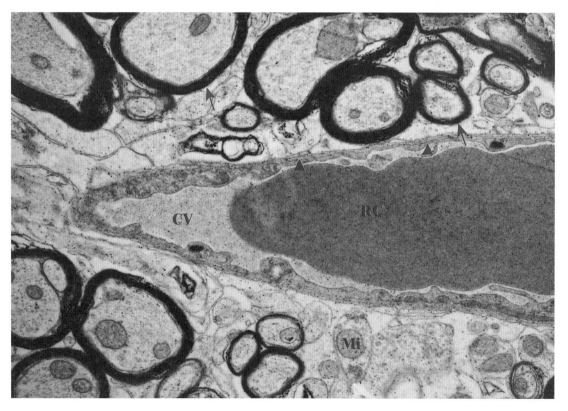

图 3-3-1-18 沙鼠脑组织。神经纤维髓鞘结构紧密（↑）；毛细血管结构层次清晰，基底膜（▲）连续完整，管腔中可见红细胞（RC）。CV：毛细血管腔；Mi：线粒体。TEM，20k×

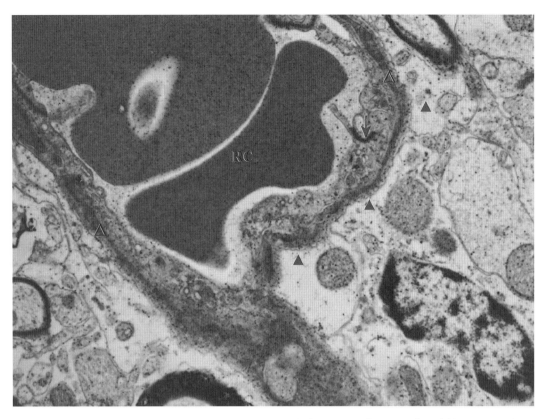

图 3-3-1-19　沙鼠脑组织血管。管腔内可见红细胞（RC），血管内皮细胞连接复合物（↑）结构清晰，基膜厚且连续完整（△），血管外包绕着星形胶质细胞足板（▲）。TEM，20k×

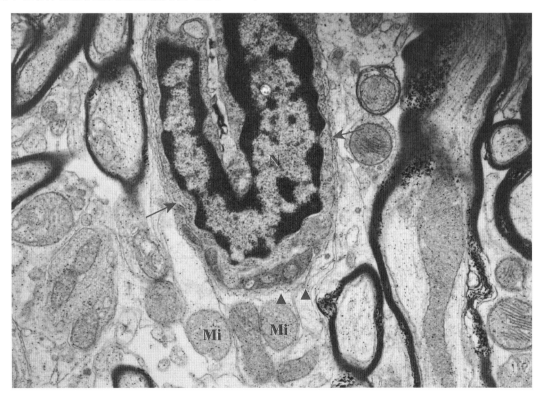

图 3-3-1-20　沙鼠脑组织毛细血管。内皮细胞核（N）长而大，基膜（↑）连续完整结构清晰，血管外包绕着星形胶质细胞足板（▲），其中含有丰富的线粒体（Mi）。TEM，20k×

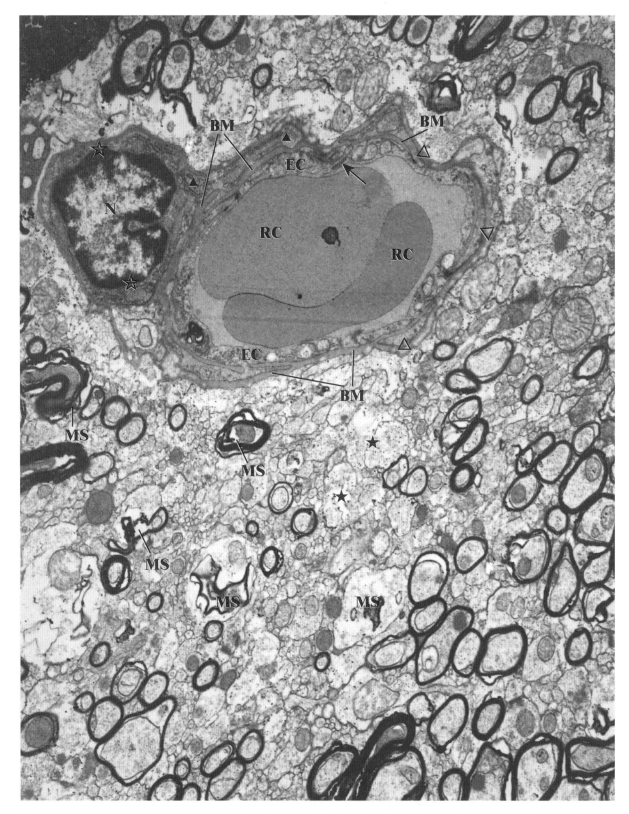

图 3-3-1-21 感染 HEV 沙鼠脑组织。毛细血管内皮及周细胞外基底膜（BM）增生，曲折不平。左上角见一小胶质细胞（☆）伸出伪足（▲）紧贴于基底膜外，参与血-脑屏障的构建。血管外周有髓神经纤维（MS）及无髓神经纤维（★），结构异常，有的发生溶解。RC：红细胞；△：周细胞；↑：内皮细胞连接复体；N：小胶质细胞核。TEM，10k×

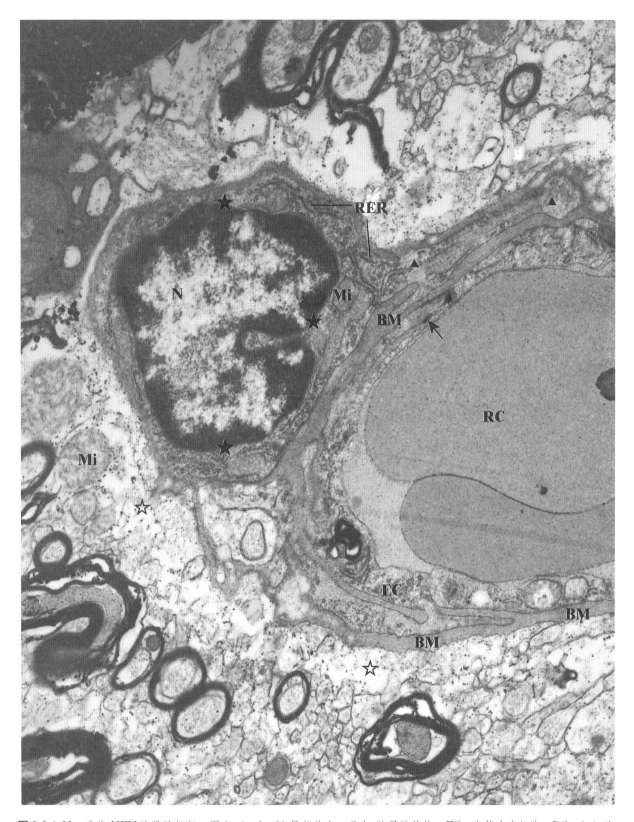

图 3-3-1-22 感染 HEV 沙鼠脑组织。图 3-3-1-21 局部放大，示血-脑屏障结构。EC：血管内皮细胞；RC：红细胞；★：小胶质细胞；▲小胶质细胞突起；↑：内皮细胞间连接；BM：基膜；Mi：线粒体。小胶质细胞胞浆电子密度高，在胞浆内明显可见粗面内质网（RER）；包绕在血管外的星形胶质细胞足板（☆）结构异常，基质发生溶解。N：小胶质细胞核。TEM，20k×

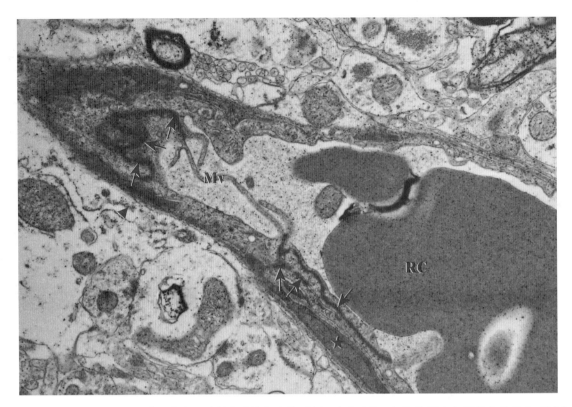

图 3-3-1-23 沙鼠脑组织毛细血管。内皮细胞紧密连接复合体（↑）清晰可见；细胞腔面有细而长的微绒毛（Mv）；血管外有星形胶质细胞足板（▲）包绕。RC：红细胞；★：周细胞。TEM，20k×

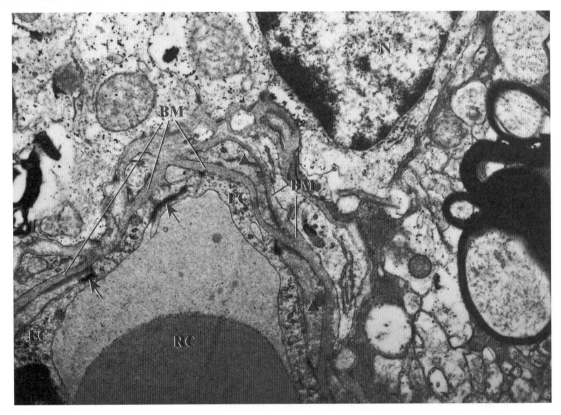

图 3-3-1-24 感染 HEV 沙鼠脑组织血管。内皮外包绕着周细胞突（▲），血管内皮基底膜（BM）增生、增厚，形成分支交互成网；内皮细胞连接复合体（↑）清晰可见。EC：血管内皮细胞；RC：红细胞；N：细胞核。TEM，20k×

2. 脊髓

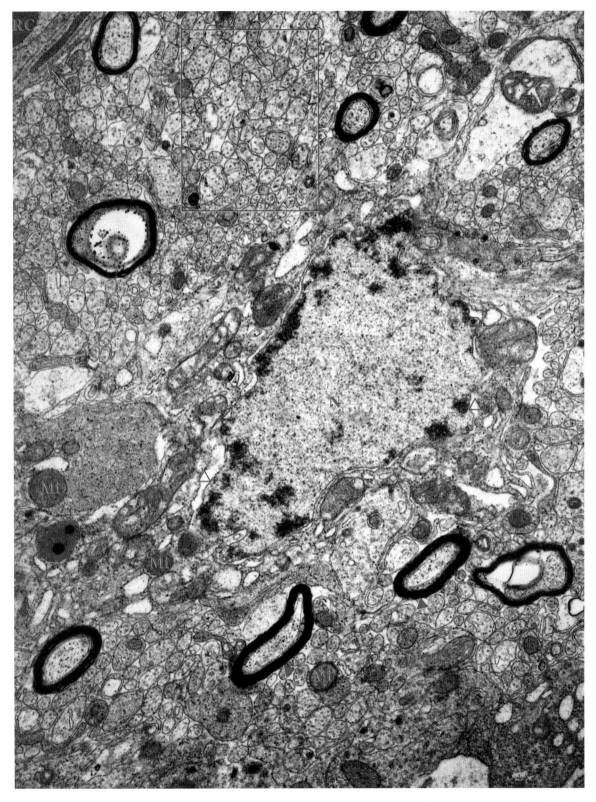

图 3-3-2-1　沙鼠脊髓组织。神经细胞核（N）常染色质丰富，核膜曲折不平，核周隙（△）明显。；密集、成片分布的无髓神经纤维（□）结构清晰完整；散在少数有髓神经纤维，髓鞘（▲）结构致密、粗细均匀；毛细血管管壁结构层次清晰（↑）。RC：红细胞；Mi：线粒体。TEM，20k×

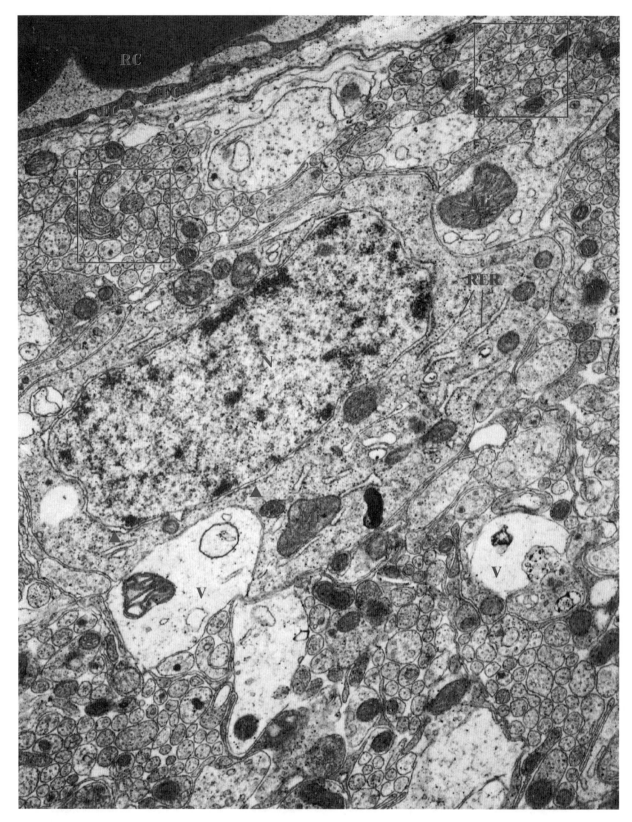

图 3-3-2-2 沙鼠脊髓组织。神经细胞核（N）常染色质丰富，核膜（▲）清晰；毛细血管管腔扩张，管壁薄，结构层次清晰（↑）；无髓神经纤维密集排列（□）。Mi：线粒体；RC：红细胞；EC：血管内皮细胞；RER：粗面内质网；V：空泡变性。TEM，20k×

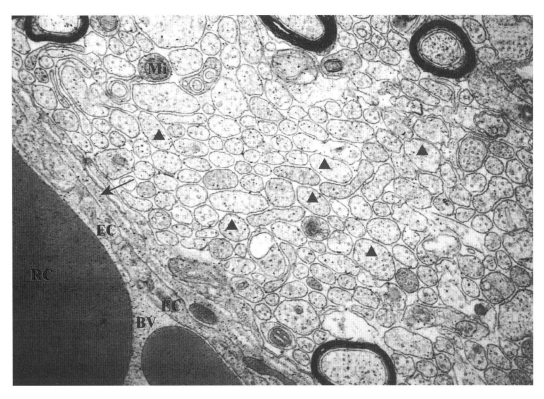

图 3-3-2-3　沙鼠脊髓组织。无髓神经纤维（▲）横切；RC：红细胞；EC：血管内皮细胞；BV：血管腔；Mi：线粒体；
↑：血管基底膜。TEM，40k×

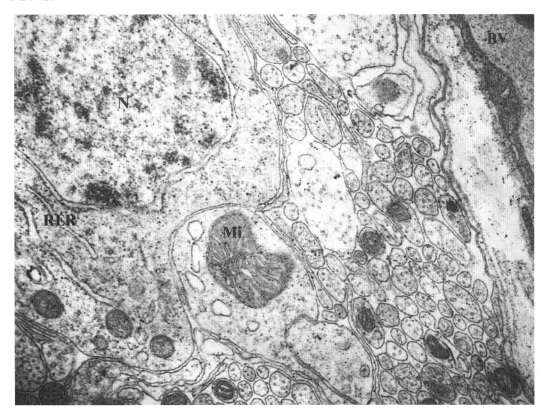

图 3-3-2-4　沙鼠脊髓组织。神经细胞核（N）核膜清晰，胞浆内可观察到粗面内质网（RER）结构；无髓神经纤维界
限清楚，线粒体（Mi）嵴密集，排列整齐。EC：血管内皮细胞；BV：管腔。TEM，40k×

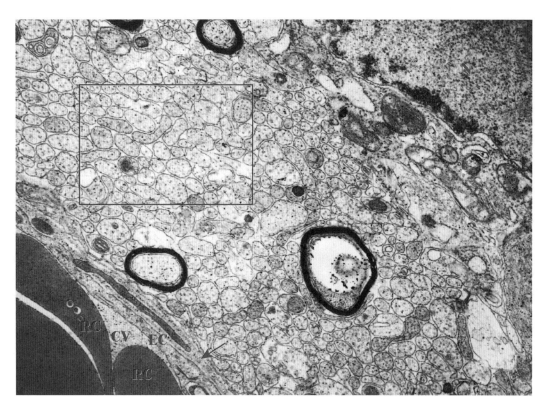

图 3-3-2-5 沙鼠脊髓组织。无髓神经纤维（□）横切；RC：红细胞；EC：血管内皮细胞；CV：毛细血管腔；↑：血管基底膜；N：神经细胞核。TEM，30k×

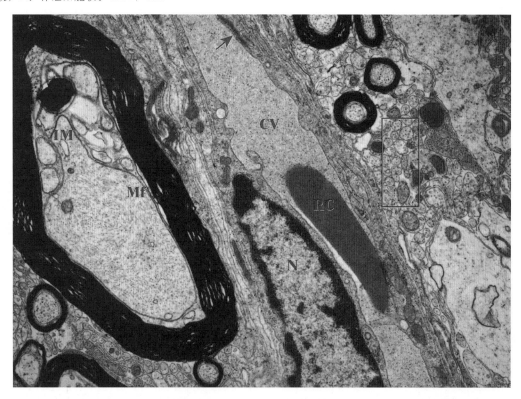

图 3-3-2-6 沙鼠脊髓组织。毛细血管管壁结构层次清晰，血管内皮细胞核（N）呈梭形，管腔内可见红细胞（RC）；□：无髓神经纤维；Mf：有髓神经纤维；IM：内轴突系膜；CV：毛细血管腔；↑：血管内皮细胞连接复合物；▲：血管壁基底膜。TEM，20k×

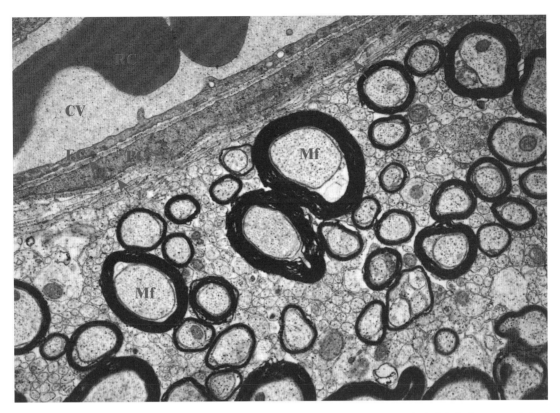

图 3-3-2-7 沙鼠脊髓组织。毛细血管管壁结构层次清晰，内皮细胞呈扁平状。Mf：有髓神经纤维；RC：红细胞；EC：血管内皮细胞；CV：毛细血管腔；↑：血管基底膜；PC：周细胞。TEM，20k×

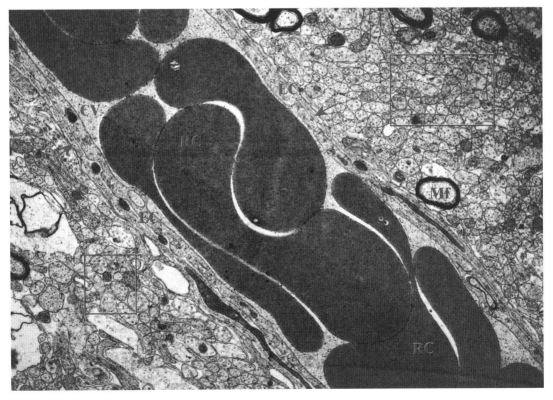

图 3-3-2-8 沙鼠脊髓组织。血管管壁结构层次清晰，管腔内可见红细胞（RC）。□：无髓神经纤维横切；Mf：有髓神经纤维；CV：毛细血管腔；↑：血管壁基底膜；EC：血管内皮细胞。TEM，20k×

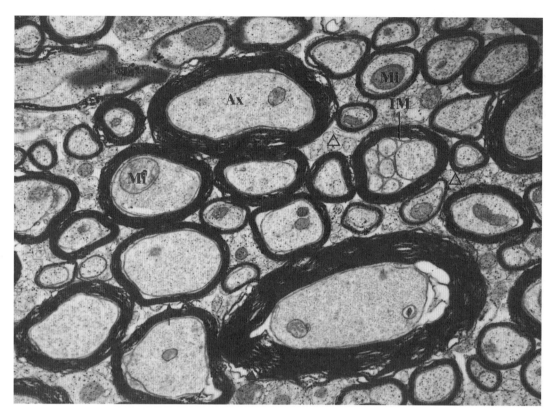

图 3-3-2-9 沙鼠脊髓组织。有髓神经纤维横切（↑），部分髓鞘结构稍松散（▲）；有髓神经纤维间散布着无髓神经纤维（△）。Ax：神经元轴突；IM：内轴突系膜；Mi：线粒体。TEM，20k×

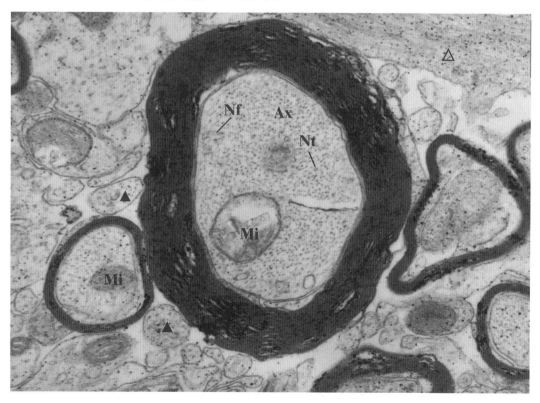

图 3-3-2-10 沙鼠脊髓组织。有髓神经纤维横切（↑），神经元轴突（Ax）内可观察到神经丝（Nf）和神经微管（Nt）结构。△：无髓神经纤维纵切；▲：无髓神经纤维横切；Mi：线粒体。TEM，40k×

第四节　固有结缔组织

固有结缔组织（connective tissue proper）是由细胞和细胞间质组成的，特点是细胞数量较少，细胞间质多，细胞分散在大量的细胞间质内。固有结缔组织可分为纤维结缔组织和有特殊性质的结缔组织。前者以纤维为其显著特点，再按纤维排列疏松或致密程度而区分为疏松结缔组织和致密结缔组织。致密结缔组织按排列规则程度又可分为规则的（如肌腱和韧带）和不规则的致密结缔组织。特殊性质的结缔组织是指黏液组织、网状组织、脂肪组织等。本节主要介绍疏松结缔组织。

疏松结缔组织（loose connective tissue）又称蜂窝组织（areolar tissue），在机体内分布广泛，支持和连接着各种组织或器官，也构成某些器官如腺体、肝、肺肾等的间质。疏松结缔组织常常包围血管、神经和肌肉，故也充填于周围神经纤维之间、肌细胞之间和其他类型细胞之间。血管内的血液与其周围的组织或细胞之间的物质交换，大多也是经疏松结缔组织进行的。疏松结缔组织也是由细胞和细胞间质组成的，其特点是细胞种类较多，纤维排列稀疏，被埋在大量的基质之中，基质被溶解后，纤维间的空隙明显，呈蜂窝状。

疏松结缔组织中的细胞种类较多，一类是常在的定居细胞，如成纤维细胞、巨噬细胞、浆细胞、肥大细胞、脂肪细胞、未分化的间充质细胞；另一类是游走的细胞，如中性粒细胞、嗜酸性粒细胞、淋巴细胞等，细胞数量不定，是由血液迁移来的暂时出现的血源性细胞。当发生炎症反应时，这些细胞大量地从血管进入周围的结缔组织内，当炎症消退后，这些细胞趋于消失。结缔组织的细胞间质包括纤维和基质两部分。纤维分为胶原纤维、网状纤维和弹性纤维；基质则由蛋白多糖和糖蛋白两类生物大分子组成。

一、细胞成分

1. 成纤维细胞（fibroblast）

成纤维细胞是疏松结缔组织内数量最多、最常见的一种细胞，负责合成胶原纤维、弹性纤维和网状纤维以及许多基质成分。也具有吞噬异物颗粒的作用，而且还可以在淋巴因子作用下发生趋化性移动作用。成纤维细胞的形态在不同时期有所不同。在静止期呈长梭形，胞浆内有一些微丝、微管和中间丝。在活跃期，细胞体积变大，胞浆内可见发达的高尔基复合体明显扩大，粗面内质网和核糖体更丰富，及少量的线粒体。

2. 巨噬细胞（microphage）

巨噬细胞是机体内吞噬作用最强的细胞。起源于骨髓单核细胞，迁移到结缔组织中，功能是摄取（吞噬）外来的颗粒物质，还参与增强淋巴细胞的免疫学活性。巨噬细胞的大小差异较大。直径为 $20\sim 50\ \mu m$，细胞外形不规则，细胞表面常见有很多皱褶，不规则的微绒毛和少数球形隆起（内含吞噬体）。细胞核常有凹陷，呈卵圆形或马蹄形，异染色质呈小块状沿核膜内侧分布，核孔多。核凹陷处有中心体及高尔基复合体。胞质中散在中等量的游离核糖体和少量滑面内质网。最大的特点是胞质中含有大量溶酶体。

3. 浆细胞（plasma cell）

浆细胞是机体内产生抗体的细胞。浆细胞是在慢性炎症期间存在的主要细胞类型。这些细胞起源于淋巴细胞的一个亚群，负责合成和释放抗体。浆细胞直径为 $8\sim 20\ \mu m$，成熟的浆细胞胞质内充满粗面内质网和大量游离核糖体，核呈圆形偏于一侧，异染色质多，沿核膜内侧呈辐射状分布，形似车轮。细胞表面光滑，仅有很少的突起。

4. 肥大细胞（mast cell）

肥大细胞也是疏松结缔组织内一种常见的细胞。肥大细胞通常出现在小血管和淋巴管附近，此类细胞含有许多异染颗粒，其中含有组胺和肝素成分，前者是一种平滑肌收缩剂，后者是一种抗凝剂。肥大细胞还释放嗜酸性粒细胞趋化因子和白三烯。由于肥大细胞质膜外表面存在免疫球蛋白，在敏感的个体这些细胞可以脱颗粒（即释放颗粒内容物），导致过敏反应。在有些急性炎症过程中，肥大细胞明显增多。肥大细胞为圆形或卵圆形，体积较大，直径为 $20\sim30~\mu m$。肥大细胞表面有大量的相当于嵴状皱褶的微绒毛状突起和小皱襞。细胞质内有很多分泌颗粒，呈圆形或卵圆形，大小不一，表面由单位膜包裹。高尔基复合体发达，游离核糖体和粗面内质网较少。胞质中线粒体不发达。

5. 脂肪细胞（fat cell）

脂肪细胞的体积大，直径为 $100\sim200~\mu m$，常呈圆球形，若相互挤压则呈多边形。胞质大部分被脂滴占据，细胞核及细胞器被挤到一侧边缘。细胞质少，细胞器不发达。脂肪细胞可以在疏松结缔组织中形成小簇或大量聚集，其存储脂肪形成脂肪组织，从而起到保护、隔离和缓冲身体中众多脏器的作用。

6. 未分化的间充质细胞

该细胞含有较少的线粒体和内质网。

7. 中性粒细胞（neutrophil granulocyte）

中性粒细胞又称小吞噬细胞，是炎症反应中最活跃的一种细胞。细胞直径 $10\sim12\mu m$，胞核呈肾形、杆状或分叶状，越老分叶越多，胞浆微嗜碱性。细胞浆内富含中性颗粒。中性颗粒含有多种酸性水解酶，具有活跃游走和吞噬功能。当其进入炎灶后，出现脱颗粒现象，所以在炎区的中性粒细胞，常常只见其核。中性粒细胞是机体清除和杀灭病原微生物的主要成分。是急性炎症、化脓性炎症及炎症早期最常见的炎细胞，故又称急性炎细胞。

8. 嗜酸粒细胞（acidophilic granulocyte）

直径 $12\sim17\mu m$，成熟细胞核多分为两叶，呈八字叶状，胞浆内含有丰富粗大的强嗜酸性颗粒即溶酶体，内含多种水解酶，但不含溶菌酶和吞噬素。当其颗粒释放时可水解组胺等，对抑制 I 型超敏反应有重要的意义。嗜酸性粒细胞常见于寄生虫感染和过敏反应性炎症反应的局部，在寄生虫引起的炎灶内，释放物可吸附于虫体表面，其中所含的主要碱性蛋白、阴离子蛋白和过氧化物酶可导致虫体死亡。具有一定的吞噬能力，运动和吞噬能力较弱，能吞噬变态反应时抗原抗体复合物，调整限制速发型变态反应，同时对寄生虫有直接杀伤作用。

9. 淋巴细胞（lymphocyte）

淋巴细胞是结缔组织内最小的游走细胞，包括 T 淋巴细胞和 B 淋巴细胞，它们也是自血液穿过血管壁而进入到结缔组织中的。

10. 红细胞（erythrocyte/red blood cell）

红细胞是数量最多的血细胞。在扫描电镜下，哺乳动物的红细胞呈两面微凹的圆盘状，表面平滑，直径为 $7.2\sim7.5\mu m$；禽类及鱼类的红细胞为卵圆形。透射电镜下，红细胞呈中等或电子密度偏高的均质状。哺乳动物成熟的红细胞无核，禽类及鱼类的红细胞有核，细胞质中无其他细胞器。

二、间质纤维成分

1. 胶原纤维（collagen fiber）

超微结构单位为胶原原纤维，具有 67 nm 的周期性横纹。胶原纤维直径为 $1\sim20~\mu m$，由许多胶原原纤维借少量黏合质集合而成，胶原原纤维直径与胶原原纤维聚合程度相关，一般为 $20\sim200~nm$。电镜下可见胶原原纤维具有 67 nm 的周期性横纹。

2. 网状纤维（reticular fiber）

主要由Ⅲ型胶原蛋白组成，并常伴有其他类型胶原蛋白、蛋白多糖和糖蛋白。比胶原纤维更细，直径 $0.2\sim1.0~\mu m$，网状纤维由直径约 35 nm 的细细原纤维组成，原纤维间由蛋白多糖和糖蛋白构成的桥状结构相连接。

3. 弹性纤维（elastic fiber）

由中央无定形的核心部分和周围环绕的微原纤维组成，呈不规则的毛刺棒状体，核心部分电子密度低。弹性纤维直径为 $1\sim10~\mu m$，微原纤维由原纤维蛋白构成，微原纤维直径 $10\sim12$ nm，呈串珠状链，串珠直径 25 nm。

三、毛细血管

毛细血管是结缔组织中的重要结构。毛细血管管径一般为 $6\sim8~\mu m$，血窦较大，直径可达 $40~\mu m$。毛细血管管壁主要由一层内皮细胞和基膜组成。电镜下，根据内皮细胞等的结构特点，可以将毛细血管分为三型：连续毛细血管、有孔毛细血管、血窦。连续毛细血管（continuous capillary）的特点为内皮细胞相互连续，细胞间有紧密连接等连接结构，基膜完整，细胞质中有许多吞饮小泡。连续毛细血管分布于结缔组织、肌组织、肺和中枢神经系统等处。肺和中枢神经系统内的毛细血管内皮细胞甚薄，含吞饮小泡较少。脑组织内的毛细血管内皮外还有周细胞。有孔毛细血管（fenestrated capillary）的特点是：内皮细胞不含核的部分很薄，有许多贯穿细胞的孔，孔的直径一般为 $60\sim80$ nm。许多器官的毛细血管的孔有隔膜封闭，隔膜厚 $4\sim6$ nm，较一般的细胞膜薄。内皮细胞基底面有连续的基板。此型血管主要存在于胃肠黏膜、某些内分泌腺和肾血管球等处。肾血管球的内皮细胞的孔没有隔膜。血窦（sinusoid）或称窦状毛细血管（sinusoid capillary），管腔较大，形状不规则，又称不连续毛细血管（discontinuous capillary）。不同器官内的血窦结构常有较大差别，某些内分泌腺的血窦，内皮细胞有孔，有连续的基板；有些器官如肝的血窦，内皮细胞有孔，细胞间隙较宽，基板不连续或不存在。脾血窦又不同于一般血窦，其内皮细胞呈杆状，细胞间的间隙也较大。

本节图片

1. 细胞成分
（1）成纤维细胞（fibroblast）　　　　　　图 3-4-1-1 至图 3-4-1-2
（2）大单核细胞及巨噬细胞（macrophage）　图 3-4-1-3 至图 3-4-1-6
（3）浆细胞（plasmacyte）　　　　　　　图 3-4-1-7 至图 3-4-1-13
（4）肥大细胞（mast cell）　　　　　　　图 3-4-1-14 至图 3-4-1-16
（5）中性粒细胞（neutrophile）　　　　　图 3-4-1-17 至图 3-4-1-23
（6）嗜酸粒细胞　　　　　　　　　　　图 3-4-1-24 至图 3-4-1-28
（7）淋巴细胞　　　　　　　　　　　　图 3-4-1-29 至图 3-4-1-40
（8）树突状细胞　　　　　　　　　　　图 3-4-1-41 至图 3-4-1-45
（9）红细胞　　　　　　　　　　　　　图 3-4-1-46 至图 3-4-1-53

2. 纤维成分
（1）胶原纤维　　　　　　　　　　　　图 3-4-2-1 至图 3-4-2-6
（2）网状纤维　　　　　　　　　　　　图 3-4-2-7 至图 3-4-2-9
（3）弹性纤维　　　　　　　　　　　　图 3-4-2-10 至图 3-4-2-13

3. 毛细血管
（1）心肌毛细血管　　　　　　　　　　图 3-4-3-1 至图 3-4-3-2
（2）脑脊髓毛细血管　　　　　　　　　图 3-4-3-3 至图 3-4-3-13
（3）淋巴结毛细血管后微静脉　　　　　图 3-4-3-14
（4）肝血窦内皮　　　　　　　　　　　图 3-4-3-15 至图 3-4-3-21

1. 细胞成分

（1）成纤维细胞（fibroblast）

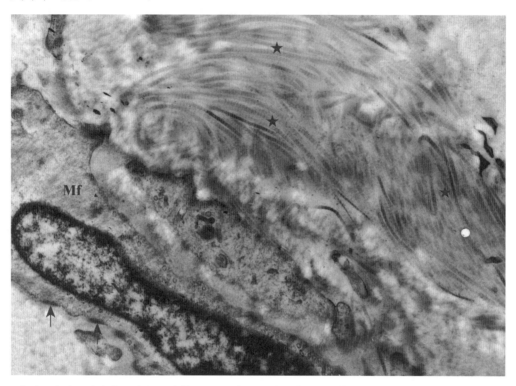

图 3-4-1-1 熊猫子宫内肌成纤维细胞。细胞核（N）呈杆状，胞质内大量微丝（Mf），细胞膜上有密斑（↑）。细胞外间质中有大量的胶原原纤维（★）。TEM，25k×

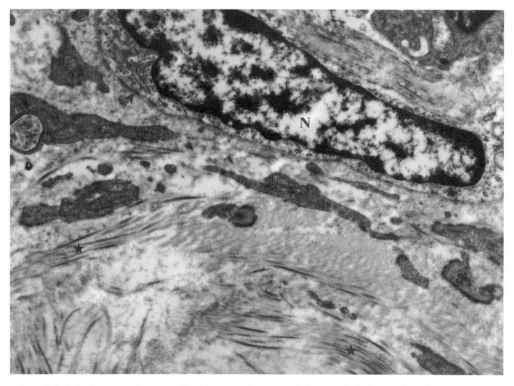

图 3-4-1-2 熊猫子宫内肌成纤维细胞。细胞核（N）呈杆状，胞质很少，细胞膜上有密斑（↑）。细胞外间质中有大量的胶原原纤维（★）。TEM，15k×

（2）大单核细胞及巨噬细胞（macrophage）

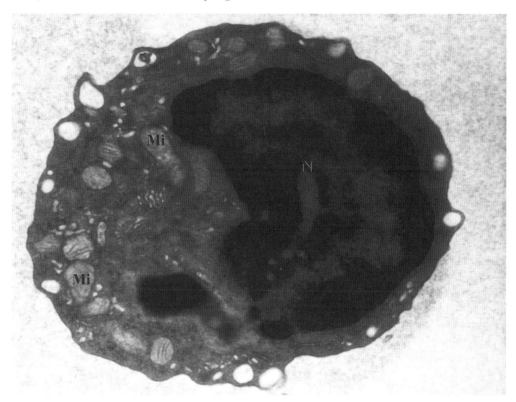

图 3-4-1-3 小鼠血液中的大单核细胞。线粒体（Mi）丰富。N：细胞核。TEM，25k×

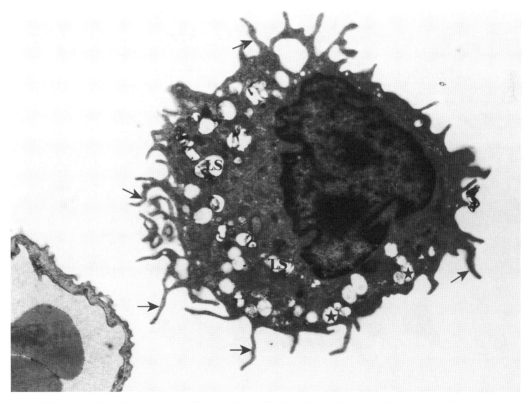

图 3-4-1-4 小鼠肺泡腔内的巨噬细胞（尘细胞）。细胞表面微突（↑）丰富，胞质内有丰富的吞饮小泡（★）及终末溶酶体（LS）。N：细胞核。TEM，10k×

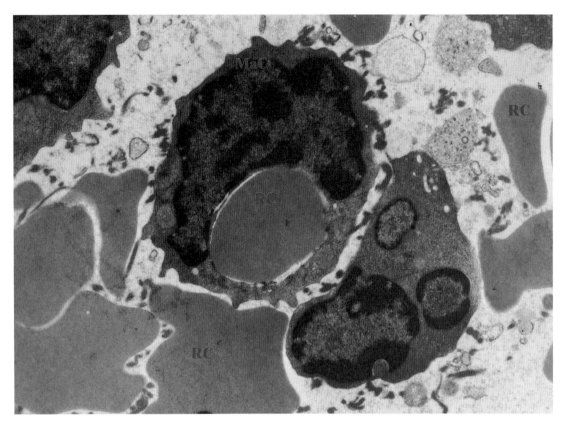

图 3-4-1-5 小鼠脾脏中的巨噬细胞。巨噬细胞（MaC）正在吞噬包裹 1 个衰老的红细胞（RC）；右下方一巨噬细胞胞浆内吞噬了 2 个凋亡的淋巴细胞（★）。LC：淋巴细胞。TEM，4k×

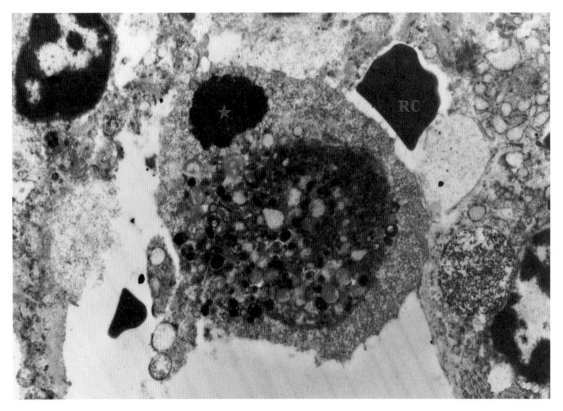

图 3-4-1-6 病死麋鹿脾中的巨噬细胞。胞浆中见刚被吞入的红细胞（★）。RC：红细胞。TEM，10k×

（3）浆细胞（plasmacyte）

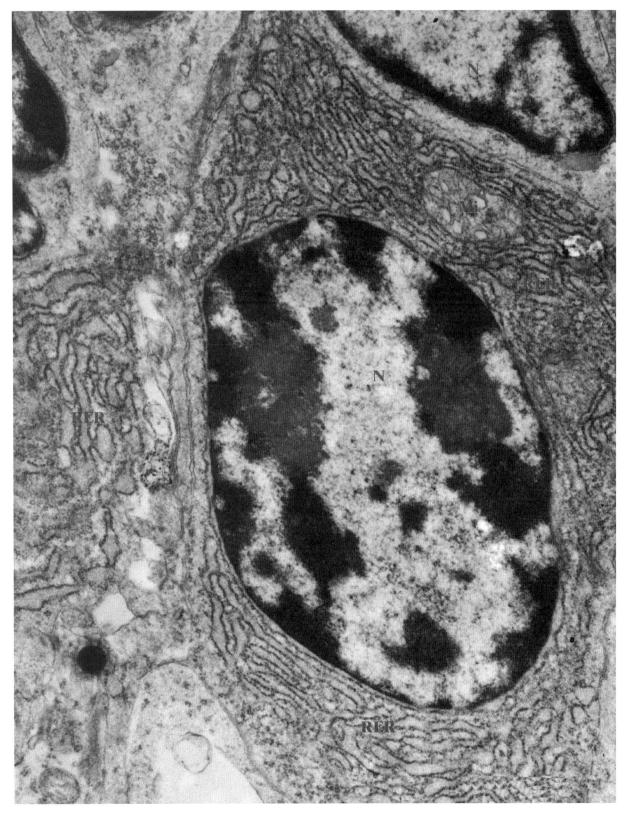

图 3-4-1-7　鸡小肠黏膜固有层中的浆细胞。细胞质中有丰富的粗面内质网（RER），少量线粒体（Mi）散在分布于 RER 之间。N：细胞核。TEM，20k×

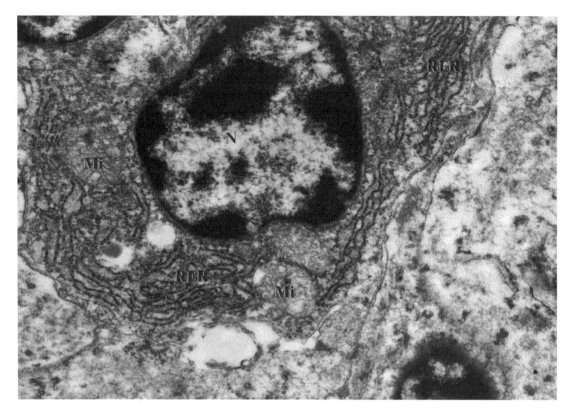

图 3-4-1-8 鸡小肠黏膜固有层中的浆细胞。细胞质中有大量的粗面内质网（RER），线粒体散在于 RER 之间。N：细胞核；Mi：线粒体。TEM，25k×

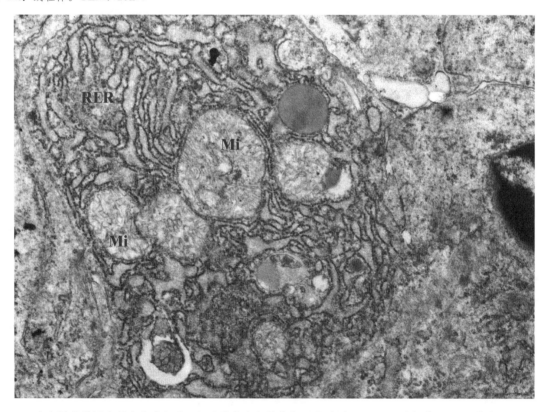

图 3-4-1-9 鸡小肠黏膜固有层中的浆细胞。细胞质中有大量的粗面内质网（RER），线粒体（Mi）散在 RER 之间。N：细胞核。TEM，20k×

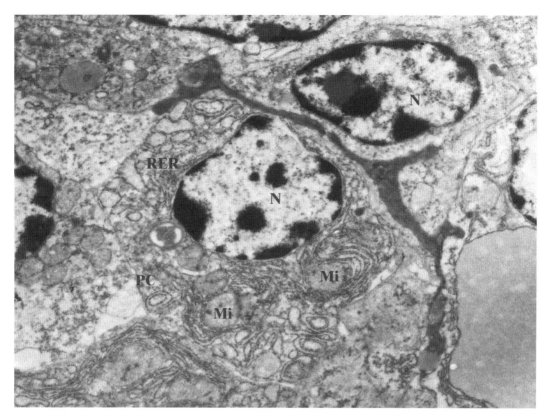

图 3-4-1-10　鸡小肠黏膜固有层中的浆细胞。浆细胞（PC）胞质分布有大量的轻度扩张的粗面内质网（RER），线粒体（Mi）散在分布于 RER 之间。N：细胞核。TEM，12k×

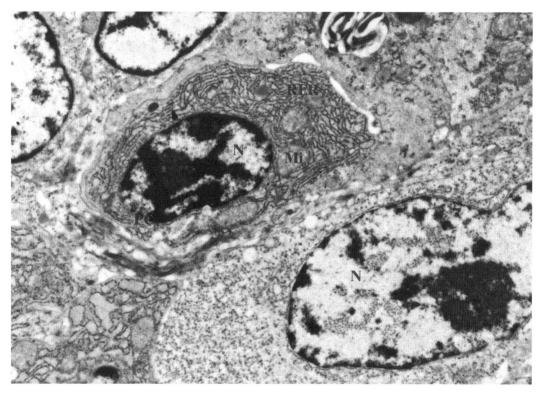

图 3-4-1-11　鸡小肠黏膜固有层中的浆细胞。浆细胞（PC）胞质中有丰富的粗面内质网（RER），线粒体（Mi）分布于 RER 之间。N：细胞核。TEM，12k×

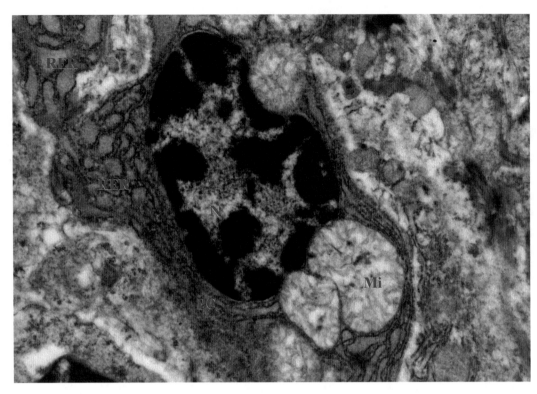

图 3-4-1-12　鸡小肠黏膜固有层中的浆细胞。浆细胞（PC）胞质中有大量扩张的粗面内质网（RER），肿胀的线粒体（Mi）分布于 RER 之间。N：细胞核。TEM，20k×

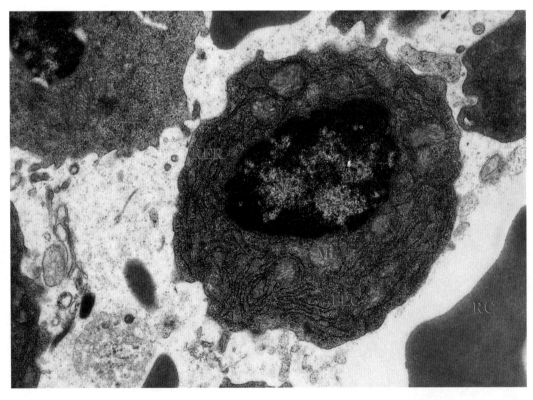

图 3-4-1-13　小鼠脾脏中的淋巴浆细胞。淋巴浆细胞（LPC）是由淋巴细胞向浆细胞转化过程中的未成熟浆细胞，胞质中含大量粗面内质网（RER）及一定数量的线粒体（Mi），核（N）居中，异染色质丰富，且边集。RC：红细胞。TEM，6k×

（4）肥大细胞（mast cell）

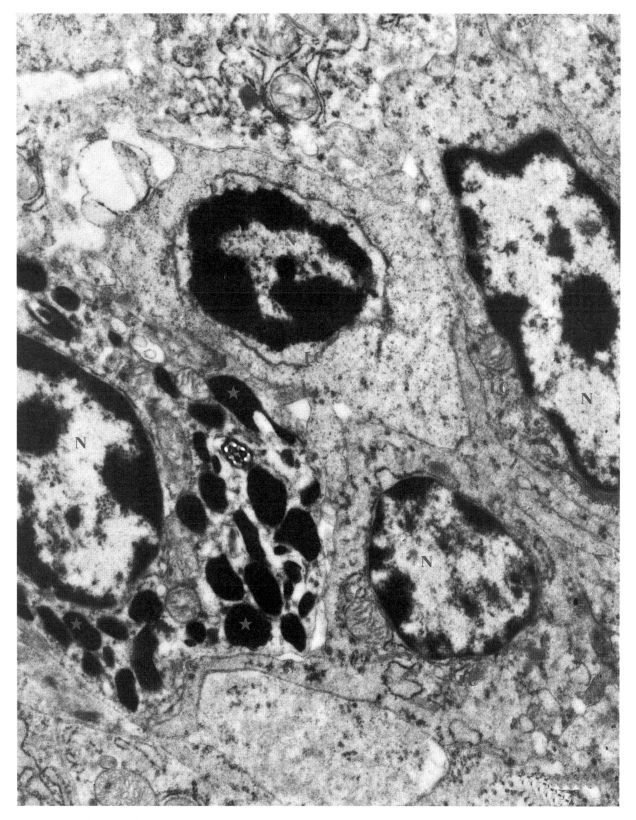

图 3-4-1-14　鸡小肠黏膜固有层内的肥大细胞。肥大细胞（MC）核圆（N），胞质中有大量分泌颗粒（★），呈圆形或卵圆形，大小不一，表面由单位膜包裹。LC：淋巴细胞；N：细胞核。TEM，15k×

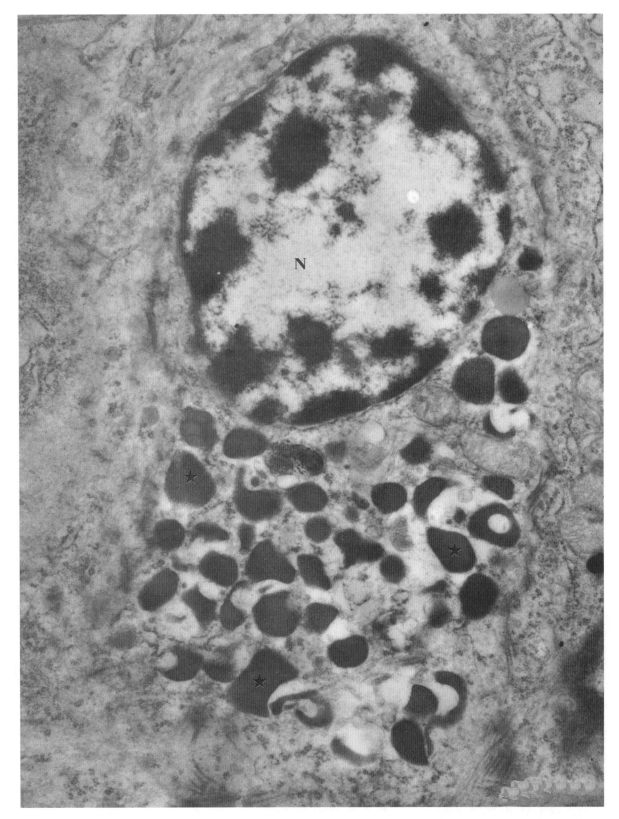

图 3-4-1-15 鸡小肠黏膜固有层内的肥大细胞。细胞核圆（N），胞质中有大量分泌颗粒（★），呈圆形或卵圆形，大小不一，表面由单位膜包裹。TEM，20k×

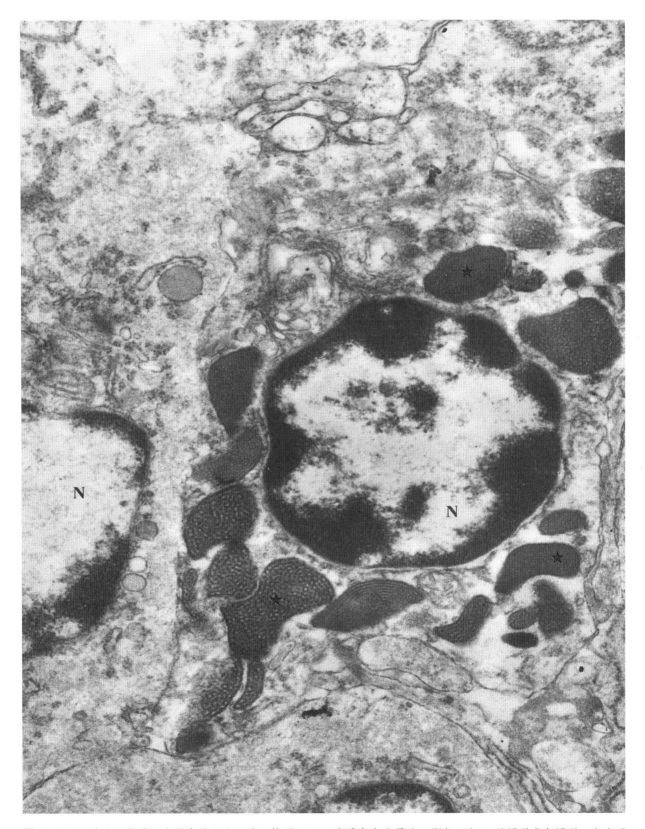

图 3-4-1-16　鸡小肠黏膜固有层内的肥大细胞。核圆（N），胞质中有大量分泌颗粒（★），呈圆形或卵圆形，大小不一，表面由单位膜包裹。TEM，25k×

（5）中性粒细胞（neutrophile）

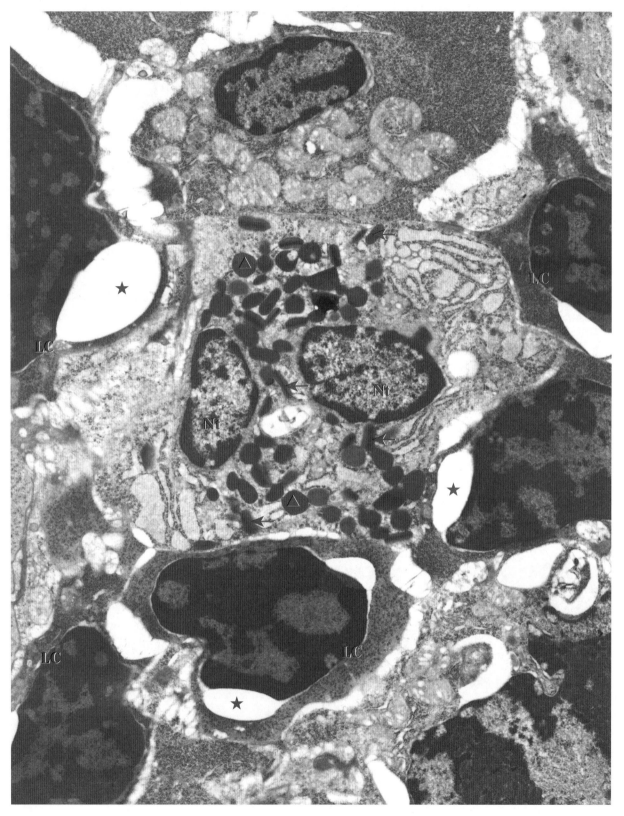

图 3-4-1-17　猪淋巴结中的中性粒细胞。中性粒细胞核分两叶（Nt），胞质中有大而圆的嗜天青颗粒（↑）及椭圆形特殊颗粒（▲）。周围有多个核周隙水肿（★）的淋巴细胞（LC）。TEM，10k×

图 3-4-1-18 死于嗜水气单胞菌感染的海豹血液里的中性粒细胞。中性粒细胞（Nt）胞质内分布有大量的杆状细菌（↑）。RC：红细胞。TEM，25k×

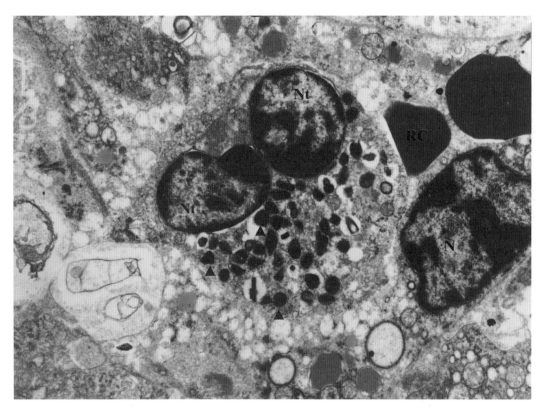

图 3-4-1-19 病死斑羚肝中的中性粒细胞。中性粒细胞核分两叶（Nt），胞质中有大小不一、形态不同的浓染颗粒（▲）。RC：红细胞；N：细胞核。TEM，10k×

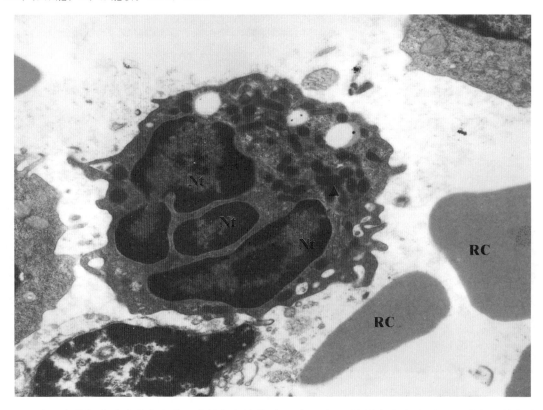

图 3-4-1-20 病死斑羚肝中的中性粒细胞。中性粒细胞核分 3 叶（Nt），胞质中有大小不一、形态不同的浓染颗粒（▲）。RC：红细胞。TEM，20k×

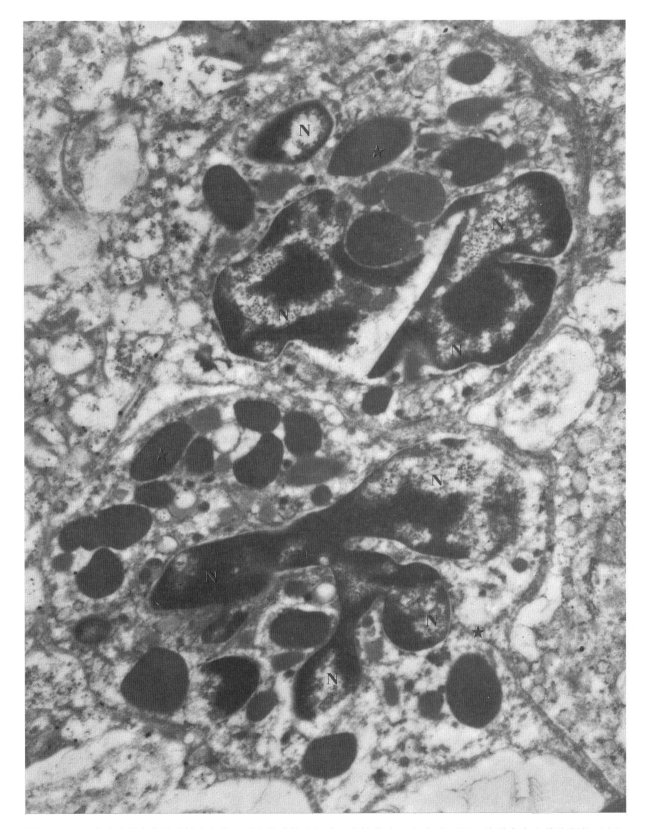

图 3-4-1-21 鸡法氏囊中的异嗜性白细胞。两个异嗜性白细胞，其核均有 4 个分叶（N）；胞质内有大量的颗粒（★）。
TEM，15k×

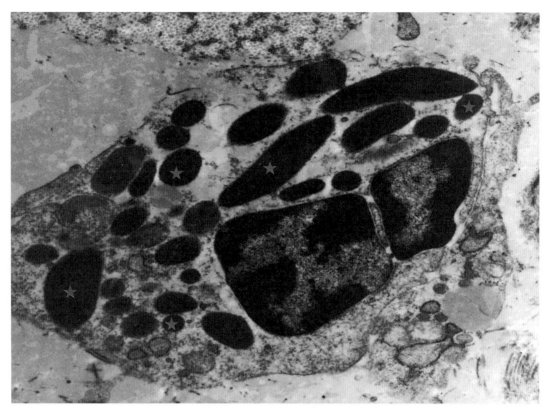

图 3-4-1-22 感染 IBDV 鸡的法氏囊中的异嗜性白细胞。核分两叶（N），胞质内有大量长杆状或圆形（横切）颗粒（★）。TEM，15k×

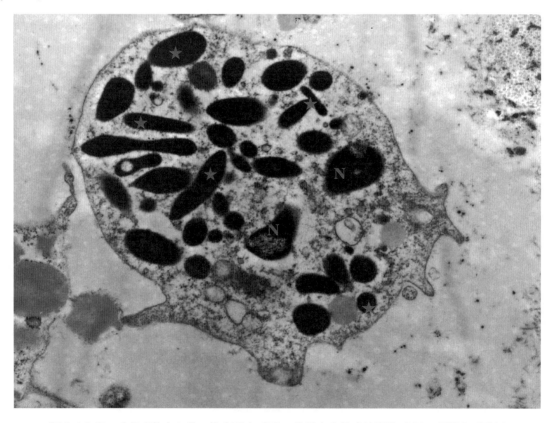

图 3-4-1-23 鸡异嗜性白细胞。核分两叶（N），胞质内有异嗜性颗粒（★）。TEM，15k×

（6）嗜酸性粒细胞

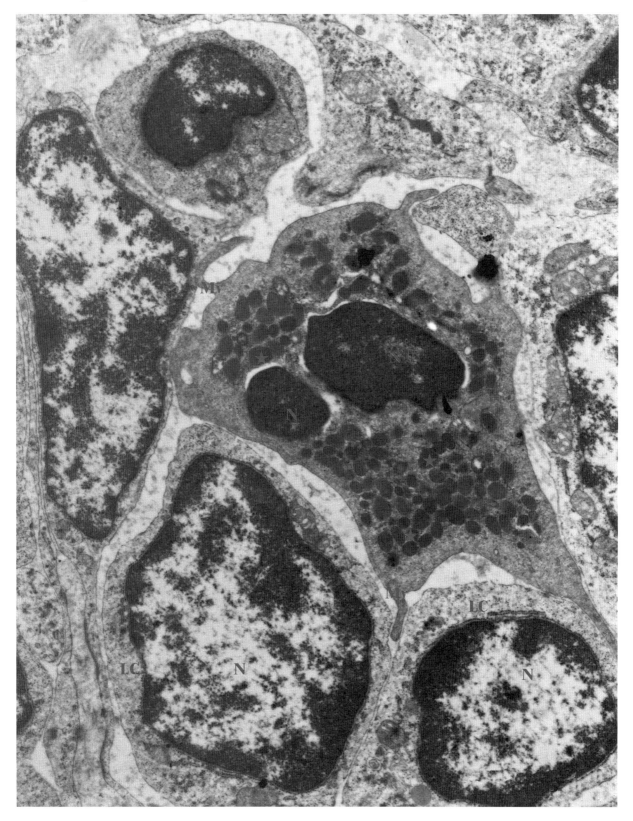

图 3-4-1-24　仔猪淋巴结中的嗜酸性粒细胞。细胞质内含有大量圆形嗜酸性颗粒（★），细胞核（N）分两叶，细胞表面有少数微突（Mv）。粒细胞周围有几个淋巴细胞（LC）。TEM，15k×

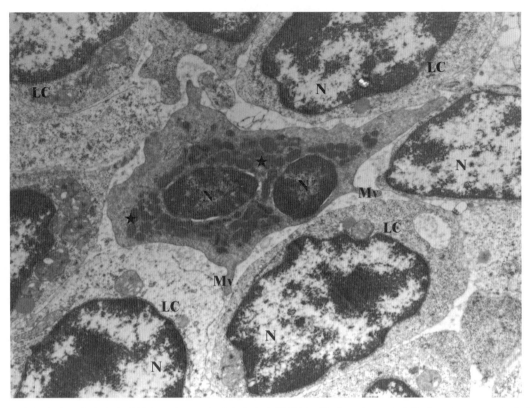

图 3-4-1-25 仔猪淋巴结中的嗜酸性粒细胞。细胞质内含有大量的圆形颗粒（★），细胞核分两叶（N），细胞表面有少数微突（Mv）。粒细胞周围有几个淋巴细胞（LC）。TEM，15k×

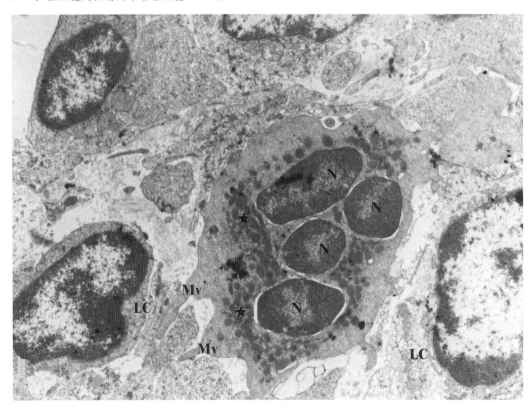

图 3-4-1-26 仔猪淋巴结中的嗜酸性粒细胞。细胞质内含有大量的圆形嗜酸颗粒（★），细胞核分 4 个叶（N），细胞表面有多个微突（Mv）。LC：淋巴细胞。TEM，12k×

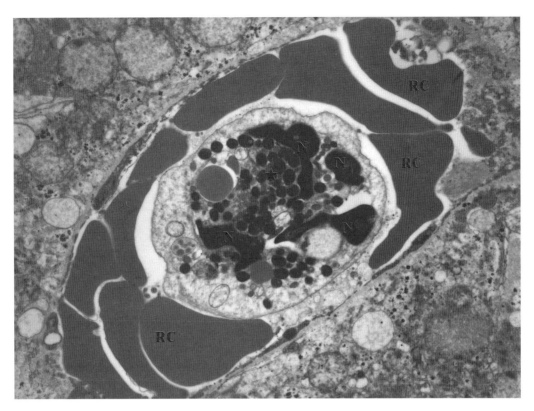

图 3-4-1-27 病死麋鹿心肌血管内的嗜酸性粒细胞。细胞质内含有大量的圆形颗粒（★），丰富的吞饮小泡及终末溶酶体，细胞核有多个分叶（N）。RC：红细胞。TEM，10k×

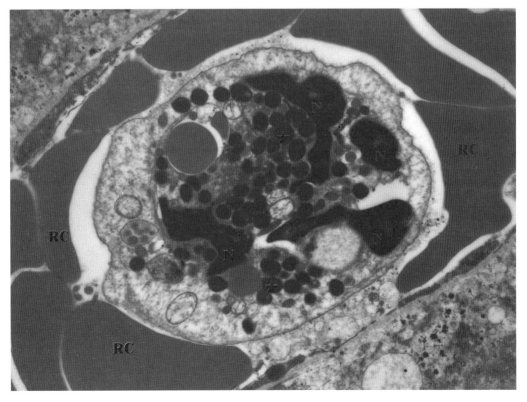

图 3-4-1-28 病死麋鹿心肌血管内的嗜酸性粒细胞。细胞质内含有大量的圆形颗粒（★），丰富的吞饮小泡及终末溶酶体，细胞核有多个分叶（N）。RC：红细胞。TEM，15k×

（7）淋巴细胞

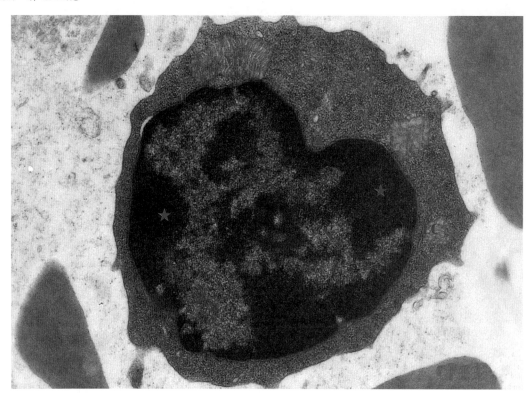

图 3-4-1-29　小鼠脾脏中的淋巴细胞。淋巴细胞（LC）呈圆形，核（N）大且有一凹陷（▲），核内异染色质（★）很丰富；胞质很少，细胞质内细胞器稀少，仅见少数线粒体（Mi）。TEM，8k×

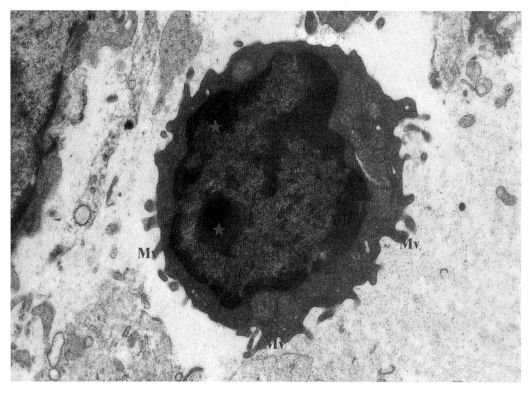

图 3-4-1-30　小鼠脾脏中的 T 淋巴细胞。T 淋巴细胞（TC）呈圆形，核（N）大且有一凹陷（▲），异染色质（★）丰富。核质比很大，胞质很少，细胞质内仅见少数线粒体（Mi），细胞膜表面有较多的微突（Mv）。TEM，6k×

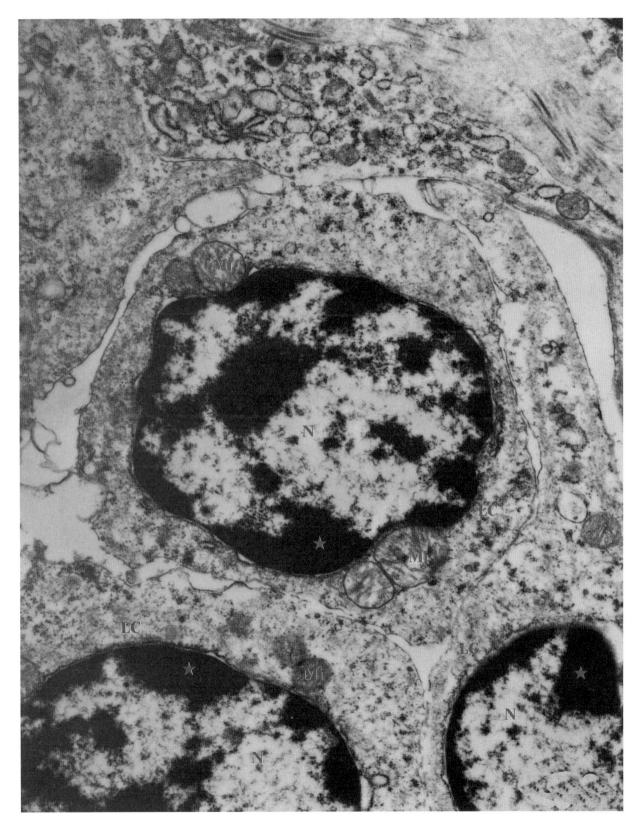

图 3-4-1-31　鸡小肠固有层中的淋巴细胞。淋巴细胞（LC）呈圆形，核大（N），异染色质（★）较丰富。胞质少，细胞质内细胞器稀少。Mi：线粒体。TEM，20k×

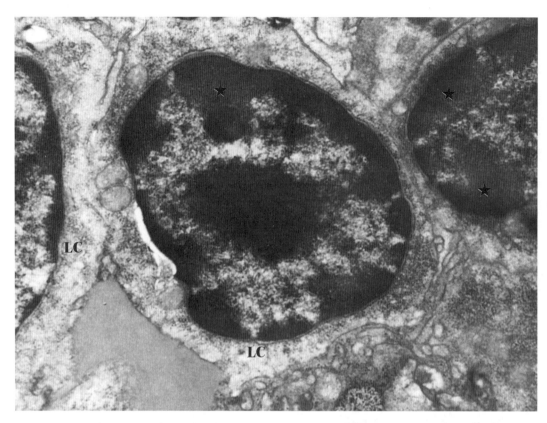

图 3-4-1-32　大鼠脾中的淋巴细胞。细胞核质比很大，胞质很少（LC），核内异染色质发达（★）。TEM，25k×

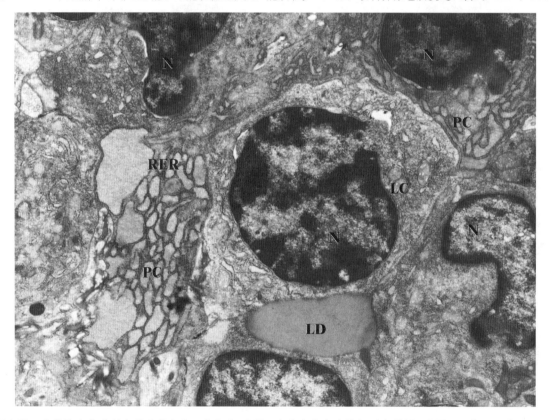

图 3-4-1-33　大鼠脾中的淋巴细胞及浆细胞。浆细胞（PC）胞浆中有丰富的粗面内质网（RER），淋巴细胞（LC）胞质较少，核质比很大。N：细胞核；LD：脂滴。TEM，12k×

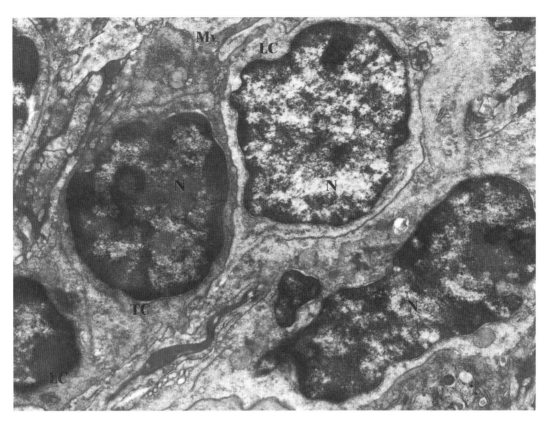

图 3-4-1-34　大鼠脾中的淋巴细胞。几个淋巴细胞（LC）中有一个细胞表面有少数微突起（Mv），即 T 淋巴细胞（TC）。N：细胞核。TEM，15k×

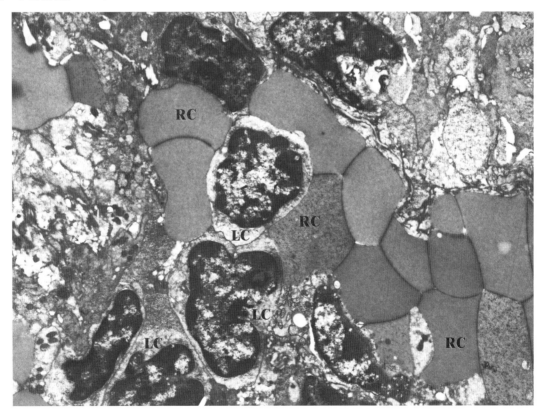

图 3-4-1-35　大鼠脾血窦中的淋巴细胞。淋巴细胞（LC）散布于红细胞（RC）间。TEM，8k×

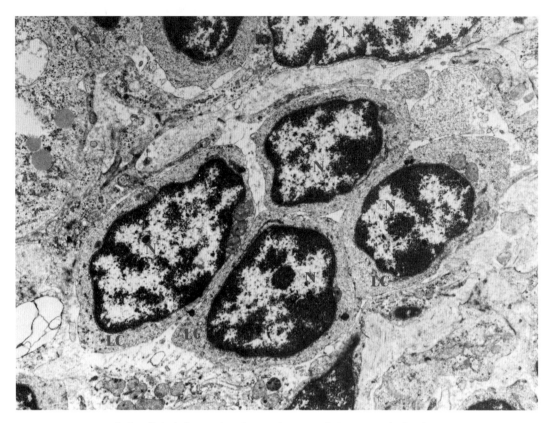

图 3-4-1-36　猪淋巴结中的淋巴细胞。淋巴细胞（LC）核大（N），胞质很少。TEM，10k×

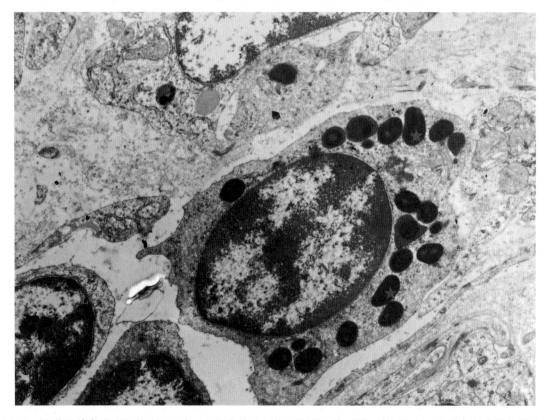

图 3-4-1-37　猪淋巴结中的大颗粒淋巴细胞。大颗粒淋巴细胞（LLC）核（N）质比较大，胞质中有多量的颗粒（★）。LC：淋巴细胞。TEM，15k×

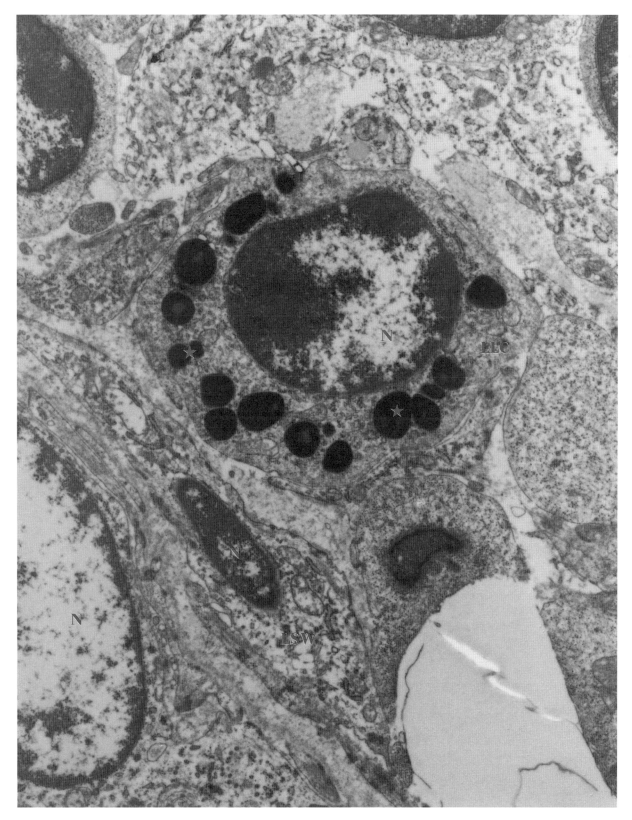

图 3-4-1-38　猪淋巴结中的大颗粒淋巴细胞。大颗粒淋巴细胞（LLC）核（N）质比较大，胞质中有多量圆形的颗粒（★）。LSW：淋巴窦壁细胞。TEM，15k×

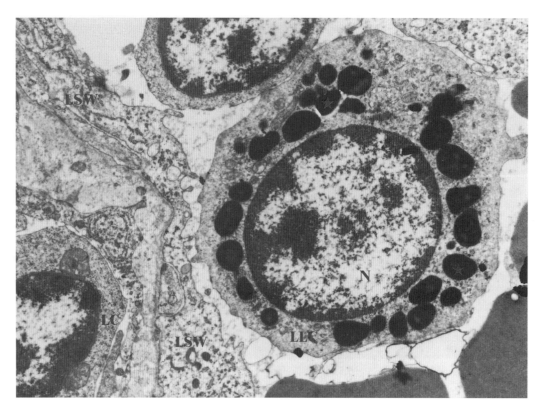

图 3-4-1-39 猪淋巴结中的大颗粒淋巴细胞。大颗粒淋巴细胞（LLC）核（N）圆而大，胞质中有大量圆形的颗粒（★）。LSW：淋巴窦壁细胞；LC：淋巴细胞。TEM，15k×

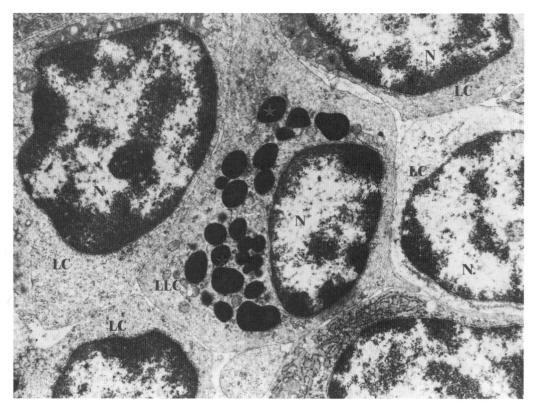

图 3-4-1-40 猪淋巴结中的大颗粒淋巴细胞。大颗粒淋巴细胞（LLC）胞质中有大量圆形的颗粒（★）。LC：淋巴细胞。N：淋巴细胞。TEM，15k×

（8）树突状细胞

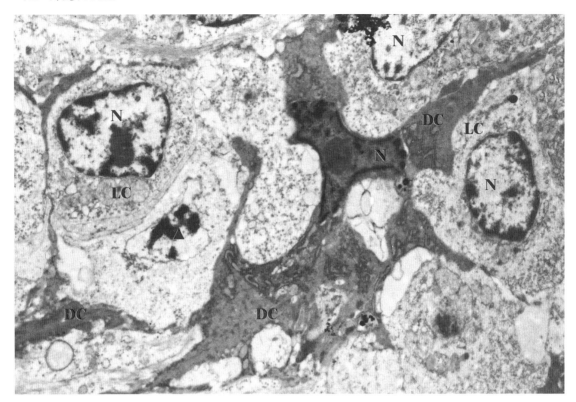

图 3-4-1-41 鸡小肠黏膜固有层。细胞排列松散，可见几个树突状细胞（DC）及淋巴细胞（LC）。N：细胞核。▲：崩解破碎的细胞核。TEM，10k×

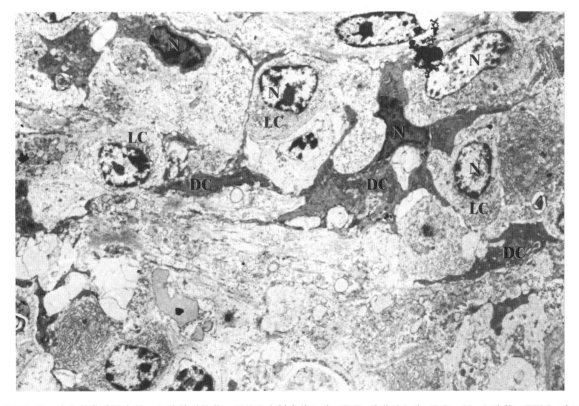

图 3-4-1-42 鸡小肠黏膜固有层。细胞排列松散，可见几个树突状细胞（DC）及淋巴细胞（LC）。N：细胞核。TEM，5k×

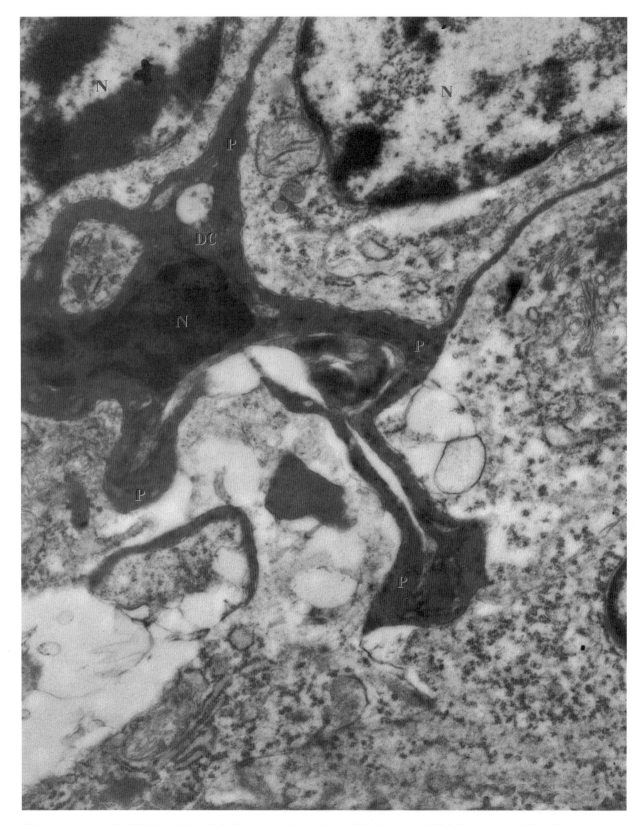

图 3-4-1-43 鸡小肠黏膜固有层中的树突状细胞。细胞（DC）胞体较小，胞突呈树突状细而长，并常有曲折（P）。N：
细胞核。TEM，20k×

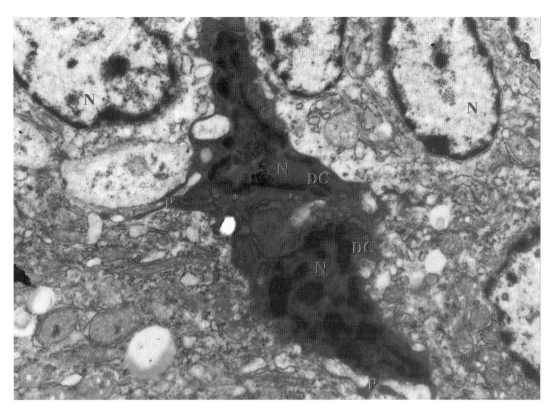

图 3-4-1-44 鸡小肠黏膜固有层中的树突状细胞。两个树突状细胞（DC）核（N）大，胞体较小，呈多角形，突起细而长（P）。TEM，15k×

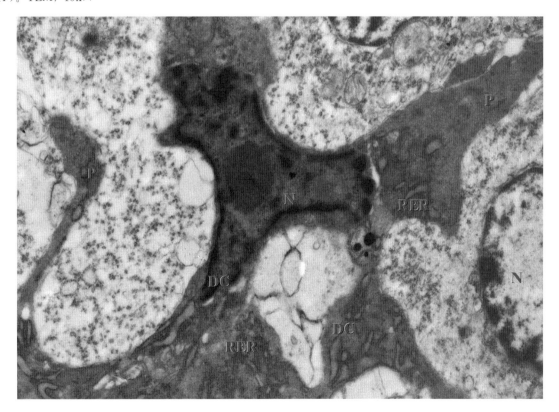

图 3-4-1-45 鸡小肠黏膜固有层中的树突状细胞。树突状细胞（DC）核（N）大，胞体突起（P）向不同的角度伸展，突起中有丰富的粗面内质网（RER）。TEM，20k×

（9）红细胞

图 3-4-1-46　猪气管表面渗出物中的红细胞。红细胞（RC）呈不规则的圆形盘状。SEM，1.5k×

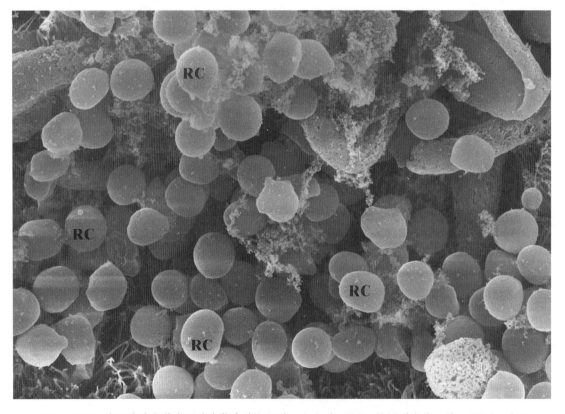

图 3-4-1-47　病死麋鹿气管表面渗出物中的红细胞。红细胞（RC）呈圆形盘状凹陷。SEM，3k×

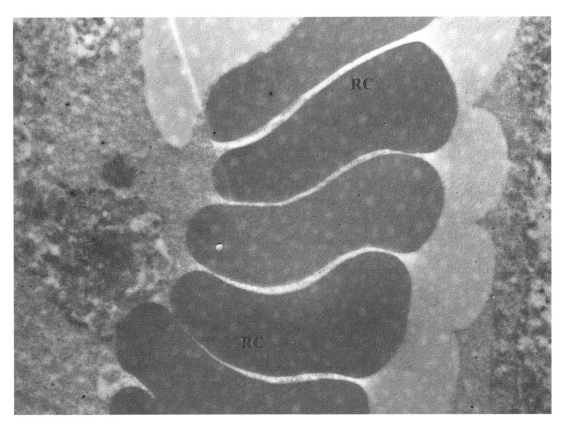

图 3-4-1-48 麋鹿血管中瘀血的红细胞。红细胞（RC）排列呈串状。TEM，10k×

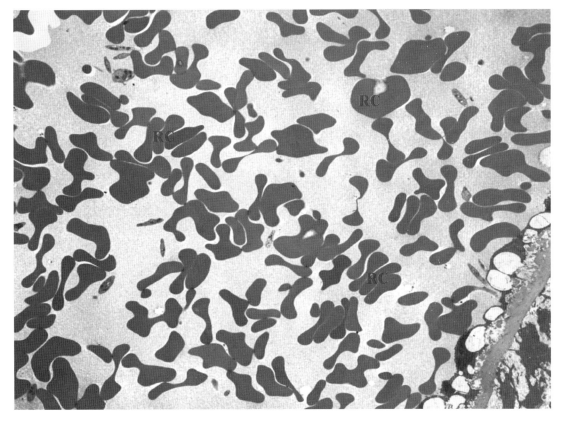

图 3-4-1-49 小鼠肺间质血管中的红细胞。红细胞（RC）排列呈串状或散在。TEM，3k×

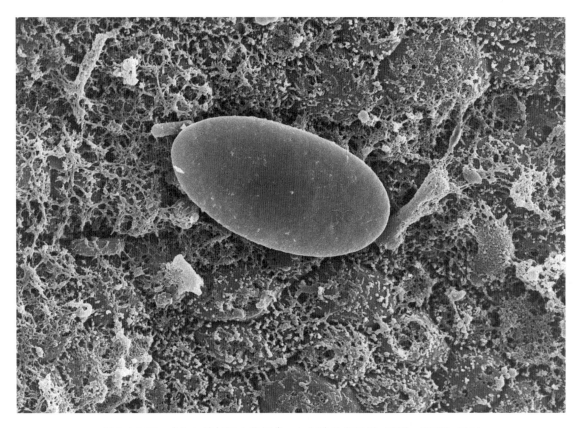

图 3-4-1-50　鸡红细胞扫描电镜图像。红细胞呈卵圆形（RC）。SEM，5k×

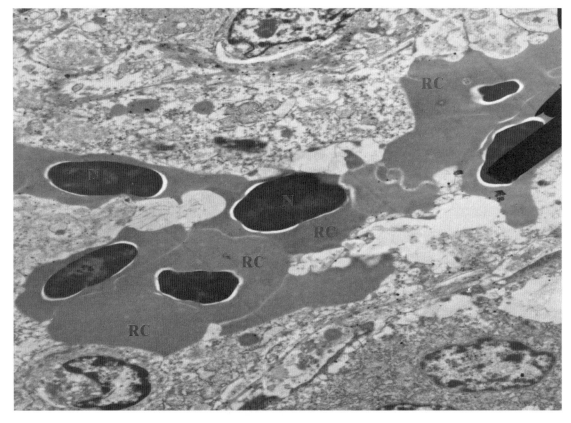

图 3-4-1-51　鸡肝窦中的红细胞。透射电镜下见红细胞（RC）有一个卵圆形的核（N）。TEM，6k×

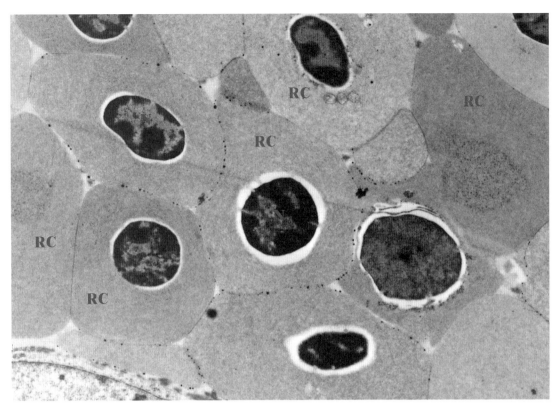

图 3-4-1-52　鸡法氏囊血管中的红细胞横切面。红细胞（RC）的胞质呈中等电子密度，有一个圆形的核（N）。TEM，10k×

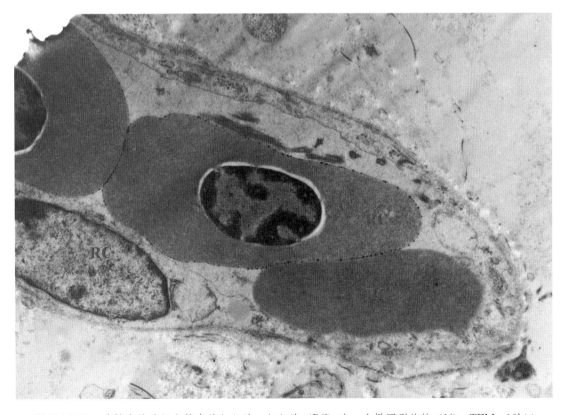

图 3-4-1-53　鸡扩张的毛细血管中的红细胞。红细胞（RC）有一个椭圆形的核（N）。TEM，12k×

2. 纤维成分

（1）胶原纤维

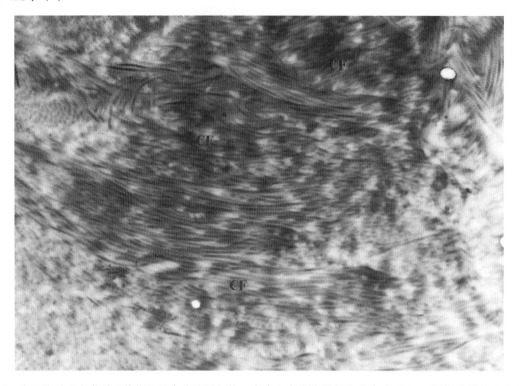

图 3-4-2-1 病死熊猫子宫黏膜下结缔组织中的胶原纤维。成片分布的胶原纤维由含有 67 nm 周期性横纹的胶原原纤维平行排列而成（CF）。TEM，20k×

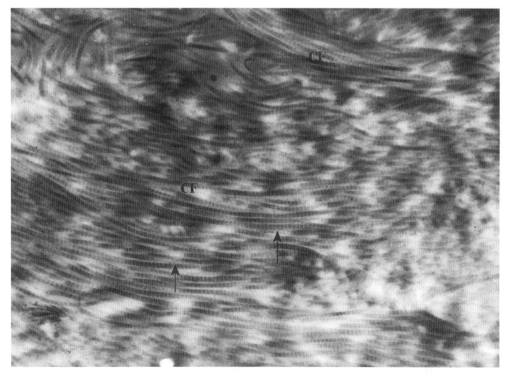

图 3-4-2-2 病死熊猫子宫黏膜下结缔组织中的胶原纤维。平行排列的胶原原纤维（CF）周期性横纹清晰可见（↑）。TEM，30k×

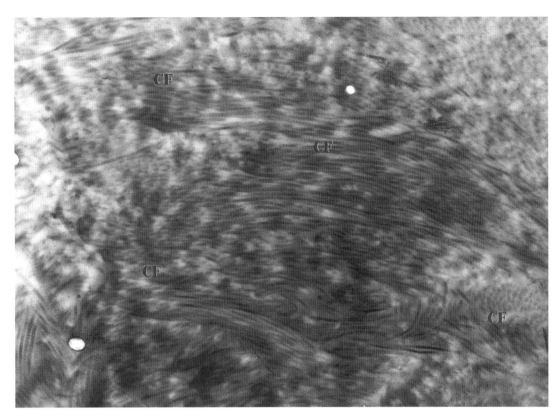

图 3-4-2-3　病死熊猫子宫黏膜下结缔组织中成片的胶原纤维。构成胶原纤维的胶原原纤维（CF）粗细一致，走向不一。TEM，20k×

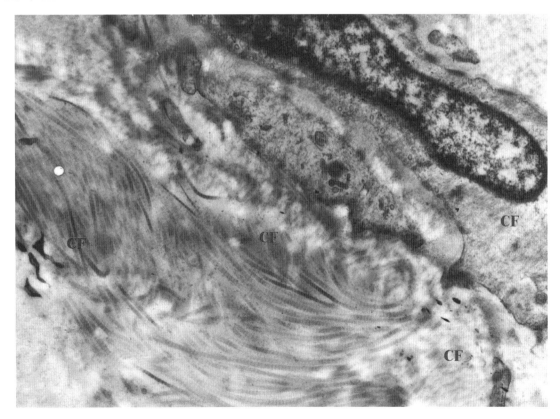

图 3-4-2-4　子宫黏膜下结缔组织。胶原原纤维（CF）长短不均，排列方向不一。TEM，25k×

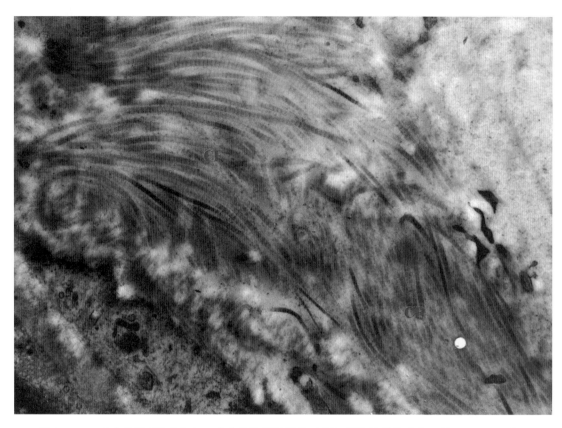

图 3-4-2-5 子宫黏膜下结缔组织。成片的胶原原纤维（CF）周期性横纹清晰可见。TEM，30k×

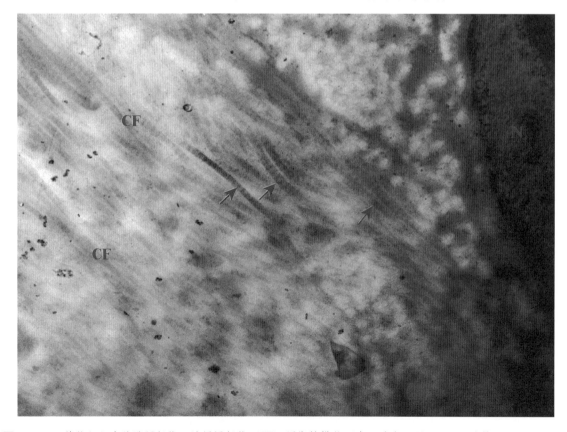

图 3-4-2-6 结缔组织中的胶原纤维。胶原原纤维（CF）周期性横纹（↑）清晰可见，N：细胞核。TEM，40k×

（2）网状纤维

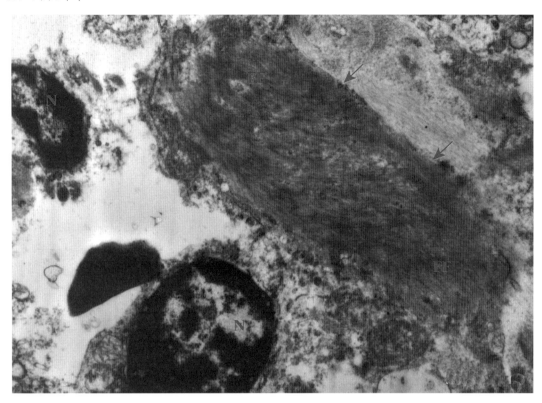

图 3-4-2-7　病死麋鹿脾脏中的网状纤维。网状纤维（↑）由直径约 35 nm 的细细原纤维（FF）组成。N：细胞核。
TEM，12k×

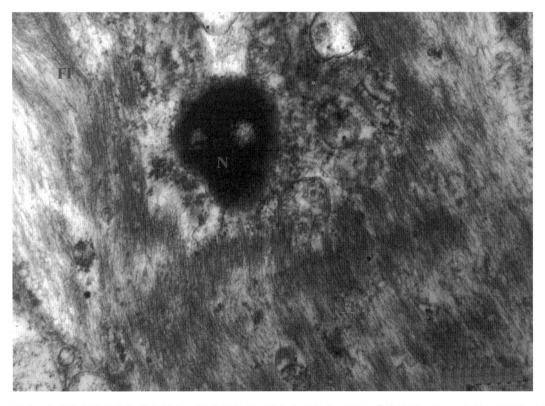

图 3-4-2-8　病死麋鹿脾脏中的网状纤维。构成网状纤维的细细原纤维（FF）结构清晰。N：细胞核。TEM，40k×

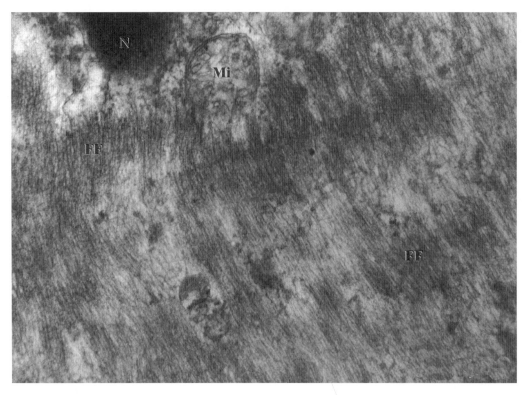

图 3-4-2-9 病死麋鹿脾脏中的网状纤维。高倍镜下细细原纤维（FF）结构清晰，排列整齐。N：细胞核；Mi：线粒体。TEM，60k×

（3）弹性纤维

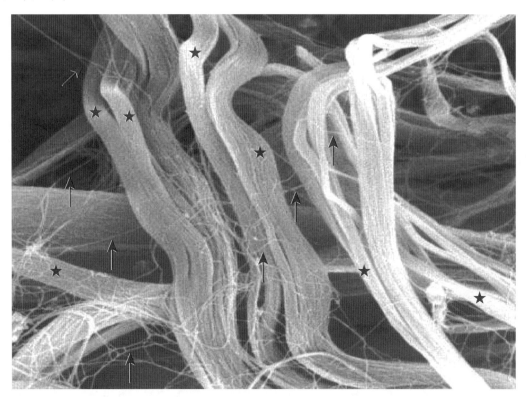

图 3-4-2-10 东北虎气管黏膜下弹力纤维。由微原纤维（↑）构成的弹力纤维呈条带状（★），光滑平直粗细不一。SEM，3k×

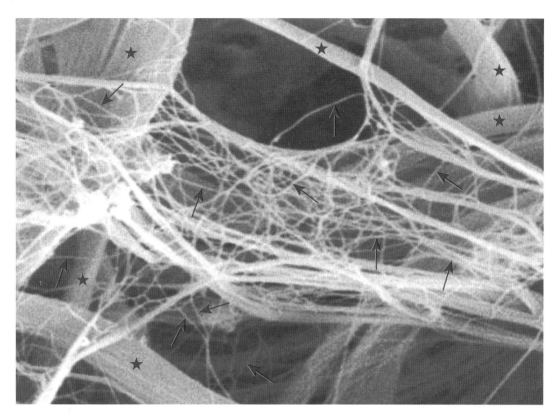

图 3-4-2-11　东北虎气管黏膜下弹力纤维。构成弹力纤维（★）的微原纤维（↑）解聚离散。形成稀疏的网状结构。SEM，5k×

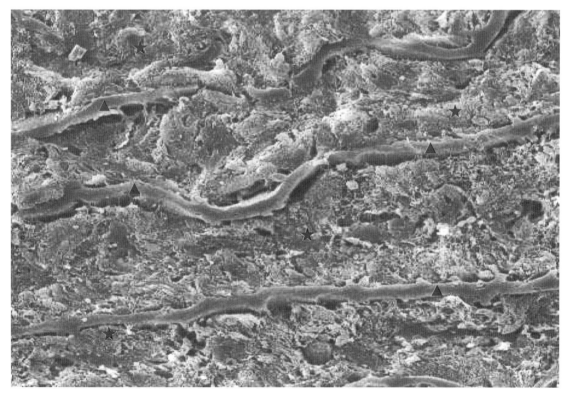

图 3-4-2-12　东北虎主动脉中膜横断面。平滑肌（★）与弹力纤维（▲）层次清晰，结构完整。SEM，1.2k×

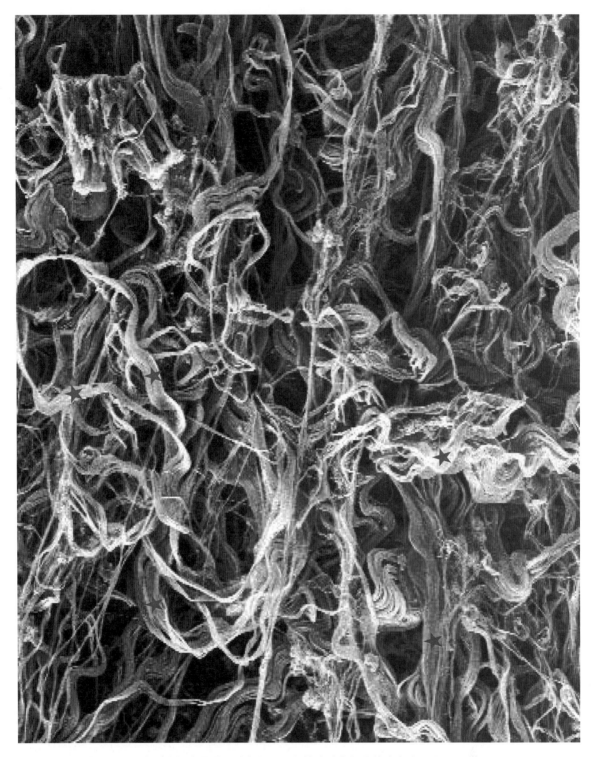

图 3-4-2-13　东北虎气管黏膜下弹力纤维。变性的弹力纤维皱缩弯曲（★）。SEM，300×

3. 毛细血管

（1）心肌毛细血管

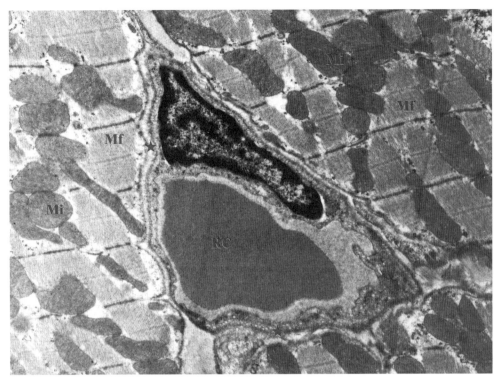

图 3-4-3-1　大鼠心肌毛细血管。连续性厚内皮毛细血管，毛细血管内皮结构完整，基底膜结构清晰，连续完整（★）。RC：红细胞；Mf：肌原纤维；Mi：线粒体。TEM，15k×

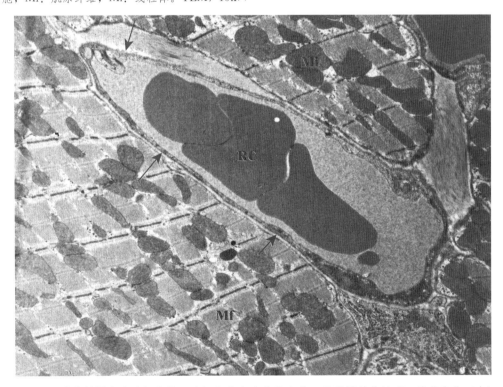

图 3-4-3-2　大鼠心肌连续性厚内皮毛细血管。毛细血管内皮结构完整，基底膜结构清晰，连续完整（↑）。RC：红细胞；Mf：肌原纤维；Mi：线粒体。TEM，10k×

（2）脑脊髓毛细血管

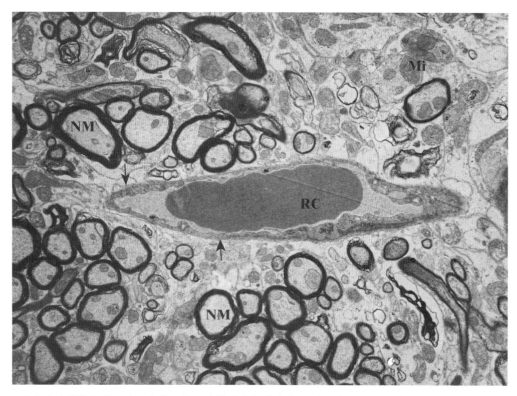

图 3-4-3-3 沙鼠脑连续性厚内皮毛细血管。毛细血管内皮结构完整，基底膜及周细胞结构清晰，连续完整（↑）。RC：红细胞；NM：神经髓鞘；Mi：线粒体。TEM，8k×

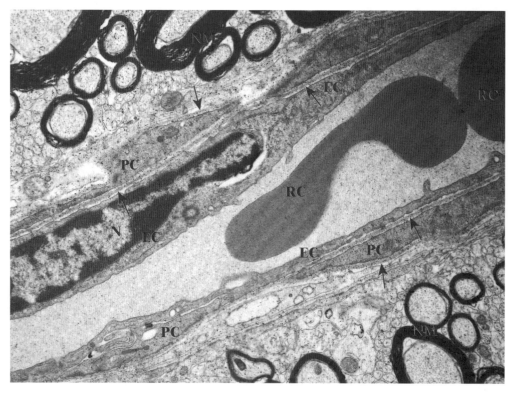

图 3-4-3-4 沙鼠脊髓连续性厚内皮毛细血管。毛细血管内皮（EC）结构完整，基底膜（↑）及周细胞结构（PC）清晰，连续完整。RC：红细胞；NM：神经髓鞘。TEM，20k×

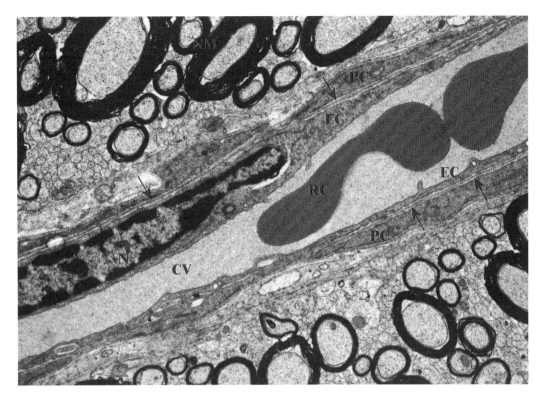

图 3-4-3-5 沙鼠脊髓连续性厚内皮毛细血管。毛细血管内皮（EC）结构完整，基底膜（↑）及周细胞结构（PC）清晰，连续完整。RC：红细胞；NM：神经髓鞘；CV：毛细血管腔。TEM，15k×

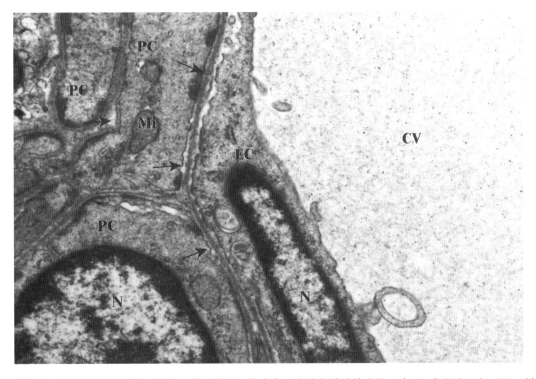

图 3-4-3-6 感染 HEV 沙鼠脊髓-脑脊液-血管屏障。血管内皮细胞基底膜连续完整（↑），并见周细胞（PC）增生，周细胞外也有基底膜包围。CV：毛细血管腔；N：细胞核；Mi：线粒体。TEM，30k×

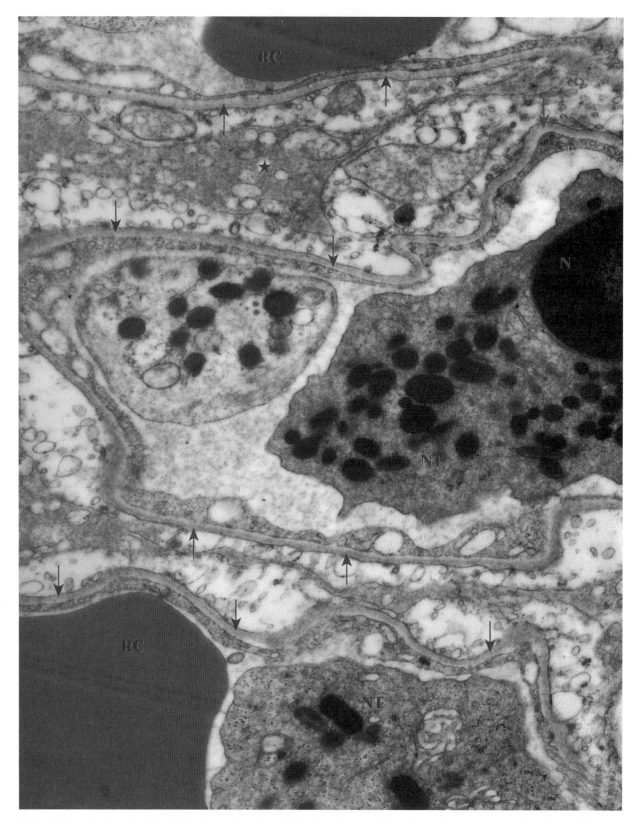

图 3-4-3-7 感染星状病毒黄鹿的肺毛细血管。毛细血管扩张，内皮细胞质中大量吞饮小泡（★），基底膜明显增厚，曲折不平（↑），扩张的血管腔内见有中性粒细胞（NT）。N：细胞核；RC：红细胞。TEM，20k×

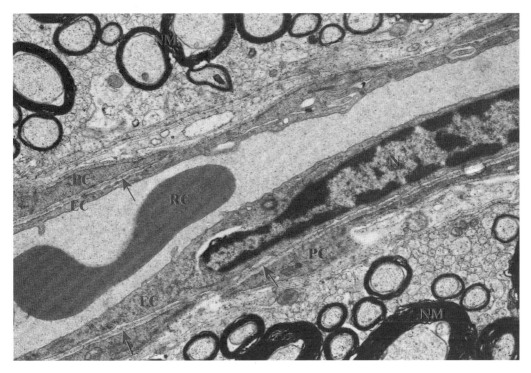

图 3-4-3-8　沙鼠脊髓毛细血管及神经髓鞘。毛细血管内皮（EC）薄而平整，基膜完整平直（↑）。RC：红细胞；PC：周细胞；NM：神经髓鞘；N：细胞核。TEM，15k×

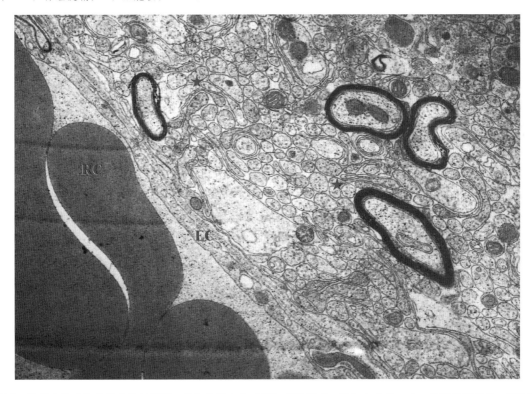

图 3-4-3-9　沙鼠大脑毛细血管及神经髓鞘。毛细血管内皮（EC）完整平直。RC：红细胞；★：无髓神经纤维。TEM，30k×

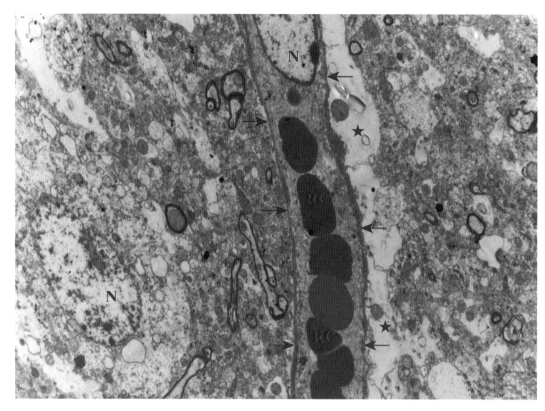

图 3-4-3-10 感染疱疹病毒的斑羚脑血管。毛细血管内皮变得极薄（↑），基膜模糊不清，血管周隙显著扩张、水肿（★）。RC：红细胞；N：细胞核。TEM，5k×

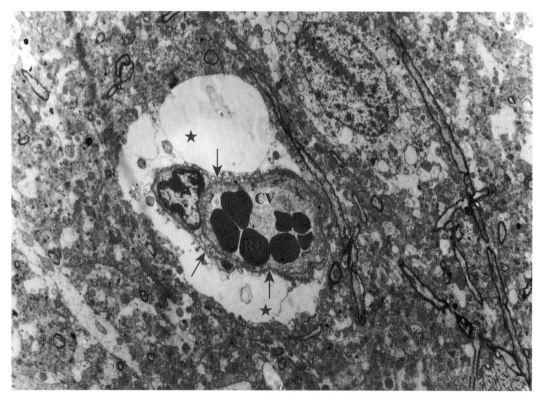

图 3-4-3-11 感染疱疹病毒的斑羚脑。毛细血管血管扩张、充血（RC），毛细血管内皮及基膜曲折不平（↑），血管周隙极度扩张，水肿（★）。CV：毛细血管腔；RC：红细胞。TEM，3k×

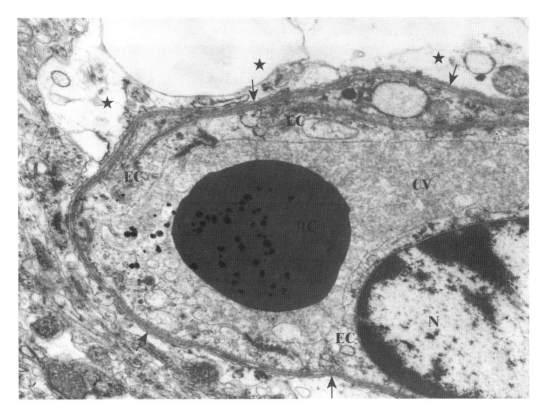

图 3-4-3-12　感染疱疹病毒的斑羚脑毛细血管。毛细血管内皮肿胀（EC）；基膜增生、增厚，粗糙不平（↑），血管周隙显著扩张、水肿（★）。CV：毛细血管腔；RC：红细胞；N：内皮细胞核。TEM，20k×

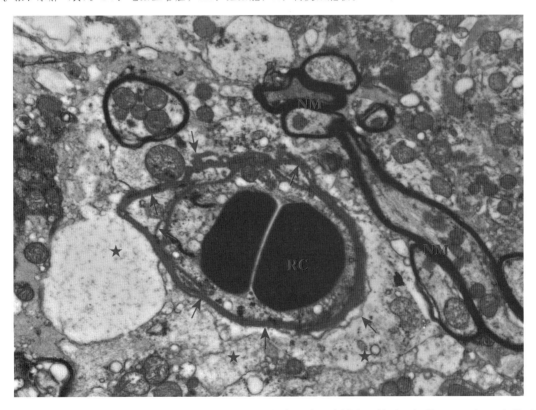

图 3-4-3-13　感染疱疹病毒的黑羚羊脑毛细血管。毛细血管内皮基膜显著增生、增厚，粗糙不平（↑），血管周隙显著扩张、水肿（★）。RC：红细胞；NM：神经髓鞘。TEM，10k×

（3）淋巴结毛细血管后微静脉

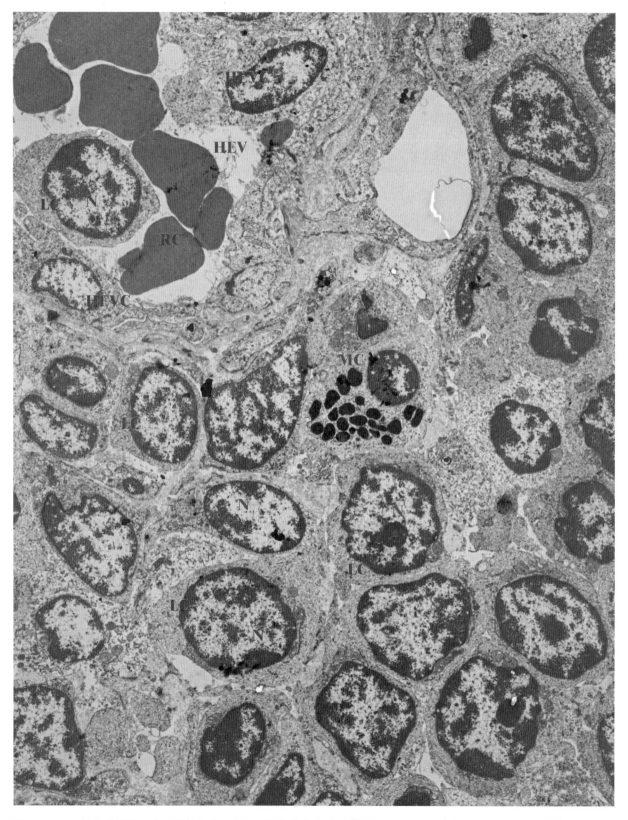

图 3-4-3-14　仔猪淋巴结。淋巴结中的毛细血管后微静脉或高内皮微静脉（HEV）扩张、充血。N：细胞核；HEVC：高内皮微静脉内皮细胞；RC：红细胞；LC：淋巴细胞；MC：肥大细胞。TEM，5k×

（4）肝血窦内皮

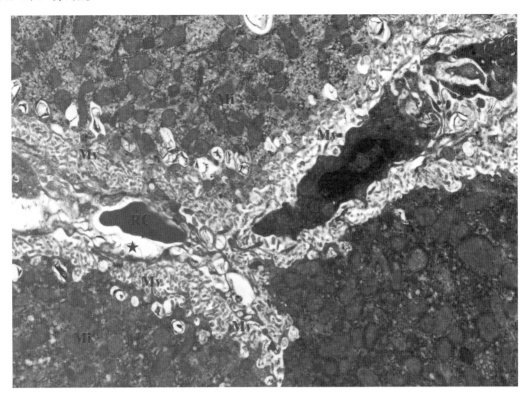

图 3-4-3-15 肝窦。结构完整（★），肝细胞间陷窝（▲）处细胞表面微绒毛（Mv）丰富。肝细胞质基质致密，线粒体（Mi）结构完好。N：细胞核；RC：红细胞；KC：枯否细胞。TEM，10k×

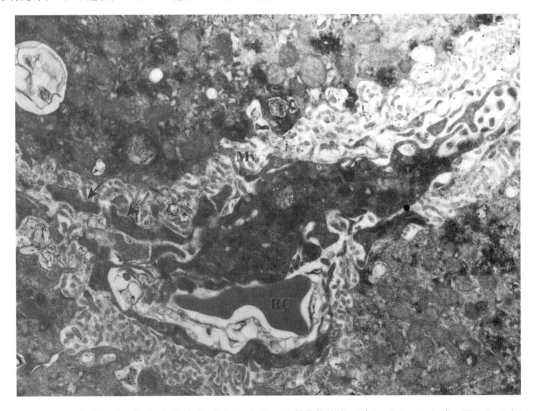

图 3-4-3-16 沙鼠肝脏。肝细胞微绒毛（Mv）丰富，肝窦结构完整（↑）。RC：红细胞。TEM，20k×

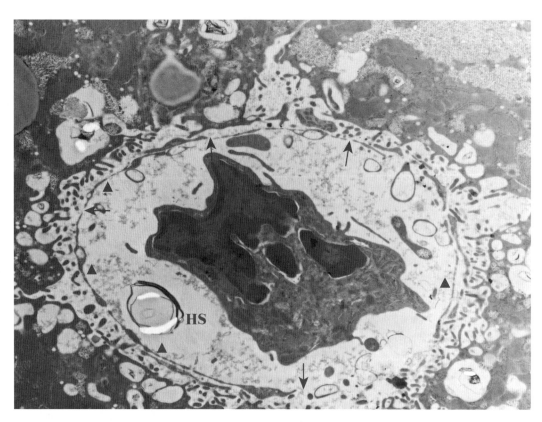

图 3-4-3-17 大鼠实验性脂肪肝。肝窦极度扩张（HS），窦壁菲薄（▲），壁上大量开孔（↑）。TEM，12k×

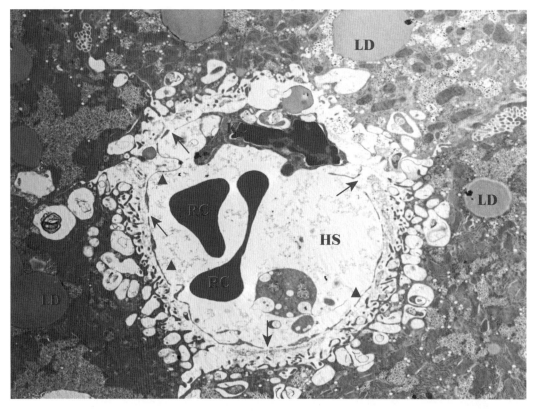

图 3-4-3-18 大鼠实验性脂肪肝。肝窦极度扩张（HS），窦壁内皮菲薄（▲），内皮上见大量开孔（↑）。肝细胞内有多量脂滴（LD）。KC：枯否细胞；RC：红细胞。TEM，8k×

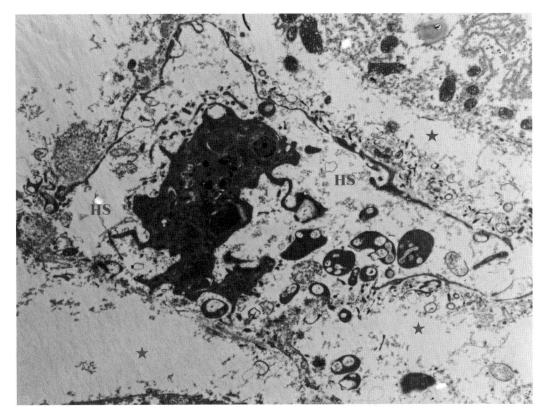

图 3-4-3-19 大鼠实验性脂肪肝。肝窦极度扩张（HS），狄氏隙明显扩张水肿（★）。TEM，10k×

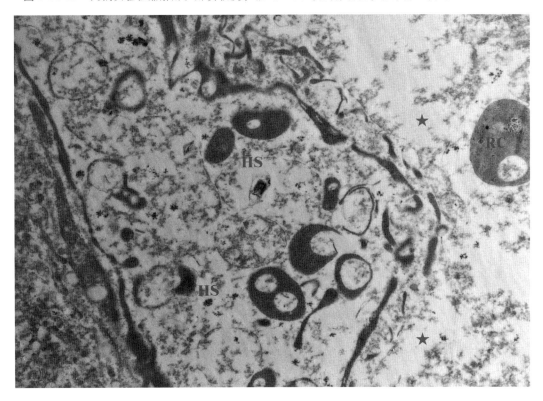

图 3-4-3-20 大鼠实验性脂肪肝。肝窦显著扩张（HS），狄氏隙明显扩张水肿（★），并见红细胞（RC）出现在狄氏隙中（出血）。TEM，25k×

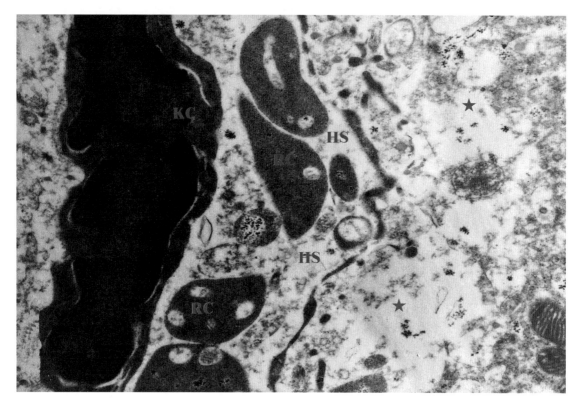

图 3-4-3-21　大鼠实验性脂肪肝。肝窦（HS）扩张瘀血，狄氏隙扩张水肿（★）。RC：红细胞；KC：枯否氏细胞。TEM，30k×

第四章　主要器官的超微病理学

第一节　心肌与血管

一、心肌

心脏是血管系统中一个很特殊的器官，其主要功能是把血液运送到肺中进行氧合作用，同时把氧合作用后的血液送到全身。心脏的壁由三层膜组成，即心内膜、心肌膜和心外膜。心肌膜为心脏的主体。

心肌细胞也称心肌纤维。根据分布和功能，心肌细胞分为三类：心室工作心肌细胞，普通心房肌细胞和传导心肌细胞。

心室工作心肌细胞（以下简称心肌细胞）是有横纹的短柱状细胞，长为 $80\sim150~\mu m$，横径为 $10\sim30~\mu m$，每个心肌细胞有一个椭圆形的核，位于细胞中央，偶见双核。心肌细胞有分支，彼此连接成网，细胞间连接结构称闰盘。

电镜下，心肌细胞与骨骼肌细胞一样，也有粗肌丝和细肌丝，并有规律地排列成 I 带与 A 带。细肌丝固定在 Z 盘上，粗肌丝由 M 桥及连接丝固定，在肌丝之间有肌质网和线粒体等。在闰盘部位，心肌细胞的末端呈阶梯状。在阶梯的横位部分，两细胞末端都伸出许多峰状突起，交错相嵌，增大两个相邻细胞之间的接触面。两细胞之间以黏合膜和桥粒的方式相连。在阶梯的纵位上，两细胞的侧面以缝隙连接的方式相连。

普通心房肌细胞（以下简称心房肌细胞）其结构与心室肌细胞相似，但也存在着重要的差异，因其能分泌有强大利钠、利尿和扩血管降压作用的物质心房肽，所以心肌细胞具有分泌肽类细胞激素细胞的结构特点。心房肌细胞无分支，肌膜表面有丰富的小凹，但横小管极小或缺如。

电镜下，心房肌细胞含有心房肽的分泌颗粒呈小球形。

组成传导系的细胞可分为三种：起搏细胞、移行细胞和浦肯野纤维。起搏细胞，简称 P 细胞，细胞核呈圆形或卵圆形，着色浅，直径 $4\sim8~\mu m$，以窦房结最多。移行细胞又称 T 细胞，一般为细长形，比一般心肌细胞短，但较 P 细胞大，约为其直径的 2 倍。在房室结中多见。

电镜下，P 细胞核大而圆，多位于细胞中央，细胞器少，胞质呈空泡状，肌丝少且走向不一，无结构完整的肌节，线粒体少，大小形态不一，散乱分布于胞质中。浦肯野纤维大多比心肌细胞短而宽，宽 $10\sim30~\mu m$，长 $20\sim50~\mu m$。核位于细胞中央，核周围的清明区中含许多线粒体。

二、血管

除毛细血管和毛细淋巴管以外，血管壁从管腔面向外依次分为内膜、中膜和外膜，血管壁内还有营养血管和神经分布。

内膜（tunica intima）是管壁的最内层，由内皮和内皮下层组成，是三层中最薄的一层。电镜观察，可见内皮细胞腔面有稀疏而大小不一的胞质突起，表面覆以厚 $30\sim60$ nm 的细胞衣，相邻细胞间有紧密连接和缝隙连接及 $10\sim20$ nm 的间隙。内皮细胞核淡染，以常染色质为主，核仁大而明显。在胞质内有发达的高尔基复合体、粗面内质网和滑面内质网。内皮细胞超微结构的主要特点是胞质中有丰富的吞饮小泡，或称质膜小泡（plasmalemma vesicle），直径 $60\sim70$ nm。细胞质内还可见成束的微丝和一种外包单位膜的杆状细胞器，长约 $3\ \mu m$ 直径 $0.1\sim0.3\ \mu m$，内有 $6\sim26$ 条直径 15 nm 左右的平行细管，称 Weibel-Palade 小体（W-P 小体）W-P 小体是内皮细胞特有的细胞。内皮下层（subendothelial layer）是位于内皮和内弹性膜之间的薄层结缔组织，内含少量胶原纤维、弹性纤维，有时有少许纵行平滑肌，有的动脉的内皮下层深面还有一层内弹性膜（internal elastic membrane），由弹性蛋白组成，膜上有许多小孔。在血管横切面上，因血管壁收缩，内弹性膜常呈波浪状，一般以内弹性膜作为动脉内膜与中膜的分界。

中膜（tunica media）位于内膜和外膜之间，其厚度及组成成分因血管种类而异。大动脉以弹性膜为主，间有少许平滑肌；中动脉主要由平滑肌组成。血管平滑肌纤维较内脏平滑肌纤维细，并常有分支。肌纤维间有中间连接和缝隙连接。

外膜（tunica adventitia）由疏松结缔组织组成，其中含螺旋状或纵向分布的弹性纤维和胶原纤维。血管壁的结缔组织细胞以成纤维细胞为主。

大动脉（large artery）的管壁中有多层弹性膜和大量弹性纤维，平滑肌则较少，故又称弹性动脉（elastic artery）。内膜有较厚的内皮下层，内皮下层之外为多层弹性膜组成的内弹性膜。中膜大动脉有 $40\sim70$ 层弹性膜，各层弹性膜由弹性纤维相连，弹性膜之间有环形平滑肌和少量胶原纤维和弹性纤维。外膜较薄，由结缔组织构成，没有明显的外弹性膜。外膜逐渐移行为周围的疏松结缔组织。中动脉管壁的平滑肌相当丰富，故又名肌性动脉（muscular artery）。内膜的内皮下层较薄，内弹性膜明显。中动脉的中膜较厚，由 $10\sim40$ 层环形排列的平滑肌组成，肌间有一些弹性纤维和胶原纤维。外膜厚度与中膜相等，多数中动脉的中膜和外膜交界处有明显的外弹性膜。动脉管径在 1 mm 以下至 0.3 mm 以上的动脉称为小动脉（small artery）。较大的小动脉，内膜有明显的内弹性膜，中膜有几层平滑肌，外膜厚度与中膜相近，一般没有外弹性膜。管径在 0.3 mm 以下的动脉称微动脉（arteriole），其内膜无内弹性膜，中膜由 $1\sim2$ 层平滑肌组成，外膜较薄。

毛细血管见第三章第四节。

静脉管径较粗，管腔较大，静脉壁的平滑肌和弹性组织不及动脉丰富，结缔组织成分较多。

本节图片

1. 心肌：　　　图 4-1-1-1 至图 4-1-1-19
2. 心肌的血管：图 4-1-2-1 至图 4-1-2-8
3. 主动脉：　　图 4-1-3-1 至图 4-1-3-38

1. 心肌

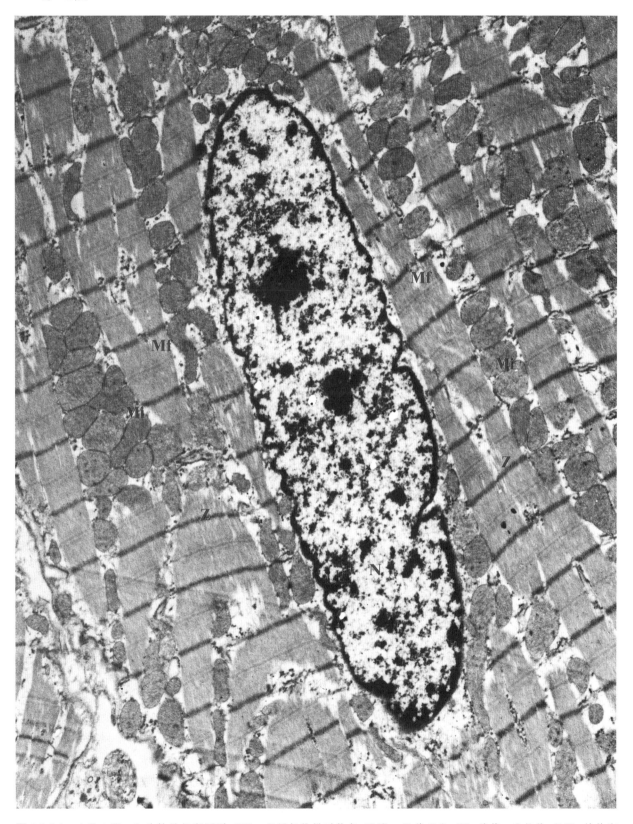

图 4-1-1-1　大鼠心肌。细胞核呈长卵圆形（N），肌原纤维排列整齐（Mf），肌节 Z 线（Z）清楚，线粒体（Mi）结构完整，排列于肌原纤维之间。TEM，8k×

图 4-1-1-2 大鼠心肌。收缩状态的肌原纤维（Mf）肌节 Z 线清晰平直清楚（Z），线粒体（Mi）结构清晰，增生、聚集成团；原纤维间连接闰盘（↑）结构可见；肌细胞间隙清晰可见（▲）。TEM，8k×

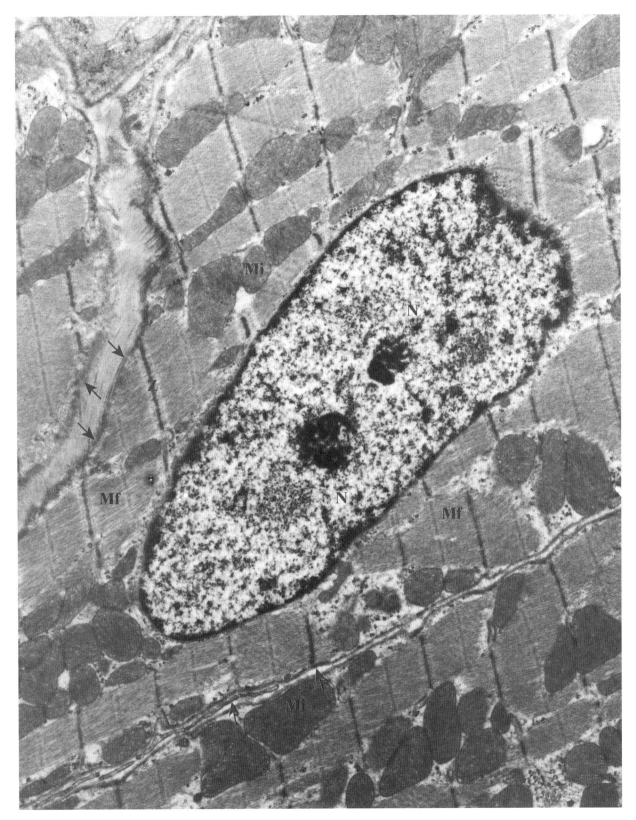

图 4-1-1-3 大鼠心肌细胞。肌原纤维排列整齐（Mf），肌节 Z 线清晰平直清楚（Z），线粒体（Mi）结构完整，肌细胞界膜分明，细胞间基板清晰（↑）。N：心肌细胞核。TEM，12k×

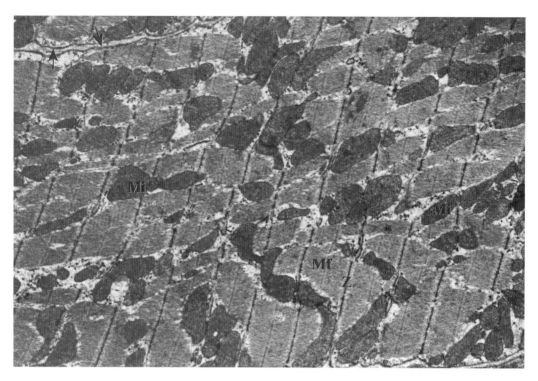

图 4-1-1-4 大鼠心肌细胞。肌原纤维排列整齐（Mf），肌节 Z 线清晰平直（Z），线粒体（Mi）结构完整，肌细胞界膜分明，细胞间基板清晰（↑）。TEM，10k×

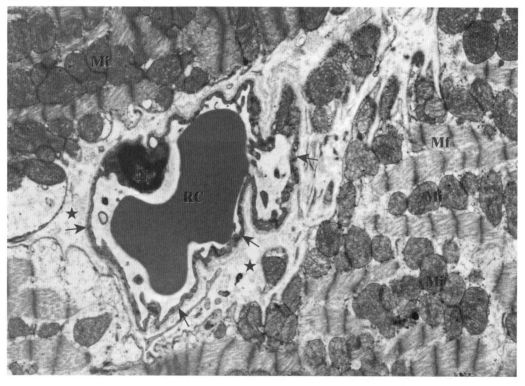

图 4-1-1-5 大鼠心肌及其毛细血管。肌原纤维（Mf）间，线粒体（Mi）丰富。肌细胞间毛细血管内皮结构完整、清晰（↑）。间质轻度水肿（★）。RC：红细胞；N：内皮细胞核。TEM，10k×

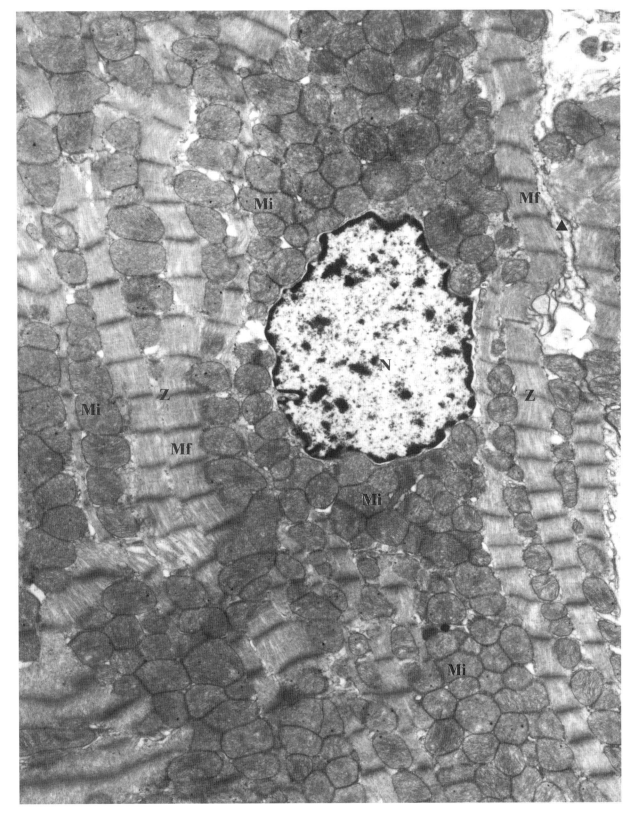

图 4-1-1-6　被动吸烟大鼠心肌细胞。收缩状态的心肌细胞核（N）短缩，肌原纤维（Mf）结构清晰，肌节 Z 线清晰平直（Z）。线粒体（Mi）大量增生，结构完整，堆集成片。细胞界限分明（▲）。TEM，8k×

图 4-1-1-7 被动吸烟大鼠心肌。线粒体（Mi）显著增生。肌原纤维（Mf）结构清晰，肌节 Z 线清晰平直（Z）。局部肌原纤维溶解（▲）。TEM，8k×

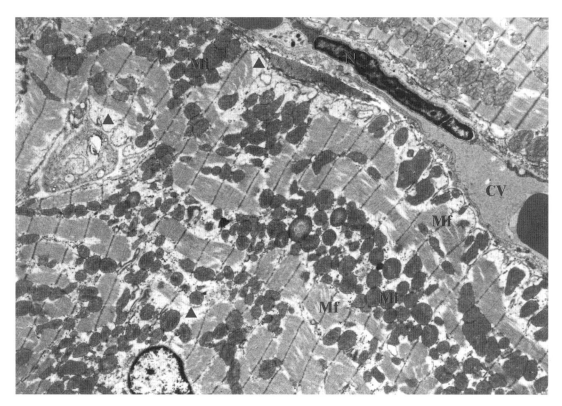

图 4-1-1-8 被动吸烟大鼠心肌。肌原纤维曲折不齐（Mf），局部溶解空化（▲）。线粒体（Mi）明显增生，排列松散。CV：毛细血管腔；N：毛细血管内皮细胞核。TEM，6k×

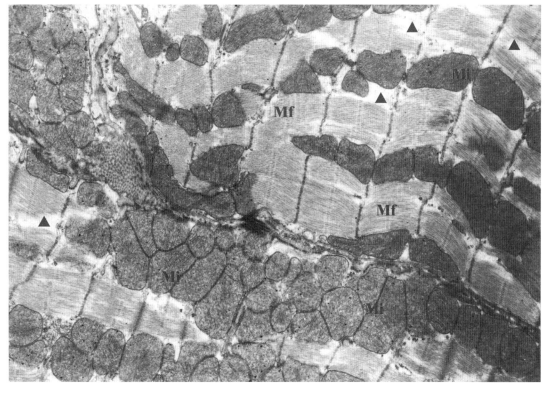

图 4-1-1-9 被动吸烟大鼠心肌。肌原纤维曲折不齐（Mf），肌丝纹理不明，局部溶解空化（▲）。线粒体（Mi）大量增生，嵴不明晰。TEM，15k×

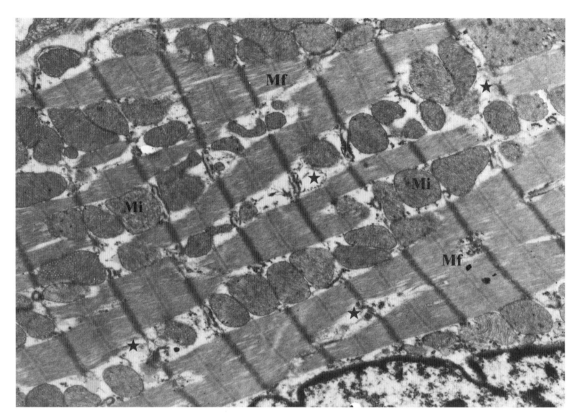

图 4-1-1-10 被动吸烟大鼠心肌。肌原纤维（Mf）节段性溶解（★）；线粒体（Mi）嵴模糊。TEM，15k×

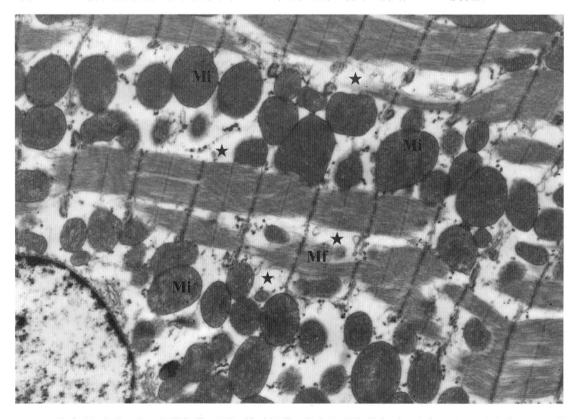

图 4-1-1-11 被动吸烟大鼠心肌。肌原纤维（Mf）排列松散，局部肌原纤维断裂、溶解（★）。线粒体（Mi）排列稀疏，内嵴模糊。TEM，15k×

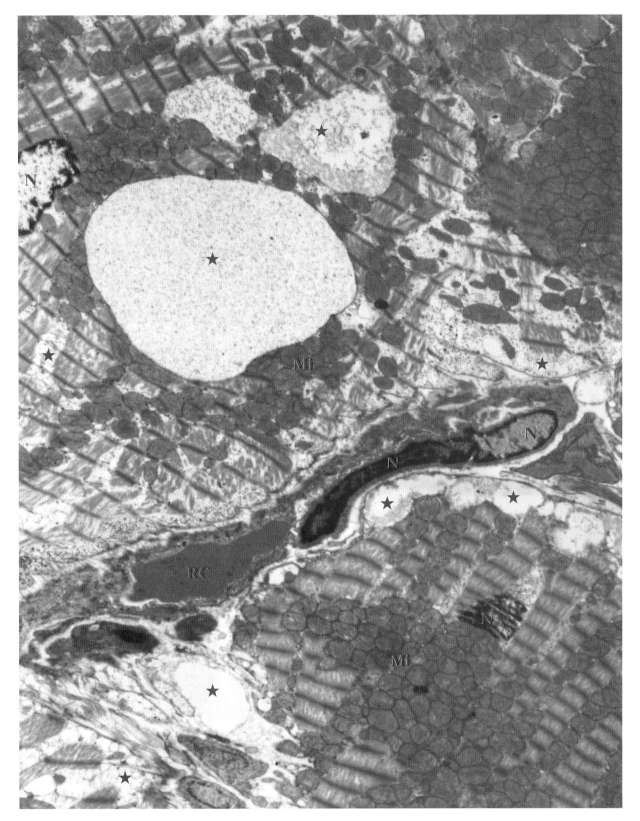

图 4-1-1-12 小鼠心肌。病理状态下肌原纤维节段性溶解，出现大空洞（★），毛细血管外及肌纤维膜下溶解更明显。局部线粒体（Mi）成堆增生。N：细胞核；RC：红细胞。TEM，6k×

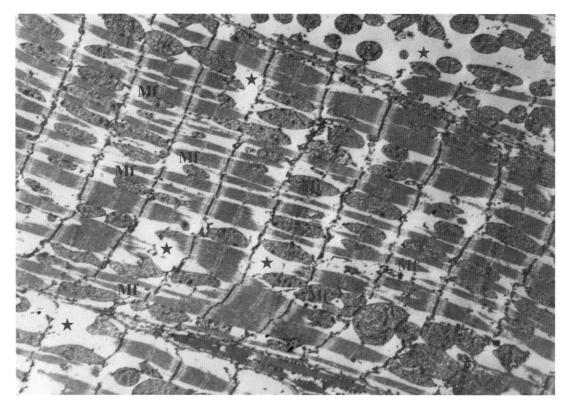

图 4-1-1-13　模拟失重大鼠心肌。肌原纤维（Mf）普遍萎缩、断裂，肌丝溶解空化（★）。线粒体数量明显减少，变形呈长梭形，内嵴排列紊乱（Mi）。TEM，10k×

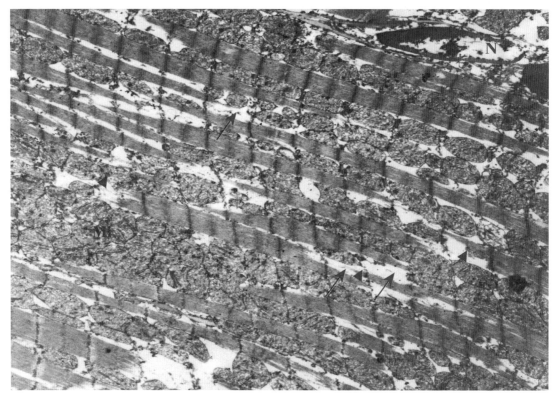

图 4-1-1-14　模拟失重大鼠心肌。局部肌原纤维断裂、缺失（↑）；线粒体轻度增生（Mi），基质内出现致密物；肌节 Z线断裂（▲）。N：细胞核。TEM，10k×

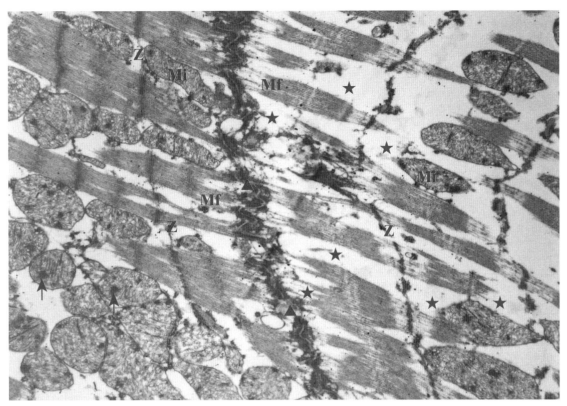

图 4-1-1-15　模拟失重大鼠心肌。局部肌原纤维（Mf）断裂、缺失（★）；线粒体（Mi）稀少，基质内出现致密物（↑）；肌间闰盘结构的连续性中断（▲），肌节 Z 线断裂或模糊不清（Z）。TEM，20k×

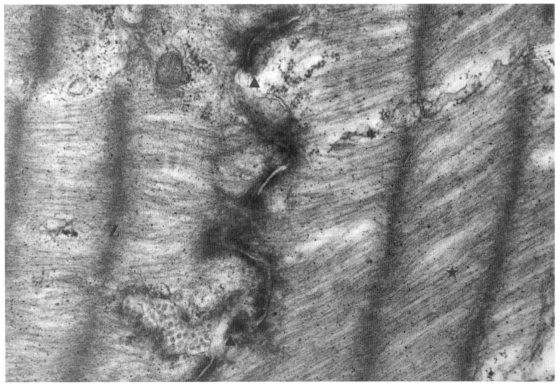

图 4-1-1-16　模拟失重大鼠心肌。肌原纤维间闰盘结构模糊，连续性中断（▲），肌节 Z 线清楚（Z），但 I 带与 A 带结构不清（★）。TEM，50k×

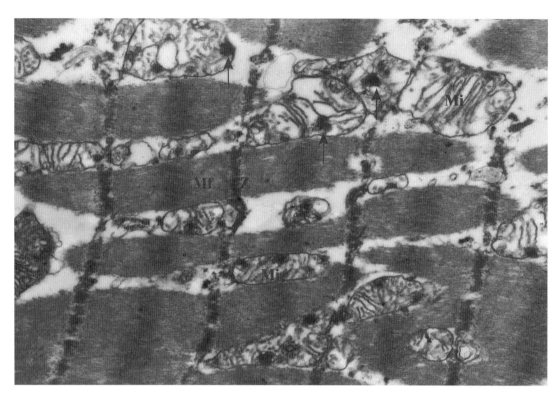

图 4-1-1-17　病死斑海豹心肌。肌原纤维（Mf）肌节模糊，Z 线粗糙（Z），肌丝模糊不清。线粒体（Mi）稀疏，大小不一，嵴排列紊乱，基质内出现致密絮状物（↑）。TEM，30k×

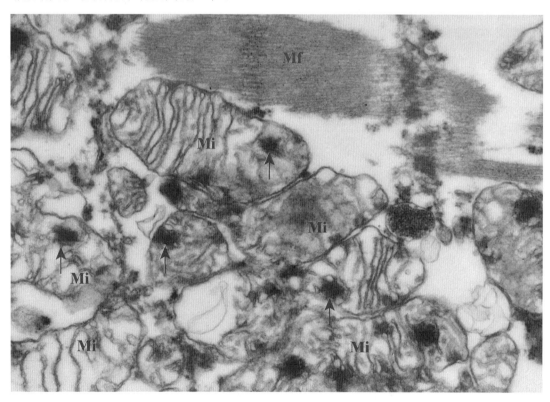

图 4-1-1-18　病死斑海豹心肌。肌原纤维（Mf）肌节不明，肌丝模糊不清，断裂不齐。线粒体（Mi）形态不规，大小不一，嵴排列紊乱，基质内出现致密絮状物（↑）。TEM，50k×

图 4-1-1-19 小型猪克山病动物模型心肌。肌原纤维（Mf）排列松散，常见节段性断裂；线粒体（Mi）肿胀，多见嵴断裂缺失，乃至空泡变肌浆，肌丝蛋白节段性溶解，以致肌原纤维呈空格状。N：细胞核。TEM，6k×

2. 心肌的血管

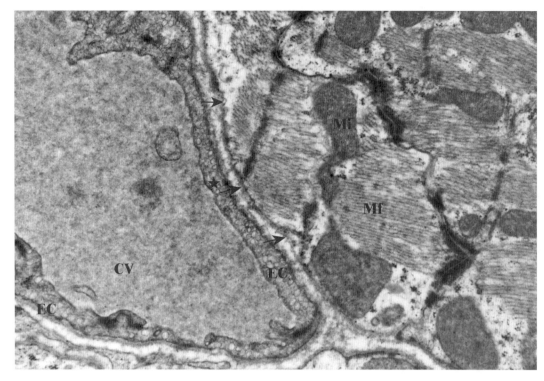

图 4-1-2-1 心肌的毛细血管。毛细血管内皮（EC）及基膜结构完整平直，内皮细胞内液泡丰富（★）。心肌细胞肌板完整、清晰（↑）。CV：毛细血管腔；Mi：线粒体；Mf：肌原纤维。TEM，30k×

图 4-1-2-2 心肌的毛细血管。毛细血管内皮及基膜结构完整，与心肌细胞接触面平直（↑）。心肌细胞肌板完整、清晰（▼）。Mi：线粒体；Mf：肌原纤维；RC：红细胞；N：内皮细胞核。TEM，10k×

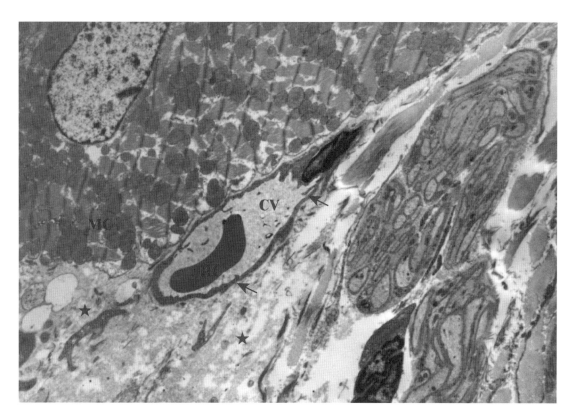

图 4-1-2-3 病理状态下的心肌毛细血管。毛细血管扩张（CV），内皮基膜大部分缺失，表面曲折不平（↑）。血管外水肿，大量蛋白性液体聚集（★）。RC：红细胞；MC：心肌细胞。TEM，6k×

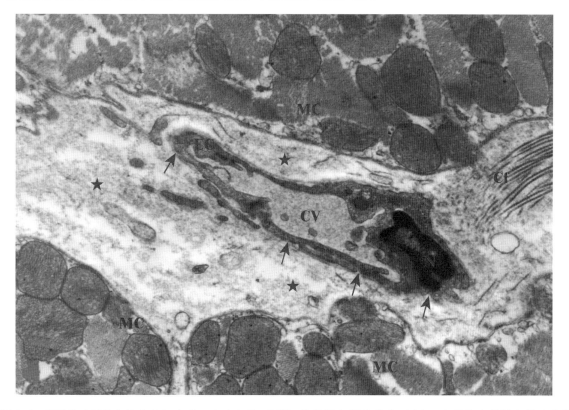

图 4-1-2-4 病理状态下的心肌的毛细血管。内皮细胞（EC）外基膜大部分缺失（↑）。血管外大量蛋白性液体聚集（★）。CV：毛细血管腔；N：内皮细胞核；MC：心肌细胞；Cf：胶原原纤维。TEM，20k×

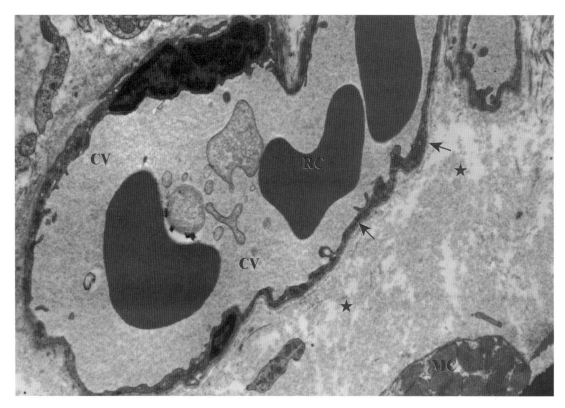

图 4-1-2-5 病死麋鹿心肌毛细血管。毛细血管扩张（CV），表面曲折不平，内皮基膜大部分缺失（↑）。血管外水肿，大量蛋白性液体聚集（★）。RC：红细胞；MC：心肌细胞。TEM，10k×

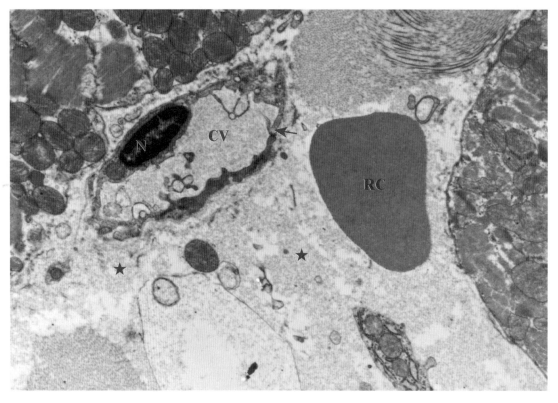

图 4-1-2-6 病死麋鹿心肌出血。毛细血管内皮基膜大部分缺失，局部内皮有破损（↑）。血管外大量蛋白性液体聚集（★），红细胞（RC）游离于血管外（出血）。CV：毛细血管腔；N：内皮细胞核。TEM，12k×

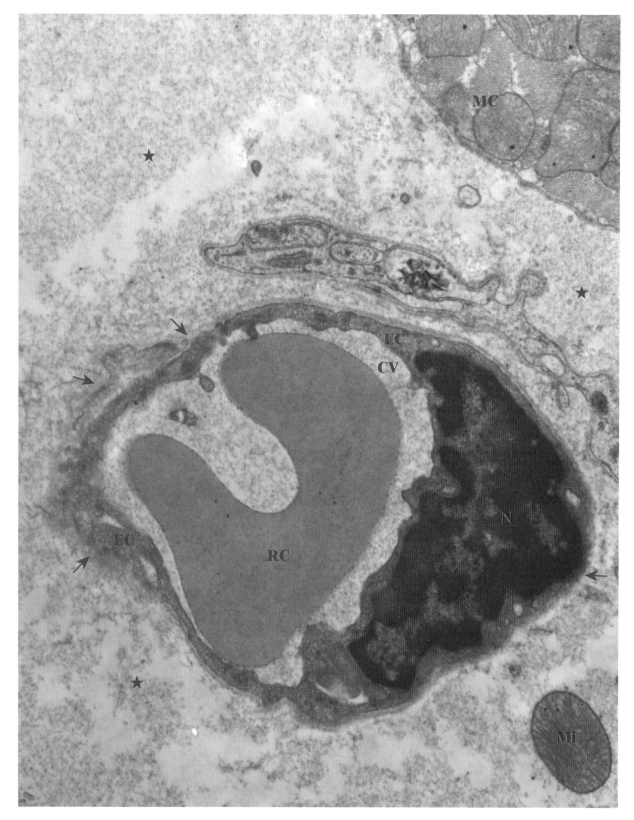

图 4-1-2-7 心肌毛细血管。内皮（EC）结构完整，内皮外基膜局部模糊缺失（↑）。血管外大量蛋白性液体聚集（★）。N：内皮细胞核；MC：心肌细胞；RC：红细胞；Mi：游离的线粒体；CV：毛细血管腔。TEM，20k×

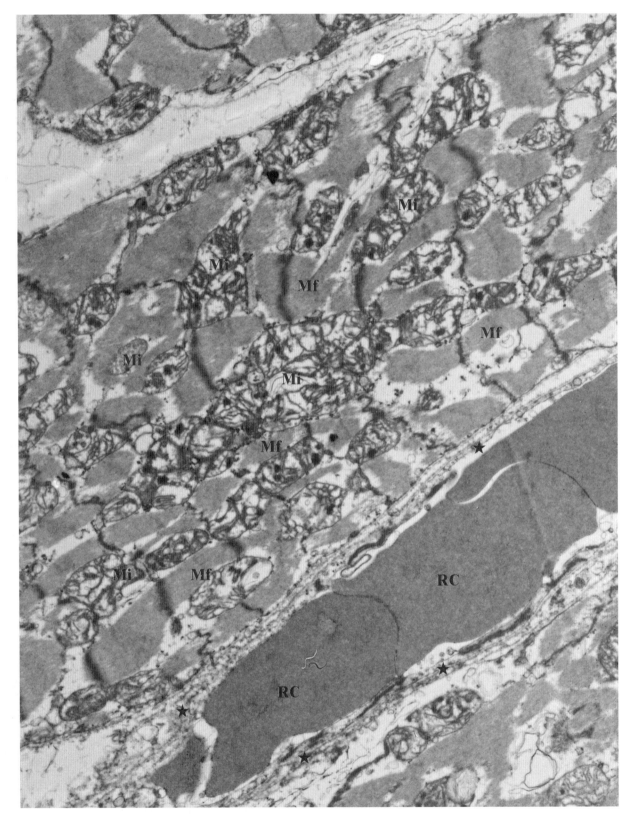

图 4-1-2-8 病死麋鹿心肌毛细血管。毛细血管内皮菲薄，基膜散乱不齐（★）。血管内红细胞凝集（RC）。肌原纤维（Mf）萎缩、扭曲，肌丝模糊，肌节不明；Z 线（Z）明显可见。线粒体（Mi）扭曲变形，形态各异。TEM，10k×

3. 主动脉

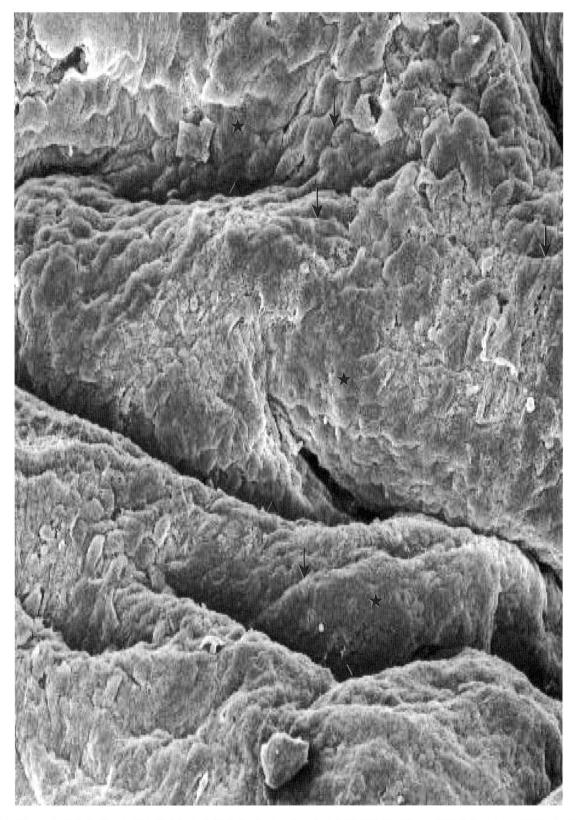

图 4-1-3-1 主动脉内膜。血管内膜表面有沟样结构（▲），内皮细胞间界限清楚（↑），表面光滑（★）。SEM，300×

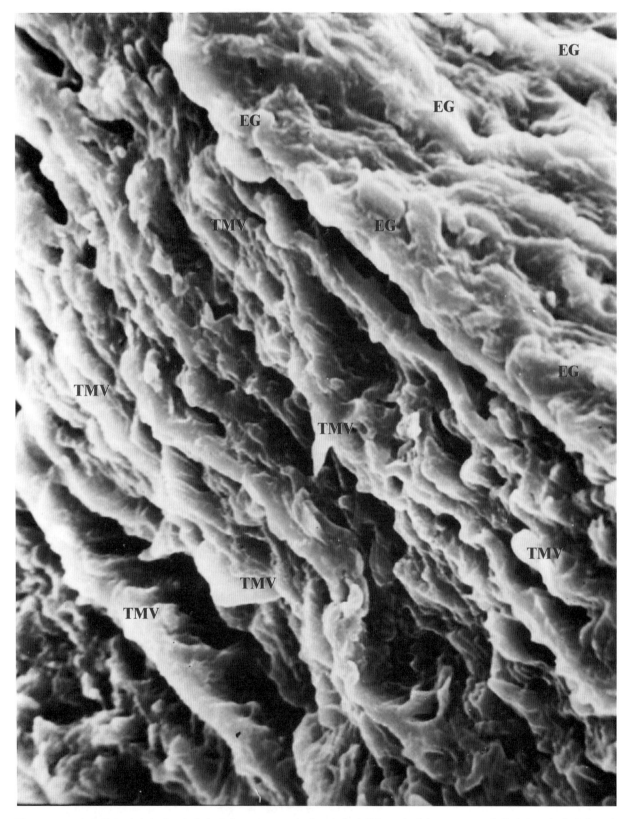

图 4-1-3-2 大熊猫主动脉内膜。血管内膜表面（EG）光滑，血管壁横切面中膜层（TMV）结构清晰，层次清楚，表面光滑平整，未见异物沉着。SEM，500×

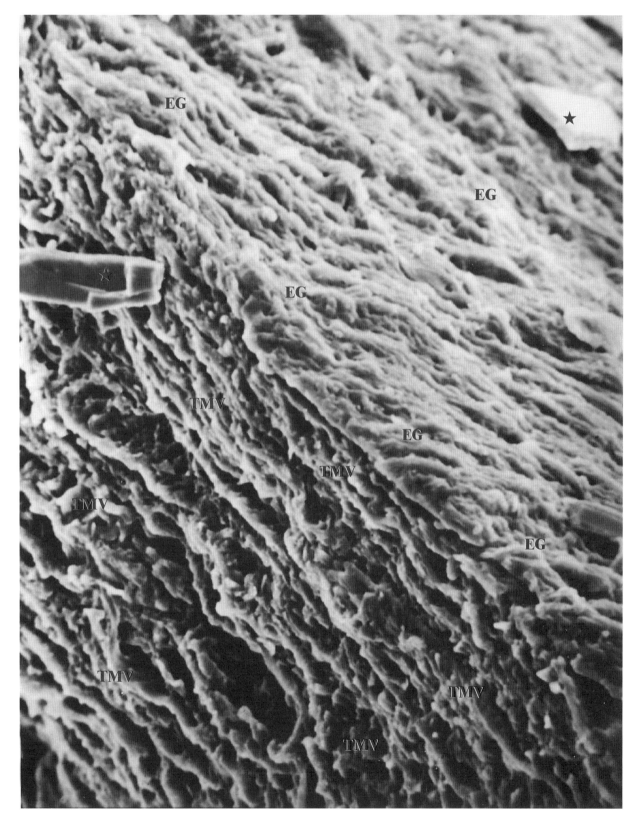

图 4-1-3-3　大熊猫主动脉内膜。血管内膜表面（EG）光滑，血管壁横切面中膜层（TMV）结构清晰，层次清楚，表面光滑平整，见个别胆固醇结晶沉着（★）。SEM，300×

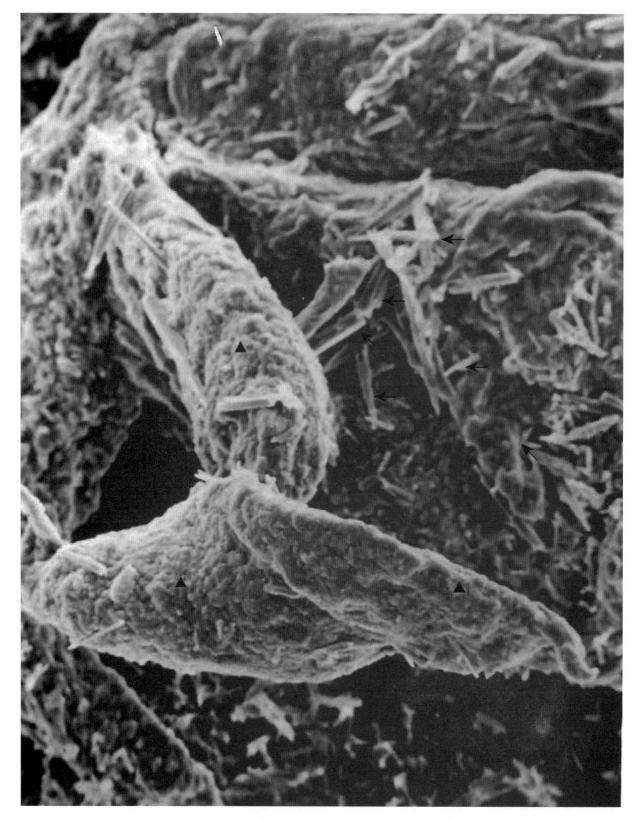

图 4-1-3-4　大熊猫主动脉粥样硬化。血管内膜表面沉积的脂质呈膜状卷曲（▲），胆固醇结晶（↑）混杂于脂质膜之中。SEM，500×

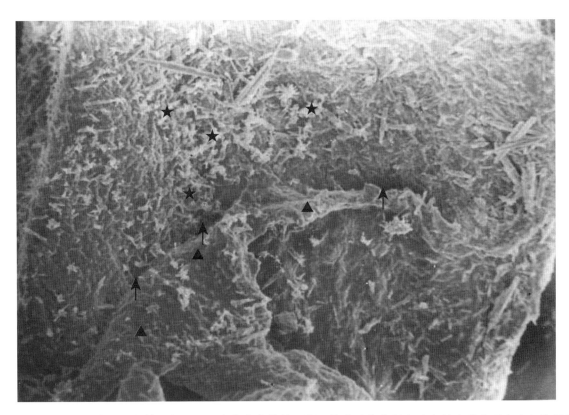

图 4-1-3-5　大熊猫主动脉弓粥样硬化。胆固醇等脂类结晶（★）呈碎瓦片状沉积于血管内膜表面内皮细胞间隙处（↑），沉积的脂质呈膜状卷曲（▲）。SEM，100×

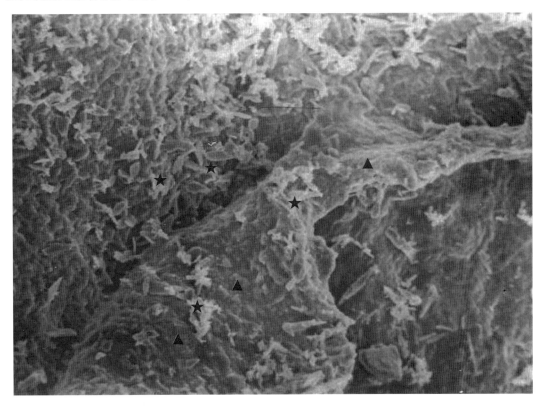

图 4-1-3-6　大熊猫主动脉粥样硬化。血管内膜表面沉积的脂质呈膜状卷曲（▲），胆固醇结晶混杂于脂质膜之中（★）。SEM，300×

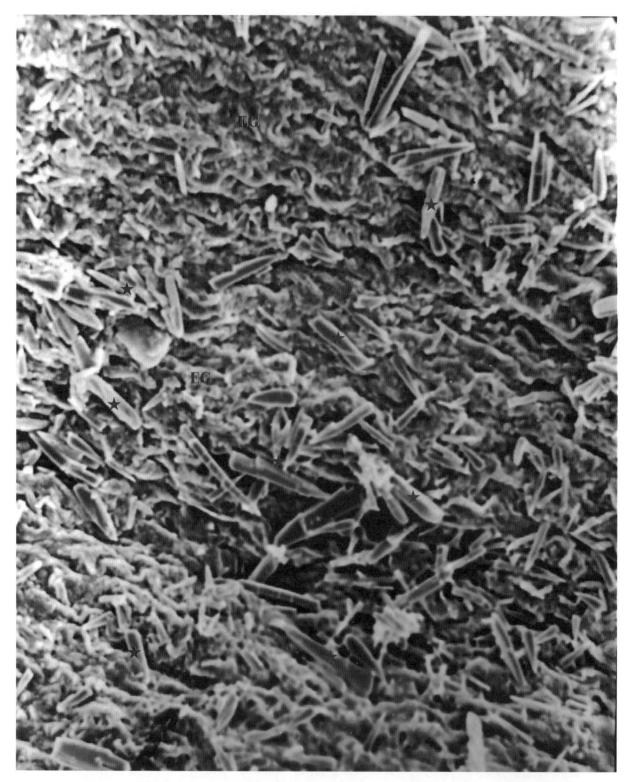

图 4-1-3-7 大熊猫主动脉弓粥样硬化。血管内膜表面（EG）大量胆固醇等脂类结晶（★）呈针状或钉突状沉积于血管内膜表面。SEM，300×

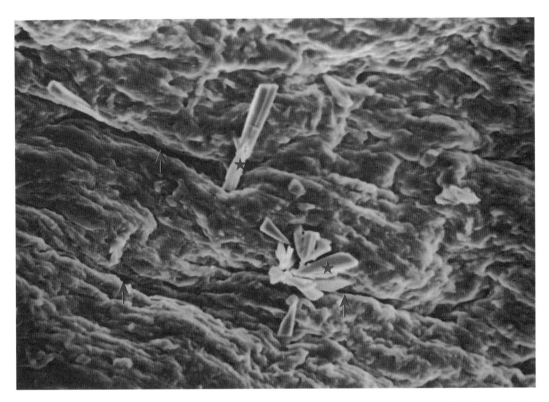

图 4-1-3-8　大熊猫主动脉弓粥样硬化。胆固醇等脂类结晶（★）呈碎瓦片状沉积于血管内膜表面内皮细胞间的裂缝处（↑）。SEM，500×

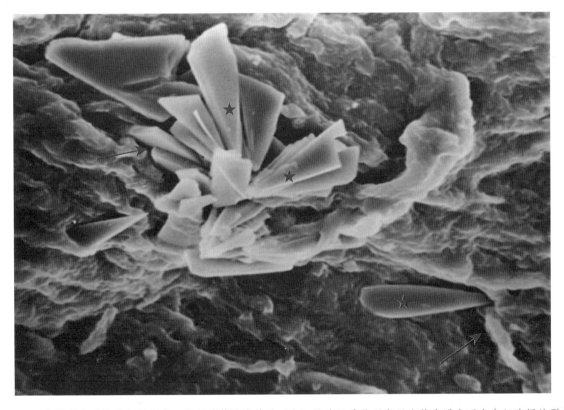

图 4-1-3-9　大熊猫主动脉弓粥样硬化。胆固醇等脂类结晶（★）呈碎瓦片状沉积于血管内膜表面内皮细胞间的裂缝处（↑）。SEM，1.5k×

图 4-1-3-10 大熊猫主动脉弓粥样硬化。主动脉表面高低不平，胆固醇等脂类结晶（★）呈碎瓦片状沉积于血管内膜表面内皮细胞间的间隙处（↑）。SEM，1k×

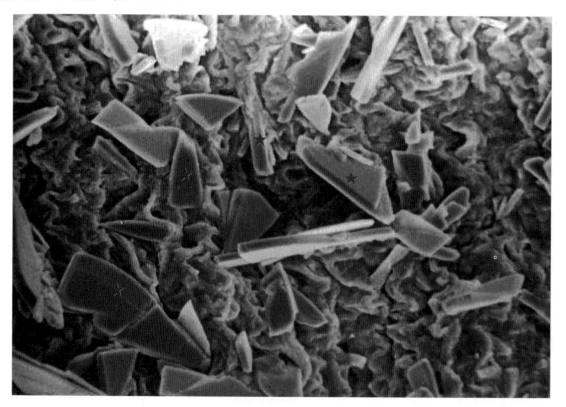

图 4-1-3-11 大熊猫主动脉弓粥样硬化。胆固醇等脂类结晶（★）呈碎瓦片状沉积于血管内膜的内皮细胞表面。SEM，1.5k×

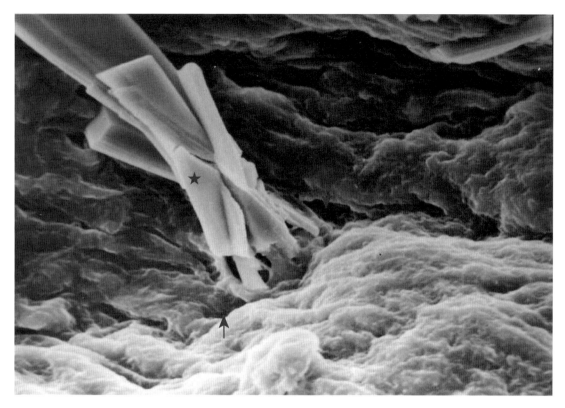

图 4-1-3-12　大熊猫主动脉弓粥样硬化。主动脉表面高低不平，胆固醇等脂类结晶（★）呈碎瓦片状沉积于血管内膜表面内皮细胞间的裂缝处（↑）。SEM，1.5k×

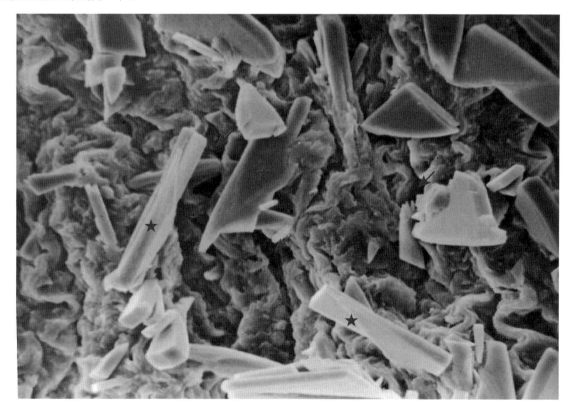

图 4-1-3-13　大熊猫主动脉弓粥样硬化。主动脉表面高低不平，胆固醇等脂类结晶（★）呈碎瓦片状沉积于血管内皮细胞表面及其裂缝处（↑）。SEM，1k×

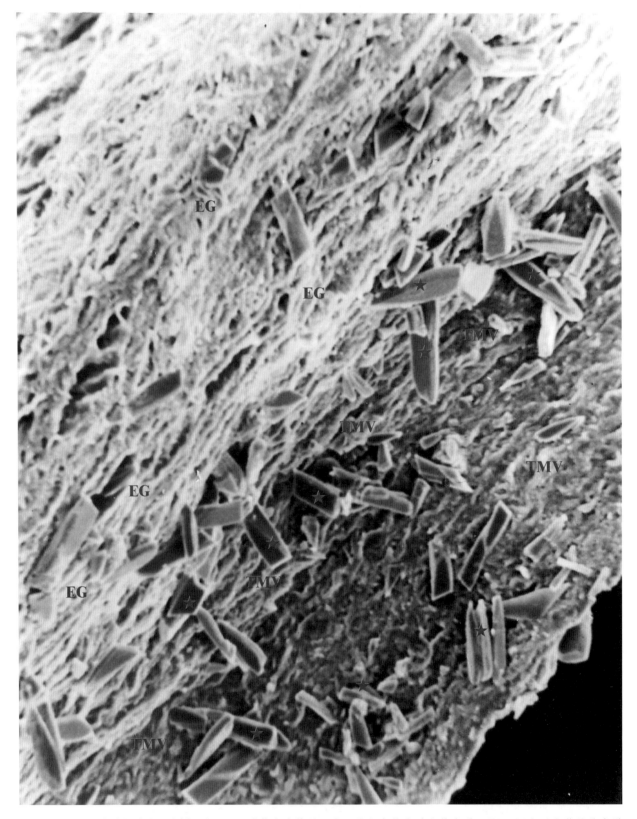

图 4-1-3-14　大熊猫主动脉弓粥样硬化。胆固醇等脂类结晶（★）呈钉突状穿过血管内膜（EG）沉积于血管壁的中膜层（TMV）内。EG：血管腔内膜表面；TMV：血管壁横切面中膜层。SEM，600×

图 4-1-3-15 大熊猫主动脉弓粥样硬化。胆固醇等脂类结晶（★）呈钉突状穿过血管内膜（EG）沉积于血管壁的中膜层（TMV）内。EG：血管腔内膜表面；TMV：血管壁横切面中膜层。SEM，500×

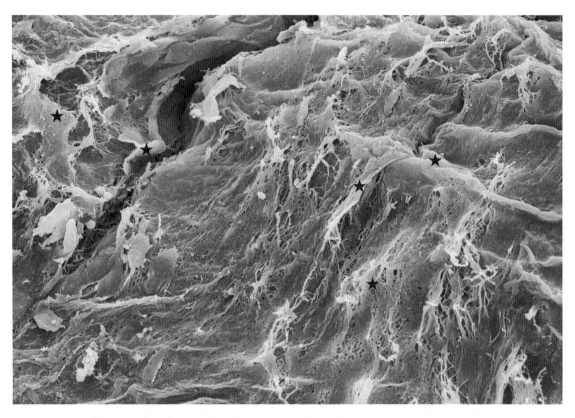

图 4-1-3-16 大熊猫主动脉弓粥样硬化。主动脉内膜表面脂质呈膜状（★）沉积。SEM，500×

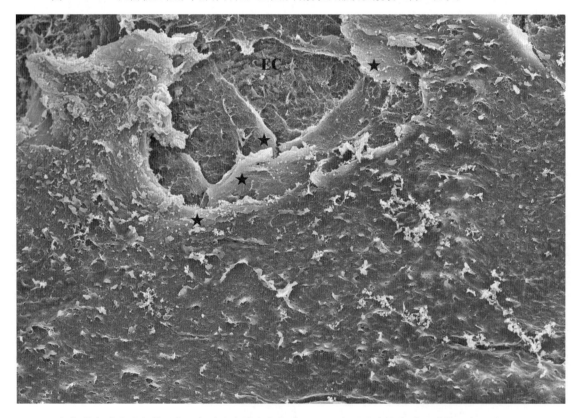

图 4-1-3-17 大熊猫主动脉弓粥样硬化。主动脉内膜内皮细胞（EC）表面见多层脂质呈膜状沉积（★）。SEM，100×

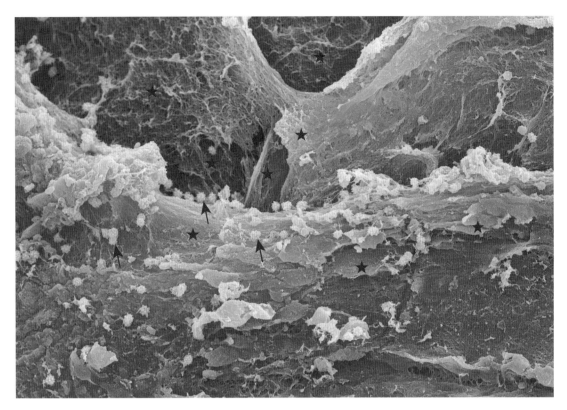

图 4-1-3-18　大熊猫主动脉弓粥样硬化。主动脉内膜表面见多层脂质呈膜状（★）沉积，膜表面黏附有大量白细胞（↑）。SEM，500k×

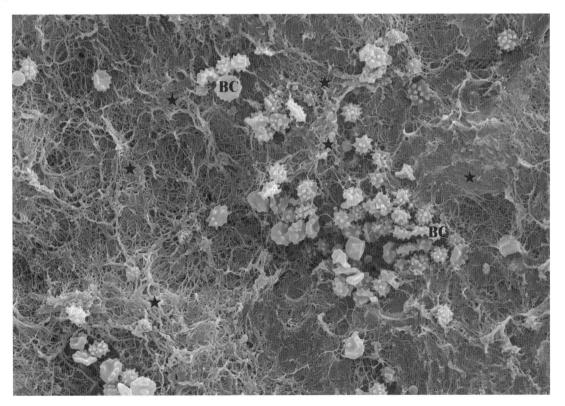

图 4-1-3-19　大熊猫主动脉弓粥样硬化。主动脉内膜表面纤维蛋白与脂质交织呈网膜状（★），表面黏附大量血细胞（BC）。SEM，1k×

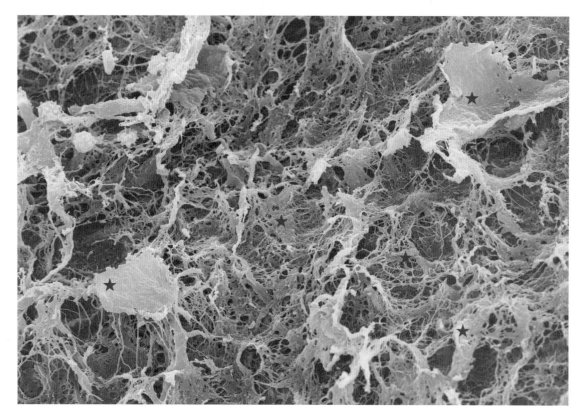

图 4-1-3-20 大熊猫主动脉弓粥样硬化。主动脉内膜表面纤维蛋白与脂质交织呈网膜状（★）。SEM，1k×

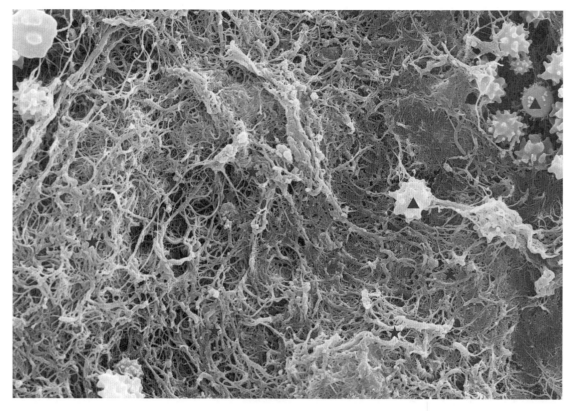

图 4-1-3-21 大熊猫主动脉弓粥样硬化。主动脉内膜表面粗大的纤维蛋白与脂质交织呈网膜状（★），见血细胞沉积于网孔内或黏附于网膜的表面（▲）。SEM，2k×

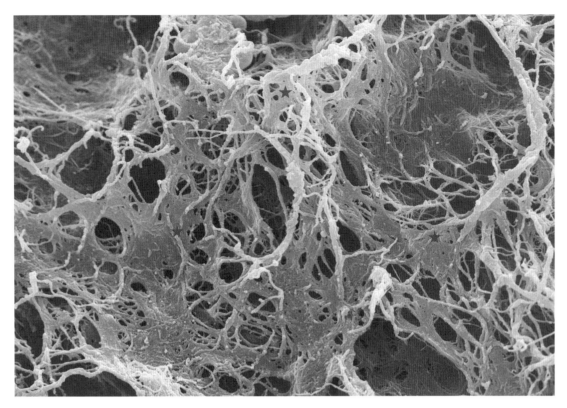

图 4-1-3-22　大熊猫主动脉弓粥样硬化。粗大的纤维蛋白与脂质相互交织呈网膜状（★）覆盖于主动脉内膜表面。SEM，3.5k×

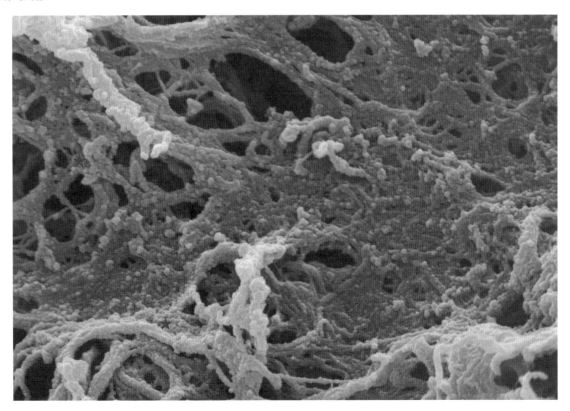

图 4-1-3-23　大熊猫主动脉弓粥样硬化。粗大的纤维蛋白与脂质相互交织呈网膜状（★）覆盖于主动脉内膜表面。SEM，10k×

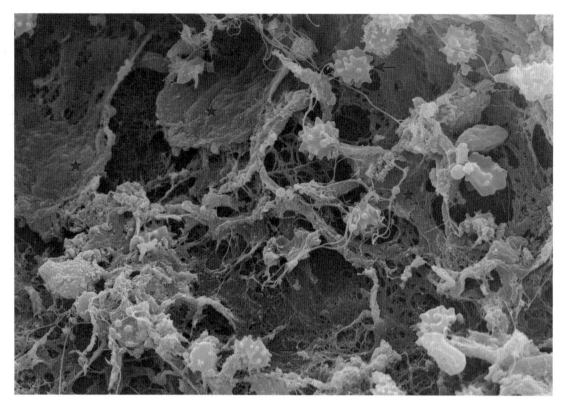

图 4-1-3-24 大熊猫主动脉弓粥样硬化。脂质呈膜状（★）或与纤维蛋白交织呈网膜状沉积于主动脉内膜表面，表面附着大量血细胞（↑）。SEM，2k×

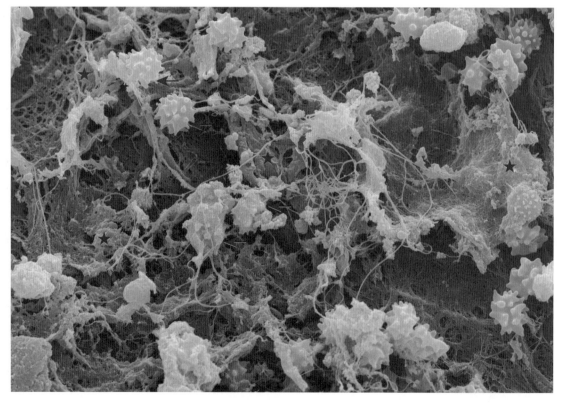

图 4-1-3-25 大熊猫主动脉弓粥样硬化。主动脉内膜表面脂质纤维蛋白交织呈网膜状（★），表面黏附大量白细胞（↑）。SEM，2k×

图 4-1-3-26　大熊猫主动脉弓粥样硬化。主动脉内膜表面沉积的脂质膜（LM）上黏附大量的血细胞及其他变性的物质（★）。SEM，2k×

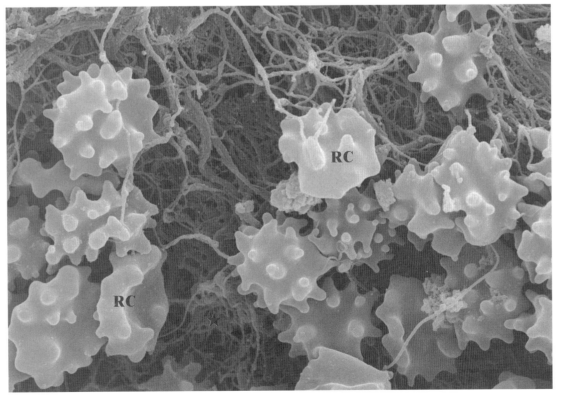

图 4-1-3-27　大熊猫主动脉弓粥样硬化。主动脉内膜表面粗大的纤维蛋白与脂质相互交织呈网膜状（★），网膜上黏附大量变形的红细胞（RC）。SEM，5k×

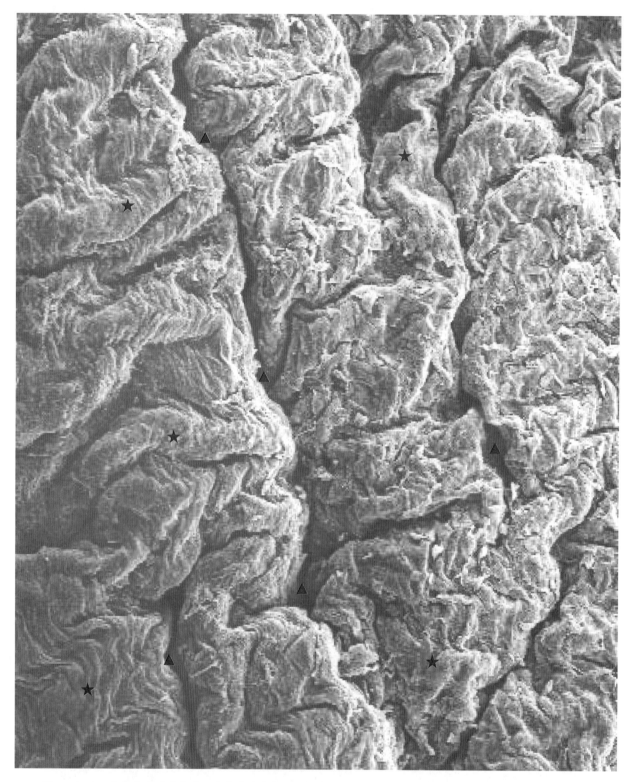

图 4-1-3-28 东北虎主动脉内膜。血管内膜内皮细胞膜表面平整（★），细胞间裂隙明显（▲）。SEM，200×

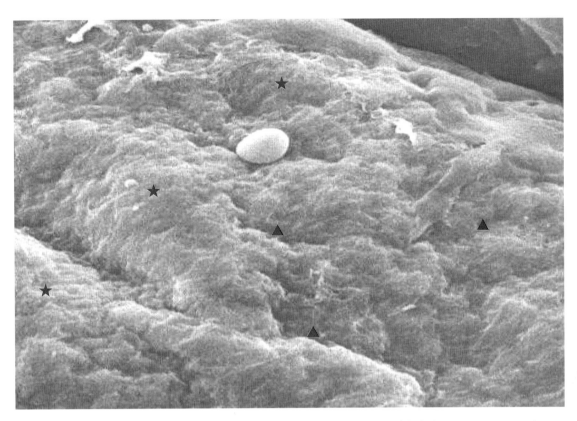

图 4-1-3-29 东北虎主动脉血管内膜。内皮细胞表面光滑（★），细胞间连接紧密（▲）。SEM，2.2k×

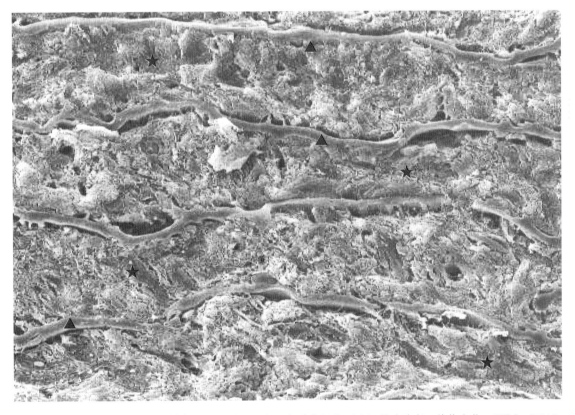

图 4-1-3-30 东北虎主动脉弓横断面。平滑肌（★）与弹力纤维（▲）层次清晰，结构完整。SEM，800×

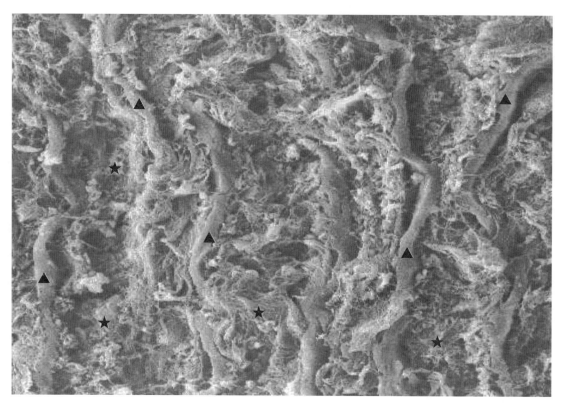

图 4-1-3-31 东北虎主动脉粥样硬化病变部位近旁血管壁横断面。平滑肌（★）与弹力纤维（▲）层次凌乱，结构不清。SEM，1.2k×

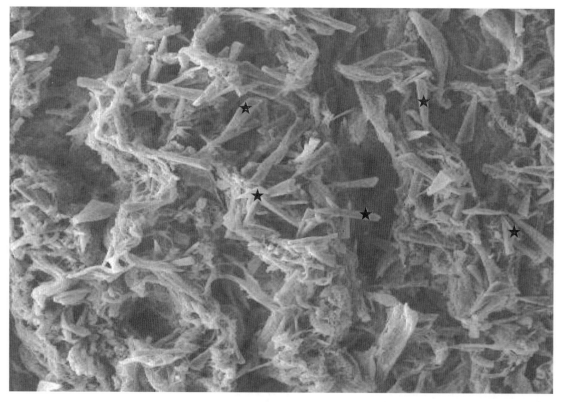

图 4-1-3-32 东北虎主动脉弓粥样硬化血管横断面。主动脉中膜分层不清，结构紊乱，并见大量胆固醇结晶（★）沉积于变性的平滑肌细胞及弹力纤维间。SEM，1.0k×

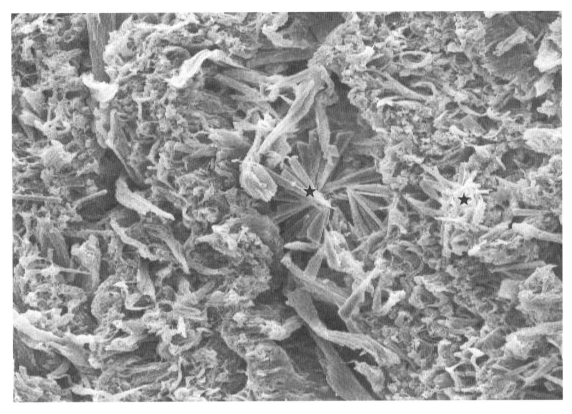

图 4-1-3-33　东北虎主动脉弓粥样硬化中膜横断面。平滑肌与弹力纤维层次不清，结构紊乱，其间见胆固醇结晶沉积呈冰花状（★）。SEM，1.2k×

图 4-1-3-34　东北虎主动脉弓中膜横断面。上图局部放大，示胆固醇结晶（★）聚集呈冰花状。SEM，3k×

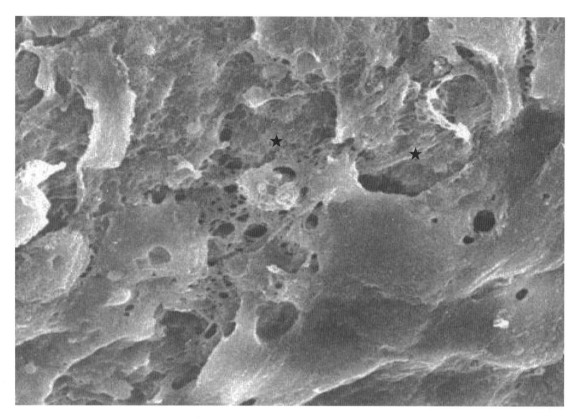

图 4-1-3-35 东北虎主动脉内膜。血管内膜内皮细胞膜破溃，表面粗糙不平（★）。SEM，2.5k×

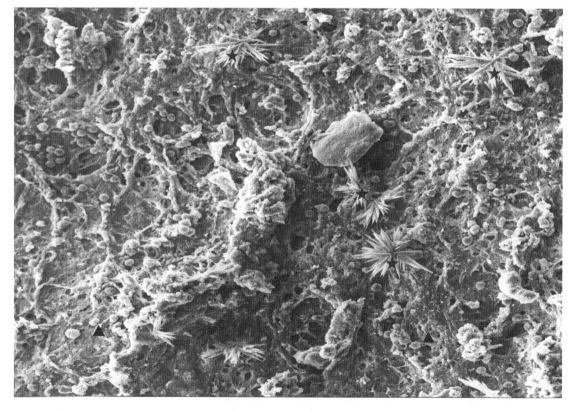

图 4-1-3-36 东北虎主动脉弓粥样硬化内膜。血管内膜内皮细胞膜破溃，表面粗糙不平（▲），胆固醇结晶（★）呈冰花状沉积于内皮表面。SEM，500×

图 4-1-3-37　东北虎主动脉弓粥样硬化内膜。血管内膜内皮细胞膜破溃，表面粗糙不平（▲），胆固醇结晶（★）呈冰花状沉积于内皮表面。SEM，1.5k×

图 4-1-3-38　东北虎主动脉弓粥样硬化。胆固醇等脂类结晶（★）呈碎瓦片状沉积于血管内膜的内皮细胞（EC）之间的缝隙处。SEM，500×

第二节　肝

肝是体内最大的内脏器官。在成年的肉食动物，肝占体重的 3%～4%，成年杂食动物约占 2%，食草动物约占 1%。在各种新生动物，肝与体重之比大于成年动物。肝表面被覆有被膜，结缔组织深入实质将其分为若干多边形肝小叶（hepatic lobule，HL），肝小叶中心有中央静脉，肝小叶带有呈放射状排列的肝细胞板。门静脉和肝动脉分支位于小叶周围，血液从此两条血管流入窦状隙。肝细胞间胆小管汇入小叶周边的胆管。

肝细胞（hepatocyte）是肝唯一的实质性细胞，是肝内数量最多，体积密度最大的细胞群，占全肝细胞的 90%。肝细胞呈多面体（至少有 8 个面），细胞直径 13～30 μm。肝细胞的细胞核大而圆，居中，直径 5～11 μm，异染色质少而分散，核仁 1 至数个，是细胞合成蛋白质功能活跃的指征。外核膜和内核膜各厚 7～8 nm，核周隙 12～14 nm，核孔直径 40～100 nm，间距 0.1～0.2 μm。肝细胞属于上皮细胞，肝细胞有 3 个功能面，血窦面、胆管面和连接面。

肝细胞富有线粒体，每个细胞有 1 000～2 000 个，约占细胞体积的 20%，遍布于胞质内，线粒体多为长杆状，直径 0.5～1.0 μm，长 1.5～4.5 μm，嵴发达。当机体饥饿、急性缺氧、中毒、营养不良、肝炎或胆汁瘀积时，线粒体常急剧膨胀，出现巨大型线粒体，直径达 4～5 μm，呈退化状。

肝细胞胞质中内质网很发达，占细胞总体积 15%，内质网表面积可达 63 000 μm^2，是细胞表面积的 38 倍，其中粗面内质网（RER）占 40%，滑面内质网（SER）占 40%，一个粗面内质网上的核糖体约有 12.7×10⁶ 个；肝的许多重要生理功能活动，如多种蛋白质合成、糖化和分泌，酯类物质的生物合成与代谢，胆固醇、固醇类及细胞核区划分等，都是在内质网上进行的。肝细胞内的高尔基体也很发达，高尔基复合体膜表面积占细胞膜总量的 2% 左右，其形成面朝向细胞核和内质网，之间有许多的运输小泡（直径 20～30 nm）和大泡（直径 400～600 nm），泡内富含脂蛋白。

肝细胞内的溶酶体数量大小不一，直径 0.1～1 μm，占细胞体积的 1%～2%。其结构多样，内部呈均质状、颗粒状、或含有色素及退化的细胞器等。溶酶体功能活跃，不断地与吞饮小泡融合，消化异物，并吞噬细胞内退化的线粒体、内质网等结构和某些过剩的物质，形成自噬性溶酶体。在饥饿、肝炎、缺氧或肝部分切除后，肝细胞溶酶体数量明显增多。

肝细胞过氧化物酶体发达，其数量较多，体积较其他细胞中的大，在大鼠的肝细胞中的直径 0.2～1.0 μm，每个细胞有 370～620 个，占细胞体积的 1.5%～2.0%。过氧化物酶体多为圆形，内部结构因动物而异。其以分割或者发芽的形势增生，故有时可见过氧化物酶体具芽状突起，或者相邻过氧化物酶体以细颈相连。同其他上皮细胞一样，有发达的细胞骨架，由微丝、微管和中间丝构成细胞的三维空间骨架。

在肝细胞与肝窦之间有狄氏隙，在狄氏隙和狄氏隙边缘的肝细胞之间分布有肝星形细胞，又称储脂细胞或伊藤细胞（Ito cell）。生理情况下，肝星形细胞的主要功能是在特征的胞质小泡中储存维生素 A。当肝损伤时，肝星形细胞的形态和功能会发生改变，激活的肝星形细胞降低其维生素 A 含量并合成胶原和其他细胞外基质成分，导致肝纤维化。

本节图片

1. 正常肝细胞超微结构　图 4-2-1-1 至图 4-2-1-6
2. 肝脏的超微病理学　图 4-2-2-1 至图 4-2-2-39

1. 正常肝细胞超微结构

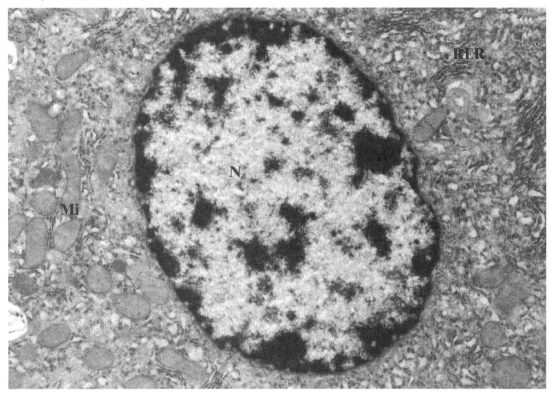

图 4-2-1-1　沙鼠肝。肝细胞核（N）结构完好，细胞质基质丰富，胞浆内线粒体（Mi）及粗面内质网（RER）等细胞器结构清晰。TEM，20k×

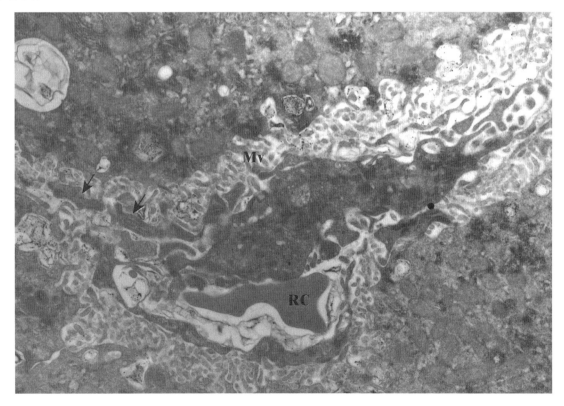

图 4-2-1-2　沙鼠肝。肝细胞微绒毛（Mv）丰富，肝窦结构完整（↑），RC：红细胞。TEM，20k×

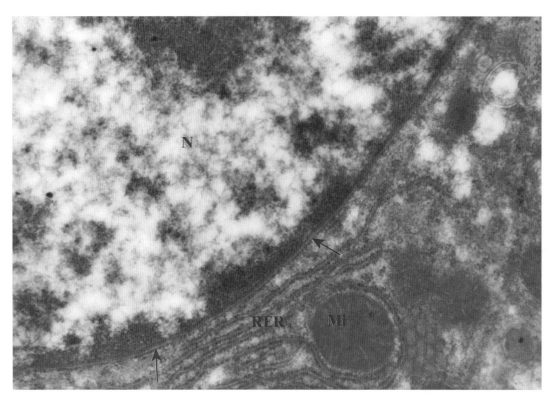

图 4-2-1-3　沙鼠肝。肝细胞核膜结构完整、清晰（↑），细胞质基质致密，内质网（RER）、线粒体（Mi）结构完好。N：细胞核。TEM，50k×

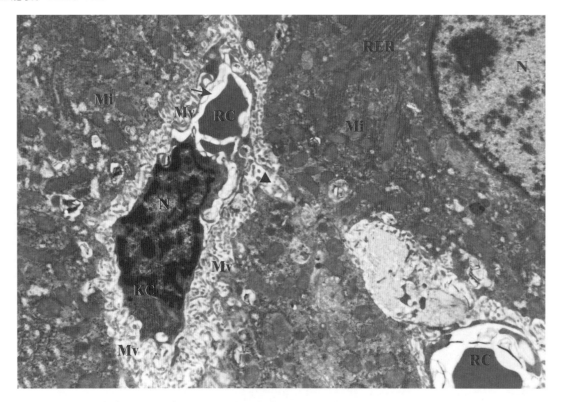

图 4-2-1-4　沙鼠肝。肝窦结构完整（↑），肝细胞表面微绒毛（Mv）丰富，细胞质基质致密，内质网（RER）、线粒体（Mi）结构完好。N：细胞核；RC：红细胞；KC：枯否细胞；▲：肝细胞间陷窝（intercellular recess）。TEM，10k×

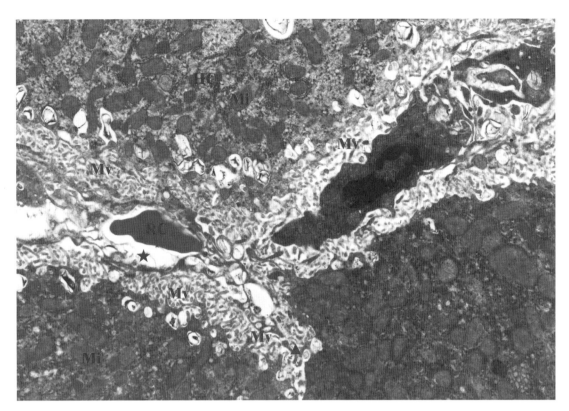

图 4-2-1-5 沙鼠肝。肝窦结构完整（★），肝细胞间陷窝（▲）细胞表面微绒毛（Mv）很丰富。肝细胞质基质致密，线粒体（Mi）结构完好。N：细胞核；RC：红细胞；KC：枯否细胞；HC：肝细胞。TEM，10k×

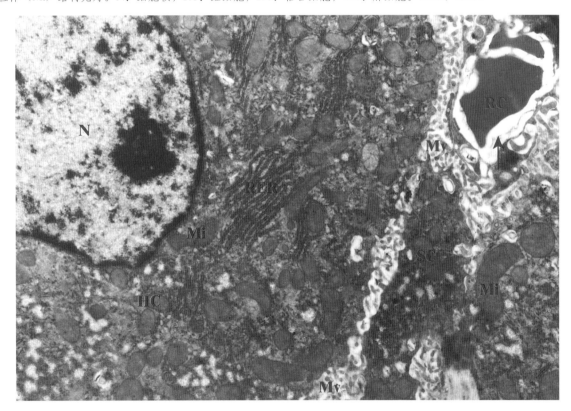

图 4-2-1-6 沙鼠肝。肝细胞（HC）结构完好，细胞器结构清晰，细胞质基质致密，内质网（RER）、线粒体（Mi）结构完好。N：细胞核；SC：星形细胞；↑：肝窦；Mv：肝细胞表面微绒毛。TEM，15k×

2. 肝脏的超微病理学

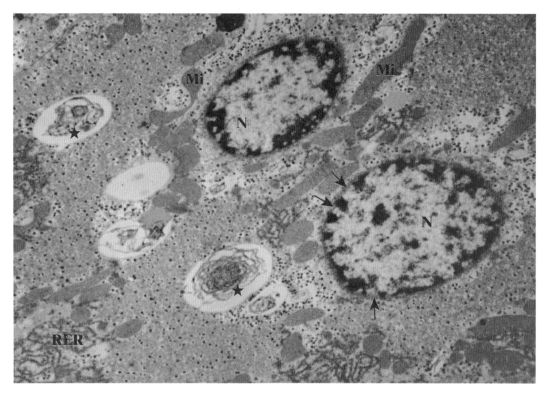

图 4-2-2-1 HEV 感染沙鼠肝。肝细胞核孔（↑）数量增多，孔径显著增大，胞质中粗面内质网散乱（RER），见多个髓样结构即残余小体（★），线粒体（Mi）浓缩变形。TEM，10k×

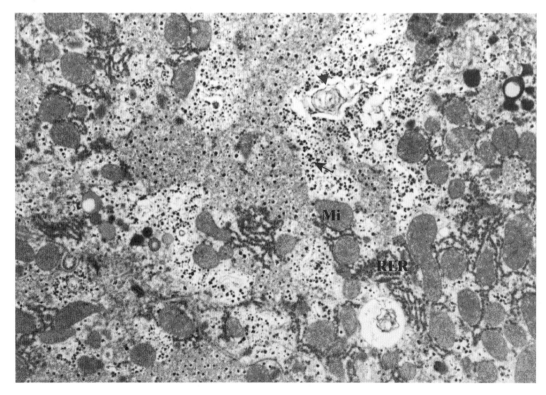

图 4-2-2-2 HEV 感染沙鼠肝。肝细胞胞浆丰富，肝细胞胞浆中髓样小体结构（▲），线粒体（Mi）嵴密集，结构致密，粗面内质网（RER）网腔膨胀扩张，细胞基质中弥散大量 HEV 粒子（↑）。TEM，30k×

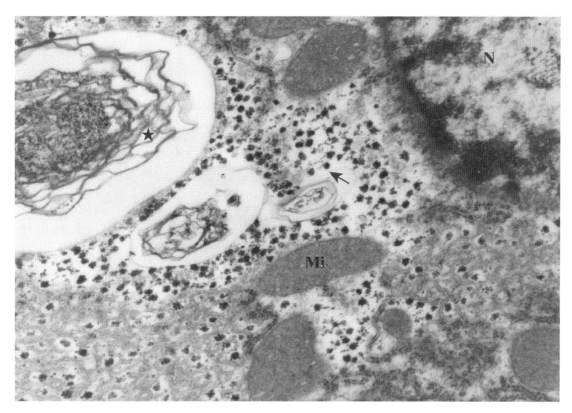

图 4-2-2-3　HEV 感染沙鼠肝。肝细胞胞质内出现髓样结构（★），胞浆基质中出现大量病毒粒子（↑）。N：细胞核；Mi：线粒体。经唾液淀粉酶处理后的样品，TEM，50k×

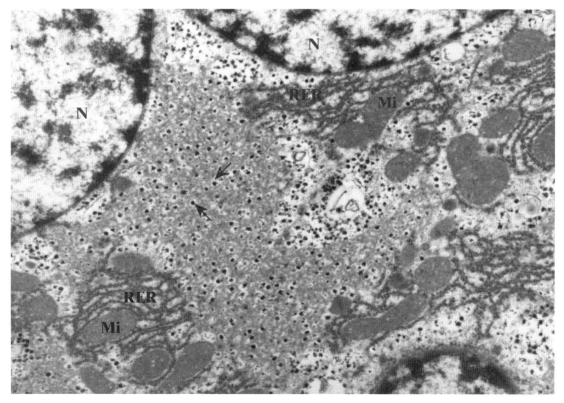

图 4-2-2-4　HEV 感染沙鼠肝。肝细胞胞质中见大量病毒样颗粒（↑），粗面内质网（RER）排列不整齐，网池膨胀。N：细胞核；Mi：线粒体。经唾液淀粉酶处理后的样品，TEM，30k×

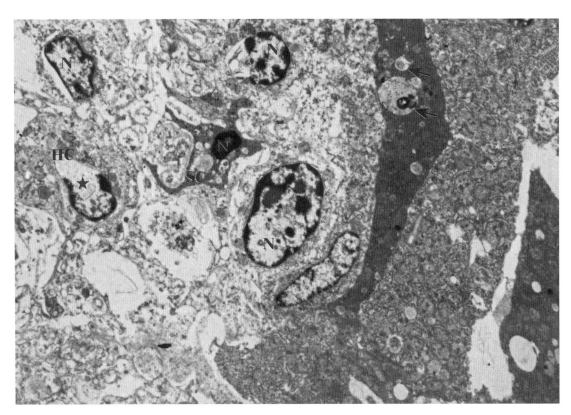

图 4-2-2-5 HBV 感染 C57 小鼠肝。部分肝细胞（HC）及星形细胞（SC）坏死，核溶解或固缩（★），右侧星形细胞吞噬活跃（↑）。TEM，6k×

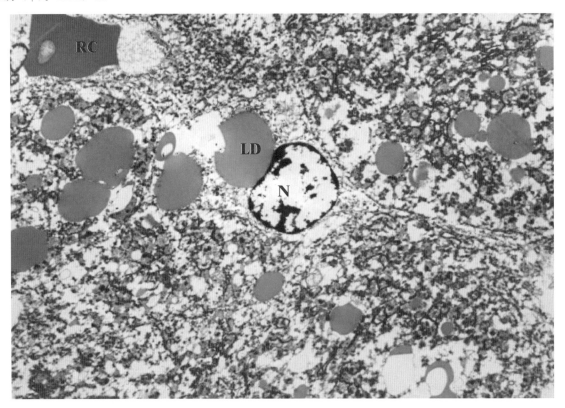

图 4-2-2-6 HBV 感染 C57 小鼠肝。肝细胞胞质松散，难见完好的细胞器，但见大量大脂滴（LD），细胞核（N）被挤压至细胞的边缘。RC：红细胞。TEM，6k×

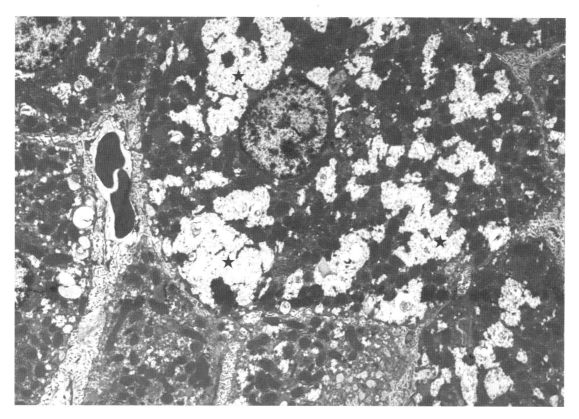

图 4-2-2-7　HBV 感染沙鼠肝。肝细胞骨架松散、断裂，胞浆基质呈网孔状（★）。N：肝细胞核。TEM，5k×

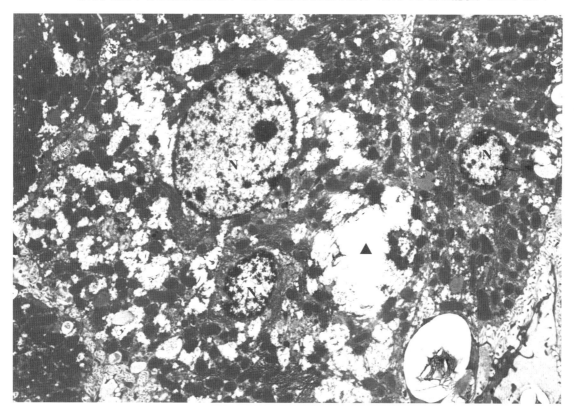

图 4-2-2-8　HBV 感染沙鼠肝。肝细胞骨架松散、断裂，呈网孔状（▲）。N：肝细胞核。TEM，5k×

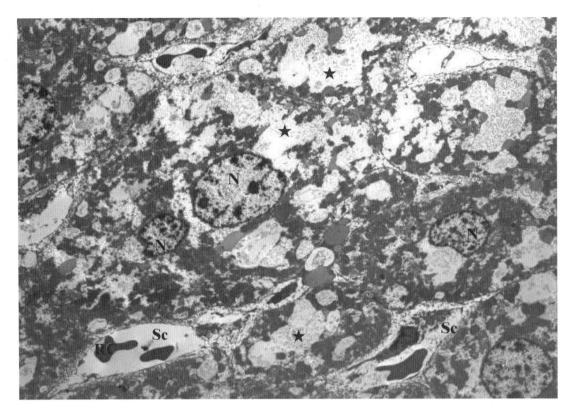

图 4-2-2-9 HBV 感染沙鼠肝。肝细胞胞质内细胞骨架松散、崩塌，以致基质变得空化（★）。N：肝细胞核；RC：红细胞；Sc：肝窦。TEM，3k×

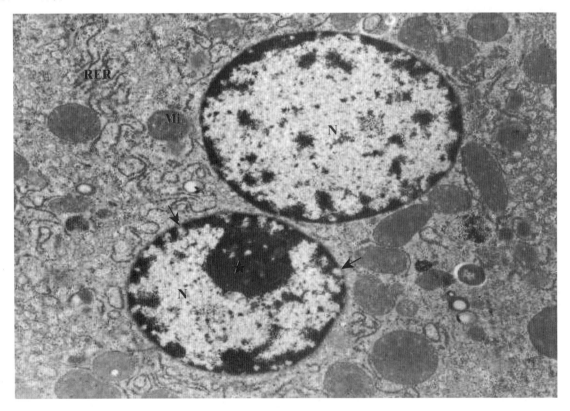

图 4-2-2-10 HBV 感染沙鼠肝。双核（N）肝细胞核孔明显增多（↑），核仁肿大（★）；线粒体（Mi）肿大，粗面内质网（RER）扩张。TEM，12k×

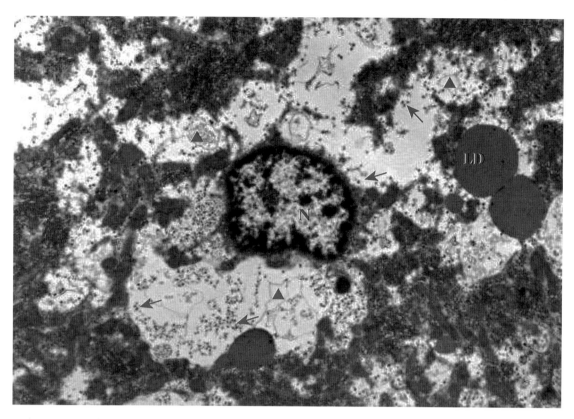

图 4-2-2-11 HBV 感染沙鼠肝细胞。细胞核（N）固缩，细胞基质骨架崩塌，胞质松散、空化（▲），空泡内可见微管结构，并见散在分布的 HBV 粒子（↑），胞质内有脂滴沉积（LD）。TEM，10k×

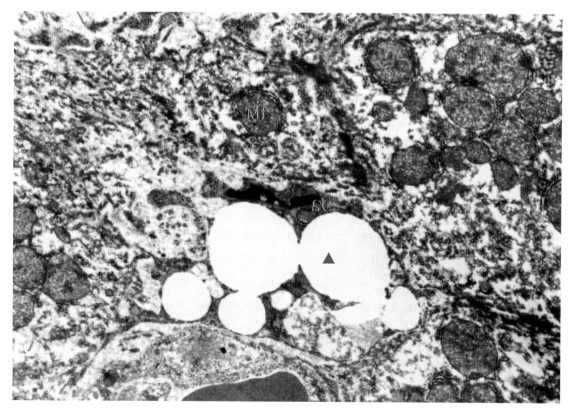

图 4-2-2-12 HBV 感染沙鼠肝。星形细胞（SC）空泡变性（▲），线粒体（Mi）嵴密集。TEM，15k×

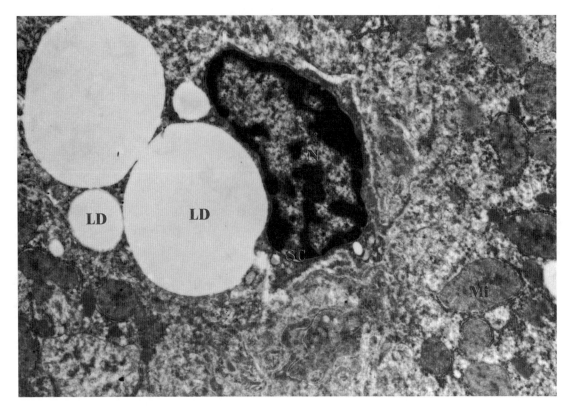

图 4-2-2-13 HBV 感染沙鼠肝。肝细胞旁星形细胞（SC）质中出现大小不一的脂滴（LD），脂质在制样中被溶解后使细胞质呈大空泡状。N：细胞核；Mi：线粒体。TEM，15k

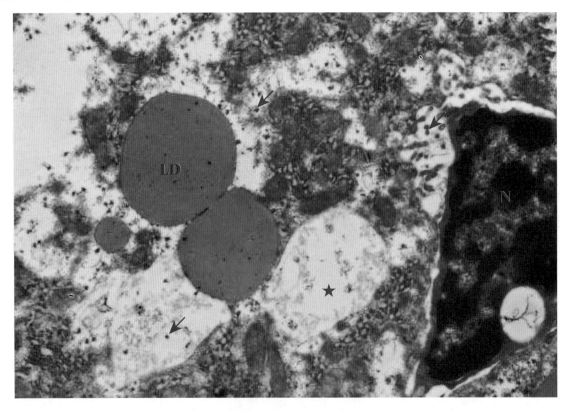

图 4-2-2-14 HBV 感染沙鼠肝。细胞骨架松散、碎裂，呈大空泡状（★）。胞质内脂滴（LD）沉积。并散在 HBV 粒子（↑）。N：细胞核。TEM，20k×

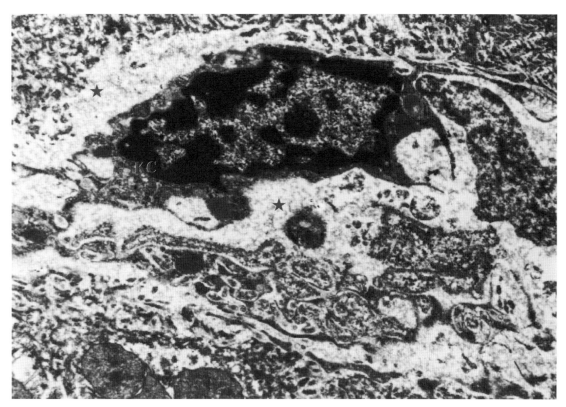

图 4-2-2-15　HBV 感染 C57 小鼠。肝窦枯否细胞核肿大、变性（KC），窦周隙增大（★），微绒毛结构消失。N：细胞核。TEM，15k×

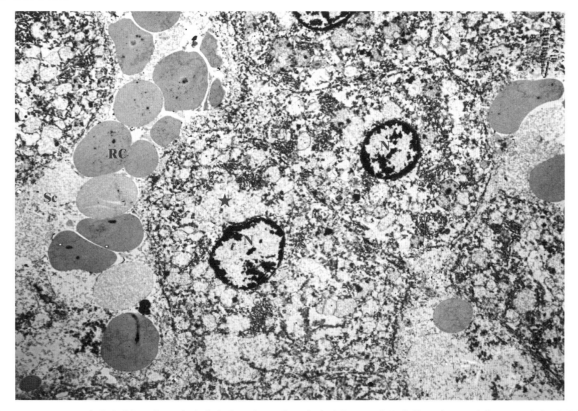

图 4-2-2-16　HBV 感染沙鼠肝。肝细胞胞浆空化（★），电子密度降低。细胞器结构不清，细胞核（N）染色质边集。肝窦（Sc）扩张，瘀血。RC：红细胞。TEM，4k×

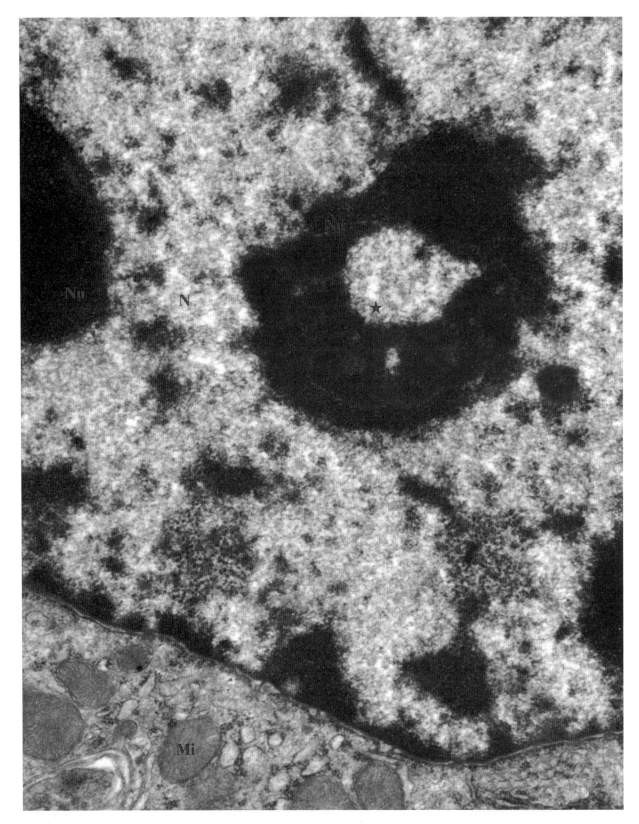

图 4-2-2-17 IIBV 感染沙鼠肝。肝细胞核内见双核仁（Nu），核仁畸形，形态异常（★），核内出现灶状病毒样粒子聚集（▲）。Mi：线粒体；N：细胞核。TEM，30k×

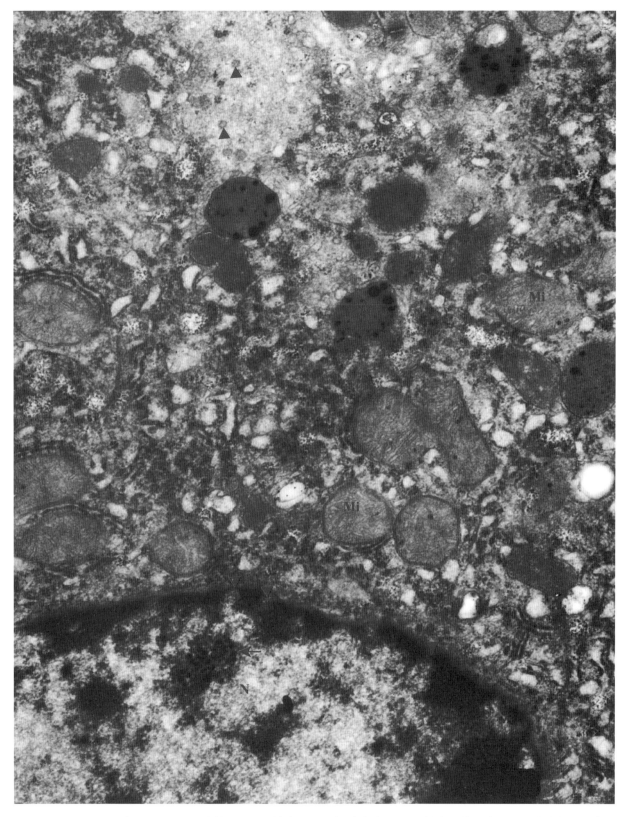

图 4-2-2-18　HBV 感染沙鼠肝。肝细胞核孔（▼）增多，局部核膜破溃（★），核内见排列成线状的病毒核心（↑），胞质中见有含铁小体（☆）及病毒粒子（▲）。Mi：线粒体；N：细胞核。TEM，50k×

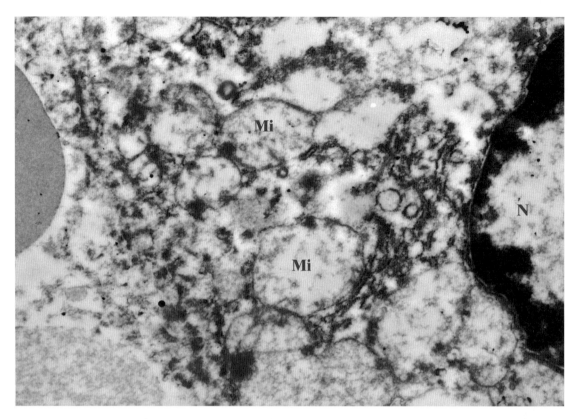

图 4-2-2-19 HBV 感染沙鼠肝细胞。细胞线粒体肿胀 (Mi)，脊断裂缺失。N：细胞核。TEM，25k×

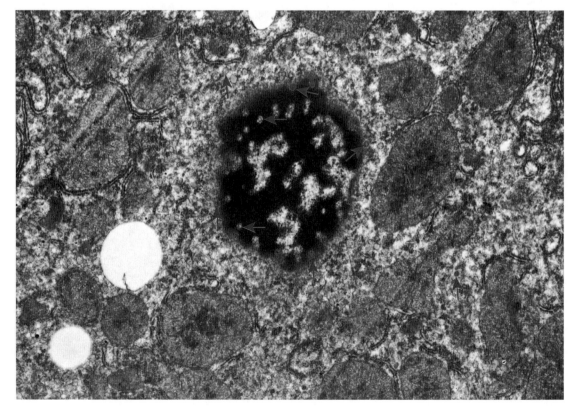

图 4-2-2-20 HBV 感染沙鼠肝。肝细胞核固缩，核膜结构不清，可见大量的核孔 (↑)，胞质中线粒体 (Mi) 嵴密集。TEM，20k×

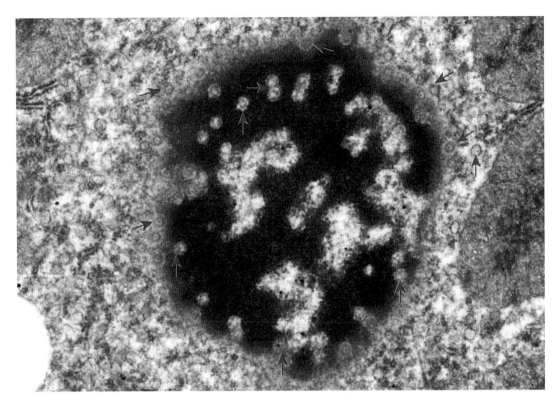

图 4-2-2-21 HBV 感染沙鼠肝。肝细胞核固缩，异染色质凝集，核膜结构消失，可见核边缘及核表面有大量圆形病毒粒子从核孔处向胞质中移行（↑）。TEM，40k×

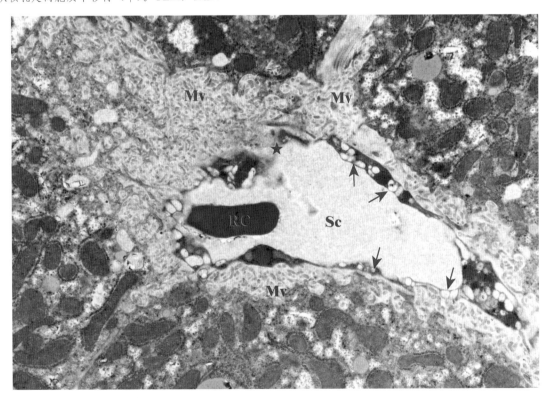

图 4-2-2-22 HBV 感染沙鼠肝。肝窦内皮为不连续毛细血管，内皮损伤严重，局部菲薄，可见破裂"决堤"现象（★）。胞质内可见大量吞饮小泡（↑），肝细胞朝向肝窦的一侧表面有大量的微绒毛（Mv）。RC：红细胞；Sc：肝窦。TEM，10k×

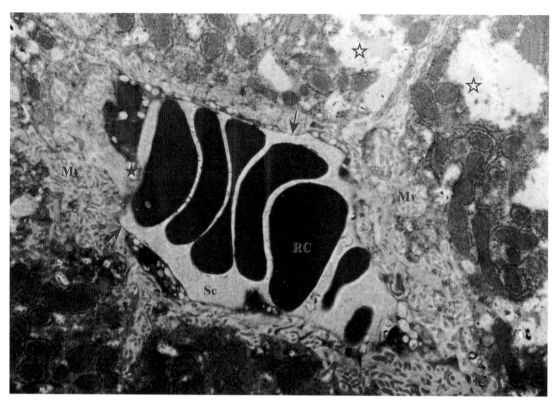

图 4-2-2-23　HBV 感染沙鼠肝。肝窦瘀血，窦腔（Sc）内多个红细胞（RC）呈串状堆集，肝窦壁内皮细胞空泡变性，局部菲薄（↑），可见破裂"决堤"现象（★），肝细胞骨架松散、碎裂，使细胞质呈大空泡状（☆）。Mv：微绒毛。TEM，10k×

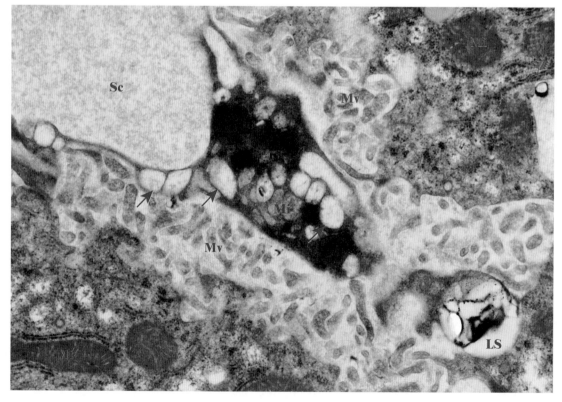

图 4-2-2-24　HBV 感染沙鼠肝。肝窦内皮细胞空泡变性（↑），胞质内线粒体凝聚（Mi），内嵴密集。Sc：肝窦腔；Mv：肝细胞微绒毛。LS：溶酶体。SEM，30k×

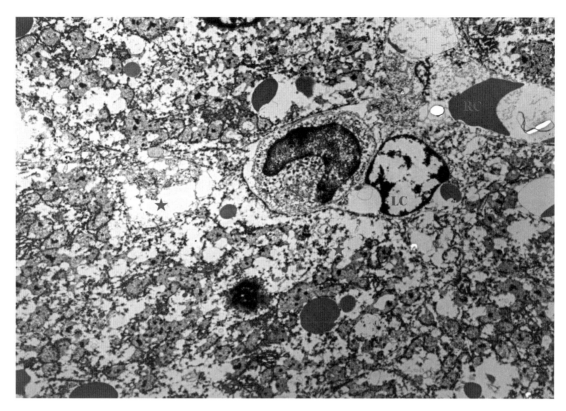

图 4-2-2-25　HBV 感染沙鼠肝。细胞骨架松散、碎裂，呈网孔状（★）。肝窦内皮细胞变性崩解，肝窦结构紊乱，窦内见红细胞（RC）、淋巴细胞（LC）及中性粒细胞（NC）。TEM，5k×

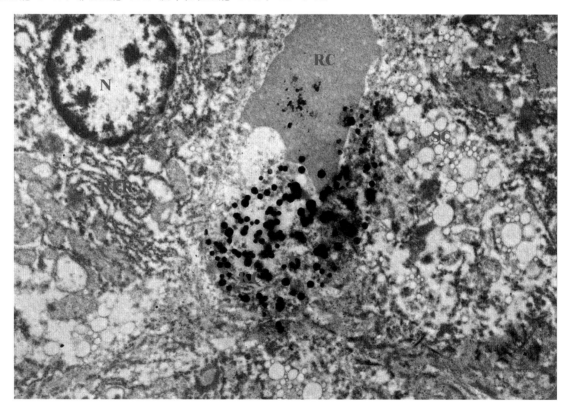

图 4-2-2-26　HBV 感染沙鼠肝。肝窦内皮变性，枯否细胞（KC）内充集大量含铁小体（★），KC 旁为一充满大小不一脂滴的星形细胞（SC）。RC：红细胞；N：肝细胞核；RER：粗面内质网。TEM，10k×

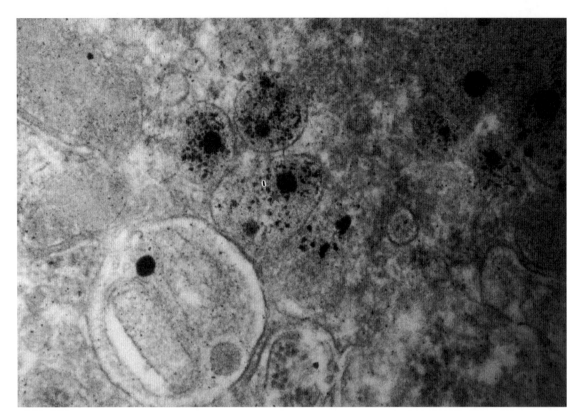

图 4-2-2-27　HBV 感染沙鼠肝。示细胞内含铁小体（★）。TEM，100k×

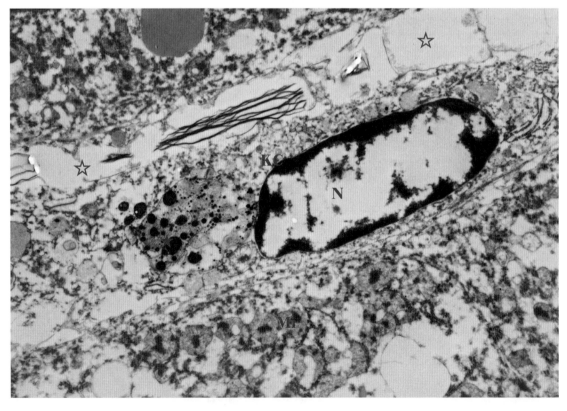

图 4-2-2-28　HBV 感染沙鼠肝。肝窦内枯否细胞（KC）内见多量含铁小体（★），细胞膜破损不全。此细胞近旁见网格状结构（☆），为溶血的红细胞残迹。Mi：线粒体；N：枯否细胞核。TEM，10k×

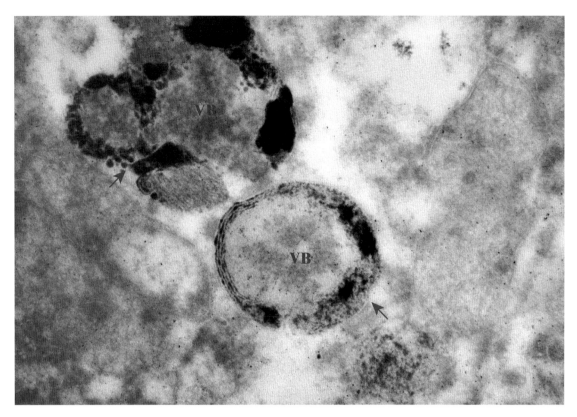

图 4-2-2-29 HBV PCR 检测阳性猪肝超薄切片。示病毒包涵体（VB），其中见病毒粒子（↑）。TEM，50k×

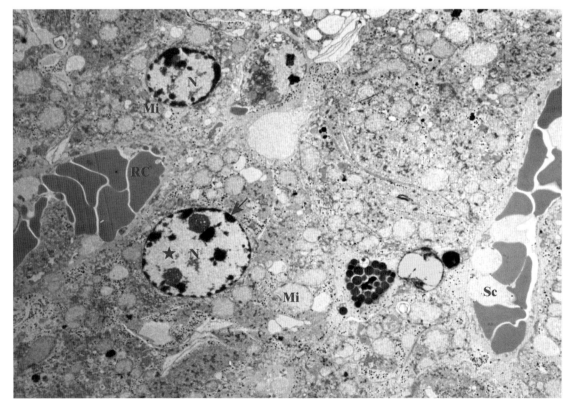

图 4-2-2-30 梭菌感染麋鹿肝。肝细胞核内常染色质溶解（★），异染色质边集（↑），胞浆中线粒体（Mi）肿胀、空亮，肝窦扩张充血，窦腔内聚集多量红细胞（RC），N：细胞核；Sc：肝窦腔。TEM，4k×

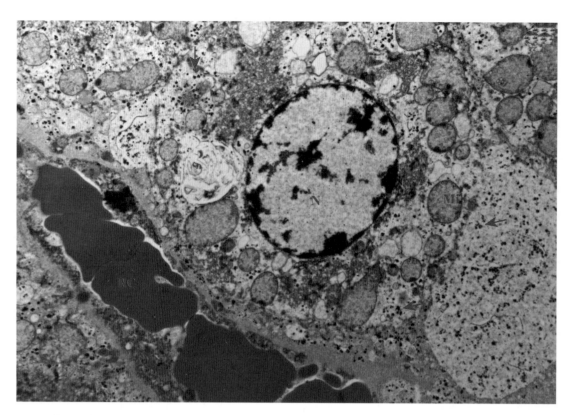

图 4-2-2-31　梭菌感染麋鹿肝。肝细胞肿胀变性，胞质中线粒体肿胀（Mi），胞浆基质中可见多量电子密度深的病毒粒子（↑）。N：细胞核；RC：红细胞。TEM，8k×

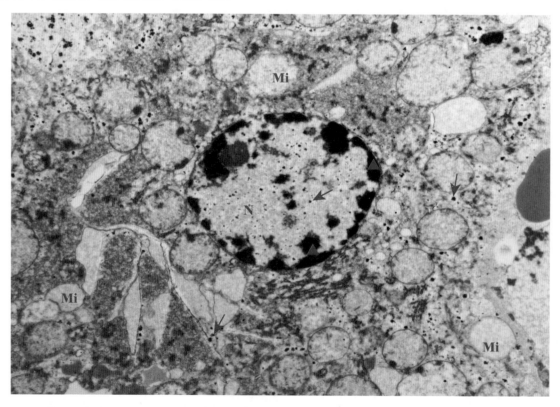

图 4-2-2-32　梭菌感染麋鹿肝。肝细胞肿胀变性，胞核（N）中异染色质边集（▲），胞浆中线粒体肿胀，内嵴溶解，结构模糊不清，有的空泡化（Mi），在核基质和胞浆基质中均可见多量电子密度深的病毒样粒子（↑）。TEM，10k×

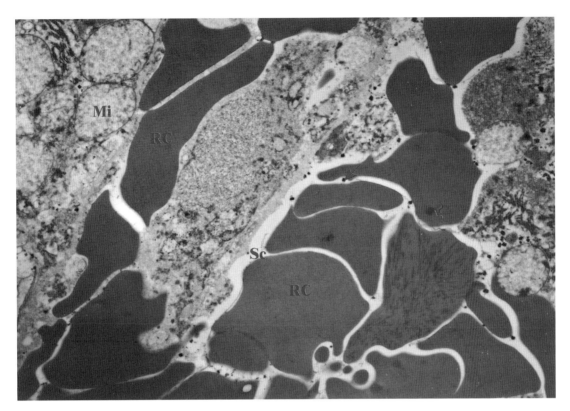

图 4-2-2-33 梭菌感染麋鹿肝。肝窦高度扩张充血，窦腔内充积多量红细胞（RC），窦腔内可见多量电子密度深的病毒粒子（↑）；线粒体（Mi）肿胀，空化。Sc：窦腔。TEM，10k×

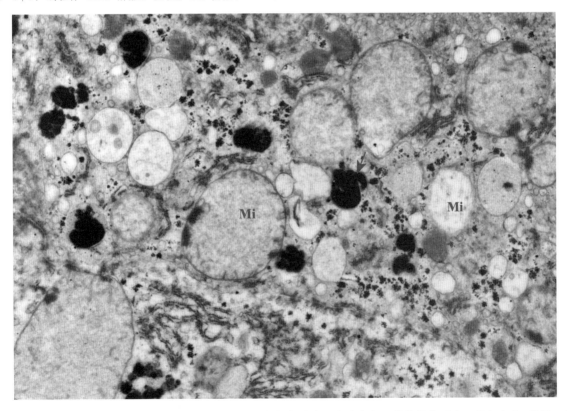

图 4-2-2-34 梭菌感染麋鹿肝。肝细胞肿胀变性，线粒体高度肿胀，内嵴溶解，结构模糊不清，或空泡化（Mi），胞浆中可见多个电子密度深、呈不规则圆形的细菌团块（↑）。TEM，10k×

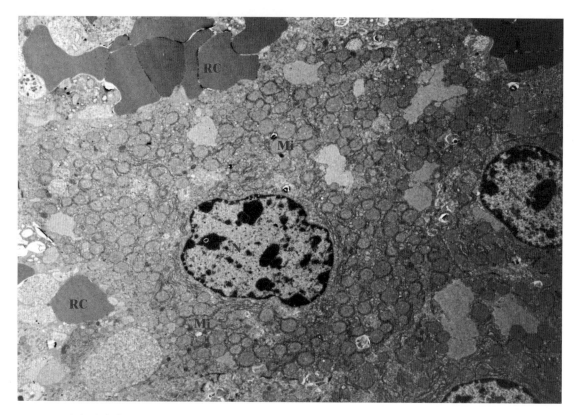

图 4-2-2-35 三聚氰胺染毒试验小鼠肝。肝窦充血。窦腔内红细胞凝集，肝细胞肿胀变性，核膜边缘凹陷不齐，异染色质增多，胞浆内线粒体普遍肿胀，内嵴结构模糊不清（Mi）。N：细胞核；RC：红细胞。TEM，5k×

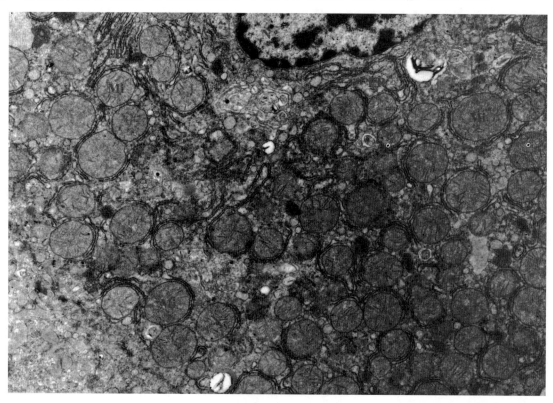

图 4-2-2-36 小鼠三聚氰胺染毒试验肝。肝细胞肿胀变性，胞质内线粒体（Mi）数量增多，肿胀、变圆，内质网（ER）增多。N：细胞核。TEM，15k×

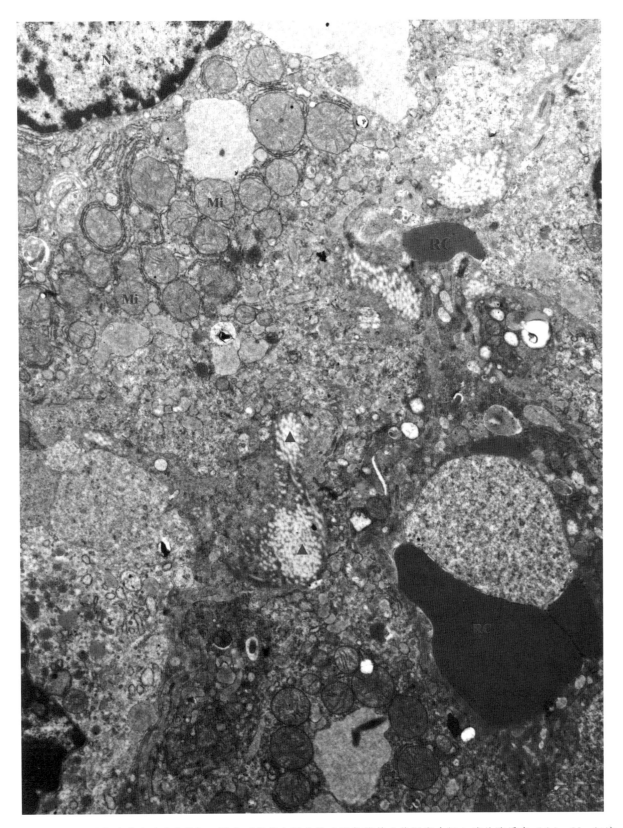

图 4-2-2-37　三聚氰胺染毒试验小鼠肝。图中可见多个网格状三聚氰胺结晶体沉积在肝细胞的胞质中（▲）。N：细胞核；RC：红细胞；Mi：线粒体。TEM，10k×

图 4-2-2-38　三聚氰胺染毒试验小鼠肝。图中可见 3 个颗粒状三聚氰胺结晶体沉积在肝细胞的胞质中（↑）。RC：红细胞；Mi：线粒体。TEM，20k×

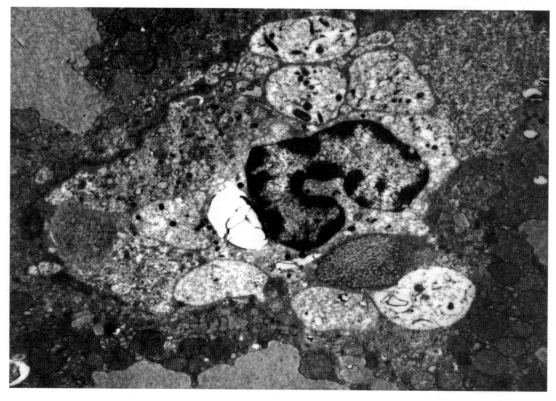

图 4-2-2-39　三聚氰胺染毒试验小鼠肝。图中示枯否氏细胞肿胀，胞质中有多个含有细胞残余小体的空泡（▲），并有 1 个含三聚氰胺结晶体的团块沉积在胞浆基质中（↑）。N：细胞核。TEM，10k×

第三节　肾与膀胱

肾为机体最主要的排泄器官，外包有被膜，肾门向肾实质内凹陷的空隙为肾窦，内有出入肾的动脉、静脉、淋巴管、神经以及肾盏和肾盂等。肾实质分为皮质和髓质两部分，皮质在外，由髓放线和皮质迷路组成；髓质在深部，由 10～18 个肾锥体组构成，肾锥体间由皮质深入，成为肾柱。每个肾锥体及其周围相连的皮质组成一个肾叶。

肾实质主要由肾单位组成，一个肾单位包括肾小体和肾小管。

肾小体呈球形，直径 150～250 μm，由肾小球和肾小囊组成。肾小囊壁层上皮为单层扁平上皮，厚 0.1～0.3 μm，含核部位凸向肾小囊腔，细胞表面有 1 根中央纤毛和少量微绒毛；肾小囊脏层细胞由高度特化的足细胞构成，足细胞体积较大，由胞体伸出几个大的初级突起，依次向下分级并相互穿插；镶嵌的足细胞留有深 300～500 nm、宽 20～40 nm 的间隙，称为过滤隙或裂孔。足细胞核较大，核的一侧有深的凹陷，核内染色质细而分散，核仁明显，有发达的粗面内质网、游离的核糖体、线粒体和体积较大的高尔基复合体；足细胞的细胞骨架发达，微管、微丝和中间丝较丰富。血管球基膜构成血管球的骨架结构，与足细胞一起包绕在血管球毛细血管外，形成有折叠的囊。

肾小管包括近端小管，细段与远端小管。近端小管为肾小管中最长最粗的一段，长约 14 mm，粗 15～60 μm，根据其形态结构又可分为颈段、曲部和直部。其中的曲部，由单层立方或者锥体细胞构成，核大而圆，着色浅，核仁明显。每个细胞可有约 6 500 根微绒毛（长约 1 μm，粗约 0.07 μm），密集的微绒毛构成了刷状缘。细段的管径较细，直径 12～15 μm，由单层扁平上皮组成，厚 1～2 μm，细胞的胞质清晰，含核部位突入腔内，细胞游离面无刷状缘，微绒毛短而疏。远端小管细胞的游离面有少量微绒毛及 1 根纤毛，偶见 2 根纤毛。

血管球旁器包括致密斑、球旁细胞和球外系膜细胞。每个致密斑由 20～30 个细胞构成，电镜下可见细胞游离面有许多微绒毛或微褶皱，偶见单根纤毛，细胞内线粒体短而小，随机分布，高尔基复合体不发达，常位于核下方，内质网和多聚核糖体散在于胞质内。

肾间质包括皮质间质和髓质间质。间质细胞有多种，可分为成纤维细胞、骨髓源性细胞和载脂间质细胞。成纤维细胞是皮质间质和髓质间质的主要细胞，形态较长，有薄而长的突起，细胞核圆或卵圆，可有凹陷，偶见核仁，胞质内粗面内质网丰富，高尔基体发达，尚有线粒体和溶酶体，偶见脂滴。

本节图片

1. 正常肾超微结构　　图 4-3-1-1 至图 4-3-1-4
2. 肾超微病理学变化　图 4-3-2-1 至图 4-3-2-25
3. 膀胱超微病理变化　图 4-3-3-1 至图 4-3-3-3

1. 正常肾脏超微结构

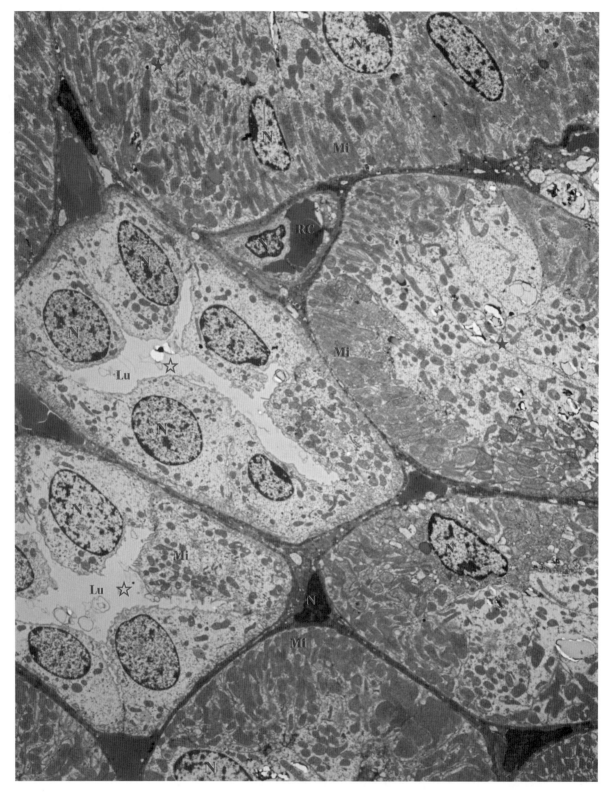

图 4-3-1-1 健康沙鼠肾。图中右侧和上方是近曲小管（★），上皮细胞呈长柱形，胞浆中含有丰富的线粒体，呈长杆状排列在细胞基底部。左侧两个是远曲小管（☆），上皮细胞呈立方形，胞浆中细胞器较稀少，基质电子密度低。小管基底膜光滑、平整。N：细胞核；Lu：肾小管管腔；Mi：线粒体；RC：红细胞。TEM，3k×

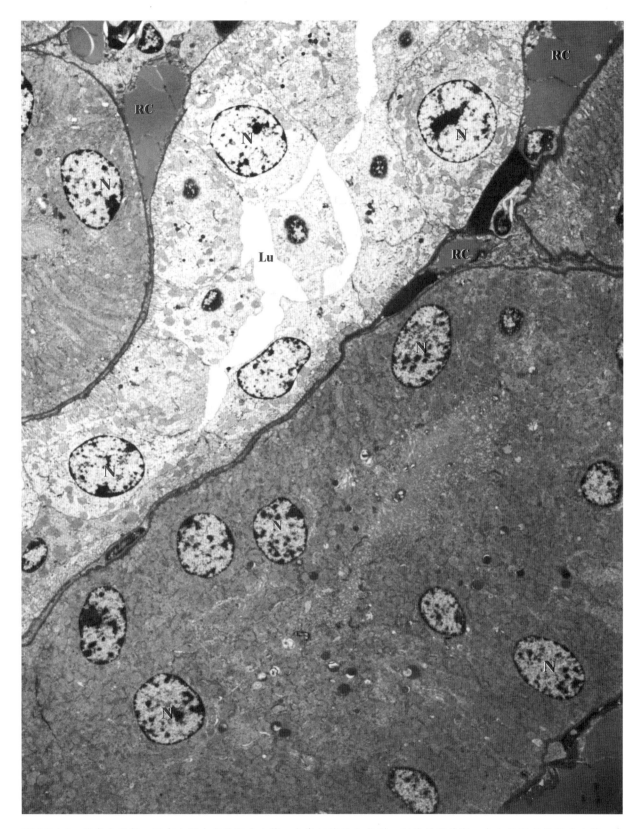

图 4-3-1-2　健康小鼠肾。图中左侧上方是远曲小管，上皮细胞呈立方形，细胞界限清晰。上右侧下方是近曲小管，小管上皮细胞胞浆中细胞器丰富，游离端微绒毛发达。N：细胞核；Lu：管腔；RC：红细胞。TEM，2.5k×

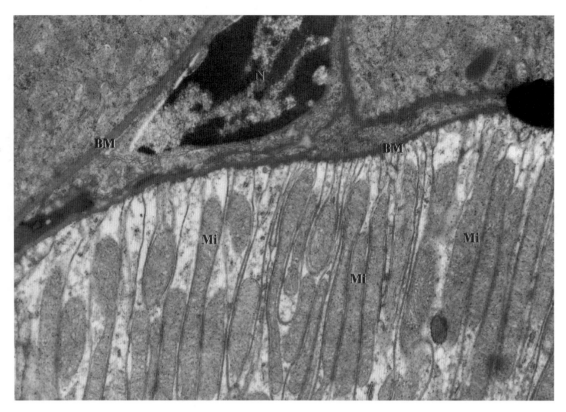

图 4-3-1-3　健康小鼠肾。图中肾小管上皮细胞中线粒体呈长杆状排列在基底部，膜内褶结构清晰，基膜清晰（BM）。N：细胞核；Mi：线粒体。TEM，20k×

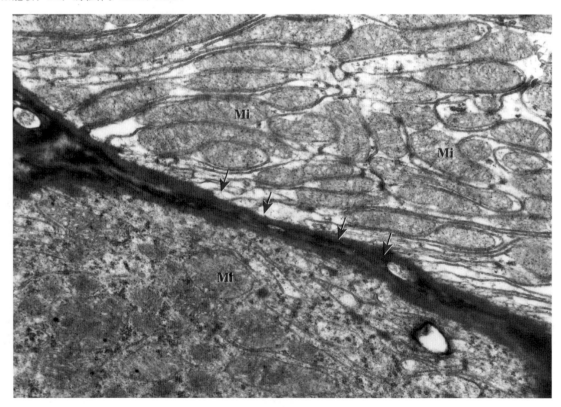

图 4-3-1-4　健康小鼠肾。图中所示两个肾小管之间的基底膜排列紧密，结构光滑、清晰（↑）。Mi：线粒体。TEM，20k×

2. 肾超微病理学变化

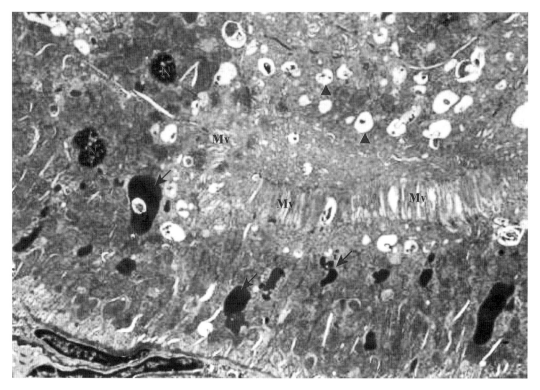

图 4-3-2-1　3-甲基-4-硝基酚染毒大鼠肾。肾小管上皮细胞核固缩（N），在其细胞质中可见多量吞饮泡（▲），溶酶体数量增多，大小不一，形态各异（↑）。上皮微绒毛（Mv）长而密集。TEM，5k×

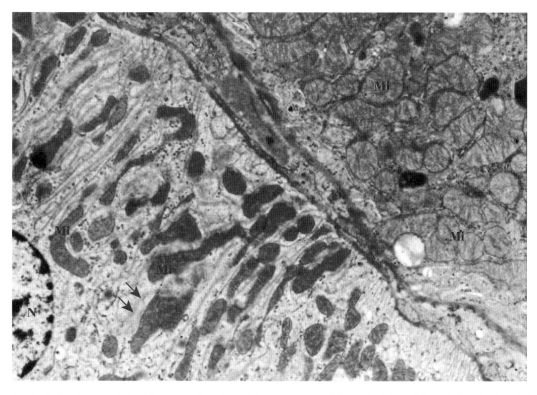

图 4-3-2-2　3-甲基-4-硝基酚染毒大鼠肾。肾小管质膜内褶模糊不清（↑），左下侧细胞线粒体变形扭曲，右上侧细胞线粒体增生，排列紧密。N：细胞核；Mi：线粒体。TEM，10k×

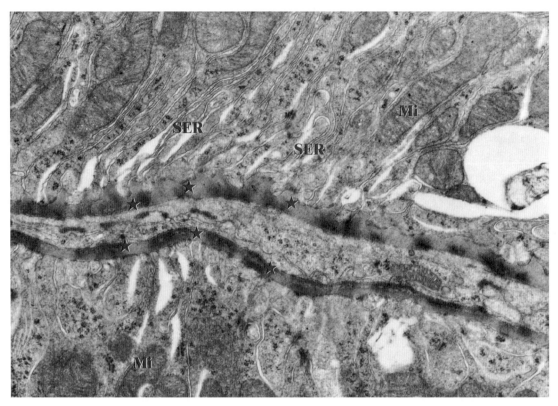

图 **4-3-2-3**　3-甲基-4-硝基酚染毒大鼠肾。肾小管基底膜增厚，凹凸不平，着色不均（★），胞浆膜内褶增生（SER）。Mi：线粒体。TEM，20k×

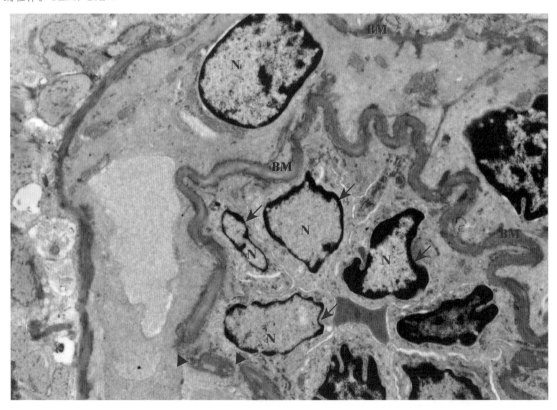

图 **4-3-2-4**　3-甲基-4-硝基酚染毒大鼠肾。肾小球毛细血管基底膜（BM）凸凹不平，局部断裂（▲），系膜细胞核染色质边集（↑），未见足细胞突起。N：细胞核。TEM，10k×

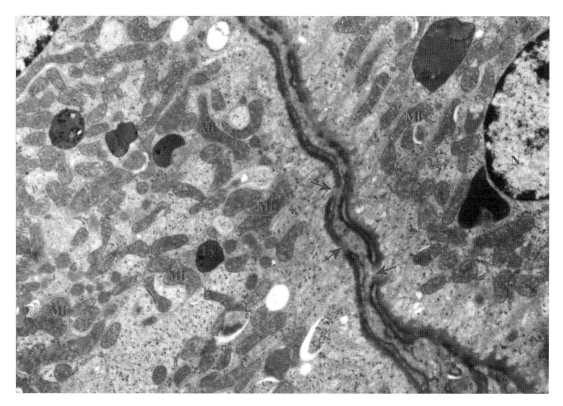

图 4-3-2-5　3-甲基-4-硝基酚染毒大鼠肾。肾小管基底膜曲折不平，局部出现断裂（↑），线粒体变形、扭曲（Mi）。Ly：溶酶体；N：细胞核。TEM，10k×

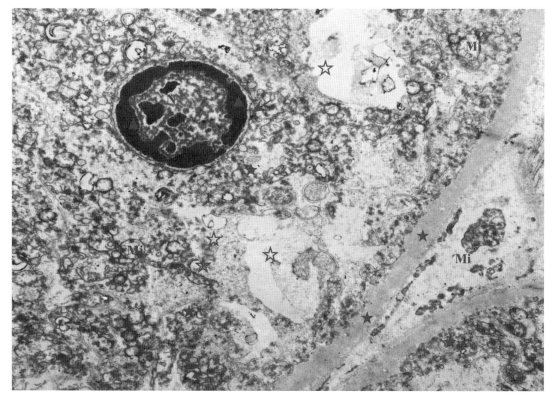

图 4-3-2-6　HBV 攻毒沙鼠肾。肾小管上皮细胞坏死，细胞核缩小，核染色质崩解，异染色质边集（▲）；胞浆线粒体变形，嵴断裂缺失（Mi）；局部胞质溶解空化（☆）；肾小管基底膜明显增厚（★）。N：细胞核。TEM，10k×

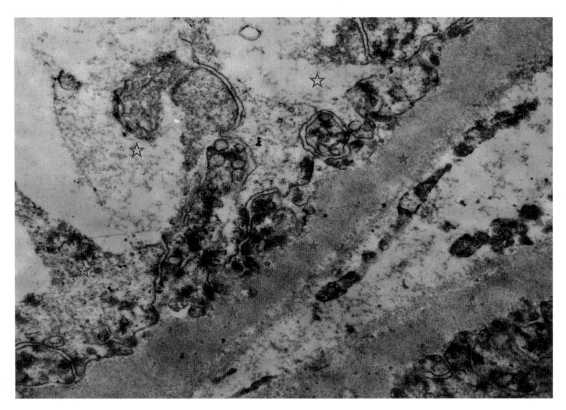

图 4-3-2-7　HBV 感染沙鼠肾。肾小管上皮细胞严重变性（☆）。肾小管基底膜显著增厚，与肾小管上皮细胞间界限不清，甚至融合（★）。TEM，30k×

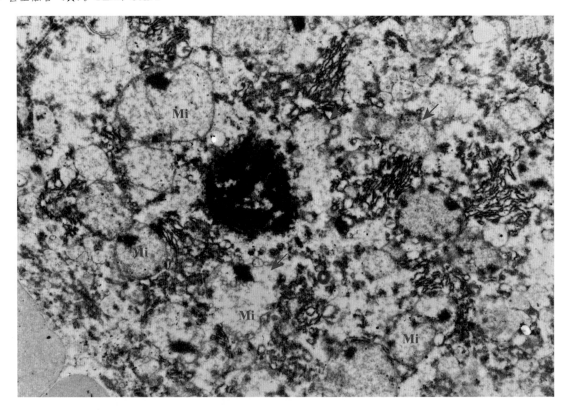

图 4-3-2-8　HBV 感染沙鼠肾。肾小管上皮细胞浆基质疏松，细胞核（N）固缩浓染，核膜破裂，线粒体（Mi）肿胀，内嵴溶解，有的整个线粒体崩解（↑）。TEM，12k×

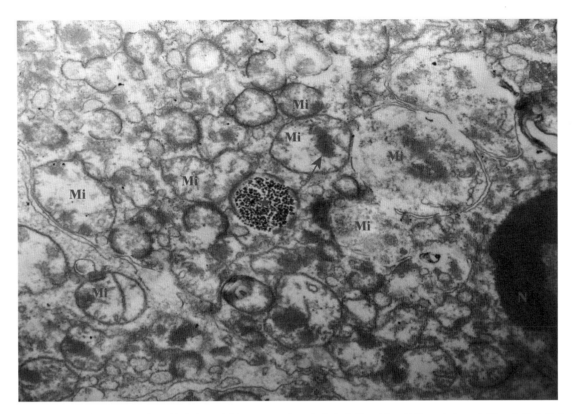

图 4-3-2-9　HBV 感染沙鼠肾。肾小管上皮细胞核（N）固缩，胞浆线粒体（Mi）肿胀、空化、破裂，有的线粒体内出现致密、周界不清的絮状物（↑）和病毒包涵体（★）。TEM，30k×

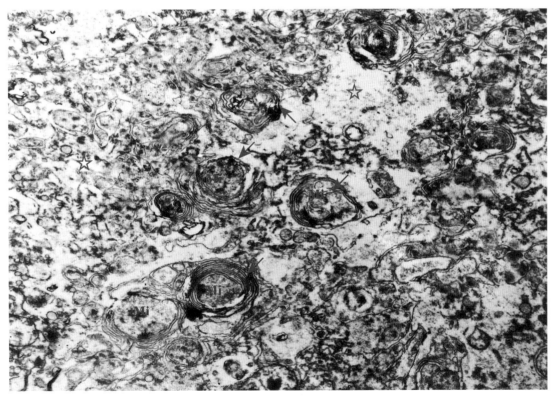

图 4-3-2-10　HBV 感染沙鼠肾。肾小管上皮细胞质中出现大量的髓样小体（↑），周围分布有大量变形或崩解的线粒体（Mi），胞浆基质崩解（☆）。TEM，15k×

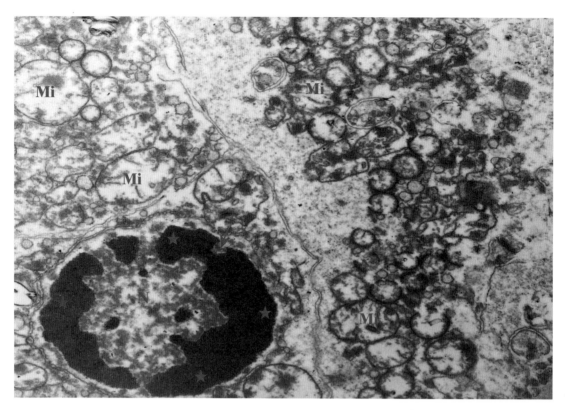

图 4-3-2-11　HBV 感染沙鼠肾。肾小管上皮细胞核（N）染色质边集、浓染（★），核膜孔增大（↑），周围线粒体（Mi）肿胀，嵴断裂缺失。TEM，20k×

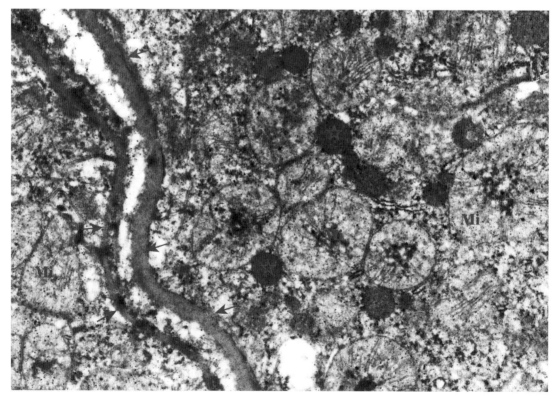

图 4-3-2-12　三聚氰胺染毒小鼠肾。肾小管上皮基底膜增厚，曲折不平（↑），线粒体（Mi）肿胀，嵴模糊不清，伴有新增生的线粒体（☆）。TEM，20k×

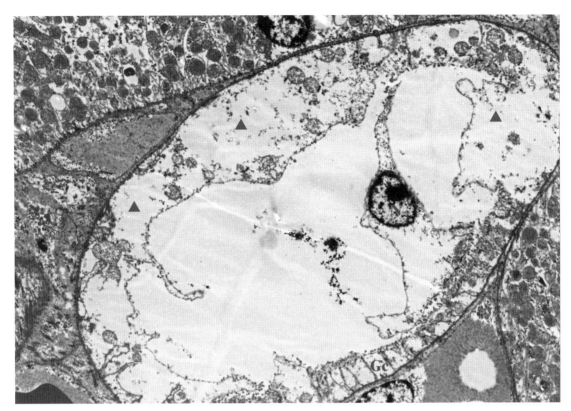

图 4-3-2-13　MA 染毒小鼠肾。肾小管上皮细胞几乎全坏死，空化（▲），仅残存个别细胞，肾小管的右下方见一排格子细胞（Gc）。N：细胞核。TEM，5k×

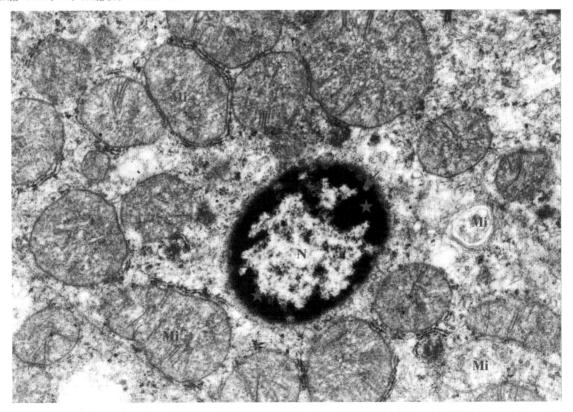

图 4-3-2-14　MA 染毒小鼠肾。肾小管上皮细胞核（N）固缩变小，染色质边集（★），核膜模糊不清（↑），少数线粒体（Mi）嵴断裂、崩解。TEM，20k×

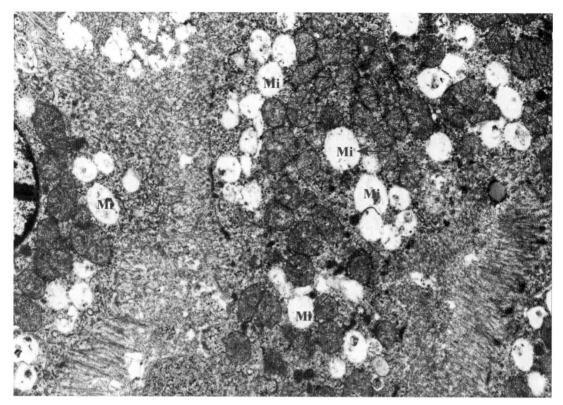

图 4-3-2-15 MA 染毒小鼠肾。肾小管结构紊乱，上皮细胞质内大量线粒体（Mi）空泡化（↑）。TEM，8k×

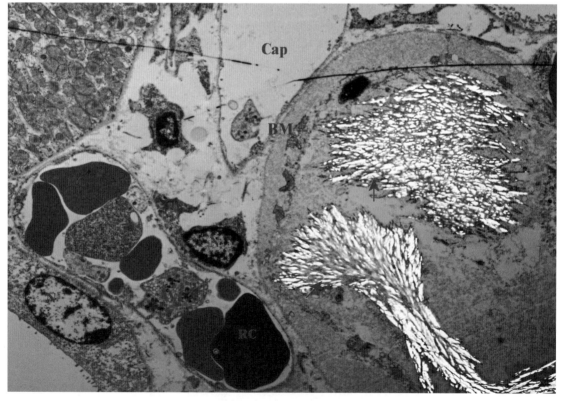

图 4-3-2-16 三聚氰胺及其同系物混合染毒小鼠肾脏。肾小管管腔内可见三聚氰胺结晶，呈辐射状，充满整个管腔（↑），基膜显著增厚（BM）。间质毛细血管高度扩张，管腔内多个红细胞及白细胞。RC：红细胞；N：细胞核；WC：白细胞；Cap：扩张的毛细血管。TEM，5k×

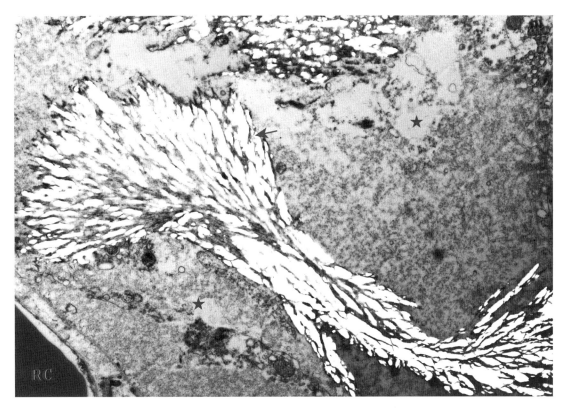

图 4-3-2-17　三聚氰胺及其同系物混合染毒小鼠肾脏。三聚氰胺结晶体位于肾小管管腔内，呈放射状排列，充满整个管腔（↑）。小管上皮细胞崩解成无定型结构（★）。RC：红细胞；TEM，10k×

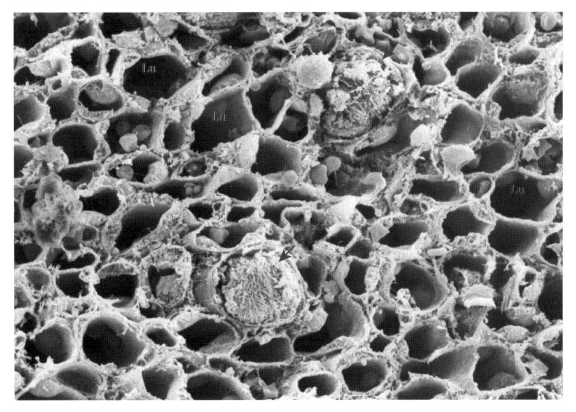

图 4-3-2-18　三聚氰胺及其同系物混合染毒小鼠肾脏。见 2 个肾小管明显扩张，管腔被三聚氰胺结晶体完全堵塞（↑）。Lu：肾小管管腔。SEM，1k×

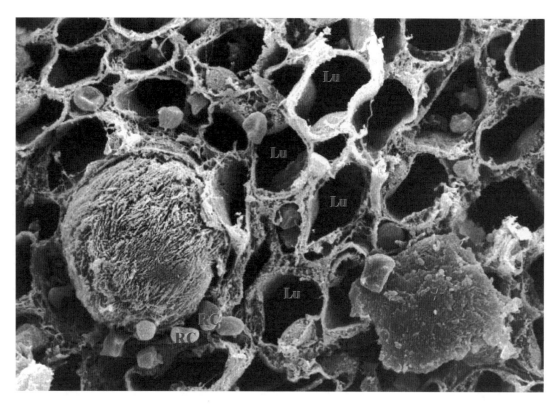

图 4-3-2-19 三聚氰胺及其同系物混合染毒小鼠肾脏。三聚氰胺结晶体阻塞于肾小管管腔内，充满整个管腔（★）。Lu：肾小管管腔；RC：红细胞。SEM，1.5k×

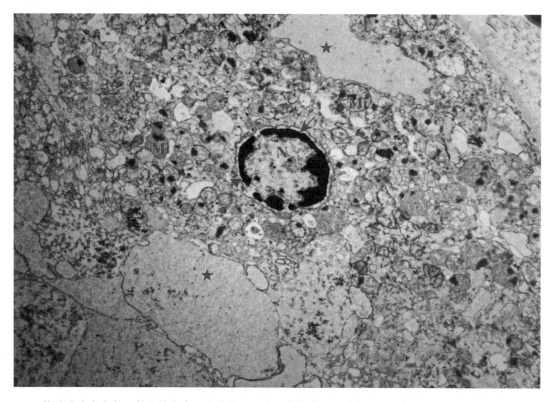

图 4-3-2-20 梭菌感染麋鹿肾。肾小管上皮细胞变性，细胞器结构模糊，胞核（N）中染色质边集，核孔显现（▲）。核周隙增大（↑），内质网极度扩张呈空泡状胞浆游离面空泡变性（★），线粒体（Mi）变性，可见结构致密团状物，偏于一侧或居中，基质着色浅，胞膜边界不清。TEM，8k×

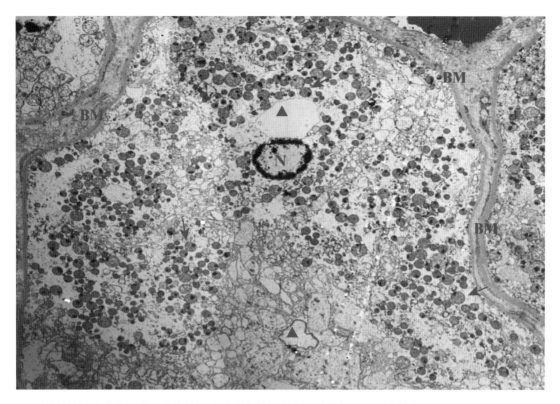

图 4-3-2-21　梭菌感染麋鹿肾。肾小管上皮细胞肿胀变性，胞浆基质崩解空化，结构疏松，胞核（N）染色质边集，线粒体变性，多见圆形致密团状物偏于一侧（↑），内质网肿胀空化（▲），胞膜边界不清，基底膜明显增厚（BM）。TEM，4k×

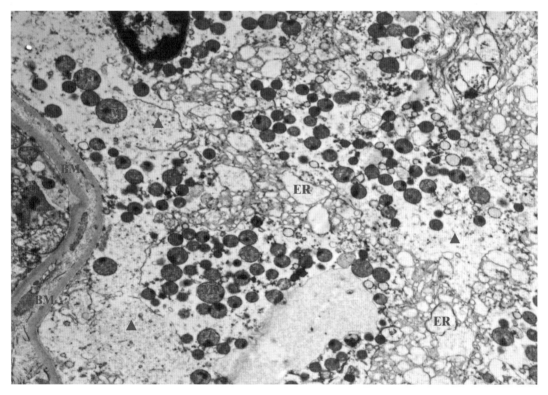

图 4-3-2-22　梭菌感染麋鹿肾。肾小管上皮肿胀变性，基质结构疏松空化（▲），内质网（ER）肿胀呈空泡样，线粒体（Mi）固缩变性，基底膜（BM）增厚、弯曲。N：细胞核。TEM，8k×

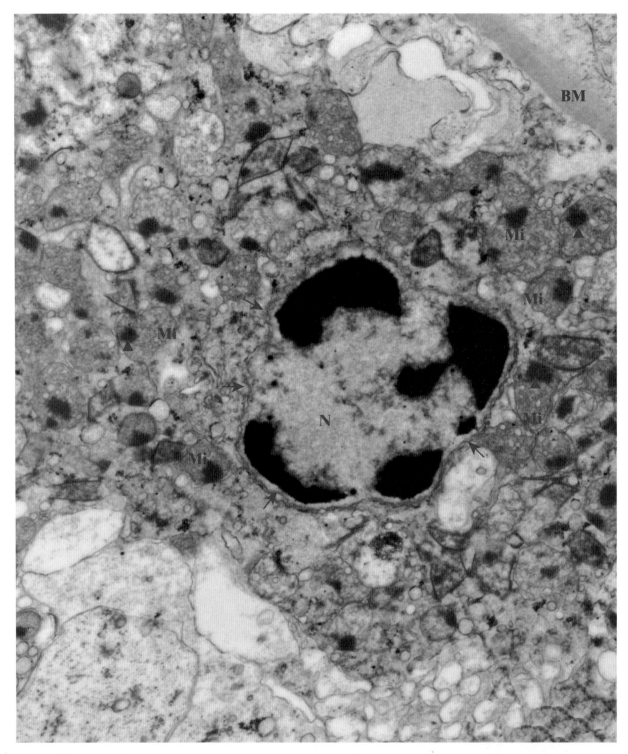

图 4-3-2-23　梭菌感染麋鹿肾。肾小管上皮细胞核（N）固缩，核染色质破碎、边集（★），核膜清晰，曲折凹陷（↑）；线粒体（Mi）肿胀，线粒体内可见致密絮状物（▲）。基膜（BM）增厚。TEM，15k×

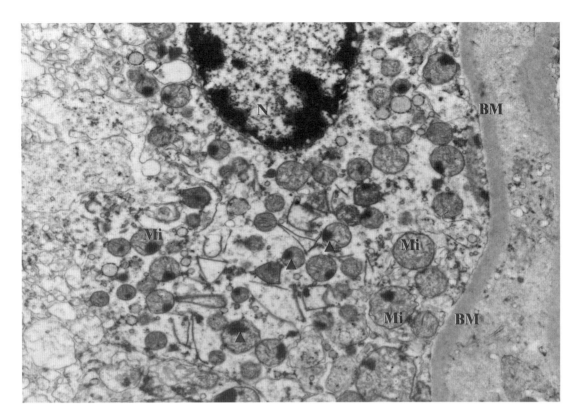

图 4-3-2-24 梭菌感染麋鹿肾。肾小管上皮肿胀变性，结构疏松，线粒体（Mi）肿胀，多见致密的絮状物（▲）。上皮基底膜（BM）明显增厚、弯曲。N：细胞核。TEM，15k×

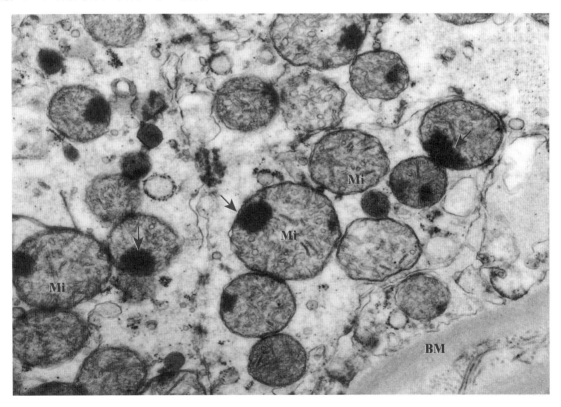

图 4-3-2-25 梭菌感染麋鹿肾。肾小管上皮胞质线粒体嵴性肿胀（Mi）内部多见结构致密团状物，偏于一侧（↑），内嵴肿胀呈管泡状，图右下角可见基底膜（BM）增厚。SEM，30k×

3. 膀胱超微病理变化

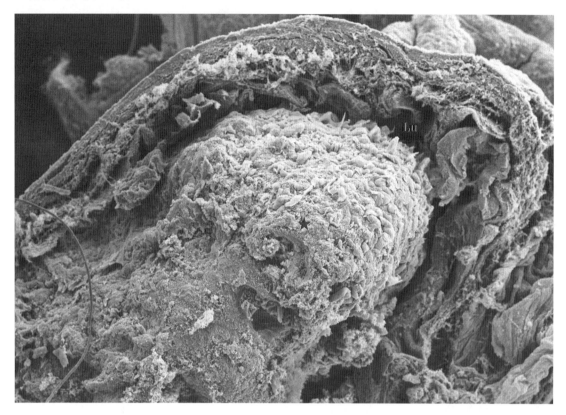

图 4-3-3-1 三聚氰胺染毒大鼠膀胱。膀胱腔内充塞三聚氰胺结晶固体物（★）。Lu：肾小管管腔。SEM，50×

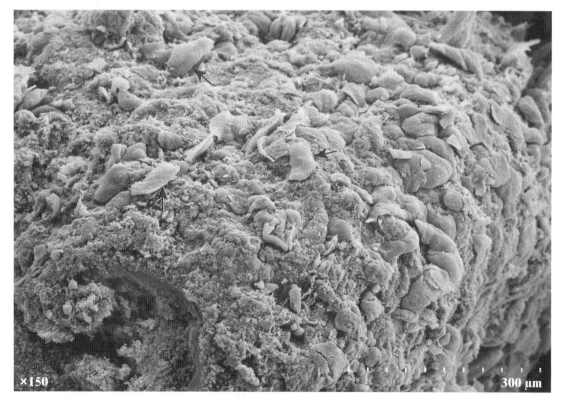

图 4-3-3-2 三聚氰胺染毒大鼠膀胱。膀胱腔内三聚氰胺结晶固体物表面覆盖膜样碎片（↑）。SEM，150×

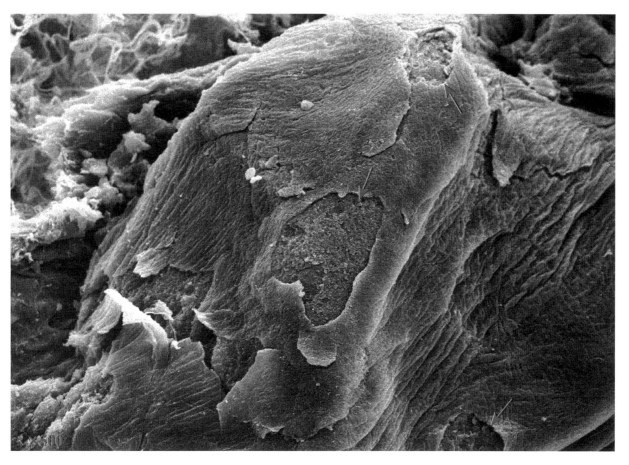

图 4-3-3-3　三聚氰胺染毒大鼠膀胱。膀胱黏膜上皮成片脱落（↑）。SEM，500×

第四节　气管和肺脏

一、气管

气管下端分成左右支气管，分别从肺门进入左右两肺。气管由黏膜、黏膜下层和外膜组成。

1. 黏膜

黏膜上皮是假复层纤毛柱状上皮，由纤毛细胞、杯状细胞、基细胞、刷细胞和弥散的神经内分泌细胞等组成。纤毛有净化吸入空气的重要作用。杯状细胞，分泌黏蛋白（mucin）。基细胞呈锥形，位于上皮深部，是一种未分化的细胞，有增殖和分化能力，可分化形成前述两种细胞。刷细胞（brush cell）呈柱状，游离面有许多排列整齐的微绒毛，形如刷状。气管及其以下分支的导气部管壁上皮内还有弥散的神经内分泌细胞，细胞呈锥体形，散在于上皮深部，胞质内有许多致密核心颗粒，故又称小颗粒细胞（small granule cell）。免疫细胞化学研究证明，细胞内含有多种胺类或肽类物质，如 5 - 羟色胺、蛙皮素、降钙素、脑啡肽等，分泌物可能通过旁分泌作用，或经血液循环，参与调节呼吸道血管平滑肌的收缩。

固有层结缔组织中的弹性纤维较多，使管壁具有一定弹性。固有层内也常见淋巴组织，它与消化管管壁内的淋巴组织一样，也有免疫性防御功能。浆细胞分泌的 IgA 与上皮细胞产生的分泌片段结合形成分泌性 IgA，释放入管腔内，可抑制细菌繁殖和病毒复制，减弱内毒素的有害作用。

2. 黏膜下层

为疏松结缔组织，与固有层和外膜无明显分界。黏膜下层除有血管、淋巴管和神经外，还有较多混合性腺。

3. 外膜

疏松结缔组织，较厚，主要由"C"形透明软骨环构成管壁支架，软骨环之间以弹性纤维组成的膜状韧带连接。软骨环的缺口朝向气管后壁，缺口处有弹性纤维组成的韧带和平滑肌束。

电镜观察可见，纤毛细胞呈柱状，游离面有纤毛，每个细胞约有 300 根，核卵圆形，位于细胞中部。杯状细胞顶部胞质内含有大量黏原颗粒，基部胞质内有粗面内质网和高尔基复合体，细胞游离面有微绒毛。刷细胞细胞核上区有高尔基复合体、粗面内质网、糖原颗粒、溶酶体、微丝和发达的滑面内质网，在顶部胞质内还有许多胞饮小泡。神经内分泌细胞与相邻细胞以紧密连接和桥粒形式相连接。

二、肺脏

肺表面覆以浆膜（胸膜脏层），表面为间皮，深部为结缔组织。肺组织分实质和间质两部分，实质即肺内支气管的各级分支及其终端的大量肺泡，间质为结缔组织及血管、淋巴管和神经等。从叶支气管至终末细支气管为肺内的导气部。终末细支气管以下的分支为肺的呼吸部，包括呼吸细支气管、肺泡管、肺泡囊和肺泡。

每个细支气管连同它的分支至肺泡，组成一个肺小叶。肺小叶呈锥体形，尖向肺门，底向肺表面，小叶间为结缔组织间隔。肺小叶是肺的结构单位。

（一）肺导气部

肺导气部随分支而管径渐小，管壁渐薄，管壁结构也逐渐变化。

1. 叶支气管至小支气管

管壁结构与支气管基本相似，但管径渐细，管壁渐薄，至小支气管的内径为 2~3 mm。管壁三层分界也渐不明显，其结构的主要变化是：①上皮均为假复层纤毛柱状，也含有前述几种细胞，但上皮薄，杯状细胞渐少；②腺体逐渐减少；③软骨呈不规则片状，并逐渐减少；④平滑肌相对增多，从分散排列渐成环形肌束环绕管壁。

2. 细支气管和终末细支气管

细支气管内径约 1 mm，上皮由假复层纤毛柱状渐变为单层纤毛柱状，也含有前述各种细胞，但杯状细胞减少或消失。腺和软骨也很少或消失，环行平滑肌则更明显，黏膜常形成皱襞。细支气管分支形成终末细支气管（terminal bronchiole），内径约 0.5 mm，上皮为单层柱状，无杯状细胞；腺和软骨均消失；环行平滑肌则更明显，形成完整的环行层，黏膜皱襞也明显。终末细支气管上皮内除少量纤毛细胞外，大部为无纤毛的柱状分泌细胞。

（二）肺呼吸部

1. 呼吸细支气管

是终末细支气管的分支，是肺导气部和呼吸部之间的过渡性管道，管壁结构与终末细支气管相似。上皮为单层立方，也有纤毛细胞和分泌细胞；上皮下结缔组织内有少量环行平滑肌。呼吸细支气管不同于终末细支气管的是管壁上有肺泡相接，在肺泡开口处，单层立方上皮移行为肺泡的单层扁平上皮。从呼吸细支气管开始具有气体交换功能。

2. 肺泡管

肺泡管是呼吸细支气管的分支，每个呼吸细支气管分支形成 2~3 个或更多个肺泡管。它是由许多肺泡组成，故其自身的管壁结构很少，仅存在于相邻肺泡开口之间，此处常膨大突入管腔，表面为单层立方或扁平上皮，上皮下为薄层结缔组织和少量平滑肌，肌纤维环行围绕于肺泡开口处，故在切片中可见相邻肺泡之间的隔（肺泡隔）末端呈结节状膨大。

3. 肺泡囊

肺泡囊与肺泡管连续，每个肺泡管分支形成 2~3 个肺泡囊。它的结构与肺泡管相似，也由许多肺泡围成，故肺泡囊是许多肺泡共同开口而成的囊腔。肺泡囊的相邻肺泡之间为薄层结缔组织隔（肺泡隔），在肺泡开口处无环行平滑肌，故在切片中的肺泡隔末端无结节状膨大。

4. 肺泡

肺泡是支气管树的终末部分，是构成肺的主要结构。肺泡为半球形小囊，肺泡壁很薄，表面覆以单层肺泡上皮，有基膜。相邻肺泡紧密相贴，仅隔以薄层结缔组织，称肺泡隔。

（1）肺泡上皮　由 I 型和 II 型两种细胞组成。

I 型肺泡细胞：细胞扁平，光镜下难辨认，电镜下清晰。I 型细胞数量较 II 型细胞少，但宽大而扁薄，覆盖肺泡表面的绝大部分，参与构成气血屏障。

II 型肺泡细胞：细胞较小，圆形或立方形，细胞数量较 I 型细胞多，但仅覆盖肺泡表面的一小部分。II 型细胞是一种分泌细胞，光镜观察下，核圆形，胞质着色浅，呈泡沫状，细胞略凸向肺泡腔。

（2）肺泡隔　相邻肺泡之间的薄层结缔组织构成肺泡隔，属肺的间质。肺泡隔内含密集的毛细血管网。

（三）肺间质和肺巨噬细胞

肺内的结缔组织及其中的血管、淋巴管和神经构成肺间质。结缔组织主要分布在支气管各级分支管道的周围，血管等行于其中，管道愈细，周围的结缔组织愈少，至肺泡，仅有少量结缔组织构成肺泡隔。肺间质的组成与一般疏松结缔组织相同，但弹性纤维较发达，巨噬细胞也较多。

肺巨噬细胞由单核细胞分化而来，广泛分布在肺间质内，在细支气管以下的管道周围和肺泡隔内较多。有的巨噬细胞游走入肺泡腔内，称肺泡巨噬细胞。肺巨噬细胞的吞噬、免疫和分泌作用都十分活跃，有重要防御功能。

电镜下可见，Ⅰ型肺泡细胞结构简单，核小而致密，核周胞质内含有少量小线粒体、高尔基复合体和内质网；周边部的胞质内细胞器少，仅有散在的微丝和微管。近胞膜处有较多的吞饮小泡。Ⅱ型肺泡细胞，细胞表面有短小微绒毛，胞质内除富含线粒体、粗面内质网、高尔基复合体和溶酶体外，还有许多分泌颗粒。颗粒大小不一，直径 $0.1\sim1\ \mu m$，电子密度高，内含同心圆或平行排列的板层结构，故称嗜锇性板层小体。肺泡隔的毛细血管网属连续型，内皮厚 $0.1\sim0.2\ \mu m$，在细胞核处略厚。细胞内的细胞器对位于核周，可见粗面内质网、线粒体、高尔基复合体及较多的吞饮小泡。相邻肺泡之间有小孔相通、直径 $10\sim15\ \mu m$，周围有少量弹性纤维和网状纤维环绕。一个肺泡可有一个或数个肺泡孔。

本节图片

1. 气管　　　　图 4-4-1-1 至图 4-4-1-86
2. 肺　　　　　图 4-4-2-1 至图 4-4-2-14

1. 气管

图 4-4-1-1　仔猪气管黏膜。上皮细胞表面纤毛密集，参差不齐（C）。GC：杯状细胞。SEM，5k×

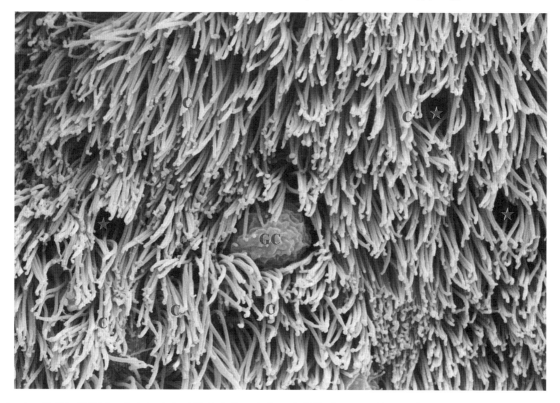

图 4-4-1-2　仔猪气管黏膜。上皮细胞表面纤毛密集、直立，分散排列（C），表面见少量开孔（★）。GC：杯状细胞。SEM，5k×

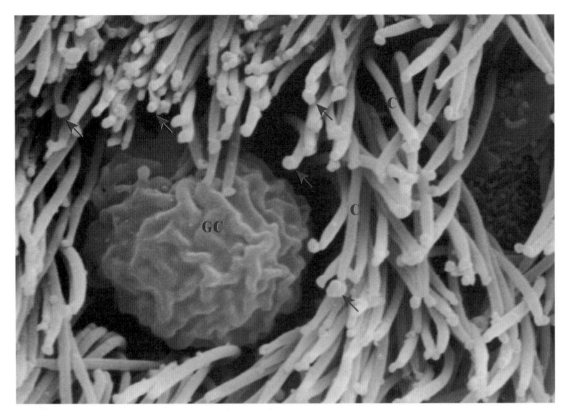

图 4-4-1-3　仔猪气管黏膜面。纤毛密集、直立，分散排列（C）。高倍镜下可见上皮细胞表面纤毛顶端有微球状结构（↑）。GC：杯状细胞。SEM，15k×

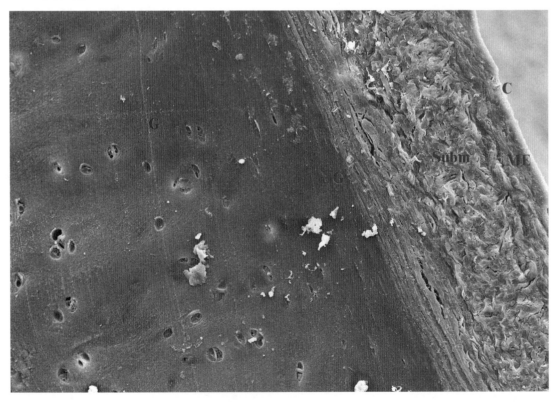

图 4-4-1-4　大熊猫气管横切面。气管各层结构完整，层次清晰，自下而上依次为软骨（G）、黏膜下层（Subm）、黏膜上皮（ME）及上皮表面纤毛（C）。SEM，270×

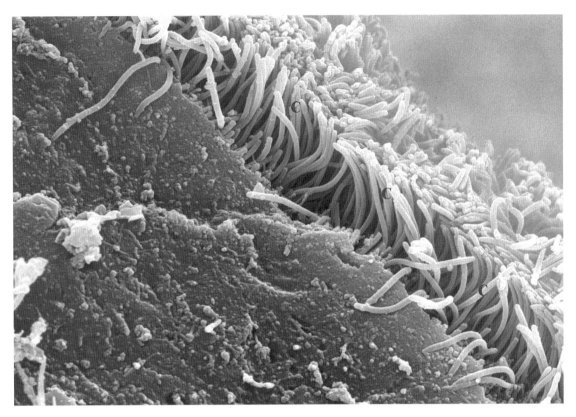

图 4-4-1-5 大熊猫气管横断面。纤毛排列整齐，分散、直立（C）。SEM，5k×

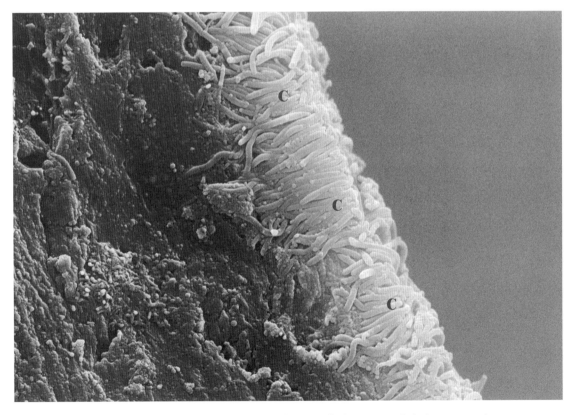

图 4-4-1-6 大熊猫气管横切面。纤毛密集，互相粘连（C），不易波动。SEM，5k×

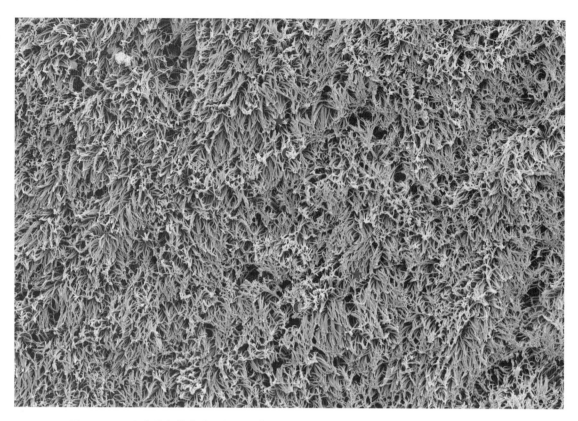

图 4-4-1-7　大熊猫气管黏膜。纤毛密集（C），相互粘连（★），不易波动。SEM，1k×

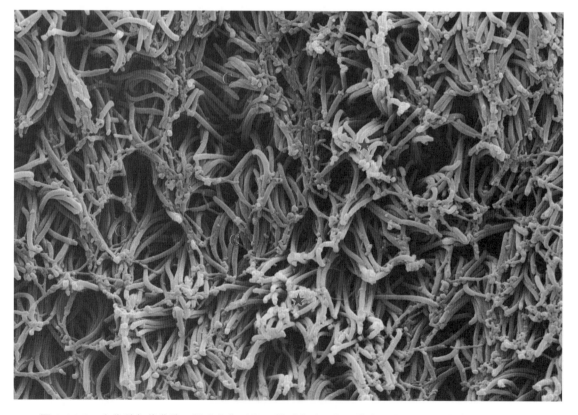

图 4-4-1-8　大熊猫气管黏膜。纤毛密集（C），排列紊乱，相互粘连（★），不易波动。SEM，5k×

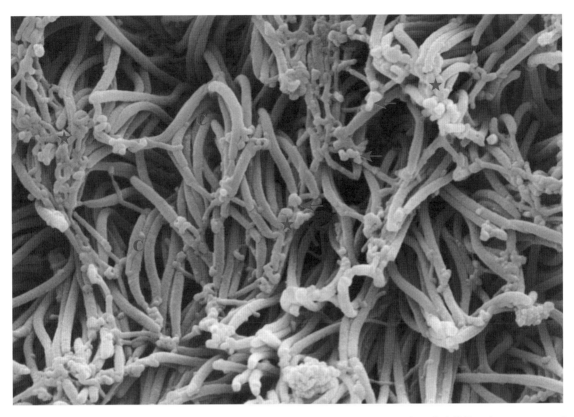

图 4-4-1-9　大熊猫气管黏膜。纤毛密集（C），排列紊乱，相互粘连（★），纤毛顶端见微球结构（↑）。SEM，10k×

图 4-4-1-10　被动吸烟大鼠气管。黏膜上皮细胞排列松散（↑），成片的细胞表面纤毛脱落，仅见纤毛根（★）。C：纤毛。SEM，10k×

图 4-4-1-11　长期被动吸烟大鼠气管。黏膜上皮细胞排列松散，成片的上皮细胞表面纤毛脱落（★），仅见纤毛根（↑）。C：纤毛。SEM，10k×

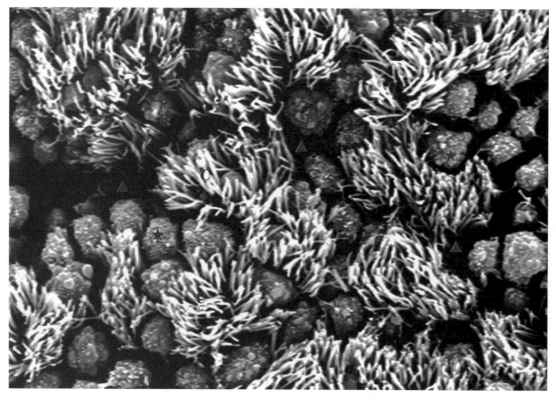

图 4-4-1-12　被动吸烟大鼠气管。黏膜上皮细胞间隙显著（▲），排列散乱，大部分细胞表面纤毛脱落，胞浆膜凸凹不平（★）。C：纤毛。SEM，3k×

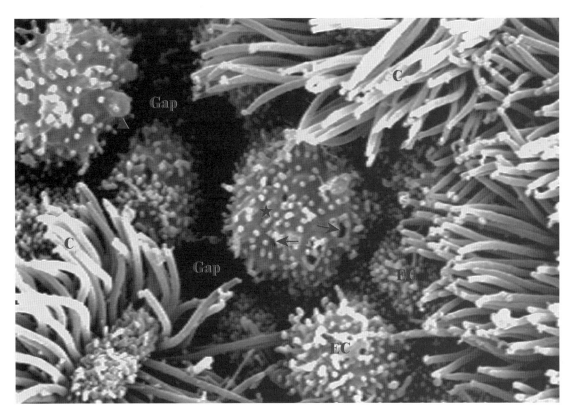

图 4-4-1-13　被动吸烟大鼠气管。黏膜上皮细胞（EC）间隙显著增大（Gap），排列松散，纤毛脱落（★），细胞膜表面凹凸不平（▲），膜上见明显开孔（↑）。C：纤毛。SEM，10k×

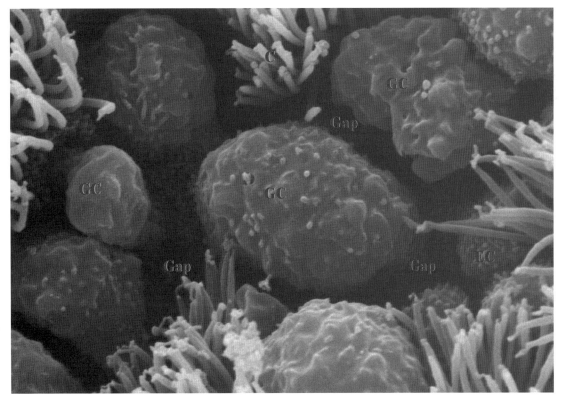

图 4-4-1-14　长期被动吸烟大鼠气管。黏膜上皮细胞（EC）间隙扩张（Gap），排列松散，细胞纤毛脱落，杯状细胞（GC）增生。C：纤毛。SEM，10k×

图 4-4-1-15　被动吸烟大鼠气管黏膜。纤毛表面黏附大量炎性渗出物（IE），并见有细菌（B），纤毛倒伏（C）。GC：杯状细胞。SEM，10k×

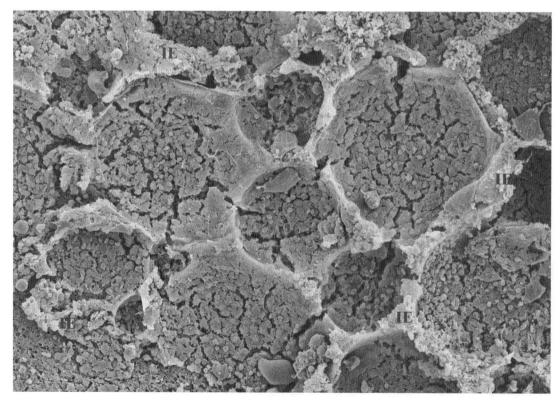

图 4-4-1-16　感染嗜水气单胞菌死亡的斑海豹气管黏膜。气管黏膜表面密集泡沫破裂后的痕迹（★）及其他炎性渗出物（IE）。SEM，200×

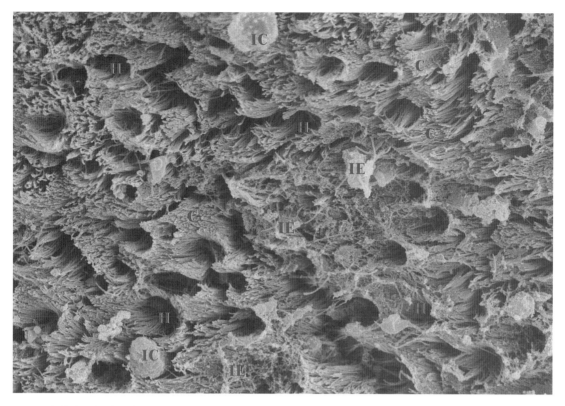

图 4-4-1-17　感染嗜水气单胞菌死亡的斑海豹气管黏膜。密集的纤毛（C）间散布渗出物开口（H）及少量炎性渗出物（IE）。IC：炎性细胞。SEM，2k×

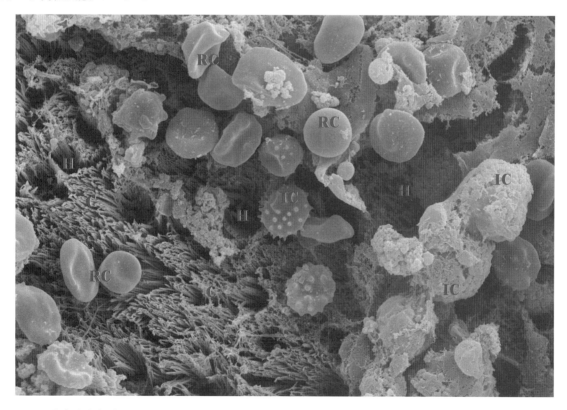

图 4-4-1-18　感染嗜水气单胞菌死亡的斑海豹气管出血性炎。黏膜表面大量红细胞（RC）及其他炎性细胞（IC）覆盖于纤毛（C）上。H：炎性渗出物开口。SEM，2.1k×

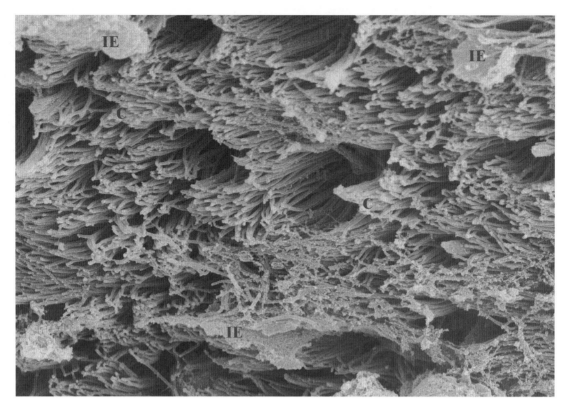

图 4-4-1-19 感染嗜水气单胞菌死亡的斑海豹气管黏膜。黏膜表面密集的纤毛间炎性渗出物开口（H）。C：纤毛。IE：炎性渗出物。SEM，5k×

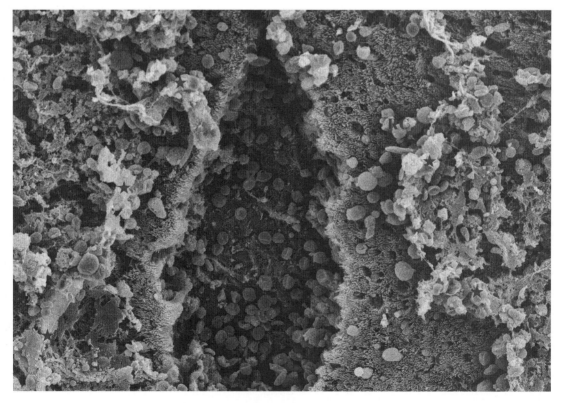

图 4-4-1-20 感染嗜水气单胞菌死亡的斑海豹气管黏膜。黏膜上皮细胞大片脱落，固有层（LP）裸露、出血（RC），未脱落的上皮表面附着大量炎性渗出物（★）。C：纤毛。SEM，500×

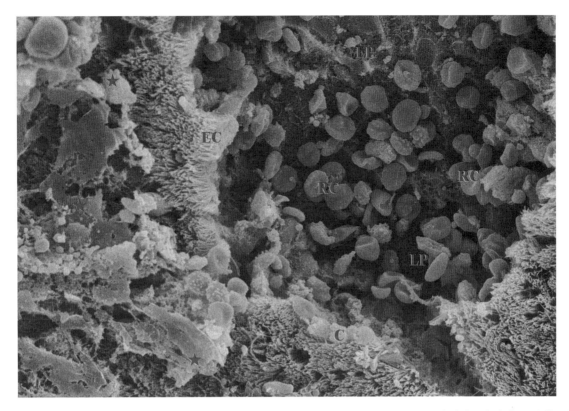

图 4-4-1-21　上图局部放大。黏膜上皮细胞大片脱落，固有层（LP）裸露、出血（RC），未脱落的上皮表面附着大量炎性渗出物（★）。C：纤毛；EC：纤毛上皮细胞。SEM，1k×

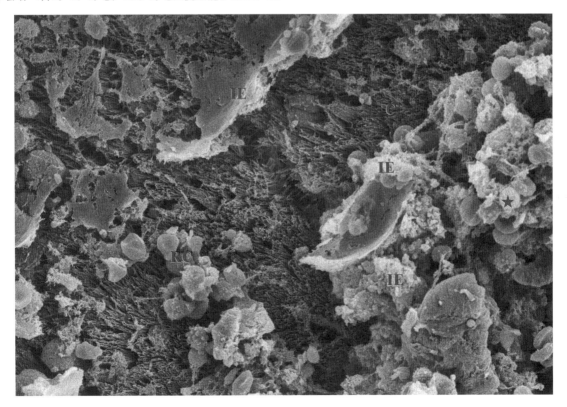

图 4-4-1-22　感染嗜水气单胞菌死亡的斑海豹气管黏膜面。气管黏膜表面大量的炎性细胞（★）红细胞（RC）及其他炎性渗出物（IE）覆盖于纤毛（C）上。SEM，1k×

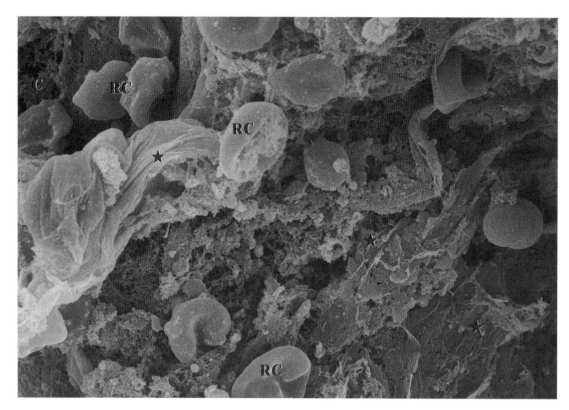

图 4-4-1-23 感染嗜水气单胞菌死亡的斑海豹气管黏膜面。气管黏膜表面大量红细胞（RC）及其他炎性渗出物（★）覆盖于纤毛（C）上。SEM，3k×

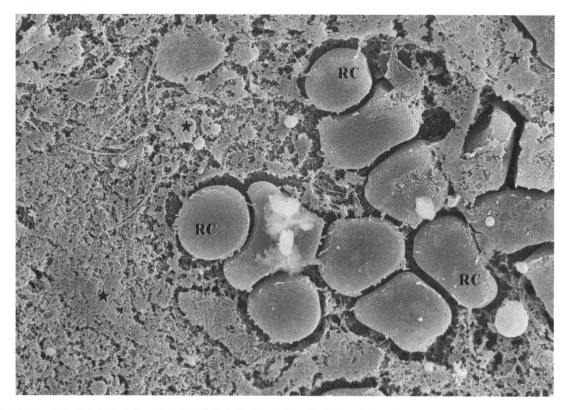

图 4-4-1-24 感染嗜水气单胞菌死亡的斑海豹气管黏膜。渗出于黏膜表面的炎性渗出物（★）及红细胞（RC）受到挤压后的图像。SEM，3k×

图 4-4-1-25　感染嗜水气单胞菌死亡的斑海豹气管黏膜出血。黏膜表面堆积大量红细胞（RC）及其他炎性渗出物（★）。B：细菌；C：纤毛；LC：淋巴细胞。SEM，1.5k×

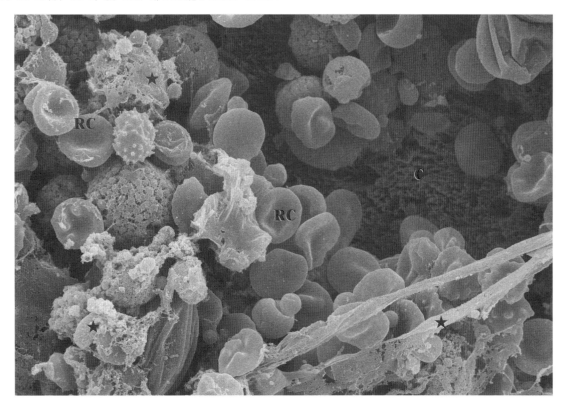

图 4-4-1-26　感染嗜水气单胞菌死亡的斑海豹气管黏膜出血。气管表面大量炎性渗出物（★）及红细胞（RC）覆盖于纤毛（C）上。SEM，2k×

图 4-4-1-27　麋鹿气管黏膜出血。大量的红细胞（RC）及其他炎性渗出物附着于黏膜上皮细胞的纤毛（C）表面。CCEC：脱落的柱状纤毛上皮细胞。SEM，500×

图 4-4-1-28　麋鹿气管黏膜出血。大量的红细胞（RC）及其他炎性渗出物（IE）附着于黏膜上皮细胞的纤毛（C）表面。CCEC：脱落的柱状纤毛上皮细胞。SEM，500×

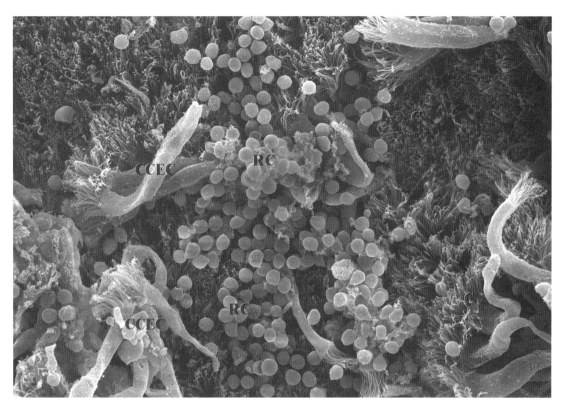

图 4-4-1-29　麋鹿气管黏膜出血。大量的红细胞（RC）及其他炎性渗出物附着于气管黏膜上皮细胞的纤毛（C）表面。CCEC：脱落的柱状纤毛上皮细胞。SEM，1k×

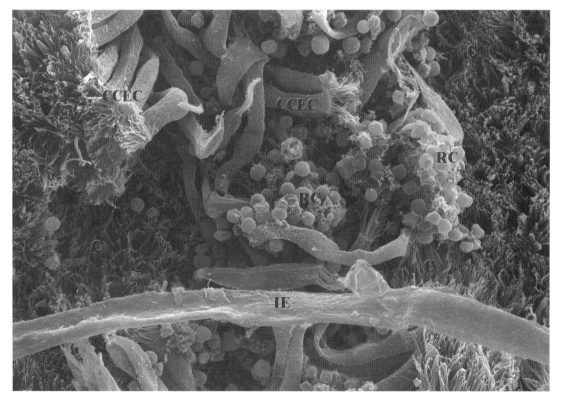

图 4-4-1-30　麋鹿气管黏膜出血。大量的红细胞（RC）及其他炎性渗出物（IE）附着于黏膜上皮细胞的纤毛（C）表面。CCEC：脱落的柱状纤毛上皮细胞。SEM，1k×

图 4-4-1-31 麋鹿气管黏膜出血。大量的红细胞（RC）及其他炎性渗出物（IE）附着于黏膜上皮细胞的纤毛（C）表面。SEM，2k×

图 4-4-1-32 麋鹿气管黏膜出血。成堆的红细胞（RC）及渗出物（IE）附着于黏膜表面。SEM，5k×

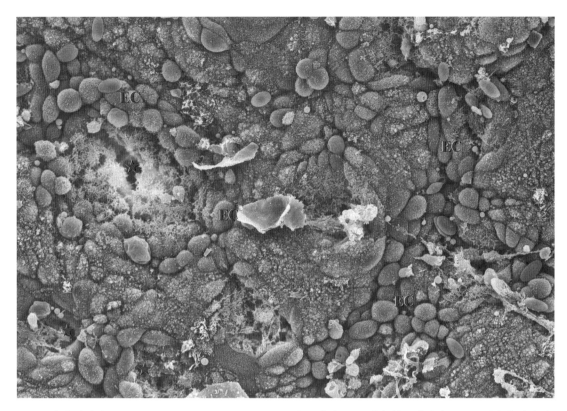

图 4-4-1-33　禽偏肺病毒（Avian metapneumovirus，aMPV）人工感染 SPF 鸡气管。黏膜表面见大量炎性渗出的通道开口（★）及炎性渗出物，上皮细胞（EC）纤毛脱落，排列松散。SEM，650×

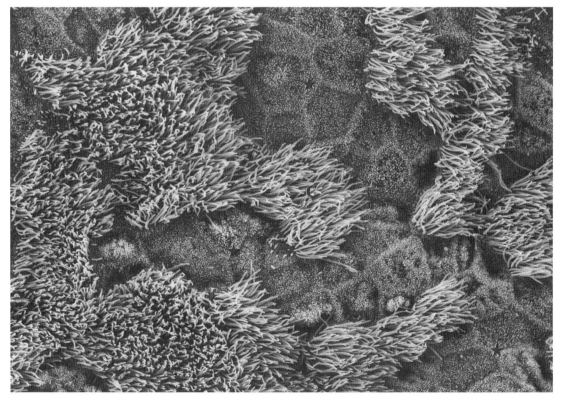

图 4-4-1-34　禽偏肺病毒（Avian metapneumovirus，aMPV）人工感染 SPF 鸡气管。黏膜表面成片的上皮细胞纤毛脱落（★）。C：纤毛。SEM，2k×

图 **4-4-1-35**　aMPV 人工感染 SPF 鸡气管。黏膜表面见宽而深的破裂沟，沟内细胞纤毛脱落（★），红细胞聚集（RC）。C：纤毛。SEM，1.3k×

图 **4-4-1-36**　aMPV 人工感染 SPF 鸡气管。黏膜表面见宽而深的破裂沟，沟内细胞纤毛脱落（★），红细胞聚集（RC）。C：纤毛。IE：炎性渗出物。SEM，1.1k×

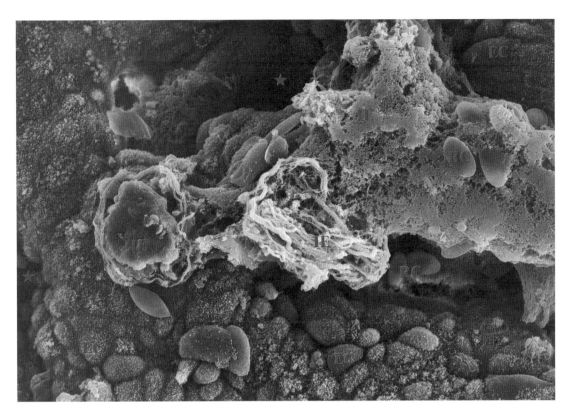

图 4-4-1-37　aMPV 人工感染 SPF 鸡气管。黏膜表面—炎性渗出物出口（★）处成堆的渗出物（IE）聚集于此，黏膜上皮细胞（EC）纤毛脱落。RC：红细胞。SEM，1k×，标尺＝50 μm

图 4-4-1-38　aMPV 人工感染 SPF 鸡气管。黏膜上皮细胞（EC）表面纤毛缺失，表面—炎性渗出物出口处（★）成堆的渗出物（IE）聚集于此，RC：红细胞。SEM，2k×

图 4-4-1-39 aMPV 人工感染 SPF 鸡气管。上图局部放大，黏膜上皮细胞表面纤毛缺失，膜表面黏附大量圆形的 aMPV 粒子（★）。RC：红细胞；IE：炎性渗出物。SEM，5k×

图 4-4-1-40 aMPV 人工感染 SPF 鸡气管。黏膜上皮细胞表面纤毛缺失（EC），表面黏附大量圆形的 aMPV 粒子（★）。GC：杯状细胞；C：纤毛。SEM，2.7k×

图 4-4-1-41　aMPV 人工感染 SPF 鸡气管。成堆的圆形病毒粒子（★）黏附于黏膜上皮表面。病毒粒子表面光滑，直径为 250～500 nm。SEM，10k×

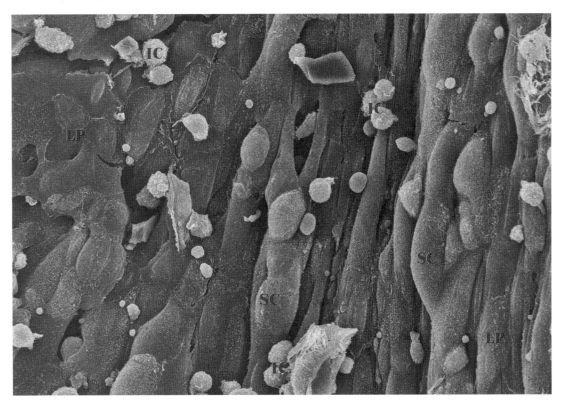

图 4-4-1-42　aMPV 人工感染 SPF 鸡气管。黏膜上皮脱落，固有层裸露（LP）。平行排列的梭形细胞（SC）上黏附大量炎性细胞（IC）。SEM，1k×

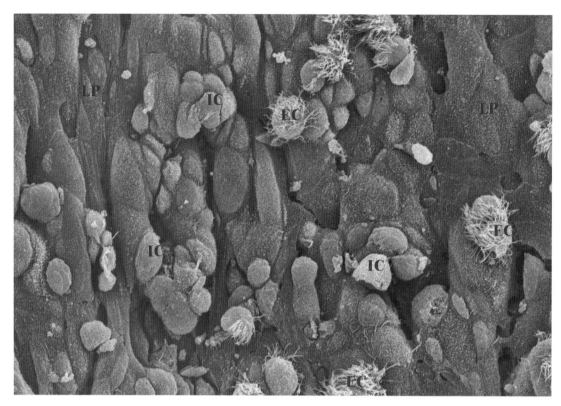

图 4-4-1-43　aMPV 人工感染 SPF 鸡气管。裸露的固有层（LP）表面残存少数纤毛上皮细胞（EC）。梭形细胞间大量炎性细胞（IC）浸润于表面。SEM，1k×

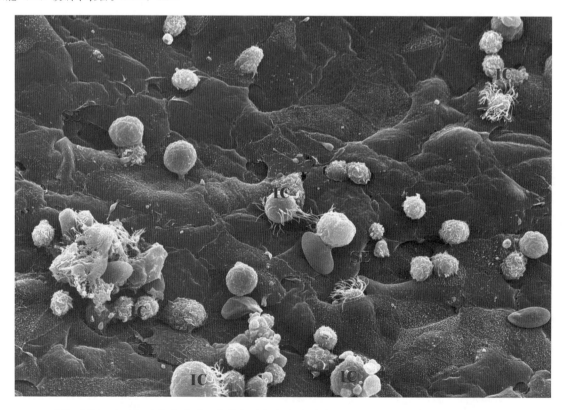

图 4-4-1-44　感染 aMPV 后 SPF 鸡气管黏膜。柱状纤毛上皮细胞脱落后，表面长出了多层扁平上皮细胞（SE）（鳞状化生），大量炎性细胞（IC）黏附于表面。SEM，1k×

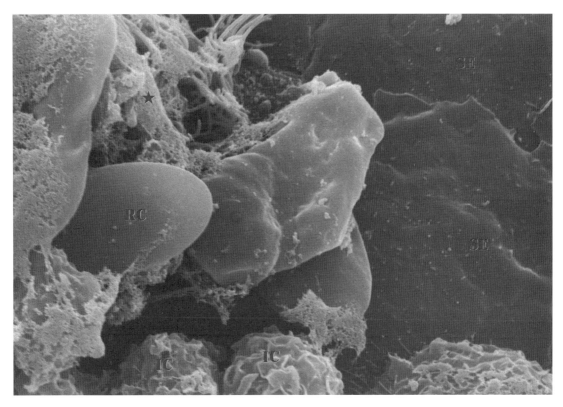

图 4-4-1-45 图 4-4-1-44 局部放大。增生的扁平上皮细胞（SE）表面炎性渗出物堆积（★）。RC：红细胞；IC：炎性细胞。SEM，5k×

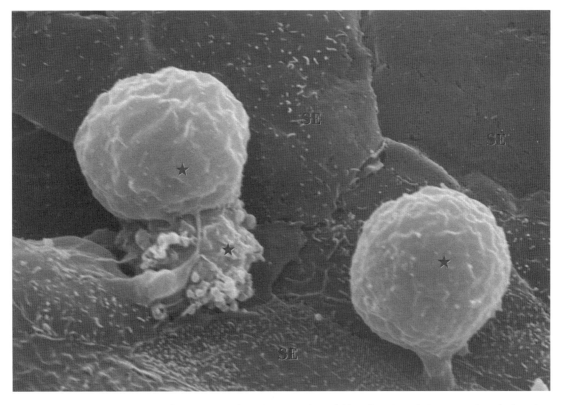

图 4-4-1-46 图 4-4-1-44 局部放大。增生的扁平上皮细胞（SE）表面炎性细胞（★）浸润。SE：扁平上皮细胞。SEM，5k×

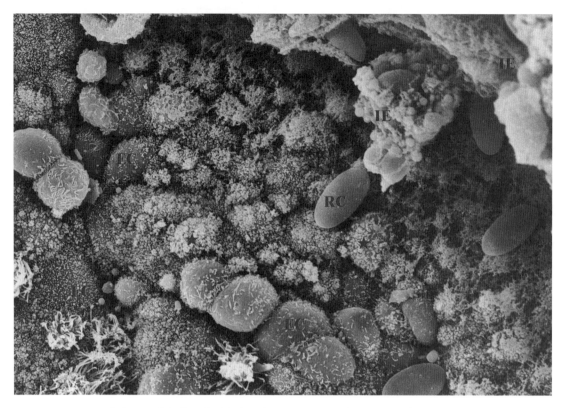

图 4-4-1-47 aMPV 人工感染 SPF 鸡气管。黏膜上皮细胞（EC）排列松散、纤毛缺失，表面黏附大量圆形的 aMPV 粒子（★）。IE：炎性渗出物；RC：红细胞；C：纤毛。SEM，1.6k×

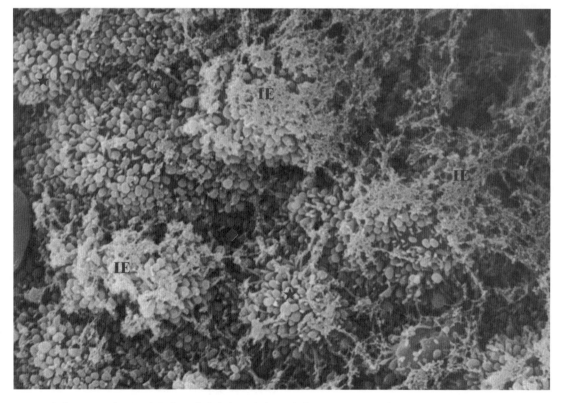

图 4-4-1-48 感染 aMPV 后 SPF 鸡气管。黏膜上皮细胞纤毛脱落，排列松散（◆），大量炎性渗出物（IE）与圆形的 aMPV（★）混杂堆集于黏膜表面。纤毛黏着。SEM，6k×

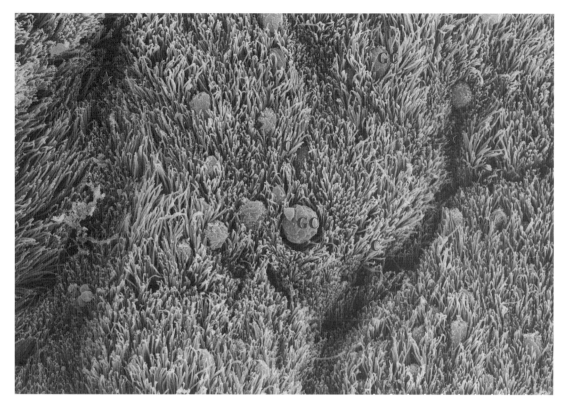

图 4-4-1-49　感染 PRRSV 弱毒仔猪气管黏膜。表面见明显裂沟（★），纤毛参差不齐，杯状细胞（GC）增生。C：纤毛。SEM，2.5k×

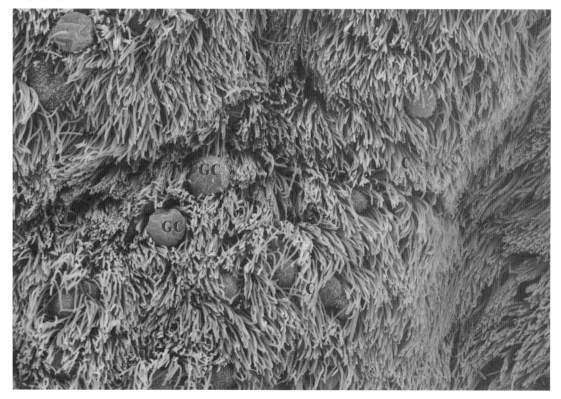

图 4-4-1-50　感染 PRRSV 弱毒仔猪气管黏膜。上皮细胞表面纤毛参差不齐，表面见明显凹沟（★），杯状细胞（GC）增生。C：纤毛。SEM，3k×

图 4-4-1-51 感染 PRRSV 弱毒仔猪气管黏膜。纤毛参差不齐，杯状细胞（GC）增生。C：纤毛。SEM，3.5k×

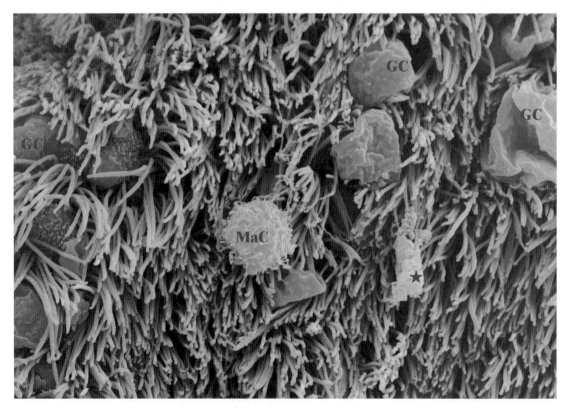

图 4-4-1-52 感染 PRRSV 弱毒仔猪气管黏膜。杯状细胞（GC）增生，巨噬细胞（MaC）浸润。★：炎性渗出物；C：纤毛。SEM，5k×

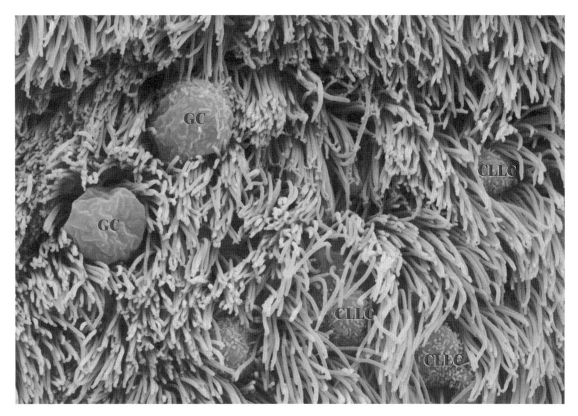

图 4-4-1-53　感染 PRRSV 弱毒仔猪气管黏膜。黏膜表面纤毛参差不齐，克拉拉细胞（CLLC）及杯状细胞（GC）增生。SEM，5k×

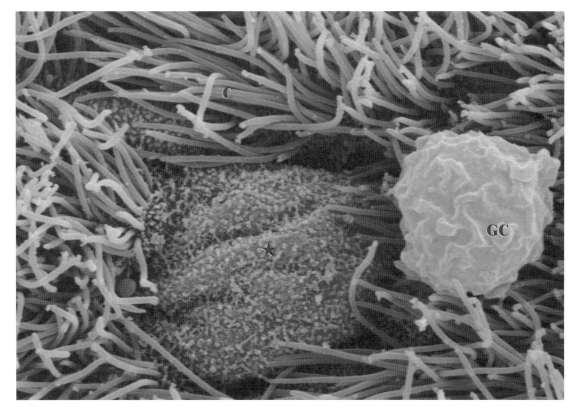

图 4-4-1-54　感染 PRRSV 弱毒仔猪气管黏膜。黏膜柱状上皮纤毛脱落（★）。GC：杯状细胞；C：纤毛。SEM，8k×

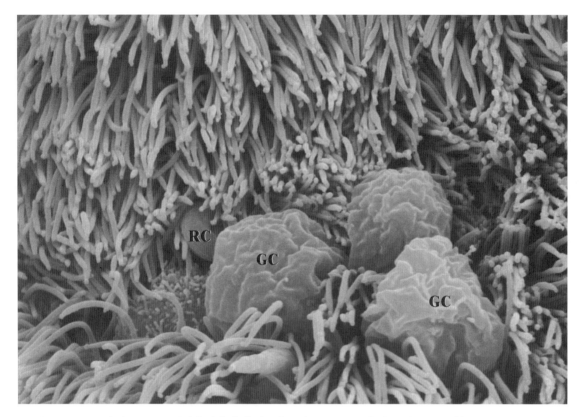

图 4-4-1-55 感染 PRRSV 弱毒仔猪气管黏膜。表面出血（RC），杯状细胞（GC）增生。SEM，8k×

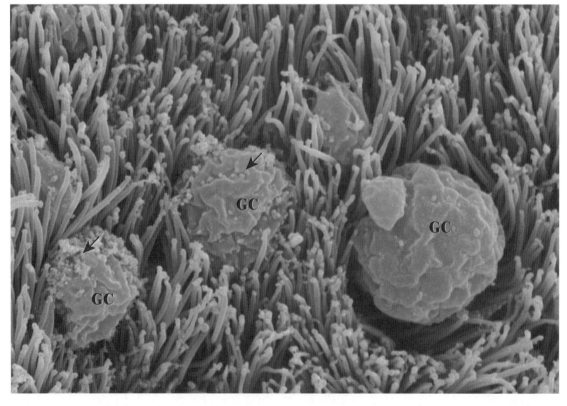

图 4-4-1-56 感染 PRRSV 仔猪气管黏膜。杯状细胞（GC）增生，表面附着细小颗粒（↑）。SEM，8k×

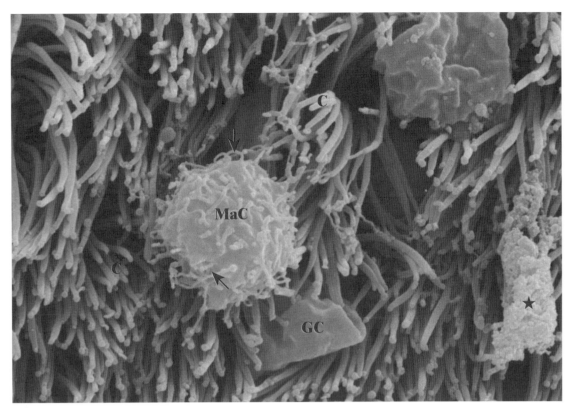

图 4-4-1-57 上图局部放大。黏膜表面的巨噬细胞（MaC）膜表面有丰富的微绒毛（↑）。GC：杯状细胞；★：炎性渗出物；C：纤毛。SEM，10k×

图 4-4-1-58 感染 PRRSV 仔猪气管黏膜。纤毛（C）参差不齐，炎性渗出物（★）附着。SEM，10k×

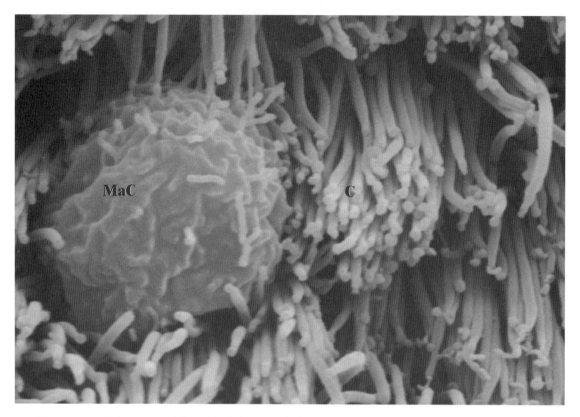

图 4-4-1-59 感染 PRRSV 弱毒仔猪气管黏膜。正在渗出的巨噬细胞（MaC）。C：纤毛。SEM，15k×

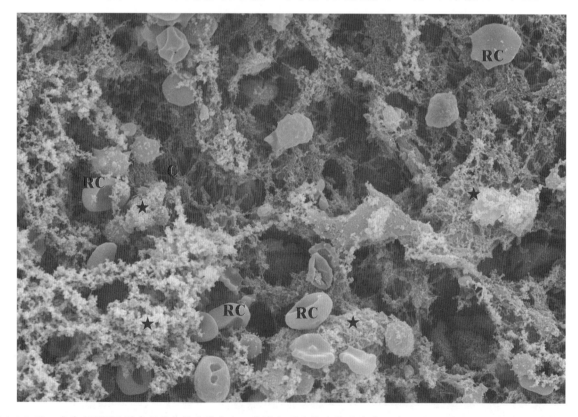

图 4-4-1-60 感染 PRRSV 弱毒仔猪气管黏膜出血。黏膜表面大量炎性渗出物（★），红细胞（RC）混杂于其中，纤毛（C）黏集。SEM，2k×

图 4-4-1-61 图 4-4-1-60 局部放大。黏膜表面炎性渗出物呈颗粒状（★），纤毛黏集。RC：红细胞；TC：T 淋巴细胞；C：纤毛；↑：杆菌。SEM，6k×

图 4-4-1-62 感染 PRRSV 弱毒仔猪气管黏膜。上皮细胞（EC）表面纤毛脱落，红细胞（RC）及炎性渗出物堆积黏附于上皮表面（★）。SEM，2k×

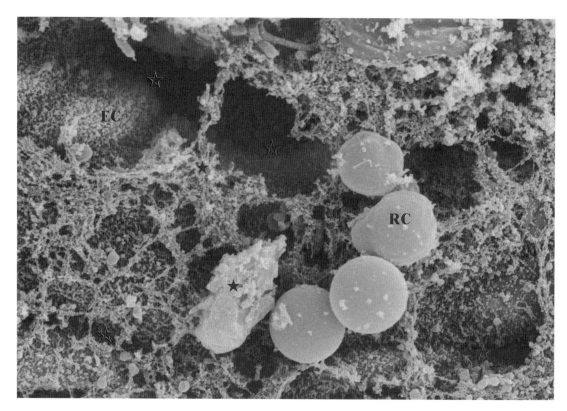

图 4-4-1-63 感染 PRRSV 弱毒仔猪气管黏膜。成片上皮细胞（EC）表面纤毛脱落，细胞间隙松散（☆），红细胞（RC）及炎性渗出物堆积黏附于上皮表面（★）。SEM，5k×

图 4-4-1-64 感染 PRRSV 弱毒仔猪气管黏膜。成片上皮细胞（EC）表面纤毛脱落，细胞间隙松散（☆），炎性渗出物堆积（★）。C：纤毛。SEM，2k×

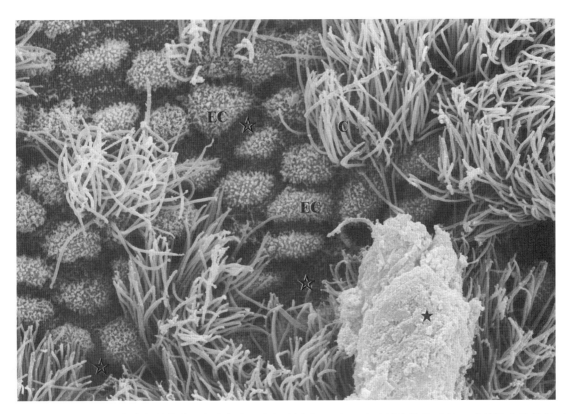

图 4-4-1-65　感染 PRRSV 仔猪气管黏膜。成片上皮细胞纤毛脱落（EC），细胞间隙松散（☆），炎性渗出物堆积（★）。C：纤毛。SEM，4k×

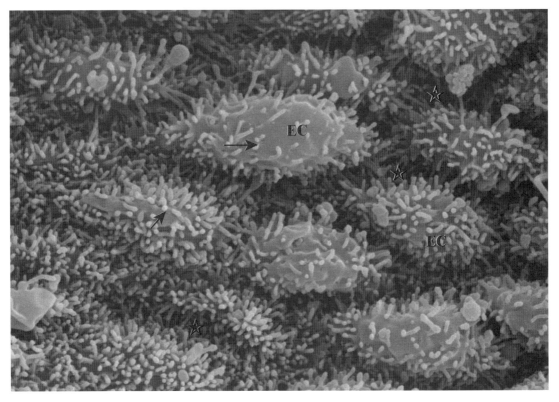

图 4-4-1-66　感染 PRRSV 仔猪气管黏膜。整片上皮细胞（EC）纤毛脱落，残存短小的纤毛根（↑），细胞间隙松散（☆）。SEM，8.5k×

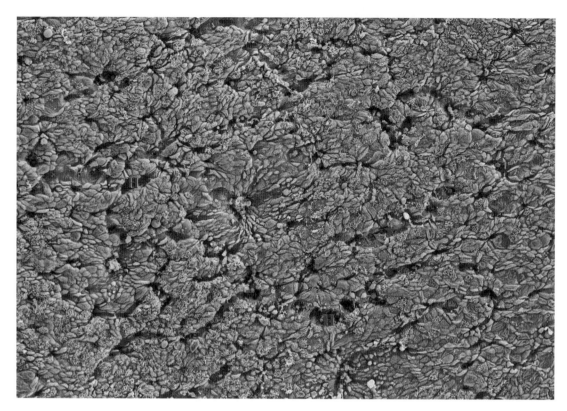

图 **4-4-1-67** PRRSV 强毒感染仔猪气管黏膜。黏膜表面见许多裂隙（★），上皮细胞排列松散，并见有空洞（H）形成。SEM，250×

图 **4-4-1-68** PRRSV 强毒感染仔猪气管黏膜。黏膜上皮细胞排列松散，多数细胞表面纤毛脱落（★），细胞间有空洞（▲）形成。SEM，600×

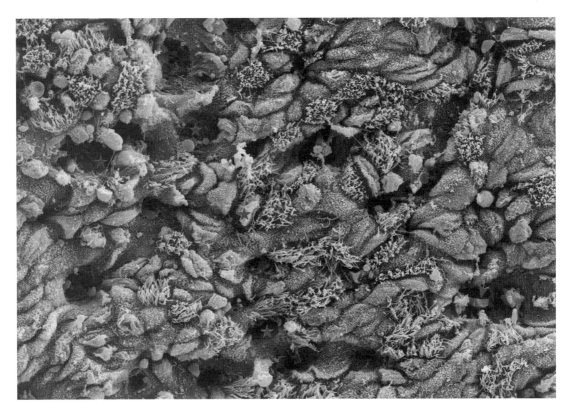

图 4-4-1-69　感染 PRRSV 强毒仔猪气管黏膜。多数黏膜上皮细胞（EC）表面纤毛脱落；见大量细胞间空洞（★），即炎性渗出物的出口。空洞口见有正在渗出的炎性渗出物（↑）。C：纤毛。SEM，1k×

图 4-4-1-70　感染 PRRSV 强毒仔猪气管黏膜。几乎所有黏膜上皮细胞（EC）表面纤毛均脱落；上皮细胞间隙（▲）明显，细胞间空洞（★）处见炎性渗出物（↑）。GC：杯状细胞。SEM，1.5k×

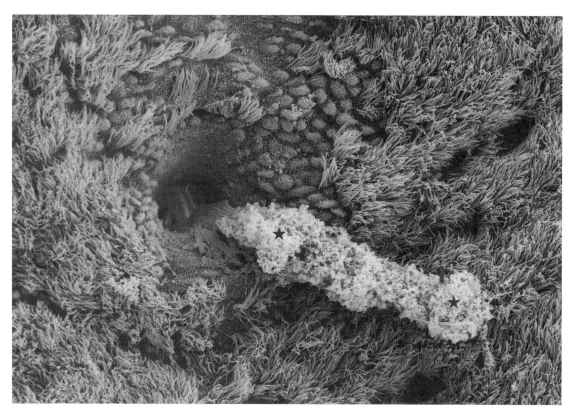

图 4-4-1-71 感染 PRRSV 强毒仔猪的气管黏膜。在纤毛脱落的区域，1 直径约 30 μm、表面平滑的圆形深洞（●），大量炎性渗出物（★）从"洞口"排出。SEM，1k×

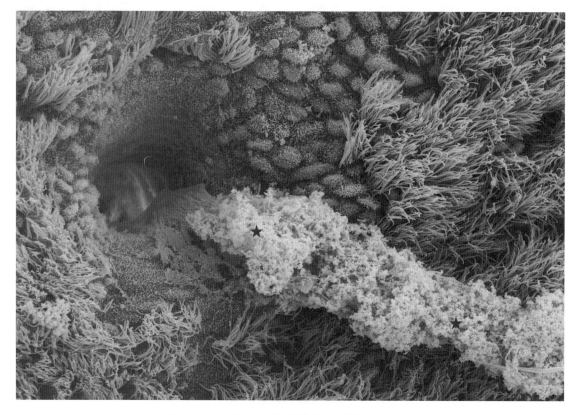

图 4-4-1-72 图 4-4-1-71 局部放大。SEM，1.5k×

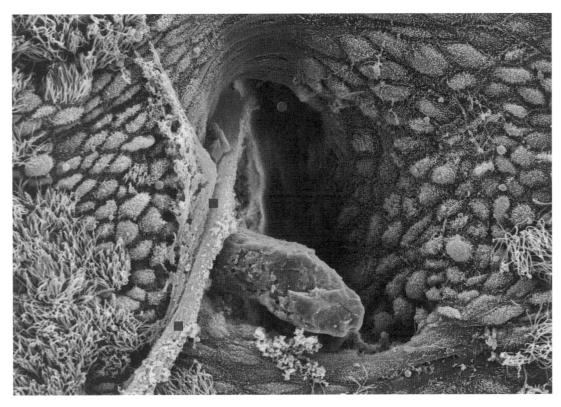

图 4-4-1-73　感染 PRRSV 强毒仔猪的气管黏膜。与图 4-4-1-70 类似的结构，但洞口（●）更宽敞，炎性渗出物呈实心的圆柱状（★）或条带状（■）。SEM，1.5k×

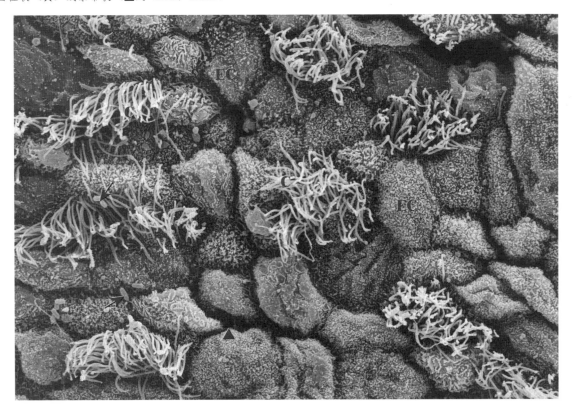

图 4-4-1-74　感染 PRRSV 强毒仔猪的气管黏膜。大多数黏膜上皮细胞（EC）表面纤毛均脱落；上皮细胞间隙（▲）明显，细胞表面见有细菌（↑）。C：纤毛；↑：SEM，2.5k×

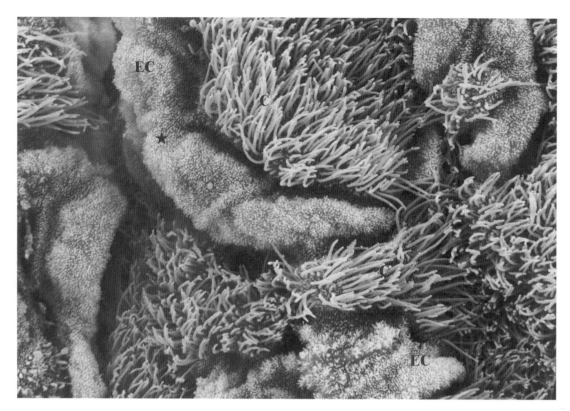

图 4-4-1-75　感染 PRRSV 强毒仔猪气管黏膜。纤毛脱落的上皮细胞（EC）表面附着密集的细小颗粒（★）。C：纤毛。SEM，3.5k×

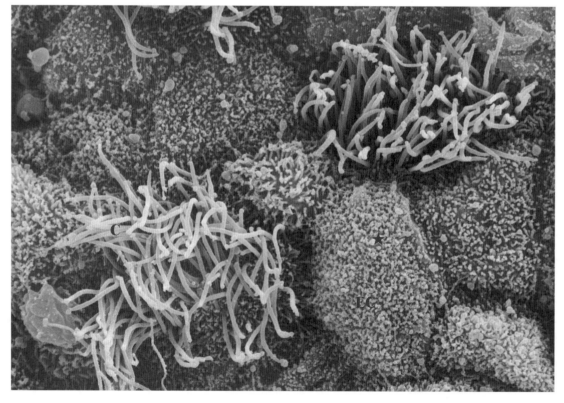

图 4-4-1-76　感染 PRRSV 弱毒仔猪气管黏膜。纤毛脱落的上皮细胞（EC）表面附着密集的细小颗粒（★）。C：纤毛。SEM，5.5k×

图 4-4-1-77　感染 PRRSV 弱毒仔猪气管黏膜。纤毛脱落的上皮细胞（EC）及杯状细胞（GC）。细胞间隙（★）明显，黏膜表面见少量细菌（↑）。SEM，5.5k×

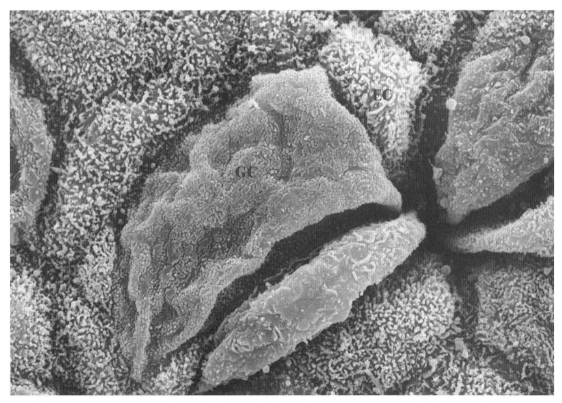

图 4-4-1-78　感染 PRRSV 弱毒仔猪气管黏膜。杯状细胞（GC）及纤毛脱落的上皮细胞（EC）细胞间有深洞（★）。SEM，5k×

图 4-4-1-79 感染 PRRSV 强毒仔猪的气管黏膜。高倍镜下见纤毛脱落的上皮细胞（EC）表面堆积大量圆形的细小颗粒（★），其中混有 PRRSV 粒子（↑）。C：纤毛。SEM，10k×

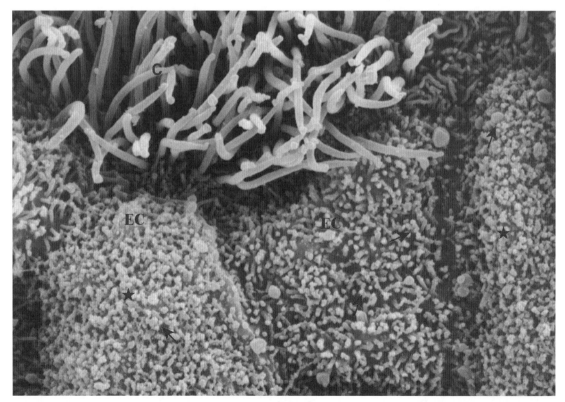

图 4-4-1-80 感染 PRRSV 强毒仔猪气管黏膜。纤毛脱落的上皮细胞（EC）表面堆积大量圆形的细小颗粒（★），混有 PRRSV 粒子（↑），其间混杂有少量细菌。C：纤毛。SEM，10k×；标尺=5 μm

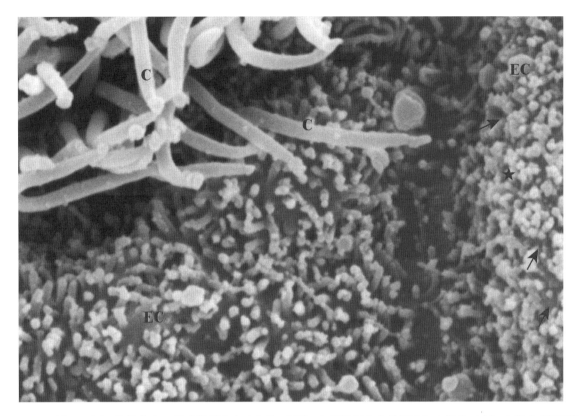

图 4-4-1-81　图 4-4-1-80 局部放大。纤毛脱落的上皮细胞（EC）表面堆积的大量圆形细小颗粒（★）中混有 PRRSV 粒子（↑）。C：纤毛。SEM，20k×，标尺＝2 μm

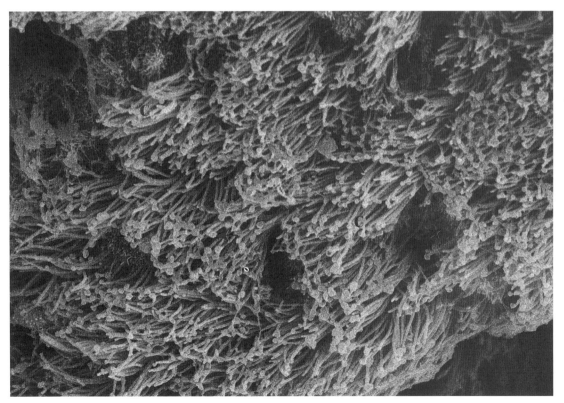

图 4-4-1-82　硬嗉病鸽的气管。纤毛（C）局灶性脱落（★），纤毛顶端黏附圆形细小颗粒（↑），有些颗粒连接成串分布（▲）。SEM，3.5k×，标尺＝10 μm

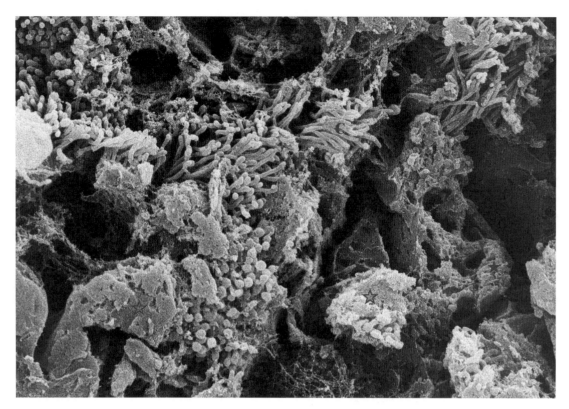

图 **4-4-1-83**　硬嗉病鸽的气管。纤毛（C）成片脱落（★），表面黏附大量炎性渗出物（☆）及成堆的圆形球菌（B）。SEM，4k×

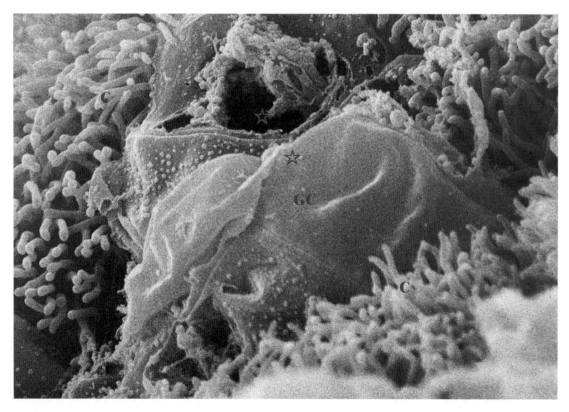

图 **4-4-1-84**　硬嗉病鸽的气管。杯状细胞（GC）顶浆分泌。★：杯状细胞分泌物；C：纤毛；☆：顶浆分泌口。SEM，7.5k×

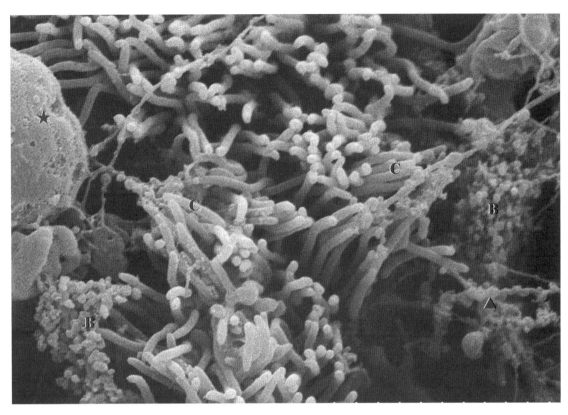

图 4-4-1-85　硬嗉病鸽的气管。黏膜表面黏附球菌团块（B），有的球菌连接成串珠状（▲），并见炎性渗出物聚集成大团块状（★）。C：纤毛。SEM，10k×

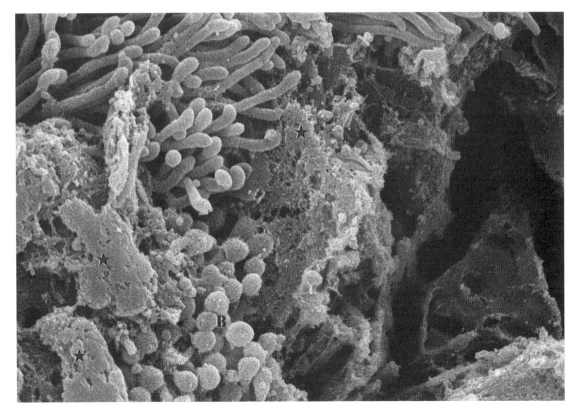

图 4-4-1-86　硬嗉病鸽的气管。黏膜表面黏附球菌团块（B）及大量炎性渗出物（★）。SEM，10k×

2. 肺

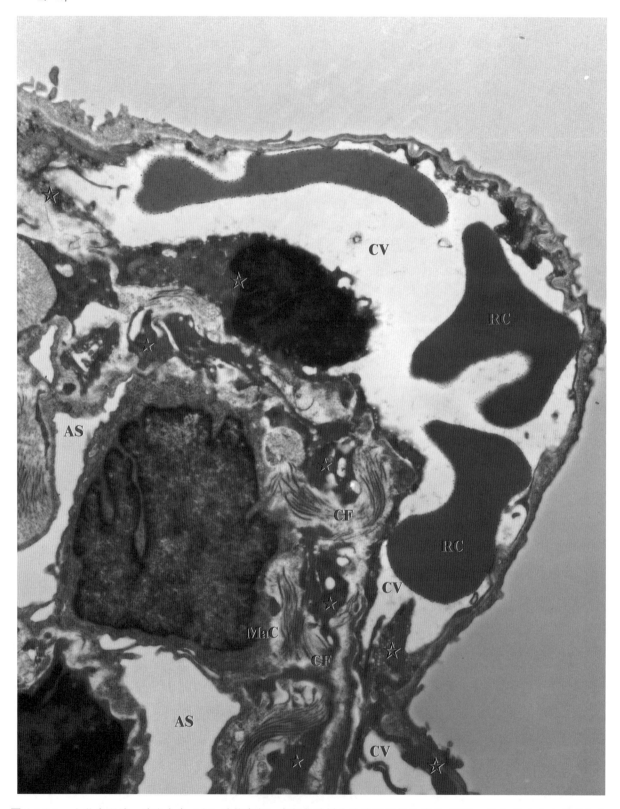

图 4-4-2-1 小鼠病理肺。肺泡上皮（★）连接中断，中断处被增生的胶原原纤维填充（CF），肺泡腔内有 1 巨噬细胞，即尘细胞（MaC）。毛细血管内皮细胞（☆）变性、肿胀。RC：红细胞；CV：毛细血管腔；AS：肺泡腔。TEM，12k×

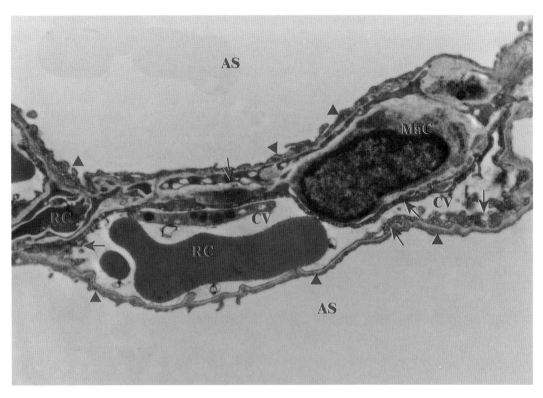

图 4-4-2-2　小鼠肺。MaC：肺泡隔内的巨噬细胞（隔细胞）；CV：毛细血管腔；AS：肺泡腔；↑：毛细血管内皮；▲：肺泡上皮。TEM，12k×，标尺＝2 μm

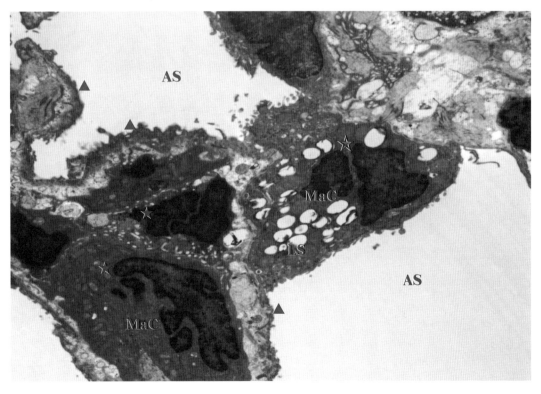

图 4-4-2-3　小鼠肺。位于肺泡隔中的巨噬细胞（MaC），即隔细胞（★），胞浆结构致密，细胞器丰富，另 1 正在向肺泡腔（AS）游走的巨噬细胞（尘细胞☆）胞浆中大量空泡，及溶酶体（LS）。▲：肺泡上皮。TEM，8k×

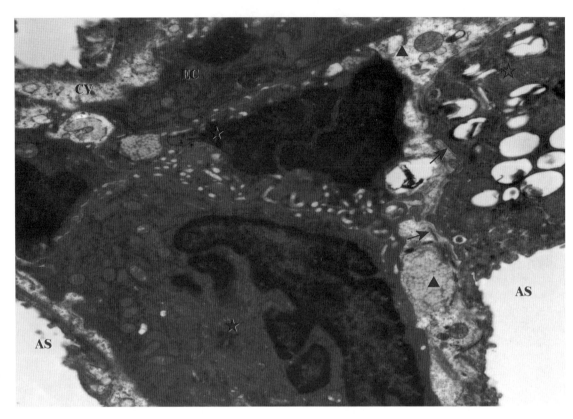

图4-4-2-4　局部放大。★：隔细胞；☆：尘细胞；▲：肺泡隔；AS：肺泡腔；↑：肺泡壁基底膜；CV：毛细血管腔；EC：血管内皮。TEM，15k×

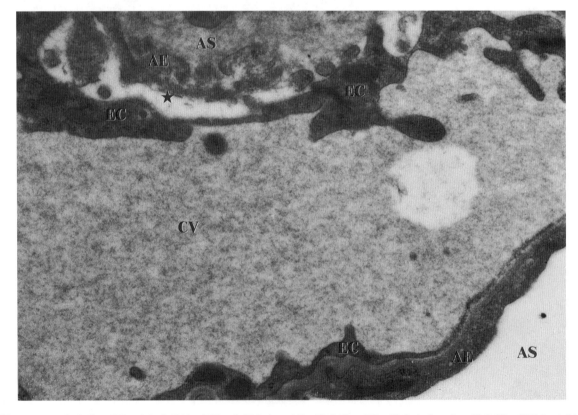

图4-4-2-5　大鼠肺。CV：毛细血管腔；EC：血管内皮；AS：肺泡腔；AE：肺泡上皮；★：肺泡隔。TEM，40k×

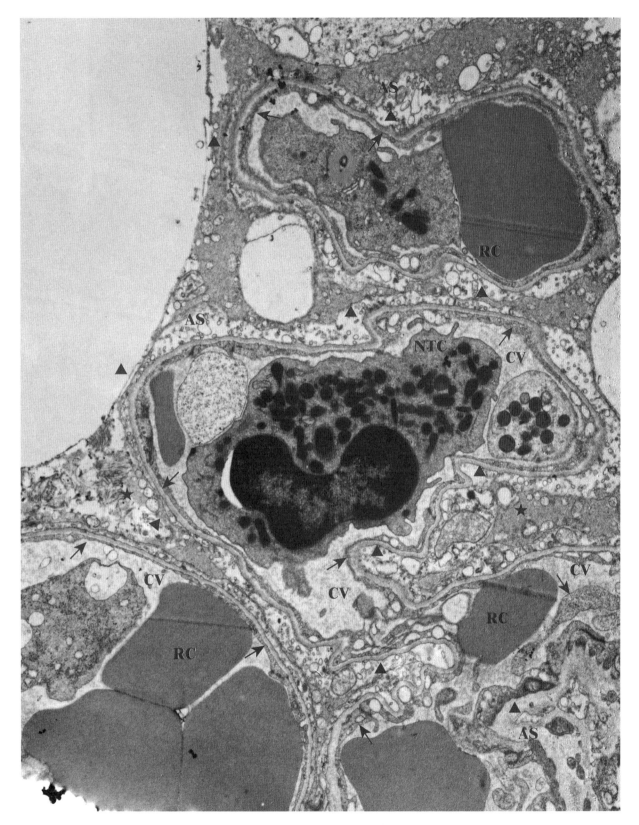

图 4-4-2-6 感染嗜水气单胞菌死亡的斑海豹肺。毛细血管腔（CV）内中性粒细胞（NTC），肺泡腔（AS）内积有蛋白性渗出物（★），毛细血管内皮（↑）与肺泡壁（▲）平行排列，肺泡隔清晰明显。RC：红细胞。TEM，10k×

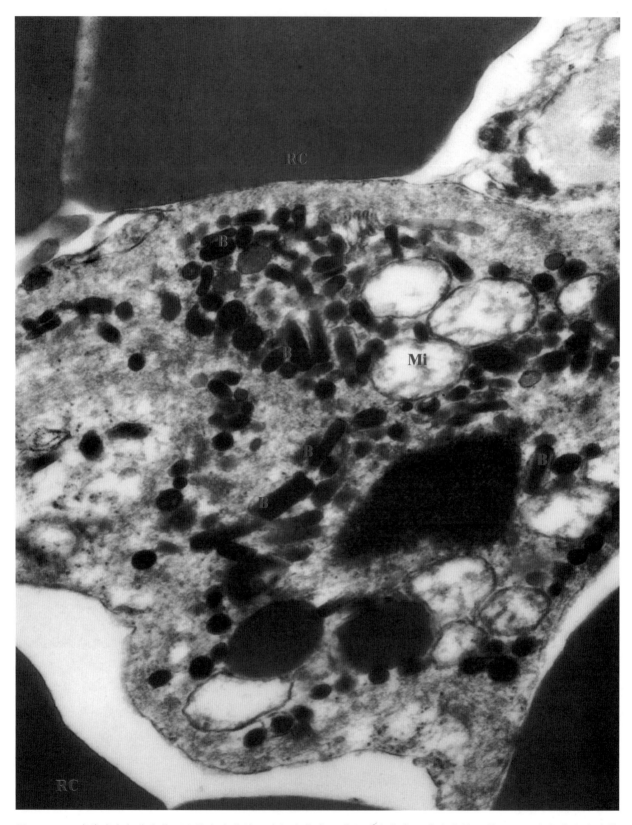

图 4-4-2-7 感染嗜水气单胞菌死亡的斑海豹肺。毛细血管内巨噬细胞胞浆中吞噬有大量细菌（B）。线粒体空泡变性（Mi）。RC：红细胞。TEM，40k×

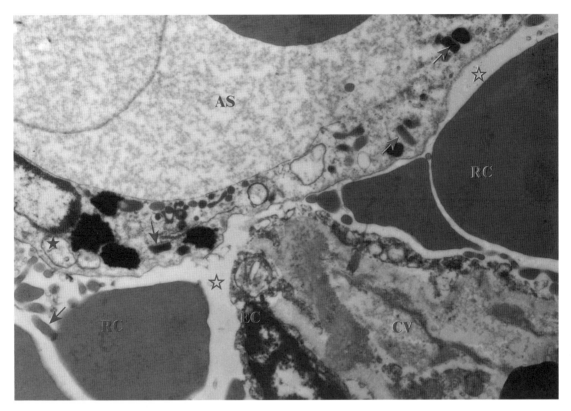

图 4-4-2-8 感染嗜水气单胞菌死亡的斑海豹肺。结构紊乱，红细胞（RC）进到了肺泡隔中（☆），肺泡上皮（★）内及肺胞隔内见有杆状细菌（↑）。EC：毛细血管内皮；AS：肺泡腔。TEM，20k×

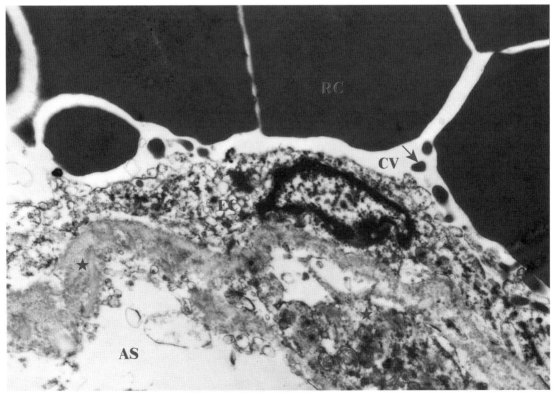

图 4-4-2-9 感染嗜水气单胞菌的斑海豹肺。毛细血管内皮（EC）肿胀变性，肺泡上皮结构模糊，破碎（★），血管腔内见有细菌（↑）。RC：红细胞；CV：毛细血管腔；AS：肺泡腔。TEM，20k×

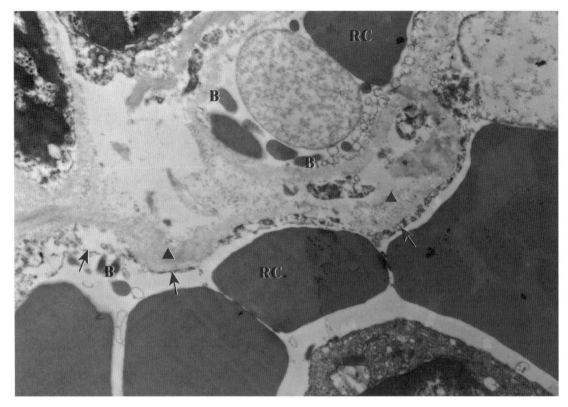

图 4-4-2-10 感染嗜水气单胞菌的斑海豹肺。毛细血管壁（↑）破碎，基底膜增厚、模糊（▲），肺泡上皮结构消失，血管腔内有多量细菌（B）。RC：红细胞。TEM，20k×

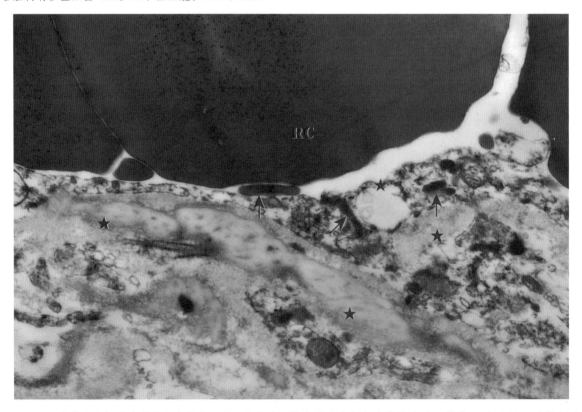

图 4-4-2-11 感染嗜水气单胞菌的斑海豹肺。毛细血管壁、基底膜及肺泡上皮结构凌乱，模糊不清（★），变性的内皮中及血管腔见杆状的细菌（↑）。RC：红细胞。TEM，30k×

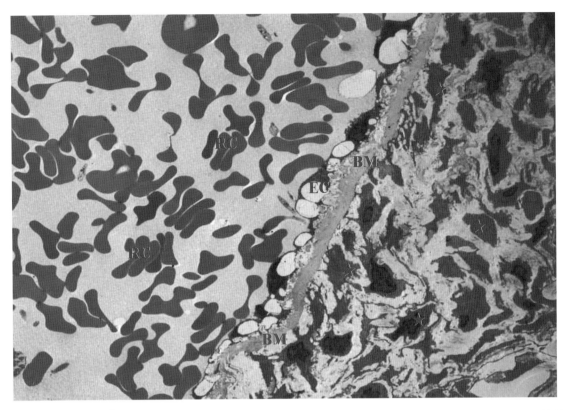

图 4-4-2-12　感染嗜水气单胞菌的斑海豹肺。肺间质中的小动脉，内皮细胞空泡变性（EC），基底膜（BM）增厚、中断，平滑肌细胞（★）及弹力纤维水肿变性。RC：红细胞。TEM，3k×

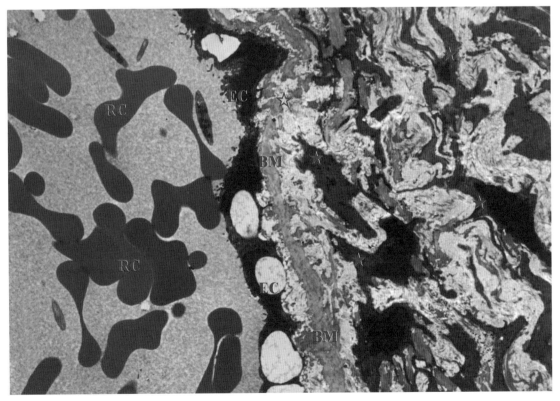

图 4-4-2-13　感染嗜水气单胞菌的斑海豹肺。肺间质中的小动脉内皮细胞空泡变性（EC），基底膜（BM）局部碎裂（☆），肌层平滑肌细胞（★）及弹力纤维严重变性、水肿。RC：红细胞。TEM，6k×

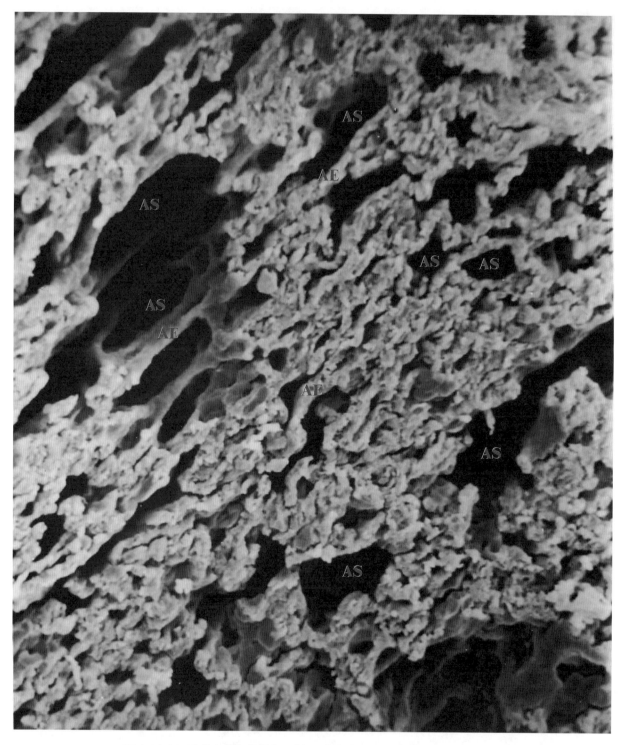

图 4-4-2-14　兔肺扫描电镜图像。AE：肺泡壁；AS：肺泡腔。SEM，6k×

第五节　免疫器官的超微结构及超微病理学

一、脾

脾（spleen）的被膜较厚，表面覆有间皮。被膜主要由排列成网状的致密胶原纤维和弹性纤维组成，还可见散在的平滑肌样成纤维细胞。脾被膜内含有丰富的神经末梢。被膜向实质内伸出许多粗细不等的条索状结构称脾小梁，小梁内含有许多弹性纤维及较多的平滑肌。脾的实质分白髓、红髓及边缘区三部分。

白髓为密集的淋巴组织，围绕中央微动脉而分布，白髓由中央动脉淋巴鞘和脾小结构成，中央动脉淋巴鞘主要由密集的 T 细胞构成，其中还有一些散在分布的交错突细胞和巨噬细胞，在近边缘区处可有少量的 B 细胞、浆细胞前身或浆细胞。脾小结即淋巴小结，由 B 淋巴细胞构成。

边缘区位于红髓和白髓之间，含有 B 细胞和 T 细胞，以 B 细胞为多。边缘区与白髓之间有较小的边缘窦，内含少量血细胞，边缘窦附近有较多巨噬细胞。

红髓由脾索和脾血窦组成，脾索为索条状分支相互连接成的网状结构，脾索之间是血窦，两者相间分布构成红髓的海绵状结构。脾窦为相互通联的长管状或不规则形静脉窦，直径 $30\sim40~\mu m$，由长杆状内皮细胞和不完整的基膜围成。

电镜下可见，内皮细胞质内有纵行的微丝束，具有调节细胞间隙大小的作用。血窦基膜为均质结构，其中含有少量网状纤维，基膜外常有窦周网状细胞或其突起贴附，细胞多呈扁平形，与脾索内的网状细胞相互连接构成脾索的支架。

二、胸腺

胸腺（thymus）的基本结构分为基质和髓质两部分。胸腺皮质（cortex）以上皮细胞为支架，间隙内含有大量胸腺细胞和少量巨噬细胞等。髓质（medulla）内含大量胸腺上皮细胞和一些成熟胸腺细胞、交错突细胞和巨噬细胞。上皮细胞有两种：髓质上皮细胞呈球形或多边形，胞体较大，细胞间以桥粒相连，间隙内有少量胸腺细胞；胸腺小体上皮细胞。

三、淋巴结

淋巴结（lymphonodus）分为皮质和髓质两部分，皮质位于被膜下方，由浅层皮质、副皮质区及皮质淋巴窦构成。浅层皮质（superfacial cortex）：为皮质的 B 细胞区，由薄层的弥散淋巴组织及淋巴小结组成。淋巴小结内 95％ 的细胞为 B 细胞，其余为巨噬细胞、滤泡树突细胞和 Th 细胞等。副皮质区（paracortex zone）：位于皮质的深层，为较大片的弥散淋巴组织，主要由 T 细胞聚集而成。皮质淋巴窦（cortical sinus）：包括被膜下淋巴窦和一些末端呈盲端的小梁周窦。电镜下可见，窦壁有薄的内皮衬里，内皮外有薄层基质、少量网状纤维及一层扁平的网状细胞。淋巴窦内还常有一些呈星状的内皮细胞支撑窦腔，有许多巨噬细胞附着于内皮细胞表面。髓质由髓索及其间的髓窦组成，髓索（medullary cord）是相互连接的索状淋巴组织，索内含 B 细胞及一些 T 细胞、浆细胞、肥大细胞及巨噬细胞。

四、法氏囊

法氏囊（bursa of Fabricius）是鸟类特有的结构，位于泄殖腔后上方，其结构与消化道相似，也分黏膜、黏膜下层、基层和浆膜。在浆膜固有层内含有许多淋巴小结样结构，即囊小结。

五、肠相关淋巴组织

肠道内的淋巴组织也称为肠相关淋巴组织（gut associated lymphoid tissue，GALT），包括上皮内淋巴细胞、固有层内散在的淋巴细胞、黏膜淋巴小结及肠系膜淋巴结。在黏膜的淋巴小结表面覆盖着一层上皮，称为滤泡相关上皮（FAE）。GALT构成了肠道的免疫屏障。肠派尔氏结和肠系膜淋巴结为黏膜的诱导部位，其包含了大量的T和B淋巴细胞，受抗原刺激而进行克隆增殖和分化。固有层是黏膜的效应部位，其主要功能是使效应T和B淋巴细胞从效应部位归巢。

六、扁桃体

扁桃体（tonsil）位于消化道和呼吸道的交会处，此处的黏膜内含有大量淋巴组织，是经常接触抗原引起局部免疫应答的部位。扁桃体黏膜一侧表面覆有复层扁平上皮，上皮向固有层内陷入形成10～30个分支的隐窝（crypt）。隐窝周围的固有层内有大量弥散淋巴组织及淋巴小结。隐窝深部的复层扁平上皮内含有许多T细胞、B细胞、浆细胞和少量巨噬细胞与郎格汉斯细胞，称为上皮浸润部。上皮内还有一些毛细血管后微静脉，是淋巴细胞进出上皮的主要通道。上皮细胞之间还有许多隧道样细胞间通道，浅表的部分通道直接开口于表面，有的通道开口处覆有一层扁平的微皱褶细胞。

本节图片

1. 脾脏　　　　　　　　　　图 4-5-1-1 至图 4-5-1-43
2. 胸腺　　　　　　　　　　图 4-5-2-1 至图 4-5-2-4
3. 淋巴结　　　　　　　　　图 4-5-3-1 至图 4-5-3-34
4. 法氏囊　　　　　　　　　图 4-5-4-1 至图 4-5-4-32
5. 肠相关淋巴组织——圆小囊　图 4-5-5-1 至图 4-5-5-19
6. 扁桃体　　　　　　　　　图 4-5-6-1 至图 4-5-6-31

1. 脾脏

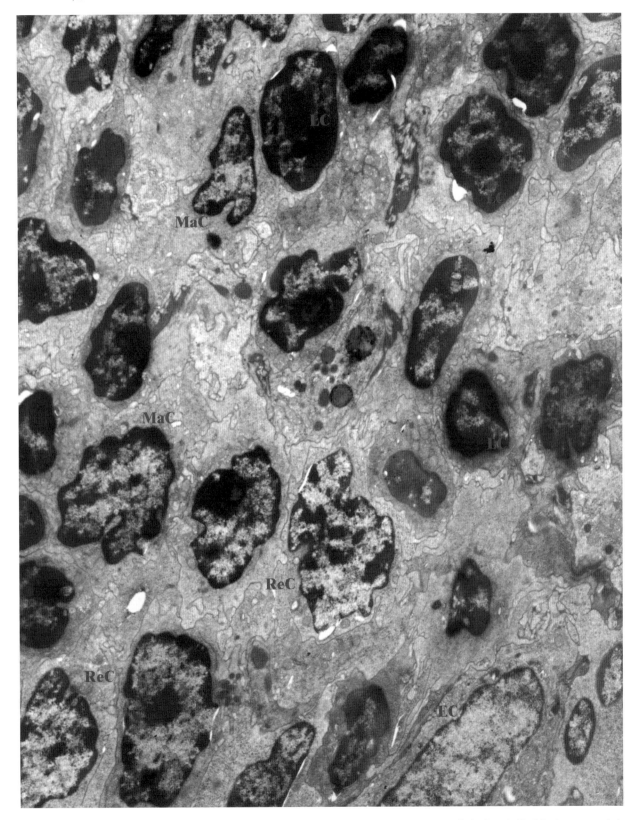

图 4-5-1-1　健康小鼠脾脏。淋巴细胞（LC）、网状细胞（ReC）及巨噬细胞（MaC）等各种细胞排列紧密。EC：脾窦的内皮。TEM，6k×

图 4-5-1-2　健康小鼠脾脏。脾窦壁（▲）结构完整、连续，左下方为脾小梁结构。LC：淋巴细胞；★：次级溶酶体；RC：红细胞；ReC：网状细胞；SMC：平滑肌细胞；ST：脾小梁。TEM，5k×

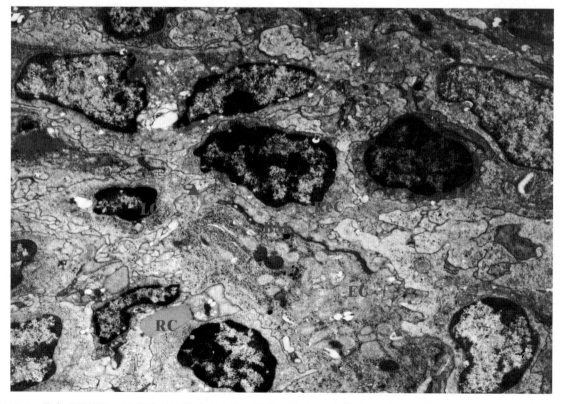

图 4-5-1-3　健康小鼠脾脏。脾窦为不连续毛细血管，基板（BM）不连续（▲）。LC：淋巴细胞；RC：红细胞；ReC：网状细胞；EC：脾窦的内皮。TEM，8k×

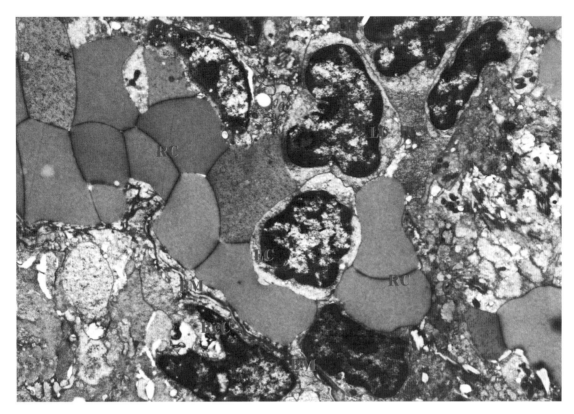

图 4-5-1-4　健康小鼠脾脏红髓。红髓脾窦内红细胞（RC）密集，窦壁基膜（BM）薄而连续。LC：淋巴细胞；ReC：网状细胞。TEM，8k×

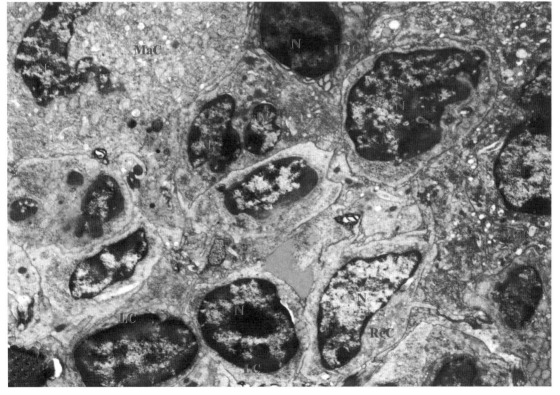

图 4-5-1-5　健康小鼠脾脏白髓。细胞排列密集，界膜清晰，细胞成分有淋巴细胞（LC）、淋巴浆细胞（LPC）、巨噬细胞（MaC）、网状细胞（ReC）。sLC：小淋巴细胞；N：细胞核。TEM，8k×

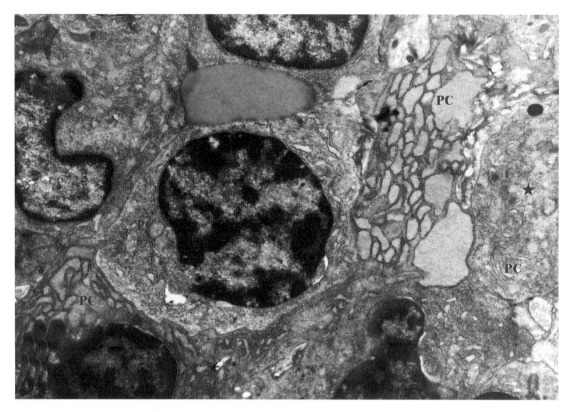

图 4-5-1-6 健康小鼠脾脏。不同功能状态的浆细胞（PC）：中间圆核的细胞为正在由 B 细胞向浆细胞转化的淋巴浆细胞，右侧为退化的浆细胞（★），其余 2 个为成熟的浆细胞。TEM，12k×

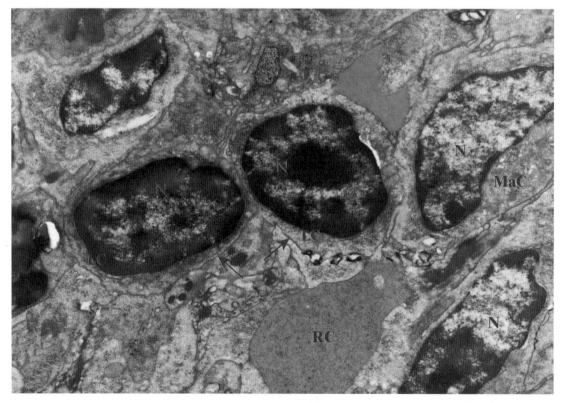

图 4-5-1-7 健康小鼠脾脏。细胞结构完整，界膜清晰（↑），淋巴细胞（LC）核大（N），异染色质很丰富，胞质很少。RC：红细胞；MaC：巨噬细胞。TEM，12k×

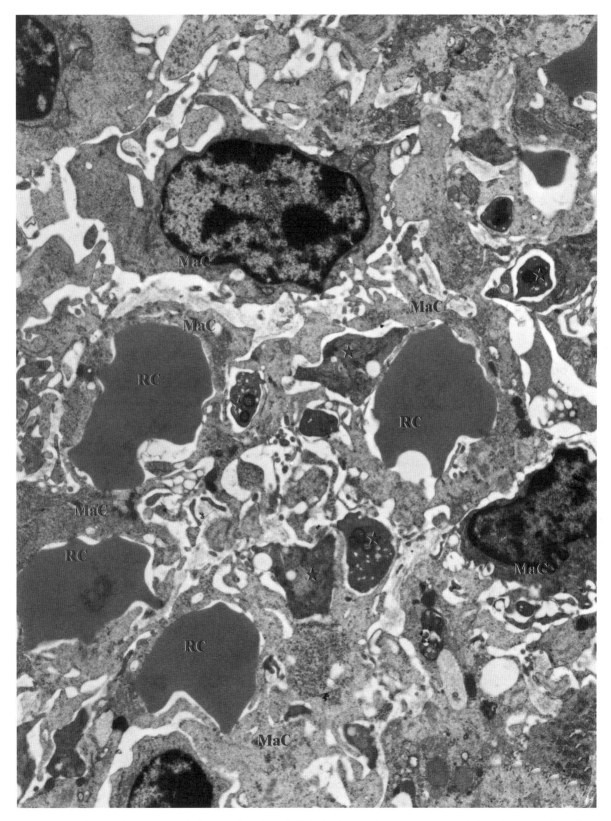

图 4-5-1-8 健康小鼠脾脏红髓血窦中的吞噬现象。多个衰老的红细胞（RC）及凋亡的白细胞（★）被巨噬细胞（MaC）吞噬、包围或消化。TEM，8k×

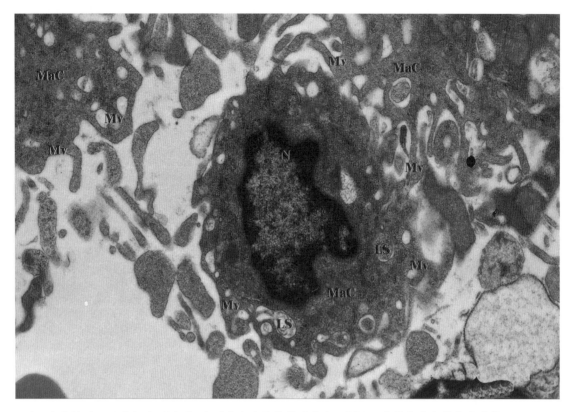

图 4-5-1-9 小鼠脾脏。巨噬细胞（MaC）表面有丰富的微绒毛突起（Mv）。胞浆中有大量的溶酶体（LS）。N：细胞核。TEM，6k×

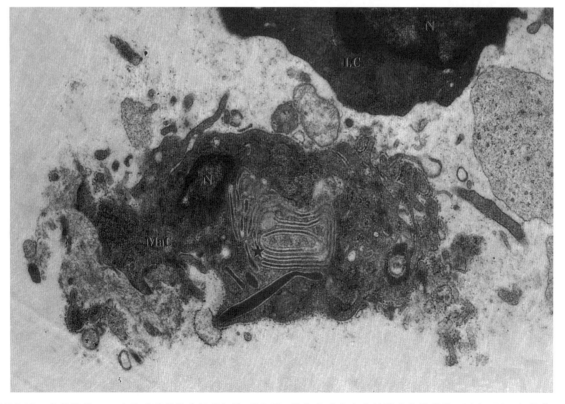

图 4-5-1-10 小鼠脾脏。一个吞噬了异物的巨噬细胞（MaC）胞浆内残存有未被消化的膜结构（★）。N：细胞核；LC：淋巴细胞。TEM，8k×

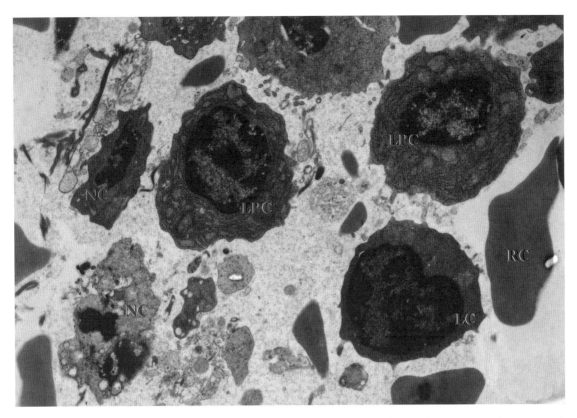

图 4-5-1-11　健康小鼠脾脏。淋巴细胞（LC）与淋巴浆细胞（LPC）。NC：坏死细胞；RC：红细胞。TEM，3k×

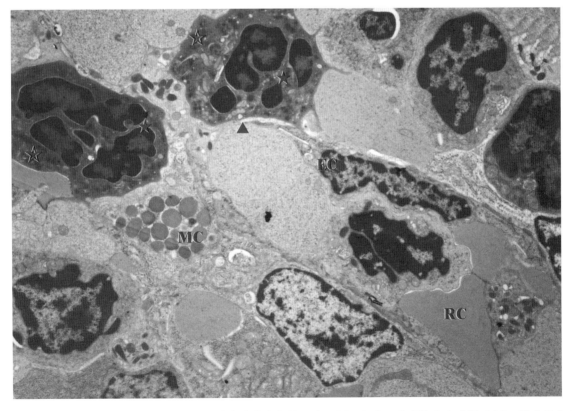

图 4-5-1-12　三聚氰胺低剂量染毒小鼠脾脏。脾窦内皮为杆状细胞（EC）组成，血窦壁内皮破损（▲）；窦外 2 个分叶核细胞（★）中见大量溶酶体（☆）。MC：肥大细胞；RC：红细胞。TEM，8k×

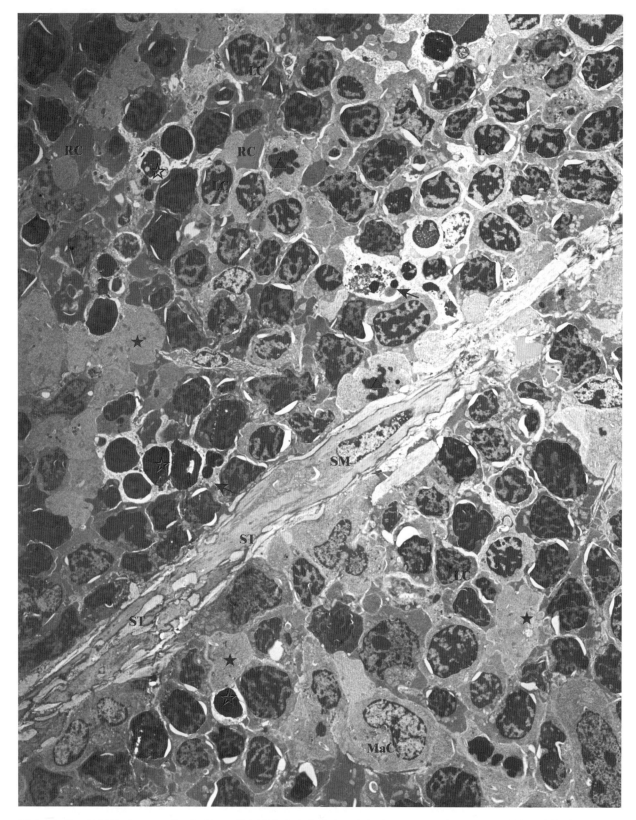

图 4-5-1-13 低剂量（0.6 mg/kg 体重）三聚氰胺染毒小鼠脾脏。脾小梁（ST）平滑肌（SM）变性，结构模糊；淋巴细胞（LC）普遍变性，多见核固缩（☆）、核碎裂（▲）和核溶解消失（★）的坏死现象，并见多个凋亡小体（↑）。RC：红细胞；MaC：巨噬细胞。TEM，2k×

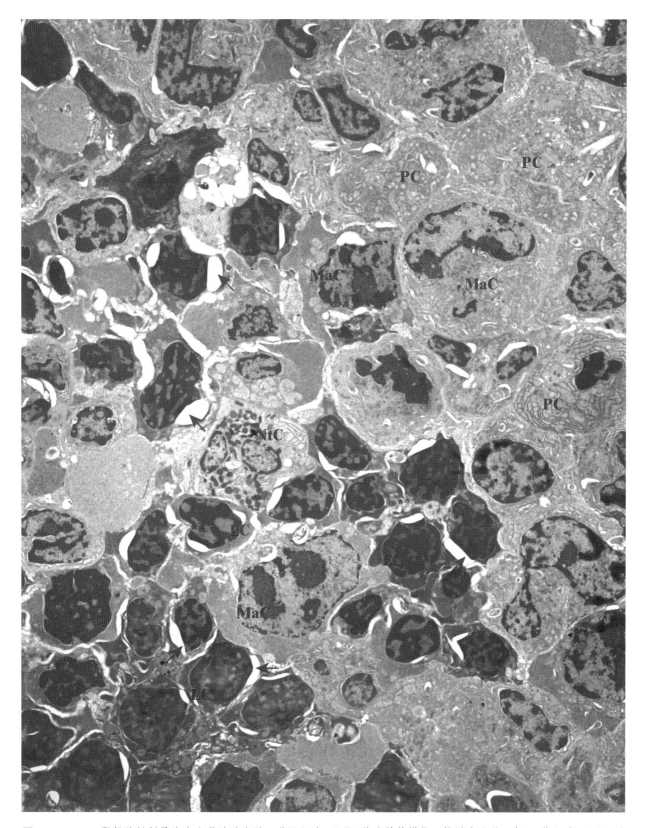

图 4-5-1-14　三聚氰胺低剂量染毒小鼠脾脏白髓。淋巴细胞（LC）普遍结构模糊，核周隙显现（↑），浆细胞（PC）及巨噬细胞（MaC）明显增多。NtC：中性粒细胞。TEM，3k×

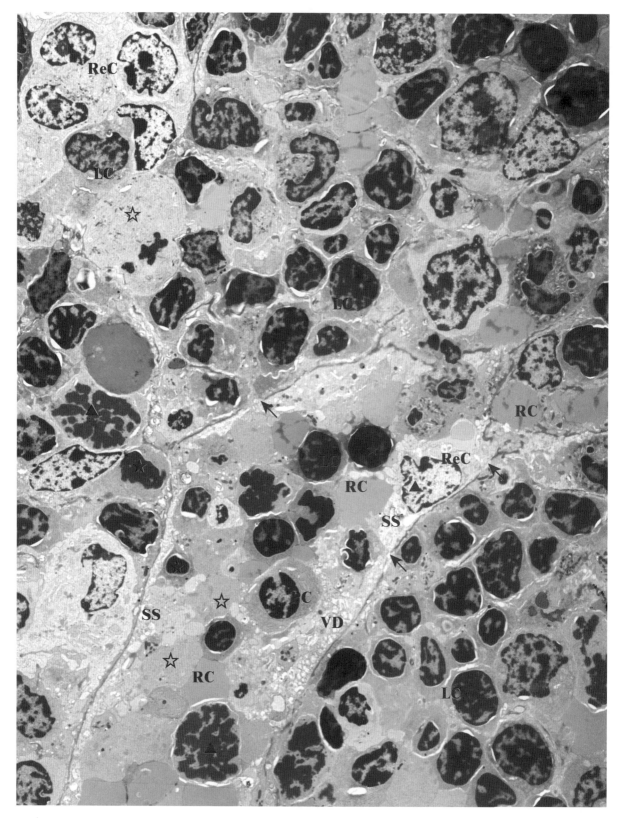

图 4-5-1-15 三聚氰胺低剂量染毒小鼠脾红髓。脾窦（SS）基膜中断（↑），内皮空泡变性（VD），淋巴细胞（LC）膜结构不清，多见核固缩（★）、核碎裂（▲）和核溶解（☆），红髓窦内变化更明显。PC：浆细胞；ReC：网状细胞；RC：红细胞；N：细胞核。TEM，2.5k×

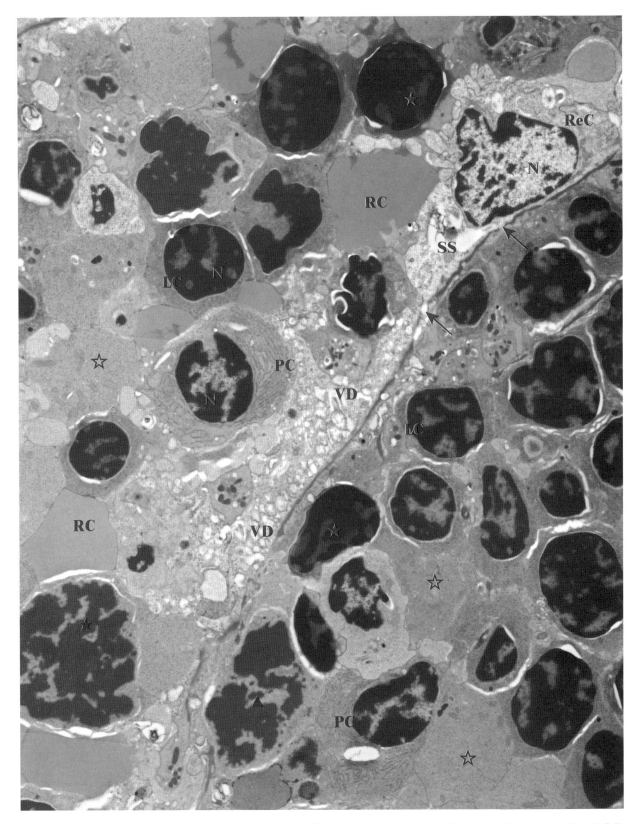

图 4-5-1-16　三聚氰胺低剂量染毒小鼠脾。脾窦（SS）基膜中断（↑），内皮空泡变性（VD），淋巴细胞（LC）膜结构不清，有的核固缩（★）或碎裂（▲）或溶解（☆）。PC：浆细胞；ReC：网状细胞；RC：红细胞；N：细胞核。TEM，5k×

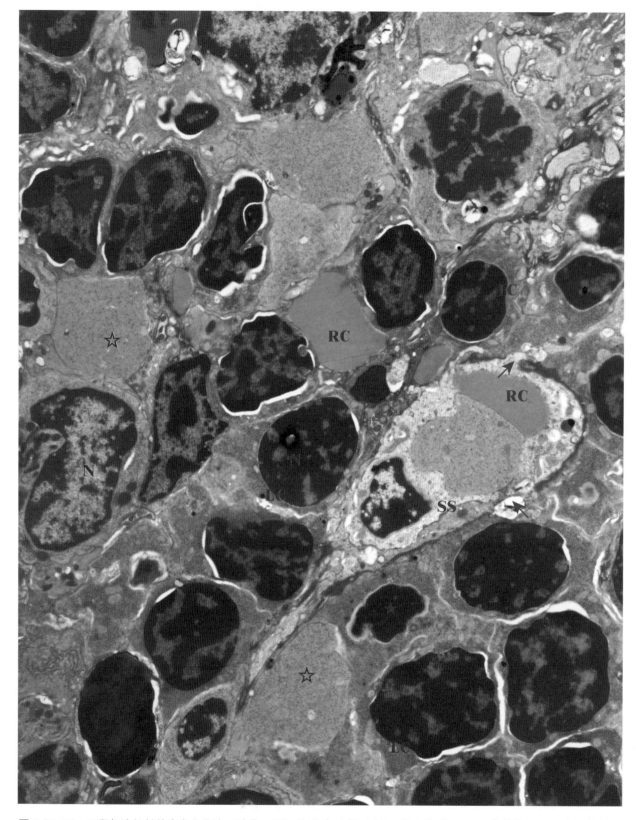

图 4-5-1-17 三聚氰胺低剂量染毒小鼠脾。脾窦（SS）壁内皮破损（↑），淋巴细胞（LC）膜结构不清，有的核固缩（★）或碎裂（▲）或溶解（☆）。RC：红细胞；N：细胞核。TEM，6k×

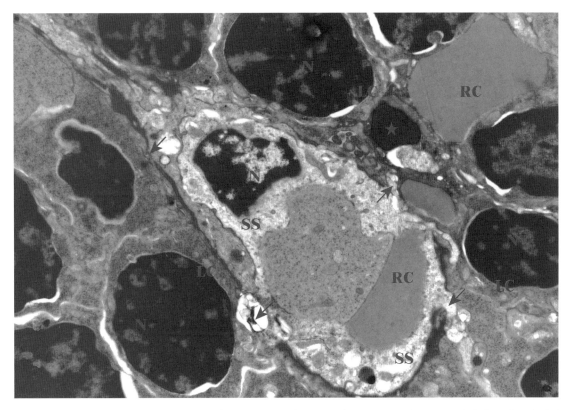

图 4-5-1-18　三聚氰胺低剂量染毒小鼠脾。脾窦（SS）壁内皮破损（↑），淋巴细胞（LC）膜结构不清，有的核固缩（★）。RC：红细胞；N：细胞核。SEM，12k×

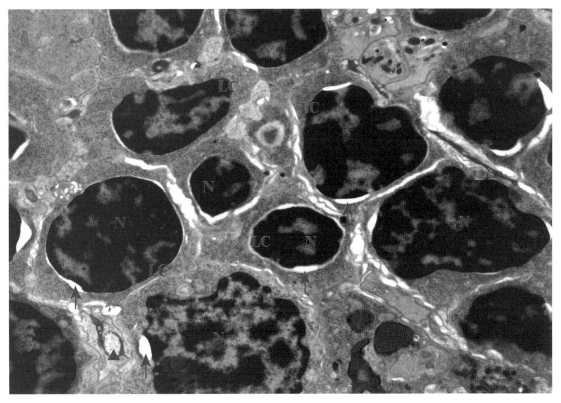

图 4-5-1-19　三聚氰胺低剂量染毒小鼠脾白髓。淋巴细胞（LC）密集，细胞膜结构不清，核周隙显现（↑），左下方见1含有三聚氰胺结晶的包含物（▲）。N：细胞核。TEM，10k×

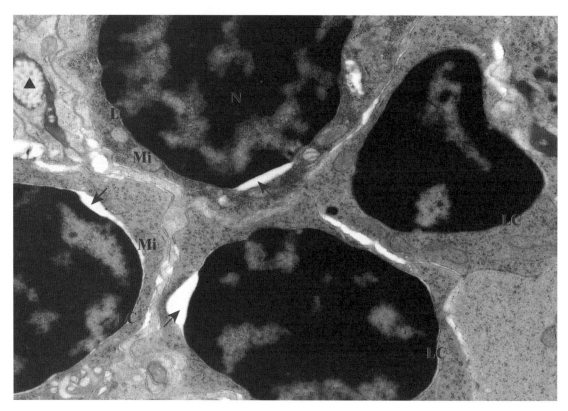

图 4-5-1-20 低剂量三聚氰胺染毒小鼠脾。淋巴细胞（LC）核大（N），胞浆很少，胞浆内仅见少数细小的线粒体（Mi），核周隙显现（↑）。左上方有一三聚氰胺结晶包含物（▲）。TEM，20k×

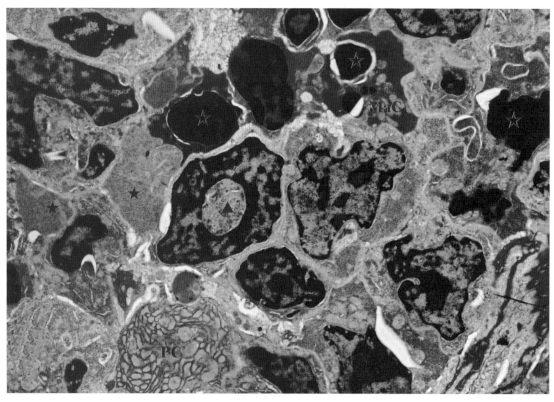

图 4-5-1-21 低剂量三聚氰胺染毒小鼠脾红髓边缘。细胞结构模糊不清，有的细胞出现核固缩（☆）或核溶解消失（★），有的核内出现胞浆性包涵物（▲）。PC：浆细胞；MaC：巨噬细胞。TEM，6k×

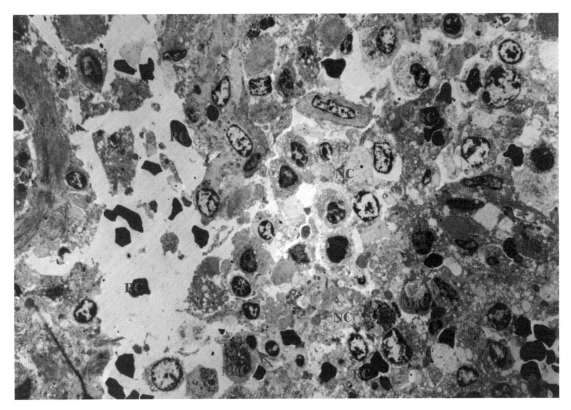

图 4-5-1-22 病死麋鹿败血脾。细胞排列散乱，细胞普遍变性，并多见细胞坏死（NC）及巨噬细胞（MaC）吞噬现象（↑），红细胞（RC）散布于细胞间（出血）。CA：中央动脉。TEM，1.5k×

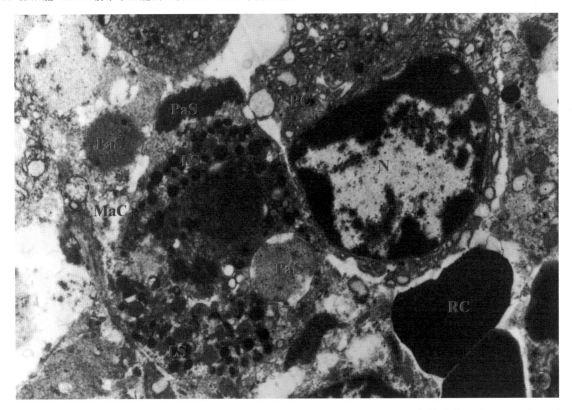

图 4-5-1-23 病死麋鹿败血脾。巨噬细胞（MaC）正在消化吞噬小体（PaS）。PC：变性的浆细胞；RC：红细胞；N：细胞核；LS：溶酶体。TEM，10k×

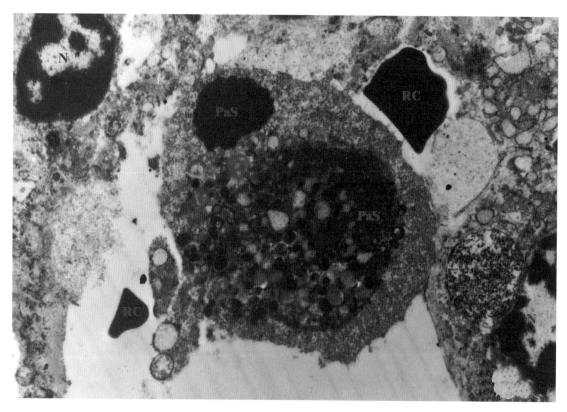

图 4-5-1-24　病死麋鹿败血脾。细胞排列松散，巨噬细胞（MaC）正在消化吞噬小体（PaS）。RC：红细胞；N：细胞核。TEM，10k×

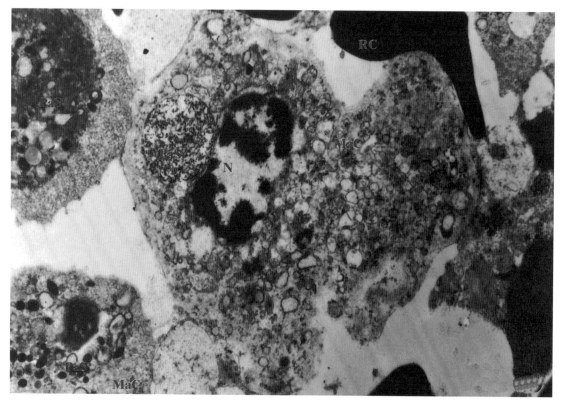

图 4-5-1-25　病死麋鹿败血脾。细胞排列松散，巨噬细胞（MaC）正在消化吞噬小体（PaS）。RC：红细胞；N：细胞核。TEM，10k×

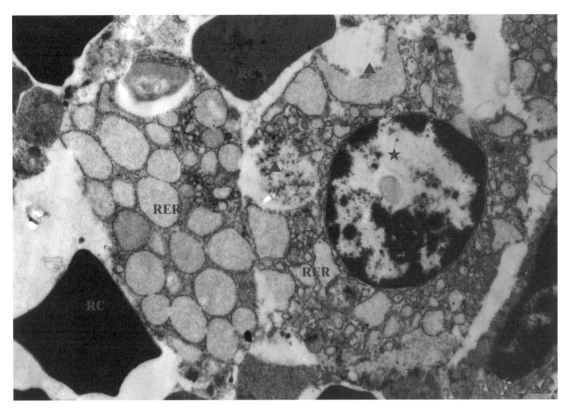

图 4-5-1-26 病死麋鹿败血脾。浆细胞胞浆内粗面内质网显著扩张（RER），局部破碎（▲），核染色质溶解、空化（★）。RC：红细胞。TEM，10k×

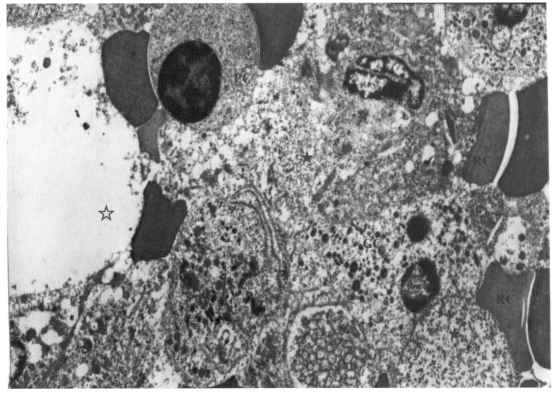

图 4-5-1-27 病死麋鹿败血脾。细胞普遍变性或坏死，有的细胞质发生溶解（★）、坏死空化（☆）。浆细胞（PC）胞浆的内质网破碎。RC：红细胞；GC：粒细胞。TEM，5k×

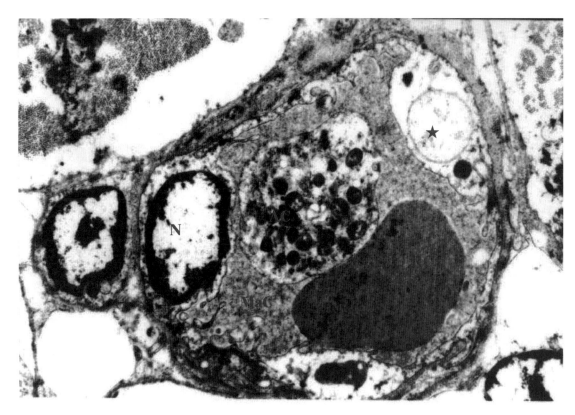

图 4-5-1-28 病死麋鹿败血脾。图示一巨噬细胞（MaC）正在吞噬一凋亡的细胞（AC）及一个红细胞（RC），局部空化
（★）。N：细胞核。TEM，7k×

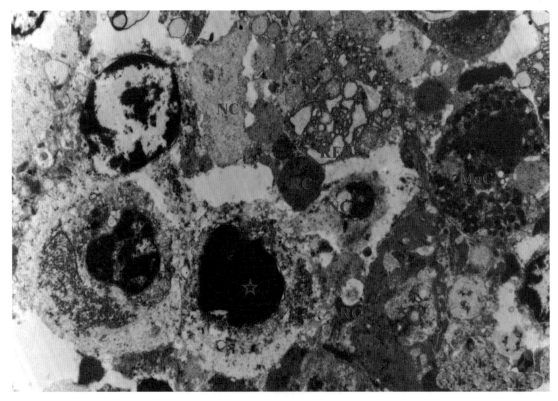

图 4-5-1-29 病死麋鹿败血脾。细胞普遍变性或坏死（NC），有的细胞核固缩（☆），有的胞浆空化（★）。浆细胞
（PC）胞浆的内质网（RER）碎裂。MaC：巨噬细胞；RC：红细胞。TEM，6k×

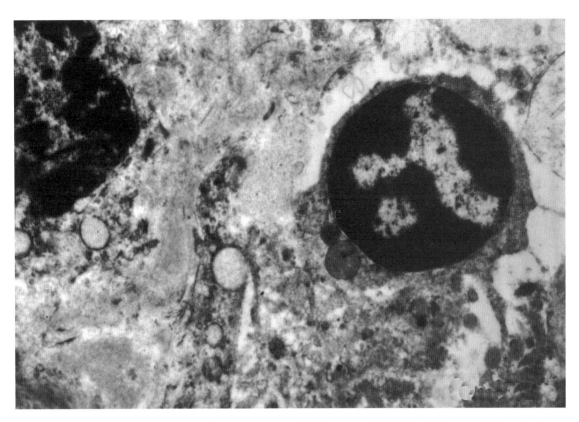

图 4-5-1-30　病死麋鹿败血脾。T 淋巴细胞（TC）膜结构不清，周围的细胞崩解破碎。TEM，15k×

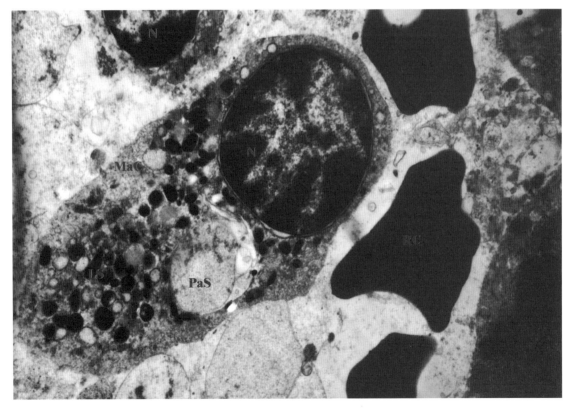

图 4-5-1-31　病死麋鹿败血脾。图示巨噬细胞（MaC）胞浆中大量溶酶体（LS），并见正在溶解消化的吞噬小体（PaS）。RC：红细胞；N：细胞核。TEM，10k×

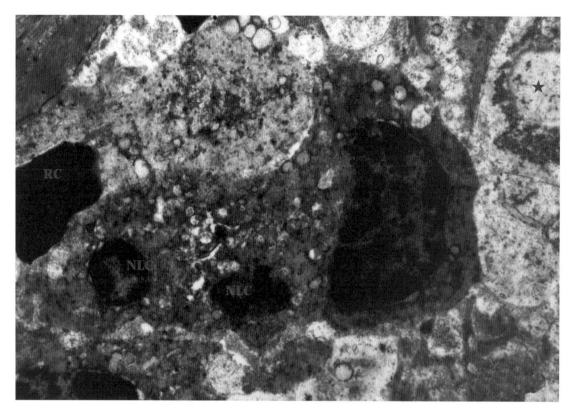

图 **4-5-1-32** 病死麋鹿败血脾。细胞的膜结构普遍变性模糊，一巨噬细胞（MaC）吞噬了两个坏死的淋巴细胞（NLC），并见细胞核溶解消失（★）。RC：红细胞。TEM，10k×

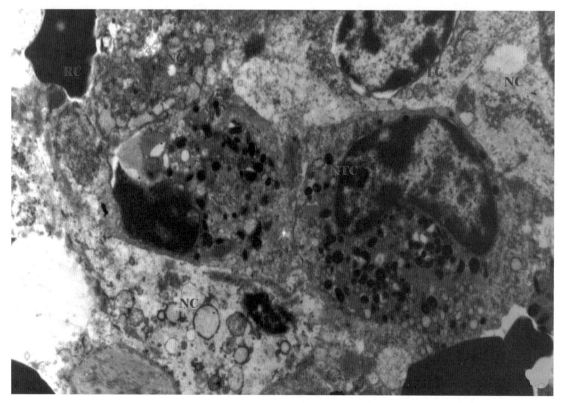

图 **4-5-1-33** 病死麋鹿脾脏。细胞普遍变性或坏死（NC），图中见变性的中性粒细胞（NTC）。RC：红细胞；LC：淋巴细胞。TEM，8k×

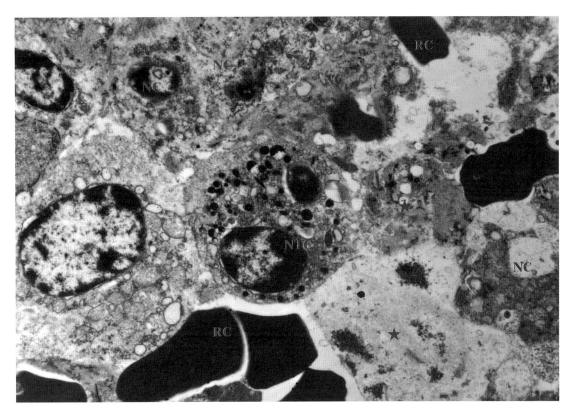

图 4-5-1-34　病死麋鹿脾脏。细胞普遍变性或坏死（NC），图中见两个变性的中性粒细胞（NTC）。RC：红细胞；LC：淋巴细胞。★：核溶解。TEM，8k×

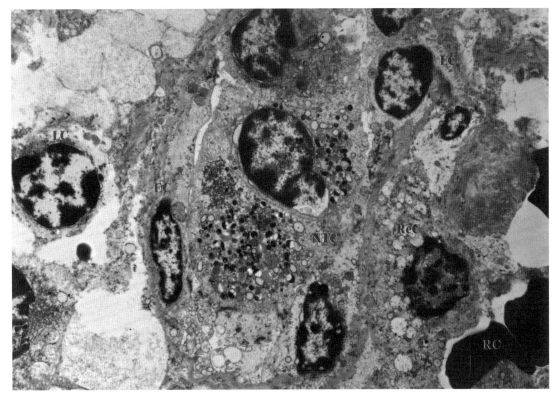

图 4-5-1-35　感染疱疹病毒死亡的麋鹿脾白髓。细胞普遍变性，结构模糊，膜结构不清。NTC：中性粒细胞；RC：红细胞；LC：淋巴细胞；EC：脾窦内皮细胞；ReC：网状细胞。TEM，6k×

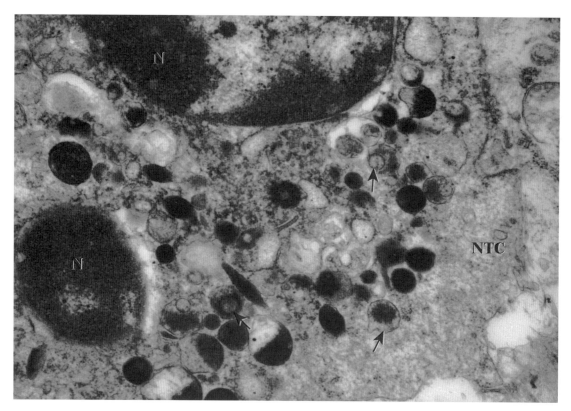

图 4-5-1-36 感染疱疹病毒死亡的麋鹿脾。中性粒细胞（NTC）胞浆中除了变性的溶酶体颗粒外，还见有疱疹病毒（↑）。N：细胞核。TEM，30k×

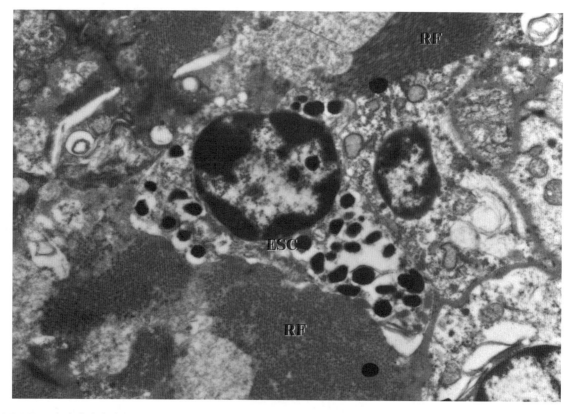

图 4-5-1-37 感染疱疹病毒死亡的斑羚脾。嗜酸性粒细胞（ESC）胞浆界膜不清，变性。RF：网状纤维。TEM，12k×

图 4-5-1-38　感染疱疹病毒死亡的斑羚脾。红髓血窦中一坏死淋巴细胞（LC）胞浆崩解，核膜破裂核质外溢（▲）。红细胞（RC）黏集。TEM，10k×

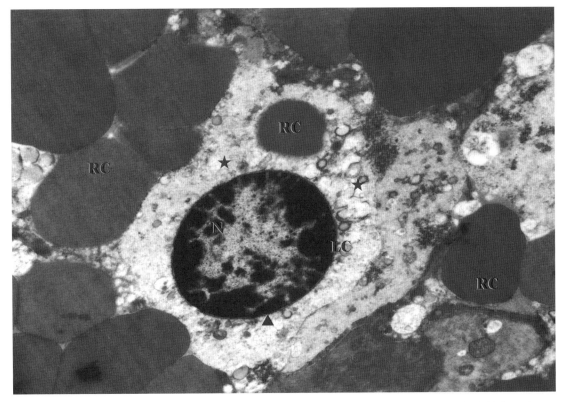

图 4-5-1-39　感染疱疹病毒死亡的斑羚脾脏。红髓血窦中一淋巴细胞（LC）胞浆崩解（★），核膜结构不清（▲），红细胞（RC）黏集。TEM，12k×

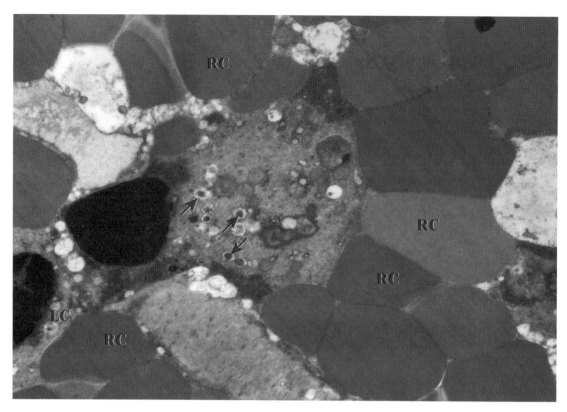

图 4-5-1-40 感染疱疹病毒死亡的斑羚脾脏。红髓血窦中一核固缩坏死的细胞胞浆内细胞器变性崩解，多个带囊膜的疱疹病毒清晰可见（↑）。RC：红细胞；LC：淋巴细胞。TEM，10k×

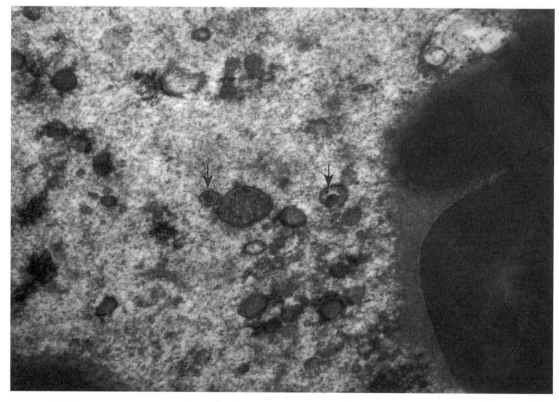

图 4-5-1-41 感染疱疹病毒死亡的斑羚脾脏。红髓血窦中一细胞胞浆内细胞器变性崩解，带囊膜的疱疹病毒结构清晰可见（↑）。TEM，20k×

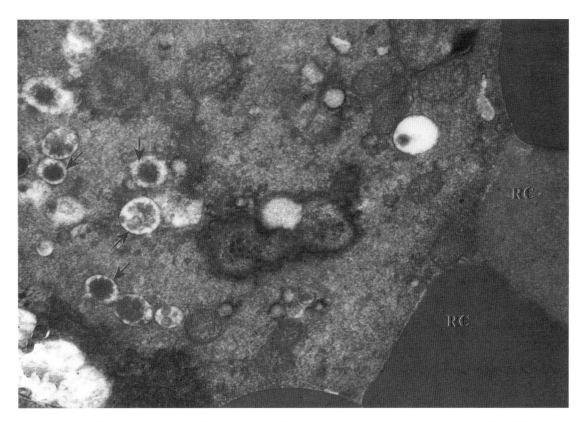

图 4-5-1-42　上图局部放大。示疱疹病毒结构。多个带囊膜的疱疹病毒清晰可见（↑）。RC：红细胞。TEM，30k×

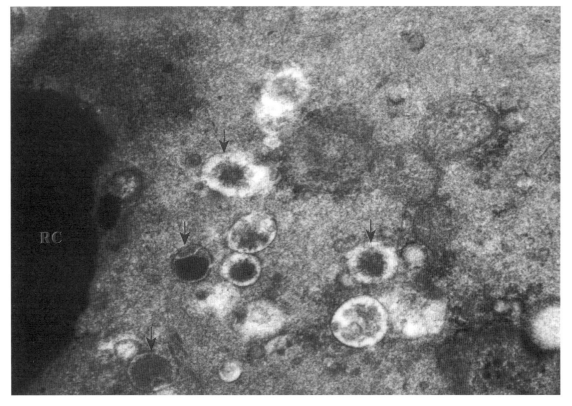

图 4-5-1-43　上图局部放大。多个带囊膜的疱疹病毒清晰可见（↑）。RC：红细胞。TEM，40k×

2. 胸腺

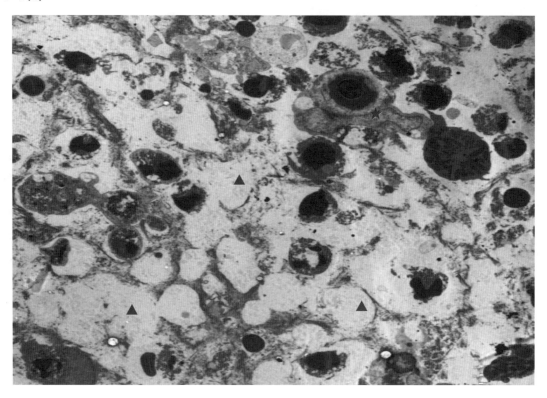

图 4-5-2-1 鸭瘟病毒感染雏鸭胸腺。细胞成片坏死、空化（▲），残存少数淋巴细胞。一巨噬细胞正在吞噬红细胞（★）。TEM

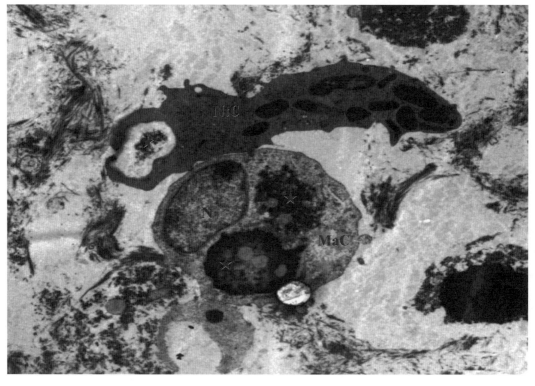

图 4-5-2-2 鸭瘟病毒感染雏鸭胸腺。一巨噬细胞（MaC）吞噬细胞碎片（★），一异嗜性白细胞（NtC）伸出伪足包围细胞碎片。N：细胞核。TEM

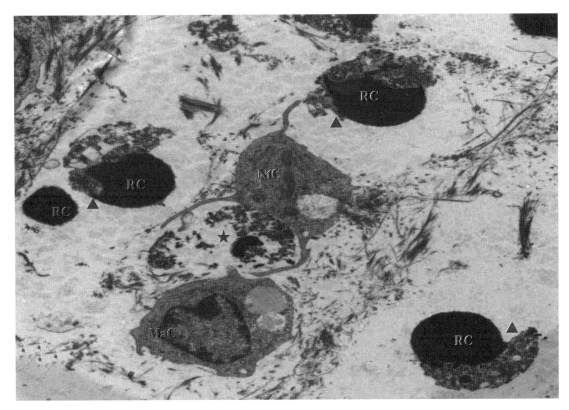

图 4-5-2-3　鸭瘟病毒感染雏鸭胸腺细胞坏死。异嗜性粒细胞（NtC）吞噬坏死细胞碎片（★），有 3 个红细胞正被巨噬细胞包围和吞噬（▲）。RC：红细胞；MaC：巨噬细胞。TEM

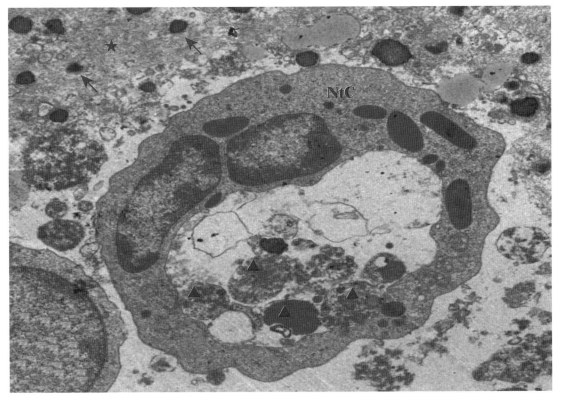

图 4-5-2-4　鸭瘟病毒感染雏鸭胸腺细胞坏死。胸腺细胞成片坏死（★），核固缩（↑），细胞膜结构消失，一异嗜性白细胞（NtC）正在吞噬、消化死亡的细胞碎片（▲）。TEM

3. 淋巴结

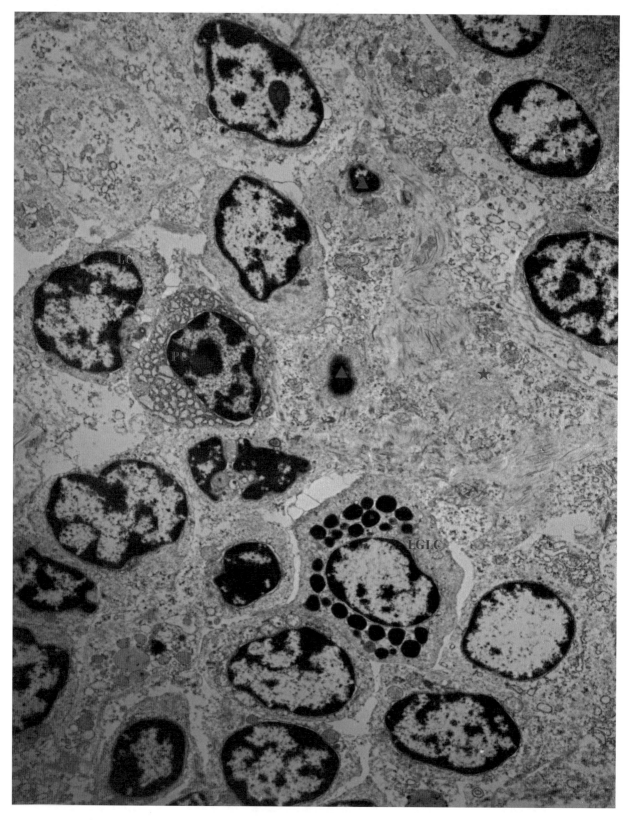

图 4-5-3-1 感染 PRRSV 仔猪淋巴结皮质。细胞排列松散，膜结构不清。并见核固缩（▲）及核溶解消失（★）的坏死现象。LC：淋巴细胞；PC：浆细胞；LGLC：大颗粒淋巴细胞。TEM，5k×

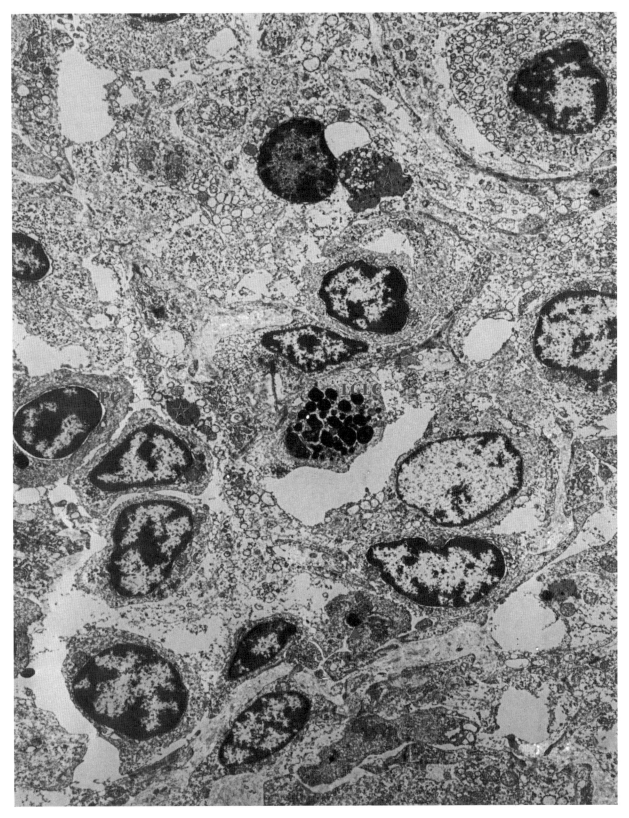

图 4-5-3-2　感染 PRRSV 仔猪淋巴结皮质。细胞排列散乱，细胞质膜结构不清，均处于变性状态。见有核固缩（▲）及核溶解消失（★）的坏死现象。☆：坏死细胞碎片；LGLC：大颗粒淋巴细胞；PC：浆细胞；LC：淋巴细胞。TEM，5k×

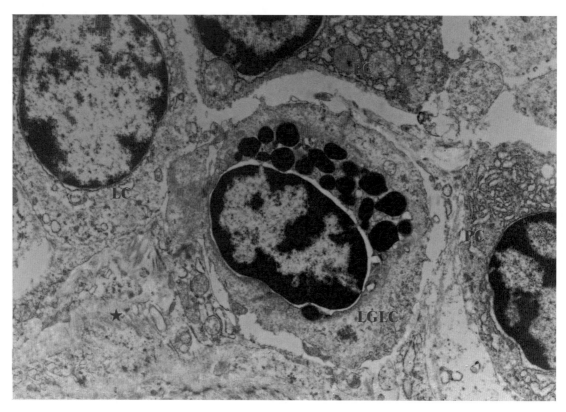

图 4-5-3-3 感染 PRRSV 仔猪淋巴结皮质。淋巴窦中的大颗粒淋巴细胞（LGLC）、浆细胞（PC）及淋巴细胞（LC）均处于变性状态，细胞质膜结构不清。★：炎性渗出液。SEM，12k×

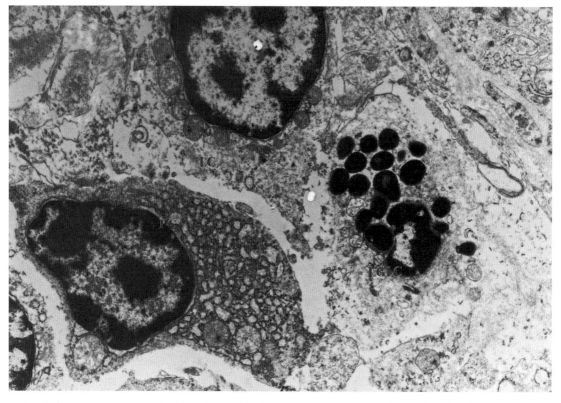

图 4-5-3-4 感染 PRRSV 仔猪淋巴结皮质。淋巴窦中变性的大颗粒淋巴细胞（LGLC）、浆细胞（PC）及淋巴细胞（LC），主要变化是细胞质膜结构不清或缺失。TEM，12k×

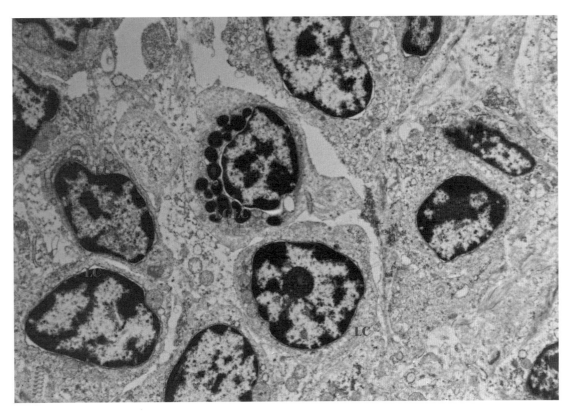

图 4-5-3-5　感染 PRRSV 仔猪淋巴结皮质。淋巴窦中的淋巴细胞（LC）及大颗粒淋巴细胞（LGLC）胞质膜模糊不清，均处于变性状态。TEM，8k×

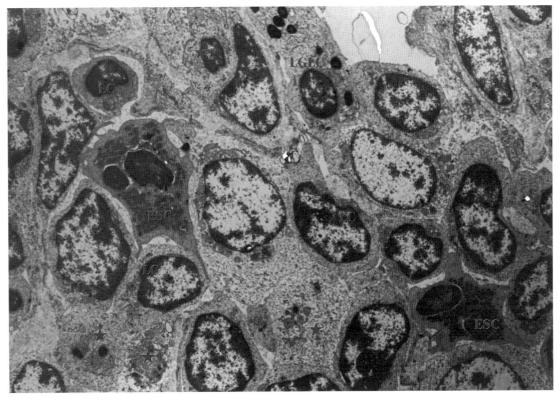

图 4-5-3-6　感染 PRRSV 仔猪淋巴结皮质。细胞排列散乱，多处于变性或坏死（★）状态。见一个嗜酸性粒细胞（ESC）；LC：淋巴细胞；LGLC：大颗粒淋巴细胞。TEM，5k×

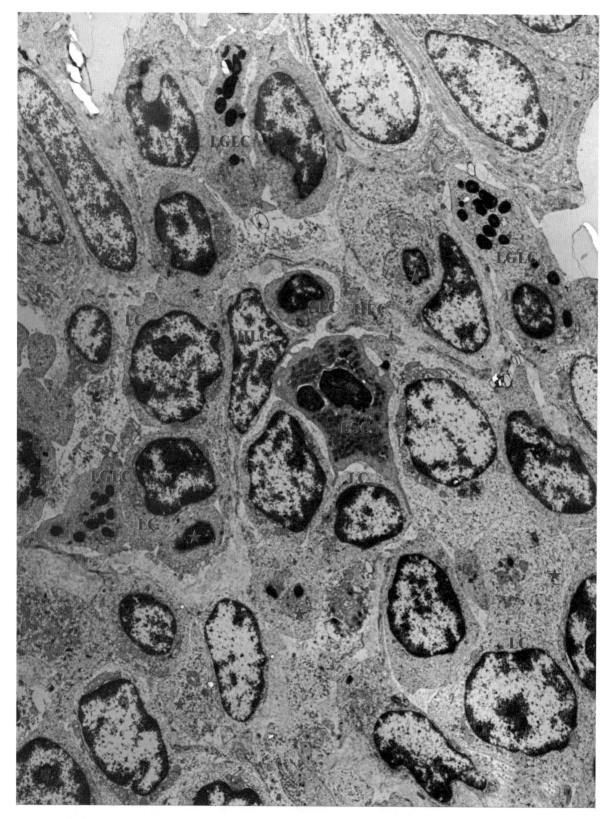

图 4-5-3-7 感染 PRRSV 仔猪淋巴结。细胞散乱排列，大多处于变性或坏死（★）状态，一小淋巴细胞（SLC）正在穿越高内皮（HEC）微静脉。LC：淋巴细胞；ESC：嗜酸性粒细胞；；LGLC：大颗粒淋巴细胞。TEM，5k×

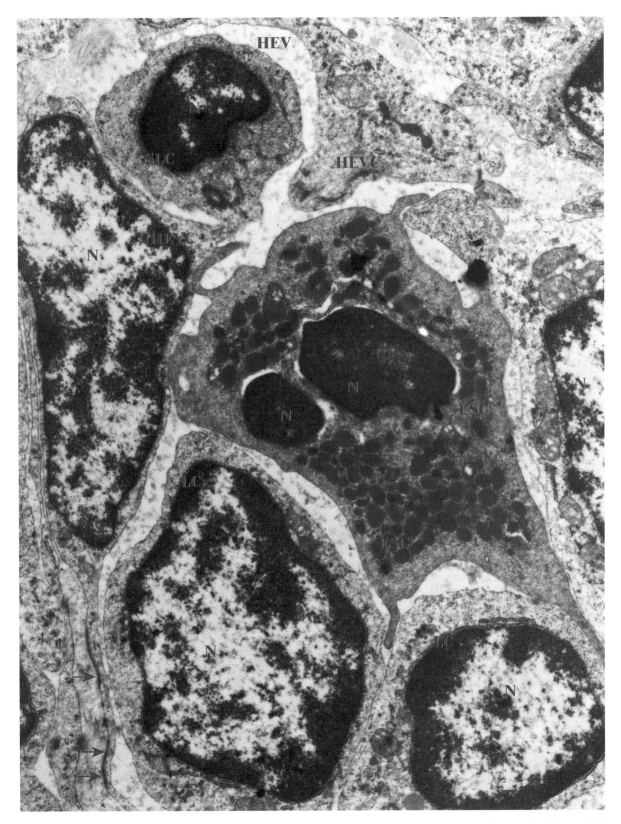

图 4-5-3-8　感染 PRRSV 仔猪淋巴结。上图局部放大。一小淋巴细胞（SLC）正在穿越高内皮微静脉（HEV）。HEVC：HEV 内皮细胞；↑：HEVC 的丝状胞质突起；LC：淋巴细胞；ESC：嗜酸性粒细胞；N：细胞核；ESG：嗜酸性颗粒。TEM，15k×

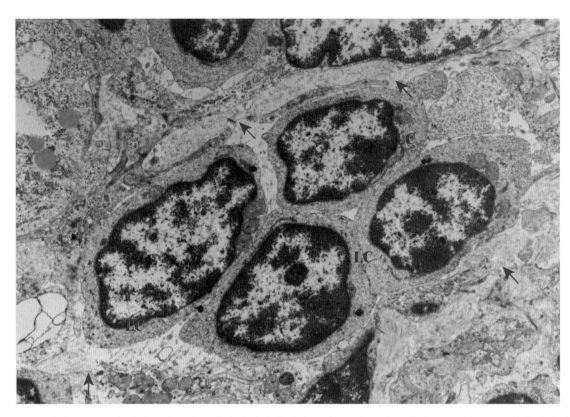

图 4-5-3-9 感染 PRRSV 仔猪淋巴结。淋巴窦内皮连续性中断（↑），淋巴窦内的淋巴细胞（LC）结构清晰完整。TEM，10k×

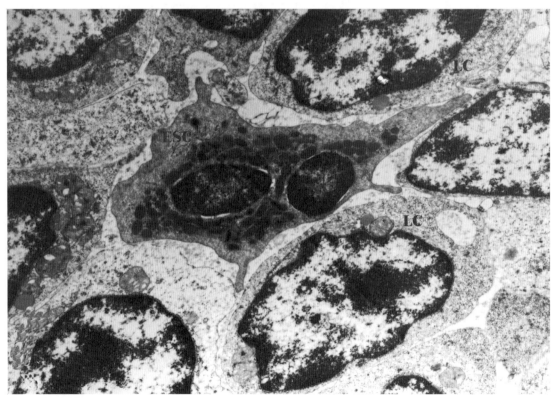

图 4-5-3-10 感染 PRRSV 仔猪淋巴结。嗜酸性粒细胞（ESC）核分两叶（N），胞质有突起，胞质中含大量嗜酸性颗粒（★）。LC：淋巴细胞。TEM，15k×

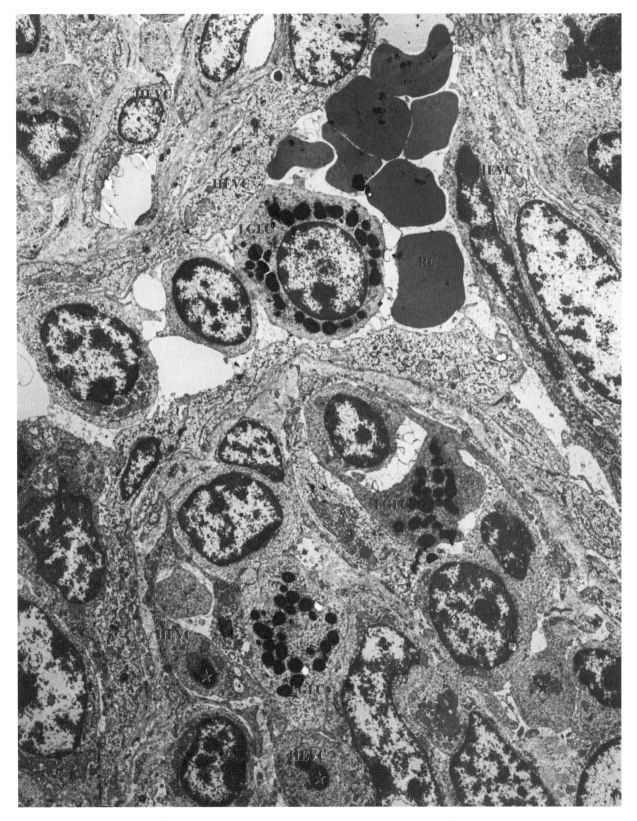

图 4-5-3-11　感染 PRRSV 仔猪淋巴结髓质。高内皮微静脉内皮细胞（HEVC）变性或坏死（★），3 个大颗粒淋巴细胞（LGLC）不同程度变性或坏死。LC：淋巴细胞；RC：红细胞。TEM，5k×

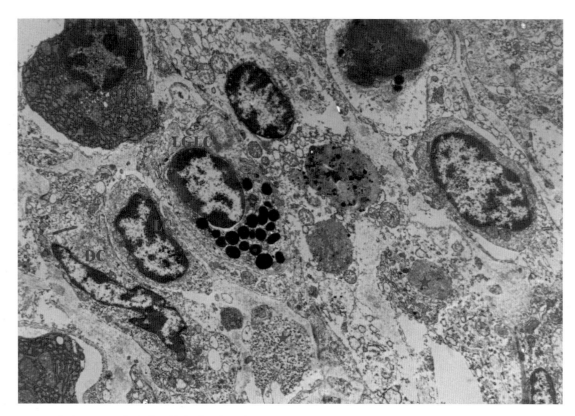

图 4-5-3-12 感染 PRRSV 仔猪淋巴结皮质。浆细胞（PC）、大颗粒淋巴细胞（LGLC）及一些坏死细胞（★）。LC：淋巴细胞；DC：树突状细胞。TEM，4k×

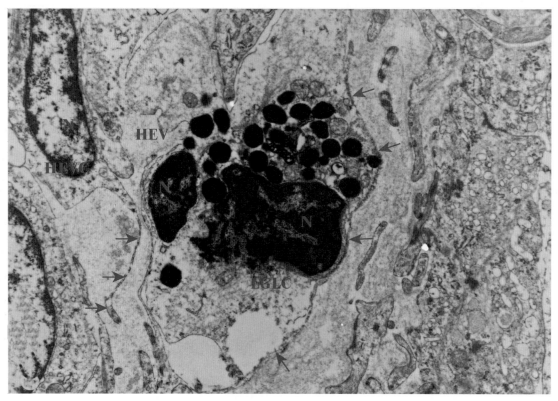

图 4-5-3-13 感染 PRRSV 仔猪淋巴结皮质。高内皮微静脉（HEV）内变性的大颗粒淋巴细胞（LGLC）；HEVC：HEV 内皮细胞；↑：HEVC 的丝状胞质突起；N：细胞核。TEM，15k×

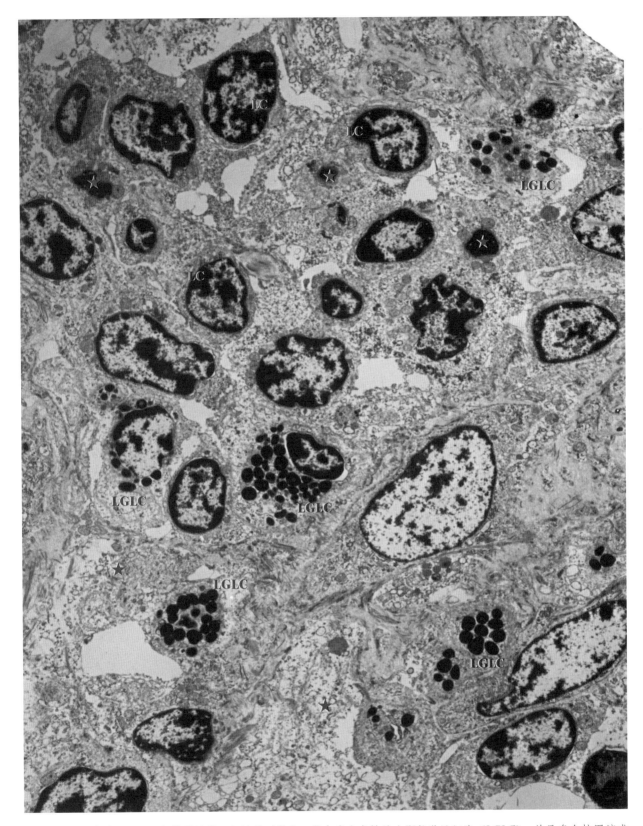

图 4-5-3-14 感染 PRRSV 仔猪淋巴结。细胞排列散乱，散在多个变性的大颗粒淋巴细胞（LGLC），并见多个核固缩或溶解消失的坏死细胞（★）。LC：淋巴细胞。TEM，4k×

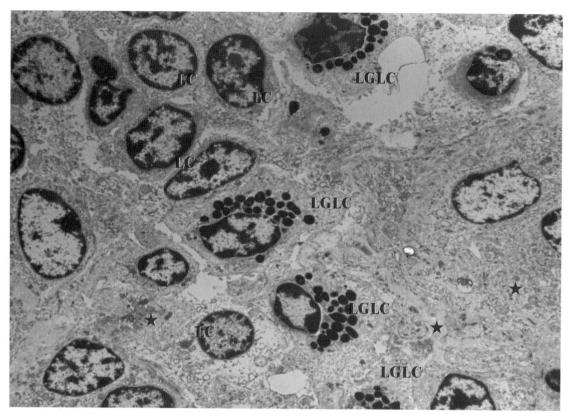

图 **4-5-3-15**　感染 PRRSV 强毒仔猪淋巴结皮质。细胞排列散乱,其间散在 4 个大颗粒淋巴细胞(LGLC),并见多个变性或坏死(★)的细胞。LC:淋巴细胞。TEM,5k×

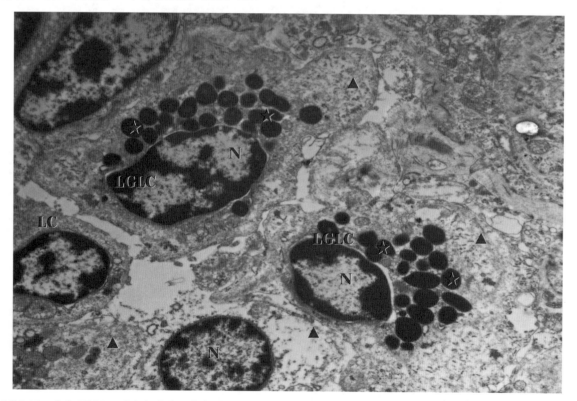

图 **4-5-3-16**　感染 PRRSV 强毒仔猪淋巴结皮质。两个变性的大颗粒淋巴细胞(LGLC)胞浆膜模糊不清,细胞器碎裂(▲)。LC:淋巴细胞;★:大淋巴细胞颗粒;N:细胞核。TEM,10k×

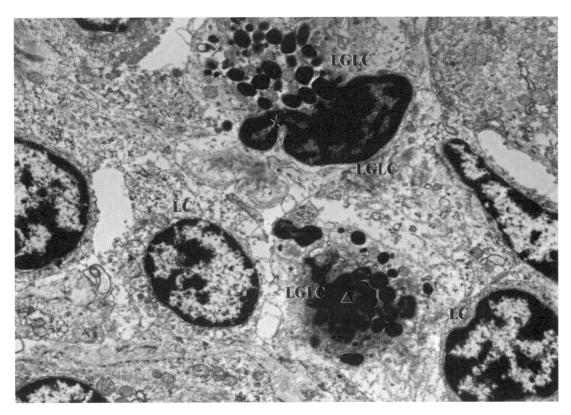

图 4-5-3-17　感染 PRRSV 仔猪淋巴结。细胞排列松散，大颗粒淋巴细胞（LGLC）核变形（★）或固缩（▲）；LC：淋巴细胞。TEM，10k×

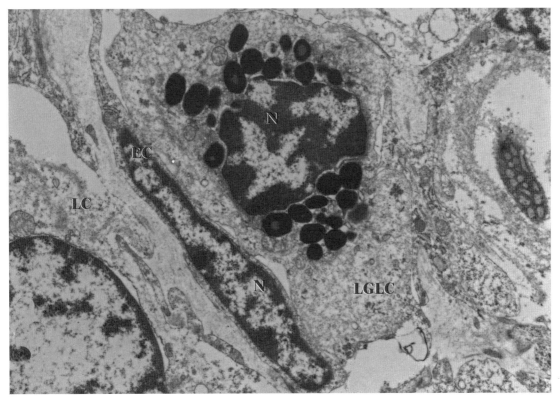

图 4-5-3-18　感染 PRRSV 仔猪淋巴结。一大颗粒淋巴细胞（LGLC）紧贴淋巴窦壁，淋巴窦壁为杆状的内皮（EC）构成。LC：淋巴细胞；N：细胞核。TEM，15k×

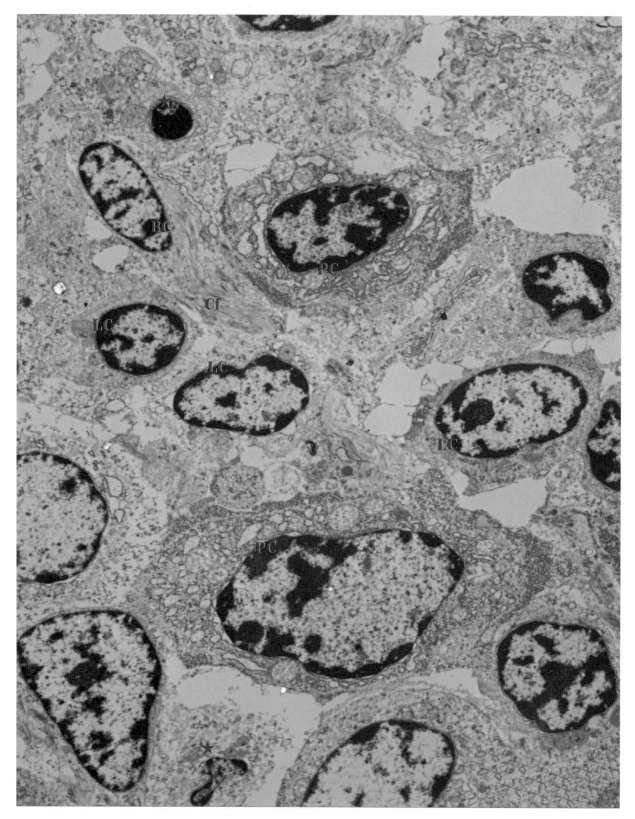

图 4-5-3-19 感染 PRRSV 仔猪淋巴结皮质。细胞排列松散，均处于变性或坏死（★）状态。LC：淋巴细胞；PC：浆细胞；BC：成纤维细胞；Cf：胶原原纤维。TEM，6k×

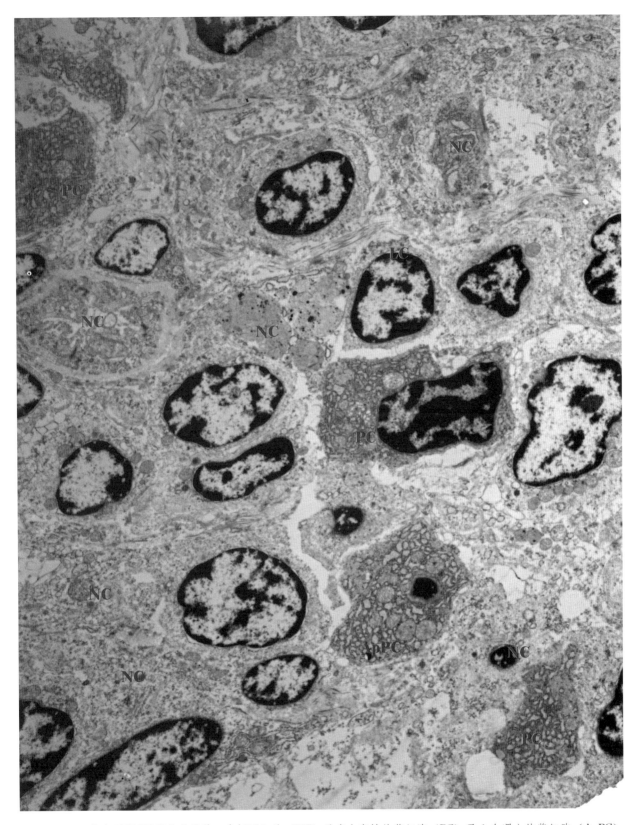

图 4-5-3-20　感染 PRRSV 仔猪淋巴结。在坏死细胞（NC）及多个变性的浆细胞（PC）及 1 个凋亡的浆细胞（ApPC）。LC：淋巴细胞。TEM，5k×

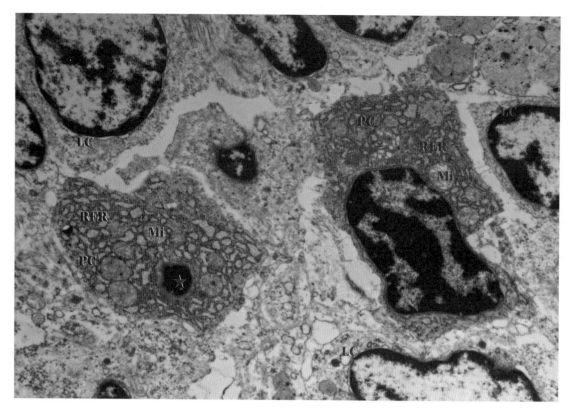

图 4-5-3-21 感染 PRRSV 仔猪淋巴结皮质。两个浆细胞（PC）明显变性，其中一个浆细胞核固缩（★），但胞浆粗面内质网（RER）及线粒体（Mi）结构基本完整。LC：淋巴细胞。TEM，10k×

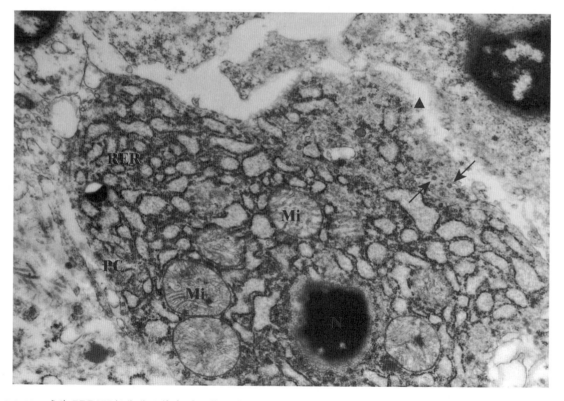

图 4-5-3-22 感染 PRRSV 仔猪淋巴结皮质。浆细胞（PC）核固缩（N），粗面内质网扩张（RER），胞浆膜破碎溶解（▲），胞浆中可见 PRRSV 粒子（↑）。Mi：线粒体。TEM，25k×

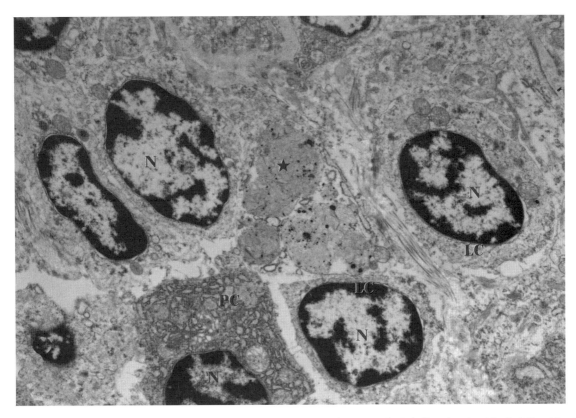

图 4-5-3-23 感染 PRRSV 仔猪淋巴结皮质。浆细胞（PC）、淋巴细胞（LC）普遍变性。★：坏死细胞碎片；N：细胞核。TEM，10k×

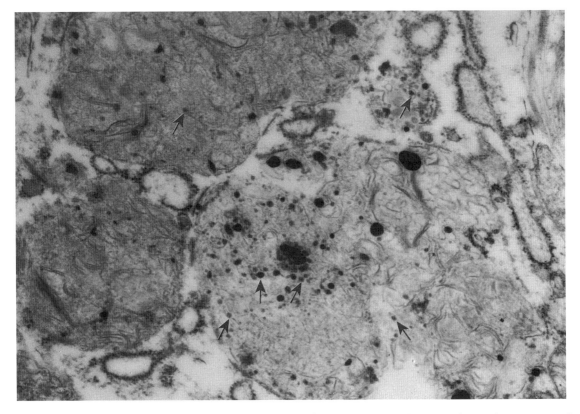

图 4-5-3-24 感染 PRRSV 仔猪淋巴结皮质。上图坏死细胞碎片局部放大，见大量 PRRSV 粒子（↑）。TEM，40k×

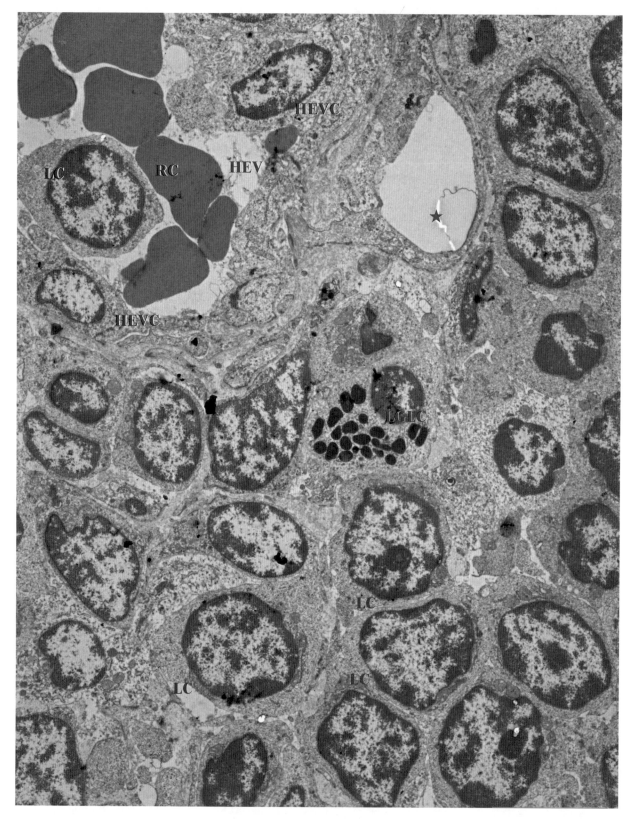

图 4-5-3-25 感染 PRRSV 强毒仔猪淋巴结皮质。淋巴结中瘀血的高内皮静脉（HEV）及其分支（★）。HEVC：高内皮细胞；RC：红细胞；LGLC：大颗粒淋巴细胞；LC：淋巴细胞。TEM，5k×

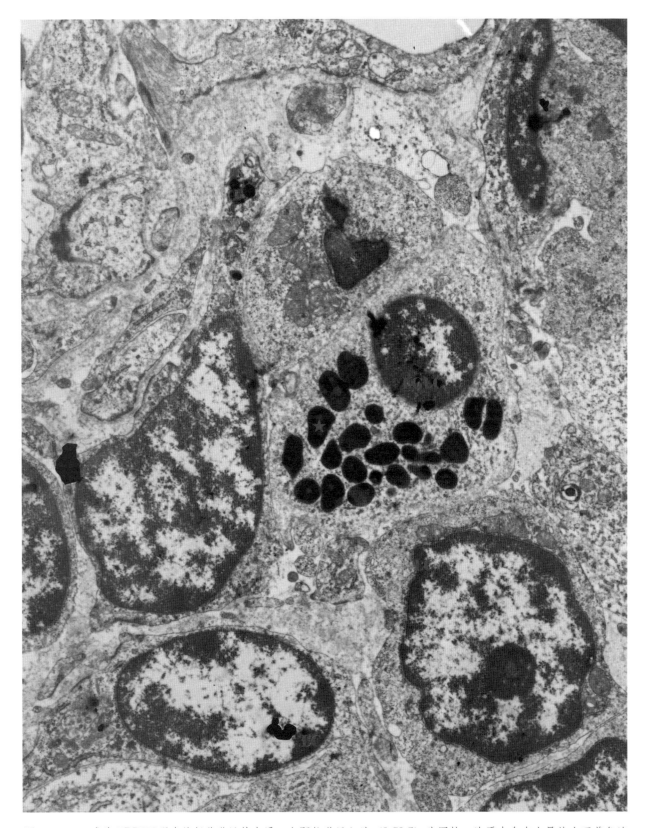

图 4-5-3-26 感染 PRRSV 强毒的仔猪淋巴结皮质。大颗粒淋巴细胞（LGLC）为圆核，胞质中含有大量的大而着色浓的颗粒（★）。LC：淋巴细胞；☆：固缩变形的核。TEM，10k×

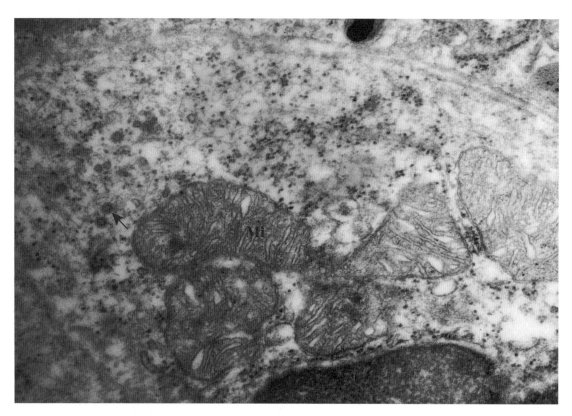

图 4-5-3-27 感染 PRRSV 强毒的仔猪淋巴结皮质。上图中核固缩变形的细胞局部放大,细胞质中含有 PRRSV 颗粒(↑),线粒体(Mi)结构物明显异常。N:细胞核。TEM,60k×

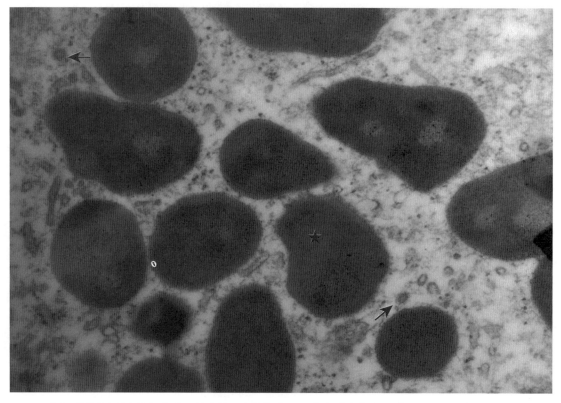

图 4-5-3-28 感染 PRRSV 强毒的仔猪淋巴结皮质。大颗粒淋巴细胞胞质中含有 PRRSV 颗粒(↑)。★:大颗粒淋巴细胞胞质中的大颗粒。TEM,20k×

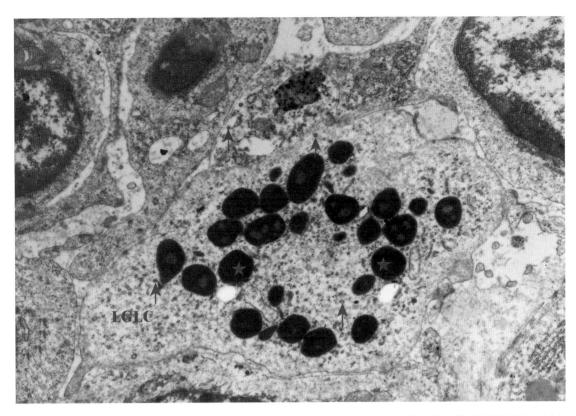

图 4-5-3-29　感染 PRRSV 强毒的仔猪淋巴结皮质。大颗粒淋巴细胞（LGLC）胞质中见大量 PRRSV 颗粒（↑）。★：大颗粒淋巴细胞胞质中的大颗粒。TEM，30k×

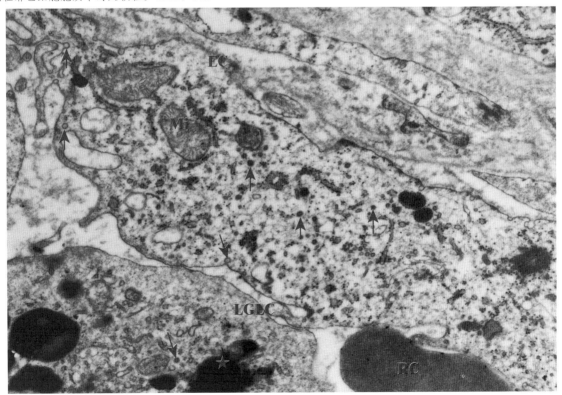

图 4-5-3-30　感染 PRRSV 强毒的仔猪淋巴结皮质。一内皮细胞（EC）及大颗粒淋巴细胞（LGLC）胞质中见大量 PRRSV 颗粒（↑）。★：大颗粒淋巴细胞质中的大颗粒；RC：红细胞。TEM，30k×

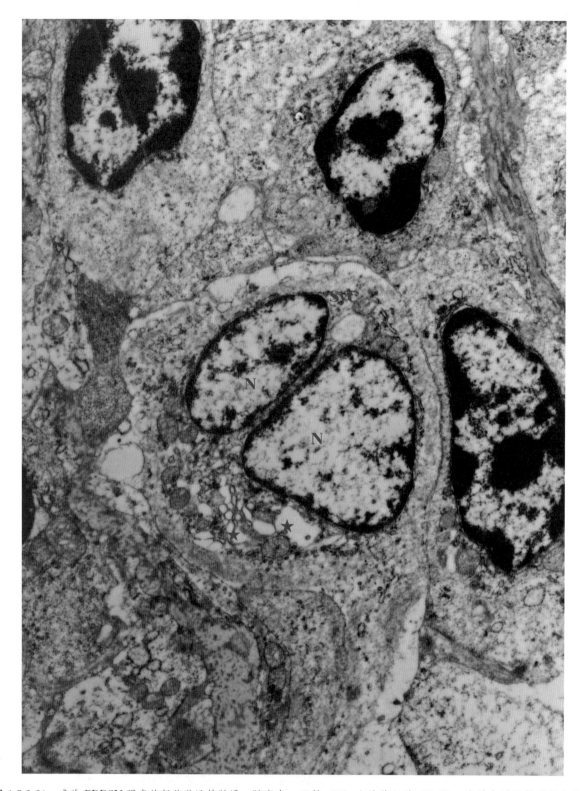

图 4-5-3-31 感染 PRRSV 强毒的仔猪淋巴结髓质。髓窦中一双核（N）合胞体细胞（SyC），胞质内质网扩张呈空泡状（★）。LC：淋巴细胞。TEM：12k×

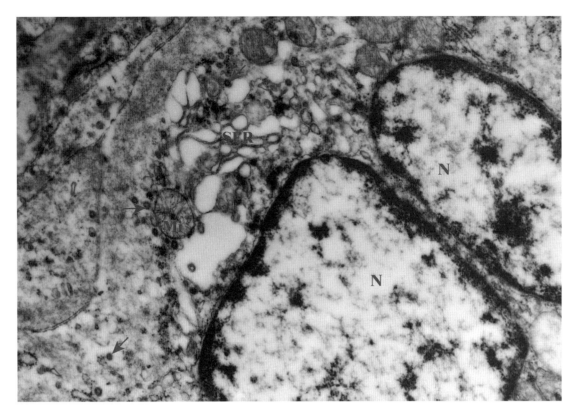

图 4-5-3-32 感染 PRRSV 强毒的仔猪淋巴结皮质。上图局部放大,细胞质中含有多量 PRRSV 颗粒(↑)。Mi:线粒体;SER:滑面内质网;N:细胞核。TEM,30k×

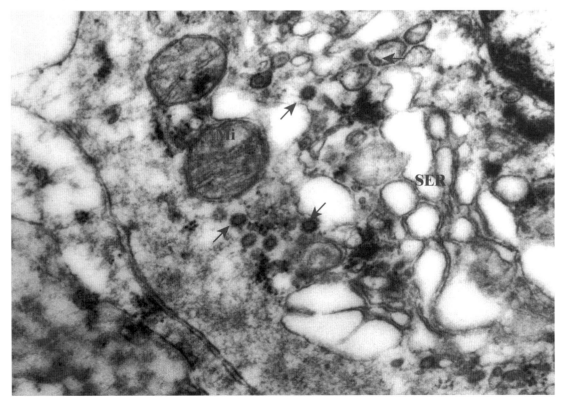

图 4-5-3-33 感染 PRRSV 强毒的仔猪淋巴结皮质。上图局部放大,示线粒体(Mi)近旁的 PRRSV 颗粒(↑)。SER:滑面内质网。TEM,80k×

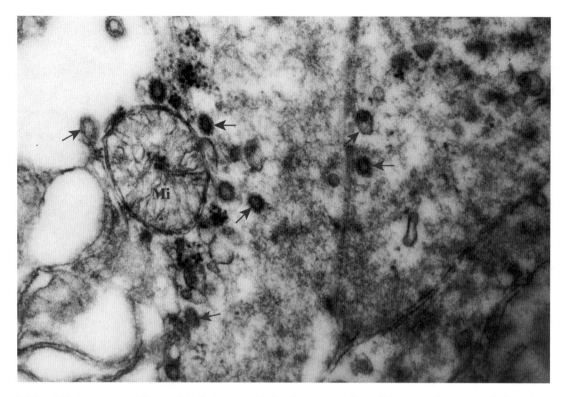

图 4-5-3-34　感染 PRRSV 强毒的仔猪淋巴结皮质。上图局部放大，示线粒体（Mi）近旁的 PRRSV 颗粒（↑）。TEM，80k×

4. 法氏囊

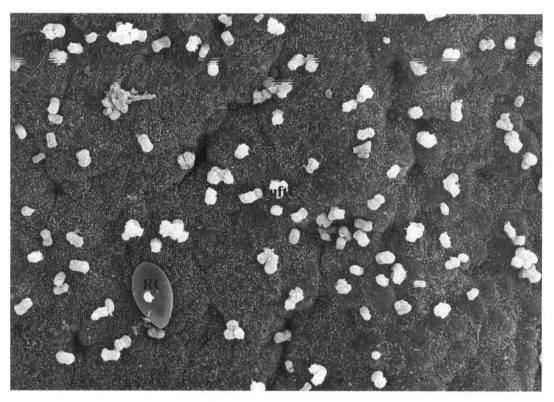

图 4-5-4-1　28 天 SPF 鸡法氏囊黏膜面。黏膜上皮表面平整，微绒毛短小而密，上皮细胞间散在丛毛状细胞（刷细胞）（TuftC）。RC：红细胞。SEM，2k×

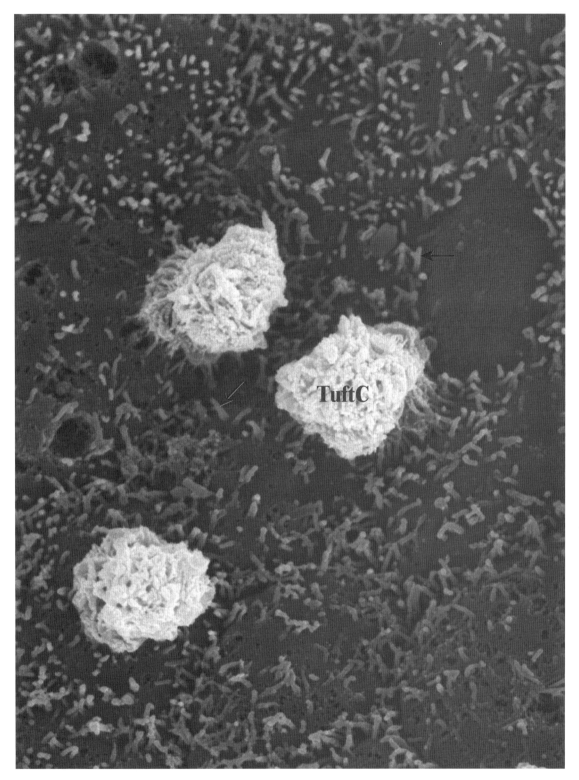

图 4-5-4-2　28 天 SPF 鸡法氏囊黏膜面。黏膜上皮表面平整，微绒毛短小而密（↑），上皮细胞间散在丛毛状细胞（刷细胞）（TuftC）。SEM，10k×

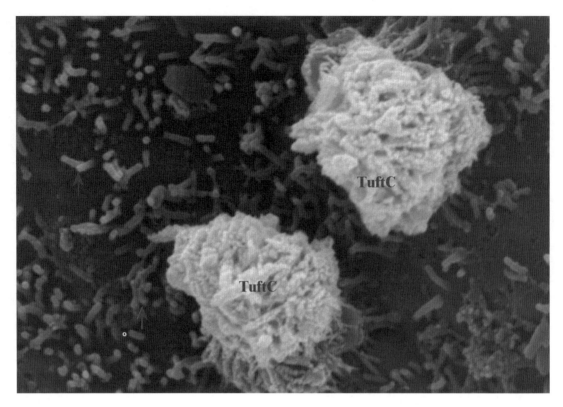

图 4-5-4-3　28 天 SPF 鸡法氏囊黏膜面．黏膜上皮表面平整，微绒毛短小而密（↑），上皮细胞间见 2 个丛毛状刷细胞（TuftC）。SEM，20k×

图 4-5-4-4　感染 IBDV SPF 鸡法氏囊黏膜面。黏膜上皮肿胀（EC），表面凹凸不平，覆盖有炎性渗出物（★）。SEM，5k×

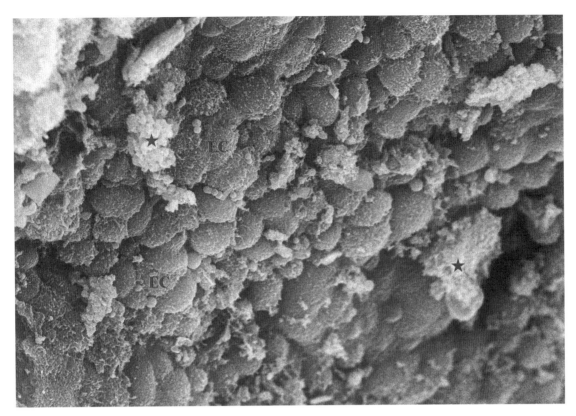

图 4-5-4-5　感染 IBDV SPF 鸡法氏囊黏膜。上皮细胞（EC）排列不齐，微绒毛减少，并见大量炎性渗出物（★）。SEM，2k×

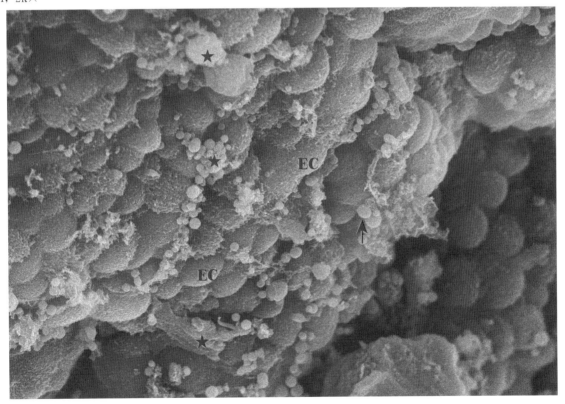

图 4-5-4-6　感染 IBDV SPF 鸡的鸡法氏囊。上皮细胞肿胀隆起（EC），黏膜表面有多量炎性渗出物（★），并见炎性细胞（↑）和多量的红细胞渗出。SEM，2k×

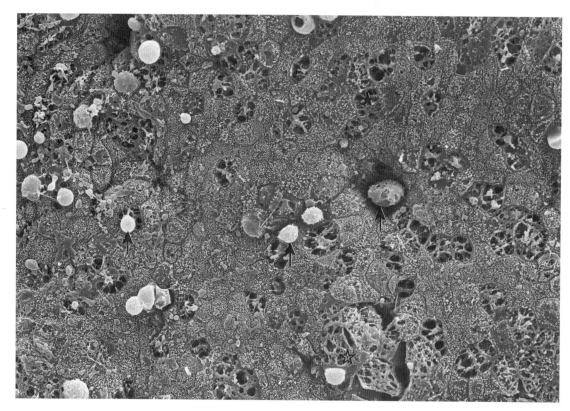

图 4-5-4-7 感染 IBDV SPF 鸡的法氏囊。黏膜上皮表面凹凸不平，大量上皮细胞顶端胞浆膜脱落，遗留上皮细胞空架（坏死）（★），表面见渗出物（↑）。SEM，1.5k×

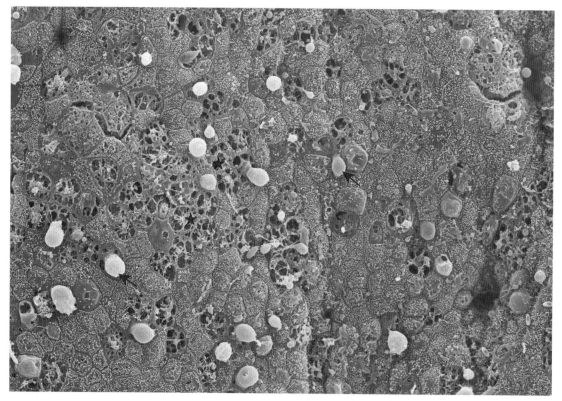

图 4-5-4-8 感染 IBDV SPF 鸡的法氏囊。黏膜上皮表面凹凸不平，可见大量的上皮细胞顶端胞浆膜脱落，形成网孔状空架（★），见大量炎性细胞渗出（↑）。SEM，1.5k×

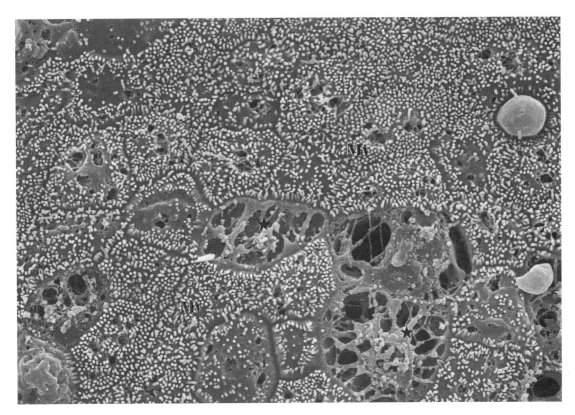

图 4-5-4-9 感染 IBDV SPF 鸡的法氏囊。黏膜上皮表面可见大量的上皮细胞顶端胞浆膜破裂空化，残存上皮细胞空架（★），微绒毛短小而密集（Mv）。SEM，5k×

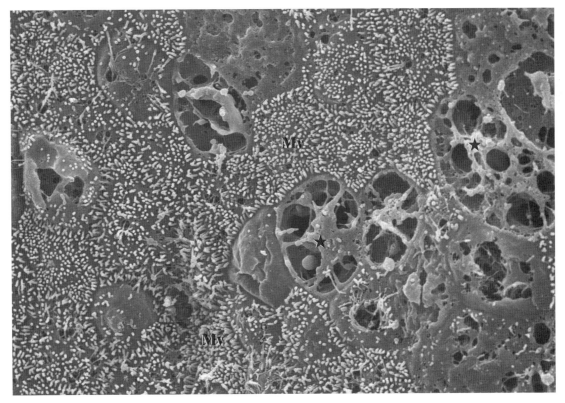

图 4-5-4-10 感染 IBDV SPF 鸡的法氏囊黏膜。大量上皮细胞顶端胞浆膜破裂，形成网孔状空架（★）。正在上皮细胞表面微绒毛短而密集（Mv）SEM，5k×

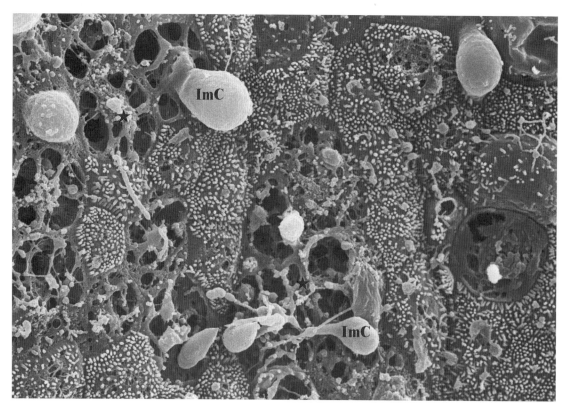

图 4-5-4-11 感染 IBDV SPF 鸡的法氏囊黏膜。上皮细胞顶端胞浆膜破裂，形成网孔状空架（★），并见炎性细胞渗出（ImC）。SEM，5k×

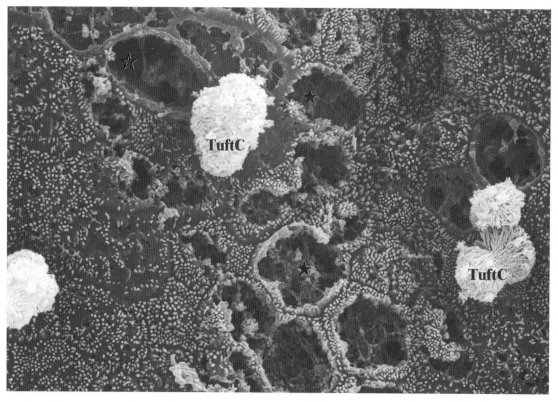

图 4-5-4-12 感染 IBDV SPF 鸡的法氏囊黏膜。上皮细胞顶端胞浆膜破裂，形成网孔状空架（★）或空洞（☆），并见刷细胞（TuftC）。SEM，5k×

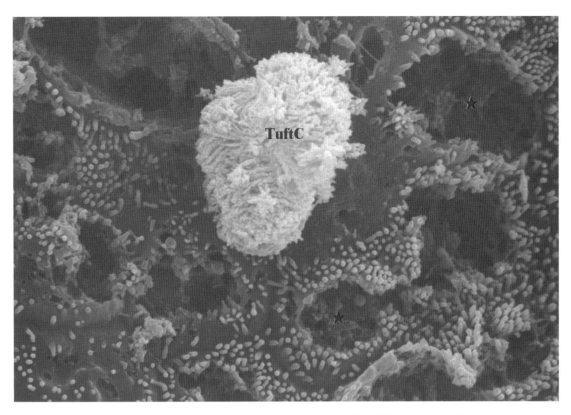

图 4-5-4-13 感染 IBDV SPF 鸡的法氏囊黏膜。上皮细胞顶部胞浆膜破裂、崩解，胞浆结构裸露（★），一刷细胞表面结构清晰可见（TuftC）。SEM，10k×

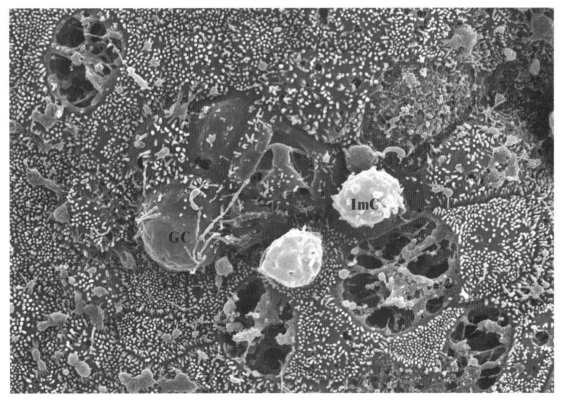

图 4-5-4-14 感染 IBDV SPF 鸡的法氏囊黏膜。杯状细胞（GC）增生，炎性细胞（ImC）渗出。SEM，5k×

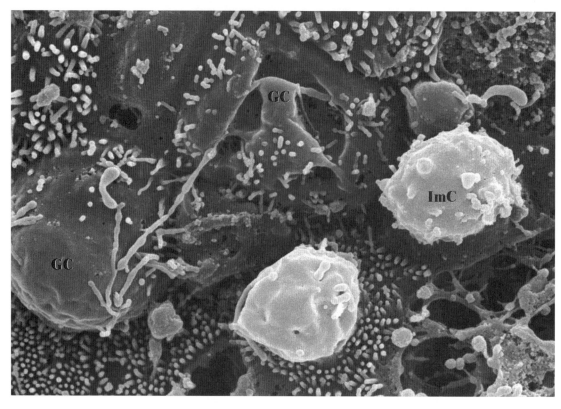

图 4-5-4-15 感染 IBDV SPF 鸡的法氏囊黏膜。图 4-5-4-14 局部放大。ImC：炎性细胞；GC：杯状细胞。SEM，10k×

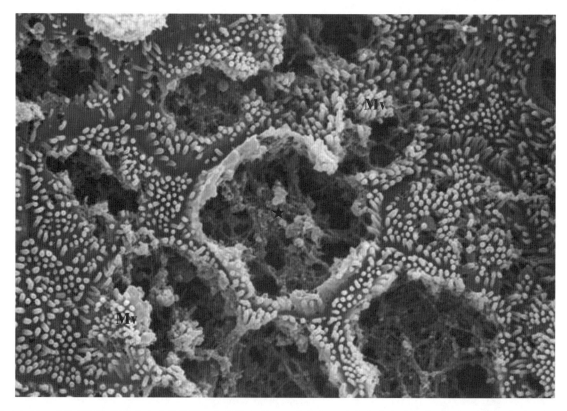

图 4-5-4-16 感染 IBDV SPF 鸡法氏囊黏膜。高倍放大后，可见上皮细胞胞浆膜破裂崩解后，裸露出细胞质空架（★），细胞间隙明显。Mv：微绒毛。SEM，10k×

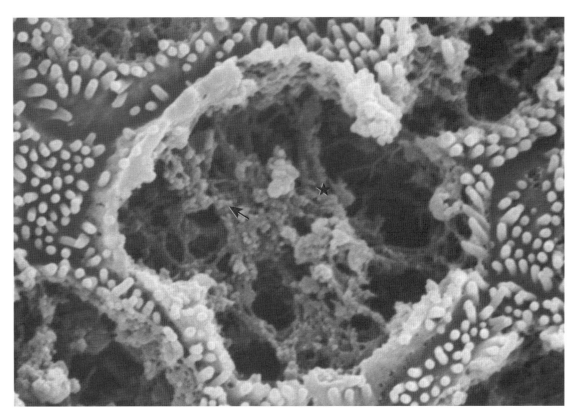

图 4-5-4-17　感染 IBDVSPF 鸡法氏囊黏膜。图 4-5-4-16 局部放大。裸露的细胞浆结构（★）中，可见有细小的 IBDV 粒子（↑）。SEM，20k×

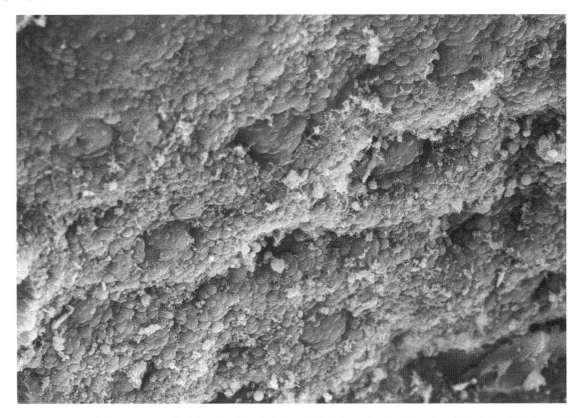

图 4-5-4-18　双酚 A（BPA）染毒后的 SPF 鸡胚法氏囊。黏膜上皮表面凹凸不平，细胞间隙明显。SEM，500×

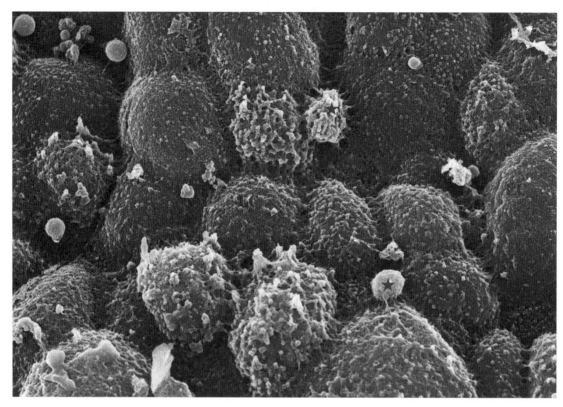

图 4-5-4-19 BPA 染毒后的 SPF 鸡胚法氏囊。上皮细胞肿胀隆起（EC），黏膜表面凹凸不平，散见炎性细胞渗出（★）。SEM，5k×，标尺＝10 μm

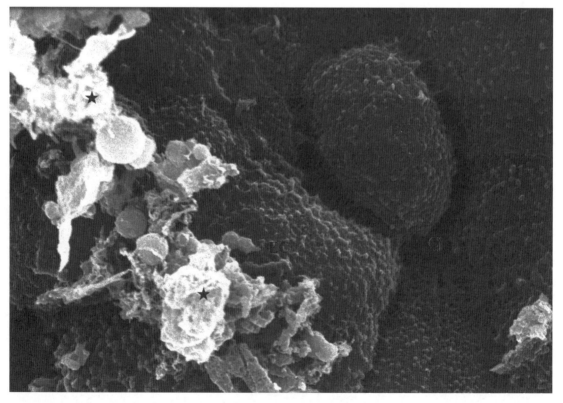

图 4-5-4-20 BPA 染毒后的 SPF 鸡胚法氏囊。上皮细胞肿胀隆起（EC），黏膜表面凹凸不平，炎性渗出物成堆聚集（★）。Cj：上皮细胞间连接。SEM，8k×

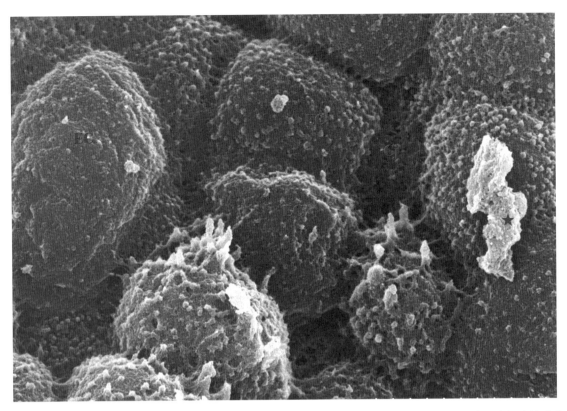

图 4-5-4-21 BPA 染毒后的 SPF 鸡胚法氏囊。上皮细胞肿胀隆起 (EC)，黏膜表面凹凸不平，上皮细胞间连接清楚可见 (Cj)，在少量炎性渗出物 (★)。SEM，8k×

图 4-5-4-22 BPA 染毒后 SPF 鸡胚法氏囊。黏膜上皮细胞肿胀 (EC)，发育不良，表面凹凸不平，大量炎性渗出物 (★) 黏附于细胞表面。SEM，2k×

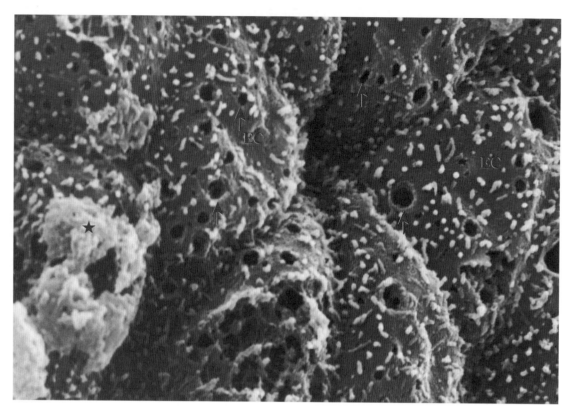

图 4-5-4-23 BPA 染毒后 SPF 鸡胚法氏囊。黏膜上皮细胞（EC）表面弥散分布大小不一的微孔（↑）结构，炎性渗出物堆积（★）。SEM，10k×

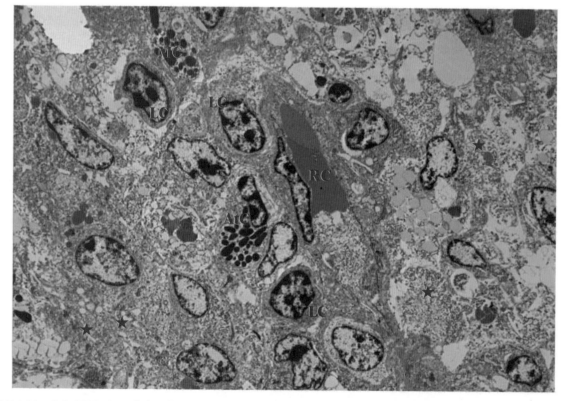

图 4-5-4-24 感染 IBDV SPF 鸡法氏囊，淋巴细胞（LC）少见，有的细胞核溶解，胞浆崩解（★），其间有异嗜性粒细胞（AtC）和肥大细胞（MC）浸润。RC：红细胞。TEM，5k×

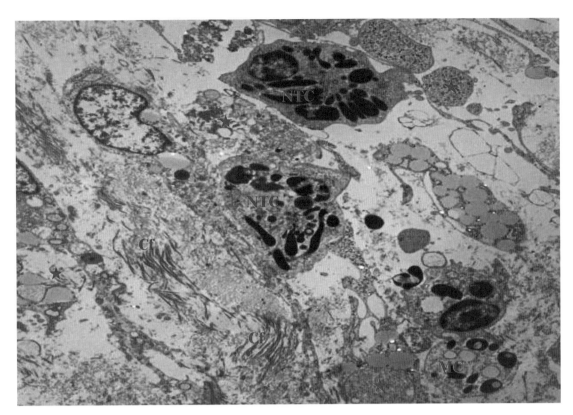

图 4-5-4-25　感染 IBDV SPF 鸡法氏囊。异嗜性细胞（NTC）结构完整，颗粒清晰，肥大细胞（MC）及其他细胞均变性，或坏死（★），间质水肿，胶原原纤维（Cf）增生。TEM，6k×

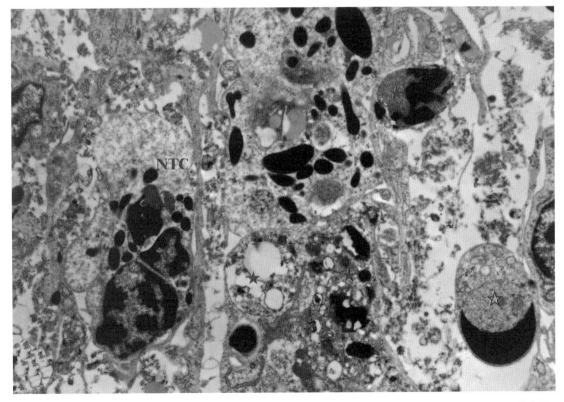

图 4-5-4-26　感染 IBDV SPF 鸡法氏囊。异嗜性细胞（NTC）结构完整，颗粒清晰，肥大细胞及其他细胞均变性，或坏死（★）。☆：凋亡的细胞。TEM，10k×

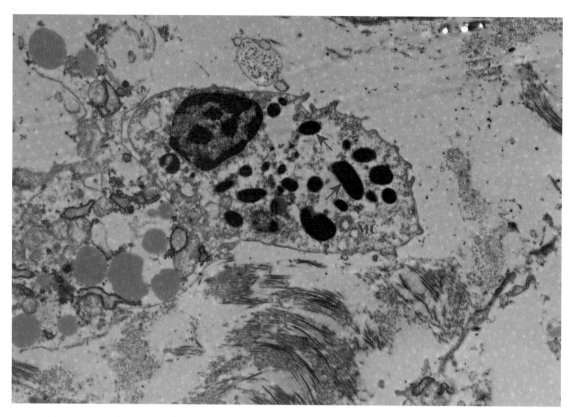

图 4-5-4-27 感染 IBDV 鸡法氏囊。肥大细胞（MC）胞膜完整，颗粒清晰（↑）。TEM，10k×

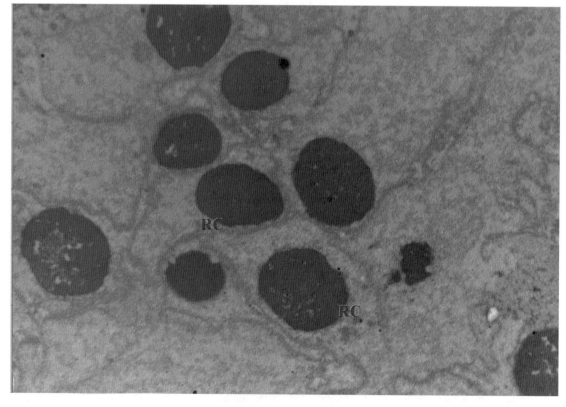

图 4-5-4-28 感染 IBDV 鸡法氏囊。成片的红细胞（RC）核固缩，胞浆溶解。TEM，10k×

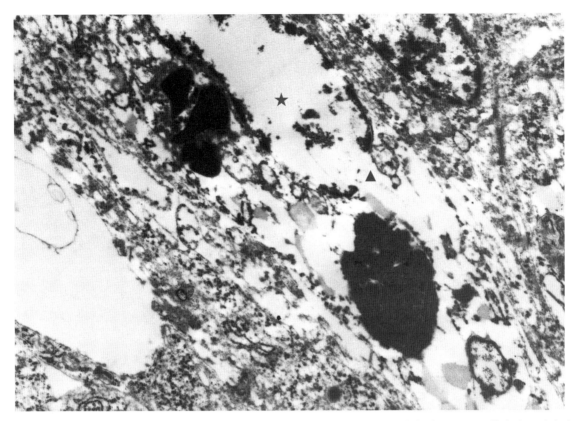

图 4-5-4-29　感染 IBDV 的鸡法氏囊。成片的细胞溶解、破碎（★），细胞核基质溶解外溢（▲），核旁有一浓染的 IB-
DV 包涵体（VCB）。TEM，15k×

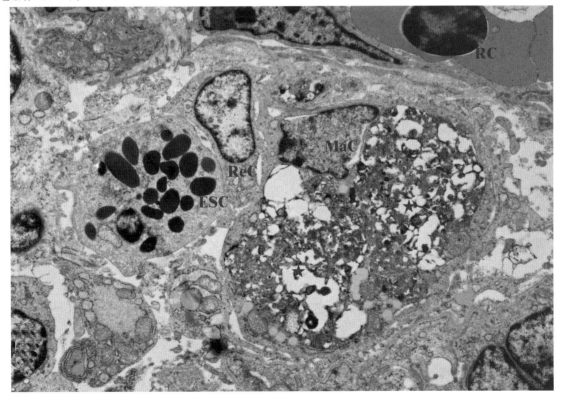

图 4-5-4-30　感染 IBDV 的 SPF 鸡法氏囊。一巨噬细胞（MaC）胞浆中有 2 个正在被水解消化的凋亡细胞碎片（★）。
ESC：嗜酸性粒细胞；RC：红细胞；ReC：网状内皮细胞。TEM，10k×

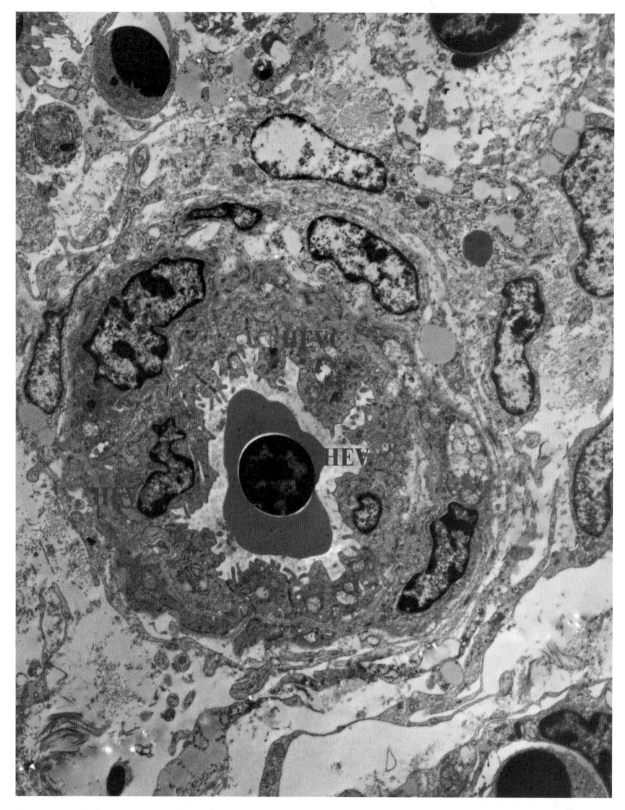

图 4-5-4-31 感染 IBDV 的 SPF 鸡法氏囊。毛细血管后微静脉（HEV）内皮细胞（HEVC）肿胀、变性，细胞膜结构模糊不清。RC：红细胞；★：凋亡的红细胞。TEM，8k×

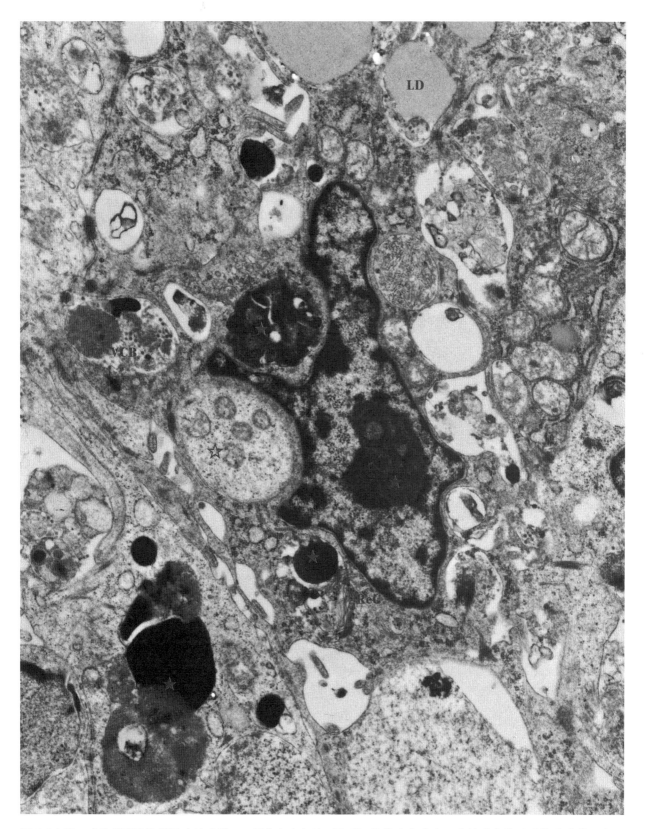

图 4-5-4-32　感染 IBDV 的 SPF 鸡法氏囊。一网状内皮细胞（ReC）胞浆中有多个正在被消化的吞噬性溶酶体（★），并见有多泡体（☆）及病毒包涵体（VCB）。LD：脂滴。TEM，15k×

5. 肠相关淋巴组织——圆小囊

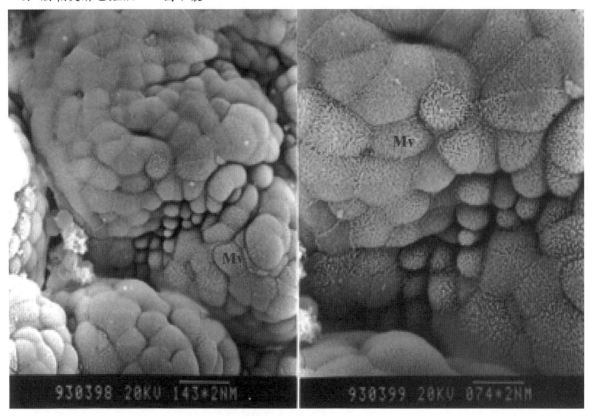

图 4-5-5-1　兔圆小囊黏膜。上皮细胞表面微绒毛（Mv）密集，细胞界限分明。SEM，右图为左图放大。

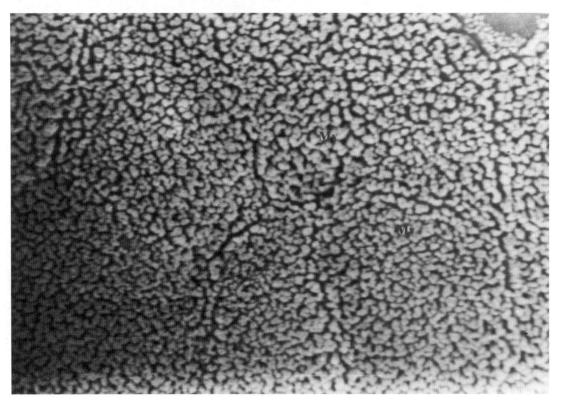

图 4-5-5-2　兔圆小囊黏膜。吸收上皮细胞表面微绒毛（Mv）密集，细胞排列紧密。SEM，15k×

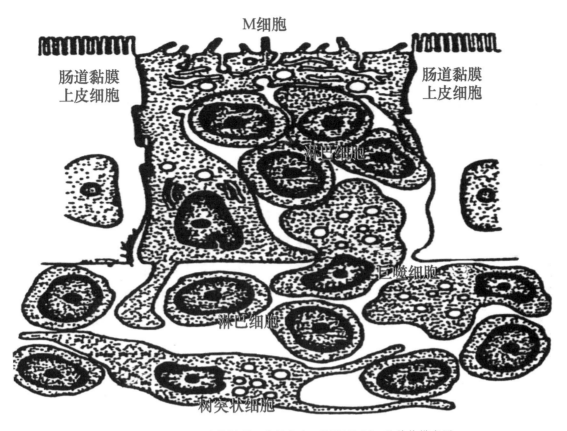

图 4-5-5-3 Peyer 氏结圆顶、淋巴上皮、FAF 及 M-cell 结构模式图

图 4-5-5-4 感染 RHDV 兔圆小囊圆顶上皮腔面观。细胞间界限分明（▲）。M-细胞表面微绒毛稀少呈膜样外观（M-C），有的 M 细胞表面黏附有细菌（↑）。EC：黏膜吸收上皮。SEM

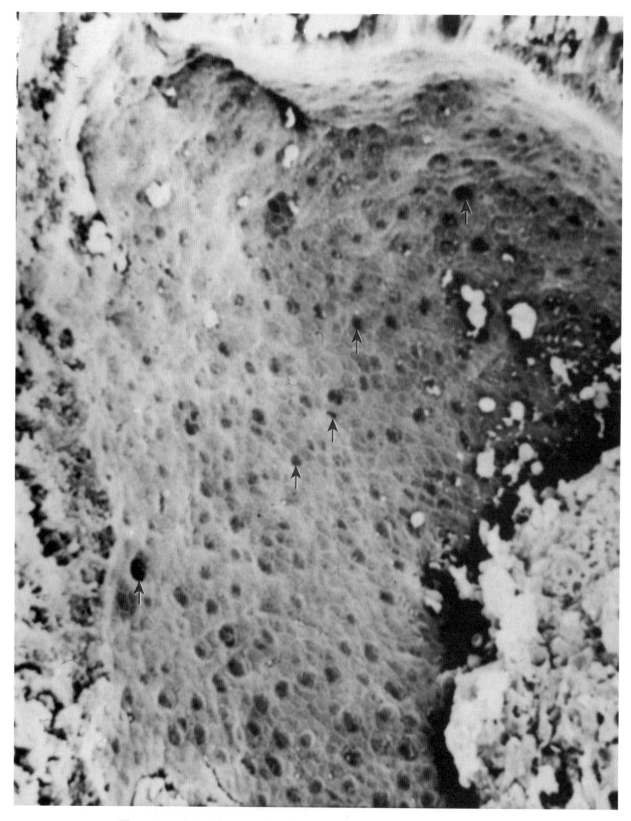

图 4-5-5-5　兔圆小囊淋巴滤泡圆顶上皮腹面观。可见密集的微孔（↑）。SEM

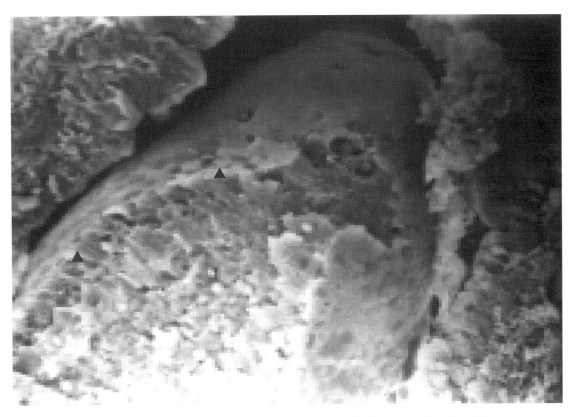

图 4-5-5-6　兔圆小囊淋巴滤泡侧面观。滤泡表面由一层淋巴上皮覆盖（▲）。SEM

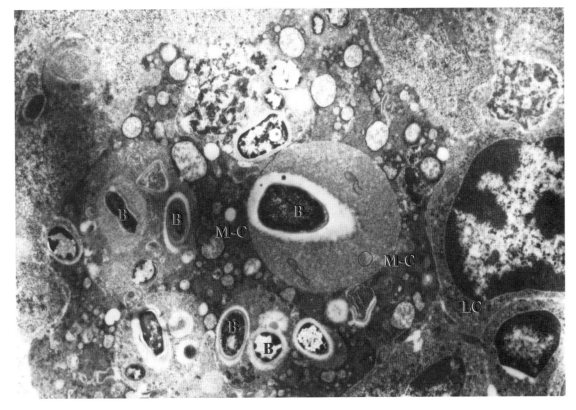

图 4-5-5-7　感染 RHDV 兔圆小囊淋巴滤泡横切面。M-细胞（M-C）的伪足将肠腔内大量的细菌（B）裹进了细胞。紧贴 M-细胞（M-C）旁的细胞为淋巴细胞（LC）。TEM，15k×

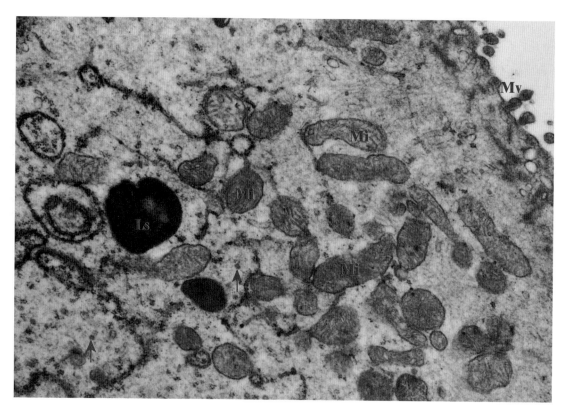

图 4-5-5-8　感染 RHDV 兔小肠黏膜。上皮细胞表面微绒毛（Mv）断裂缺失，残存无几，胞浆内线粒体（Mi）增多，胞浆中散在 RHDV 粒子（↑）。Ls：溶酶体。TEM，30k×

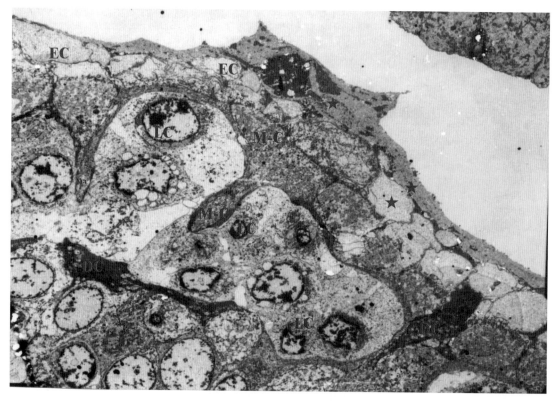

图 4-5-5-9　感染 RHDV 兔圆小囊。圆顶上皮细胞（EC）变性坏死，形成多层"蜕皮"（★）状外观，M 细胞（M-C）的突起内包裹有多个变性的淋巴细胞（LC）。DC：树突状细胞。TEM，3k×

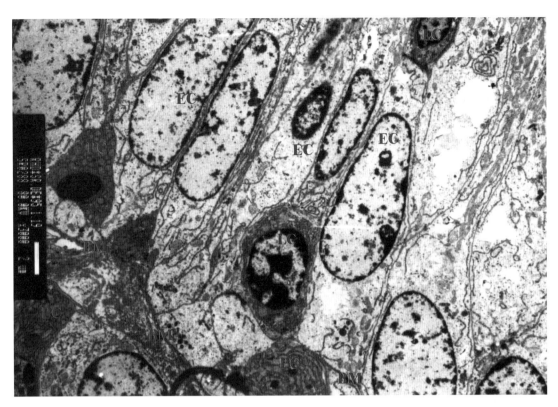

图 4-5-5-10　感染 RHDV 兔小肠黏膜。柱状上皮细胞（EC）排列整齐、密集，上皮细胞细长而密集（增生所至），上皮细胞间见多个淋巴细胞（LC）及浆细胞（PC）穿行。基底膜（BM）高低不平，紧贴基底膜下也见有 LC 及 PC。TEM，5k×

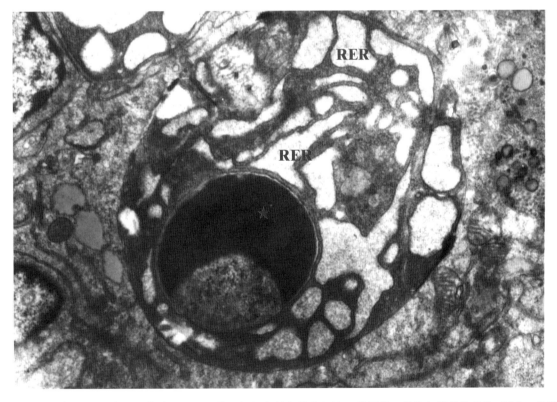

图 4-5-5-11　感染 RHDV 兔圆小囊淋巴组织。淋巴组织中凋亡的浆细胞，核固缩，异染色质呈月牙状（★），胞浆粗面内质网（RER）显著扩张，整个细胞的膜结构较完整。TEM，10k×

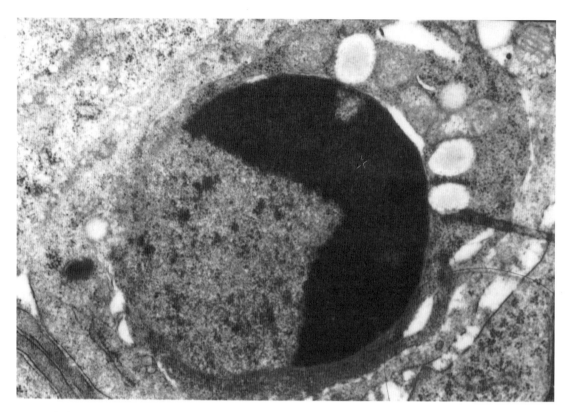

图 4-5-5-12 感染 RHDV 兔圆小囊淋巴组织。淋巴组织中凋亡的浆细胞，整个细胞萎缩变小，核固缩，异染色质单侧性边集（★），膜结构尚存。TEM，13k×

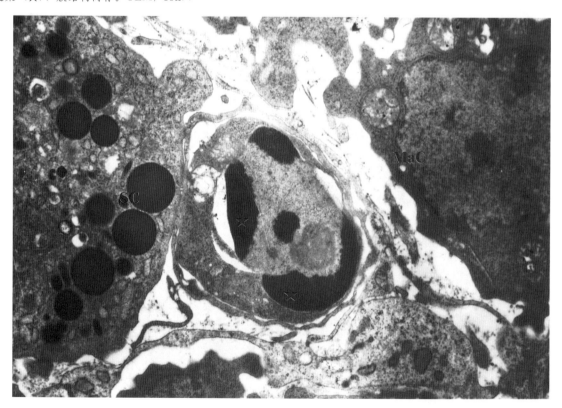

图 4-5-5-13 感染 RHDV 兔圆小囊淋巴组织。淋巴组织中凋亡的浆细胞，整个细胞萎缩变小，核固缩，异染色质单侧性边集（★），膜结构尚存。MaC：巨噬细胞，SC：内分泌细胞。TEM，8.8k×

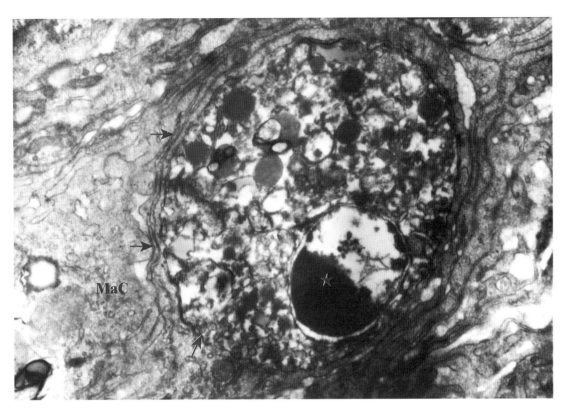

图 4-5-5-14　感染 RHDV 兔圆小囊淋巴组织。一巨噬细胞（MaC）胞浆中正在被消化分解的凋亡细胞（★），凋亡小体的膜结构尚可见（↑）。TEM，10k×

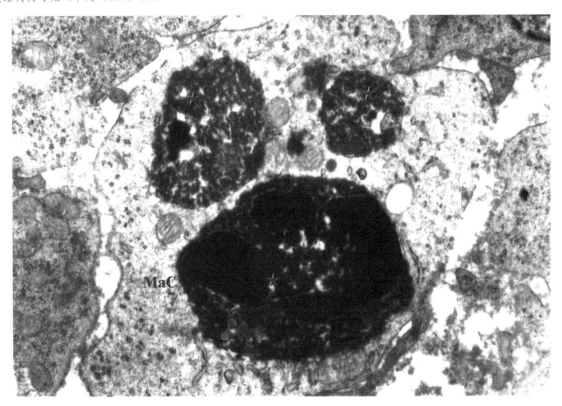

图 4-5-5-15　感染 RHDV 兔圆小囊淋巴组织。一巨噬细胞（MaC）胞浆中有 3 个正在被消化分解的自噬性溶酶体，即凋亡小体（★）。TEM，8.3k×

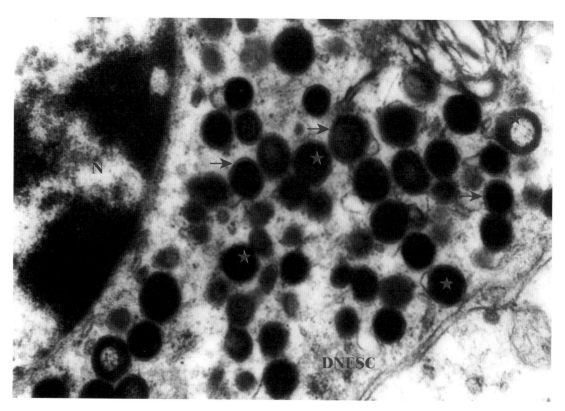

图 4-5-5-16 兔圆小囊淋巴组织。淋巴组织中的弥散神经内分泌细胞（DNESC），胞浆中有圆形浓染的内分泌颗粒（★），有的颗粒呈中空，有的颗粒可见晕轮（↑）。N：细胞核。TEM，26k×

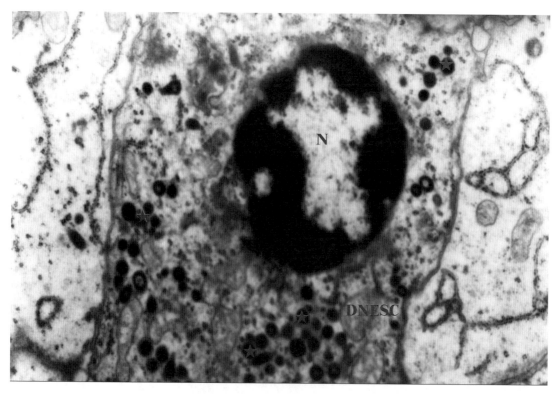

图 4-5-5-17 兔圆小囊淋巴组织。淋巴组织中另一种神经内分泌细胞（DNESC），细胞核（N）较小，内分泌颗粒染色较深，颗粒大小形态不一致（★）。TEM，15k×

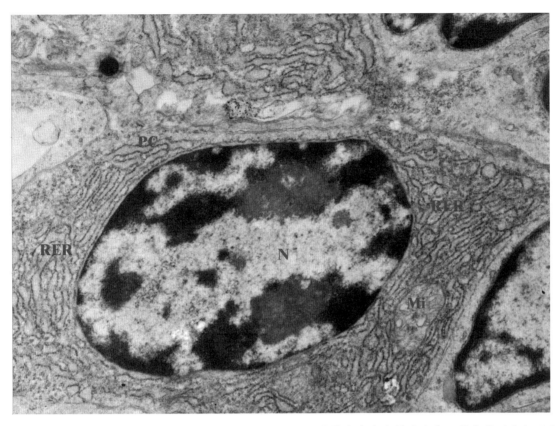

图 4-5-5-18　兔圆小囊淋巴组织。淋巴组织中的浆细胞（PC），胞浆中含有大量的密集而整齐排列的粗面内质网（RER）及少数线粒体（Mi）。N：细胞核。TEM，20k×

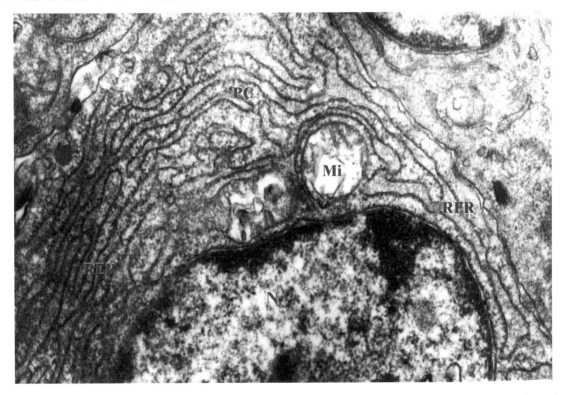

图 4-5-5-19　兔圆小囊淋巴组织。淋巴组织中的浆细胞（PC），胞浆中含有大量的密集而整齐排列的粗面内质网（RER），内质网间的线粒体嵴断裂（Mi）。N：细胞核。TEM，20k×

6. 扁桃体

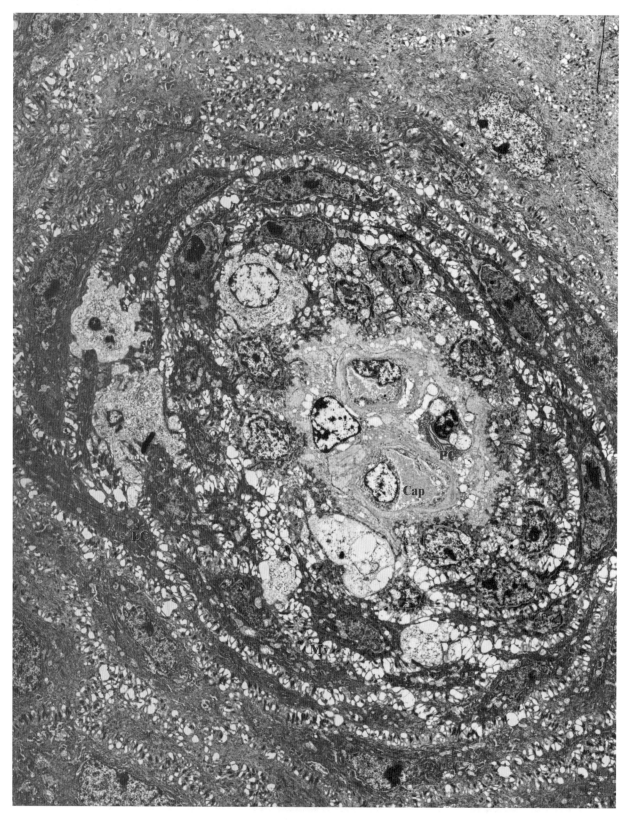

图 4-5-6-1 仔猪扁桃体黏膜隐窝横切。上皮细胞（EC）表面微绒毛密集（Mv），细胞排列紧密。隐窝中心有毛细血管（Cap）及浆细胞（PC）。TEM，2k×

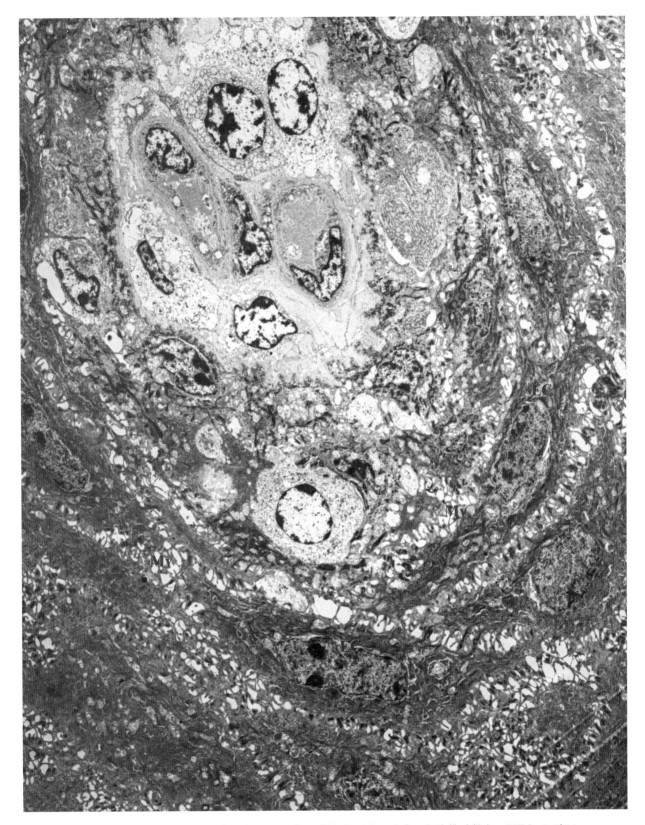

图 4-5-6-2　仔猪扁桃体。上皮细胞（EC）表面微绒毛（Mv）密集，细胞排列紧密。TEM，2.5k×

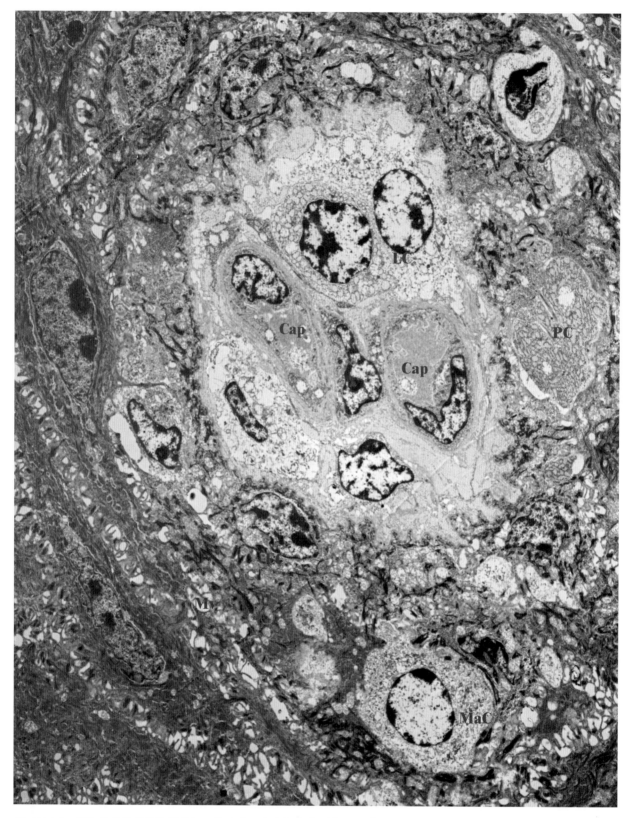

图 4-5-6-3 仔猪扁桃体黏膜隐窝横切。隐窝中心有毛细血管（Cap）、淋巴细胞（LC）及单核巨噬细胞（MaC），上皮细胞（EC）表面微绒毛密集（Mv），细胞排列紧密。PC：浆细胞。TEM，3k×

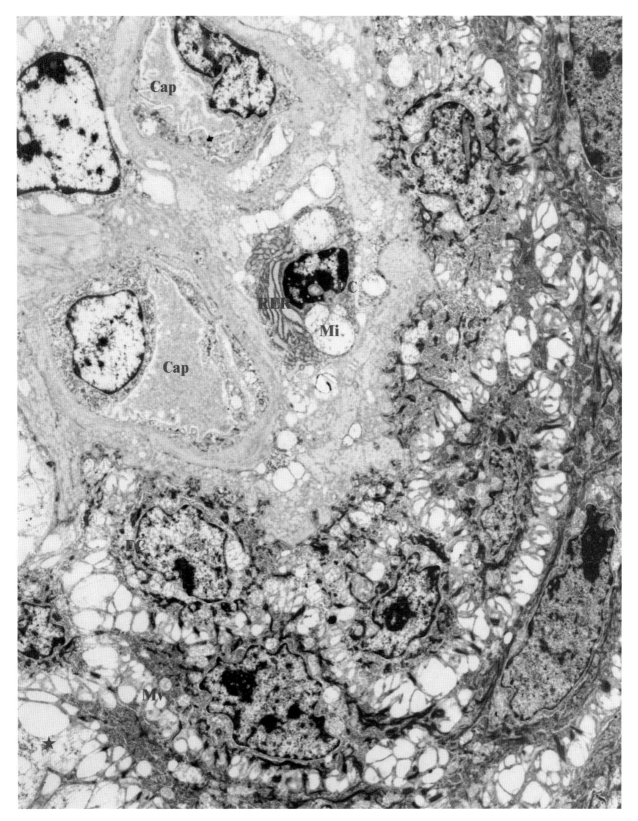

图 4-5-6-4 感染 PRRSV 仔猪扁桃体黏膜隐窝横切。隐窝中心有毛细血管（Cap）扩张，浆细胞（PC）的线粒体（Mi）扩张，上皮细胞（EC）表面微绒毛密集（Mv），细胞排列紧密。局部微绒毛断裂（★）缺失。RER：粗面内质网。TEM，5k×

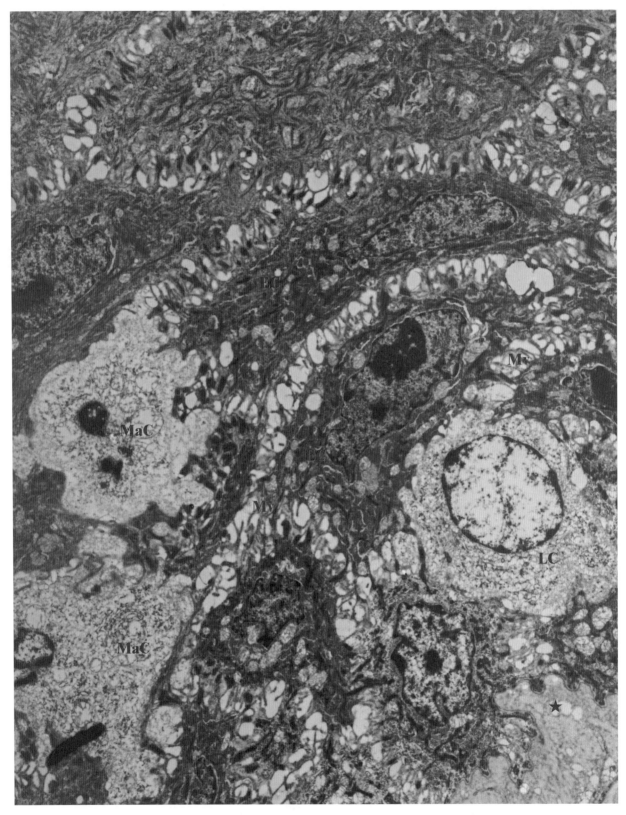

图 4-5-6-5 PRRSV 感染仔猪扁桃体黏膜隐窝横切。上皮细胞（EC）表面微绒毛密集（Mv），细胞排列紧密，隐窝中心淋巴细胞（LC）及单核巨噬细胞（MaC）肿胀变性，局部上皮细胞微绒毛崩解缺失（★）。TEM，5k×

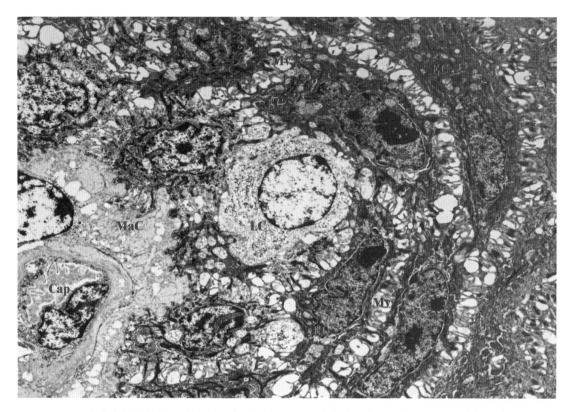

图 4-5-6-6 PRRSV 感染仔猪扁桃体。隐窝中心毛细血管（Cap）外水肿，淋巴细胞（LC）及单核巨噬细胞（MaC）变性，上皮细胞（EC）表面微绒毛密集（Mv），细胞排列紧密。TEM，5k×

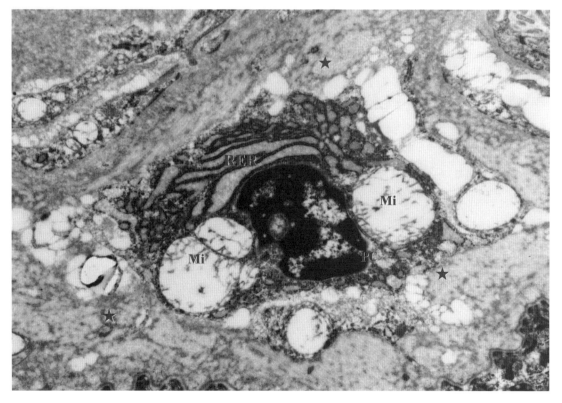

图 4-5-6-7 PRRSV 感染仔猪扁桃体黏膜隐窝横切。隐窝中心变性的浆细胞（PC）的线粒体（Mi）肿胀变性，嵴断裂缺失。周围有大量的炎性渗出物（★）。RER：粗面内质网。TEM，15k×

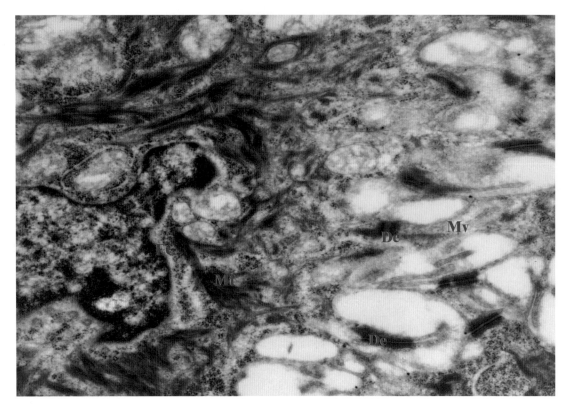

图 4-5-6-8 仔猪扁桃体黏膜上皮细胞。上皮细胞（EC）表面微绒毛密集（Mv），细胞间有较丰富的桥粒连接（De），细胞浆内有很丰富的张力微丝（Mf）结构。TEM，30k×

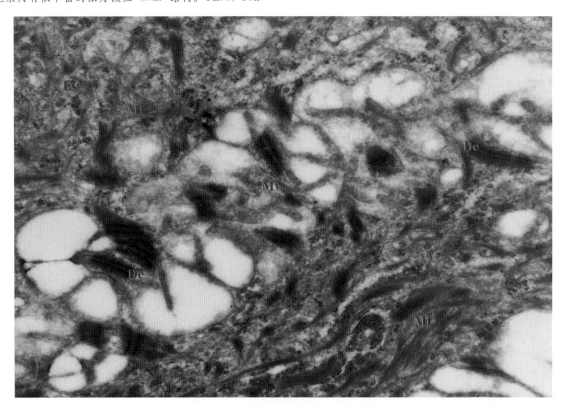

图 4-5-6-9 仔猪扁桃体黏膜上皮细胞。上皮细胞（EC）表面微绒毛密集（Mv），细胞间有较丰富的桥粒连接（De），细胞浆内有很丰富的张力微丝（Mf）结构。TEM，30k×

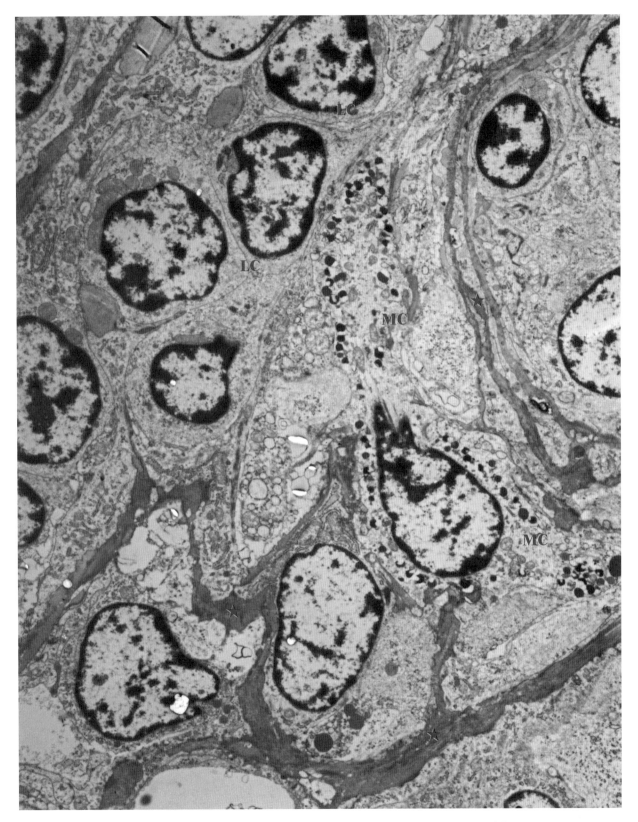

图 4-5-6-10　仔猪扁桃体黏膜下淋巴组织。淋巴细胞（LC）排列密集，结缔组织小梁（★）结构清晰可见。MC：肥大细胞。TEM，5k×

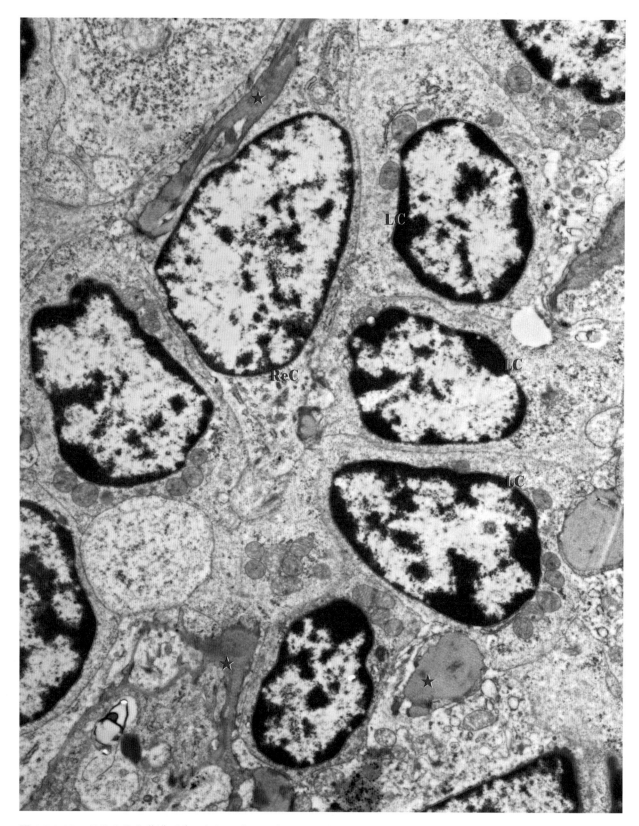

图 4-5-6-11 仔猪扁桃体黏膜下淋巴组织。淋巴细胞（LC）排列密集，结缔组织小梁（★）结构清晰可见。ReC：网状细胞。TEM，8k×

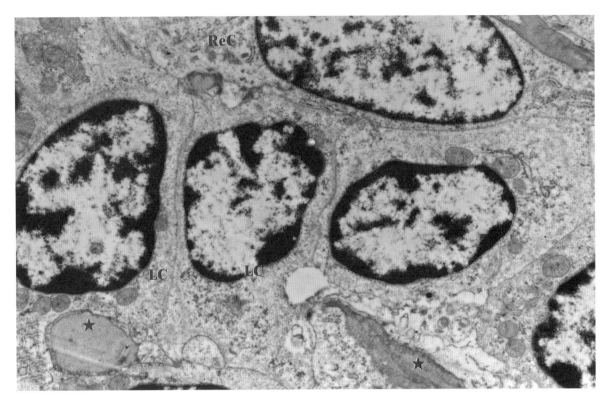

图 4-5-6-12 仔猪扁桃体黏膜下淋巴组织。淋巴细胞（LC）排列密集，结构清晰。★：结缔组织小梁。ReC：网状细胞。TEM，12k×

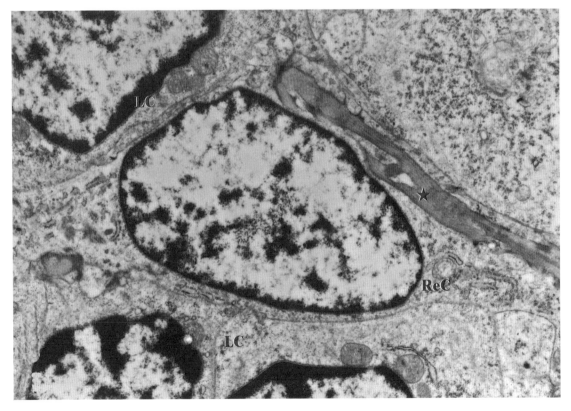

图 4-5-6-13 仔猪扁桃体黏膜下淋巴组织。淋巴细胞（LC）排列密集，结缔组织小梁（★）旁一网状细胞（ReC）。TEM，15k×

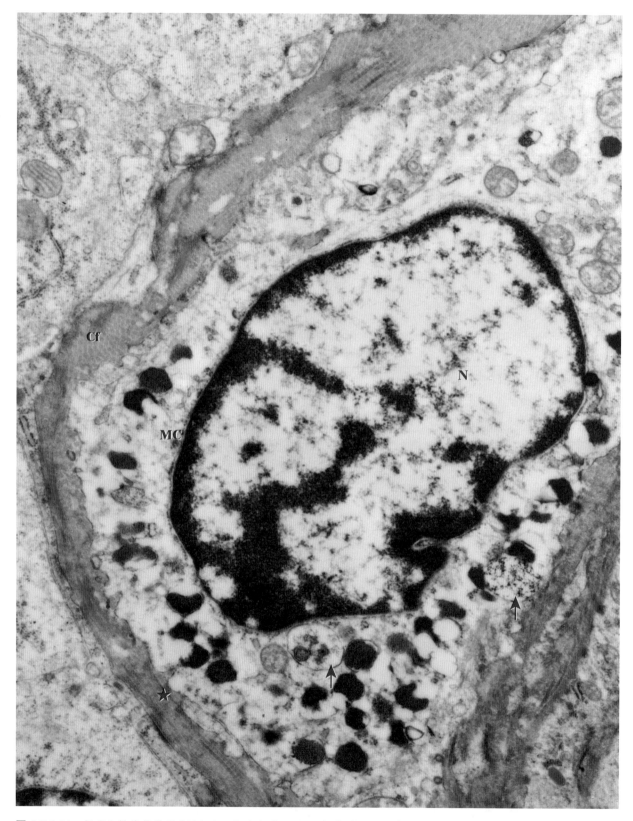

图 4-5-6-14 仔猪扁桃体黏膜下淋巴组织。肥大细胞（MC）轻度脱颗粒（↑）。★：小梁；Cf：胶原原纤维；N：细胞核。TEM，20k×

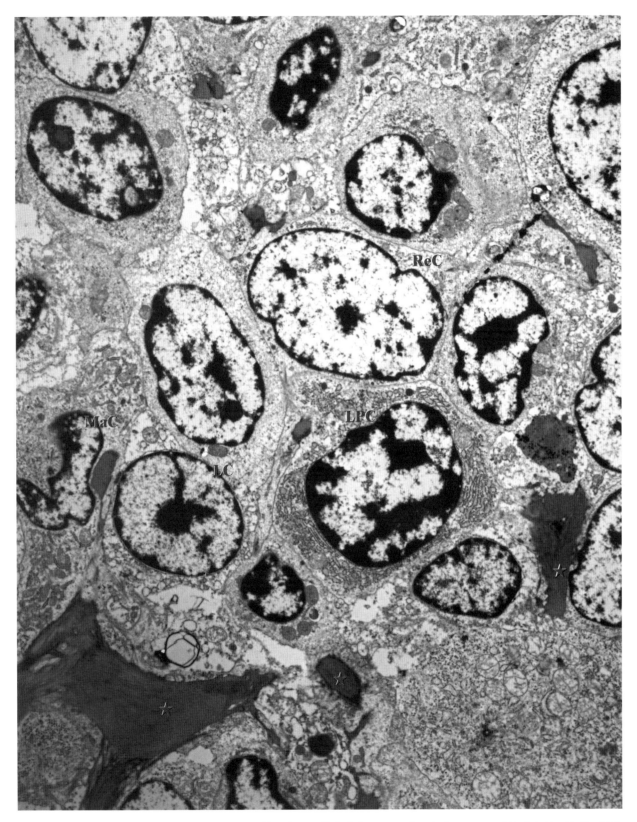

图 4-5-6-15 仔猪扁桃体黏膜下淋巴组织。细胞排列紧密，结构清楚。LC：淋巴细胞；LPC：淋巴浆细胞；ReC：网状细胞；★：结缔组织小梁；MaC：巨噬细胞。TEM，5k×

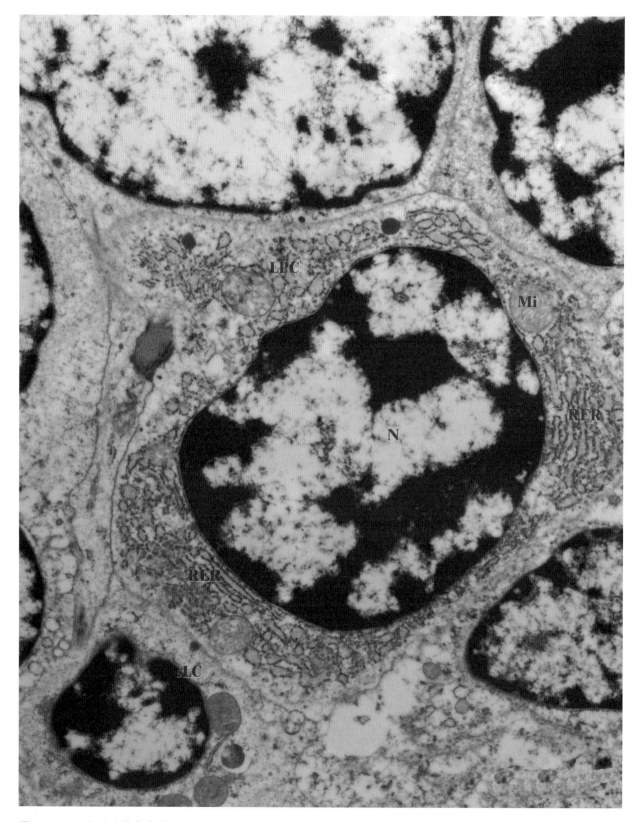

图 4-5-6-16 仟猪扁桃体黏膜下淋巴组织。上图局部放大。淋巴浆细胞（LPC），核（N）大，胞质中有丰富的粗面内质网（RER）及少量线粒体（Mi），结构清楚。sLC：小淋巴细胞。TEM，12k×

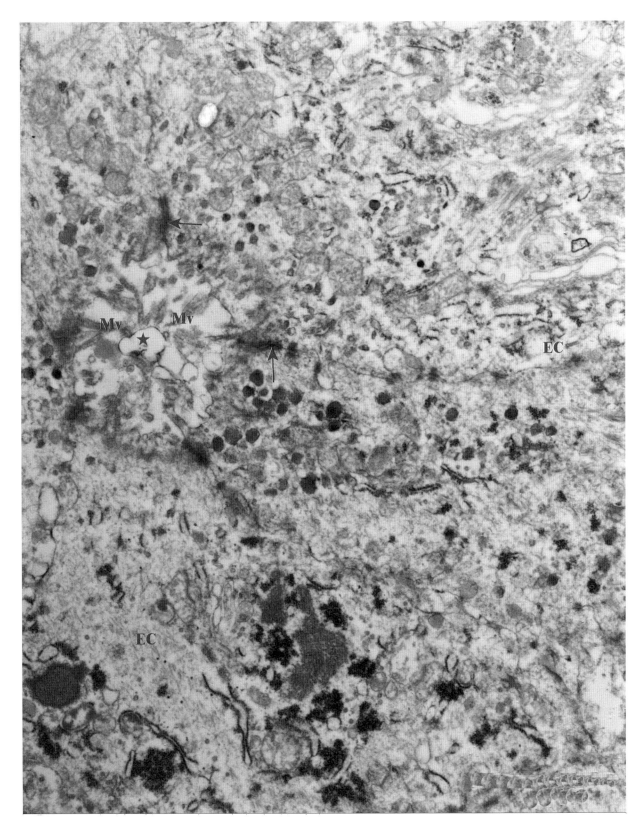

图 4-5-6-17　感染 PRRSV 仔猪扁桃体隐窝皮质。上皮细胞（EC）变性，胞浆内细胞器碎裂。★：隐窝中心；Mv：微绒毛。↑：细胞间连接结构。TEM，15k×

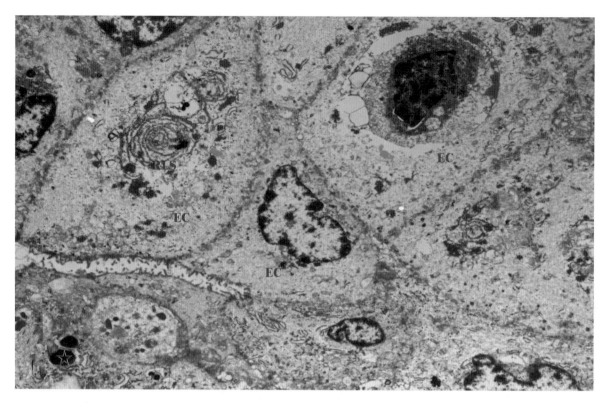

图 4-5-6-18　感染 PRRSV 仔猪扁桃体隐窝皮质。上皮细胞（EC）变性，胞浆内细胞器崩解。★：凋亡的淋巴细胞；☆：凋亡小体；LS：未被消化的吞噬性溶酶体。TEM，6k×

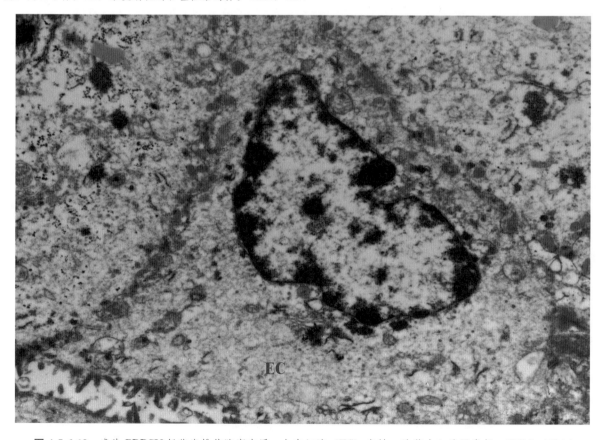

图 4-5-6-19　感染 PRRSV 仔猪扁桃体隐窝皮质。上皮细胞（EC）变性，胞浆内细胞器崩解。TEM，15k×

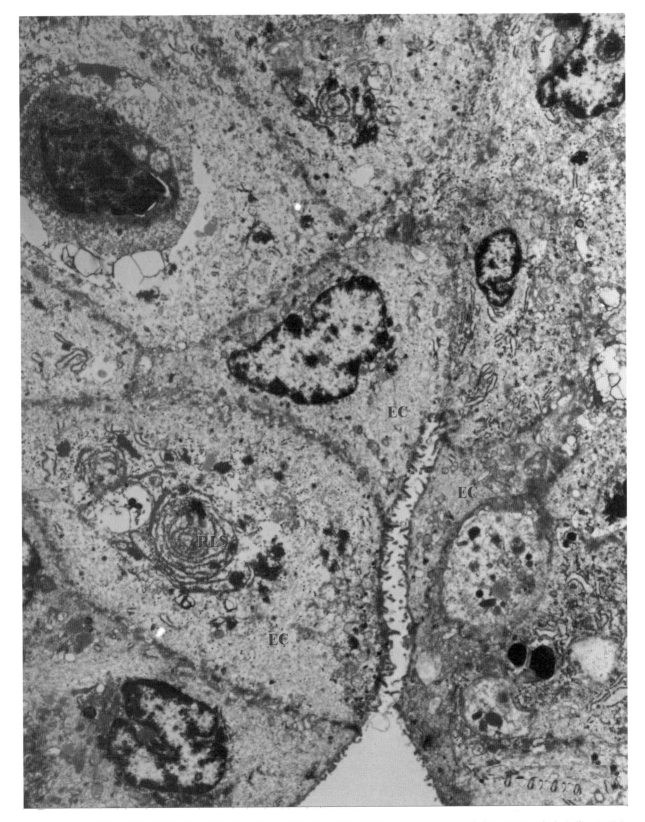

图 4-5-6-20　感染 PRRSV 仔猪扁桃体隐窝皮质。上皮细胞（EC）变性，胞浆内细胞器崩解。RLS：残余小体。TEM，6k×

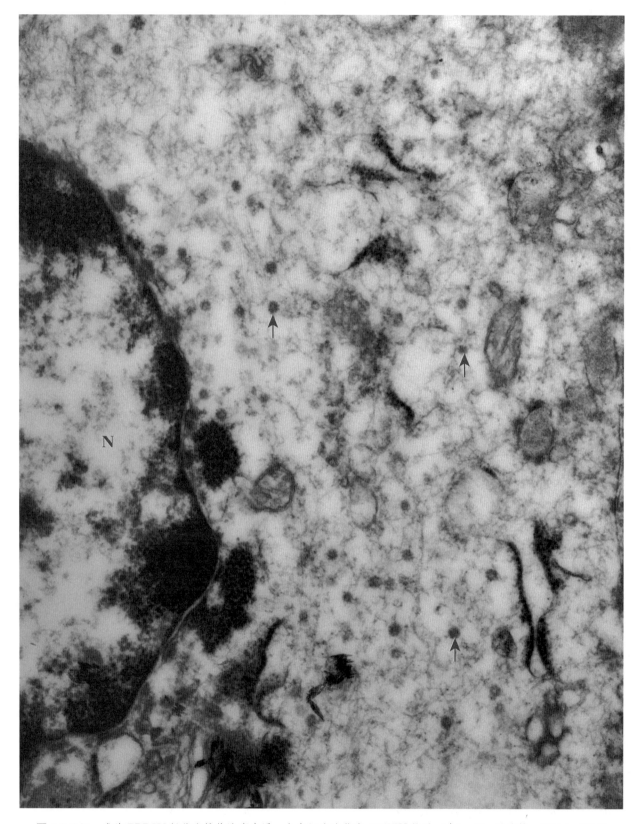

图 4-5-6-21　感染 PRRSV 仔猪扁桃体隐窝皮质。上皮细胞胞浆内 PRRSV 粒子（↑）。N：细胞核。TEM，40k×

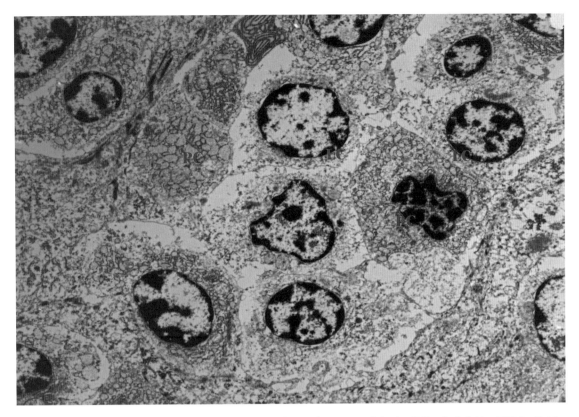

图 4-5-6-22　感染 PRRSV 仔猪扁桃体淋巴组织。淋巴细胞（LC）、浆细胞（PC）普遍变性。TEM，6k×

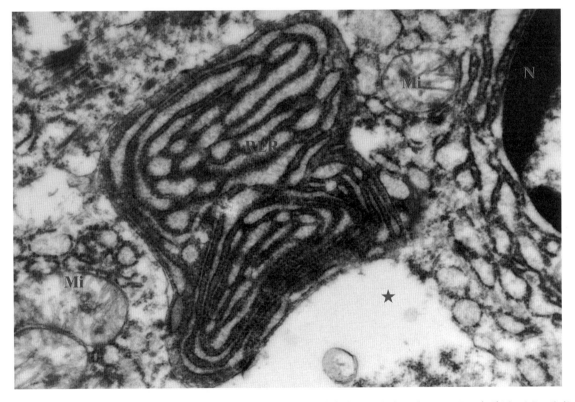

图 4-5-6-23　感染 PRRSV 仔猪扁桃体淋巴组织。变性的浆细胞胞浆内出现大空泡（★）。RER：内质网，Mi：线粒体；N：细胞核。TEM，40k×

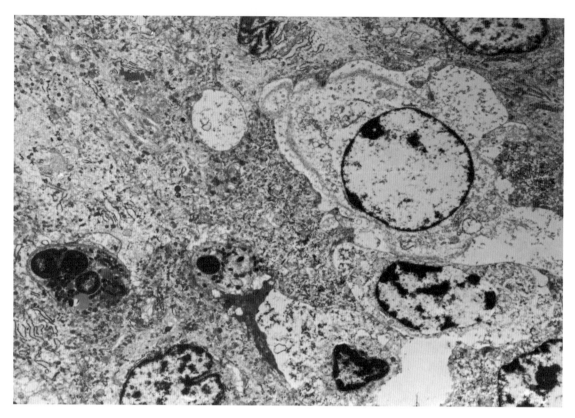

图 4-5-6-24 感染 PRRSV 仔猪扁桃体淋巴组织。淋巴细胞、浆细胞细胞普遍变性或坏死。TEM，6k×

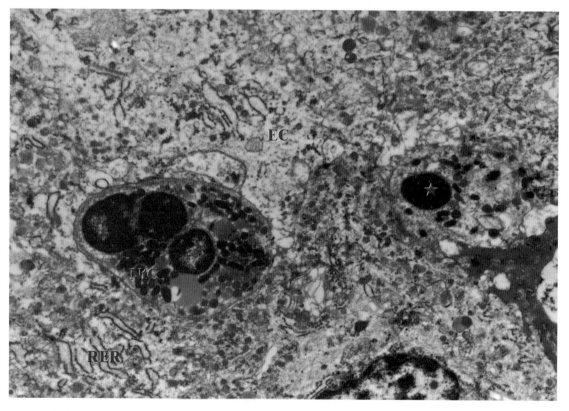

图 4-5-6-25 感染 PRRSV 仔猪扁桃体隐窝上皮。上皮细胞（EC）普遍变性，结构不清，分叶核中性粒细胞（NtC）结构完整，颗粒清晰，坏死的内分泌细胞核固缩（★）。RER：粗面内质网。TEM，12k×

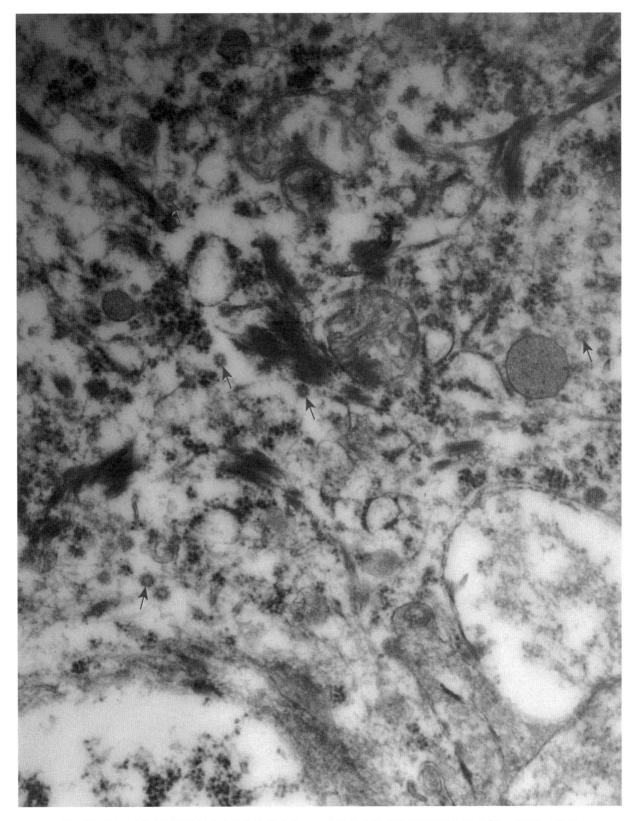

图 4-5-6-26 感染 PRRSV 仔猪扁桃体隐窝上皮。细胞胞浆内见多量 PRRSV 粒子（↑）。TEM，50k×

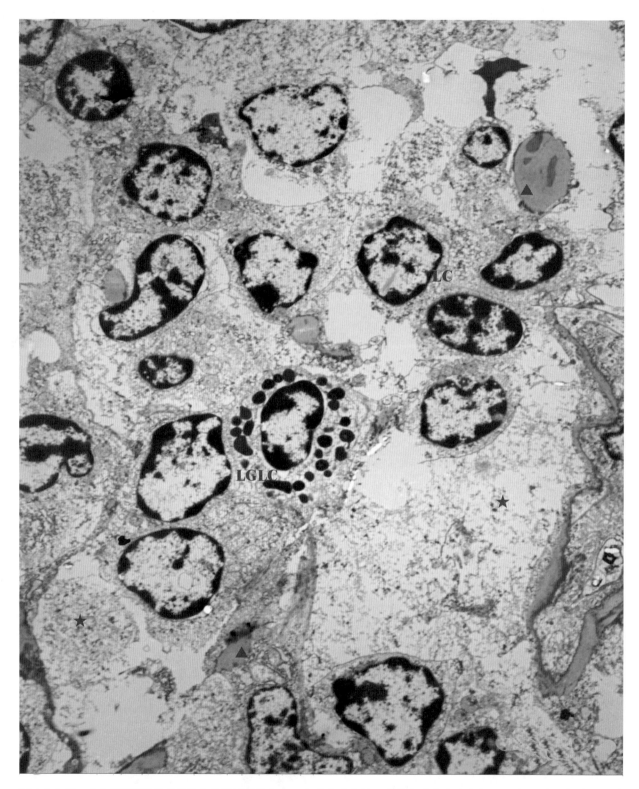

图 4-5-6-27 感染 PRRSV 仔猪扁桃体黏膜下淋巴组织。细胞普遍变性，有的细胞发生溶解坏死（★），大颗粒淋巴细胞（LGLC）清晰可见。LC：淋巴细胞；▲：结缔组织小梁。TEM，5k×

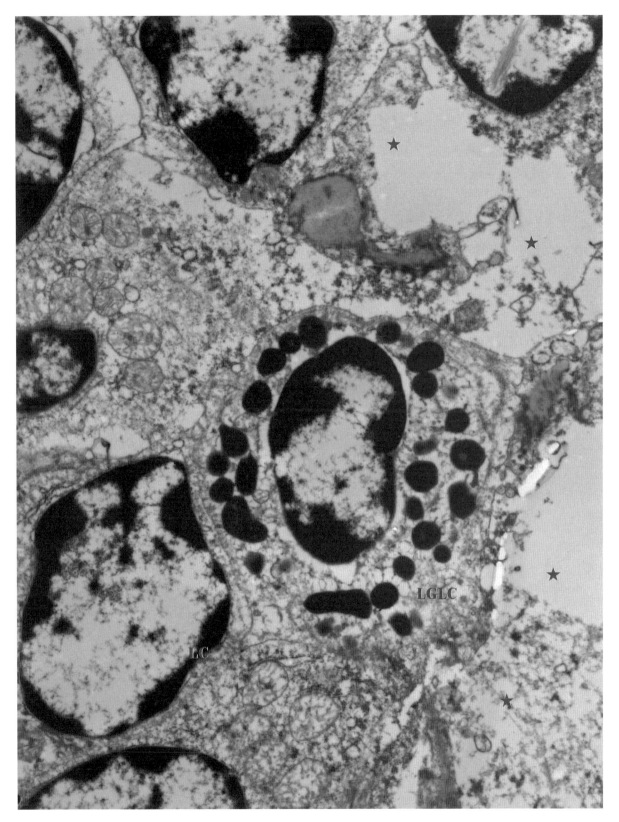

图 4-5-6-28　感染 PRRSV 仔猪扁桃体黏膜下淋巴组织。大颗粒淋巴细胞（LGLC），其旁细胞变性、崩解，空化（★）。
LC：淋巴细胞。TEM，12k×

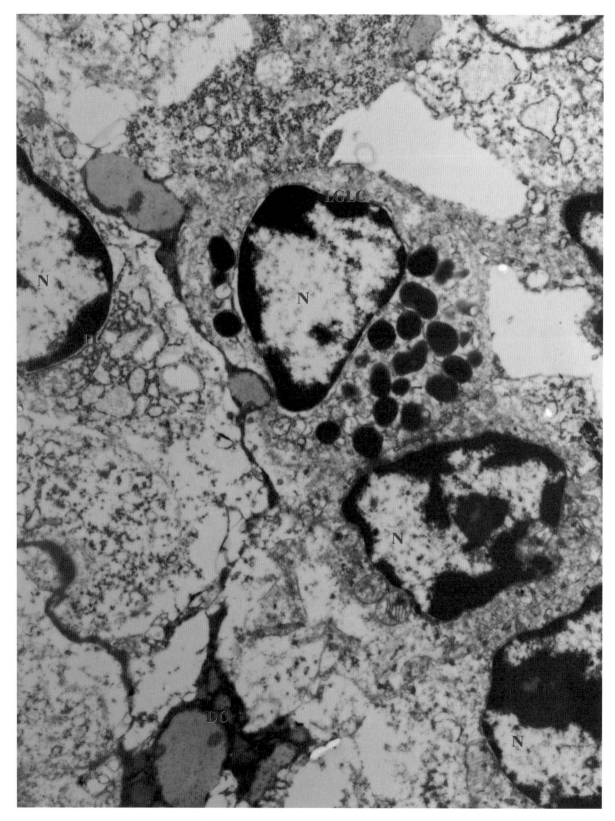

图 4-5-6-29 感染 PRRSV 仔猪扁桃体黏膜下淋巴组织。细胞普遍变性，胞浆碎裂。其中见一大颗粒淋巴细胞（LGLC）及一树突状细胞（DC）。PC：浆细胞。N：细胞核。TEM，12k×

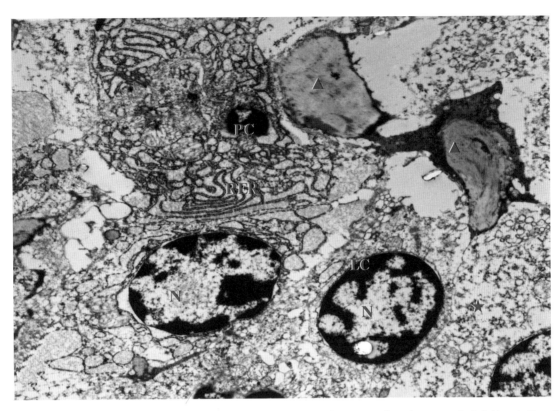

图 4-5-6-30　感染 PRRSV 仔猪扁桃体黏膜下深层淋巴组织。淋巴细胞（LC）、浆细胞（PC）普遍变性，水肿，淋巴细胞胞浆碎裂（★）。▲：小梁。RER：粗面内质网；N：细胞核。TEM，10k×

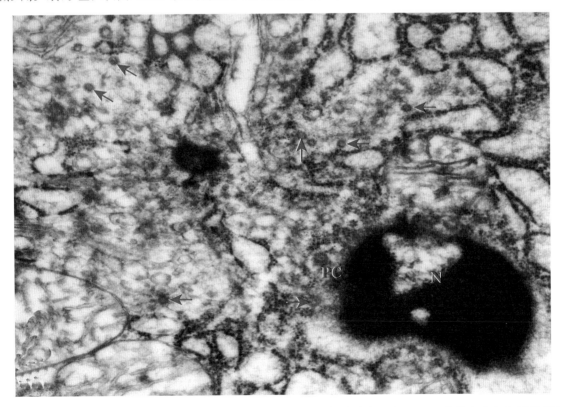

图 4-5-6-31　感染 PRRSV 仔猪扁桃体黏膜下深层淋巴组织。严重变性的浆细胞（PC）胞浆中见大量 PRRSV 粒子（↑）。N：细胞核。TEM，50k×

第六节　脑及脊髓

一、脑组织

（一）大脑

1. 皮质

大脑皮质由灰质组成，主要分为六层，每层内的神经元都有其形态学特点。主要的神经元类型有锥体细胞、星形（颗粒）细胞、水平细胞和倒置细胞（马尔提诺蒂）。下面按从表层到深层的顺序描述新皮质。第一层在软脑膜的深面，而第六层是最深的一层，位于大脑中央白质的边缘。

①分子层　由水平细胞和细胞突起构成。

②外颗粒层　主要由颗粒（星形）细胞紧密排列而成。

③外锥体层　由大锥体细胞和颗粒（星形）细胞构成。

④内颗粒层　由紧密排列的颗粒（星形）细胞组成。多数细胞较小，少数细胞较大。

⑤内锥体层　由大、中型锥体细胞构成。

⑥多形层　由各种形态的细胞构成，以梭形细胞为主，还有马尔提诺蒂细胞。

2. 白质

大脑皮质的深层是皮质下白质，主要由有髓神经纤维和与之相关的神经胶质细胞构成。

（二）小脑

1. 皮质

小脑皮质由外向内分为：分子层、浦肯野细胞层和颗粒层。分子层中的核周质小且数量少，多数纤维是无髓神经纤维。根据细胞的位置、体积较大及树状分支较多等特点容易识别浦肯野细胞。颗粒层中密集排列在一起的细胞核是颗粒细胞的核。还有小脑小球（或小脑岛）穿插其中，这些主要是颗粒细胞树突上的突触分布区。

2. 髓质

髓质（中央的白质）是小脑颗粒层深面的白质区，主要由有髓神经纤维和与之相关的神经胶质细胞组成。

（三）脉络丛

脉络丛由小血管丛（来自软膜-蛛网膜）构成，表面被覆一层变异的室管膜细胞（单层立方形）。位于脑室中的室管膜上皮，与脑脊液的形成有关。电镜下观察可见，室管膜细胞表面有许多微绒毛，细胞核大而圆，胞质内线粒体很多，细胞侧面之间靠近游离面处有连接复合体。

（四）血-脑屏障

血-脑屏障是指存在于 CNS 神经组织和多种血源性物质之间的一层选择性的屏障。此屏障主要由分布于神经组织内的连续性毛细血管内皮细胞的紧密连接构成。一些物质如氧气、二氧化碳、水分子、选择性的小分子脂溶性物质及某些药物可透过这层屏障。但其他物质（包括葡萄糖、某些维生素、氨基酸和药物）只有经受体介导的转运和（或）异化扩散才能进入脑组织。部分离子也是经主动运输进入。血管周围的神经胶质细胞被认为在血-脑屏障中起辅助作用。

二、脊髓

1. 灰质

灰质位于脊髓中央，大体呈 H 形，有 2 个背角，2 个腹角。腹角内有许多多级（运动）神经元的胞体。核周质中有大而清晰的细胞核和一个致密的核仁。胞质中充满了块状的嗜碱性的尼氏体（粗面内质网），尼氏体可延伸至树突中，但轴突中没有。轴突的起始部是胞体的轴丘。灰质中还有许多小的细胞核，属于各种神经胶质细胞。灰质中神经纤维和神经胶质细胞的突起形成神经纤维网。灰质的左右两半有灰质联合相互连接，其内有贯通脊髓的中央管，中央管由单层立方的室管膜细胞围成。

2. 白质

脊髓的白质位于外周，由上行纤维和下行纤维组成。神经纤维多数是有髓神经纤维（由少突胶质细胞形成），这正是白质在活组织中呈白色的原因。白质中的细胞核属于各种神经胶质细胞。

3. 脑脊膜

脊髓的脑脊膜由三层构成。最内层是软膜，向外依次是蛛网膜和一层厚的胶原性硬膜。

本节图片

1. 脑组织　　图 4-6-1-1 至图 4-6-1-78
2. 脊髓　　　图 4-6-2-1 至图 4-6-2-16

1. 脑组织

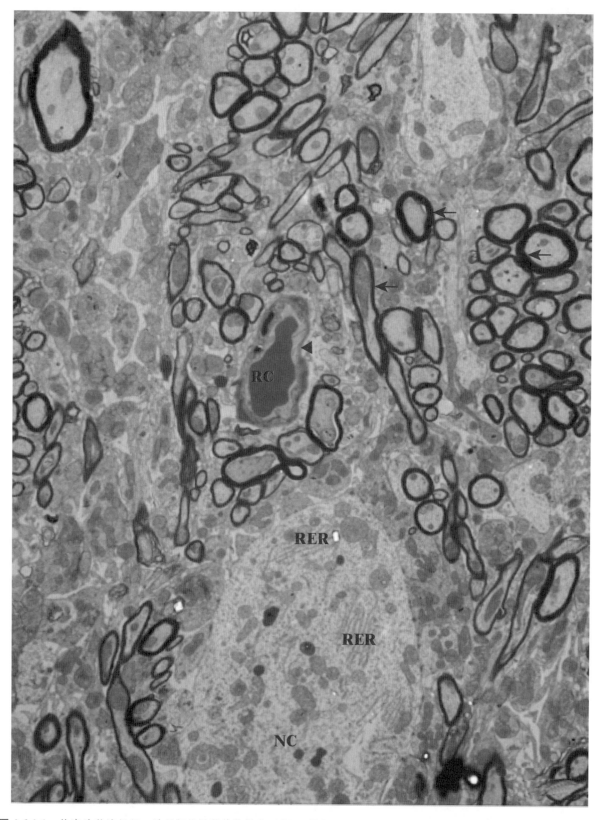

图 4-6-1-1　健康沙鼠脑组织。神经纤维髓鞘结构紧密（↑），神经元（NC）胞质内粗面内质网丰富（RER）。▲：毛细血管；RC：红细胞。TEM，4k×

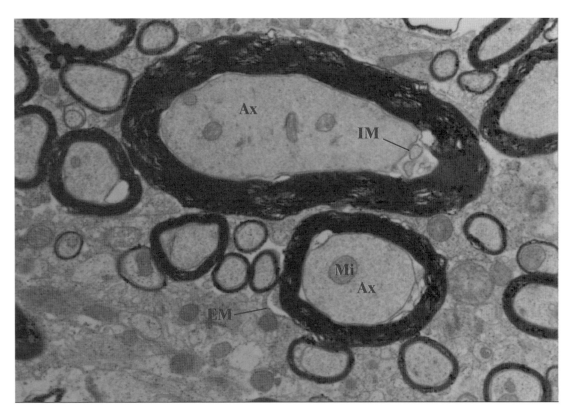

图 4-6-1-2　沙鼠脊髓组织。有髓神经纤维、神经元轴突（Ax）、线粒体（Mi）、内轴突系膜（IM）、外轴突系膜（EM）等结构清晰可见。TEM，15k×

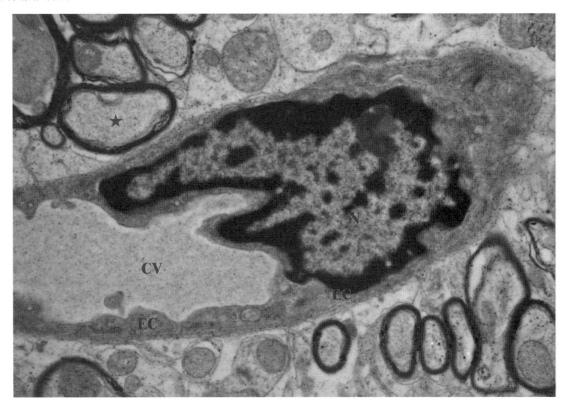

图 4-6-1-3　沙鼠大脑组织。毛细血管血管内皮（EC）完整，血管周围神经髓鞘（★）膜结构紧密、完好。N：内皮细胞核；CV：毛细血管腔。TEM，20k×

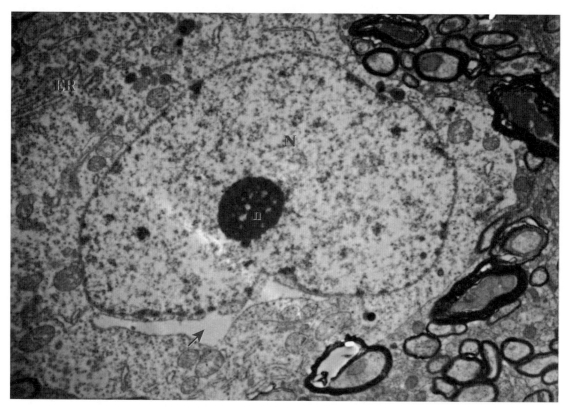

图 4-6-1-4　HEV 感染沙鼠脑组织。神经细胞核核仁明显（n），核周隙扩张（↑）。N：细胞核；ER：内质网。TEM，10k×

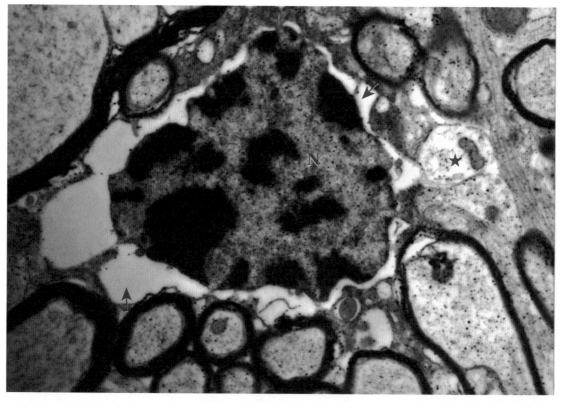

图 4-6-1-5　HEV 感染沙鼠脑组织。胶质细胞变性，核周隙显著扩张，形成空泡（↑），胞质中亦出现空泡（★）。N：细胞核。TEM，25k×

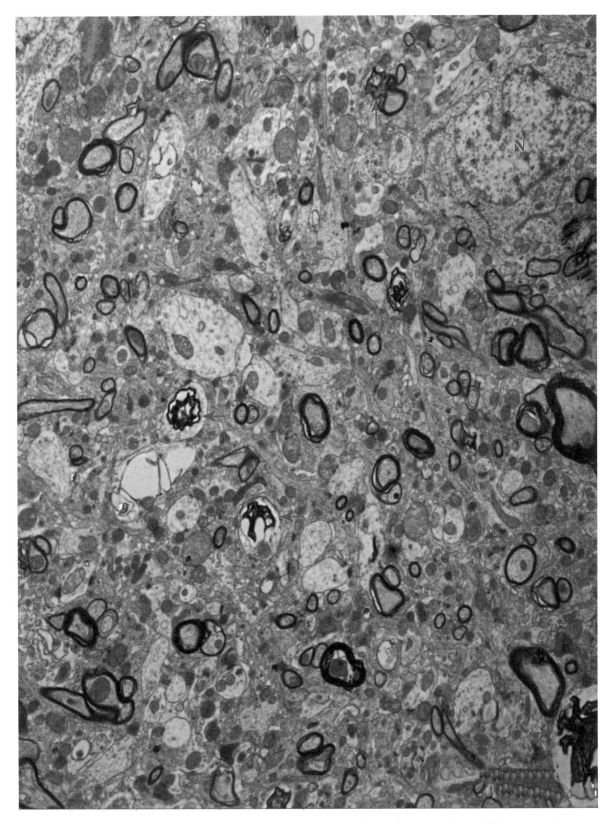

图 4-6-1-6 HEV 感染沙鼠脑组织。有髓神经纤维髓鞘皱缩、变性（↑）。N：神经细胞核。TEM，6k×

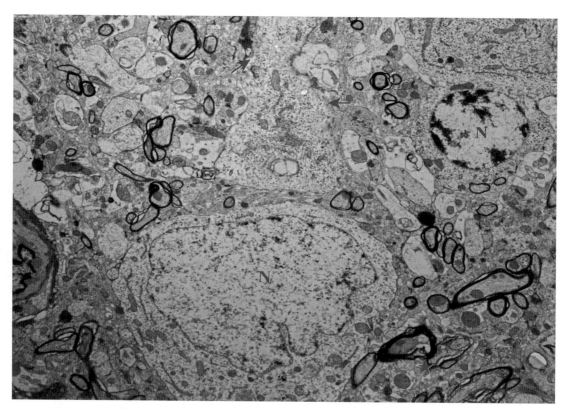

图 4-6-1-7　HEV 感染沙鼠脑组织。有髓神经纤维髓鞘变性（★），神经元轴突膜结构不清晰（↑）。N：细胞核。TEM，6k×

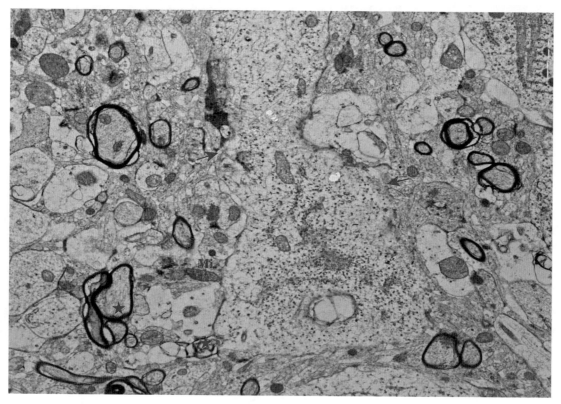

图 4-6-1-8　HEV 感染沙鼠脑组织。有髓神经纤维和髓鞘变性（★），神经元轴突膜结构不清晰（↑），线粒体（Mi）皱缩，结构不清。TEM，10k×

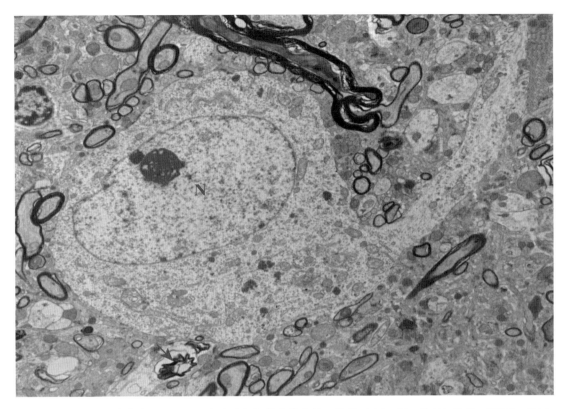

图 4-6-1-9　HEV 感染沙鼠脑组织。有髓神经纤维髓鞘变性、皱缩（↑）。N：神经细胞核。TEM，6k×

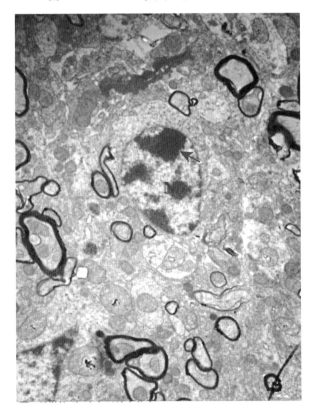

图 4-6-1-10　HEV 感染沙鼠脑组织。小胶质细胞核内异染色质丰富（↑）。N：细胞核。TEM，10k×

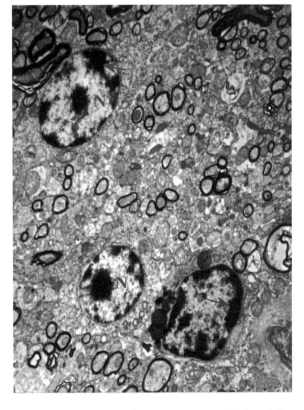

图 4-6-1-11　HEV 感染沙鼠脑组织。小胶质细胞核内异染色质丰富（↑）。TEM，10k×

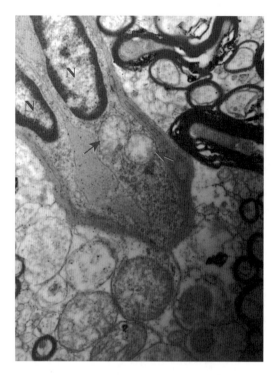

图 4-6-1-12 HEV 感染沙鼠脑组织。血管壁内皮细胞肿胀，胞质内线粒体扩张，嵴断裂，基质溶解（↑）。N：细胞核。TEM，30k×

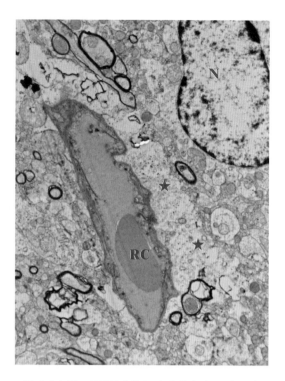

图 4-6-1-13 HEV 感染组沙鼠脑组织。毛细血管管壁内外表面粗糙，血管外一侧明显水肿，周围电子密度稀疏（★）。RC：红细胞；N：细胞核。TEM，10k×

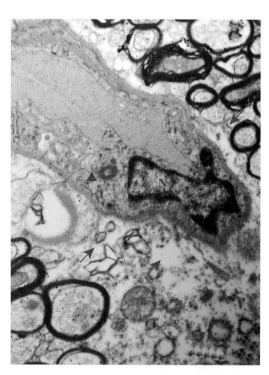

图 4-6-1-14 HEV 感染组沙鼠脑组织。毛细血管内皮细胞肿胀（▲），血管周水肿（↑）。N：血管内皮细胞核。TEM，30k×

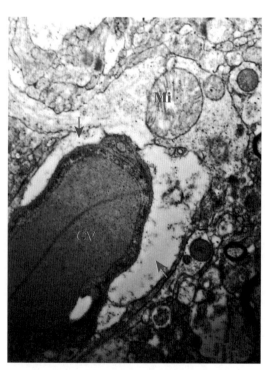

图 4-6-1-15 HEV 感染组沙鼠脑组织。毛细血管周围水肿（↑），线粒体肿胀嵴断裂不齐（Mi）。CV：毛细血管腔。TEM，30k×

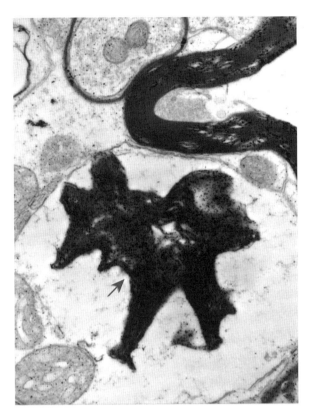

图 4-6-1-16　HEV 感染沙鼠脑组织。神经纤维坏死，髓鞘皱缩（↑），鞘膜空化。TEM，30k×

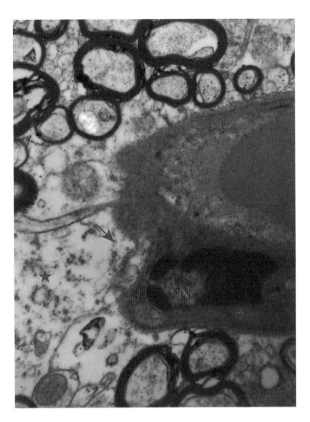

图 4-6-1-17　HEV 感染沙鼠脑组织。血管壁内皮细胞核固缩（N），内皮细胞膜及基膜缺失，血管周围水肿（★），基底膜缺失（↑）。TEM，30k×

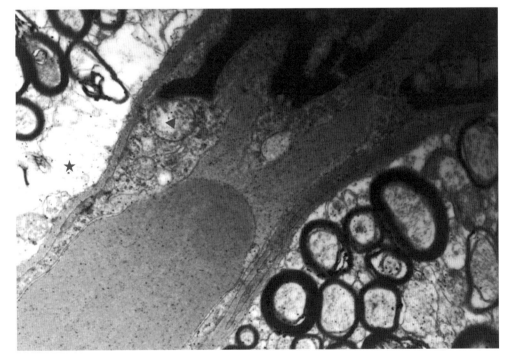

图 4-6-1-18　HEV 感染沙鼠脑组织。血管壁内皮细胞肿胀，胞浆内线粒体扩张，嵴断裂（▲），血管周围水肿（★）。TEM，30k×

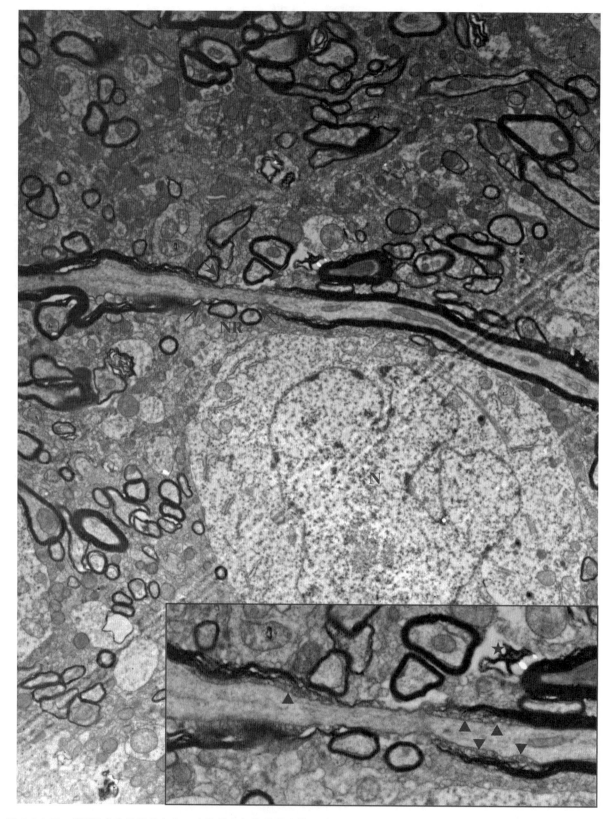

图 4-6-1-19　HEV 感染沙鼠脑组织。有髓神经纤维髓鞘变性（★）。NR：郎飞结（↑）；▲：舌状胞质囊；N：细胞核。TEM，6k×

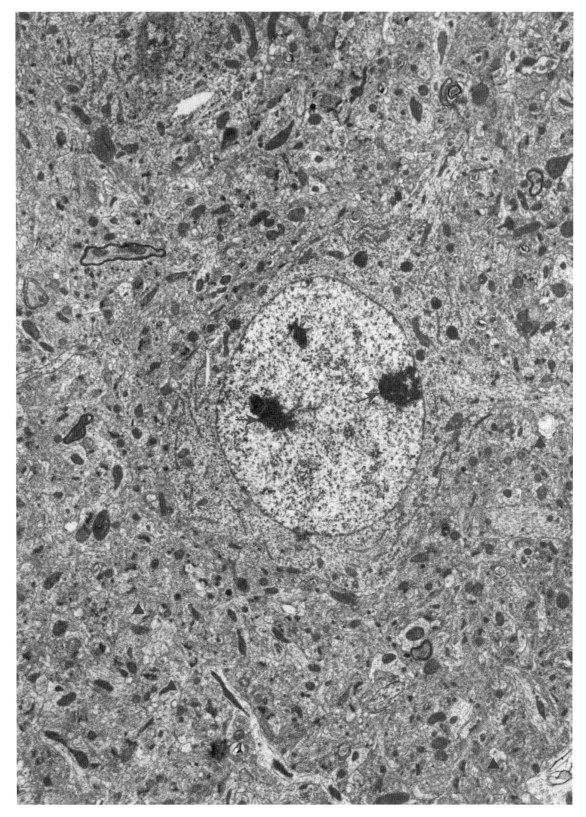

图 4-6-1-20　狂犬病病毒（RV）感染小鼠大脑。神经细胞核出现双核仁（↑），细胞周围无髓神经纤维普遍变性或溶解（▲）。TEM，5k×

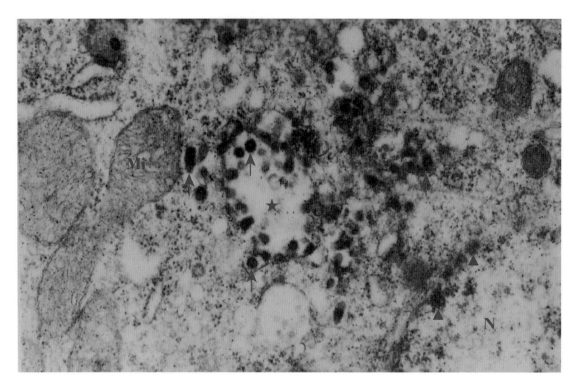

图 4-6-1-21 RV 感染小鼠大脑。神经细胞质中囊泡（★）内大量 RV（↑）正在繁殖组装之中，细胞核（N）膜连续性中断，残存核孔复合体结构（▲）。Mi：线粒体。TEM，30k×

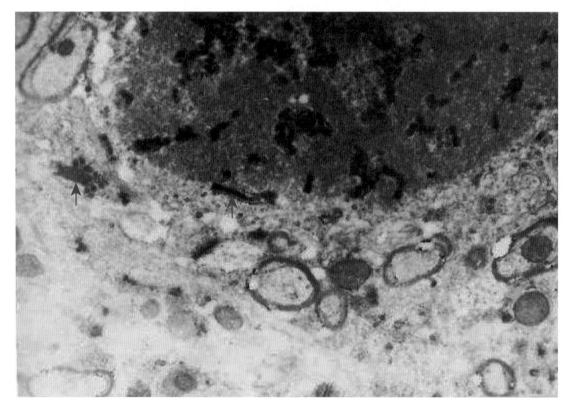

图 4-6-1-22 RV 感染小鼠大脑。神经细胞质中致密的 RV 包涵体（★）内大量病毒粒子正在繁殖装配之中（↑）。TEM，10k×

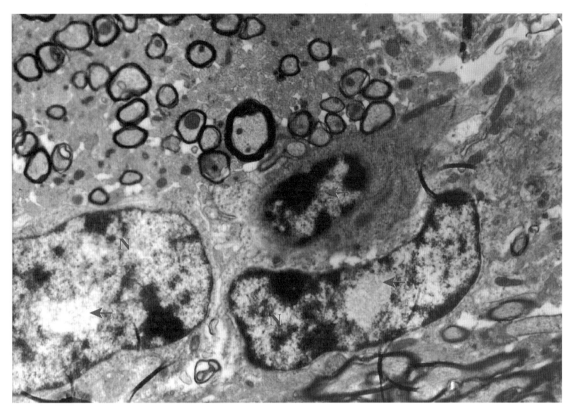

图 4-6-1-23　RV 感染小鼠大脑。神经细胞核（N）内出现空洞（↑）。TEM，7k×

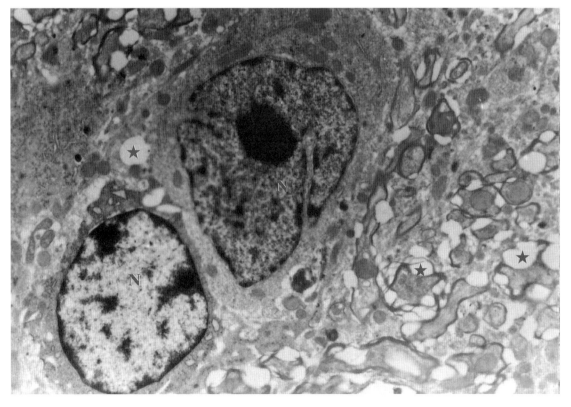

图 4-6-1-24　RV 感染小鼠大脑。神经髓鞘变性空泡化（★）。N：细胞核。TEM，5k×

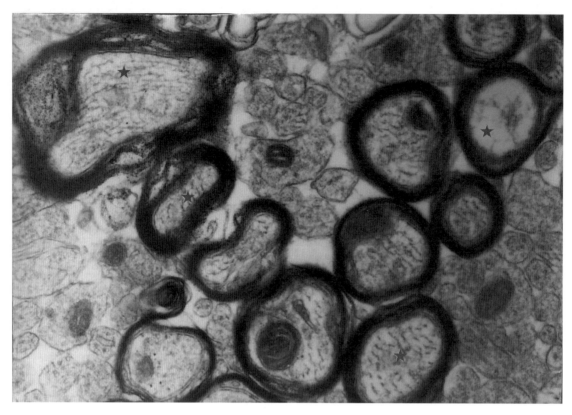

图 4-6-1-25　RV 感染小鼠大脑。有髓神经纤维溶解、消失（★）。TEM，30k×

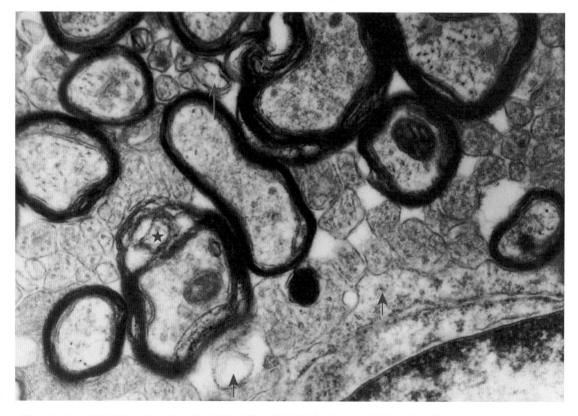

图 4-6-1-26　RV 感染小鼠大脑。神经髓鞘变性、鞘膜散裂（★），无髓神经纤维崩解（↑）。TEM，30k×

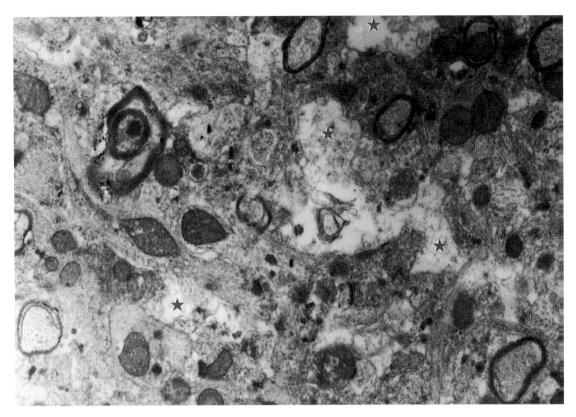

图 4-6-1-27　RV 感染小鼠大脑。神经纤维变性、溶解（★）。TEM，12k×

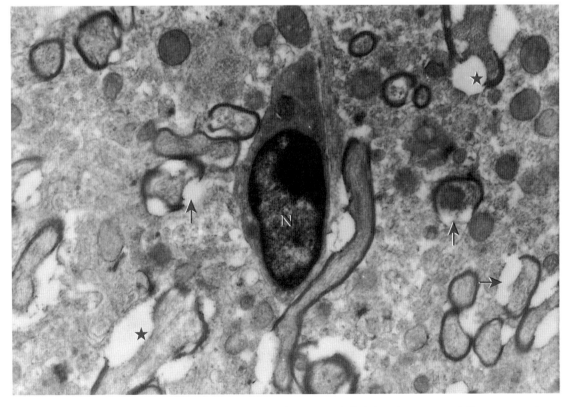

图 4-6-1-28　RV 感染小鼠大脑。神经纤维变性、溶解（★），髓鞘破碎（↑）。N：细胞核。TEM，12k×

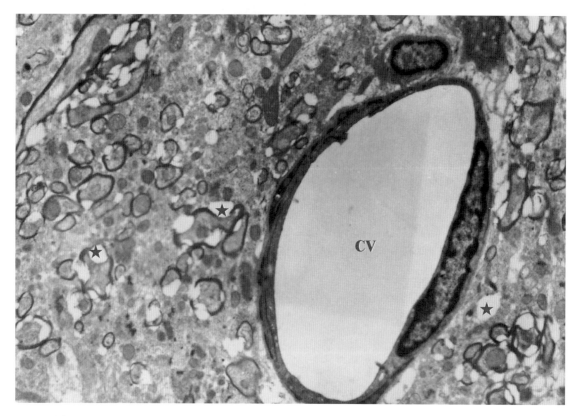

图 4-6-1-29　RV 感染小鼠大脑。神经纤维变性、溶解（★）。CV：毛细血管腔。TEM，5k×

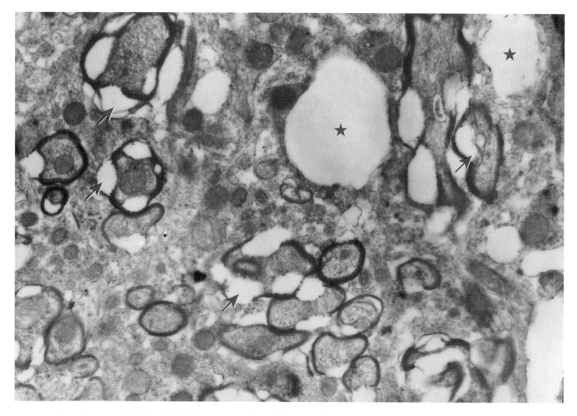

图 4-6-1-30　RV 感染小鼠大脑。神经纤维变性、溶解（★），髓鞘破碎（↑）。TEM，10k×

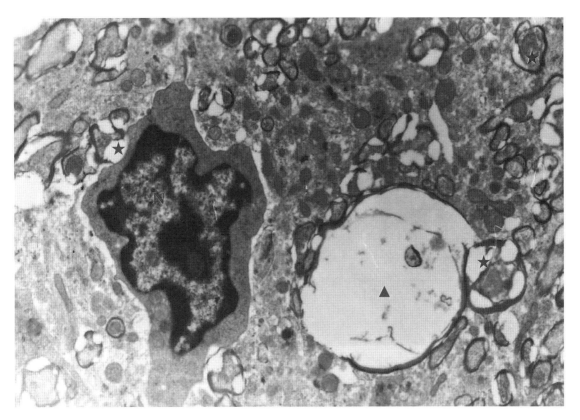

图 4-6-1-31 RV感染小鼠大脑。神经纤维变性、破碎（★），形成大的空泡（▲）。N：细胞核。TEM，6k×

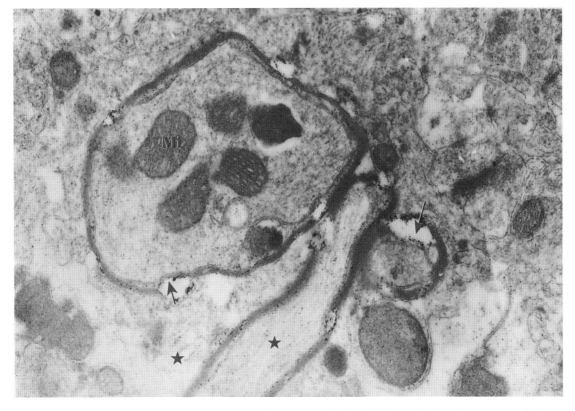

图 4-6-1-32 RV感染小鼠大脑。神经纤维变性、溶解（★），局部髓鞘膜裂开、破碎（↑）。Mi：线粒体。TEM，30k×

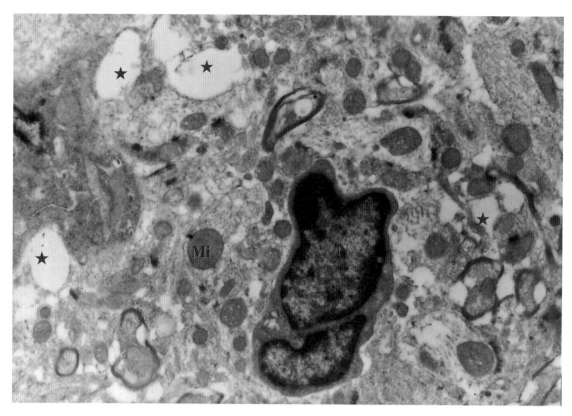

图 4-6-1-33 RV 感染小鼠大脑。神经纤维、髓鞘溶解、消失（★），线粒体嵴模糊不清（Mi）。N：细胞核。TEM，8k×

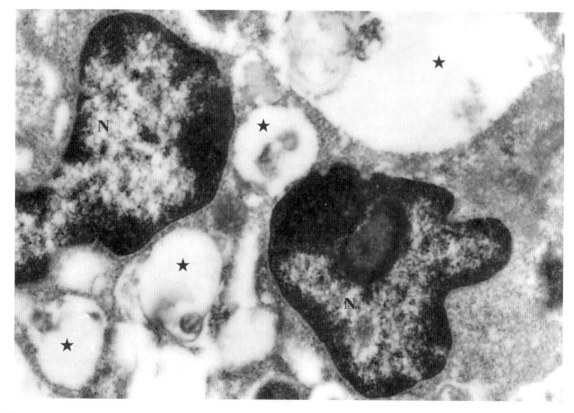

图 4-6-1-34 RV 感染小鼠大脑。神经纤维、髓鞘溶解、消失，形成多个空泡（★）。N：细胞核。TEM，14k×

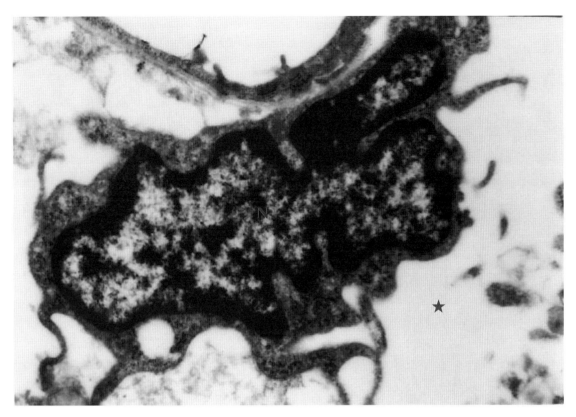

图 4-6-1-35 RV 感染小鼠大脑。小胶质细胞胞质表面有细长的突起，周围组织溶解、消失（★）。N：细胞核。TEM，14k×

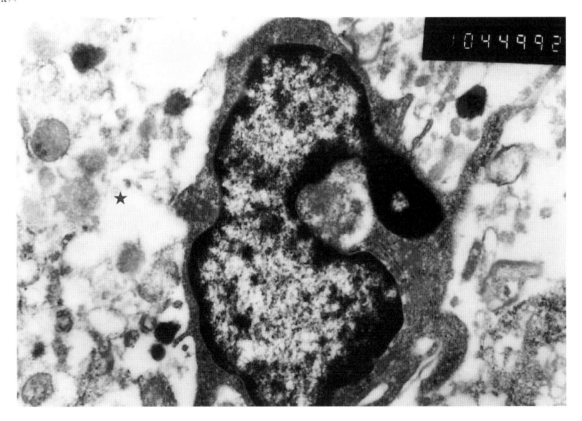

图 4-6-1-36 RV 感染小鼠大脑。小胶质细胞核（N）凹陷，周围神经纤维溶解、消失（★）。TEM，10k×

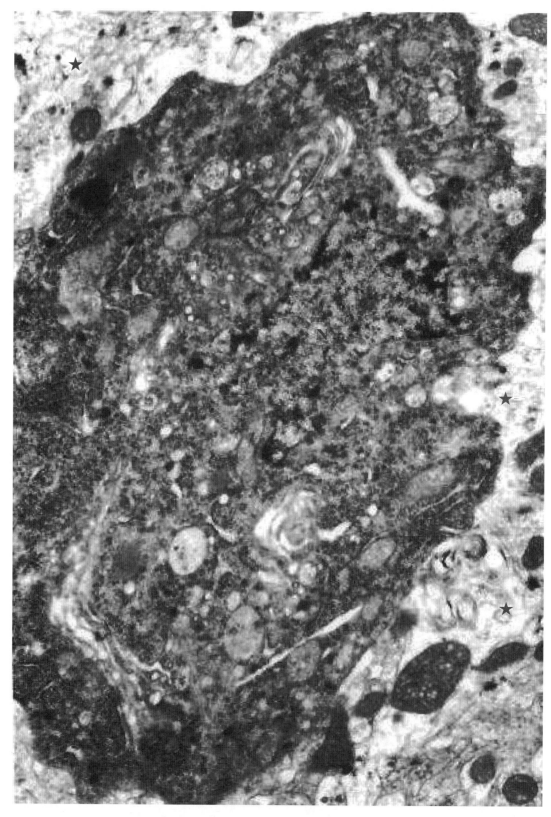

图 4-6-1-37　RV 感染小鼠大脑。星形胶质细胞核曲折凹陷，周围神经纤维溶解、消失（★）。N：细胞核。TEM，7k×

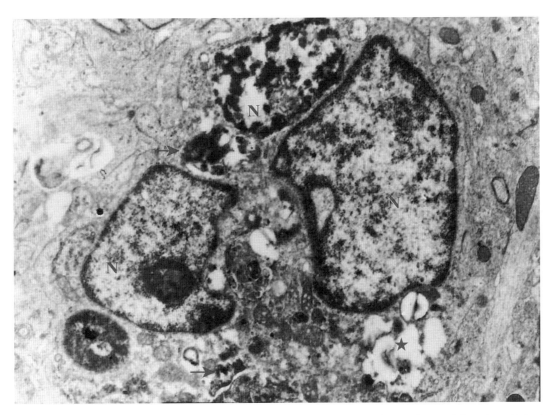

图 4-6-1-38 RV 感染小鼠大脑。三个胶质细胞聚集形成一个大的合胞体，胞浆中出现多个溶酶体（↑），局部胞质空泡化（★）。N：细胞核。TEM，8k×

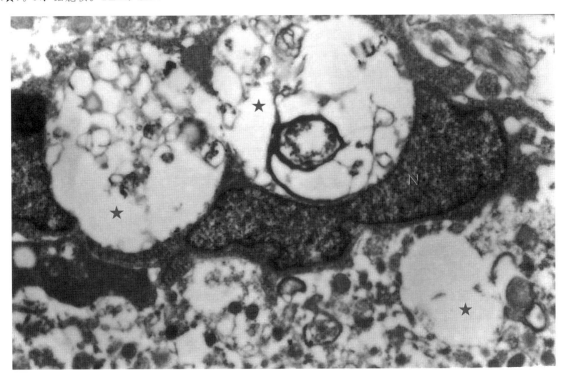

图 4-6-1-39 RV 感染小鼠大脑。小胶质细胞吞噬坏死的神经组织后，形成了泡沫样细胞（★）。N：细胞核。TEM，7k×

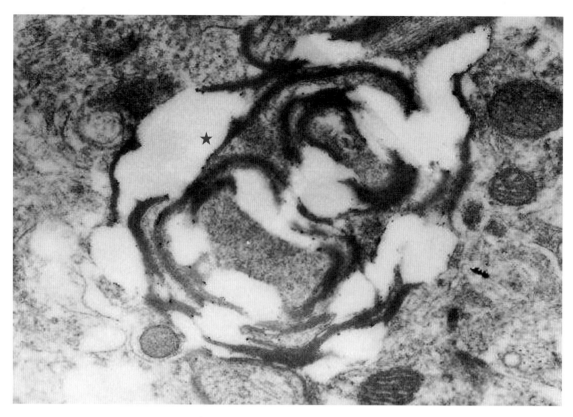

图 4-6-1-40 RV 感染小鼠大脑。神经髓鞘崩解、破碎（★）。TEM，20k×

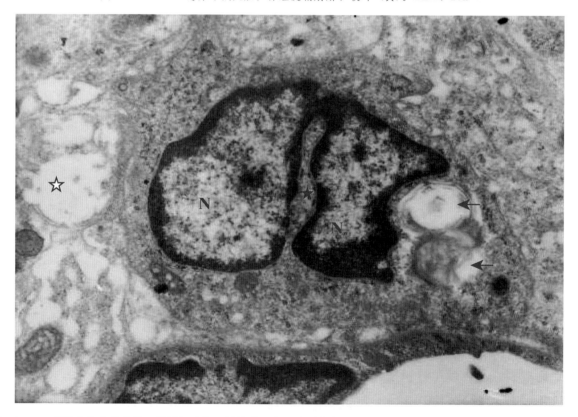

图 4-6-1-41 RV 感染小鼠大脑。胶质细胞核一侧核膜深度凹陷形成核沟（★），胞质中有两个次级溶酶体（↑）。近旁的细胞空泡形成（☆）。N：细胞核。TEM，10k×

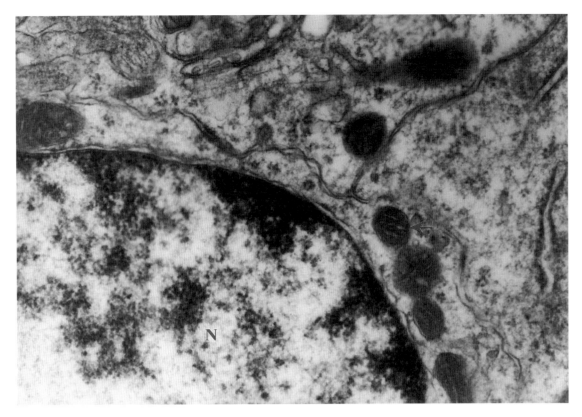

图 4-6-1-42 RV 感染小鼠大脑。线粒体结构模糊，呈斑马纹状（↑）。N：细胞核。TEM，20k×

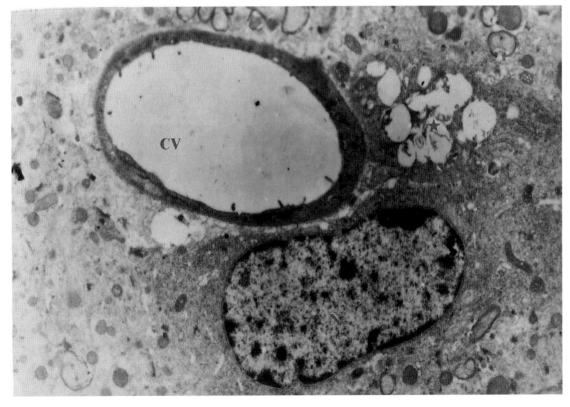

图 4-6-1-43 RV 感染小鼠大脑。扩张的毛细血管（CV）旁细胞溶解、空泡化（★）。N：细胞核。TEM，6k×

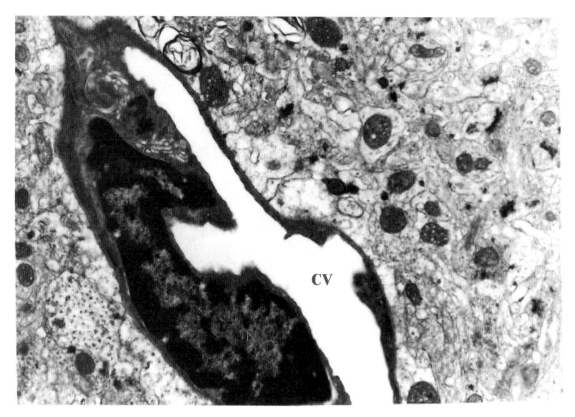

图 4-6-1-44　RV 感染小鼠大脑。毛细血管内皮肿胀（★），管腔扩张（CV）。N：细胞核。TEM，7k×

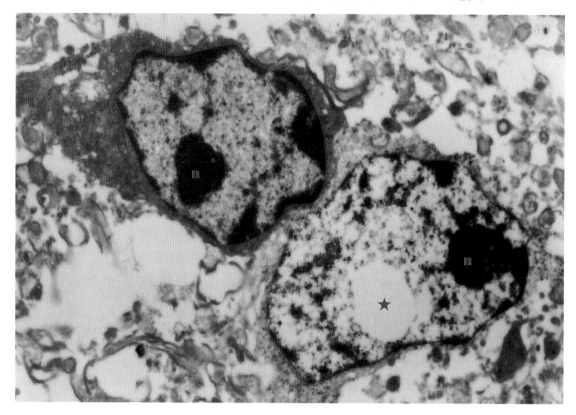

图 4-6-1-45　RV 感染小鼠大脑。细胞核仁凝集、边集（n），胞核基质溶解形成空泡（★）。TEM，5.6k×

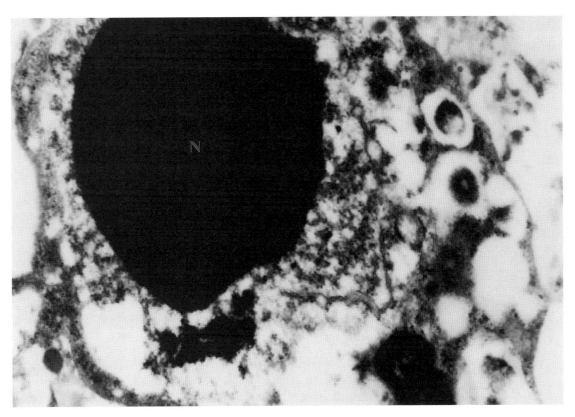

图 4-6-1-46　RV 感染小鼠大脑坏死神经细胞。核固缩浓染（N），胞质溶解、空化。TEM，10k×

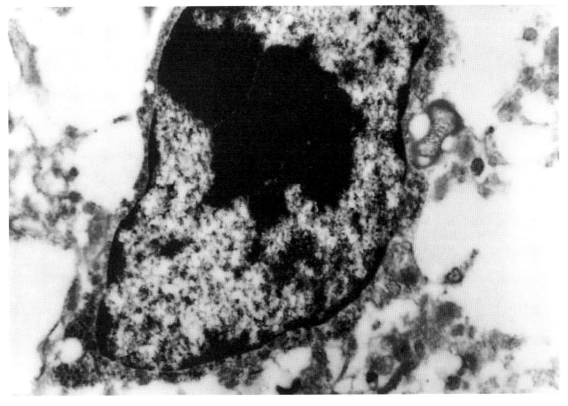

图 4-6-1-47　RV 感染小鼠大脑。神经细胞核仁肥大（N），胞质细胞器崩解、空化。TEM，10k×

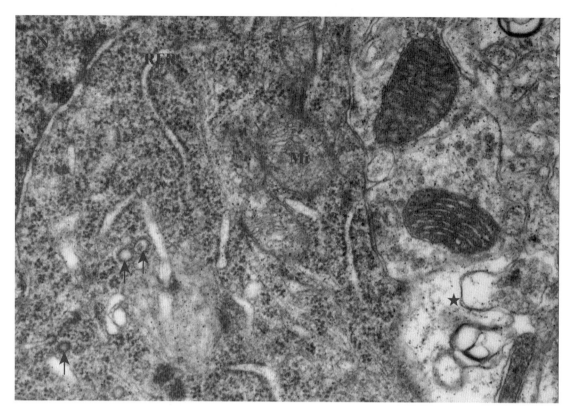

图 4-6-1-48　RV 感染小鼠大脑。神经胞质中见有病毒粒子（↑），右下方可见坏死的无髓神经纤维（★）。RER：粗面内质网；Mi：线粒体；N：细胞核。TEM，50k×

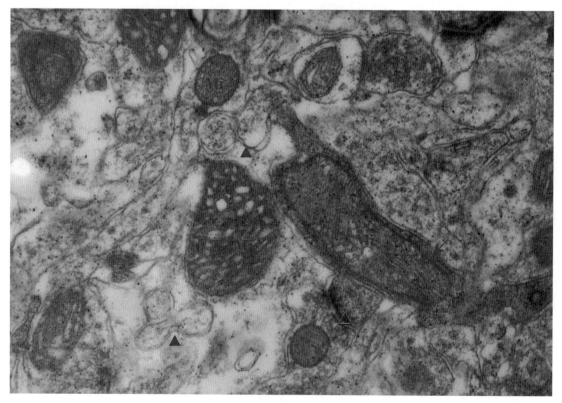

图 4-6-1-49　RV 感染小鼠大脑。神经横切面，见变性的无髓神经纤维（▲），并见神经纤维膜间突触结构（△），线粒体（Mi）嵴肿胀，内膜增厚（↑）。TEM，50k×

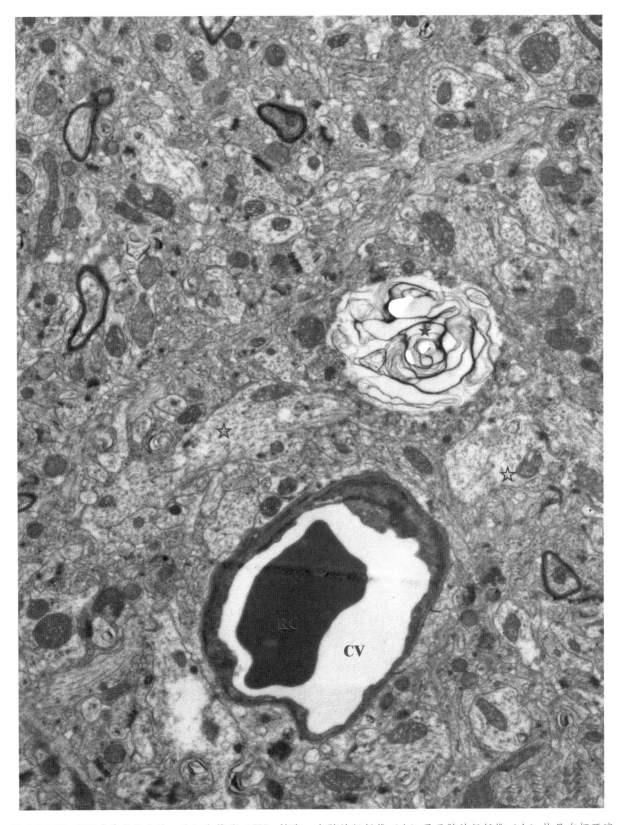

图 4-6-1-50 RV 感染小鼠大脑。毛细血管腔（CV）扩张，有髓神经纤维（★）及无髓神经纤维（☆）均见有坏死溶解。RC：红细胞。TEM，10k×

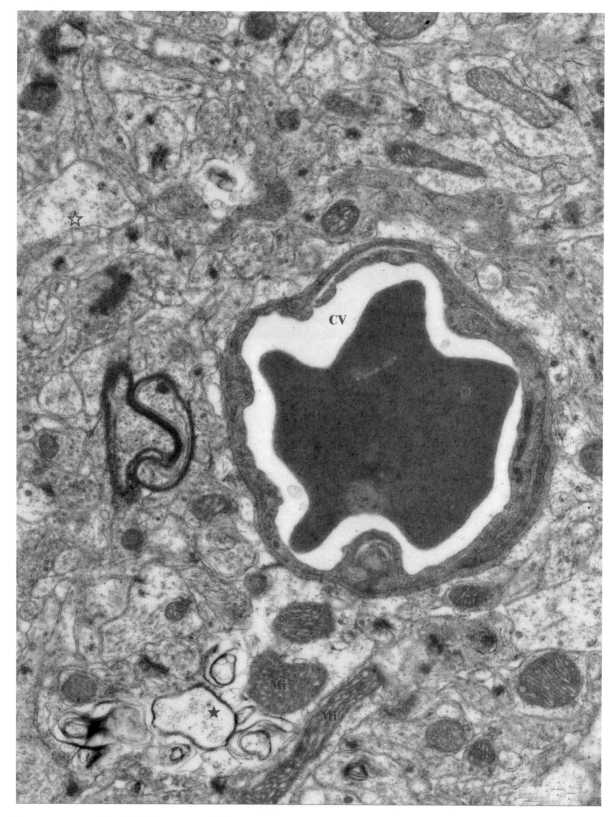

图 4-6-1-51 RV 感染小鼠大脑。毛细血管腔（CV），有髓神经纤维（★）及无髓神经纤维（☆）大多都发生坏死或溶解。RC：红细胞；Mi：线粒体。TEM，20k×

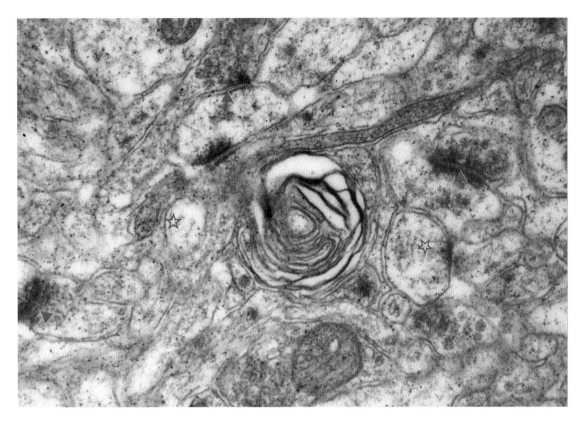

图 4-6-1-52　RV 感染小鼠大脑。无髓神经纤维多坏死溶解（☆）。神经触突结构异常（▲）。TEM，60k×

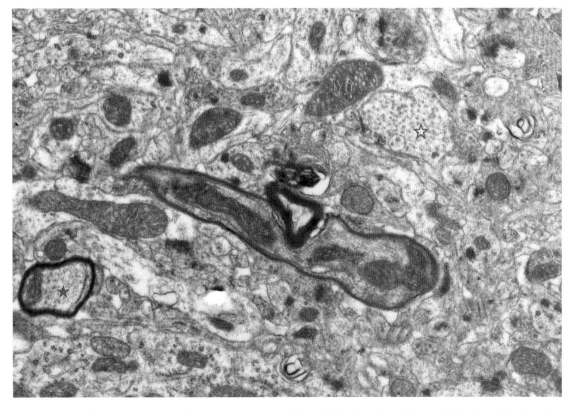

图 4-6-1-53　RV 感染小鼠大脑。有髓神经纤维（★）及无髓神经纤维（☆）均见有坏死溶解变化，线粒体固缩（Mi）。TEM，20k×

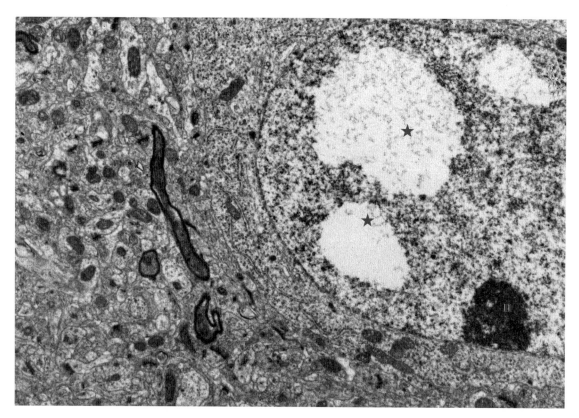

图 4-6-1-54 RV 感染小鼠大脑。细胞核基质溶解呈空泡状（★），神经纤维水肿。n：核仁。TEM，10k×

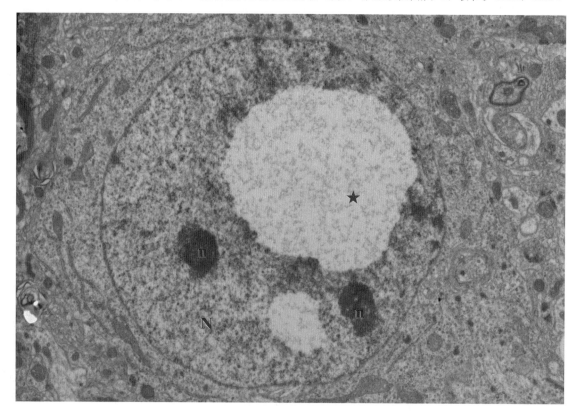

图 4-6-1-55 RV 感染小鼠大脑。细胞核（N）基质溶解呈空泡状（★），并可见 2 个核仁（n）。TEM，10k×

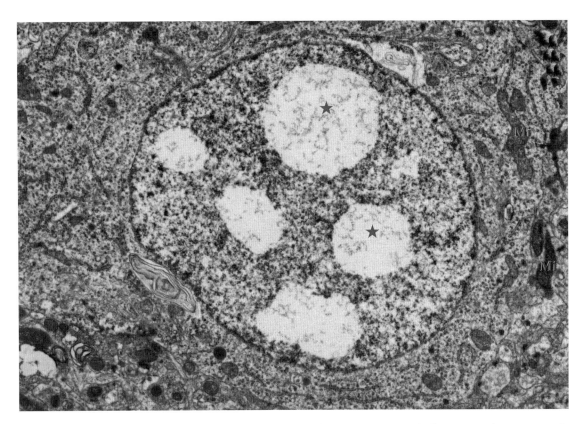

图 4-6-1-56 RV 感染小鼠大脑。细胞核（N）基质溶解，多发性空泡（★），线粒体（Mi）固缩。TEM，10k×

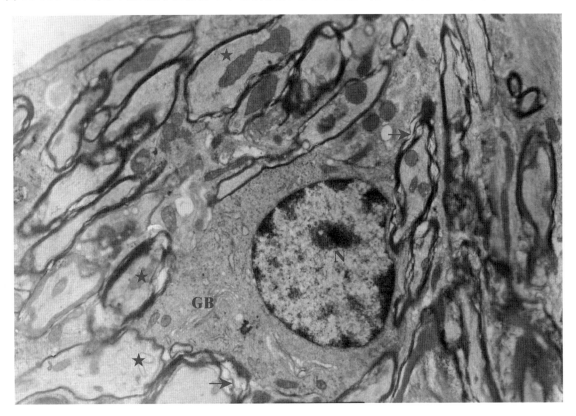

图 4-6-1-57 RV 感染小鼠大脑。神经细胞周围的有髓神经纤维普遍发生肿胀（★），髓鞘囊膜松弛分离（↑）。N：细胞核；GB：高尔基体。TEM，10k×

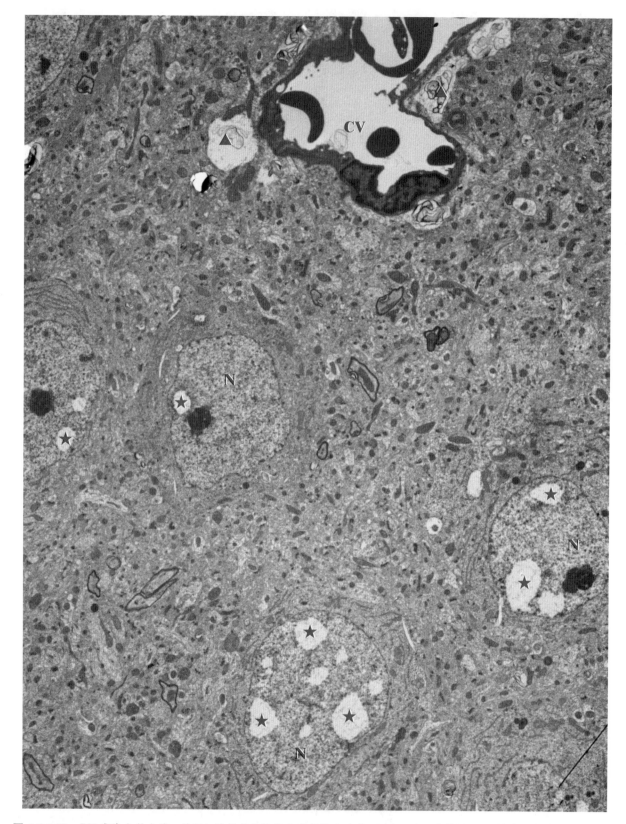

图 4-6-1-58 RV 感染小鼠大脑。神经细胞核基质均发生溶解呈空泡状（★），毛细血管（CV）扩张，内皮表面凹凸不平，血管外结构液化、水肿（▲）。N：细胞核。TEM，3k×

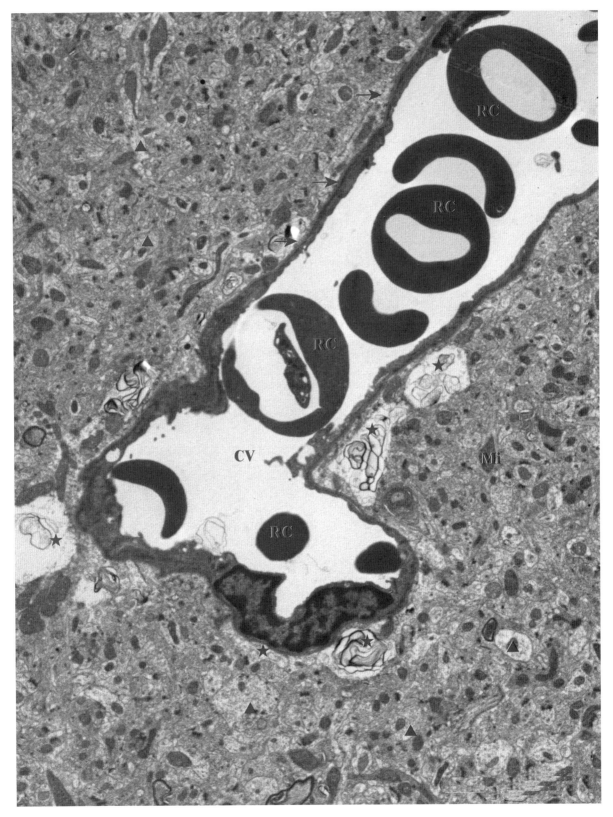

图 4-6-1-59 RV 感染小鼠大脑。毛细血管（CV）扩张、充血，血管壁外基底膜缺失（↑），血管周隙水肿（★），神经纤维普遍变性或溶解（▲），线粒体（Mi）固缩。RC：红细胞。TEM，5k×

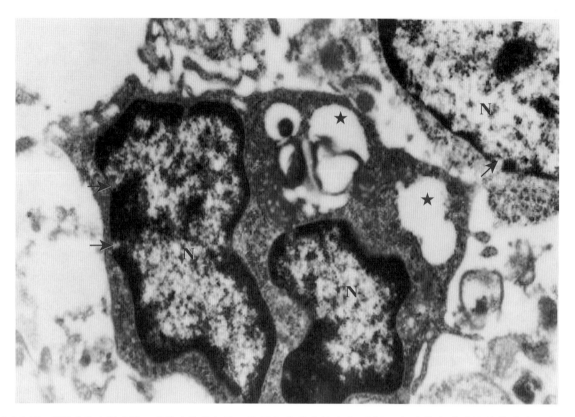

图 **4-6-1-60** RV 感染小鼠大脑。双核合胞体细胞，胞质细胞器变性空化（★），细胞核出现明显的核膜孔（↑）。N：细胞核。TEM，10k×

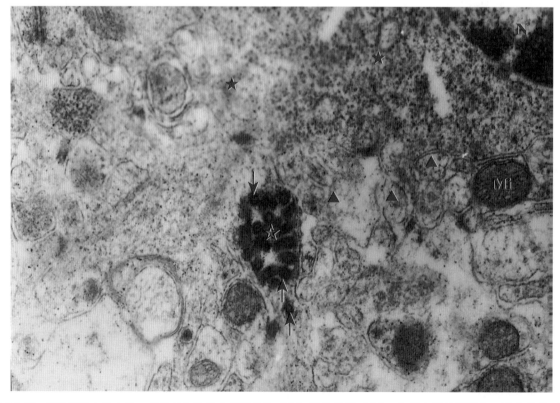

图 **4-6-1-61** RV 感染小鼠大脑。示神经细胞质内 RV 粒子（↑）聚集成团（☆），粗面内质网脱颗粒，网池扩张（▲），胞质基质中弥散游离核糖体颗粒（★）。Mi：线粒体；N：细胞核。TEM，30k×

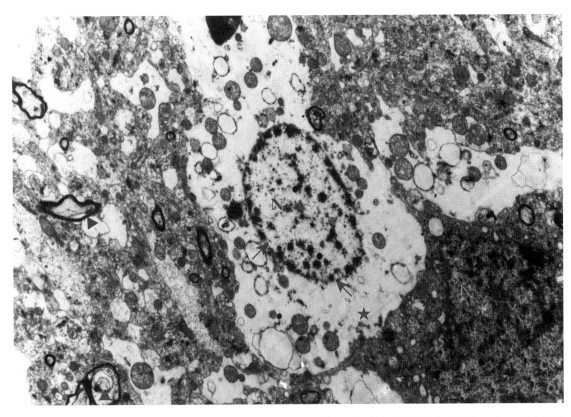

图 4-6-1-62　感染疱疹病毒的斑羚脑。核孔密集，核膜断续缺失（↑），胞浆基质溶解消失空泡化（★），神经纤维变性（▲）。N：细胞核。TEM，6k×

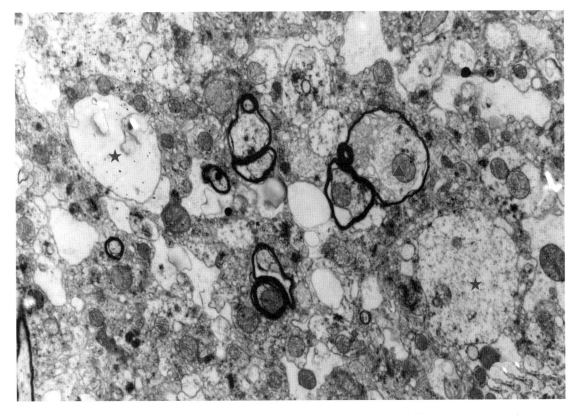

图 4-6-1-63　感染疱疹病毒的斑羚脑。胞质空泡变性（★），神经纤维变性（▲）。TEM，10k×

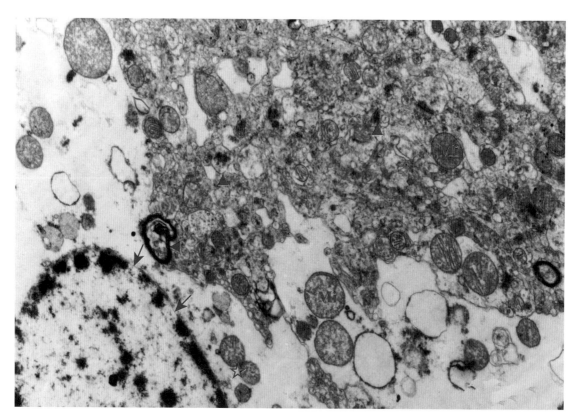

图 4-6-1-64 感染疱疹病毒的斑羚脑。核孔密集，核膜断续缺失（↑），胞浆内质网空泡变性，可见自噬体（▲），胞质线粒体（Mi）变化不明显，见线粒体分裂现象（☆）。TEM，2k×

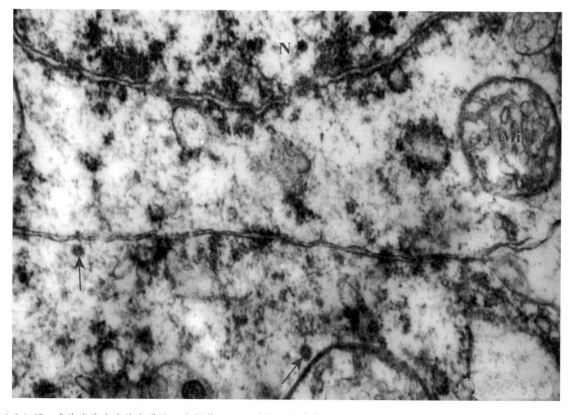

图 4-6-1-65 感染疱疹病毒的斑羚脑。线粒体（Mi）肿胀，嵴消失。N：细胞核；↑：变性的病毒粒子。TEM，50k×

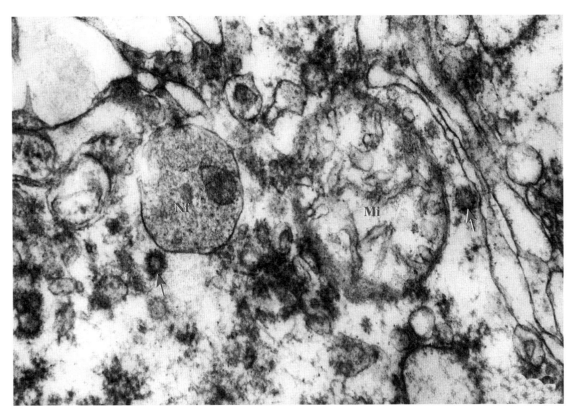

图 4-6-1-66 感染疱疹病毒的斑羚脑。线粒体肿胀，嵴断裂减少（Mi）。Nf：神经纤维。↑：病毒粒子。TEM，70k×

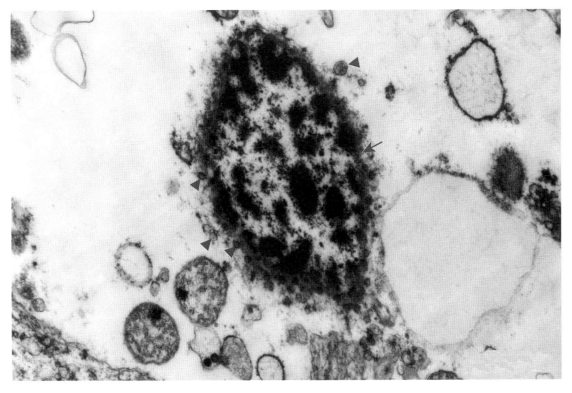

图 4-6-1-67 感染疱疹病毒的斑羚脑。核染色质散聚成团，核孔开裂（↑），核周围见大量病毒粒子（▲），核周围胞浆溶解空化。TEM，20k×

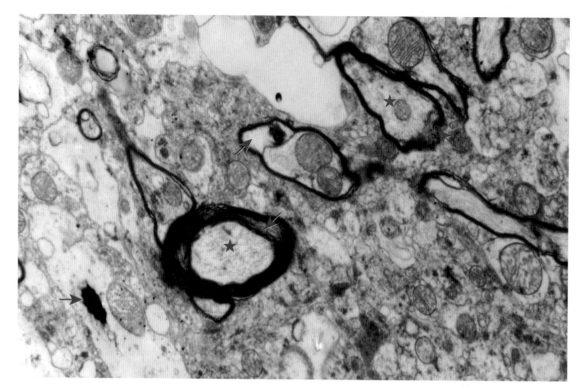

图 4-6-1-68　感染疱疹病毒的斑羚。神经纤维变性、溶解（★），髓鞘变性或皱缩（↑）。TEM，15k×

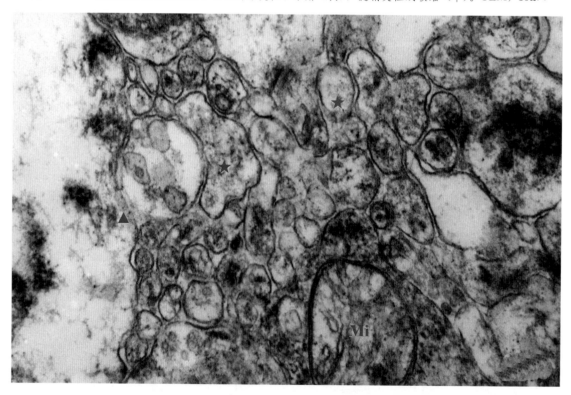

图 4-6-1-69　感染疱疹病毒的斑羚脑。无髓神经纤维变性或溶解（★），神经纤维膜普遍缺失不完整（▲）。Mi：线粒体。TEM，70k×

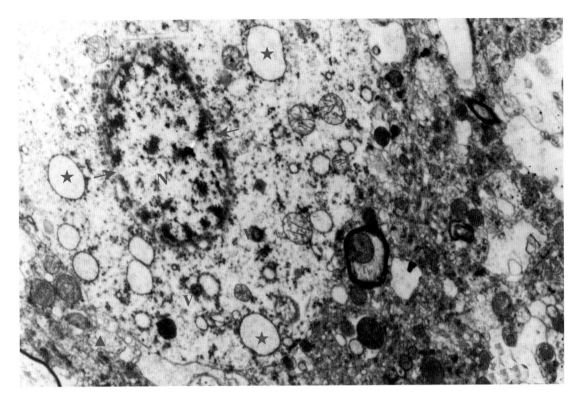

图 4-6-1-70　感染疱疹病毒的斑羚脑。核染色质稀散，核孔开裂（↑），核周围胞浆溶解空化，内质网扩张空泡化（★），胞膜不完整（▲）。胞质内有病毒粒子（V）。N：细胞核。TEM，20k×

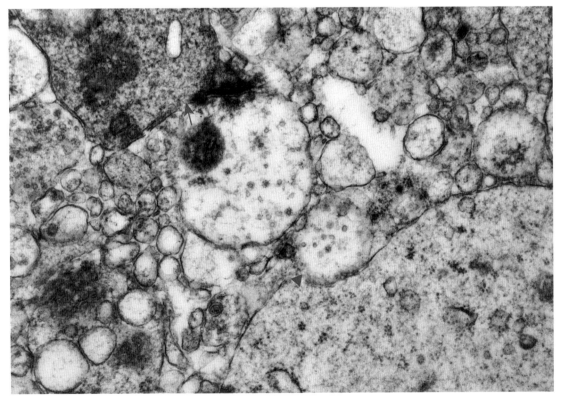

图 4-6-1-71　感染疱疹病毒的黄麂脑。神经轴突连接不完整（↑），神经纤维变性或溶解，神经纤维膜缺失不完整（▲）。TEM，70k×

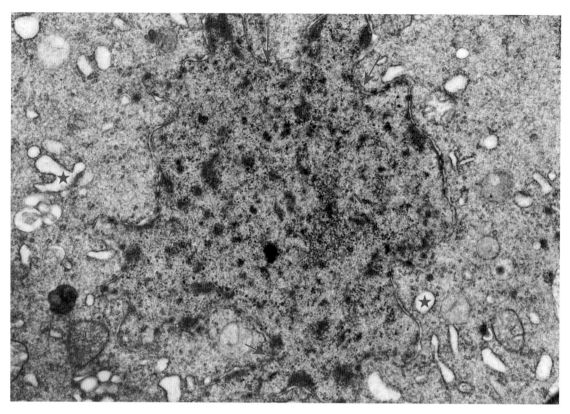

图 4-6-1-72　感染疱疹病毒的黄麂脑。神经细胞核（N）膜曲折凹陷（↑），胞质内质网池扩张（★）。TEM，20k×

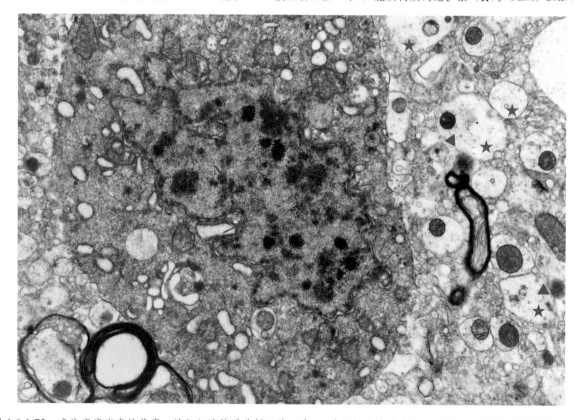

图 4-6-1-73　感染疱疹病毒的黄麂。神经细胞核膜曲折凹陷（↑），神经纤维变性或溶解（★），神经纤维膜普遍缺失不完整（▲）。N：细胞核。TEM，15k×

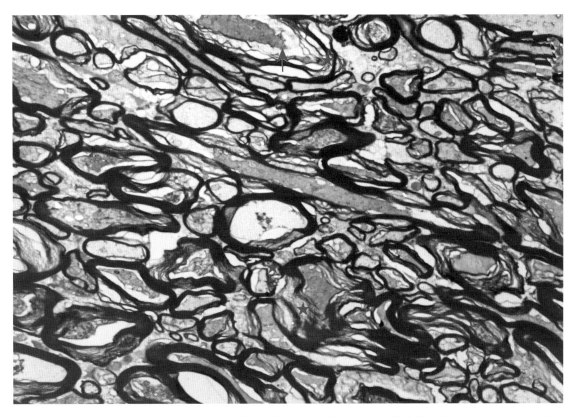

图 4-6-1-74　黑羚羊疱疹病毒感染脑。有髓神经纤维肿胀脱髓鞘（↑），髓鞘变性、解离（★）。TEM，4k×

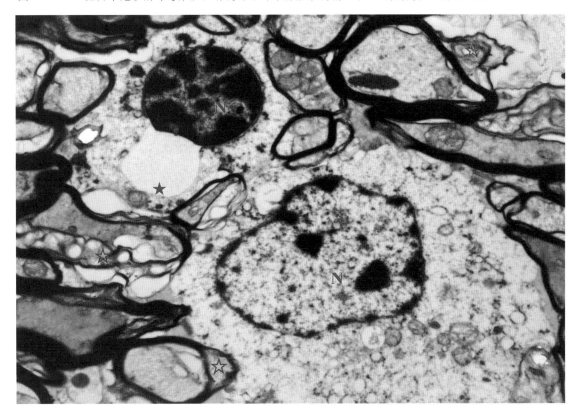

图 4-6-1-75　黑羚羊疱疹病毒感染脑。小胶质细胞（上）及星形胶质细胞胞浆物质溶解，胞浆中可见大的空泡（★），有髓神经纤维髓鞘变性（☆）。N：细胞核。TEM，10k×

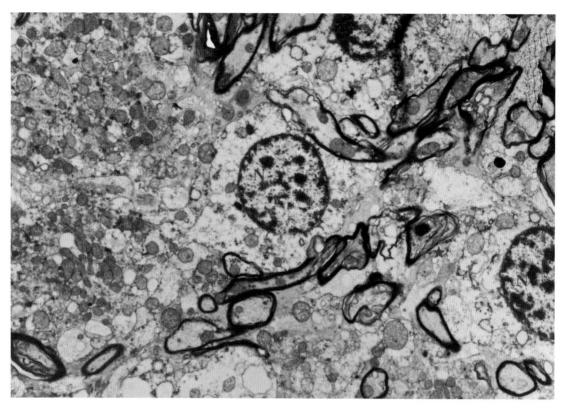

图 4-6-1-76　黑羚羊疱疹病毒感染脑。细胞核（N）异染色质增多，胞浆物质溶解，有髓神经纤维髓鞘变性（★）。TEM，6k×

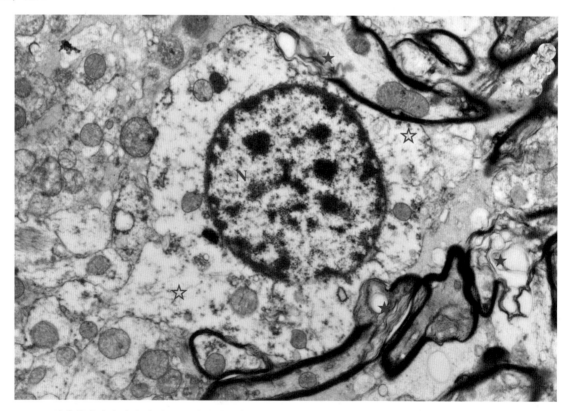

图 4-6-1-77　黑羚羊疱疹病毒感染脑。星形胶质细胞核（N）异染色质增多，胞浆基质溶解空化（☆），有髓神经纤维髓鞘变性、破裂（★）。TEM，12k×

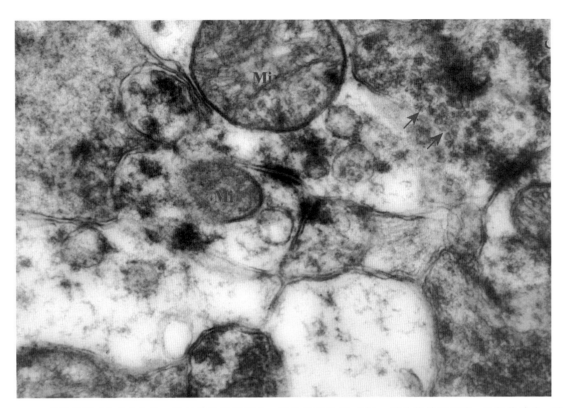

图 4-6-1-78　黑羚羊疱疹病毒感染脑。神经纤维溶解消失，突触连接受损（↑），膜结构模糊不清，线粒体肿胀，嵴消失（Mi）。TEM，60k×

2. 脊髓

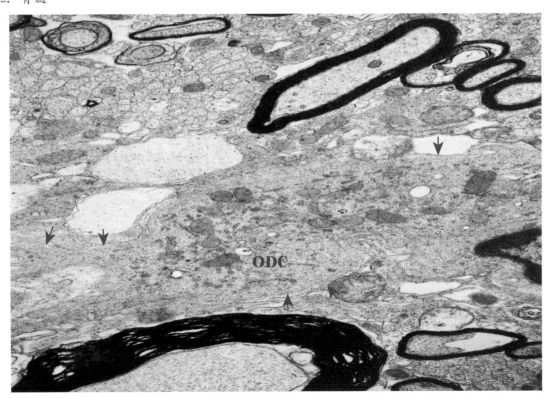

图 4-6-2-1　沙鼠脊髓组织。雪旺氏细胞基底膜连续、平整（↑），有髓神经纤维髓鞘结构紧密。ODC：少突胶质。TEM，20k×

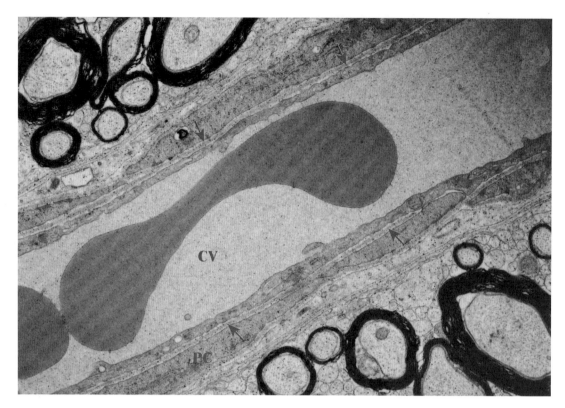

图 4-6-2-2　沙鼠脊髓组织。血管内皮基底膜连续、平整（↑），有髓神经纤维髓鞘结构紧密，神经纤维结构清晰。CV：毛细血管；PC：周细胞。TEM，20k×

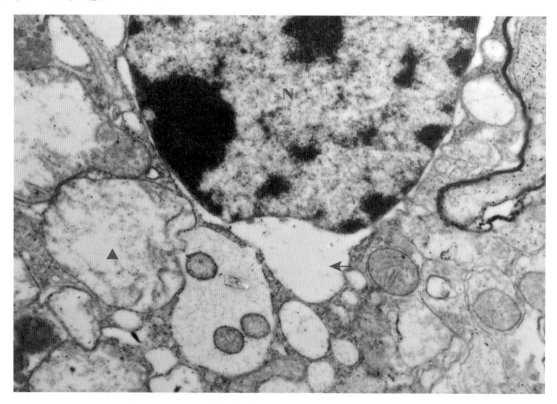

图 4-6-2-3　HEV 感染沙鼠脊髓组织。细胞核核周隙显现（↑），线粒体扩张，嵴断裂、消失（▲）。N：细胞核。TEM，30k×

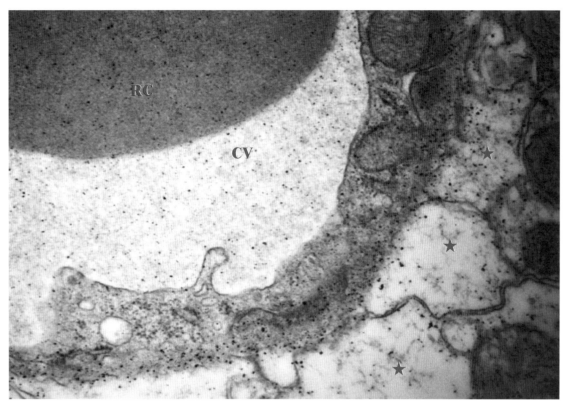

图 4-6-2-4　HEV 感染沙鼠脊髓组织。血管壁结构层次紊乱，基膜不清晰，血管周围水肿（★）。CV：血管腔；RC：红细胞。TEM，50k×

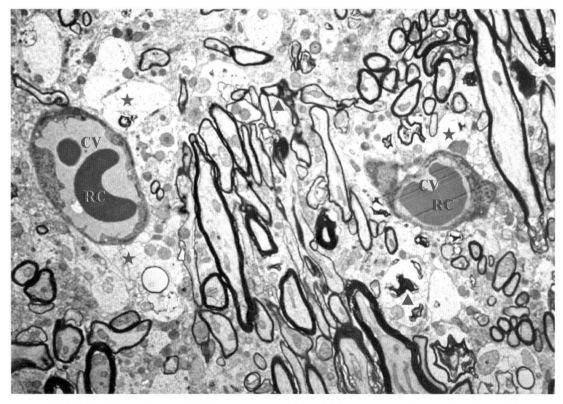

图 4-6-2-5　HEV 感染沙鼠脊髓组织。毛细血管（CV）周围水肿（★），神经纤维坏死、水肿，髓鞘皱缩（▲）。RC：红细胞；TEM，5k×

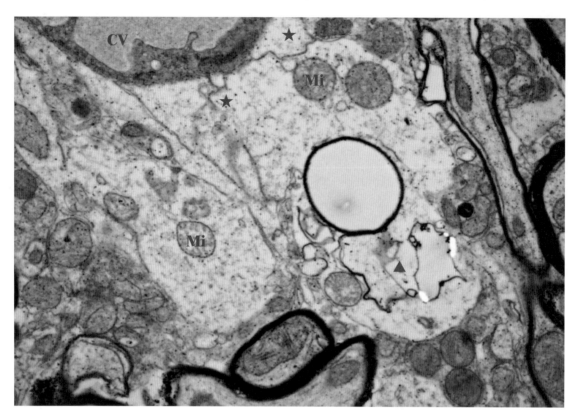

图 4-6-2-6　HEV 感染沙鼠脊髓组织。血管周围水肿（★），神经纤维变性（▲）Mi：线粒体。TEM，20k×

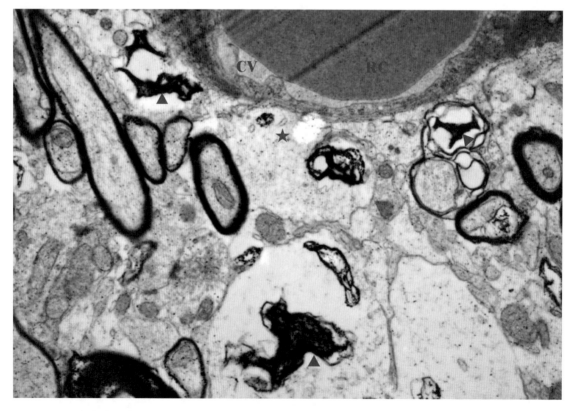

图 4-6-2-7　HEV 感染沙鼠脊髓组织。血管周围组织疏松、水肿（★），髓鞘变性、皱缩（▲）。CV：血管；RC：红细胞。TEM，20k×

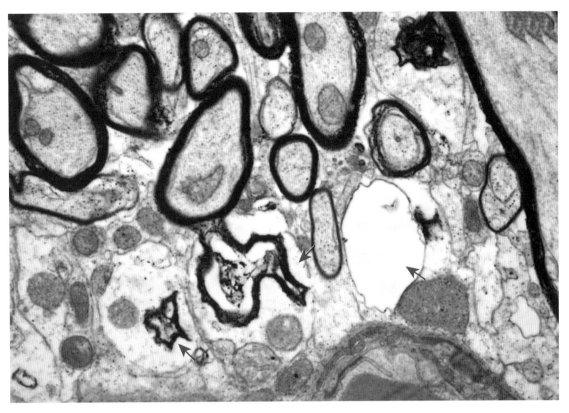

图 4-6-2-8　HEV 感染沙鼠脊髓。髓鞘及神经纤维变性坏死、空化（↑）。TEM，20k×

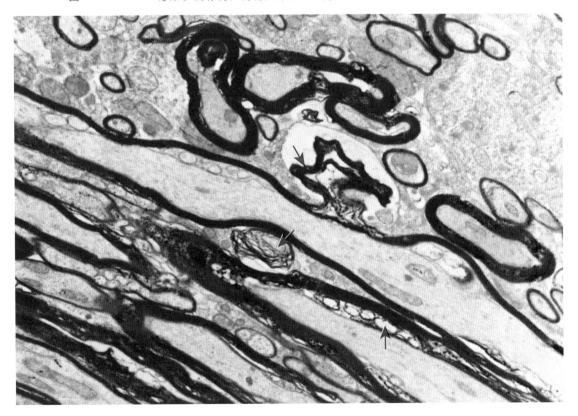

图 4-6-2-9　HEV 感染沙鼠脊髓。神经纤维纵切面，髓鞘变性、皱缩碎裂（↑）。TEM，12k×

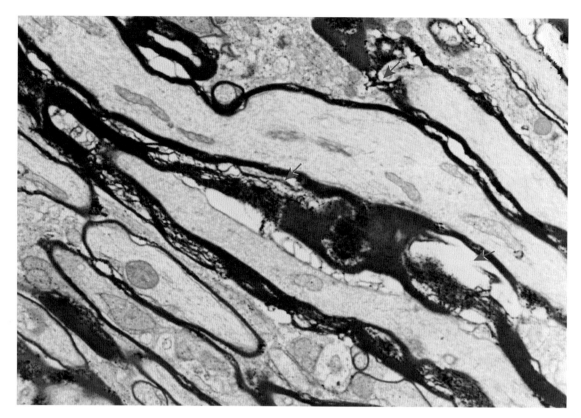

图 4-6-2-10　HEV 感染沙鼠脊髓组织。神经纤维纵切面，可见髓鞘变性（↑）。TEM，12k×

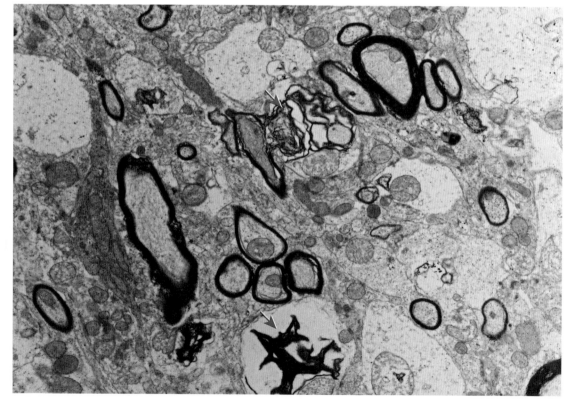

图 4-6-2-11　HEV 感染沙鼠脊髓组织。有髓神经纤维髓鞘皱缩、破碎（↑）。TEM，12k×

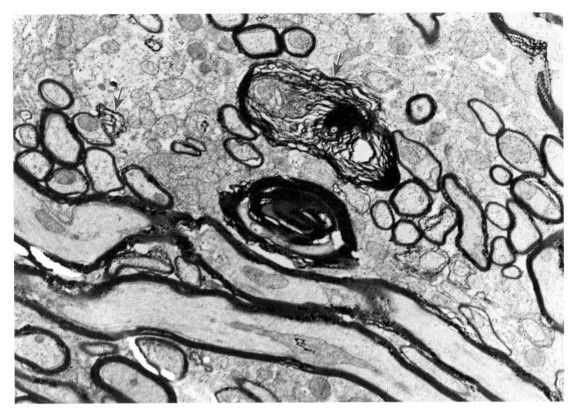

图 4-6-2-12　HEV 感染沙鼠脊髓组织。有髓神经纤维髓鞘变性散离（↑）。TEM，12k×

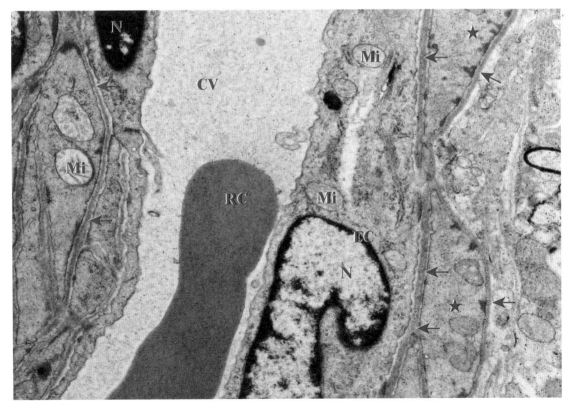

图 4-6-2-13　HEV 感染沙鼠脊髓组织。血管内皮细胞线粒体嵴断裂，结构不清晰（Mi）。CV：毛细血管腔；N：细胞核；↑：基底膜；EC：内皮细胞；★：周细胞；RC：红细胞。TEM，20k×

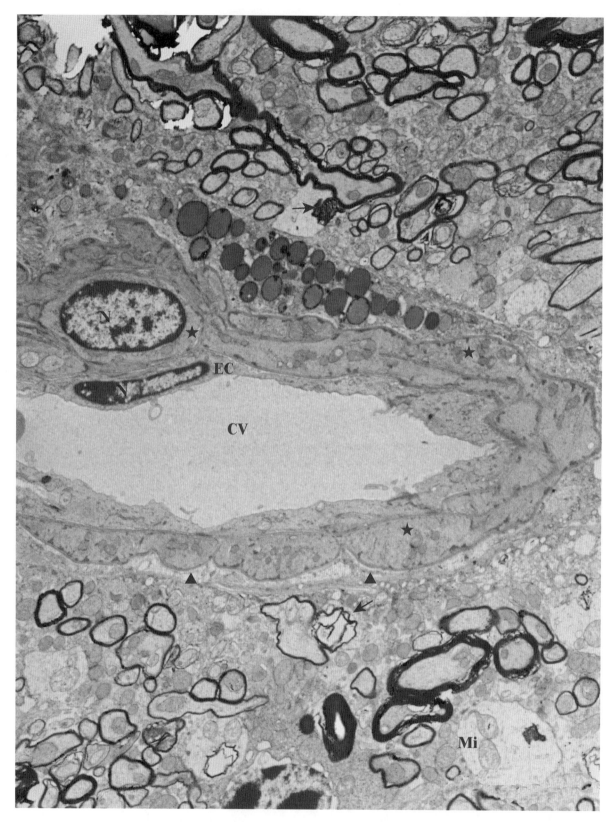

图 4-6-2-14 HEV 感染沙鼠脊髓组织。有髓神经纤维髓鞘皱缩、变性及溶解（↑），线粒体嵴断裂，结构不清晰（Mi），血管内皮（EC）外周细胞（★）增生，结构清晰完整。CV：血管腔；▲：周胞外基膜；N：细胞核。TEM，6k×

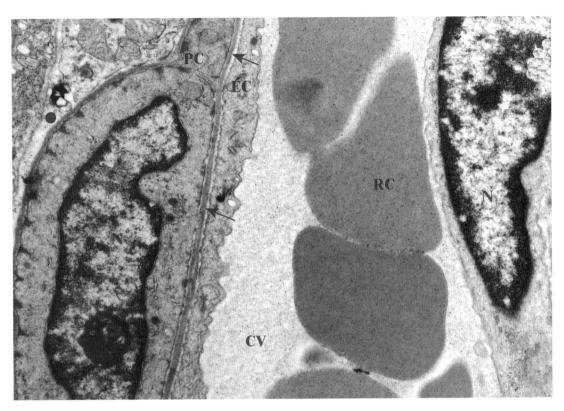

图 4-6-2-15　HEV 感染沙鼠脊髓组织。血管周细胞（PC）与周围组织间隙增大（▲）。CV：毛细血管腔；N：血管周细胞细胞核；EC：毛细血管内皮细胞；RC：红细胞；↑：内皮外基膜。TEM，20k×

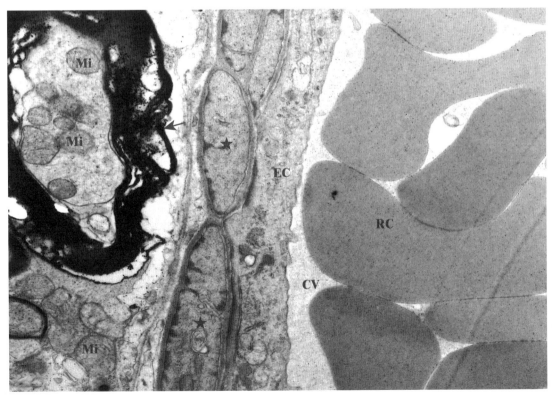

图 4-6-2-16　HEV 感染沙鼠脊髓。有髓神经纤维髓鞘变性（↑），线粒体结构模糊（Mi）。CV：血管腔；★：周细胞；RC：红细胞；EC：内皮细胞。TEM，20k×

第七节　胃与肠道

一、胃

胃是一个囊袋状结构，接受来自食管的食物并将其内容物，即食糜送入十二指肠。胃有 3 个可辨认的区域：贲门、胃底和幽门。胃底是胃的主要消化区域。空虚胃的黏膜和黏膜下层形成褶，即皱襞。皱襞在胃膨大时消失。

胃底部的结构：胃底部黏膜有胃小凹，小凹的基底部有胃腺的开口。从腔面观胃底表面可见纵横交错的嵴状隆起，嵴状隆起之间的凹陷即为胃小凹（GP），胃小凹表面由单层柱状的衬覆细胞（SC）（又称为表面黏液细胞）衬覆。每一小凹的底部与 2～3 条胃底腺（FG）的峡部相连。胃底腺的主要细胞成分为壁细胞（泌酸细胞）（PC）、主细胞（胃酶细胞）（CC）、颈黏液细胞（MnC）及 DNES 细胞（内分泌细胞）。

在反刍兽，如牛、羊等动物有 4 个胃，分别为瘤胃、网胃、瓣胃及皱胃（或真胃）。瘤胃、网胃及瓣胃黏膜均由复层鳞状上皮组成，在瘤胃黏膜表面有高低不一的乳头状突起，网胃黏膜表面、皱襞蜂窝状隆起。

1. 黏膜

黏膜有胃小凹，小凹的基底部有胃腺的开口。

（1）上皮　无杯状细胞的单层柱状上皮。构成上皮的细胞是表面衬覆细胞，延伸到胃小凹内。

（2）固有层　固有层内有大量胃腺、细长的血管、多种结缔组织和淋巴样细胞。

胃腺由下列细胞组成：壁细胞（泌酸细胞）、主细胞（胃酶细胞）、颈黏液细胞、弥散神经内分泌系统的细胞（肠内分泌细胞）和干细胞。贲门腺无主细胞，且仅有很少的壁细胞。幽门腺比较短，无主细胞且仅有很少的壁细胞。大部分细胞是与颈黏液细胞相似的黏液分泌细胞。胃底腺含有上述 5 种细胞。

（3）黏膜肌层　黏膜肌层由内环行、外纵行平滑肌构成。

2. 黏膜下层

黏膜下层不含腺体，但有血管丛以及黏膜下神经丛。

3. 肌层

肌层由三层平滑肌构成：内斜肌、中层环行肌和外纵肌层。中层环行肌形成幽门括约肌。肌间神经丛分布在环、纵两层之间。

4. 浆膜

胃由结缔组织覆盖，即浆膜，结缔组织外包裹着腹膜的脏层。

电镜观察可见，胃壁内主细胞核周有大量粗面内质网与发达的高尔基复合体，顶部有许多圆形酶原颗粒。而壁细胞胞质中有迂曲分支的细胞内分泌小管，管壁与细胞顶面质膜相连，并都有微绒毛。分泌小管周围有表面光滑的小管和小泡，称微管泡系统，其膜结构与细胞顶面及分泌小管相同。壁细胞的此种特异性结构与细胞的不同分泌时相关。壁细胞还有大量线粒体，其他细胞器则较少。

二、小肠

小肠由三部分构成：十二指肠、空肠和回肠。小肠黏膜有皱褶，称绒毛。从十二指肠到回肠绒毛的形态发生改变，并且其高度也逐渐递减。

1. 黏膜

黏膜有绒毛，即衬覆上皮和固有层一起向肠腔突起形成的结构。

（1）上皮单层柱状上皮 由杯状细胞、表面吸收细胞和 DNES 细胞组成。杯状细胞的数量从十二指肠到回肠逐渐增加。

（2）固有层 固有层由疏松结缔组织构成，内含称为 Lieberkuhn 隐窝的腺体，腺体一直延伸到黏膜肌层。组成腺体的细胞是杯状细胞、柱状细胞以及主要在基底部的潘氏细胞、DNES 细胞和干细胞，偶尔也可见到内陷细胞。还有淋巴管的盲端，即中央乳糜管、平滑肌细胞、血管、孤立淋巴小结以及淋巴样细胞。含有 M 细胞上皮帽结构的淋巴小结以派伊尔淋巴集结的形式大量的存在于回肠。

（3）黏膜肌层 黏膜肌层由内环行和外纵行两层平滑肌构成。

2. 黏膜下层

十二指肠黏膜下层含有十二指肠腺。

3. 肌层

肌层由内环行和外纵行两层平滑肌组成，两层之间有肌间神经丛。

三、大肠

大肠由盲肠、结肠和直肠组成。

结肠：

（1）黏膜 无特殊皱褶，比小肠的黏膜厚。

①上皮 含有杯状细胞和柱状细胞的单层柱状上皮。

②固有层 固有层的 Lieberkuhn 隐窝比小肠的长，由大量的杯状细胞、少量 DNES 细胞和干细胞构成，常可见淋巴小结。

③黏膜肌层 由内环行平滑肌和外纵行平滑肌组成。

（2）黏膜下层 与空肠或回肠的黏膜下层相似。

（3）肌层 由内环行平滑肌和外纵行平滑肌组成。外纵肌特化形成结肠带，即三条纵向排列的平滑肌的扁平带。两层平滑肌之间有肌间神经丛。

（4）浆膜 结肠外覆浆膜。

电镜观察可见，小肠黏膜上皮吸收细胞表面有密集而规则排列的微绒毛。每个吸收细胞约有微绒毛 1 000 根，每根长 1～1.4 μm，粗约 80 nm，使细胞游离面面积扩大约 20 倍。小肠腺的吸收细胞微绒毛较少而短，故纹状缘薄。微绒毛表面尚有一层厚 0.1～0.5 μm 的细胞衣，它是吸收细胞产生的糖蛋白，内有参与消化碳水化合物和蛋白质的双糖酶和肽酶，并吸附有胰蛋白酶、胰淀粉酶等，故细胞衣是消化吸收的重要部位。微绒毛内有纵行微丝束，它们下延汇入细胞顶部的终末网。吸收细胞胞质内有丰富的线粒体和滑面内质网。

本节图片

1. 胃 图 4-7-1-1 至图 4-7-1-44
2. 肠道 图 4-7-2-1 至图 4-7-2-82

1. 胃

图 4-7-1-1　黄麂瘤胃黏膜腔面观。瘤胃黏膜由鳞状上皮组成，黏膜面有许多粗细不等、高矮不一的舌状乳头（P），乳头高 1 mm 左右。SEM，$40\times$

图 4-7-1-2　感染星状病毒的黄麂瘤胃黏膜腔面观。瘤胃黏膜为鳞状上皮，瘤胃乳头（P）表面为复层角化扁平上皮，复层扁平上皮细胞呈鳞片状脱落（↑）。SEM，$100\times$

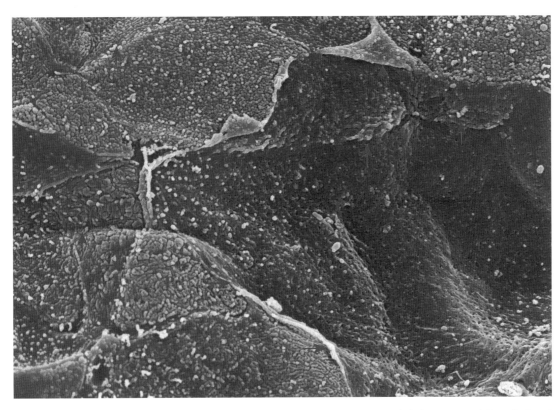

图 4-7-1-3　黄麂瘤胃黏膜高倍镜观。高倍镜下瘤胃黏膜鳞状上皮细胞表面有微小的隆突（P），细胞界限分明（↑），并见表面扁平上皮呈鳞片状脱落（▲）。SEM，2.5k×

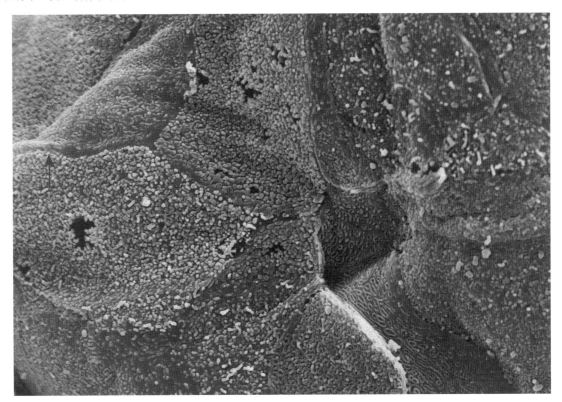

图 4-7-1-4　感染星状病毒黄麂瘤胃高倍镜下观。高倍镜下瘤胃黏膜上皮细胞表面分布有微小的隆突（★），细胞界限分明（↑）。SEM，2.5k×

图 4-7-1-5　感染星状病毒黄麂瘤胃高倍镜下观。高倍镜下瘤胃黏膜上皮细胞表面分布大量球菌及短杆菌（★），细胞界限分明（↑）。SEM，3k×

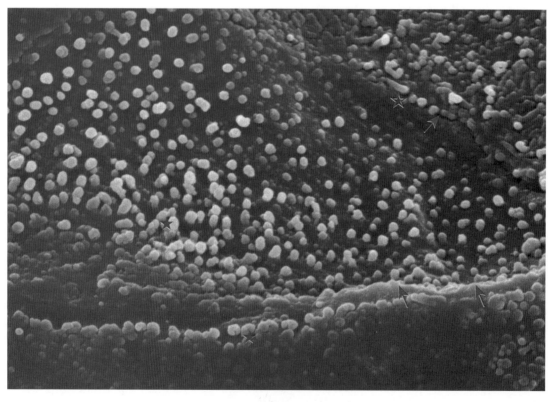

图 4-7-1-6　感染星状病毒黄麂瘤胃高倍镜下观。高倍镜下瘤胃黏膜上皮细胞表面散布大量短的杆菌（☆）及圆形的球菌（★），细胞界限分明（↑）。SEM，7k×

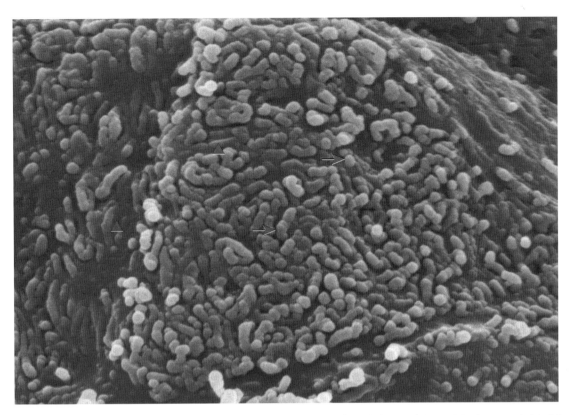

图 4-7-1-7 感染星状病毒黄麂瘤胃高倍镜下观。高倍镜下瘤胃黏膜上皮细胞表面密布短小的杆菌（▲）与圆形的球菌（↑）。SEM，10k×

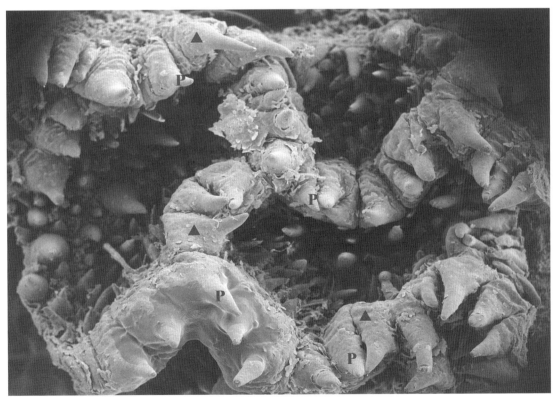

图 4-7-1-8 感染星状病毒黄麂网胃高倍镜下观。黏膜皱襞呈蜂窝状隆起（▲），在皱襞的表面及凹陷处均分布有密集钉突状乳头（P）。SEM，25×

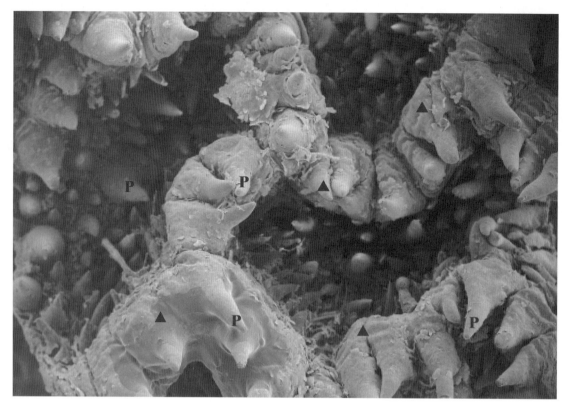

图 4-7-1-9　黄麂网胃腔面观。黏膜皱襞呈蜂窝状隆起（▲），在皱襞的表面及凹陷处均分布有密集钉突状乳头（P）。SEM，35×

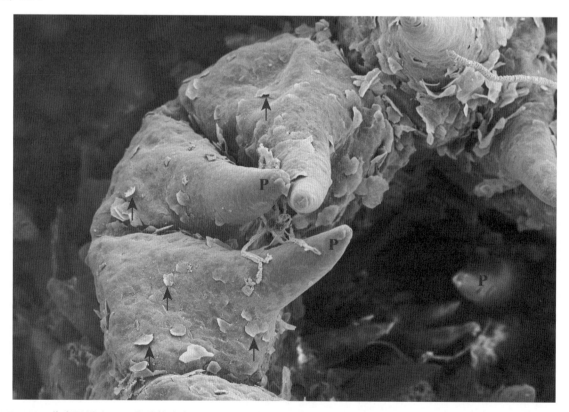

图 4-7-1-10　黄麂网胃腔面。黏膜皱襞表面乳头呈钉突状尖锐（P），乳头基部表面可见角化上皮细胞呈鳞片状脱落（↑）。SEM，100×

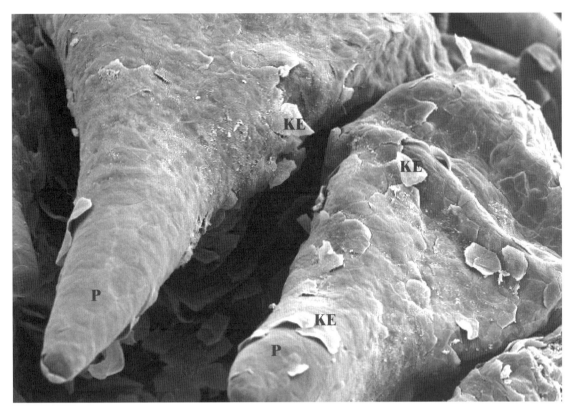

图 4-7-1-11　感染星状病毒黄麂网胃。皱襞乳头（P）表面角化的复层扁平上皮呈鳞片状脱落（KE）。SEM，200×

图 4-7-1-12　黄麂瓣胃黏膜腔面观。瓣胃黏膜为复层鳞状上皮组成，瓣叶黏膜表面凹凸不平，呈尖锐乳头状突起（P），黏膜表面角化上皮细胞呈鳞片状脱落（KE）。SEM，25×

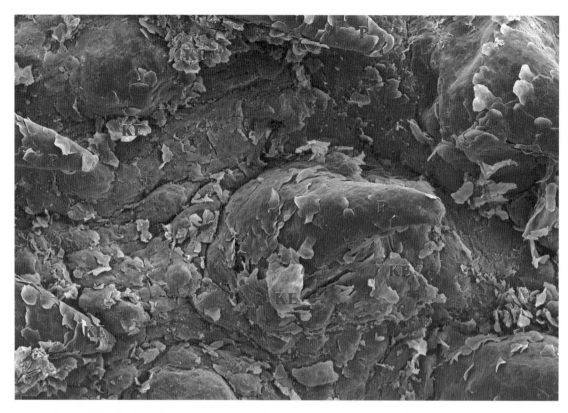

图 4-7-1-13 黄麂瓣胃黏膜。瓣叶黏膜乳头（P）表面粗糙不平，大量角化的上皮细胞呈鳞片状脱落（KE）。SEM，100×

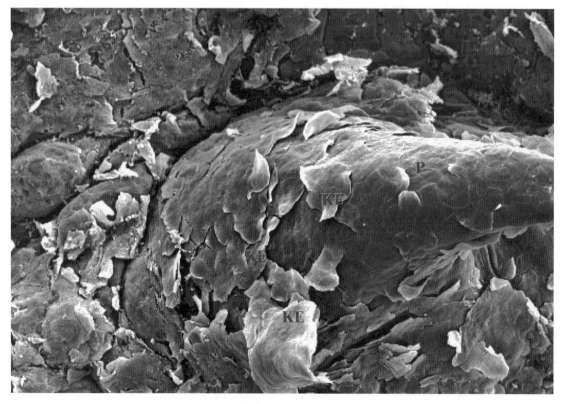

图 4-7-1-14 感染星状病毒黄麂瓣胃。瓣叶乳头（P）表面凹凸不平，角化的上皮细胞呈鳞片状脱落（KE）。SEM，200×

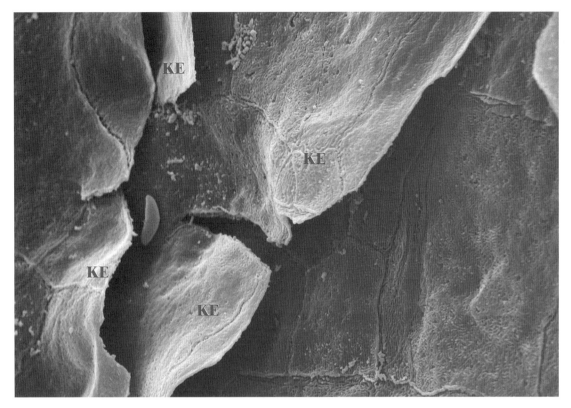

图 4-7-1-15　感染星状病毒感染黄麂瓣胃乳头放大。瓣叶表面凹凸不平，角化的上皮细胞呈鳞片状脱落（KE）。SEM，2k×

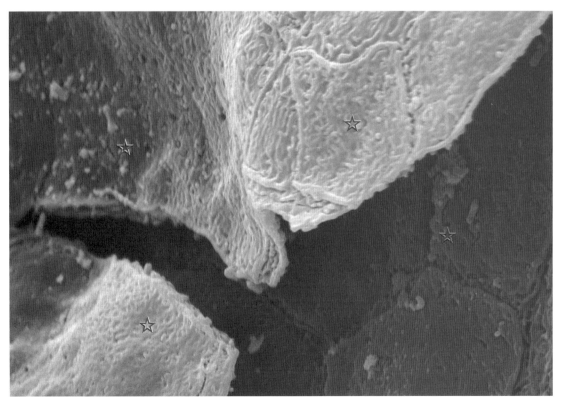

图 4-7-1-16　黄麂瓣胃瓣叶黏膜高倍镜观。上图局部放大。黏膜鳞片状的角化上皮表面呈现纹理状花纹（☆）。SEM，5k×

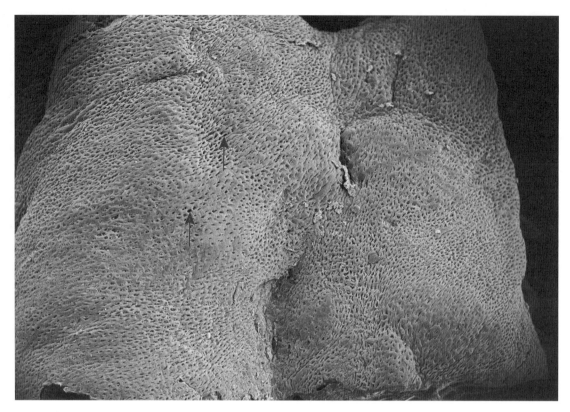

图 4-7-1-17 感染星状病毒黄麂皱胃（真胃）胃底部。可见纵横交错的嵴状隆起，嵴状隆起之间的凹陷即为胃小凹（↑），胃小凹表面由单层柱状的衬覆细胞（又称为表面黏液细胞）衬覆。SEM，30×

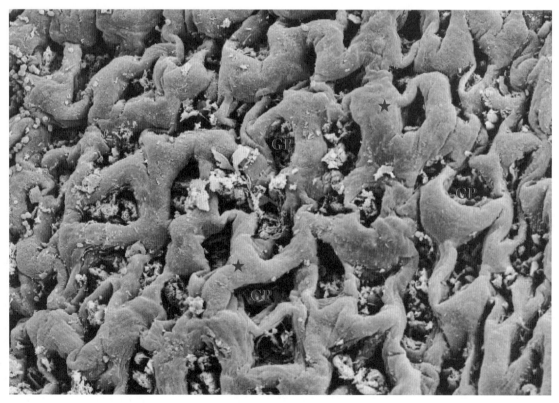

图 4-7-1-18 感染星状病毒黄麂皱胃胃底部。可见纵横交错的嵴状隆起（★），嵴状隆起之间的凹陷即为胃小凹（GP），表面见多量渗出物。SEM，400×

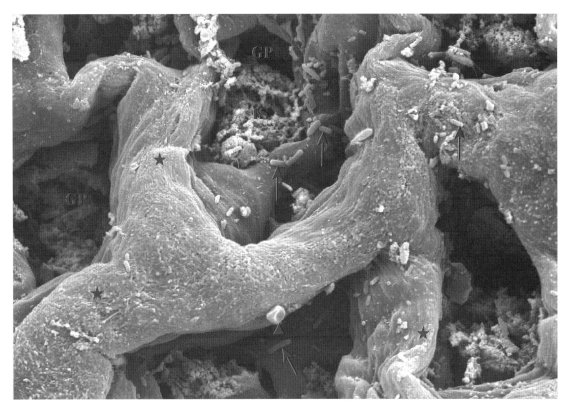

图 4-7-1-19　感染星状病毒黄麂皱胃。胃小凹（GP）内充盈大量的炎性渗出物（IS），其中可见大量的细菌（↑），偶见红细胞（▲）。★：嵴状隆起。SEM，1.5k×

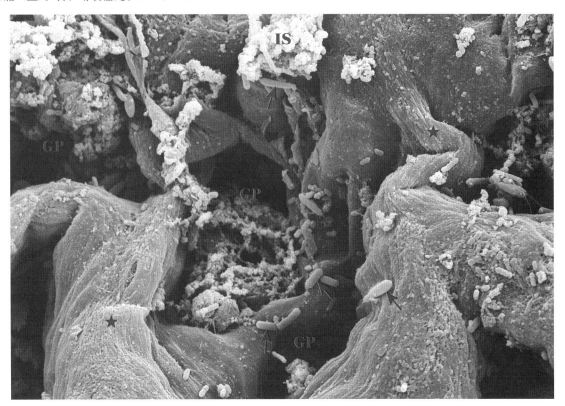

图 4-7-1-20　感染星状病毒黄麂皱胃。图 4-7-1-19 局部放大。胃小凹（GP）内充盈大量的炎性渗出物（IS），其中可见大量的细菌（↑）。★：嵴状隆起。SEM，2k×

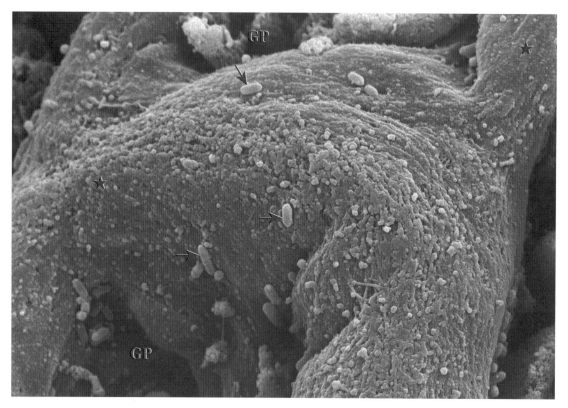

图 4-7-1-21　感染星状病毒黄麂的皱胃。胃小凹（GP）间的嵴状隆凸表面见大量的黏液、炎性细胞及杆状细菌（↑）。★：嵴状隆起。SEM，3.5k×

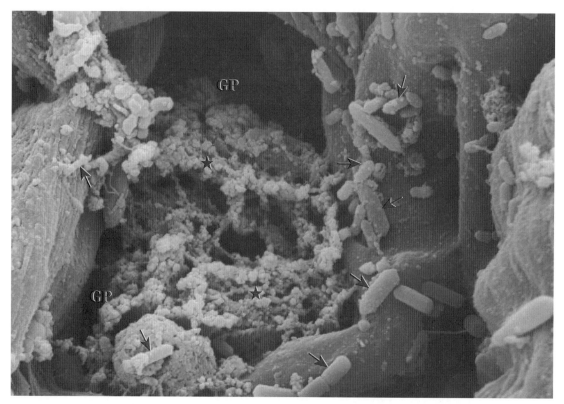

图 4-7-1-22　感染星状病毒黄麂皱胃。胃小凹内（GP）充盈大量的黏液（★）、炎性细胞及杆状细菌（↑）。SEM，4.5k×

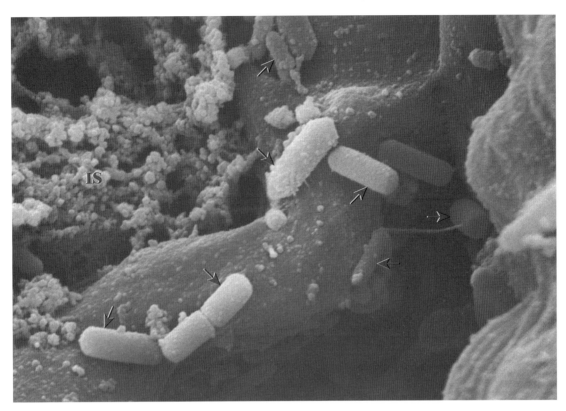

图 4-7-1-23 感染星状病毒黄麂皱胃。图 4-7-1-22 局部放大。胃小凹内及嵴状隆凸上见大量的黏液、炎性渗出物（IS）及杆状细菌（↑）。SEM，8k×

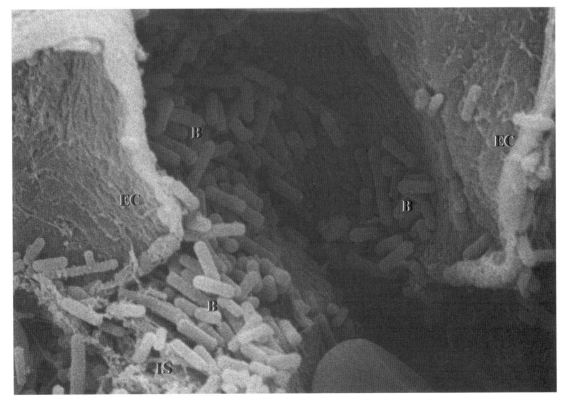

图 4-7-1-24 死于蜡样芽孢杆菌感染引起的硬嗉病鸽的嗉囊黏膜。鸽嗉囊黏膜为复层扁平上皮（EC）。图示黏膜上皮破溃处聚集大量炎性渗出物（IS）及蜡样芽孢杆菌（B）。SEM，5.5k×

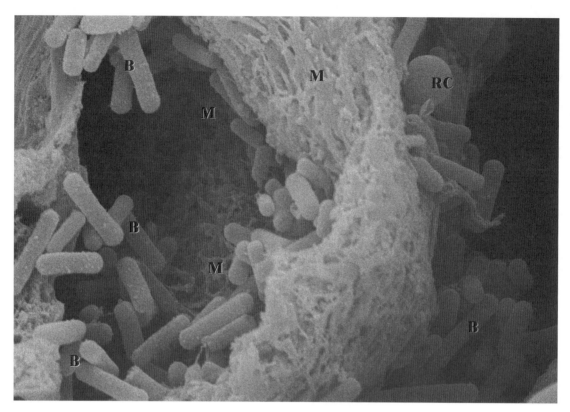

图 4-7-1-25 死于蜡样芽孢杆菌感染引起的硬嗉病鸽的嗉囊黏膜。嗉囊黏膜破损不平（M），大量蜡样芽孢杆菌（B）聚集于黏膜表面。RC：红细胞。SEM，8.5k×

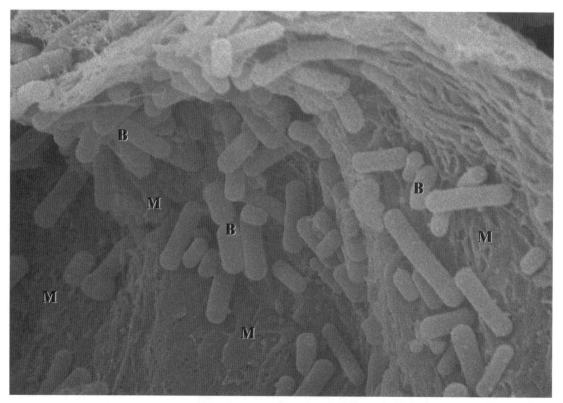

图 4-7-1-26 死于蜡样芽孢杆菌感染引起的硬嗉病鸽的嗉囊黏膜面。嗉囊黏膜破溃不平（M），大量蜡样芽孢杆菌（B）聚集于黏膜表面。SEM，9k×

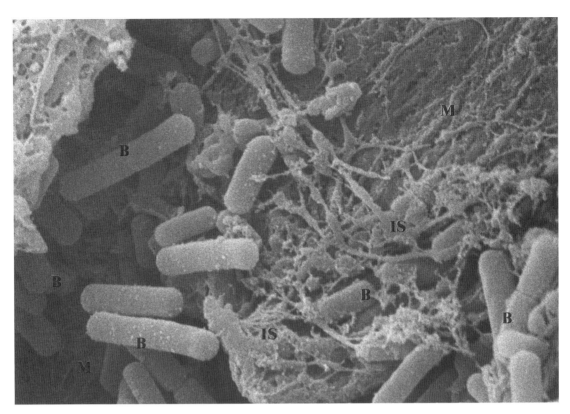

图 4-7-1-27　死于蜡样芽孢杆菌感染引起的硬嗉病鸽的嗉囊黏膜面。嗉囊黏膜表面（M）大量炎性渗出物（IS）及蜡样芽孢杆菌（B）混杂聚集。SEM，13k×

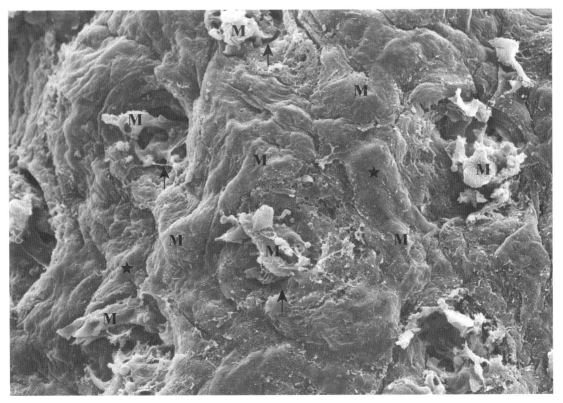

图 4-7-1-28　大熊猫胃底部黏膜。可见纵横交错的嵴状隆起（★），嵴状隆起之间的胃小凹（↑）表面衬覆有分泌黏液的单层柱状细胞或称表面黏液细胞，胃小凹表面及嵴状隆起表面均为凝胶状的不溶性黏液覆盖（M）。SEM，500×

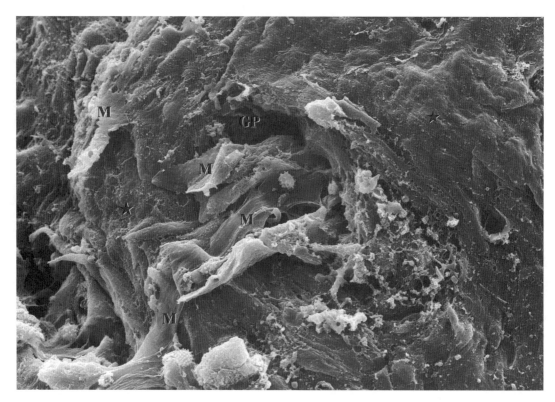

图 4-7-1-29 病死大熊猫胃底黏膜部黏膜。胃小凹内的黏液细胞分泌物呈膜状覆盖于胃小凹（GP）的表面并延伸到小凹旁的嵴状隆起表面（M）。★：嵴状隆起。SEM，1k×

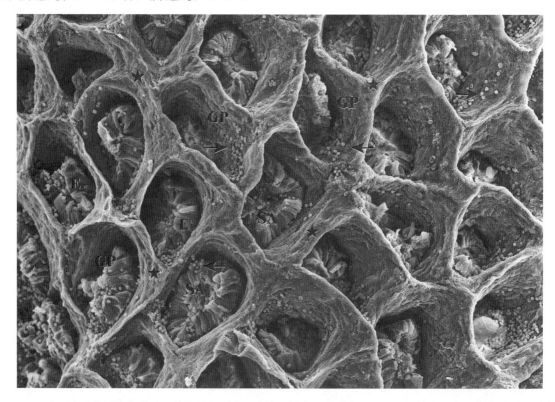

图 4-7-1-30 病死大熊猫胃底部黏膜。嵴状隆起（★）及其之间的凹陷胃小凹（GP）。胃小凹表面凝胶状的不溶性黏液已脱落，由单层柱状上皮构成的胃底腺（SA）上皮细胞完全裸露（E），胃小凹及上皮细胞间见大量炎性细胞（↑）。SEM，200×

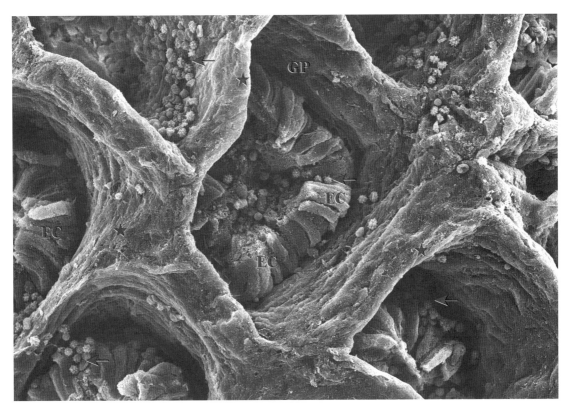

图 4-7-1-31　大熊猫胃底部黏膜。胃黏膜表面不溶性黏液保护层已脱落，胃小凹（GP）内胃底腺的上皮细胞裸露（EC），其间有大量炎性细胞（↑）及红细胞。★：嵴状隆起。SEM，500×

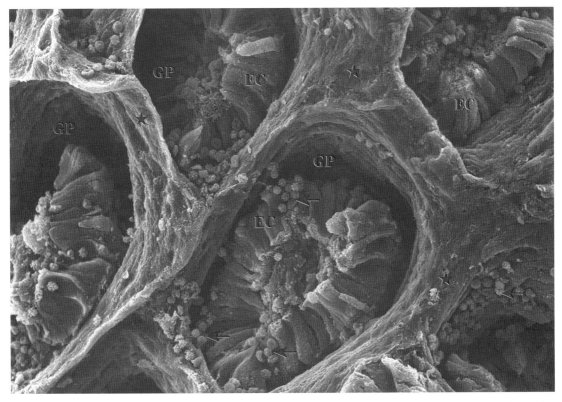

图 4-7-1-32　大熊猫胃底黏膜出血性炎。胃黏膜表面不溶性黏液保护层已脱落，胃小凹（GP）内胃底腺的上皮细胞裸露（EC），其间有大量红细胞（↑）。★：嵴状隆起。SEM，500×

图 4-7-1-33 大熊猫胃底黏膜出血性炎。胃小凹（GP）内胃底腺的上皮细胞裸露（EC），黏膜表面集聚大量炎性细胞（↑）、红细胞及其他炎性渗出物。★：嵴状隆起。SEM，500×

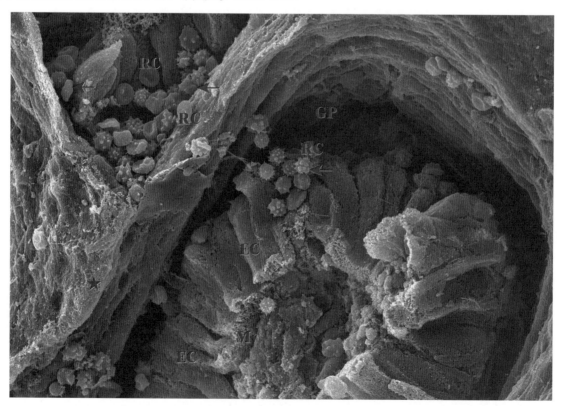

图 4-7-1-34 大熊猫胃底部黏膜。胃小凹（GP）内胃底腺的上皮细胞裸露（EC），其间散在大量炎性细胞（↑）及红细胞（RC）。★：嵴状隆起。Mv：微绒毛。SEM，1k×

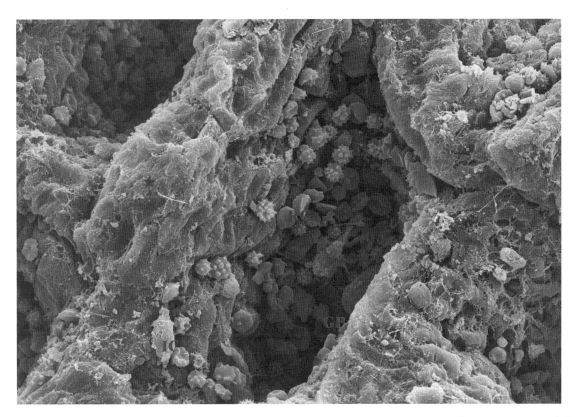

图 4-7-1-35　大熊猫胃底黏膜出血性炎。胃小凹（GP）内集聚大量炎性细胞（IC）及红细胞（RC）。★：嵴状隆起。SEM，1k×

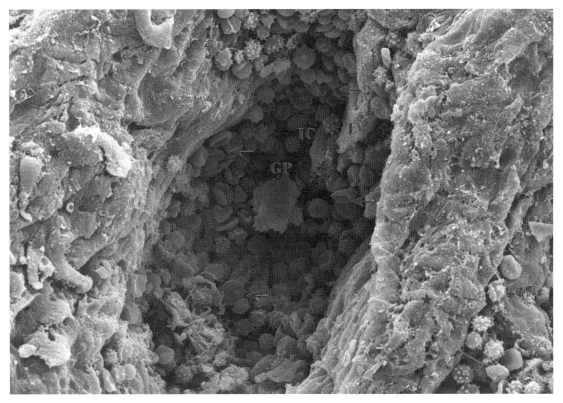

图 4-7-1-36　大熊猫胃底黏膜出血性炎。胃小凹（GP）内集聚大量炎性细胞（IC）及红细胞（↑）。★：嵴状隆起；E：胃底腺上皮细胞。SEM，1k×

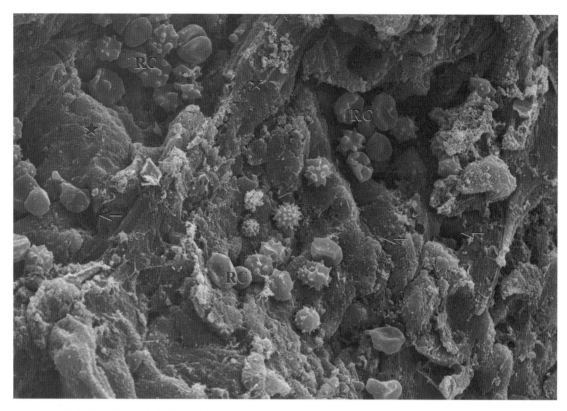

图 4-7-1-37 大熊猫胃底黏膜出血性炎。胃底黏膜上皮细胞间隙明显（↑），大量炎性细胞、红细胞（RC）及其他炎性渗出物黏附于上皮表面。★：嵴状隆起。SEM，1.5k×

图 4-7-1-38 大熊猫胃底黏膜出血性炎。胃底黏膜上皮细胞间隙明显（↑），大量炎性细胞（IC）、红细胞（RC）及其他炎性渗出物黏附于上皮表面。★：嵴状隆起。SEM，3k×

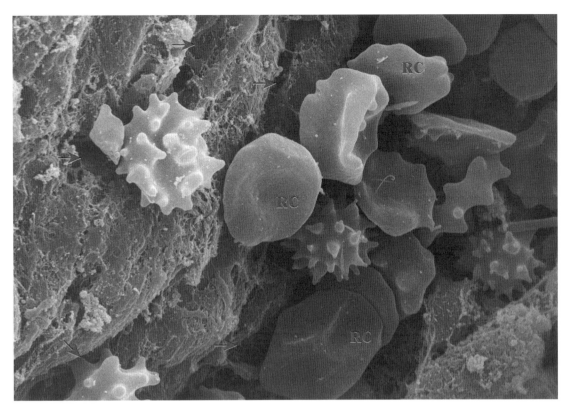

图 4-7-1-39　大熊猫胃底黏膜出血性炎。胃底黏膜表面上皮细胞间隙扩张（↑），其内聚集大量红细胞（RC）。SEM，5k×

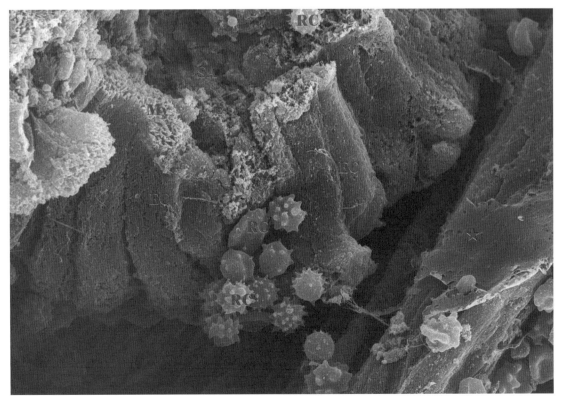

图 4-7-1-40　大熊猫胃底部黏膜。胃底腺（SA）黏膜柱状上皮细胞裸露（EC），细胞表面有密集的微绒毛（Mv），上皮细胞间散在多量变形的红细胞（RC）。★：嵴状隆起。SEM，2k×

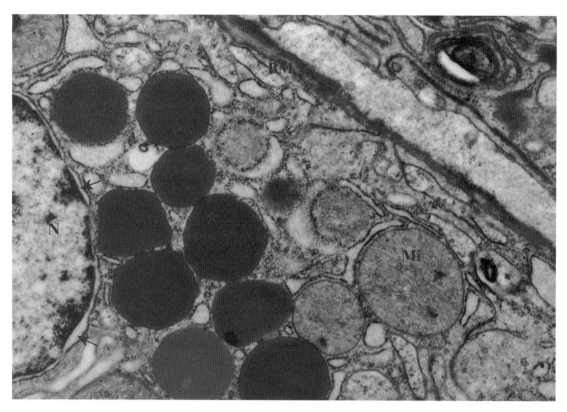

图 4-7-1-41 健康鸡腺胃。上皮细胞核（N）异染色质丰富，核周隙明显（↑），上皮细胞基底膜完整、平直（BM）。细胞胞浆中密集分泌颗粒（★），线粒体（Mi）结构清晰。TEM，30k×

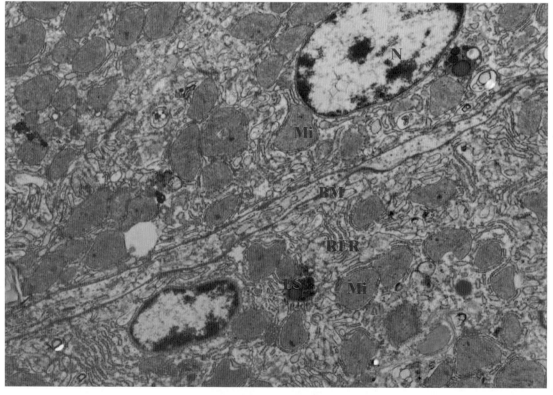

图 4-7-1-42 感染 IBDV 的鸡腺胃。上皮细胞基底膜曲折不平（BM），胞浆中的分泌颗粒很少；线粒体基质模糊，嵴不清晰（Mi）；粗面内质网丰富（RER）。N：细胞核；LS：溶酶体。TEM，10k×

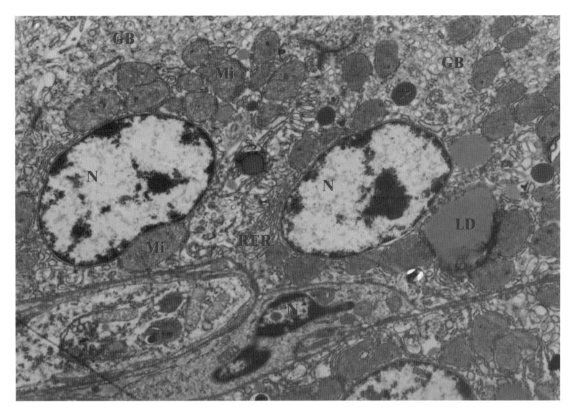

图 4-7-1-43 感染 IBDV 的鸡腺胃。上皮细胞胞浆中的分泌颗粒稀少（★），线粒体肿胀，嵴模糊不清（Mi），高尔基体结构异常（GB），胞核（N）呈椭圆形或不规则形。RER：粗面内质网；LD：脂滴。TEM，10k×

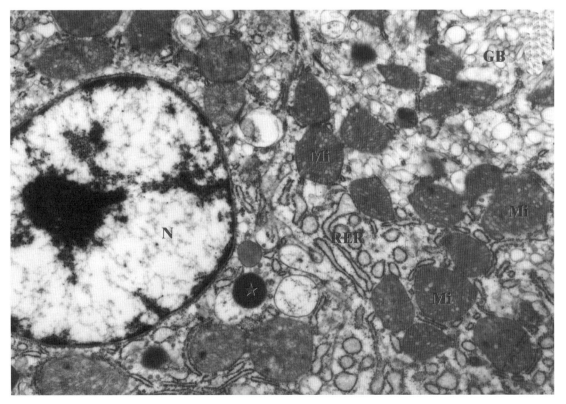

图 4-7-1-44 感染 IBDV 鸡的腺胃。上皮细胞胞浆中的分泌颗粒稀少（★），线粒体出现嵴型肿胀（Mi），粗面内质网（RER）结构排列不规则，高尔基体结构紊乱（GB）。N：细胞核。TEM，20k×

2. 肠道

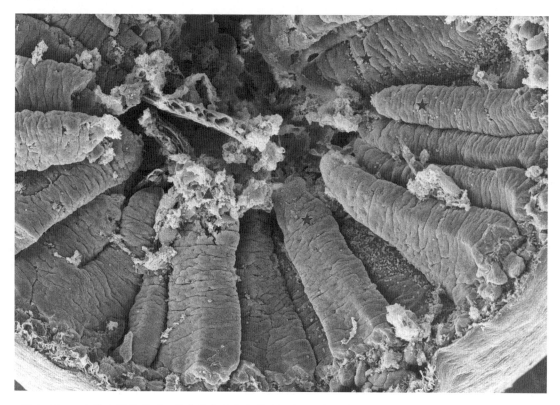

图 4-7-2-1 小鼠小肠横断面。指状的绒毛整齐排列（★），绒毛顶端黏膜上皮脱落（▲）。SEM，130×

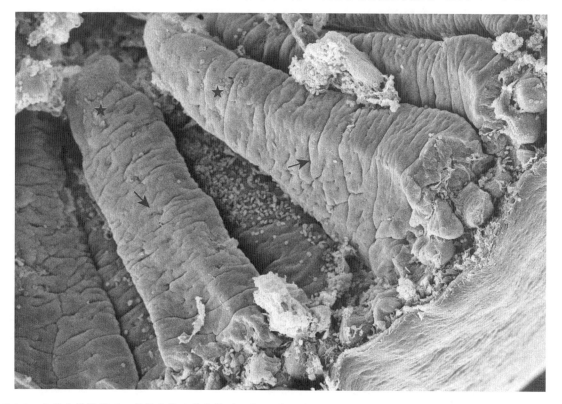

图 4-7-2-2 小鼠小肠横断面。指状的绒毛整齐排列（★），绒毛表面的黏膜上皮细胞排列紧密，界限分明（↑）。SEM，230×

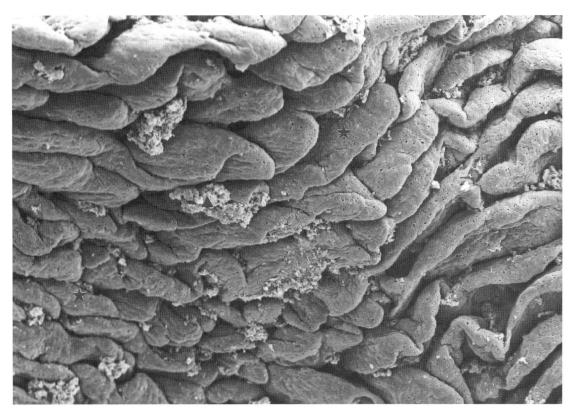

图 4-7-2-3 感染星状病毒黄麂的十二指肠腔面。绒毛呈舌片状（★），表面有炎性渗出物附着（▲）。SEM，100×

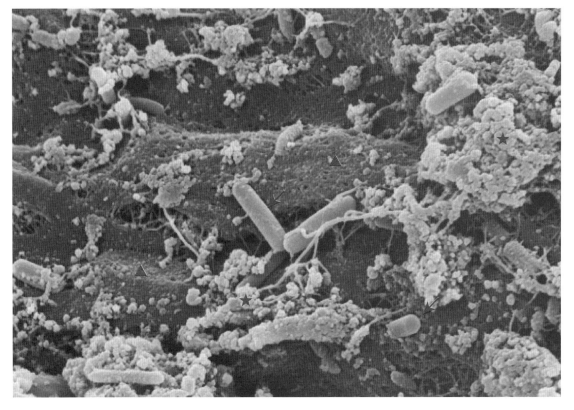

图 4-7-2-4 感染星状病毒黄麂的十二指肠腔面。黏膜上皮细胞脱落，固有层细胞裸露（▲），表面凹凸不平，覆盖有大量炎性渗出物（★）及杆状细菌（↑）等。SEM，5k×

图 4-7-2-5 14 天雏鸡十二指肠黏膜面。上皮细胞表面微绒毛密集，排列整齐（Mv）。SEM，5k×

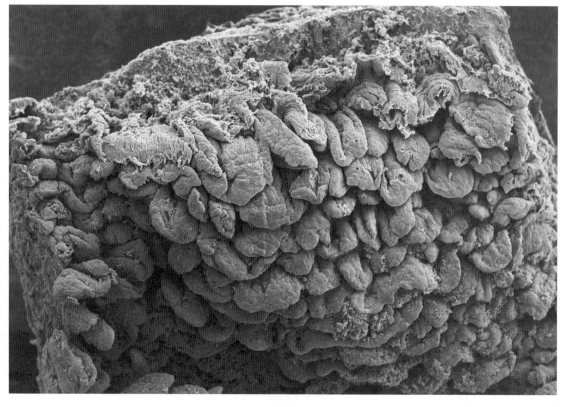

图 4-7-2-6 感染星状病毒黄麂空肠腔面。黏膜绒毛顶端呈舌片状（V），参差不齐。SEM，50×

图 4-7-2-7 感染星状病毒黄麂空肠腔面。绒毛顶端呈舌片状（V），厚薄不一，上皮细胞界限分明（▲），表面有大量的微孔（↑）。SEM，200×

图 4-7-2-8 感染星状病毒黄麂空肠黏膜面。绒毛（V）表面的黏膜上皮细胞脱落，固有层裸露，表面被一层膜样结构覆盖，膜上见大量的微孔（↑）。▲：炎性渗出物。SEM，1k×

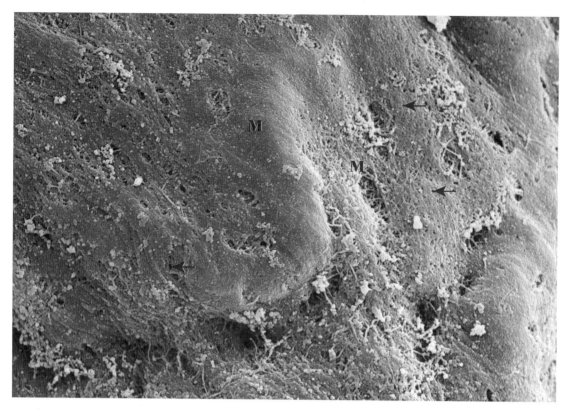

图 4-7-2-9 感染星状病毒黄麂空肠黏膜面。黏膜上皮细胞脱落，固有层裸露，表面被一层膜样结构覆盖（M），膜上见大量的微孔（↑）。SEM，2k×

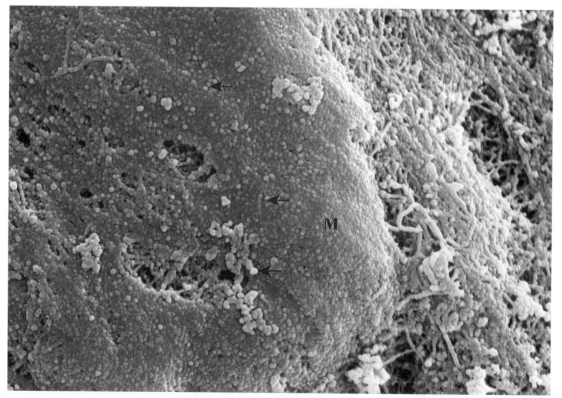

图 4-7-2-10 图 4-7-2-9 局部放大。高倍镜下见肠黏膜表面的膜样结构（M）由微细的颗粒（↑）密集而成。SEM，5k×

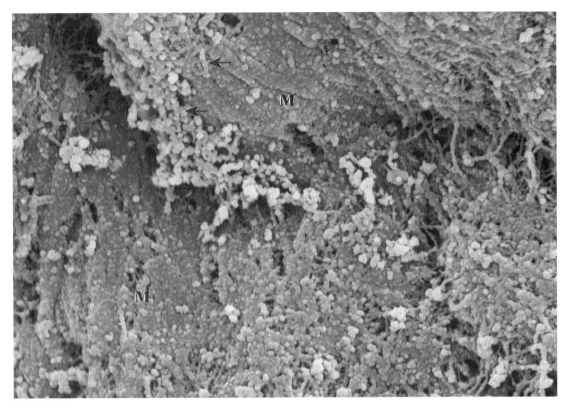

图 4-7-2-11　感染星状病毒黄麂空肠黏膜面。裸露的固有层，表面被一层微细颗粒黏集而成的膜样结构覆盖（M），微细颗粒常连接成串（↑）。SEM，5k×

图 4-7-2-12　感染星状病毒黄麂空肠黏膜面。裸露的固有层表面由微细颗粒黏集而成的膜结构（M）。SEM，10k×

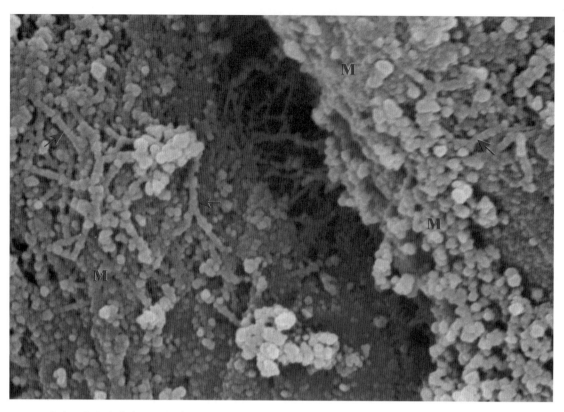

图 4-7-2-13 感染星状病毒黄麂空肠黏膜面。裸露的固有层表面由微细颗粒黏集而成的膜结构（M）中，微细颗粒常连接成串（↑）。SEM，10k×

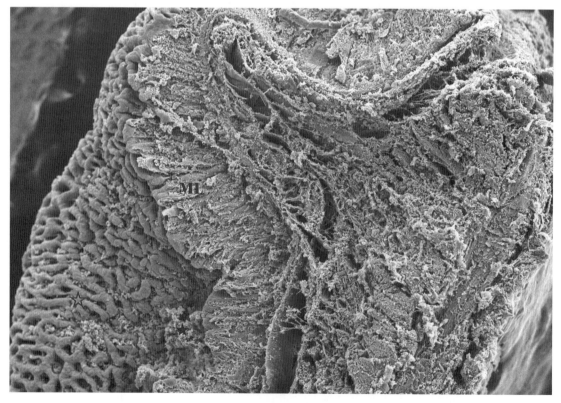

图 4-7-2-14 黄麂的盲肠横断面及黏膜面。由黏膜层、黏膜下层向肠腔突起形成的皱褶（▲），图左侧为肠腔面由绒毛连成的网状突起（☆），表面有炎性渗出物（★）。ML：黏膜层。SEM，50×

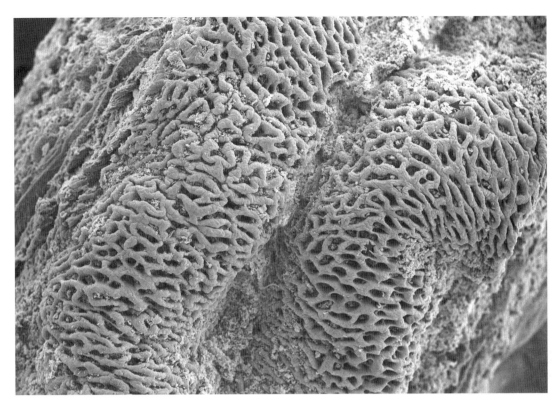

图 4-7-2-15 感染星状病毒黄麂盲肠黏膜面。绒毛相互连接使黏膜面呈蜂窝状隆起（★），表面散在炎性渗出物（↑）。SEM，45×

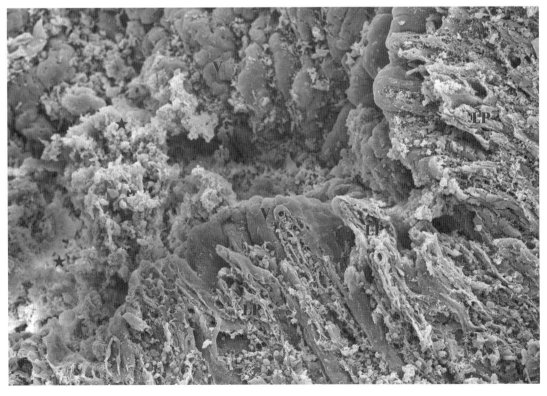

图 4-7-2-16 感染星状病毒黄麂盲肠。黏膜绒毛（V）表面黏附有大量的炎性渗出物（★）。LP：黏膜固有层。SEM，50×

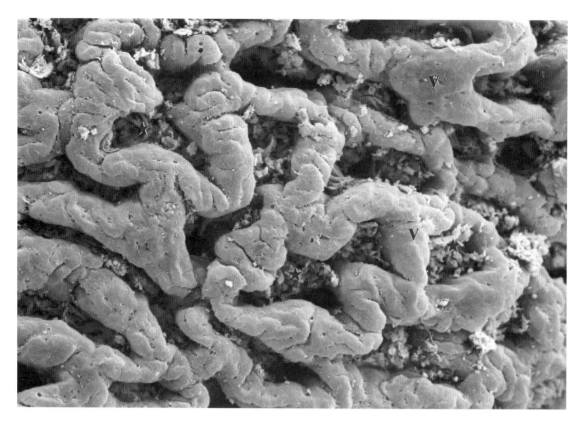

图 4-7-2-17 感染星状病毒黄麂盲肠黏膜。绒毛（V）连成蜂窝状，绒毛间有大量炎性渗出物（★）。SEM，250×

图 4-7-2-18 感染星状病毒的黄麂盲肠黏膜。肠绒毛突起（V）表面见有微孔（↑），绒毛间凹陷内有大量的炎性渗出物聚集（★）。SEM，500×

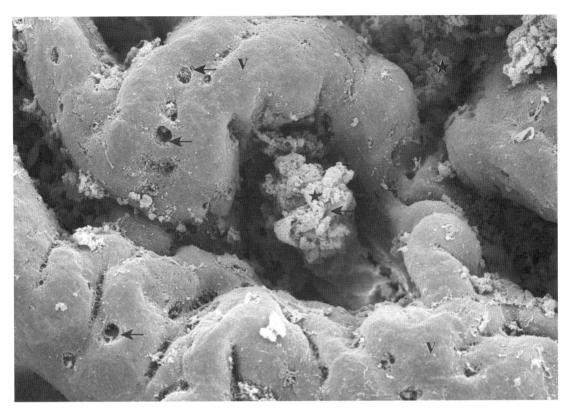

图 4-7-2-19 感染星状病毒的黄麂盲肠黏膜。肠绒毛突起（V）表面见有微孔（↑），绒毛间凹陷内有大量炎性渗出物聚集（★）。SEM，1k×

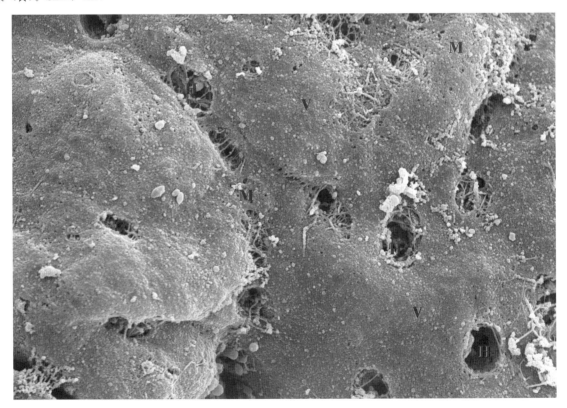

图 4-7-2-20 感染星状病毒黄麂盲肠。绒毛（V）黏膜上皮细胞脱落，固有层裸露，表面被一层膜样结构覆盖（M），膜上有多量直径为 4 μm 左右的小孔（H），为炎性细胞或炎性渗出物渗出的孔道。SEM，2.5k×

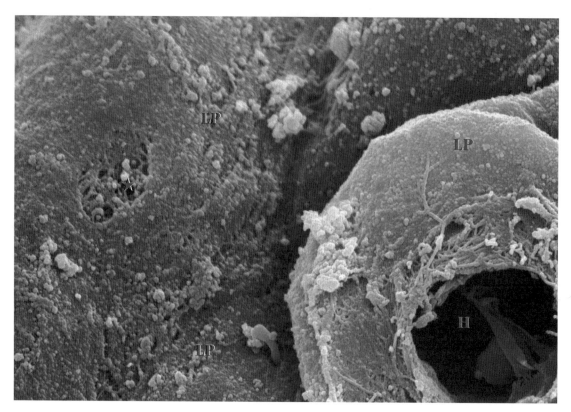

图 4-7-2-21 感染星状病毒黄麂盲肠。黏膜上皮脱落，固有层裸露（LP），见一圆形的炎性渗出物孔道（H），图左侧可见一即将破口的小孔（★）。SEM，5k×

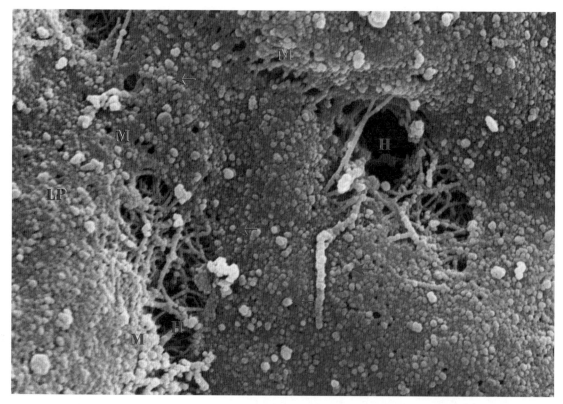

图 4-7-2-22 感染星状病毒黄麂的盲肠。高倍镜下，见固有层（LP）表面的膜结构是由微细颗粒（↑）黏集而成（M），膜上见有明显的细胞界限（H）。SEM，8k×

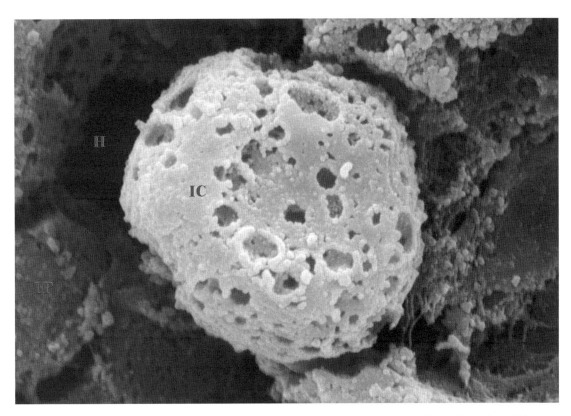

图 4-7-2-23　感染星状病毒黄麂盲肠黏膜。黏膜表面裸露的固有层（LP）开口（H）处刚刚渗出的一炎性细胞（IC）。SEM，10k×

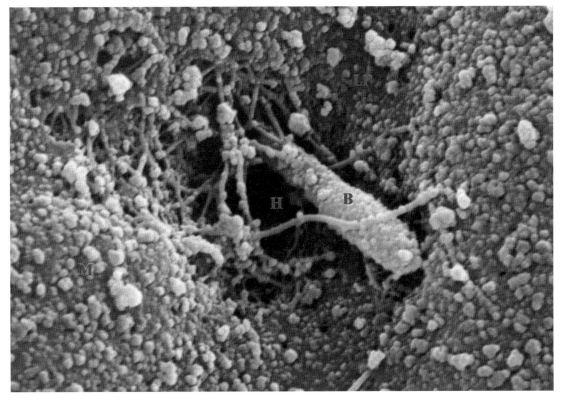

图 4-7-2-24　感染星状病毒黄麂盲肠。黏膜表面裸露的固有层（LP）表面由密集的颗粒黏集形成保护膜（M）致密而厚实，细胞间隙开口（H）处见一杆状细菌（B）。SEM，12k×

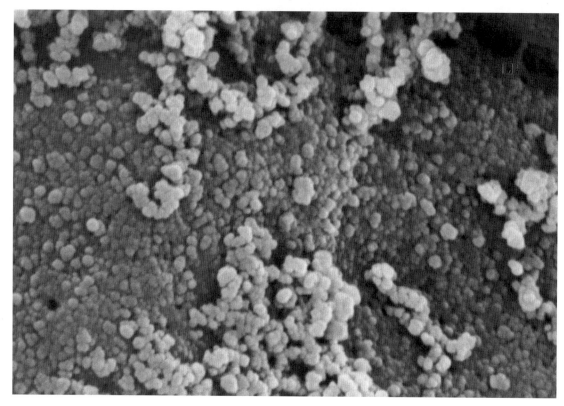

图 4-7-2-25　感染星状病毒黄麂盲肠。黏膜表面裸露的固有层（LP）表面由微细颗粒黏集形成的保护膜致密厚实。SEM，16k×

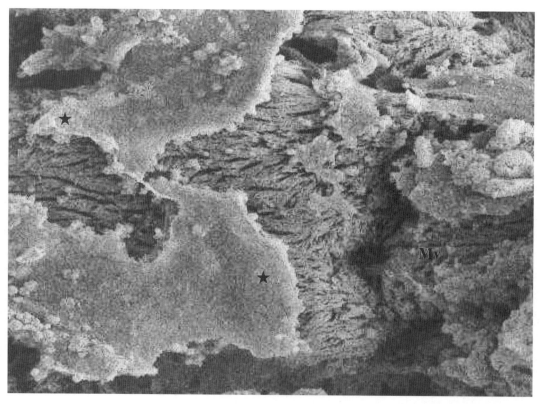

图 4-7-2-26　热应激鸡肠道黏膜面。上皮细胞表面微绒毛黏集（Mv），表面附着有大量炎性细胞及其他炎性渗出物（★）。SEM，1k×

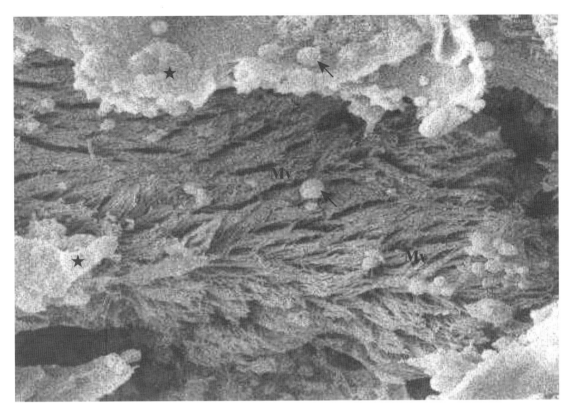

图 4-7-2-27　热应激鸡肠道黏膜面。上皮细胞表面微绒毛黏集（Mv），表面附着有大量炎性细胞（↑）及其他炎性渗出物（★）。SEM，2k×

图 4-7-2-28　热应激鸡肠道黏膜面。上皮细胞表面微绒毛黏集（Mv），表面附着有大量炎性细胞（IC）及其他炎性渗出物（★）。EP：脱落的柱状上皮细胞。SEM，左图 3k×，右图 4k×

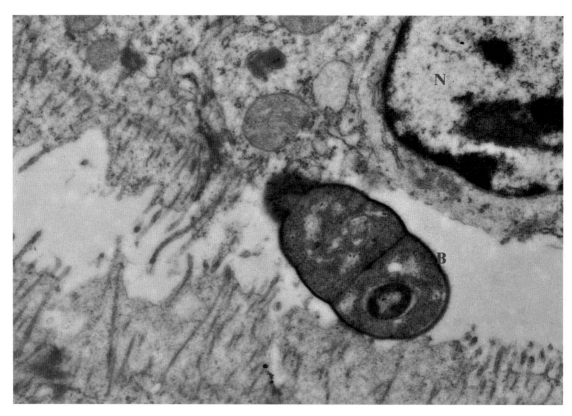

图 4-7-2-29　鸡小肠黏膜。上皮细胞微绒毛残缺不齐，肠腔内见一细菌正在分裂（B）。N：细胞核。TEM，20k×

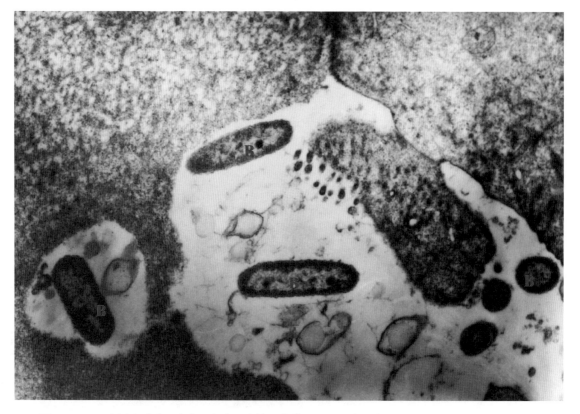

图 4-7-2-30　兔圆小囊淋巴上皮。上皮细胞缺乏微绒毛，肠腔内见多个肠道杆菌（B）。TEM，8k×

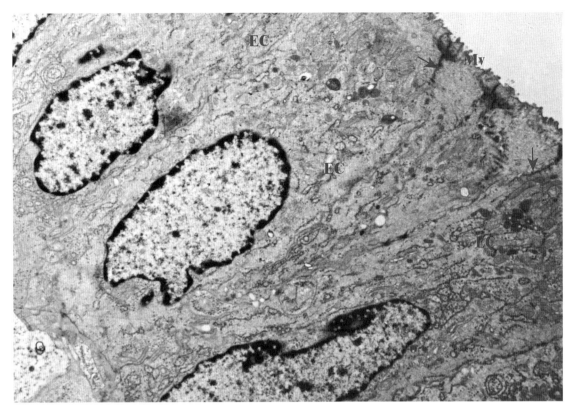

图 4-7-2-31　兔小肠黏膜。上皮细胞（EC）表面微绒毛断裂稀缺（Mv），细胞排列紧密（↑）。TEM，8k×

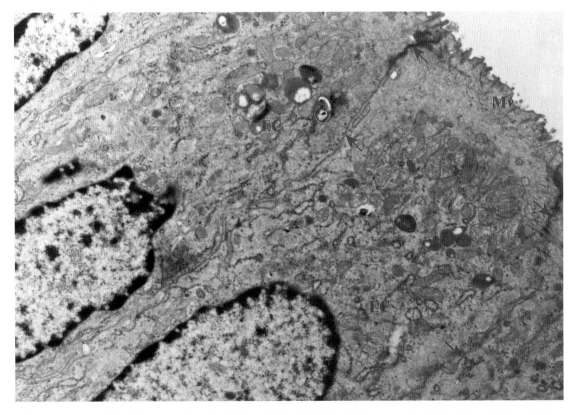

图 4-7-2-32　兔小肠黏膜面。上皮细胞（EC）表面微绒毛稀短（Mv），细胞排列紧密（↑）。TEM，12k×

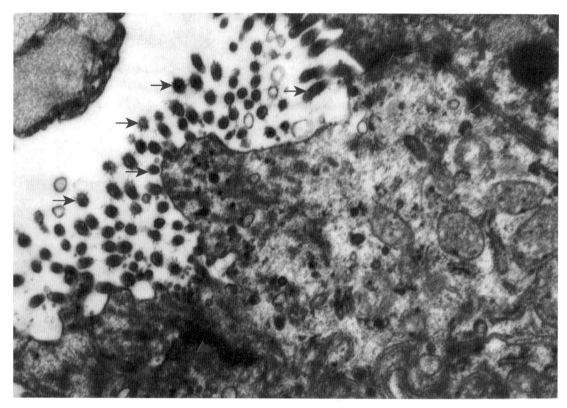

图 4-7-2-33 感染 RHDV 兔小肠黏膜。上皮表面微绒毛断裂缺失，胞浆膜凹凸不平（★）；细胞膜表面见大量病毒出芽释放到肠腔中（↑）；上皮细胞间连接异常（▲）。TEM，20k×

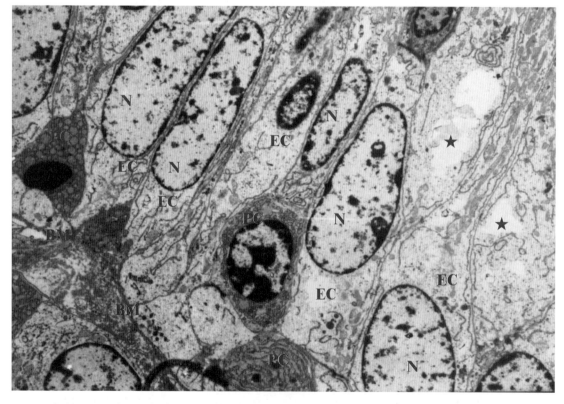

图 4-7-2-34 感染 RHDV 兔小肠黏膜。黏膜上皮细胞变窄增生（EC），排列紧密，上皮细胞间见有多个浆细胞（PC），有的上皮细胞空泡化（★），基底膜高低不平（BM）。N：细胞核。TEM，3k×

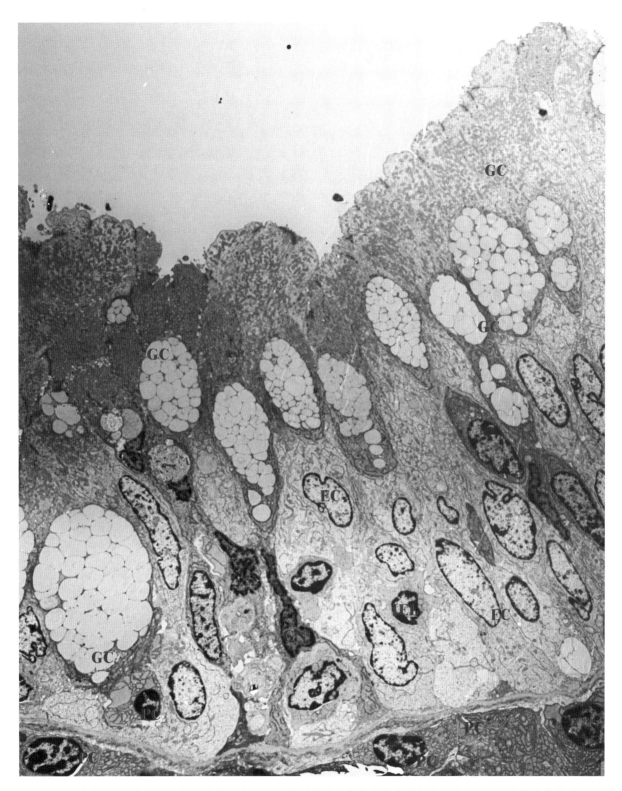

图 4-7-2-35 感染 HEV 兔空肠后段。上皮细胞（EC）排列紧密，上皮内有大量杯状细胞（GC）、少量上皮内淋巴细胞（IEL）及浆细胞（PC），杯状细胞质内充满黏液泡，核小而细长（GN）。黏膜下为密集的浆细胞所占据。TEM，2.5k×

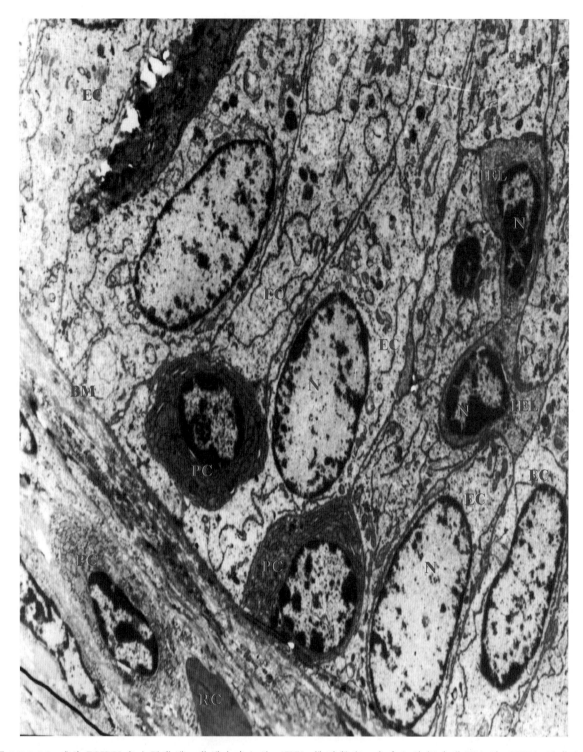

图 4-7-2-36 感染 RHDV 兔小肠黏膜。黏膜上皮细胞（EC）排列紧密，上皮细胞间有淋巴细胞（IEL）及浆细胞（PC），基底膜平直（BM），固有层中见变性的浆细胞及红细胞（RC）。N：细胞核。TEM，3k×

图 4-7-2-37　小鼠小肠黏膜面。绒毛呈舌片状（★），结构整齐，界限清晰（↑）。SEM，250×

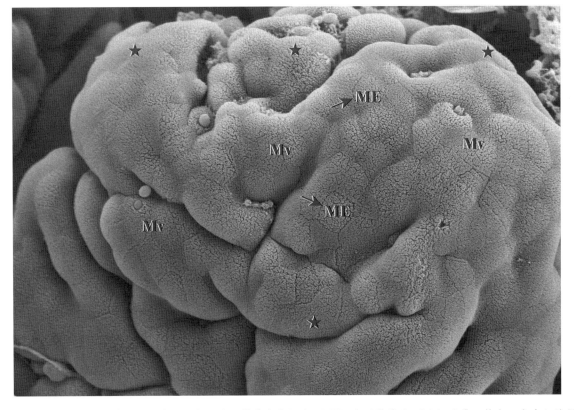

图 4-7-2-38　小鼠小肠黏膜面。肠绒毛顶部（★）黏膜上皮细胞（ME）表面微绒毛（Mv）密集、均匀；上皮细胞界限清晰，排列紧密（↑）。SEM，1k×

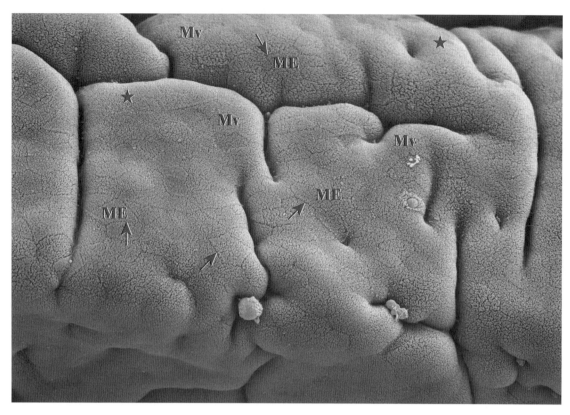

图 4-7-2-39　小鼠小肠黏膜面。肠绒毛顶部（★）黏膜上皮细胞（ME）表面微绒毛（Mv）密集、均匀；细胞界限清晰，排列紧密（↑）。SEM，1k×

图 4-7-2-40　三聚氰胺染毒小鼠小肠。黏膜上皮（ME）表面附着大量炎性渗出物（IS）。SEM，300×

图 4-7-2-41　三聚氰胺染毒小鼠小肠横断面。肠绒毛（V）呈指状整齐排列，黏膜上皮（ME）表面附着大量炎性渗出物（IS）。SEM，250×

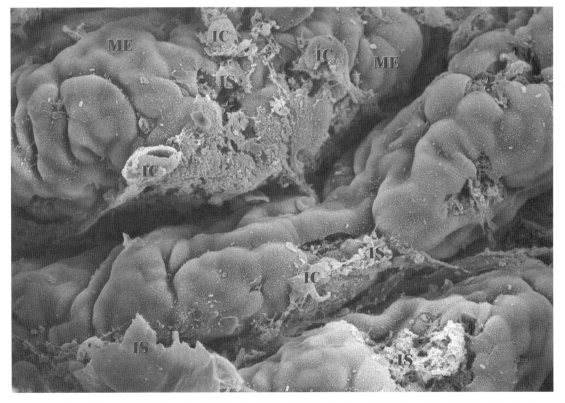

图 4-7-2-42　三聚氰胺染毒小鼠小肠。肠绒毛局部黏膜上皮（ME）破损、脱落（★），表面附着大量炎性细胞（IC）及其他炎性渗出物（IS）。SEM，800×

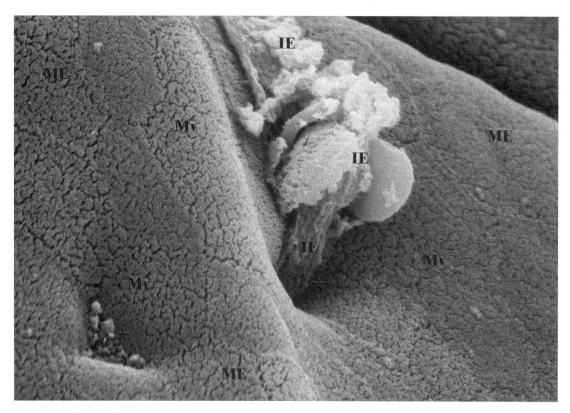

图 4-7-2-43 三聚氰胺染毒小鼠小肠。肠黏膜上皮表面（ME）微绒毛密集、整齐（Mv），细胞间见一正在渗出的通道口（★），渗出物聚集于开口的近旁（IE）。SEM，4k×

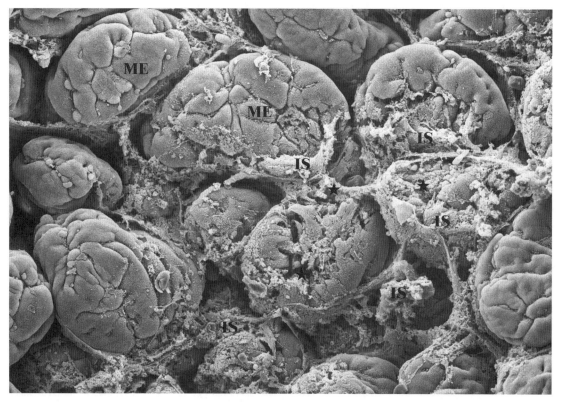

图 4-7-2-44 三聚氰胺染毒小鼠小肠。肠绒毛局部黏膜上皮（ME）破损、脱落（★），表面附着大量炎性渗出物（IS）。SEM，250×

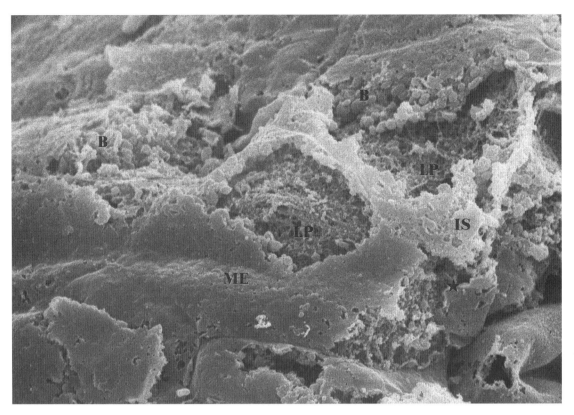

图 4-7-2-45　三聚氰胺染毒小鼠小肠。肠绒毛黏膜上皮（ME）成片破损、脱落（★），固有层裸露（LP），表面附着大量炎性细胞及其他炎性渗出物（IS），其中见有大量的球菌（B）。SEM，5k×

图 4-7-2-46　三聚氰胺染毒小鼠小肠。肠绒毛局部黏膜上皮（ME）破损、脱落（★）。SEM，2k×

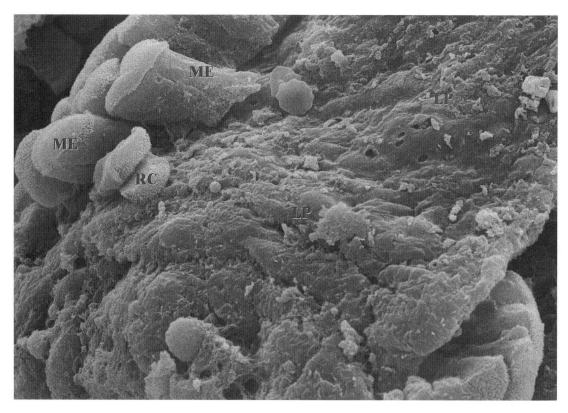

图 4-7-2-47 三聚氰胺染毒小鼠小肠。肠绒毛黏膜上皮细胞（ME）大面积脱落，固有层裸露（LP）。RC：红细胞。SEM，1.5k×

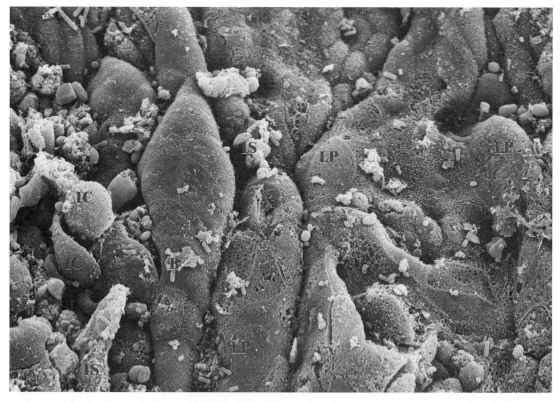

图 4-7-2-48 三聚氰胺染毒小鼠小肠。肠黏膜上皮全部脱落，固有层裸露（LP），表面附着大量炎性细胞（IC）及其他炎性渗出物（IS）。B：细菌。SEM，1k×

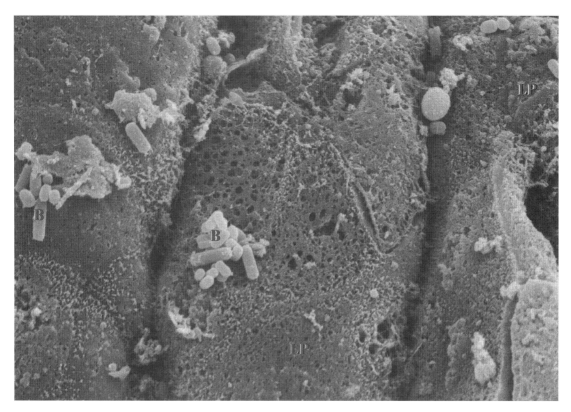

图 4-7-2-49　三聚氰胺染毒小鼠小肠。肠黏膜上皮脱落，裸露的固有层（LP）表面黏附着细菌团块（B）及其他炎性渗出物。SEM，3.0k×

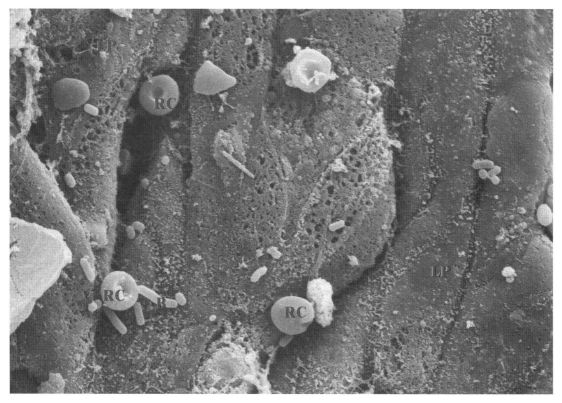

图 4-7-2-50　三聚氰胺染毒小鼠小肠。肠黏膜上皮脱落，固有层裸露（LP），表面附着红细胞（RC）及多量细菌（B）。SEM，2.0k×

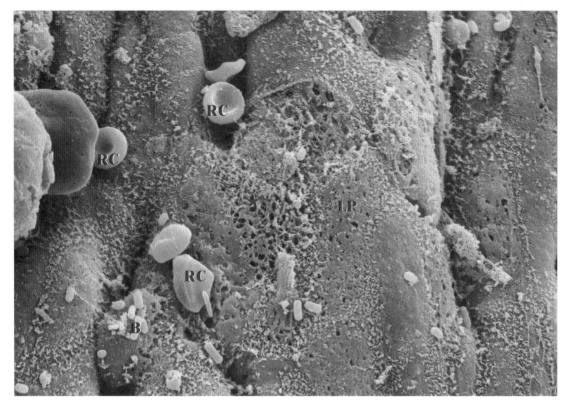

图 4-7-2-51　三聚氰胺染毒小鼠小肠。肠绒毛黏膜上皮脱落，裸露的固有层（LP）表面附着多量红细胞（RC）及细菌（B），细胞膜表面出现大量微孔（★）。SEM，2.0k×

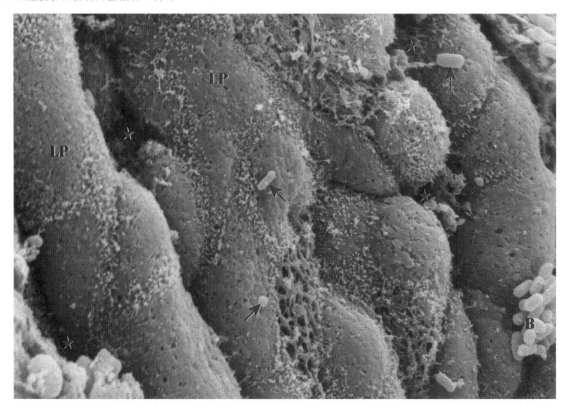

图 4-7-2-52　三聚氰胺染毒小鼠小肠。裸露的固有层（LP）细胞排列松散，细胞间隙显著（★），表面附着有细菌（↑）及细菌团块（B）。SEM，3.0k×

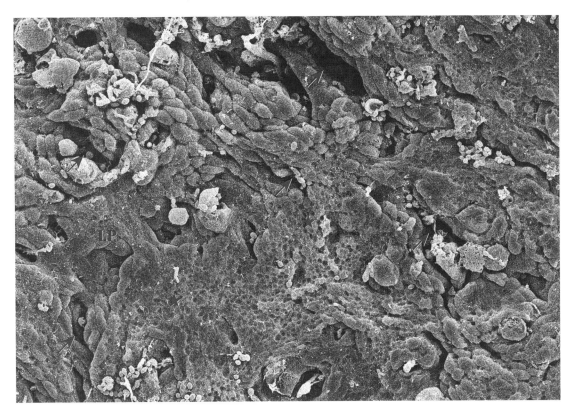

图 4-7-2-53　三聚氰胺染毒小鼠小肠。裸露的固有层（LP）细胞排列松散，细胞间隙显著（↑），表面密集圆形凹痕（细菌停留过的痕迹）（★）。SEM，500k×

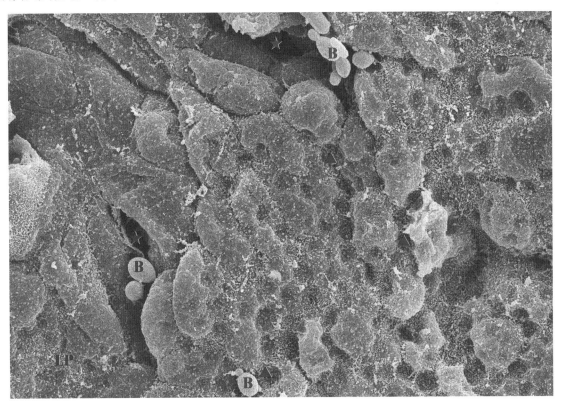

图 4-7-2-54　三聚氰胺染毒小鼠小肠。裸露的固有层（LP）细胞排列松散，细胞间隙显著（★），表面密集圆形凹痕（细菌停留过的痕迹）（▲）。B：细菌。SEM，2k×

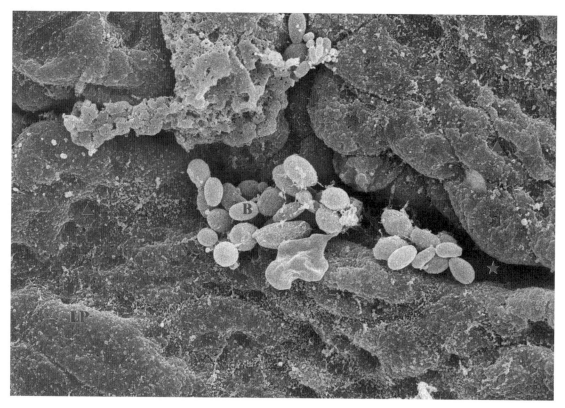

图 **4-7-2-55**　三聚氰胺染毒小鼠小肠。裸露的固有层（LP）细胞排列松散，细胞间隙（★）处有成堆的细菌（B）聚集，细胞表面密集圆形凹痕（▲）。SEM，2.50k×

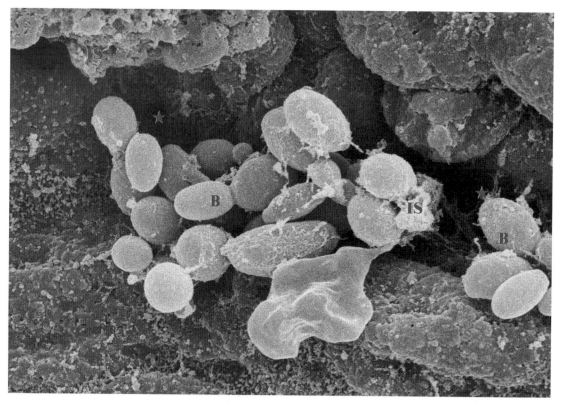

图 **4-7-2-56**　图 4-7-2-55 放大。细胞间隙（★）处成堆聚集的细菌呈表面光滑的卵圆形（B）。IS：炎性渗出物。SEM，5k×

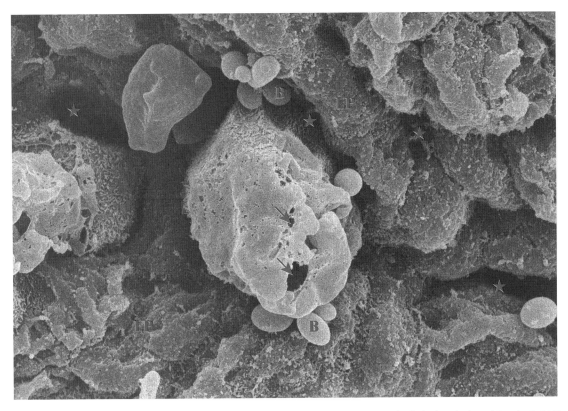

图 4-7-2-57　三聚氰胺染毒小鼠小肠。裸露的固有层（LP）细胞排列松散，细胞膜破裂、多孔（↑），细胞间隙明显（★），在细胞间隙处见细菌向深层侵入（B）。SEM，2.50k×

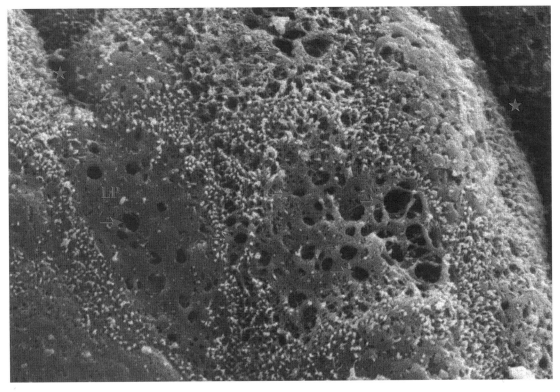

图 4-7-2-58　三聚氰胺染毒小鼠小肠。裸露的固有层（LP）细胞排列松散，细胞间隙明显（★），细胞膜破损、多孔（↑）。SEM，5k×

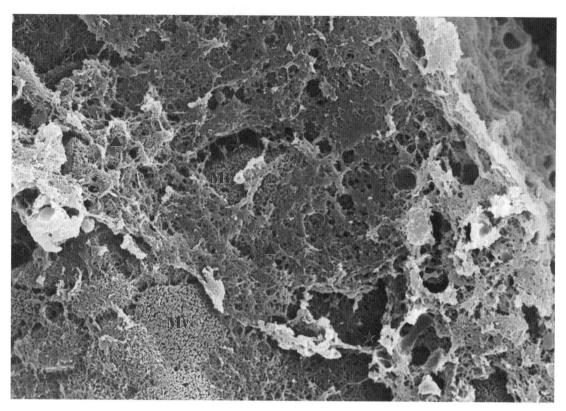

图 4-7-2-59 仔猪小肠。黏膜上皮细胞表面黏附一层网膜状的炎性渗出物（▲），上皮细胞表面微绒毛（Mv）密集，细胞间隙明显（★）。SEM，2k×

图 4-7-2-60 仔猪小肠。一黏膜顶部绒毛上皮细胞全部脱落，固有层裸露（LP），黏膜上皮细胞表面微绒毛（Mv）密集，细胞间隙明显可见（↑）。SEM，600×

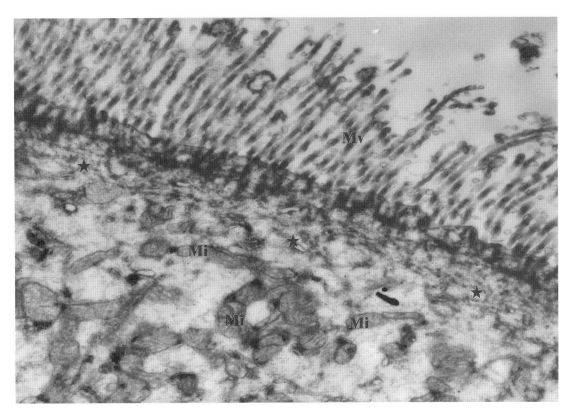

图 4-7-2-61 感染 HEV 兔小肠黏膜横断面。黏膜上皮细胞表面微绒毛断裂（Mv），微绒毛中心轴断裂缺失，胞质浅面的终末网（★）结构凌乱，其下胞质中的线粒体变形扭曲（Mi）。TEM，30k×

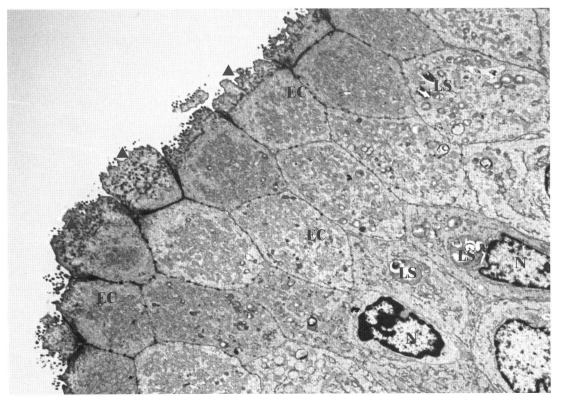

图 4-7-2-62 HEV 感染兔圆小囊黏膜斜切面。上皮细胞（EC）表面微绒毛脱落、缺失，胞膜凹凸不平（▲），胞浆内大量吞噬性溶酶体（LS）。N：细胞核。TEM，5k×

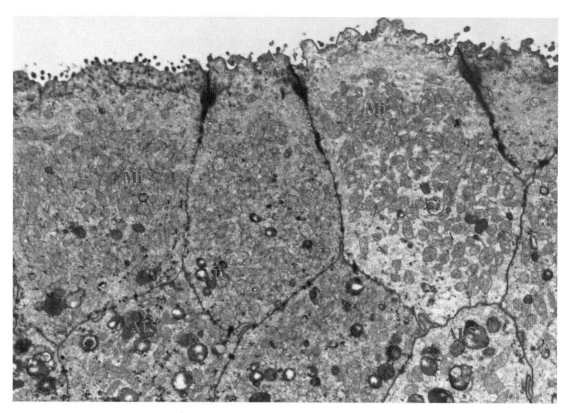

图 4-7-2-63 HEV 感染兔圆小囊黏膜上皮。上皮细胞表面微绒毛脱落缺失，胞膜凹凸不平（▲），胞浆内线粒体增生（Mi），深层细胞内大量自噬性溶酶体（ALS）。TEM，10k×

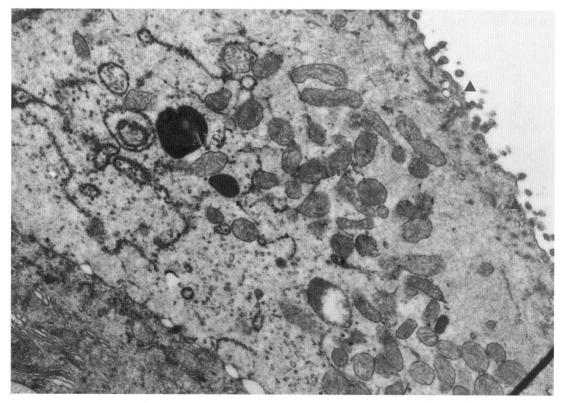

图 4-7-2-64 HEV 感染兔圆小囊黏膜上皮。上皮细胞表面微绒毛脱落缺失，胞膜凹凸不平（▲），胞浆内线粒体（Mi）稀疏，出现自噬性溶酶体（ALS）。TEM，20k×

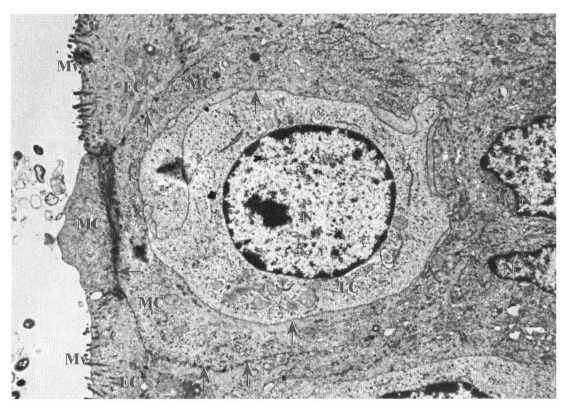

图 4-7-2-65　HEV 感染兔圆小囊淋巴上皮。M 细胞（MC）表面微褶消失，柱状上皮细胞（EC）表面微绒毛断裂不齐（Mv），细胞间连接紧密（↑）。LC：淋巴细胞；N：细胞核。TEM，8k×

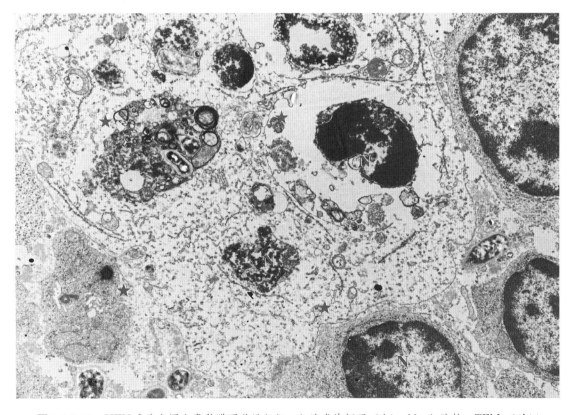

图 4-7-2-66　HEV 感染兔圆小囊黏膜下淋巴组织。细胞成片坏死（★）。N：细胞核。TEM，10k×

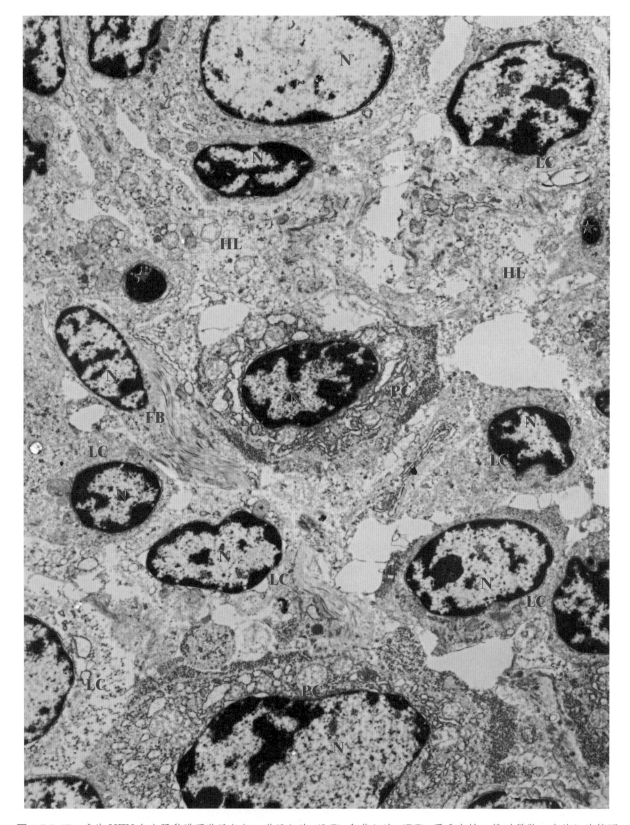

图 4-7-2-67 感染 HEV 兔小肠黏膜下淋巴组织。淋巴细胞（LC）和浆细胞（PC）严重变性，排列稀散，有的细胞核固缩（★），有的核溶解消逝（HL）。FB：成纤维细胞；N：细胞核。TEM，6k×

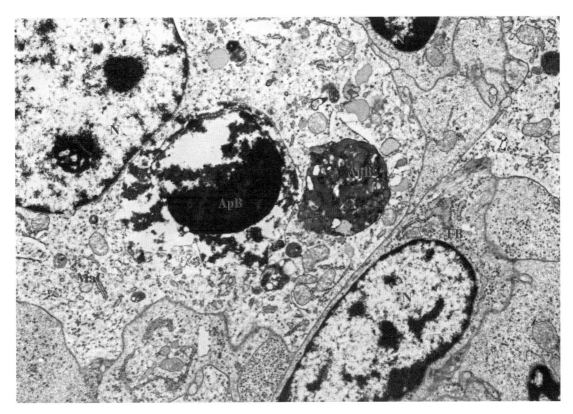

图 4-7-2-68　HEV 感染兔圆小囊黏膜下淋巴组织。一巨噬细胞（MaC）正在消化两个被吞噬的凋亡小体（ApB）。FB：成纤维细胞；N：细胞核。TEM，10k×

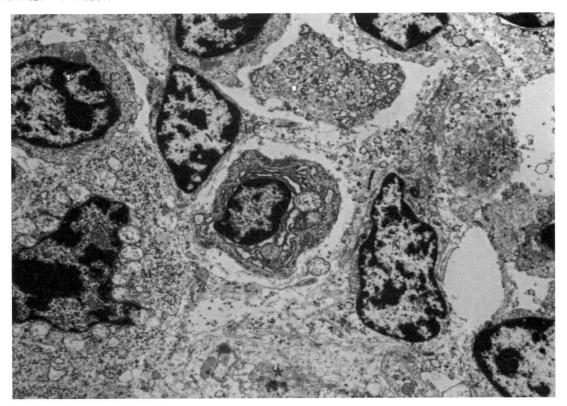

图 4-7-2-69　HEV 感染兔圆小囊黏膜下淋巴组织。细胞普遍变性，胞浆膜模糊不清，并见多个细胞核溶解坏死（★）。PC：浆细胞；LC：淋巴细胞；M：巨噬细胞；N：细胞核。TEM，8k×

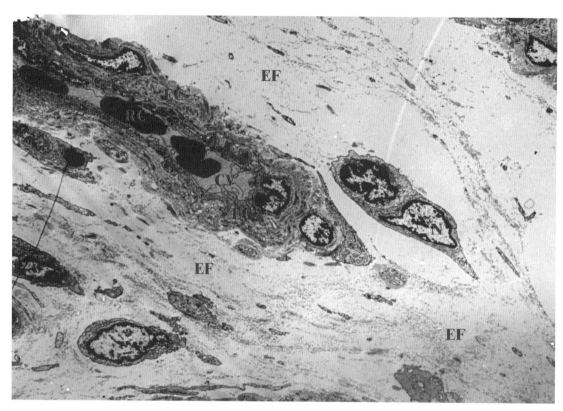

图 4-7-2-70 HEV 感染兔圆小囊黏膜下水肿。见一轻度扩张的毛细血管（CV），管壁较厚，内皮细胞肿胀；血管外结构松散，细胞稀疏。EC：内皮细胞；RC：红细胞；EF：水肿液。N：细胞核。TEM，4k×

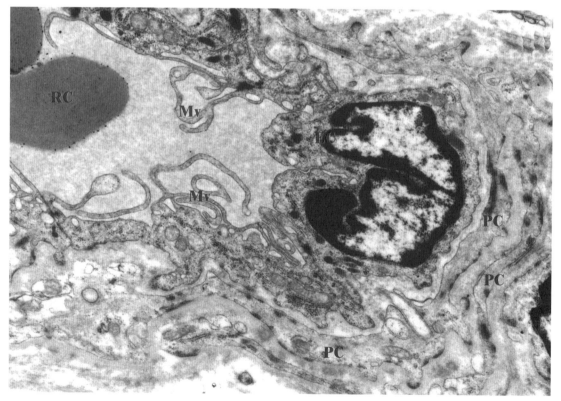

图 4-7-2-71 HEV 感染兔圆小囊黏膜下毛细血管。内皮细胞（EC）肿胀，内皮细胞腔面有细长并迂回曲折的微绒毛突起（Mv），血管外见多层周细胞包绕（PC）。RC：红细胞。TEM，20k×

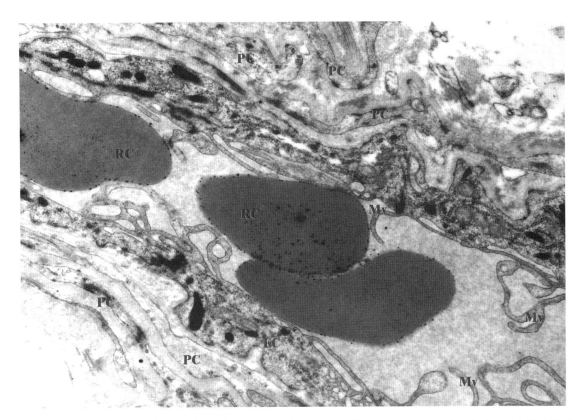

图 4-7-2-72　HEV 感染兔圆小囊黏膜下毛细血管。内皮细胞（EC）肿胀，内皮细胞腔面有细长并迂回曲折的微绒毛突起（Mv），血管外见多层变性的周细胞包绕（PC）。RC：红细胞。TEM，20k×

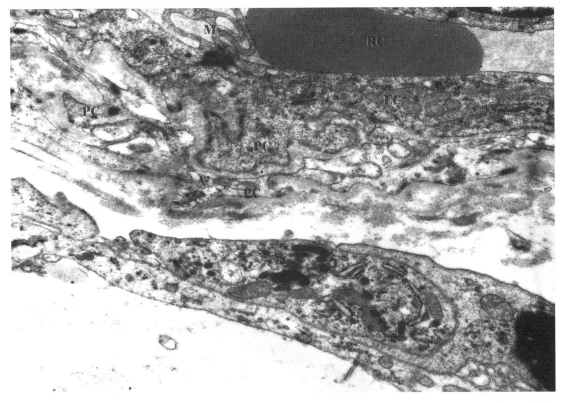

图 4-7-2-73　HEV 感染兔圆小囊黏膜下毛细血管。内皮细胞（EC）肿胀，内皮细胞腔面有细长曲折的微绒毛突起（Mv），内皮外见多层变性的周细胞包绕（PC）。RC：红细胞。TEM，20k×

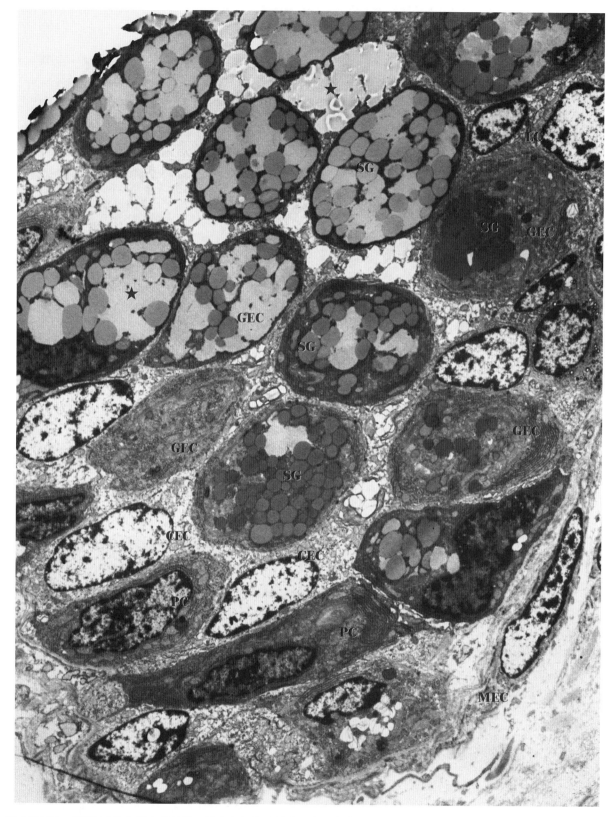

图 4-7-2-74 HEV 感染兔圆小囊肠腺。腺上皮细胞（GEC）分泌亢进（SG）或空化（★），上皮细胞间见多个淋巴细胞（LC）及浆细胞（PC）。CEC：柱状上皮；MEC：肌上皮细胞。TEM，4k×

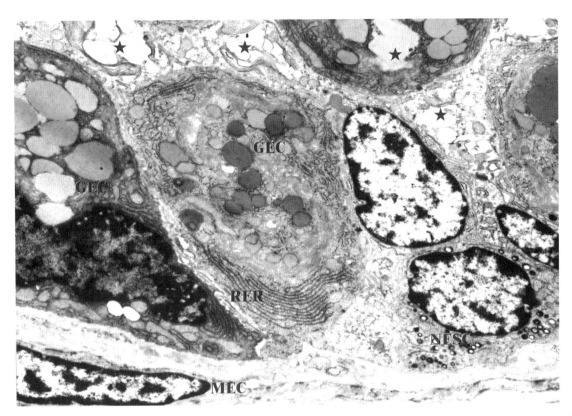

图 4-7-2-75　HEV 感染兔圆小囊肠腺。腺上皮细胞（GEC）不同程度变性或空化（★），胞浆膜破损，基底面见一神经内分泌细胞（NESC）。MEC：肌上皮细胞；RER：粗面内质网。TEM，10k×

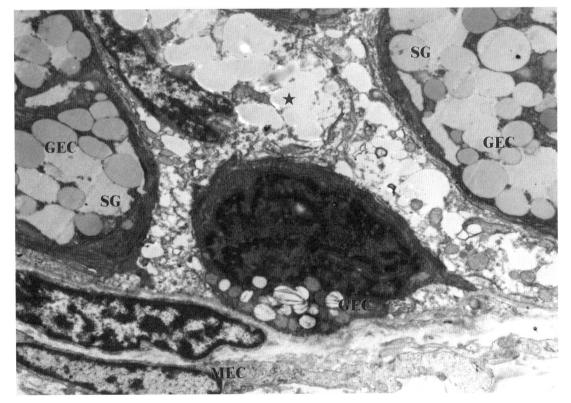

图 4-7-2-76　HEV 感染兔圆小囊肠腺。腺上皮细胞（GEC）分泌亢进（SG）或空化（★），MEC：肌上皮细胞。TEM，10k×

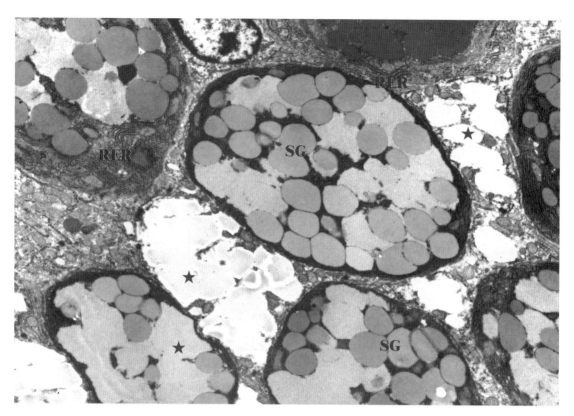

图 4-7-2-77 HEV感染兔圆小囊肠腺。腺上皮细胞分泌亢进（SG），大片颗粒出现空化（★）。RER：粗面内质网。TEM，10k×

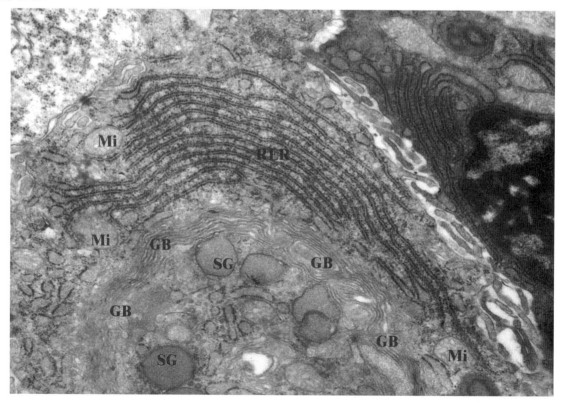

图 4-7-2-78 HEV感染兔圆小囊肠腺。腺上皮细胞内丰富的粗面内质网（RER）及多组高尔基体扁平囊泡（GB）整齐有序分布于胞质中。SG：分泌颗粒；Mi：线粒体；N：细胞核。TEM，30k×

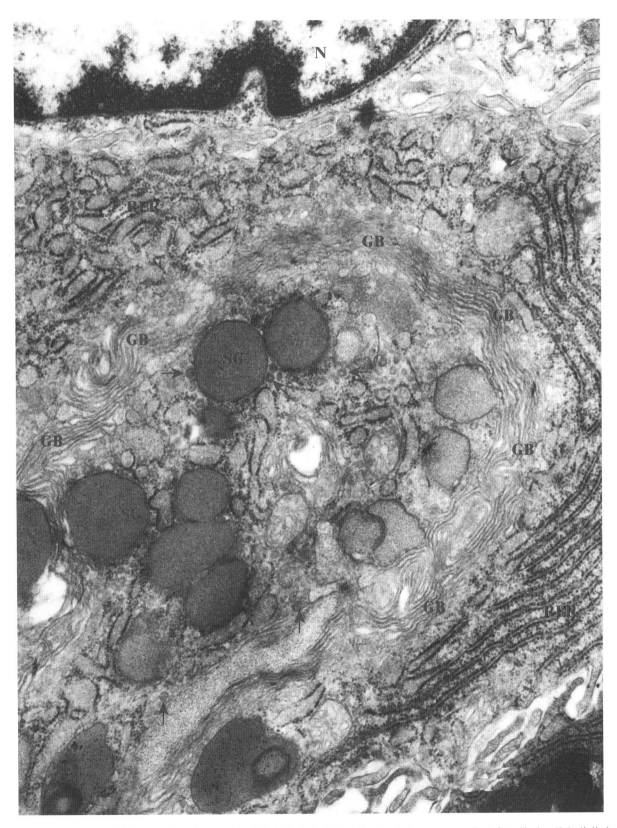

图 4-7-2-79　HEV 感染兔圆小囊肠腺。肠腺细胞胞浆中多个高尔基体扁平囊泡（GB）环绕于中心排列，局部结构紊乱。SG：分泌颗粒；RER：粗面内质网；N：细胞核；↑：病毒粒子。TEM，30k×

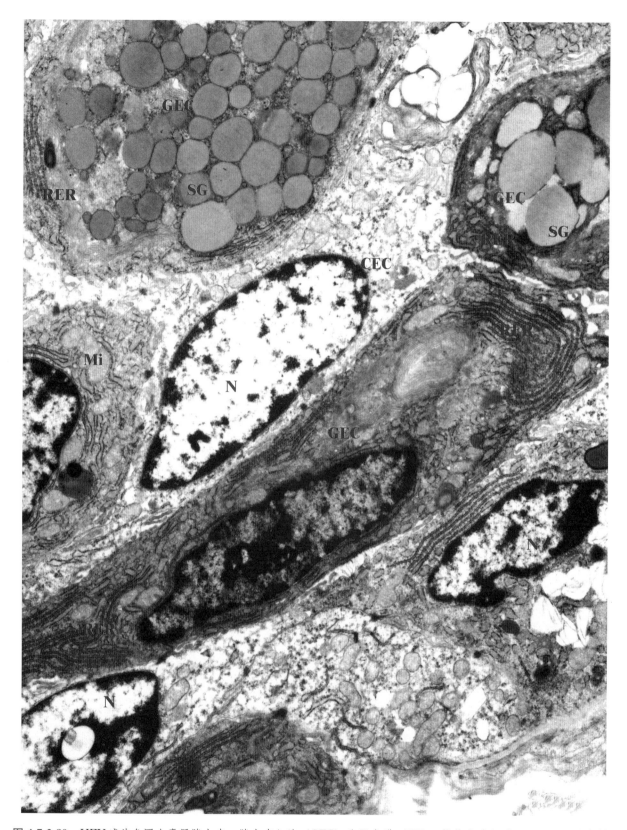

图 4-7-2-80 HEV 感染兔圆小囊肠腺上皮。腺上皮细胞（GEC）分泌亢进（SG），柱状上皮细胞（CEC）空泡变性。RER：粗面内质网；N：细胞核。TEM，10k×

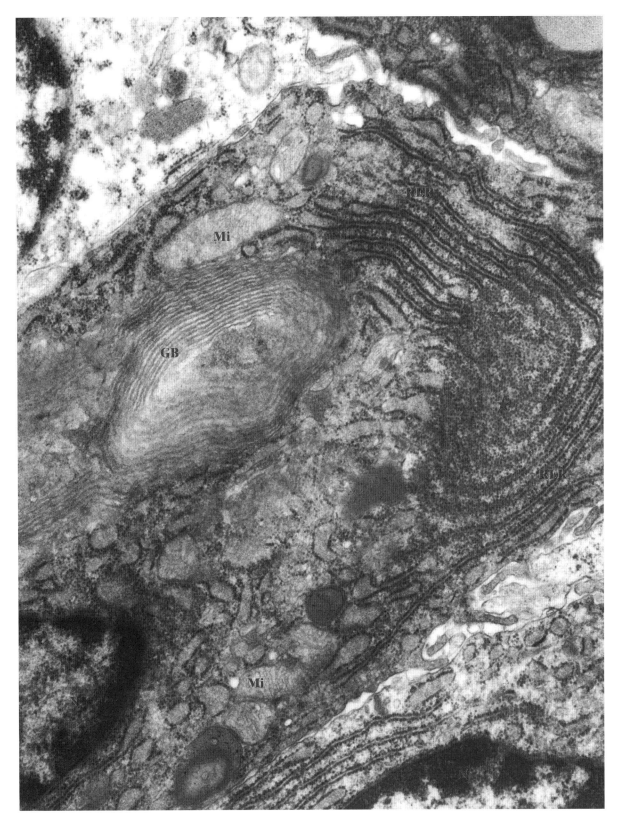

图 4-7-2-81　图 4-7-2-80 局部放大。未成熟的肠腺细胞胞浆中高尔基体扁平囊泡（GB）呈同心圆状排列，但难见小泡与大泡结构；粗面内质网（RER）脱颗粒（★）。N：细胞核；Mi：线粒体。TEM，30k×

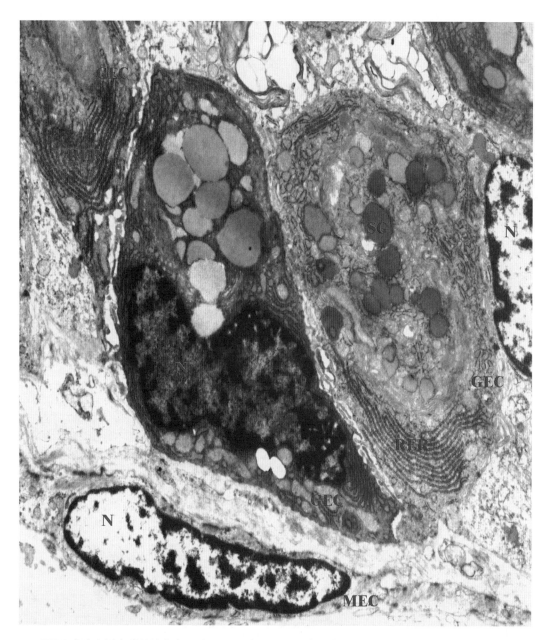

图 4-7-2-82　HEV 感染兔圆小囊肠腺上皮。处于不同功能状态的腺上皮细胞（GEC）。MEC：肌上皮细胞；SG：分泌颗粒；RER：粗面内质网；N：细胞核。TEM，10k×

第八节　生殖器官

一、雄性生殖器官——睾丸

睾丸是雄性最主要的生殖器官，其功能是生成精子，产生雄性激素。其纤维肌性结缔组织被膜，即白膜在睾丸纵隔处增厚，并自此发出隔，将睾丸分为大约 250 个小的不完全分开的区域，即睾丸小叶。每个小叶内有 1～4 条高度弯曲的生精小管，其功能是产生精子。每个生精小管内衬有几层生精上皮。生精上皮的基底部细胞由支持细胞和精原细胞组成。精原细胞经有丝分裂产生初级精母细胞。这些二倍体的初级精母细胞进行第一次减数分裂，产生两个次级精母细胞，次级精母细胞再完成第二次减数分裂，形成单倍体的精子细胞。在脱落大量的胞质、重组细胞器的类型并在获得一些特殊的细胞器后，精子细胞变成精子，即雄性配子。分化中的细胞由支持细胞提供物理支持和营养支持。而且，相邻支持细胞间的紧密连接参与构成血-睾屏障，具有保护发育中的生殖细胞免受自身免疫反应的作用。生精上皮位于基底膜上，该膜被肌性纤维固有膜包绕。包绕生精小管的结缔组织，除含有血管和神经外，还有小团生成雄激素的细胞，即睾丸间质细胞。这些细胞分泌睾酮。

血-睾屏障是睾丸间质内的毛细血管与生精小管之间存在的结构总称，主要包括间质内毛细血管内皮细胞及基膜、生精小管界膜、生精小管内支持细胞之间的紧密连接。动物在受到有毒有害物质，特别是一些环境污染物如双酚A、三聚氰胺等暴露后，其血-睾屏障结构均会受到不同程度的损伤。透射电镜观察可以观察到多种病理学变化，如睾丸曲细精管周围界膜组织疏松，肌样细胞肿胀，胞浆内质网扩张呈空泡状，基底膜与管内的生精细胞出现分离，间隙增宽，生精细胞与支持细胞间出现明显的空隙，曲细精管各级生精细胞消失，管腔内的精子核形状不规则，呈多种畸形样；相邻支持细胞之间的紧密连接结构受到破坏，特化区内质网极度扩张，严重者多见紧密连接出现分裂等。血—睾屏障结构的这些改变，也正是有毒有害物质侵入机体导致生殖细胞损伤的结构学基础。

二、雌性生殖系统

雌性生殖系统包括卵巢、输卵管、子宫、外生殖器和乳腺。本节主要介绍子宫的超微结构及超微病理变化。

子宫　子宫分为子宫底、子宫体和子宫颈。子宫在妊娠期容纳并支持胚胎和胎儿的发育成长。子宫壁很厚，由内膜、肌层和浆膜组成。浆膜又称子宫外膜，除了子宫底和子宫体为浆膜结构外，其余部分为纤维膜结构。子宫是肌性器官，肌层很厚，由成束或成片的平滑肌纤维组成，束间有结缔组织间隔。肌层分层不明显，各层间肌纤维相互交织，一般可分为黏膜下层、血管层和浆膜下层。黏膜下层位于黏膜下，较薄，肌纤维大多纵行，间有少量环形或斜行肌纤维。血管层厚，含有许多大血管，呈海绵状，以环形肌纤维为主。血管层的外侧为血管上层，以环形肌和纵行肌为主。浆膜下层是一层较薄的纵行肌层。

子宫内膜由单层柱状上皮和固有层组成，子宫底部和体部的内膜固有层分为基底层和功能层。基底层较薄，位于深部与肌层相邻，功能层较厚位于前部。内膜的周期性变化主要发生在功能层，它也是胚泡发育植入的部位。功能层可分为由子宫表面上皮及其下方的薄层基质构成的致密层和由子宫腺的直部构成的海绵层两层结构；基底层又可分为子宫腺的分支部和子宫腺的基部两层。子宫内膜的上皮为单层柱状上皮，由少量纤毛细胞及大量无纤毛的分泌细胞组成。内膜的表面上皮向深部间质凹陷形成管状的子宫腺。纤毛细胞具有典型的动纤毛结构。分泌细胞顶部有微绒毛，其数量、长度和形态也有周期性变化，它们能合成糖原、中性和酸性黏多糖及脂类等，并以顶质分泌方式排入宫腔。

内膜基质中含有内膜基质细胞、网状纤维及基质。内膜基质细胞具有高度分化能力，可分化成为前蜕膜细胞和内膜颗粒细胞。基质中还可见淋巴细胞、巨噬细胞、肥大细胞、浆细胞及多形核粒细胞。正常子宫内膜中常见淋巴细胞，生育期的子宫内膜还可见淋巴小结。网状纤维是构成子宫内膜的网架。

1. 雄性生殖器官

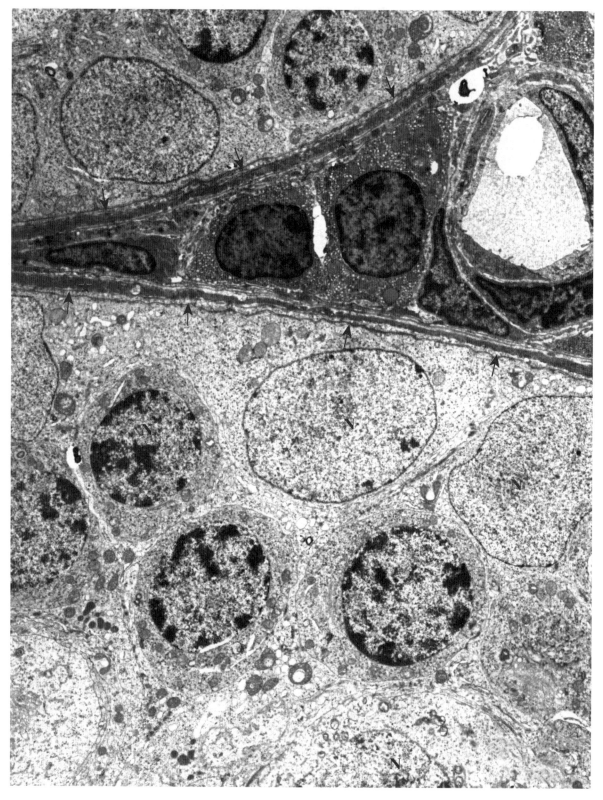

图 4-8-1-1 健康大鼠睾丸。生精上皮基底膜（↑）平整，肌样细胞（★）与周围细胞排列紧密，层次清晰。曲细精管内生精细胞排列紧密、有序。N：细胞核。TEM，6k×

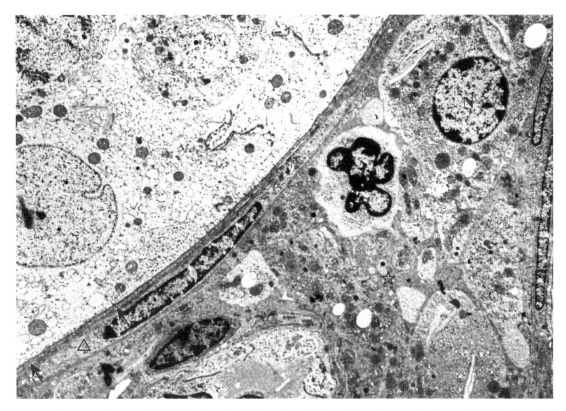

图 4-8-1-2　健康小鼠睾丸。曲细精管基底膜（↑）结构平整、连续，肌样细胞（△）与周围细胞排列紧密，血-睾屏障各层次清晰，结构完整，间质细胞排列整齐（☆）。N：细胞核。TEM，5k×

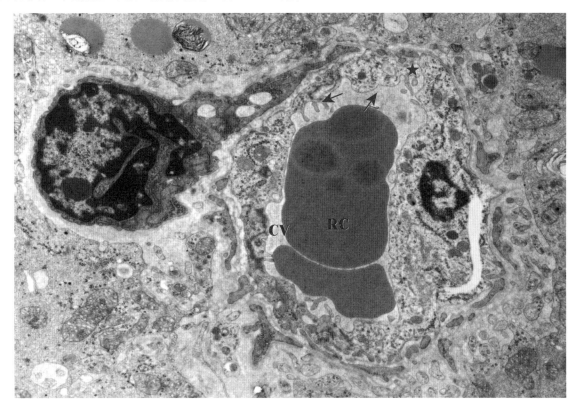

图 4-8-1-3　健康小鼠睾丸。构成血-睾屏障的第一层结构即间质毛细血管内皮细胞（★）腔面有较多的微突起（↑）。CV：毛细血管腔。RC：红细胞。TEM，12k×

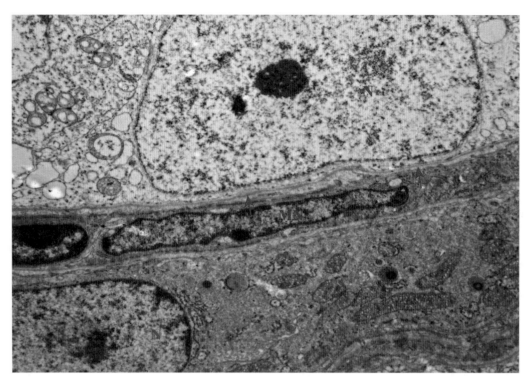

图 4-8-1-4　健康小鼠睾丸。构成血-睾屏障的第二层结构即管周界膜组织，界膜围绕在生精小管周围，分为 3 层。最外层是成纤维细胞，中层为能收缩的肌样细胞，细胞呈星形或细长形，内层为基膜（↑），紧贴在支持细胞和精原细胞的基底面。MN：肌样细胞的细胞核。N：细胞核。TEM，10k×

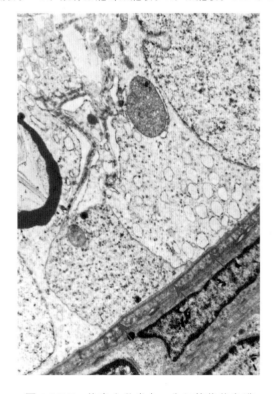

图 4-8-1-5　健康小鼠睾丸。曲细精管基底膜结构连续、平整（↑）。TEM，15k×

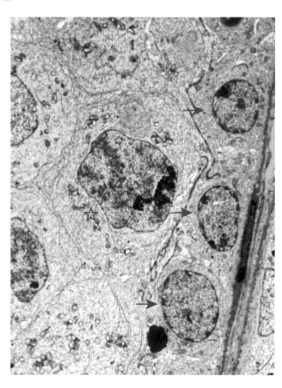

图 4-8-1-6　健康小鼠睾丸。生精上皮细胞，从基底层到腔面依次为精原细胞（↑）、初级精母细胞（☆）和次级精母细胞。TEM，6k×

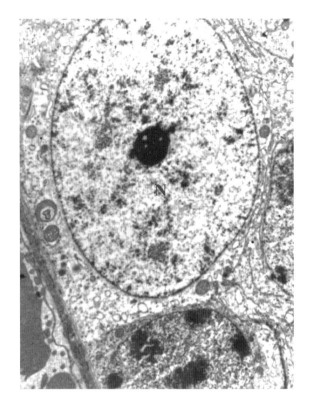

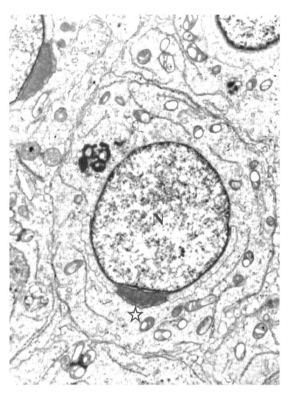

图 4-8-1-7 健康小鼠睾丸。曲细精管基底膜完整，精原细胞轮廓清晰，结构完整。N：细胞核。TEM，12k×

图 4-8-1-8 健康小鼠睾丸。精子细胞发育良好，顶体囊、顶体帽结构清晰、完整（☆）。N：细胞核。TEM，15k×

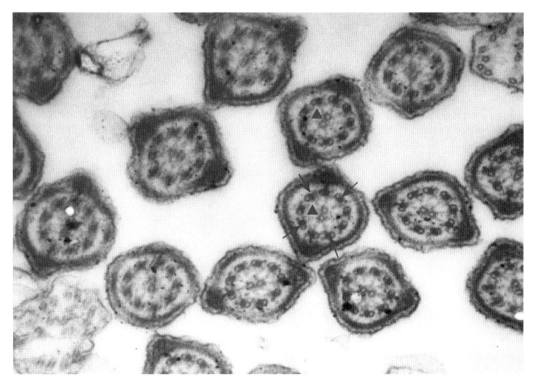

图 4-8-1-9 健康小鼠睾丸。精子末段横切面，细胞膜结构完整，排列整齐有序，2 根中央微管（▲）和 9 对周围微管（↑）清晰可见。TEM，100k×

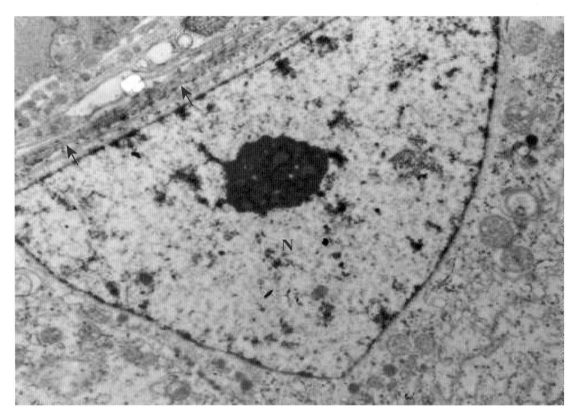

图 4-8-1-10　健康小鼠睾丸。支持细胞，核呈不规则的圆锥形（N），基部紧贴基底膜（↑）。TEM，15k×

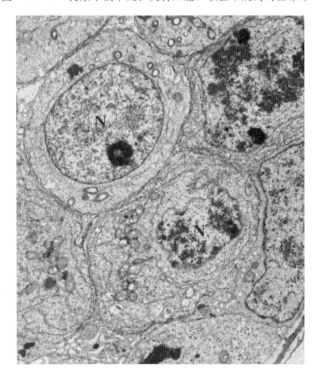

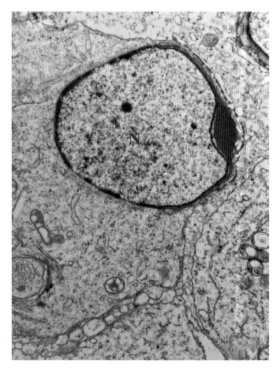

图 4-8-1-11　健康小鼠睾丸。细胞轮廓清晰，各级生精
细胞与支持细胞之间排列紧密，细胞器丰富。N：细胞
核。TEM，10k×

图 4-8-1-12　健康小鼠睾丸。精子细胞发育良
好。N：细胞核。TEM，40k×

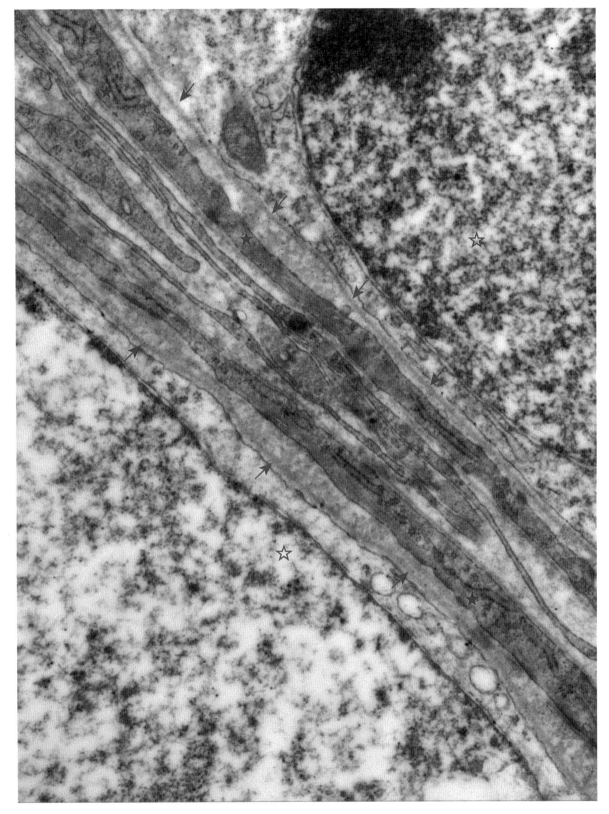

图 4-8-1-13　健康小鼠睾丸。示 2 个曲细精管相邻部位的 2 个精原细胞（☆）的基底面结构，可见基底膜连续、完整、平直（↑），肌样细胞结构清晰、完整（★）。TEM，40k×

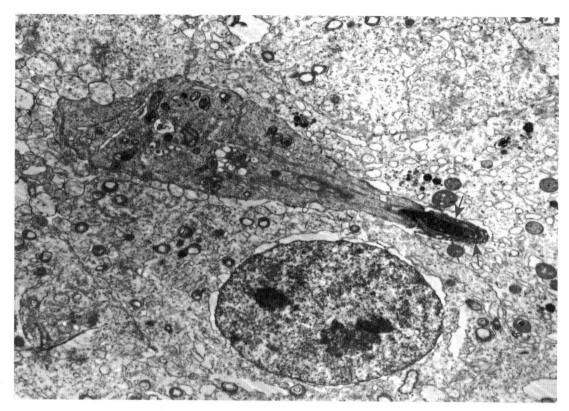

图 4-8-1-14 健康小鼠睾丸。精子细胞发育良好，支持细胞与精子细胞之间紧密连接特化结构清晰可见（↑）。N：细胞核。TEM，8k×

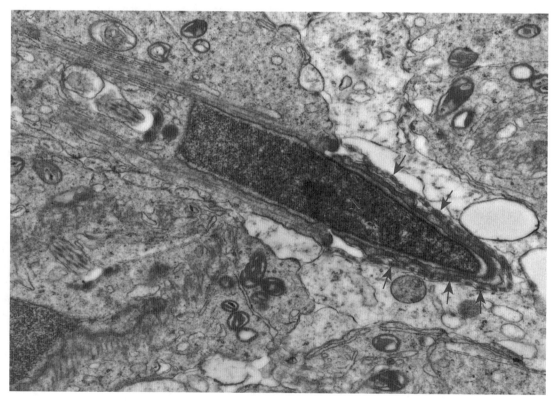

图 4-8-1-15 健康小鼠睾丸。精子细胞发育良好，支持细胞与精子细胞之间紧密连接微丝清晰可见（↑）。N：细胞核。TEM，20k×

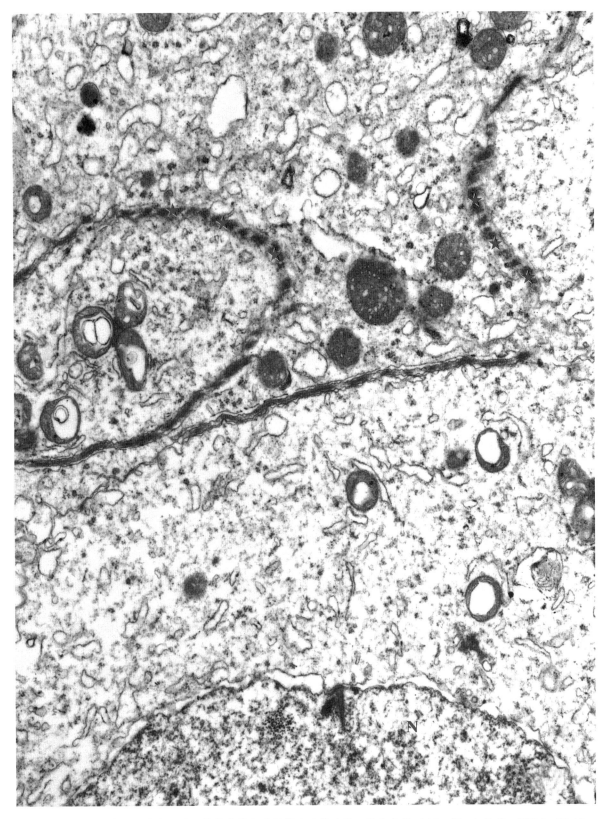

图 4-8-1-16　健康小鼠睾丸。曲细精管支持细胞间紧密连接连续，结构完整（★）。N：细胞核。TEM，20k×

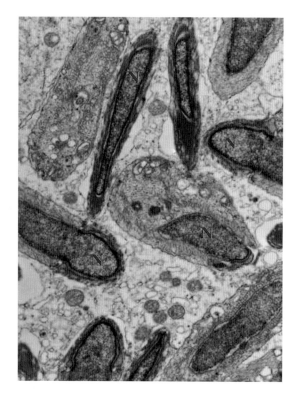

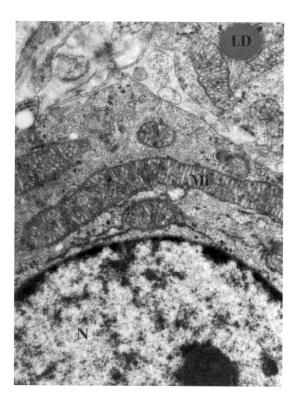

图 4-8-1-17　健康小鼠睾丸。精子细胞发育良好。
N：细胞核。TEM，40k×

图 4-8-1-18　健康小鼠睾丸。示间质细胞，核呈圆形
或多边形，胞浆中线粒体（Mi）丰富。N：细胞核；
LD：脂滴。TEM，15k×

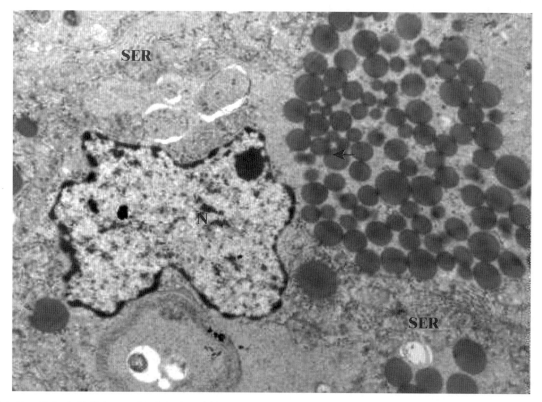

图 4-8-1-19　健康小鼠睾丸。示间质细胞，胞核呈不规则形状，胞质中含有丰富的分泌颗粒（↑）和滑面内质网
（SER）。N：细胞核。TEM，15k×

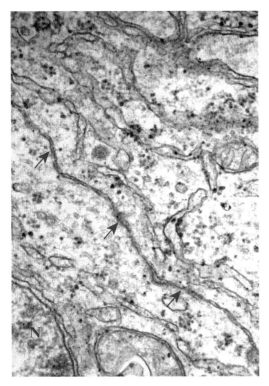

图 4-8-1-20　健康猪睾丸。箭头（↑）所示睾丸曲细精管中支持细胞间的紧密连接结构，是构成血-睾屏障的重要成分之一。N：细胞核。TEM，50k×

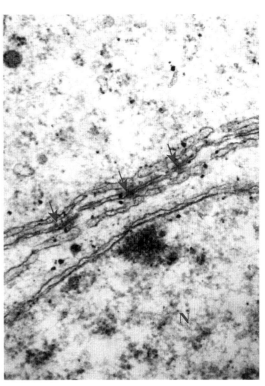

图 4-8-1-21　健康猪睾丸。箭头（↑）所示睾丸曲细精管中支持细胞间的紧密连接结构。N：细胞核。TEM，50k×

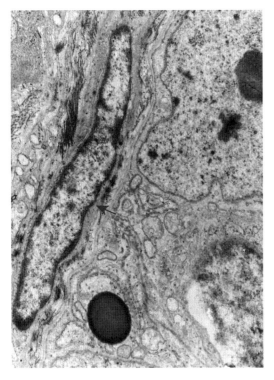

图 4-8-1-22　健康猪睾丸。箭头（↑）所示睾丸曲细精管管周的肌样细胞。TEM，10k×

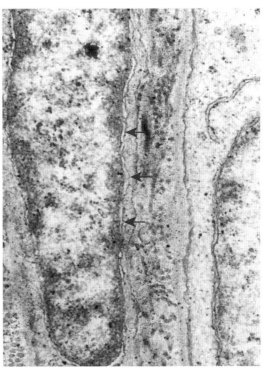

图 4-8-1-23　健康猪睾丸。箭头（↑）所示睾丸曲细精管管周的肌样细胞。TEM，30k×

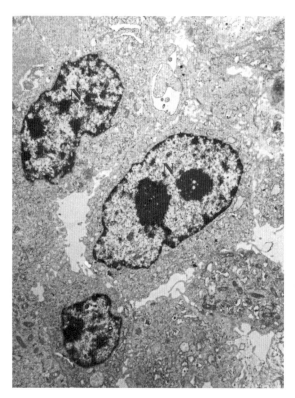

图 4-8-1-24　TM4 细胞。细胞间界限清晰，胞浆细胞器丰富。N：细胞核。TEM，8k×

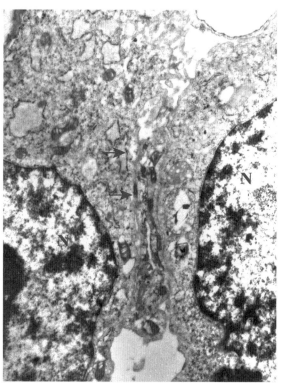

图 4-8-1-25　TM4 细胞。细胞膜完整，细胞间界限清晰，可见细胞间连接（↑）。N：细胞核。TEM，20k×

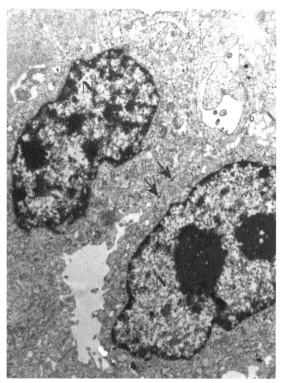

图 4-8-1-26　TM4 细胞。细胞间界限清晰（↑），胞浆细胞器丰富。N：细胞核。TEM，12k×

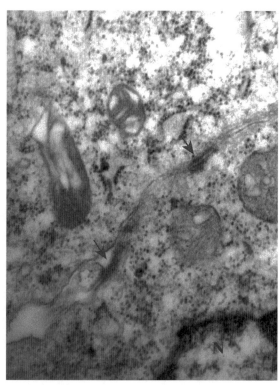

图 4-8-1-27　TM4 细胞。细胞膜完整，细胞间界限清晰，可见细胞间连接（↑）。N：细胞核。TEM，80k×

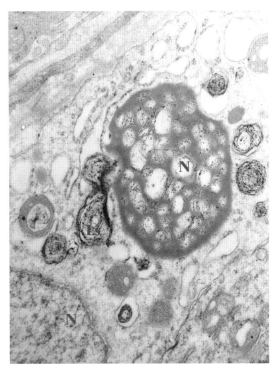

图 4-8-1-28　双酚 A（BPA）染毒小鼠睾丸。精原细胞核凝集呈网状（N），Ls：溶酶体；N：细胞核。TEM，4k×

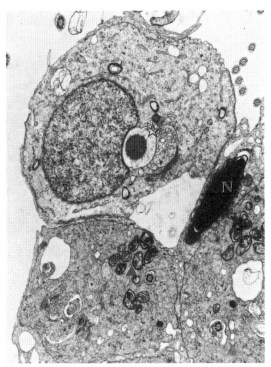

图 4-8-1-29　BPA 染毒小鼠睾丸。生精细胞脱落入管腔，顶体囊、顶体帽发育异常（☆），线粒体普遍皱缩（▲）。N：细胞核。TEM，15k×

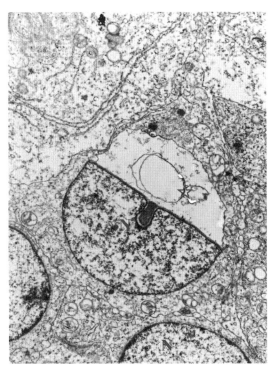

图 4-8-1-30　BPA 染毒小鼠睾丸。生精细胞顶体囊、顶体帽发育异常，严重畸形（☆）。N：细胞核。TEM，12k×

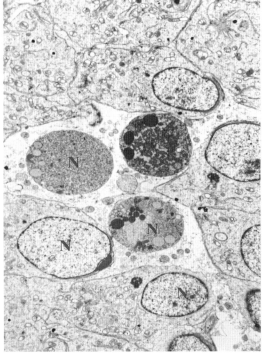

图 4-8-1-31　BPA 染毒小鼠睾丸。各级生精细胞排列疏松，有的细胞核溶解。N：细胞核。TEM，6k×

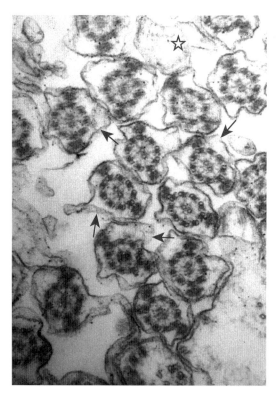

图 **4-8-1-32** BPA 染毒小鼠睾丸。精子尾部末段横断面，见精子排列紊乱，膜结构不完整（↑），有的仅见残存的"尸体"（☆）。TEM，100k×

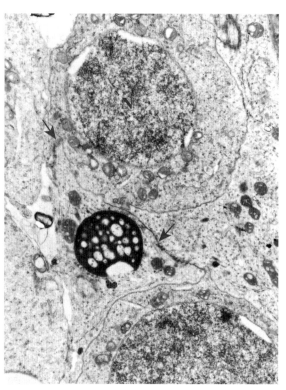

图 **4-8-1-33** BPA 染毒小鼠睾丸。曲细精管支持细胞间紧密连接结构不完整，模糊不清（↑），生精细胞核固缩，核基质模糊不清（N）。TEM，15k×

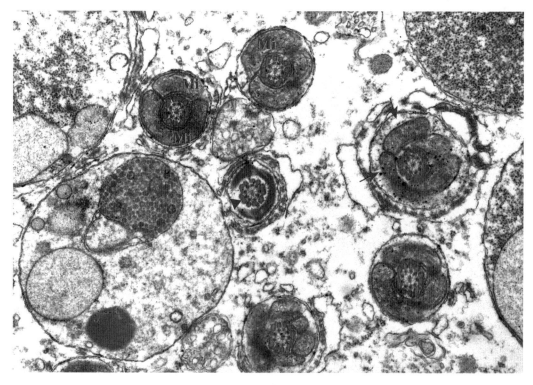

图 **4-8-1-34** BPA 染毒小鼠睾丸。精子尾部中段横断面，可见线粒体鞘（Mi）和微管（△），胞膜与线粒体间隙增大（↑）。TEM，30k×

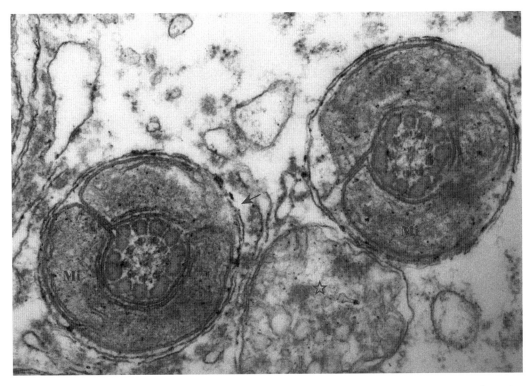

图 4-8-1-35　BPA 染毒小鼠睾丸。精子尾部中段横断面，膜结构不完整（↑），有的仅见残存的"尸体"（☆），Mi：线粒体。线粒体（Mi）结构模糊。TEM，80k×

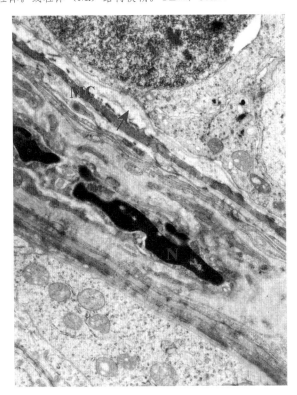

图 4-8-1-36　BPA 染毒小鼠睾丸。曲细精管基底膜与肌上皮细胞（MC）分离，间隙增大（↑）。N：细胞核。TEM，20k×

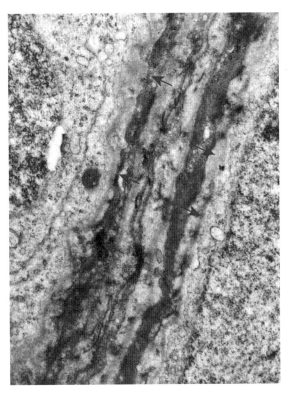

图 4-8-1-37　BPA 染毒小鼠睾丸。曲细精管基底膜增厚，不平整（↑）。TEM，30k×

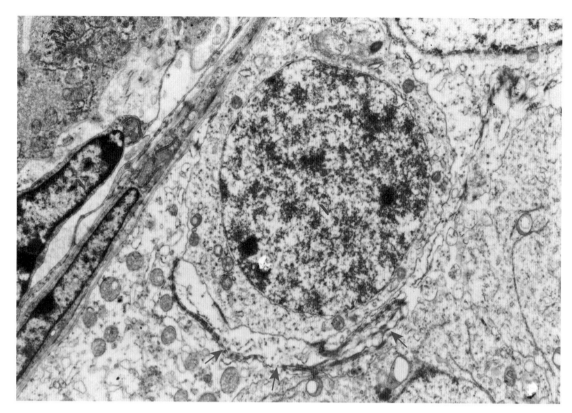

图 **4-8-1-38** BPA 染毒小鼠睾丸。曲细精管支持细胞间紧密连接结构不完整，模糊不清（↑）。N：细胞核。TEM，12k×

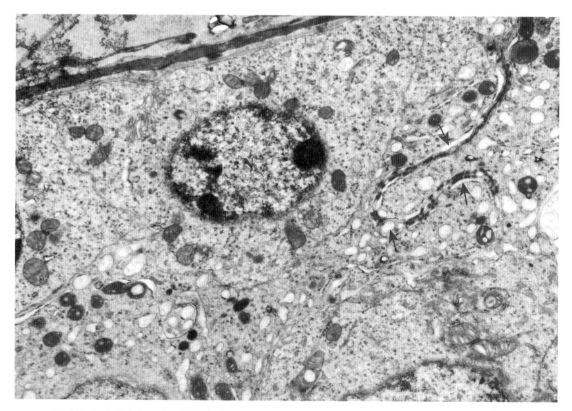

图 **4-8-1-39** BPA 染毒小鼠睾丸。曲细精管支持细胞间紧密连接结构不完整，间隙增大（↑），细胞核（N）膜模糊不清。TEM，15k×

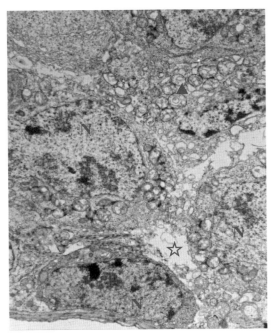

图 4-8-1-40　三聚氰胺（MA）染毒小鼠睾丸。生精细胞之间连接松散，细胞间隙显著增大（☆），胞膜结构不清，部分线粒体肿胀（△）。N：细胞核。TEM，10k×

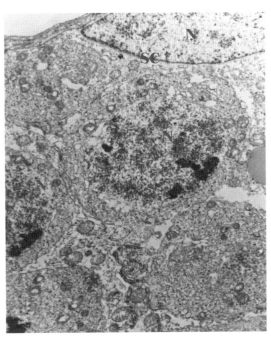

图 4-8-1-41　MA 染毒小鼠睾丸。生精细胞与支持细胞（SC）之间连接松散，细胞基质模糊不清，细胞轮廓不清。N：细胞核。TEM，12k×

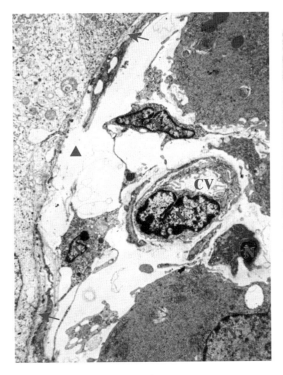

图 4-8-1-42　MA 染毒小鼠睾丸。界膜结构显著受损，基膜与肌样细胞间隙距离增大（↑），肌样细胞脱落连续性中断（▲）。N：细胞核；CV：毛细血管腔。TEM，8k×

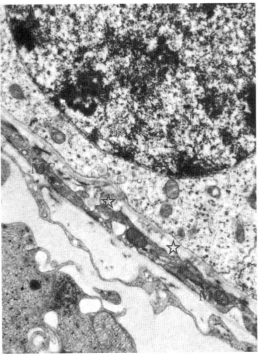

图 4-8-1-43　MA 染毒小鼠睾丸。基膜与肌样细胞间隙增大（☆）。MC：肌样细胞；N：细胞核。TEM，25k×

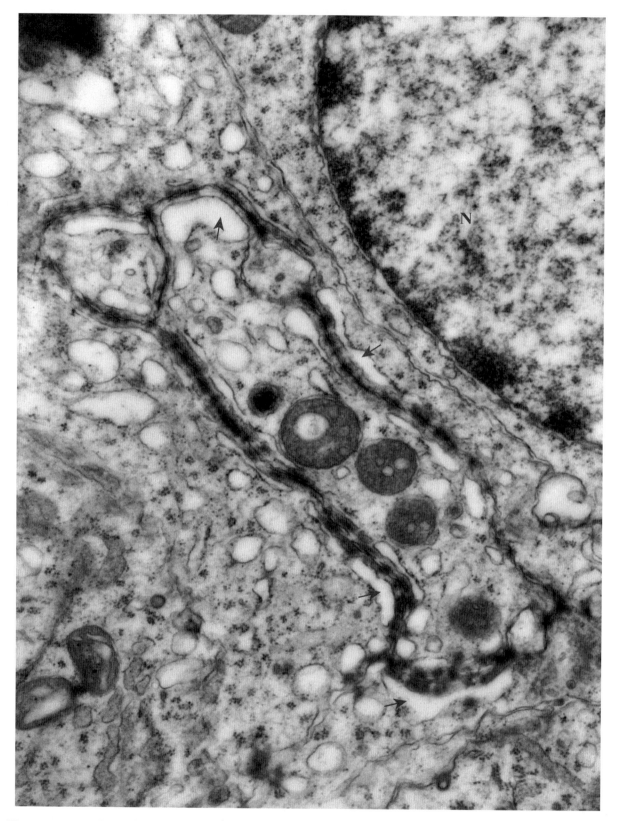

图 4-8-1-44 MA 和三聚氰酸（CA）协同作用下的小鼠睾丸。支持细胞间紧密连接分离，多处出现空隙（↑）。N：细胞核。TEM，30k×

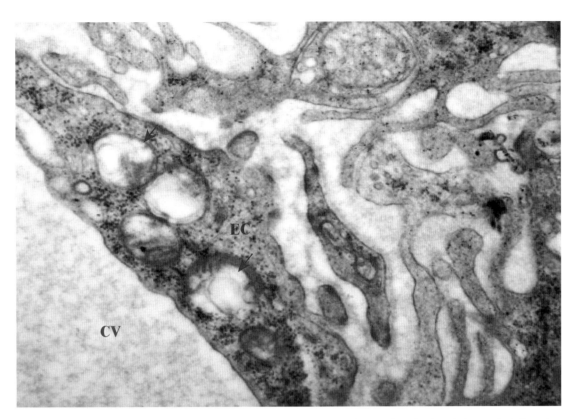

图 4-8-1-45　MA 染毒小鼠睾丸。毛细血管内皮细胞（EC）肿胀，胞浆中线粒体和内质网肿胀，呈空泡状（↑）。CV：毛细血管腔。TEM，15k×

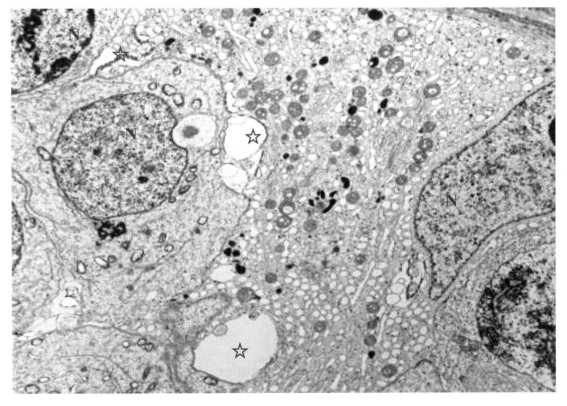

图 4-8-1-46　MA 染毒小鼠睾丸。支持细胞与相邻的初级精母细胞之间出现空隙（☆）。N：细胞核。TEM，8k×

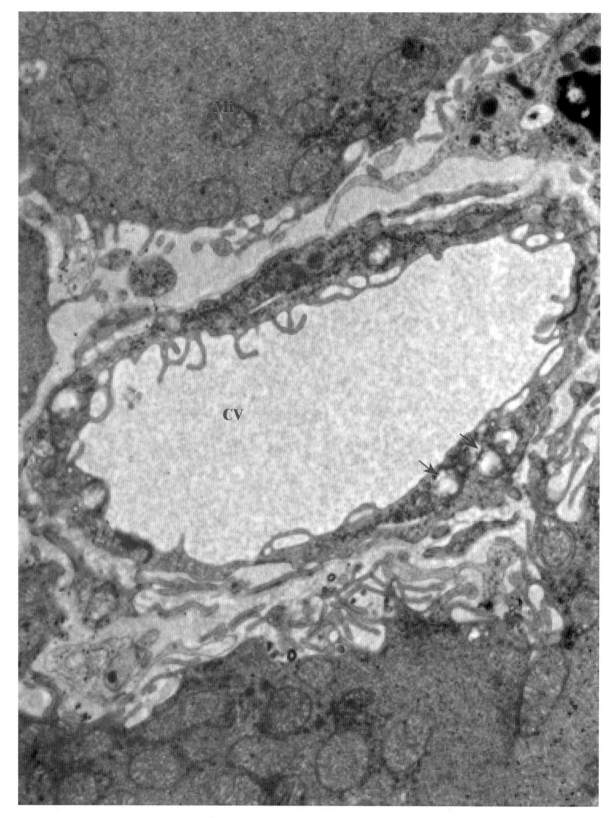

图 4-8-1-47　MA 染毒小鼠睾丸。毛细血管内皮细胞（EC）肿胀，胞浆中线粒体（Mi）轻度肿胀呈空泡状（↑）。CV：毛细血管腔。TEM，15k×

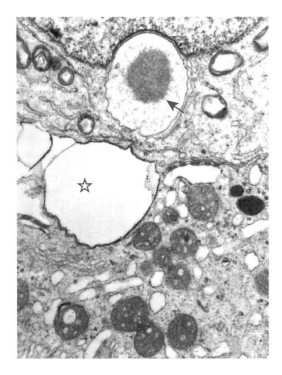

图 4-8-1-48　MA 染毒小鼠睾丸。支持细胞与相邻的初级精母细胞之间出现空泡（☆），精子细胞顶体发育异常（↑）。TEM，30k×

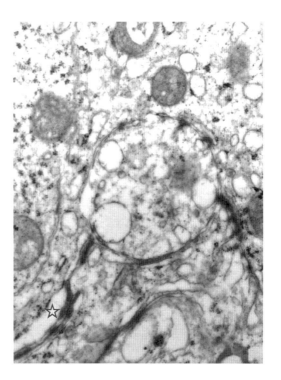

图 4-8-1-49　MA 染毒小鼠睾丸。支持细胞紧密连接受损，出现空隙（☆）。TEM，40k×

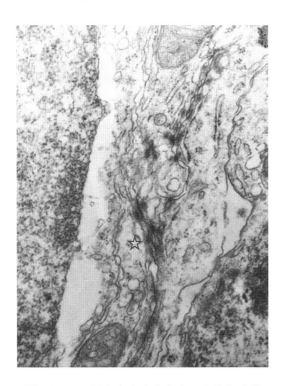

图 4-8-1-50　MA 染毒小鼠睾丸。支持细胞紧密连接受损，出现空隙（☆）。TEM，50k×

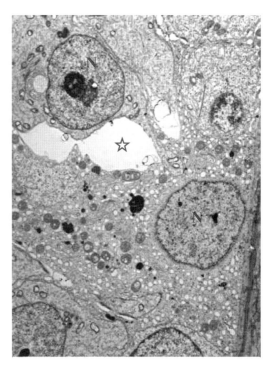

图 4-8-1-51　MA 染毒小鼠睾丸。支持细胞与相邻的精子细胞之间出现空泡（☆）。N：细胞核。TEM，80k×

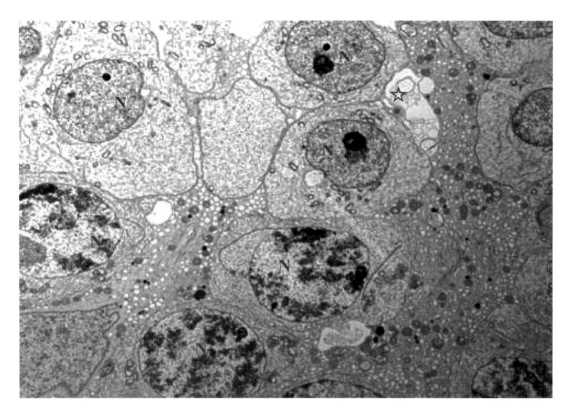

图 4-8-1-52 MA 染毒小鼠睾丸。各级生精细胞之间排列松散，出现空泡（☆）。N：细胞核。TEM，8k×

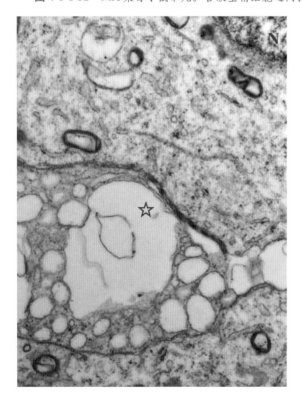

图 4-8-1-53 MA 染毒小鼠睾丸。支持细胞胞浆空泡变性（☆）。N：细胞核。TEM，30k×

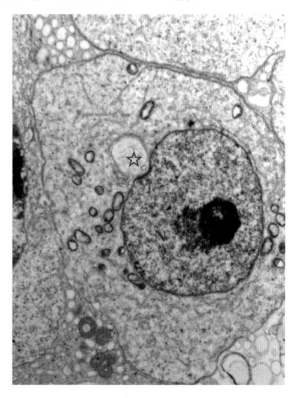

图 4-8-1-54 MA 染毒小鼠睾丸。精子细胞顶体囊泡呈空泡状，顶体颗粒消失空化（☆）。N：细胞核。TEM，15k×

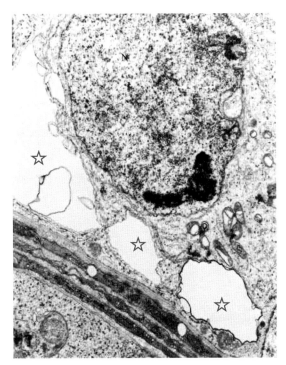

图 4-8-1-55　MA 染毒小鼠睾丸。精原细胞（▲），靠近基底部的胞浆中出现多个大的空泡（☆）。N：细胞核。TEM，15k×

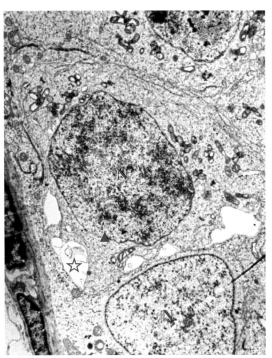

图 4-8-1-56　MA 染毒小鼠睾丸。精原细胞（▲），胞浆中出现多个大的空泡（☆）。N：细胞核。TEM，8k×

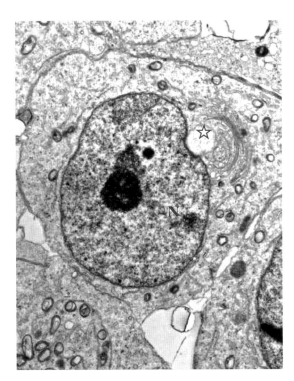

图 4-8-1-57　MA 染毒小鼠睾丸。精子细胞，顶体囊泡中的顶体颗粒空化、消失（☆）。N：细胞核。TEM，15k×

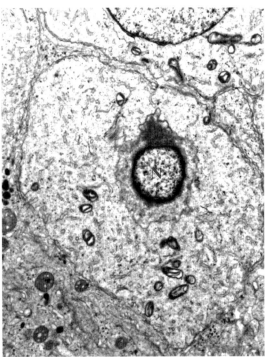

图 4-8-1-58　MA 染毒小鼠睾丸。精子细胞，胞核（N）萎缩。TEM，15k×

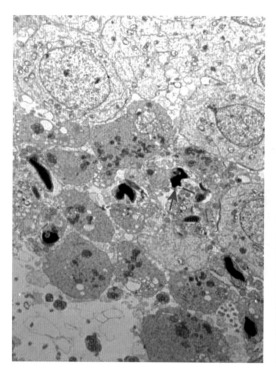

图 4-8-1-59　MA 染毒小鼠睾丸。精子核畸形（↑）。TEM，5k×

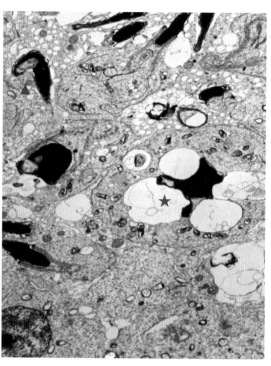

图 4-8-1-60　MA 染毒小鼠睾丸。精子核呈奇形怪状（▲），精细胞胞浆中出现空泡，胞核畸形（★）。TEM，8k×

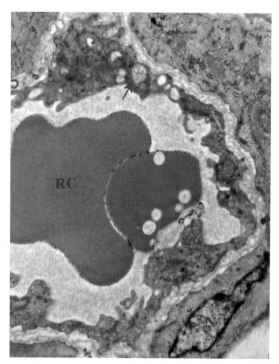

图 4-8-1-61　MA 和 CA 协同作用下的小鼠睾丸。毛细血管内皮细胞肿胀（EC），胞浆中线粒体肿胀呈空泡状（↑）。N：细胞核；RC：红细胞。TEM，20k×

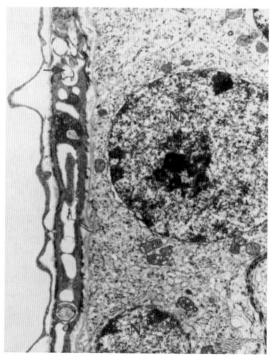

图 4-8-1-62　MA 和 CA 协同作用下的小鼠睾丸。界膜中的肌样细胞胞浆中内质网扩张，呈空泡状（↑）。N：细胞核。TEM，15k×

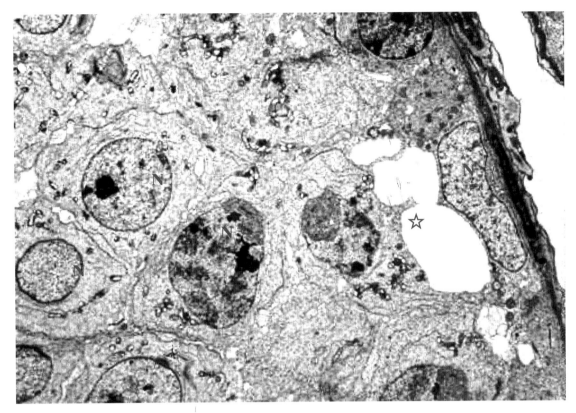

图 4-8-1-63　MA 和 CA 协同作用下的小鼠睾丸。初级精母细胞胞浆中出现空泡（☆）。N：细胞核。TEM，5k×

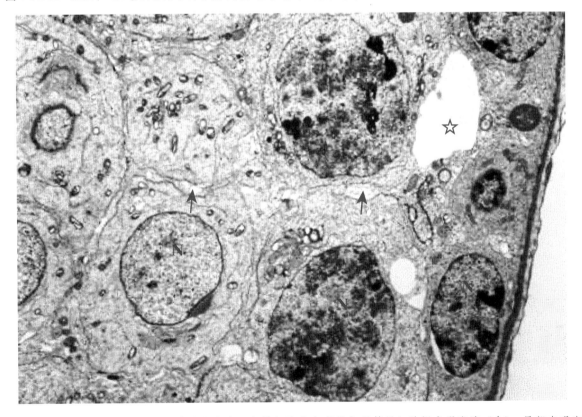

图 4-8-1-64　MA 和 CA 协同作用下的小鼠睾丸。支持细胞和相邻的初级精母细胞间出现空隙（↑），局部出现空泡（☆）。N：细胞核。TEM，6k×

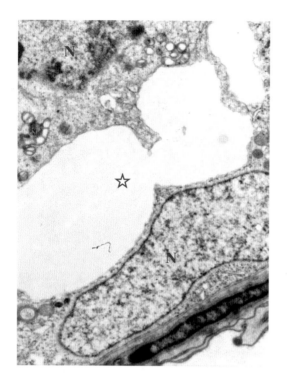

图 4-8-1-65　MA 和 CA 协同作用下的小鼠睾丸。初级精母细胞胞浆中出现大空泡（☆）。N：细胞核。TEM，15k×

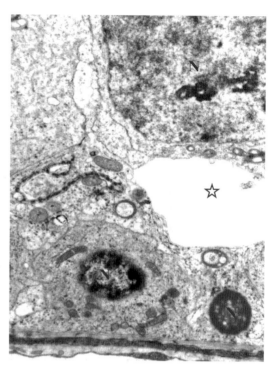

图 4-8-1-66　MA 和 CA 协同作用下的小鼠睾丸。支持细胞和相邻的初级精母细胞间出现空隙（☆），精原细胞核（N）固缩。TEM，15k×

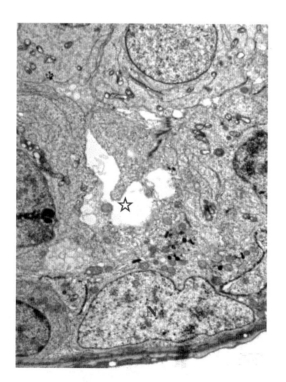

图 4-8-1-67　MA 和 CA 协同作用下的小鼠睾丸。支持细胞胞浆空泡变性（☆）。N：细胞核。TEM，8k×

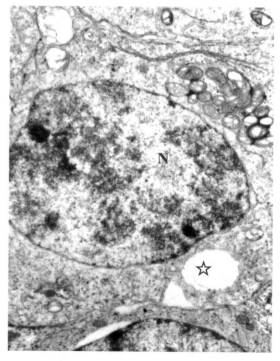

图 4-8-1-68　MA 和 CA 协同作用下的小鼠睾丸。初级精母细胞胞浆空泡变性（☆）。N：细胞核。TEM，15k×

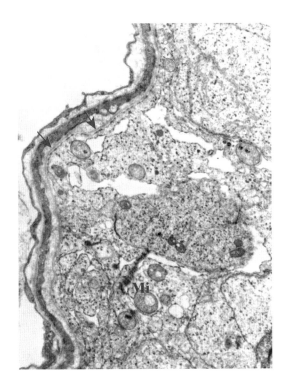

图 4-8-1-69 MA 和 CA 协同作用下的小鼠睾丸。管周基底膜弯曲起伏（↑）。Mi：线粒体。TEM，15k×

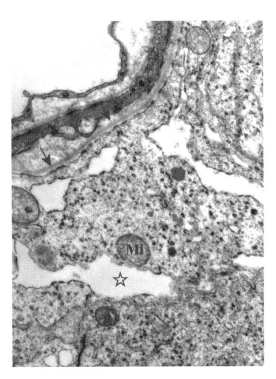

图 4-8-1-70 MA 和 CA 协同作用下的小鼠睾丸。管周基底膜完整（↑），细胞浆空泡变性（☆）Mi：线粒体。TEM，15k×

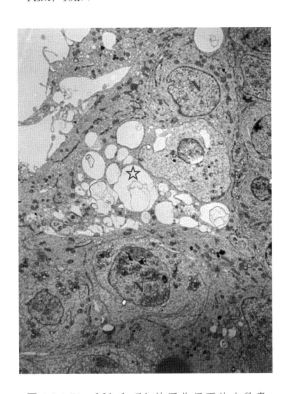

图 4-8-1-71 MA 和 CA 协同作用下的小鼠睾丸。支持细胞胞浆空泡变性（☆）。N：细胞核。TEM，4k×

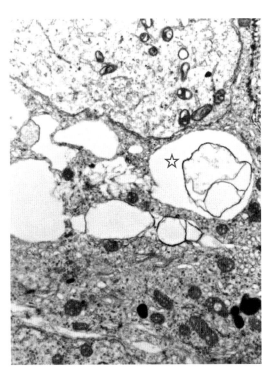

图 4-8-1-72 MA 和 CA 协同作用下的小鼠睾丸。支持细胞胞浆空泡变性（☆）。Mi：线粒体。TEM，15k×

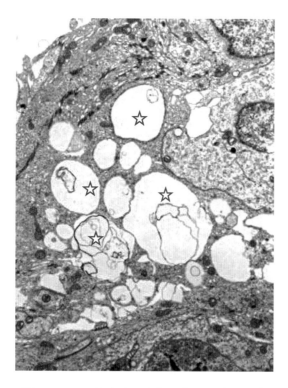

图 4-8-1-73　MA 和 CA 协同作用下的小鼠睾丸。支持细胞胞浆空泡变性（☆）。TEM，8k×

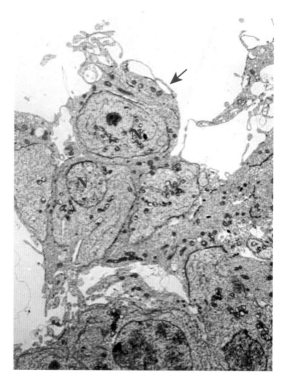

图 4-8-1-74　MA 和 CA 协同作用下的小鼠睾丸。精子细胞脱落至曲细精管腔中（↑）。N：细胞核。TEM，5k×

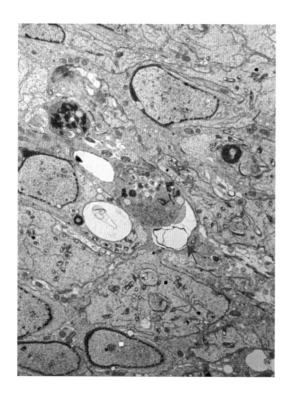

图 4-8-1-75　MA 和 CA 协同作用下的小鼠睾丸。精子细胞胞浆空泡变性（↑）。TEM，15k×

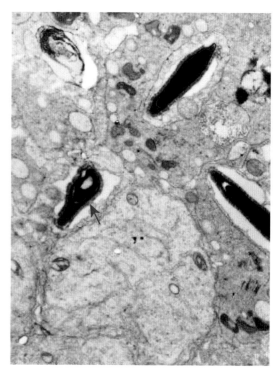

图 4-8-1-76　MA 和 CA 协同作用下的小鼠睾丸。精子细胞核呈畸形（↑）。TEM，15k×

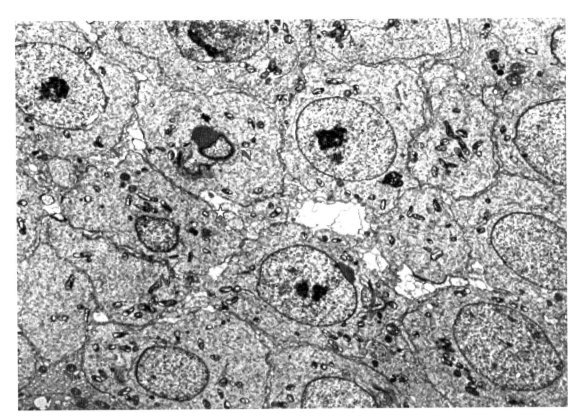

图 4-8-1-77　MA 和 CA 协同作用下的小鼠睾丸。精细胞排列松散，出现大空隙（☆）。N：细胞核。TEM，5k×

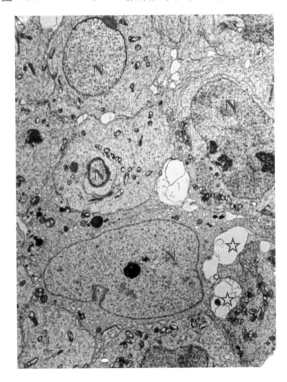

图 4-8-1-78　MA 和 CA 协同作用下的小鼠睾丸。精细胞之间出现空隙，支持细胞胞浆空泡变性（☆）。N：细胞核。TEM，6k×

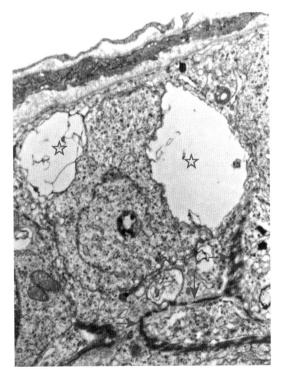

图 4-8-1-79　MA 和 CA 协同作用下的小鼠睾丸。支持细胞胞浆中可见多个空泡（☆），紧密连接，形态异常（↑）。TEM，20k×

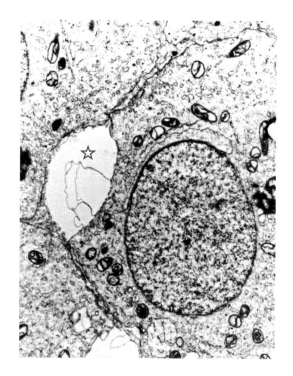

图 4-8-1-80 MA 和 CA 协同作用下的小鼠睾丸。支持细胞与周围的生精细胞之间出现空隙（☆）。N：细胞核。TEM，15k×

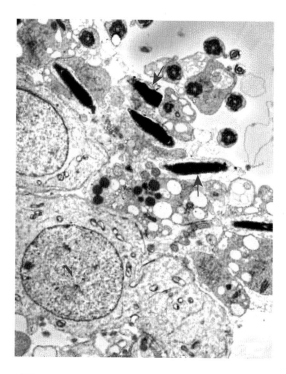

图 4-8-1-81 MA 和 CA 协同作用下的小鼠睾丸。精子细胞核固缩，呈畸形（↑）。N：细胞核。TEM，8k×

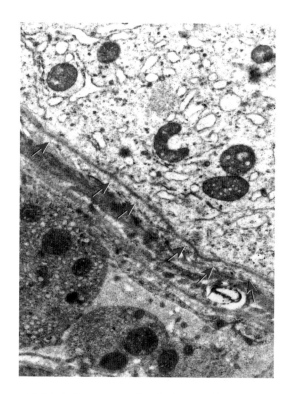

图 4-8-1-82 0.9 mg/kg 体重 3-甲基-4-硝基酚染毒小鼠睾丸。曲细精管基底膜局部模糊不清（↑）。TEM，20k×

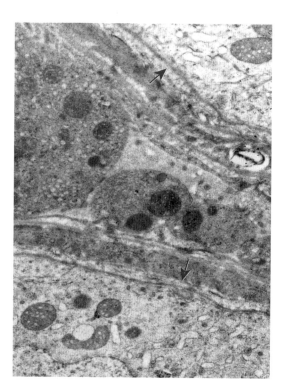

图 4-8-1-83 0.9 mg/kg 体重 3-甲基-4-硝基酚染毒小鼠睾丸。曲细精管基底膜不连续，模糊不清（↑）。TEM，20k×

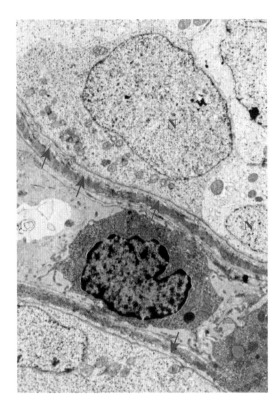

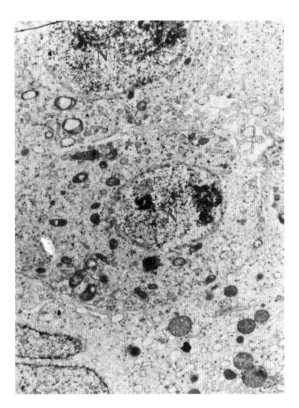

图 4-8-1-84　0.9 mg/kg 体重 3-甲基-4-硝基酚染毒小鼠睾丸。曲细精管基底膜增厚或模糊不清（↑）。N：细胞核。TEM，8k×

图 4-8-1-85　0.9 mg/kg 体重 3-甲基-4-硝基酚染毒小鼠睾丸。生精细胞核膜不清（N）。TEM，12k×

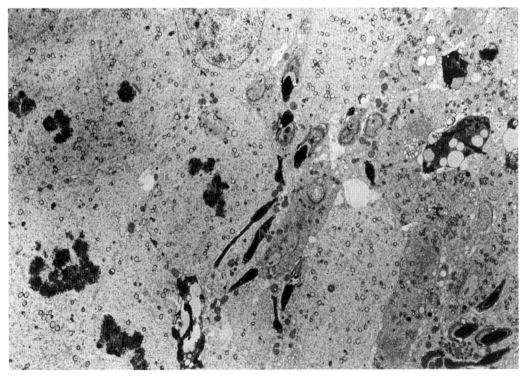

图 4-8-1-86　0.9 mg/kg 体重 3-甲基-4-硝基酚染毒小鼠睾丸。生精细胞间界限模糊，细胞核碎裂或溶解消失（N）。TEM，3k×

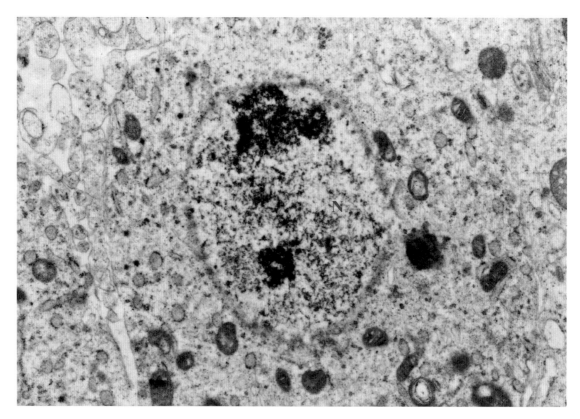

图 4-8-1-87　0.9 mg/kg 体重 3-甲基-4-硝基酚染毒小鼠睾丸。生精细胞核膜不清（N）。TEM，20k×

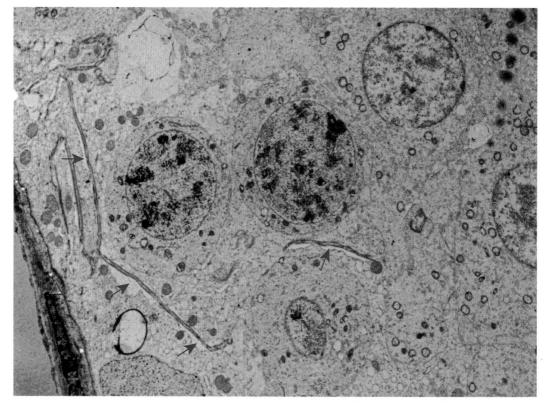

图 4-8-1-88　9 mg/kg 体重 3-甲基-4-硝基酚染毒小鼠睾丸。曲细精管基底膜不平整（△），支持细胞间紧密连接消失，周围空隙增大（↑），生精细胞核溶解、消失（N）。TEM，5k×

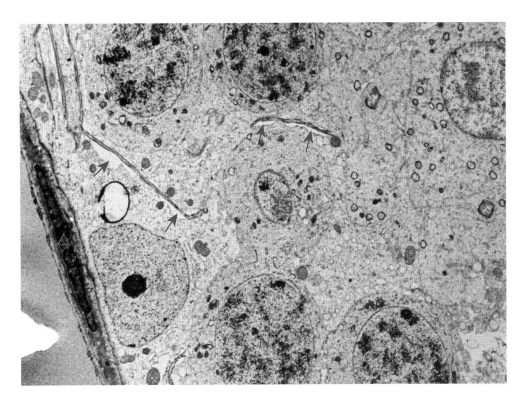

图 4-8-1-89　9 mg/kg 体重 3-甲基-4-硝基酚染毒小鼠睾丸曲细精管基底膜不平整（△），支持细胞间紧密连接消失，周围空隙增大（↑），生精细胞核溶解、消失（N）。TEM，5k×

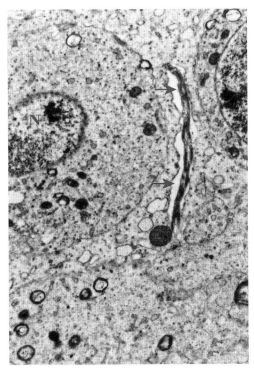

图 4-8-1-90　9 mg/kg 体重 3-甲基-4-硝基酚染毒小鼠睾丸。支持细胞间紧密连接模糊，周围空隙增大（↑），生精细胞间界限不清。TEM，15k×

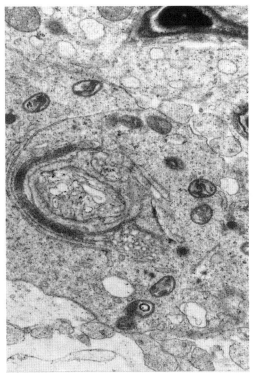

图 4-8-1-91　9 mg/kg 体重 3-甲基-4-硝基酚染毒小鼠睾丸。精细胞发育异常，细胞界限不清。TEM，25k×

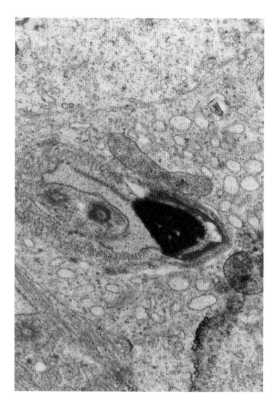

图 **4-8-1-92**　9 mg/kg 体重 3-甲基-4-硝基酚染毒小鼠睾丸。精子发育异常，界限不清。TEM，25k×

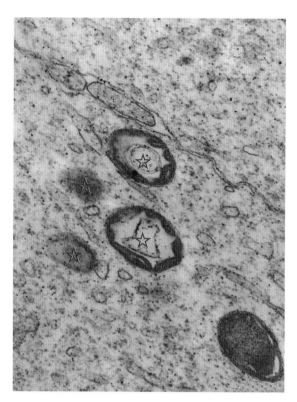

图 **4-8-1-93**　9 mg/kg 体重 3-甲基-4-硝基酚染毒小鼠睾丸。精子横断面，可见发育异常，形态结构模糊（☆）。TEM，50k×

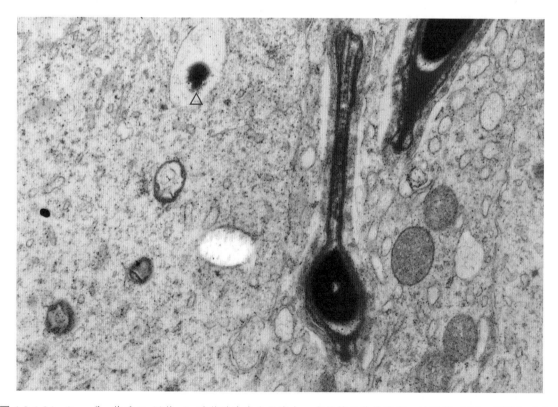

图 **4-8-1-94**　9 mg/kg 体重 3-甲基-4-硝基酚染毒小鼠睾丸。有的精子结构模糊，核固缩（△）。TEM，25k×

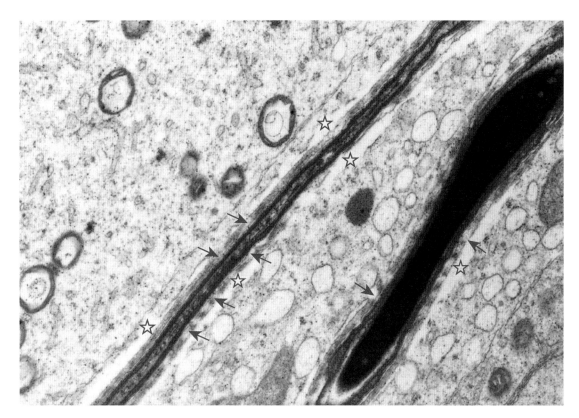

图 4-8-1-95　9 mg/kg 体重 3-甲基-4-硝基酚染毒小鼠睾丸。精子纵切面，可见细胞周围纤维鞘模糊或消失（↑），与周围细胞之间间隙增大（☆）。TEM，25k×

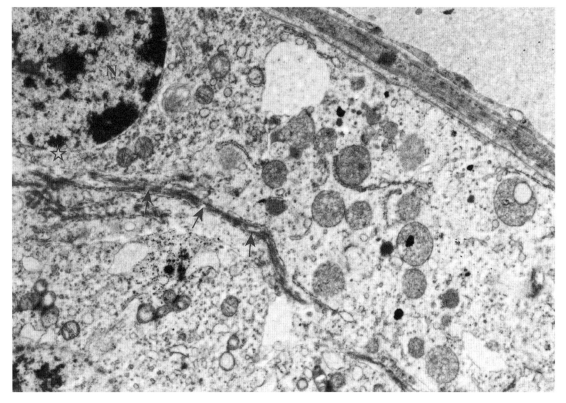

图 4-8-1-96　90 mg/kg 体重 3-甲基-4-硝基酚染毒小鼠睾丸。支持细胞间紧密连接受损，模糊不清（↑）。细胞核（N）核膜（☆）消失。TEM，10k×

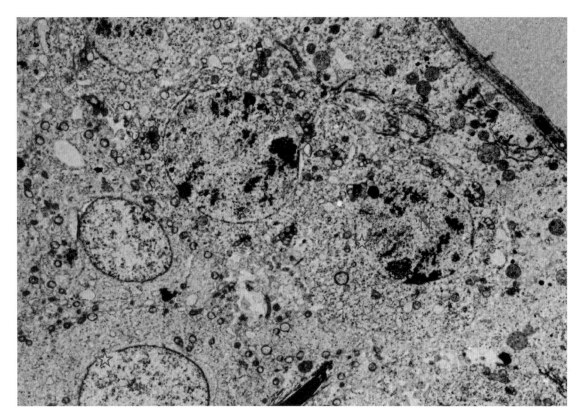

图 **4-8-1-97** 90 mg/kg 体重 3-甲基-4-硝基酚染毒小鼠睾丸。细胞界限不清，细胞核（N）核膜部分消失（☆）。TEM，5k×

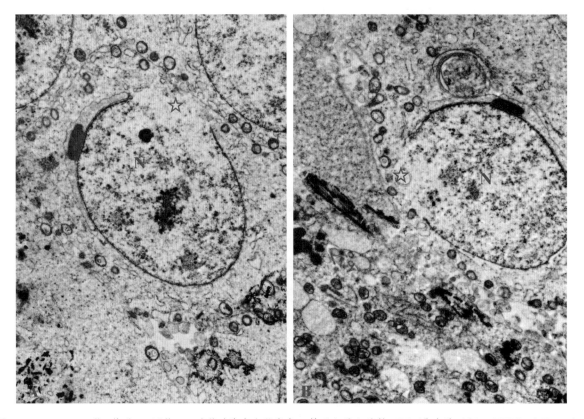

图 **4-8-1-98** 90 mg/kg 体重 3-甲基-4-硝基酚染毒小鼠睾丸。精子细胞细胞核（N）膜破裂（☆）。TEM，A、B. 10k×

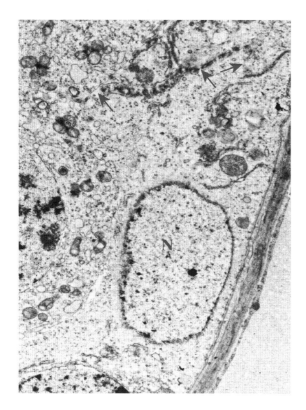

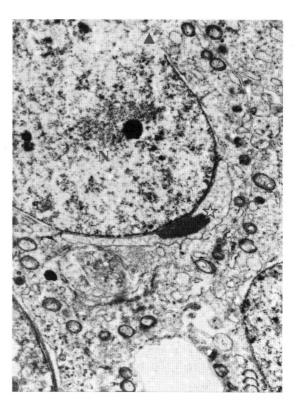

图 4-8-1-99　90 mg/kg 体重 3-甲基-4-硝基酚染毒
小鼠睾丸。细胞核（N）核膜不清晰，支持细胞间
紧密连接（↑）结构模糊。TEM，10k×

图 4-8-1-100　90 mg/kg 体重 3-甲基-4-硝基酚染
毒小鼠睾丸。生精细胞细胞核（N）破损（▲），
顶体囊结构异常（☆）。TEM，15k×

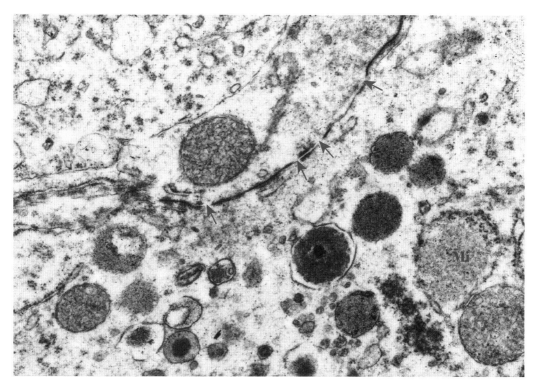

图 4-8-1-101　90 mg/kg 体重 3-甲基-4-硝基酚染毒小鼠睾丸。支持细胞间紧密连接（↑）受损，线粒体（Mi）结构
模糊。TEM，30k×

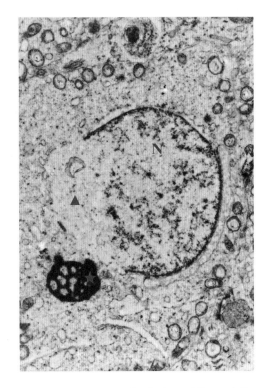

图 4-8-1-102　90 mg/kg 体重 3-甲基-4-硝基酚染毒小鼠睾丸。生精细胞细胞核（N）膜破损中断（▲），核仁移出（★）。TEM，15k×

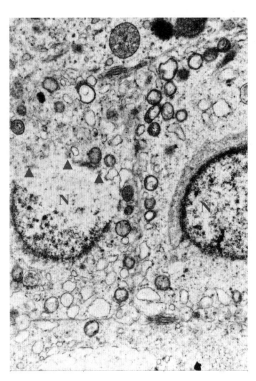

图 4-8-1-103　90 mg/kg 体重 3-甲基-4-硝基酚染毒小鼠睾丸。生精细胞核（N）碎裂、膜破损（▲），细胞间界限不清。TEM，15k×

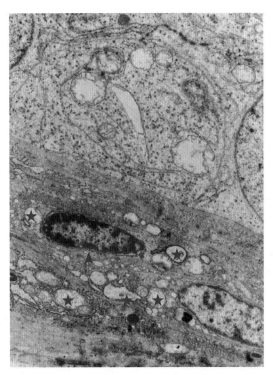

图 4-8-1-104　MA 染毒猪睾丸。箭头（↑）所示睾丸曲细精管间质细胞，胞浆中线粒体和内质网（★）肿胀呈空泡状。TEM，10k×

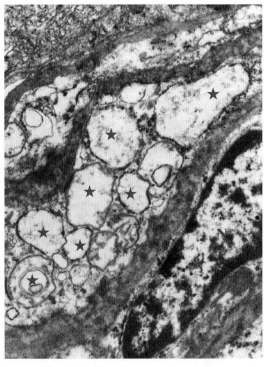

图 4-8-1-105　MA 染毒猪睾丸。箭头（↑）所示睾丸曲细精管间质细胞，胞浆中线粒体肿胀呈空泡状（★）。N：细胞核。TEM，20k×

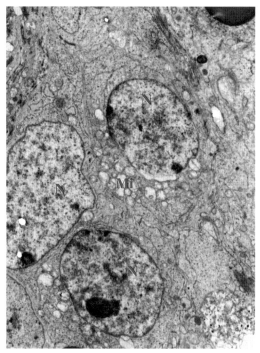

图 4-8-1-106　MA 染毒猪睾丸。曲细精管中精母细胞，胞浆中线粒体肿胀呈空泡状（Mi）。N：细胞核。TEM，5k×

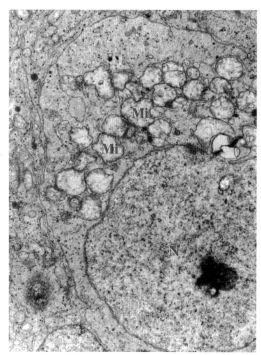

图 4-8-1-107　MA 染毒猪睾丸。曲细精管中精母细胞，胞浆中线粒体肿胀呈空泡状（Mi）。N：细胞核。TEM，8k×

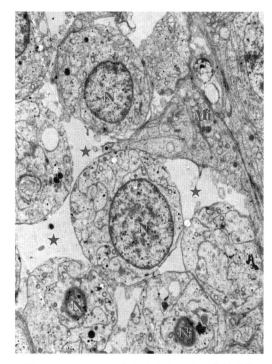

图 4-8-1-108　MA 染毒猪睾丸。曲细精管中精细胞之间出现明显间隙（★），胞浆中线粒体（Mi）肿胀呈空泡状。N：细胞核。TEM，4k×

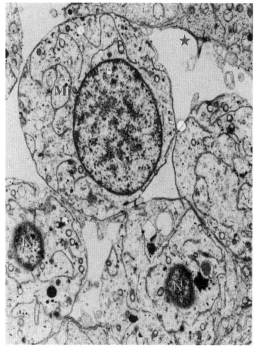

图 4-8-1-109　MA 染毒猪睾丸。曲细精管中精细胞之间出现空隙（★），胞核（N）溶解消失，胞浆中线粒体（Mi）肿胀呈空泡状。TEM，6k×

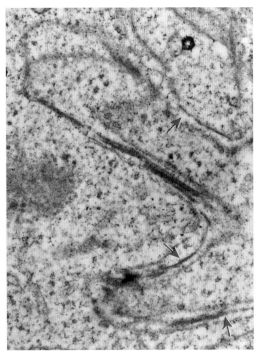

图 4-8-1-110　MA 染毒猪睾丸。曲细精管中精细胞之间紧密连接之间出现空隙（↑）。TEM，20k×

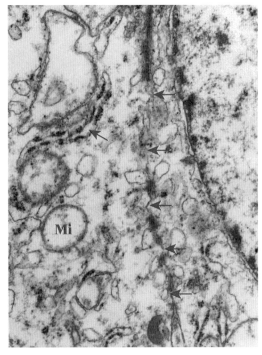

图 4-8-1-111　MA 染毒猪睾丸。曲细精管中精细胞之间紧密连接断裂呈节段状（↑），线粒体（Mi）空泡化。TEM，30k×

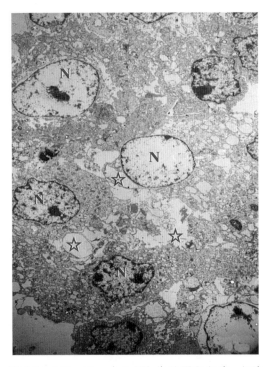

图 4-8-1-112　30 μg/mL MA 处理 TM4 细胞。细胞排列松散，细胞间隙增大，细胞膜破裂，胞浆基质结构紊乱，可见空泡状变化（☆），部分细胞核物质溶解、消失（N）。TEM，4k×

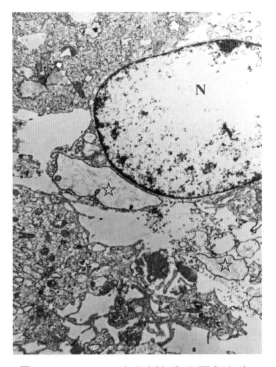

图 4-8-1-113　30 μg/mL MA 处理 TM4 细胞。细胞间隙增大，胞浆内可见空泡（☆），细胞核物质溶解、消失（N）。TEM，12k×

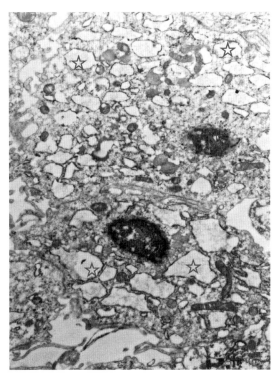

图 4-8-1-114　30 μg/mL MA 处理 TM4 细胞。胞浆空泡化（☆），细胞核固缩（N）。TEM，20k×

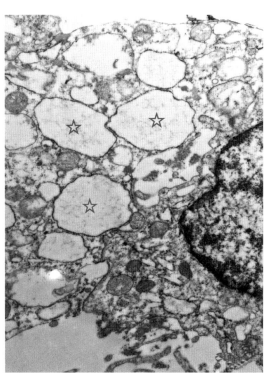

图 4-8-1-115　30 μg/mL MA 处理 TM4 细胞。胞浆空泡化（☆）。N：细胞核。TEM，25k×

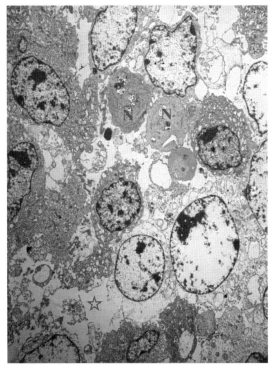

图 4-8-1-116　100 μg/mL MA 处理 TM4 细胞。细胞排列松散，细胞间隙增大（☆），细胞核溶解、消失（N）。TEM，4k×

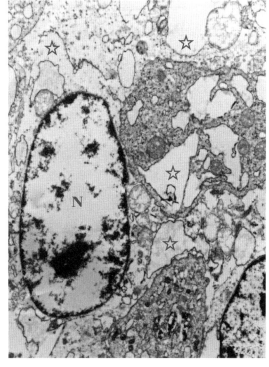

图 4-8-1-117　100 μg/mL MA 处理 TM4 细胞。细胞间隙增大（☆），界限不清，细胞核物质溶解、消失（N）。TEM，12k×

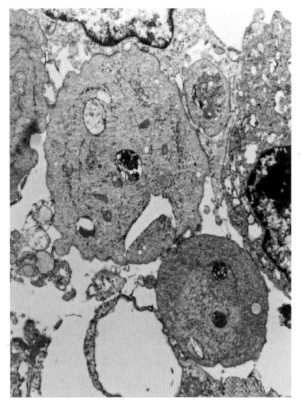

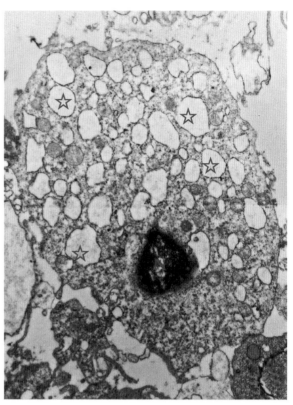

图 4-8-1-118　100 μg/mL MA 处理 TM4 细胞。细胞核（N）固缩、碎裂。TEM，15k×

图 4-8-1-119　100 μg/mL MA 处理 TM4 细胞。细胞核（N）固缩，胞浆空泡化（☆）。TEM，15k×

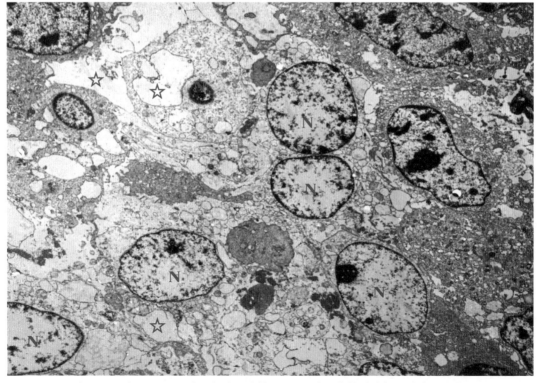

图 4-8-1-120　500 μg/mL MA 处理 TM4 细胞。部分细胞核（N）固缩，核物质溶解、消失，胞浆空泡化（☆）。TEM，4k×

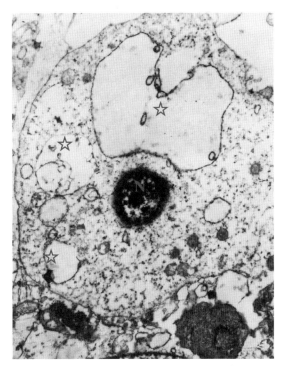

图 4-8-1-121　500 μg/mL MA 处理 TM4 细胞。
细胞核（N）固缩，胞浆空泡化（☆）。TEM，
15k×

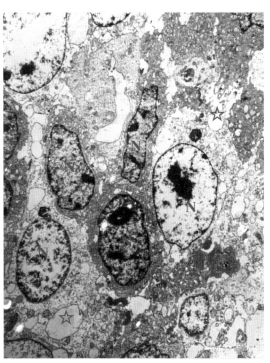

图 4-8-1-122　500 μg/mL MA 处理 TM4 细胞。
细胞排列松散，细胞间隙增大，胞浆空泡化
（☆）。N：细胞核。TEM，5k×

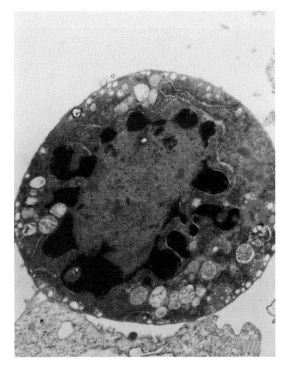

图 4-8-1-123　500 μg/mL MA 处理 TM4 细胞。
示凋亡的细胞正在形成凋亡小体，变圆，膜结构
清晰（☆）。TEM，20k×

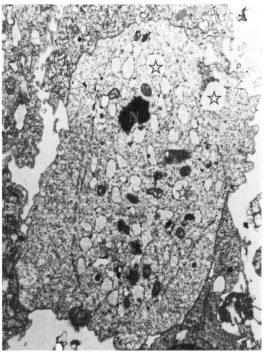

图 4-8-1-124　500 μg/mL MA 处理 TM4 细胞。
细胞核基质消失（N），胞浆空泡化（☆）。
TEM，15k×

2. 雌性生殖器官——子宫的超微结构及病变

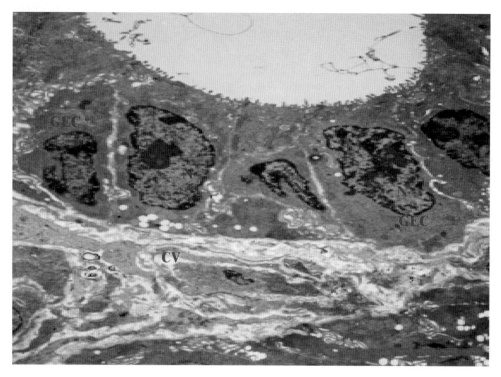

图 4-8-2-1 正常小鼠子宫。子宫腺上皮细胞（GEC）呈高柱状，排列整齐，黏膜表面有少而短的微绒毛，黏膜下有血管。CV：毛细血管腔；N：细胞核。TEM，6k×

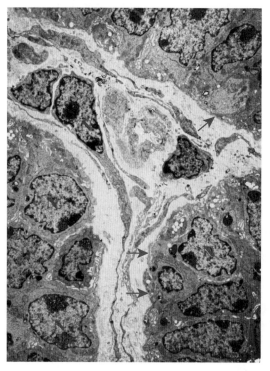 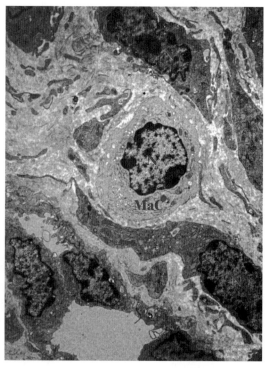

图 4-8-2-2 正常小鼠子宫。子宫腺上皮基底膜连续、完整（↑），间质细胞排列紧密、有序。N：细胞核。TEM，4k×

图 4-8-2-3 正常小鼠子宫。子宫内膜基质细胞排列紧密、有序。MaC：巨噬细胞。N：细胞核。TEM，6k×

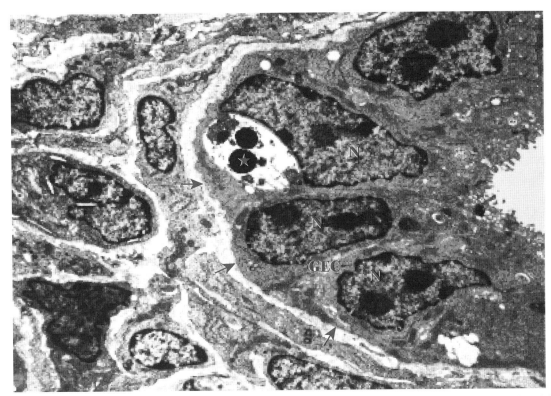

图 4-8-2-4　0.9 mg/kg 体重 3-甲基-4-硝基酚染毒小鼠的子宫。子宫腺上皮细胞（GEC）排列紧密，个别细胞浆内出现凋亡小体（★），基底膜断裂、消失（↑）。N：细胞核。TEM，8k×

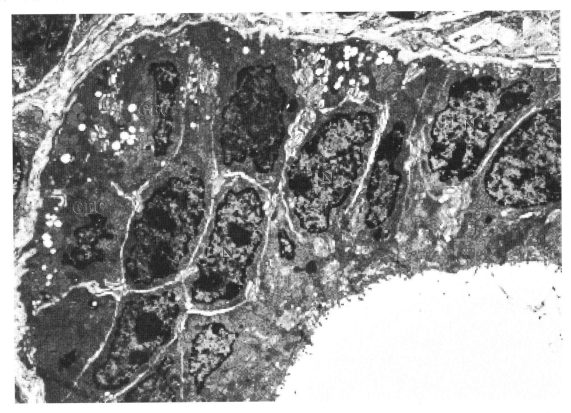

图 4-8-2-5　0.9 mg/kg 体重 3-甲基-4-硝基酚染毒小鼠子宫。黏膜上皮局部出现增生，细胞层次增多，排列紊乱。N：细胞核；GEC：子宫腺上皮细胞。TEM，6k×

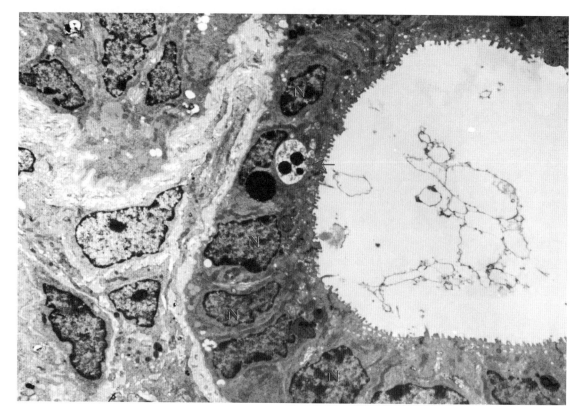

图 **4-8-2-6** 0.9 mg/kg 体重 3-甲基-4-硝基酚染毒小鼠的子宫。子宫腺上皮细胞胞浆内出现凋亡小体（↑）。N：细胞核。TEM，6k×

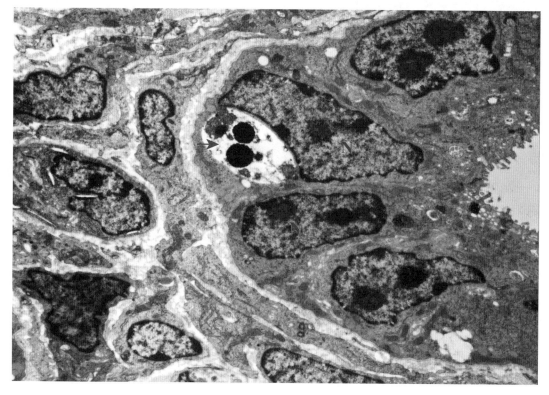

图 **4-8-2-7** 0.9 mg/kg 体重 3-甲基-4-硝基酚染毒小鼠的子宫。子宫腺上皮细胞胞浆内出现凋亡小体（↑）。N：细胞核。TEM，8k×

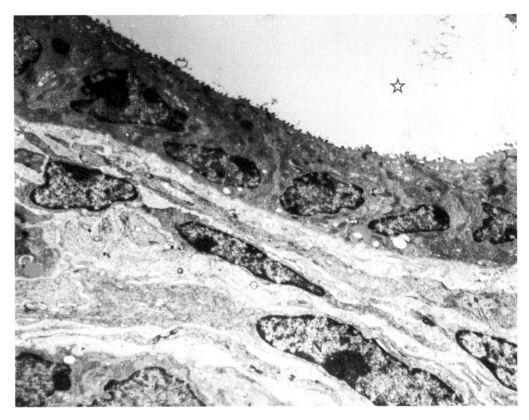

图 4-8-2-8 0.9 mg/kg 体重 3-甲基-4-硝基酚染毒小鼠的子宫。子宫腺管腔扩张（☆），上皮细胞变成低柱状。N：细胞核。TEM，8k×

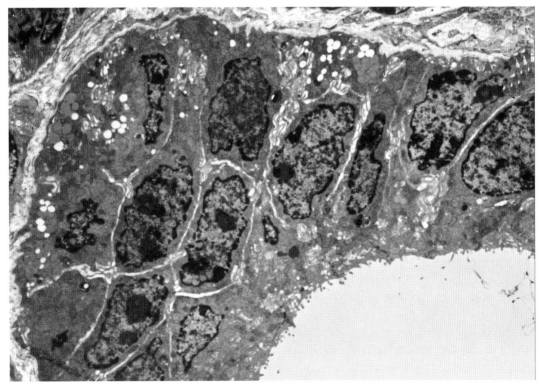

图 4-8-2-9 9 mg/kg 体重 3-甲基-4-硝基酚染毒小鼠子宫。子宫腺上皮细胞增生，基底膜断裂、消失（↑）。N：细胞核。TEM，6k×

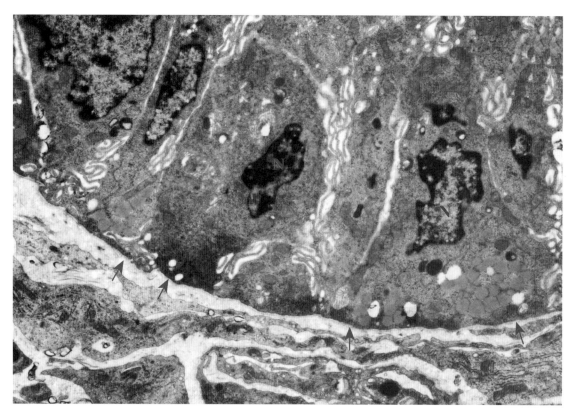

图 4-8-2-10　9 mg/kg 体重 3-甲基-4-硝基酚染毒小鼠子宫。子宫腺上皮基底膜断裂、消失（↑）。N：细胞核。TEM，10k×

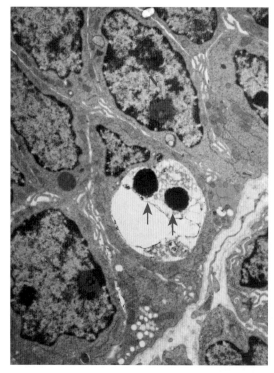

图 4-8-2-11　90 mg/kg 体重 3-甲基-4-硝基酚染毒小鼠子宫。子宫腺上皮细胞胞浆内出现凋亡小体（↑）。N：细胞核。TEM，10k×

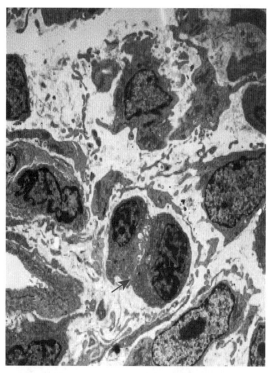

图 4-8-2-12　90 mg/kg 体重 3-甲基-4-硝基酚染毒小鼠子宫。内膜下明显水肿，并见有淋巴细胞分裂象（↑）。N：细胞核。TEM，6k×

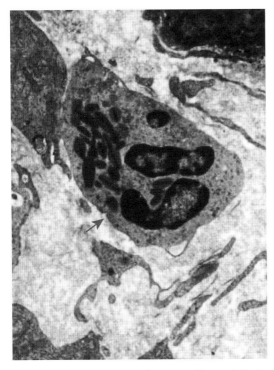

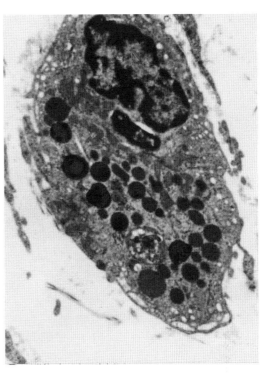

图 4-8-2-13　0.9 mg/kg 体重 3-甲基-4-硝基酚染毒小鼠子宫。黏膜下间质中出现中性粒细胞浸润（↑）。N：细胞核。TEM，15k×

图 4-8-2-14　90 mg/kg 体重 3-甲基-4-硝基酚染毒小鼠子宫。内膜下间质中见嗜酸性粒细胞浸润。内膜颗粒细胞。N：细胞核。TEM，15k×

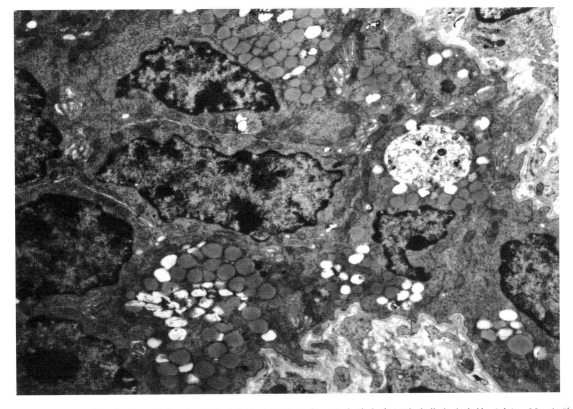

图 4-8-2-15　0.9 mg/kg 体重 3-甲基-4-硝基酚染毒小鼠的子宫。子宫腺上皮细胞胞浆空泡变性（↑）。N：细胞核。TEM，6k×

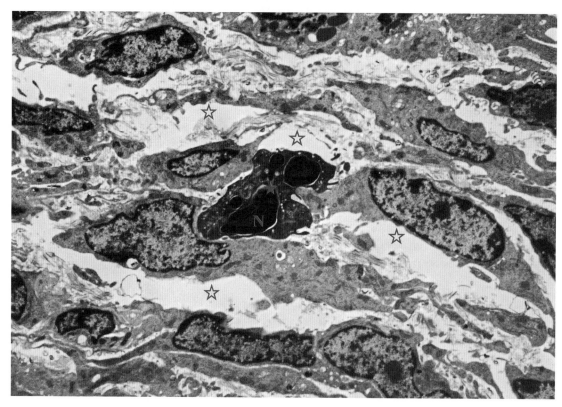

图 4-8-2-16　9 mg/kg 体重 3-甲基-4-硝基酚染毒小鼠子宫。间质中成纤维细胞丰富，细胞间隙增大（☆），中心见一坏死细胞（★）。N：细胞核。TEM，6k×

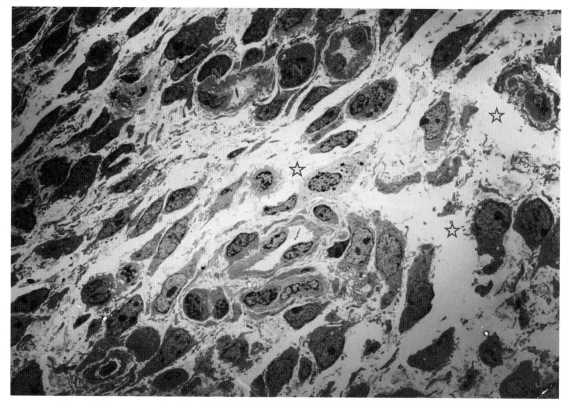

图 4-8-2-17　90 mg/kg 体重 3-甲基-4-硝基酚染毒小鼠子宫。间质细胞排列松散（水肿），细胞间隙增大（☆）。N：细胞核。TEM，1.5k×

第五章　肿瘤的超微结构

　　虽然免疫组织化学及其他分子学诊断方法在肿瘤诊断中发挥着重要的作用，但是这些方法都有一定局限性，传统的形态学研究仍然是肿瘤病理学诊断的基石。得益于电子显微镜技术的发展，我们能突破光学显微镜的限制观察研究细胞表面及内部的结构。这使得我们能通过细胞超微结构的观察来对肿瘤进行诊断。尤其当免疫组织化学结果不明确或存在非特异性时，超微结构的观察能够有效地帮助我们确定肿瘤诊断的结果。

第一节　上皮组织肿瘤

一、鳞状上皮癌诊断要点

　　（1）细胞间可见桥粒结构。
　　（2）瘤细胞胞浆中可见张力原纤维。
　　（3）有的瘤细胞内有分化良好的角化颗粒。

二、腺癌诊断要点

　　（1）管腔。
　　（2）微绒毛。
　　（3）紧密连接或细胞连接复合体。
　　（4）基底膜。
　　（5）分泌小泡。
　　（6）丰富的高尔基体。
　　（7）中等数量的粗面内质网。

第二节　间叶组织肿瘤

一、淋巴瘤诊断要点

　　（1）可见核边缘有异染色质的细胞核。
　　（2）细胞浆中含有大量游离的或聚合的核糖体。

（3）缺乏细胞间连接。

二、纤维细胞肿瘤诊断要点

（1）瘤细胞胞浆中有丰富的粗面内质网。

（2）Ⅰ型胶原原纤维紧密围绕在细胞周围。

（3）胞浆中含有微丝。

三、平滑肌肿瘤诊断要点

（1）成束或合胞体样排列的梭形细胞，基质中含有胶原原纤维。

（2）细胞有基膜环绕。

（3）细胞胞浆中和胞膜下含有细小的肌丝及中间纤维（6 nm），胞膜中间纤维上可形成密斑，胞浆中间纤维可形成致密浓染的密体结构。

（4）胞浆中含有胞饮小泡。

（5）细胞核两端钝圆。

（6）细胞核皱缩、凹陷。

四、横纹肌肿瘤诊断要点

（1）瘤细胞胞浆内含有肌原纤维或肌丝。

（2）细胞内有横纹，电镜下为 Z 线结构。

本章图片

第一节　上皮组织肿瘤

1. 鳞状上皮细胞癌——鸡咽食管癌　　　　　　　　图 5-1-1-1 至图 5-1-1-18

2. 肝癌——大熊猫胆管细胞性肝癌　　　　　　　　图 5-1-2-1 至图 5-1-2-17

第二节　间叶组织肿瘤

1. 平滑肌细胞肿瘤——大熊猫子宫平滑肌肉瘤　　　图 5-2-1-1 至图 5-2-1-20

2. 纤维细胞肿瘤——独角犀子宫纤维肉瘤　　　　　图 5-2-2-1 至图 5-2-2-5

3. 禽白血病病毒（ALV）感染鸡肾纤维肉瘤　　　　图 5-2-3-1 至图 5-2-3-28

4. 禽白血病病毒（ALV）感染鸡腿横纹肌肉瘤　　　图 5-2-4-1 至图 5-2-4-21

5. 禽白血病病毒（ALV）感染鸡肾髓细胞瘤　　　　图 5-2-5-1 至图 5-2-5-16

6. 禽白血病病毒（ALV）感染鸽肾髓细胞瘤　　　　图 5-2-6-1 至图 5-2-6-23

第一节　上皮组织肿瘤

1. 鳞状上皮细胞癌——鸡咽食管癌

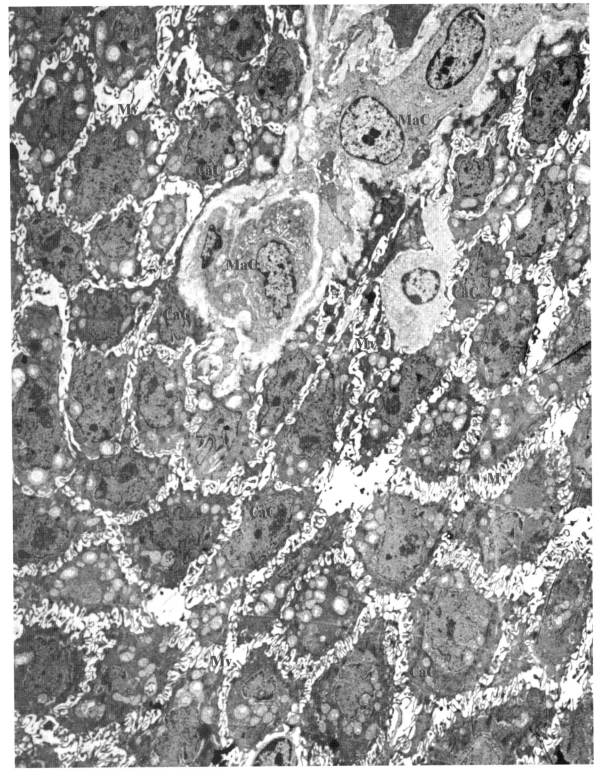

图 5-1-1-1　鸡咽食管癌。癌细胞（CaC）具有鳞状上皮细胞的结构特点，细胞扁平，细胞表面有微绒毛（Mv）。癌细胞间有单核巨噬细胞浸润（MaC）。TEM，3k×

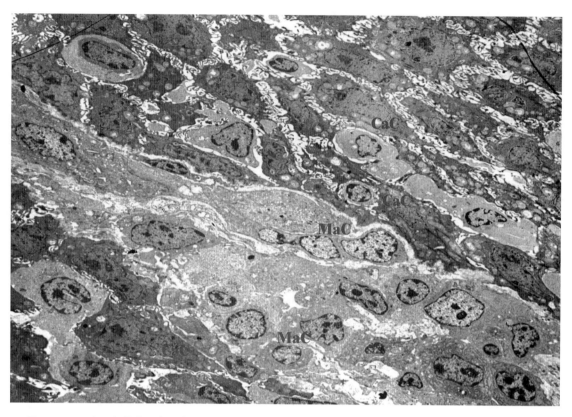

图 5-1-1-2 鸡咽食管癌。癌细胞（CaC）间及癌组织间质中有大量单核巨噬细胞（MaC）。TEM，3k×

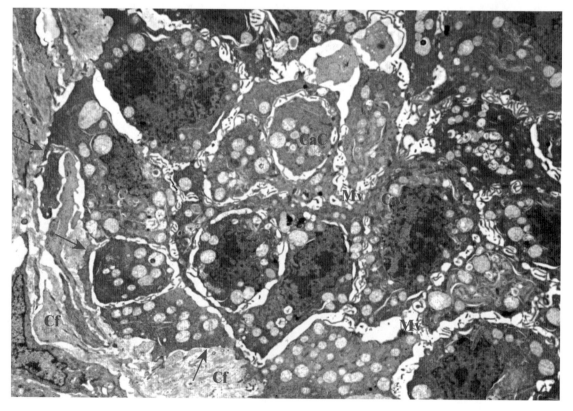

图 5-1-1-3 鸡咽食管癌。癌细胞（CaC）大小不一，形态各异，癌细胞表面有稀少而短小的微绒毛（Mv）突起，癌巢外基底膜缺失（↑），癌巢外有丰富的胶原原纤维（Cf）。TEM，5k×

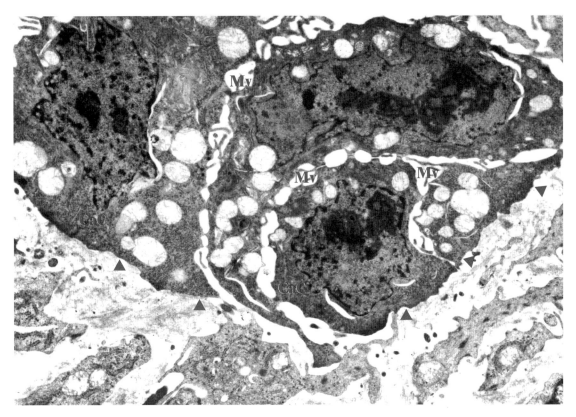

图 5-1-1-4　鸡咽食管癌。癌细胞（CaC）微绒毛稀少（Mv），癌细胞巢外基底膜缺失（▲）。TEM，10k×

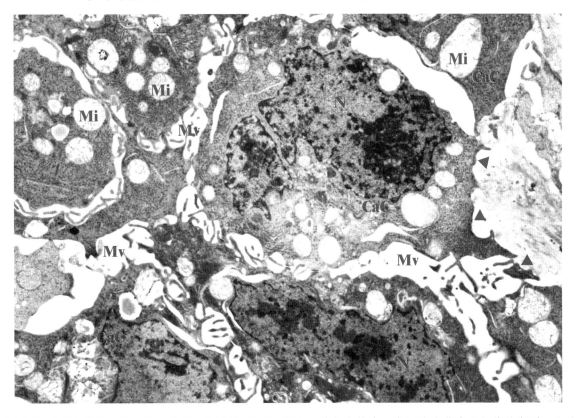

图 5-1-1-5　鸡咽食管癌。癌细胞（CaC）微绒毛（Mv）短小、稀少或缺失，癌细胞胞浆内线粒体嵴断裂，空泡化（Mi）。癌细胞核大而畸形（N）。癌细胞巢外基底膜缺失（▲）。TEM，10k×

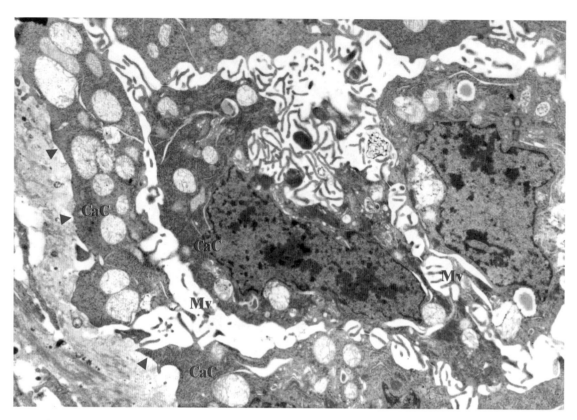

图 5-1-1-6 鸡咽食管癌。癌细胞（CaC）微绒毛短小稀少（Mv），桥粒少见。癌细胞巢外基底膜缺失（▲）。TEM，10k×

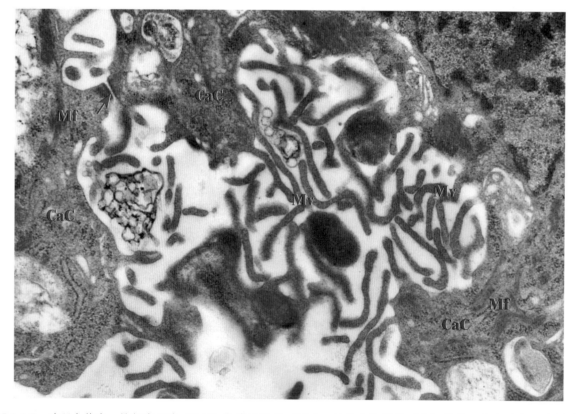

图 5-1-1-7 鸡咽食管癌。局部癌细胞（CaC）微绒毛密集（Mv），但很少见桥粒（↑）结构。癌细胞内见少量微丝（Mf）。TEM，30k×

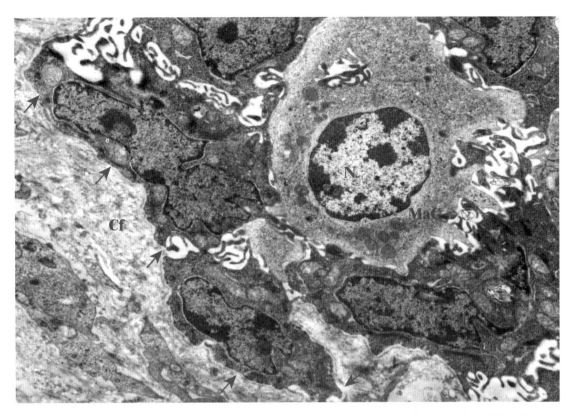

图 5-1-1-8　鸡咽食管癌。癌细胞（CaC）胞浆向癌巢外浸润性生长（★），癌细胞巢外基底膜不连续，局部大段缺失（↑），基底膜外胶原原纤维增生（Cf）。MaC：巨噬细胞；N：细胞核。TEM，10k×

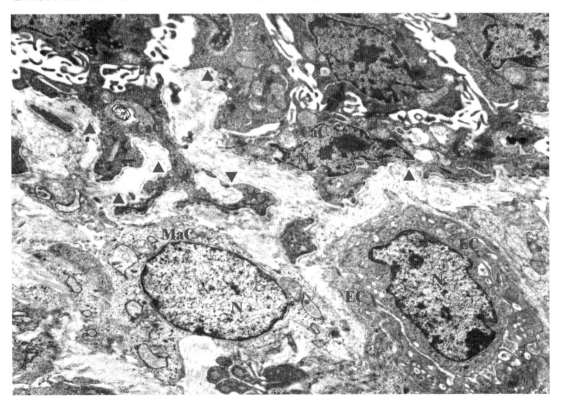

图 5-1-1-9　鸡咽食管癌。癌细胞（CaC）胞浆向癌巢外浸润性生长（★），癌细胞巢外基底膜不连续，局部大段缺失（▲）。MaC：单核巨噬细胞；EC：毛细血管内皮；N：细胞核。TEM，10k×

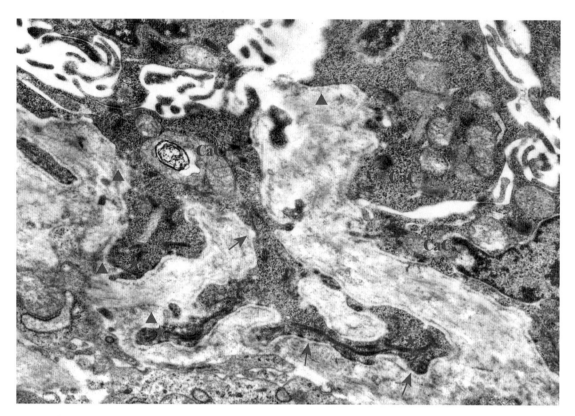

图 5-1-1-10 鸡咽食管癌。癌细胞（CaC）胞浆向癌巢外浸润性生长（★），癌细胞巢外基底膜断裂（↑），局部模糊不清，大段缺失（▲）。TEM，20k×

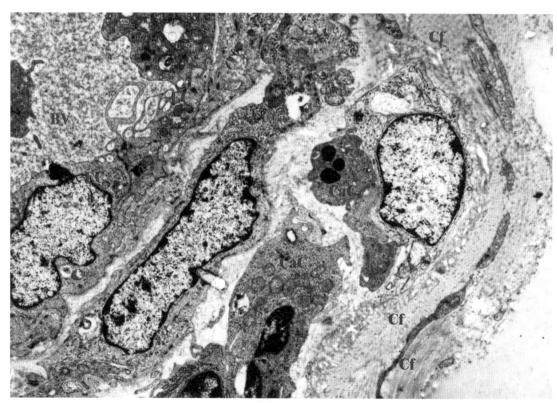

图 5-1-1-11 鸡咽食管癌。癌细胞（CaC）胞浆向癌巢外浸润性生长（★），癌细胞巢外基底膜缺失，但见胶原原纤维（Cf）增生。BV：癌巢内的血管；EC：血管内皮。TEM，20k×

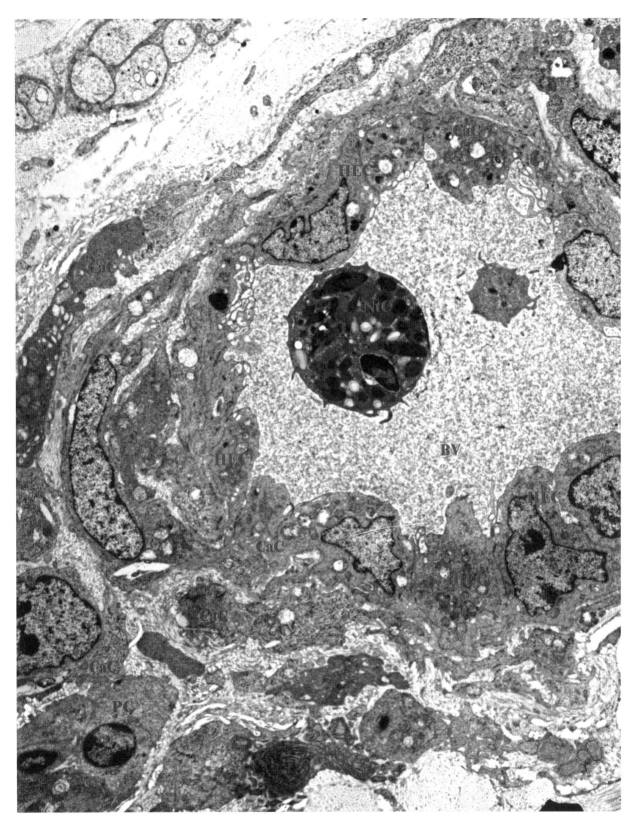

图 5-1-1-12　鸡咽食管癌。癌组织中的血管（BV）为高内皮细胞（HEC）结构，细胞排列紧密。可见有癌细胞（CaC）穿越血管壁的现象。NtC：血管中的异嗜性粒细胞。PC：浆细胞。TEM，5k×

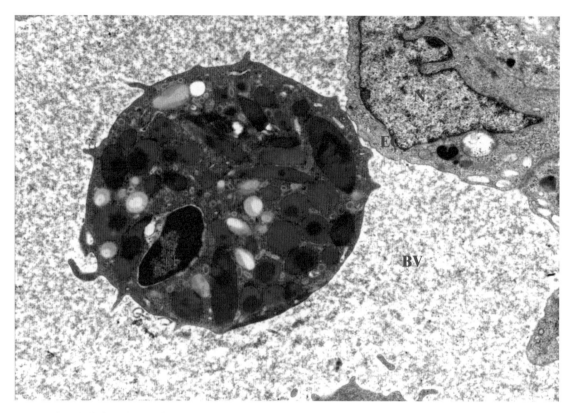

图 5-1-1-13 鸡咽食管癌。癌组织中的血管（BV），血管内皮细胞（EC）厚。NtC：血管腔中的异嗜性粒细胞；N：细胞核。TEM，15k×

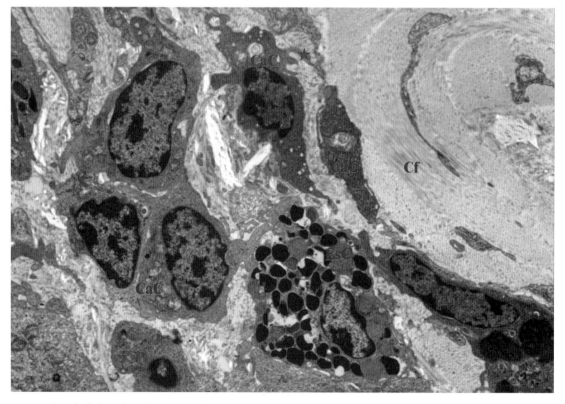

图 5-1-1-14 鸡咽食管癌。癌细胞（CaC）排列松散，胞浆向癌巢外浸润性生长（★），癌细胞巢外基底膜缺失。EsC：嗜酸性粒细胞；Cf：胶原原纤维。TEM，8k×

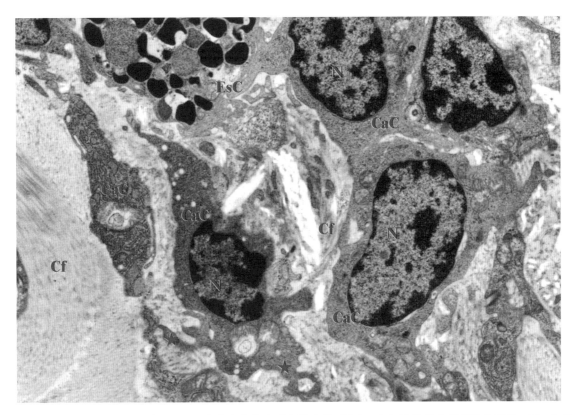

图 5-1-1-15　鸡咽食管癌。癌细胞（CaC）胞浆向癌巢外浸润性生长（★），癌细胞巢外基底膜缺失不见。N：细胞核；
EsC：嗜酸性粒细胞；Cf：胶原原纤维。TEM，8k×

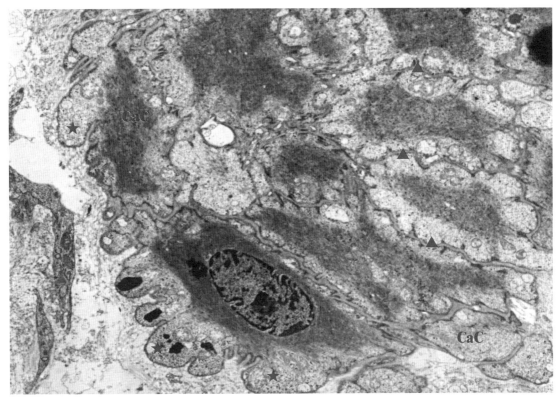

图 5-1-1-16　鸡咽食管癌。角化的癌细胞（CaC）结构模糊，向癌巢外浸润性生长（★），癌细胞巢外不见基底膜，角化
的癌细胞细胞间连接结构清晰（▲）。TEM，10k×

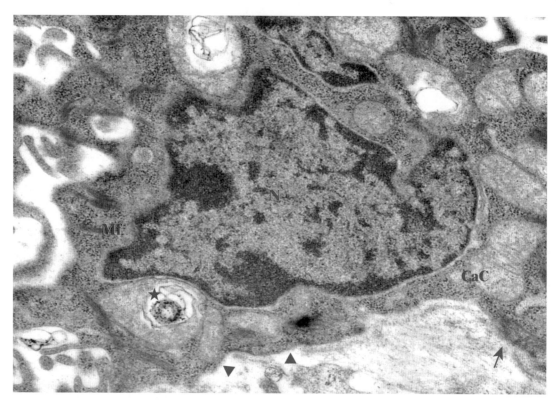

图 5-1-1-17 鸡咽食管癌。癌细胞（CaC）核（N）大而畸形，胞浆内见由线粒体退变形成的自噬小体（★），癌细胞巢外基底膜模糊不连续（↑），局部大段缺失（▲）。Mf：微丝。TEM，30k×

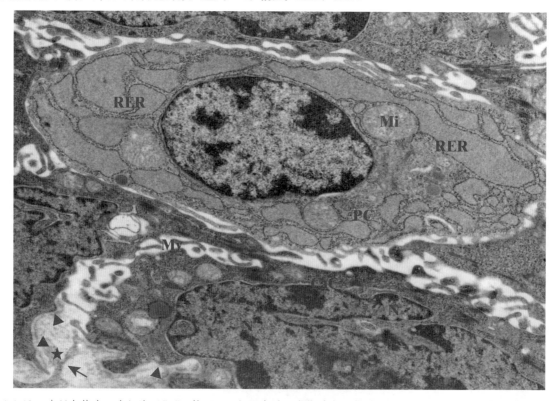

图 5-1-1-18 鸡咽食管癌。癌细胞（CaC）核（N）大而畸形，胞浆膜表面微绒毛稀少（Mv），癌巢外基底膜模糊不连续（▲），局部见癌细胞突起（↑）穿出基底膜（★）。浆细胞（PC）胞浆中含大量扩张的粗面内质网（RER）。Mi：线粒体。TEM，15k×

2．肝癌——大熊猫胆管细胞性肝癌

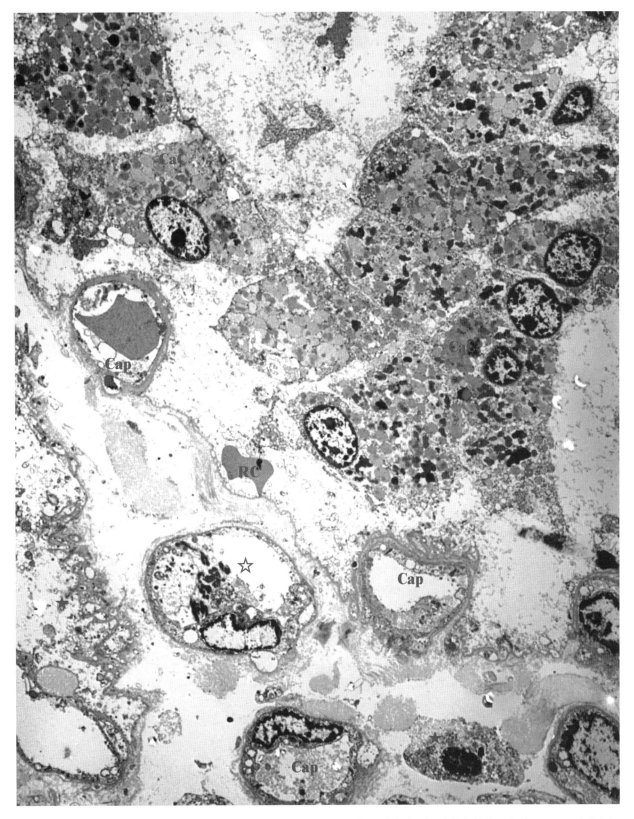

图 5-1-2-1　大熊猫胆管细胞性肝癌。癌细胞（CaC）排列成管状，癌间质水肿，间质中大量毛细血管（Cap）及毛细胆管（☆）。★：崩解坏死的癌细胞；RC：红细胞。TEM，3k×

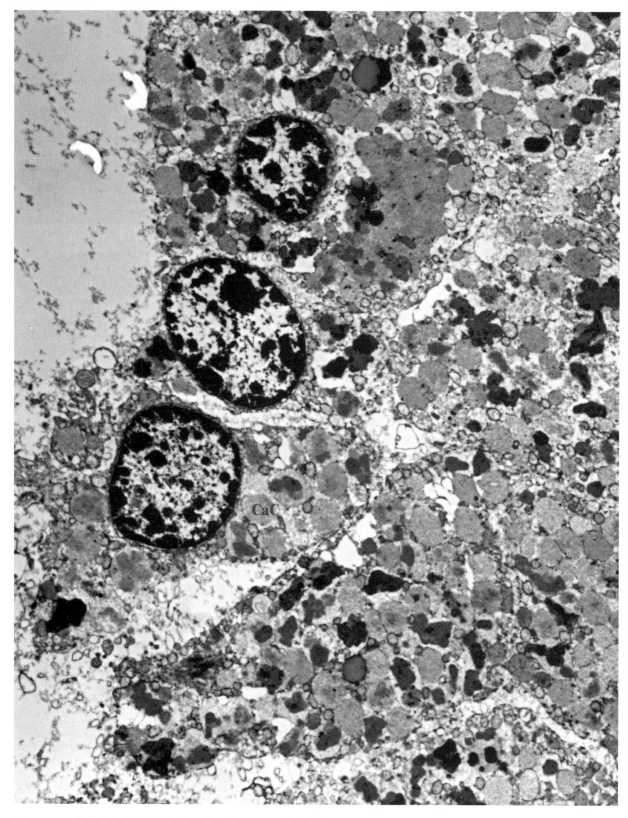

图 5-1-2-2 大熊猫胆管细胞性肝癌。癌细胞（CaC）排列成管状，癌间质水肿，癌细胞浆中见大量胆色素沉积（★）。核大而浓染（N）。TEM，8k×

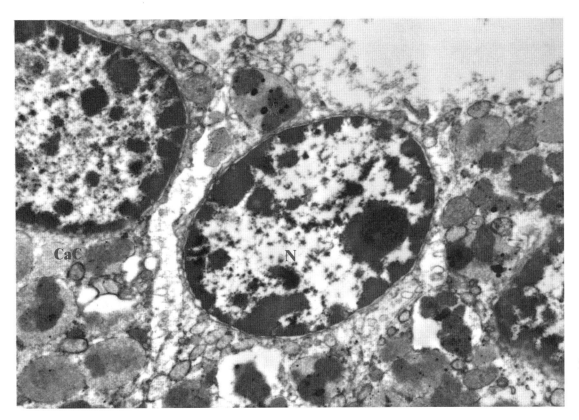

图 5-1-2-3 大熊猫胆管细胞性肝癌。癌细胞（CaC）严重变性，胞质中胆色素沉积（★）。N：细胞核。TEM，20k×

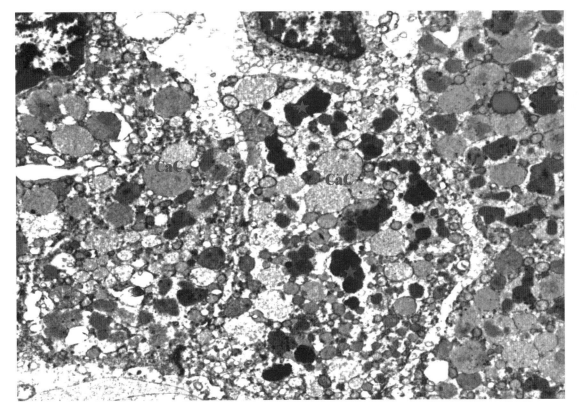

图 5-1-2-4 大熊猫胆管细胞性肝癌。癌细胞（CaC）胞浆中见大量胆色素沉积（★）。TEM，30k×

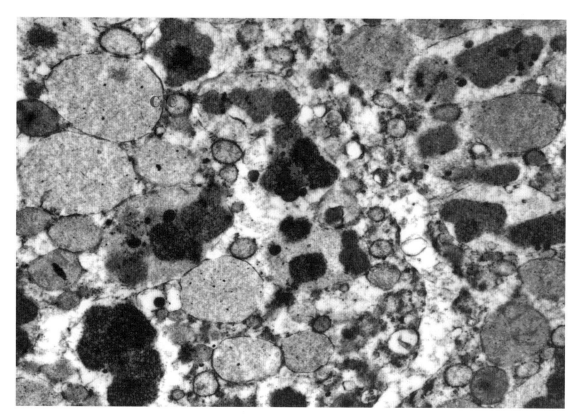

图 5-1-2-5 大熊猫胆管细胞性肝癌。癌细胞（CaC）胞浆中见大量胆色素沉积（★）。TEM，30k×

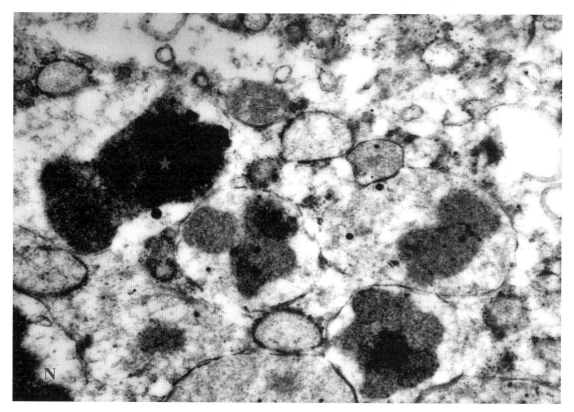

图 5-1-2-6 大熊猫胆管细胞性肝癌。癌细胞胞浆中见大量胆色素沉积（★）。N：细胞核。TEM，50k×

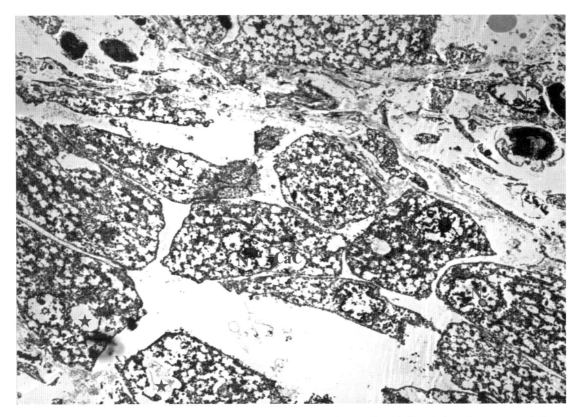

图 5-1-2-7　大熊猫胆管细胞性肝癌（固定不良）。癌细胞（CaC）排列分散。胞浆空泡化（★）。N：细胞核。TEM，25k×

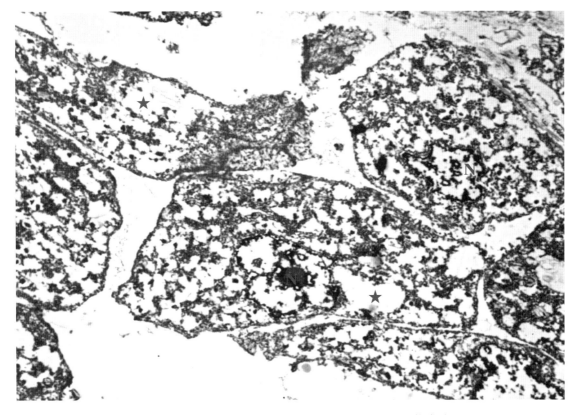

图 5-1-2-8　大熊猫胆管细胞性肝癌（固定不良）。癌细胞浆空泡化（★），核畸形（N）。TEM，5k×

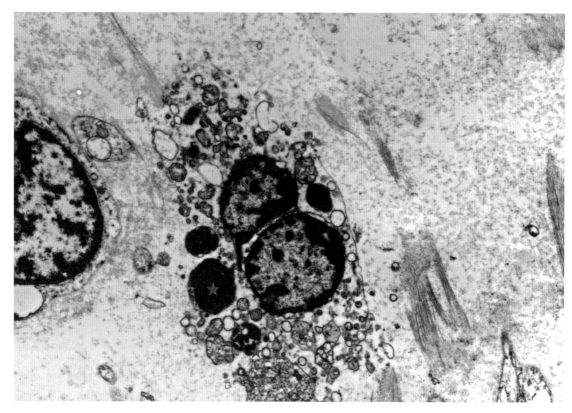

图 5-1-2-9 大熊猫胆管细胞性肝癌。双核（N）癌细胞内胆色素沉积（★），空泡变性。TEM，12k×

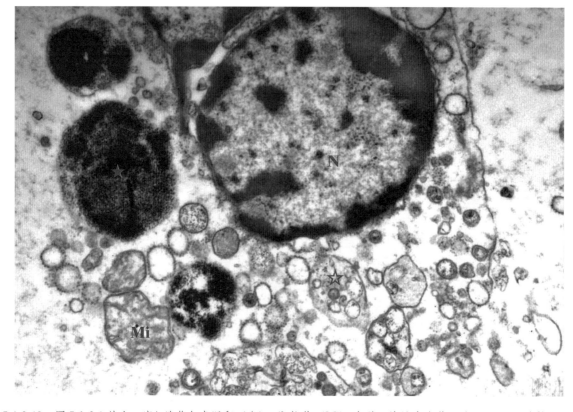

图 5-1-2-10 图 5-1-2-9 放大。癌细胞浆色素沉积（★），线粒体（Mi）畸形，并见多泡体（☆）。N：细胞核。TEM，30k×

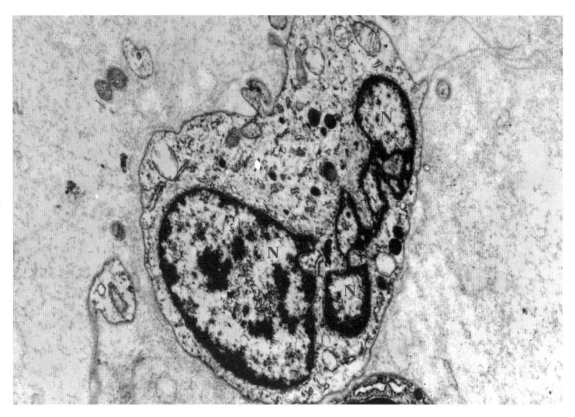

图 5-1-2-11　大熊猫胆管细胞性肝癌。畸形核（N）癌细胞。TEM，15k×

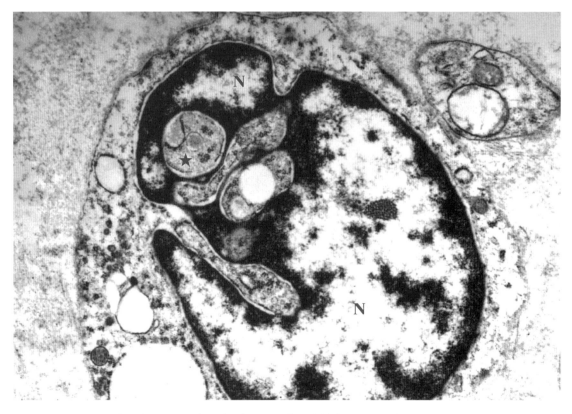

图 5-1-2-12　大熊猫胆管细胞性肝癌。畸形核（N）癌细胞核内见假性胞浆性包涵体（★）。TEM，30k×

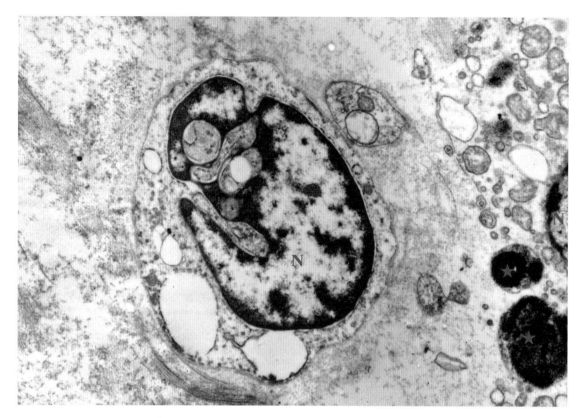

图 5-1-2-13　大熊猫胆管细胞性肝癌。畸形核（N）癌细胞旁癌细胞内胆色素沉积（★）。TEM，20k×

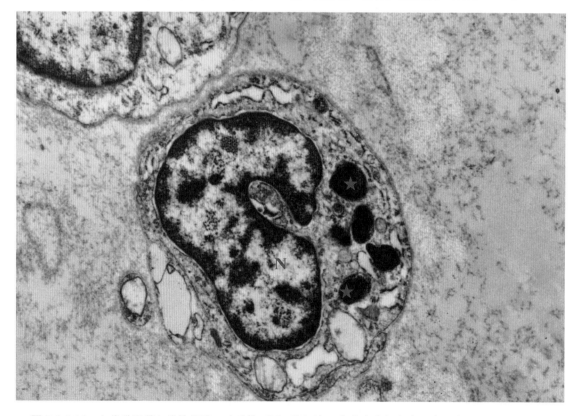

图 5-1-2-14　大熊猫胆管细胞性肝癌。畸形核（N）癌细胞，胞浆中有胆色素沉积（★）。TEM，25k×

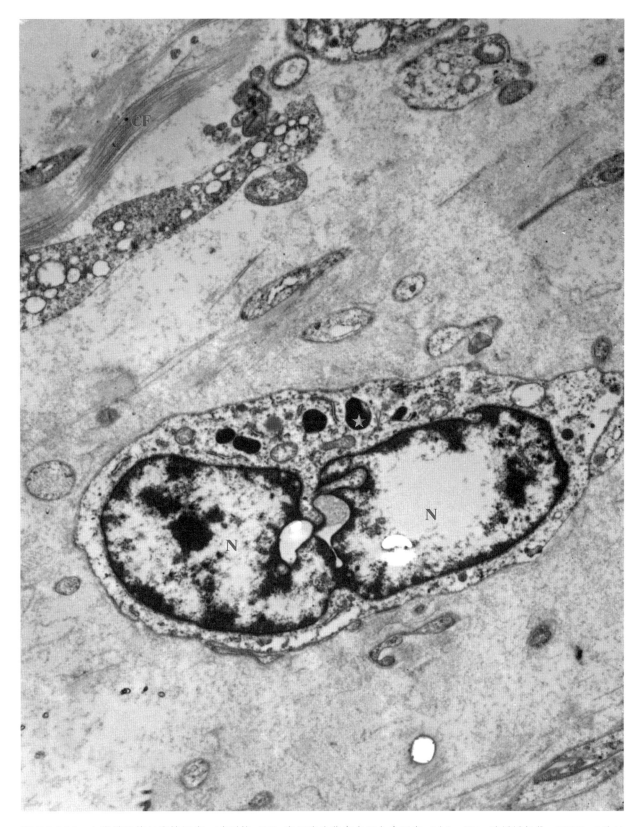

图 5-1-2-15　大熊猫胆管细胞性肝癌。畸形核（N）癌细胞胞浆中有胆色素沉积（★）。CF：胶原原纤维；TEM，10k×

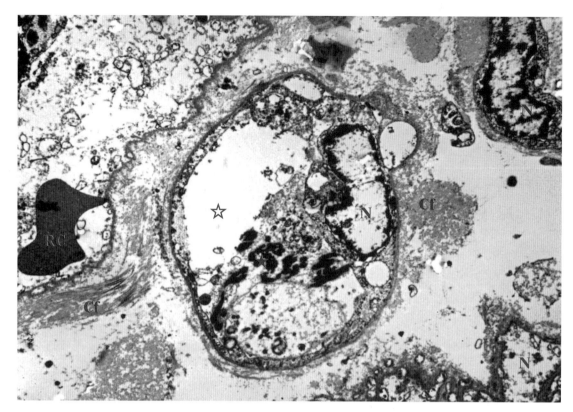

图 5-1-2-16 大熊猫胆管细胞性肝癌。癌组织中新生的毛细胆管（☆），胆管上皮癌细胞胞浆中有胆色素沉积（★）。胆管外见胶原原纤维增生（Cf）。RC：红细胞；N：细胞核。TEM，8k×

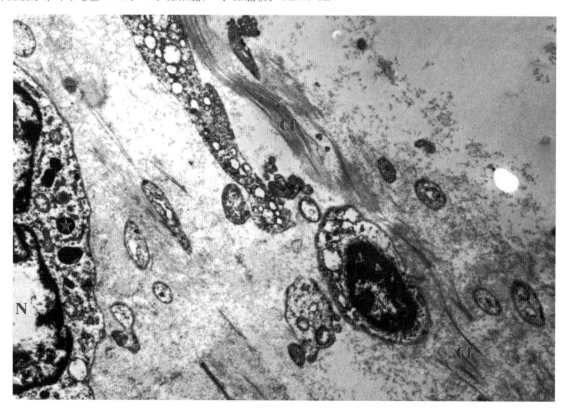

图 5-1-2-17 大熊猫胆管细胞性肝癌。癌间质中大量胶原原纤维增生（Cf），癌细胞胞浆中有胆色素沉积（★）。N：细胞核。TEM，10k×

第二节　间叶组织肿瘤

1. 平滑肌细胞肿瘤——大熊猫子宫平滑肌肉瘤

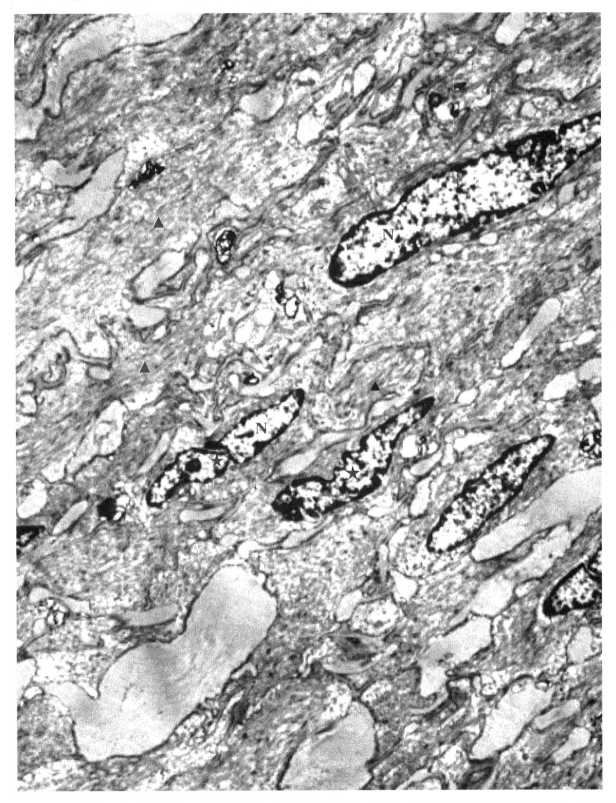

图 5-2-1-1　大熊猫子宫平滑肌肉瘤。瘤组织主要由平行排列的梭形细胞组成，瘤细胞核（N）边缘曲折不齐，并见畸形核（★），胞质中大量肌丝及中间丝（▲）。TEM，6k×

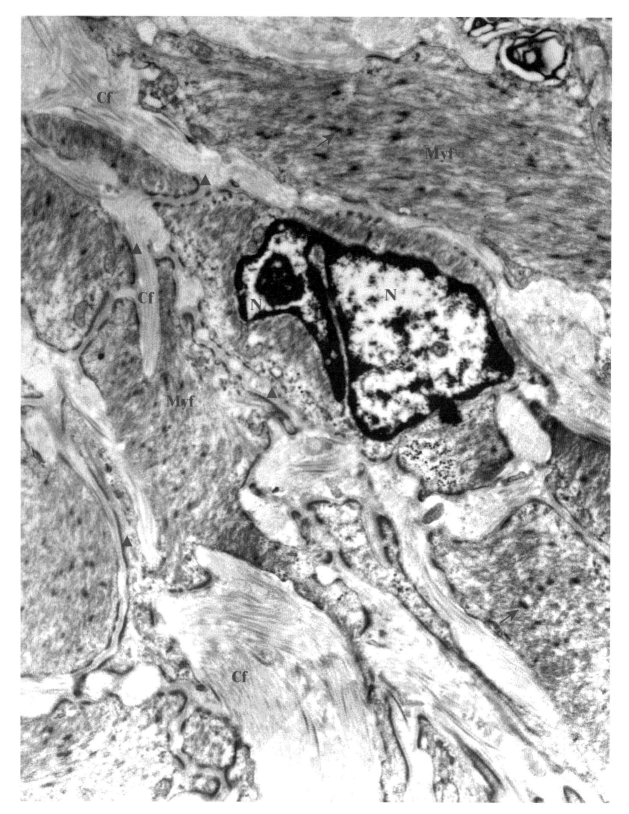

图 5-2-1-2 大熊猫子宫平滑肌肉瘤。间质中含有丰富的胶原原纤维（Cf），瘤细胞核及胞质异型性很大，失去平滑肌细胞的形态特点，胞核刻痕凹陷（N），胞浆突起怪异，但细胞质内见丰富的肌丝（Myf）、密体（↑），胞膜下密布密斑（▲）。TEM，12k×

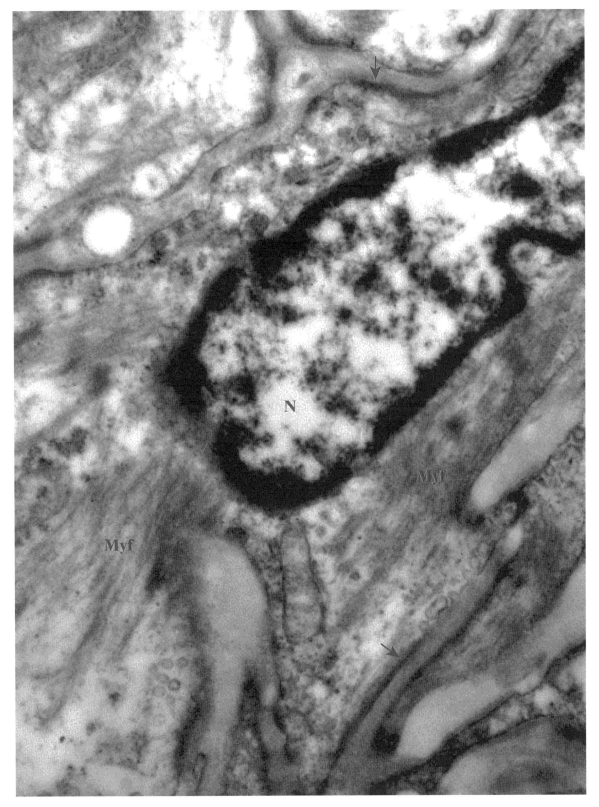

图 5-2-1-3 大熊猫子宫平滑肌肉瘤。细胞浆中可见中间纤维及肌丝（Myf），胞膜内侧见大量高电子密度的密斑（↑）。细胞核（N）末端钝圆（▲）。TEM，40k×

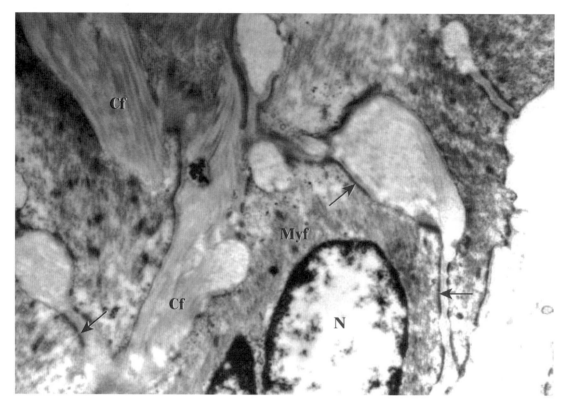

图 5-2-1-4　大熊猫子宫平滑肌肉瘤。瘤组织间质中可见大量胶原原纤维（Cf）。瘤细胞质内有大量的肌丝（Myf）。N：细胞核。胞膜下有丰富的密斑（↑）。TEM，20k×

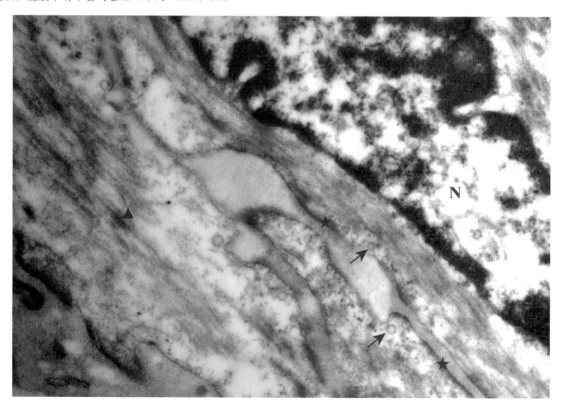

图 5-2-1-5　大熊猫子宫平滑肌肉瘤。细胞核皱缩凹陷，胞膜下可见胞饮小泡（↑）。▲：密体；★：密斑；N：细胞核。TEM，40k×

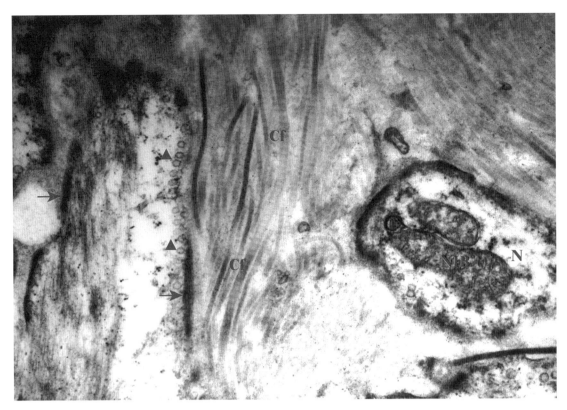

图 5-2-1-6 大熊猫子宫平滑肌肉瘤。间质中可见胶原原纤维（Cf），胞膜下见大量吞饮小泡（▲），多处胞膜下见发达的密斑（↑）。右侧细胞核内见胞浆性包涵体（NIB）。N：细胞核。TEM，40k×。

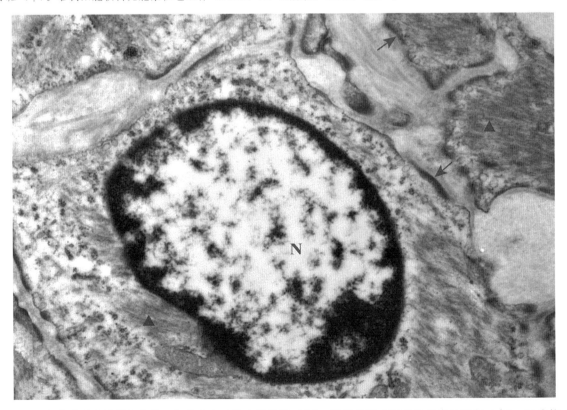

图 5-2-1-7 大熊猫子宫平滑肌肉瘤。细胞浆中可见中间纤维（▲），胞浆膜下有高电子密度的密斑（↑）。细胞核（N）大而圆。TEM，30k×。

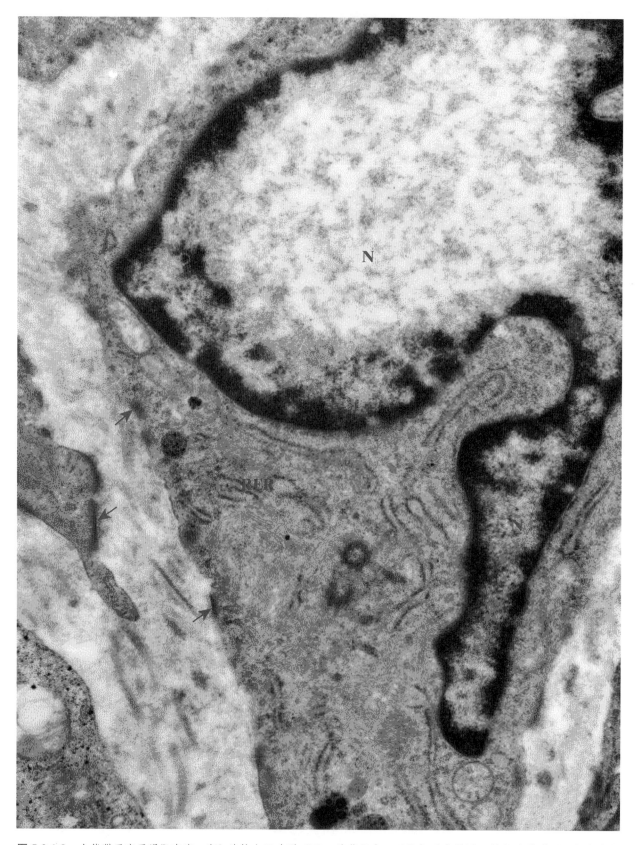

图 5-2-1-8 大熊猫子宫平滑肌肉瘤，瘤细胞核大而畸形（N），胞浆很少，可见粗面内质网；局部胞浆膜下见短小的密斑（↑）。细胞质内少见肌丝及中间丝，但见较多的粗面内质网（RER）。TEM，25k×

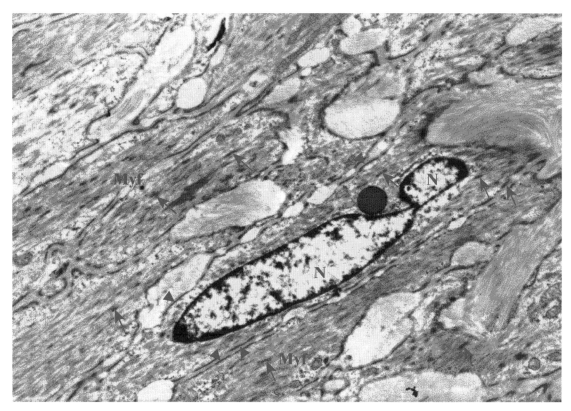

图 5-2-1-9　大熊猫子宫平滑肌肉瘤。瘤细胞胞浆中可见丰富的中间丝、肌丝（Myf）及密体（↑），胞膜下有丰富的密斑（▲）。N：细胞核。TEM，10k×

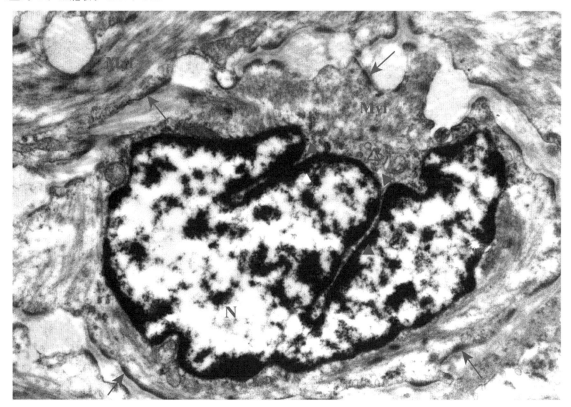

图 5-2-1-10　大熊猫子宫平滑肌肉瘤。细胞浆中可见大量的中间纤维及肌丝（Myf），胞核皱缩凹陷成裂痕（▲）。胞膜下密斑发达（↑）。△：胞饮小泡。N：细胞核。TEM，25k×

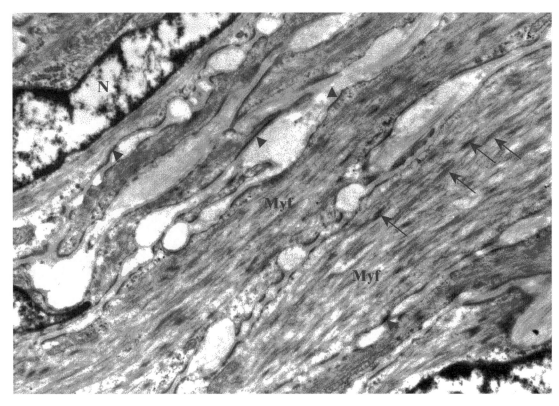

图 5-2-1-11 大熊猫子宫平滑肌瘤。细胞浆中可见丰富的肌丝和中间丝（Myf）。密体（↑）和密斑（▲）均很发达。N：细胞核。TEM，15k×

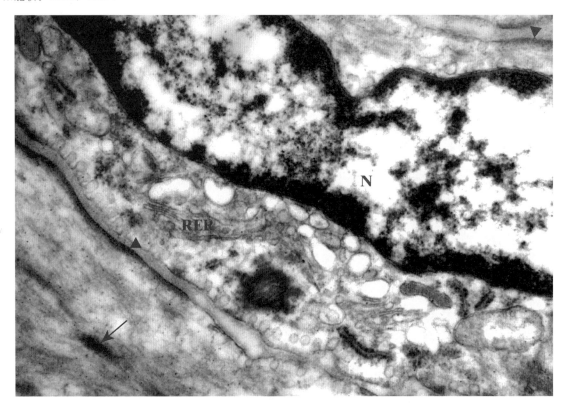

图 5-2-1-12 大熊猫子宫平滑肌瘤。细胞核周围可见扩张的粗面内质网（RER）。▲：密斑。↑：密体；N：细胞核。TEM，50k×

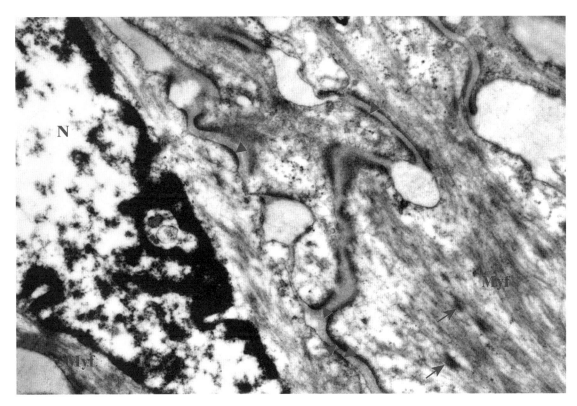

图 5-2-1-13　大熊猫子宫平滑肌肉瘤。瘤细胞形态不规，胞浆形态怪异。细胞浆中可见中间纤维（Myf），中间纤维上有高电子密度的密体（↑），胞膜下密斑（▲）发达。N：细胞核。TEM。30k×

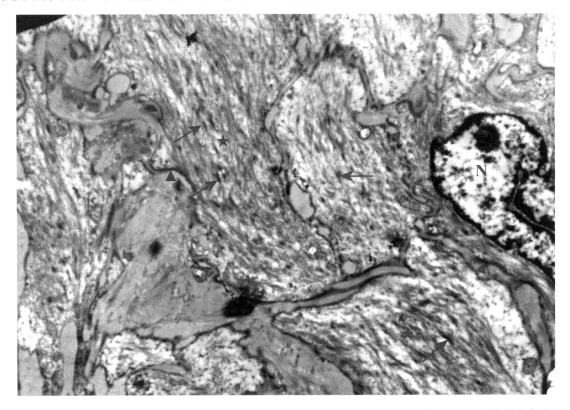

图 5-2-1-14　大熊猫子宫平滑肌肉瘤。瘤细胞胞浆中见发达的中间纤维（★）及密体（↑）。胞膜下有丰富的密斑（▲）。N：细胞核。TEM。10k×

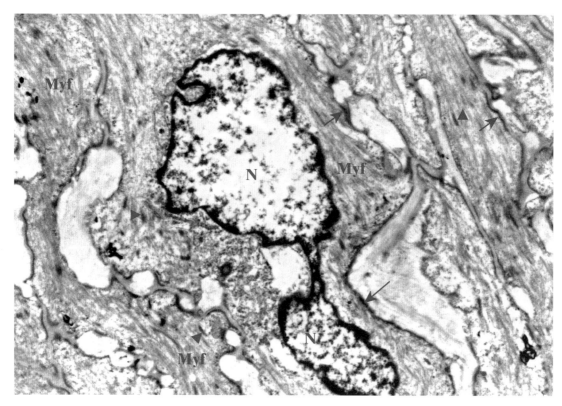

图 5-2-1-15 大熊猫子宫平滑肌肉瘤。瘤细胞形态不规，核畸形（N），胞浆中见大量中间纤维（Myf），胞膜下有大量高电子密度的密斑（↑）及密体（▲），核畸形（N）。TEM，12k×

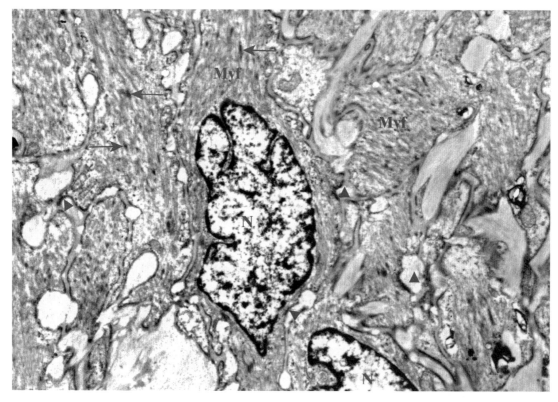

图 5-2-1-16 大熊猫子宫平滑肌肉瘤。瘤细胞核（N）畸形，胞浆中有大量中间纤维及肌丝（Myf），并见高电子密度的密体（↑）。胞膜下有高电子密度的密斑（▲）。TEM，10k×

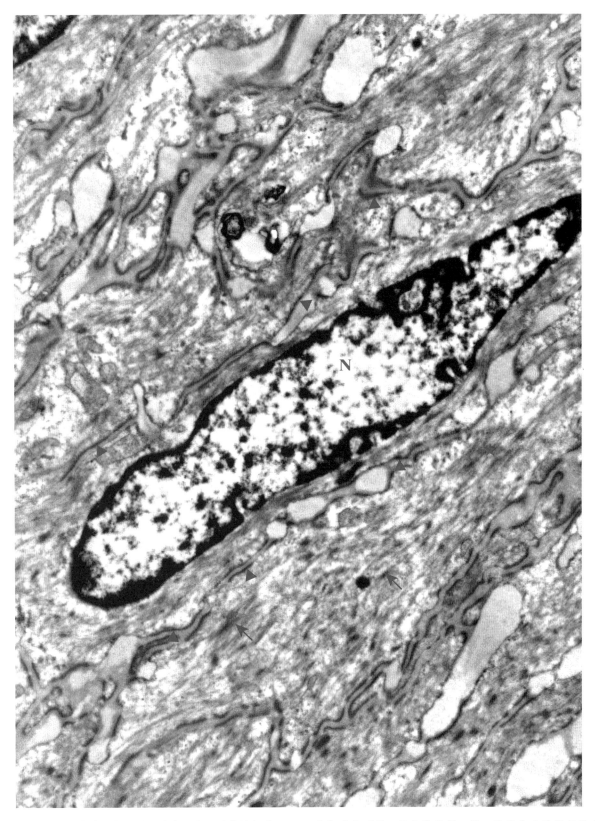

图 5-2-1-17　大熊猫子宫平滑肌肉瘤。瘤细胞核呈杆状（N），胞体形态不规，胞浆膜曲折凹陷，胞质中大量肌丝及中间纤维（★），密体（↑）及密斑（▲）均很丰富。TEM，12k×

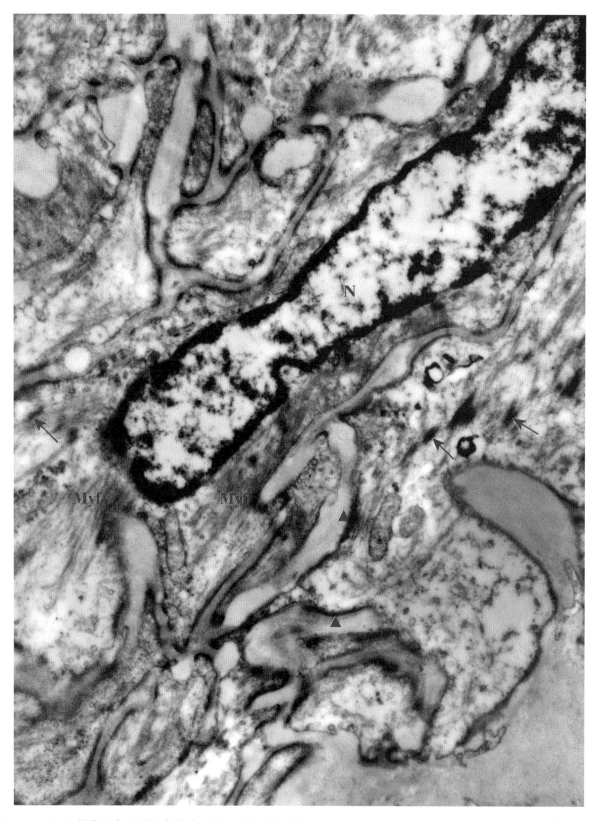

图 5-2-1-18 大熊猫子宫平滑肌肉瘤瘤。瘤细胞外形畸形怪异，核（N）呈杆状，细胞浆中见大量中间纤维及肌丝（Myf），密体（↑）及密斑（▲）发达。TEM，20k×

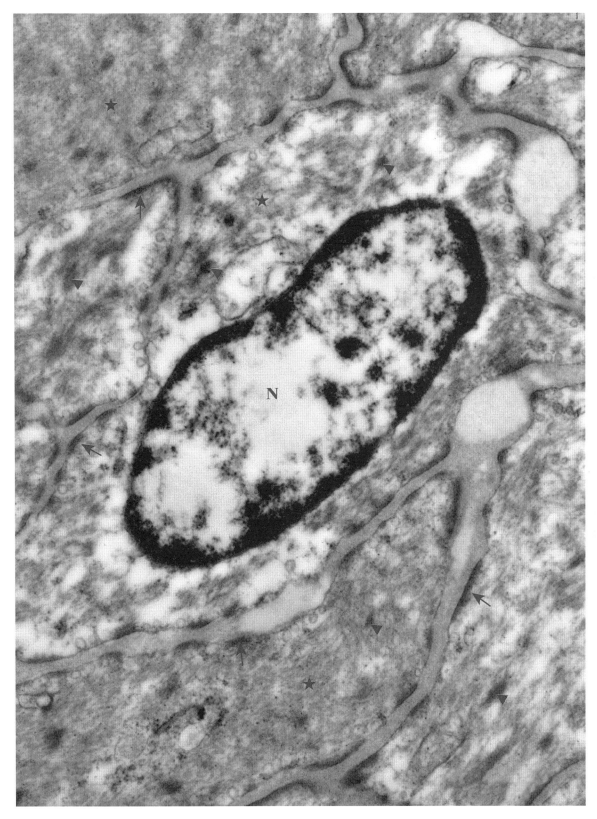

图 5-2-1-19 大熊猫子宫平滑肌肉瘤。细胞浆中可见大量中间纤维（★）及密体（▲），瘤细胞膜内侧密布高电子密度的密斑（↑）。N：细胞核。TEM，30k×

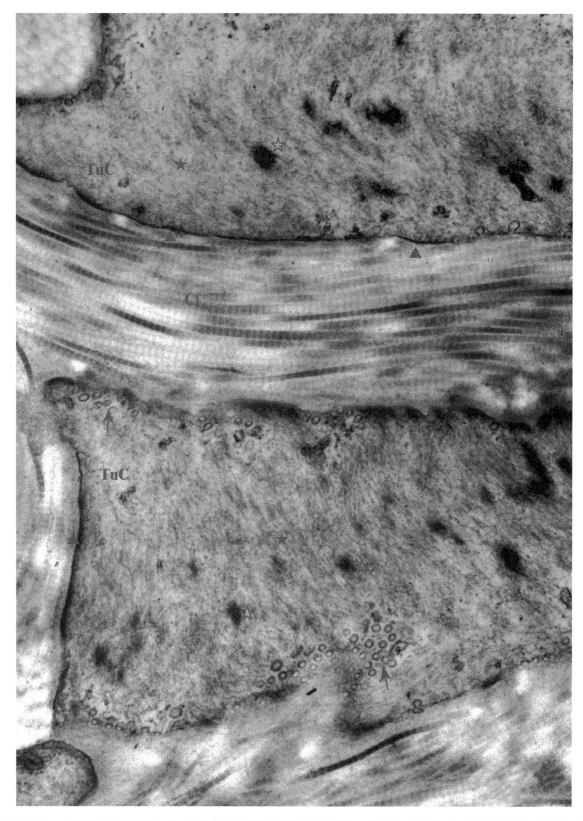

图 5-2-1-20 大熊猫子宫平滑肌肉瘤。间质中有丰富的胶原原纤维（Cf），瘤细胞（TuC）胞浆中中间纤维及肌丝（★）很丰富，胞膜下见大量胞饮小泡（↑），膜下密斑（▲）发达密体清楚可见（☆）。TEM，30k×

2. 纤维细胞肿瘤—独角犀子宫纤维肉瘤

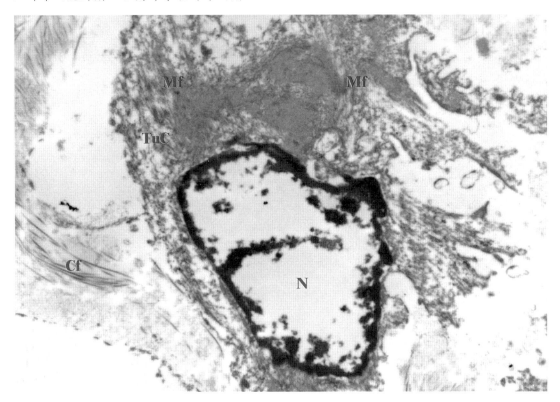

图 5-2-2-1 独角犀子宫纤维肉瘤。瘤细胞（TuC）核大，细胞界限不清，胞质中富含微丝（Mf），间质中有大量胶原原纤维（Cf），胞浆膜界限模糊不齐（变性）。N：细胞核。TEM，15k×

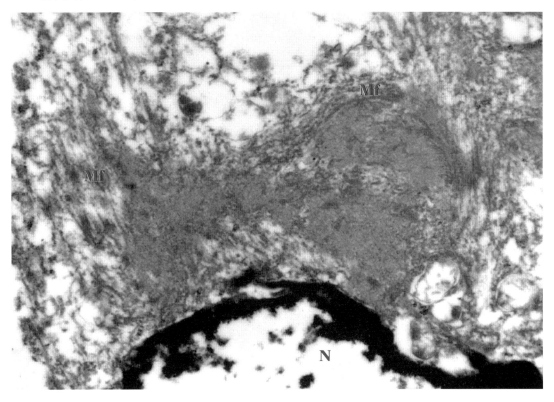

图 5-2-2-2 独角犀子宫纤维肉瘤。瘤细胞胞浆中密集胶原蛋白微丝（Mf）。N：细胞核。TEM，30k×

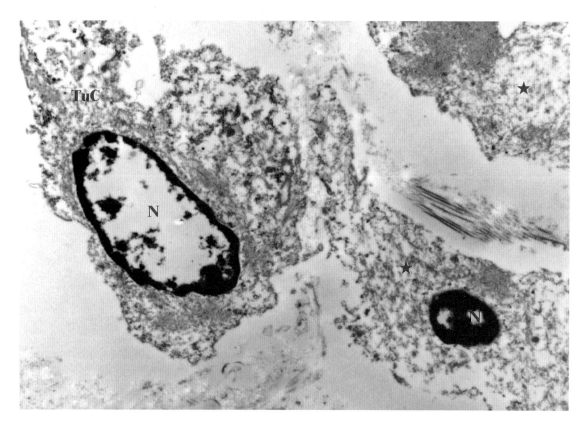

图 5-2-2-3　独角犀子宫纤维肉瘤。瘤细胞（TuC）胞浆结构模糊，变性或坏死（★）。N：细胞核。TEM，15k×

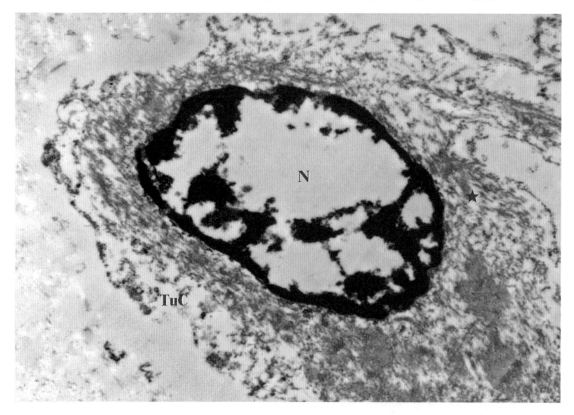

图 5-2-2-4　独角犀子宫纤维肉瘤。瘤细胞（TuC）胞浆结构模糊，富含微丝（★）。N：细胞核。TEM，20k×

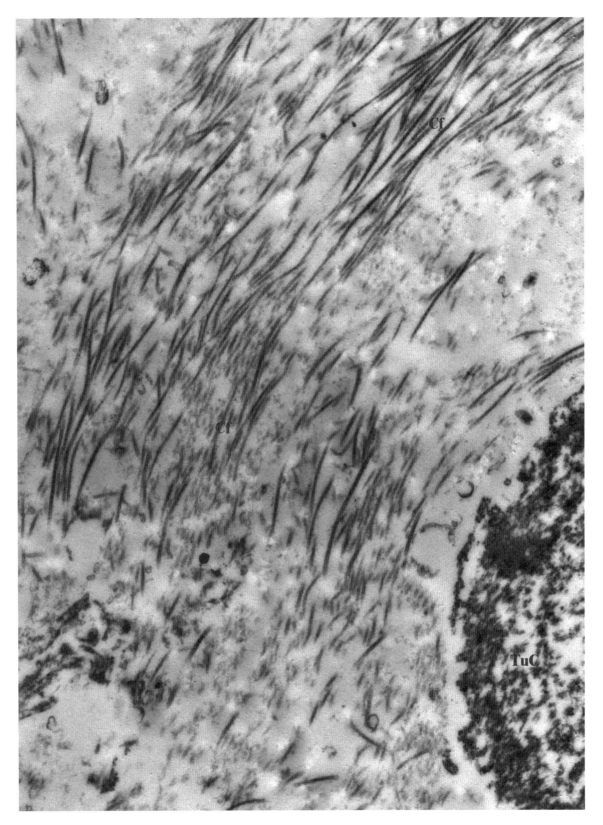

图 5-2-2-5 独角犀子宫纤维肉瘤。瘤组织间质中有大量胶原原纤维 (Cf)。TuC: 瘤细胞。TEM, 20k×

3. 禽白血病病毒（ALV）感染鸡肾纤维肉瘤

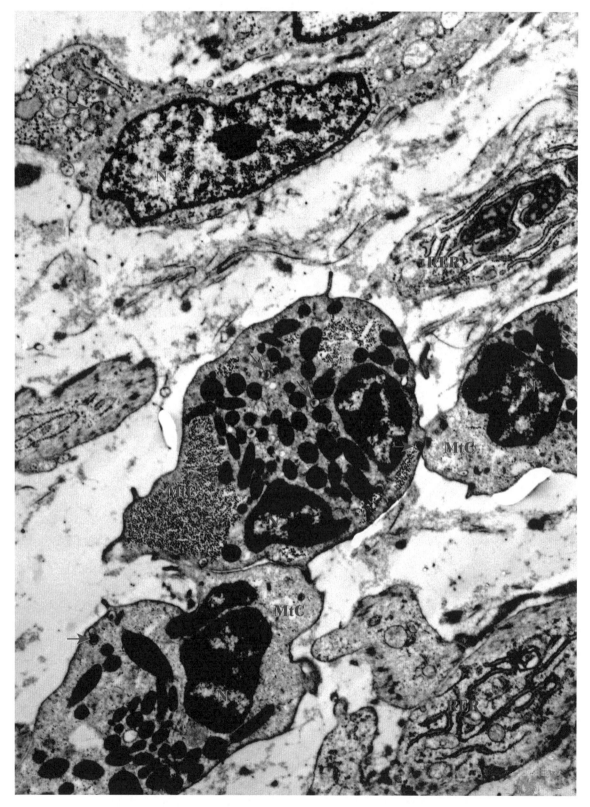

图 5-2-3-1 鸡白血病病毒感染鸡肾纤维肉瘤。瘤细胞排列松散，有 3 个含有大颗粒的髓细胞样瘤细胞（MtC），其他瘤细胞胞浆中含有较多的粗面内质网（RER），并含有少数病毒粒子（↑）。N：细胞核。TEM，10k×

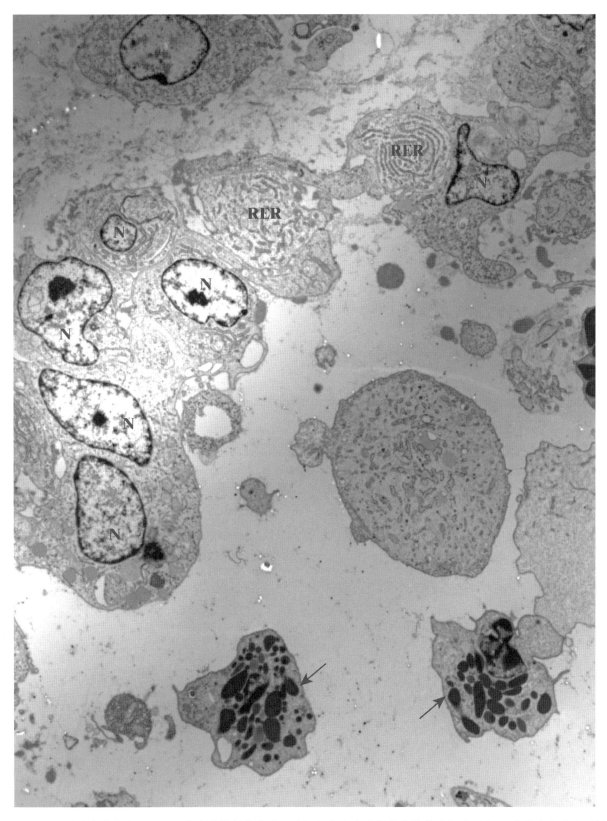

图 5-2-3-2　鸡白血病病毒（ALV）感染鸡肾纤维肉瘤。瘤组织中有含有颗粒的髓样瘤细胞（↑），其他瘤细胞奇形怪状，富含粗面内质网（RER）。N：细胞核。TEM，5k×

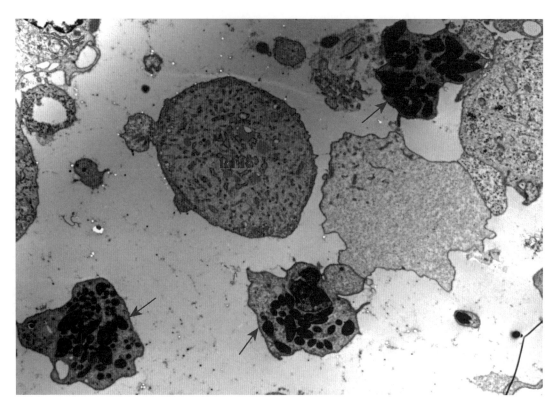

图 5-2-3-3　ALV 感染鸡肾纤维肉瘤。瘤组织中有含大颗粒的髓样瘤细胞（↑），其他瘤细胞奇形怪状，胞浆内含有多量短小的粗面内质网（RER）。TEM，5k×

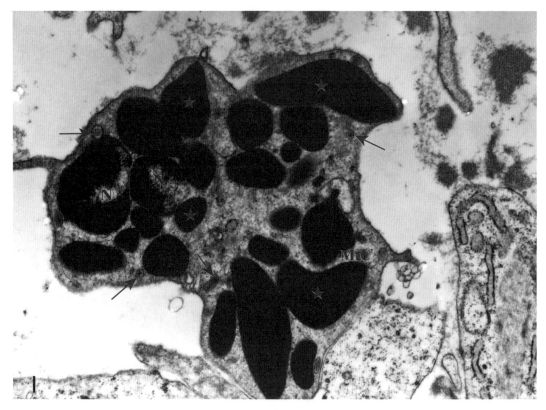

图 5-2-3-4　ALV 感染鸡肾纤维肉瘤。髓细胞样瘤细胞（MtC）胞浆颗粒大小及形态不一（★），胞浆内含有病毒粒子（↑）。N：细胞核。TEM，25k×

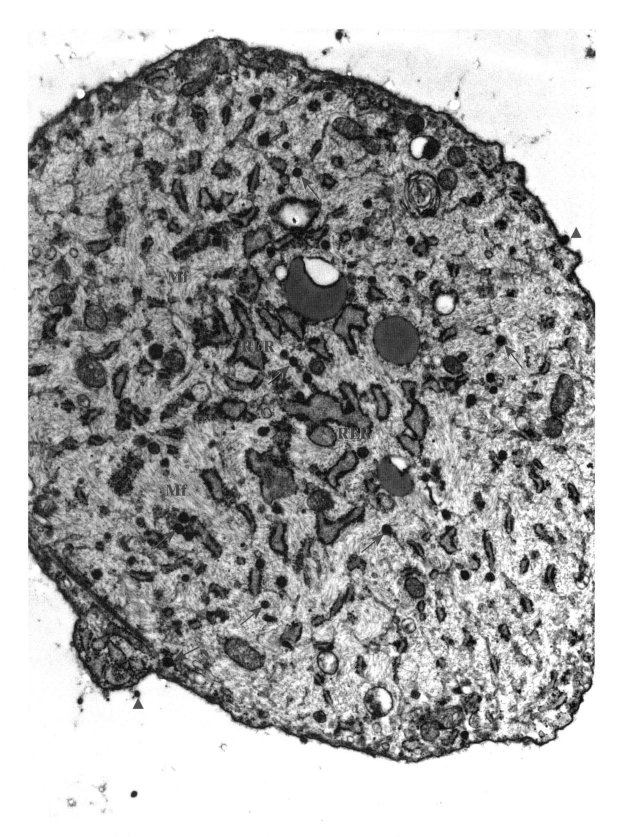

图 5-2-3-5　ALV 感染鸡肾纤维肉瘤。瘤细胞胞浆中含有大量的病毒粒子（↑），并见有病毒出芽（▲），胞浆基质中密布微丝结构（Mf），富含短小的粗面内质网（RER）。TEM，20k×

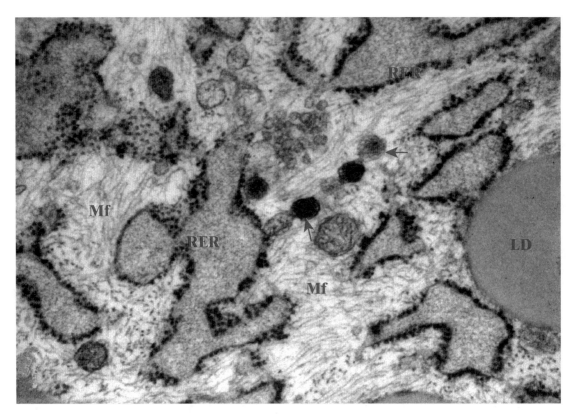

图 5-2-3-6　图 5-2-3-5 局部放大。瘤细胞胞浆中含有大量的病毒粒子（↑），胞浆基质中密布胶原蛋白微丝（Mf），富含短小的粗面内质网（RER）。LD：脂滴。TEM，80k×

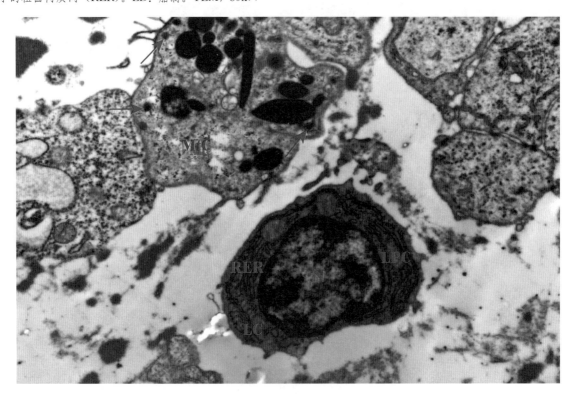

图 5-2-3-7　ALV 感染鸡肾纤维肉瘤。髓细胞样瘤细胞（MtC）中有几个病毒粒子（↑），瘤细胞下方为淋巴浆细胞（LPC）。N：细胞核；RER：粗面内质网。TEM，15k×

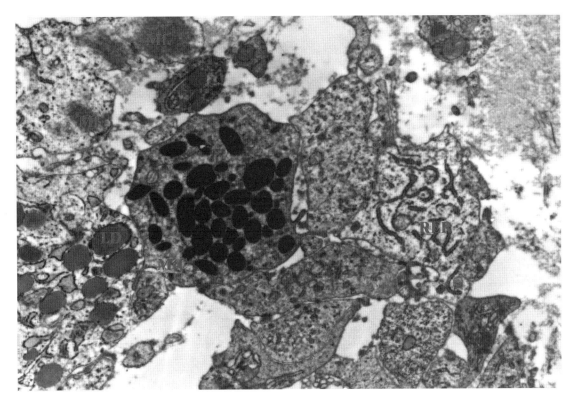

图 5-2-3-8　ALV 感染鸡肾纤维肉瘤。瘤细胞内粗面内质网（RER）较丰富，有的见大量脂滴（LD），有的见微丝（Mf），瘤组织中常混有髓细胞样瘤细胞（MtC）。TEM，12k×

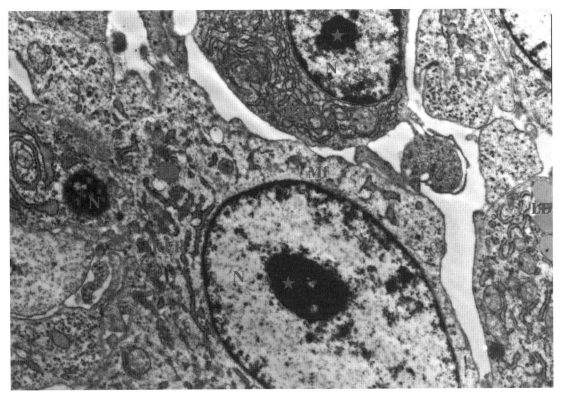

图 5-2-3-9　ALV 感染鸡肾纤维肉瘤。瘤细胞核呈卵圆形（N），核仁（★）凝集浓染，胞浆形态不规则，胞浆中粗面内质网（RER）丰富，胞浆基质中可见有微丝（Mf）结构。LD：脂滴。TEM，15k×

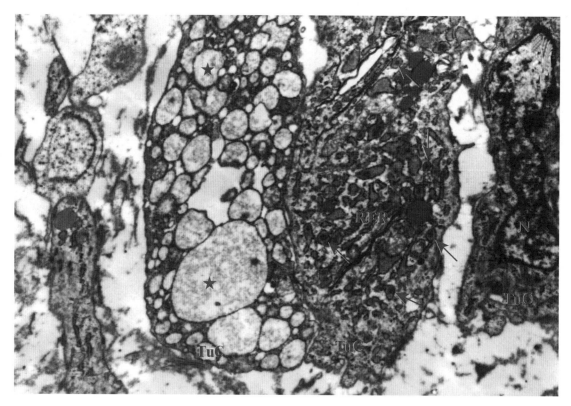

图 5-2-3-10　ALV 感染鸡肾纤维肉瘤。瘤细胞（TuC）核畸形（N），胞浆形态不规，胞浆中粗面内质网（RER）丰富，有的 RER 扩张呈空泡状（★），胞浆中见大量病毒粒子（↑）。TEM，12k×

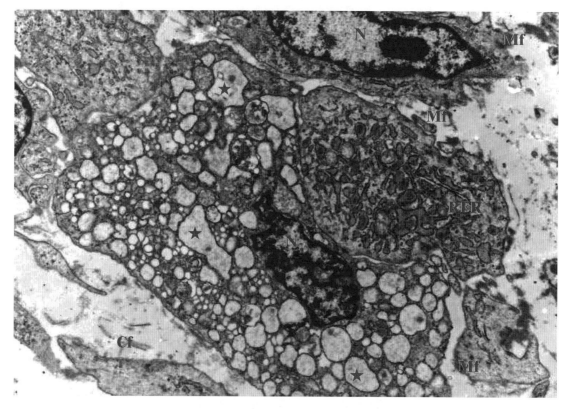

图 5-2-3-11　ALV 感染鸡肾纤维肉瘤。瘤细胞核畸形（N），胞浆内粗面内质网（RER）扩张空泡化（★），瘤细胞胞浆膜表面见微丝结构（Mf）；间质中见少量胶原纤维（Cf）。TEM，12k×

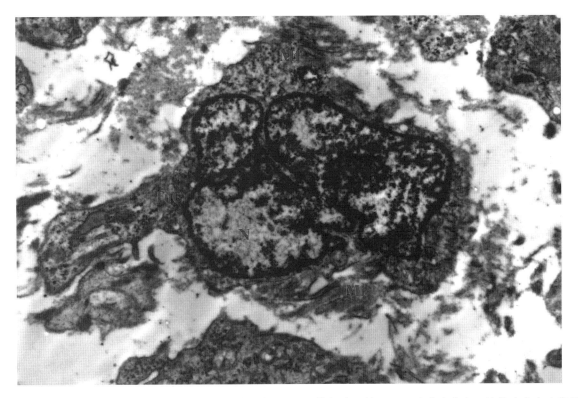

图 5-2-3-12 ALV 感染鸡肾纤维肉瘤。一畸形的瘤细胞（TuC）核扭曲凹陷（N），胞浆有凸起，胞浆中含有大量的微丝（Mf）结构。TEM，15k×

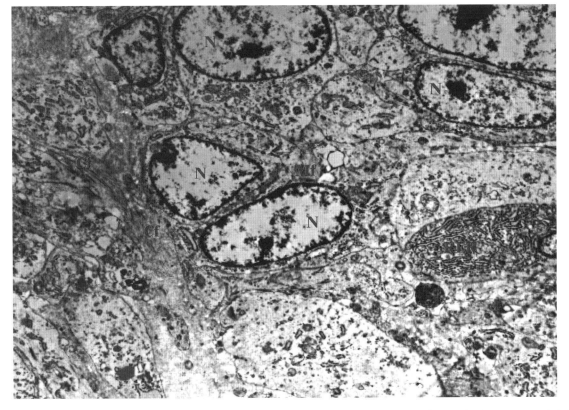

图 5-2-3-13 ALV 感染鸡肾纤维肉瘤。瘤细胞排列紧密，细胞核（N）呈卵圆形，胞浆内粗面内质网（RER）丰富并见肌丝出现（Mf），间质中含有丰富的胶原原纤维（Cf）。TEM，8k×

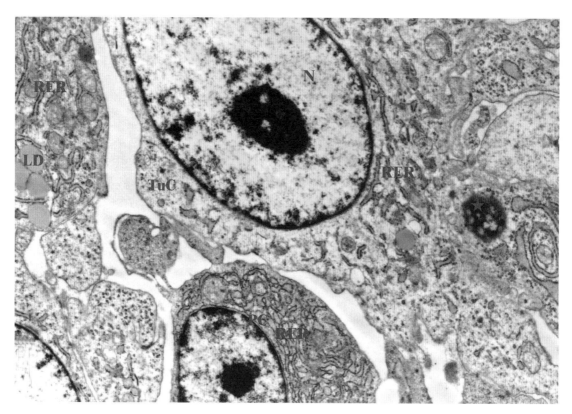

图 5-2-3-14 ALV 感染鸡肾纤维肉瘤。瘤细胞（TuC）内粗面内质网发达（RER），外形不规则。PC：浆细胞；★：凋亡细胞。LD：脂滴；N：细胞核。TEM，15k×

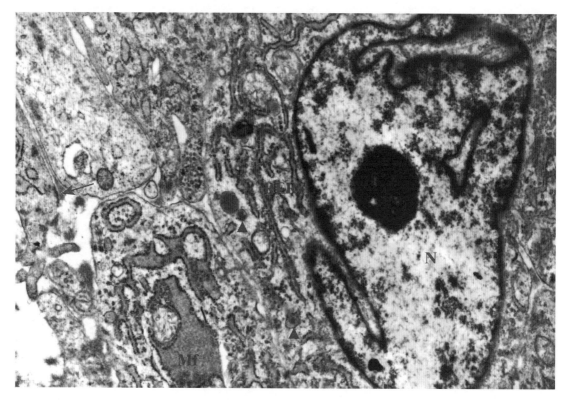

图 5-2-3-15 ALV 感染鸡肾纤维肉瘤。瘤细胞核（N）奇形怪状，胞浆粗面内质网发达（RER），局部胞膜上见有密斑（↑），胞浆内见有微丝结构（Mf），偶见带囊膜的 ALV 粒子（▲）。TEM，20k×

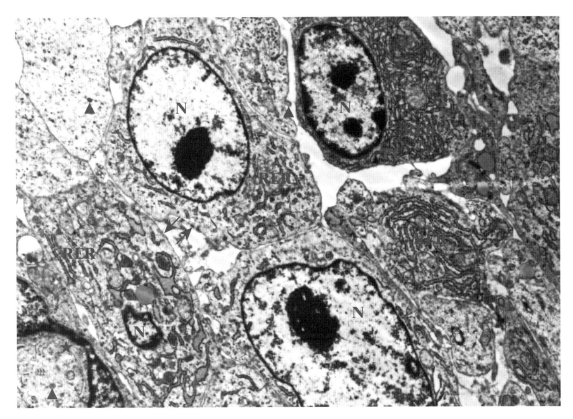

图 5-2-3-16　ALV 感染鸡肾纤维肉瘤。瘤细胞胞浆粗面内质网很发达（RER），胞膜上有微小密斑（↑），左下角为一畸形核细胞（★），胞浆中见有病毒粒子（▲）。PC：浆细胞。N：细胞核。TEM，10k×

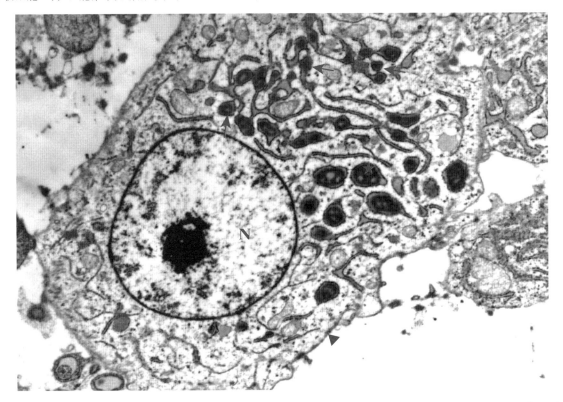

图 5-2-3-17　ALV 感染鸡肾纤维肉瘤。瘤细胞胞浆中 ALV 繁殖组装的包涵体（★），可见病毒粒子从包涵体释放的图像（↑），瘤细胞膜上可见短小的密斑（▲）。N：细胞核。TEM，12k×

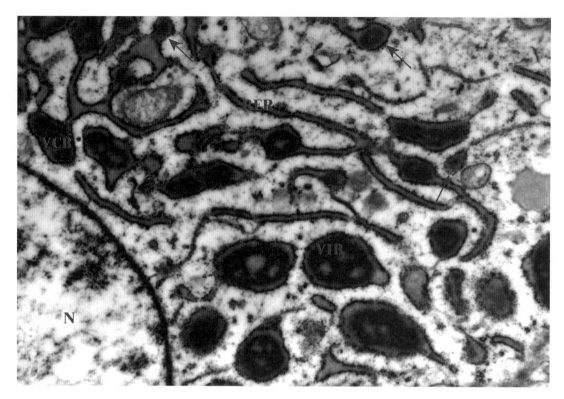

图 5-2-3-18 图 5-2-3-17 局部放大。可见病毒包涵体（VIB）与粗面内质网（RER）有结构上的联系，并见有 ALV 粒子从包涵体上出芽（↑）。N：细胞核。TEM，30k×

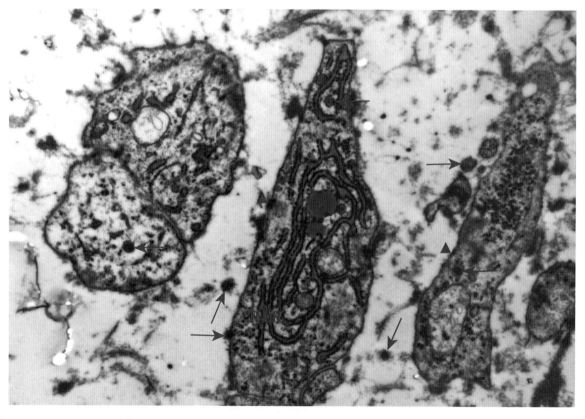

图 5-2-3-19 ALV 感染鸡肾纤维肉瘤。瘤细胞碎片内见 ALV 粒子（↑），膜上有密斑（▲），胞浆内粗面内质网（RER）发达。TEM，20k×

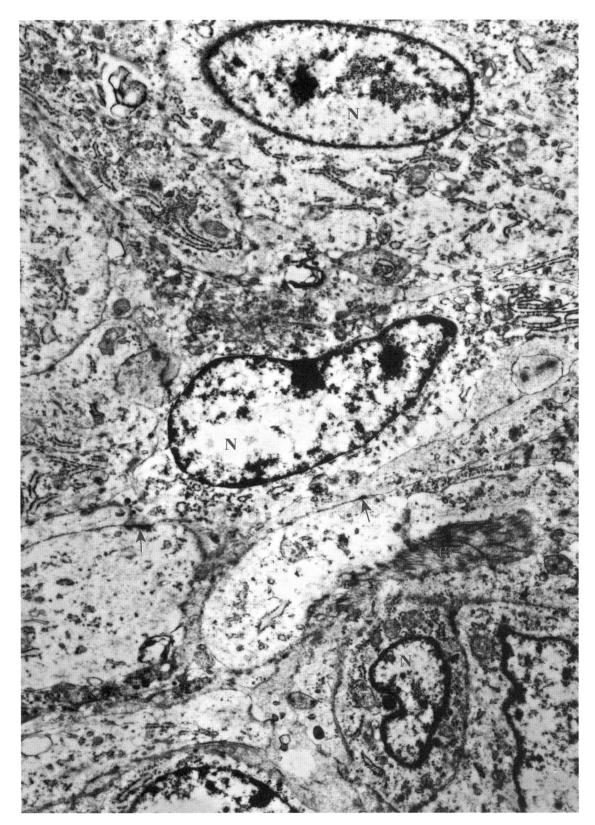

图 5-2-3-20　ALV 感染鸡肾纤维肉瘤。瘤细胞大小不一，形态不规，排列紧密，瘤细胞膜下见密斑结构（↑），细胞间见密集的胶原原纤维聚集（Cf）。N：细胞核。TEM，10k×

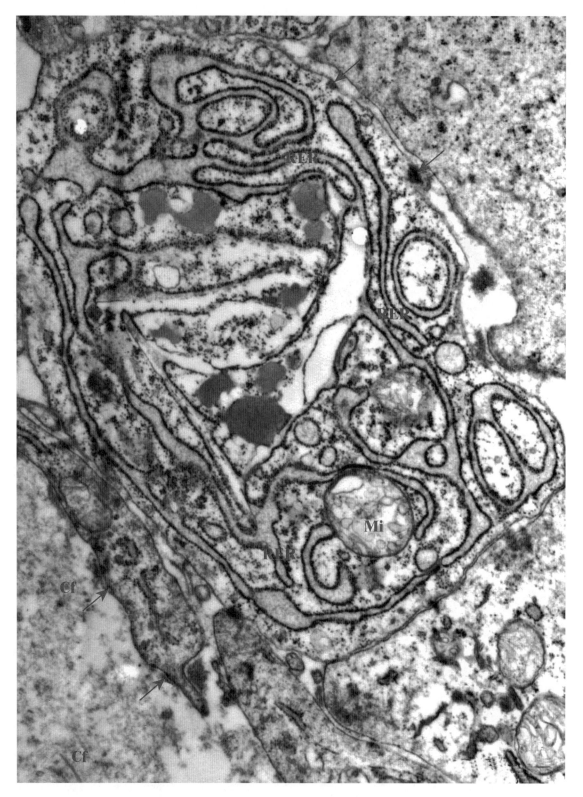

图 5-2-3-21 ALV 感染鸡肾纤维肉瘤。一瘤细胞内发达的粗面内质网（RER），胞膜上有短小的密斑（↑），间质中有变性的胶原蛋白微丝（Cf），线粒体肿胀变性（Mi）。TEM，25k×

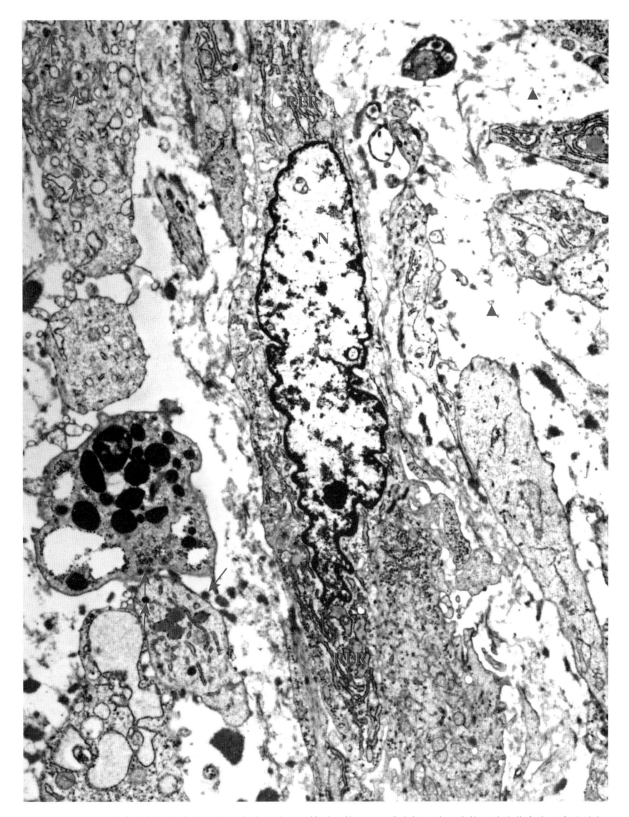

图 5-2-3-22　ALV 感染鸡肾纤维肉瘤。纤维肉瘤细胞呈长梭形，核（N）膜曲折凹陷，胞核两端胞浆中有很发达的粗面内质网（RER）。其他瘤细胞中见大量 ALV 粒子（↑），细胞间水肿（▲）。TEM，8k×

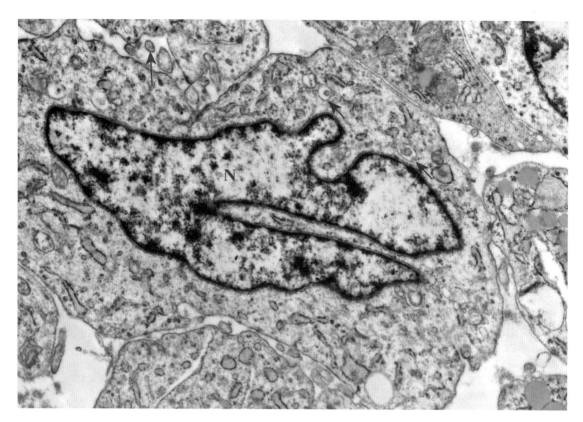

图 5-2-3-23　ALV 感染鸡肾纤维肉瘤。畸形核（N）瘤细胞胞浆中见多个 ALV 粒子（↑）。TEM，20k×

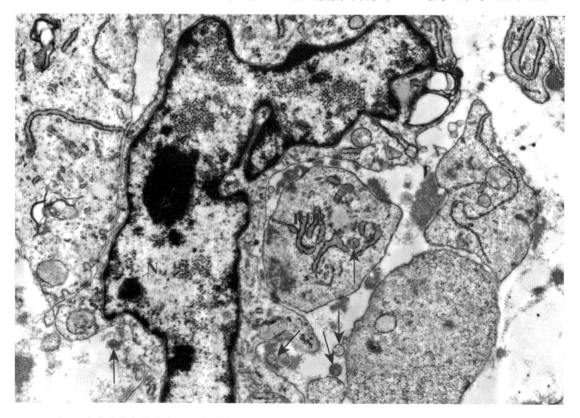

图 5-2-3-24　ALV 感染鸡肾纤维肉瘤。一畸形核（N）瘤细胞胞浆很少，胞外有 ALV 粒子（↑）。RER：粗面内质网。TEM，20k×

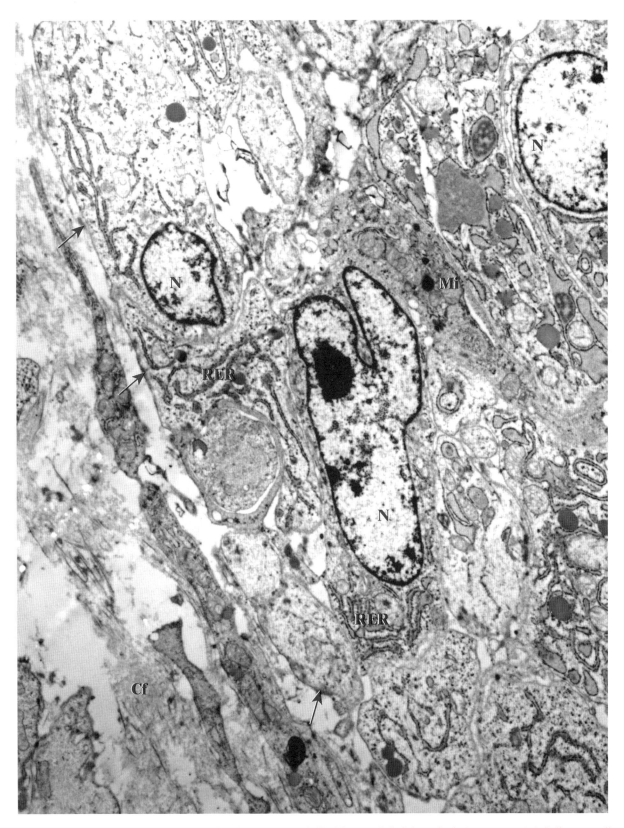

图 5-2-3-25　ALV 感染鸡肾纤维肉瘤。畸形核（N）瘤细胞排列紧密，胞浆内粗面内质网（RER）及线粒体（Mi）均丰富，间质内见丰富的胶原原纤维（Cf）。瘤细胞胞浆上有密斑（↑）。TEM，8k×

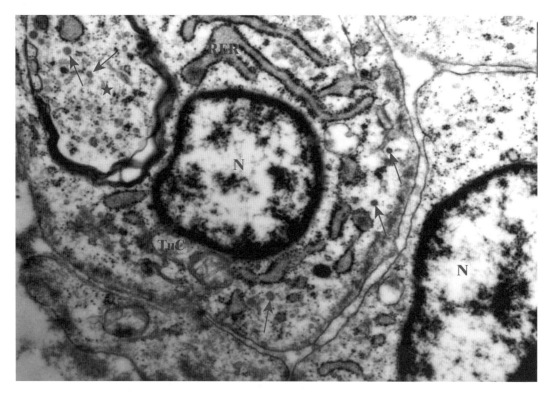

图 5-2-3-26 ALV 感染鸡肾纤维肉瘤。一瘤细胞（TuC）正在吞噬细胞碎片（★），瘤细胞胞浆及细胞碎片中见多个病毒核芯（↑）。N：细胞核；RER：粗面内质网。TEM，40k×

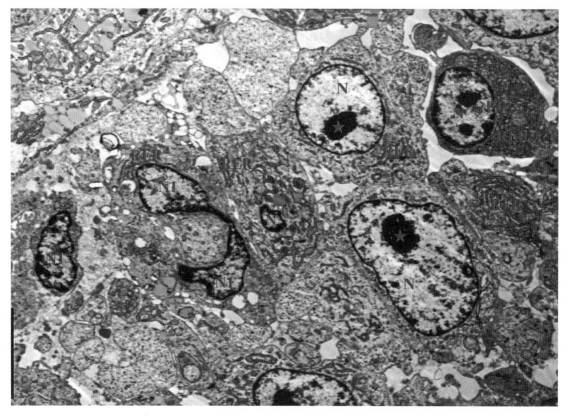

图 5-2-3-27 ALV 感染鸡肾纤维肉瘤。瘤细胞形态、大小各异，胞浆内有丰富的粗面内质网（RER），核仁大而浓染（★），核（N）形不一，有的核形怪异（N1）。PC：浆细胞。TEM，6k×

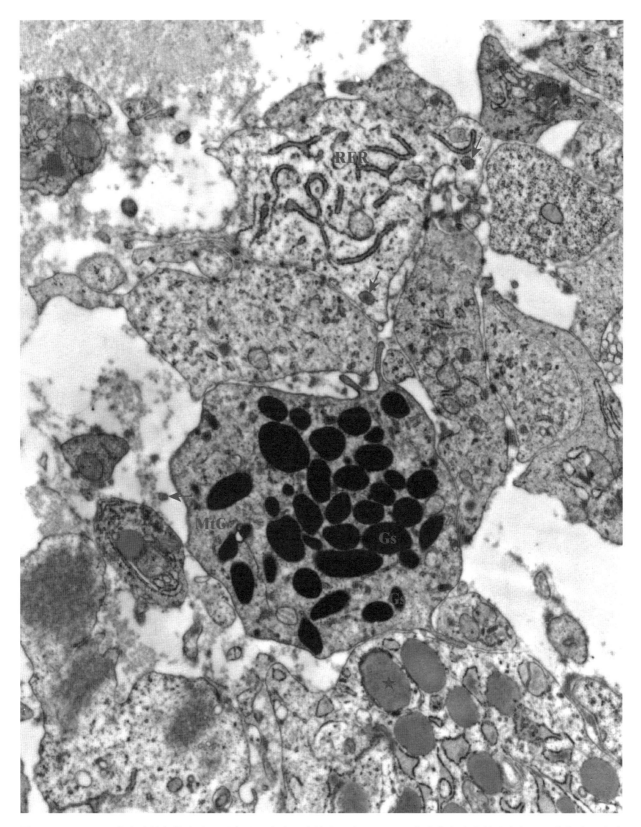

图 5-2-3-28　ALV 感染鸡肾纤维肉瘤。图中见 1 个髓细胞样瘤细胞（MtC），其胞浆内有少数病毒粒子，其他瘤细胞胞浆内也含有少量病毒粒子（↑）。右下瘤细胞内含有大量脂滴（★）。RER：粗面内质网；Gs：髓细胞瘤颗粒。TEM，12k×

4. 禽白血病病毒（ALV）感染鸡腿横纹肌肉瘤

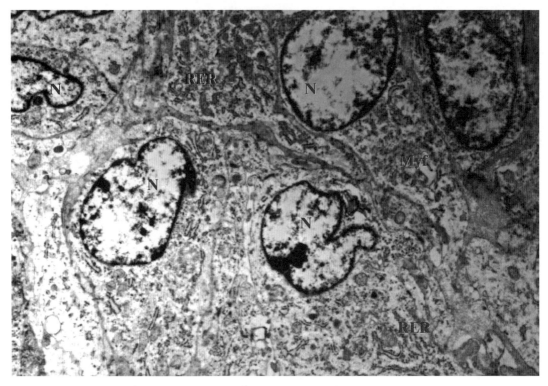

图 5-2-4-1 禽白血病病毒（ALV）感染 ALV 感染鸡腿横纹肌肉瘤。瘤细胞核大（N），形态不规则，胞浆内有肌丝（Myf）结构及少量粗面内质网（RER）。TEM，10k×

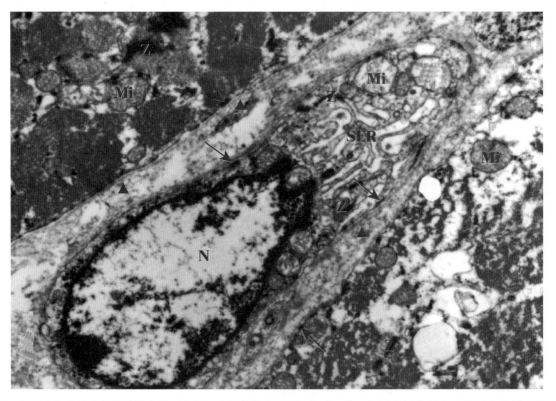

图 5-2-4-2 ALV 感染鸡腿横纹肌肉瘤。中间一瘤细胞核大（N）偏于一侧，胞质内肌丝消失，滑面内质网（SER）发达，Z 线粗乱（Z），胞膜内侧有密斑（↑），外侧有基板（▲）。Mi：线粒体。TEM，25k×

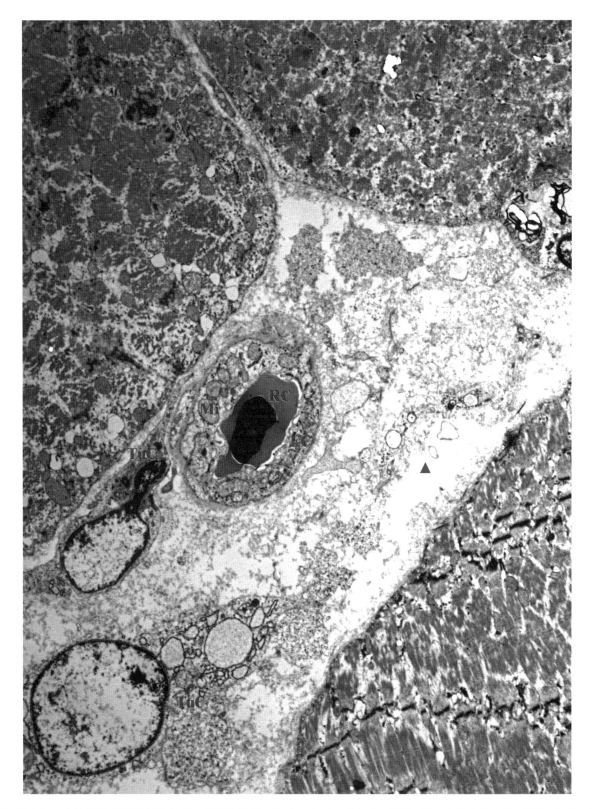

图 5-2-4-3　ALV 感染鸡腿横纹肌肉瘤。瘤组织间质中的毛细血管内皮细胞（EC）厚，胞质中线粒体（Mi）丰富，基底膜模糊不清；血管旁 2 个瘤细胞（TuC）异型性强，形态怪异，细胞间质水肿（▲）。RC：红细胞。TEM，6k×

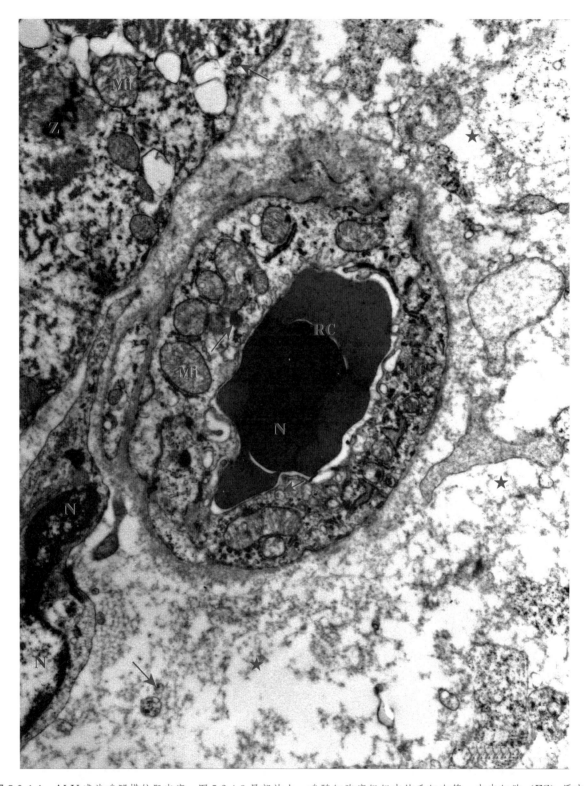

图 5-2-4-4　ALV 感染鸡腿横纹肌肉瘤。图 5-2-4-3 局部放大，鸡髓细胞瘤组织中的毛细血管。内皮细胞（EC）质中线粒体（Mi）很丰富，基底膜模糊不清，血管周围显著水肿（★）。细胞内及细胞间见有病毒粒子（↑）。细胞核（N）畸形，Z 线异常（Z）。RC：红细胞。TEM，15k×

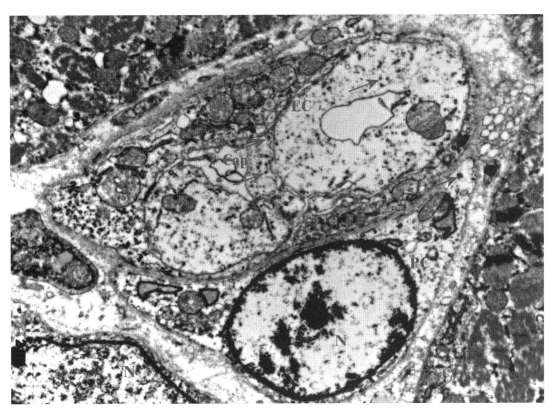

图 5-2-4-5 ALV 感染鸡腿横纹肌肉瘤。间质毛细血管（Cap）内皮（EC）显著肿胀，胞浆内线粒体发达（Mi），内皮细胞中有 ALV 粒子（↑）。血管外周细胞（PC）肿大。N：细胞核。TEM，15k×

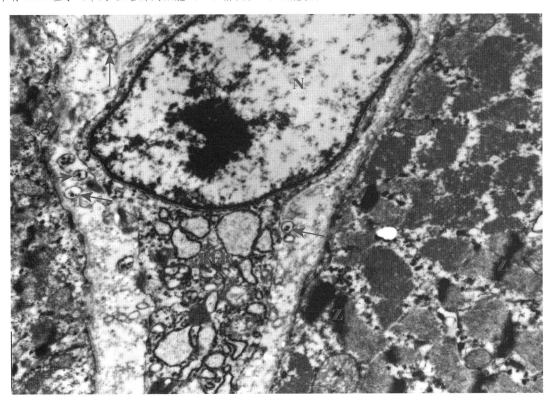

图 5-2-4-6 ALV 感染鸡腿横纹肌肉瘤。瘤细胞核大、偏位（N），胞质内质网扩张（RER），细胞表面见病毒出芽（↑）。两旁的细胞肌节机构异常，Z 线异常增粗（Z）。TEM，20k×

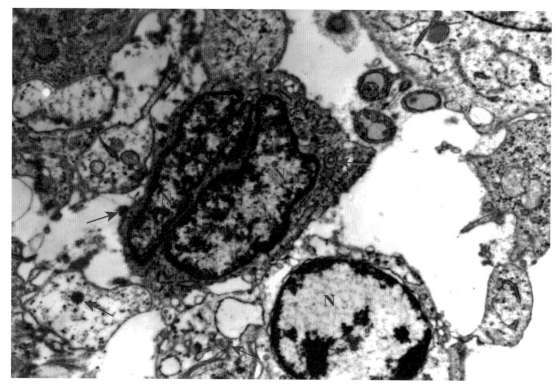

图 5-2-4-7　ALV 感染鸡腿横纹肌肉瘤。双核（N）瘤细胞胞质很少，核形不规则，细胞表面见病毒（↑）出芽。其他瘤细胞内也见有病毒粒子。TEM，15k×

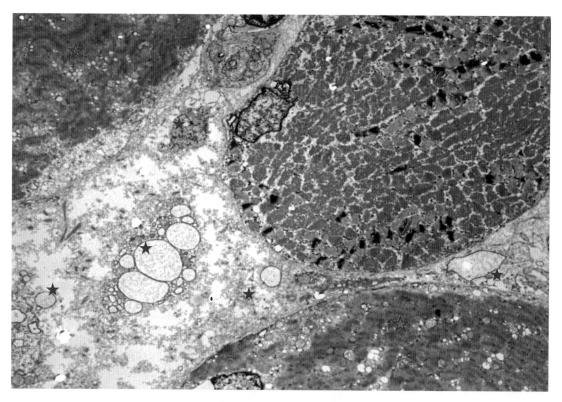

图 5-2-4-8　ALV 感染鸡腿横纹肌肉瘤。瘤细胞肌原纤维肌节结构紊乱（☆），或 Z 线（Z）变粗，分布零乱，线粒体很少见。有的瘤细胞坏死破碎（★）。TEM，5k×

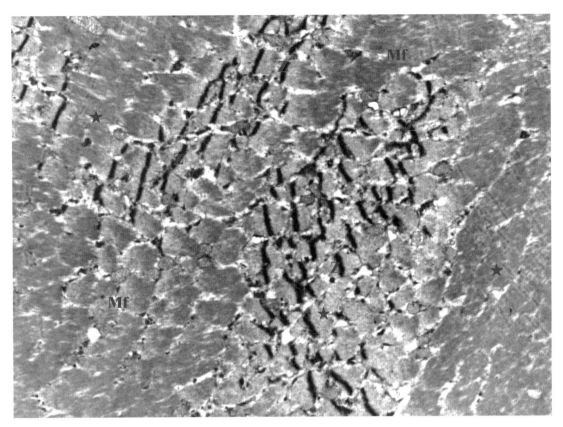

图 5-2-4-9　ALV 感染鸡腿横纹肌肉瘤。瘤细胞肌原原纤维（Mf）排列紊乱，肌节模糊不清（★）。Z 线成片增粗浓染，方向紊乱（Z）。TEM，12k×

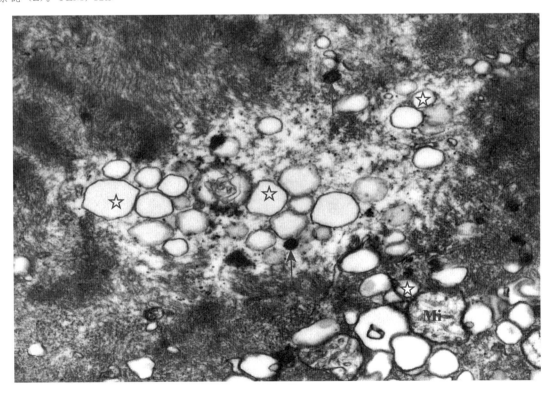

图 5-2-4-10　ALV 感染鸡腿横纹肌肉瘤。瘤细胞肌丝（Myf）排列紊乱，Z 线浅宽（Z），局部肌丝缺失，出现大量囊泡（☆），线粒体变形（Mi）。见有少数病毒粒子（↑）。TEM，40k×

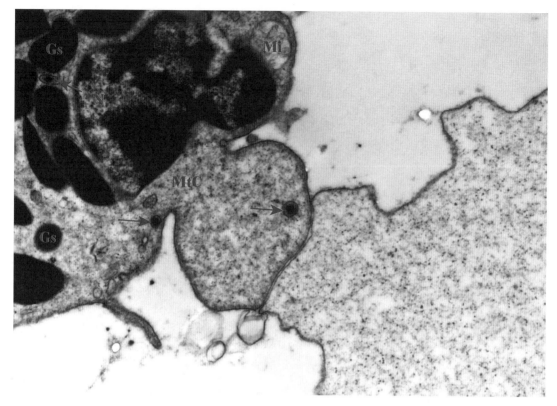

图 5-2-4-11 ALV 感染鸡腿横纹肌肉瘤。瘤组织中一含有大颗粒（Gs）的髓细胞样瘤细胞（MtC），胞质内有带囊膜的病毒粒子（↑）。Mi：线粒体；N：细胞核。TEM，30k×

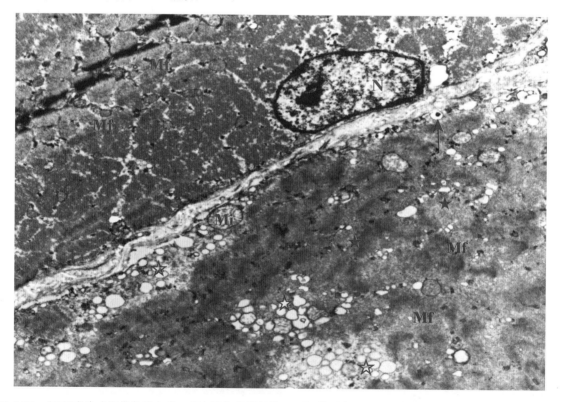

图 5-2-4-12 ALV 感染鸡腿横纹肌肉瘤。瘤细胞肌原原纤维（Mf）排列紊乱，肌节模糊，纹理不清（★）。局部 Z 线增粗浓染（Z）或呈现成片的空泡结构（☆）。细胞表面见病毒出芽（↑）。Mi：线粒体；N：细胞核。TEM，12k×

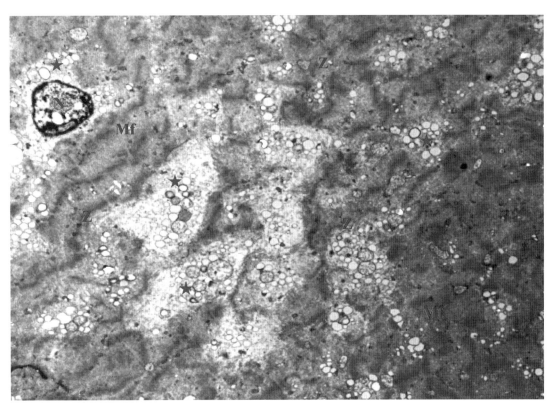

图 5-2-4-13　ALV 感染鸡腿横纹肌肉瘤。瘤细胞肌原原纤维丝（Mf）排列紊乱，肌节模糊，纹理不清，仅见零乱深染的 Z 线结构（Z），胞质内出现成片的、密集的空泡（★）结构。N：细胞核。TEM，8k×

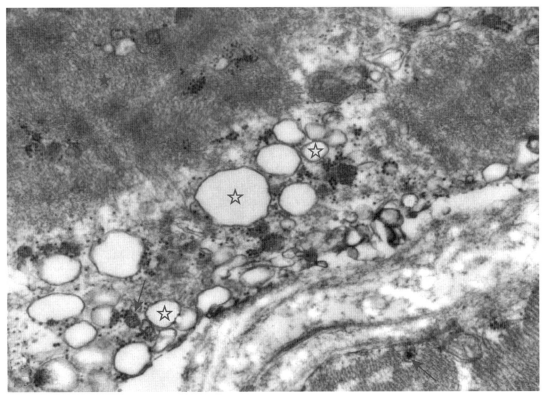

图 5-2-4-14　ALV 感染鸡腿横纹肌肉瘤。高倍电镜下见瘤细胞肌丝及横纹排列紊乱，失去原有的结构（★），并见大量的大小不一的囊泡（☆），肌丝间见一带囊膜的 ALV 粒子（↑）。TEM，50k×

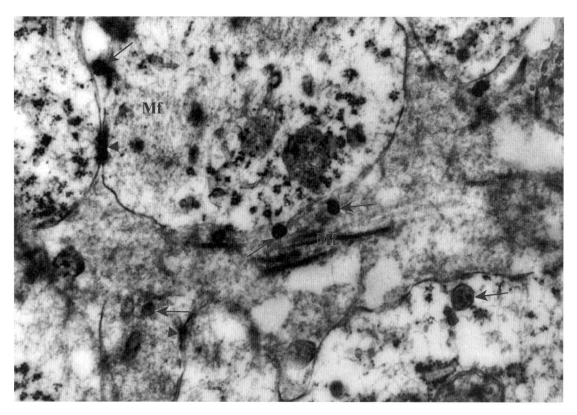

图 5-2-4-15 ALV 感染鸡腿横纹肌肉瘤。瘤细胞中见有肌原原纤维（Mf），在肌原原纤维旁见有病毒粒子（↑）。细胞间见细胞链接（▲）。TEM，50k×

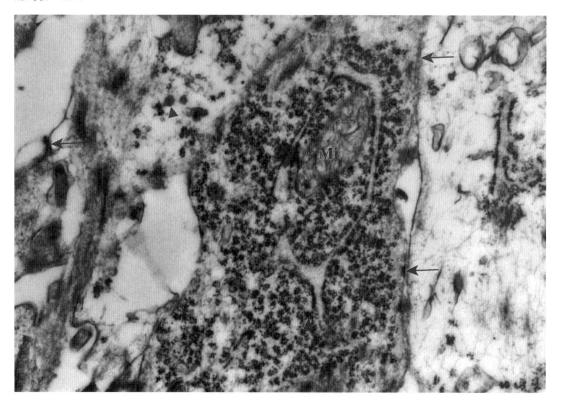

图 5-2-4-16 ALV 感染鸡腿横纹肌肉瘤。瘤细胞中变异的肌原原纤维及肌节清晰可见（Mf），细胞间见细胞链接（↑），在瘤细胞内及肌原原纤维旁见有病毒粒子（▲）。Mi：线粒体。TEM，40k×

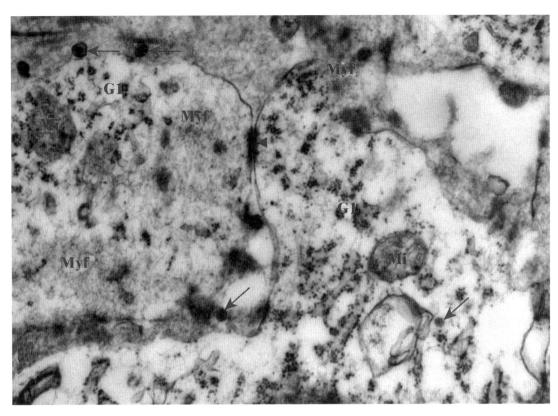

图 5-2-4-17　ALV 感染鸡腿横纹肌肉瘤。瘤细胞胞浆中有零乱的肌丝（Myf），细胞间可见细胞链接结构（▲），瘤细胞旁见有病毒粒子（↑）。线粒体（Mi）结构异常。Gl：糖原颗粒。TEM，50k×

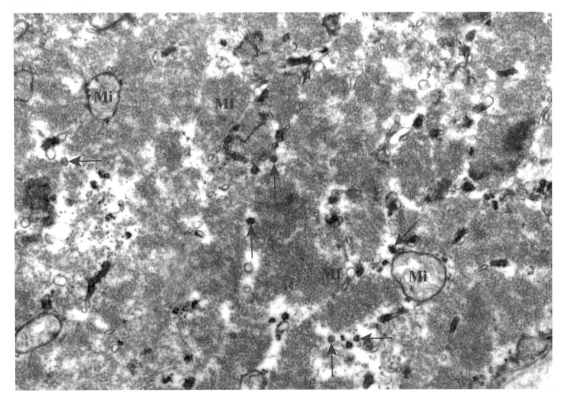

图 5-2-4-18　ALV 感染鸡腿横纹肌肉瘤。瘤细胞中肌原纤维（Mf）排列零乱，失去原有的结构特点。Mi：线粒体。见多量病毒粒子（↑）。TEM，40k×

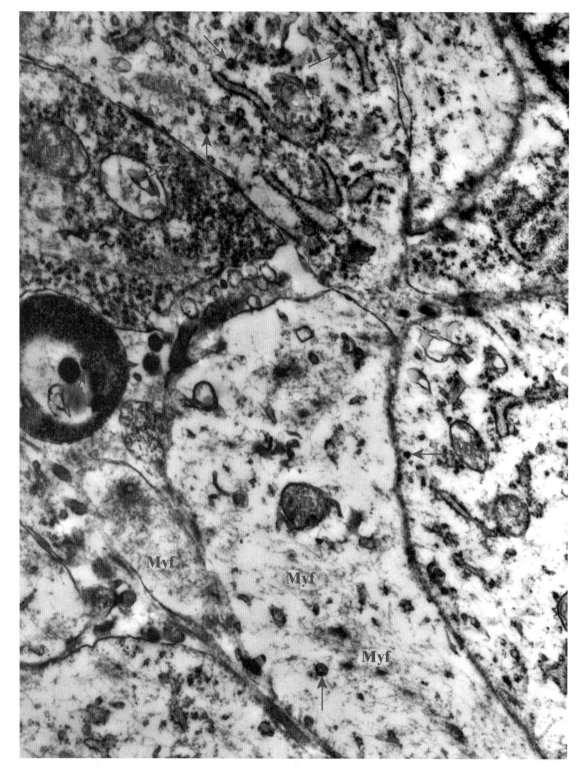

图 5-2-4-19 ALV 感染鸡腿横纹肌肉瘤。瘤细胞异型性极强，胞质中不见肌原纤维，只可见稀疏的、排列零乱的肌丝（Myf），并见有病毒粒子（↑）。线粒体（Mi）结构异常。▲：细胞间连接。TEM，25k×

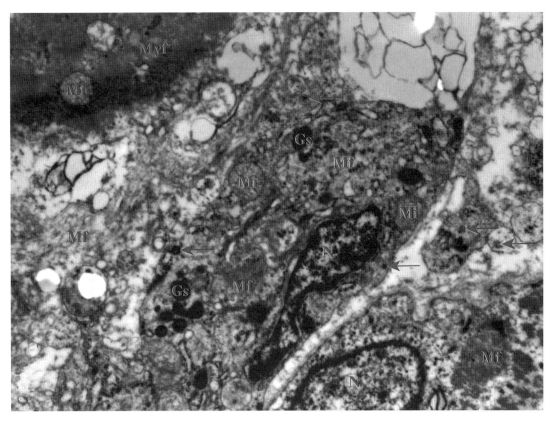

图 5-2-4-20　ALV 感染鸡腿横纹肌肉瘤。瘤细胞异型性很强，肌原纤维排列零乱（Mf），无肌节结构，见多个病毒粒子（↑）。中间的瘤细胞内还见有大颗粒（Gs）。Mi：线粒体；N：细胞核；Myf：肌丝。TEM，20k×

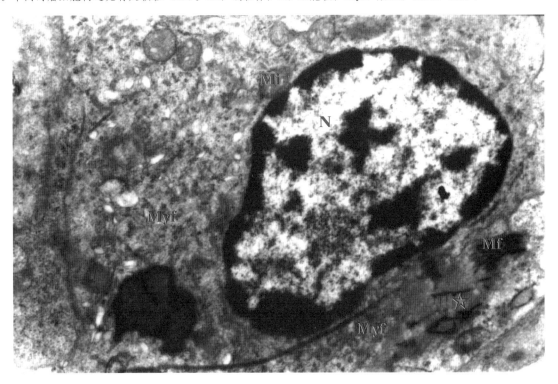

图 5-2-4-21　鸡胸部横纹肌肉瘤。瘤细胞呈高度异型性，胞核（N）大，胞质中不见肌原纤维，但见有零乱的肌丝（Myf），并见变异的肌原纤维（Mf）及肌节纹理（☆）。Mi：线粒体。TEM，10k×

5. 禽白血病病毒（ALV）感染鸡肾髓细胞瘤

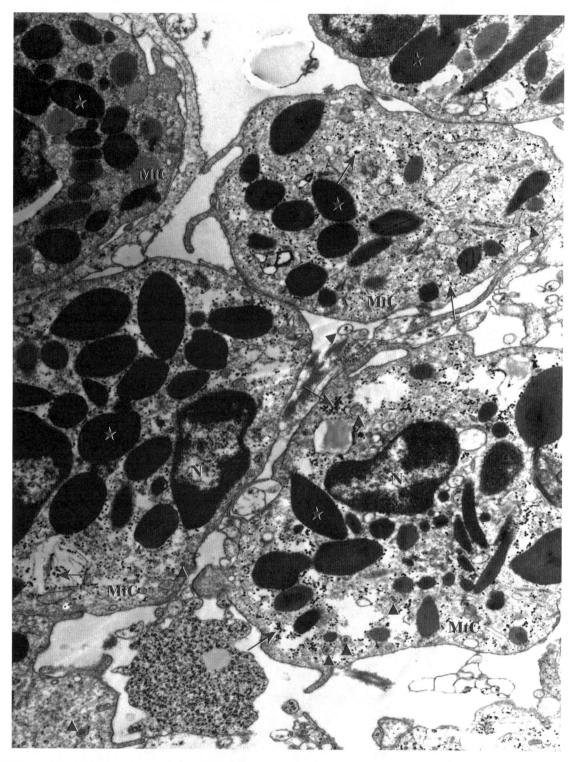

图 5-2-5-1　鸡白血病病毒（ALV）感染鸡肾髓细胞瘤。有多个含大量颗粒（★）的髓细胞样瘤细胞（MtC），胞浆中见带囊膜的 ALV 粒子（▲），并见大量星状病毒样颗粒（↑）。N：细胞核。TEM，15k×

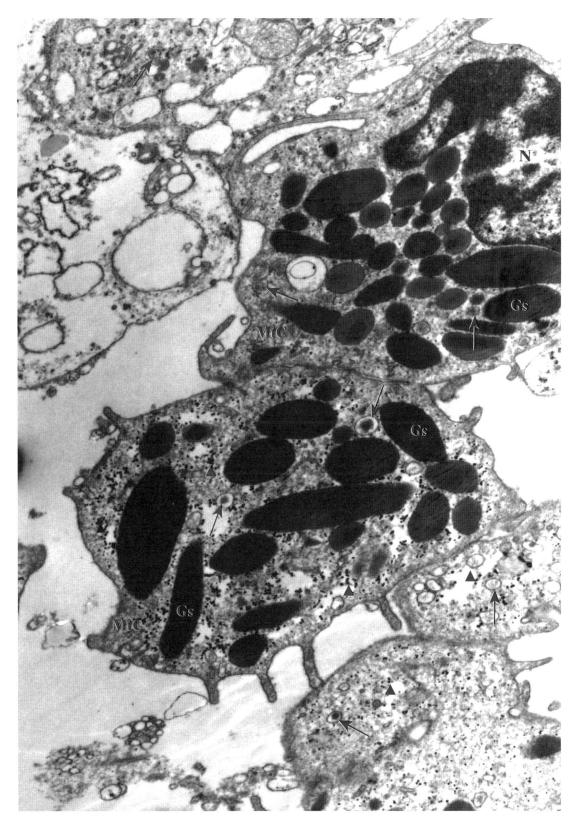

图 5-2-5-2 鸡白血病病毒（ALV）感染鸡肾髓细胞瘤。有 2 个含多量大颗粒（GS）的髓细胞样瘤细胞（MtC），瘤细胞胞浆中见 ALV 粒子（↑）及星状病毒颗粒（▲）。N：细胞核。TEM，15k×

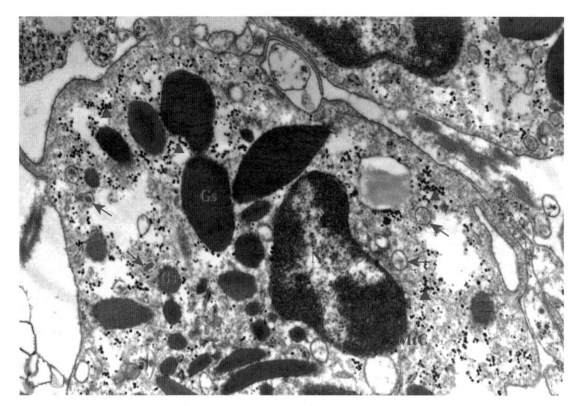

图 5-2-5-3 图 5-2-3-1 局部放大。髓细胞瘤（MtC）中的颗粒（Gs）大小不一，细胞浆中见多个带囊膜的病毒粒子（ALV）（↑），并见星状病毒样粒子（▲）。N：细胞核。TEM，30k×

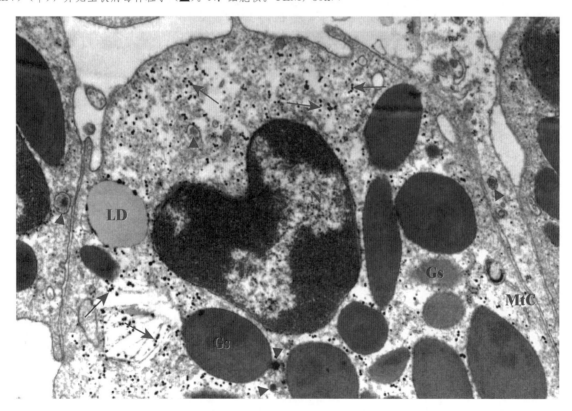

图 5-2-5-4 ALV感染鸡肾髓细胞瘤。髓细胞瘤（MtC）中的颗粒（Gs）大小不一，细胞浆中见多个带囊膜的病毒粒子（ALV）（▲），并见星状病毒样粒子（↑）。LD：脂滴；N：细胞核。TEM，30k×

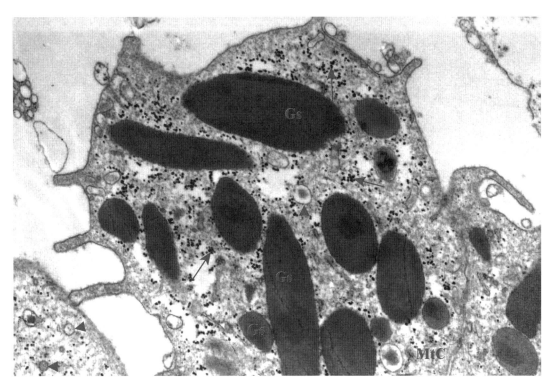

图 5-2-5-5 ALV 感染鸡肾髓细胞瘤。髓细胞瘤（MtC）中的颗粒（Gs）大小不一，细胞浆中见多个带囊膜的病毒粒子（ALV）（▲），并见有星状病毒样粒子（↑）。TEM，30k×

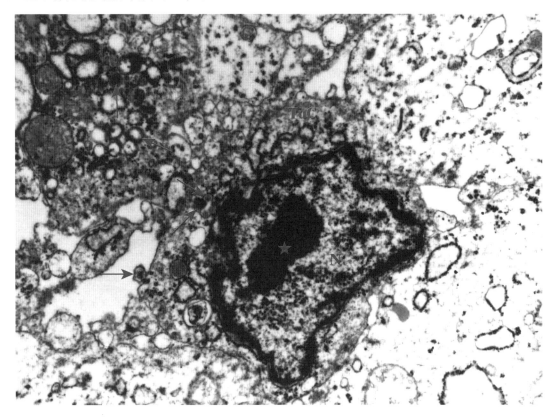

图 5-2-5-6 ALV 感染鸡肾髓细胞瘤。瘤细胞（TuC）核大而形态不规（N），核仁肿大（★），胞浆中见大量带囊膜的病毒粒子（ALV）（↑）。TEM，25k×

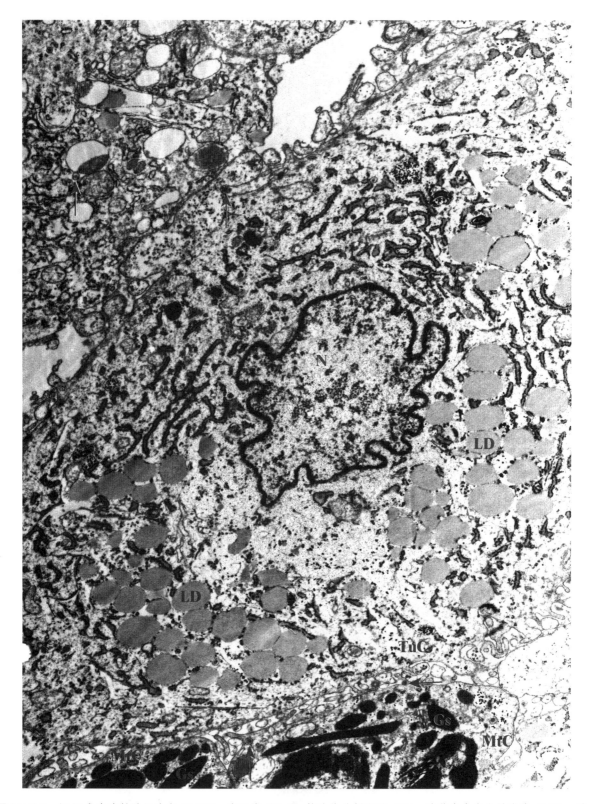

图 5-2-5-7 ALV 感染鸡肾髓细胞瘤（MtC）。瘤细胞（TuC）核边缘曲折不平（N），胞浆中含有大量脂滴（LD），髓细胞瘤的胞浆中见多个带囊膜的病毒粒子（ALV）（↑）。Gs：瘤细胞颗粒。TEM，10k×

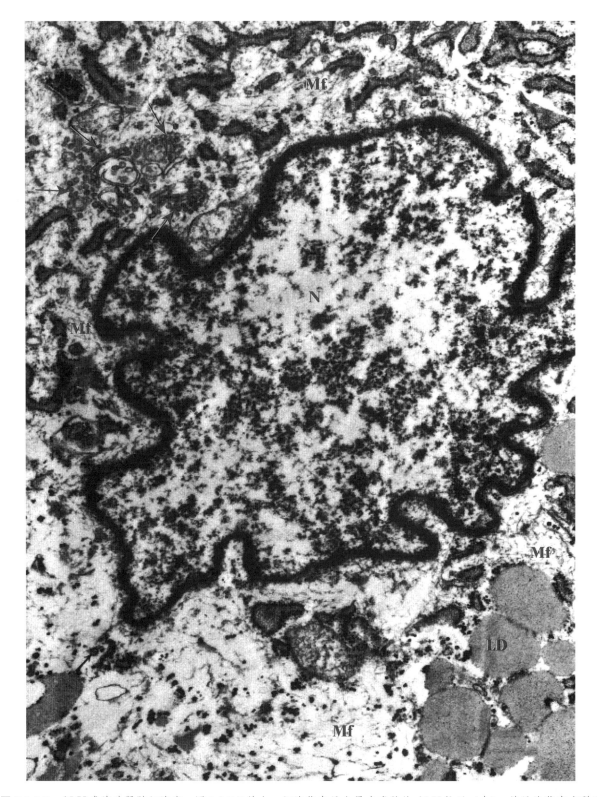

图 5-2-5-8 ALV 感染鸡肾髓细胞瘤。图 5-2-5-7 放大。细胞浆中见大量未成熟的 ALV 粒子（↑），并见胞浆中有稀疏凌乱的微丝结构（Mf）。N：细胞核；LD：脂滴；TEM，25k×

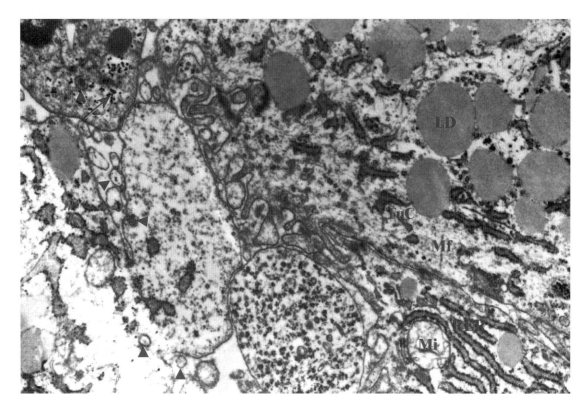

图 5-2-5-9 ALV 感染鸡肾髓细胞瘤。瘤细胞（TuC）中有大量脂滴（LD），胞浆中见少数 ALV 粒子（▲），并见有星状病毒粒子（↑），胞质中还有稀疏凌乱的微丝结构。Mf：肌原纤维；Mi：线粒体；RER：粗面内质网。TEM，25k×

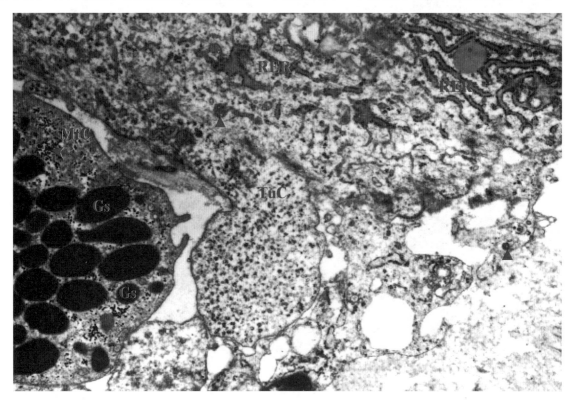

图 5-2-5-10 ALV 感染鸡肾髓细胞瘤。髓细胞瘤（MtC）中的颗粒（Gs）大小不一，胞浆中有大量星状病毒粒子（↑）。旁边的瘤细胞（TuC）中基质丰富，含有大量的粗面内质网（RER）。▲：ALV 粒子。TEM，20k×

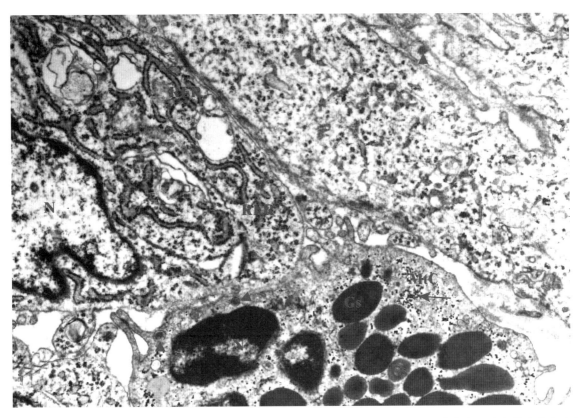

图 5-2-5-11　ALV 感染鸡肾髓细胞瘤。髓细胞瘤（MtC）中的颗粒（Gs）大小不一，细胞浆中见多个带囊膜的病毒粒子（ALV）（▲），并见星形病毒样粒子（↑）。RER：粗面内质网。N：细胞核。TEM，20k×

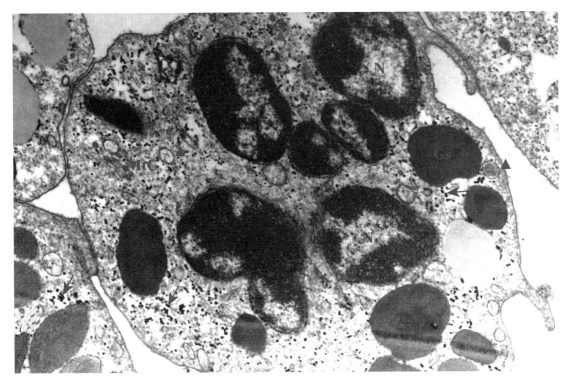

图 5-2-5-12　ALV 感染鸡肾髓细胞瘤。髓细胞样瘤细胞（MtC）中有多个细胞核（N）及多个大颗粒（Gs），胞浆中见有带囊膜的 ALV 粒子（▲）及弥散于胞浆中的星状病毒（↑）。TEM，30k×

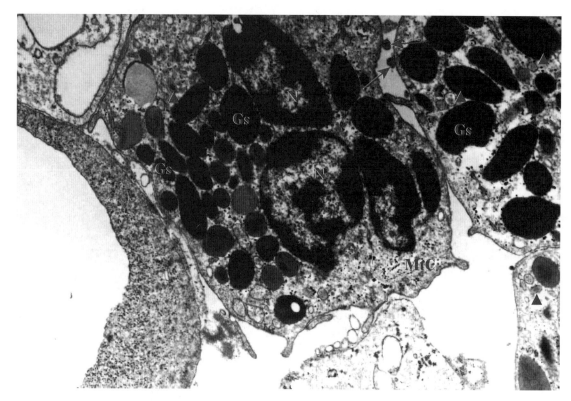

图 5-2-5-13 ALV 感染鸡肾髓细胞瘤。髓细胞瘤（MtC）中有大小不一的颗粒（Gs），细胞质中见带囊膜的病毒粒子（ALV）（▲），并见病毒在胞质膜上有出芽现象（↑）。N：细胞核。TEM，20k×

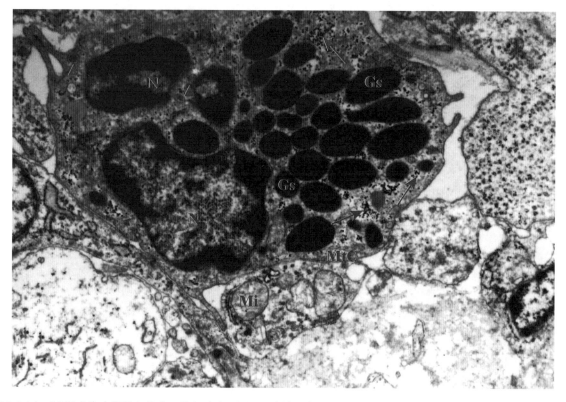

图 5-2-5-14 ALV 感染鸡肾髓细胞瘤。髓细胞瘤（MtC）中的颗粒（Gs）大小不一，细胞浆中见多个带囊膜的 ALV 粒子（▲），并见星形病毒粒子（↑）。Mi：线粒体；N：细胞核。TEM，20k×

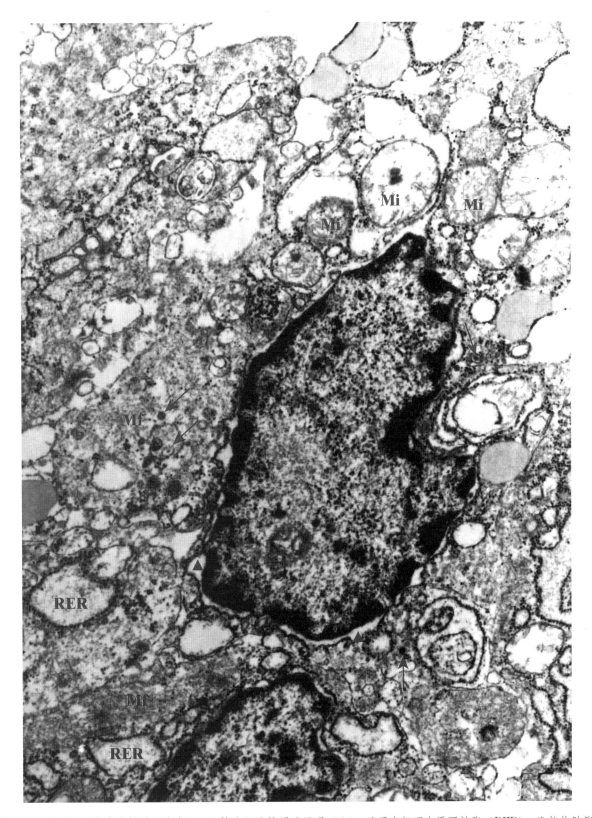

图 5-2-5-15　ALV 感染鸡肾髓细胞瘤。一双核瘤细胞核周隙显现（▲），胞质中粗面内质网扩张（RER），线粒体肿胀、空化（Mi），细胞浆中见带囊膜的 ALV 粒子（↑），胞质中微丝丰富（Mf）。TEM，25k×

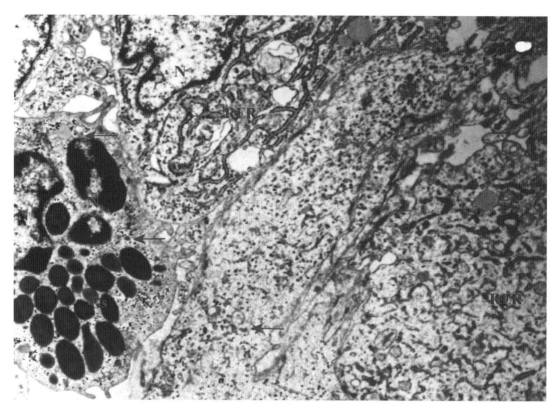

图5-2-5-16 ALV感染鸡肾髓细胞瘤。瘤细胞质中见丰富的粗面内质网（RER），一含有颗粒（Gs）的髓细胞样瘤细胞胞质中见有带囊膜的 ALV 粒子（↑）。N：细胞核。TEM，10k×

6. 禽白血病病毒（ALV）感染鸽肾髓细胞瘤。

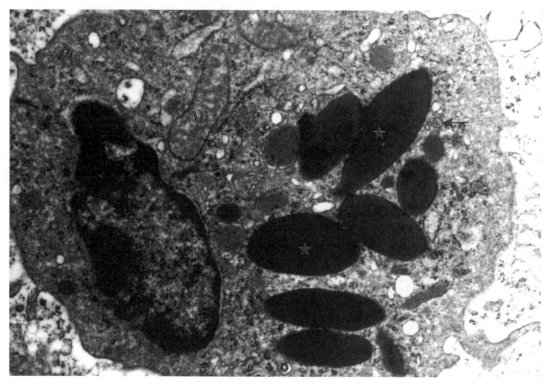

图5-2-6-1 ALV感染鸽肾髓细胞瘤。可见瘤细胞内有大的卵圆形/椭圆形、中等电子密度的颗粒（★），并见有带囊膜的病毒样粒子（↑）。线粒体（Mi）嵴模糊不清。N：细胞核。TEM，30k×

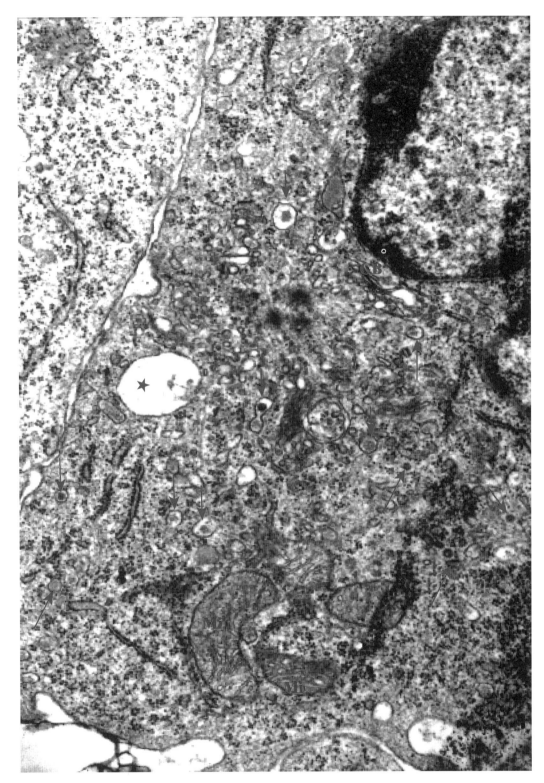

图 5-2-6-2 ALV 感染鸽肾髓细胞瘤。瘤细胞胞浆结构致密，弥散大量带囊膜的病毒粒子（↑），线粒体（Mi）内嵴模糊，形态异常，胞浆内空泡形成（★）。GB：高尔基体；N：细胞核。TEM，30k×

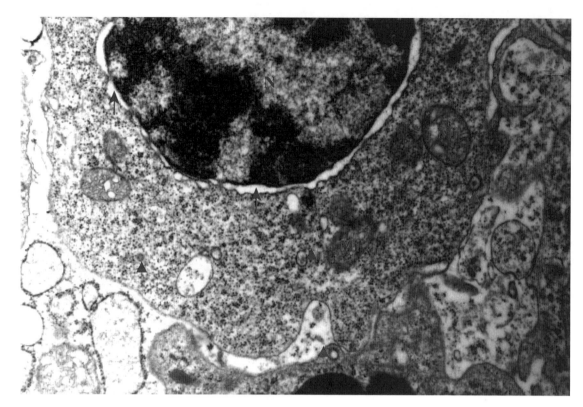

图 5-2-6-3 ALV 感染鸽肾髓细胞瘤。核周隙增大（↑），胞浆中见带囊膜的病毒粒子（▲）。Mi：线粒体；N：细胞核。TEM，30k×

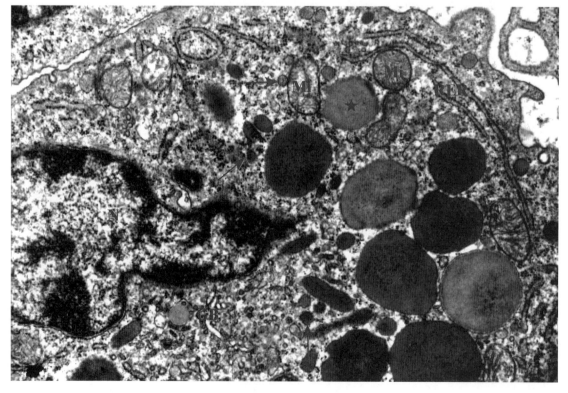

图 5-2-6-4 ALV 感染鸽肾髓细胞瘤。瘤细胞内有大的圆形、中等电子密度的颗粒（★），并见有带囊膜的病毒粒子（↑），高尔基体扁平囊泡减少（GB），线粒体嵴模糊不清（Mi），细胞核形怪异（N）。RER：粗面内质网。TEM，30k×

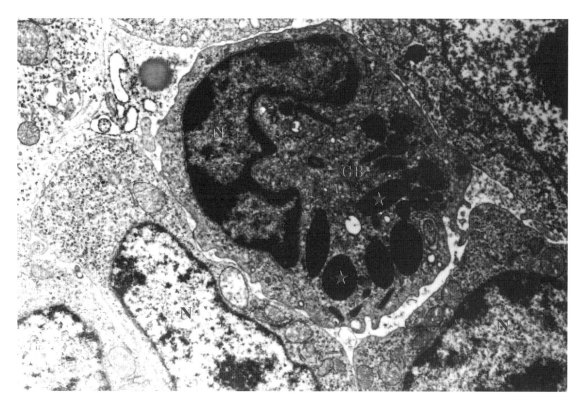

图 5-2-6-5　ALV 感染鸽肾髓细胞瘤。瘤细胞内有大的圆形、高电子密度的颗粒（★），胞浆基质密集，细胞器丰富。N：细胞核；GB：高尔基复合体。TEM，15k×

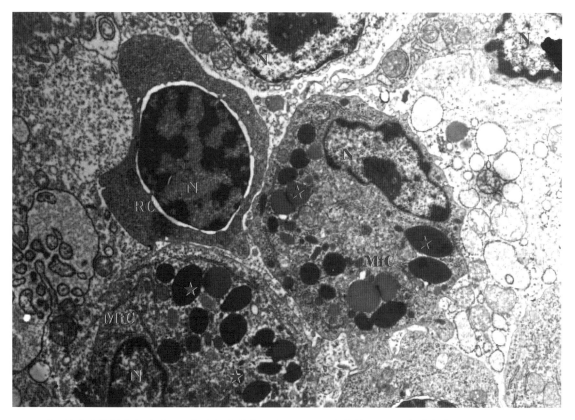

图 5-2-6-6　ALV 感染鸽肾髓细胞瘤。2 个髓细胞样瘤细胞（MtC）为单核（N），胞质内有大小不一的颗粒（★），胞浆基质丰富。一带核的红细胞（RC）结构清晰。TEM，10k×

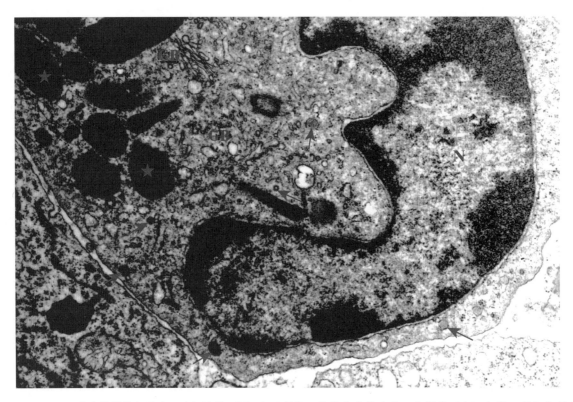

图 5-2-6-7　ALV 感染鸽肾髓细胞瘤。瘤细胞核（N）大而弯曲，胞质内基质密集，大颗粒（★）丰富，高尔基复合体排列异常（GB），少见线粒体，见有 ALV 粒子（↑）。TEM，30k×

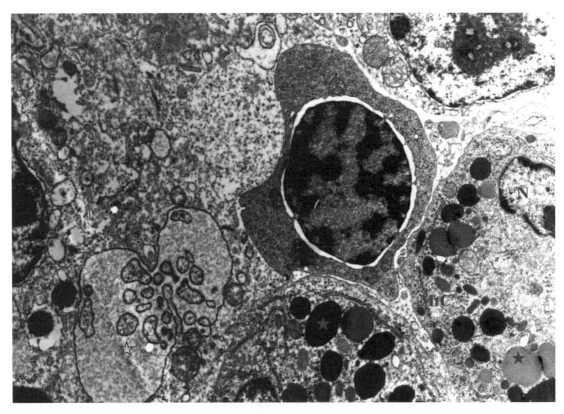

图 5-2-6-8　ALV 感染鸽肾髓细胞瘤。瘤细胞（MtC）排列紧密，细胞浆中含大量颗粒（★），并见一大的多泡体结构（☆）。RC：红细胞；N：细胞核。↑：病毒粒子。TEM，12k×

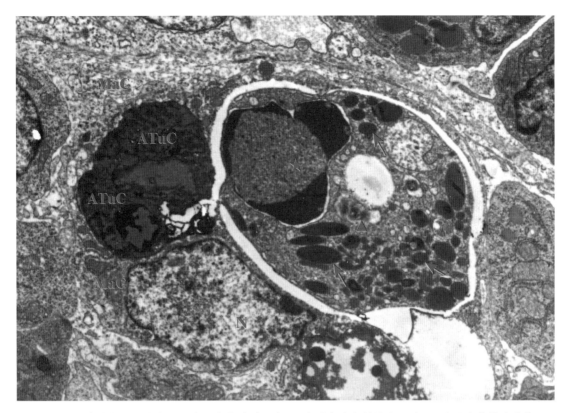

图 5-2-6-9　ALV 感染鸽肾髓细胞瘤。一瘤细胞核畸形（★），胞质内含大量颗粒（↑），并见自噬性溶酶体（▲）。左侧见 2 个凋亡的瘤细胞（ATuC）正在被巨噬细胞（MaC）吞噬。N：巨噬细胞核。TEM，10k×

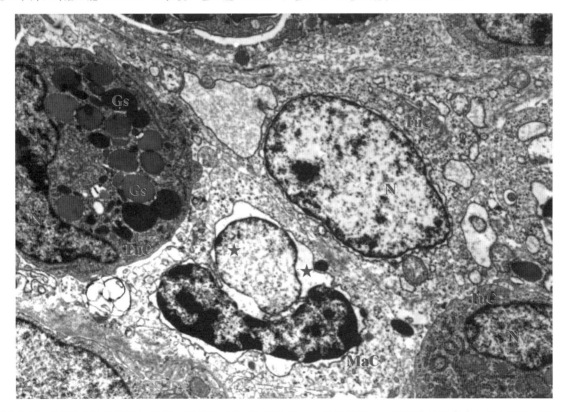

图 5-2-6-10　ALV 感染鸽肾髓细胞瘤。瘤细胞（TuC）形态不一，排列紧密，一瘤细胞胞浆中有大量大颗粒（Gs）；一巨噬细胞（MaC）正在吞噬消化被吞入的细胞（★）。N：细胞核。TEM，10k×

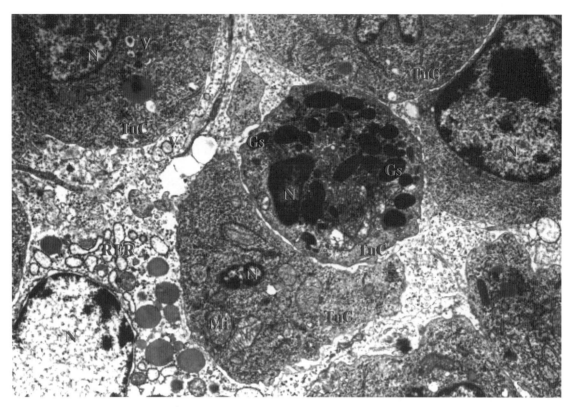

图 5-2-6-11　ALV 感染鸽肾髓细胞瘤。瘤细胞（TuC）多为圆形，胞浆基质丰富，表面光滑，排列紧密。Gs：瘤细胞颗粒；Mi：线粒体；RER：扩张的内质网；N：细胞核；V：ALV 粒子。TEM，10k×

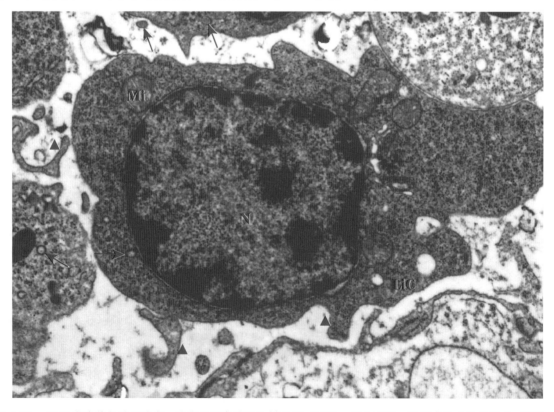

图 5-2-6-12　ALV 感染鸽肾髓细胞瘤。肿瘤组织中的淋巴样细胞（LiC），核大而圆，胞浆中见少数线粒体（Mi），细胞表面有少数胞突（▲），瘤细胞中见有 ALV 粒子（↑）。N：细胞核。TEM，25k×

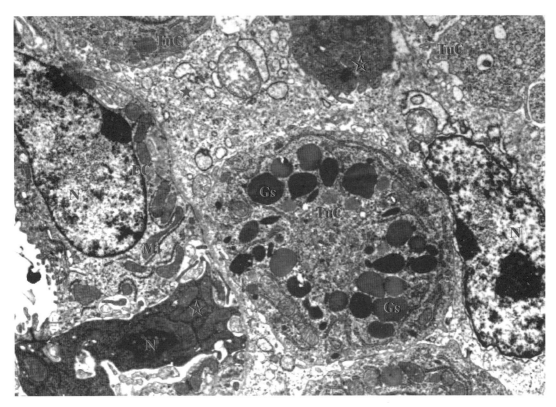

图 5-2-6-13　ALV 感染鸽肾髓细胞瘤。瘤细胞（TuC）形态不一，有的瘤细胞胞膜破裂（★），有的细胞固缩凋亡（☆），瘤细胞旁一肾小管上皮细胞（EC）结构异常，线粒体形态怪异（Mi）。N：细胞核。TEM，10k×

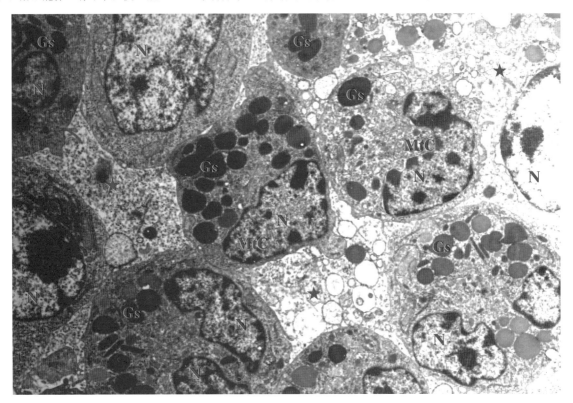

图 5-2-6-14　ALV 感染鸽肾髓细胞瘤。瘤组织中见多个含大颗粒（Gs）的髓细胞样瘤细胞（MtC），有单核或双核（N），瘤细胞基质丰富，瘤细胞间见大量细胞碎片（★）及空泡。TEM，8k×

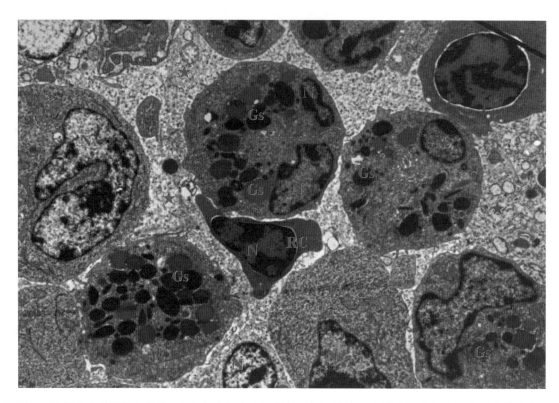

图 5-2-6-15 ALV 感染鸽肾髓细胞瘤。瘤组织主要由含大颗粒（Gs）的髓细胞样瘤细胞组成，瘤细胞基质致密，细胞间见有红细胞（出血）（RC）及大量坏死细胞碎片（★），核畸形（N）。TEM，8k×

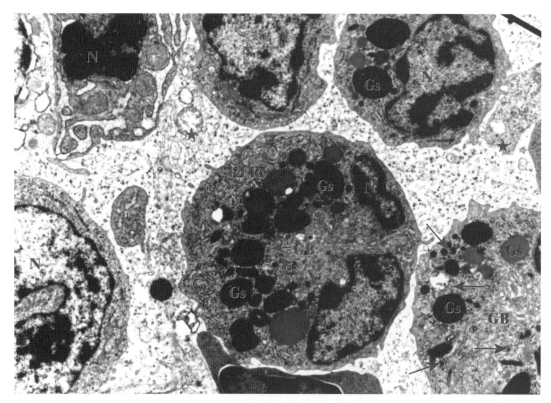

图 5-2-6-16 ALV 感染鸽肾髓细胞瘤。含有大颗粒（Gs）髓细胞样瘤细胞基质致密，粗面内质网（RER）丰富，高尔基体排列异常（GB），胞质中见 ALV 粒子（↑），瘤细胞间有坏死细胞碎片（★）。N：细胞核。TEM，12k×

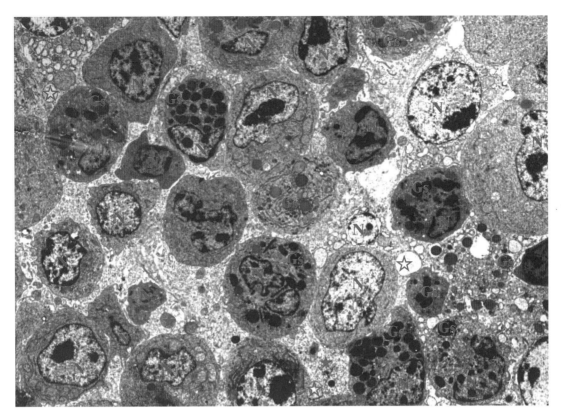

图 5-2-6-17 ALV 感染鸽肾髓细胞瘤。瘤组织主要为含大颗粒（Gs）的髓细胞样瘤细胞组成，大多为圆形，基质丰富，核畸形怪异（N）。间质中见多量液泡（☆）及坏死细胞碎片（★）。TEM，4k×

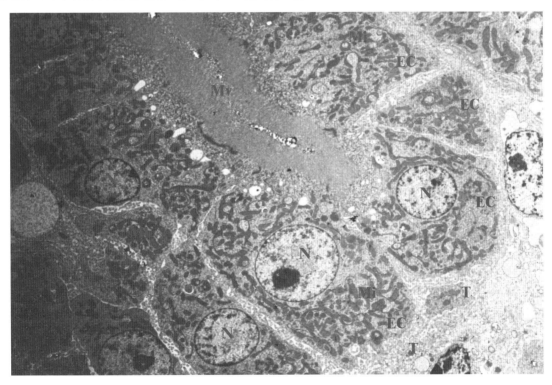

图 5-2-6-18 ALV 感染鸽肾髓细胞瘤。瘤组织（T）近旁的肾小管上皮细胞（EC）形态变异，线粒体大量增生（Mi），但内质网很少见。N：细胞核；Mv：微绒毛。TEM，4k×

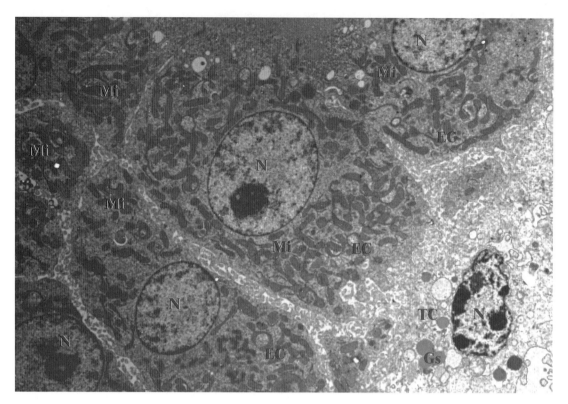

图 5-2-6-19 图 5-2-6-18 局部放大。瘤细胞（TC）旁肾小管上皮细胞（EC）形态变异，胞质中线粒体（Mi）大量增生，但难于找见内质网。N：细胞核；Gs：瘤细胞质内颗粒。TEM，6k×

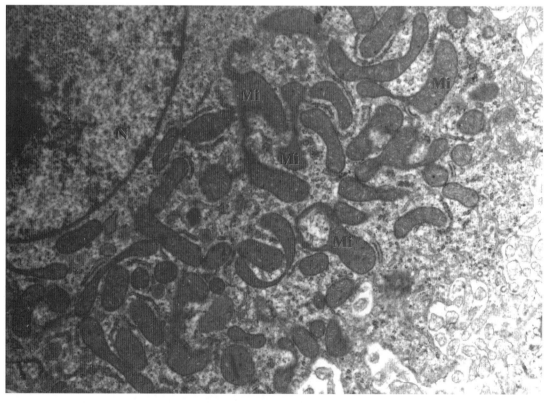

图 5-2-6-20 图 5-2-6-19 局部放大。瘤组织近旁的肾小管上皮细胞的内质网消失，线粒体大量增生，奇形怪状（Mi）。N：细胞核。TEM，20k×

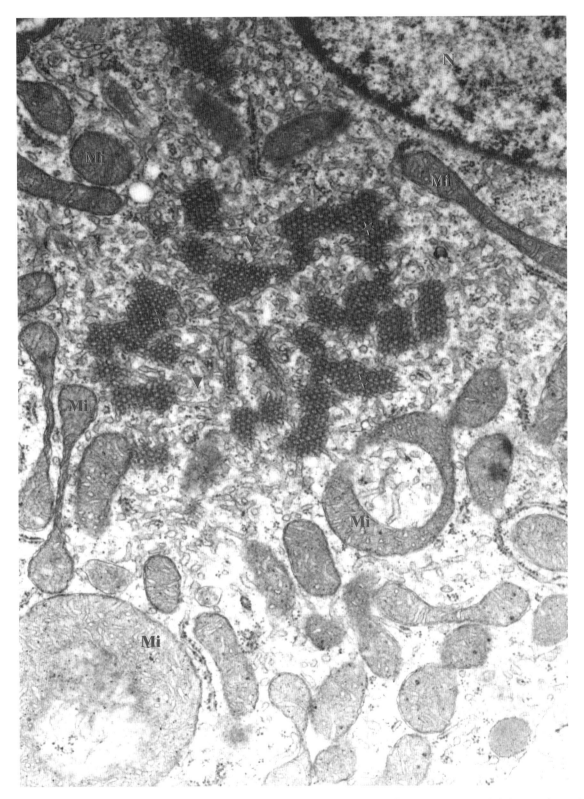

图 5-2-6-21　ALV 感染鸽肾髓细胞瘤。瘤组织内变异的肾小管上皮细胞中见成片的晶格状排列的病毒粒子（★），病毒间为成片的滑面内质网（▲）；线粒体增生，奇形怪状（Mi）。N：细胞核。TEM，30k×

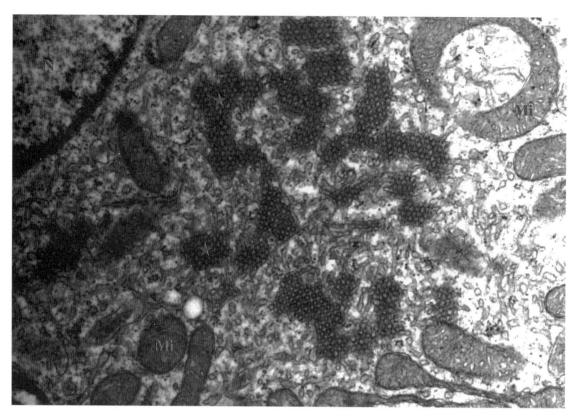

图 5-2-6-22 ALV感染鸽肾髓细胞瘤。瘤组织中变异的肾小管上皮细胞内成片晶格状排列的病毒粒子（★），病毒周围为大量的滑面内质网（▲），线粒体增生，呈环形，奇形怪状（Mi）。N：细胞核。TEM，40k×

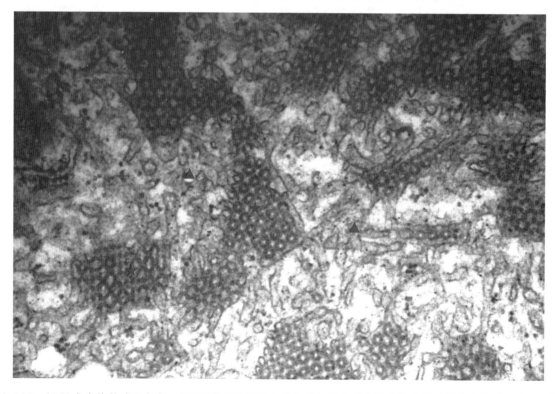

图 5-2-6-23 ALV感染鸽肾髓细胞瘤。瘤组织中变异的肾小管上皮细胞内成片的晶格状排列的病毒粒子（★），病毒周围为成片的滑面内质网（▲）。TEM，80k×

第六章　病原微生物的超微结构

第一节　细菌

微生物是个体最小的生物。虽然其群体可以看见，但其单一的个体通常不能为肉眼所辨识。微生物繁殖很快，分布广，结构简单，有的是真核生物，如酵母菌；也有很多为原核生物，如细菌、支原体，还有非细胞形态的病毒等。微生物种类很多，有细菌、真菌、放线菌、螺旋体、支原体、立克次氏体、衣原体和病毒等。

细菌是原核生物界中一大类单细胞微生物，它们个体微小，形态与结构简单。测定细菌大小的单位通常是微米，各种细菌的大小和表示有一定的差别；球菌以直径大小表示，长为 $0.5 \sim 2\ \mu m$，杆菌和螺旋菌用长和宽表示，较大的杆菌长 $3 \sim 8\ \mu m$，宽 $1 \sim 1.25\ \mu m$，中等大的杆菌长 $2 \sim 3\ \mu m$，宽 $0.5 \sim 1\ \mu m$，小杆菌长 $0.7 \sim 1.5\ \mu m$，宽 $0.2 \sim 0.4\ \mu m$。细菌的大小介于动物细胞与病毒之间。

细菌的基本形态有球状、杆状和螺旋状 3 种基本类型。①球菌多为正球形、有的呈肾形、豆形，按其分裂方向及分裂后的排列情况，可以分为双球菌、链球菌、葡萄球菌等。②杆菌一般呈正圆柱形，有的近似卵圆形。菌体两端多为钝圆，少数为平截，如炭疽杆菌；有的杆菌菌体短小，近似球状，称为球杆菌，如多杀性巴氏杆菌；有的杆菌会形成侧枝或分枝，称为分枝杆菌，如结核分枝杆菌；有的杆菌呈长丝状，如坏死梭杆菌等。③螺形菌呈弯曲或螺旋状的圆柱形，两端圆或尖突，又可分为弧菌和螺菌。弧菌只有一个弯曲呈弧形或逗点状，如霍乱弧菌，而螺菌较长，有两个以上的弯曲，捻转呈螺旋状。

细菌基本结构：细菌细胞均具有细胞壁、细胞膜、细胞质和核体等基本结构。

本节所列的细菌有金黄色葡萄球菌、大肠杆菌、沙门氏菌、绿脓杆菌、嗜水气单胞菌、芽孢杆菌、单增李斯特菌、魏氏梭菌、粪肠球菌、蜡样芽孢杆菌、梭状芽孢杆菌及肠球菌等 12 种。

本节图片

1. 金黄色葡萄球菌　　　　图 6-1-1-1 至图 6-1-1-17
2. 大肠杆菌　　　　　　　图 6-1-2-1 至图 6-1-2-17
3. 沙门氏菌　　　　　　　图 6-1-3-1 至图 6-1-3-8
4. 绿脓杆菌　　　　　　　图 6-1-4-1 至图 6-1-4-16
5. 凡隆气单胞菌　　　　　图 6-1-5-1 至图 6-1-5-7
6. 芽孢杆菌　　　　　　　图 6-1-6-1 至图 6-1-6-3
7. 单增李斯特菌　　　　　图 6-1-7-1 至图 6-1-7-3
8. 魏氏梭菌　　　　　　　图 6-1-8-1 至图 6-1-8-9

9. 粪肠球菌　　　　　　　图 6-1-9-1 至图 6-1-9-8
10. 蜡样芽孢杆菌　　　　　图 6-1-10-1 至图 6-1-10-12
11. 梭状芽孢杆菌　　　　　图 6-1-11-1 至图 6-1-11-10
12. 肠球菌　　　　　　　　图 6-1-12-1 至图 6-1-12-7

1. 金黄色葡萄球菌

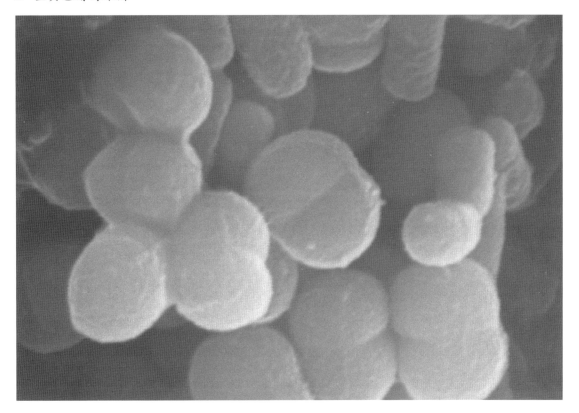

图 6-1-1-1 葡萄球菌 *S. aureu* 纯培养物扫描电镜图像。分裂旺盛，表面光滑。SEM，25k×

图 6-1-1-2 葡萄球菌 *S. aureu* 纯培养物扫描电镜图像。分裂旺盛，表面光滑。SEM，15k×

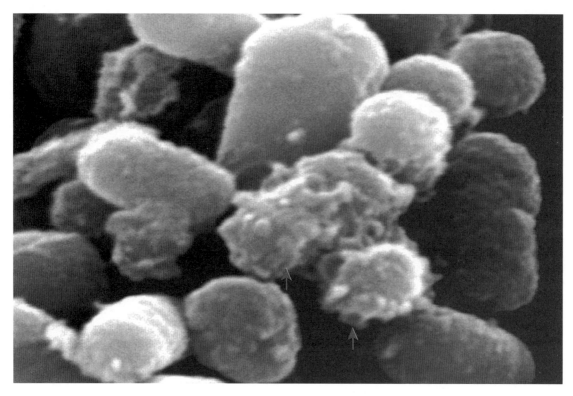

图 6-1-1-3　经猪血抗菌肽处理后的葡萄球菌。菌体变形、扭曲，表面粗糙（↑）。SEM，15k×

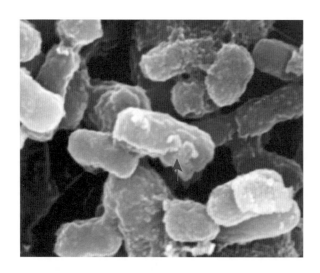

图 6-1-1-4　经猪血抗菌肽处理后的 *S. aureu* 电镜图像。菌体变形，表面粗糙不平（↑）。SEM，13k×

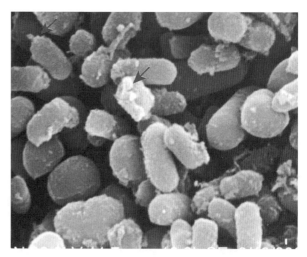

图 6-1-1-5　经猪血抗菌肽处理后的 *S. aureu* 电镜图像。菌体表面的囊泡样结构（↑）。SEM，13k×

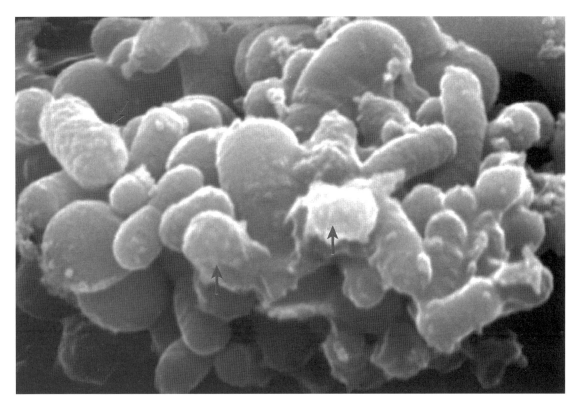

图 6-1-1-6 经猪血抗菌肽处理后的 *S. aureu* 电镜图像。菌体变形,大小不一,表面粗糙不平(↑)。SEM,20k×

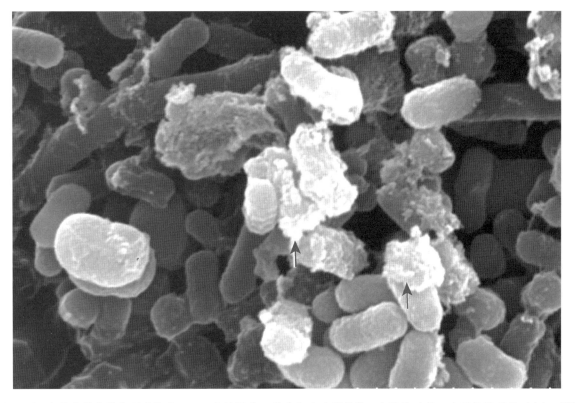

图 6-1-1-7 经猪血抗菌肽处理后的 *S. aureu* 电镜图像。菌体失去球形结构,细胞壁破损,表面粗糙不平(↑)。SEM,15k×

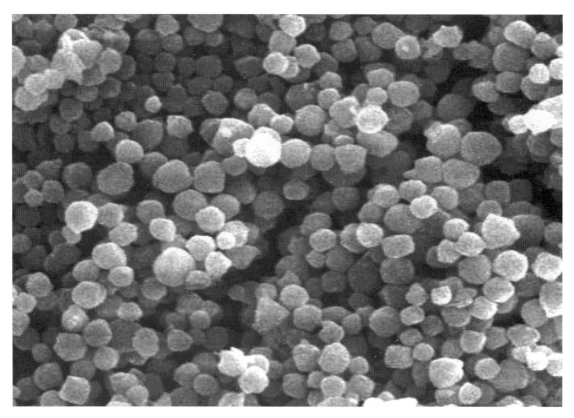

图 6-1-1-8　金黄色葡萄球菌 *S.aureu*s 纯培养物扫描电镜图像。TEM，3k×

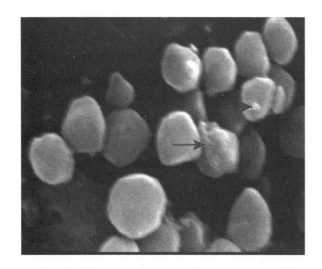

图 6-1-1-9　经猪小肠抗菌肽处理后的 *S.aureu* 扫描电镜图像。菌体表面出现囊泡样结构（↑）。SEM，13k×

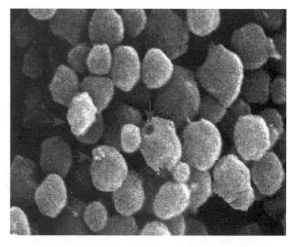

图 6-1-1-10　经猪小肠抗菌肽处理后的 *S.aureu* 电镜图像。菌体大小不一细胞壁破损、皱缩，表面见囊泡样结构（↑）。SEM，10k×

图 6-1-1-11　从肉联厂环境空气中分离出的金黄色葡萄球菌纯培养物电镜图像。SEM，4k×

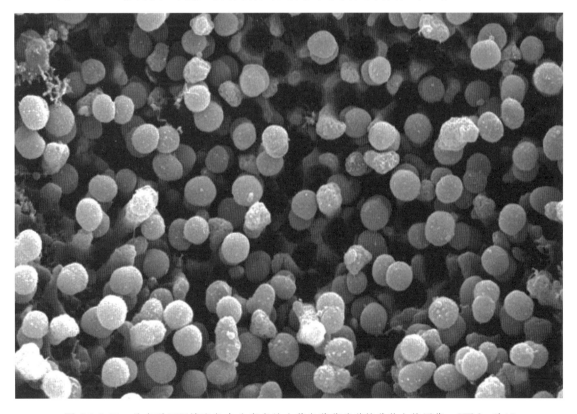

图 6-1-1-12　从肉联厂环境空气中分离出的金黄色葡萄球菌培养物电镜图像。SEM，5k×

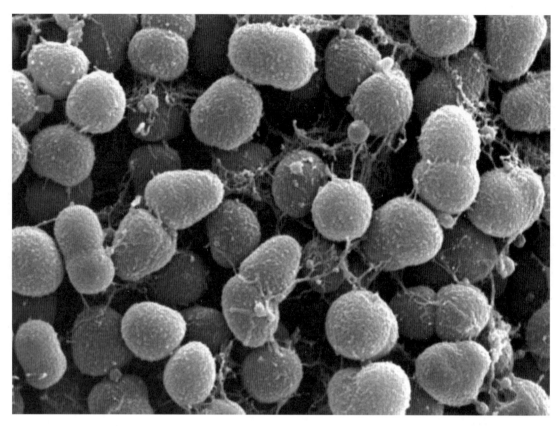

图 6-1-1-13　从肉联厂环境空气中分离出的金黄色葡萄球菌纯培养物。高倍放大后可见菌体表面并非光滑平整。SEM，13k×

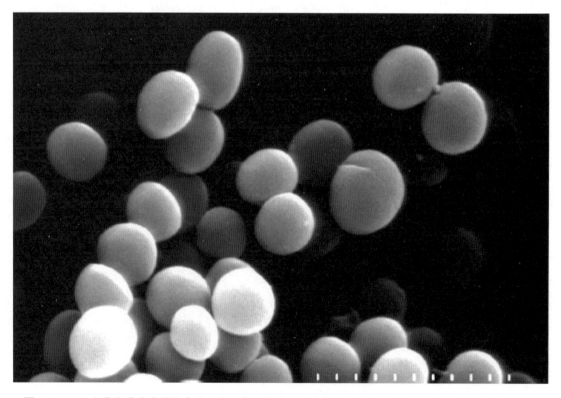

图 6-1-1-14　金黄色葡萄球菌培养物电镜图像。菌体为圆球状，表面光滑。SEM，15k×，标尺＝3 μm

图 6-1-1-15　经鸡血抗菌肽处理后的 *S. aureu* 电镜图像。细胞壁破损（↑），表面粗糙不平（▲）。SEM，15k×

第六章　病原微生物的超微结构

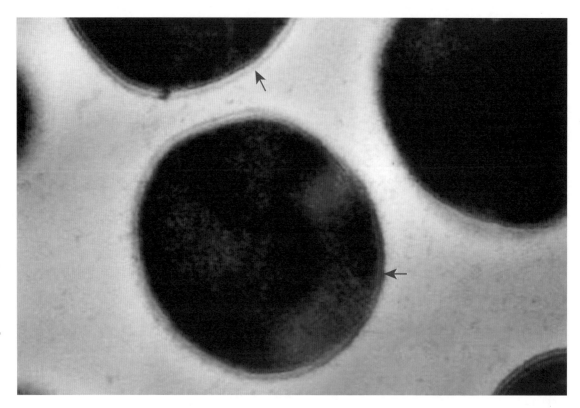

图 6-1-1-16 葡萄球菌 *S. aureu* 纯培养物透射电镜图像。菌体饱满，细胞壁完整、清晰，表面光滑（↑）。TEM，20k×

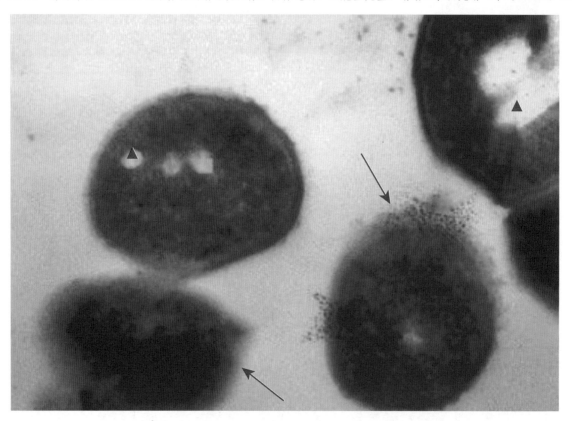

图 6-1-1-17 经鸡血抗菌肽处理后的 *S. aureu* 透射电镜图像。箭头（↑）示细菌，三角形（▲）示细菌空洞。TEM

2. 大肠杆菌

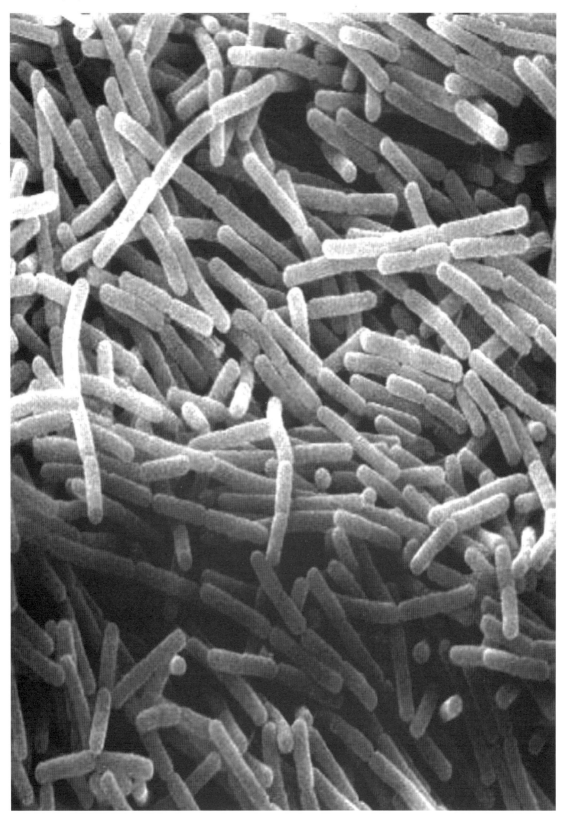

图 6-1-2-1　大肠杆菌 *E.coli* O1 培养物电镜图像。细菌表面平整，细胞壁完整无缺，外观饱满，分裂旺盛。SEM，5k×

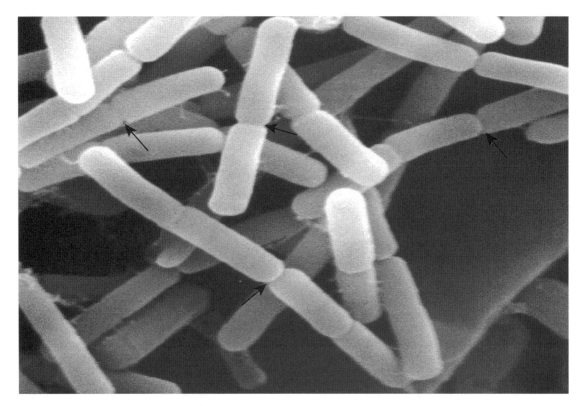

图 6-1-2-2 大肠杆菌 *E. coli* O1 培养物电镜图像。细菌为短杆状，表面平整，细胞壁完整无缺，外观饱满，分裂很旺盛（↑）。SEM，12.8k×

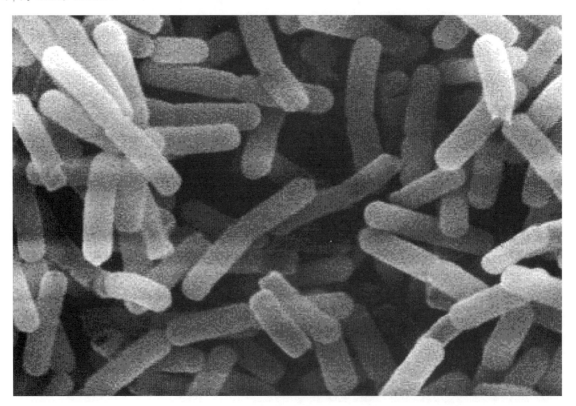

图 6-1-2-3 大肠杆菌 *E. coli* O1 培养物电镜图像。菌体表面平整，饱满，分裂旺盛。SEM，12.9k×

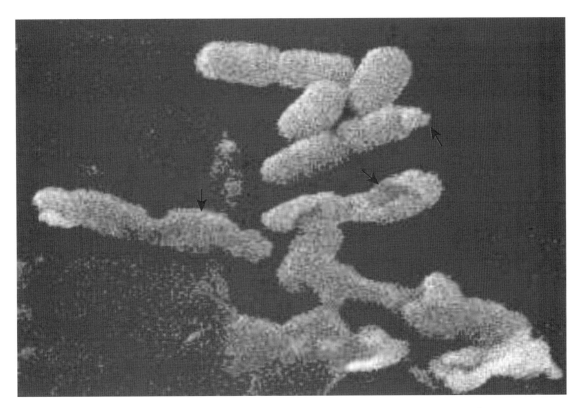

图 6-1-2-4 经猪小肠抗菌肽作用后的 *E. coli* O1。细胞壁破裂，内容物外流，菌体干瘪（↑）。SEM，13k×

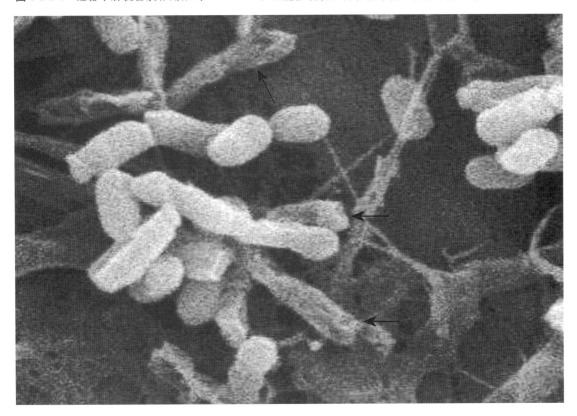

图 6-1-2-5 经猪小肠抗菌肽作用后的 *E. coli* O1。细菌皱缩，干瘪（↑）。SEM，12.9k×

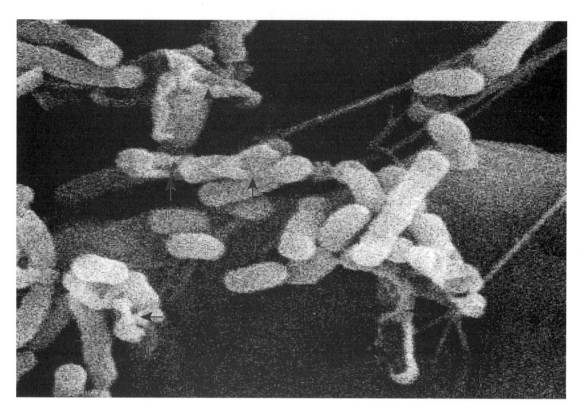

图 6-1-2-6 经猪小肠抗菌肽处理后的 *E.coli* O1。菌体细胞壁干瘪、皱缩，有的细菌细胞壁破裂缺失（↑）。SEM，13k×

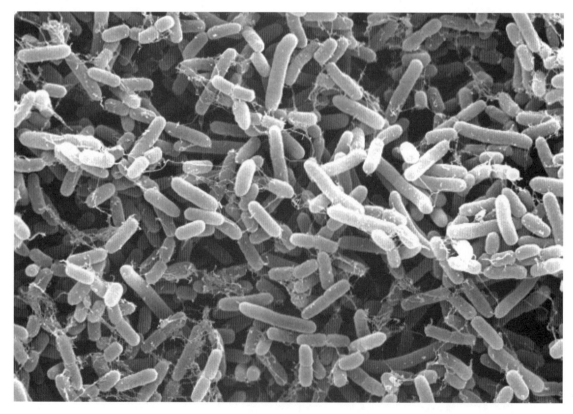

图 6-1-2-7 从肉联厂环境空气中分离出的大肠杆菌培养物扫描电镜图像。SEM，5k×

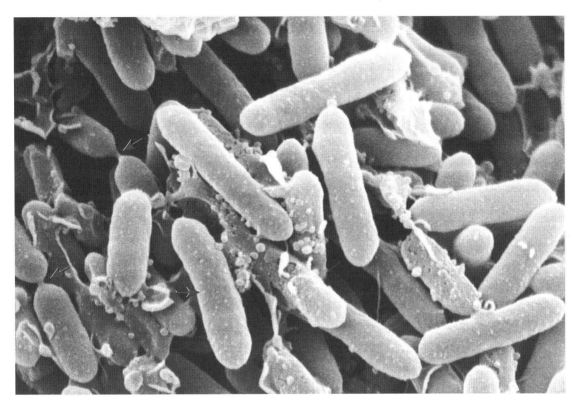

图 6-1-2-8　从肉联厂环境空气中分离出的大肠杆菌培养物扫描电镜图像。菌体表面平整，饱满，分裂旺盛（↑）。SEM，15k×

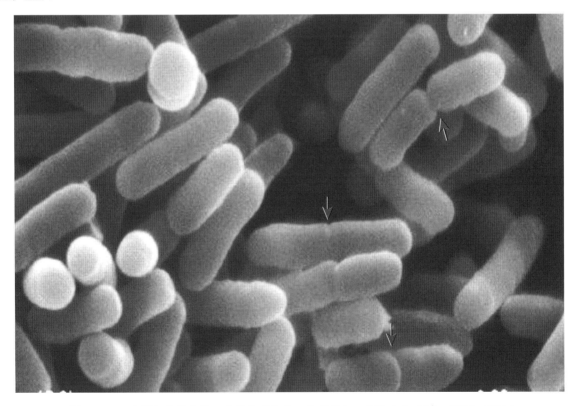

图 6-1-2-9　大肠杆菌培养物。菌体外观饱满，表面平直，分裂旺盛（↑）。SEM，15k×

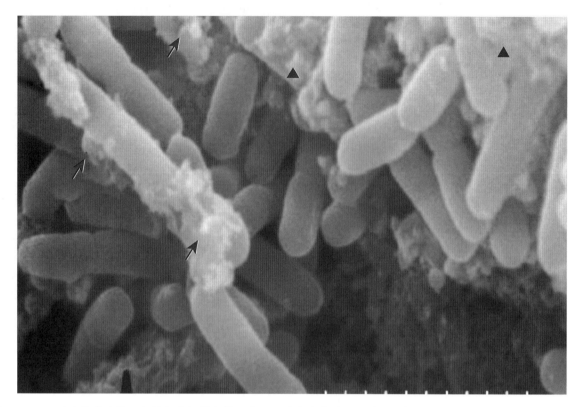

图 6-1-2-10 鸡血抗菌肽处理大肠杆菌扫描电镜图像。细菌内容物外泄（↑），黏附于细菌表面，细菌表面凹凸不平（▲）。SEM，15k×

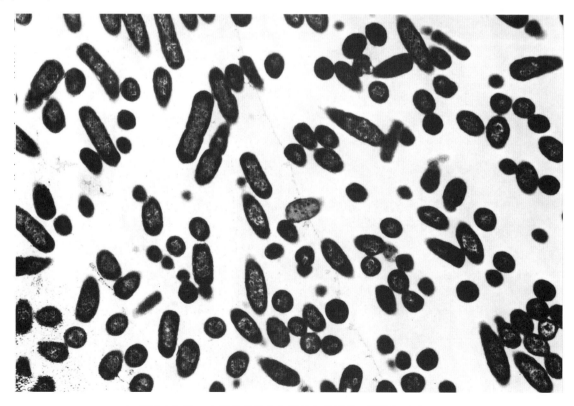

图 6-1-2-11 大肠杆菌培养物透射电镜图像。TEM，10k×

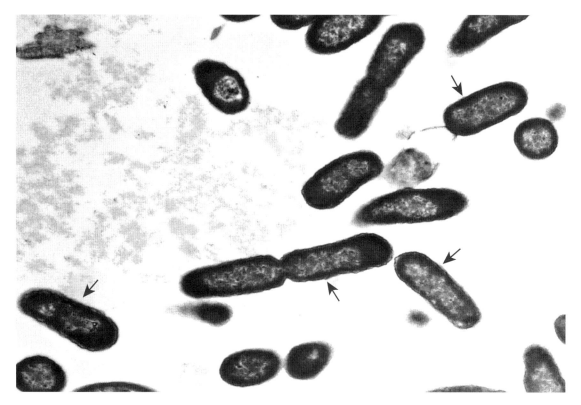

图 6-1-2-12　大肠杆菌培养物电镜图像。菌体表面平直，细胞壁及胞膜清晰完整（↑）。TEM，20k×

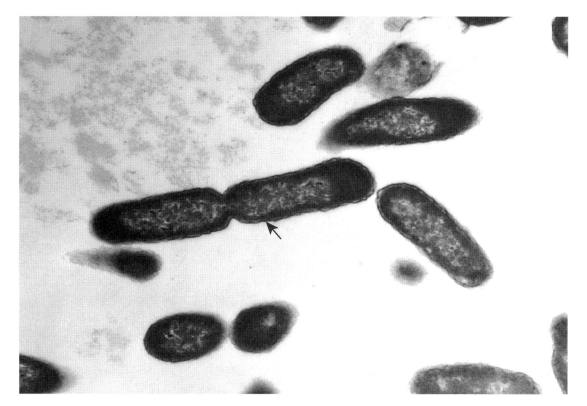

图 6-1-2-13　大肠杆菌培养物电镜图像。菌体表面平直，细胞壁及胞膜清晰完整（↑）。TEM，30k×

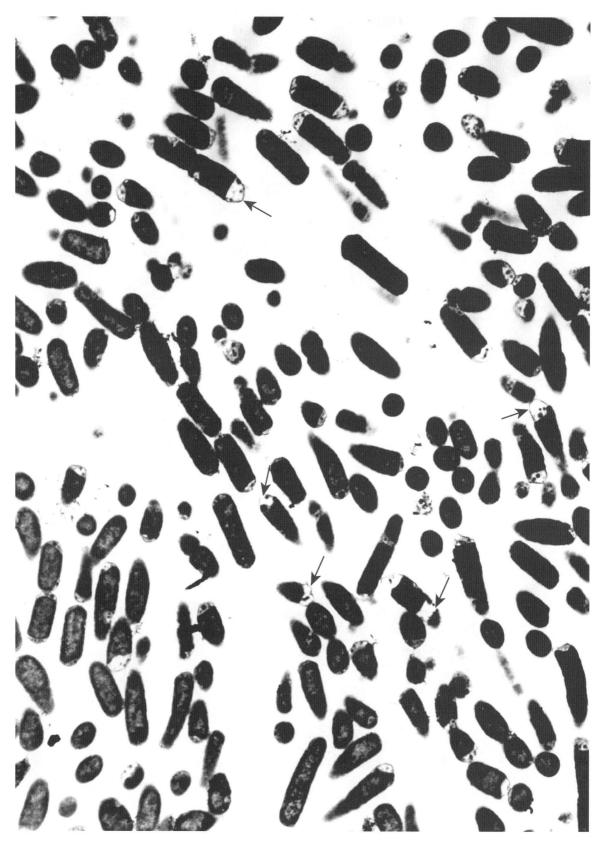

图 6-1-2-14 经鸡血抗菌肽处理后的大肠杆菌。细菌两端出现空泡，细胞壁破损（↑）。圆形、卵圆形为横切面。TEM，8k×

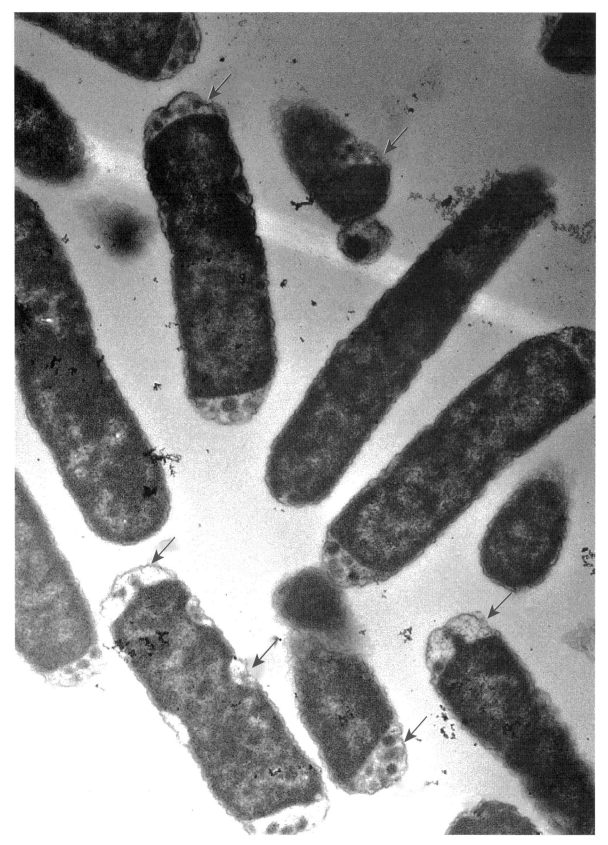

图 6-1-2-15　经鸡血抗菌肽处理后的大肠杆菌透射电镜图像。细菌两端出现空泡，细胞壁破损（↑）。圆形、卵圆形为细菌的横切面。TEM，20k×

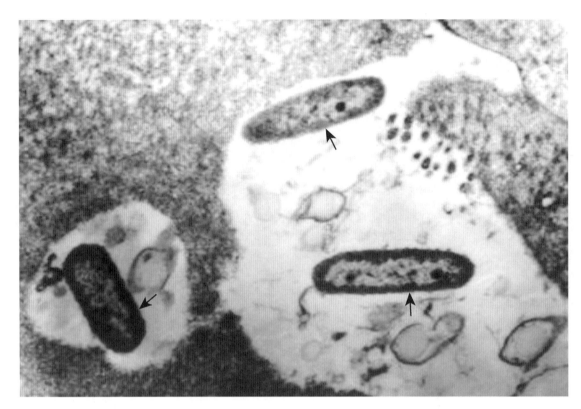

图 6-1-2-16　兔肠道黏膜表面的大肠杆菌（↑）。TEM，30k×

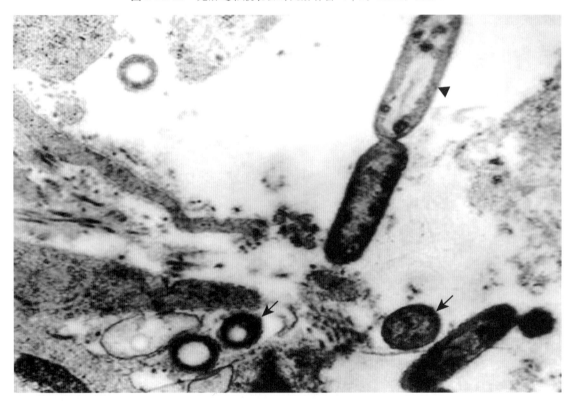

图 6-1-2-17　兔肠间质中的大肠杆菌。杆状为纵切面（▲），圆形为横切面（↑）。TEM，30k×

3. 沙门氏菌（*Salmonella*；*Eberthella*）

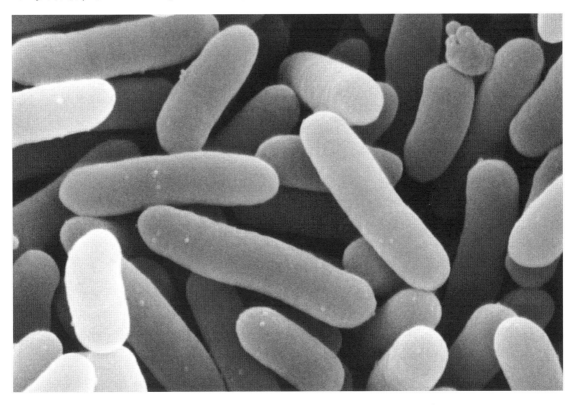

图 6-1-3-1 从肉联厂环境空气中分离出的沙门氏菌纯培养物扫描电镜图像。SEM，20k×

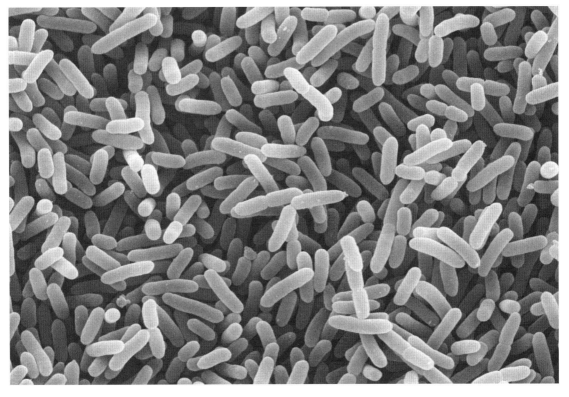

图 6-1-3-2 从肉联厂环境空气中分离出的沙门氏菌纯培养物扫描电镜图像。SEM，5k×

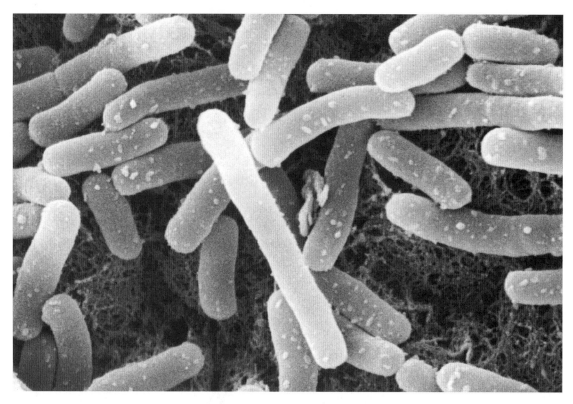

图 **6-1-3-3**　从肉联厂环境空气中分离出的沙门氏菌纯培养物扫描电镜图像。SEM，15k×

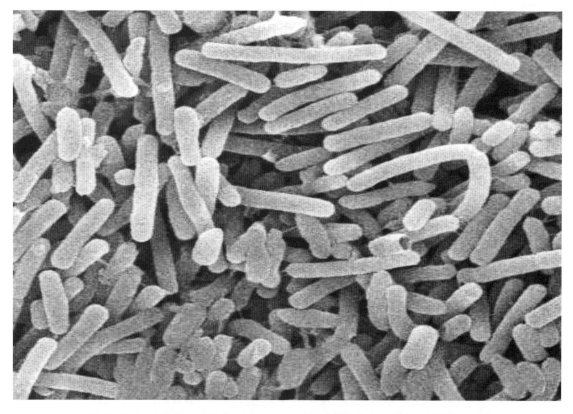

图 **6-1-3-4**　鸡白痢沙门氏菌 *S. Pullorum* 纯培养物扫描电镜图像。SEM，8k×

图 6-1-3-5 鸡白痢沙门氏菌 *S. pullorum* 扫描电镜图像。示菌体表面平整，外观饱满。SEM，13k×

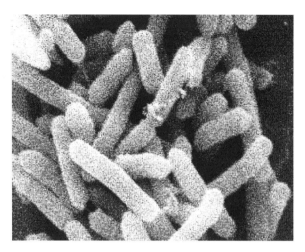

图 6-1-3-6 鸡白痢沙门氏菌 *S. pullorum* 扫描电镜图像。示菌体表面平整，外观饱满。SEM，13k×

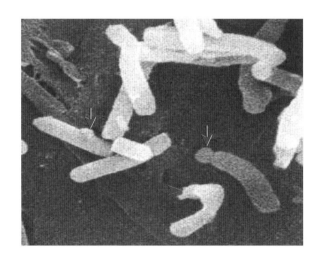

图 6-1-3-7 经猪小肠抗菌肽处理后的鸡白痢沙门氏菌 *S. pullorum*。菌体表面皱缩、不平，胞浆外溢（↑）。SEM，13k×

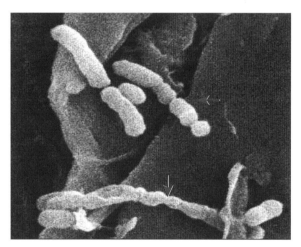

图 6-1-3-8 经猪小肠抗菌肽处理后的鸡白痢沙门氏菌 *S. pullorum*。菌体细胞壁破裂、局部皱缩呈现火柴头样结构（↑）。SEM，13k×

4. 绿脓杆菌（*Pseudomonas aeruginosa*）

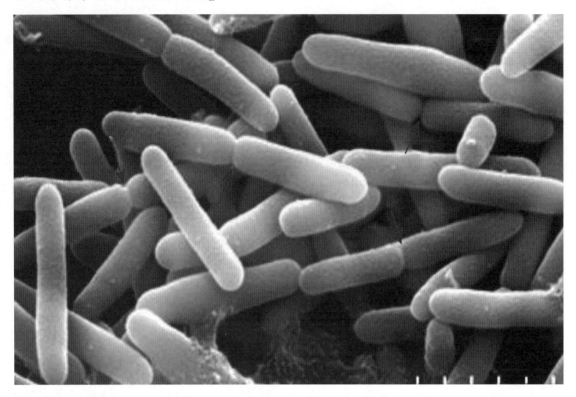

图 6-1-4-1 绿脓杆菌纯培养物。菌体呈大小一致的杆状，表面光滑平直，分裂旺盛（↑）。SEM，10k×

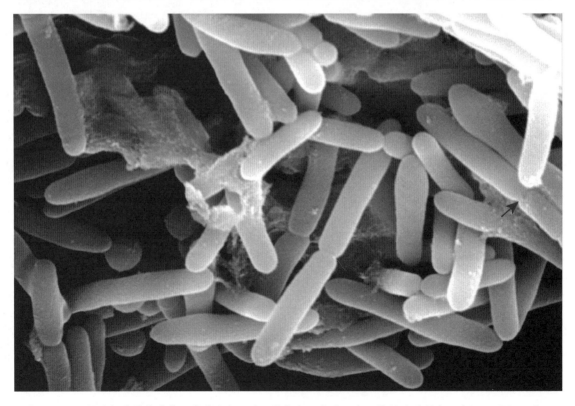

图 6-1-4-2 绿脓杆菌纯培养物。菌体大小一致，菌体表面光滑平直，易见分裂现象（↑）。SEM，10k×

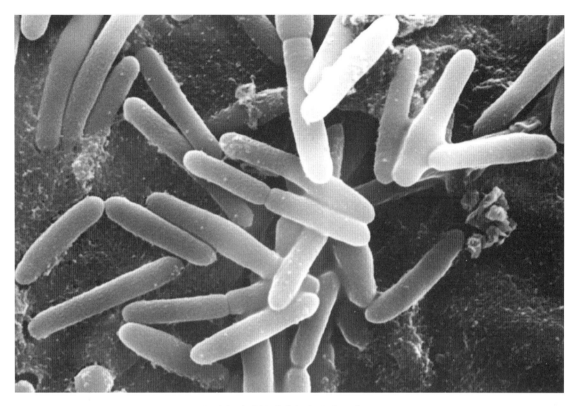

图 6-1-4-3 绿脓杆菌纯培养物扫描电镜图像。SEM，10k×

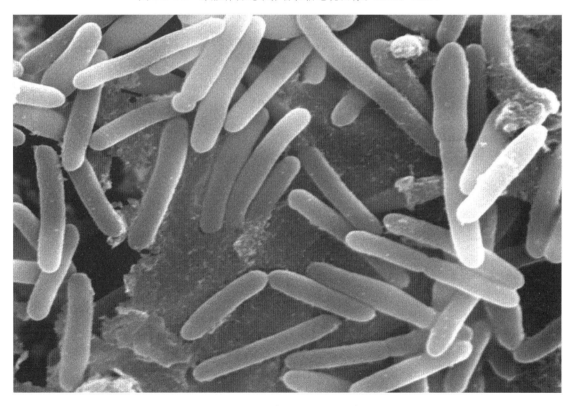

图 6-1-4-4 绿脓杆菌纯培养物扫描电镜图像。SEM，10k×

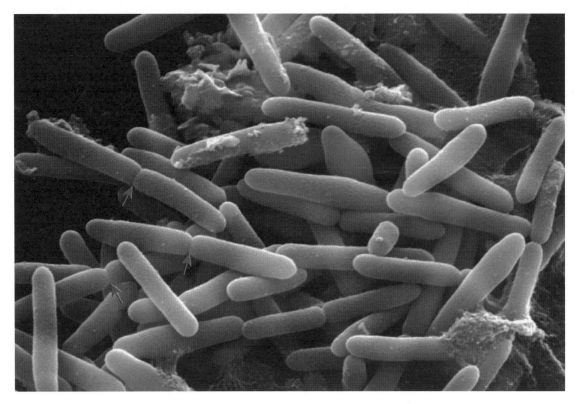

图 6-1-4-5 绿脓杆菌纯培养物。菌体表面光滑平直，大小一致，分裂旺盛（↑）。SEM，10k×

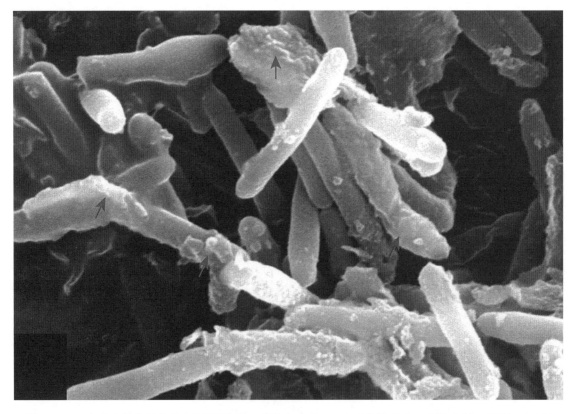

图 6-1-4-6 经猪血抗菌肽处理后的绿脓杆菌。菌体大小不一，表面粗糙不平、破损（↑）。SEM，10k×

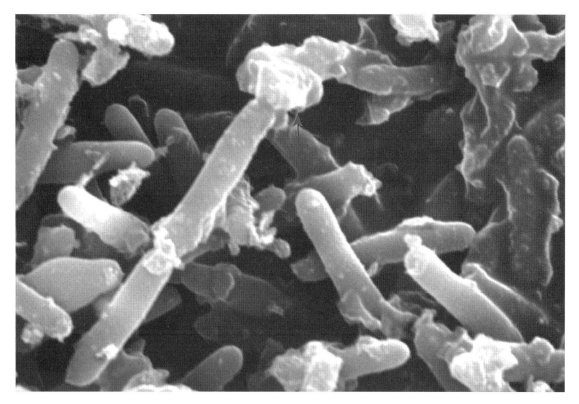

图 6-1-4-7　经猪血抗菌肽处理后的绿脓杆菌。表面破损，有不规则隆起（↑）。SEM，10k×

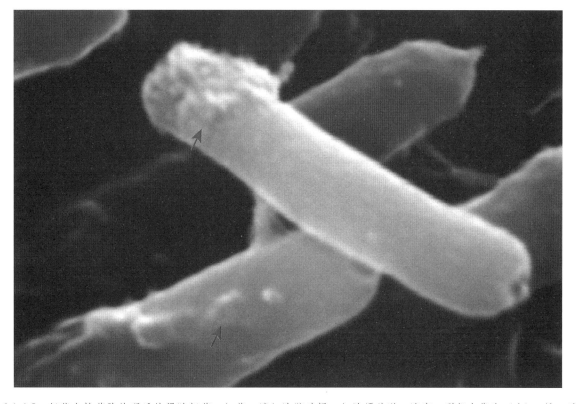

图 6-1-4-8　经猪血抗菌肽处理后的绿脓杆菌。细菌一端细胞壁破损，细胞质外溢，隆突，形似火柴头（↑），另一端凹陷。SEM，10k×

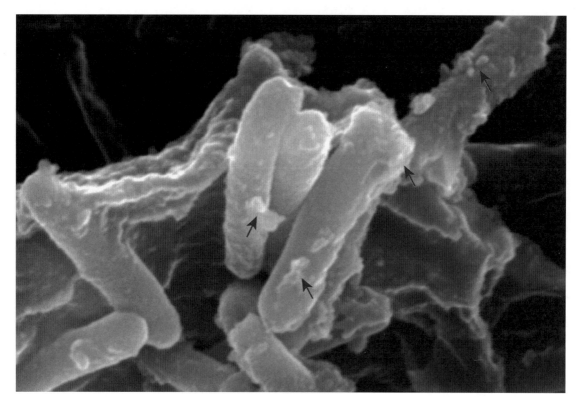

图 6-1-4-9　经猪血抗菌肽处理后的绿脓杆菌。菌体表面粗糙不平（↑）。SEM，20k×

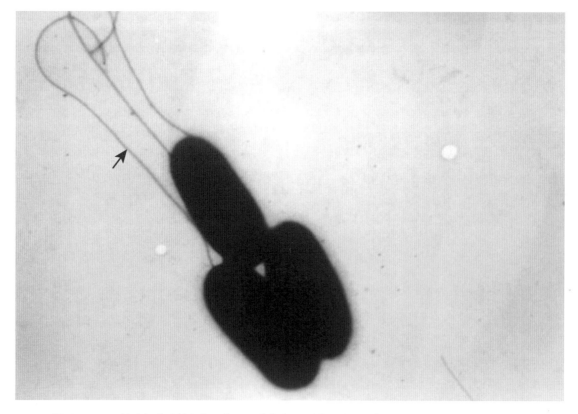

图 6-1-4-10　绿脓杆菌透射电镜图像。示菌体表面平整、饱满，鞭毛清晰（↑）。TEM，10k×

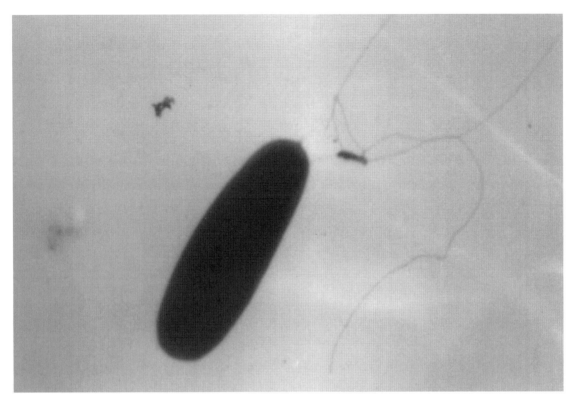

图 6-1-4-11　绿脓杆菌透射电镜图像。示菌体细胞壁完整无缺，表面平整、饱满。TEM，14k×

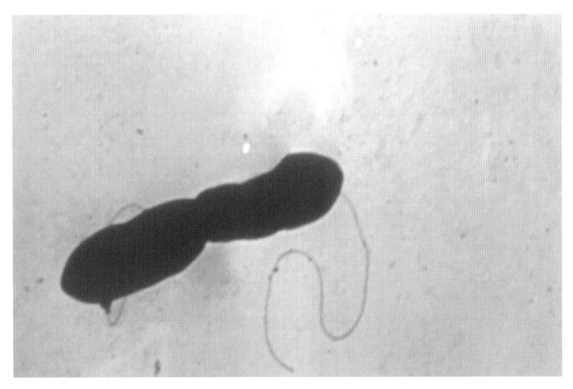

图 6-1-4-12　用兔小囊肽处理后的绿脓杆菌。图示正在分裂中的细菌菌体皱缩，表面凹凸不平。TEM，10k×

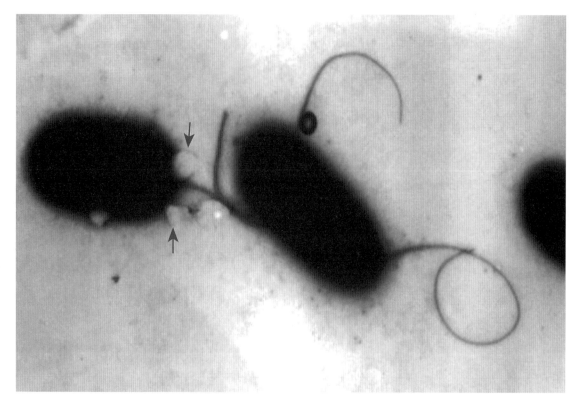

图 6-1-4-13　用兔小囊肽处理后的绿脓杆菌。纤毛基部细胞壁破损形成囊泡（↑）。TEM，10k×

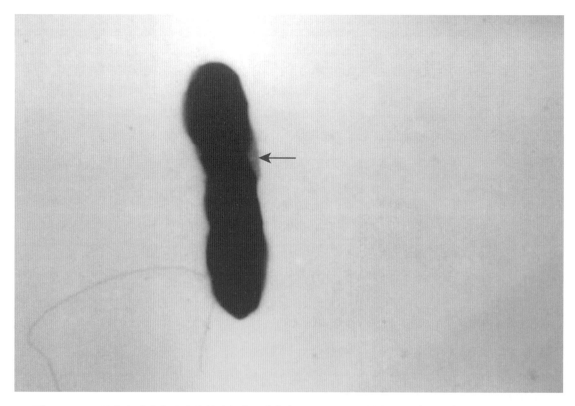

图 6-1-4-14　用兔小囊肽处理后的绿脓杆菌。菌体表面凹凸不平，局部见小囊泡（↑）。TEM，14k×

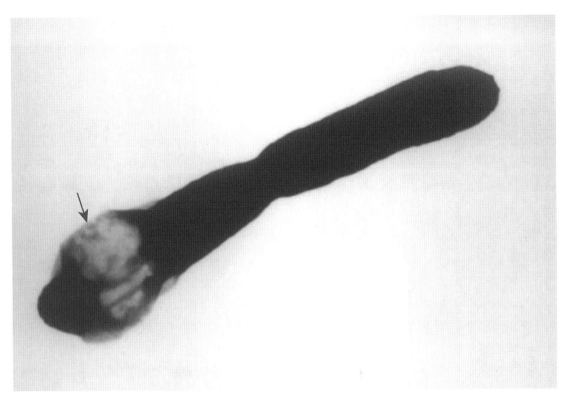

图 6-1-4-15　用兔小囊肽处理后的绿脓杆菌。新分裂的细菌一端细胞壁破损形成囊泡，形似火柴头（↑）。TEM，21k×

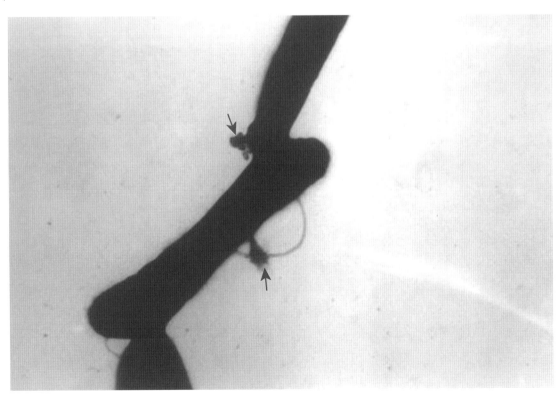

图 6-1-4-16　用兔小囊肽处理后的绿脓杆菌。新分裂的细菌细胞壁表面破损，胞质外溢，形成胞突（↑）。TEM，18k×

5. 凡隆气单胞菌（*Valon aeromonas*）

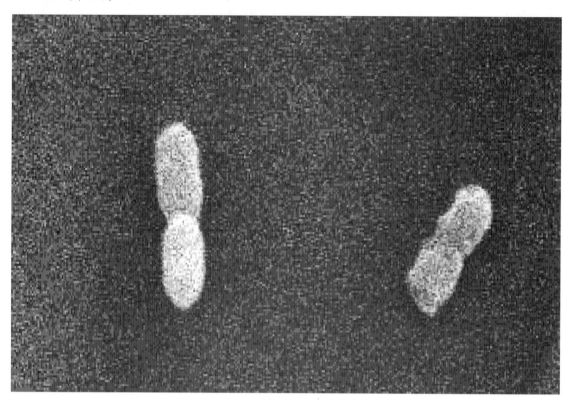

图 6-1-5-1　从病死罗非鱼分离的凡隆气单胞菌 BJCP-5 培养物。细菌大小范围为（0.4～0.5 μm）×（1.5～2.0 μm），常两两相连。SEM，12.9k×

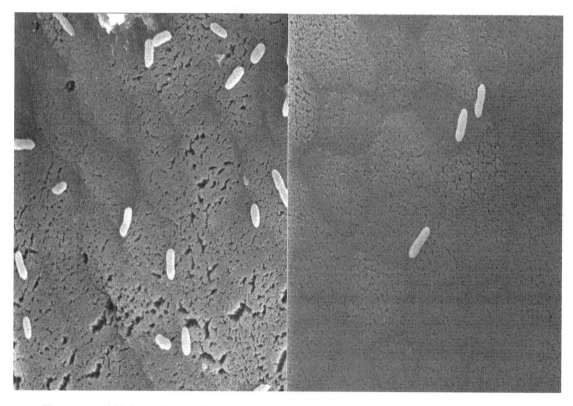

图 6-1-5-2　从罗非鱼分离的凡隆气单胞菌培养物。细菌黏附于罗非鱼前肠黏膜表面。SEM，6k×

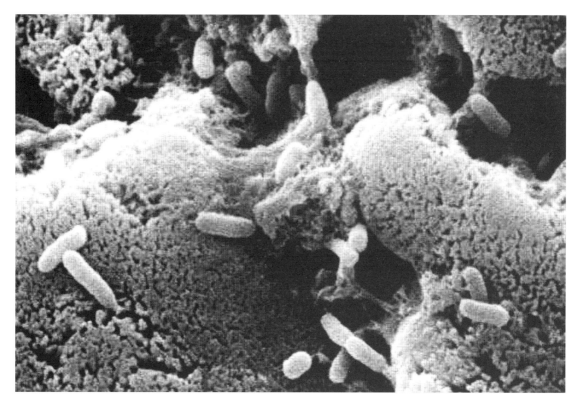

图 6-1-5-3 从罗非鱼分离的凡隆气单胞菌。细菌黏附于罗非鱼前肠黏膜表面。SEM，6k×

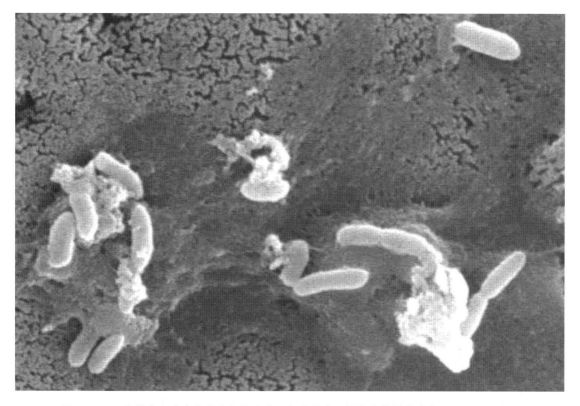

图 6-1-5-4 从罗非鱼分离的凡隆气单胞菌。细菌黏附于罗非鱼前肠黏膜表面。SEM，6k×

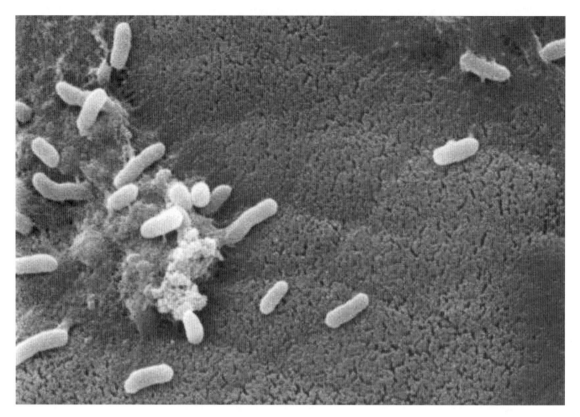

图 6-1-5-5 从罗非鱼分离的凡隆气单胞菌培养物。细菌黏附于罗非鱼前肠黏膜表面。SEM，6k×

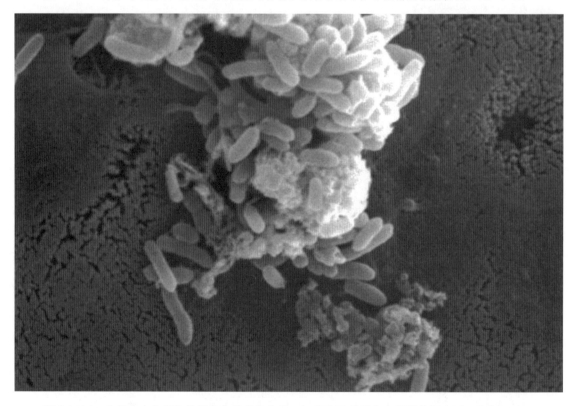

图 6-1-5-6 从罗非鱼分离的凡隆气单胞菌培养物。细菌黏聚于罗非鱼前肠黏膜表面。SEM，6k×

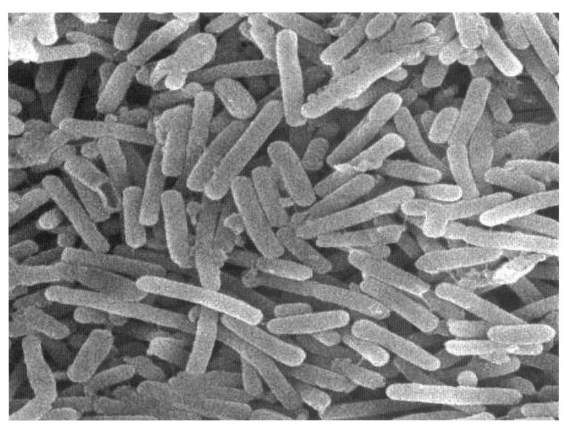

图 6-1-5-7　从病死罗非鱼分离的嗜水气单胞菌（*Aeromonas hydrophila*）培养物扫描电镜图像。SEM，8k×

6. 芽孢杆菌（*Bacillus*）

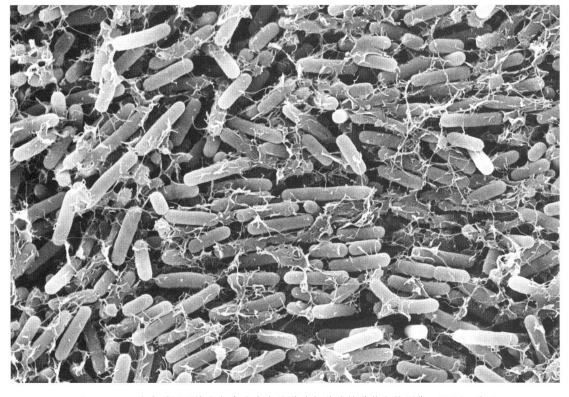

图 6-1-6-1　从肉联厂环境空气中分离出的芽孢杆菌纯培养物电镜图像。SEM，5k×

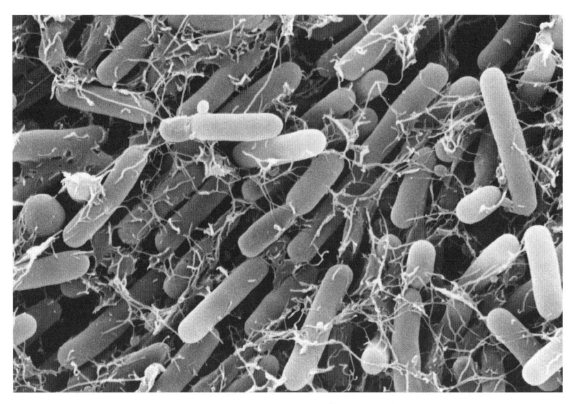

图 6-1-6-2　从肉联厂环境空气中分离出的芽孢杆菌纯培养物电镜图像。SEM，10k×

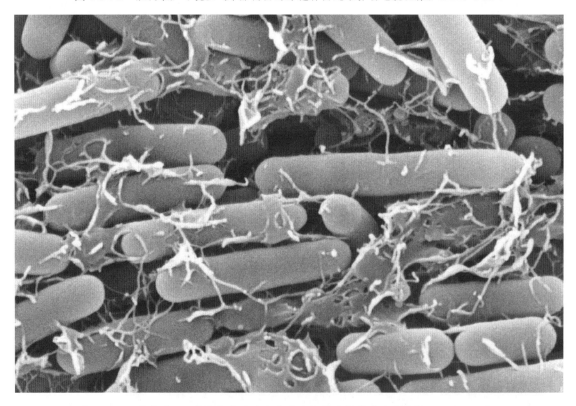

图 6-1-6-3　从肉联厂环境空气中分离出的芽孢杆菌纯培养物电镜图像。SEM，15k×

7. 单增李斯特菌（*Listeria monocytogenes*）

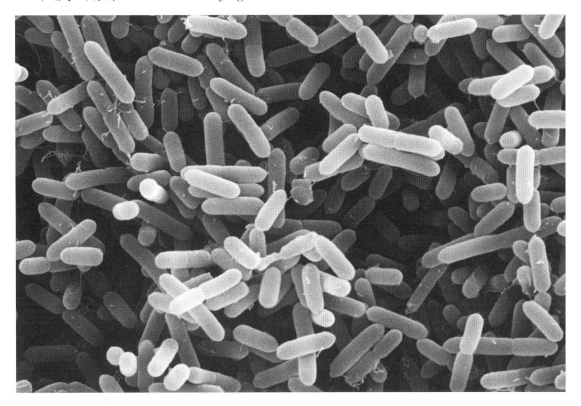

图 6-1-7-1　从肉联厂环境空气中分离出的单增李斯特菌纯培养物电镜图像。SEM，10k×

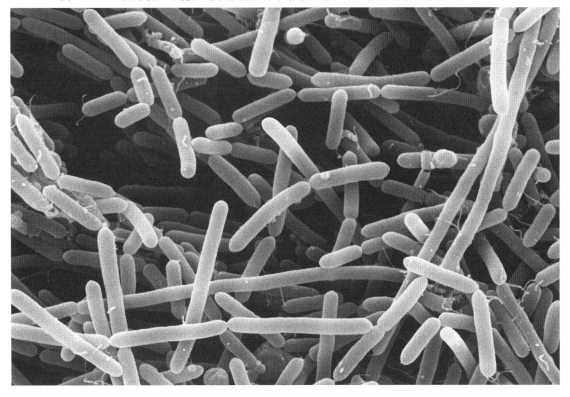

图 6-1-7-2　从肉联厂环境空气中分离出的单增李斯特菌纯培养物电镜图像。SEM，10k×

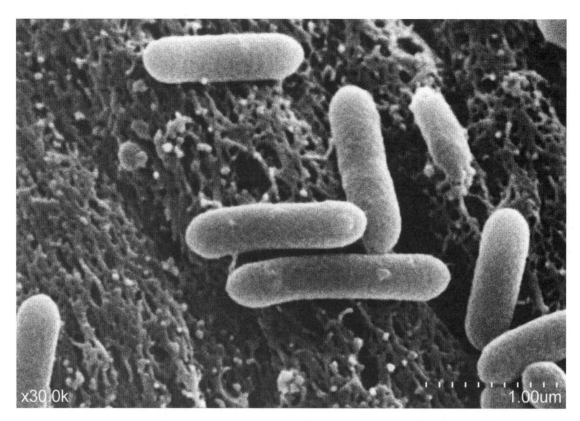

图 6-1-7-3 从肉联厂环境空气中分离出的单增李斯特菌纯培养物电镜图像。SEM，30k×

8. 魏氏梭菌

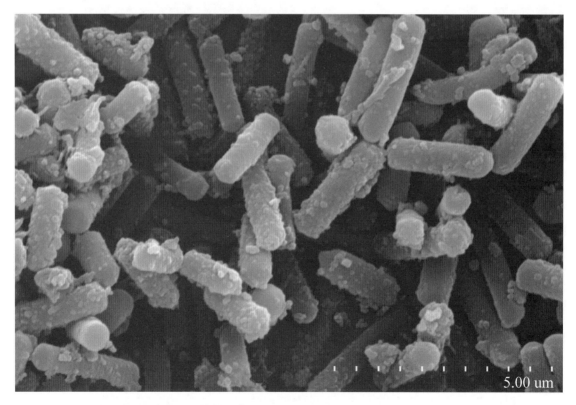

图 6-1-8-1 从病死麋鹿分离的魏氏梭菌培养物。细菌呈杆状，两端钝圆，长 2.5～3.5 μm。SEM，10k×

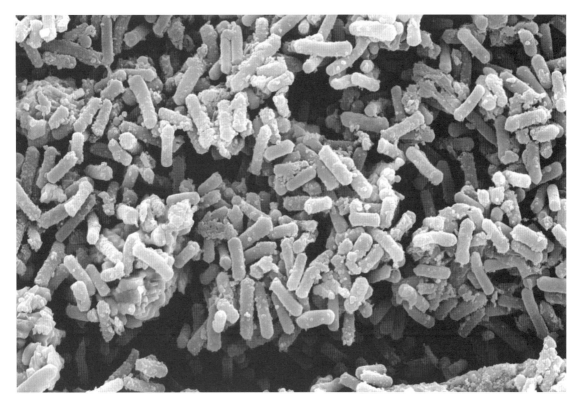

图 6-1-8-2　从病死麋鹿分离的魏氏梭菌纯培养物。细菌呈杆状，两端钝圆。SEM，4k×

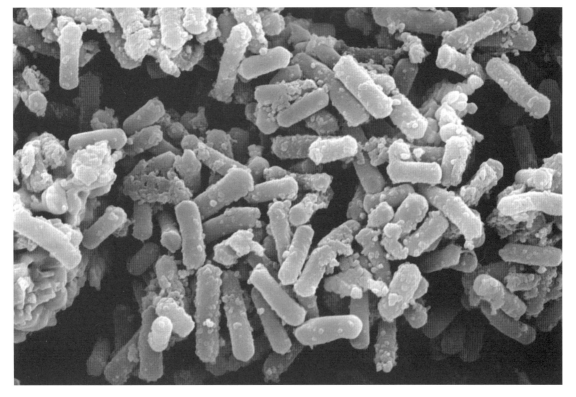

图 6-1-8-3　从病死麋鹿分离的魏氏梭菌纯培养物。细菌呈杆状，两端钝圆，表面粗糙。SEM，7k×

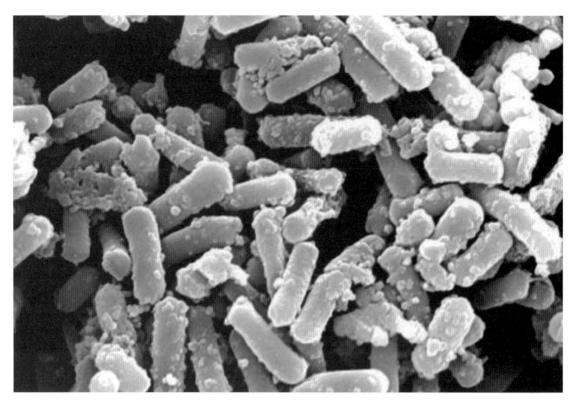

图 6-1-8-4 从病死麋鹿分离的魏氏梭菌纯培养物电镜图像。SEM，10k×

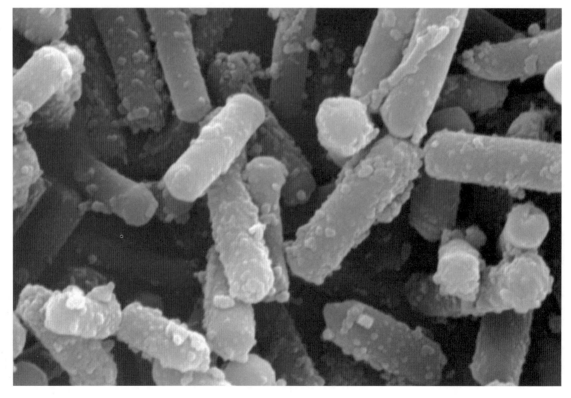

图 6-1-8-5 魏氏梭菌纯培养物扫描电镜图像。杆状的细菌两端钝圆，表面粗糙不平。SEM，15k×

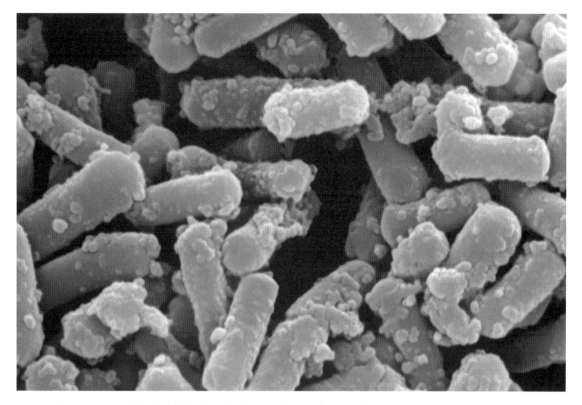

图 6-1-8-6　魏氏梭菌纯培养物电镜图像。杆状的细菌表面粗糙不平，长短不一。SEM，15k×

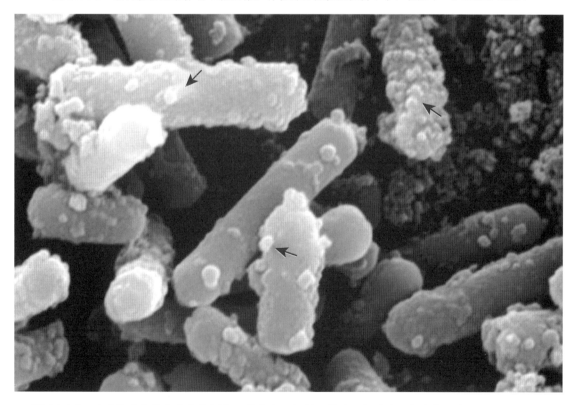

图 6-1-8-7　魏氏梭菌纯培养物电镜图像。菌体表面粗糙，黏附不规则的颗粒状物（↑）。SEM，18k×

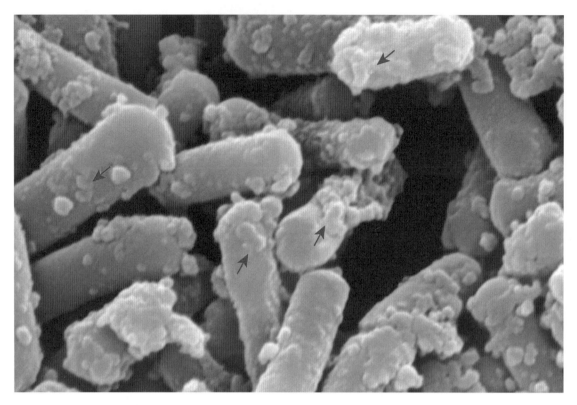

图 6-1-8-8　魏氏梭菌纯培养物电镜图像。菌体表面均黏附有不规则的颗粒状物（↑）。SEM，20k×

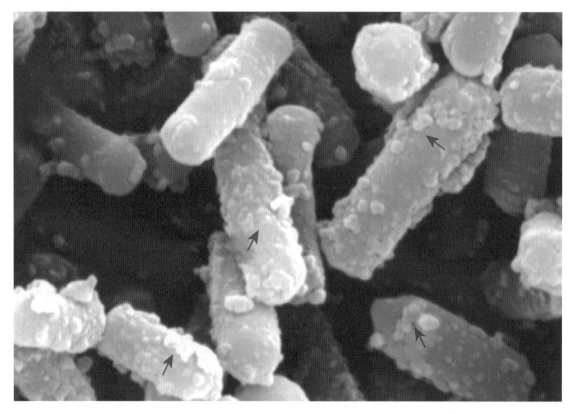

图 6-1-8-9　魏氏梭菌纯培养物电镜图像。菌体表面呈粗糙不平的颗粒状（↑）。SEM，20k×

9. 粪肠球菌（*enterococcus faecalis*）

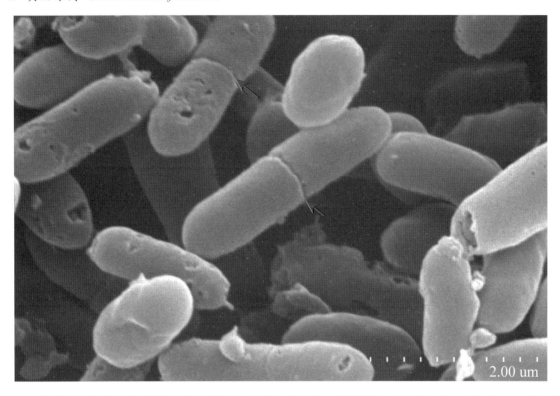

图 6-1-9-1　从病死大熊猫分离的粪肠球菌纯培养物。菌体表面光滑，呈卵圆形，大小约 $0.7~\mu m \times 1.5~\mu m$，易见分裂象（↑）。SEM，20k×

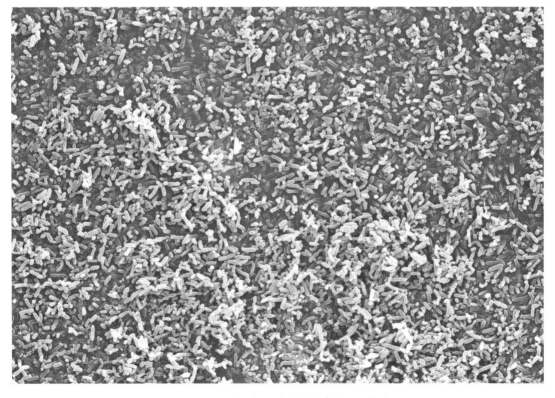

图 6-1-9-2　从病死大熊猫分离的粪肠球菌纯培养物。低倍镜观。SEM，1k×

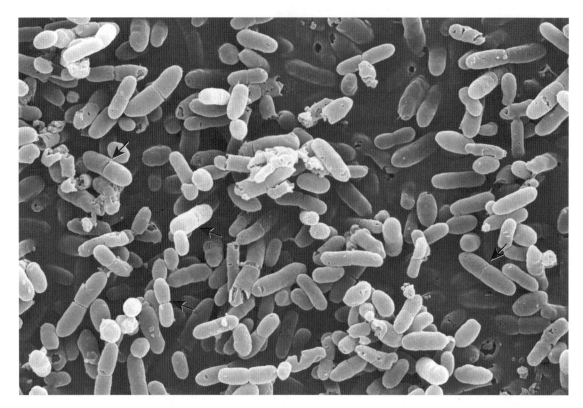

图 6-1-9-3　从病死大熊猫分离的粪肠球菌纯培养物。卵圆形菌体表面光滑，分裂旺盛（↑）。SEM，5k×

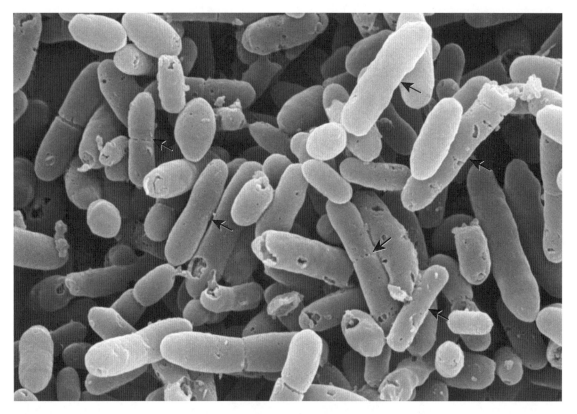

图 6-1-9-4　从病死大熊猫分离的粪肠球菌纯培养物。卵圆形菌体表面光滑，分裂旺盛（↑）。SEM，9.5k×

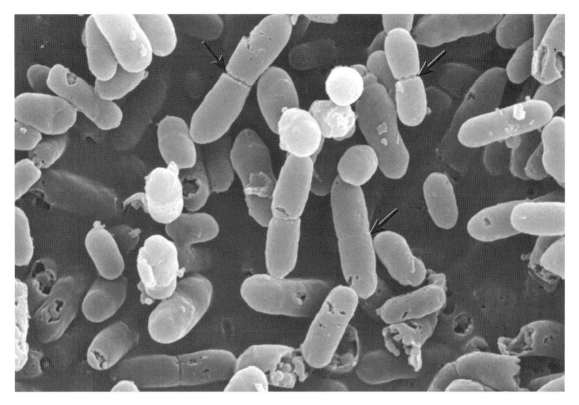

图 6-1-9-5 从病死大熊猫分离的粪肠球菌纯培养物。卵圆形菌体表面光滑，分裂旺盛（↑）。SEM，10k×

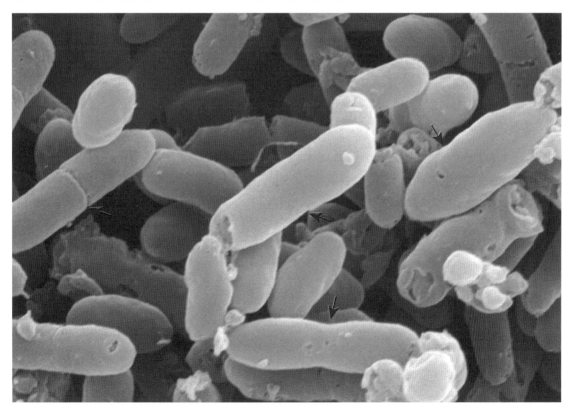

图 6-1-9-6 从病死大熊猫分离的粪肠球菌纯培养物。菌体表面光滑，分裂旺盛（↑）。SEM，15k×

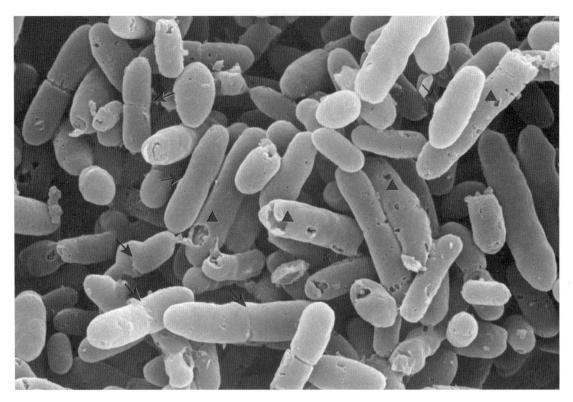

图 6-1-9-7 从病死大熊猫分离的粪肠球菌纯培养物。细菌呈卵圆形，菌体表面光滑，但常可见细菌细胞壁局部有破损（▲），细菌分裂旺盛（↑）。SEM，10k×

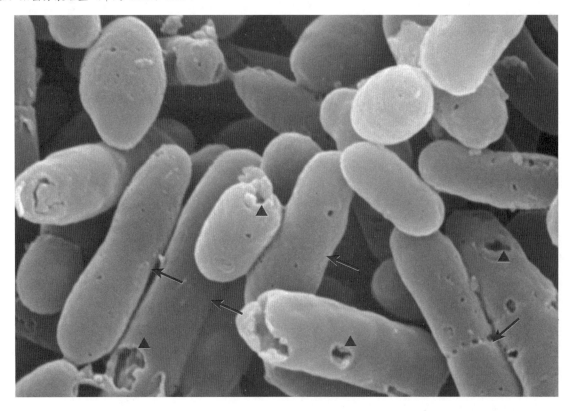

图 6-1-9-8 从病死大熊猫分离的粪肠球菌纯培养物。菌体表面光滑，但多见细菌细胞壁局部有破损（▲），细菌分裂旺盛（↑）。SEM，20k×

10. 蜡样芽孢杆菌（*Bacillus cereus*）

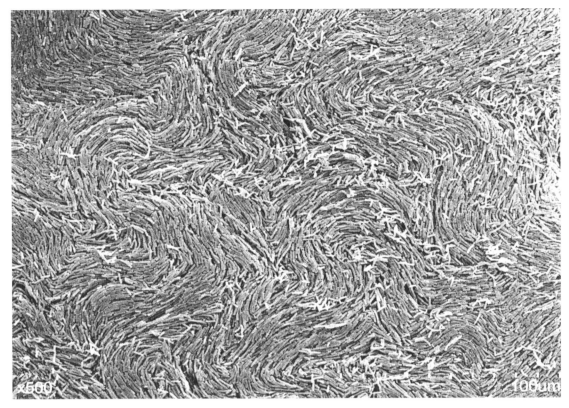

图 6-1-10-1　从硬嗉病鸽嗉囊及其饲料中分离的蜡样芽孢杆菌纯培养物。细菌生长及其旺盛，排列成旋涡状。SEM，0.5k×

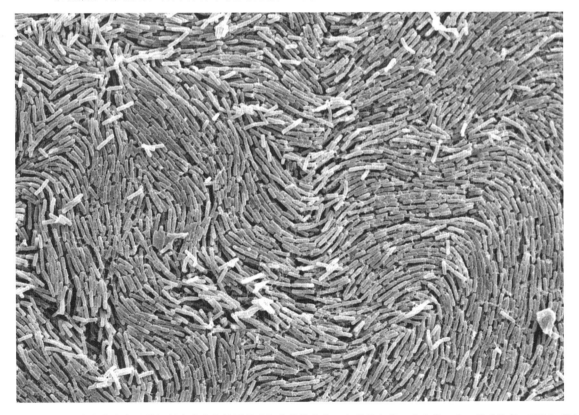

图 6-1-10-2　从硬嗉病鸽嗉囊及其饲料中分离的蜡样芽孢杆菌纯培养物。细菌呈杆状，大小较一致，排列整齐。SEM，1k×

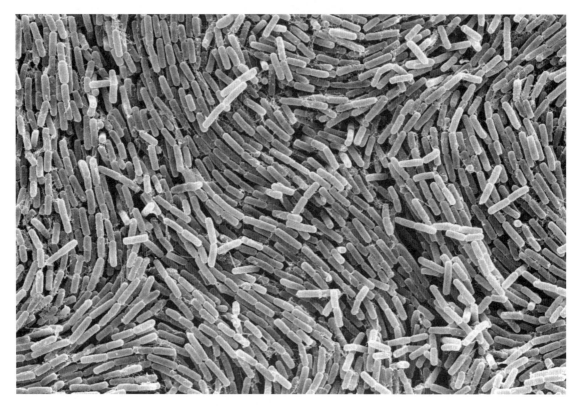

图 6-1-10-3　蜡样芽孢杆菌纯培养物。细菌呈杆状，生长旺盛。SEM，2k×

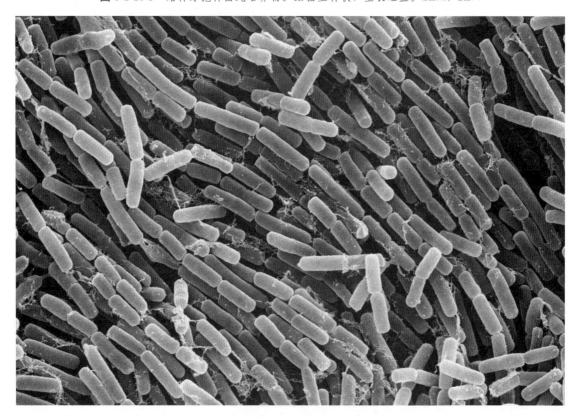

图 6-1-10-4　蜡样芽孢杆菌纯培养物。杆状的细菌表面光滑平直，两端钝圆，分裂旺盛。SEM，4k×

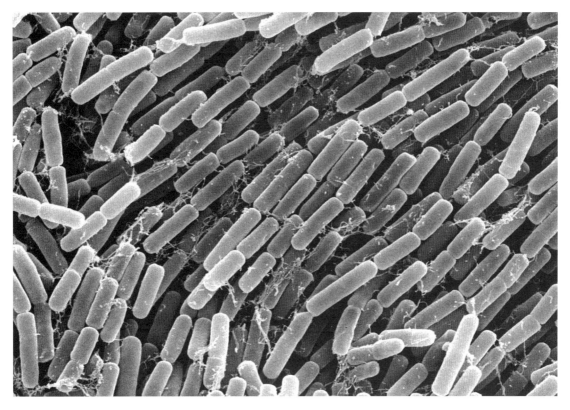

图 6-1-10-5　蜡样芽孢杆菌纯培养物。细菌表面光滑平整，繁殖旺盛，排列整齐。SEM，5k×

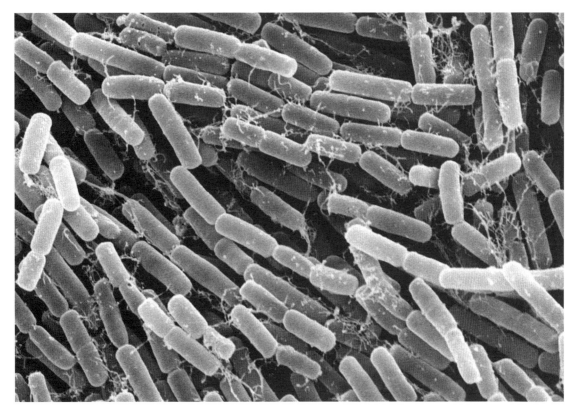

图 6-1-10-6　蜡样芽孢杆菌纯培养物。细菌表面光滑平整，繁殖旺盛，排列整齐。SEM，6k×

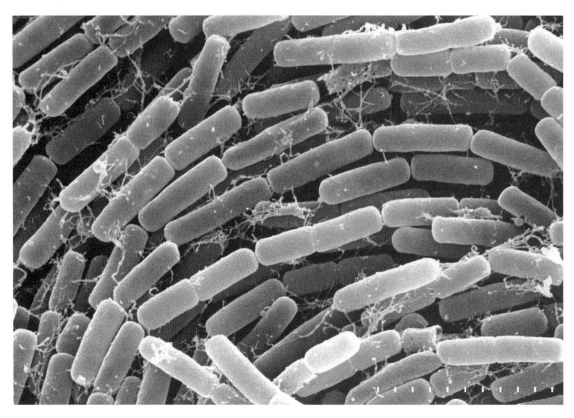

图 6-1-10-7 蜡样芽孢杆菌纯培养物。细菌表面光滑平整，繁殖旺盛，排列整齐，大小为（0.6～0.8 μm）×（2～3.5 μm）。SEM，8k×

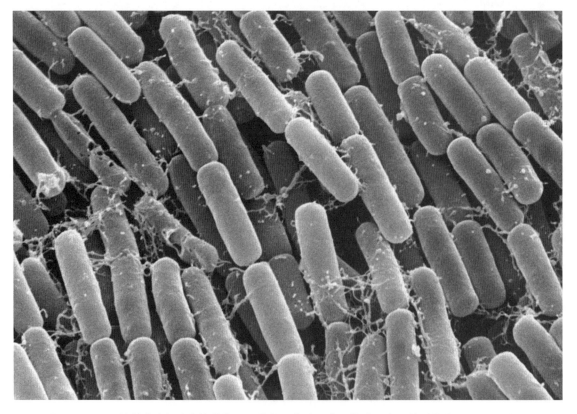

图 6-1-10-8 蜡样芽孢杆菌纯培养物。细菌表面光滑平整，繁殖旺盛，排列整齐。SEM，9k×

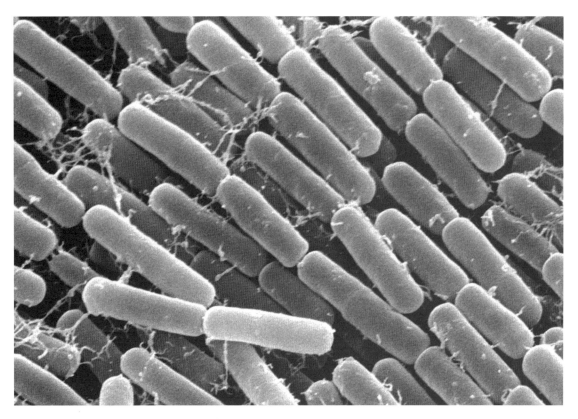

图 6-1-10-9　蜡样芽孢杆菌纯培养物。细菌表面光滑平整，两端钝圆，排列整齐。SEM，10k×

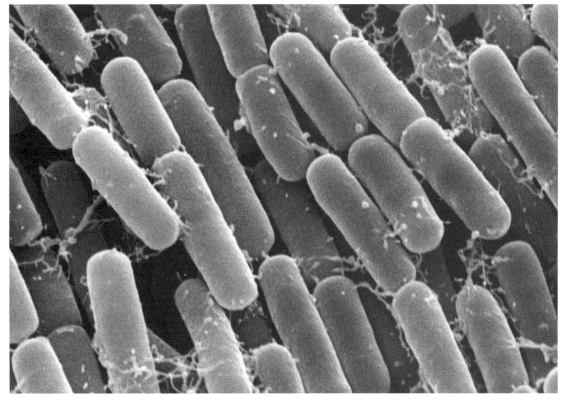

图 6-1-10-10　蜡样芽孢杆菌纯培养物。细菌表面光滑平整，繁殖旺盛，排列整齐。SEM，13k×

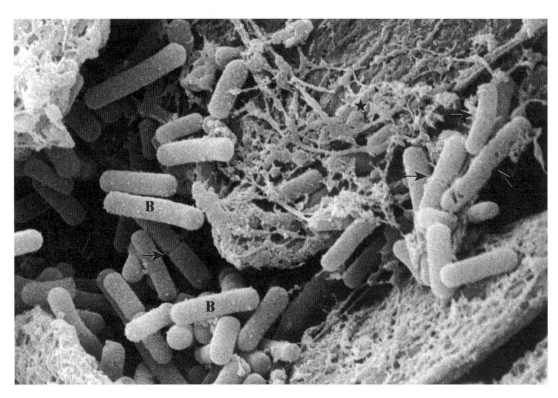

图 6-1-10-11 死于硬嗉病的鸽嗉囊黏膜。黏膜面聚集大量蜡样芽孢杆菌（B）及饲料残渣（★），细菌表面光滑平整，繁殖旺盛（↑），菌体大小为 0.5 μm×（1.6～2.25 μm）。SEM，9k×

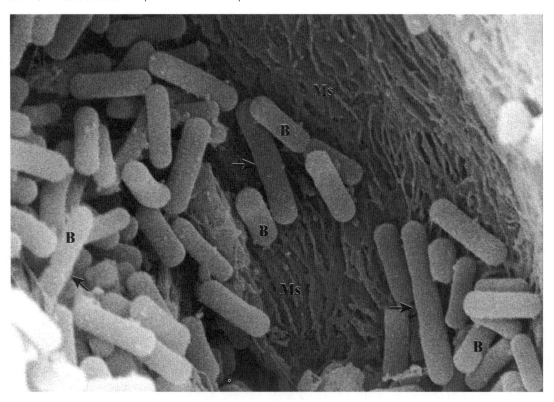

图 6-1-10-12 死于硬嗉病的鸽嗉囊黏膜。黏膜面（Ms）聚集大量蜡样芽孢杆菌（B），细菌呈杆状，两端钝圆，表面光滑平整，易见分裂象（↑）。SEM，9k×

11. 梭状芽孢杆菌（*clostridia*）

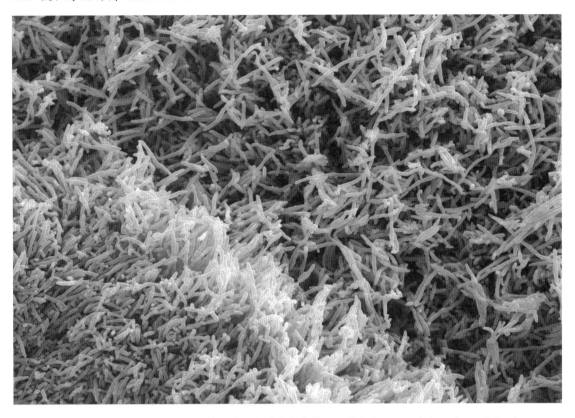

图 6-1-11-1　从病死鸽子分离的梭状芽孢杆菌纯培养物。细菌大小不一，生长旺盛。SEM，1k×

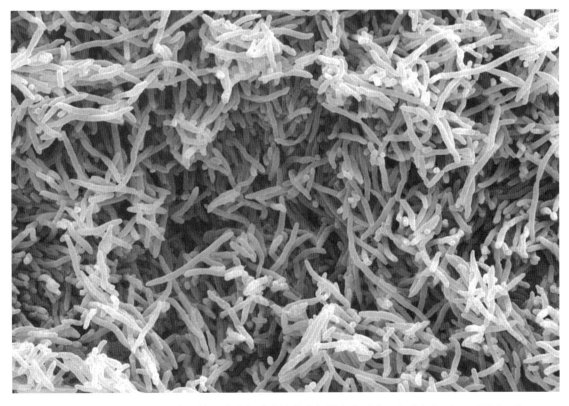

图 6-1-11-2　从病死鸽子分离的梭状芽孢杆菌纯培养物扫描电镜图像。细菌长短不一。SEM，2k×

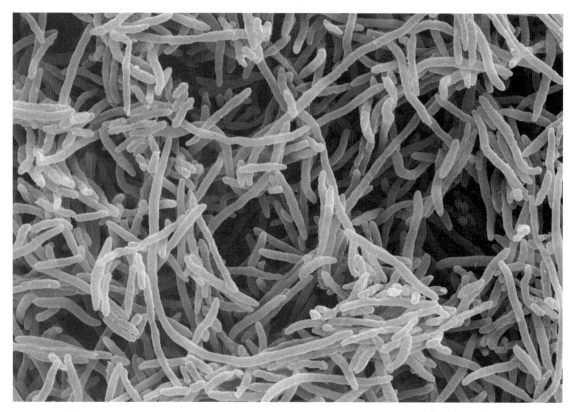

图 6-1-11-3 从病死鸽子分离的梭状芽孢杆菌纯培养物。细菌长短 4～22 μm 不等。SEM，3k×

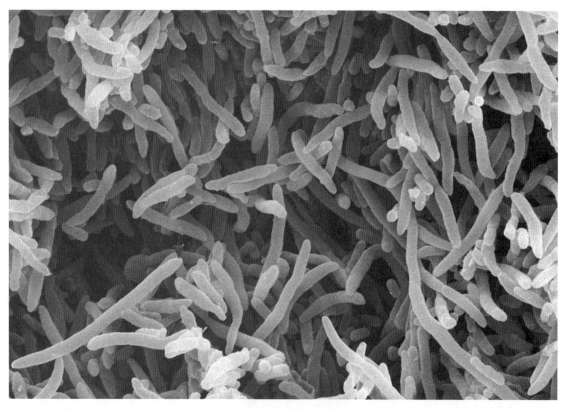

图 6-1-11-4 从病死鸽子分离的梭状芽孢杆菌纯培养物。细菌两端尖锐呈梭状（↑），菌体表面有的光滑平整，有的曲折不平。SEM，4k×

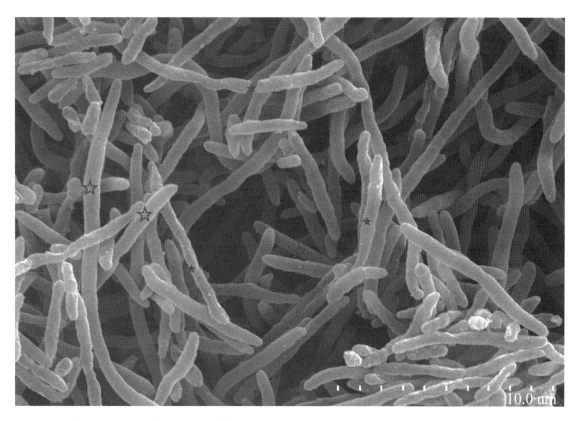

图 6-1-11-5　从病死鸽子分离的梭状芽孢杆菌纯培养物。细菌大小差异很大，（4～22 μm）×（0.7～0.9 μm）不等，菌体表面有的光滑（☆），有的曲折不平（★）。SEM，5k×

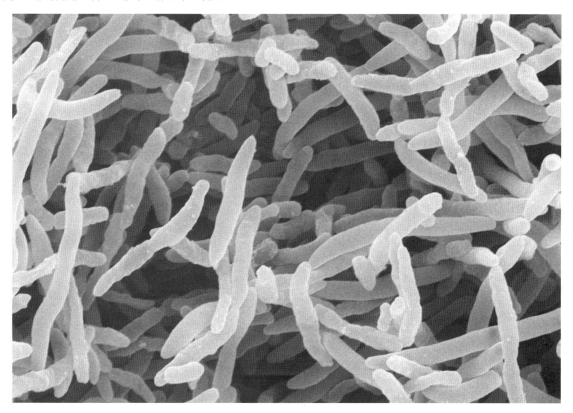

图 6-1-11-6　从病死鸽子分离的梭状芽孢杆菌纯培养物。细菌长短不一，外表粗细各异。SEM，6k×

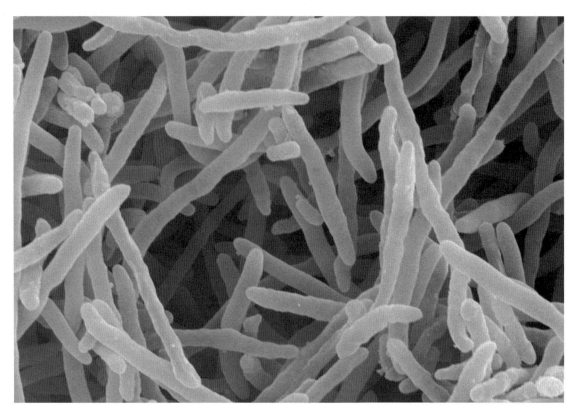

图 6-1-11-7　从病死鸽子分离的梭状芽孢杆菌纯培养物。细菌大小差异很大，菌体表面有的光滑，有的曲折不平。细菌长短不一，外表粗细各异。SEM，7k×

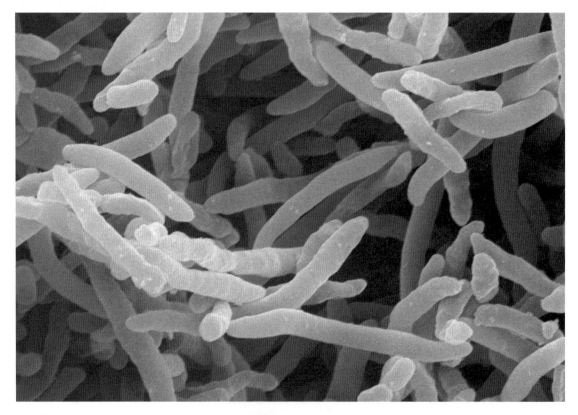

图 6-1-11-8　从病死鸽子分离的梭状芽孢杆菌纯培养物。细菌大多呈长梭形，大小各异。SEM，8k×

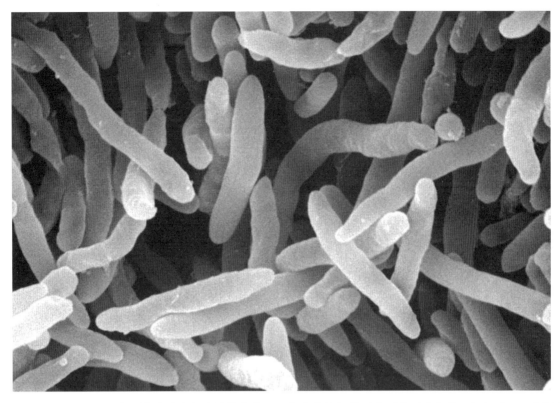

图 6-1-11-9 从病死鸽子分离的梭状芽孢杆菌纯培养物。细菌大多呈长梭形或不规则的杆状,粗细不一,长短各异。
SEM,10k×

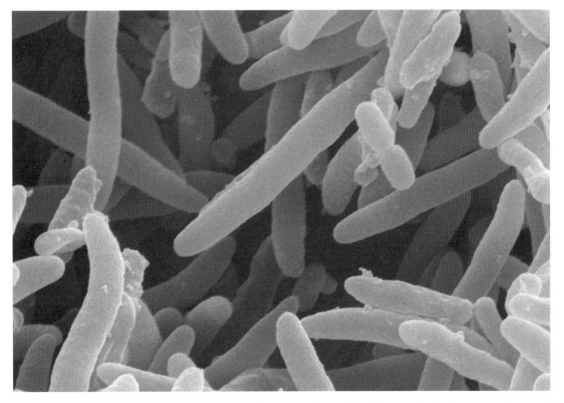

图 6-1-11-10 从病死鸽子分离的梭状芽孢杆菌纯培养物。细菌多呈长梭形或不规则的杆状,粗细不规,长短各异。
SEM,10k×

12. 肠球菌（*enterococcus*）

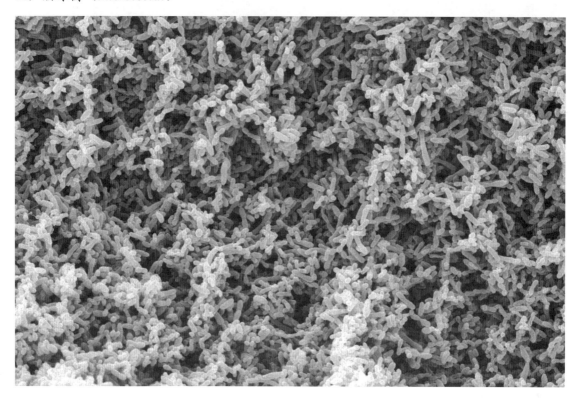

图 6-1-12-1　从病死鸽分离的肠球菌纯培养物扫描电镜图像。细菌生长旺盛。SEM，2k×

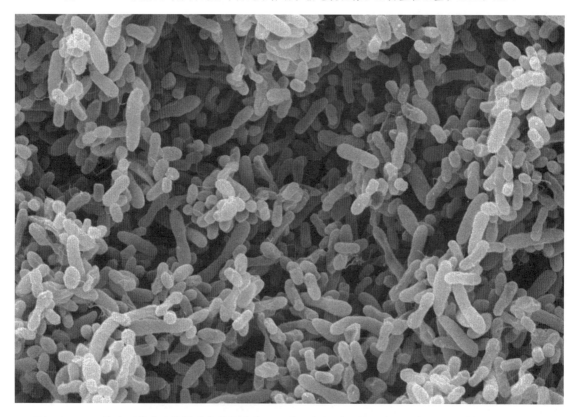

图 6-1-12-2　从病死鸽分离的肠球菌纯培养物。细菌呈卵圆形，表面光滑，常两两相连。SEM，5k×

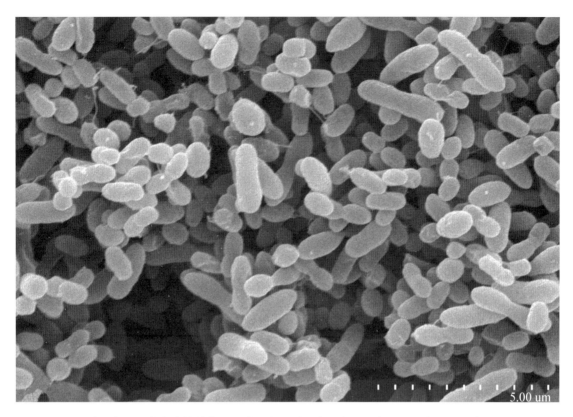

图 6-1-12-3 从病死鸽分离的肠球菌纯培养物。细菌呈卵圆形，表面光滑，常两两相连，大小为（0.5～0.70 μm）×（0.75～1.2 μm）。SEM，8k×

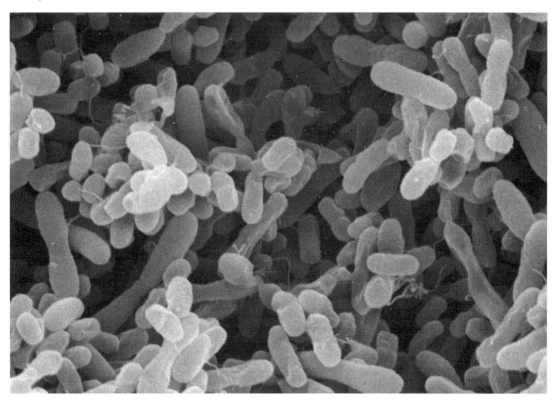

图 6-1-12-4 从病死鸽分离的肠球菌纯培养物。细菌呈卵圆形，表面光滑，常两两相连，有的细菌表面见细胞壁皱褶凹陷（↑）。SEM，10k×

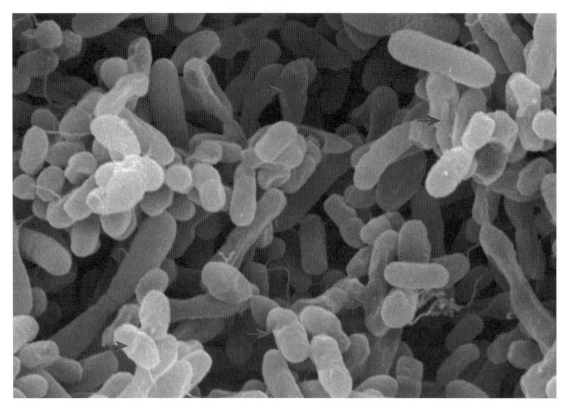

图 **6-1-12-5** 从病死鸽分离的肠球菌纯培养物。细菌呈卵圆形，常两两相连，有的细菌表面见细胞壁皱褶凹陷（↑）。SEM，12k×

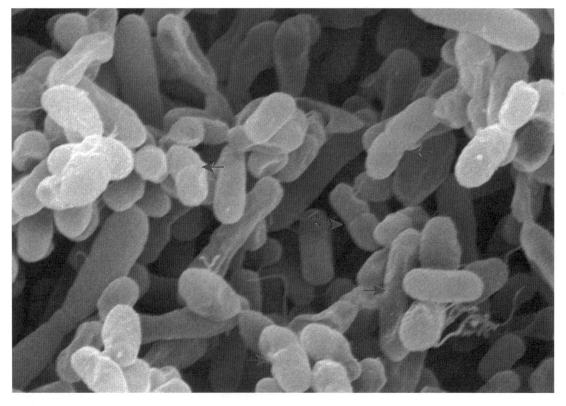

图 **6-1-12-6** 从病死鸽分离的肠球菌纯培养物。细菌呈卵圆形，常见两两相连（↑）及细胞壁皱褶凹陷。SEM，15k×

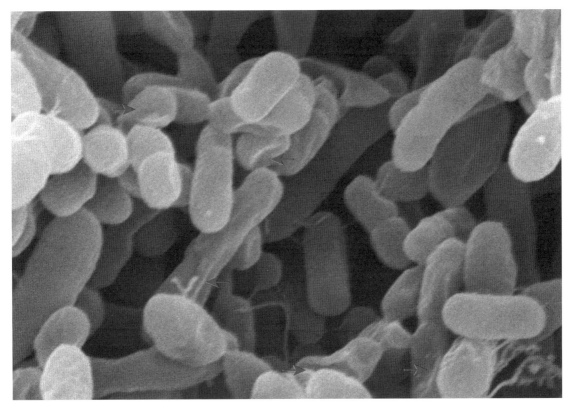

图 6-1-12-7　从病死鸽分离的肠球菌纯培养物高倍电镜观察。细菌呈卵圆形，常见细菌细胞壁皱褶凹陷（↑）。SEM，20k×

第二节　病毒的超微结构

　　病毒在自然界分布广泛，人、动物、植物、藻类、真菌和细菌等都会有病毒感染。病毒一般以病毒颗粒或病毒子的形式存在，具有一定形态、结构及传染性。病毒颗粒极其微小，测量单位用纳米（nm），用电子显微镜才能观察到，最大的病毒为痘病毒，约 300 nm，最小的圆环病毒仅 17 nm。病毒颗粒的形态多种多样，多为球状，少数为杆状、丝状或子弹状。有的则表现为多形性，如副黏病毒和冠状病毒。

　　光学显微镜下，我们不能观察到病毒的详细结构。只能看到某些病毒在胞浆和胞核中形成的病毒包涵体。因此，对于病毒结构的观察必须借助于电子显微镜。通过电子显微镜，我们能清楚地观察到病毒核衣壳、囊膜、纤突等结构。此外通过病毒超微结构的观察，有助于我们对于病毒性传染病的诊断，尤其是对未知病原的病毒性传染病诊断。对于病毒的超微结构观察，我们可以通过病毒负染或超薄切片进行。病毒负染是指将怀疑病毒感染的组织或其他样品制成悬液，然后通过逐级离心沉淀病毒，磷钨酸染色后用透射电镜观察。超薄切片中能更清楚地观察到病毒的结构。

1. 病毒结构

　　完整的病毒颗粒主要由核酸和蛋白质组成。核酸构成病毒的基因组，为病毒的复制、遗传和变异等功能提供遗传信息。由核酸组成的芯髓被衣壳包裹，衣壳和芯髓一起组成核衣壳。衣壳的成分是蛋白质，其功能是保护病毒的核酸免受环境中的核酸酶或其他影响因素的破坏，并能介导病毒核酸进入宿主细胞。衣壳蛋白具有抗原性，是病毒颗粒的主要抗原成分。衣壳是由一定数量的壳粒组成。不同种类的病毒衣壳所含的壳粒数量不同，是病毒鉴别和分离的依据之一。有些病毒在核衣壳外面还有囊膜，囊膜是病毒在成熟过程中从宿主细胞获得的，含有宿主细胞膜或核膜的化学成分。有囊膜的病毒称为囊膜病毒，无囊膜的病毒称为裸露病毒。

根据壳粒数目和排列不同，病毒衣壳主要有螺旋状与 20 面体两种对称类型，少数为复合对称类型。螺旋形对称指壳粒呈螺旋形对称排列，中空，见于弹状病毒、正黏病毒、副黏病毒及多数杆状病毒。二十面体对称指核衣壳形成球状结构，壳粒排列呈 20 面体的对称形式，有 20 个等边三角形构成 12 个顶、20 个面、30 个棱的立体结构。大多数球状病毒呈这种对称型，包括大多数 DNA 病毒、反录病毒及微 RNA 病毒。病毒的化学组成包括核酸、蛋白质及脂类和糖。前两种是最主要的成分。病毒的核酸分两大类，DNA 和 RNA，二者不同时存在。核酸可分单股、双股、线状、环状、分节段或不分节段。DNA 病毒多为双股、线状；少数为双股环状如多瘤病毒和乳头瘤病毒；或为单股线状如细小病毒；或为单股环状，如圆环病毒。RNA 病毒多为单股线状，不分节段；少数分节段，如正黏病毒，少数 RNA 病毒为双股线状分节段，如呼肠孤病毒和双 RNA 病毒。

2. 病毒的观察要点

（1）细胞内和细胞外可见椭圆形、带状、圆形或多边形结构的病毒粒子，直径在 20～300 nm。

（2）病毒粒子的基本构成由中间高电子密度的核心（DNA 或 RNA 构成的核酸）和外周的外壳，某些病毒可能超过一层。

（3）病毒随机或组成一定结构分布，形成晶格样或者是格子状排列。

本节所列的病毒及其感染性疾病有鸡传染性法氏囊病病毒、狂犬病病毒、鸡痘病毒、戊型肝炎病毒、乙型肝炎病毒、星状病毒、鸭肝炎病毒及疱疹病毒等 16 种。

本节图片

1. 鸡传染性法氏囊病病毒　　　　图 6-2-1-1 至图 6-2-1-8

2. 狂犬病病毒　　　　　　　　　图 6-2-2-1 至图 6-2-2-6

3. 痘病毒　　　　　　　　　　　图 6-2-3-1 至图 6-2-3-25

4. 戊型肝炎病毒　　　　　　　　图 6-2-4-1 至图 6-2-4-8

5. 乙型肝炎病毒　　　　　　　　图 6-2-5-1 至图 6-2-5-15

6. 星状病毒　　　　　　　　　　图 6-2-6-1 至图 6-2-6-10

7. 疱疹病毒　　　　　　　　　　图 6-2-7-1 至图 6-2-7-4

8. 猪繁殖呼吸综合征病毒　　　　图 6-2-8-1 至图 6-2-8-5

9. 禽白血病病毒　　　　　　　　图 6-2-9-1 至图 6-2-9-11

10. 兔病毒性出血症（兔瘟）病毒　图 6-2-10-1 至图 6-2-10-3

11. 鸡传染性支气管炎病毒　　　　图 6-2-11-1 至图 6-2-11-1

12. 鸭瘟病毒　　　　　　　　　　图 6-2-12-1 至图 6-2-12-1

13. 新型鸭肝炎病毒　　　　　　　图 6-2-13-1 至图 6-2-13-1

14. 羊传染性脓疱病毒　　　　　　图 6-2-14-1 至图 6-2-14-2

15. 猪血凝性脑脊髓炎病毒　　　　图 6-2-15-1 至图 6-2-15-2

16. 禽偏肺病毒　　　　　　　　　图 6-2-16-1 至图 6-2-16-4

1. 鸡传染性法氏囊病病毒（IBDV）

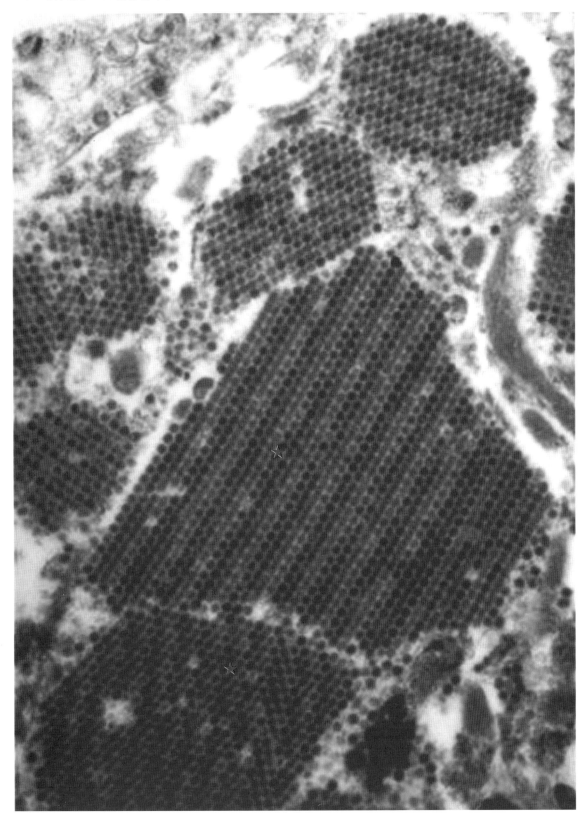

图 6-2-1-1　IBDV 感染鸡法氏囊。细胞质内的 IBDV 粒子为圆形的二十面体立体对称、单层核衣壳、无囊膜的结构，直径为 50～60 nm，呈典型的晶格状排列（★）。TEM，50k×。

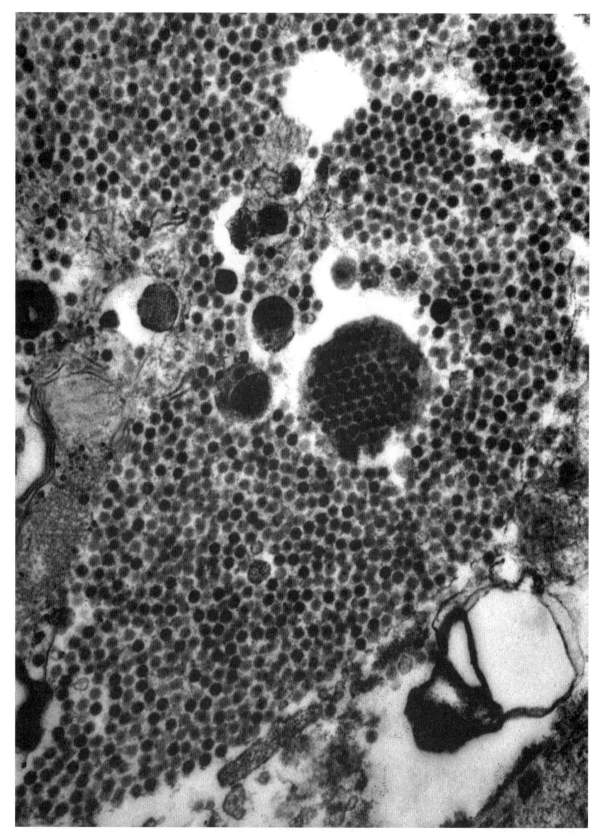

图 6-2-1-2 感染 IBDV 的鸡法氏囊组织。坏死细胞中密集分布的 IBDV 粒子，呈类晶格状排列 (▲)，局部可见病毒正在装配之中 (★)。TEM，50k×

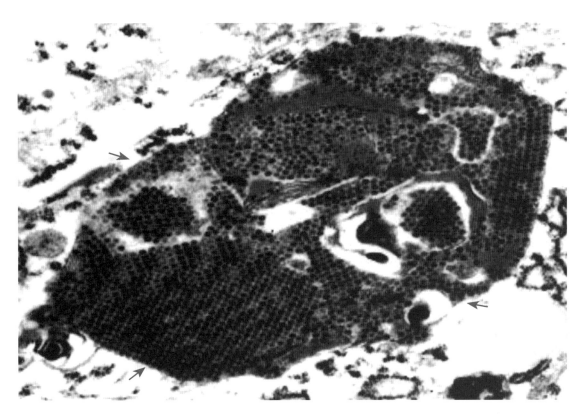

图 6-2-1-3 感染 IBDV 的鸡法氏囊组织。正在复制组装的 IBDV 包涵体分布于死亡崩解的细胞内（↑）。TEM，40k×

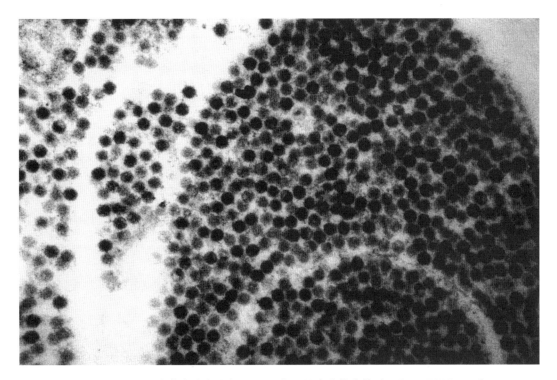

图 6-2-1-4 IBDV 感染鸡的法氏囊。IBDV 粒子呈类晶格状排列（★）。TEM，100k×

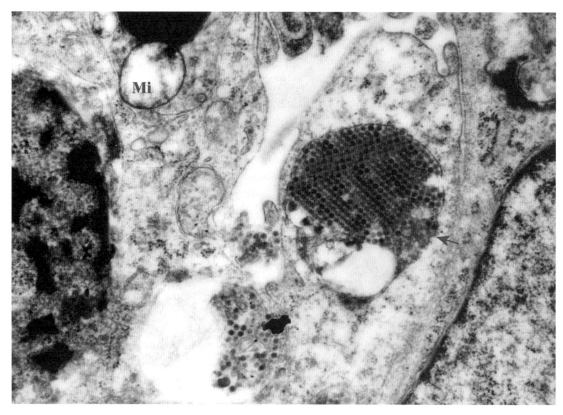

图 **6-2-1-5** IBDV 感染鸡法氏囊。细胞质内病毒包涵体（↑），IBDV 粒子呈晶格状排列（★）。N：细胞核；Mi：空化的线粒体。TEM，40k×

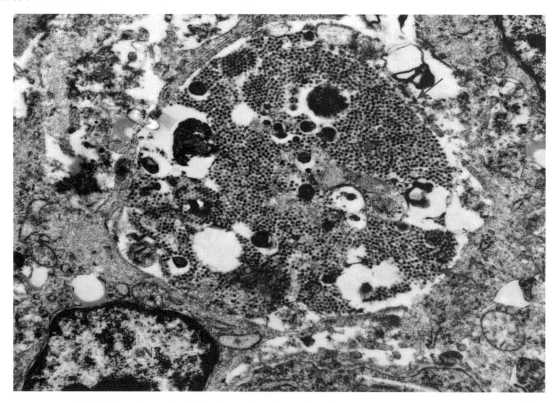

图 **6-2-1-6** IBDV 感染鸡法氏囊。细胞质内病毒包涵体（↑），IBDV 粒子呈类晶格状排列（★）。N：细胞核。TEM，20k×

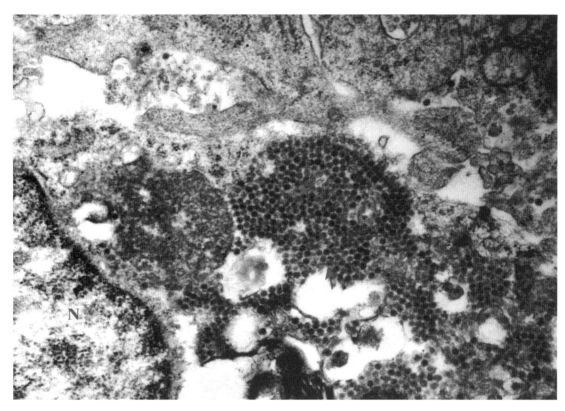

图 6-2-1-7　IBDV 感染鸡法氏囊。示一细胞质内病毒粒子（↑），IBDV 粒子呈类晶格状排列（★）。N：细胞核；Mi：变性的线粒体。TEM，40k×

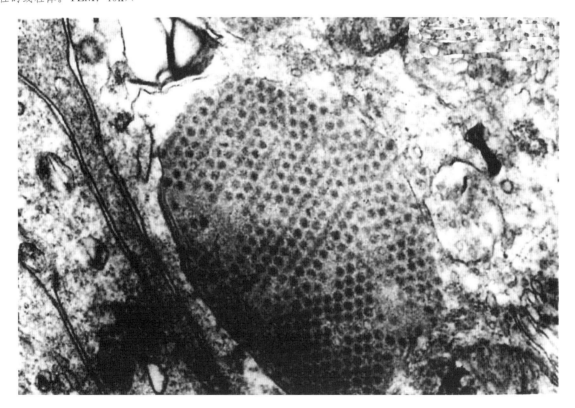

图 6-2-1-8　IBDV 感染鸡的法氏囊组织中的 IBDV 包涵体，IBDV 粒子呈晶格状排列。TEM，33k×

2. 狂犬病病毒（Rabies virus，RBV）

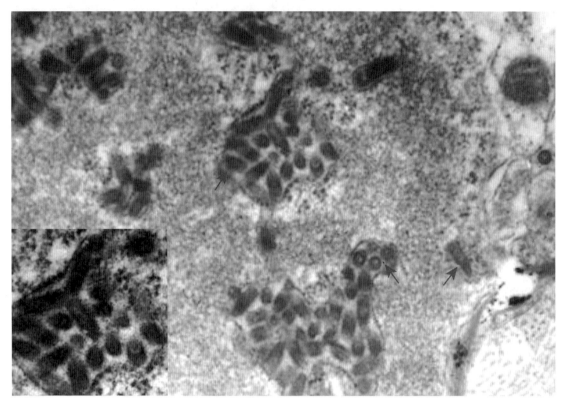

图 6-2-2-1 人工感染 RBV 小鼠大脑。细胞质中的狂犬病病毒成团分布，病毒呈试管状或子弹形（↑）及圆形（横切面）。病毒的大小为 180 nm×（75～80 nm）。左下框图为图中局部放大。TEM，40k×

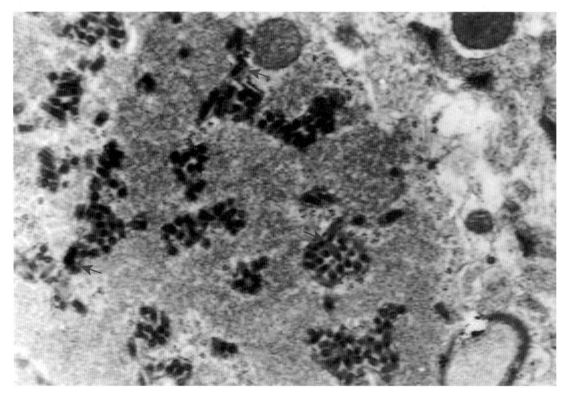

图 6-2-2-2 人工感染 RBV 小鼠大脑。示细胞质内正在组装中的狂犬病病毒（↑）。TEM，20k×

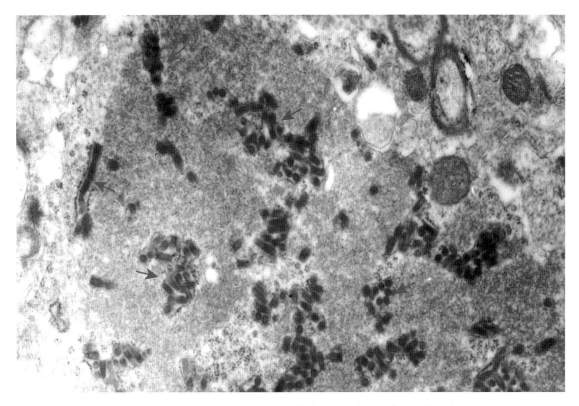

图 6-2-2-3 人工感染 RBV 小鼠脑组织。病毒包涵体中正在组装的狂犬病病毒（↑）。TEM，20k×

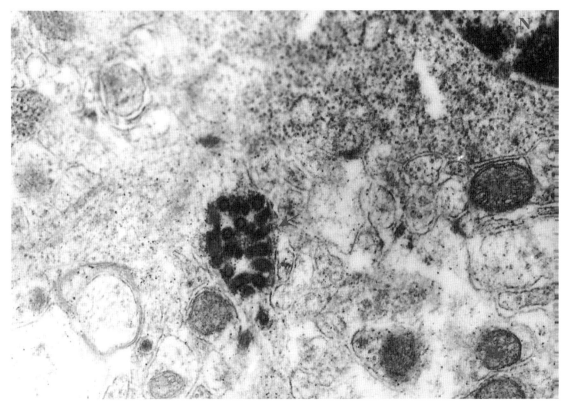

图 6-2-2-4 人工感染 RBV 小鼠脑组织。细胞质中聚集成团的狂犬病病毒（↑）。Mi：线粒体；N：细胞核。TEM，30k×

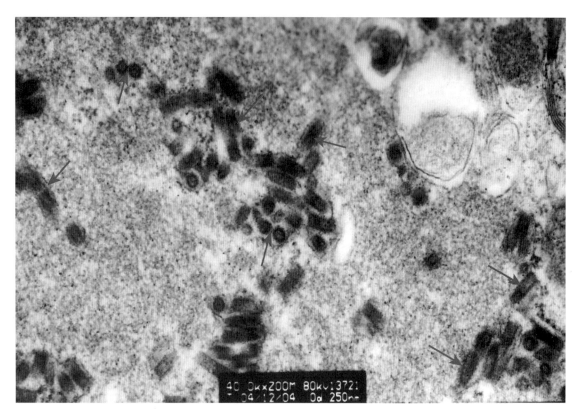

图 6-2-2-5 人工感染 RBV 小鼠大脑。细胞质内散在大量的圆形（横切面）及子弹头状的狂犬病病毒（↑）。TEM，40k×

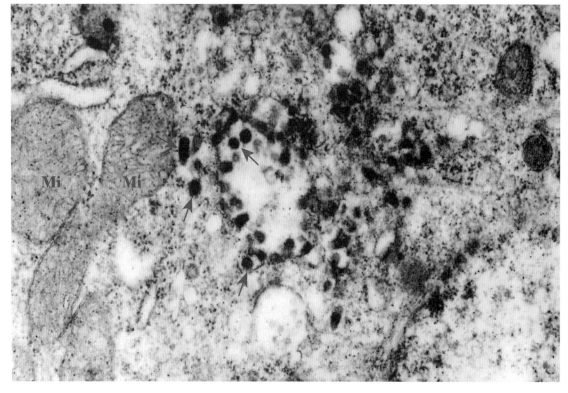

图 6-2-2-6 人工感染 RBV 小鼠大脑。细胞质中散在大量的圆形（横切面）及少数子弹头状的狂犬病病毒（↑）。Mi：线粒体。TEM，30k×

3. 痘病毒（poxvirus）

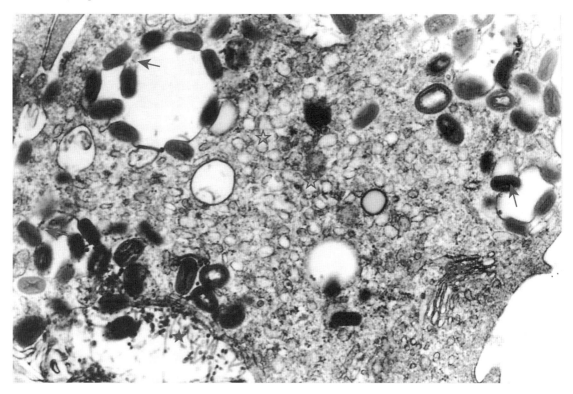

图 6-2-3-1　鸽痘病毒在鸡胚中复制、装配。细胞质内大量的液泡（☆）病毒大多沿着囊泡边缘组装其侧体和外膜（↑），有的囊泡边缘见大量微管（★）。GB：高尔基复合体。TEM，20k×

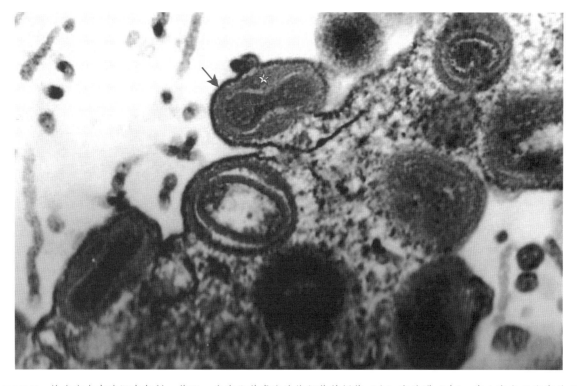

图 6-2-3-2　鸽痘病毒在鸡胚中复制、装配。病毒沿着囊泡边缘组装其侧体（☆）和外膜（↑），中心高电子密度的哑铃形结构为病毒的芯髓或类核体（★）。TEM，80k×

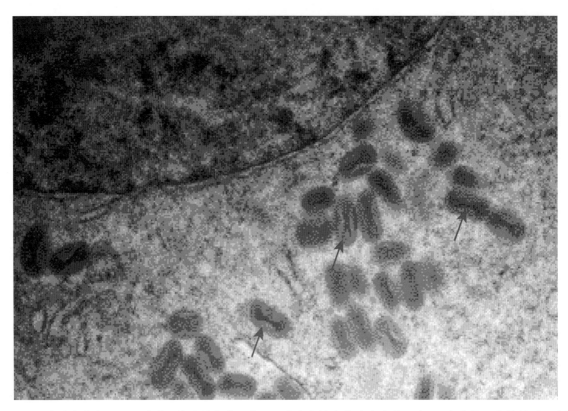

图 6-2-3-3 感染痘病毒（PV）的鸡胚绒毛尿囊膜细胞。细胞内大量成熟的痘病毒（↑）。病毒粒子成椭圆形，中间为高电子密度的哑铃形芯髓，其外有中等电子密度的囊膜结构。TEM，30k×

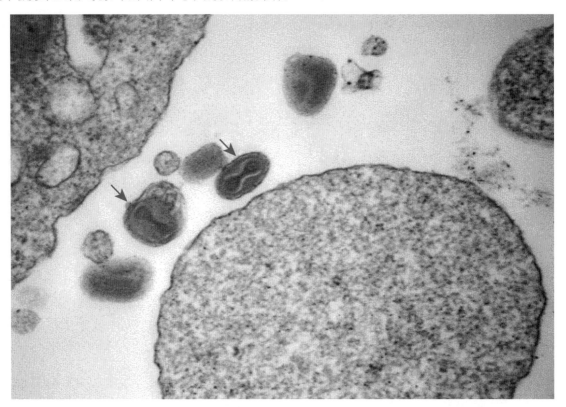

图 6-2-3-4 PV 感染的鸡胚绒毛尿囊膜。排出细胞外的鸡痘病毒。病毒囊膜外双层结构，芯髓中间位置有向内凸起呈中等电子密度的侧体（↑）。TEM，60k×

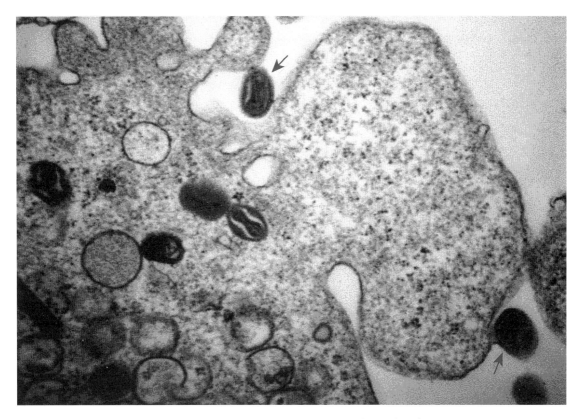

图 6-2-3-5　PV 感染的鸡胚绒毛尿囊膜。刚排出胞外的鸡痘病毒（↑）。TEM，50k×

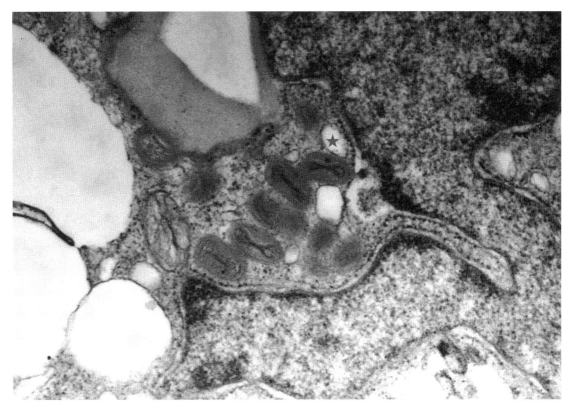

图 6-2-3-6　PV 感染的鸡胚绒毛尿囊膜。细胞内复制的鸡痘病毒，病毒结构不完整（☆），芯髓形成空泡（★）。TEM，60k×

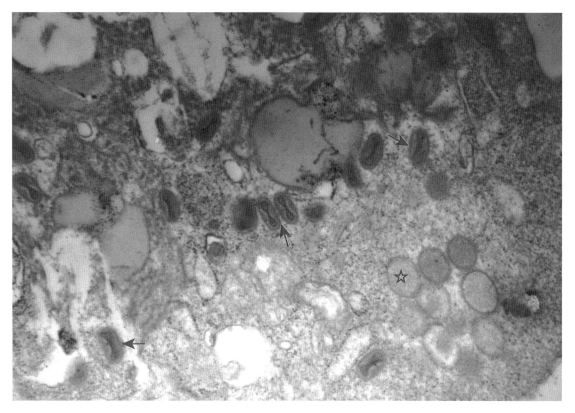

图 6-2-3-7　PV 感染的鸡胚绒毛尿囊膜。细胞质内正在组装的病毒（↑）及液泡（☆）。TEM，40k×

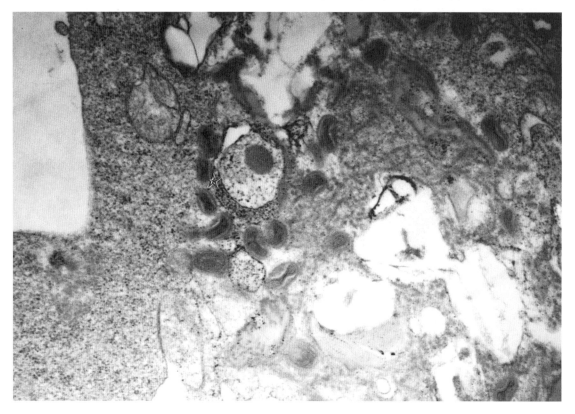

图 6-2-3-8　PV 感染的鸡胚绒毛尿囊膜。病毒正环绕液泡在胞浆内组装（☆）。TEM，40k×

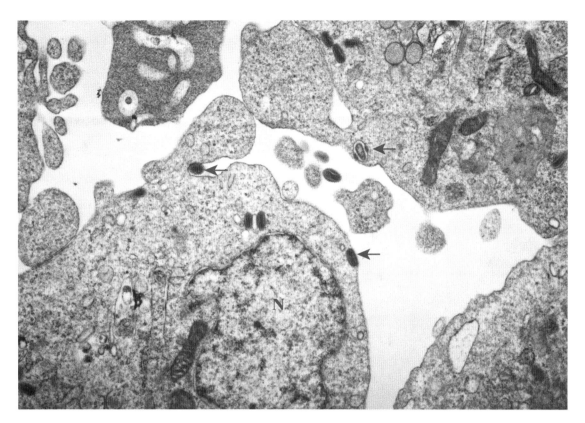

图 6-2-3-9 PV 感染的鸡胚绒毛尿囊膜。痘病毒正要穿过细胞膜向胞外排（↑）。N：细胞核。TEM，20k×

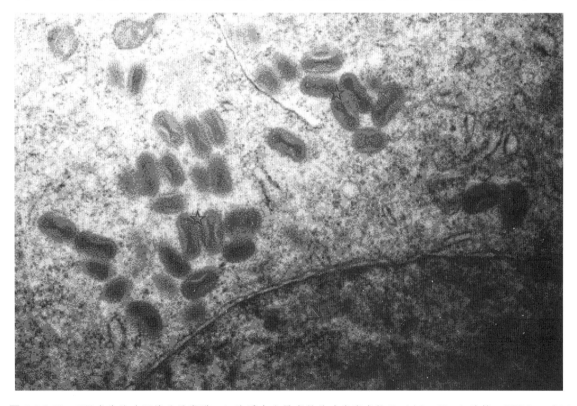

图 6-2-3-10 PV 感染的鸡胚绒毛尿囊膜。细胞质内大量成熟的鸡痘病毒粒子（☆）。N：细胞核。TEM，30k×

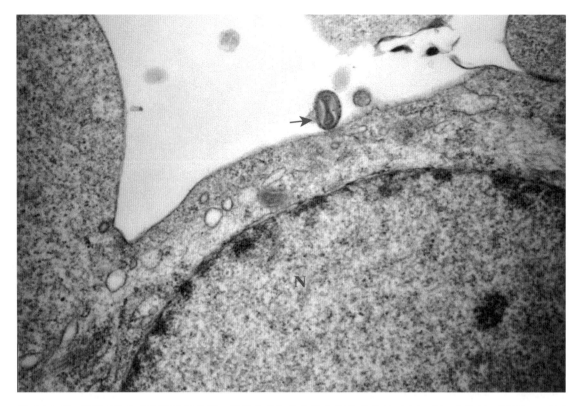

图 6-2-3-11 PV 感染的鸡胚绒毛尿囊膜。刚排出至细胞外的鸡痘病毒粒子（↑）。N：细胞核。TEM，30k×

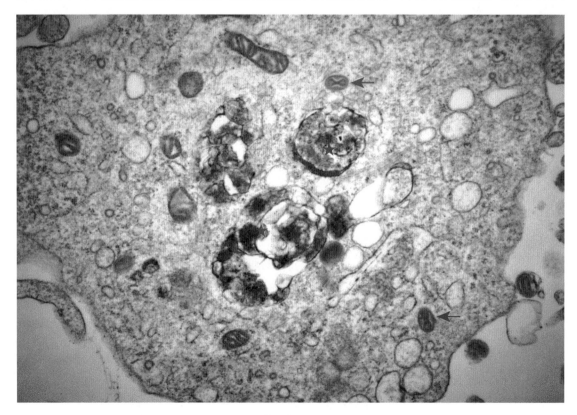

图 6-2-3-12 PV 感染的鸡胚绒毛尿囊膜。病毒（↑）在胞质内组装，胞内见多个溶酶体（★）。TEM，30k×

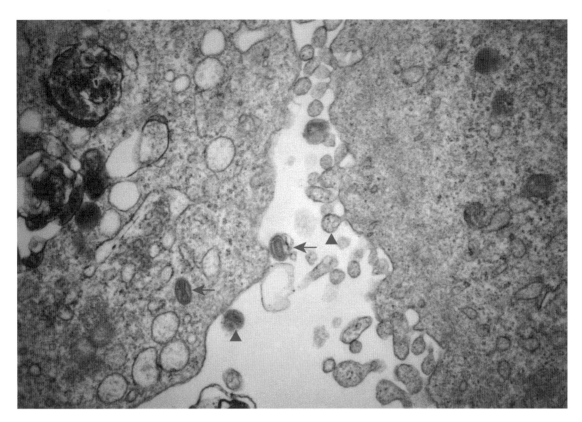

图 6-2-3-13　感染 PV 的鸡胚绒毛尿囊膜。鸡痘病毒在胞浆内组装（↑），并出芽至细胞外（▲）TEM，30k×

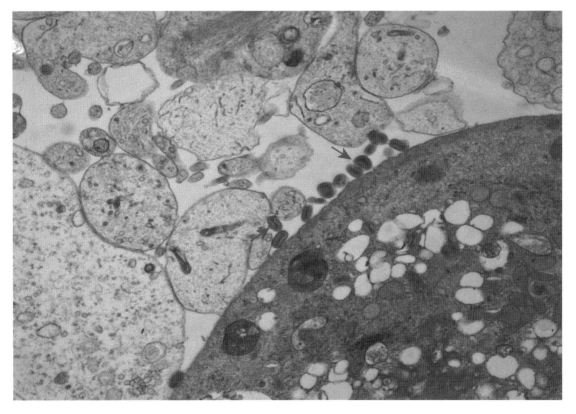

图 6-2-3-14　感染 PV 的鸡胚绒毛尿囊膜上皮。示一批刚出芽的病毒粒子排列于细胞膜外（↑）。TEM，20k×

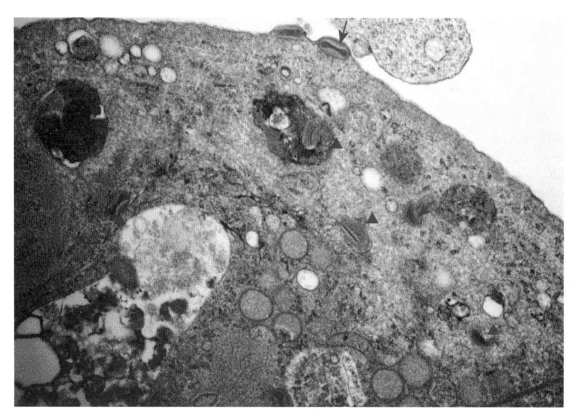

图 6-2-3-15 鸡痘病毒出芽。鸡胚绒毛尿囊膜细胞膜表面正在出芽的病毒（↑），胞浆内也见病毒粒子（▲）。TEM，25k×

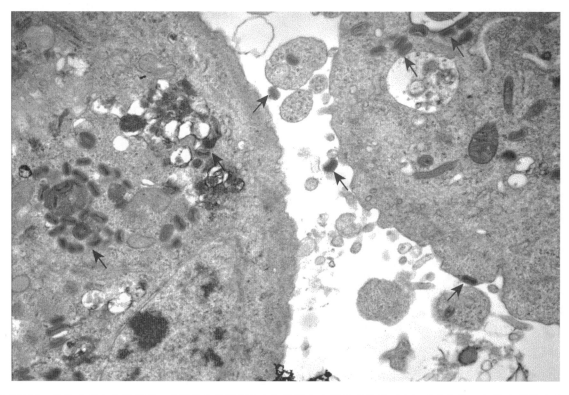

图 6-2-3-16 组装出芽中的痘病毒。鸡胚绒毛尿囊膜上皮细胞质内大量病毒粒子（↑）正在组装，细胞表面见有病毒正在出芽。TEM，20k×

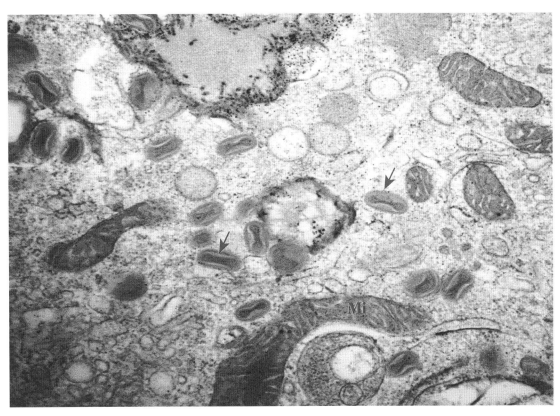

图 6-2-3-17　鸡痘病毒感染的鸡胚绒毛尿囊膜上皮。细胞质内大量成熟的鸡痘病毒（↑）。Mi：变形的线粒体。TEM，40k×

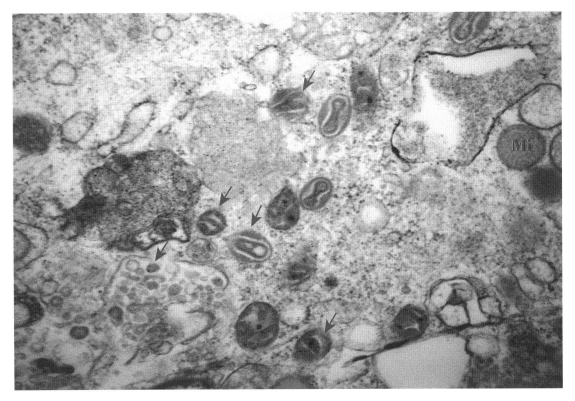

图 6-2-3-18　感染痘病毒的鸡胚绒毛尿囊膜。示正在细胞质内复制组装的鸡痘病毒，有的病毒结构不完整，芯髓形成空泡、裂开，或者呈畸形（↑）。Mi：线粒体。TEM，50k×

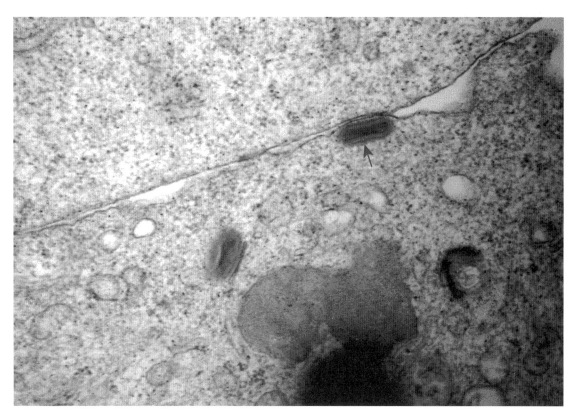

图 6-2-3-19 鸡痘病毒出芽。示一病毒正贴近细胞膜欲排出细胞外（↑）。TEM，60k×

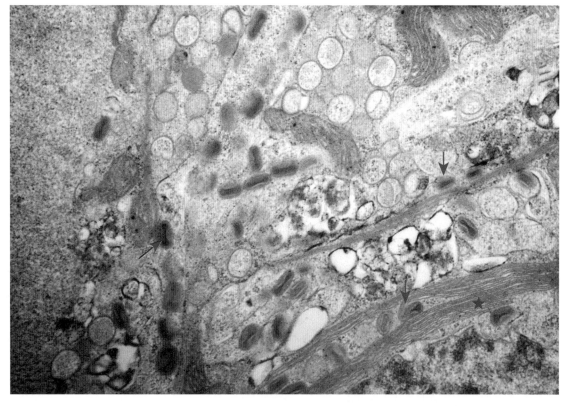

图 6-2-3-20 鸡痘病毒感染的鸡胚绒毛尿囊膜。病毒（↑）常沿着微丝（★）进行组装。TEM，30k×

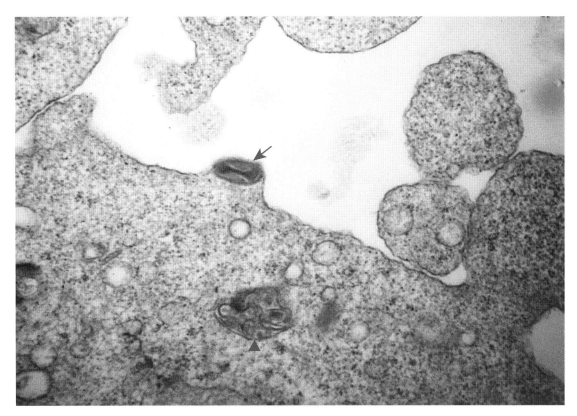

图 6-2-3-21　鸡痘病毒成熟出芽。病毒在感染细胞膜表面呈泡状隆突，正在出芽（↑）。▲：胞浆内一病毒包涵体。TEM，60k×

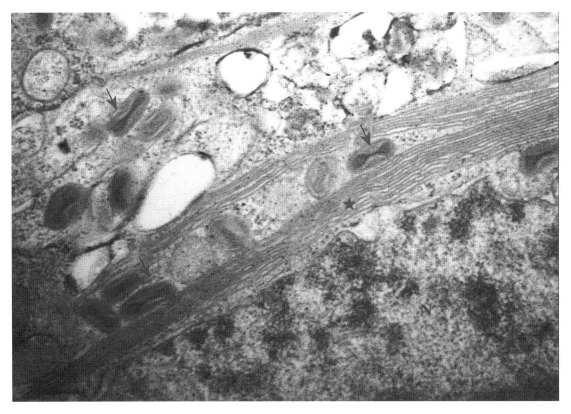

图 6-2-3-22　鸡痘病毒接种鸡胚绒毛尿囊膜。示痘病毒（↑）在细长的微丝（★）间进行组装。N：细胞核。TEM，60k×

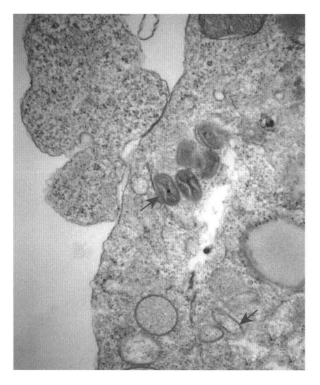

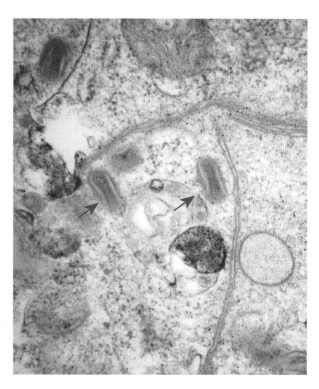

图 6-2-3-23 　鸡胚绒毛尿囊膜细胞内正在装配的鸡痘病毒。示不同装配阶段的病毒粒子（↑）。TEM，60k×

图 6-2-3-24 　感染痘病毒的鸡胚绒毛尿囊膜。细胞质内正在组装的鸡痘病毒（↑）。TEM，80k×

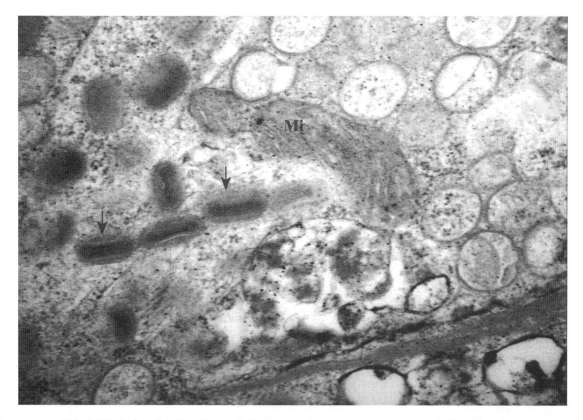

图 6-2-3-25 　感染痘病毒的鸡胚绒毛尿囊膜。鸡痘病毒在细胞质内表达与装配（↑），线粒体形态变异（Mi）。TEM，60k×

4. 戊型肝炎病毒（Hepatitis E virus，HEV）

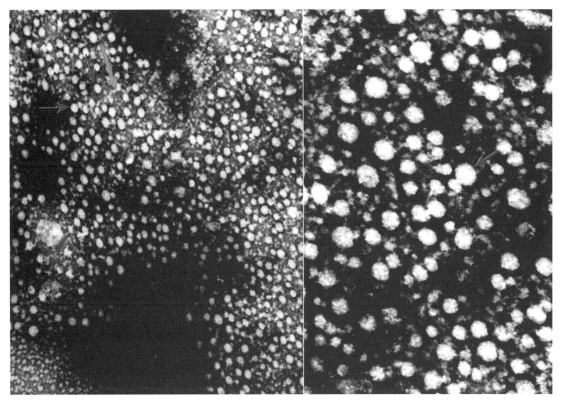

图 6-2-4-1　HEV-RNA PCR 检测阳性猪粪便样品免疫电镜负染色图像。病毒粒子为 20 面体立体对称的实心圆形或卵圆形颗粒，大小不一致（↑），直径 27～50 nm。TEM，50k×，右图为左图放大。

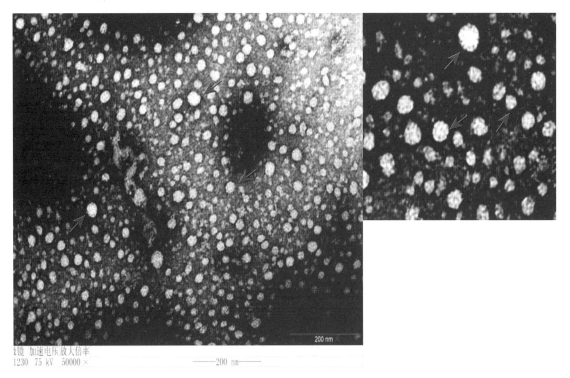

图 6-2-4-2　HEV 感染 7d 后沙鼠肝脏组织病毒分离液免疫电镜负染色图像。HEV 呈大小不一的圆形或卵圆形的颗粒，20 面体立体对称（↑）。直径 27～65 nm。TEM，左图 50k×，右上图为左图局部放大。

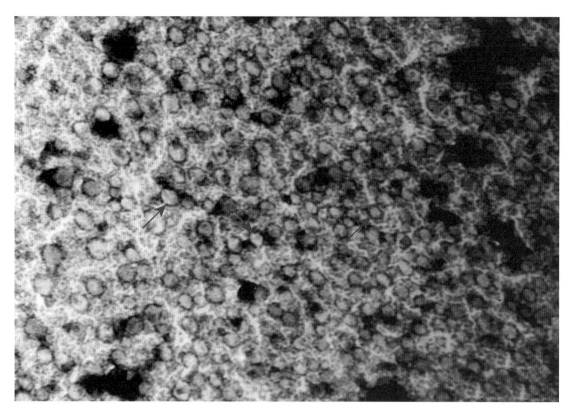

图 6-2-4-3 HEV PCR 检测阳性牛肝脏组织病毒分离液负染色图像。病毒粒子呈大小不一的圆形或卵圆形的颗粒,直径约 40 nm (↑)。TEM,100k×

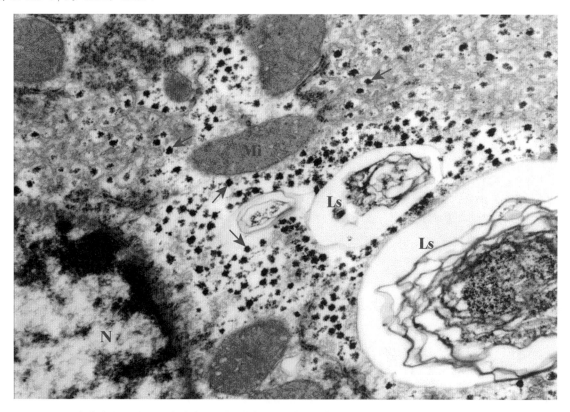

图 6-2-4-4 HEV 感染沙鼠肝脏。细胞质内大量圆形或卵圆形的病毒粒子,直径 30~65 nm (↑)。Mi:线粒体;Ls:溶酶体(残余小体)。N:细胞核。TEM,30k×

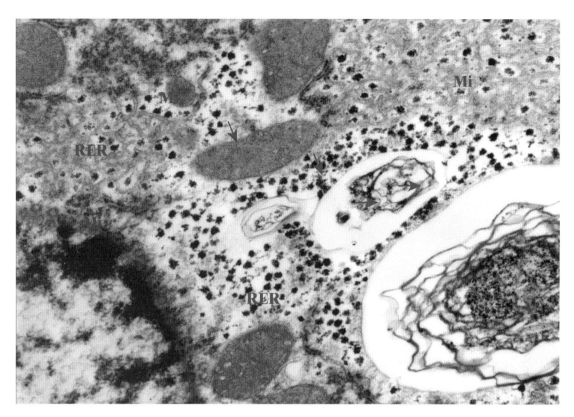

图 6-2-4-5 HEV 感染沙鼠肝脏。细胞质内见成片分布的圆形或卵圆形大小不一的病毒粒子（↑）。粗面内质网（RER）排列异常。Mi：线粒体；N：细胞核。TEM，15k×

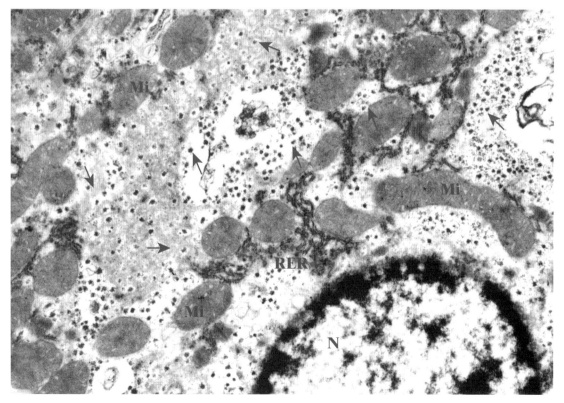

图 6-2-4-6 HEV 感染沙鼠肝脏。细胞质内大量圆形或卵圆形的病毒粒子，直径 30～65 nm（↑）。粗面内质网（RER）明显减少且结构异常。Mi：线粒体；N：细胞核。TEM，20k×

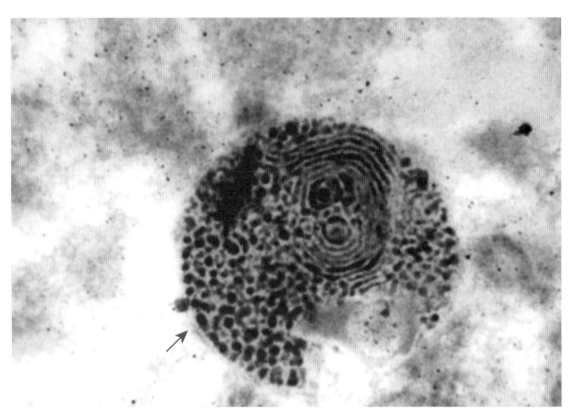

图 6-2-4-7　HEV PCR 检测阳性猪肝脏。肝细胞胞质中的病毒包涵体（↑）。TEM，100k×

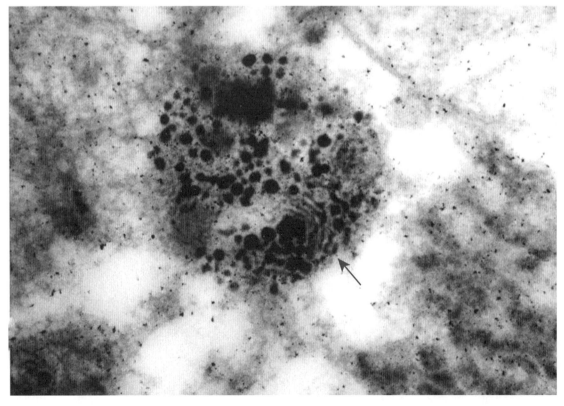

图 6-2-4-8　HEV PCR 检测阳性猪肝脏。肝细胞胞质中的病毒包涵体（↑）。TEM，100k×

5. 乙型肝炎病毒（Hepatitis B virus，HBV）

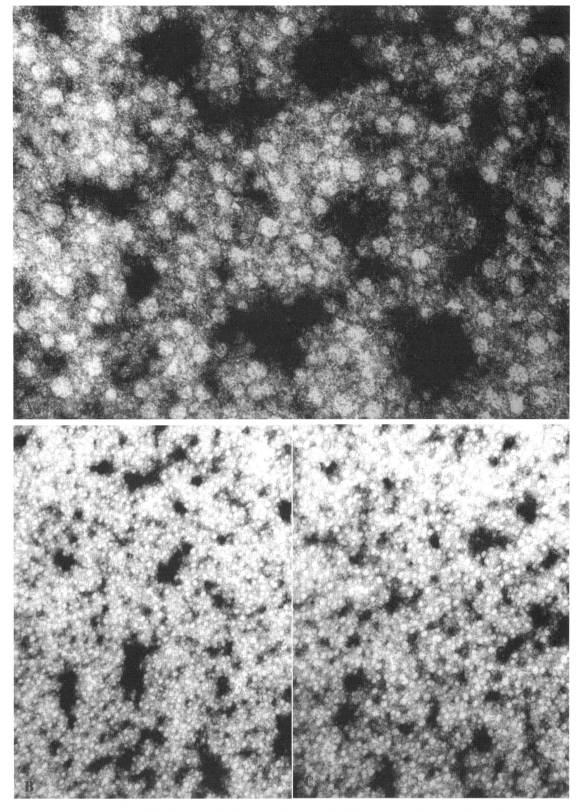

图 6-2-5-1　HBV PCR 检测阳性屠宰猪肝脏病毒分离液免疫电竞负染色图像。病毒粒子呈球形，直径为 30～33 nm
（↑）。TEM，A：200k×，B：80k×，C：100k×

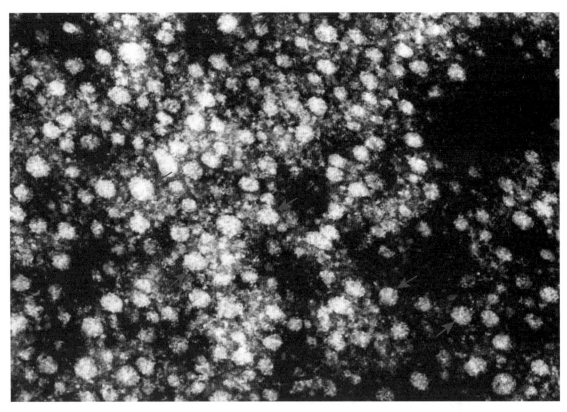

图 6-2-5-2　HBV PCR 检测阳性屠宰猪肝脏病毒分离液免疫电镜负染色图像。病毒粒子呈球形，直径 32～40 nm（↑）。TEM，200k×

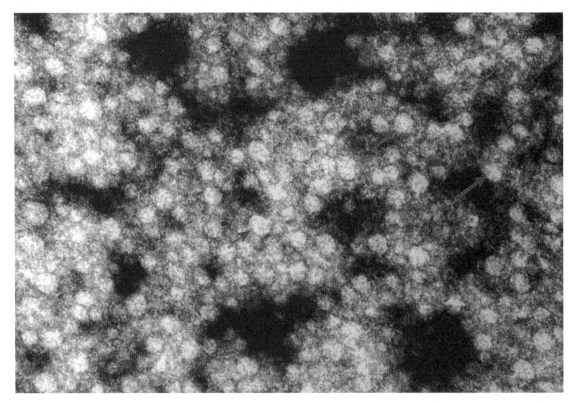

图 6-2-5-3　HBV PCR 检测阳性屠宰猪肝脏病毒分离液免疫电镜负染色图像。病毒粒子呈球形，直径 32～37 nm（↑）。TEM，200k×

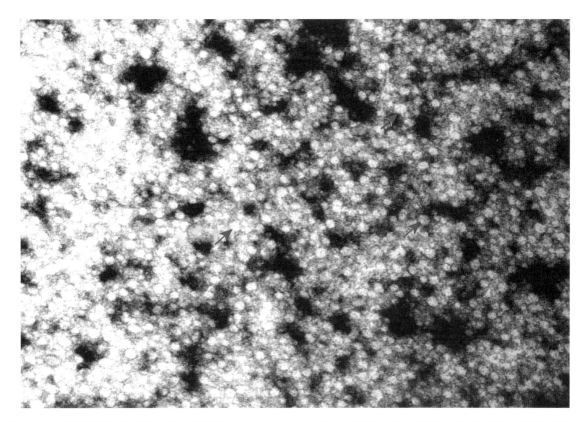

图 6-2-5-4　HBV PCR 检测阳性屠宰猪肝病毒分离液免疫电镜负染色图像。箭头（↑）示病毒粒子。TEM，100k×

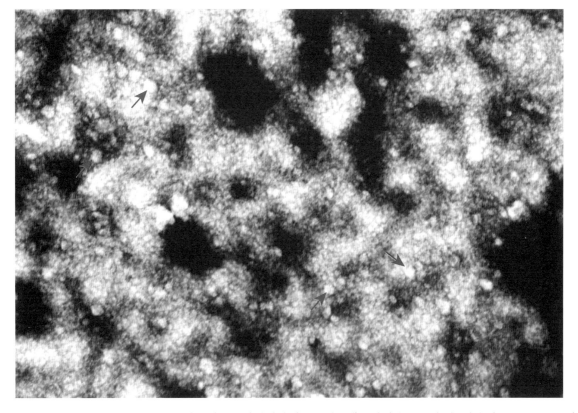

图 6-2-5-5　HBV PCR 检测阳性鸡血清高速离心分离病毒负染色电镜图像。病毒粒子呈球形，直径为 30～35 nm（↑）。TEM，100k×

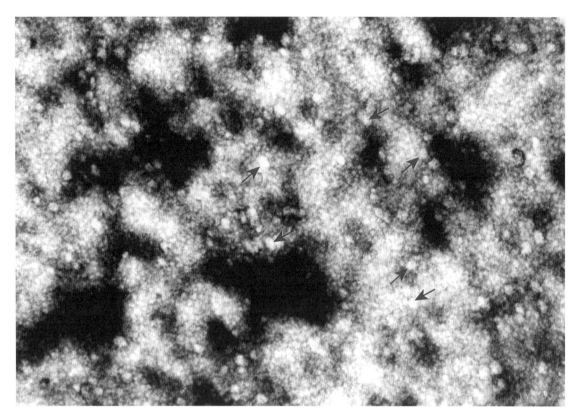

图 6-2-5-6 HBV PCR 检测阳性鸡血清高速离心分离病毒负染色电镜图像。箭头（↑）示病毒粒子。TEM，100k×

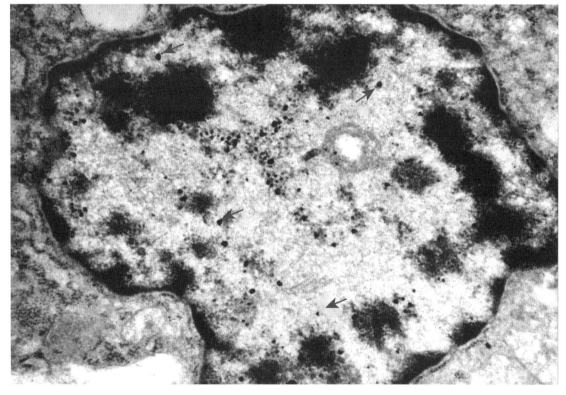

图 6-2-5-7 HBV-DNA PCR 检测阳性的屠宰肉鸡肝脏样品透射电镜图片。星形细胞核内散在多量浓染的病毒粒子（↑）。TEM，40k×

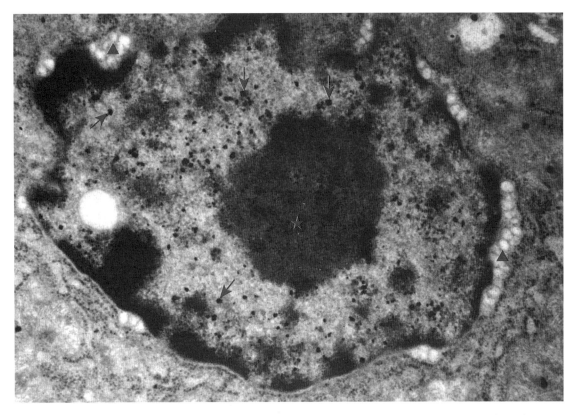

图 6-2-5-8 HBV-DNA PCR 检测阳性的屠宰肉鸡肝脏。星形细胞核内散在多量浓染的病毒粒子（↑），多处核周隙扩张，其间密集卵圆形微小液泡（▲）。★：核仁。TEM，40k×

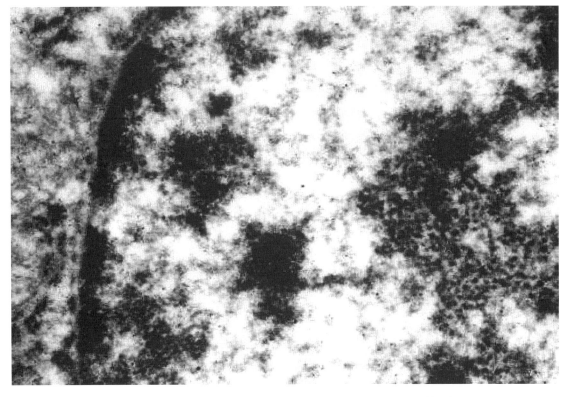

图 6-2-5-9 HBV 免疫组化阳性反应的屠宰猪肝脏。肝细胞核内密集的 HBV Dane 样颗粒（★）。TEM，60k×

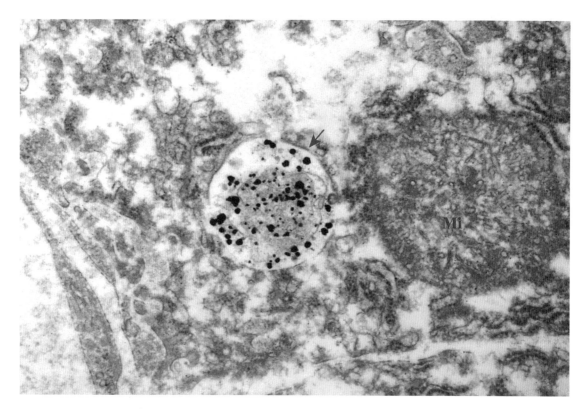

图 6-2-5-10　HBV 感染沙鼠肝。肝细胞质中一空泡内 HBV 病毒样粒子（↑）。Mi：线粒体。TEM，50k×

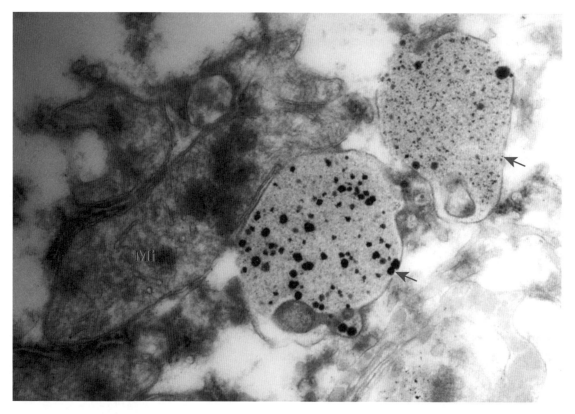

图 6-2-5-11　HBV 感染 C57 小鼠肝。肝细胞质中 HBV 病毒包涵体（↑）。Mi：线粒体。TEM，60k×

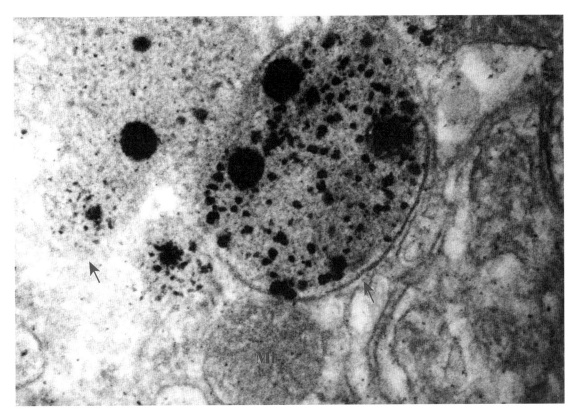

图 6-2-5-12　HBV 感染 C57 小鼠肝。肝细胞内 HBV 病毒包涵体（↑）。Mi：线粒体。TEM，150k×

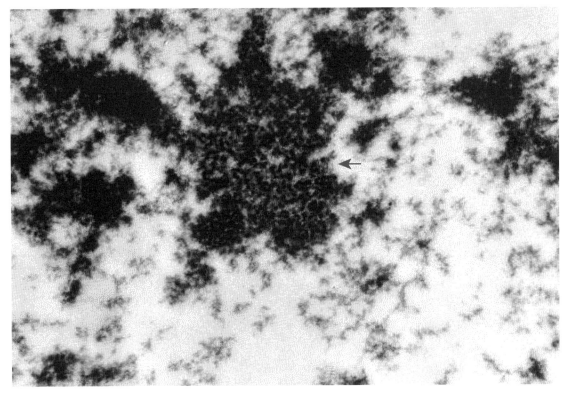

图 6-2-5-13　HBV 感染 C57 小鼠肝脏。肝细胞核内密集 HBV 病毒样粒子（↑）。TEM，50k×

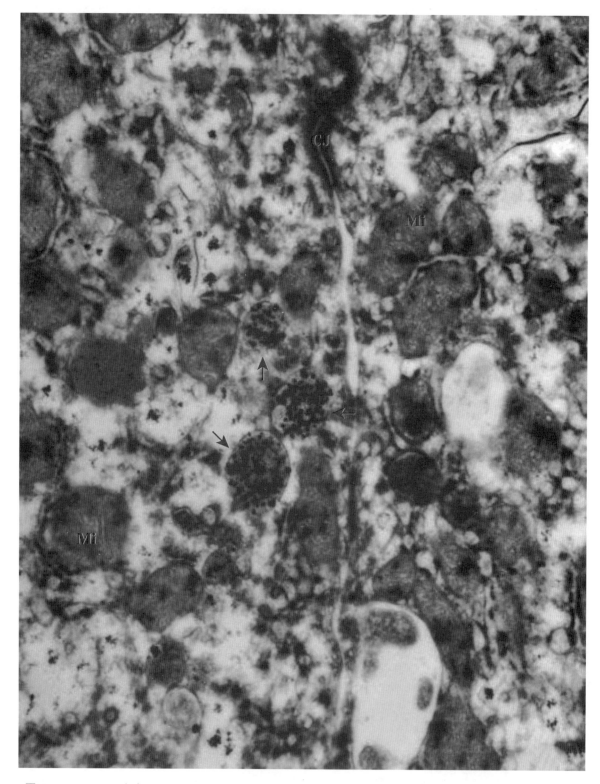

图 6-2-5-14 HBV 感染 C57 小鼠肝。示包涵体样结构（↑）。Mi：线粒体；CJ：肝细胞间连接。TEM，30k×

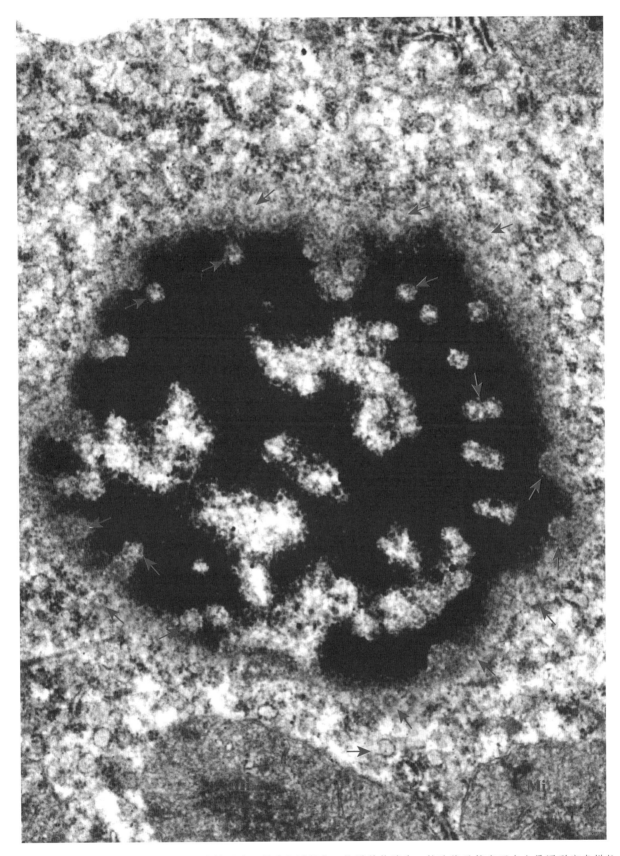

图 6-2-5-15 HBV 感染沙鼠肝。肝细胞核固缩，异染色质凝集，核膜结构消失，核边缘及核表面有大量圆形病毒样粒子从核孔处向胞质中移行（↑）。Mi：线粒体。TEM，60k×

6. 星状病毒（Astrovirus）

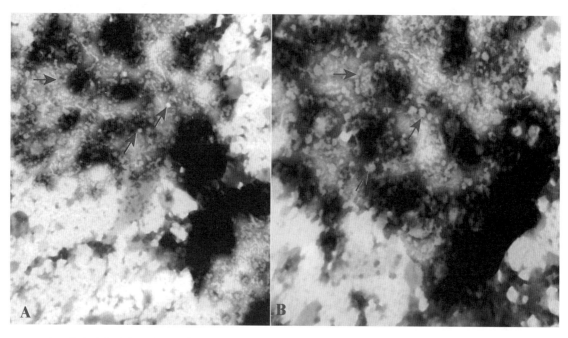

图 6-2-6-1 病死黄麂的肾病毒分离液负染色图像。病毒粒子直径 22～25 nm，呈星形颗粒状，颗粒表面有 4～6 个星状突起，病毒常呈絮状或串珠状排列（↑）。TEM，A：50k×，B：80k×

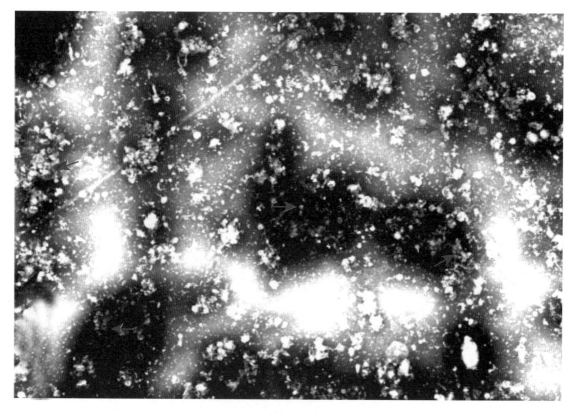

图 6-2-6-2 病死黄麂的肾病毒分离液负染色图像。低倍镜下病毒粒子呈絮状或串珠状排列（↑）。TEM，15k×

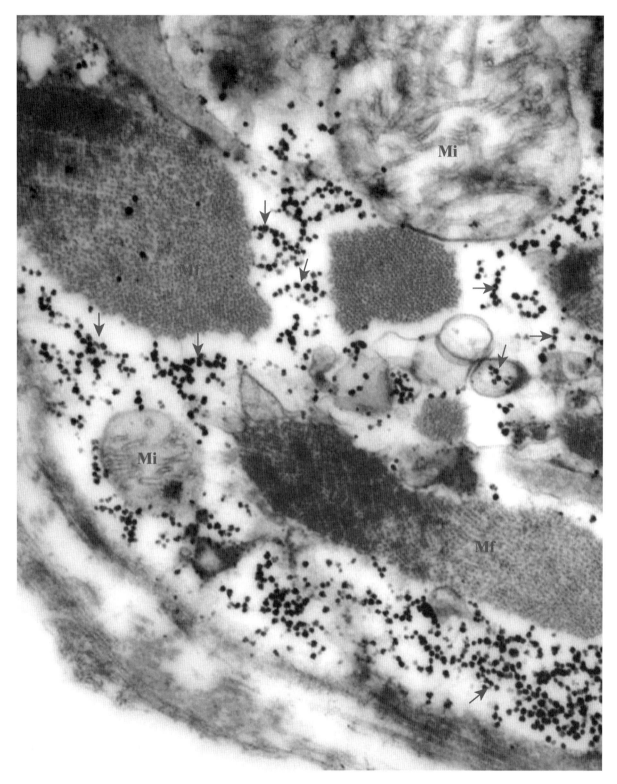

图 6-2-6-3　星状病毒感染黄麂心肌。肌原原纤维间见大量排列成串的病毒粒子（↑）；线粒体肿胀，嵴排列紊乱（Mi），腔内也可见病毒粒子。Mf：肌原原纤维。TEM，50k×

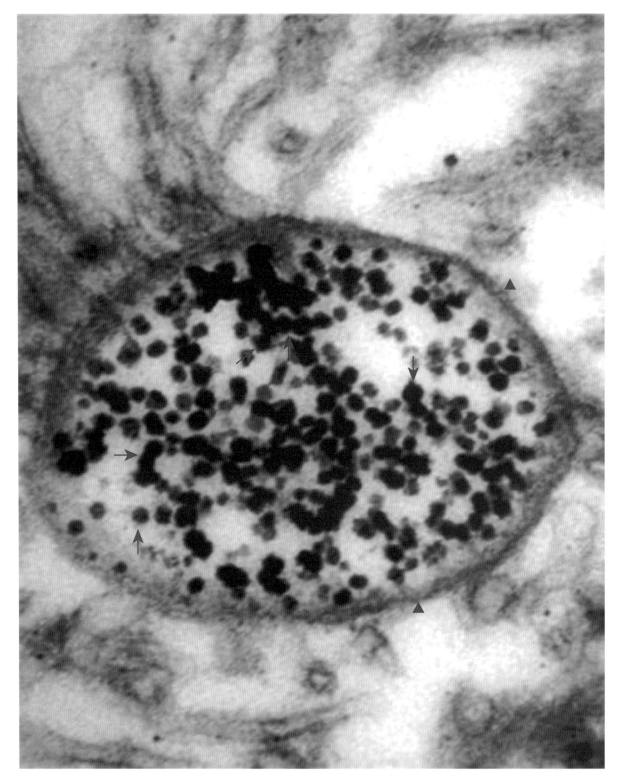

图 6-2-6-4　黄鹿星状病毒感染心肌。细胞质内线粒体肿胀，中心出现的异常囊腔（▲）内聚集大量病毒粒子（↑），病毒颗粒表面有 4～6 个星状突起。直径 22～27 nm。TEM，200k×

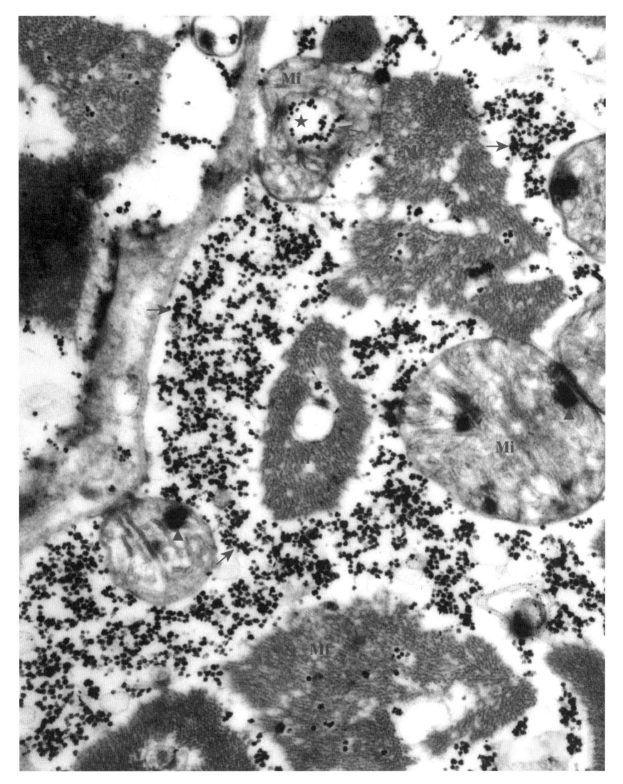

图 6-2-6-5 星状病毒感染黄麂心肌。肌原纤维间密集大量圆形串珠状病毒粒子（↑）；线粒体轻度肿胀（Mi），嵴间出现深染团块（▲），有 1 线粒体中心形成囊腔（★），腔内也见病毒粒子。Mf：肌原纤维。TEM，50k×

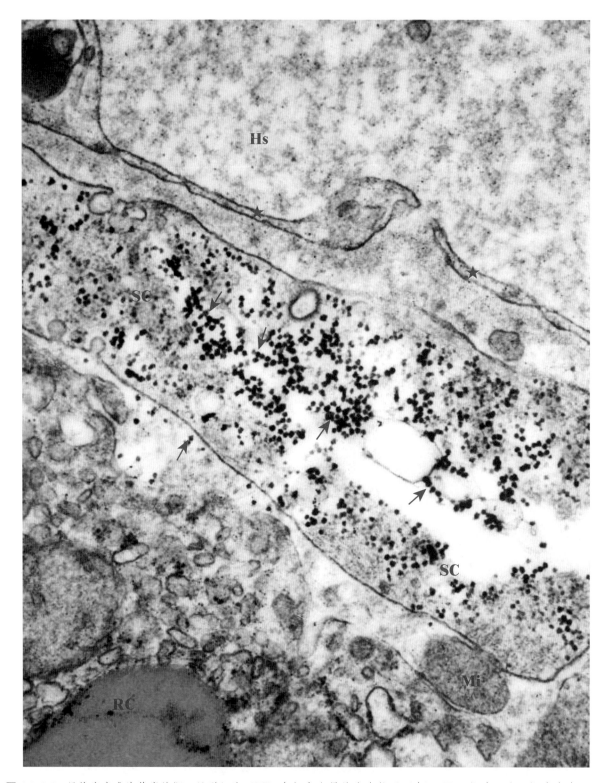

图 6-2-6-6　星状病毒感染黄麂的肝。星形细胞（SC）突起内大量的病毒粒子（↑）。Hs：肝窦；★：肝窦内皮。Mi：线粒体；RC：红细胞。TEM，50k×

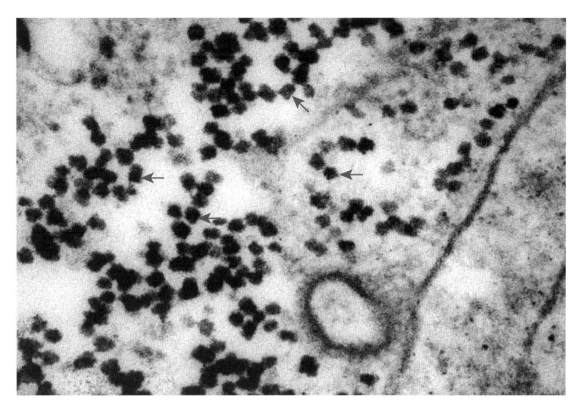

图 6-2-6-7　星状病毒感染黄麂的肝脏。高倍镜下可清楚见毒病粒子直径 20～30nm，表面有星状突起，成堆成片或成串排列（↑）。TEM，200k×

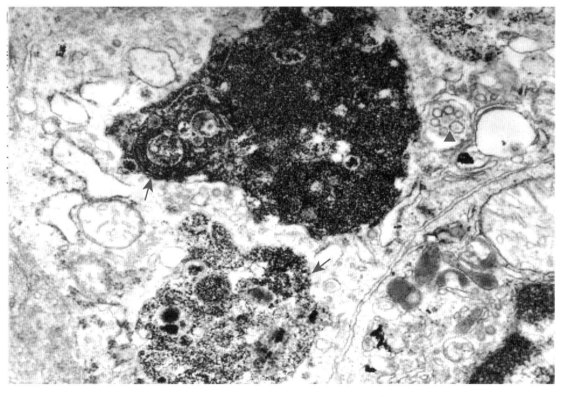

图 6-2-6-8　星状病毒感染黄麂的肺脏。示细胞质内的病毒包涵体（↑）。▲：液泡。TEM，40k×

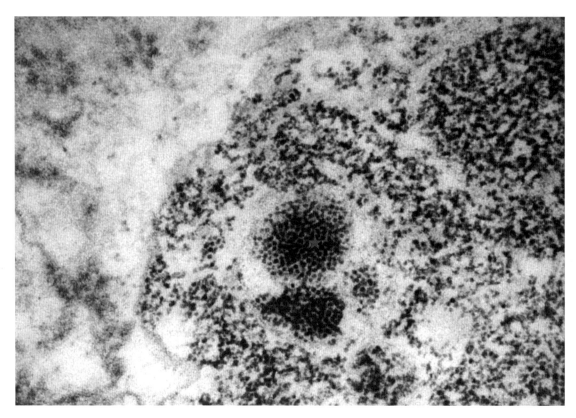

图 6-2-6-9　星状病毒感染黄麂的肺脏。细胞浆内的病毒包涵体（★）。TEM，100k×

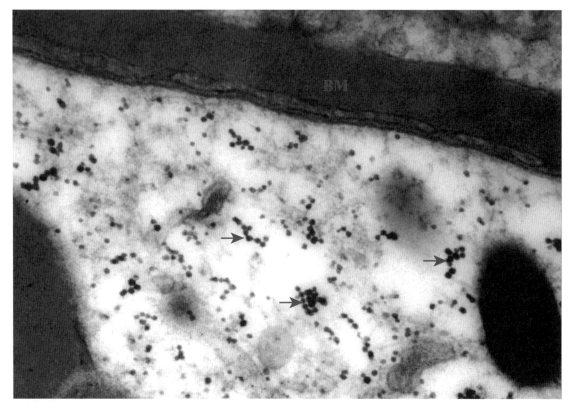

图 6-2-6-10　星状病毒感染黄麂的肾脏。肾小管基底膜显著增厚（BM），胞浆崩解空化，大量病毒粒子散在于其中（↑）。TEM，100k×

7. 疱疹病毒（herpes virus，HV）

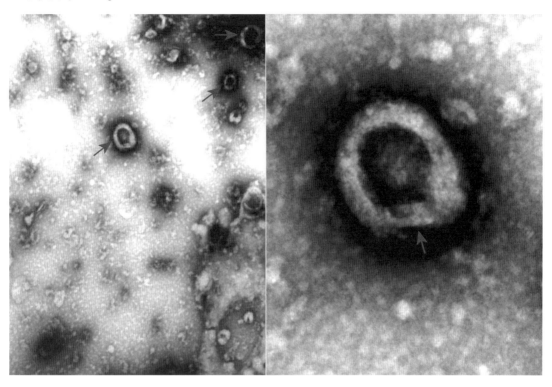

图 6-2-7-1 感染疱疹病毒黑麂肾脏病毒分离提取液负染色图像。示带囊膜的圆形疱疹病毒（↑），直径 150～180 nm。TEM，左图：60k×，右图为左图的放大。

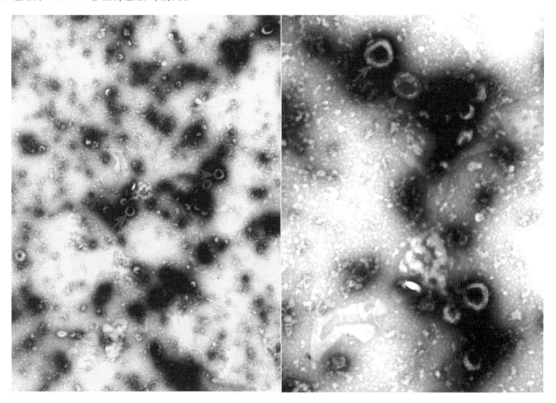

图 6-2-7-2 感染疱疹病毒黑麂肾脏病毒分离提取物负染色图像。病毒为带囊膜的疱疹病毒（↑）。TEM，左图 30k×，右图为左图放大。

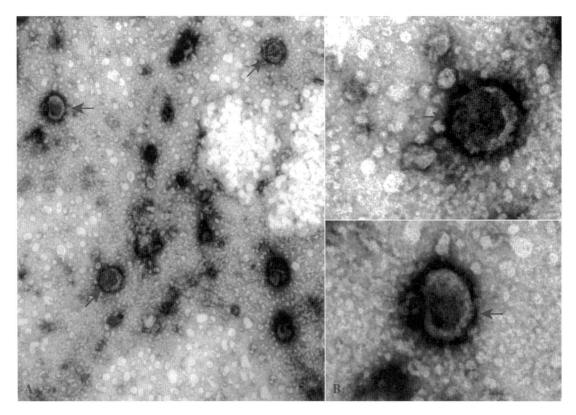

图 **6-2-7-3** 疱疹病毒感染黄麂肾脏病毒分离提取液负染色电镜图像。病毒为带有囊膜的圆形颗粒（↑）。直径 150 ～ 180 nm。TEM，A：60k×，B 图为 A 图的放大。

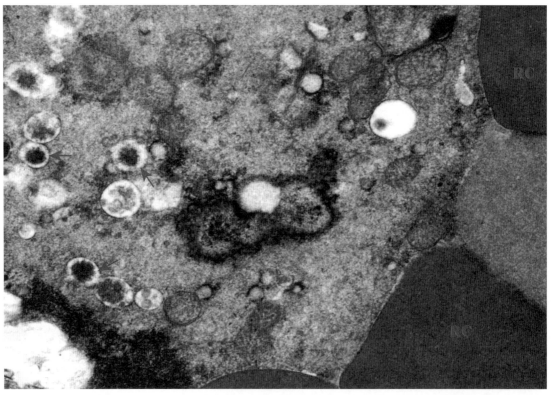

图 **6-2-7-4** 疱疹病毒感染斑羚肾脏。细胞质中见多个带囊膜的圆形疱疹病毒粒子（↑），病毒的直径 180～220 nm。RC：红细胞。TEM，30k×

8. 猪繁殖呼吸综合征病毒（PRRSV）

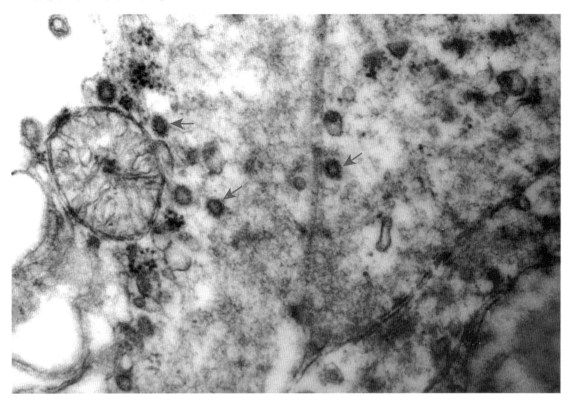

图 6-2-8-1 猪蓝耳病病毒人工感染试验猪。淋巴结内嗜酸性粒细胞及其他细胞浆中均见有 PRRSV 粒子（↑）。TEM，80k×

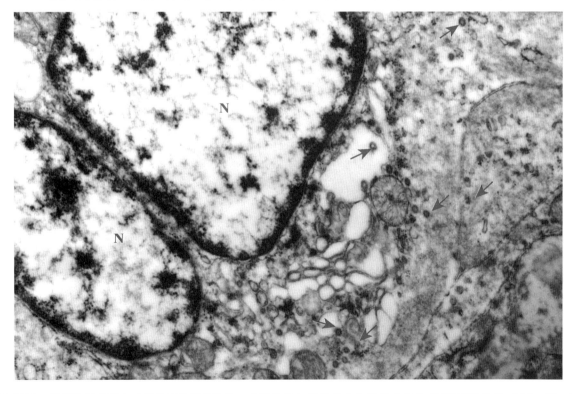

图 6-2-8-2 猪蓝耳病病毒人工感染试验猪淋巴结。嗜酸性粒细胞及其他细胞浆中均见有 PRRSV 粒子（↑）。N：细胞核。TEM，30k×

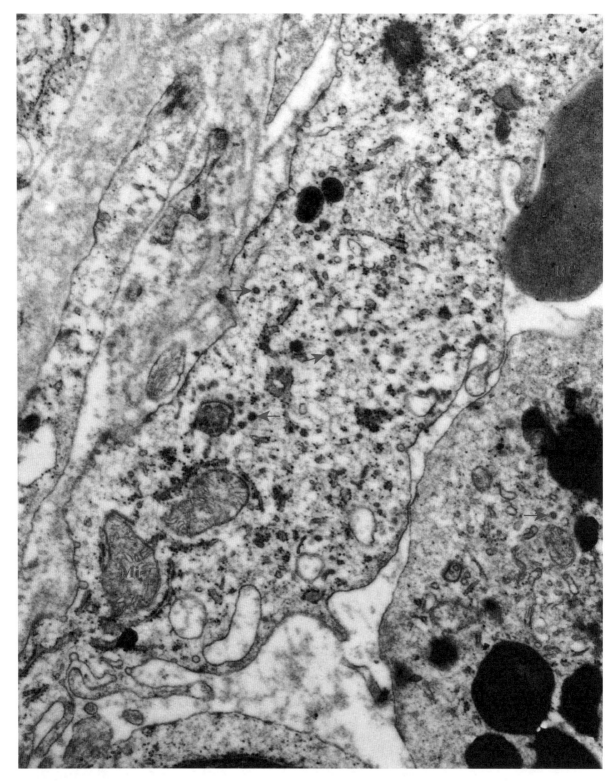

图 6-2-8-3 PRRSV 人工感染试验猪淋巴结。嗜酸性粒细胞及其他细胞质中均见有 PRRSV 粒子（↑）。Mi：线粒体；RC：红细胞。TEM，30k×

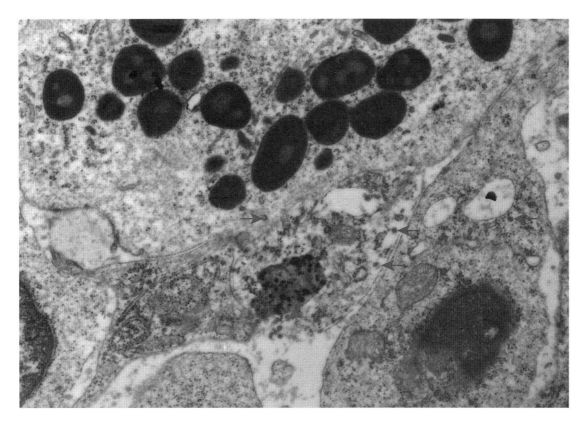

图 6-2-8-4　猪蓝耳病病毒人工感染试验猪淋巴结。细胞碎片中的 PRRSV 粒子（↑）。▲：病毒包涵体。TEM，30k×

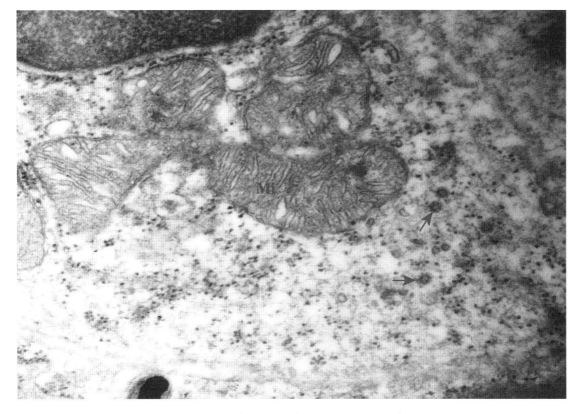

图 6-2-8-5　PRRSV 人工感染试验猪淋巴结。细胞质中的 PRRSV 粒子（↑）。Mi：线粒体。TEM，60k×

9．禽白血病病毒（Avian leukemia virus，ALV）

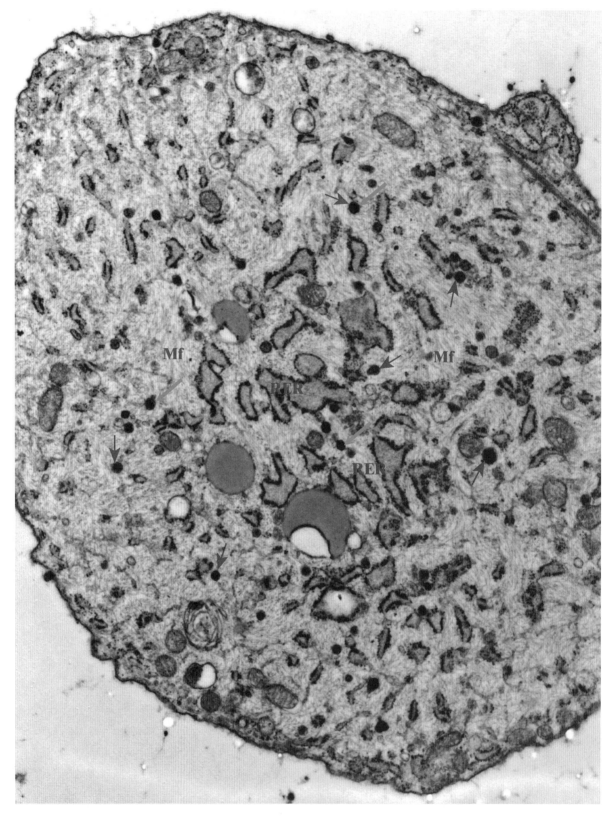

图 6-2-9-1 禽白血病病毒感染鸡腿肌肿瘤。瘤细胞内含有大量的病毒粒子（↑），其间密布微丝（Mf），并散在短管状粗面内质网（RER）。TEM，20k×

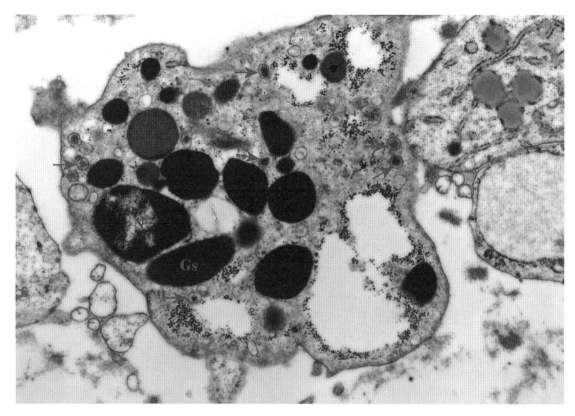

图 6-2-9-2 鸡白血病髓细胞瘤。髓细胞样瘤细胞核小而浓染（N），胞浆中颗粒大而深（Gs），胞浆中大空泡边缘密集细小的颗粒，空泡外见有病毒粒子及未成熟的病毒（↑）。TEM，25k×

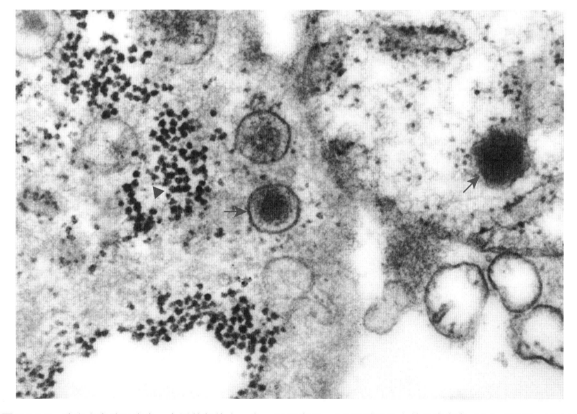

图 6-2-9-3 鸡白血病髓细胞瘤。上图局部放大。↑：ALV 粒子。ALV 周围见大量星状病毒（▲）。TEM，100k×

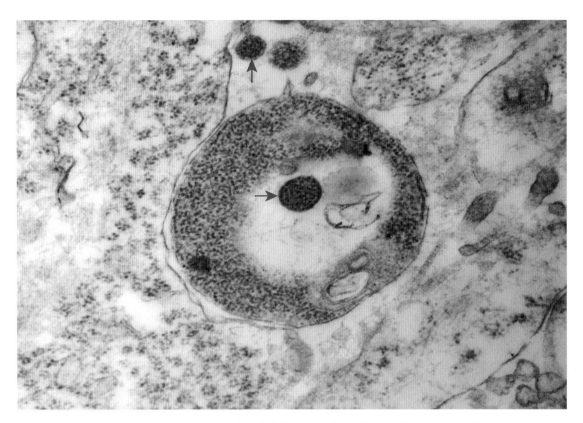

图 6-2-9-4 鸡白血病髓细胞瘤。胞浆包涵体内的病毒粒子（↑）。TEM，60k×

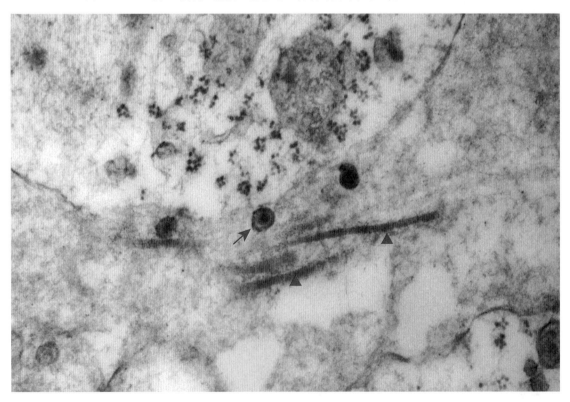

图 6-2-9-5 鸡白血病病毒引起的横纹肌肉瘤。瘤细胞中肌原原纤维（▲），在肌原原纤维旁见有 ALV 粒子（↑）。
TEM，80k×

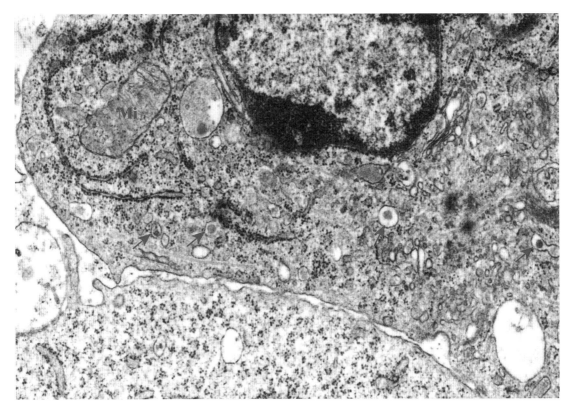

图 6-2-9-6　禽白血病病毒引起的鸽子肾发生的髓细胞瘤。可见瘤细胞内有带囊膜的病毒粒子（↑）；线粒体（Mi）内嵴模糊，形态异常。N：细胞核。TEM，30k×

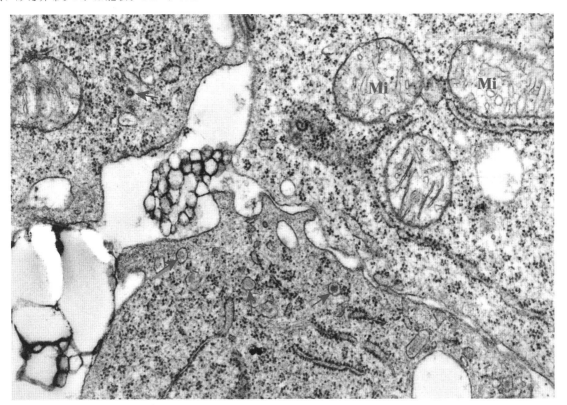

图 6-2-9-7　禽白血病病毒引起的鸽子肾发生髓细胞瘤。可见瘤细胞内有带囊膜的病毒粒子（↑）；线粒体（Mi）形态异常。TEM，40k×

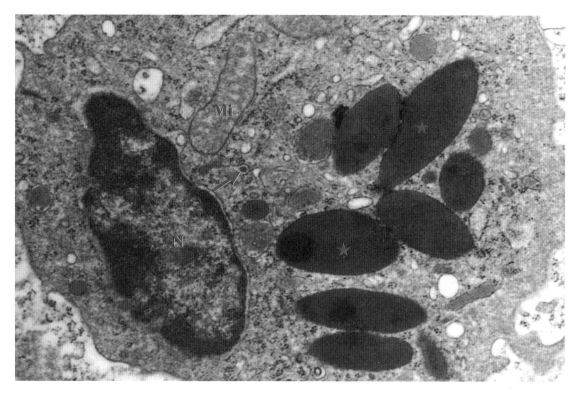

图 6-2-9-8 禽白血病病毒感染引起的鸽肾髓细胞瘤。可见瘤细胞内有大的卵圆形、中等电子密度的颗粒（★），并见有带囊膜的病毒样粒子（↑）。单个核偏位于细胞的一侧（N）。Mi：线粒体。TEM，30k×

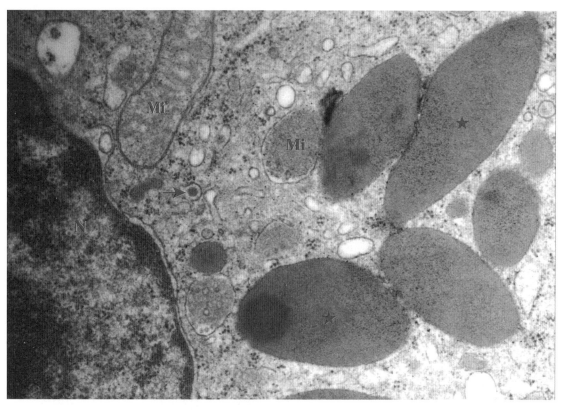

图 6-2-9-9 图 6-2-9-8局部放大。瘤细胞内有大的卵圆形/橄榄形、中等电子密度的颗粒（★），并见有带囊膜的病毒粒子（↑）。线粒体嵴模糊不清（Mi）。N：细胞核。TEM，50k×

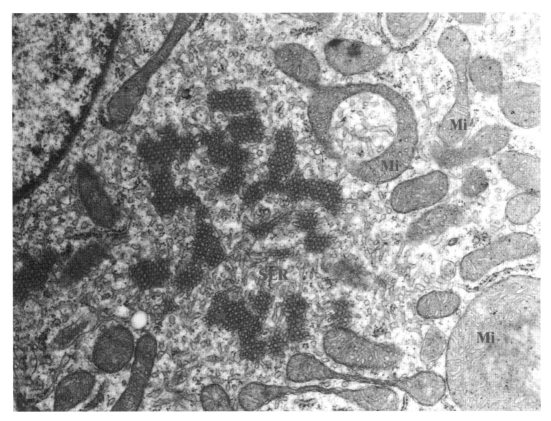

图 6-2-9-10 禽白血病病毒感染引起的鸽肾髓细胞瘤。可见瘤细胞内线粒体形态怪异（Mi），并见呈晶格状排列的病毒粒子（★）。N：细胞核；SER：滑面内质网。TEM，30k×

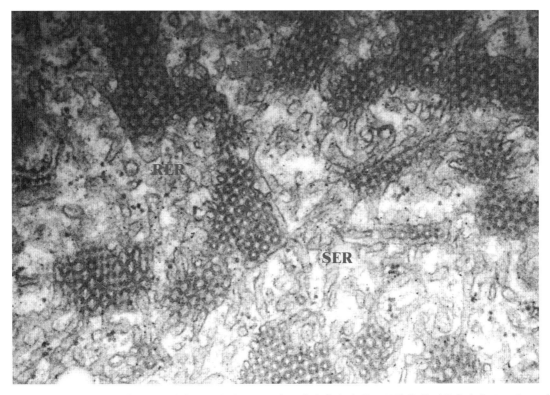

图 6-2-9-11 禽白血病病毒感染引起的鸽肾髓细胞瘤。可见瘤细胞胞浆内多量呈晶格状排列的病毒粒子（★），病毒粒子间为大量的滑面内质网（SER）。RER：粗面内质网。TEM，80k×

10. 兔病毒性出血症（兔瘟）病毒（RHDV）

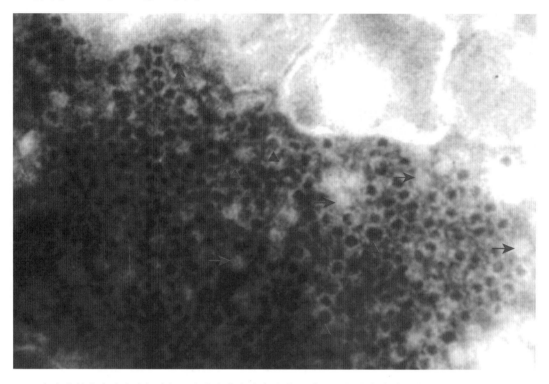

图 6-2-10-1 兔病毒性出血症病毒肝脏组织分离病毒负染色电镜图片。大量的病毒为无核心的空病毒（▲），仅少数为全病毒（↑）。TEM，30k×

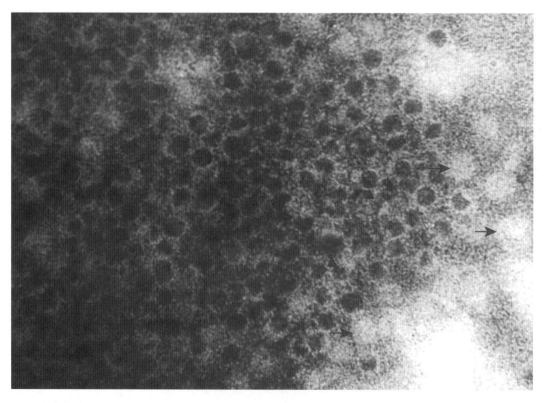

图 6-2-10-2 兔病毒性出血症病毒肝脏组织分离病毒负染色电镜图片。大量的病毒为无核心的空病毒（▲），仅少数为全病毒（↑）。TEM，50k×

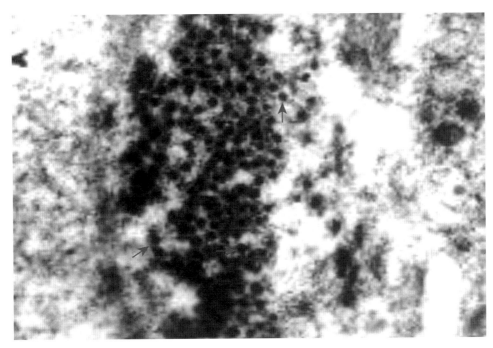

图 6-2-10-3 RHDV 感染肝脏。肝细胞内 RHDV 粒子（↑）。TEM，35k×

11. 鸡传染性支气管炎病毒（Infectious bronchitis virus，IBV）

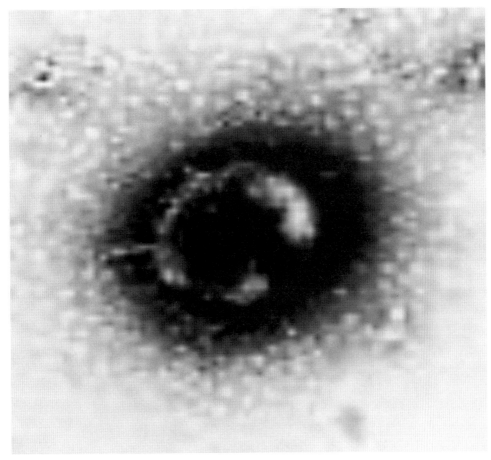

图 6-2-11-1 鸡胚尿囊液中分离的 IBV 电镜负染色图像。IBV 呈球形，直径约 160 nm，有囊膜，囊膜表面有纤突。TEM

12. 鸭瘟病毒（Duck plague virus，DPV）

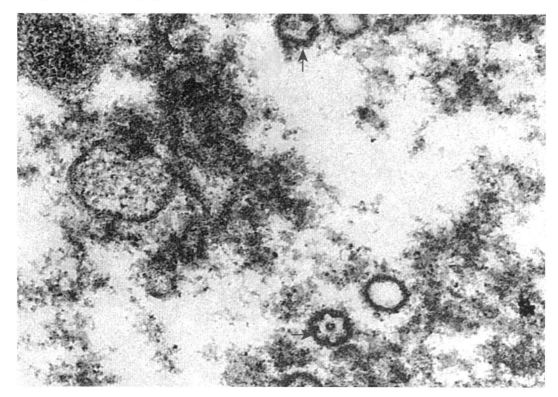

图 6-2-12-1 鸭瘟病毒感染雏鸭胸腺细胞内的病毒颗粒（↑）。TEM

13. 新型鸭肝炎病毒（New type duck hepatitis virus，NTDHV）

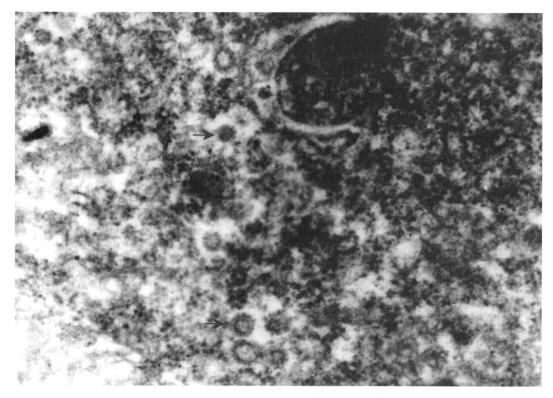

图 6-2-13-1 NTDHV 实验感染雏鸭肝细胞。可见细胞质内有圆形带突起的病毒颗粒（↑）。TEM，30k×

14. 羊传染性脓疱病毒（Contagious ecthyma virus，CEV）

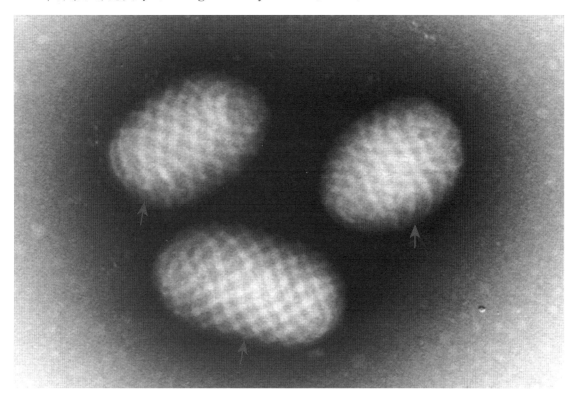

图 6-2-14-1　羊传染性脓疱病病毒负染色图像。病毒呈椭圆形线团状（↑）。TEM，20k×

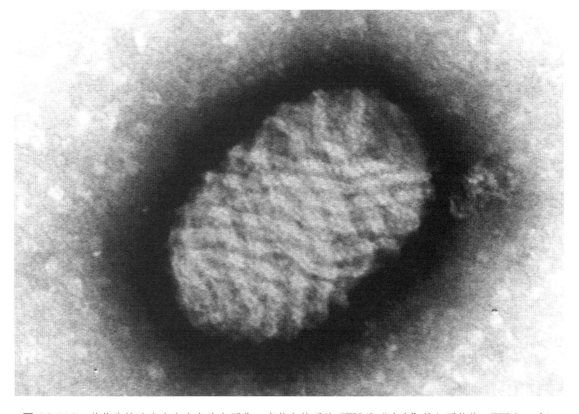

图 6-2-14-2　羊传染性脓疱病病毒负染色图像。高倍电镜下的 CEV 呈"凉席"编织网格状。TEM，40k×

15. 猪血凝性脑脊髓炎病毒（PHEV）

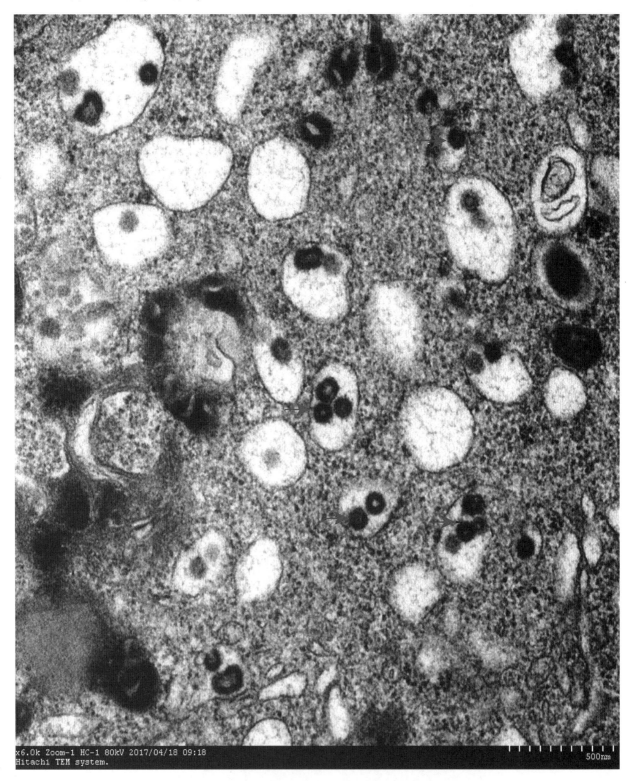

图 6-2-15-1　PHEV 于宿主囊泡系统中完成组装和转运（↑）。TEM，6k×

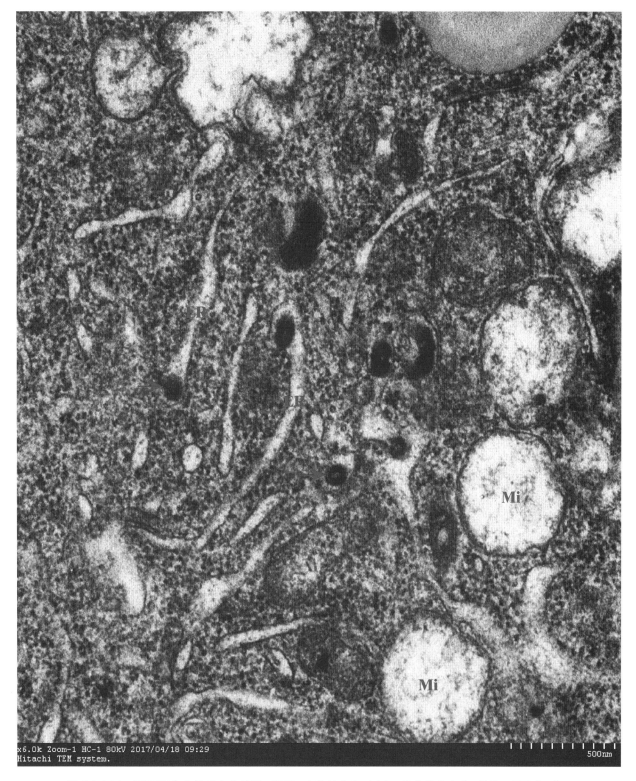

图 6-2-15-2 PHEV病毒粒子在内质网（ER）内进行装配（↑）。线粒体空泡化（Mi）。TEM，6k×

16. 禽偏肺病毒（Avian metapneumovirus，aMPV）

图 6-2-16-1 感染 aMPV 后 SPF 鸡气管。黏膜上皮表面纤毛（C）稀疏，细胞表面堆积大量圆形 aMPV 粒子（★），并见有细菌（B）。RC：红细胞。SEM，5k×

图 6-2-16-2 感染 aMPV 后 SPF 鸡气管表面。黏膜上皮纤毛缺失，表面黏附大量圆形的 aMPV 粒子（★）。残存个别纤毛上皮细胞（CE）。SEM，5k×

图 6-2-16-3 感染 aMPV 后 SPF 鸡气管黏膜。上皮细胞（EC）排列松散（▲），纤毛脱落，大量炎性渗出物（IE）与圆形的 aMPV（★）混杂堆集于黏膜上皮表面。SEM，9k×

图 6-2-16-4 感染 aMPV 后 SPF 鸡。成堆的圆形病毒粒子（★）黏附于黏膜上皮表面。病毒粒子表面光滑，直径为 200～300 nm。SEM，10k×

第七章　电镜细胞化学及免疫电镜图片

第一节　电镜酶细胞化学

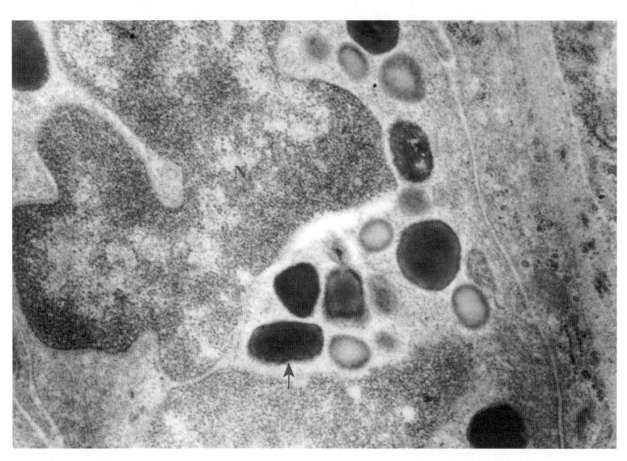

图 7-1-1　非特异性酯酶（ANAE）电镜酶细胞化学。兔肠道固有层嗜酸性粒细胞颗粒中有 ANAE 阳性反应物（↑）。N：细胞核。TEM，16k×

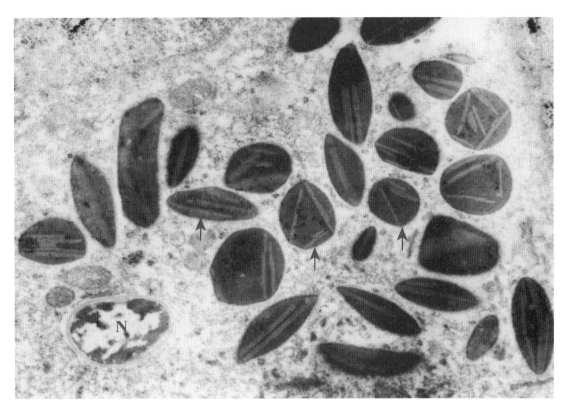

图 7-1-2 非特异性酯酶（ANAE）电镜酶细胞化学。兔肠道固有层异嗜性粒细胞颗粒中有 ANAE 阳性反应物（↑）。N：细胞核。TEM，16k×

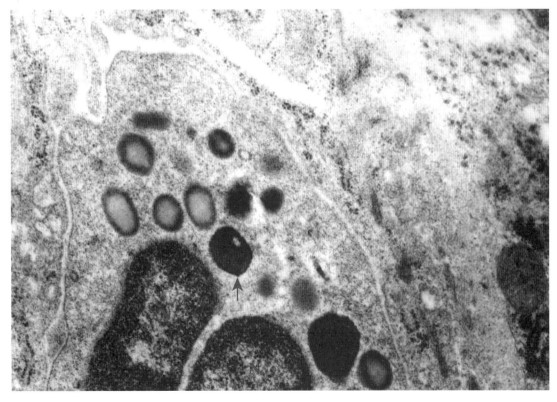

图 7-1-3 ANAE 电镜酶细胞化学。兔肠道固有层中嗜酸性粒细胞颗粒中有 ANAE 阳性反应物（↑）。N：细胞核。TEM，16k×

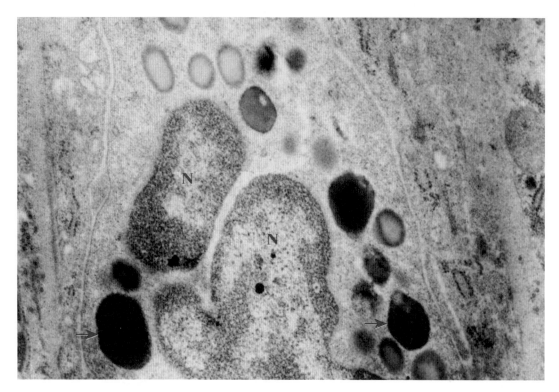

图 7-1-4 ANAE 电镜酶细胞化学。兔肠道黏膜固有层中嗜酸性粒细胞颗粒中有 ANAE 阳性反应物（↑）。N：细胞核。TEM，16k×

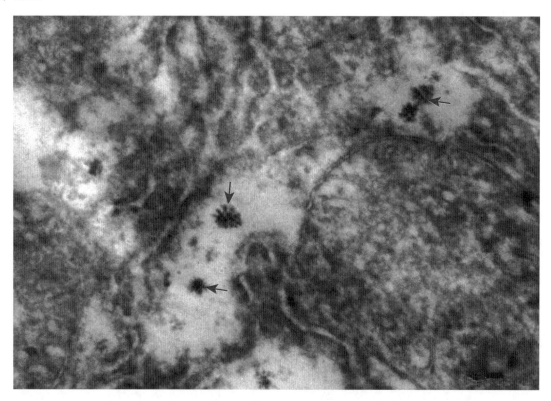

图 7-1-5 HEV 感染沙鼠肝脏。经唾液淀粉酶消化后，再进行 HEV 免疫电镜细胞化学染色，肝细胞胞浆内仍然可见呈花瓣状的阳性颗粒（↑），说明此结构不是糖原颗粒，而是 HEV 颗粒。酶电镜细胞化学（特异性酶消化法）＋免疫电镜细胞化学，TEM，20k×

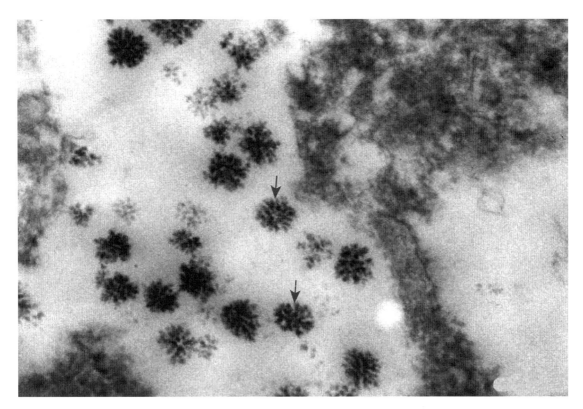

图 7-1-6　HEV 感染沙鼠肝脏。经唾液淀粉酶消化后，再进行 HEV 免疫电镜细胞化学染色，肝细胞胞浆内仍然可见呈花瓣状的阳性颗粒（↑），说明此结构不是糖原颗粒，而是 HEV 颗粒。酶电镜细胞化学（特异性酶消化法）＋免疫电镜细胞化学，TEM，50k×

第二节　免疫电镜细胞化学

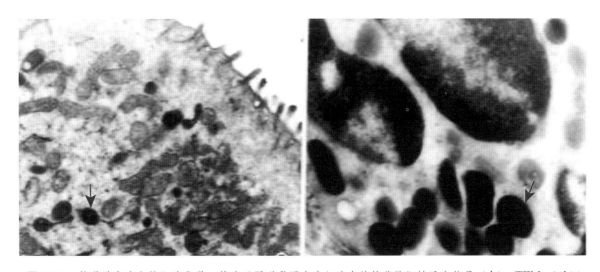

图 7-2-1　抗菌肽免疫电镜细胞化学。箭头示肠道黏膜上皮细胞中的抗菌肽阳性反应信号（↑）。TEM，10k×

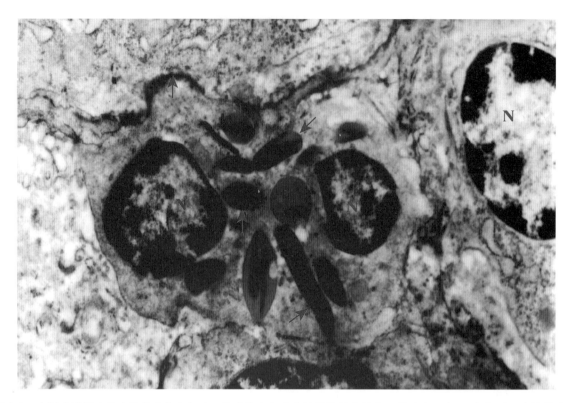

图 7-2-2 兔肠黏膜固有层中的异嗜性白细胞。异嗜性白细胞中的颗粒呈突触素阳性反应（↑），与邻近细胞接触的细胞膜也呈阳性反应，表明此细胞的颗粒中有突触素表达。N：细胞核。突触素免疫电镜细胞化学，TEM，7k×

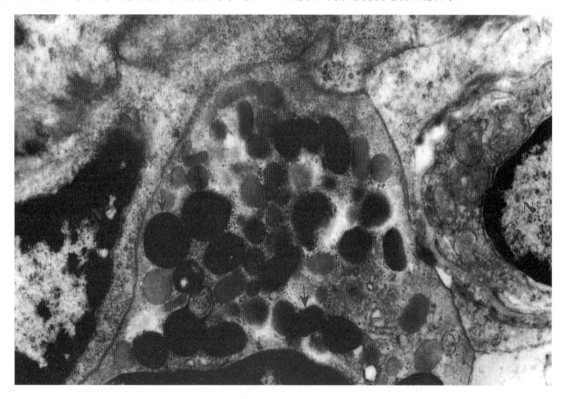

图 7-2-3 兔圆小囊黏膜下 DNES 细胞。细胞浆中的分泌颗粒呈 SP 阳性反应（↑）。N：细胞核。SP 免疫电镜细胞化学，TEM，10k×

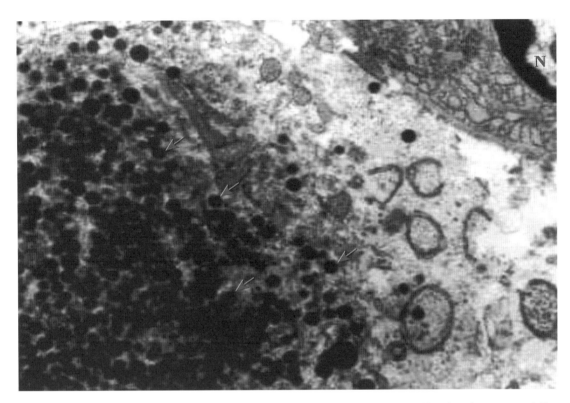

图 7-2-4　兔圆小囊黏膜下 DNES 细胞。细胞浆中的分泌颗粒细小而密集，均呈 SP 阳性反应（↑）。N：细胞核。SP 免疫电镜细胞化学，TEM，10k×

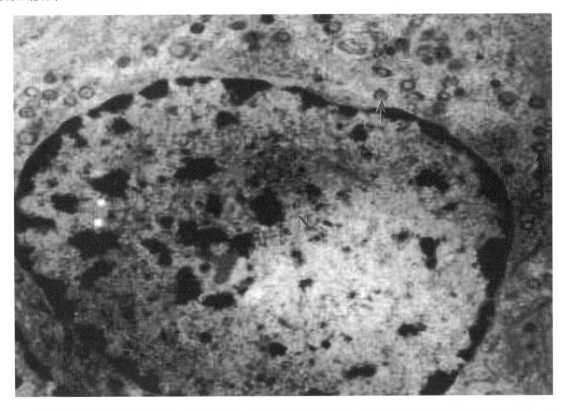

图 7-2-5　兔圆小囊黏膜下 DNES 细胞。细胞浆中细小而中空的分泌颗粒，呈 SP 阳性反应（↑）。N：细胞核。SP 免疫电镜细胞化学，TEM，10k×

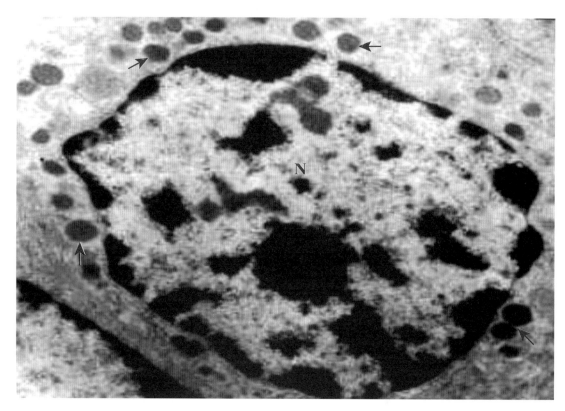

图 7-2-6　兔圆小囊黏膜下 DNES 细胞。细胞浆中圆形实心的分泌颗粒，呈 SP 阳性反应（↑）。N：细胞核。SP 免疫电镜细胞化学，TEM，10k×

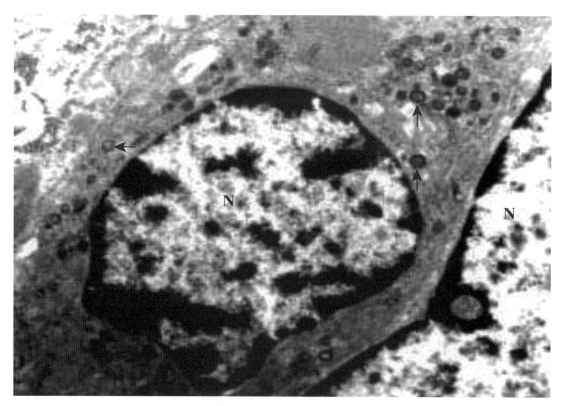

图 7-2-7　兔圆小囊黏膜下 DNES 细胞。细胞浆中分泌颗粒呈实心或空心的圆形，呈 VIP 阳性反应（↑）。N：细胞核。VIP 免疫电镜细胞化学，TEM，10k×

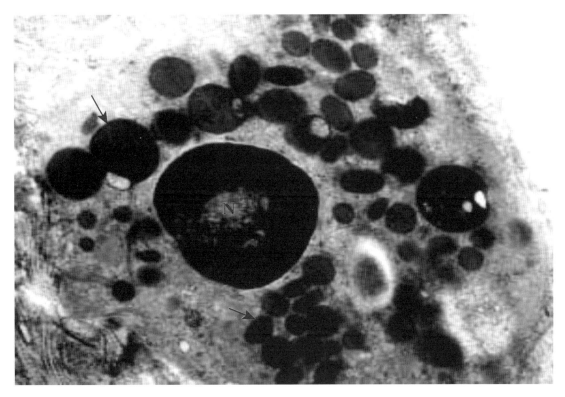

图 7-2-8　兔圆小囊黏膜下 DNES 细胞。细胞浆中分泌颗粒为实心的大颗粒，呈 VIP 阳性反应（↑）。N：细胞核。VIP 免疫电镜细胞化学，TEM，10k×

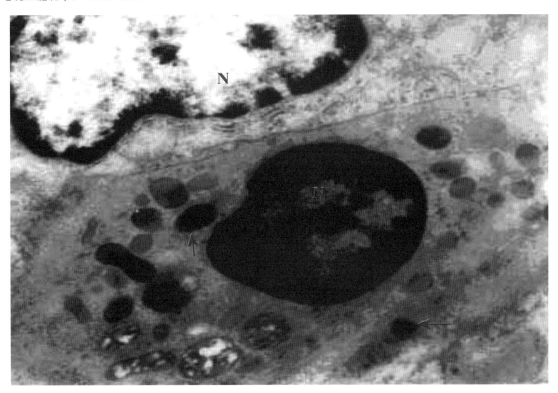

图 7-2-9　兔圆小囊黏膜下 DNES 细胞。细胞浆中分泌颗粒为中等大小的实心的圆形或卵圆形，呈 SYP 阳性反应（↑）。N：细胞核。SYP 免疫电镜细胞化学，TEM，10k×

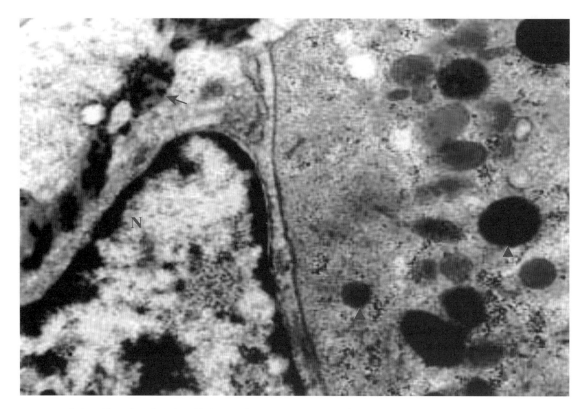

图 7-2-10 SP 免疫电镜细胞化学显色。箭头示胞膜上阳性反应小带（↑），其近旁的 DNES 细胞中的分泌颗粒也呈阳性反应（▲）。N：细胞核。TEM，15k×

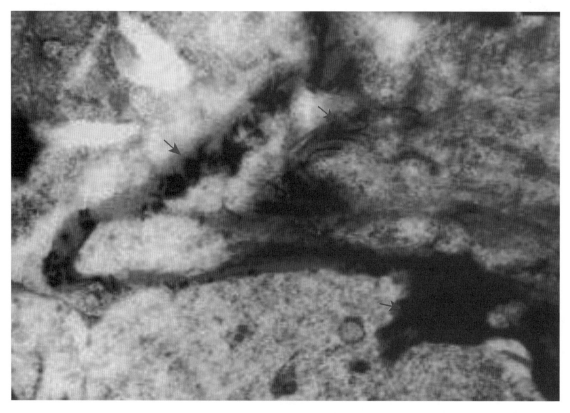

图 7-2-11 SP 免疫电镜细胞化学显色。箭头示胞间阳性反应小泡和阳性反应膜（↑）。TEM，15k×

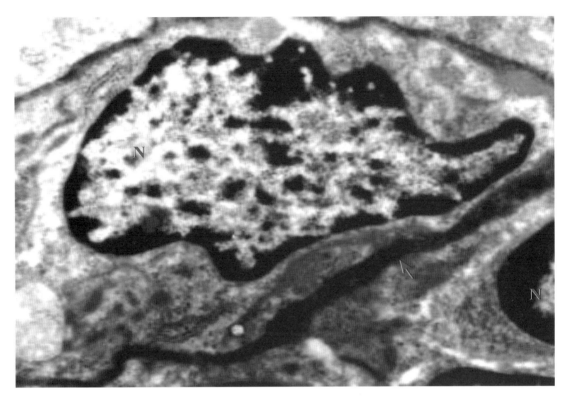

图 7-2-12 VIP 免疫电镜细胞化学显色。图示胞膜阳性反应细胞，膜增厚，电子密度增高（↑）。N：细胞核。TEM，15k×

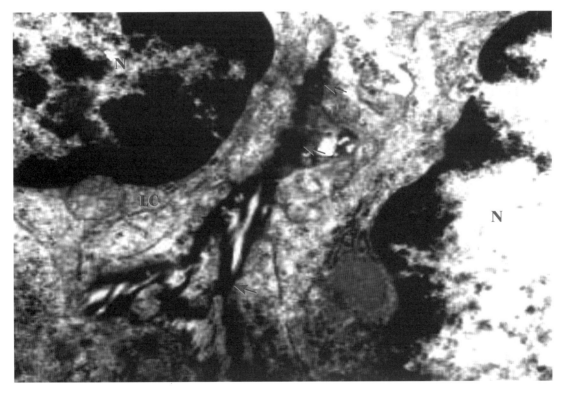

图 7-2-13 VIP 免疫电镜细胞化学显色。图示淋巴细胞（LC）胞膜呈阳性反应，阳性部位呈高电子密度（↑）。N：细胞核。TEM，15k×

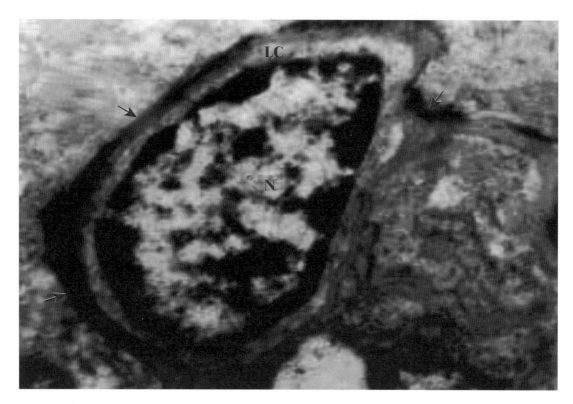

图 7-2-14 SYP 免疫电镜细胞化学。图示淋巴细胞（LC）胞膜呈 SYP 阳性反应，胞膜加厚（↑），胞质少。N：细胞核。TEM，10k×

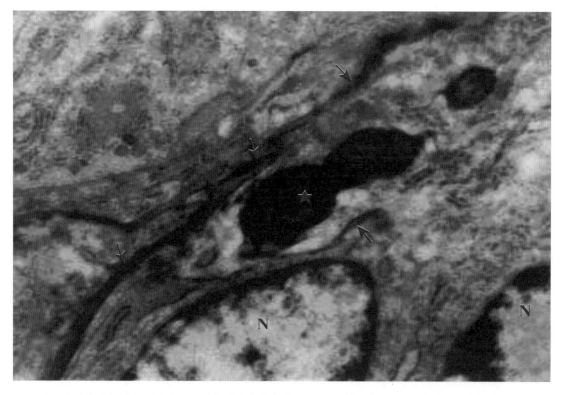

图 7-2-15 SYP 免疫电镜细胞化学显色。细胞间隙内突触小泡呈 SYP 阳性反应（★），突触小泡两旁的胞膜呈部分阳性反应（↑）。N：细胞核。TEM，15k×

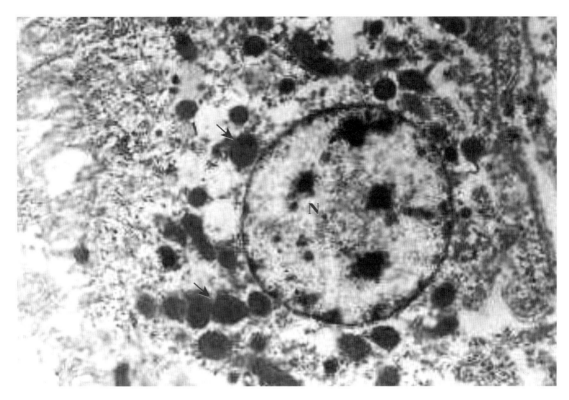

图 7-2-16　感染 IBV 后 7 天鸡肾小管上皮细胞。细胞内大量 VIP 阳性反应颗粒（↑）。N：细胞核。VIP 免疫电镜细胞化学，TEM，7k×

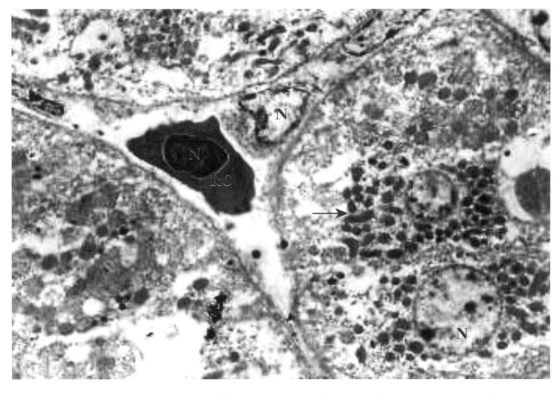

图 7-2-17　感染 IBV 后 7 天的鸡肾组织。肾小管上皮细胞和 DNES 样细胞中大量 SP 阳性反应颗粒（↑）。RC：红细胞。N：细胞核。SP 免疫电镜细胞化学，TEM，3.5k×

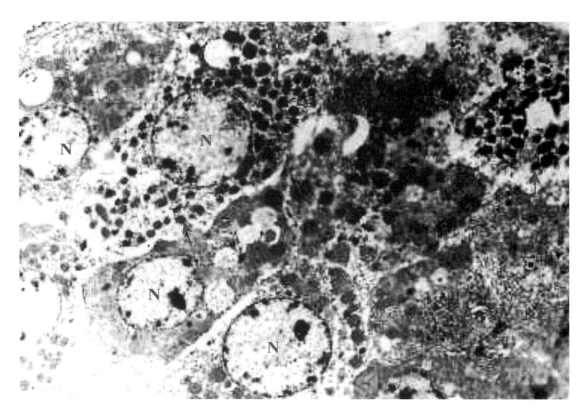

图 7-2-18　感染 IBV 后 7 天的鸡肾组织。组织中 DNES 细胞内大量 VIP 阳性反应颗粒（↑）。N：细胞核。VIP 免疫电镜细胞化学，TEM，3.5k×

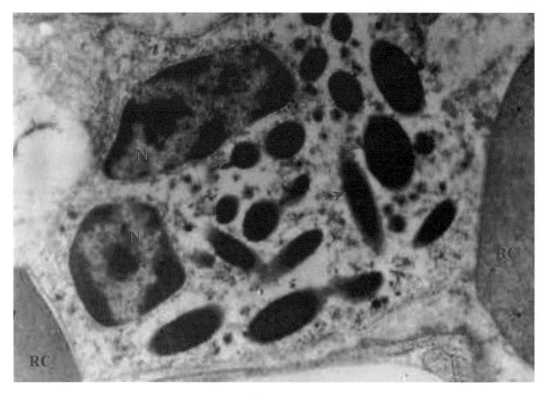

图 7-2-19　健康鸡肺组织。箭头示异嗜性白细胞内 SP 阳性反应颗粒（↑）。N：细胞核；RC：红细胞。SP 免疫电镜细胞化学，TEM，20k×

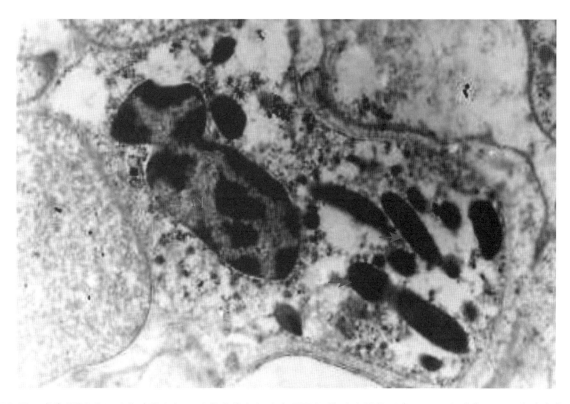

图 7-2-20 感染 IBV 后 7 天的鸡肺组织。示异嗜性白细胞内 VIP 阳性反应颗粒（↑）。N：细胞核。VIP 免疫电镜细胞化学，TEM，10k×

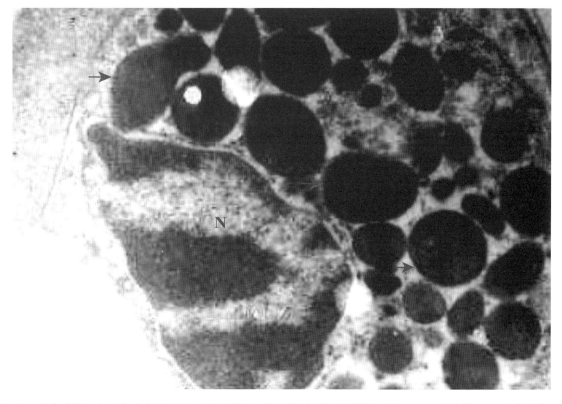

图 7-2-21 健康鸡肺组织中的内分泌细胞。示 DNES 细胞内 SP 阳性反应颗粒（↑）。N：细胞核。SP 免疫电镜细胞化学，TEM，20k×

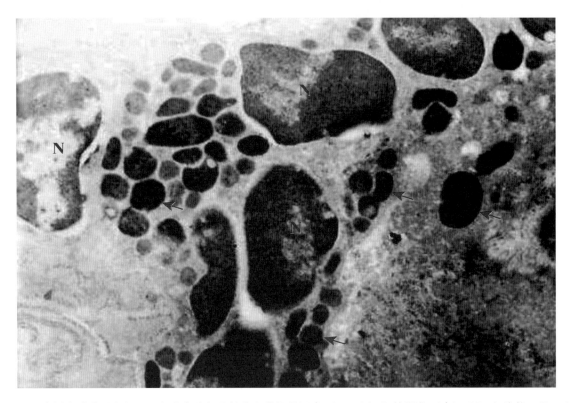

图 7-2-22　兔圆小囊淋巴组织。示细胞内及细胞间有大量的胃泌素（gastrin）阳性颗粒（↑）。N：细胞核。Gastrin 免疫电镜细胞化学，TEM，8k×

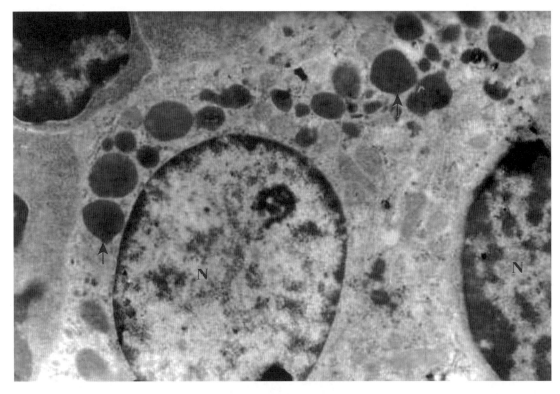

图 7-2-23　兔圆小囊淋巴组织。DNES 细胞胞质内有大量的胃泌素（gastrin）阳性颗粒（↑）。N：细胞核。胃泌素免疫电镜细胞化学，TEM，6k×

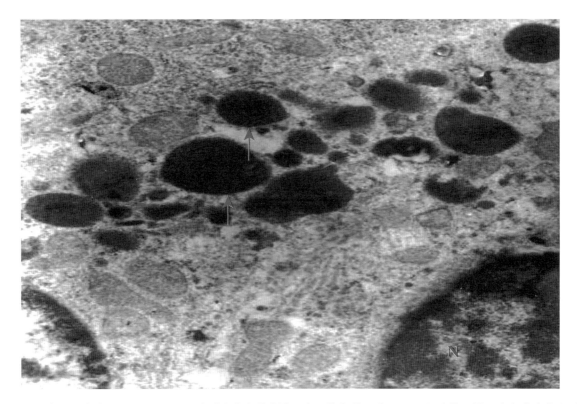

图 7-2-24 兔圆小囊淋巴组织。DNES 细胞质内有大量的胃泌素阳性颗粒（↑）。N：细胞核。胃泌素免疫电镜细胞化学，TEM，15k×

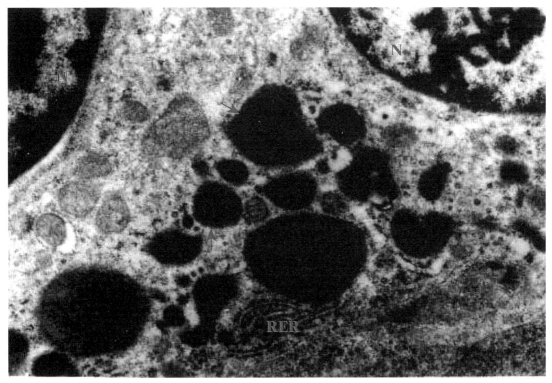

图 7-2-25 兔圆小囊淋巴组织．细胞质内有大量的胃泌素分泌颗粒，颗粒大小、形态不一（↑）。RER：粗面内质网；N：细胞核。胃泌素免疫电镜细胞化学，TEM，15k×

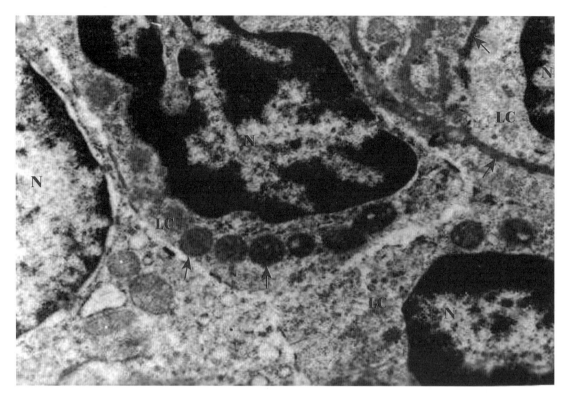

图 7-2-26 兔圆小囊淋巴组织。淋巴细胞（LC）内有大量的胃泌素阳性颗粒，颗粒大小、形态一致（↑），胞浆膜也呈阳性反应。N：细胞核。胃泌素免疫电镜细胞化学，TEM，12k×

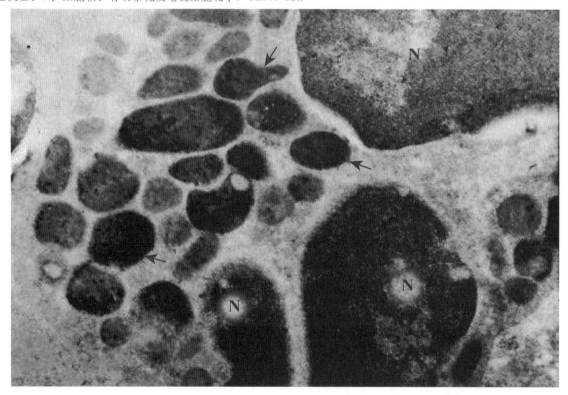

图 7-2-27 兔圆小囊淋巴组织。示异嗜性白细胞的胞浆颗粒呈 gastrin 阳性反应（↑）。N：细胞核。胃泌素免疫电镜细胞化学，TEM，15k×

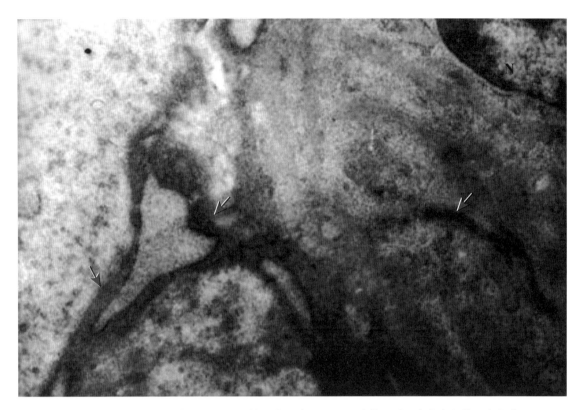

图 7-2-28　兔圆小囊淋巴组织。细胞膜呈 gastrin 阳性反应（↑）。N：细胞核。胃泌素免疫电镜细胞化学，TEM，15k×

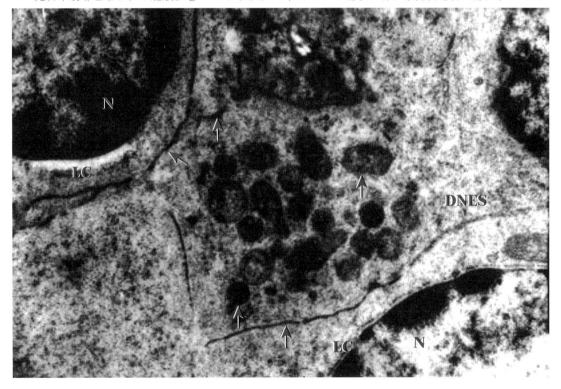

图 7-2-29　兔圆小囊淋巴组织。DNES 细胞与临近的淋巴细胞（LC）相接触的胞膜均呈 gastrin 阳性反应（↑）。N：细胞核。胃泌素免疫电镜细胞化学，TEM，15k×

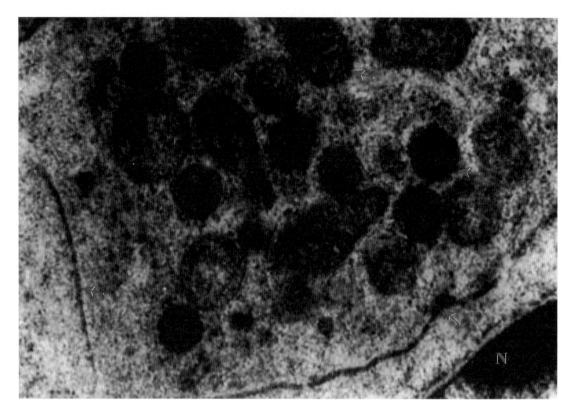

图 7-2-30　兔圆小囊淋巴组织。图 7-2-29 局部放大。DNES 细胞胞浆颗粒及细胞膜均呈 gastrin 阳性反应（↑）。N：细胞核。胃泌素免疫电镜细胞化学，TEM，20k×

第八章 电镜样品制作及观察方法

第一节 电子显微镜的基本结构与成像原理

一、电子显微镜概述

电子显微镜（electron microscope）是一种用电子束代替光学显微镜的光束来放大样品图像的显微镜，具有高分辨率和放大倍数，是观察和研究亚微观世界的重要工具，广泛应用于生命科学和材料科学等研究领域。

电子显微镜的工作原理同光学显微镜相似。光学显微镜通常是利用可见光（电灯）作为光源，发出的光波被聚光器汇聚到透明物体上，然后经过物镜等一系列透镜最终形成放大的图像。而电子显微镜则是利用电子束来成像的。简单说电子的行为同光波相似，但是其波长较光波的波长小很多，这就使电子显微镜的分辨率大大提高。在电子显微镜中，磁场的作用类似于光学显微镜中的透镜。

电子显微镜的种类有透射电子显微镜、扫描电子显微镜、扫描透射电子显微镜、分析电子显微镜、高压透射电子显微镜和低温透射电子显微镜等，在生命科学和病理学研究领域应用较多的是透射电子显微镜（transmission electron microscope，TEM）、扫描电子显微镜（scanning electron microscope，SEM）及后来出现的扫描隧道电子显微镜（scanning tunneling electron microscope，STM）。

（一）透射电子显微镜

1932 年，德国物理学家卢斯卡（Ruska）和诺尔（Knoll）根据磁场可以汇聚电子束这一原理研制成功世界上第一台透射电子显微镜。放大倍数仅仅是 17 倍，分辨率很低，相当于低倍光学显微镜水平，但是它却揭开了利用电子显微镜探索微观世界奥秘的新篇章。20 世纪 80 年代末，商品透射电子显微镜普遍进入市场。1986 年，Ruska 与发明扫描隧道显微镜的科学家 Binnig 和 Rohrer 分享了诺贝尔物理学奖。

1958 年，我国第一台透射电子显微镜研制成功（1958 年、1959 年分别由中国科学院长春光学精密机械与物理研究所的黄兰友和姚骏恩等设计研制成功两台透射电子显微镜），放大倍数是 10 万倍。

随着科学技术的发展，透射电子显微镜得到不断改进和完善，分辨率不断在提高。现代高性能的透射电子显微镜点分辨率已优于 0.3 nm，晶格分辨率达到 0.1~0.3 nm。放大倍数高达百万倍。TEM主要用于观察生物样品的内部超微结构以及病原、生物大分子的结构等。

（二）扫描电子显微镜

1938 年，Ardenne 研制成功第一台扫描电子显微镜。1965 年，作为商品的第一台扫描电子显微镜问世（英国剑桥科学仪器有限公司）。1975 年，我国第一台扫描电子显微镜研制成功（中国科学院北京科学仪器厂），分辨率为 10 nm。SEM 主要是用来研究固体表面形貌的，它可以得到固体表面的三维效果图像。

（三）扫描隧道电子显微镜

扫描隧道电子显微镜是 IBM 苏黎世实验室的 Binnig、Rohrer、Gerber 和 Weible 于 1981 年发明的。它是一种探测微观世界物质表面形貌的仪器。Binnig 和 Rohrer 因此而获得了 1986 年的诺贝尔物理学奖。STM 的工作原理是真空隧道中的量子现象。利用这一技术可对 DNA 和 DNA 蛋白质复合体的表面形貌直接观察，获得信息。也可对生物膜进行分析，甚至可对粒子在细胞间转移的细节做分析。

二、透射电子显微镜的基本结构与成像原理

（一）基本结构和作用

透射电子显微镜由电子透镜系统、真空系统和电源系统三大部分组成。

1. 电子透镜系统　电子透镜系统即电镜镜筒部分，由以下 3 个系统构成。

（1）照明系统　由电子枪和聚光镜组成。电子枪是各种电子显微镜的照明电子源，位于镜筒顶端，其重要性仅次于物镜。电镜的聚光镜通常采用双聚光镜系统，它可以将电子枪发出的电子束汇聚于试样平面，并调节试样平面处电子束孔径角、电流密度和照明光斑半径。

（2）成像系统　由样品室、物镜、中间镜和投影镜组成，通常称为电镜的三级成像系统。通过聚光镜汇聚的电子束穿过样品，经物镜形成一级放大像，再经中间镜和投影镜进行二级和三级放大，最后在荧光屏上形成最终放大像。物镜是决定电子显微镜分辨率的关键部件，是短焦距强磁透镜，可获得很高放大倍数，调节物镜电流起调整焦距作用。电子显微镜的放大倍数是物镜、中间镜和投影镜放大倍数的乘积。

（3）观察记录系统　由观察室、照相舱和自动曝光装置组成。

2. 真空系统　由机械旋转泵、油扩散泵（离子泵）、真空管道、自动阀门系统、冷阱-预抽室-空气干燥器和真空检测系统组成。电子显微镜在工作状态时应处于高真空状态，需要机械旋转泵和油扩散泵连续不断地运转，随时将进入镜筒的气体抽走，以保证镜筒的高真空度。

3. 电源系统　由高压电源、透镜电源、操作控制电源和附属电源组成。电子显微镜工作状态时，要求加速电压和透镜电流必须有极高稳定度。否则，分辨率将受到极大影响。

（二）成像原理

在真空条件下，电子束经高压加速后，穿透样品，形成散射电子和透射电子，之后通过电磁透镜的作用在荧光屏上成像。

透射电子显微镜与光学显微镜的成像原理基本一样，所不同的是前者用电子束作光源，后者用电磁场作透镜。另外，由于电子束的穿透力很弱，因此用于电镜的标本需制成厚度 50 nm 左右的超薄切片。这种切片需要用超薄切片机（ultramicrotome）制作。电子显微镜的放大倍数最高可达百万倍。透射电子显微镜产生的图像是组织细胞的切面二维平面图，可以揭示细胞内部的微细结构（图 8-1-1，图 8-1-2）。

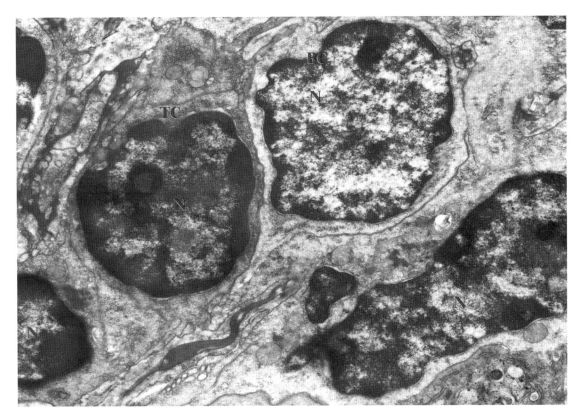

图 8-1-1　大鼠脾脏中的淋巴细胞。TC：T 细胞表面有突起；BC：B 细胞表面无突起。N：细胞核。TEM，15k×

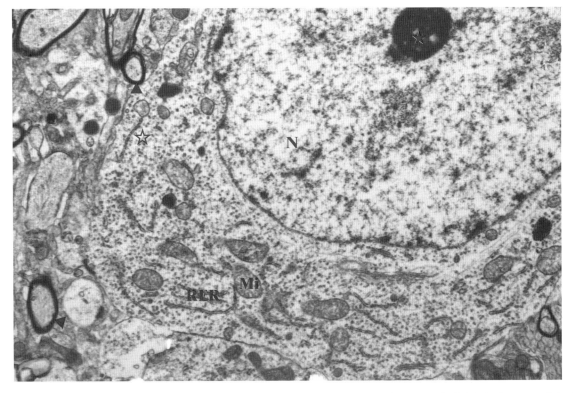

图 8-1-2　沙鼠脑神经细胞。细胞核（N）电子密度低，常染色质丰富，核仁清晰（★），胞质中线粒体（Mi）等细胞器结构清楚，基质中含有大量的游离核糖体（☆）。RER：粗面内质网；▲：神经髓鞘。TEM，15k×

（三）透射电子显微镜与光学显微镜的区别　参见表 8-1-1。

表 8-1-1　透射电子显微镜与光学显微镜的区别

显微镜	分辨本领	光源	透镜	真空	成像原理
LM	200 nm 100 nm	可见光（400～700 nm） 紫外光（约 200 nm）	玻璃透镜 玻璃透镜	不要求真空 不要求真空	利用样品对光的吸收形成明暗反差和颜色变化
TEM	0.1 nm	电子束（0.01～0.9 nm）	电磁透镜	要求真空 $1.33 \times 10^{-5} \sim$ 1.33×10^{-3} Pa	利用样品对电子的散射和透射形成明暗反差

三、扫描电子显微镜的基本结构与成像原理

扫描电镜技术（scanning electron microscope，SEM）是 20 世纪 60 年代问世的一门超微形态学观察技术。其电子枪发射出的电子束被电磁透镜汇聚成极细的电子"探针"，在样品表面进行"扫描"，电子束可激发样品表面放出二次电子（同时也有一些其他信号）。二次电子产生的多少与样品表面的形貌有关。二次电子由探测器收集，并在那里被闪烁器转变成光信号，再经光电倍增管和放大器又转变成电压信号来控制荧光屏上电子束的强度。这样，样品不同部位上产生二次电子多或少的差异，直接反映在荧光屏相应部位亮或暗的差别，从而得到一幅放大的立体感很强的图像。

扫描电镜主要是用来观察样品表面的形貌特征，而生物样品在干燥过程中由于表面张力的作用极易发生变形，解决这一问题最常用的是 CO_2 临界点干燥法，即利用 CO_2 在其临界温度以上就不再存在气-液相面，也就不存在引起样品变形的表面张力问题，从而完成生物样品的干燥。通常用液态 CO_2 等介质浸透样品，然后在临界温度以上使 CO_2 以气态形式逸去。由于没有气-液相面的形成，也就没有表面张力，样品的形态能得到很好保持。此外，为了得到良好的二次电子信号，样品表面需良好的导电性，所以样品在观察前还要喷镀一层金膜。

扫描电镜景深长，成像具有强烈的立体感。一般扫描电镜的分辨本领仅为 3 nm，近几年研制的低压高分辨扫描电镜分辨本领可达 0.7 nm，可用于观察核孔复合体、大分子等更精细的结构。

（一）基本结构和作用

扫描电子显微镜由电子光学系统、电子信号收集、处理、显示与记录系统、真空和电源系统组成。

1. 电子光学系统

由电子枪、聚光镜（包括第一聚光镜和第二聚光镜）、物镜（末透镜）和扫描系统组成。其作用是产生直径约几个纳米的扫描电子束，即电子探针，使其在样品表面做光栅状扫描，同时激发出各种信号。

2. 电子信号的收集和处理系统

在样品室中，扫描电子束与样品发生相互作用后产生多种信号，其中包括二次电子、背散射电子、X 射线、吸收电子和俄歇电子等。在上述信号中，最主要的是二次电子，它是被入射电子所激发出来的样品原子中的外层电子，其产生率主要取决于样品的形貌和成分。通常所说的扫描电子显微镜像指的就是二次电子像，它是研究样品表面形貌的最有用的电子信号。检测二次电子的检测器的探头是一个闪烁体，当电子打到闪烁体上时，就在其中产生光，这种光被光导管传送到光电倍增管，光信号即被转变成电流信号，再经前置放大及视频放大，电流信号转变成电压信号，最后被送到显像管

的栅极。

3. 电子信号的显示和记录系统

扫描电子显微镜的图像显示在阴极射线管上，并由照相机拍照记录。显像管有两个，一个用来观察，分辨率较低，是长余辉的管子；另一个用来照相记录，分辨率较高，是短余辉的管子。

4. 真空系统和电源系统

真空系统和透射电子显微镜基本相同，包括机械旋转泵、油扩散泵、气动蝶阀、真空管道和真空检测系统等。其作用是将镜筒抽成真空状态，真空度要求高于 1.33×10^{-4} Pa。

电源系统是供给各部件所需的特定的电源，包括高压电源、透镜电源、光电倍增管电源、扫描部件、微电流放大器、低电压电源等。

（二）成像原理

利用二次电子信号成像来观察样品的表面形态，即用极狭窄的电子探针去扫描样品，通过电子束与样品的相互作用产生各种效应，其中主要是样品表面放出二次电子（次级电子），探测器收集二次电子成像。扫描电子显微镜产生的图像是器官表面的三维立体结构图。

目前扫描电子显微镜的分辨率为 $6 \sim 10$ nm，人眼能够区别荧光屏上两个相距 0.2 mm 的光点，而扫描电子显微镜的最大有效放大倍率为 2 mm/10 nm＝20 000×。

目前，SEM 作为一种观察技术，已被广泛应用于生命科学的各个研究领域。研究者可用 SEM 直接观察 DNA、RNA 和蛋白质等生物大分子及生物膜、病毒等的结构（图 8-1-3，图 8-1-4），也可用来观察颗粒性物质的外表面（图 8-1-5）。

四、扫描隧道电子显微镜成像原理及其特点

（一）基本结构及成像原理

STM 主要原理是利用量子力学中的隧道效应，即通常在低压下，二电极之间具有很大的阻抗，阻止电流通过，称之为势垒。当二电极之间近到一定距离（100 nm 以内）时，电极之间产生了电流，称隧道电流。这种现象称隧道效应，并且隧道电流（I）和针尖与样品之间的间距（d）呈指数关系，这样 d 可转化为 I 的函数而被测定，针尖的位置就可以确定，由此样品的表面形貌也可确定。

STM 的主要装置包括实现 X、Y、Z 三个方向扫描的压电陶瓷、逼近装置、电子学反馈控制系统和数据采集、处理、显示系统。

（二）STM 的主要特点

（1）有原子尺度的高分辨本领，侧分辨率为 $0.1 \sim 0.2$ nm，纵分辨率可达到 0.001 nm。

（2）能在真空、大气、液体（接近于生理环境的离子强度）等多种条件下工作，这一点在生物学领域的研究中尤其重要。

（3）非破坏性测量。因为扫描时不接触样品，又没有高能电子束轰击，基本上可避免样品的形变。

与扫描隧道电子显微镜功能类似的还有原子力显微镜（atomic force microscope）等十余种，统称为扫描探针显微镜。可以预料，它们将在纳米生物学研究领域中发挥越来越重要的作用。

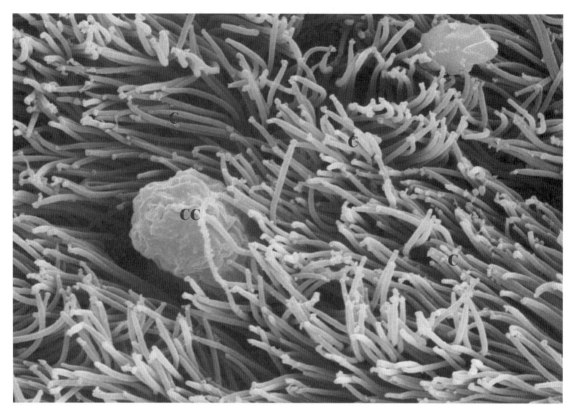

图 8-1-3 仔猪气管表面扫描电镜图像。纤毛密集、挺立（C），纤毛间见一克拉拉细胞突出于纤毛表面（CC）。SEM，8k×

图 8-1-4 感染嗜水气单胞菌死亡的斑海豹气管扫描电镜图像。气管表面大量炎性渗出物（★）及红细胞（RC）覆盖于纤毛（C）上。GC：杯状细胞。SEM，1k×

图 8-1-5 β-碱式硫酸铜粉末扫描电镜图像。扫描电镜下 β-碱式硫酸铜粉末为大小不一的圆形颗粒。SEM，左图 $100\times$，右图 $500\times$

第二节 透射电子显微镜的样品制备

透射电子显微镜技术有很多，包括超薄切片、冷冻蚀刻、冷冻固定、冷冻置换、负染色和核酸大分子展膜技术、免疫电子显微镜技术等。本节重点概述超薄切片技术、负染色技术和冷冻蚀刻技术。

一、超薄切片技术的样品制备与染色

超薄切片技术（ultramicrotomy）是生物医学中研究超微结构应用最为广泛的技术，因为电子束穿透力弱，切片厚度一般要求在 $50\sim100$ nm，故称为超薄切片（ultramicrocut）。

（一）超薄切片的制备

1. 主要试剂的配制

（1）固定液的配制　前固定采用 2.5% 戊二醛溶液，后固定用 1% 四氧化锇溶液，二者通常用 pH 为 7.4 的 0.1 mol/L 磷酸盐缓冲液配制，4℃下保存。

戊二醛为超微结构的优良固定剂。戊二醛有双重作用，主要与氨基起反应，是胶原的交联剂，此交联作用使结构保存良好，但通透差。甲醛与蛋白质可以在分子间交联（cross-link），最终产生一种不溶性产物，甲醛可与赖氨酸、精氨酸、组氨酸、天门冬氨酸、半胱氨酸、酪氨酸、色氨酸、麦酰胺等起反应。将甲醛与戊二醛按一定的比例混合配制成混合固定液，兼备二种醛类的优点，可以起到良好的固定作用。

本研究室常采用戊二醛-多聚甲醛混合固定液用于前固定，此固定液可同时用于光镜和电镜及光、电镜细胞化学研究的组织或细胞的固定，效果很好。本研究室使用的戊二醛-多聚甲醛混合固定液配方如表 8-2-1 所示。

表 8-2-1　戊二醛-多聚甲醛复合固定液配制

成分	戊二醛终浓度/%	
	5（用于固定液体）	2.5（用于固定组织、细胞）
0.2 mol/L 磷酸缓冲液/mL	40	50
25%戊二醛水溶液/mL	20	10
10%多聚甲醛*	40	20
加双蒸馏水至/mL	100	100

*10%多聚甲醛的配制：2.5 g 多聚甲醛溶于 25 mL 蒸馏水，加热至 60～70℃。
摇动至溶解，逐滴加入 1 mol/L NaOH 至清明，冷却备用。

（2）包埋剂 SPURR 树脂配制

ERL-4206（乙烯基二氧环己烯）	10g
NSA（壬琥珀酸酐）	26g
DER-736（丙二醇酯甘醇二缩水甘油醚）	6g 中；4g 硬；8g 软
DMAE（二甲氨基乙醇）	0.4g

以上四种试剂混合均匀后即可使用。

2. 超薄切片的制作程序

超薄切片的常规制备程序与石蜡切片基本相似，包括取材→固定（分前固定和后固定）→漂洗→脱水→浸透→包埋（聚合）→超薄切片→酸醋双氧铀和柠檬酸铅双重电子染色→电子显微镜观察→拍摄。

（1）取材　动物剖杀后立即取材。首先取小块组织放入预冷的 2.5%戊二醛溶液（防止自溶）中，待组织稍硬后，用锋利的刀片将组织切成 1 mm × 1 mm × 3 mm 的长条，而后再切成不超过 1 mm³ 的小块（应注意不挤压损伤组织）。

（2）固定　电镜样品的固定常采用戊二醛和锇酸（四氧化锇）双重固定法，戊二酸能固定蛋白质、糖类及核酸类物质，还能很好地保存微管、滑面内质网、有丝分裂纺锤体及细胞的吞饮小泡等，但不能固定脂肪、角蛋白。而锇酸能很好地固定脂肪和蛋白质，因而，采用戊二醛和锇酸双重固定法可以使组织细胞的微细结构得到良好的保存。具体操作如下：

将所取组织样品迅速置于预冷的 2.5%戊二醛溶液中，室温下进行 1～2 h 的预固定，即前固定。之后用 0.1 mol/L 的磷酸盐缓冲液充分漂洗 3 次，每次 10～15 min，然后再用 1%锇酸溶液后固定 1 h，漂洗和前固定相同。固定及漂洗均在 4℃下进行，所用固定液的量应该是样品的 5～10 倍。

（3）脱水　用梯度乙醇或丙酮，即 30%、50%、70%、80%、90%、95%、100%的乙醇或丙酮分别脱水 10 min，然后再更换一次 100%的乙醇或丙酮溶液继续脱水 10 min。

（4）浸透　渗透及包埋常用的是环氧树脂 SPURR。

组织样品在 100%的丙酮和 SPURR 包埋剂中 1：1 混合浸透 2～4h 或过夜，最后移入纯的 SPURR 树脂中浸透过夜。

（5）包埋（聚合）。

包埋时先将纯浸透好的组织块用牙签挑到药用胶囊（或锥形模具/包埋模等）的底部，再灌满包埋剂，将事先写好的硫酸纸标签放入包埋聚合器内自动聚合，或先放入 37℃恒温箱中 12 h 后取出，即可修块、切片。

包埋块要软硬适中。要根据组织材料的性质及制作季节不同，适当调整包埋液的配方。太硬、太软都不能获得良好的超薄切片。

此外，包埋时要防止包埋液在组织块周围产生气泡。聚合后的包埋块应存放于干燥器中，以防吸潮变软影响切片。

（6）铜网支持膜的制备　电镜观察的超薄切片是展贴于带有支持膜的铜网（相当于石蜡切片制作用的载玻片）上，铜网直径一般为 3 mm，内有 50～400 孔。支持膜厚在 20 nm 以下，太厚的膜会增加电镜观察时对电子的散射，造成分辨率和反差的降低。常用的支持膜还有火棉胶膜、聚乙烯醇缩甲醛（Formvar）膜和碳膜。Formvar 膜的制作方法如下：

①用一块洁净的玻璃条浸入 0.25% Formvar 氯仿溶液中，1～2 s 后取出，立在滤纸上晾干。然后用刀片沿玻璃边缘四周 1 mm 处轻轻划痕使其成一"□"字形（图 8-2-1-1A）。

②在一直径约为 15 cm 的玻璃器皿中，盛满蒸馏水。然后将玻璃条倾斜（约 65°）慢慢斜插入水面，这时 Formvar 膜将从玻璃上脱落漂浮于水面（图 8-2-1-1B）。

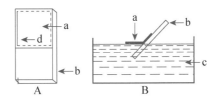

图 8-2-1-1　铜网支持膜的制备示意图
a. Formvar 膜，b. 玻璃条，c. 蒸馏水，d. "□"字形划痕

③将铜网正面朝下排列于膜上均匀处，用一张稍大于膜的滤纸，覆盖其上。在滤纸刚刚完全湿润时，用镊子镊住滤纸一端拖过水面轻轻提起。放在平皿中晾干或 37℃ 温箱中烘干后即可使用。

（7）制作半薄切片及定位　用半薄切片机制作 1～2 μm 的半薄切片，用 1% 的甲苯胺蓝染色 1 min，自来水冲洗，光镜下观察定位，以便进一步做超薄切片。

（8）制作超薄切片　用超薄切片机将包埋块切成约 50 nm 厚的切片，捞于铜网上，以备染色。

用于电镜观察的切片是采用超薄切片机切片制作而成。超薄切片机有热膨胀式和机械推进式两大类型。下面以 leica-Uc67 型超薄切片机（热膨胀式）为例，操作步骤如下：

①将修好的包埋块连样品夹放到超薄切片机上并夹紧。

②将检查合格的刀安装在刀架上，视样品块的硬度选择适当的倾角。刀槽注入蒸馏水与刀刃成水平。

③调节包埋块的切面，上边与下边成水平，接着转动刀架调节刀刃与包埋块切面平行。

④在双目镜下，调节包埋块中央和刀刃处于同一水平上，用粗调进刀钮（MACROFEED 大钮）使刀接近包埋块切面，但不要接触刀。

⑤将控制器上的控制开关拨到"AUTO"（自动）。速度控制开关"SPEED"调到 5 mm/s，将进刀开关拨到"FEED"厚度钮调节到"●"。使样品臂运动。

⑥在双目镜下，利用细调进刀器小心地推进刀，使刀刃接近并刚刚碰上包埋块切面，第一次进刀量很关键，如果第一刀切得太厚，破坏切面，影响切片顺利进行，严重时可使包埋块作废。

⑦切片的厚度可以用光的干涉原理而产生的切片颜色来进行判断，在显微镜下不同厚度的切片颜色不同，切片厚度与其颜色具有如表 8-2-2 中的对应关系：

表 8-2-2　切片厚度与颜色的对应关系

切片颜色	灰色	银色	金黄色	紫色	蓝色
切片厚度	<40 nm	60～90 nm	90～150 nm	150～190 nm	>190 nm

⑧当刀槽的水面上有足量的切片时，即可捞片，用眉毛针拨去碎片和厚切片，将理想的切片集中在水槽中间，用镊子夹住有膜的铜网，以膜面对准切片往下压，与切片相接触，然后垂直地提起。切

片靠水的表面张力即被吸附于铜网上，用滤纸轻轻吸去铜网上多余的水分，然后将铜网放在垫有滤纸的平皿中，干燥后即可进行电子染色。

⑨捞完切片后，打开冷却风扇使样品臂冷却复原。取出切片刀。

⑩停机操作：将开关拨至"OFF"，锁住样品臂，取出样品头，关闭小日光灯，关闭电源开关和自动调压器。

（二）超薄切片的染色（正染色）

超薄切片染色实际是一种"电子染色"，仅仅呈现黑白对比度，而不像光学显微镜的染色可以呈现出各种染色。

1. 染液的配制

（1）醋酸双氧铀染色液的配制　称取醋酸双氧铀 3.85 g，用 70% 乙醇配制成饱和醋酸双氧铀染液，充分溶解后过滤，4℃ 避光保存。

染色液 pH 为 3.5～4.0。

（2）柠檬酸铅（枸橼酸铅）染色液的配制　分别将硝酸铅 1.33 g、柠檬酸钠 1.76 g 加入 50 mL 容量瓶，先加 30 mL 蒸馏水将其溶解，之后振荡 30 min，使其成为乳白色混悬液，再加入 8 mL 1 mol/L 氢氧化钠，最后加蒸馏水至 50 mL。4℃ 避光保存备用。

2. 操作方法

通常采用醋酸双氧铀和柠檬酸铅双染法。即以醋酸双氧铀为前染，柠檬酸铅为后染。醋酸双氧铀主要使细胞核和结缔组织染色，而柠檬酸铅主要用于提高细胞质成分的反差。具体操作步骤如下：

（1）醋酸双氧铀染色　醋酸双氧铀染色液室温下染色 30～60 min，双蒸水漂洗 3 次，每次 5 min。

（2）柠檬酸铅染色　柠檬酸铅染色液室温下染色 5～15 min，双蒸水漂洗 3 次，每次 5 min，自然干燥。

二、负染色技术的样品制作

（一）概述

1. 原理

负染色（negative staining）又称为阴性反差染色。因为生物样品多由氢元素组成，在电镜成像中反差低，所以通常用增加一些重金属元素来提高反差。负染色就是利用某些重金属元素使它染在样品的周围即所谓反衬染色，即高密度的背景（黑色）反衬低密度的样品（白色），从而清楚地显示出样品的形貌图像。

它是利用染液中电子密度高的重金属盐（常用的是磷钨酸、醋酸铀等）将样品包围起来，结果是在黑暗的背景上显示出电子密度低的样品（光亮透明）的微细结构。所以负染色所显示的图像刚好与超薄切片的正染色（染色后样品结构的电子密度加强，在图像中呈黑色，背景未被染色而呈光亮）相反，故称为负染色。

2. 优点

此法具有分辨率高、简单、快速、样品结构保存良好、样品和染液需用量少等优点。不需要经过固定（但固定过的样品效果会更好）、脱水、包埋和超薄切片等复杂的操作过程，可以直接对沉降的样品匀浆悬浮液进行染色。一般用悬滴法将样品滴在有膜的铜网上，滴加染色液 1～2 min 后，吸去染液，用缓冲液冲洗 1～2 次，待干后即可观察。

3. 应用

负染色技术是透射电子显微镜观察常用的生物样品制备方法之一，应用比较广泛，主要用于观察病毒（图 8-2-1，图 8-2-2）、细菌、噬菌体、原生动物、生物大分子、分离的细胞器以及蛋白质晶体等微小的颗粒状样品的形状、结构、大小及表面结构的特征。该方法在病毒的形态观察研究中是不可取代的重要技术。

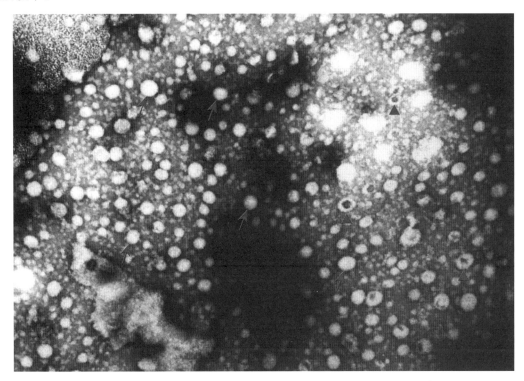

图 8-2-1　HEV 人工感染沙鼠肝脏病毒分离液负染色图像。HEV 呈白色圆形颗粒状（↑），并见无核心的空病毒（▲）。无结构的部位染成黑色。TEM，100k×

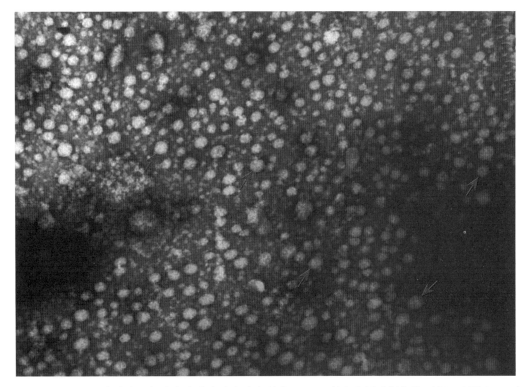

图 8-2-2　HEV 人工感染沙鼠肝脏病毒分离液负染色图像。HEV 呈白色圆形颗粒状（↑）。TEM，100k×

（二）染液的配制

1.0.5%～2%的磷钨酸水溶液（PTA）

用双蒸水或磷酸缓冲液配制 0.5%～2% 的磷钨酸水溶液。配好的溶液是强酸性的（pH 1.0），染色前用 1 mol/L NaOH 或 KOH 将 pH 调至 6.4～7.0 或实验所需的值。配置好的染液分别被称为磷钨酸钠（NaPT）、磷钨酸钾（KPT）。

2.0.5%～2%的醋酸铀水溶液（UA）

用双蒸水配制成 0.5%～2% 醋酸铀水溶液（pH 4.5 左右）。醋酸铀染色液应是新鲜的，最好使用前配制。醋酸铀溶解需 15～30 min，在黑暗中能稳定几小时，使用前用 1 mol/L 的 NaOH 溶液将 pH 调至 4.5。

（三）样品制备

负染色中被染样品通常是被制备成悬浮液。需要注意的是，悬浮液中要观察的样品要达到一定的浓度和纯度，方可得到理想的结果。

（四）操作方法

1. 悬滴法

用细吸管吸样品悬液滴在有膜的铜网上，如果是用 Formvar 膜，在制好膜后，可以直接在粘于滤纸上的铜网进行负染色操作。如果用碳膜，则要用镊子夹着铜网，滴液后静置数分钟，然后用滤纸从铜网边缘吸去多余的液体，滴上染液，染色 1～2 min 后用滤纸吸去染液，再用蒸馏水滴在铜网上洗 1～2 次，用滤纸吸去水，放在平皿中晾干后即可在电镜下观察。干燥时，由于表面张力的作用，某些敏感的材料可能受到损伤，可用戊二醛或四氧化锇预固定（预固定在滴样之后进行）。

2. 漂浮法

先将带有支持膜的铜网在悬液样品的液滴上漂浮（有支持膜的那一面向下），然后再在染液的液滴上漂浮。在漂浮期间，样品和染液吸附在铜网的支持膜上，数分钟后用蒸馏水冲洗数次，放入平皿中晾干即可在电镜下观察。

3. 喷雾法

首先将染液和样品悬液等量混合，再用特制的喷雾器喷到有膜的铜网上，待干后进行电镜观察。该法的优点是雾滴较小，分布均匀，不易凝结成块。但操作较麻烦，溶液混合时易产生沉淀，并且需要耗费较多的样品和染色液，尤其容易造成病毒扩散，故此法不常用。

三、冷冻蚀刻技术的样品制备

（一）概述

冷冻蚀刻（freeze-etching）技术又称冷冻断裂（freeze-fracture）技术，或冷冻复型（freeze-replica）技术，是一种将断裂和复型相结合、专为透射电子显微镜设计的样品制备技术。其特点是将组织快速固定，避免化学固定剂及有机溶剂对组织产生不良影响，可更好地保存样品天然结构，使之更接近于真实生活状态，并且操作简单、实验周期短、样品结构真实、分辨率高、图像立体感强、反差良好、应用广泛（生物、医学、化学、材料、石油等科学领域）。

（二）实验原理

该技术是利用一种特殊的断裂装置，在高真空状态下将冷冻样品断裂，暴露出凹凸不平的样品断面，断面形成不受人为因素控制（随机性很大，也是该法的局限性）。在遇到生物膜结构时，常常沿膜结构中脂类双分子层疏水区将膜撕裂开，从而暴露出生物膜内部断面结构。故该方法是研究生物膜结构的重要方法之一。

（三）基本步骤

生物样品的冷冻复型过程主要包括样品的预处理、样品快速冷冻、断裂、蚀刻、制作复型膜、剥离与捞膜等步骤。

1. 预处理

（1）固定 组织样品修成长条，0.5%～2%戊二醛固定，4℃下固定1～6 h。

（2）防冻保护 将组织在30%甘油生理盐水中浸泡1 h，或4℃过夜。

2. 冷冻和断裂

首先将样品在冷冻剂（液氮－180℃或－196℃、－210℃）中急速冷冻，然后将样品移至真空喷涂仪钟罩内，当真空达到或高于1.33×10^{-3} Pa时，在适当温度下将样品切断。

3. 冷冻蚀刻和冷冻复型

切断后的断面上有细胞器及冻成冰的水分，稍加热（－110℃）使冰升华，则细胞器的膜结构暴露出来，断面凹凸不平，最后在真空中向断面喷镀铂金-碳膜，再喷碳加固，使之在断面上形成一层复型膜，此膜复印了细胞断面的立体结构。

4. 复型膜剥离与捞膜

将复型膜下的组织腐蚀掉后，剩下的复型膜就是冷冻刻蚀的样品，将此膜捞在铜网上，用透射电子显微镜观察。

第三节 扫描电子显微镜常规样品的制作

一、概述

扫描电子显微镜主要是用来观察标本表面的结构，它是将标本表面上发射出的次级电子，被带阳电荷的栅极收集后，即向电子显像管发送信号，在荧光屏上显示出与电子束同步的扫描图像。图像为立体形象，反映了标本表面的真实结构。为了使标本表面发射出次级电子，标本要进行特殊处理。标本在固定、脱水、干燥后，要喷涂上一层重金属微粒，重金属在电子束的轰击下发出次级电子信号。

扫描电子显微镜的样品制作比透射电子显微镜样品制备简单。除了需要保存好样品表面外貌结构外，只要求样品干燥且能导电，不需要包埋和切片。

二、扫描电子显微镜常规样品的制备

（一）取样

所取样品大于透射电子显微镜的样品。通常面积为3 mm×3 mm或6 mm×6 mm，厚度3 mm左右。对容易卷曲的样品如胃肠道黏膜等，可固定在滤纸或卡片纸上，以充分暴露待观察的组织表面。

（二）样品表面附着物的清洗

因为在扫描电子显微镜下观察的是样品的表面，即组织的游离面，所以对其表面附着的血液、黏

液或渗出液等需要清洗干净，否则会遮盖样品的表面结构，影响观察。因此，在样品固定之前，要将这些附着物清洗干净。清洗的方法包括轻摇冲洗、离心清洗、超声清洗等。清洗液可根据不同样品选择等渗生理盐水、缓冲液、苏打水或含酶的清洗液等。无论用哪种清洗方法，注意在清洗时不要损伤样品。

（三）固定

固定液和透射电子显微镜样品制备相同。但因样品体积较大，固定时间应适当延长。也可用快速冷冻固定。

（四）脱水

样品经漂洗后，和透射电子显微镜的样品制备一样，用梯度酒精或丙酮脱水，然后进入中间液，一般用醋酸异戊酯作中间液，浸泡 15～30 min。

（五）干燥

扫描电子显微镜观察样品要求在高真空中进行，但如果样品中含有水或脱水溶液，那么在高真空中就会产生剧烈的气化，不仅影响真空度、污染样品，还会破坏样品的微细结构。因此，样品在观察之前必须进行干燥。干燥的方法有临界点干燥法、空气干燥法和冷冻干燥法等。

虽然空气干燥法和冷冻干燥法都能使样品干燥，但二者均存在明显缺陷。前者的主要缺点是在干燥过程中，组织会由于脱水剂挥发时表面张力的作用而产生收缩变形，故常用于表面较为坚硬的样品。冷冻干燥法的缺点是容易使样品产生冰晶损伤。而临界点干燥法恰恰可以克服空气干燥法和冷冻干燥法的缺点而使样品表面结构保持自然状态，故该法在扫描电子显微镜得到普遍应用。

临界点干燥法是利用物质在临界状态时，其表面张力等于零的特性，使样品的液体完全气化，并以气体方式排掉，来达到完全干燥的目的。这样就可以避免表面张力的影响，较好地保存样品的微细结构。此法操作较为方便，所用的时间也不算长，一般 2～3 h 即可完成，所以是最为常用的干燥方法。但用此法，需要特殊仪器设备，是在临界点干燥仪中进行的。操作步骤如下：预冷干燥室 →放置样品（样品经过醋酸异戊酯浸泡后取出，放入样品盒，然后移至临界点干燥仪的样品室内，盖上盖并拧紧以防漏气）→注入二氧化碳 →置换（用液体二氧化碳置换醋酸异戊酯）→气化（在达到临界状态后，将温度再升高 10℃，使液体二氧化碳气化）→排出气体（打开放气阀门，逐渐排出气体，样品即完全干燥）→取出样品 →清洗样品室。

（六）金属喷涂

经过干燥的生物样品不能导电，如果用扫描电子显微镜观察，当入射电子束打到样品上时，就会在样品表面产生电荷的积累，形成充电和放电效应，影响对图像的观察和拍照记录。因此在观察之前要必须进行导电处理，使样品表面导电。常用的导电方法有金属镀膜法和组织导电法。

1. 金属镀膜法

金属镀膜法是采用特殊装置将电阻率小的金属，如金、铅等蒸发后覆盖在样品表面的方法。样品镀有金属膜后，不仅可以防止充电、放电效应，还可以减少电子束对样品的损伤作用，增加二次电子的产生率，获得更好的图像。该法主要有真空镀膜法和离子溅射镀膜法 2 种。

（1）真空镀膜法　该法是利用真空喷涂仪喷涂金属，需要很高真空度，抽真空时间较长。其原理是在高真空状态下把所要喷涂的金属加热，当加热到熔点以上时，会蒸发成极细小的颗粒喷射到样品上，在样品表面形成一层金属膜，使样品导电。喷涂用的金属材料一般是金或金和碳。金属膜的厚度一般为 10～20 nm。该法所形成的膜，金属颗粒较粗，膜不均匀，操作较复杂且费时，目前已经较少使用。

（2）离子溅射镀膜法　该法是利用离子溅射仪喷涂金属，所需真空度低，节省时间，又能掌握金属喷涂的厚度。因为它利用的是辉光放电的物理现象使金属喷涂到样品表面。钟罩内只需要达低真空 10^{-1} Pa 即进入工作状态。喷涂厚度可根据所加电流和电压的大小及其喷涂时间来决定。因此，目前一般采用该法喷涂金属。

2. 组织导电法

用金属镀膜法使样品表面导电，需要特殊的设备，操作比较复杂，同时对样品有一定程度的损伤。为了克服这些不足，有人采用组织导电法（又称导电染色法），即利用某些金属溶液对生物样品中的蛋白质、脂类等成分的结合作用，使样品表面离子化或产生导电性能好的金属盐类化合物，从而提高样品耐受电子束轰击的能力和导电率。此法的基本处理过程是将经过固定、清洗的样品，用特殊的试剂处理后即可观察。由于不经过金属镀膜，所以不仅能节省时间，而且可以提高分辨率，还具有坚韧组织和加强固定效果的作用。

（七）观察

取出喷金的样品放入扫描电子显微镜观察，如果不立即观察，需要放在干燥器内保存。

第四节　电镜酶细胞化学及免疫电镜技术

免疫电镜技术能有效地提高样品的分辨率，在超微结构水平上研究特异蛋白抗原的定位。免疫电镜技术可分为免疫铁蛋白技术、免疫酶标技术与免疫胶体金技术，这也代表了免疫电镜技术的发展过程。目前，免疫铁蛋白技术几乎已无人问津，而免疫胶体金技术则受到越来越多的细胞生物学工作者的青睐。直径在 $1\sim100$ nm 的胶体金本身具有许多优点：金颗粒容易识别，并且具有很高的分辨率；可以制成不同直径大小的金颗粒，用以双重标记或多重标记；既可用于超薄切片，也可以用于膜系统蛋白成分的标记。

免疫电镜技术中最关键的问题同样是保持样品中蛋白的抗原性，并且要设立严格的对照。此外，在免疫电镜技术中，还必须注意尽量保存样品的精细结构。免疫电镜技术至今已在以下方面得到广泛应用：蛋白分泌的研究，即通过对分泌蛋白的定位，可以确定某种蛋白的分泌动态；胞内酶的研究；一些结构蛋白的研究，包括膜蛋白的定位与骨架蛋白的定位等。同样，也可用于病原微生物的定位及示踪观察。

免疫电镜技术目前已广泛应用于动物学、医学和微生物学。免疫定位技术是免疫学和形态学相结合而发展起来的技术，它是一些利用抗原—抗体反应的专一性来定位抗原或抗体存在部位的方法，即使用化学的方法将各种标记物连接到抗体（或抗原）上，在适当的条件下将结合物与抗原（或抗体）结合，从而定位抗原（或抗体）的方法。免疫电镜技术（IEM）能大大提高样品的分辨率，使特异蛋白抗原定位与超微结构结合起来，定位更准确。

标记的抗体与抗原的结合有两种基本方法，即直接法和间接法：

直接法——把标记的抗体直接放在被测试样品上，让抗体与样品中的抗原结合，从而定位。

间接法——先将兔子体内提取出来的抗血清或者是未标记的特异抗体放在被测试样品上，使兔抗血清内的抗体与样品内的抗原结合，经彻底漂洗后把标记的羊抗兔抗体放在该样品上，使之与兔抗体结合，从而定位。

1. 抗原抗体直接免疫反应的电镜制样技术（以烟草花叶病毒为例）

（1）实验材料　提纯的烟草花叶病毒（TMV），感染的烟草花叶病毒叶片，纯化的 TMV 抗体 IgG

或者粗抗血清。

（2）实验试剂　0.1 mol/L 磷酸缓冲液（pH 7.0），2%磷钨酸（pH 6.7），双蒸水。

（3）实验步骤　①抗原抗体的准备　将提纯的病毒悬液用缓冲液适当稀释，用铜网蘸样，常规负染后电镜观察，病毒浓度以 2 万倍下视野可见数个病毒粒子为宜；将感染病毒的植株叶片于研钵中加磷酸缓冲液研碎，制得浸出液，必要时可通过离心去除残渣；用磷酸缓冲液将抗体按 1∶10 和 1∶100 稀释。

②样品制备与观察

免疫吸附法：在蜡板上滴加一滴 1∶10 稀释的抗体，将铜网膜面漂在此液滴上，室温下保持 15 min；取出铜网，用约 20 滴缓冲液连续冲洗，吸掉余液；滴加一滴稀释的病毒悬液或病毒浸出液，将包被有抗体的铜网膜面漂在含病毒的液面上，室温下保持 30 min；取出铜网，用缓冲液连续滴洗，再用双蒸水滴洗，吸掉余液后用 2%磷钨酸滴染，自然干燥；另外用铜网蘸取相同浓度的病毒直接负染色作为对照；电镜观察可以发现：免疫吸附处理的铜网上病毒粒子被抗体俘获浓集，每视野可见粒子数量比对照增加数十倍。

修饰法：用铜网蘸取病毒样品，稍等片刻，用磷酸缓冲液连续滴洗，吸掉余液；在蜡板上滴加一滴 1∶100 稀释的抗体，将此铜网膜漂在抗体液滴上，室温下保持 15～30 min；取出铜网，用缓冲液连续滴洗，再用双蒸水滴洗，吸掉余液后用负染液滴染，自然干燥；以直接负染法作为对照；电镜观察可以看到经修饰法处理的铜网上，病毒粒子周围有一圈颜色较深的"晕圈"，即抗体分子修饰层。

凝集法：在蜡板上加 1∶100 的抗体和病毒悬液各一小滴，使之充分混合，保持 30 min；用铜网蘸取此混合液，用磷酸缓冲液滴洗，再用双蒸水滴洗，吸掉余液后再用负染液滴染，自然干燥；以直接负染法作为对照；电镜观察可以看到病毒粒子通过抗体桥的作用相互连成一大片，大大增加了病毒的检出率。

2. 抗原抗体间接免疫反应的电镜制样技术

（1）实验材料　肝样品（LR-White 包埋样品，见前所述超薄切片的样品制备方法）。

（2）实验试剂　PBS（pH 7.2）、3%BSA 溶液、ß-tubulin 抗体、10 nm 金颗粒标记的羊抗鼠抗体。

（3）实验步骤　在超薄切片机上切 50～100 nm 的切片，捞取在覆有 Formvar 膜的镍网上；在一洁净培养皿中加入 3 mL 蒸馏水，在培养皿底部铺上 Parafilm 膜，将溶液滴在膜上，操作时将载网有切片的一面覆在液滴上面，操作中应时刻保持培养皿中的湿润度；切片用 3%BSA 封闭 30 min；将切片移入 β-Tubulin 抗体中 37℃孵育 1 h；用 PBS 清洗 3 次，每次 10 min；将切片放入金颗粒标记的羊抗鼠抗体 37℃孵育 40 min；再用 PBS 清洗 2 次，每次 10 min，再用双蒸水清洗；最后切片用醋酸双氧铀和柠檬酸铅各染色 10 min。

（4）对照实验　切片用不含有 ß-tubulin 抗体的溶液孵育，其余步骤相同。

镜检观察照相。

3. 酶标免疫电镜样品制作程序（包埋前染色）

（1）将用 2.5%戊二醛-多聚甲醛固定的组织用锋利的刀片修成 0.3 mm 厚、1 mm² 大小的小块。以下操作于小离心管中进行；

（2）PBS 冲洗 5 min；

（3）3%H_2O_2 室温孵育 20 min；

（4）蒸馏水冲洗，PBS 浸泡 5 min；

（5）正常山羊血清工作液封闭，室温孵育 25 min；

（6）倾去血清，滴加一抗工作液，37℃孵育 2 h；

（7）PBS 冲洗，5 min×3 次；

（8）滴加生物素标记二抗工作液，37℃孵育 1 h；

（9）PBS 冲洗，5 min×3 次；

（10）滴加辣根酶标记链霉卵白素工作液，37℃孵育 1 h；

（11）PBS 冲洗，5 min×3 次；

（12）自来水充分冲洗；

（13）DAB 工作液显色 8 min，蒸馏水冲洗；

（14）PBS 冲洗，锇酸固定 1 h；

（15）PBS 冲洗，10 min×3 次；

（16）梯度丙酮脱水，树脂包埋；

（17）超薄切片，醋酸双氧铀染色（不做铅染）；

（18）透射电镜观察。

结果判定：

在免疫电镜超薄切片上，阳性反应信号呈中等至高电子密度的黑色团块或颗粒状，核染色质为强嗜锇性黑色。

附录一　LICER 制刀机操作规程

1. 把锁紧手柄向上旋转，抬起夹紧块，使它固定在最高位置上。
2. 把玻璃条放入前后夹板之间。
3. 选择转动划痕选择器，使划痕选择器上"三"的标记向上。
4. 转动手柄，放下夹紧块，慢慢压紧玻璃条。注意不能用力过大。
5. 把玻璃刀叉放在玻璃块底下。
6. 拉动刀轮手柄到底，在玻璃条上划痕。
7. 顺时针转动断裂手枪，直到玻璃产生断裂声为止。之后，立即反时针转动将断裂手轮复原位。
8. 转动锁紧手柄，使夹紧块上升到原来的位置上。
9. 推回刀轮手柄。
10. 用玻璃刀叉移除已划好的正方形玻璃块。
11. 将划痕选择器拧到"25"标记上。
12. 把划好的玻璃方块的新面向着左下方，斜放于前后夹板之间。
13. 推进左侧手柄，使后夹板夹紧玻璃块。
14. 旋转锁紧手柄，放下夹紧块直到夹紧玻璃为止。
15. 向前拉动刀轮手柄，在玻璃上划线。
16. 向前拉动刀轮手柄，直到玻璃产生断裂声为止。之后，立即反时针转动将断裂手轮复原。
17. 转动锁紧手柄，使夹紧块上升到原来的位置上。
18. 推回刀轮手柄。
19. 用玻璃刀叉移出已制好的玻璃刀。
20. 观察刀刃，取好刀做刀槽，放入刀盒内待用。

附录二　LICER-UC6 超薄切片机的操作规程

1. 接通电源，打开自动调压器开关，使电压稳定在 220 V。
2. 打开切片机电源开关，听到响声后，打开样品臂锁，响声停止后，再立即锁上。
3. 用样品夹夹紧样品包埋块，打开聚焦灯，将样品放在样品座上。
4. 把样品座固定在显微镜观察合适的位置上，从显微镜中观察样品的形状及大小。如修块不合适应重新修整。
5. 把样品包埋块及夹头一同装入到样品杆中，调整样品的位置，固定好。
6. 装刀：把制好的玻璃刀固定在刀架上，一定要使刀刃与刀架的标尺平齐。
7. 用聚焦灯的暗视野检查刀刃的锋利情况，锯齿状的部位无法切片，要选择最佳、最锋利的刀刃口。
8. 转动粗调，使样品臂上的样品与刀刃接近。
9. 使用手动钮上下调动，同时右手调节微调，慢慢接近刀刃，直到切下一片组织块为止，把手动钮退回原位。打开样品臂锁。
10. 关掉聚焦灯开关，打开日光灯开关。
11. 将灌有蒸馏水的注射器适量注入切片刀槽内。
12. 调节液面与刀刃成水平，观察刀刃口在日光灯下显出银白色的亮面为止。
13. 打开控制器上自助切片开关（AUTO），速度开关"SPEED"调到 5 mm/s，打开进刀开关"FEED"，调节切片厚度（一般在'●'处），观察切片颜色，直到使切片稳定在银白色至淡黄色为止。
14. 用带有膜的 200 目的铜网，选择所需要的切片，粘在铜网上，用滤纸吸干水分，待干后进行染色。
15. 捞出片子后即应打开冷却风扇使样品臂冷却复原。
16. 停机：把调节厚度的钮退回到原位，关掉进刀开关，关掉自动开关。
17. 取下玻璃刀，锁紧样品臂，取下样品夹头。
18. 关掉切片机电源开关，关掉自动调压器电源开关。

附录三　扫描制样简便方法

1. 2.5%～3%戊二醛   2～3 h
2. pH 7.2～7.4 磷酸缓冲液清洗   1 h（15 min×4）
3. 乙醇系列脱水 30%、50%、70%、80%、90%、100%×3   各 30 min
4. 醋酸异戊酯   30 min 或 4℃过夜
5. 临界点干燥
6. 金属喷涂
7. SEM 观察

附录四　扫描样品制备过程（扫描表面）

1. 2.5％～3％戊二醛固定　　　　　　　　　　　　　　　2 h
2. 0.1 mol/L　磷酸缓冲液或双蒸水清洗　　　　　　　　1 h（15 min×4）
3. 1％$OsO_4$1 h（30 min×2）
4. 双蒸水清洗（多换液）　　　　　　　　　　　　　　　1 h（15 min×4）
5. 2％单宁酸　　　　　　　　　　　　　　　　　　　　30 min（15 min×2）
6. 双蒸水清洗　　　　　　　　　　　　　　　　　　　　1 h（15 min×4）
7. 1％OsO_4（最好现配）　　　　　　　　　　　　　　30 min（15 min×2）
8. 双蒸水清洗　　　　　　　　　　　　　　　　　　　　1 h（15 min×4）
9. 乙醇系列脱水 30％、50％、70％、80％、90％、100％×3　各 30 min
10. 醋酸异戊酯　　　　　　　　　　　　　　　　　　　　30 min 或 4℃过夜
11. 临界点干燥
12. 金属喷涂
13. SEM 观察

附录五　剖开法扫描样品制备过程（DMSO 法）

（观察组织器官切开面的扫描样品制备）

1. 1%OsO$_4$ 1 h
2. 0.1 mol/L 磷酸缓冲液清洗   30 min（10 min×3）
3. 25% DMSO   1 h（30 min×2）
4. 50% DMSO   1 h（30 min×2）
5. 液氧冷冻割断
6. 50% DMSO   15 min
7. 双蒸水清洗   1 h（10 min×6）
8. 0.1% OsO$_4$ 30 min（10 min×3）或 4℃过夜
9. 1% OsO$_4$ 1 h
10. 双蒸水清洗   1 h（20 min×3）
11. 2%单宁酸   1 h（30 min×2）
12. 双蒸水清洗   1 h（20 min×3）
13. 1% OsO$_4$ 30 min（10 min×3）
14. 双蒸水清洗   30 min（10 min×3）
15. 乙醇系列脱水 30%、50%、70%、80%、90%、100%×3   各 70 min
16. 醋酸异戊酸   30 min（10 min×3）或 4℃过夜
17. 临界点干燥
18. 金属喷绘
19. SEM 观察

附录六 JEOL-1230 电镜的使用与调整

JEOL-1230 透射电镜是较高档的电镜。它的晶格分辨率为 3.4Å，点分辨率为 5Å。放大倍率为 20 万倍。安装侧插入样品台以后，晶格分辨率为 4.5Å，点分辨率为 7Å。放大倍率为 14 万倍。这种电镜可做金属样品、生物样品的透射及电子衍射观察分析，操作者易于掌握。

调整使用程序如下：

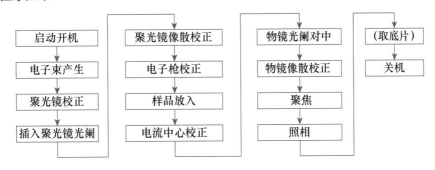

（一）开机

1. 打开冷却水阀门。
2. 合上电源开关，确认稳压器电源箱上红灯亮。
3. 打开左柜门，按压启动钮 START UP（绿色），约 15 min 高压（HIGH VOLTAGE）OFF 灯亮，这时镜筒和照相室真空表（左下柜）指示在 25 μA 左右，说明电镜可以加高压。

（二）产生电子束

（1）确认 HIGH VOLTAGE。40～100 V 按钮。第一次开机要逐级按压，待束流表指示稳定后再按下一级。最后要用 120 kV（左下柜按钮）高压清洗，然后回到所用高压。

选择高压时必须注意：加速电压可以决定图像的对比度、清晰度和亮度。电压高对比度差，但清晰度和亮度较好，而且电子穿透力强。电压低则反之。一般生物样品不耐高压电子束的轰击，常取 8 kV 为宜。

每一高压等级反应在束流表上有一定的数值范围，如下表所示。如不符合则说明有故障，所以每加一级高压必须核对束流表。

高压/kV	束流/μA	高压/kV	束流/μA
40	26～32	80	52～64
60	39～48	100	65～80

（2）灯丝加热：顺时针转动 FILAMENT 旋钮（左面板），缓慢增加并观察束流表。直到束流不再

上升时，再退回一点（即饱和点）。这时用"固定把"固定住旋钮。这时亮度最大。要千万注意旋钮不能超过饱和点，否则灯丝寿命会大大下降。

（3）一般这时电子束都能达到最亮，如果随着增加束流光斑变暗，这时要调整电子枪倾斜钮（GUN ALIGN TILT X，Y）（右下柜），调至最亮。

（4）关闭室内灯。

（三）聚光镜合轴校正

（1）取 2～5 k 放大倍率（MAGNIFICATION 钮）（右面板），用第二聚光镜电流控制钮（BRIGHTNESS）（左面板）。即亮度旋钮最大限度地汇聚电子束使光斑最小。

将光斑大小选择 SPOT SIZE（左面板）置于"1"，如果光斑不在荧光屏中心，用电子枪合轴水平旋钮（GUN ALIGN SHIFT X，Y）（右下柜）对中。

（2）将光斑大小选择 SPOT SIZE 置于"3"，如果光斑偏离中心，利用左右 COND ALIGNMENT SHIFT 旋钮（左，右面板）对中。

（3）反复"2""3"，直至光斑保持在中心为止。然后将 SPOT SIZE 置于"1"或"2"。

（四）聚光镜光阑聚中

为减少射线影响，一般聚光镜光阑都已插入。只有在光斑扩展缩小时不同心调整。

1. 插入聚光镜光阑。顺时针转动光阑杆可使光阑孔置于"1""2""3"或"4"位置。光阑孔大小的选择可参考下表：

旋钮位置	光阑孔直径/μm	用途
1	400	高电子束流工作
2	300	正常观察
3	200	电子束敏感样品的观察，高分辨率工作
4	20	微电子束衍射工作

2. 顺时针和逆时针调节旋钮 BRIGHTNESS，如果光斑在荧屏中心区扩展，则证明光阑孔与电子束通道合轴正确。如果光斑扩展时，光斑中心偏离荧光屏中心，则在偏心时调光阑杆上 X、Y 两个方向旋钮，使光斑中心与荧光屏中心重合。

（五）聚光镜象散校正

1. 用 BRIGHTNESS 大小旋钮最大限度地汇聚电子束（光斑最小）。

2. 左右转动 BRIGHTNESS 小旋钮，扩展光斑。如果光斑几乎同心圆扩展，则没有像散。如果光斑呈椭圆形（随着旋钮顺时针或逆时针转动，椭圆形方向互为 90°），这时透镜有像散。

3. 在椭圆形光斑时，用消像散器 COND STIG X，Y（右下柜）使椭圆形光斑变回原形。

4. 过焦点转动 BRIGHTNESS 旋钮反复检查，以确定聚光镜像散完全消除。

（六）电子枪合轴校正

1. 仍取 2～5 k 倍率，用大小 BRIGHTNESS；亮度旋钮会聚光斑。

2. 缓慢地逆时针转动灯丝加热钮（FILAMENT），可得到一个不饱和灯丝像，检查灯丝像是否对称。如果不对称，调整电子枪合轴倾斜旋钮（GUN ALIGN TILT X，Y）（右下柜），使灯丝像对称。

3. 将灯丝加热钮（FILAMENT）顺时针缓慢地旋转，直到灯丝像完全消失为止。即使灯丝达到饱和。调整一下"固定轴"。

4. 再重新检查一下聚光镜合轴情况，良好即可。

（七）放样品

1. 把 FILAMENT 逆时针转到"0"。

2. 把带有样品的铜网装在样品杆上插入预抽室。按入抽真空。注意此时不允许转动样品杆。待真空之后（右边红灯灭），顺时针转动样品杆 90°，慢慢送入样品室。

注意：样品杆一次可装两个铜网，样品杆外侧为 1 号、里侧为 2 号。

（八）电流中心校正

在旋转聚焦钮（FOCUS）时。图像应该以荧光屏中心为轴进行旋转。这个中心称电流中心。如果电流中心与屏中心（即光轴）不重合则会影响图像的聚焦和仪器的性能。

1. 用 MAGNIFICATION 旋钮调整放大倍数到 21 k。

2. 操作样品移动杆，选择一个 0.5～1 cm 大小的图像置于荧光屏中心。用 FOCUS、MEDIUM 粗略聚焦。

3. 将 FOCUS、MEDIUM 逆时针（欠焦）方向转动 6 格。如果中心图像不偏移，则电流中心已调好，如果偏移，则用聚光镜合轴倾斜旋钮（CON ALIGN TILT X，Y）（右下柜）使图像回到中心。

4. 将 FOCUS、MEDIUM 顺时针方向转动 6 格（正焦），如果图像又偏移中心，用样品杆将图像移回到屏中央。调整中如果光斑变暗，可用左右 COND ALIGNMENT SHIFT 将光斑调到中心。

5. 反复 3、4 两个程序，直到图像不动为止。

（九）物镜光阑对中

物镜光阑可以阻挡样品的散射电子，提高反差。但太小易污染造成像散。

1. 顺时针转动物镜光阑，使光阑插入。

光阑孔分 1、2、3、4 四档，孔径选择可参考下表（一般用 2 或 3 位置）。

旋钮位置	光阑孔径/μm	用途
1	120	高反差样品的观察
2	60	正常观察
3	40	低反差样品的观察
4	20	高反差工作。不平整样品的观察

2. 转动 FUNCION 钮至 SA DIFF1（选区衍射 1）。

3. 用 SA FOCUS、DIFF（右面板）旋钮。同时汇聚 BRIGHTNESS，得到一个零放大光斑和物镜光阑投影。

4. 如果零放大率光斑位于投影中心，说明物镜光阑已对中。如果不在中心，则调整物镜光阑杆 X、Y，移动光投影，使光斑位于投影中心。

（十）物镜像散校正

1. 换上专用样品。

2. 用 MAGNIFICATION 旋钮调节放大倍率至 35 k。

3. 调整 COND ALIGNMENT SHIFT，使光斑保持在荧光屏中心。

4. 移动样品杆，选一个 0.5～1 cm 直径的光滑、无重叠的圆孔，置于屏中心。

5. 调节 FOCUS、MEDIUM 和 FINE 精确聚焦。

6. 顺时针转动 FOCUS、FINE（过焦）2 或 3 格，这时圆孔四周会出现黑色条纹。我们叫它费舍尔条纹。如果条纹与图像之间空隙是四周均匀的，则无像散，如果不均匀，则可调节物镜消像散旋钮 OBJ STIGMATOR（左面板），使四周边缘均匀为止。

注意：日常工作中，物镜像散不要经常调整。但光斑和光阑一定要对中正。

（十一）聚焦

在 50 k 倍以下时用最佳欠焦（OUF）（左边面板）和像摇摆器聚焦。即当选好视野后利用聚焦钮 FOCAS 由粗到细进行聚焦，得到尽可能清晰的图像，然后像摇摆器开关（WOBER）至 IMAGE（左面板），这时出现重影像（亮度要调得暗一些）。通过双目镜观察，精确聚焦使重影消失，关闭 WOBBER 至 OFF 即可。

在 50 k 倍以上时可用费聂尔条纹聚焦。关闭（OUF）开关，利用双目镜观察，调粗细聚焦钮（FOCAS）选择一个反差好的清晰的边缘。用粗细焦钮调节使黑色边缘线（过焦）、白色边缘线（欠焦）刚刚完全消失为止。这时图像可能不太清晰，但可得到好照片。有些生物样品反差不好，即在高倍下样品边缘不清晰，可用通过焦点法拍一组照片来选择最佳照片。

（十二）照相

在聚焦完成后即可照相。照相前要检查：曝光时间等的设定（右面板）；曝光时间钮 EXPOSURE；TIME 置于 AUTO；自动曝光时间（AUTO EXP）放在 2.8 s；胶片推进 FILM ADVANCE 放在单张进片（SINGLE）；曝光灵敏度钮 EXPOSURE；SENS 一般置 5。

上述设定一般已调好，只需检查一下即可。然后即可按压送片按钮（FILM ANVANCE）送入底片后灯亮。确认所要照相视野在荧光屏内。再调整亮度（BRIGHTNESS）使 AUTO EXP 曝光灯两边绿灯同时亮，即达到最佳曝光。这时即可慢慢拉起荧光屏到低位。这时快门重开 EXP 红色曝光灯亮开始曝光。EXP 灯灭曝光结束，把荧光屏送回原位。曝光完了的底片自动送回收片盒。这时底片推进按钮（FILM ADVANCE）灯灭。完成照相全过程。记录内容及底片号（显示号减 1）。

（十三）停机

停机前一定要检查灯丝加热钮置于"0"位。高压置于（OFF）位置，管面板灯等。然后将左下柜红色按钮（SHUT DOWN）按下即可。大约 5 min 即自动停机。然后关闭总电源和冷却水节门。

附录七 扫描电镜的使用和调整

SEM 是在真空的镜体上将很细的电子束（电子探针），一行一行地射入样品表面（扫描），使样品表面发生二次电子。二次电子的多少随样品表面入射点凹凸状态面变化。将这变化的二次电子信号送到显像系统，从而形成样品的放大图像。

S-3400 N 扫描电镜的分辨率为 60Å，放大倍率 20～20 万倍，可以观察生物样品及半导体器材。最大样品尺寸可达 102 mm（直径）×6 mm（高），样品可作 360°旋射倾斜－20°～90°。实验步骤如下：

（一）开机

1. 合上电源，打开冷却水开关。
2. 打开真空系统面板上 EVAC POWER 开关至 ON，按入 EVA 镜体抽真空开关。约 20 min 高真空指示灯亮，高真空完成。

（二）装样品

1. 显示器上高压（HV）应在 OFF 按入位置。
2. 调整样品微动装置调节钮。使 $X=20$、$Y=20$、$T=0°$钮（工作距离）的 EX 合并一起。
3. 按入 AIR 键，破坏镜体真空。经过 30 s 以后水平取出样品微动装置。
4. 将粘好样品的样品台，固定在样品架上。用标尺将样品高度调整合适。然后装在样品微动位置上。将样品微动装置移入样品室中。
5. 按压抽真空开关 EVAC 待高真空指示灯亮，即完成。

（三）电子枪对中

1. 打开显示部分总开关 DISPLAY POWER 到 ON。
2. 调整工作距离 WORKING DISTANCE 与样品高度 Z 相对应。一般设 10 mm 或 15 mm，为获得高分辨率可用 5 mm，工作距离大焦点深度大，但分辨率低（见下表）。

工作距离	1	2	3	4	5
WD/mm	5	10	15	25	35

3. 调整聚光镜电流 COND LENS 到 3.5～4.5 之间。聚光镜电流越大（刻度数大），这时分辨率高，但图像粗糙，因为照射样品的电流减少了，二次电子信号也少了。
4. 按压显示面板上高压键 HV（kV），设定加速电压 ACC VOLTAGE 于 20 kV。加速电压越高，二次电子像的分辨力越好，但像质量变得粗糙，一般用 20 kV。
5. 按压面板上聚焦监视钮 FOCUS MONITOR，再将灯丝加热钮（FILAMENT）慢慢地顺时针转动。使聚焦旋至饱和点（即曲线在最低点）。20 kV 时饱和电流应在绿色灯柱（EMISSION CUR-

RENT）之内。这项操作一定要十分严格，决不能超过饱和点，否则灯丝会很快烧毁。

6. 调电子枪合轴转动钮使图像最亮。如果荧光屏太亮。可被反差（CONTRAST），亮度钮（BRIGHTNESS）逆时针调整到不耀眼即可。

（四）图像观察

1. 100 倍以下时，WD 工作距离应大于 15 mm，可动光阑应置于 3 或 4，避免损坏样品。

2. 可动光阑选择可根据下表，一般选 2 或 3，插入后即可对中。

利用 FOCUS 旋钮大致聚焦，然后使聚焦钮左右转动（欠焦和过焦），同时调整可动光阑 X、Y 旋钮，使图像不向左右、上下移动，即完成光阑对中。

旋转位置	光阑孔径/μm	焦点深度	分辨率	电流量
1	400	浅 ↓ 深	低 ↓ 高	大 ↓ 小
2	300			
3	200			
4	100			

3. 调整亮度、反差旋钮使亮度适中即可观察。

4. 聚焦和消像散：观察图像时先调低倍率，用放大倍率钮 MAGNIFICATION 调到 100 倍左右，用粗细 FOCUS 聚焦。然后再将放大钮调到所需倍率，再聚焦。如果有像散则正焦时图像也不是很清晰，在欠焦或过焦时，图像会有互为 90°两个方向的模糊。这时可利用消像散钮 STIGMATOR X、Y，和 FOCUS 微调钮来调整。直到正焦时，图像清晰，而欠焦或过焦时，图像只是模糊并无方向性即可。

（五）照相

在选择好视野、放大倍率需要照相时，应用比此倍率高出 2～3 倍的放大倍率进行的聚焦消像散，然后再回到所需倍率。完成后再调整亮度 BRIGHTNESS 和反差 CONTRAST 旋钮，使面板上部亮度和反差显示灯在绿色到红色之间。选择照相速度 PHOTO SPEED 至 2（100 s）。将照相机过卷后，按压 PHOTO 照相钮，100 s 即照完一幅照片。

注意：观察用显像管上，左右 11 mm 宽处的边缘，在照相摄影师视野之外。

（六）停机

1. 按入 HV（kV）的 OFF 键。

2. 将 DISPLAY POWER 开关搬到 OFF。

3. 将 EVAC POWER 开关搬到 OFF。

4. 过 15 min 以后，关闭水节门和总电源。

附录八　电镜酶细胞化学及免疫电镜样品制作程序

1. 包埋前染色

（1）取材和切片将组织样品用2.5%戊二醛-多聚甲醛固定，修成厚0.3 mm、大小1 mm² 的小块；切成50～100 μm 的薄组织再行固定1～2 h；

（2）漂洗以PBS液漂洗过夜，换液3～4次；

（3）3% H_2O_2 室温孵育20 min；

（4）蒸馏水冲洗，PBS浸泡5 min；

（5）正常山羊血清工作液封闭，室温孵育，25 min；

（6）倾去血清，滴加一抗工作液，37℃孵育2 h；

（7）PBS冲洗，5 min×3次；

（8）滴加生物素标记二抗工作液，37℃孵育1 h；

（9）PBS冲洗，5 min×3次；

（10）滴加辣根酶标记链霉卵白素工作液，37℃孵育1 h；

（11）PBS冲洗，5 min×3次；

（12）自来水充分冲洗；

（13）DAB工作液显色8 min，蒸馏水冲洗；

（14）PBS冲洗，锇酸固定1 h；

（15）PBS冲洗，10 min×3次；

（16）梯度丙酮脱水，树脂包埋，切片，醋酸双氧铀单染色，透射电镜观察；

（17）结果判定：在免疫电镜超薄切片上，阳性反应信号呈中等至高电子密度，核染色质为强嗜锇性黑色。

2. 包埋后染色

固定好的组织样品首先用酶进行处理（处理方法同上），经2.5%戊二醛-甲醛固定液再固定后，制作超薄切片，进行免疫电镜染色（同免疫电镜染色方法），透射电镜下观察。

3. 电镜酶细胞化学样品制作程序（以唾液淀粉酶处理肝样品即特异性酶消化印证法为例）

固定好的肝组织用唾液淀粉酶处理后（酶浓度和处理时间依据组织样品的大小以及孵育温度不同而不同），经2.5%戊二醛-甲醛固定液再固定后，进行常规电镜样品超薄切片制作、染色和观察。

附录九　超微结构赏析

一、北京凹头蚁超微观

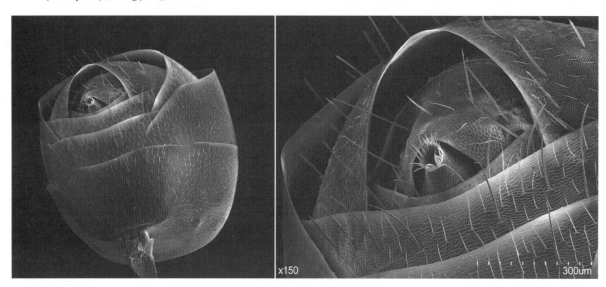

含苞待放的玫瑰花样的腹部结构

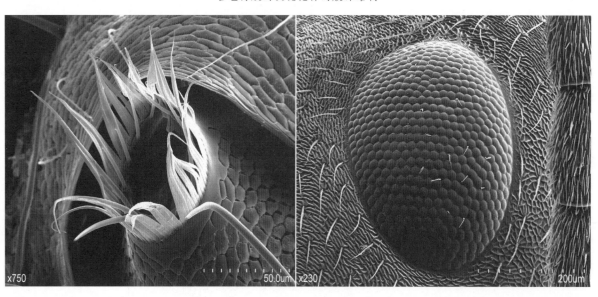

花蕊一般的泄殖孔结构　　　　　　　　　由成百上千的单个眼睛构成的复眼结构

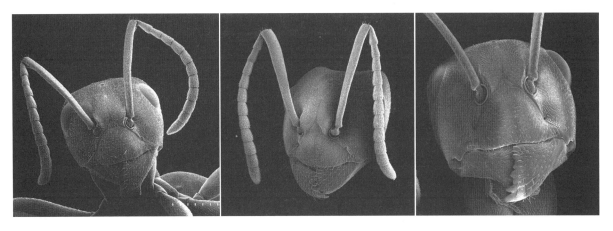

神秘的微笑　　　　　　　　　　甜蜜的微笑　　　　　　　　　　沉着、淡定

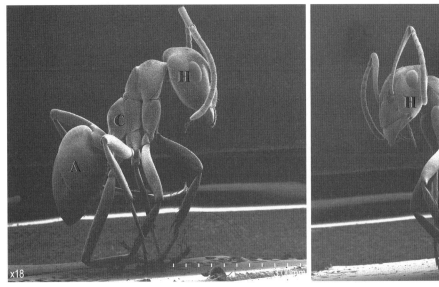

北京凹头蚁侧面观。H：头部，C：胸部，A：腹部。左图为雄蚂蚁，右图为雌性蚂蚁。SEM，18×

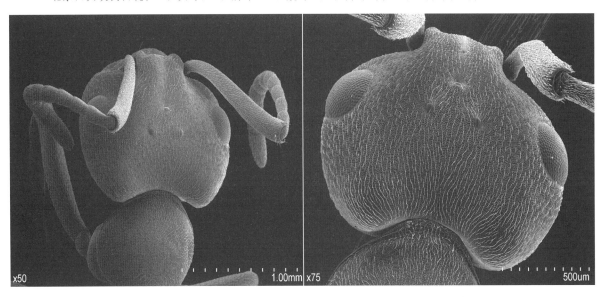

头部背面观。因头部背面有一凹沟，又因此蚂蚁生于北京，故而得名北京凹头蚁。

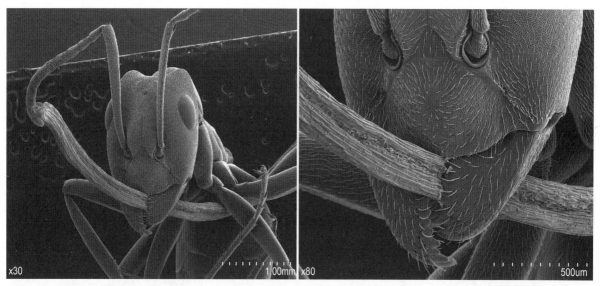

蚂蚁啃"骨头"。蚂蚁的口器为锯齿状钳夹结构，能将骨头及植物茎梗钳碎。

二、皮肤的衍生物—毛发

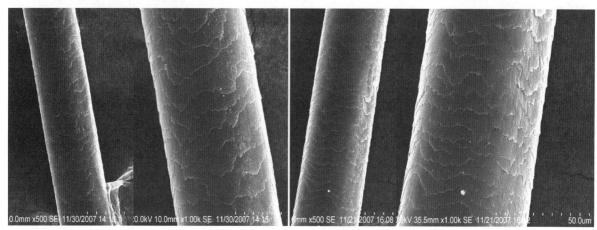

女性头发。构成毛小皮的扁平角化细胞（即毛鳞片）呈叠瓦状排列，紧密平整，结构清晰。SEM

男性腿毛。毛干表面毛鳞片排列紧密平滑，结构清晰洁净。SEM，左图 500×，右图 1k×

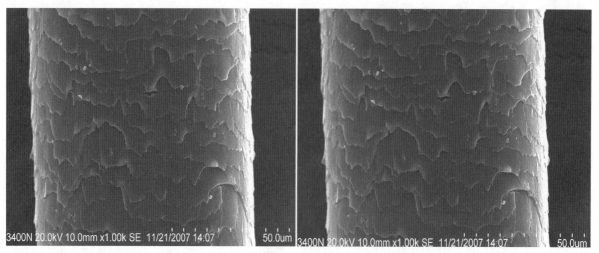

男性头发。毛鳞片游离缘松散拱起，结构凌乱，粗糙不平。SEM，1k×

女性染发。毛鳞片游离缘明显拱起松散，鳞片破碎不齐，层次凌乱。SEM，1k×

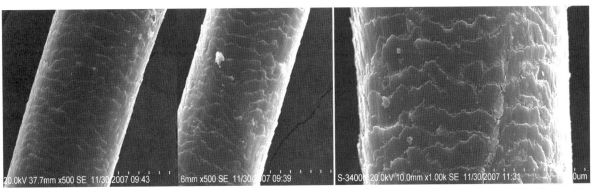

大熊猫头毛。毛鳞片排列紧密平滑，层次清晰，表面平整洁净，结构完好。SEM，500×

大熊猫前臂毛。毛鳞片边缘轻度拱起破碎，结构凌乱，表面粗糙不洁。SEM，1k×

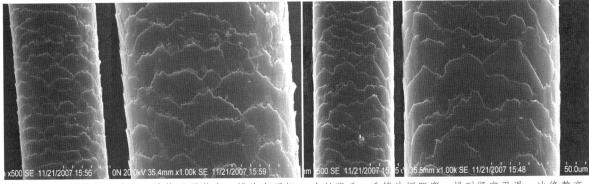

猕猴毛。毛鳞片层次清晰，结构平滑整齐，鳞片表面粗糙不洁。SEM，左图500×，右图1k×

金丝猴毛。毛鳞片间距宽，排列紧密平滑，边缘整齐清晰，表面平整洁净。SEM，左图500×，右图1k×

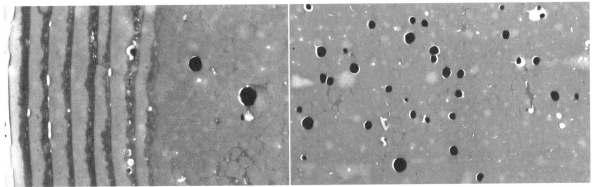

男士毛发横切面。左图左侧为多层扁平的毛小皮细胞（毛鳞片），右侧为毛皮质细胞，胞质中含有黑色素颗粒。右图为毛皮质细胞，胞质中含有大量的黑色素颗粒。TEM，左图20k×，右图10k×

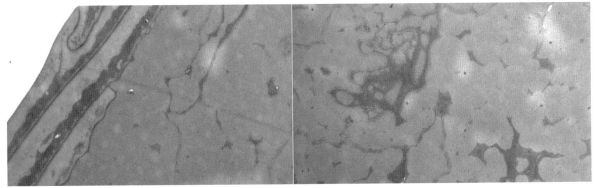

金丝猴毛横切面。左图左侧为两层扁平的毛小皮细胞（毛鳞片），右侧为毛皮质细胞，胞质中见有线状的细胞界膜。右图毛皮质中不见黑色素颗粒，但见星状的深染结构。TEM，左图与右图30k×

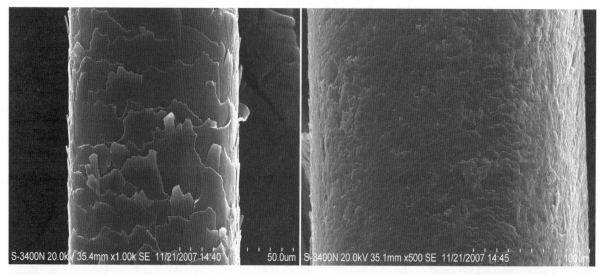

S-3400N 20.0kV 35.4mm x1.00k SE 11/21/2007 14:40   50.0um

S-3400N 20.0kV 35.1mm x500 SE 11/21/2007 14:45   100um

黑熊毛。毛干直径细，毛鳞片间距较宽，边缘松散凌乱，鳞片表面平滑光洁。SEM，1k×

野猪毛。毛干直径粗，毛鳞片间距狭窄，毛鳞片表面破碎凌乱，粗糙不洁。SEM，500×

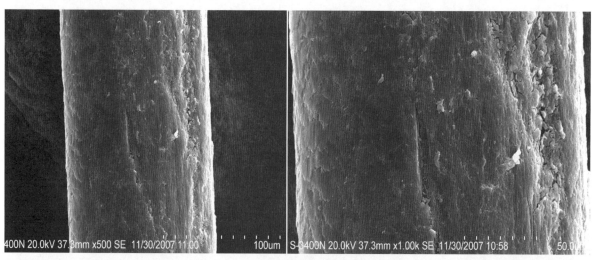

400N 20.0kV 37.3mm x500 SE 11/30/2007 11:00   100um

S-3400N 20.0kV 37.3mm x1.00k SE 11/30/2007 10:58   50.0

黑熊体毛。毛干表面平滑洁净，毛鳞片界限模糊不清。SEM，左图 500×，右图 1k×

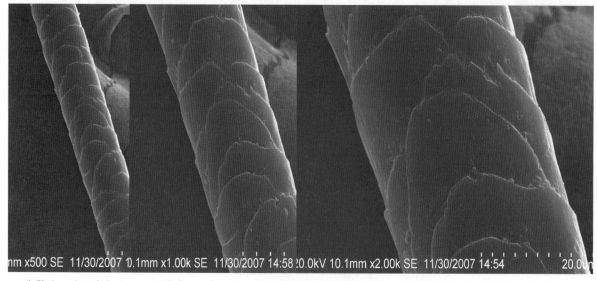

mm x500 SE 11/30/2007 0.1mm x1.00k SE 11/30/2007 14:58 20.0kV 10.1mm x2.00k SE 11/30/2007 14:54   20.0um

猪鬃毛。毛干直径很细，毛鳞片间距宽，排列紧密平滑，边缘整齐清晰。SEM，从左至右 500×，1k×，2k×

三、斑海豹气管黏膜的超微病变

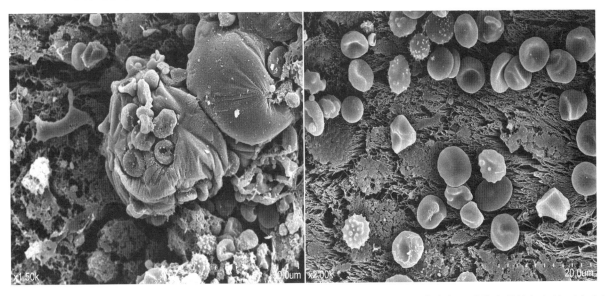

感染嗜水气单胞菌斑海豹气管。黏膜表面大量炎性渗出物将纤毛黏集成簇。右图黏液表面附着大量的红细胞（出血）及少数白细胞；左图表面见两个巨噬细胞正在吞噬多个红细胞。SEM，左图 1.5k×，右图 2k×

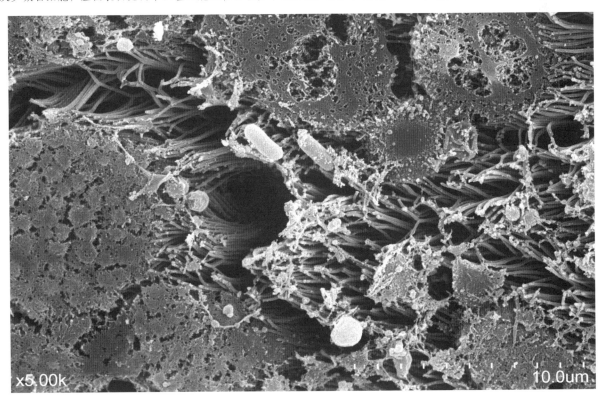

感染嗜水气单胞菌斑海豹气管。黏膜表面大量炎性渗出物将纤毛黏集成簇，并见纤毛表面附着有杆状及球状的细菌。SEM，5k×

四、斑海豹胃的超微病变

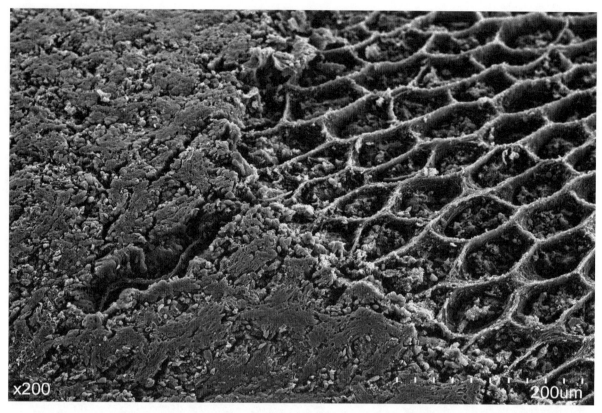

感染嗜水气单胞菌斑海豹的胃。左侧黏膜表面被厚层的黏液覆盖，右侧黏膜表面的不溶性黏液保护层已脱落，嵴状隆起及胃小凹显露，胃小凹内腺上皮变性，炎性渗出物堆积。SEM，200×

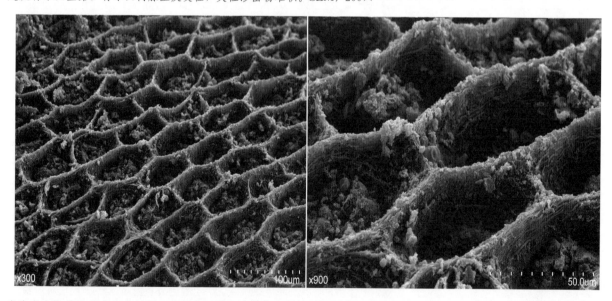

感染嗜水气单胞菌斑海豹的胃。黏膜表面的不溶性黏液保护层已脱落，嵴状隆起及胃小凹显露，胃小凹内腺上皮变性，炎性渗出物堆积其内。SEM，左图300×，右图900

五、动物肠道黏膜的超微结构

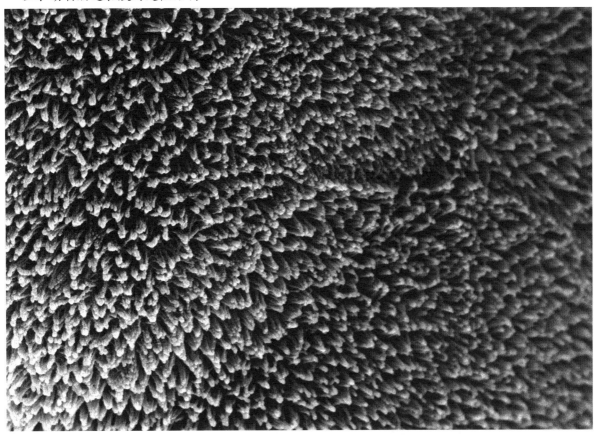

健康鸡小肠黏膜面。上皮细胞表面微绒毛密集，细胞间隙隐约可见。SEM，8k×

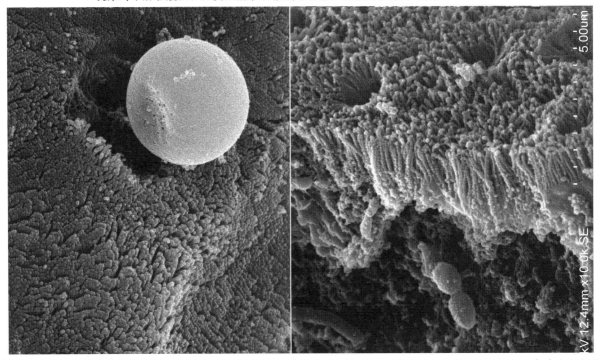

肠黏膜上皮表面微绒毛密集（MV），左图为小鼠小肠，黏膜表面细胞间见一渗出的红细胞（●）；右图为鸡小肠侧面观，上部为上皮微绒毛顶部（★）及其纵切面（▲），可见微绒毛排列整齐密集，微绒毛间有细菌穿行的孔洞（H），右图下部上皮细胞胞质中见多个细菌（B）。SEM，左图与右图 10k×

六、动物肠道黏膜中细菌的足迹

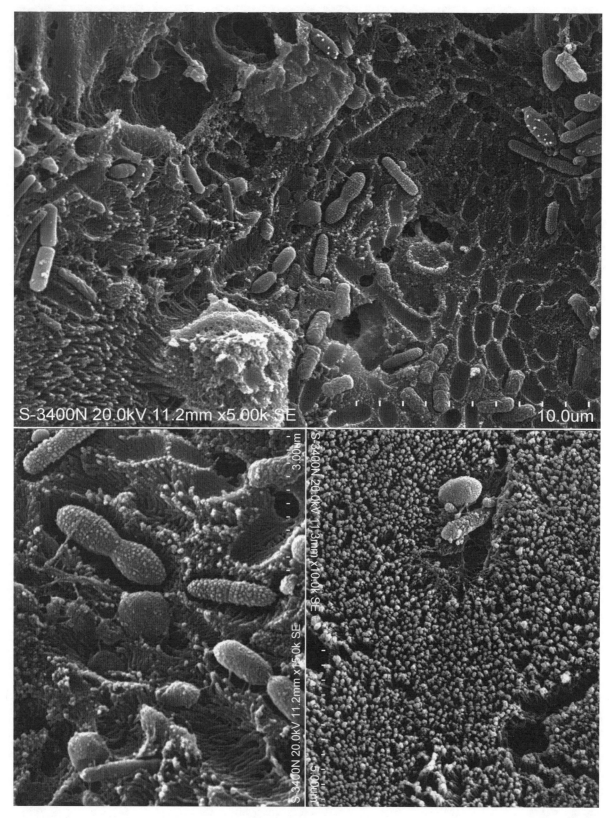

健康鸡小肠黏膜面。上皮细胞表面微绒毛密集（●），微绒毛间见长短不一的杆菌（★），并见大量椭圆形的凹陷（▲）及圆形微孔（H），为细菌停留过的足迹和穿行的孔道。SEM，上图 5k×，左图 15k×，右图 10k×

七、千姿百态的病毒粒子

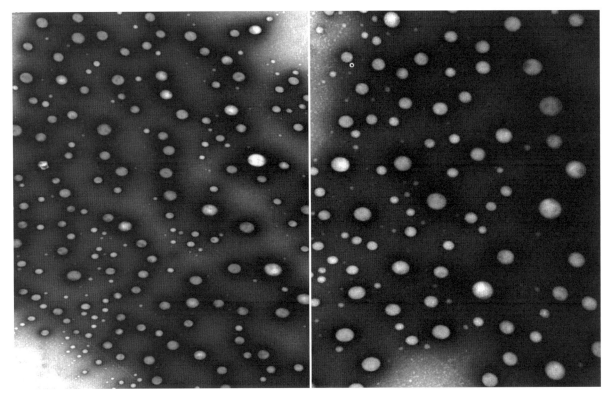

感染偏肺病毒白犀的脾负染色图像。病毒呈实心圆形，直径 50～160nm。左图 30k×，右图 50k×

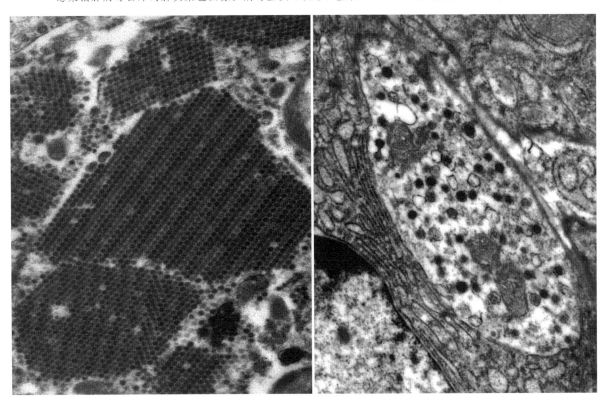

IBDV 感染鸡法氏囊中的 IBDV 呈晶格状排列。　　　　新城疫病毒（NDV）感染鸡腺胃中的 NDV 粒子。

八、细菌、寄生虫与免疫细胞的超微观

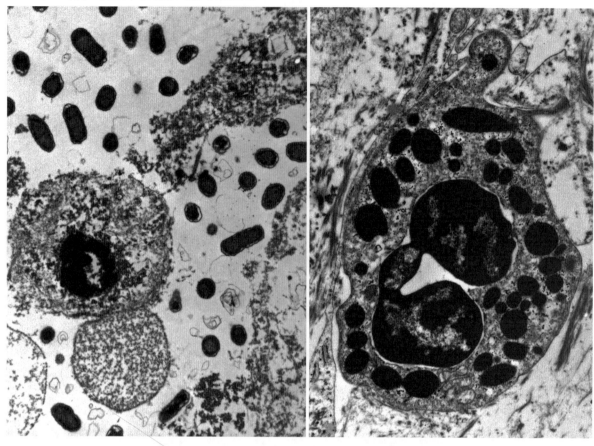

病毒与细菌混合感染败血脾中的细菌。TEM，10k× 　　　SPF鸡法氏囊中的异嗜性白细胞。TEM，15k×

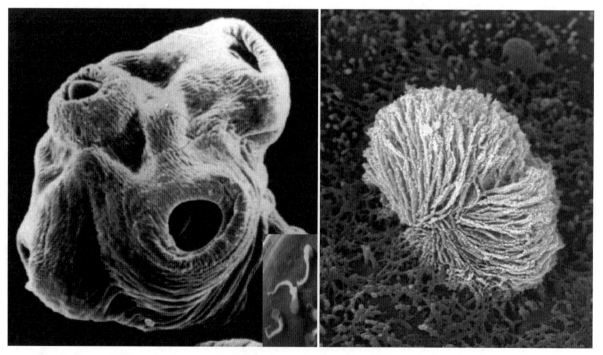

猪囊尾蚴头节扫描电镜图像。右下角为眼观图 　　　鸡法氏囊黏膜上皮中的刷细胞。SEM，10k×

参考文献

1. 陈令忠. 现代组织学. 上海：上海科学技术文献出版社，2003.

2. 杭振镳，魏于全. 超微病理学图谱. 成都：四川大学出版社，2003.

3. 洪涛，姚骏恩，李文镇，翟中和，等. 生物医学超微结构与电子显微镜技术，北京：科学出版社，1980.

4. 呼格吉乐图，佘锐萍，刘玉锋，马卫明，胡艳欣. 家兔黏膜免疫器官肥大细胞在巴氏杆菌感染中的特征——组织化学与电镜观察. 中国预防兽医学报，2006，28（4）：419–422.

5. 李冰玲，佘锐萍，刘玉如，王可洲，刘伟. 兔圆小囊产溶菌酶细胞的免疫电镜组化观察. 中国农业科学，2003，36（8）：965–967.

6. 林庆文，佘锐萍，刘海虹. 不同温度、时间条件下保存的心肌、肝脏超微结构的观察. 中国兽医杂志，1994，20（4）：10–11.

7. 刘玉如，田海燕，佘锐萍，刘海虹，贾君镇. 兔圆小囊中SYP分布的免疫组化和免疫电镜观察. 科学技术与工程，2005，5（12）：811–814.

8. 佘锐萍，陈德威，高齐瑜，等. 兔病毒性出血症宿主细胞超微结构的观察. 中国兽医杂志，1986（9）：2–4.

9. 佘锐萍. 动物病理学. 北京：中国农业出版社，2007.

10. 佘锐萍，高洪. 兽医公共卫生与健康. 北京：中国农业大学出版社，2011.

11. 佘锐萍，李冰玲，刘伟，刘玉如. 兔圆小囊及肠道组织中抗菌肽的免疫组织免疫组织化学和免疫电镜细胞化学定位. 中国兽医科学，2008，38（3）：239–243.

12. 佘锐萍，刘海虹，贾君镇，宋俊霞，刘玉如. 家兔肠相关淋巴组织圆小囊超微结构观察. 电子显微学报（CA），2002，21（4）：359–363.

13. 佘锐萍，乔慧理. 串珠镰刀菌素对小型猪心脏功能的影响：III. 超微病理学观察. 中国兽医杂志，1993，19（5）：8–11.

14. 佘锐萍，杨汉春，贾君镇，高齐瑜，等. 兔出血症病兔呼吸道黏膜的免疫胶体金标记扫描电镜研究. 中国兽医杂志，1993，19（9）：5–7.

15. 佘锐萍. 钟祥县不同居民区的鸡咽食管癌对比调查及病理形态学观察. 畜牧兽医学报，1987，18（3）：195.

16. 史景泉，陈意生，卞修武. 超微病理学. 北京：化学工业出版社，2005.

17. 宋今丹. 医学细胞生物学. 3版. 北京：人民卫生出版社，2004.

18. 翟中和，王喜中，丁明孝. 细胞生物学. 2版. 北京：高等教育出版社，2011.

19. 张艳梅，佘锐萍，刘天龙，李文贵，贾君镇，包汇慧. 猪血中抗菌肽类物质的分离纯化及抗菌活性研究. 科技导报，2008，26（2）：33–37.

20. 郑国倡. 细胞生物学. 北京：高等教育出版社，1982.

21. FANG DU, YE DING, JIJING TIAN, RUIPING SHE, DONGQIANG LV, LINGLING CHANG. Morphology and Molecular Mechanisms of Hepatic Injury in Rats under Simulated Weightlessness and the Protective Effects of Resistance Training. PLoS One, 2015, 10 (5)：1—13.

22. FENGJIAO HU, QIAOXING WU, SHUANG SONG, RUIPING SHE, YUE ZHAO, YIFEI YANG, MEIKUN ZHANG, FANG DU, MAJID HUSSAIN SOOMRO, RUIHAN SHI. Antimicrobial activity and safety evaluation of peptides isolated from the hemoglobin of chickens. BMC Microbiology, 2016 (16)：1—10.

23. FENGJIAO HU, XIANBIAO GAO, RUIPING SHE, JIAN CHEN, JINGJING MAO, PENG XIAO, RUIHAN SHI. Effects of antimicrobial peptides on growth performance and small intestinal function in broilers under chronic heat stress. Poultry Science, 2016, 96 (4)：798—806.

24. HUA YOU, JINFENG ZHU, RUIPING SHE, LINGLING CHANG, RUIHAN SHI, YE DING, LIJUAN CHI, BIN LIU, ZHUO YUE, JIJING TIAN, JINGJING MAO, LIFANG SU. Induction of Apoptosis in the Immature Mouse Testes by a Mixture of Melamine and Cyanuric Acid. Journal of Integrative Agriculture (formerly Agricultural Sciences in China), 2012, 11 (12)：2057—2066.

25. JAMES F ZACHARY, M DONALD MC GAVIN. Pathologic Basis Of Veterinary Disease. Fifth Edition. Mosby, Inc. , 2012.

26. JIJING TIAN, DONGMEI LUO, RUIPING SHE, TIANLONG LIU, YE DING, ZHUO YUE, KANGKANG XIA. Effects of bisphenol A on the development of central immune organs of specific-pathogen-free chick embryos. Toxicology and Industrial Health, 2014, 30 (3)：199—205.

27. JIJING TIAN, KANGKANG XIA, RUIPING SHE, WENGUI LI, YE DING, JIANDE WANG, MINGYONG CHEN, JUN YIN. Detection of Hepatitis B Virus in Serum and Liver of Chickens. Virology Journal, 2012, 9 (1)：1—6.

28. JIJING TIAN, RUIHAN SHI, TIANLONG LIU, RUIPING SHE, QIAOXING WU, JUNQING AN, WENZHUO HAO, MAJID HUSSAIN SOOMRO. Brain Infection by Hepatitis E Virus Probably via Damage of the Blood-Brain Barrier Due to Alterations of Tight Junction Proteins. Frontiers in Cellular and Infection Microbiology, 2019 (2)：1—10.

29. JIJING TIAN, YE DING, RUIPING SHE, LONGHUAN MA, FANG DU, KANGKANG XIA, LILI CHEN. Histologic study of testis injury after bisphenolA exposure in mice：direct evidence for impairment of the genital system by endocrine disruptors. Toxicology and Industrial Health, 2016, 33 (1)：36—45.

30. LINGLING CHANG, JINGYUAN WANG, RUIPING SHE, LONGHUAN MA, QIAOXING WU. In vitro toxicity evaluation of melamine on mouse TM4 Sertoli cells. Environmental Toxicology and Pharmacology, 2017 (50)：111—118.

31. LINGLING CHANG, RUIPING SHE, LONGHUAN MA, HUA YOU, FENGJIAO HU, TONGTONG WANG, XIAO DING, ZHAOJIE GUO, MAJID HUSSAIN SOOMRO. Acute testicular toxicity induced by melamine alone or a mixture of melamine and cyanuric acid in mice. Reproductive Toxicology, 2014 (46)：1—11.

32. LINGLING CHANG, ZHUO YUE, RUIPING SHE, YANYAN SUN, JINFENG ZHU. The toxic effect of a mixture of melamine and cyanuric acid on the gastrointestinal tract and liver in mice. Research in Veterinary Science, 2015 (102)：234—237.

33. MAJID HUSSAIN SOOMRO, RUIHAN SHI, RUIPING SHE, YIFEI YANG, FENGJIAO HU, HENG LI. Antigen detection and apoptosis in Mongolian gerbil's kidney experimentally intraperitoneally infected by swine hepatitis E virus. Virus Research, 2016 (213): 343-352.

34. MAJID HUSSAIN SOOMRO, RUIHAN SHI, RUIPING SHE, YIFEI YANG, FENGJIAO HU, QAOXING WU, HENG LI, WENZHUO HAO. Molecular and structural changes related to hepatitis E virus antigen and its expression in testis inducing apoptosis in Mongolian gerbil model. Journal of Viral Hepatitis, 2017, 24 (8): 696-707.

35. M DONALD MC GAVIN. , etal. SPECIAL VETERINARY PATHOLOGY. Third Edition. 2001.

36. NORMAN F CHEVILLE. Ultrastructural pathology: the comparative cellular basis of disease. Edition 2. John Wiley & Sons, Inc. , Publication, 2009.

37. RUIHAN SHI, MAJID HUSSAIN SOOMRO, RUIPING SHE, YIFEI YANG, TONGTONG WANG, QIAOXING WU, HENG LI, WENZHUO HAO. Evidence of Hepatitis E virus breaking through the blood-brain-barrier and replicating in the central nervous system. Journal of Viral Hepatitis, 2016, 23 (11): 930-939.

38. RUIPING LIANG, PENG XIAO, RUIPING SHE, SHIGUO HAN, LINGLING CHANG, LINGXIAO ZHENG. Culturable Airborne Bacteria in Outdoor Poultry-Slaughtering Facility。 Microbes Environment, 2013, 28 (2): 251-256.

39. RUIPING SHE, HANCHUN YANG, JUNZHEN JIA, HAIHONG LIU, YIXIN MA, C ITAKURA. Ultrastructural Pathologic Observation on the Gut-Associated Lymphoid Tissues of Sacculus Rotundus of Rabbits Infected with Rabbit Haemorrhagic Disease Virus. Agricultural Sciences in China, 2003, 2 (4): 446-453.

40. T C JONES, R D HUNT, N W KING. VETERINARY PATHOLOGY. Sixth Edition. 2004.

41. WENGUI LI, RUIPING SHE, HAITAO WEI, JINGYI ZHAO, YINGHUA WANG, QUAN SUN, YANMEI ZHANG, DECHENG WANG, RUIWEN LI. Prevalence of hepatitis E virus in swine under different breeding environment and abattoir in Beijing, China. Veterinary Microbiology, 2009 (133): 75-83.

42. YE DING, JIN TANG, JUN ZOU, YINGHUA WANG, ZHUO YUE, JIJING TIAN, KANGKANG XIA, DEPING HAN, JUN YIN, RUIPING SHE, DESHENG WANG. The effect of microgravity on tissue structure and function in rat testis. Brazilian Journal of Medical and Biological Research, 2011, 44 (12): 1243-1250.

43. YE DING, JUN ZOU, ZHILI LI, JIJING TIAN, SAED ABDELALIM, FANG DU, RUIPING SHE, DESHENG WANG, CHENG TAN, HUIJUAN WANG, WENJUAN CHEN, DONGQIANG LV, LINGLING CHANG. Study of Histopathological and Molecular Changes of Rat Kidney under Simulated Weightlessness and Resistance Training Protective Effect. PLoS One, 2011, 6 (5): 1-10.

44. YIFEI YANG, RUIHAN SHI, MAJID HUSSAIN SOOMRO, FENGJIAO HU, FANG DU, RUIPING SHE. Hepatitis E Virus Induces Hepatocyte Apoptosis via Mitochondrial Pathway in Mongolian Gerbils. Frontiers in Microbiology, 2018 (9): 1-12.

45. YIFEI YANG, RUIHAN SHI, RUIPING SHE, MAJID HUSSAIN SOOMRO, JINGJING MAO, FANG DU, YUE ZHAO, CAN LIU. Effect of swine hepatitis E virus on the livers of experimentally infected Mongolian gerbils by swine hepatitis E virus. Virus research, 2015 (208): 171-179.

46. ZHUO YUE，RUIPING SHE，HUIHUI BAO，JIJING TIAN，PIN YU，JINFENG ZHU，LINGLING CHANG，YE DING，QUAN SUN. Necrosis and Apoptosis of Renal Tubular Epithelial Cells in Rats Exposed to 3-Methyl-4-Nitrophenol. Environmental Toxicology，2011，27 (11)：653－661.

47. ZHUO YUE，RUIPING SHE，HUIHUI BAO，WENGUI LI，DECHENG WANG，JINFENG ZHU，LINGLING CHANG，PIN YU. Exposure to 3-methyl-4-nitrophenol affects testicular morphology and induces spermatogenic cell apoptosis in immature male rats. Research in Veterinary Science，2011，91 (2)：261－268.